에듀윌이
너를
지지할게

ENERGY

시작하는 방법은

말을 멈추고

즉시 행동하는 것이다.

– 월트 디즈니(Walt Disney)

에듀윌
산업안전산업기사

필기 기출문제편

차례

* 법령 개정으로 인해 정답이 없는 문항이 있습니다.
해당 문항은 QR 정답 입력 시 정답을 ①로 체크하시면 됩니다.

PART 01

CBT 대비 500제

합격 GUIDE

2020년 4회부터 시험 방식이 CBT로 변환되면서 응시생별로 출제되는 문제가 달라졌습니다. 이에 따라 유형별로 다양한 문제를 풀어보는 것이 중요해졌습니다. 'CBT 대비 500제'는 2010년부터 2024년까지의 기출문제 및 최근 새롭게 출제된 CBT 문제를 완벽 복원하여, 과목별로 100문제씩 총 500문제를 수록하였습니다. 기출을 유형별로 체계화하여 학습한다면 쉽게 합격할 수 있습니다.

CBT 대비 유형별 문항 완벽 분석

SUBJECT 01 산업재해 예방 및 안전보건교육

CHAPTER 01 | 산업재해예방 계획 수립

001

「산업안전보건법령」상 중대재해에 해당하지 않는 것은?

① 추락으로 인하여 1명이 사망한 재해
② 건물의 붕괴로 인하여 15명의 부상자가 동시에 발생한 재해
③ 화재로 인하여 4개월의 요양이 필요한 부상자가 동시에 3명 발생한 재해
④ 근로환경으로 인하여 직업성 질병자가 동시에 5명 발생한 재해

해설 중대재해
- 사망자가 1명 이상 발생한 재해
- 3개월 이상의 요양이 필요한 부상자가 동시에 2명 이상 발생한 재해
- 부상자 또는 직업성 질병자가 동시에 10명 이상 발생한 재해

002

하인리히의 도미노 이론에서 사고의 직접 원인으로 옳은 것은?

① 통제의 부족
② 관리 구조의 부적절
③ 불안전한 행동과 상태
④ 유전과 환경적 영향

해설 하인리히의 도미노 이론
- 1단계: 사회적 환경 및 유전적 요소(기초 원인)
- 2단계: 개인적 결함(간접 원인)
- 3단계: 불안전한 행동 및 불안전한 상태(직접 원인)
- 4단계: 사고
- 5단계: 재해

003

버드의 신도미노 이론 순서로 알맞은 것은?

㉠ 기본 원인	㉡ 상해	㉢ 통제의 부족
㉣ 직접 원인	㉤ 사고	

① ㉠ → ㉡ → ㉢ → ㉣ → ㉤
② ㉢ → ㉣ → ㉠ → ㉤ → ㉡
③ ㉢ → ㉠ → ㉣ → ㉤ → ㉡
④ ㉣ → ㉠ → ㉢ → ㉤ → ㉡

해설 버드(Frank Bird)의 신도미노 이론
- 1단계: 통제의 부족(관리소홀) → 재해발생의 근원적 요인
- 2단계: 기본 원인(기원) → 개인적 또는 과업과 관련된 요인
- 3단계: 직접 원인(징후) → 불안전한 행동 및 불안전한 상태
- 4단계: 사고(접촉)
- 5단계: 상해(손해)

004

근로자가 작업대 위에서 전기공사 작업 중 감전에 의하여 지면으로 떨어져 다리에 골절상해를 입은 경우의 기인물과 가해물로 옳은 것은?

① 기인물 – 작업대, 가해물 – 지면
② 기인물 – 전기, 가해물 – 지면
③ 기인물 – 지면, 가해물 – 전기
④ 기인물 – 작업대, 가해물 – 전기

해설 기인물은 행위의 원인으로 '전기'이고, 가해물은 상해를 입힌 물리적 대상이므로 '지면'이다.

| 정답 | 001 ④ 002 ③ 003 ③ 004 ②

005

재해예방의 4원칙에 해당하는 내용이 아닌 것은?

① 예방가능의 원칙 ② 원인계기의 원칙
③ 손실우연의 원칙 ④ 사고조사의 원칙

해설 재해예방의 4원칙

- 손실우연의 원칙: 재해손실은 사고발생 시 사고대상의 조건에 따라 달라지므로 한 사고의 결과로서 생긴 재해손실은 우연성에 의해서 결정된다.
- 원인계기(원인연계)의 원칙: 재해발생은 반드시 원인이 있다.
- 예방가능의 원칙: 재해는 원칙적으로 원인만 제거하면 예방이 가능하다.
- 대책선정의 원칙: 재해예방을 위한 가능한 안전대책은 반드시 존재한다.

006

하인리히의 재해구성비율에 따라 경상사고가 87건 발생하였다면 무상해사고는 몇 건이 발생하였겠는가?

① 300건 ② 600건
③ 900건 ④ 1,200건

해설 하인리히의 법칙(1:29:300)

- 1: 중상 또는 사망
- 29: 경상
- 300: 무상해사고

발생한 무상해사고를 x건이라 하면

$29 : 300 = 87 : x$

$x = \frac{300 \times 87}{29} = 900$건

007

버드(Bird)의 재해발생 비율에서 물적 손해만의 사고가 120건 발생하면 상해도 손해도 없는 사고는 몇 건 정도 발생하겠는가?

① 600건 ② 1,200건
③ 1,800건 ④ 2,400건

해설 버드의 법칙(1:10:30:600)

- 1: 중상(중증요양상태) 또는 사망
- 10: 경상(물적, 인적 상해)
- 30: 무상해사고(물적 손실 발생)
- 600: 무상해, 무사고 고장(위험 순간)

발생한 무상해, 무사고 고장을 x건이라 하면

$30 : 600 = 120 : x$

$x = \frac{600 \times 120}{30} = 2,400$건

008

다음 중 사고예방대책 5단계의 "시정책의 적용"에서 3E와 관계가 없는 것은?

① 교육(Education) ② 재정(Economics)
③ 기술(Engineering) ④ 관리(Enforcement)

해설 3E 기법(하비, Harvey)

- 기술적 측면(Engineering): 안전설계(안전기준)의 선정, 작업행정 및 환경설비의 개선
- 교육적 측면(Education): 안전지식 교육 및 안전교육 실시, 안전훈련 및 경험훈련 실시
- 관리적 측면(Enforcement): 안전관리조직 정비 및 적정인원 배치, 적합한 기준설정 및 각종 수칙의 준수 등

관련개념 사고예방대책의 기본원리 5단계(하인리히의 사고예방원리)

- 1단계: 조직(안전관리조직)
- 2단계: 사실의 발견(현상파악)
- 3단계: 분석 · 평가(원인규명)
- 4단계: 시정책의 선정
- 5단계: 시정책의 적용

009

무재해 운동의 기본이념 3대 원칙이 아닌 것은?

① 무의 원칙 ② 참가의 원칙
③ 선취의 원칙 ④ 자주활동의 원칙

해설 무재해 운동의 3원칙

- 무의 원칙: 모든 잠재위험요인을 사전에 발견 · 파악 · 해결함으로써 근원적으로 산업재해를 제거한다.
- 참여의 원칙(참가의 원칙): 작업에 따르는 잠재적인 위험요인을 발견 · 해결하기 위하여 전원이 협력하여 문제해결 운동을 실천한다.
- 안전제일의 원칙(선취의 원칙): 직장의 위험요인을 행동하기 전에 발견 · 파악 · 해결하여 재해를 예방한다.

| 정답 | 005 ④ 006 ③ 007 ④ 008 ② 009 ④

010

무재해 운동의 추진을 위한 3요소에 해당하지 않는 것은?

① 모든 위험잠재요인의 해결
② 최고경영자의 경영자세
③ 관리감독자(Line)의 적극적 추진
④ 직장 소집단의 자주활동 활성화

해설 **무재해 운동의 3기둥(3요소)**

- 소집단의 자주활동의 활성화: 일하는 한 사람 한 사람이 안전보건을 자신의 문제이며 동시에 같은 동료의 문제로 진지하게 받아들여 직장의 팀 멤버와의 협동노력으로 자주적으로 추진해 가는 것이 필요하다.
- 라인관리자에 의한 안전보건의 추진: 안전보건을 추진하는 데는 라인관리자들의 생산활동 속에 안전보건을 접목시켜 실천하는 것이 꼭 필요하다.
- 최고경영자의 경영자세
  - 안전보건은 최고경영자의 "무재해, 무질병"에 대한 확고한 경영자세로부터 시작된다.
  - "일하는 한 사람 한 사람이 중요하다."라는 최고경영자의 인간존중의 결의로 무재해 운동이 출발한다.

011

다음 중 브레인스토밍(Brain–storming)의 4원칙을 올바르게 나열한 것은?

① 자유분방, 비판금지, 대량발언, 수정발언
② 비판자유, 소량발언, 자유분방, 수정발언
③ 대량발언, 비판자유, 자유분방, 수정발언
④ 소량발언, 자유분방, 비판금지, 수정발언

해설 **브레인스토밍(Brain Storming)**

- 비판금지: "좋다, 나쁘다" 등의 비평을 하지 않는다.
- 자유분방: 자유로운 분위기에서 발표한다.
- 대량발언: 무엇이든지 좋으니 많이 발언한다.
- 수정발언: 자유자재로 변하는 아이디어를 개발한다.(타인 의견의 수정발언)

012

위험예지훈련 중 TBM(Tool Box Meeting)에 관한 설명으로 틀린 것은?

① 작업 장소에서 원형의 형태를 만들어 실시한다.
② 통상 작업시작 전·후 10분 정도의 시간으로 미팅한다.
③ 토의는 다수인(30인)이 함께 수행한다.
④ 근로자 모두가 말하고 스스로 생각하고 "이렇게 하자"라고 합의한 내용이 되어야 한다.

해설 **TBM(Tool Box Meeting) 실시요령**

- 작업시작 전, 중식 후, 작업종료 후 짧은 시간을 활용하여 실시한다.
- 때와 장소에 구애받지 않고 10명 이하의 작업자가 모여서 공구나 기계 앞에서 행한다.
- 일방적인 명령이나 지시가 아니라 잠재위험에 대해 같이 생각하고 해결한다.
- 모두가 "이렇게 하자", "이렇게 한다"라고 합의하고 실행한다.

013

위험예지훈련 기초 4라운드법의 진행에서 전원이 토의를 통하여 위험요인을 발견하는 단계로 가장 적절한 것은?

① 제1라운드: 현상파악
② 제2라운드: 본질추구
③ 제3라운드: 대책수립
④ 제4라운드: 목표설정

해설 **위험예지훈련의 추진을 위한 문제해결 4단계(4라운드)**

- 1라운드: 현상파악(사실의 파악) – 어떤 위험이 잠재하고 있는가?
- 2라운드: 본질추구(원인조사) – 이것이 위험의 포인트이다.
- 3라운드: 대책수립(대책을 세운다) – 당신이라면 어떻게 하겠는가?
- 4라운드: 목표설정(행동계획 작성) – 우리들은 이렇게 하자!

| 정답 | 010 ① 011 ① 012 ③ 013 ①

014

다음 중 평균 근로자 수가 1,000명 이상인 대규모 사업장에 가장 적합한 안전조직은?

① 라인(line)형 안전조직
② 스태프(staff)형 안전조직
③ 라인-스태프(line-staff)형 혼합조직
④ 생산부서장의 안전책임자 겸직조직

해설 라인 · 스태프(LINE-STAFF)형 조직(직계참모조직)
- 규모: 대규모(1,000명 이상)
- 장점
  - 안전에 대한 기술 및 경험축적이 용이하다.
  - 사업장에 맞는 독자적인 안전개선책을 강구할 수 있다.
  - 안전에 관한 명령과 지시는 생산라인을 통해 신속하게 전달한다.
- 단점: 명령계통과 조언의 권고적 참여가 혼동되기 쉽다.

관련개념 라인(LINE)형 조직 & 스태프(STAFF)형 조직

라인(LINE)형 조직(직계형 조직)
- 규모: 소규모(100명 미만)
- 장점
  - 안전에 관한 지시 및 명령계통이 철저하다.(생산라인을 통해 이루어짐)
  - 안전대책의 실시가 신속하다.
  - 명령과 보고가 상하관계로 일원화하여 간단 명료하다.
- 단점
  - 안전에 대한 지식 및 기술축적이 어렵다.
  - 안전에 대한 정보수집 및 신기술 개발이 미흡하다.
  - 라인에 과중한 책임을 지우기 쉽다.

스태프(STAFF)형 조직(참모형 조직)
- 규모: 중규모(100명 이상 1,000명 미만)
- 장점
  - 사업장 특성에 맞는 전문적인 기술연구가 가능하다.
  - 경영자에게 조언과 자문 역할을 할 수 있다.
  - 안전정보 수집이 빠르다.
- 단점
  - 안전 지시나 명령이 작업자에게까지 신속 · 정확하게 전달되지 못한다.
  - 생산부문은 안전에 대한 책임과 권한이 없다.
  - 권한다툼이나 조정 때문에 시간과 노력이 소모된다.

015

「산업안전보건법령」상 산업안전보건위원회의 사용자위원에 해당되지 않는 사람은?(단, 각 사업장은 해당하는 사람을 선임하여야 하는 대상 사업장으로 한다.)

① 안전관리자　　② 산업보건의
③ 명예산업안전감독관　　④ 해당 사업장 부서의 장

해설 산업안전보건위원회 사용자위원
- 해당 사업의 대표자
- 안전관리자 1명
- 보건관리자 1명
- 산업보건의
- 해당 사업의 대표자가 지명하는 9명 이내의 해당 사업장 부서의 장

관련개념 산업안전보건위원회 근로자위원
- 근로자대표
- 근로자대표가 지명하는 1명 이상의 명예산업안전감독관
- 근로자대표가 지명하는 9명 이내의 해당 사업장의 근로자

016

다음 중 「산업안전보건법령」에서 정한 안전보건관리규정의 세부내용으로 가장 적절하지 않은 것은?

① 산업안전보건위원회의 설치 · 운영에 관한 사항
② 사업주 및 근로자의 재해 예방 책임 및 의무 등에 관한 사항
③ 근로자 건강진단, 작업환경측정의 실시 및 조치절차 등에 관한 사항
④ 산업재해 및 중대산업사고의 발생 시 손실비용 산정 및 보상에 관한 사항

해설 ①은 안전 · 보건 관리조직과 그 직무, ②는 총칙, ③은 작업장 보건관리에 해당하는 내용이다.

관련개념 안전보건관리규정 세부내용
- 총칙
- 안전 · 보건 관리조직과 그 직무
- 안전 · 보건교육
- 작업장 안전관리
- 작업장 보건관리
- 사고 조사 및 대책 수립
- 위험성평가에 관한 사항
- 보칙

CBT 대비 500제

| 정답 | 014 ③　015 ③　016 ④

017

「산업안전보건법령」상 안전보건관리규정을 작성하여야 할 사업 중에 정보서비스업의 상시 근로자 수는 몇 명 이상인가?

① 300 ② 100
③ 50 ④ 500

해설 안전보건관리규정 작성대상

사업의 종류	상시근로자 수
농업, 어업, 소프트웨어 개발 및 공급업, 컴퓨터 프로그래밍, 시스템 통합 및 관리업, 정보서비스업, 금융 및 보험업, 임대업;부동산 제외, 전문, 과학 및 기술 서비스업(연구개발업 제외), 사업지원 서비스업, 사회복지 서비스업	300명 이상

018

다음 ( ) 안에 들어갈 내용으로 알맞은 것은?

「산업안전보건법」상 사업주는 안전보건관리규정을 작성 또는 변경할 때에는 (㉠)의 심의·의결을 거쳐야 한다. 다만, (㉠)가 설치되어 있지 아니한 사업장에 있어서는 (㉡)의 동의를 받아야 한다.

① ㉠: 안전보건관리규정위원회
㉡: 노사대표
② ㉠: 안전보건관리규정위원회
㉡: 근로자대표
③ ㉠: 산업안전보건위원회
㉡: 노사대표
④ ㉠: 산업안전보건위원회
㉡: 근로자대표

해설 안전보건관리규정의 작성·변경 절차

사업주는 안전보건관리규정을 작성하거나 변경할 때에는 산업안전보건위원회의 심의·의결을 거쳐야 한다. 다만, 산업안전보건위원회가 설치되어 있지 아니한 사업장의 경우에는 근로자대표의 동의를 받아야 한다.

019

다음 중 「산업안전보건법령」상 안전관리자의 직무에 해당하지 않는 것은?(단, 기타 안전에 관한 사항으로서 고용노동부장관이 정하는 사항은 제외한다.)

① 안전·보건에 관한 노사협의체에서 심의·의결한 업무
② 작업장 내에서 사용되는 전체 환기장치 및 국소 배기장치 등에 관한 설비의 점검
③ 안전인증대상 기계 등과 자율안전확인대상 기계 등의 구입 시 적격품의 선정에 관한 보좌 및 지도·조언
④ 해당 사업장의 안전보건관리규정 및 취업규칙에서 정한 업무

해설 ②는 보건관리자의 업무이다.

관련개념 안전관리자의 업무

- 산업안전보건위원회 또는 안전 및 보건에 관한 노사협의체에서 심의·의결한 업무와 해당 사업장의 안전보건관리규정 및 취업규칙에서 정한 업무
- 위험성평가에 관한 보좌 및 지도·조언
- 안전인증대상 기계 등과 자율안전확인대상 기계 등 구입 시 적격품의 선정에 관한 보좌 및 지도·조언
- 해당 사업장 안전교육계획의 수립 및 안전교육 실시에 관한 보좌 및 지도·조인
- 사업장 순회점검, 지도 및 조치 건의
- 산업재해 발생의 원인 조사·분석 및 재발 방지를 위한 기술적 보좌 및 지도·조언
- 산업재해에 관한 통계의 유지·관리·분석을 위한 보좌 및 지도·조언
- 법 또는 법에 따른 명령으로 정한 안전에 관한 사항의 이행에 관한 보좌 및 지도·조언
- 업무 수행 내용의 기록·유지
- 그 밖에 안전에 관한 사항으로서 고용노동부장관이 정하는 사항

| 정답 | 017 ① 018 ④ 019 ②

020

다음 중 안전보건관리책임자의 업무가 아닌 것은?

① 근로자의 안전 · 보건교육
② 안전장치 및 보호구 구입 시 적격품 여부 확인
③ 산업재해의 원인 조사 및 재발 방지대책 수립
④ 해당 작업의 작업장 정리 · 정돈 및 통로 확보에 대한 확인 · 감독

해설 ④는 관리감독자의 업무이다.

관련개념 안전보건관리책임자의 업무

- 사업장의 산업재해 예방계획의 수립에 관한 사항
- 안전보건관리규정의 작성 및 변경에 관한 사항
- 안전보건교육에 관한 사항
- 작업환경측정 등 작업환경의 점검 및 개선에 관한 사항
- 근로자의 건강진단 등 건강관리에 관한 사항
- 산업재해의 원인 조사 및 재발 방지대책 수립에 관한 사항
- 산업재해에 관한 통계의 기록 및 유지에 관한 사항
- 안전장치 및 보호구 구입 시 적격품 여부 확인에 관한 사항
- 그 밖에 근로자의 유해 · 위험 방지조치에 관한 사항으로서 고용노동부령으로 정하는 사항

021

「산업안전보건법령」상 관리감독자의 업무의 내용이 아닌 것은?

① 해당 작업에 관련되는 기계 · 기구 또는 설비의 안전 · 보건 점검 및 이상 유무의 확인
② 해당 사업장 산업보건의의 지도 · 조언에 대한 협조
③ 위험성평가를 위한 업무에 기인하는 유해 · 위험요인의 파악 및 개선조치의 시행에 대한 참여
④ 작성된 물질안전보건자료의 게시 또는 비치에 관한 보좌 및 지도 · 조언

해설 ④는 보건관리자의 업무이다.

관련개념 관리감독자의 업무

- 사업장 내 관리감독자가 지휘 · 감독하는 작업과 관련된 기계 · 기구 또는 설비의 안전 · 보건 점검 및 이상 유무의 확인
- 관리감독자에게 소속된 근로자의 작업복 · 보호구 및 방호장치의 점검과 그 착용 · 사용에 관한 교육 · 지도
- 해당 작업에서 발생한 산업재해에 관한 보고 및 이에 대한 응급조치
- 해당 작업의 작업장 정리 · 정돈 및 통로 확보에 대한 확인 · 감독
- 사업장의 안전관리자 · 보건관리자 및 안전보건관리담당자 · 산업보건의의 지도 · 조언에 대한 협조
- 위험성평가를 위한 업무에 기인하는 유해 · 위험요인의 파악 및 개선조치의 시행에 대한 참여
- 그 밖에 해당 작업의 안전 및 보건에 관한 사항으로서 고용노동부령으로 정하는 사항

022

다음 중 「산업안전보건법령」상 안전보건개선계획서에 반드시 포함되어야 할 사항과 가장 거리가 먼 것은?

① 안전보건교육
② 안전보건관리체제
③ 근로자 채용 및 배치에 관한 사항
④ 산업재해예방 및 작업환경의 개선을 위하여 필요한 사항

해설 **안전보건개선계획서에 포함되어야 할 내용**

- 시설
- 안전보건관리체제
- 안전보건교육
- 산업재해예방 및 작업환경의 개선을 위하여 필요한 사항

| 정답 | 020 ④ 021 ④ 022 ③

023

「산업안전보건법령」상 사업주가 유해위험방지계획서를 제출할 때에는 사업장 별로 관련 서류를 첨부하여 해당 작업 시작 며칠 전까지 해당 기관에 제출하여야 하는가?

① 7일 ② 15일
③ 30일 ④ 60일

해설 사업주가 유해위험방지계획서를 제출할 때에는 사업장별로 제조업 등 유해위험방지계획서에 필요한 서류를 첨부하여 해당 작업 시작 15일 전까지 한국산업안전보건공단에 2부를 제출하여야 한다.

024

「산업안전보건법령」상 유해위험방지계획서의 제출 시 첨부하는 서류에 포함되지 않는 것은?

① 설비 점검 및 유지계획
② 기계 · 설비의 배치도면
③ 건축물 각 층의 평면도
④ 원재료 및 제품의 취급, 제조 등의 작업방법의 개요

해설 제조업 등 유해위험방지계획서 제출 시 첨부서류

- 건축물 각 층의 평면도
- 기계 · 설비의 개요를 나타내는 서류
- 기계 · 설비의 배치도면
- 원재료 및 제품의 취급, 제조 등의 작업방법의 개요
- 그 밖에 고용노동부장관이 정하는 도면 및 서류

CHAPTER 02 | 안전보호구 관리

025

다음 중 「산업안전보건법령」상 안전인증대상 보호구의 안전인증 제품에 안전인증 표시 외에 표시하여야 할 사항과 가장 거리가 먼 것은?

① 안전인증 번호
② 형식 또는 모델명
③ 제조번호 및 제조연월
④ 물리적, 화학적 성능기준

해설 안전인증 제품표시의 붙임

- 형식 또는 모델명
- 규격 또는 등급 등
- 제조자명
- 제조번호 및 제조연월
- 안전인증 번호

026

안전모 중에서 머리 부위의 감전에 의한 위험을 방지할 수 있는 것은?

① A형 ② B형
③ AC형 ④ AE형

해설 안전인증대상 안전모의 종류 및 사용구분

종류(기호)	사용구분
AB	물체의 낙하 또는 비래 및 추락에 의한 위험을 방지 또는 경감시키기 위한 것
AE	물체의 낙하 또는 비래에 의한 위험을 방지 또는 경감하고, 머리부위 감전에 의한 위험을 방지하기 위한 것
ABE	물체의 낙하 또는 비래 및 추락에 의한 위험을 방지 또는 경감하고, 머리부위 감전에 의한 위험을 방지하기 위한 것

| 정답 | 023 ② 024 ① 025 ④ 026 ④

027

다음 중 안전모에 있어 착장체의 구성요소에 해당되지 않는 것은?

① 턱끈 ② 머리고정대
③ 머리받침고리 ④ 머리받침끈

해설 안전모의 일반구조

- 안전모는 모체, 착장체(머리받침끈, 머리고정대, 머리받침고리) 및 턱끈을 가져야 한다.
- 착장체의 머리고정대는 착용자의 머리부위에 적합하도록 조절할 수 있어야 한다.
- 착장체의 구조는 착용자의 머리에 균등한 힘이 분배되도록 하여야 한다.
- 모체, 착장체 등 안전모의 부품은 착용자에게 상해를 줄 수 있는 날카로운 모서리 등이 없어야 한다.

028

안전모의 성능시험항목에 따른 성능기준에서 AE, ABE종 안전모의 질량 증가율이 1[%] 미만이어야 하는 항목은?

① 충격흡수성 ② 내전압성
③ 내수성 ④ 난연성

해설 안전인증대상 안전모의 시험성능기준

항목	시험성능기준
내관통성	AE, ABE종 안전모는 관통거리가 9.5[mm] 이하이고, AB종 안전모는 관통거리가 11.1[mm] 이하이어야 한다.
충격흡수성	최고전달충격력이 4,450[N]을 초과해서는 안 되며, 모체와 착장체의 기능이 상실되지 않아야 한다.
내전압성	AE, ABE종 안전모는 교류 20[kV]에서 1분간 절연파괴 없이 견뎌야 하고, 이때 누설되는 충전전류는 10[mA] 이하이어야 한다.
내수성	AE, ABE종 안전모는 질량 증가율이 1[%] 미만이어야 한다.
난연성	모체가 불꽃을 내며 5초 이상 연소되지 않아야 한다.
턱끈풀림	150[N] 이상 250[N] 이하에서 턱끈이 풀려야 한다.

029

다음 그림의 보호구의 명칭으로 옳은 것은?

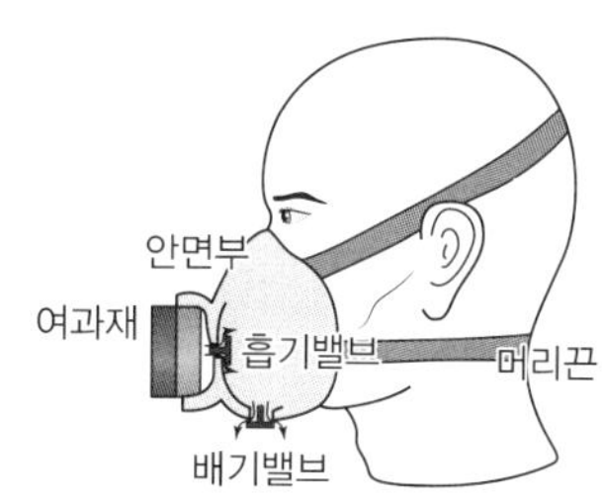

① 격리식 반면형 방독마스크
② 직결식 반면형 방진마스크
③ 격리식 전면형 방독마스크
④ 안면부 여과식 방진마스크

해설 방진마스크의 형태별 구조분류

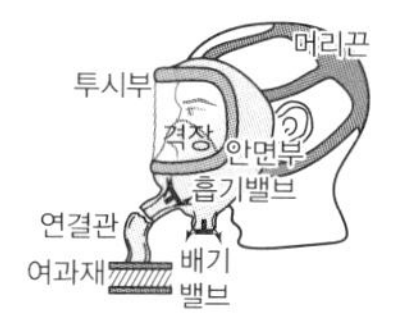

▲ 격리식 전면형

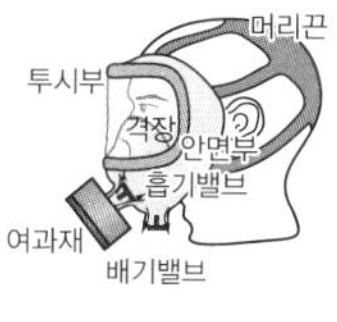

▲ 직결식 전면형

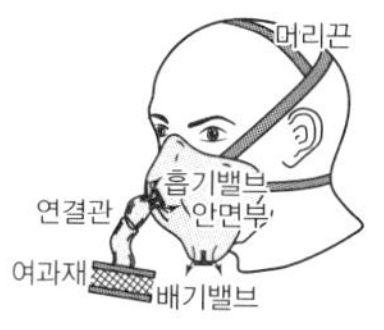

▲ 격리식 반면형

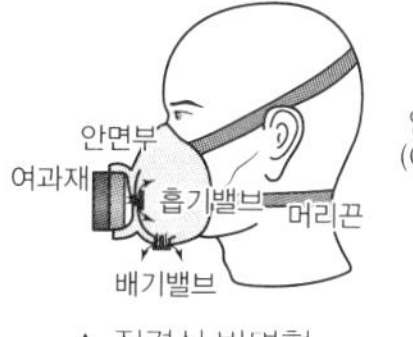

▲ 직결식 반면형

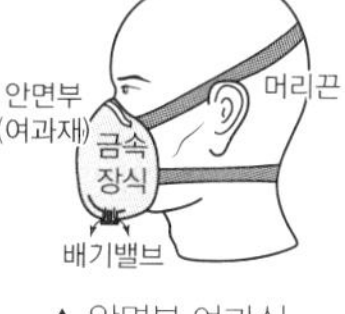

▲ 안면부 여과식

관련개념 방독마스크의 형태 및 구조

▲ 격리식 전면형 ▲ 격리식 반면형 ▲ 직결식 전면형(1안식)

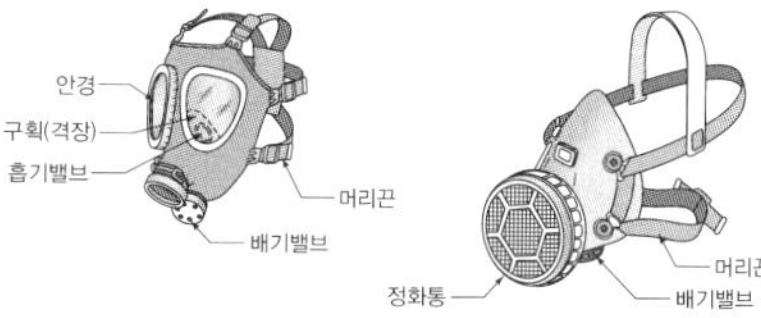

▲ 직결식 전면형(2안식) ▲ 직결식 반면형

030

다음 중 방진마스크 선택 시 주의사항으로 틀린 것은?

① 포집율이 좋아야 한다.
② 흡기저항 상승률이 높아야 한다.
③ 시야가 넓을수록 좋다.
④ 안면부에 밀착성이 좋아야 한다.

해설 방진마스크 선정기준(구비조건)
- 분진포집효율(여과효율)이 좋을 것
- 흡기, 배기저항이 낮을 것
- 사용적이 적을 것
- 중량이 가벼울 것
- 시야가 넓을 것
- 안면밀착성이 좋을 것

031

「보호구 안전인증 고시」에 따른 방독마스크 중 할로겐용 정화통 외부 측면의 표시색으로 옳은 것은?

① 갈색 ② 회색
③ 녹색 ④ 노란색

해설 정화통 외부 측면의 표시색

종류	표시색
유기화합물용 정화통	갈색
할로겐용 정화통	회색
황화수소용 정화통	회색
시안화수소용 정화통	회색
아황산용 정화통	노란색
암모니아용 정화통	녹색
복합용 및 겸용의 정화통	• 복합용: 해당가스 모두 표시(2층 분리) • 겸용: 백색과 해당가스 모두 표시(2층 분리)

032

송기마스크 용어에 대한 설명으로 옳지 않은 것은?

① '안면부 등'이란 안면부, 페이스실드 및 후드를 말한다.
② '디맨드밸브'란 흡기 때 열리고 흡기를 정지시켰을 때 및 배기할 때 닫히는 밸브를 말한다.
③ '공급밸브'란 디맨드밸브와 압력 디맨드밸브를 말한다.
④ 'AL마스크'란 호스 마스크와 에어라인 마스크를 말한다.

해설 'AL마스크'란 에어라인 마스크와 복합식 에어라인 마스크를 말한다.

033

다음 중 안전대의 각 부품(용어)에 관한 설명으로 틀린 것은?

① '안전그네'란 신체지지의 목적으로 전신에 착용하는 띠 모양의 것으로서 상체 등 신체 일부분만 지지하는 것은 제외한다.
② '버클'이란 벨트 또는 안전그네와 신축조절기를 연결하기 위한 사각형의 금속 고리를 말한다.
③ 'U자걸이'란 안전대의 죔줄을 구조물 등에 U자 모양으로 돌린 뒤 훅 또는 카라비너를 D링에, 신축조절기를 각링 등에 연결하는 걸이 방법을 말한다.
④ '1개걸이'란 죔줄의 한쪽 끝을 D링에 고정시키고 훅 또는 카라비너를 구조물 또는 구명줄에 고정시키는 걸이 방법을 말한다.

해설 ②는 '각링'에 대한 설명이다.

관련개념 버클
벨트 또는 안전그네를 신체에 착용하기 위해 그 끝에 부착한 금속장치를 말한다.

| 정답 | 030 ② 031 ② 032 ④ 033 ②

034

「산업안전보건법령」상 주로 고음을 차음하고, 저음은 차음하지 않는 방음보호구의 기호로 옳은 것은?

① NRR　　② EM
③ EP-1　　④ EP-2

해설 방음용 귀마개 또는 귀덮개의 종류 · 등급

종류	등급	기호	성능	비고
귀마개	1종	EP-1	저음부터 고음까지 차음하는 것	귀마개의 경우 재사용 여부를 제조특성으로 표기
	2종	EP-2	주로 고음을 차음하고 저음(회화음영역)은 차음하지 않는 것	
귀덮개	-	EM		

035

「산업안전보건법령」상 안전보건표지 중 폭발성물질 경고의 색채에 대한 설명으로 옳은 것은?

① 바탕은 파란색, 관련 그림은 흰색
② 바탕은 무색, 기본모형은 빨간색
③ 바탕은 흰색, 기본모형 및 관련 부호는 녹색
④ 바탕은 노란색, 기본모형, 관련 부호 및 그림은 검은색

해설 '폭발성물질 경고' 표지는 경고표지이다.
경고표지의 바탕은 노란색, 기본모형, 관련 부호 및 그림은 검은색이다. 다만, 폭발성물질 경고의 경우 바탕은 무색, 기본모형은 빨간색(검은색도 가능)이다.

관련개념 안전보건표지의 종류별 색채

- 금지표지: 바탕은 흰색, 기본모형은 빨간색, 관련 부호 및 그림은 검은색
- 경고표지: 바탕은 노란색, 기본모형, 관련 부호 및 그림은 검은색. 다만, 인화성물질, 산화성물질, 폭발성물질, 급성독성물질, 부식성물질 및 발암성 · 변이원성 · 생식독성 · 전신독성 · 호흡기과민성물질 경고의 경우 바탕은 무색, 기본모형은 빨간색(검은색도 가능)
- 지시표지: 바탕은 파란색, 관련 그림은 흰색
- 안내표지: 바탕은 흰색, 기본모형 및 관련 부호는 녹색, 바탕은 녹색, 관련 부호 및 그림은 흰색
- 출입금지표지: 글자는 흰색 바탕에 흑색. 다만, '○○○제소/사용/보관 중', '석면 취급/해체 중', '발암물질 취급 중' 글자는 적색

036

「산업안전보건법령」상 바탕은 흰색, 기본모형은 빨간색, 관련 부호 및 그림은 검은색으로 사용하는 안전보건표지는?

① 안전복착용　　② 출입금지
③ 고온경고　　④ 비상구

해설 바탕은 흰색, 기본모형은 빨간색, 관련 부호 및 그림은 검은색으로 사용하는 안전보건표지는 '금지표지'이다.
보기 중 금지표지는 출입금지이다.

037

「산업안전보건법령」상 안전보건표지의 종류 중 지시표지에 포함되지 않는 것은?

① 안전모착용　　② 안전화착용
③ 방호복착용　　④ 방독마스크착용

해설 지시표지

보안경착용　방독마스크착용　방진마스크착용　보안면착용　안전모착용

귀마개착용　안전화착용　안전장갑착용　안전복착용

038

다음 그림이 나타내는 안내표지의 종류는 무엇인가?

① 녹십자표지　　② 들것
③ 응급구호표지　　④ 비상용기구

해설 안내표지

녹십자표지　응급구호표지　들것　세안장치　비상용기구

비상구　좌측비상구　우측비상구

| 정답 | 034 ④　035 ②　036 ②　037 ③　038 ②

039

「산업안전보건법령」상 안전보건표지 중 다음의 표지가 나타내는 의미는 무엇인가?

① 산화성물질경고
② 폭발성물질경고
③ 인화성물질경고
④ 급성독성물질경고

해설 물질경고표지

산화성물질경고	폭발성물질경고	인화성물질경고	급성독성물질경고

040

「산업안전보건법령」상의 안전보건표지 종류 중 관계자외 출입금지표지에 해당되는 것은?

① 안전모 착용
② 폭발성물질 경고
③ 방사성물질 경고
④ 석면 취급 및 해체 · 제거

해설 관계자외 출입금지

허가대상물질 작업장	석면취급/해체 작업장	금지대상물질의 취급실험실 등
관계자외 출입금지 (허가물질 명칭) 제조/사용/보관 중 보호구/보호복 착용 흡연 및 음식물 섭취 금지	관계자외 출입금지 석면 취급/해체 중 보호구/보호복 착용 흡연 및 음식물 섭취 금지	관계자외 출입금지 발암물질 취급 중 보호구/보호복 착용 흡연 및 음식물 섭취 금지

041

「산업안전보건법령」상 안전보건표지의 색채별 색도기준이 올바르게 연결된 것은?(단, 순서는 색상-명도/채도이며, 색도기준은 KS에 따른 색의 3속성에 의한 표시방법에 따른다.)

① 빨간색 - 5R 4/13
② 노란색 - 2.5Y 8/12
③ 파란색 - 7.5PB 2.5/7.5
④ 녹색 - 2.5G 4/10

해설 안전보건표지의 색도기준 및 용도

색채	색도기준	용도	사용 예
빨간색	7.5R 4/14	금지	정지신호, 소화설비 및 그 장소, 유해행위의 금지
		경고	화학물질 취급장소에서의 유해 · 위험경고
노란색	5Y 8.5/12	경고	화학물질 취급장소에서의 유해 · 위험경고 이외의 위험경고, 주의표지 또는 기계방호물
파란색	2.5PB 4/10	지시	특정 행위의 지시 및 사실의 고지
녹색	2.5G 4/10	안내	비상구 및 피난소, 사람 또는 차량의 통행표지
흰색	N9.5		파란색 또는 녹색에 대한 보조색
검은색	N0.5		문자 및 빨간색 또는 노란색에 대한 보조색

| 정답 | 039 ② 040 ④ 041 ④

CHAPTER 03 I 산업안전심리

042

스트레스 주요 원인 중 마음속에서 일어나는 내적 자극요인으로 볼 수 없는 것은?

① 자존심의 손상　　② 업무상 죄책감
③ 현실에의 부적응　　④ 대인관계 상의 갈등

해설 스트레스의 자극요인
- 내적요인: 자존심의 손상, 업무상의 죄책감, 현실에서의 부적응
- 외적요인: 대인관계의 갈등과 대립, 가족의 죽음 · 질병, 경제적 어려움

043

다음 중 적성배치 시 작업자의 특성과 가장 관계가 적은 것은?

① 연령　　② 작업조건
③ 태도　　④ 업무경력

해설 적성배치 시 작업자의 특성
- 지적 능력
- 성격
- 기능
- 업무수행력
- 연령적 특성
- 신체적 특성
- 태도
- 업무경력

044

억측판단의 배경이 아닌 것은?

① 생략 행위　　② 초조한 심정
③ 희망적 관측　　④ 과거의 성공한 경험

해설 억측판단이 발생하는 배경
- 희망적 관측: '그때도 그랬으니까 괜찮겠지'하는 관측이다.
- 불확실한 정보나 지식: 위험에 대한 정보의 불확실 및 지식의 부족이다.
- 과거의 성공한 경험: 과거에 그 행위로 성공한 경험의 선입관이다.
- 초조한 심정: 일을 빨리 끝내고 싶은 초조한 심정이다.

045

산업심리의 5대 요소에 해당되지 않는 것은?

① 동기　　② 지능
③ 감정　　④ 습관

해설 산업안전심리의 요소
- 동기(Motive): 능동적인 감각에 의한 자극에서 일어나는 사고의 결과로서 사람의 마음을 움직이는 원동력이다.
- 기질(Temper): 인간의 성격, 능력 등 개인적인 특성을 말하는 것으로 생활환경에 영향을 받는다.
- 감정(Emotion): 희로애락의 의식으로 외부 자극이나 내적 사건에 대한 주관적인 느낌이나 반응이다.
- 습성(Habits): 동기, 기질, 감정 등이 밀접한 관계를 형성하여 인간의 행동에 영향을 미칠 수 있도록 하는 것이다.
- 습관(Custom): 자신도 모르게 습관화된 현상을 말하며 습관에 영향을 미치는 요소는 동기, 기질, 감정, 습성이다.

046

인지과정 착오의 요인이 아닌 것은?

① 정서불안정　　② 감각차단현상
③ 작업자의 기능 미숙　　④ 생리 · 심리적 능력의 한계

해설 ③은 조치과정 착오의 요인이다.

관련개념 착오의 원인

인지과정 착오의 요인
- 생리 · 심리적 능력한계
- 감각차단현상
- 정보량(정보 수용능력)의 한계
- 정서불안정

판단과정 착오의 요인
- 자기합리화
- 작업조건불량
- 정보부족
- 능력부족
- 과신(자신 과잉)

조치과정 착오의 요인
- 기능 미숙
- 작업경험 부족
- 피로

| 정답 | 042 ④　043 ②　044 ①　045 ②　046 ③

047

다음 그림의 착시 현상을 무엇이라 하는가?

"수직선인 세로의 선이 굽어보인다."

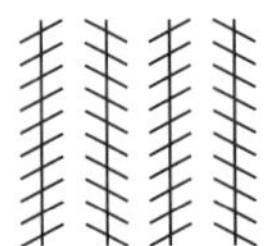

① Hering의 착시　② Kohler의 착시
③ Poggendorff의 착시　④ Zollner의 착시

해설 착시

물체의 물리적인 구조가 인간의 감각기관인 시각을 통해 인지한 구조와 일치되지 않게 보이는 현상이다.

색채	색도기준	사용 예
Hering의 착시	(a) (b)	(a)는 양단이 벌어져 보이고, (b)는 중앙이 벌어져 보인다.
Kohler의 착시 (윤곽착오)		우선 평형의 호를 본 후 즉시 직선을 본 경우에 직선은 호의 반대방향으로 굽어보인다.
Poggendorff의 착시	(a) (c) (b)	(a)와 (c)가 일직선으로 보이지만 실제로는 (a)와 (b)가 일직선이다.
Zollner의 착시		세로의 선이 굽어보인다.

048

인간의 착각현상 중 버스나 전동차의 움직임으로 인하여 자신이 승차하고 있는 정지된 자동차가 움직이는 것 같은 느낌을 받거나 구름 사이의 달 관찰 시 구름이 움직일 때 구름은 정지되어 있고, 달이 움직이는 것처럼 느껴지는 현상을 무엇이라 하는가?

① 자동운동　② 유도운동
③ 가현운동　④ 플리커현상

해설 착각현상

착각은 물리현상을 왜곡하는 지각현상을 말한다.

- 자동운동
  암실 내에서 정지된 작은 빛을 응시하고 있으면 그 빛이 움직이는 것을 볼 수 있는데 이것을 자동운동이라 한다.
- 유도운동
  실제로 움직이지 않는 것이 어느 기준의 이동에 유도되어 움직이는 것처럼 느껴지는 현상을 말한다.
- 가현운동(β 운동)
  객관적으로 정지하고 있는 대상물이 급속히 나타나든가 소멸하는 것으로 인하여 일어나는 운동으로 마치 대상이 운동하는 것처럼 인식되는 현상을 말한다.(영화 · 영상의 방법)

| 정답 | 047 ④　048 ②

CHAPTER 04 | 인간의 행동과학

049

의식수준 5단계 중 의식수준의 저하로 인한 피로와 단조로움의 생리적 상태가 일어나는 단계는?

① Phase Ⅰ　② Phase Ⅱ
③ Phase Ⅲ　④ Phase Ⅳ

해설 인간의 의식 Level의 단계별 신뢰성

단계	의식의 상태	신뢰성	의식의 작용	생리적 상태
Phase 0	무의식, 실신	0	없음	수면, 뇌발작
Phase Ⅰ	의식의 둔화	0.9 이하	부주의	피로, 단조로움, 졸음, 술취함
Phase Ⅱ	이완 상태	0.99~0.99999	마음이 안쪽으로 향함(Passive)	안정기거, 휴식 시, 정례작업 시
Phase Ⅲ	명료한 상태	0.99999 이상	전향적(Active)	적극활동 시
Phase Ⅳ	과긴장 상태	0.9 이하	한 점에 집중, 판단 정지	당황, 패닉

050

인간관계의 메커니즘 중 다른 사람으로부터의 판단이나 행동을 무비판적으로 논리적, 사실적 근거 없이 받아들이는 것은?

① 모방(Imitation)　② 투사(Projection)
③ 동일화(Identification)　④ 암시(Suggestion)

해설 인간관계 메커니즘

- 동일화(Identification): 다른 사람의 행동양식이나 태도를 투입시키거나 다른 사람 가운데서 자기와 비슷한 점을 발견하는 것이다.
- 투사(Projection): 자기 속의 억압된 것을 다른 사람의 것으로 생각하는 것이다.
- 커뮤니케이션(Communication): 갖가지 행동양식이나 기호를 매개로 하여 어떤 사람으로부터 다른 사람에게 전달하는 과정이다.
- 모방(Imitation): 남의 행동이나 판단을 표본으로 하여 그것과 같거나 또는 그것에 가까운 행동 또는 판단을 취하려는 것이다.
- 암시(Suggestion): 다른 사람으로부터의 판단이나 행동을 무비판적으로 논리적, 사실적 근거 없이 받아들이는 것이다.

051

비통제의 집단행동 중 폭동과 같은 것을 말하며 군중보다 합의성이 없고, 감정에 의해서만 행동하는 특성은?

① 패닉(Panic)
② 모브(Mob)
③ 모방(Imitation)
④ 심리적 전염(Mental Epidemic)

해설 통제가 없는 집단행동

- 군중(Crowd): 성원 사이에 지위나 역할의 분화가 없고 성원 각자는 책임감을 가지지 않으며 비판력도 가지지 않는다.
- 모브(Mob): 폭동과 같은 것을 말하며 군중보다 합의성이 없고 감정에 의해 행동하는 것이다.
- 패닉(Panic): 모브가 공격적인데 반해 패닉은 방어적인 특징이 있다.
- 심리적 전염(Mental Epidemic): 어떤 사상이 상당 기간에 걸쳐 광범위하게 논리적 근거 없이 무비판적으로 받아들여지는 것이다.

052

레윈(Lewin)의 법칙에서 환경조건(E)에 포함되는 것은?

$$B=f(P\cdot E)$$

① 지능　② 소질
③ 적성　④ 인간관계

해설 레윈(Lewin, K)의 법칙

레윈은 인간의 행동(B)은 그 사람이 가진 자질 즉, 개체(P)와 환경(E)과의 상호함수관계에 있다고 하였다.

$B=f(P\cdot E)$

여기서, B: Behavior(인간의 행동)
f: function(함수관계)
P: Person(개체: 연령, 경험, 심신상태, 성격, 지능 등)
E: Environment(환경: 인간관계, 작업조건, 감독, 직무의 안정 등)

| 정답 | 049 ① 050 ④ 051 ② 052 ④

053

재해누발자의 유형 중 작업이 어렵고, 기계설비에 결함이 있기 때문에 재해를 일으키는 유형은?

① 상황성 누발자
② 습관성 누발자
③ 소질성 누발자
④ 미숙성 누발자

해설 **재해누발자 유형**

- 미숙성 누발자: 환경에 익숙하지 못하거나 기능 미숙으로 인한 재해누발자이다.
- 상황성 누발자: 작업이 어렵거나, 기계설비의 결함, 환경상 주의력의 집중이 혼란된 경우, 심신의 근심으로 사고경향자가 되는 경우이다. 이 경우, 상황이 변하면 안전한 성향으로 바뀐다.
- 습관성 누발자: 재해의 경험으로 신경과민이 되거나 슬럼프에 빠져 불안전 행동을 수행하게 되어 사고 또는 재해를 습관적으로 발생시키는 경우이다.
- 소질성 누발자: 지능, 성격, 감각운동 등에 의한 소질적 요소에 의해서 결정되는 특수성격 소유자이다.

054

상황성 누발자의 재해유발원인과 거리가 먼 것은?

① 작업의 어려움
② 기계설비의 결함
③ 심신의 근심
④ 주의력의 산만

해설 **상황성 누발자**

작업이 어렵거나, 기계설비의 결함, 환경상 주의력의 집중이 혼란된 경우, 심신의 근심으로 사고경향자가 되는 경우이다. 이 경우, 상황이 변하면 안전한 성향으로 바뀐다.

055

매슬로우의 욕구위계이론 중 제5단계 욕구로 옳은 것은?

① 자아실현의 욕구
② 안전에 대한 욕구
③ 사회적(애정적) 욕구
④ 존경과 긍지에 대한 욕구

해설 **매슬로우(Maslow)의 욕구위계이론**

- 제1단계: 생리적 욕구 – 기아, 갈증, 호흡, 배설, 성욕 등
- 제2단계: 안전의 욕구 – 안전을 기하려는 욕구
- 제3단계: 사회적 욕구 – 소속 및 애정에 대한 욕구(친화 욕구)
- 제4단계: 자기존경의 욕구 – 자존심, 명예, 성취, 지위에 대한 욕구(안정의 욕구 또는 자기존중의 욕구)
- 제5단계: 자아실현의 욕구 – 잠재적인 능력을 실현하고자 하는 욕구(성취 욕구)

056

매슬로우의 욕구위계이론에 대해 틀린 설명은?

① 최종적 욕구는 잠재적인 능력을 실현하고자 하는 욕구이다.
② 이제 막 사회생활을 시작한 사람이 가장 크게 가지는 욕구는 사회적 욕구이다.
③ 하위욕구가 충족되어야 상위욕구로 넘어간다.
④ 욕구는 인간의 동기부여를 일으켜 일정한 목표로 이끈다.

해설 사람이 가지는 욕구는 개인별로 다를 수 있으며 사회생활을 막 시작한 사람이 가장 크게 갖는 욕구가 사회적 욕구라고 단정지을 수 없다.

| 정답 | 053 ① 054 ④ 055 ① 056 ②

057

다음 중 맥그리거(McGregor)의 X · Y 이론에서 Y 이론의 관리처방에 해당하는 것은?

① 분권화 및 권한의 위임
② 경제적 보상체제의 강화
③ 권위주의적 리더십의 확립
④ 면밀한 감독과 엄격한 통제

해설 X 이론과 Y 이론에 대한 관리처방

X 이론	Y 이론
• 경제적 보상체제의 강화	• 민주적 리더십의 확립
• 권위주의적 리더십의 확립	• 분권화 및 권한의 위임
• 면밀한 감독과 엄격한 통제	• 직무의 확장
• 상부책임제도의 강화	• 자율적인 통제
• 통제에 의한 관리	• 목표에 의한 관리

058

허즈버그(Herzberg)의 동기 · 위생이론 중에서 위생요인에 해당하지 않는 것은?

① 보수　　② 책임감
③ 작업조건　　④ 관리감독

해설 허즈버그(Herzberg)의 2요인 이론(위생요인, 동기요인)

• 위생요인(Hygiene): 작업조건, 급여, 직무환경, 감독 등 일의 조건, 보상에서 오는 욕구(충족되지 않을 경우 조직의 성과가 떨어지나, 충족되었다고 성과가 향상되지 않음)
동기요인(Motivation): 책임감, 성취, 인정, 개인발전 등 일 자체에서 오는 심리적 욕구(충족될 경우 조직의 성과가 향상되며 충족되지 않아도 성과가 떨어지지 않음)

059

Alderfer의 ERG 이론 중 생존(Existence)욕구에 해당되는 Maslow의 욕구단계는?

① 자아실현의 욕구　　② 존경의 욕구
③ 사회적 욕구　　④ 생리적 욕구

해설 알더퍼(Alderfer)의 ERG 이론

• E(Existence, 존재욕구): 생리적 욕구나 안전의 욕구와 같이 인간이 자신의 존재를 확보하는 데 필요한 욕구이다. 여기에는 급여, 부가급, 육체적 작업에 대한 욕구 그리고 물질적 욕구가 포함된다.
• R(Relatedness, 관계욕구): 개인이 주변사람들과 상호작용을 통하여 만족을 추구하고 싶어하는 욕구로서 매슬로우 욕구위계 중 사회적 욕구에 속한다.
• G(Growth, 성장욕구): 매슬로우의 자기존중의 욕구와 자아실현의 욕구를 포함하는 것으로서, 개인의 잠재력 개발과 관련되는 욕구이다.

관련개념 매슬로우 욕구위계이론과의 차이점

알더퍼의 ERG 이론은 매슬로우의 욕구위계이론을 심화시킨 것으로서 하위욕구가 충족되면 상위욕구로 진행한다는 점은 유사하나 각 단계별로 퇴행도 고려하여 상위욕구가 좌절되면 하위욕구의 중요성이 더욱 커지고 강조된다는 점이 매슬로우의 욕구위계이론과의 차이점이다.

060

다음 중 데이비스(K.Davis)의 동기부여 이론에서 관련 등식으로 옳은 것은?

① 상황 × 태도 = 동기유발
② 지식 × 기능 = 인간의 성과
③ 능력 × 동기유발 = 물질적 성과
④ 지식 × 동기유발 = 경영의 성과

해설 데이비스(K.Davis)의 동기부여 이론

• 지식(Knowledge)×기능(Skill)=능력(Ability)
• 상황(Situation)×태도(Attitude)=동기유발(Motivation)
• 능력(Ability)×동기유발(Motivation)
=인간의 성과(Human Performance)
• 인간의 성과×물질적 성과=경영의 성과

| 정답 | 057 ① 058 ② 059 ④ 060 ①

061

주의(Attention)의 특징 중 여러 종류의 자극을 자각할 때, 소수의 특정한 것에 한하여 주의가 집중되는 것은?

① 선택성 ② 방향성
③ 변동성 ④ 검출성

해설 **주의의 특성**
- 선택성: 한 번에 많은 종류의 자극을 받을 때 소수의 특정한 것에만 반응하는 성질
- 방향성: 시선의 초점이 맞았을 때 쉽게 인지됨
- 변동성: 인간은 한 점에 계속하여 주의를 집중할 수 없음

062

작업을 하고 있을 때 걱정거리, 고민거리, 욕구불만 등에 의해 다른 데 정신을 빼앗기는 부주의 현상을 무엇이라고 하는가?

① 의식의 중단 ② 의식수준의 저하
③ 의식의 우회 ④ 의식의 과잉

해설 **부주의 원인(현상)**
- 의식의 우회: 의식의 흐름이 옆으로 빗나가 발생하는 것(걱정, 고민, 욕구불만 등에 의하여 정신을 빼앗기는 것)이다.
- 의식수준의 저하: 혼미한 정신상태에서 심신이 피로할 경우나 단조로운 반복작업 등의 경우에 일어나기 쉽다.
- 의식의 단절: 지속적인 의식의 흐름에 단절이 생기고 공백의 상태가 나타나는 것으로 주로 질병의 경우에 나타난다.
- 의식의 과잉: 돌발사태에 직면하면 공포를 느끼게 되고 주의가 일점(주시점)에 집중되어 판단정지 및 긴장 상태에 빠지게 되어 유효한 대응을 못하게 된다.
- 의식의 혼란: 외부의 자극이 애매모호하거나, 자극이 강할 때 및 약할 때 등과 같이 외적 조건에 의해 의식이 혼란하거나 분산되어 위험요인에 대응할 수 없을 때 발생한다.

063

부하직원에게 권한을 주고, 의사결정을 하거나 문제를 해결할 때 리더 개인의 통찰력보다 팀의 통찰력을 존중하는 리더십의 유형은 무엇인가?

① 권위적 리더십 ② 민주적 리더십
③ 위임형 리더십 ④ 자유방임적 리더십

해설 **리더십의 유형**
- 독재형(권위형)
  - 부하직원을 강압적으로 통제한다.
  - 의사결정권은 경영자가 가지고 있다.
- 민주형
  - 발생 가능한 갈등은 의사소통을 통해 조정한다.
  - 부하직원의 고충을 해결할 수 있도록 지원한다.
- 자유방임형
  - 의사결정의 책임을 부하직원에게 전가한다.
  - 업무회피 현상이 발생한다.
  - 경험이나 자율성이 부족한 부하직원에게는 적합하지 않다.
- 위임형
  - 부하직원에게 권한을 준다.
  - 의사결정 시 개인의 통찰력보다 팀의 통찰력을 존중한다.

064

리더십(Leadership)의 특성으로 볼 수 없는 것은?

① 민주주의적 지휘 형태
② 부하와의 넓은 사회적 간격
③ 밑으로부터의 동의에 의한 권한 부여
④ 개인적 영향에 의한 부하와의 관계 유지

해설 **리더십의 특성**
- 지휘형태가 민주적이다.
- 협동과 의사소통을 통해 사회적 간격이 좁다.
- 밑으로부터의 동의에 의한 권한을 부여한다.
- 개인적 영향에 의해 부하와의 관계가 유지된다.

| 정답 | 061 ① 062 ③ 063 ③ 064 ②

065

다음 중 헤드십에 관한 내용으로 볼 수 없는 것은?

① 부하와의 사회적 간격이 좁다.
② 지휘의 형태는 권위주의적이다.
③ 권한의 부여는 조직으로부터 위임받는다.
④ 권한에 대한 근거는 법적 또는 규정에 의한다.

해설 헤드십의 특성
- 부하직원의 활동을 감독한다.
- 상사와 부하와의 관계가 종속적이다.
- 부하와의 사회적 간격이 넓다.
- 지휘형태가 권위적이다.
- 법적 또는 규정에 의한 권한을 가지며 조직으로부터 위임받는다.

066

모랄 서베이(Morale Survey) 주요 방법 중 태도조사법에 해당하는 것은?

① 사례연구법 ② 관찰법
③ 실험연구법 ④ 문답법

해설 모랄 서베이(Morale Survey)
구성원의 사기, 만족도, 업무 환경에 대한 의견을 조사하는 것으로 근로의욕 조사라고도 한다. 근로자의 감정과 기분을 과학적으로 고려하고 이에 따른 경영의 관리활동을 개선하려는 데 목적이 있다.
- 통계에 의한 방법: 사고 상해율, 생산성, 지각, 조퇴, 이직 등을 분석하여 파악하는 방법이다.
- 사례연구(Case Study)법: 관리상의 여러 가지 제도에 나타나는 사례에 대해 연구함으로써 현상을 파악하는 방법이다.
- 관찰법: 종업원의 근무 실태를 계속 관찰함으로써 문제점을 찾아내는 방법이다.
- 실험연구법: 실험그룹과 통제그룹으로 나누고 정황, 자극을 주어 태도 변화를 조사하는 방법이다.
- 태도조사법: 질문지(문답)법, 면접법, 집단토의법, 투사법 등에 의해 의견을 조사하는 방법이다.

067

다음 중 정신적 작업 부하에 대한 생리적 측정치에 해당하는 것은?

① 에너지대사량 ② 최대산소소비능력
③ 근전도 ④ 부정맥 지수

해설 정신적 작업부하에 관한 생리적 측정치
- 점멸융합주파수(플리커법)
- 눈꺼풀의 깜빡임률(Blink Rate)
- 동공지름(Pupil Diameter)
- 뇌의 활동전위를 측성하는 뇌파도(EEG)
- 부정맥 지수

관련개념 점멸융합주파수(플리커법)
사이가 벌어져 회전하는 원판으로 들어오는 광원의 빛을 단속시켜 연속광으로 보이는지 단속광으로 보이는지 경계에서의 빛의 단속주기를 플리커치라고 한다. 정신적으로 피로한 경우에는 주파수 값이 내려가는 것으로 알려져 있다.

068

다음 중 생체리듬(Biorhythm)의 종류에 속하지 않는 것은?

① 육체적 리듬 ② 지성적 리듬
③ 감성적 리듬 ④ 정서적 리듬

해설 생체리듬(바이오리듬)의 종류
- 육체적(신체적) 리듬(P, Physical): 신체의 물리적인 상태를 나타내는 리듬, 청색 실선으로 표시하며 23일의 주기이다.
- 감성적 리듬(S, Sensitivity): 기분이나 신경계통의 상태를 나타내는 리듬, 적색 점선으로 표시하며 28일의 주기이다.
- 지성적 리듬(I, Intellectual): 기억력, 인지력, 판단력 등을 나타내는 리듬, 녹색 일점쇄선으로 표시하며 33일의 주기이다.

| 정답 | 065 ① 066 ④ 067 ④ 068 ④

CHAPTER 05 | 안전보건교육의 내용 및 방법

069

다음 설명에 해당하는 학습지도의 원리는?

> 학습자가 지니고 있는 각자의 요구와 능력 등에 알맞은 학습 활동의 기회를 마련해주어야 한다는 원리

① 직관의 원리　② 자기활동의 원리
③ 개별화의 원리　④ 사회화의 원리

해설 학습지도 이론

개별화의 원리	학습자가 가지고 있는 각각의 요구 및 능력에 맞게 지도해야 한다는 원리
통합의 원리	학습을 종합적으로 지도하는 것으로 학습자의 능력을 조화있게 발달시키는 원리
사회화의 원리	공동학습을 통해 협력과 사회화를 도와준다는 원리
자발성의 원리	학습자 스스로 학습에 참여해야 한다는 원리
직관의 원리	구체적인 사물을 제시하거나 경험 등을 통해 학습효과를 거둘 수 있다는 원리

070

다음 중 시행착오설에 의한 학습법칙에 해당하지 않는 것은?

① 효과의 법칙　② 준비성의 법칙
③ 연습의 법칙　④ 일관성의 법칙

해설 손다이크(Thorndike)의 시행착오설

- 준비성의 법칙: 학습이 이루어지기 전의 학습자의 상태에 따라 그것이 만족스러운가 불만족스러운가에 관한 것이다.
- 연습의 법칙: 일정한 목적을 가지고 있는 작업을 반복하는 과정 및 효과를 포함한 전체 과정이다.
- 효과의 법칙: 목표에 도달했을 때 만족스러운 보상을 주면 반응과 결합이 강해져 조건화가 잘 이루어진다.

071

파블로프(Pavlov)의 조건반사설에 의한 학습이론의 원리에 해당되지 않는 것은?

① 일관성의 원리　② 시간의 원리
③ 강도의 원리　④ 준비성의 원리

해설 파블로프(Pavlov)의 조건반사설

- 계속성의 원리: 자극과 반응의 관계는 횟수가 거듭될수록 강화가 잘 된다.
- 일관성의 원리: 일관된 자극을 사용하여야 한다.
- 강도의 원리: 먼저 준 자극보다 같거나 강한 자극을 주어야 강화가 잘 된다.
- 시간의 원리: 조건자극을 무조건자극보다 조금 앞서거나 동시에 주어야 강화가 잘 된다.

072

다음 중 학습정도(level of learning)의 4단계에 포함되지 않는 것은?

① 지각한다.　② 적용한다.
③ 인지한다.　④ 정리한다.

해설 학습정도(Level of Learning)

- 인지(Recognition): 주변 환경이나 사물을 처음 인지하고 구분하는 단계
- 지각(Knowledge): 인지된 정보를 기억하고 저장하는 단계
- 이해(Understanding): 기억된 정보를 논리적으로 연결하고 의미를 파악하는 단계
- 적용(Application): 학습된 지식과 기술을 실제 상황에 적용하는 단계

| 정답 | 069 ③　070 ④　071 ④　072 ④

073

자신의 약점이나 무능력, 열등감을 위장하여 유리하게 보호함으로써 안정감을 찾으려는 방어적 적응기제에 해당하는 것은?

① 보상 ② 고립
③ 퇴행 ④ 억압

해설 ②, ③, ④는 도피적 적응기제에 해당한다.

관련개념 방어적 기제(Defense Mechanism)

자신의 약점을 위장하여 유리하게 보임으로써 자기를 보호하려는 것이다.

- 보상: 계획한 일을 성공하는 데에서 오는 자존감이다.
- 합리화(변명): 너무 고통스럽기 때문에 인정할 수 없는 실제 이유 대신에 자기 행동에 그럴듯한 이유를 붙이는 방법이다.
- 승화: 억압당한 욕구가 사회적·문화적으로 가치 있는 목적으로 향하도록 노력함으로써 욕구를 충족하는 방법이다.
- 동일시: 자기가 되고자 하는 인물을 찾아내어 동일시하여 만족을 얻는 행동이다.
- 투사: 자기 속의 억압된 것을 다른 사람의 것으로 생각하는 것이다.

074

다음 중 안전교육방법에 있어 강의법에 관한 설명으로 틀린 것은?

① 시간에 대한 조정이 용이하다.
② 전체적인 교육내용을 제시하는 데 유리하다.
③ 종류에는 포럼, 심포지엄, 버즈세션 등이 있다.
④ 다수의 인원에게 동시에 많은 지식과 정보의 전달이 가능하다.

해설 포럼, 심포지엄, 버즈세션 등은 토의법의 종류이다.

관련개념 강의법

- 강사의 입장에서 시간의 조정이 가능하다.
- 다수의 수강자를 대상으로 동시에 교육할 수 있다.
- 단시간에 비교적 많은 내용을 전달할 수 있다.
- 다른 교육방법에 비해 수강자의 참여가 제약된다.

075

TWI(Training Within Industry)의 교육내용이 아닌 것은?

① Job Support Training
② Job Method Training
③ Job Relation Training
④ Job Instruction Training

해설 TWI(Training Within Industry)

주로 관리감독자들을 대상으로 하며 전체 교육시간은 10시간 정도 소요된다. 한 그룹에 10명 내외로 토의법과 실연법 중심으로 강의가 실시된다.

- 작업지도훈련(JIT; Job Instruction Training)
- 작업방법훈련(JMT; Job Method Training)
- 인간관계훈련(JRT; Job Relation Training)
- 작업안전훈련(JST; Job Safety Training)

076

OJT(On the Job Training) 교육의 장점과 가장 거리가 먼 것은?

① 훈련에만 전념할 수 있다.
② 직장의 실정에 맞게 실제적 훈련이 가능하다.
③ 개개인의 업무능력에 적합한 자세한 교육이 가능하다.
④ 교육을 통하여 상사와 부하 간의 의사소통과 신뢰감이 깊게 된다.

해설 OJT(직장 내 교육훈련)

직속상사가 직장 내에서 작업표준을 가지고 업무상의 개별교육이나 지도훈련을 하는 것으로 개별교육에 적합하다.

- 개개인에게 적절한 지도훈련이 가능하다.
- 직장의 실정에 맞게 실제적 훈련이 가능하다.
- 효과가 곧 업무에 나타나며 훈련의 좋고 나쁨에 따라 개선이 쉽다.
- 직장의 직속상사에 의한 교육이 가능하고, 훈련 효과에 의해 서로의 신뢰 및 이해도가 높아진다.

| 정답 | 073 ① 074 ③ 075 ① 076 ①

077

교육훈련 기법 중 Off JT의 장점에 해당되지 않는 것은?

① 우수한 전문가를 강사로 활용할 수 있다.
② 특별교재, 교구, 설비를 유효하게 활용할 수 있다.
③ 다수의 근로자에게 조직적 훈련이 가능하다.
④ 직장의 실정에 맞는 실제적인 교육이 가능하다.

해설 **Off JT(직장 외 교육훈련)**

계층별 직능별로 공통된 교육대상자를 현장 이외의 한 장소에 모아 집합교육을 실시하는 교육형태로 집단교육에 적합하다.

- 다수의 근로자에게 조직적 훈련을 행하는 것이 가능하다.
- 훈련에만 전념할 수 있다.
- 외부의 전문가를 강사로 초청하는 것이 가능하다.
- 특별교재·교구 및 설비를 사용하는 것이 가능하다.

078

하버드 학파의 5단계 교수법에 해당되지 않는 것은?

① 교시(Presentation)
② 연합(Association)
③ 추론(Reasoning)
④ 총괄(Generalization)

해설 **하버드 학파의 5단계 교수법(사례연구 중심)**

- 1단계: 준비시킨다.(Preparation)
- 2단계: 교시한다.(Presentation)
- 3단계: 연합한다.(Association)
- 4단계: 총괄한다.(Generalization)
- 5단계: 응용시킨다.(Application)

079

교육의 기본 3요소에 해당하지 않는 것은?

① 교육의 형태 ② 교육의 주체
③ 교육의 객체 ④ 교육의 매개체

해설 **교육의 3요소**

- 주체: 강사
- 객체: 수강자(학생)
- 매개체: 교재(교육내용)

080

다음 중 교육훈련평가의 4단계를 올바르게 나열한 것은?

① 학습 → 반응 → 행동 → 결과
② 학습 → 행동 → 반응 → 결과
③ 행동 → 반응 → 학습 → 결과
④ 반응 → 학습 → 행동 → 결과

해설 **교육훈련평가의 4단계**

반응 → 학습 → 행동 → 결과

081

다음 중 교육훈련의 학습을 극대화시키고, 개인의 능력 개발을 극대화시켜주는 평가방법이 아닌 것은?

① 관찰법 ② 배제법
③ 자료분석법 ④ 상호평가법

해설 **교육훈련의 평가방법**

- 관찰
- 면접
- 자료분석
- 과제
- 설문
- 감상문
- 상호평가
- 시험

| 정답 | 077 ④ 078 ③ 079 ① 080 ④ 081 ②

082

토의식 교육방법 중 몇 사람의 전문가에 의하여 과제에 관한 견해가 발표된 뒤 참가자로 하여금 의견이나 질문을 하게 하여 토의하는 방식은 다음 중 어느 것인가?

① 패널디스커션(panel discussion)
② 심포지엄(symposium)
③ 포럼(forum)
④ 버즈세션(buzz session)

해설 **심포지엄(Symposium)**
몇 사람의 전문가가 과제에 관한 견해를 발표하게 한 뒤 참가자로 하여금 의견이나 질문을 하게 하여 토의하는 방법이다.

관련개념 토의법
- 패널디스커션(배심원토의법, Panel Discussion): 교육과제에 정통한 전문가 4~5명이 피교육자 앞에서 자유로의 토의를 하고, 그 다음에 피교육자 전원이 참가하여 사회자의 사회에 따라 토의하는 방법이다.
- 포럼(Forum): 새로운 자료나 교재를 제시하고 거기서의 문제점을 피교육자로 하여금 제기하게 하거나 의견을 여러 가지 방법으로 발표하게 하고 다시 깊이 파고들어 토의하는 방법이다.
- 버즈세션(Buzz Session): 6－6회의라고도 하며, 먼저 사회자와 기록계를 선출한 후 나머지 사람은 6명씩 소집단으로 구분하고, 소집단별로 각각 사회자를 선발하여 6분씩 자유토의를 행하여 의견을 종합하는 방법이다.

083

어떤 상황의 판단 능력과 사실의 분석 및 문제의 해결능력을 키우기 위하여 먼저 사례를 조사하고, 문제적 사실들과 그의 상호 관계에 대하여 검토하고, 대책을 토의하도록 하는 교육기법은 무엇인가?

① 심포지엄(symposium)
② 롤 플레잉(role playing)
③ 케이스 메소드(case method)
④ 패널디스커션(panel discussion)

해설 **사례연구법(Case Study, Case Method)**
먼저 사례를 제시하고 문제적 사실들과 그의 상호관계에 대하여 검토하고 대책을 토의한다.

관련개념 롤 플레잉(Role Playing)
참가자에게 일정한 역할을 주어 실제적으로 연기를 시켜봄으로써 자기의 역할을 보다 확실히 인식시키는 것이다.

084

안전교육의 방법 중 프로그램 학습법(programmed self-instruction method)에 관한 설명으로 틀린 것은?

① 개발비가 적게 들어 쉽게 적용할 수 있다.
② 수업의 모든 단계에서 적용이 가능하다.
③ 한 번 개발된 프로그램 자료는 개조하기 어렵다.
④ 수강자들이 학습이 가능한 시간대의 폭이 넓다.

해설 프로그램 학습법은 프로그램 자료를 개발하는 데 상당한 시간과 노력, 비용이 든다.

관련개념 프로그램 학습법
프로그램 학습법은 학습자가 프로그램을 통해 단독으로 학습하는 방법으로, 개발된 프로그램은 변경이 어렵다.

장점
- 학습자의 학습과정을 쉽게 알 수 있다.
- 학습자가 자신의 능력과 학습속도에 맞추어 학습을 진행할 수 있다.
- 자율학습이 가능하므로 자기가 원하는 시간, 원하는 장소에서 학습을 할 수 있다.
- 즉각적인 피드백이 제공되므로 학습의 효과를 높일 수 있다.

단점
- 프로그램 자료를 개발하는 데 상당한 시간과 노력, 비용이 든다.
- 주어진 프로그램에 따라 나아가다 보면 학습자의 소극적인 순응을 조장하여, 창의력 증진이나 자기표현의 기회를 갖지 못하게 된다.
- 구성원 간의 상호작용적인 의사소통을 촉진하지 못한다.

085

안전교육계획 수립 시 고려하여야 할 사항과 관계가 가장 먼 것은?

① 필요한 정보를 수집한다.
② 현장의 의견을 충분히 반영한다.
③ 법 규정에 의한 교육에 한정한다.
④ 안전교육 시행 체계와의 관련을 고려한다.

해설 **안전보건교육계획 수립 시 고려사항**
- 필요한 정보를 수집한다.
- 현장의 의견을 충분히 반영한다.
- 안전교육 시행 체계와의 관련을 고려한다.
- 법 규정에 의한 교육에만 그치지 않는다.

| 정답 | 082 ② 083 ③ 084 ① 085 ③

086

다음 중 안전교육의 3단계에서 생활지도, 작업 동작 지도 등을 통한 안전의 습관화를 위한 교육을 무엇이라 하는가?

① 지식교육　② 기능교육
③ 태도교육　④ 인성교육

해설 안전교육의 3단계
- 1단계: 지식교육
  - 강의, 시청각 교육을 통한 지식을 전달하고 이해시킨다.
  - 작업의 종류나 내용에 따라 교육범위가 다르다.
- 2단계: 기능교육
  - 교육대상자가 그것을 스스로 행함으로 얻어진다.
  - 개인의 반복적 시행착오에 의해서만 얻어진다.
  - 시험, 견학, 실습, 현장실습 교육을 통한 경험 체득과 이해를 한다.
- 3단계: 태도교육 – 생활지도, 작업 동작 지도, 적성배치 등을 통한 안전의 습관화

087

기능교육의 교육방법이 아닌 것은?

① 견학　② 시험
③ 실습　④ 작업 동작 지도

해설 작업 동작 지도는 3단계 태도교육의 교육방법이다.

088

안전교육 방법의 4단계의 순서로 옳은 것은?

① 도입 → 확인 → 적용 → 제시
② 도입 → 제시 → 적용 → 확인
③ 제시 → 도입 → 적용 → 확인
④ 제시 → 확인 → 도입 → 적용

해설 교육법의 4단계
- 1단계: 도입 – 학습할 준비를 시킨다.(배우고자 하는 마음가짐을 일으킴)
- 2단계: 제시 – 작업을 설명한다.(내용을 확실하게 이해시키고 납득시킴)
- 3단계: 적용 – 작업을 지휘한다.(이해시킨 내용을 활용시키거나 응용시킴)
- 4단계: 확인 – 가르친 뒤 살펴본다.(교육내용을 정확하게 이해하였는가를 평가함)

089

강의식 교육지도에서 가장 많은 시간이 할당되는 단계는?

① 도입　② 제시
③ 적용　④ 확인

해설 교육방법에 따른 교육시간

교육법의 4단계	강의식	토의식
제1단계 – 도입(준비)	5분	5분
제2단계 – 제시(설명)	40분	10분
제3단계 – 적용(응용)	10분	40분
제4단계 – 확인(총괄)	5분	5분

090

강의의 성과는 강의계획의 준비정도에 따라 일반적으로 결정되는데 다음 중 강의계획의 4단계를 올바르게 나열한 것은?

> ㉠ 교수방법의 선정
> ㉡ 학습자료의 수집 및 체계화
> ㉢ 학습목적과 학습성과의 설정
> ㉣ 강의안 작성

① ㉢ → ㉡ → ㉠ → ㉣
② ㉡ → ㉢ → ㉠ → ㉣
③ ㉡ → ㉠ → ㉢ → ㉣
④ ㉡ → ㉢ → ㉣ → ㉠

해설 강의계획의 4단계
학습목적과 학습성과의 설정 → 학습자료의 수집 및 체계화 → 교수방법의 선정 → 강의안 작성

091

강의계획에 있어 학습목적의 3요소가 아닌 것은?

① 목표　② 주제
③ 학습 내용　④ 학습정도

해설 학습목적의 3요소
- 주제: 목표달성을 위한 중점 사항
- 학습정도: 주제를 학습시킬 범위와 내용의 정도
- 학습 목표: 학습목적의 핵심, 학습을 통해 달성하려는 지표

| 정답 | 086 ③　087 ④　088 ②　089 ②　090 ①　091 ③

092

다음 중 「산업안전보건법령」상 근로자 안전보건교육의 교육과정에 해당하지 않는 것은?

① 특별교육
② 정기교육
③ 채용 시 교육
④ 안전관리자 신규 및 보수교육

해설 근로자 안전보건교육

- 정기교육
- 채용 시 교육
- 작업내용 변경 시 교육
- 특별교육
- 건설업 기초안전·보건교육

093

「산업안전보건법령」상 근로자 정기교육 내용에 해당되지 않는 것은?

① 산업안전 및 사고 예방에 관한 사항
② 산업보건 및 직업병 예방에 관한 사항
③ 직무스트레스 예방 및 관리에 관한 사항
④ 표준안전 작업방법 결정 및 지도·감독 요령에 관한 사항

해설 ④는 관리감독자의 정기교육내용이다.

관련개념 근로자 정기교육내용

- 산업안전 및 사고 예방에 관한 사항
- 산업보건 및 직업병 예방에 관한 사항
- 위험성평가에 관한 사항
- 건강증진 및 질병 예방에 관한 사항
- 유해·위험 작업환경 관리에 관한 사항
- 「산업안전보건법령」 및 산업재해보상보험 제도에 관한 사항
- 직무스트레스 예방 및 관리에 관한 사항
- 직장 내 괴롭힘, 고객의 폭언 등으로 인한 건강장해 예방 및 관리에 관한 사항

094

「산업안전보건법령」상 근로자 안전보건교육의 기준으로 틀린 것은?

① 사무직 종사 근로자의 정기교육: 매반기 6시간 이상
② 일용근로자의 작업내용 변경 시의 교육: 1시간 이상
③ 일용근로자의 채용 시의 교육: 1시간 이상
④ 건설 일용근로자의 건설업 기초안전·보건교육: 2시간 이상

해설 근로자 안전보건교육 교육과정별 교육시간

교육과정	교육대상		교육시간
정기교육	사무직 종사 근로자		매반기 6시간 이상
	그 밖의 근로자	판매업무에 직접 종사하는 근로자	매반기 6시간 이상
		판매업무에 직접 종사하는 근로자 외의 근로자	매반기 12시간 이상
채용 시 교육	일용근로자 및 근로계약기간이 1주일 이하인 기간제근로자		1시간 이상
	근로계약기간이 1주일 초과 1개월 이하인 기간제근로자		4시간 이상
	그 밖의 근로자		8시간 이상
작업내용 변경 시 교육	일용근로자 및 근로계약기간이 1주일 이하인 기간제근로자		1시간 이상
	그 밖의 근로자		2시간 이상
건설업 기초안전·보건교육	건설 일용근로자		4시간 이상

| 정답 | 092 ④ 093 ④ 094 ④

095

「산업안전보건법령」상 안전보건교육 교육대상별 교육내용 중 관리감독자 정기교육의 내용으로 틀린 것은?

① 정리정돈 및 청소에 관한 사항
② 유해 · 위험 작업환경 관리에 관한 사항
③ 표준안전 작업방법 결정 및 지도 · 감독 요령에 관한 사항
④ 작업공정의 유해 · 위험과 재해 예방대책에 관한 사항

해설 ①은 근로자의 채용 시 및 작업내용 변경 시 교육내용이다.

관련개념 관리감독자 정기 교육내용

- 산업안전 및 사고 예방에 관한 사항
- 산업보건 및 직업병 예방에 관한 사항
- 위험성 평가에 관한 사항
- 유해 · 위험 작업환경 관리에 관한 사항
- 「산업안전보건법령」 및 산업재해보상보험 제도에 관한 사항
- 직무스트레스 예방 및 관리에 관한 사항
- 직장 내 괴롭힘, 고객의 폭언 등으로 인한 건강장해 예방 및 관리에 관한 사항
- 작업공정의 유해 · 위험과 재해 예방대책에 관한 사항
- 사업장 내 안전 · 보건관리체제 및 안전 · 보건조치 현황에 관한 사항
- 표준안전 작업방법 결정 및 지도 · 감독 요령에 관한 사항
- 안전보건교육 능력 배양에 관한 사항
- 비상시 또는 재해 발생 시 긴급조치에 관한 사항

096

「산업안전보건법령」상 안전보건관리책임자 등에 대한 교육시간 기준으로 틀린 것은?

① 보건관리자, 보건관리전문기관의 종사자 보수교육: 24시간 이상
② 안전관리자, 안전관리전문기관의 종사자 신규교육: 34시간 이상
③ 안전보건관리책임자 보수교육: 6시간 이상
④ 건설재해예방전문지도기관의 종사자 신규교육: 24시간 이상

해설 건설재해예방전문지도기관 종사자의 교육시간은 신규교육 34시간 이상, 보수교육 24시간 이상이다.

관련개념 안전보건관리책임자 등에 대한 교육시간

교육대상	교육시간	
	신규교육	보수교육
안전보건관리책임자	6시간 이상	6시간 이상
안전관리자, 안전관리전문기관의 종사자	34시간 이상	24시간 이상
보건관리자, 보건관리전문기관의 종사자	34시간 이상	24시간 이상
건설재해예방전문지도기관의 종사자	34시간 이상	24시간 이상
석면조사기관의 종사자	34시간 이상	24시간 이상
안전보건관리담당자	–	8시간 이상
안전검사기관, 자율안전검사기관의 종사자	34시간 이상	24시간 이상

| 정답 | 095 ① 096 ④

097

「산업안전보건법령」상 특별안전보건교육 대상 작업이 아닌 것은?

① 동력에 의하여 작동되는 프레스기계를 3대 이상 보유한 사업장에서 해당 기계로 하는 작업
② 콘크리트 인공구조물의 해체 또는 파괴작업
③ 굴착면의 높이가 2[m] 이상이 되는 지반 굴착작업
④ 전압이 75[V] 이상인 정전 및 활선작업

해설 특별안전보건교육 대상 작업은 동력에 의하여 작동되는 프레스기계를 5대 이상 보유한 사업장에서 해당 기계로 하는 작업이다.

098

「산업안전보건법령」상 특별안전보건교육 대상 작업별 교육내용 중 밀폐공간에서의 작업 시 교육내용에 포함되지 않는 것은?(단, 그 밖에 안전·보건관리에 필요한 사항은 제외한다.)

① 산소농도 측정 및 작업환경에 관한 사항
② 유해물질이 인체에 미치는 영향
③ 보호구 착용 및 사용방법에 관한 사항
④ 사고 시의 응급처치 및 비상 시 구출에 관한 사항

해설 ②는 허가 및 관리 대상 유해물질의 제조 또는 취급작업 시 교육내용이다.

관련개념 밀폐공간에서의 작업 시 교육내용
- 산소농도 측정 및 작업환경에 관한 사항
- 사고 시의 응급처치 및 비상 시 구출에 관한 사항
- 보호구 착용 및 보호 장비 사용에 관한 사항
- 작업내용·안전작업방법 및 절차에 관한 사항
- 장비·설비 및 시설 등의 안전점검에 관한 사항
- 그 밖에 안전·보건관리에 필요한 사항

099

「산업안전보건법령」상 특별교육 대상 작업별 교육 중 석면해체·제거작업 시 교육내용으로 옳지 않은 것은?

① 석면의 특성과 위험성
② 석면해체·제거의 작업방법에 관한 사항
③ 장비 및 보호구 사용에 관한 사항
④ 산소농도 측정 및 작업환경에 관한 사항

해설 ④는 밀폐공간에서의 작업 시 교육내용이다.

관련개념 석면해체·제거작업 시 교육내용
- 석면의 특성과 위험성
- 석면해체·제거의 작업방법에 관한 사항
- 장비 및 보호구 사용에 관한 사항
- 그 밖에 안전·보건관리에 필요한 사항

100

다음 중 사업장 내 안전보건교육을 통하여 근로자가 함양 및 체득될 수 있는 사항과 가장 거리가 먼 것은?

① 잠재위험 발견 능력
② 비상사태 대응 능력
③ 재해손실비용 분석 능력
④ 직면한 문제의 사고발생 가능성 예지능력

해설 사업장 내 안전보건교육은 잠재적인 위험을 발견하여 사고발생을 줄이는 것을 목적으로 한다. 재해손실비용 분석 능력 함양은 안전보건교육을 실시하는 목적과 거리가 멀다.

| 정답 | 097 ① 098 ② 099 ④ 100 ③

SUBJECT 02 인간공학 및 위험성평가·관리

CHAPTER 01 | 안전과 인간공학

101

인간공학의 주된 연구 목적과 가장 거리가 먼 것은?

① 제품품질 향상
② 작업의 안정성 향상
③ 작업환경의 쾌적성 향상
④ 기계조작의 능률성 향상

해설 인간공학의 목적
- 작업장의 배치, 작업방법, 기계설비, 전반적인 작업환경 등에서 작업자의 신체적인 특성이나 행동하는 데 받는 제약조건 등이 고려된 시스템을 디자인하는 것이다.
- 인간과 기계 및 작업환경과의 조화가 잘 이루어질 수 있도록 하는 것이다.
  - 작업자의 안전성의 향상과 사고를 방지한다.
  - 기계조작의 능률성과 생산성을 향상시킨다.
  - 편리성, 쾌적성(만족도)을 향상시킨다.

102

다음 중 인간-기계 인터페이스(Human-machine Interface)의 조화성과 가장 거리가 먼 것은?

① 인지적 조화성 ② 신체적 조화성
③ 통계적 조화성 ④ 감성적 조화성

해설 인간과 기계 사이의 인터페이스에서 신체적, 인지적, 감성적 조화성 등이 고려되어야 한다.

103

산업안전 분야에서의 인간공학을 위한 제반 언급사항으로 관계가 먼 것은?

① 안전관리자와의 의사소통 원활화
② 인간과오 방지를 위한 구체적 대책
③ 인간행동특성 자료의 정량화 및 축적
④ 인간-기계 체계의 설계 개선을 위한 기금의 축적

해설 인간공학을 위한 제반 언급사항
- 안전관리자와의 의사소통 원활화
- 인간과오(실수) 방지를 위한 구체적인 대책
- 인간행동특성 자료의 정량화 및 축적

104

체계분석 및 설계에 있어서 인간공학적 노력의 효능을 산정하는 척도의 기준에 포함되지 않는 것은?

① 성능의 향상
② 훈련비용의 절감
③ 인력 이용률의 저하
④ 생산 및 보전의 경제성 향상

해설 산업인간공학의 가치
- 인력 이용률의 향상
- 훈련비용의 절감
- 사고 및 오용으로부터의 손실 감소
- 생산성(성능)의 향상
- 사용자의 수용도 향상
- 생산 및 보전의 경제성 증대

| 정답 | 101 ① 102 ③ 103 ④ 104 ③

105

동전 던지기에서 앞면이 나올 확률 P(앞)=0.9이고, 뒷면이 나올 확률 P(뒤)=0.1일 때 앞면과 뒷면이 나올 사건 각각의 정보량은?

① 앞면: 0.10[bit], 뒷면: 3.32[bit]
② 앞면: 0.15[bit], 뒷면: 3.32[bit]
③ 앞면: 0.10[bit], 뒷면: 3.52[bit]
④ 앞면: 0.15[bit], 뒷면: 3.52[bit]

해설 정보량 계산

정보량 $H=\log_2 \frac{1}{p}$

여기서, p: 실현 확률

앞면의 정보량 $H=\log_2 \frac{1}{0.9}=0.15[bit]$

뒷면의 정보량 $H=\log_2 \frac{1}{0.1}=3.32[bit]$

106

인간-기계 시스템에서 자동화 정도에 따라 분류할 때 감시제어(supervisory control) 시스템에서 인간의 주요 기능과 가장 거리가 먼 것은?

① 간섭(intervene)　　② 계획(plan)
③ 교시(teach)　　④ 추적(pursuit)

해설 자동체계

기계가 감지, 정보처리, 의사결정 등 행동을 포함한 모든 임무를 수행하고, 인간은 감시, 프로그래밍, 정비유지 등의 기능을 수행하는 체계를 말한다. 감시제어 시스템에서 인간의 주요기능은 계획, 교시, 간섭 등이 있다.

관련개념 인간-기계 통합체계(시스템)의 특성

수동체계

자신의 신체적인 힘을 동력원으로 사용하여 작업을 통제하는 인간 사용자와 결합한 것으로 수공구 또는 그 밖의 보조물을 사용한다.

반자동체계(기계화)

운전자가 조종장치를 사용하여 기계를 통제하며, 동력은 전형적으로 기계가 제공한다.

107

일반적으로 연구조사에 사용되는 기준 중 기준척도의 신뢰성이 의미하는 것으로 옳은 것은?

① 보편성　　② 적절성
③ 반복성　　④ 객관성

해설 연구조사의 기준척도

구분	내용
실제적 요건	객관적, 정량적이고 수집 또는 연구가 쉬우며, 특수한 자료 수집기법이나 기기가 필요 없어 돈이나 실험자의 수고가 적게 드는 것
신뢰성(반복성)	시간이나 대표적 표본의 선정에 관계없이, 변수 측정의 일관성이나 안정성이 있는 것
타당성(적절성)	어느 것이나 공통적으로 변수가 실제로 의도하는 바를 어느 정도 측정하는가를 결정하는 것(시스템의 목표를 잘 반영하는가를 나타내는 척도)
순수성(무오염성)	측정하는 구조 외적인 변수의 영향을 받지 않는 것
민감도	피검자 사이에서 볼 수 있는 예상 차이점에 비례하는 단위로 측정하는 것

108

인간이 현존하는 기계를 능가하는 기능으로 거리가 먼 것은?

① 여러 개의 프로그램된 활동을 동시에 수행할 수 있다.
② 완전히 새로운 해결책을 도출할 수 있다.
③ 원칙을 적용하여 다양한 문제를 해결할 수 있다.
④ 상황에 따라 변하는 복잡한 자극형태를 식별할 수 있다.

해설 인간이 현존하는 기계를 능가하는 기능

- 매우 낮은 수준의 시각, 청각, 촉각, 후각, 미각적인 자극 감지(복잡한 자극의 형태 식별)
- 주위의 이상하거나 예기치 못한 사건 감지
- 다양한 경험을 토대로 의사결정(상황에 따른 적절한 결정)
- 관찰을 통해 일반화하고 귀납적(Inductive)으로 추리
- 주관적으로 추산하고 평가하는 것
- 완전히 새로운 해결책 도출 가능
- 원칙을 적용하여 다양한 문제 해결

| 정답 | 105 ② 106 ④ 107 ③ 108 ①

109

체계 설계 과정의 주요 단계 중 가장 먼저 실시되어야 하는 것은?

① 기본설계
② 계면설계
③ 체계의 정의
④ 목표 및 성능명세 결정

해설 **인간-기계 시스템 설계과정 6가지 단계**

㉠ 목표 및 성능명세 결정: 시스템 설계 전 그 목적이나 존재 이유가 있어야 함
㉡ 시스템(체계)의 정의: 목적을 달성하기 위한 특정한 기본기능들이 수행되어야 함
㉢ 기본설계: 시스템의 형태를 갖추기 시작하는 단계
㉣ 인터페이스(계면) 설계: 사용자 편의와 시스템 성능에 관여
㉤ 촉진물 설계: 인간의 성능을 증진시킬 보조물 설계
㉥ 시험 및 평가: 시스템 개발과 관련된 평가와 인간적인 요소 평가 실시

110

시스템 설계과정의 주요 단계 중 계면 설계에 있어 계면 설계를 위한 인간 요소 자료로 볼 수 없는 것은?

① 상식과 경험　② 전문가의 판단
③ 실험절차　④ 정량적 자료집

해설 작업공간, 표시장치, 조종장치 등 인간-기계 체계에서 인간과 기계가 만나는 면을 계면이라 하며, 계면 설계를 위한 인간 요소 자료는 상식과 경험, 전문가의 판단, 정량적 자료집이 있다.

111

인간-기계 시스템에 대한 평가에서 평가척도나 기준(Criteria)으로서 관심의 대상이 되는 변수를 무엇이라 하는가?

① 독립변수　② 확률변수
③ 통제변수　④ 종속변수

해설 **인간성능 연구에 사용되는 변수**

- 독립변수: 관찰하고자 하는 현상에 대한 변수
- 종속변수: 평가척도나 기준이 되는 변수
- 통제변수: 종속변수에 영향을 미칠 수 있지만 독립변수에 포함되지 않은 변수

112

그림과 같은 시스템에서 전체 시스템의 신뢰도는 얼마인가?(단, 네모 안의 숫자는 각 부품의 신뢰도이다.)

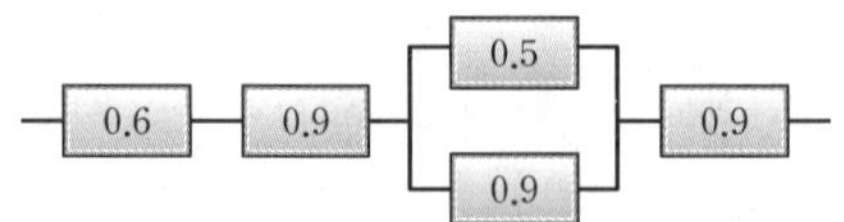

① 0.4104　② 0.4617
③ 0.6314　④ 0.6804

해설

- 병렬 부분의 신뢰도: $1-(1-0.5)\times(1-0.9)=0.95$
- 전체 시스템의 신뢰도: $0.6\times0.9\times0.95\times0.9=0.4617$

관련개념 설비의 신뢰도

- 직렬(Series System)

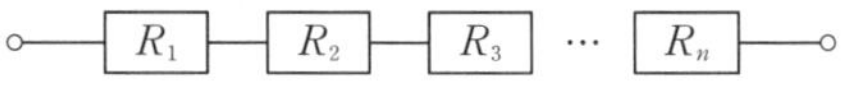

$R=R_1\times R_2\times R_3\times\cdots\times R_n$

- 병렬(Parallel System)

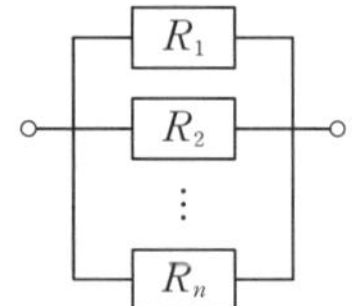

$R=1-(1-R_1)\times(1-R_2)\times\cdots\times(1-R_n)$

113

휴먼에러에 있어 작업자가 수행해야 할 작업을 잘못 수행하였을 경우의 오류를 무엇이라 하는가?

① Omission Error　② Sequential Error
③ Timing Error　④ Commission Error

해설 **행위에 의한 휴먼에러의 분류**

- 생략(부작위적)에러(Omission Error): 작업 내지 필요한 절차를 수행하지 않는 데서 기인한 에러
- 실행(작위적)에러(Commission Error): 작업 내지 절차를 수행했으나 잘못한 실수(선택착오, 순서착오, 시간착오)에서 기인한 에러
- 과잉행동에러(Extraneous Error): 불필요한 작업 내지 절차를 수행함으로써 기인한 에러
- 순서에러(Sequential Error): 작업수행의 순서를 잘못한 실수
- 시간(지연)에러(Timing Error): 소정의 기간에 수행하지 못한 실수(너무 빨리 혹은 늦게)

| 정답 | 109 ④　110 ③　111 ④　112 ②　113 ④

114

인지 및 인식의 오류를 예방하기 위해 목표와 관련하여 작동을 계획해야 하는데 특수하고 친숙하지 않은 상황에서 발생하며, 부적절한 분석이나 의사결정을 잘못하여 발생하는 오류는?

① 기능에 기초한 행동(Skill-based Behavior)
② 규칙에 기초한 행동(Rule-based Behavior)
③ 지식에 기초한 행동(Knowledge-based Behavior)
④ 사고에 기초한 행동(Accident-based Behavior)

해설 **휴먼에러(Human Error)의 원인적 분류**

- 기능에 기초한 행동(Skill based Behavior): 부주의에 의한 실수, 단기기억의 한계로 인한 에러
- 규칙에 기초한 행동(Rule-based Behavior): 평소의 규칙을 변화한 환경에 적용하여 발생하는 에러
- 지식에 기초한 행동(Knowledge-based Behavior): 관련 지식이 없어 유추나 추론을 통해 과정을 수행하던 중 판단오류로 인해 발생하는 오류

115

작업자가 100개의 부품을 육안 검사하여 20개의 불량품을 발견하였다. 실제 불량품이 40개라면 인간에러(Human Error) 확률은 약 얼마인가?

① 0.2　　② 0.3
③ 0.4　　④ 0.5

해설 **인간실수 확률(HEP; Human Error Probability)**

특정 직무에서 하나의 착오가 발생할 확률이다.

$$\text{HEP} = \frac{\text{인간실수의 수}}{\text{실수발생의 전체 기회수}} = \frac{40-20}{100} = 0.2$$

CHAPTER 02 | 위험성 파악 · 결정

116

위험성평가의 절차를 올바르게 나열한 것은?

> ㉠ 유해 · 위험요인 파악
> ㉡ 위험성 감소대책 수립 및 실행
> ㉢ 사전준비
> ㉣ 기록 및 보존
> ㉤ 위험성평가의 공유
> ㉥ 위험성 결정

① ㉢ → ㉠ → ㉥ → ㉡ → ㉤ → ㉣
② ㉠ → ㉢ → ㉥ → ㉡ → ㉣ → ㉤
③ ㉢ → ㉠ → ㉤ → ㉡ → ㉥ → ㉣
④ ㉥ → ㉢ → ㉠ → ㉡ → ㉤ → ㉣

해설 **위험성평가의 절차**

- 1단계: 사전준비
- 2단계: 유해 · 위험요인 파악
- 3단계: 위험성 결정
- 4단계: 위험성 감소대책 수립 및 실행
- 5단계: 위험성평가의 공유
- 6단계: 기록 및 보존(3년간 보존)

117

다음 중 위험성평가 방법에 해당되는 보기를 고르시오.

> ㉠ 위험 가능성과 중대성을 조합한 빈도 · 강도법
> ㉡ 체크리스트(Checklist)법
> ㉢ 위험성 수준 3단계(저 · 중 · 고) 판단법
> ㉣ 핵심요인 기술(One Point Sheet)법

① ㉠　　② ㉠, ㉢
③ ㉡, ㉣　　④ ㉠, ㉡, ㉢, ㉣

해설 **위험성평가의 방법**

사업장의 규모와 특성 등을 고려하여 다음의 위험성평가 방법 중 한 가지 이상을 선정하여 위험성평가를 실시할 수 있다.

- 위험 가능성과 중대성을 조합한 빈도 · 강도법
- 체크리스트(Checklist)법
- 위험성 수준 3단계(저 · 중 · 고) 판단법
- 핵심요인 기술(One Point Sheet)법

| 정답 | 114 ③　115 ①　116 ①　117 ④

118

시스템의 성능저하가 인원의 부상이나 시스템 전체에 중대한 손해를 입히지 않고 제어가 가능한 상태의 위험강도는?

① 범주 1: 파국적
② 범주 2: 위기적
③ 범주 3: 한계적
④ 범주 4: 무시

해설 미국방성 위험성평가의 위험도 기준(MIL-STD-882B)에 따른 심각도 분류

범주	내용
범주 Ⅰ 파국(Catastrophic)	인원의 사망 또는 중상, 완전한 시스템의 손상을 일으킴
범주 Ⅱ 중대(위기)(Critical)	인원의 상해 또는 주요 시스템의 생존을 위해 즉시 시정조치 필요
범주 Ⅲ 한계(Marginal)	시스템의 성능 저하나 인원의 상해 또는 중대한 시스템의 손상 없이 배제 또는 제거 가능
범주 Ⅳ 무시가능(Negligible)	인원의 손상이나 시스템의 성능 기능에 손상이 일어나지 않음

119

Chapanis의 위험수준에 의한 위험발생률 분석에 대한 설명으로 옳은 것은?

① 자주 발생하는(frequent) > 10^{-3}/day
② 가끔 발생하는(occasional) > 10^{-5}/day
③ 거의 발생하지 않는(remote) > 10^{-6}/day
④ 극히 발생하지 않는(impossible) > 10^{-8}/day

해설 차파니즈(Chapanis)의 위험발생률 분석

- 자주 발생하는(Frequent): > 10^{-2}/day
- 가끔 발생하는(Occasional): > 10^{-4}/day
- 거의 발생하지 않는(Remote): > 10^{-5}/day
- 극히 발생하지 않는(Impossible, 불가능): > 10^{-8}/day

120

위험조정을 위해 필요한 기술은 조직형태에 따라 다양한데, 이것을 4가지로 분류하였을 때 이에 속하지 않는 것은?

① 보류(Retention)
② 계속(Continuation)
③ 전가(Transfer)
④ 감축(Reduction)

해설 리스크(Risk) 통제방법

- 회피(Avoidance)
- 경감, 감축(Reduction)
- 보류(Retention)
- 전가(Transfer)

121

다음 중 작업방법의 개선원칙(ECRS)에 해당되지 않는 것은?

① 교육(Education)
② 결합(Combine)
③ 재배치(Rearrange)
④ 단순화(Simplify)

해설 작업방법의 개선원칙 ECRS

- 제거(Eliminate)
- 결합(Combine)
- 재배치, 재조정(Rearrange)
- 단순화(Simplify)

122

다음 중 수명주기(Life Cycle) 6단계에서 "운전단계"와 가장 거리가 먼 것은?

① 사고조사 참여
② 기술변경의 개발
③ 고객에 의한 최종 성능검사
④ 최종 생산물의 수용여부 결정

해설 운용상(운전단계)의 시스템안전에서 검토 및 분석사항

- 사고조사 참여
- 고객에 의한 최종 성능검사
- 기술변경의 개발
- 시스템 보수 및 폐기

| 정답 | 118 ③ 119 ④ 120 ② 121 ① 122 ④

123

다음 중 시스템 내의 위험요소가 어떤 상태에 있는가를 정성적으로 분석 · 평가하는 첫 번째 위험분석기법은?

① 결함수분석　② 예비위험분석
③ 결함위험분석　④ 운용위험분석

해설 **예비위험분석(PHA; Preliminary Hazards Analysis)**
시스템 내의 위험요소가 얼마나 위험상태에 있는가를 평가하는 시스템안전 프로그램의 최초단계(시스템 구상단계)의 정성적인 분석 방식이다.

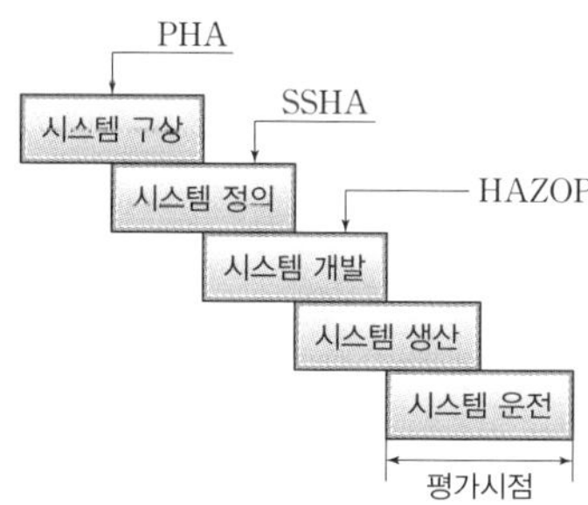

124

시스템 수명주기에서 FMEA가 적용되는 단계는?

① 개발단계　② 구상단계
③ 생산단계　④ 운전단계

해설 **고장형태와 영향분석법(FMEA; Failure Mode and Effect Analysis)**
시스템에 영향을 미치는 모든 요소의 고장을 형태별로 분석하고, 그 고장이 미치는 영향을 분석하는 귀납적, 정성적인 방법으로 치명도 해석을 추가할 수 있다.

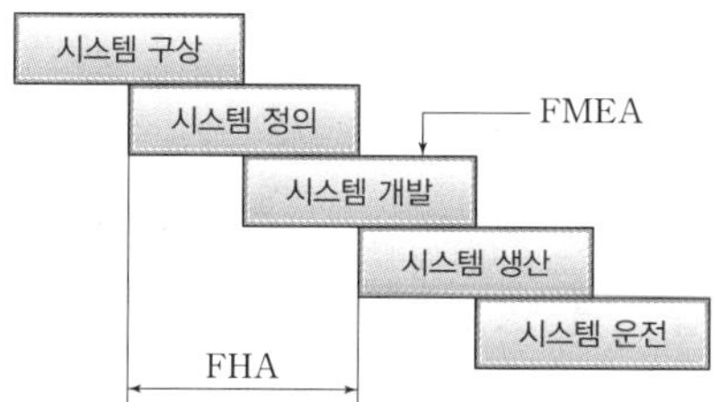

125

표와 관련된 시스템 위험분석기법으로 가장 적합한 것은?

프로그램:	시스템:
#1 구성요소 명칭	
#2 구성요소 위험방식	
#3 시스템 작동방식	
#4 서브시스템에서 위험영향	
#5 서브시스템, 대표적 시스템 위험영향	
#6 환경적 요인	
#7 위험영향을 받을 수 있는 2차 요인	
#8 위험수준	
#9 위험관리	

① 예비위험분석(PHA)
② 결함위험분석(FHA)
③ 운용위험분석(OHA)
④ 사건수 분석(ETA)

해설 **결함위험분석(FHA; Fault Hazards Analysis)**
분업에 의해 여럿이 분담 설계한 서브시스템 간의 인터페이스를 조정하여 각각의 서브시스템 및 전체 시스템에 악영향을 미치지 않게 하기 위한 분석 방식이다.

관련개념 사건수 분석(ETA; Event Tree Analysis)
정량적, 귀납적 분석(정상 또는 고장)으로 발생경로를 파악하는 기법으로 재해의 확대 요인의 분석(나뭇가지가 갈라지는 형태)에 적합하다. 설비의 설계, 심사, 제작, 검사, 보전, 운전, 안전대책의 과정에서 그 대응조치가 성공인가 실패인가를 확대해 가는 과정을 검토한다.

| 정답 | 123 ② 124 ① 125 ②

126

다음 설명에 해당하는 시스템 위험분석방법은?

- 시스템의 정의 및 개발 단계에서 실행한다.
- 시스템의 기능, 과업, 활동으로부터 발생되는 위험에 초점을 둔다.

① 모트(MORT) ② 결함수분석(FTA)
③ 예비위험분석(PHA) ④ 운용위험분석(OHA)

해설 운용위험분석(OHA; Operating Hazards Analysis)
다양한 업무활동에서 제품의 사용과 함께 발생할 수 있는 위험성을 분석하는 방법이다.

관련개념 모트(MORT; Management Oversight and Risk Tree)
원자력 산업과 같이 안전이 확보되어 있는 장소에서 추가적인 고도의 안전 달성을 목적으로, 논리기법을 이용하여 관리, 설계, 생산, 보전 등에 대해서 광범위하게 안전성을 확보하기 위한 기법이다.

127

다음 중 HAZOP 기법에서 사용하는 가이드 워드와 그 의미가 잘못 연결된 것은?

① As well as: 성질상의 증가
② More/Less: 정량적인 증가 또는 감소
③ Part of: 성질상의 감소
④ Other than: 기타 환경적인 요인

해설 유인어(Guide Words)
- NO 또는 NOT: 설계의도에 완전히 반하여 변수의 양이 없는 상태(완전한 부정)
- MORE 또는 LESS: 변수가 양적으로 증가 또는 감소되는 상태
- AS WELL AS: 설계의도 외의 다른 변수가 부가되는 상태(성질상의 증가)
- PART OF: 설계의도대로 완전히 이루어지지 않는 상태(성질상의 감소)
- REVERSE: 설계의도와 정반대로 나타나는 상태
- OTHER THAN: 설계의도대로 설치되지 않거나 운전 유지되지 않는 상태(완전한 대체)

128

다음 중 결함수분석법(FTA)에 관한 설명으로 틀린 것은?

① 최초 Watson이 군용으로 고안하였다.
② 미니멀 패스셋(Minimal path set)을 구하기 위해서는 미니멀 컷셋(Minimal cut set)의 상대성을 이용한다.
③ 정상사상의 발생확률을 구한 다음 FT도를 작성한다.
④ AND 게이트의 확률 계산은 각 입력사상의 곱으로 한다.

해설 FTA에서는 FT도를 작성한 후 정상사상의 발생확률을 구한다.

관련개념 FTA의 실시순서
㉠ 분석 대상 시스템의 파악
㉡ 정상사상의 선정
㉢ FT도의 작성과 단순화
㉣ 정량적 평가
- 재해발생 확률 목표치 설정
- 실패 대수 표시
- 고장발생 확률과 인간에러 확률 계산
- 재해발생 확률 계산
- 재검토

㉤ 종결(평가 및 개선권고)

129

다음 중 FTA 분석을 위한 기본적인 가정에 해당하지 않는 것은?

① 중복사상은 없어야 한다.
② 기본사상들의 발생은 독립적이다.
③ 모든 기본사상은 정상사상과 관련되어 있다.
④ 기본사상의 조건부 발생확률은 이미 알고 있다.

해설 FTA의 기본적인 가정
- 기본사상들의 발생은 독립적이다.
- 모든 기본사상은 정상사상과 관련되어 있다.
- 기본사상의 조건부 발생확률은 이미 알고 있다.

| 정답 | 126 ④ 127 ④ 128 ③ 129 ①

130

FTA에 사용되는 기호 중 다음 기호에 해당하는 것은?

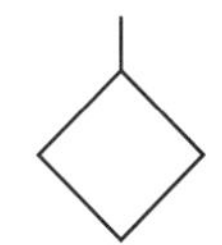

① 생략사상 ② 부정사상
③ 결함사상 ④ 기본사상

해설 **FTA에 사용되는 논리기호 및 사상기호**

기호	명칭	설명
(직사각형)	결함사상 (중간사상)	고장 또는 결함으로 나타나는 비정상적인 사건
(원)	기본사상	더 이상 전개되지 않는 기본사상
(마름모)	생략사상 (최후사상)	정보부족, 해석기술 불충분으로 더 이상 전개할 수 없는 사상

131

FT도에서 사용되는 사상기호에 대한 설명으로 옳은 것은?

① 위험지속기호: 정해진 횟수 이상 입력이 될 때 출력이 발생한다.
② 억제게이트: 조건부 사건이 일어났다는 조건 하에 출력이 발생한다.
③ 우선적 AND 게이트: 입력이 될 때 정해진 순서대로 복수의 출력이 발생한다.
④ 배타적 OR 게이트: 2개 이상의 입력이 동시에 존재하는 경우에 출력이 발생한다.

해설 **FTA에 사용되는 논리기호 및 사상기호**

기호	명칭	설명
Ai, Aj, Ak 순으로 / Ai Aj Ak	우선적 AND 게이트	입력사상 중 어떤 현상이 다른 현상보다 먼저 일어날 경우에만 출력사상이 발생
위험 지속 시간	위험 지속 AND 게이트	입력현상이 생겨서 어떤 일정한 기간이 지속될 때에 출력사상이 발생
동시발생 안 한다	배타적 OR 게이트	OR 게이트지만 2개 또는 2개 이상의 입력이 동시에 존재하는 경우에는 출력사상이 발생하지 않음

132

다음 중 FTA에 의한 재해사례연구의 순서를 올바르게 나열한 것은?

A. 목표사상 선정 B. FT도 작성
C. 사상마다 재해원인 규명 D. 개선계획 작성

① A → B → C → D ② A → C → B → D
③ B → C → A → D ④ B → A → C → D

해설 **FTA에 의한 재해사례 연구순서**

㉠ Top(정상)사상의 선정
㉡ 각 사상의 재해원인 규명
㉢ FT도의 작성 및 분석
㉣ 개선계획의 작성

| 정답 | 130 ① 131 ② 132 ②

133

결함수분석법에 있어 정상사상(Top Event)이 발생하지 않게 하는 기본사상들의 집합을 무엇이라고 하는가?

① 컷셋(Cut Set)
② 패일셋(Fail Set)
③ 트루셋(Truth Set)
④ 패스셋(Path Set)

해설 **패스셋(Path Set)**
포함되어 있는 기본사상이 일어나지 않을 때 정상사상이 일어나지 않는 기본사상의 집합이다.

관련개념 컷셋(Cut Set)
정상사상을 발생시키는 기본사상의 집합으로 그 안에 포함되는 모든 기본사상이 발생할 때 정상사상을 발생시키는 기본사상의 집합이다.

134

다음 중 불 대수(Boolean algebra)의 관계식으로 옳은 것은?

① A(A · B)=B
② A+B=A · B
③ A+A · B=A · B
④ (A+B) · (A+C)=A+(B · C)

해설 **불 대수의 법칙**
- 동정법칙: $A+A=A$, $A\cdot A=A$
- 교환법칙: $A\cdot B=B\cdot A$, $A+B=B+A$
- 흡수법칙: $A(A\cdot B)=(A\cdot A)B$, $A(A+B)=A$,
  $A+A\cdot B=A\cup(A\cap B)=(A\cup A)\cap(A\cup B)$
  $=A\cap(A\cup B)=A$
- 분배법칙: $A(B+C)=A\cdot B+A\cdot C$, $A+(B\cdot C)=(A+B)\cdot(A+C)$
- 결합법칙: $A(B\cdot C)=(A\cdot B)C$, $A+(B+C)=(A+B)+C$
- 기타: $A\cdot 0=0$, $A+1=1$, $A\cdot 1=A$, $A+\overline{A}=1$, $A\cdot\overline{A}=0$

135

다음 FTA 그림에서 a, b, c의 부품고장률이 각각 0.01일 때, 최소 컷셋(Minimal Cut Set)과 신뢰도로 옳은 것은?

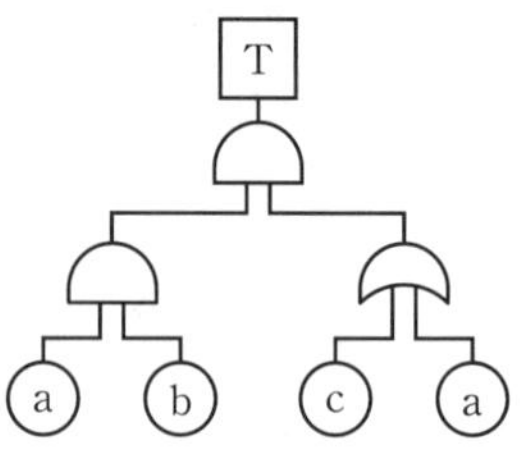

① (a, b), $R(t)=99.99[\%]$
② (a, b, c), $R(t)=98.99[\%]$
③ (a, c)(a, b), $R(t)=96.99[\%]$
④ (a, c)(a, b, c), $R(t)=97.99[\%]$

해설 정상사상에서 차례로 하단의 사상으로 치환하면서 AND 게이트는 가로로, OR 게이트는 세로로 나열한다.

$$T=(a\ b)\begin{pmatrix} c \\ a \end{pmatrix}=\begin{matrix}(a\ b\ c)\\(a\ a\ b)\end{matrix}$$

컷셋은 $(a\ b\ c)$, $(a\ b)$이고, 최소 컷셋은 $(a\ b)$이다.
고장률$=(0.01\times0.01)\times\{1-(1-0.01)\times(1-0.01)\}=0.00000199$
신뢰도$=1-$고장률$=1-0.00000199=0.9999=99.99[\%]$

136

그림의 FT도에서 최소 패스셋(Minimal Path Set)은?

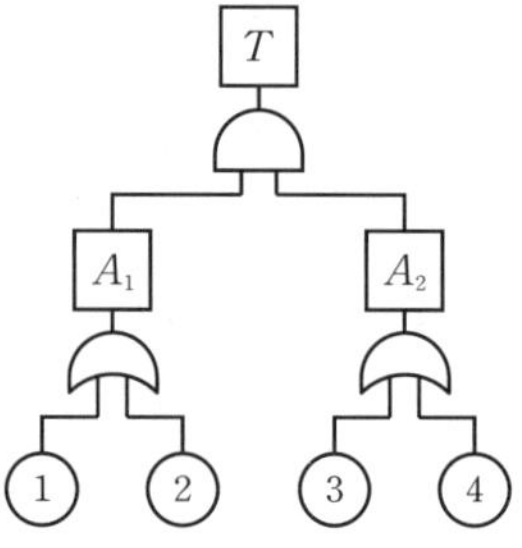

① {1, 3}, {1, 4}
② {1, 2}, {3, 4}
③ {1, 2, 3}, {1, 2, 4}
④ {1, 3, 4}, {2, 3, 4}

해설 최소 패스셋(Minimal Path Set) 산출 시에는 결함수의 각 게이트를 반대로 변환(AND → OR, OR → AND) 후 최소 컷셋(Minimal Cut Set) 산출방법과 동일하게 진행한다.

$$T=\begin{pmatrix} A_1 \\ A_2 \end{pmatrix}=\begin{matrix}(1\ 2)\\(3\ 4)\end{matrix}$$

따라서 최소 패스셋은 (1 2), (3 4)이다.

| 정답 | 133 ④ 134 ④ 135 ① 136 ②

137

다음 중 시스템 안전성 평가의 순서를 가장 올바르게 나열한 것은?

① 자료의 정리 → 정량적 평가 → 정성적 평가 → 대책수립 → 재평가
② 자료의 정리 → 정성적 평가 → 정량적 평가 → 재평가 → 대책수립
③ 자료의 정리 → 정량적 평가 → 정성적 평가 → 재평가 → 대책수립
④ 자료의 정리 → 정성적 평가 → 정량적 평가 → 대책수립 → 재평가

해설 안전성 평가 6단계

- 제1단계: 관계 자료의 정비검토
- 제2단계: 정성적 평가(안전확보를 위한 기본적인 자료의 검토)
- 제3단계: 정량적 평가(재해중복 또는 가능성이 높은 것에 대한 위험도 평가)
- 제4단계: 안전대책 수립
- 제5단계: 재해정보에 의한 재평가
- 제6단계: FTA에 의한 재평가

※ 5단계로 나타낼 때에는 제5단계와 제6단계를 합쳐서 1개의 단계(재평가)로 나타낼 수 있다.

138

화학설비의 안전성 평가 과정에서 제3단계인 정량적 평가 항목에 해당되는 것은?

① 목록　② 공정계통도
③ 건조물의 도면　④ 화학설비용량

해설 안전성 평가 제3단계: 정량적 평가

- 평가항목: 취급물질, 온도, 압력, 해당설비용량, 조작
- 화학설비 정량평가 등급
  - 위험등급 Ⅰ: 합산점수 16점 이상
  - 위험등급 Ⅱ: 합산점수 11~15점
  - 위험등급 Ⅲ: 합산점수 10점 이하

139

어떤 기기의 고장률이 시간당 0.002로 일정하다고 한다. 이 기기를 100시간 사용했을 때 고장이 발생할 확률은?

① 0.1813　② 0.2214
③ 0.6253　④ 0.8187

해설 기계의 신뢰도

$R(t)=e^{-\lambda t}=e^{-0.002\times 100}=0.8187$

여기서, λ: 고장률
t: 가동시간

고장발생확률 $F(t)=1-R(t)=1-0.8187=0.1813$

140

어뢰를 신속하게 탐지하는 경보시스템은 영구적이며, 경계나 부주의로 광점을 탐지하지 못하는 조작자 실수율은 0.001[t/시간]이고, 균질(homogeneous)하다. 또한, 조작자는 15분마다 스위치를 작동해야 하는데 인간실수확률(HEP)이 0.01인 경우에 2시간에서 3시간 사이에 인간-기계 시스템의 신뢰도는 약 얼마인가?

① 94.96[%]　② 95.96[%]
③ 96.96[%]　④ 97.96[%]

해설 기계의 신뢰도

- 1시간 동안 경보시스템을 이용한 광점 탐지 실수를 범하지 않는 인간 신뢰도
  신뢰도 $R(t)=e^{-\lambda t}=e^{-0.001\times 1}=0.9990$
  여기서, λ: 고장률
  t: 가동시간
- 4번 반복 실행하는 스위치 작동 직무에서의 인간 신뢰도
  신뢰도 $R(n)=(1-P)^n=(1-0.01)^4=0.9606$
  여기서, P: 인간실수확률
  n: 시간당 작동횟수

따라서 인간-기계 시스템의 신뢰도는
$0.9990\times 0.9606=0.9596$, 즉 95.96[%]이다.
※ 15분마다 스위치를 작동하므로 1시간 동안 4번 작동한다.

| 정답 | 137 ④　138 ④　139 ①　140 ②

141

다음 중 제조나 생산과정에서의 품질관리 미비로 생기는 고장으로, 점검 작업이나 시운전으로 예방할 수 있는 고장은?

① 초기고장　② 마모고장
③ 우발고장　④ 평상고장

해설 **고장률의 유형**
- 초기고장(감소형): 제조가 불량하거나 생산과정에서 품질관리가 안 되어서 생기는 고장이다.
- 우발고장(일정형): 실제 사용하는 상태에서 발생하는 고장으로 예측할 수 없는 랜덤의 간격으로 생기는 고장이다.
- 마모고장(증가형): 설비 또는 장치가 수명을 다하여 생기는 고장이다.

142

과전압이 걸리면 전기를 차단하는 차단기, 퓨즈 등을 설치하여 오류가 재해로 이어지지 않도록 사고를 예방하는 설계 원칙은?

① 에러복구 설계
② 풀 프루프(Fool Proof) 설계
③ 페일 세이프(Fail Safe) 설계
④ 탬퍼 프루프(Tamper Proof) 설계

해설 **페일 세이프(Fail Safe)**
- 기계나 그 부품에 고장이나 기능불량이 생겨도 항상 안전을 유지하는 구조와 기능이다.
- 인간 또는 기계의 과오나 오작동이 있어도 사고 및 재해가 발생하지 않도록 2중, 3중으로 안전장치를 한 시스템(System)이다.
- Fail Safe의 예
  - 승강기 정전 시 마그네틱 브레이크가 작동하여 운전을 정지시키는 경우와 정격속도 이상의 주행 시 조속기가 작동하여 긴급 정지시키는 것
  - 석유난로가 일정각도 이상 기울어지면 자동적으로 불이 꺼지도록 소화기구를 내장시킨 것
  - 한쪽 밸브 고장 시 다른 쪽 브레이크의 압축공기를 배출시켜 급정지시키도록 한 것

143

사용자의 잘못된 조작 또는 실수로 인해 기계의 고장이 발생하지 않도록 설계하는 방법은?

① FMEA　② HAZOP
③ Fail Safe　④ Fool Proof

해설 **풀 프루프(Fool-proof)**
기계장치 설계단계에서 안전화를 도모하는 것으로 근로자가 기계 등의 취급을 잘못해도 사고로 연결되는 일이 없도록 하는 안전기구이다. 즉, 인간과오(Human Error)를 방지하기 위한 것으로 가드, 록(Lock, 잠금) 장치, 오버런 기구 등이 있다.

144

다음 중 예방보전을 수행함으로써 기대되는 이점이 아닌 것은?

① 정지시간 감소로 유휴손실 감소
② 신뢰도 향상으로 인한 제조원가의 감소
③ 납기엄수에 따른 신용 및 판매기회 증대
④ 돌발고장 및 보전비의 감소

해설 예방보전(Preventive Maintenance)의 단점으로 과보전(Over Maintenance)이 되기 쉬어 보전비가 상승될 수 있으며, 일부 설비는 예방보전을 위한 진단이나 모니터링 시스템 구축 비용이 발생될 수 있다.

관련개념 예방보전(Preventive Maintenance)
설비를 항상 정상, 양호한 상태로 유지하기 위한 정기적인 검사와 초기의 단계에서, 성능의 저하나 고장을 제거하거나 조정 또는 수복하기 위한 설비의 보수 활동을 의미한다.

| 정답 | 141 ① 142 ③ 143 ④ 144 ④

CHAPTER 03 | 위험성 감소대책 수립·실행

145

사후보전에 필요한 수리시간의 평균치를 나타내는 것은?

① MTTF ② MTBF
③ MDT ④ MTTR

해설 **평균수리시간(MTTR; Mean Time To Repair)**
총 수리시간을 그 기간의 수리횟수로 나눈 시간으로, 사후보전에 필요한 수리시간의 평균치를 나타낸다.

$$MTTR=\frac{\text{수리시간합계}}{\text{수리횟수}}$$

관련개념 설비의 유지관리

평균고장간격(MTBF; Mean Time Between Failure)
시스템, 부품 등의 고장 간의 동작시간 평균치이다.

$$MTBF=\frac{1}{\lambda_1}+\frac{1}{\lambda_2}+\cdots+\frac{1}{\lambda_n}=MTTF+MTTR$$

여기서, λ: 평균고장률

평균동작시간(MTTF; Mean Time To Failure)
시스템, 부품 등이 고장나기 전까지 동작시간의 평균치로, 평균수명이라고도 한다.

- 직렬계: System의 수명$=\frac{MTTF}{n}=\frac{1}{\lambda}$
- 병렬계: System의 수명$=MTTF\left(1+\frac{1}{2}+\frac{1}{3}+\cdots+\frac{1}{n}\right)$

여기서, n: 직렬 또는 병렬계의 요소 수

평균정지시간(MDT; Mean Down Time)
시스템, 부품 등이 고장 상태로 정지해 있는 시간의 평균치이다.

$$MDT=\frac{\text{총 보전 작업시간}}{\text{총 보전 작업건수}}$$

146

어떤 공장에서 10,000시간 동안 15,000개의 부품을 생산하였을 때 설비고장으로 인하여 15개의 불량품이 발생하였다. 평균고장간격(MTBF)은 얼마인가?

① 1×10^6시간 ② 2×10^6시간
③ 1×10^7시간 ④ 2×10^7시간

해설 **평균고장간격(MTBF; Mean Time Between Failure)**

$$MTBF=\frac{1}{\lambda}=\frac{\text{총 가동시간}}{\text{고장건수}}=\frac{15,000\times10,000}{15}=1\times10^7[\text{시간}]$$

여기서, λ: 평균고장률$\left(\frac{\text{고장건수}}{\text{총 가동시간}}\right)$

CHAPTER 04 | 근골격계질환 예방관리

147

근골격계질환의 인간공학적 주요 위험요인과 가장 거리가 먼 것은?

① 과도한 힘 ② 부적절한 자세
③ 고온의 환경 ④ 단순 반복작업

해설 **근골격계질환**
반복적인 동작, 부적절한 작업자세, 무리한 힘의 사용, 날카로운 면과의 신체접촉, 진동 및 낮은 온도 등의 요인에 의하여 발생하는 건강장해로서 목, 어깨, 허리, 팔·다리의 신경·근육 및 그 주변 신체조직 등에 나타나는 질환을 말한다.

148

다음 중 근골격계질환 예방을 위한 관리적 대책으로 옳은 것은?

① 작업공간 배치 ② 작업순환 배치
③ 작업재료 변경 ④ 작업공구 설계

해설 **근골격계질환 예방을 위한 관리적 개선**
작업절차 또는 작업노출을 수정·관리하는 것이다.

- 작업의 다양성 제공
- 작업일정 및 작업 속도 조절
- 회복시간 제공
- 작업 습관 변화
- 작업공간, 공구 및 장비의 주기적인 청소 및 유지보수
- 작업자 적정배치
- 직장체조 강화 등

관련개념 근골격계질환 예방을 위한 공학적 개선
현장에서 직접적인 설비나 작업방법, 작업도구 등을 작업자가 편하고, 쉽고, 안전하게 사용할 수 있도록 유해·위험요인의 원인을 제거하거나 개선하기 위하여 다음의 각 항목에 대한 재설계, 재배열, 수정, 교체 등을 말한다.

- 공구·장비
- 작업장
- 포장
- 부품장비
- 제품

| 정답 | 145 ④ 146 ③ 147 ③ 148 ②

149

「산업안전보건법령」에서 규정하는 근골격계부담작업의 범위에 해당하지 않는 것은?

① 단기간 작업 또는 간헐적인 작업
② 하루에 10회 이상 25[kg] 이상의 물체를 드는 작업
③ 하루에 총 2시간 이상 쪼그리고 앉거나 무릎을 굽힌 자세에서 이루어지는 작업
④ 하루에 4시간 이상 집중적으로 자료입력 등을 위해 키보드 또는 마우스를 조작하는 작업

해설 단기간 작업 또는 간헐적인 작업은 근골격계부담작업에서 제외한다.

관련개념 단기간 작업과 간헐적인 작업
- 단기간 작업: 2개월 이내에 종료되는 1회성 작업
- 간헐적인 작업: 연간 총 작업일수가 60일을 초과하지 않는 작업

150

다음 중 윗팔, 아래팔, 손목을 그룹 A로 목, 몸통, 다리를 그룹 B로 나누어 측정, 평가하는 유해요인 평가기법은 무엇인가?

① NIOSH 들기지수　　② REBA
③ RULA　　④ OWAS

해설 RULA(Rapid Upper Limb Assessment)
- 평가방법: 팔(윗팔 및 아래팔), 손목, 목, 몸통(허리), 다리 부위에 대해 각각의 기준에서 정한 값을 표에서 찾고, 근육의 사용 정도와 사용 빈도를 정해진 표에서 찾아 점수를 더하여 최종점수를 계산한다.
- 한계점: 팔의 분석에만 초점을 맞추고 있어 전신의 작업자세 분석에는 한계가 있다. 예를 들어, 쪼그려 앉은 작업자세는 분석이 어렵다.

CHAPTER 05 | 유해요인 관리

151

다음 중 진동에 의한 장해를 최소화시키는 방법과 거리가 먼 것은?

① 진동의 발생원을 격리시킨다.
② 진동의 노출시간을 최소화시킨다.
③ 훈련을 통하여 신체의 적응력을 향상시킨다.
④ 진동을 최소화하기 위하여 공학적으로 설계 및 관리한다.

해설 신체의 적응력을 향상시키는 것은 진동에 의한 장해를 최소화시키는 대책과는 무관하다.

관련개념 진동에 대한 관리대책
- 발생원에서의 진동 감소: 진동 댐핑, 진동 격리 등
- 작업 방법 개선: 진동 공구의 적절한 유지 보수, 가능한 공구는 낮은 속력에서 작동, 정기휴식 제공, 교육 등
- 방진 장갑 등 개인 보호구 착용

152

고열환경에서 심한 육체노동 후에 탈수와 체내 염분농도 부족으로 근육의 수축이 격렬하게 일어나는 장애는?

① 열사병(Heat Cramp)
② 열경련(Heat Stroke)
③ 열쇠약(Heat Prostration)
④ 열피로(Heat Exhaustion)

해설 열경련
고온환경에서 심한 육체적 노동 등의 원인으로 탈수와 체내 염분농도 부족에 의해 수의근에 경련이 발생하는 장애를 말한다.

관련개념 고열장애의 종류
- 열허탈증(열피로): 고열환경에 폭로 시 혈관운동장애가 일어나서 정맥혈이 말초혈관에 저류되고, 저혈압, 뇌의 산소 부족으로 실신하거나 현기증을 느낀다.
- 열사병: 고온다습환경에서 체온조절장애로 인해 체온상승, 중추신경장애 등의 증상이 나타난다.
- 열쇠약: 고열에 의한 만성적 체력 소모 상태로 항상 몸에 활력이 없으며 몸을 움직이는 것이 지겹고 식욕이 저하되며 전신 권태, 위장장애 및 불면, 빈혈 등의 증상을 보이는 건강장해이다.

| 정답 | 149 ① 150 ③ 151 ③ 152 ②

CHAPTER 06 | 작업환경 관리

153

인체측정치를 이용한 설계에 관한 설명으로 옳은 것은?

① 평균치를 기준으로 한 설계를 제일 먼저 고려한다.
② 자세와 동작에 따라 고려해야 할 인체측정 치수가 달라진다.
③ 의자의 깊이와 너비는 작은 사람 기준으로 설계한다.
④ 큰 사람을 기준으로 한 설계는 인체측정치이 5[%tile]을 사용한다.

해설 자세와 동작 또는 적용상황에 따라 인체계측자료의 응용원칙(극단치, 조절식, 평균치 설계)을 적용해야 하며, 이 중 조절식 설계를 가장 먼저 고려해야 한다.

관련개념 인체계측자료의 응용원칙

- 극단치 설계: 특정한 설비를 설계할 때, 거의 모든 사람을 수용할 수 있도록 설계한다.
  - 최소치 설계: 하위 백분위 수 기준 1, 5, 10[%tile]
    예) 선반의 높이, 조종장치까지의 거리 등
  - 최대치 설계: 상위 백분위 수 기준 90, 95, 99[%tile]
    예) 문, 통로, 탈출구 등
- 조절식 설계(5~95[%tile]): 체격이 다른 여러 사람에 맞도록 조절식으로 만드는 것이다.
  예) 자동차 좌석의 전후 조절, 사무실 의자의 상하 조절 등
- 평균치 설계: 최대치수나 최소치수를 기준 또는 조절식으로 설계하기 부적절한 경우, 평균치를 기준으로 설계한다.
  예) 손님의 평균 신장을 기준으로 만든 은행의 계산대 등

154

어떤 작업자의 배기량을 측정하였더니 10분간 200[L]였고, 배기량을 분석한 결과 O_2: 16[%], CO_2: 4[%]였다. 분당 산소소비량은 약 얼마인가?

① 1.05[L/min] ② 2.05[L/min]
③ 3.05[L/min] ④ 4.05[L/min]

해설

- 분당 배기량 계산
  배기량이 10분간 200[L]이므로 분당 배기량은 20[L/min]이다.
- 분당 흡기량 계산
  들숨 및 날숨에서 질소의 양(약 79[%])은 변하지 않는다.
  79[%]×분당 흡기량=N[%]×분당 배기량
  분당 흡기량$=\frac{(100-16-4)\times 20}{79}=20.253$[L/min]
- 분당 산소소비량 계산
  들이마신 산소의 양(공기 중 산소의 농도×분당 흡기량)에서 내보낸 산소의 양(배기가스 중 산소의 농도×분당 배기량)을 빼면 분당 산소소비량을 구할 수 있다.
  분당 산소소비량$=0.21\times 20.253-0.16\times 20=1.05$[L/min]

155

안구 내에서 수정체와 망막 사이의 공간을 채우고 있는 젤리 모양의 조직으로 안구의 형태를 유지하는 것은?

① 각막(Cornea)
② 모양체(Ciliary Body)
③ 초자체(Vitreous Body)
④ 공막(Sclera)

해설 **초자체(유리체)**

안구 내에서 수정체와 망막 사이를 채우고 있는 무색투명한 젤 형태의 구조로, 안구의 형태를 유지하고 빛을 통과시킨다. 안구 내용물 중 가장 큰 부피를 차지한다.

| 정답 | 153 ② 154 ① 155 ③

156

계수형(Digital) 표시장치를 사용하는 것이 부적합한 것은?

① 수치를 정확히 읽어야 할 경우
② 짧은 판독 시간을 필요로 할 경우
③ 판독 오차가 적은 것을 필요로 할 경우
④ 표시장치에 나타나는 값들이 계속 변하는 경우

해설 **계수형(Digital Display)**
수치를 정확하게 읽어야 하며, 지침의 위치를 추정할 필요가 없는 경우에 적합하다. 수치가 빨리 변하는 경우 판독이 곤란하며 시각피로 유발도가 높다.

157

다음 중 시각적 표시장치에 있어 성격이 다른 것은?

① 디지털 온도계
② 자동차 속도계기판
③ 교통신호등의 좌회전 신호
④ 은행의 대기인원 표시등

해설 온도계, 속도계기판, 대기인원 표시등은 동적으로 변하는 변수에 관한 정보를 제공하는 반면, 교통신호등의 신호는 상태를 표시하는 장치이다.

관련개념 정적 표시장치와 동적 표시장치

정적 표시장치	간판, 도표, 그래프, 인쇄물, 필기물 같이 시간에 따라 변하지 않는 것
동적 표시장치	온도계, 기압계, 속도계, 고도계, 레이더 등 어떤 변수를 조정하거나 맞추는 것을 돕기 위한 것

158

정보를 앞유리나 차양판에 중첩시켜 나타내는 표시장치는?

① CRT ② LCD
③ HUD ④ LED

해설 **HUD(Head Up Display)**
조종사(사용자)가 고개를 숙여 조종석의 계기를 보지 않고도 전방을 주시한 상태에서 원하는 계기의 정보를 볼 수 있도록 전방 시선 높이/방향에 설치한 투명 시현장치이다.

관련개념 디스플레이의 종류
- CRT(Cathode-ray Tube): 전자를 쏘아 섀도우 마스크에 충돌시켜 화면을 보여주는 장치로, 가장 역사가 깊은 디스플레이이다.
- LCD(Liquid Crystal Display): 액체이면서도 고체의 성질을 갖는 액정(Liquid Crystal) 패널에 백라이트를 투과하여 빛의 세기를 조절하는 디스플레이이다.
- LED(Light Emitting Diode): LCD의 상위버전으로 백라이트를 LED 반도체를 이용하여 출력하는 디스플레이이다.

159

인간이 감지하는 음의 높낮이와 관련이 있는 것은?

① Hz ② dB
③ sone ④ phon

해설 **음파의 진동수(Frequency of Sound Wave)**
- 인간이 감지하는 음의 높낮이다.
- 음원의 진동이 주변 공기의 압력을 증가 또는 감소시키는데 1초당 증감 사이클 수를 음의 진동수(주파수)라 하며 Hz로 표시한다.

관련개념 음의 강도(Sound Intensity)
- 인간이 감지하는 음의 세기(진폭)이다.
- 음의 강도는 단위면적당 동력[W/m^2]으로 정의되는데 그 범위가 매우 넓기 때문에 로그(log)를 사용한다. [B](두 음의 강도비의 로그값)을 기본 측정 단위로 사용하고 보통은 [dB]을 사용한다.

| 정답 | 156 ④ 157 ③ 158 ③ 159 ①

160

40[phon]이 1[sone]일 때 60[phon]은 몇 [sone]인가?

① 2[sone] ② 4[sone]
③ 6[sone] ④ 100[sone]

해설 [Phon]과 [Sone]의 관계

$[\text{sone}]\text{치} = 2^{\frac{[\text{phon}]-40}{10}} = 2^{\frac{60-40}{10}} = 2^2 = 4[\text{sone}]$

관련개념 Phon과 Sone

- Phon 음량수준: 정량적 평가를 위한 음량 수준 척도이다. [phon]으로 표시한 음량 수준은 이 음과 같은 크기로 들리는 1,000[Hz] 순음의 음압수준[dB]이다.
- Sone 음량수준: 다른 음의 상대적인 주관적 크기 비교이다. 40[dB]의 1,000[Hz] 순음 크기(=40[phon])를 1[sone]으로 정의하고, 기준음보다 10배 크게 들리는 음이 있다면 이 음의 음량은 10[sone]이다.

161

정보전달용 표시장치에서 청각적 표현이 좋은 경우가 아닌 것은?

① 메시지가 복잡하다.
② 시각장치가 지나치게 많다.
③ 즉각적인 행동이 요구된다.
④ 메시지가 그때의 사건을 다룬다.

해설 청각장치 사용이 유리한 경우

- 메시지가 간단한 경우
- 메시지가 짧은 경우
- 메시지가 후에 재참조되지 않는 경우
- 메시지가 시간적인 사건을 다루는 경우
- 메시지가 즉각적인 행동을 요구하는 경우
- 수신자의 시각 계통이 과부하 상태인 경우
- 수신장소가 너무 밝거나 암순응이 요구될 경우
- 직무상 수신자가 자주 움직이는 경우

162

시각적 표시장치를 사용하는 것이 청각적 표시장치를 사용하는 것보다 좋은 경우는?

① 메시지가 후에 참고되지 않을 때
② 메시지가 공간적인 위치를 다룰 때
③ 메시지가 시간적인 사건을 다룰 때
④ 사람의 일이 연속적인 움직임을 요구할 때

해설 시각장치 사용이 유리한 경우

- 메시지가 복잡한 경우
- 메시지가 긴 경우
- 메시지가 후에 재참조되는 경우
- 메시지가 공간적인 위치를 다루는 경우
- 메시지가 즉각적인 행동을 요구하지 않는 경우
- 수신자의 청각 계통이 과부하 상태인 경우
- 수신 장소가 너무 소란스러운 경우
- 직무상 수신자가 한 곳에 머무르는 경우

163

다음 설명에 해당하는 법칙을 발견한 사람은?

> 음의 높이, 무게 등 물리적 자극을 상대적으로 판단하는 데 있어 특정 감각기관의 변화감지역은 표준자극에 비례한다.

① 웨버(Weber) ② 호프만(Hofmann)
③ 체핀(Chaffin) ④ 핏츠(Fitts)

해설 웨버(Weber)의 법칙

특정 감각의 변화감지역(ΔI)은 사용되는 표준자극의 크기(I)에 비례한다.

$\text{웨버비} = \frac{\Delta I}{I}$

164

다음 감각기관 중 반응속도가 가장 느린 것은?

① 청각 ② 시각
③ 미각 ④ 촉각

해설 인간의 감각기관의 자극에 대한 반응속도

청각(0.17초) > 촉각(0.18초) > 시각(0.20초) > 미각(0.29초) > 통각(0.70초)

| 정답 | 160 ② 161 ① 162 ② 163 ① 164 ③

165

다음 통제용 조종장치의 형태 중 그 성격이 다른 것은?

① 노브(Knob)
② 푸시 버튼(Push Botton)
③ 토글 스위치(Toggle Switch)
④ 로터리 선택 스위치(Rotary Select Switch)

해설 노브(Knob)는 양의 조절에 의한 통제장치이다.

관련개념 개폐에 의한 제어(On-Off 제어)
- 누름단추(Push Botton)
- 발(Foot) 푸시
- 토글 스위치(Toggle Switch)
- 로터리 스위치(Rotary Switch)

166

그림의 선형 표시장치를 움직이기 위해 길이가 L인 레버(Lever)를 $a°$ 움직일 때 조종반응(C/R) 비율을 계산하는 식은?

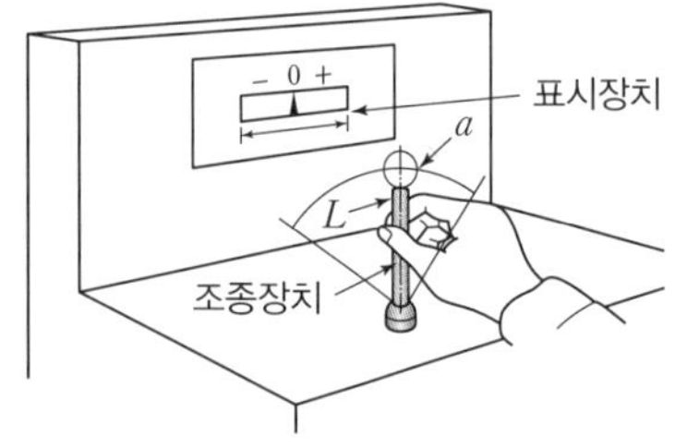

① $\dfrac{(a/360)\times 2\pi L}{\text{표시장치 이동거리}}$　② $\dfrac{\text{표시장치 이동거리}}{(a/360)\times 2\pi L}$
③ $\dfrac{(a/360)\times 4\pi L}{\text{표시장치 이동거리}}$　④ $\dfrac{\text{표시장치 이동거리}}{(a/360)\times 4\pi L}$

해설 조종구의 통제비

$$\frac{C}{R}=\frac{\left(\frac{a}{360}\right)\times 2\pi L}{\text{표시계기지침의 이동거리}}$$

여기서, a: 조종장치가 움직인 각도
L: 반경(레버의 길이)

167

조종장치를 3[cm] 움직였을 때 표시장치의 지침이 5[cm] 움직였다면 C/R비는?

① 0.25　② 0.6
③ 1.5　④ 1.7

해설 통제표시비(선형조종장치)

$$\frac{C}{R}=\frac{\text{통제기기의 변위량}}{\text{표시계기지침의 변위량}}=\frac{3}{5}=0.6$$

168

다음 중 통제표시비(C/D비; Control-Display Ratio)를 설계할 때의 고려할 사항으로 가장 거리가 먼 것은?

① 공차　② 계기의 크기
③ 운동성　④ 조작시간

해설 통제표시비의 설계 시 고려해야 할 요소
- 계기의 크기: 조절시간이 짧게 소요되는 사이즈를 선택하되 너무 작으면 오차가 클 수 있다.
- 공차: 짧은 주행시간 내에 공차의 인정범위를 초과하지 않은 계기를 마련한다.
- 목시거리: 목시거리(눈과 계기표 사이의 거리)가 길수록 조절의 정확도는 떨어지고 시간이 걸린다.
- 조작시간: 조작시간이 지연되면 통제비가 크게 작용한다.
- 방향성: 계기의 방향성은 안전과 능률에 영향을 미친다.

169

크기가 다른 복수의 조종장치를 촉감으로 구별할 수 있도록 설계할 때 구별이 가능한 최소의 직경 차이와 최소의 두께 차이로 가장 적합한 것은?

① 직경 차이: 0.95[cm], 두께 차이: 0.95[cm]
② 직경 차이: 1.3[cm], 두께 차이: 0.95[cm]
③ 직경 차이: 0.95[cm], 두께 차이: 1.3[cm]
④ 직경 차이: 1.3[cm], 두께 차이: 1.3[cm]

해설 촉감에 의해 구별 가능한 조종장치의 조건
- 직경: 1.3[cm]
- 두께: 0.95[cm]

| 정답 | 165 ① 166 ① 167 ② 168 ③ 169 ②

170

인간이 기대하는 바와 자극 또는 반응들이 일치하는 관계를 무엇이라 하는가?

① 관련성 ② 반응성
③ 양립성 ④ 자극성

해설 **양립성(Compatibility)**
안전을 근원적으로 확보하기 위한 전략으로서 외부의 자극과 인간의 기대가 서로 모순되지 않아야 하는 것이고 제어장치와 표시장치 사이의 연관성이 인간의 예상과 어느 정도 일치하는가 여부이다.

171

6개의 표시장치를 수평으로 배열할 경우 해당 제어장치를 각각의 그 아래에 배치하면 좋아지는 양립성의 종류는?

① 공간 양립성 ② 운동 양립성
③ 개념 양립성 ④ 양식 양립성

해설 **양립성(Compatibility)**
- 공간적 양립성: 어떤 사물들, 특히 표시장치나 조정장치의 물리적 형태나 공간적인 배치의 양립성을 말한다.
- 운동적 양립성: 표시장치, 조정장치, 체계반응 등의 운동방향의 양립성을 말한다.
- 개념적 양립성: 외부로부터의 자극에 대해 인간이 가지고 있는 개념적 연상의 일관성을 말하는데, 예를 들어 파란색 수도꼭지와 빨간색 수도꼭지가 있는 경우 빨간색 수도꼭지를 보고 따뜻한 물이라고 연상하는 것을 말한다.
- 양식 양립성: 언어 또는 문화적 관습이나 특정 신호에 따라 적합하게 반응하는 것을 말하는데, 예를 들어 한국어로 질문하면 한국어로 대답하거나, 기계가 특정 음성에 대해 정해진 반응을 하는 것을 말한다.

172

다음 중 일반적인 수공구의 설계원칙으로 볼 수 없는 것은?

① 손목을 곧게 유지한다.
② 반복적인 손가락 동작을 피한다.
③ 사용이 용이한 검지만을 주로 사용한다.
④ 손잡이는 접촉면적을 가능하면 크게 한다.

해설 **수공구와 장치 설계의 원리**
- 손목을 곧게 유지한다.
- 조직의 압축응력을 피한다.
- 반복적인 손가락 움직임을 피한다.(모든 손가락 사용)
- 안전작동을 고려하여 설계한다.
- 손잡이는 손바닥의 접촉면적이 크게 설계한다.

173

다음 중 인체에서 뼈의 기능에 해당하지 않는 것은?

① 대사 기능 ② 장기 보호
③ 조혈기능 ④ 인체의 지주

해설 **뼈의 주요기능**
- 인체의 지주
- 장기의 보호
- 골수의 조혈기능

174

뻗은 팔을 몸 안쪽으로 붙이는 등 신체 외부에서 중심선으로 이동하는 신체의 움직임을 의미하는 것은?

① 내전 ② 외전
③ 외선 ④ 굴곡

해설 **신체부위의 운동**
- 팔(어깨관절), 다리(고관절)
  - 외전(벌림): 몸의 중심선으로부터 멀리 떨어지게 하는 동작
  - 내전(모음): 몸의 중심선으로의 이동
- 팔(팔꿈치관절), 다리(무릎관절)
  - 굴곡(굽힘): 관절이 만드는 각도가 감소하는 동작
  - 신전(폄): 관절이 만드는 각도가 증가하는 동작

| 정답 | 170 ③ 171 ① 172 ③ 173 ① 174 ①

175

건강한 남성이 8시간 동안 특정 작업을 실시하고, 산소소비량이 1.2[L/분]으로 나타났다면 8시간 동안 총 작업시간에 포함되어야 할 최소 휴식시간은?(단, 남성의 권장 평균 에너지소비량은 5[kcal/분], 안정 시 에너지소비량은 1.5[kcal/분]으로 가정한다.)

① 107분　② 117분
③ 127분　④ 137분

해설 **휴식시간 산정**

산소 1[L]당 5[kcal]의 에너지를 소모하므로

작업의 평균에너지 $=5\times1.2=6$[kcal/min]

$$R=\frac{60(E-5)}{E-1.5}=\frac{60\times(6-5)}{6-1.5}=13.33[\text{min}]$$

여기서, R: 60분 기준 휴식시간[min]

E: 작업의 평균 에너지소비량[kcal/min]

따라서 8시간 동안 포함되어야 할 휴식시간은 $13.33\times8=107$[min]이다.

176

다음 중 공간 배치의 원칙에 해당되지 않는 것은?

① 중요성의 원칙　② 다양성의 원칙
③ 기능별 배치의 원칙　④ 사용빈도의 원칙

해설 **부품배치의 원칙**

원칙	내용
중요성의 원칙	부품의 작동성능이 목표달성에 중요한 정도에 따라 우선순위를 결정
사용빈도의 원칙	부품이 사용되는 빈도에 따른 우선순위를 결정
기능별 배치의 원칙	기능적으로 관련된 부품을 모아서 배치
사용순서의 원칙	사용순서에 맞게 순차적으로 부품들을 배치

177

작업자의 작업공간과 관련된 내용으로 옳지 않은 것은?

① 서서 작업하는 작업공간에서 발바닥을 높이면 뻗침길이가 늘어난다.
② 서서 작업하는 작업공간에서 신체의 균형에 제한을 받으면 뻗침길이가 늘어난다.
③ 앉아서 작업하는 작업공간은 동적 팔뻗침에 의해 포락면(Reach Envelope)의 한계가 결정된다.
④ 앉아서 작업하는 작업공간에서 기능적 팔뻗침에 영향을 주는 제약이 적을수록 뻗침길이가 늘어난다.

해설 인체는 몸통의 균형이 확보되어야 사지(팔, 다리)를 정상적으로 움직이거나 뻗을 수 있기 때문에, 서서 작업하는 작업공간에서 신체의 균형에 제한을 받으면 팔의 뻗침길이가 감소된다.

관련개념 작업공간

- 작업공간 포락면(Envelope): 한 장소에 앉아서 수행하는 작업활동에서 사람이 작업하는 데 사용하는 공간으로 작업의 특성에 따라 포락면이 변경될 수 있다.
- 파악한계(Grasping Reach): 앉은 작업자가 특정한 수작업을 편히 수행할 수 있는 공간의 외곽한계이다.
- 특수작업영역: 특정 공간에서 작업하는 구역이다.

178

좌식 평면 작업대에서의 최대 작업영역에 관한 설명으로 옳은 것은?

① 각 손의 정상 작업영역 경계선이 작업자의 정면에서 교차되는 공통 영역
② 위팔과 손목을 중립자세로 유지한 채 손으로 원을 그릴 때, 부채꼴 원호의 내부 영역
③ 어깨로부터 팔을 펴서 어깨를 축으로 하여 수평면상에 원을 그릴 때, 부채꼴 원호의 내부 지역
④ 자연스러운 자세로 위팔을 몸통에 붙인 채 손으로 수평면상에 원을 그릴 때, 부채꼴 원호의 내부 지역

해설 **수평작업대의 정상 작업영역과 최대 작업영역**

- 정상 작업영역: 위팔(상완)을 자연스럽게 수직으로 늘어뜨린 채, 아래팔(전완)만으로 편하게 뻗어 파악할 수 있는 구역(34~45[cm])이다.
- 최대 작업영역: 아래팔(전완)과 위팔(상완)을 곧게 펴서 파악할 수 있는 구역(55~65[cm])이다.

| 정답 | 175 ① 176 ② 177 ② 178 ③

179

서서 하는 작업의 작업대 높이에 대한 설명으로 옳지 않은 것은?

① 정밀작업의 경우 팔꿈치 높이보다 약간 높게 한다.
② 경작업의 경우 팔꿈치 높이보다 약간 낮게 한다.
③ 중작업의 경우 경작업의 작업대 높이보다 약간 낮게 한다.
④ 작업대의 높이는 기준을 지켜야 하므로 높낮이가 조절되어서는 안 된다.

해설 작업자의 신장이 모두 다르므로 작업대의 높이는 높낮이가 조절되도록 하는 것이 좋다.

관련개념 입식 작업대 높이(팔꿈치 높이 기준)
- 정밀작업: 팔꿈치 높이보다 5~10[cm] 높게 설계
- 일반작업: 팔꿈치 높이보다 5~10[cm] 낮게 설계
- 힘든작업(重작업): 팔꿈치 높이보다 10~20[cm] 낮게 설계

180

의자 설계에 대한 조건 중 틀린 것은?

① 좌판의 깊이는 작업자의 등이 등받이에 닿을 수 있도록 설계한다.
② 좌판은 엉덩이가 앞으로 미끄러지지 않는 재질과 구조로 설계한다.
③ 좌판의 넓이는 작은 사람에게 적합하도록, 깊이는 큰 사람에게 적합하도록 설계한다.
④ 등받이는 충분한 넓이를 가지고 요추 부위부터 어깨 부위까지 편안하게 지지하도록 설계한다.

해설 좌판의 넓이는 최대치 설계, 깊이는 최소치 설계를 하여야 한다.

관련개념 의자설계 원칙
- 등받이는 요추 전만(앞으로 굽힘)자세를 유지하며, 추간판의 압력 및 등 근육의 정적부하를 감소시킬 수 있도록 설계한다.
- 의자 좌판의 높이는 좌판 앞부분이 무릎 높이보다 높지 않게(치수는 5[%tile] 되는 사람까지 수용할 수 있게) 설계한다.
- 의자 좌판의 깊이와 폭은 작업자의 등이 등받이에 닿을 수 있도록 설계하며 골반 너비보다 넓게 설계한다.
- 몸통의 안정은 체중이 골반뼈에 실려야 몸통안정이 쉬워진다.
- 고정된 자세가 장시간 유지되지 않도록 설계한다.

181

어떤 작업의 한 사이클의 정미시간이 5분, 레이팅계수는 110[%], 여유율이 10[%]일 때 표준시간은 약 몇 분인가?(단, 여유율은 정미시간을 기준으로 계산한 것임)

① 3 ② 5.5
③ 8 ④ 10

해설 정미시간에 대한 비율을 여유율로 사용하는 것은 외경법이다.
외경법의 표준시간(ST) = 정미시간 × (1 + 여유율)
$= 5\times(1+0.1) = 5.5$

관련개념 내경법
근무시간에 대한 비율을 여유율로 사용한다.
내경법의 표준시간(ST) = 정미시간 × $\left(\frac{1}{1-\text{여유율}}\right)$

182

스톱워치법과 비교하였을 때 PTS의 장점이 아닌 것은?

① 레이팅을 하여 정도를 높일 수 있다.
② 표준자료를 쉽게 작성할 수 있다.
③ 작업방법만 알면 시간산출할 수 있다.
④ 작업방법에 대한 상세기록이 남는다.

해설 PTS법은 작업자의 능력, 노력과 관계없이 객관적으로 표준시간을 산출할 수 있으므로 레이팅을 할 필요가 없는 것이 장점이다.

관련개념 PTS법(Predetermined Time Standards)
- 기정시간표준법이라고도 하며, 기본동작 요소(Therblig)와 같은 요소동작이나 또는 운동에 대해 미리 정해 놓은 일정한 표준요소 시간 값을 나타낸 표를 적용하여 작업을 수행하는 데 소요되는 시간 값을 합성하여 산출하는 방법이다.
- 기본원리(PTS법의 가정)로써 언제, 어디서는 동작의 변동요인이 같으면 소요시간은 기준시간 값과 동일하다.

| 정답 | 179 ④ 180 ③ 181 ② 182 ①

183

Work factor법의 표준요소가 아닌 것은?

① 쥐기(Gr) ② 조립(Asy)
③ 미리놓기(PP) ④ 위치(P)

해설 위치(P)는 MTM법의 기본동작 중 하나이다.

관련개념 WF법(Work Factor System)의 표준요소

- 동작－이동(T)
- 쥐기(Gr)
- 미리놓기(PP)
- 조립(Asy)
- 사용(US)
- 분해(Dsy)
- 내려놓기(RI)
- 해석(MP)

184

작업장 내부의 추천 반사율이 가장 낮아야 하는 곳은?

① 벽 ② 천장
③ 바닥 ④ 가구

해설 옥내 추천 반사율

- 천장: 80～90[%]
- 벽: 40～60[%]
- 가구: 25～45[%]
- 바닥: 20～40[%]

추천 반사율의 크기는 바닥 < 가구 < 벽 < 천장 순으로 커진다.

185

어떤 물체에서 빛이 반사되어 나오는 단위면적당 양을 뜻하는 것은?

① 광도 ② 휘도
③ 대비 ④ 반사율

해설 조도와 광도

- 조도: 어떤 물체나 대상면에 도달하는 빛의 양(단위: [lux])
- 광속: 광원에서 방출되는 빛의 총량(단위: [lm])
- 광도: 광원에서 어느 특정 방향으로 나오는 빛의 세기(단위: [cd])
- 휘도: 빛이 어떤 물체에서 반사되어 나오는 양(단위: [nit])
- 대비: 표적의 광속 발산도와 배경의 광속발산도의 차이
- 광속 발산도: 단위면적당 표면에서 반사 또는 방출되는 빛의 양(단위: [lm/m^2])

186

1[cd]의 점광원에서 1[m] 떨어진 곳에서의 조도가 3[lux]였다. 동일한 조건에서 5[m] 떨어진 곳에서의 조도는 약 몇 [lux]인가?

① 0.12 ② 0.22
③ 0.36 ④ 0.56

해설 조도

$\text{조도[lux]} = \frac{\text{광속[lm]}}{(\text{거리[m]})^2}$ 에서

$\text{광속[lm]} = \text{조도[lux]} \times (\text{거리[m]})^2 = 3 \times 1^2 = 3\text{[lm]}$이다.

따라서 5[m] 떨어진 곳의 조도 $= \frac{3}{5^2} = 0.12\text{[lux]}$이다.

187

종이의 반사율이 50[%]이고, 종이상의 글자의 반사율이 10[%]일 때 종이에 의한 글자의 대비는 얼마인가?

① 80[%] ② 60[%]
③ 40[%] ④ 20[%]

해설 대비

$\text{대비} = 100 \times \frac{L_b - L_t}{L_b} = 100 \times \frac{50-10}{50} = 80[\%]$

여기서, L_b: 배경의 광속 발산도
L_t: 표적의 광속 발산도

188

다음 중 주어진 작업에 대하여 필요한 소요조명(fc)을 구하는 식으로 옳은 것은?

① $\text{소요조명}(fc) = \frac{\text{광속 발산도}(fL)}{\text{반사율}}$

② $\text{소요조명}(fc) = \frac{\text{반사율}}{\text{광속 발산도}(fL)}$

③ $\text{소요조명}(fc) = \frac{\text{광속 발산도}(fL)}{\text{거리}^2}$

④ $\text{소요조명}(fc) = \frac{\text{거리}^2}{\text{광속 발산도}(fL)}$

해설 소요조명

$\text{소요조명}(fc) = \frac{\text{광속 발산도}(fL)}{\text{반사율}[\%]} \times 100$

| 정답 | 183 ④ 184 ③ 185 ② 186 ① 187 ① 188 ①

189

인간의 가청주파수 범위는?

① 2~10,000[Hz] ② 20~20,000[Hz]
③ 200~30,000[Hz] ④ 200~40,000[Hz]

해설 소음
바람직하지 않은 소리를 의미하며 음성, 음악 등의 전달을 방해하거나 생활에 장애, 고통을 주거나 하는 소리를 말한다.
- 가청주파수: 20~20,000[Hz]
- 유해주파수: 4,000[Hz]

190

작업장에서 발생하는 소음에 대한 대책으로 가장 먼저 고려해야 할 적극적인 방법은?

① 소음원의 통제
② 소음원의 격리
③ 귀마개 등 보호구의 착용
④ 덮개 등 방호장치의 설치

해설 작업장에서 발생하는 소음원을 통제하는 것이 소음에 대한 가장 적극적인 대처방법이다.

관련개념 소음을 통제하는 방법(소음대책)
- 소음원의 통제
- 소음의 격리
- 차폐장치 및 흡음재 사용
- 음향처리제 사용
- 적절한 배치

191

열균형 방정식의 요소가 아닌 것은?

① 대사율 ② 복사
③ 전도 ④ 대류

해설 열균형 방정식
S(열축적)=M(대사율)−W(한 일)±R(복사)±C(대류)−E(증발)

192

인체의 피부와 허파로부터 하루에 600[g]의 수분이 증발될 때 열손실률은 약 얼마인가?(단, 37[℃]의 물 1[g]을 증발시키는 데 필요한 에너지는 2,410[J/g]이다.)

① 약 15[watt] ② 약 17[watt]
③ 약 19[watt] ④ 약 21[watt]

해설 열손실률

$$R=\frac{Q}{t}=\frac{2{,}410\times 600}{24\times 60\times 60}=17[\mathrm{W}]$$

여기서, Q: 증발에너지[J]
t: 증발시간[s]

193

S에어컨 제조회사는 올해 경영슬로건으로 "소비자가 가장 선호하는 바람을 제공할 때까지"를 선정하였다. 목표 달성을 위하여 에어컨 가동 상태를 테스트하는 실험실을 설계하고자 한다. 다음 중 실험실의 실효온도에 영향을 주는 인자와 가장 관계가 먼 것은?

① 온도 ② 습도
③ 체온 ④ 공기유동

해설 실효온도(Effective Temperature, 감각온도, 실감온도)
온도, 습도, 기류 등의 조건에 따라 인간의 감각을 통해 느껴지는 온도로 상대습도 100[%]일 때의 건구온도에서 느끼는 것과 동일한 온도감이다.

194

건구온도 38[℃], 습구온도 32[℃]일 때의 Oxford 지수는 몇 [℃]인가?

① 30.2 ② 32.9
③ 35.3 ④ 37.1

해설 옥스퍼드(Oxford) 지수(습건지수)
$W_D=0.85W$(습구온도)$+0.15D$(건구온도)
$=0.85\times 32+0.15\times 38=32.9$[℃]

| 정답 | 189 ② 190 ① 191 ③ 192 ② 193 ③ 194 ②

195

다음 중 건구온도가 30[℃], 습구온도가 27[℃]일 때 사람들이 느끼는 불쾌감의 정도를 설명한 것으로 가장 적절한 것은?

① 대부분의 사람이 불쾌감을 느낀다.
② 거의 모든 사람이 불쾌감을 느끼지 못한다.
③ 일부분의 사람이 불쾌감을 느끼기 시작한다.
④ 일부분의 사람이 쾌적함을 느끼기 시작한다.

해설 불쾌지수

불쾌지수=(건구온도[℃]+습구온도[℃])×0.72+40.6[℃]
=(30+27)×0.72+40.6=81.64

불쾌지수가 80 이상일 때는 모든 사람이 불쾌감을 가지기 시작하고, 75의 경우에는 절반 정도가 불쾌감을 가지며, 70~75에서는 불쾌감을 느끼기 시작한다. 70 이하에서는 모두가 쾌적하다.

196

온도가 적정 온도에서 낮은 온도로 내려갈 때의 인체반응으로 옳지 않은 것은?

① 발한을 시작
② 직장온도가 상승
③ 피부온도가 하강
④ 많은 양의 혈액이 몸의 중심부를 순환

해설 추운 환경으로 변할 때 신체 조절작용(저온스트레스)

- 피부온도가 내려간다.
- 피부를 경유하는 혈액순환량이 감소한다.
- 많은 양의 혈액이 몸의 중심부를 순환한다.
- 직장온도가 약간 올라간다.
- 소름이 돋고 몸이 떨린다.

197

눈의 피로를 줄이기 위해 VDT 화면과 종이문서 간의 밝기의 비는 최대 얼마를 넘지 않도록 하는가?

① 1:20　　② 1:50
③ 1:10　　④ 1:30

해설 VDT를 위한 조명

- 조명수준: VDT 조명은 화면에서 반사하여 화면상의 정보를 더 어렵게 할 수 있으므로 대부분 300~500[lux]를 지정한다.
- 광도비: 화면과 극 인접 주변 간에는 1:3의 광도비가, 화면과 화면에서 먼 주위 간에는 1:10의 광도비가 추천된다.
- 화면반사: 화면반사는 화면으로부터 정보를 읽기 어렵게 하므로 다음의 방법으로 화면반사를 줄일 수 있다.
  - 창문을 가린다.
  - 반사원의 위치를 바꾼다.
  - 광도를 줄인다.
  - 산란된 간접조명을 사용한다.

198

다음 중 영상표시단말기(VDT)를 취급하는 작업장에서 화면의 바탕 색상이 검정색 계통일 경우 추천되는 조명수준으로 가장 적절한 것은?

① 100~200[lux]　　② 300~500[lux]
③ 750~800[lux]　　④ 850~900[lux]

해설 영상표시단말기(VDT)를 취급하는 작업장의 조도

- 화면의 바탕 색상이 검정색 계통: 300~500[lux]
- 화면의 바탕 색상이 흰색 계통: 500~700[lux]

| 정답 | 195 ① 196 ① 197 ③ 198 ②

199

동작경제의 원칙에 해당하지 않는 것은?

① 가능하다면 낙하식 운반방법을 사용한다.
② 양손을 동시에 반대방향으로 움직인다.
③ 자연스러운 리듬이 생기지 않도록 동작을 배치한다.
④ 양손으로 동시에 작업을 시작하고 동시에 끝낸다.

해설 동작경제의 3원칙

- 신체사용에 관한 원칙
  - 두 손의 동작은 같이 시작하고 같이 끝나도록 한다.
  - 휴식시간을 제외하고는 양손이 동시에 쉬지 않도록 한다.
  - 두 팔의 동작은 동시에 서로 반대방향으로 대칭적으로 움직이도록 한다.
  - 자연스러운 리듬이 생기도록 손의 동작은 유연하고 연속적이어야 한다.(관성 이용)
  - 손과 신체의 동작은 작업을 원만하게 처리할 수 있는 범위 내에서 가장 낮은 동작등급을 사용하도록 한다.
- 작업장 배치에 관한 원칙
  - 모든 공구나 재료는 정해진 위치에 있도록 한다.
  - 공구, 재료 및 제어장치는 사용위치에 가까이 두도록 한다.(정상작업영역, 최대작업영역)
  - 공구나 재료는 작업동작이 원활하게 수행되도록 그 위치를 정해준다.
  - 가급적이면 낙하시켜 전달하는 방법을 따른다.
- 공구 및 설비 설계(디자인)에 관한 원칙
  - 치구나 족답장치(Foot-operated Device)를 효과적으로 사용할 수 있는 작업에서는 이러한 장치를 사용하도록 하여 양손이 다른 일을 할 수 있도록 한다.
  - 가능하면 공구 기능을 결합하여 사용하도록 한다.
  - 공구와 자세는 가능한 한 사용하기 쉽도록 미리 위치를 잡아준다.(Pre-position)

200

중량물을 들어올리는 자세에 대한 설명 중 가장 적절한 것은?

① 다리를 곧게 펴고 허리를 굽혀 들어올린다.
② 되도록 자세를 낮추고 허리를 곧게 편 상태에서 들어올린다.
③ 무릎을 굽힌 자세에서 허리를 뒤로 젖히고 들어올린다.
④ 허리를 숙여서 서서히 들어올린다.

해설 중량물 취급 시 등을 반듯이 유지하면서 무릎의 힘으로 일어나야 한다.

관련개념 중량물 취급 방법

- 중량물에 몸의 중심을 가깝게 한다.
- 발을 어깨너비 정도로 벌리고 몸은 정확하게 균형을 유지한다.
- 무릎을 굽힌다.
- 가능하면 중량물을 양손으로 잡는다.
- 목과 등이 거의 일직선이 되도록 한다.
- 등을 반듯이 유지하면서 무릎의 힘으로 일어난다.

| 정답 | 199 ③ 200 ②

SUBJECT 03 기계·기구 및 설비 안전관리

CHAPTER 01 | 기계공정안전의 안전, 기계안전시설 관리

201

다음 중 기계운동 형태에 따른 위험점의 분류에 해당되지 않는 것은?

① 끼임점　② 회전물림점
③ 물림점　④ 절단점

해설 기계설비의 위험점 종류
- 협착점(끼임점)(Squeeze Point)
- 끼임점(Shear Point)
- 절단점(Cutting Point)
- 물림점(Nip Point)
- 접선물림점(Tangential Nip Point)
- 회전말림점(Trapping Point)

202

연삭숫돌과 작업대, 교반기의 교반날개와 몸체 사이에서 형성되는 위험점은?

① 접선물림점(Tangential Nip Point)
② 끼임점(Shear Point)
③ 절단점(Cutting Point)
④ 물림점(Nip Point)

해설 끼임점(Shear Point)
기계의 고정부분과 회전 또는 직선운동 부분 사이에 형성되는 위험점이다.
예) 회전 풀리와 베드 사이, 연삭숫돌과 작업대, 교반기의 날개와 하우스

203

2개의 회전체가 회전운동을 할 때에 물림점이 발생될 수 있는 조건은?

① 두 개의 회전체 모두 시계방향으로 회전
② 두 개의 회전체 모두 시계 반대방향으로 회전
③ 하나는 시계방향으로 회전하고 다른 하나는 시계 반대방향으로 회전
④ 하나는 시계방향으로 회전하고 다른 하나는 정지

해설 물림점(Nip Point)
회전하는 두 개의 회전체가 맞닿아서 위험성이 있는 곳을 말하며, 위험점이 발생되는 조건은 회전체가 서로 반대방향으로 맞물려 회전되어야 한다.
예) 기어, 롤러

204

사고 체인의 5요소에 해당하지 않는 것은?

① 함정(Trap)　② 충격(Impact)
③ 접촉(Contact)　④ 결함(Flaw)

해설 사고 체인(Accident chain)의 5요소
- 1요소(함정; Trap): 기계의 운동에 의해서 회전말림점이 발생할 가능성이 있는가?
- 2요소(충격; Impact): 운동하는 어떤 기계 요소들과 사람이 부딪혀 그 요소의 운동에너지에 의해 사고가 일어날 가능성이 없는가?
- 3요소(접촉; Contact): 날카롭거나, 뜨겁거나 또는 전류가 흐름으로써 접촉 시 상해가 일어날 요소들이 있는가?
- 4요소(얽힘, 말림; Entanglement): 작업자의 신체일부가 기계설비에 말려 들어갈 염려가 없는가?
- 5요소(튀어나옴; Ejection): 기계요소나 피가공재가 기계로부터 튀어나올 염려가 없는가?

| 정답 | 201 ② 202 ② 203 ③ 204 ④

205

기계를 구성하는 요소에서 피로현상은 안전과 밀접한 관련이 있다. 다음 중 기계요소의 피로파괴 현상과 가장 관련이 적은 것은?

① 소음(Noise) ② 노치(Notch)
③ 부식(Corrosion) ④ 치수효과(Size Effect)

해설 피로파괴에 영향을 주는 인자로는 치수효과(Size Effect), 노치효과(Notch Effect), 부식(Corrosion), 표면효과(Skin Effect) 등이 있다.

관련개념 피로파괴

기계나 구조물에 인장과 압축을 되풀이해서 받는 부분이 있는데, 이러한 경우 그 응력이 인장(또는 압축)강도보다 훨씬 작다 하더라도 이것을 오랜 시간 걸쳐서 연속적으로 되풀이하여 작용시키면 결국엔 파괴되는 현상이다.

206

한계하중 이하의 하중이라도 고온조건에서 일정한 하중을 지속적으로 가하면 시간의 경과에 따라 변형이 증가되고 결국은 파괴에 이르게 되는 현상은?

① 크리프 ② 피로현상
③ 응력집중 ④ 가공경화

해설 **크리프(Creep)**

금속이나 합금에 외력이 일정하게 작용할 경우 온도가 높은 상태에서는 시간이 경과함에 따라 연신율이 일정한도 늘어나다가 파괴되는 현상이다. 금속재료를 고온에서 긴 시간 외력을 걸고 시간이 경과됨에 따라 서서히 변형의 정도를 측정하는 시험을 크리프시험이라 한다.

207

「산업안전보건기준에 관한 규칙」에 따라 회전축, 기어, 풀리, 플라이휠 등에 사용되는 기계요소인 키, 핀 등의 형태로 적합한 것은?

① 돌출형 ② 개방형
③ 폐쇄형 ④ 묻힘형

해설 회전축 · 기어 · 풀리 및 플라이휠 등에 부속되는 키 · 핀 등의 기계요소는 묻힘형으로 하거나 해당 부위에 덮개를 설치하여야 한다.

208

다음 중 기계설비에서 이상 발생 시 기계를 급정지시키거나 안전장치가 작동되도록 하는 안전화를 무엇이라고 하는가?

① 기능상의 안전화
② 외관상의 안전화
③ 구조부분의 안전화
④ 본질적 안전화

해설 **기능상의 안전화**

최근 기계는 반자동 또는 자동 제어장치를 갖추고 있어서 에너지 변동에 따라 오동작이 발생하여 주요 문제로 대두되므로 이에 따른 기능의 안전화가 요구되고 있다.

예 전압 강하 및 정전에 따른 오작동, 사용압력 변동 시의 오작동, 단락 또는 스위치 고장 시의 오작동

관련개념 기계의 안전조건

- 외형의 안전화
- 작업의 안전화
- 작업점의 안전화
- 기능상의 안전화
- 구조적 안전화(강도적 안전화)

| 정답 | 205 ① 206 ① 207 ④ 208 ①

209

안전계수가 5인 로프의 절단하중이 4,000[N]이라면 이 로프에는 몇 [N] 이하의 하중을 매달아야 하는가?

① 500　　② 800
③ 1,000　　④ 1,600

해설 **안전계수(안전율, Safety Factor)**

$$안전계수=\frac{파단하중(절단하중)}{안전하중}$$ 이므로

$$안전하중=\frac{파단하중(절단하중)}{안전계수}=\frac{4,000}{5}=800[N]$$

210

안전율(허용응력) 결정 시 고려해야 할 사항에 속하지 않는 것은?

① 재료의 품질　　② 하중과 응력의 정확성
③ 공작방법 및 정밀도　　④ 사용 시의 상태

해설 안전율이나 허용응력을 결정하려면 재질, 하중의 성질, 하중과 응력계산의 정확성, 공작방법 및 정밀도, 부품형상 및 사용장소 등을 고려하여야 한다.

211

다음과 같은 작업조건일 경우 와이어로프의 안전율은?

> 작업대에서 사용된 와이어로프 1줄의 파단하중이 100[kN], 인양하중이 40[kN], 로프의 수가 2줄

① 2　　② 2.5
③ 4　　④ 5

해설 **와이어로프의 안전율**

$$S=\frac{N \times P}{Q}=\frac{2 \times 100}{40}=5$$

여기서, N: 로프의 가닥 수
P: 와이어로프의 파단하중
Q: 최대사용하중(인양하중)

212

풀 프루프(Fool Proof)에 해당되지 않는 것은?

① 각종 기구의 인터록 기구
② 크레인의 권과방지장치
③ 카메라의 이중 촬영 방지기구
④ 항공기 엔진의 병렬설계

해설 항공기 엔진의 병렬설계는 기계나 그 부품에 고장이나 기능불량이 생겨도 항상 안전하게 작동하도록 설계하는 페일 세이프(Fail Safe)에 해당된다.

관련개념 풀 프루프(Fool Proof)
- 근로자가 기계를 잘못 취급하여 불안전 행동이나 실수를 하여도 기계설비의 안전기능이 작용하여 재해를 방지할 수 있는 기능이다.
- 인터록가드(Interlock Guard), 조절가드(Adjustable Guard), 고정가드(Fixed Guard)

213

기계설비의 방호를 위험장소에 대한 방호와 위험원에 대한 방호로 분류할 때, 다음 중 위험원에 대한 방호장치에 해당하는 것은?

① 격리형 방호장치　　② 포집형 방호장치
③ 접근거부형 방호장치　　④ 위치제한형 방호장치

해설 **방호장치의 분류**

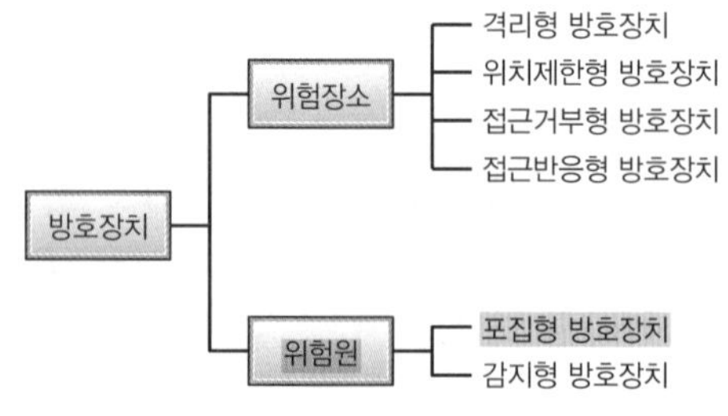

| 정답 | 209 ② 210 ④ 211 ④ 212 ④ 213 ②

214

위험한 작업점과 작업자 사이의 위험을 차단시키는 격리형 방호장치가 아닌 것은?

① 접촉반응형 방호장치 ② 완전차단형 방호장치
③ 덮개형 방호장치 ④ 울타리

해설 방호장치의 종류

- 격리형 방호장치: 작업자가 작업점에 접촉되어 재해를 당하지 않도록 기계설비 외부에 차단벽이나 방호망을 설치하는 것으로 작업장에서 가장 많이 사용하는 방식(덮개)이다.
  예) 완전차단형 방호장치, 덮개형 방호장치, 울타리
- 위치제한형 방호장치: 작업자의 신체부위가 위험한계 밖에 있도록 기계의 조작장치를 위험구역에서 일정거리 이상 떨어지게 한 방호장치(양수조작식 안전장치)이다.
- 접근거부형 방호장치: 작업자의 신체부위가 위험한계 내로 접근하면 기계의 동작위치에 설치해 놓은 기구가 접근하는 신체부위를 안전한 위치로 되돌리는 것(손쳐내기식 안전장치)이다.
- 접근반응형 방호장치: 작업자의 신체부위가 위험한계 내로 접근하면 이를 감지하여 작동 중인 기계를 즉시 정지시키거나 스위치가 꺼지도록 하는 것(광전자식 안전장치)이다.
  예) 접촉반응형 방호장치, 비접촉반응형 방호장치
- 포집형 방호장치: 목재가공기의 반발예방장치와 같이 위험장소에 설치하여 위험원이 비산하거나 튀는 것을 방지하는 등 작업자로부터 위험원을 차단하는 방호장치이다.

215

페일 세이프(Fail safe) 구조의 기능면에서 설비 및 기계 장치의 일부가 고장이 난 경우 기능의 저하를 가져 오더라도 전체 기능은 정지하지 않고 다음 정기 점검 시까지 운전이 가능한 방법은?

① Fail-passive ② Fail-soft
③ Fail-active ④ Fail-operational

해설 Fail Safe의 기능면에서의 분류

- Fail Passive: 부품이 고장났을 경우 통상 기계는 정지하는 방향으로 이동(일반적인 산업기계)
- Fail Active: 부품이 고장났을 경우 기계는 경보를 울리는 가운데 짧은 시간 동안 운전 가능
- Fail Operational: 부품의 고장이 있더라도 기계는 추후 보수가 일어날 때까지 안전한 기능 유지

CHAPTER 02 | 기계분야 산업재해 조사 및 관리

216

「산업안전보건법령」상 사업주는 산업재해로 사망자가 발생한 경우 산업재해가 발생한 날부터 얼마 이내에 산업재해조사표를 작성하여 관할 지방고용노동관서의 장에게 제출하여야 하는가?

① 1일 ② 7일
③ 15일 ④ 1개월

해설 산업재해 발생 보고

사업주는 산업재해로 사망자가 발생하거나 3일 이상의 휴업이 필요한 부상을 입거나 질병에 걸린 사람이 발생한 경우에는 해당 산업재해가 발생한 날부터 1개월 이내에 산업재해조사표를 작성하여 지방고용노동관서의 장에게 제출(전자문서로 제출하는 것 포함)하여야 한다.

217

다음 중 재해조사 시의 유의사항으로 가장 적절하지 않은 것은?

① 사실을 수집한다.
② 사람, 기계설비, 양면의 재해요인을 모두 도출한다.
③ 객관적인 입장에서 공정하게 조사하며, 조사는 2인 이상이 한다.
④ 목격자의 증언과 추측의 말을 모두 반영하여 분석하고, 결과를 도출한다.

해설 재해조사 시 유의사항

- 사실을 수집한다.
- 목격자 등이 증언하는 사실 이외의 추측의 말은 참고로만 한다.
- 조사는 신속하게 행하고, 긴급조치를 하여 2차 재해의 방지를 도모한다.
- 사람, 기계설비, 환경의 측면에서 재해요인을 모두 도출한다.
- 객관적인 입장에서 공정하게 조사하며, 조사는 2인 이상이 한다.
- 책임추궁보다 재발방지를 우선하는 기본 태도를 갖는다.

| 정답 | 214 ① 215 ④ 216 ④ 217 ④

218

재해 원인을 통상적으로 직접 원인과 간접 원인으로 나눌 때 직접 원인에 해당되는 것은?

① 기술적 원인 ② 물적 원인
③ 교육적 원인 ④ 관리적 원인

해설 산업재해의 직접 원인에는 물적 원인(불안전한 상태)과 인적 원인(불안전한 행동)이 있다.

관련개념 산업재해의 간접 원인

- 기술적 원인: 기계·기구·설비 등의 방호 설비, 경계 설비, 보호구 정비, 구조재료의 부적당 등의 기술적 결함
- 교육적 원인: 무지, 경시, 불이해, 훈련 미숙, 나쁜 습관 등
- 신체적 원인: 각종 질병, 스트레스, 피로, 수면 부족 등
- 정신적 원인: 태만, 반항, 불만, 초조, 긴장, 공포 등
- 관리적 원인: 책임감의 부족, 부적절한 인사 배치, 작업기준의 불명확, 점검·보건 제도의 결함, 근로 의욕 침체, 작업지시 부적절 등

219

재해 발생의 주요 원인 중 불안전한 상태에 해당하지 않는 것은?

① 기계설비 및 장비의 결함
② 부적절한 조명 및 환기
③ 작업장소의 정리·정돈 불량
④ 보호구 미착용

해설 보호구 미착용은 불안전한 행동(인적 원인)에 해당한다.

관련개념 산업재해의 직접 원인 중 불안전한 상태(물적 원인)

- 물건 자체의 결함
- 안전방호장치의 결함
- 복장·보호구의 결함
- 기계의 배치 및 작업장소의 결함
- 작업환경의 결함(부적당한 조명, 부적당한 온·습도, 과다한 소음, 부적당한 배기)
- 생산공정의 결함
- 경계표시 및 설비의 결함

220

다음 중 사람이 인력(중력)에 의하여 건축물, 구조물, 가설물, 수목, 사다리 등의 높은 장소에서 떨어지는 재해의 발생 형태를 무엇이라 하는가?

① 떨어짐 ② 비래
③ 낙하 ④ 넘어짐

해설 **떨어짐(추락)**

사람이 인력(중력)에 의하여 건축물, 구조물, 가설물, 수목, 사다리 등의 높은 장소에서 떨어지는 것을 말한다.

관련개념 산업재해 용어

- 맞음(낙하·비래): 구조물, 기계 등에 고정되어 있던 물체가 중력, 원심력, 관성력 등에 의하여 고정부에서 이탈하거나 또는 설비 등으로부터 물질이 분출되어 사람을 가해하는 경우를 말한다.
- 넘어짐(전도): 사람이 거의 평면 또는 경사면, 층계 등에서 구르거나 넘어지는 경우를 말한다.

221

연평균 1,000명의 근로자를 채용하고 있는 사업장에서 연간 24명의 재해자가 발생하였다면 이 사업장의 연천인율은 얼마인가?(단, 근로자는 1일 8시간씩 연간 300일을 근무한다.)

① 10 ② 12
③ 24 ④ 48

해설 **연천인율**

1년간 평균 임금근로자 1,000명당 재해자 수이다.

$$\text{연천인율} = \frac{\text{연간 재해(사상)자 수}}{\text{연평균 근로자 수}} \times 1{,}000 = \frac{24}{1{,}000} \times 1{,}000 = 24$$

| 정답 | 218 ② 219 ④ 220 ① 221 ③

222

연평균 근로자 수가 1,000명인 사업장에서 연간 6건의 재해가 발생한 경우, 이때의 도수율은?(단, 1일 근로시간 수는 4시간, 연평균 근로일 수는 150일이다.)

① 1 ② 10
③ 100 ④ 1,000

해설 **도수율(빈도율)(F.R; Frequency Rate of Injury)**

100만 근로시간당 발생하는 재해건수이다.

$$도수율 = \frac{재해건수}{연근로시간\ 수} \times 1{,}000{,}000$$

$$= \frac{6}{1{,}000 \times (4 \times 150)} \times 1{,}000{,}000 = 10$$

※ 연근로시간 수 = 근로자 수 × 1일 근로시간 × 1년 근로일

223

한 사람의 평생 근로년수를 40년으로 하고, 1일 8시간씩 1개월에 25일의 정상근로와 연간 100시간의 시간 외 근무를 하였다고 가정한다면, 이 근로자가 도수율이 15.13인 사업장에서 근무하는 경우에 평생근무기간 중 약 몇 건의 재해를 당할 수 있겠는가?

① 1.51 ② 2.51
③ 5.02 ④ 15.13

해설 **환산도수율**

근로자가 입사하여 퇴직할 때까지 당할 수 있는 재해건수이다.

$$환산도수율 = 도수율 \times \frac{총\ 근로시간\ 수}{1{,}000{,}000}$$

$$= 15.13 \times \frac{(8 \times 25 \times 12 + 100) \times 40}{1{,}000{,}000} = 1.51$$

※ 총 근로시간 수가 주어지지 않을 때에는 총 근로시간 수를 10만 시간으로 가정하여 환산도수율 $= \frac{도수율}{10}$로 나타낼 수 있다.

224

50인의 상시 근로자를 가지고 있는 어느 사업장이 1년간 3건의 부상자를 내고 그 휴업일수가 219일이라면 강도율은?

① 1.37 ② 1.50
③ 1.86 ④ 2.21

해설 **강도율(S.R; Severity Rate of Injury)**

근로시간 1,000시간당 요양재해로 인해 발생하는 근로손실일수이다.

$$강도율 = \frac{총\ 요양근로손실일수}{연근로시간\ 수} \times 1{,}000$$

$$= \frac{219 \times \frac{300}{365}}{50 \times (8 \times 300)} \times 1{,}000 = 1.50$$

※ 연근로시간이 주어지지 않았으므로 8시간, 300일로 가정한다.

※ 휴업일수가 제시된 경우, 휴업일수에 $\frac{300}{365}$을 곱한 값을 근로손실일수로 산정한다.

225

다음 중 기업의 산업재해에 대한 과거와 현재의 안전성적을 비교·평가한 점수로 안전관리의 수행도를 평가하는 데 유용한 것은?

① Safe-T-Score ② 평균강도율
③ 종합재해지수 ④ 안전활동률

해설 **세이프티스코어(Safe T. Score)**

과거와 현재의 안전성적을 비교, 평가하는 방법으로 단위가 없으며 계산결과가 (+)이면 과거에 비해 나쁜 기록, (−)이면 과거에 비해 좋은 기록으로 본다.

$$Safe\ T.\ Score = \frac{도수율(현재) - 도수율(과거)}{\sqrt{\frac{도수율(과거)}{현재\ 총\ 근로시간\ 수} \times 1{,}000{,}000}}$$

관련개념 세이프티스코어(Safe T. Score) 평가방법

- +2.0 이상인 경우: 과거보다 심각하게 나쁘다.
- +2.0∼−2.0인 경우: 심각한 차이가 없다.
- −2.0 이하인 경우: 과거보다 좋다.

| 정답 | 222 ② 223 ① 224 ② 225 ①

226

다음 중 산업재해로 인한 재해손실비 산정에 있어 하인리히의 평가방식에서 직접비에 해당하지 않는 것은?

① 통신급여　② 유족급여
③ 간병급여　④ 직업재활급여

해설 **직접비**
법령으로 지급되는 산재보상비이다.
- 요양급여
- 휴업급여
- 장해급여
- 간병급여
- 유족급여
- 상병보상연금
- 장례비
- 직업재활급여

관련개념 간접비
재산손실, 생산중단 등으로 기업이 입은 손실이다.
- 인적손실: 본인 및 제3자에 관한 것을 포함한 시간손실
- 물적손실: 기계, 공구, 재료, 시설의 복구에 소비된 시간손실 및 재산손실
- 생산손실: 생산감소, 생산중단, 판매감소 등에 의한 손실
- 특수손실
- 기타손실

227

산업재해 손실액 산정 시 직접비가 2,000만 원일 때 하인리히 방식을 적용하면 총 손실액은 얼마인가?

① 2,000만 원　② 8,000만 원
③ 1억 원　④ 1억 2,000만 원

해설 **하인리히 방식의 재해손실비용**
직접비 : 간접비＝1 : 4이므로
간접비＝직접비×4＝2,000만×4＝8,000만 원
총 손실액＝직접비＋간접비＝2,000만＋8,000만＝1억 원

228

국제노동기구(ILO)에서 구분한 '일시 전노동 불능'에 관한 설명으로 옳은 것은?

① 부상의 결과로 근로기능을 완전히 잃은 부상
② 부상의 결과로 신체의 일부가 근로기능을 완전히 상실한 부상
③ 의사의 소견에 따라 일시적으로 근로시간 중 치료를 받을 정도의 상해
④ 의사의 소견에 따라 일정기간 노동에 종사할 수 없는 상태

해설 '일시 전노동 불능'은 의사의 진단에 따라 일정기간 노동에 종사할 수 없는 상해이다.

관련개념 상해정도별 재해 구분
- 사망
- 연구 전노동 불능 상해(신체장해등급 1~3급)
- 영구 일부노동 불능 상해(신체장해등급 4~14급)
- 일시 전노동 불능 상해: 장해가 남지 않는 휴업상해
- 일시 일부노동 불능 상해: 일시 근무 중에 업무를 떠나 치료를 받는 정도의 통원상해
- 구급처치상해: 응급처치 후 정상작업을 할 수 있는 정도의 상해

229

다음 중 타박, 충돌, 추락 등으로 피부 표면보다는 피하조직 등 근육부를 다친 상해를 무엇이라 하는가?

① 골절　② 자상
③ 부종　④ 좌상

해설 **좌상(타박상)**
타박, 충돌, 추락 등으로 피부의 표면보다는 피하조직 또는 근육부를 다친 상해(삔 것 포함)이다.

관련개념 상해의 종류
- 골절: 뼈에 금이 가거나 부러진 상해
- 자상(찔림): 칼날 등 날카로운 물건에 찔린 상해
- 부종: 국부의 혈액순환의 이상으로 몸이 퉁퉁 부어오르는 상해

| 정답 | 226 ① 227 ③ 228 ④ 229 ④

230

재해분석도구 중 재해발생의 유형을 어골상(魚骨像)으로 분류하여 분석하는 것은?

① 파레토도　② 특성요인도
③ 관리도　④ 클로즈분석도

해설 **재해의 통계적 원인분석 방법**

- 파레토도: 분류항목을 큰 순서대로 도표화한 분석법이다.
- 특성요인도: 특성과 요인관계를 도표로 하여 어골상으로 세분화한 분석법으로 원인과 결과를 연계하여 상호관계를 파악한다.
- 클로즈분석도: 데이터를 쉽게하고 표로 표시하여 요인별 결과 내역을 교차한 클로즈 그림을 작성하여 분석하는 방법이다.
- 관리도: 재해발생 건수 등의 추이를 파악하여 목표관리를 행하는 데 필요한 월별 재해발생수를 그래프화하여 관리선을 설정하고 관리하는 방법이다.

231

누전차단장치 등과 같은 안전장치를 정해진 순서에 따라 동작시키고 동작상황의 양부를 확인하는 점검을 무슨 점검이라고 하는가?

① 외관점검　② 작동점검
③ 기술점검　④ 종합점검

해설 **작동점검**

누전차단장치 등과 같은 안전장치를 정해진 순서에 따라 동작시키고 동작상황의 양부를 확인하는 점검이다.

관련개념 안전점검 종류

- 외관점검: 기기의 배치상태, 손상, 부식, 진동, 발열, 누수 등을 육안이나 촉감에 의해 조사하고, 점검기준에 의해 양부를 확인하는 점검이다.
- 기능점검(기술점검): 간단한 조작을 행하여 대상기기의 양부를 확인하는 점검이다.
- 종합점검: 측정검사, 운전시험 등 정해진 점검기준에 의해 측정, 검사를 행하고, 일정한 조건 하에서 운전시험을 행하여 그 기계·설비의 종합적인 기능을 확인하는 점검이다.

232

점검시기에 의한 안전점검의 분류에 해당하지 않는 것은?

① 성능점검　② 정기점검
③ 임시점검　④ 특별점검

해설 **안전점검의 종류**

- 일상점검(수시점검): 작업 전·중·후 수시로 실시하는 점검
- 정기점검: 정해진 기간에 정기적으로 실시하는 점검
- 특별점검: 기계·기구의 신설 및 변경 또는 고장, 수리 등에 의해 부정기적으로 실시하는 점검, 안전강조기간에 실시하는 점검 등
- 임시점검: 이상 발견 시 또는 재해발생 시 임시로 실시하는 점검

233

「산업안전보건법령」상 프레스를 사용하여 작업을 할 때 작업시작 전 점검항목에 해당하지 않는 것은?

① 클러치 및 브레이크의 기능
② 매니퓰레이터(Manipulator) 작동의 이상 유무
③ 프레스의 금형 및 고정볼트 상태
④ 1행정 1정지기구·급정지장치 및 비상정지장치의 기능

해설 ②는 로봇의 작동 범위에서 그 로봇에 관하여 교시 등의 작업을 할 때 작업시작 전 점검사항이다.

관련개념 프레스 등을 사용하여 작업을 할 때 작업시작 전 점검사항

- 클러치 및 브레이크의 기능
- 크랭크축·플라이휠·슬라이드·연결봉 및 연결 나사의 풀림 여부
- 1행정 1정기기구·급정지장치 및 비상정지장치의 기능
- 슬라이드 또는 칼날에 의한 위험방지 기구의 기능
- 프레스의 금형 및 고정볼트 상태
- 방호장치의 기능
- 전단기의 칼날 및 테이블의 상태

| 정답 |　230 ②　231 ②　232 ①　233 ②

234

「산업안전보건법령」상 안전인증대상 기계·기구 및 설비가 아닌 것은?

① 연삭기　　② 롤러기
③ 압력용기　　④ 고소작업대

해설 연삭기는 자율안전확인대상 기계 또는 설비에 해당한다.

관련개념 안전인증대상 기계 또는 설비

• 프레스	• 전단기 및 절곡기	• 크레인
• 리프트	• 압력용기	• 롤러기
• 사출성형기	• 고소작업대	• 곤돌라

235

「산업안전보건법령」에 따른 안전검사대상 유해·위험기계 등의 검사 주기 기준 중 다음 (　) 안에 들어갈 내용으로 알맞은 것은?

> 크레인(이동식 크레인은 제외), 리프트(이삿짐 운반용 리프트는 제외) 및 곤돌라는 사업장에 설치가 끝난 날부터 3년 이내에 최초 안전검사를 실시하되, 그 이후부터 (㉠)년마다(건설현장에서 사용하는 것은 최초로 설치한 날부터 (㉡)개월마다) 실시한다.

① ㉠ 1　㉡ 4　　② ㉠ 1　㉡ 6
③ ㉠ 2　㉡ 4　　④ ㉠ 2　㉡ 6

해설 안전검사의 주기

- 크레인(이동식 크레인 제외), 리프트(이삿짐 운반용 리프트 제외) 및 곤돌라: 사업장에 설치가 끝날 날부터 3년 이내에 최초 안전검사를 실시하되, 그 이후부터 2년마다(건설현장에서 사용하는 것은 최초로 설치한 날부터 6개월마다) 실시한다.
- 이동식 크레인, 이삿짐 운반용 리프트 및 고소작업대: 신규등록 이후 3년 이내에 최초 안전검사를 실시하되, 그 이후부터 2년마다 실시한다.
- 그 밖의 유해·위험기계 등: 사업장에 설치가 끝난 날부터 3년 이내에 최초 안전검사를 실시하되, 그 이후부터 2년마다(공정안전보고서를 제출하여 확인을 받은 압력용기는 4년마다) 실시한다.

CHAPTER 03 | 공작기계의 안전

236

선반작업 시 사용되는 방호장치는?

① 풀아웃(Pull Out)
② 게이트 가드(Gate Guard)
③ 스위프 가드(Sweep Guard)
④ 쉴드(Shield)

해설 선반의 방호장치

- 칩 브레이커(Chip Breaker): 칩을 짧게 끊어지도록 하는 장치
- 덮개(Shield): 가공재료의 칩이나 절삭유 등이 비산되어 나오는 위험으로부터 작업자의 보호를 위하여 이동이 가능한 장치
- 브레이크(Brake): 가공 작업 중 선반을 급정지시킬 수 있는 장치
- 척 커버(Chuck Cover): 척에 고정한 가공물의 돌출부에 작업자가 접촉하여 발생하는 위험을 방지하는 장치

237

선반의 크기를 표시하는 것으로 틀린 것은?

① 양쪽 센터 사이의 최대 거리
② 왕복대 위의 스윙
③ 베드 위의 스윙
④ 주축에 물릴 수 있는 공작물의 최대 지름

해설 선반의 크기

- 베드 위의 스윙
- 왕복대 위의 스윙
- 양 센터 사이의 최대 거리
- 관습상 베드의 길이

| 정답 | 234 ① 235 ④ 236 ④ 237 ④

238

선반작업에서 가공물의 길이가 외경에 비하여 과도하게 길 때, 절삭저항에 의한 떨림을 방지하기 위한 장치는?

① 센터 ② 심봉
③ 방진구 ④ 돌리개

해설 방진구(Center Rest)

가늘고 긴 일감은 절삭력과 자중으로 휘거나 처짐이 일어나므로 이를 방지하기 위한 장치로 일감의 길이가 직경의 12배 이상일 때 사용한다.

239

다음 중 선반작업 시 준수하여야 하는 안전사항으로 틀린 것은?

① 작업 중 면장갑 착용을 금한다.
② 작업 시 공구는 항상 정리해 둔다.
③ 운전 중에 백기어를 사용한다.
④ 주유 및 청소를 할 때에는 반드시 기계를 정지시키고 한다.

해설 선반작업 시 안전대책

- 긴 물건 가공 시 주축대 쪽으로 돌출된 회전가공물에는 덮개를 설치하고, 심압대로 지지하고 가공한다.
- 바이트는 끝을 짧게 장치하고 일감의 길이가 직경의 12배 이상일 때 방진구를 사용한다.
- 절삭 중 일감에 손을 대서는 안 되며 손이 말려 들어갈 위험이 있는 장갑을 착용하지 않는다.
- 바이트에는 칩 브레이커를 설치하고 보안경을 착용한다.
- 치수 측정, 주유, 청소 시에는 반드시 기계를 정지한다.
- 기계 운전 중 백기어 사용은 금지된다.
- 가공물은 전원스위치를 끄고 바이트를 충분히 멀리 위치시킨 후 설치한다.
- 가공물 장착 후에는 척 렌치를 바로 벗겨 놓는다.
- 무게가 편중된 가공물은 균형추를 부착한다.
- 상의는 옷자락 안으로 넣고, 소맷자락을 묶을 때에는 끈을 사용하지 않는다.
- 돌리개는 적정 크기의 것을 선택하고, 심압대 스핀들은 지나치게 길게 나오지 않도록 한다.
- 시동 전에 척 핸들은 빼어 둔다.
- 절삭 칩의 제거는 반드시 브러시 등의 도구를 사용한다.
- 작업 시 공구는 항상 정리해두고, 베드 위에 공구를 올려놓지 않아야 한다.

240

다음 중 밀링작업 시 안전사항과 거리가 먼 것은?

① 커터를 끼울 때는 아버를 깨끗이 닦는다.
② 강력절삭을 할 때는 일감을 바이스에 깊게 물린다.
③ 상하, 좌우 이동장치 핸들은 사용 후 풀어놓는다.
④ 절삭 중 발생하는 칩의 제거는 칩 브레이커를 사용한다.

해설 밀링작업 시 안전대책

- 밀링커터에 작업복의 소매나 작업모가 말려 들어가지 않도록 한다.
- 칩은 기계를 정지시킨 후 브러시 등으로 제거한다.
- 커터를 끼울 때에는 아버를 깨끗이 닦는다.
- 상하, 좌우 이송장치의 핸들은 사용 후 반드시 빼어 둔다.
- 일감 또는 부속장치 등을 설치하거나 제거할 때 또는 일감을 측정할 때에는 반드시 정지시킨 다음에 작업한다.
- 커터를 교환할 때는 반드시 테이블 위에 목재를 받쳐 놓는다.
- 커터는 될 수 있는 한 칼럼에 가깝게 설치한다.
- 테이블이나 암 위에 공구나 커터 등을 올려놓지 않고 공구대 위에 놓는다.
- 가공 중에는 손으로 가공면을 점검하지 않는다.
- 강력절삭을 할 때는 일감을 바이스에 깊게 물린다.
- 손이 말려 들어갈 위험이 있는 장갑을 착용하지 않는다.
- 밀링작업에서 생기는 칩은 가늘고 예리하며 부상을 입히기 쉬우므로 보안경을 착용한다.
- 주축속도를 변속시킬 때 반드시 주축이 정지한 후에 변환한다.
- 정면 밀링커터 작업 시 날 끝 위쪽 높이에서 확인하며 작업한다.

241

플레이너에 대한 설명으로 옳은 것은?

① 곡면을 절삭하는 기계이다.
② 가공재가 수평 왕복운동을 한다.
③ 이송운동은 절삭운동의 2왕복에 대하여 1회의 단속운동으로 이루어진다.
④ 절삭운동 중 귀환행정은 저속으로 이루어져 "저속귀환행정"이라 한다.

해설 플레이너(Planer)

- 플레이너 작업에서 공구는 고정되어 있고 일감이 직선운동을 하며 공구는 이송운동을 할 뿐이다.
- 셰이퍼에 비하여 큰 일감을 가공하는 데 사용된다.

| 정답 | 238 ③ 239 ③ 240 ④ 241 ②

242

셰이퍼(Shaper) 작업 시의 안전대책으로 틀린 것은?

① 바이트는 가급적 짧게 물리도록 한다.
② 가공 중 다듬질 면을 손으로 만지지 않는다.
③ 시동하기 전에 행정조정용 핸들을 끼워둔다.
④ 가공 중에는 바이트의 운동방향에 서지 않도록 한다.

해설 **셰이퍼의 안전작업수칙**
- 보안경을 착용한다.
- 가공품을 측정하거나 청소를 할 때는 기계를 정지한다.
- 램 행정은 공작물 길이보다 20~30[mm] 길게 한다.
- 시동하기 전에 행정조정용 핸들을 빼놓는다.
- 가공 중에는 다듬질 면을 손으로 만지지 않고, 바이트의 운동방향에 서지 않는다.
- 가공 중에 기계의 점검 및 주유를 하지 않는다.
- 일감가공 중 바이트와 부딪혀 떨어지는 경우가 있으므로 일감은 견고하게 물린다.

243

다음 중 드릴작업 시 가장 안전한 행동에 해당하는 것은?

① 장갑을 끼고 옷 소매가 긴 작업복을 입고 작업한다.
② 작업 중에 브러시로 칩을 털어낸다.
③ 가공할 구멍 지름이 클 경우 작은 구멍을 먼저 뚫고 그 위에 큰 구멍을 뚫는다.
④ 드릴을 먼저 회전시킨 상태에서 공작물을 고정한다.

해설 **드릴링 머신의 안전작업수칙**
- 일감은 견고하게 고정시켜야 하며 손으로 쥐고 구멍을 뚫는 것은 위험하다.
- 작업시작 전 척 렌치(Chuck Wrench)를 반드시 뺀다.
- 장갑을 끼고 작업을 하지 않아야 하고, 회전하는 드릴에 걸레 등을 가까이 하지 않는다.
- 구멍을 뚫을 때 관통된 것을 확인하기 위하여 손을 집어넣지 않아야 한다.
- 칩은 회전을 중지시킨 후 브러시로 제거하여야 한다.
- 드릴작업 중 물건은 바이스나 클램프를 사용하여 고정한다.
- 드릴을 장치에서 제거할 경우에는 회전이 완전히 멈춘 후 작업한다.
- 균열이 심한 드릴은 사용할 수 없고, 가공 중 이상한 소리가 나면 즉시 드릴을 연마하거나 다른 드릴로 교환한다.
- 큰 구멍을 뚫을 때에는 작은 구멍을 먼저 뚫고 그 위에 큰 구멍을 뚫는다.
- 작업모를 착용하고, 옷소매가 길거나 찢어진 옷은 입지 않는다.
- 공작물을 먼저 고정시킨 후 드릴을 회전시킨다.
- 보안경을 쓰거나 안전덮개를 설치한다.

244

드릴링 머신의 드릴지름이 10[mm]이고, 드릴 회전수가 1,000[rpm]일 때 절삭속도는 약 얼마인가?

① 3.14[m/min] ② 6.28[m/min]
③ 31.4[m/min] ④ 62.8[m/min]

해설 **드릴의 절삭속도**

$$v=\frac{\pi dN}{1,000}=\frac{\pi\times10\times1,000}{1,000}=31.4[\text{m/min}]$$

여기서, d: 드릴의 직경[mm]
N: 드릴의 회전수[rpm]

245

다음 중 연삭기의 원주속도[m/s]를 구하는 식으로 옳은 것은?(단, D는 숫돌의 지름[m], N은 회전수[rpm]이다.)

① $V=\frac{\pi DN}{16}$ ② $V=\frac{\pi DN}{32}$
③ $V=\frac{\pi DN}{60}$ ④ $V=\frac{\pi DN}{1,000}$

해설 **숫돌의 원주속도**

$$V=\frac{\pi dN}{60\times1,000}=\frac{\pi\times D\times10^3\times N}{60\times1,000}=\frac{\pi DN}{60}[\text{m/s}]$$

여기서, d: 지름[mm]
N: 회전수[rpm]

246

연삭기에서 숫돌의 바깥지름이 180[mm]라면, 평형 플랜지의 바깥지름은 몇 [mm] 이상이어야 하는가?

① 30 ② 36
③ 45 ④ 60

해설 플랜지의 지름은 숫돌 직경의 $\frac{1}{3}$ 이상인 것이 적당하다.

따라서 플랜지의 지름은 $180\times\frac{1}{3}=60$[mm] 이상이다.

| 정답 | 242 ③ 243 ③ 244 ③ 245 ③ 246 ④

247

연삭작업 중 숫돌의 파괴원인과 가장 거리가 먼 것은?

① 숫돌의 회전속도가 너무 느릴 때
② 숫돌의 회전중심이 잡히지 않았을 때
③ 숫돌에 과대한 충격을 가할 때
④ 플랜지의 직경이 현저히 작을 때

해설 **연삭숫돌의 파괴 및 재해원인**

- 숫돌에 균열이 있는 경우
- 숫돌이 고속으로 회전하는 경우
- 회전력이 결합력보다 큰 경우
- 무거운 물체가 충돌한 경우(외부의 큰 충격을 받은 경우)
- 숫돌의 측면을 일감으로써 심하게 가압했을 경우(특히 숫돌이 얇을 때 위험)
- 베어링이 마모되어 진동을 일으키는 경우
- 플랜지 지름이 현저하게 작은 경우
- 회전중심이 잡히지 않은 경우

248

다음 중 연삭기를 이용한 작업의 안전대책으로 가장 옳은 것은?

① 연삭숫돌의 최고 원주속도 이상으로 사용하여야 한다.
② 운전 중 연삭숫돌의 균열 확인을 위해 수시로 충격을 가해 본다.
③ 정밀한 작업을 위해서는 연삭기의 덮개를 벗기고 숫돌의 정면에 서서 작업한다.
④ 작업시작 전에는 1분 이상 시운전을 하고 숫돌의 교체 시에는 3분 이상 시운전을 한다.

해설 **연삭숫돌의 덮개 등**

- 회전 중인 연삭숫돌(지름이 5[cm] 이상인 것으로 한정)이 근로자에게 위험을 미칠 우려가 있는 경우에 그 부위에 덮개를 설치하여야 한다.
- 연삭숫돌을 사용하는 작업의 경우 작업을 시작하기 전에는 1분 이상, 연삭숫돌을 교체한 후에는 3분 이상 시험운전을 하고 해당 기계에 이상이 있는지를 확인하여야 한다.
- 시험운전에 사용하는 연삭숫돌은 작업시작 전에 결함이 있는지를 확인한 후 사용하여야 한다.
- 연삭숫돌의 최고 사용회전속도를 초과하여 사용하도록 해서는 아니 된다.
- 측면을 사용하는 것을 목적으로 하지 않는 연삭숫돌을 사용하는 경우 측면을 사용하도록 해서는 아니 된다.

249

「방호장치 자율안전기준 고시」상 평면 연삭기 또는 절단 연삭기에서 덮개의 노출각도 기준으로 옳은 것은?

① 80° 이내 ② 125° 이내
③ 150° 이내 ④ 180° 이내

해설 **안전덮개의 노출각도**

- 탁상용 연삭기
  - 일반 연삭작업 등에 사용하는 것을 목적으로 하는 경우: 125° 이내
  - 연삭숫돌의 상부사용을 목적으로 하는 경우: 60° 이내
- 원통 연삭기, 만능 연삭기 등: 180° 이내
- 휴대용 연삭기, 스윙(Swing) 연삭기 등: 180° 이내
- 평면 연삭기, 절단 연삭기 등: 150° 이내

250

가공물 또는 공구를 회전시켜 나사나 기어 등을 소성가공하는 방법은?

① 압연 ② 압출
③ 인발 ④ 전조

해설 **작업 방법에 따른 소성가공의 분류**

- 단조가공(Forging): 보통 열간가공에서 적당한 단조기계로 재료를 소성가공하여 조직을 미세화시키고, 균질상태에서 성형하며, 자유단조와 형단조(Die Forging)가 있다.
- 압연가공(Rolling): 재료를 열간 또는 냉간가공하기 위하여 회전하는 롤러 사이를 통과시켜 예정된 두께, 폭 또는 직경으로 가공한다.
- 인발가공(Drawing): 금속 파이프 또는 봉재를 다이(Die)에 통과시켜 축 방향으로 인발하여 외경을 감소시키면서 일정한 단면을 가진 소재로 가공하는 방법이다.
- 압출가공(Extruding): 상온 또는 가열된 금속을 실린더 형상을 한 컨테이너에 넣고, 한쪽에 있는 램에 압력을 가하여 압출한다.
- 판금가공(Sheet Metal Working): 판상 금속재료를 형틀로써 프레스(Press), 펀칭, 압축, 인장 등으로 가공하여 목적하는 형상으로 변형 가공하는 것이다.
- 전조가공: 압연과 유사한 작업으로 전조 공구를 이용하여 나사(Thread), 기어(Gear) 등을 성형하는 방법이다.

| 정답 | 247 ① 248 ④ 249 ③ 250 ④

251

정(Chisel) 작업의 일반적인 안전수칙에서 틀린 것은?

① 따내기 및 칩이 튀는 가공에서는 보안경을 착용하여야 한다.
② 절단작업 시 절단된 끝이 튀는 것을 조심하여야 한다.
③ 작업을 시작할 때는 가급적 정을 세게 타격하고 점차 힘을 줄여간다.
④ 담금질된 철강 재료는 정 가공을 하지 않는 것이 좋다.

해설 **정(Chisel)**
재료를 절단할 때 사용하는 것으로 직선절단용, 곡선절단용이 있다. 정의 각은 상온재 절단용에는 60°, 고온재의 절단용에는 30°를 사용한다.
- 칩이 튀는 작업에는 보안경을 착용할 것
- 정으로 담금질된 재료를 가공하지 아니할 것
- 자르기 시작할 때와 끝날 무렵에는 세게 치지 아니할 것
- 철강재를 정으로 절단할 때에는 철편이 날아 튀는 것에 주의할 것

CHAPTER 04 | 프레스 및 전단기의 안전

252

프레스의 본질적 안전화(No-hand in Die 방식) 추진대책이 아닌 것은?

① 안전금형을 설치
② 전용프레스의 사용
③ 방호울이 부착된 프레스 사용
④ 감응식 방호장치 설치

해설 **프레스의 작업점에 대한 No-hand In Die 방호방식**
- 방호울 설치
- 안전금형 설치
- 자동화 또는 전용프레스 사용

253

프레스에 사용하는 양수조작식 방호장치의 일반구조에 대한 설명 중 틀린 것은?

① 정상표시등은 녹색, 위험표시등은 붉은색으로 한다.
② 1행정 1정지기구에 사용할 수 있어야 한다.
③ 양쪽버튼의 작동시간 차이는 최대 2초 이내일 때 프레스가 동작되도록 해야 한다.
④ 누름버튼의 상호 간 내측거리는 300[mm] 이상이어야 한다.

해설 **양수조작식 방호장치의 일반구조**
- 정상동작표시등은 녹색, 위험표시등은 붉은색으로 하며, 쉽게 근로자가 볼 수 있는 곳에 설치하여야 한다.
- 방호장치는 릴레이, 리미트스위치 등의 전기부품의 고장, 전원전압의 변동 및 정전에 의해 슬라이드가 불시에 동작하지 않아야 하며, 사용전원전압의 ±20[%]의 변동에 대하여 정상으로 작동되어야 한다.
- 1행정 1정지기구에 사용할 수 있어야 한다.
- 누름버튼을 양손으로 동시에 조작하지 않으면 작동시킬 수 없는 구조이어야 하며, 양쪽버튼의 작동시간 차이는 최대 0.5초 이내일 때 프레스가 동작되도록 하여야 한다.
- 누름버튼의 상호 간 내측거리는 300[mm] 이상이어야 한다.
- 누름버튼(레버 포함)은 매립형의 구조로 한다.

| 정답 | 251 ③ 252 ④ 253 ③

254

프레스기가 작동 후 작업점까지의 도달시간이 0.2초 걸렸다면, 양수기동식 방호장치의 설치거리는 최소 얼마인가?

① 3.2[cm] ② 32[cm]
③ 6.4[cm] ④ 64[cm]

해설 양수기동식 방호장치의 안전거리

$D_m = 1,600 \times T_m = 1,600 \times 0.2 = 320[mm] = 32[cm]$

여기서, T_m: 누름버튼을 누른 때부터 사용하는 프레스의 슬라이드가 하사점에 도달하기까지의 소요 최대시간[초]

255

다음 중 프레스기에 사용되는 손쳐내기식 방호장치에 대한 설명으로 틀린 것은?

① 분당 행정수가 120번 이상인 경우에 적합하다.
② 방호판의 폭은 금형 폭의 $\frac{1}{2}$ 이상이어야 한다.
③ 행정길이가 300[mm] 이상의 프레스 기계에는 방호판 폭을 300[mm]로 하여야 한다.
④ 손쳐내기봉의 행정(Stroke) 길이를 금형의 높이에 따라 조정할 수 있고, 진동폭은 금형 폭 이상이어야 한다.

해설 손쳐내기식 방호장치의 일반구조

- 슬라이드 행정수가 100[SPM] 이하, 행정길이가 40[mm] 이상의 것에 사용한다.
- 슬라이드 하행정거리의 $\frac{3}{4}$ 위치에서 손을 완전히 밀어내야 한다.
- 손쳐내기봉의 행정(Stroke) 길이를 금형의 높이에 따라 조정할 수 있고 진동폭은 금형 폭 이상이어야 한다.
- 방호판의 폭은 금형 폭의 $\frac{1}{2}$ 이상이어야 하고, 행정길이 300[mm] 이상의 프레스 기계에는 방호판의 폭을 300[mm]로 하여야 한다.
- 부착볼트 등의 고정 금속부분은 예리하게 돌출되지 않아야 한다.

256

프레스의 광전자식 방호장치의 광선에 신체의 일부가 감지된 후로부터 급정지기구 작동 시까지의 시간이 30[ms]이고, 급정지기구의 작동 직후로부터 프레스기가 정지될 때까지의 시간이 20[ms]라면 광축의 최소 설치거리는?

① 75[mm] 이상 ② 80[mm] 이상
③ 100[mm] 이상 ④ 150[mm] 이상

해설 광전자식 방호장치의 안전거리

$D = 1,600 \times (T_L + T_S) = 1,600 \times (0.03 + 0.02) = 80[mm]$

여기서, T_L: 방호장치의 작동시간(신체가 광선을 차단한 순간부터 급정지기구가 작동 개시하기까지의 시간)[초]

T_S: 프레스의 급정지시간(급정지기구가 작동을 개시할 때부터 슬라이드가 정지할 때까지의 시간)[초]

※ $1[ms] = 10^{-3}[s]$이므로 $30[ms] = 0.03[s]$, $20[ms] = 0.02[s]$이다.

257

다음 중 프레스에 사용되는 광전자식 방호장치의 일반구조에 관한 설명으로 틀린 것은?

① 방호장치의 감지기능은 규정한 검출영역 전체에 걸쳐 유효하여야 한다.
② 슬라이드 하강 중 정전 또는 방호장치의 이상 시에는 1회 동작 후 정지할 수 있는 구조이어야 한다.
③ 정상동작표시램프는 녹색, 위험표시램프는 붉은색으로 하며, 쉽게 근로자가 볼 수 있는 곳에 설치하여야 한다.
④ 방호장치의 정상작동 중에 감지가 이루어지거나 공급전원이 중단되는 경우 적어도 두 개 이상의 출력신호 개폐장치가 꺼진 상태로 되어야 한다.

해설 광전자식 방호장치의 일반구조

- 정상동작표시램프는 녹색, 위험표시램프는 붉은색으로 하며, 쉽게 근로자가 볼 수 있는 곳에 설치하여야 한다.
- 슬라이드 하강 중 정전 또는 방호장치의 이상 시에 정지할 수 있는 구조이어야 한다.
- 방호장치의 정상작동 중에 감지가 이루어지거나 공급전원이 중단되는 경우 적어도 두 개 이상의 독립된 출력신호 개폐장치가 꺼진 상태로 되어야 한다.
- 방호장치의 감지기능은 규정한 검출영역 전체에 걸쳐 유효하여야 한다.

CBT 대비 500제

| 정답 | 254 ② 255 ① 256 ② 257 ②

258

프레스의 위험방지조치로서 안전블록을 사용하는 경우가 아닌 것은?

① 금형 부착 시　　② 금형 파기 시
③ 금형 해체 시　　④ 금형 조정 시

해설 금형조정작업의 위험 방지
프레스 등의 금형을 부착·해체 또는 조정하는 작업을 할 때에 해당 작업에 종사하는 근로자의 신체가 위험한계 내에 있는 경우 슬라이드가 갑자기 작동함으로써 근로자에게 발생할 우려가 있는 위험을 방지하기 위하여 안전블록을 사용하는 등 필요한 조치를 하여야 한다.

259

금형 운반에 대한 안전수칙에 관한 설명으로 옳지 않은 것은?

① 상부금형과 하부금형이 닿을 위험이 있을 때는 고정 패드를 이용한 스트랩, 금속재질이나 우레탄 고무의 블록 등을 사용한다.
② 금형을 안전하게 취급하기 위해 아이볼트를 사용할 때는 숄더형으로 사용하는 것이 좋다.
③ 관통 아이볼트가 사용될 때는 조립이 쉽도록 구멍 틈새를 크게 한다.
④ 운반하기 위해 꼭 들어 올려야 할 때는 필요한 높이 이상으로 들어 올려서는 안 된다.

해설 금형의 운반에 의한 위험방지
- 상부금형과 하부금형이 닿을 위험이 있을 때는 고정 패드를 이용한 스트랩, 금속재질이나 우레탄 고무의 블록 등을 사용한다.
- 금형을 안전하게 취급하기 위해 아이볼트를 사용할 때는 반드시 숄더형으로서 완전하게 고정되어 있어야 한다.
- 관통 아이볼트가 사용될 때는 구멍 틈새가 최소화되도록 한다. 아이볼트 고정을 위한 탭(Tap)이 있는 구멍들은 볼트 크기가 섞이지 않도록 한다.
- 운반하기 위해 꼭 들어 올려야 할 때는 다이(Die)를 최소한의 간격을 유지하기 위해 필요한 높이 이상으로 들어 올려서는 안 된다.

CHAPTER 05 | 기타 산업용 기계·기구

260

전단기 개구부의 가드 간격이 12[mm]일 때 가드와 전단지점간의 거리는?

① 30[mm] 이상　　② 40[mm] 이상
③ 50[mm] 이상　　④ 60[mm] 이상

해설 가드를 설치할 때 일반적인 개구부의 간격
$Y=6+0.15X$에서 $X=\frac{Y-6}{0.15}=\frac{12-6}{0.15}=40[mm]$
여기서, Y: 개구부의 간격[mm]
X: 개구부에서 위험점까지의 최단거리[mm]($X<160[mm]$)

261

동력전달부분의 전방 50[cm] 위치에 설치한 일방평행 보호망에서 가드용 재료의 최대 구멍크기는 얼마인가?

① 45[mm]　　② 56[mm]
③ 68[mm]　　④ 81[mm]

해설 위험점이 전동체인 경우 개구부의 간격
$Y=6+0.1X=6+0.1\times500=56[mm]$
여기서, Y: 개구부의 간격[mm]
X: 개구부에서 위험점까지의 최단거리[mm]
(단, $X<760[mm]$에서 유효)

| 정답 | 258 ② 259 ③ 260 ② 261 ②

262

롤러기의 급정지장치를 작동시켰을 경우에 무부하 운전 시 앞면 롤러의 표면속도가 30[m/min] 미만일 때의 급정지거리로 적합한 것은?

① 앞면 롤러 원주의 1/1.5 이내
② 앞면 롤러 원주의 1/2 이내
③ 앞면 롤러 원주의 1/2.5 이내
④ 앞면 롤러 원주의 1/3 이내

해설 롤러기의 급정지거리

앞면 롤러의 표면속도[m/min]	급정지거리
30 미만	앞면 롤러 원주의 $\frac{1}{3}$ 이내
30 이상	앞면 롤러 원주의 $\frac{1}{2.5}$ 이내

263

롤러 방호장치의 무부하 동작시험 시 앞면 롤러의 지름이 150[mm]이고 회전수가 30[rpm]인 롤러기를 사용하고 있다. 이 롤러기의 급정지거리는 몇 [mm] 이내여야 하는가?

① 207 ② 157
③ 237 ④ 188

해설

- 앞면 롤러의 표면속도 계산

$V=\frac{\pi DN}{1,000}=\frac{\pi\times150\times30}{1,000}=14.14[m/min]$

여기서, D: 롤러의 지름[mm]

N: 분당회전수[rpm]

- 급정지거리 계산

앞면 롤러의 표면속도가 30[m/min] 미만이므로 급정지거리는 앞면 롤러 원주의 $\frac{1}{3}$ 이내이다.

급정지거리$=(\pi\times150)\times\frac{1}{3}=157[mm]$ 이내

264

「산업안전보건법령」상 롤러기의 무릎조작식 급정지장치의 설치위치 기준은?(단, 위치는 급정지장치 조작부의 중심점을 기준으로 한다.)

① 밑면에서 0.7~0.8[m] 이내
② 밑면에서 0.6[m] 이내
③ 밑면에서 0.8~1.2[m] 이내
④ 밑면에서 1.5[m] 이내

해설 급정지장치 조작부의 위치

종류	설치위치
손조작식	밑면에서 1.8[m] 이내
복부조작식	밑면에서 0.8[m] 이상 1.1[m] 이내
무릎조작식	밑면에서 0.6[m] 이내

265

원심기의 안전대책에 관한 사항에 해당되지 않는 것은?

① 최고사용회전수를 초과하여 사용해서는 아니 된다.
② 내용물이 튀어나오는 것을 방지하도록 덮개를 설치하여야 한다.
③ 폭발을 방지하도록 압력방출장치를 2개 이상 설치하여야 한다.
④ 청소, 검사, 수리 등의 작업 시에는 기계의 운전을 정지하여야 한다.

해설 압력방출장치는 보일러의 방호장치이다.

관련개념 원심기의 안전대책

- 운전의 정지: 원심기 또는 분쇄기 등으로부터 내용물을 꺼내거나 원심기 또는 분쇄기 등의 정비·청소·검사·수리 또는 그 밖에 이와 유사한 작업을 하는 경우에 그 기계의 운전을 정지하여야 한다.
- 최고사용회전수의 초과 사용 금지: 원심기의 최고사용회전수를 초과하여 사용해서는 아니 된다.
- 원심기의 방호장치: 원심기에는 덮개를 설치하여야 한다.

| 정답 | 262 ④ 263 ② 264 ② 265 ③

266

산소 – 아세틸렌가스 용접에서 산소 용기의 취급 시 주의사항으로 틀린 것은?

① 산소 용기의 운반 시 밸브를 닫고 캡을 씌워서 이동할 것
② 기름이 묻은 손이나 장갑을 끼고 취급하지 말 것
③ 원활한 산소 공급을 위하여 산소 용기는 눕혀서 사용할 것
④ 통풍이 잘 되고 직사광선이 없는 곳에 보관할 것

해설 가스 등의 용기를 취급하는 경우 준수사항
- 다음의 어느 하나에 해당하는 장소에서 사용하거나 해당 장소에 설치·저장 또는 방치하지 않도록 할 것
  - 통풍이나 환기가 불충분한 장소
  - 화기를 사용하는 장소 및 그 부근
  - 위험물 또는 인화성 액체를 취급하는 장소 및 그 부근
- 용기의 온도를 40[℃] 이하로 유지할 것
- 전도의 위험이 없도록 할 것
- 충격을 가하지 않도록 할 것
- 운반하는 경우에는 캡을 씌울 것
- 사용하는 경우에는 용기의 마개에 부착되어 있는 유류 및 먼지를 제거할 것
- 밸브의 개폐는 서서히 할 것
- 사용 전 또는 사용 중인 용기와 그 밖의 용기를 명확히 구별하여 보관할 것
- 용해아세틸렌의 용기는 세워둘 것
- 용기의 부식·마모 또는 변형상태를 점검한 후 사용할 것

267

가스용접작업을 위한 압력조정기 및 토치의 취급방법으로 틀린 것은?

① 압력조정기를 설치하기 전에 용기의 안전 밸브를 가볍게 2~3회 개폐하여 내부 구멍의 먼지를 불어낸다.
② 압력조정기 체결 전에 조정 핸들을 풀고, 신속히 용기의 밸브를 연다.
③ 우선 조정기의 밸브를 열고 토치의 콕 및 조정 밸브를 열어서 호스 및 토치 중의 공기를 제거한 후에 사용한다.
④ 장시간 사용하지 않을 때는 용기 밸브를 잠그고 조정 핸들을 풀어둔다.

해설 압력조정기 체결 전에 용기 밸브를 닫고, 조정 핸들을 풀어야 한다.

관련개념 압력조정기 및 토치
- 압력조정기: 고압의 산소, 아세틸렌을 용접에 사용할 수 있게 임의의 사용압력으로 감압하고 항상 일정한 압력을 유지할 수 있게 하는 장치이다.
- 토치(Torch): 프랑스식에서 팁100이란 1시간 동안 표준불꽃으로 용접할 때 아세틸렌 소비량 100[L]를 말하며, 독일식은 연강판 두께 1[mm]의 용접에 적당한 팁의 크기를 1번이라고 한다.

268

가스용접에서 역화의 원인으로 볼 수 없는 것은?

① 토치 성능이 부실한 경우
② 취관이 작업 소재에 너무 가까이 있는 경우
③ 토치 팁에 이물질이 묻은 경우
④ 산소 공급량이 부족한 경우

해설 산소 공급이 과다일 때 역화의 원인이 될 수 있다.

관련개념 역화의 원인
- 토치 팁에 이물질이 묻은 경우
- 팁과 모재의 접촉
- 토치의 성능 불량
- 토치 팁의 과열
- 압력조정기의 고장

| 정답 | 266 ③ 267 ② 268 ④

269

다음 중 「산업안전보건법령」에 따른 아세틸렌 용접장치에 관한 설명으로 옳은 것은?

① 아세틸렌 용접장치의 안전기는 취관마다 설치하여야 한다.

② 아세틸렌 용접장치의 아세틸렌 전용 발생기실은 건물의 지하에 위치하여야 한다.

③ 아세틸렌 전용의 발생기실은 화기를 사용하는 설비로부터 1.5[m]를 초과하는 장소에 설치하여야 한다.

④ 아세틸렌 용접장치를 사용하여 금속을 용접 · 용단하는 경우에는 게이지압력이 250[kPa]을 초과하는 압력의 아세틸렌을 발생시켜 사용해서는 아니 된다.

해설 아세틸렌 용접장치

- 아세틸렌 용접장치의 안전기
  - 아세틸렌 용접장치의 취관마다 안전기를 설치한다. 다만 주관 및 취관에 가장 가까운 분기관마다 안전기를 부착한 경우에는 그러하지 아니하다.
  - 가스용기가 발생기와 분리되어 있는 아세틸렌 용접장치에 대하여 발생기와 가스용기 사이에 안전기를 설치하여야 한다.
- 발생기실의 설치장소
  - 아세틸렌 용접장치의 아세틸렌 발생기를 설치하는 경우에는 전용의 발생기실에 설치하여야 한다.
  - 발생기실은 건물의 최상층에 위치하여야 하며, 화기를 사용하는 설비로부터 3[m]를 초과하는 장소에 설치하여야 한다.
  - 발생기실을 옥외에 설치한 경우에는 그 개구부를 다른 건축물로부터 1.5[m] 이상 떨어지도록 하여야 한다.
- 압력의 제한: 아세틸렌 용접장치를 사용하여 금속의 용접 · 용단 또는 가열작업을 하는 경우에는 게이지압력이 127[kPa]을 초과하는 압력의 아세틸렌을 발생시켜 사용해서는 아니 된다.

270

아세틸렌 용접 시 화재가 발생하였을 때 제일 먼저 해야 할 일은?

① 메인 밸브를 잠근다.

② 용기를 실외로 끌어낸다.

③ 관리자에게 보고한다.

④ 젖은 천으로 용기를 덮는다.

해설 아세틸렌 용접 시 화재가 발생하면 산소 밸브를 즉시 잠그고 아세틸렌 밸브를 잠가야 한다.

271

「산업안전보건법령」상 가스집합장치로부터 얼마 이내의 장소에서는 흡연, 화기의 사용 또는 불꽃을 발생할 우려가 있는 행위를 금지하여야 하는가?

① 5[m] ② 7[m]

③ 10[m] ④ 25[m]

해설 가스집합 용접장치의 관리

- 사용하는 가스의 명칭 및 최대가스저장량을 가스장치실의 보기 쉬운 장소에 게시할 것
- 가스용기를 교환하는 경우에는 관리감독자가 참여한 가운데 할 것
- 밸브 · 콕 등의 조작 및 점검요령을 가스장치실의 보기 쉬운 장소에 게시할 것
- 가스장치실에는 관계 근로자가 아닌 사람의 출입을 금지할 것
- 가스집합장치로부터 5[m] 이내의 장소에서는 흡연, 화기의 사용 또는 불꽃을 발생할 우려가 있는 행위를 금지할 것
- 도관에는 산소용과의 혼동을 방지하기 위한 조치를 할 것
- 가스집합장치의 설치장소에는 「소방시설법 시행령」에 따른 소화설비(간이소화용구 제외) 중 어느 하나 이상을 갖출 것
- 이동식 가스집합용접장치의 가스집합장치는 고온의 장소, 통풍이나 환기가 불충분한 장소 또는 진동이 많은 장소에 설치하지 않도록 할 것
- 해당 작업을 행하는 근로자에게 보안경과 안전장갑을 착용시킬 것

| 정답 | 269 ① 270 ① 271 ①

272

피복 아크용접작업 시 생기는 결함에 대한 설명 중 틀린 것은?

① 스패터(Spatter): 용융된 금속의 작은 입자가 튀어나와 모재에 묻어 있는 것
② 언더컷(Under cut): 전류가 과대하고 용접속도가 너무 빠르며, 아크를 짧게 유지하기 어려운 경우 모재 및 용접부의 일부가 녹아서 홈 또는 오목하게 생긴 부분
③ 크레이터(Crater): 용착금속 속에 남아있는 가스로 인하여 생긴 구멍
④ 오버랩(Overlap): 용접봉의 운행이 불량하거나 용접봉의 용융 온도가 모재보다 낮을 때 과잉 용착금속이 남아있는 부분

해설 크레이터(Creater)는 아크용접 시 비드(Bead) 끝이 오목하게 들어간 부분이다.

관련개념 용접부의 결함

명칭	상태
언더컷(Under Cut)	용접부에서 전류가 과대하고, 용접속도가 너무 빨라 용접부의 일부가 홈 또는 오목한 부분이 생기는 결함
오버랩(Over Lap)	용접봉의 운행이 불량하거나 용접봉의 용융 온도가 모재보다 낮을 때 과잉 용착금속이 남아있는 부분
기공(Blow Hole)	용착금속에 남아있는 가스로 인해 기포가 생기는 것
스패터(Spatter)	용융된 금속의 작은 입자가 튀어나와 모재에 묻은 것
슬래그 섞임(Slag Inclusion)	녹은 피복제가 용착금속 표면에 떠 있거나 용착금속 속에 남아있는 것
용입불량(Incomplete Penetration)	용융금속이 불균일하게 주입되는 것

273

보일러수에 불순물이 많이 포함되어 있을 경우 보일러수의 비등과 함께 수면부 위에 거품을 형성하여 수위가 불안정하게 되는 현상은?

① 포밍(Foaming)
② 프라이밍(Priming)
③ 캐리오버(Carry Over)
④ 워터해머(Water Hammer)

해설 **포밍(Foaming)**
보일러수에 불순물이 많이 포함되어 있을 경우 보일러수의 비등과 함께 수면부 위에 거품층을 형성하여 수위가 불안정하게 되는 현상을 말한다.

관련개념 보일러의 사고형태

- 프라이밍(Priming): 보일러가 과부하로 사용될 경우 수위가 상승하거나 드럼 내의 부착품에 기계적 결함이 있으면 보일러수가 극심하게 끓어서 수면에서 끊임없이 격심하게 비산하고 증기부가 물방울로 충만하여 수위가 불안정하게 되는 현상을 말한다.
- 캐리오버(Carry Over): 보일러 증기관 쪽에 보내는 증기에 대량의 물방울이 포함되는 경우가 있는데 이것을 캐리오버라 하며, 프라이밍이나 포밍이 생기면 필연적으로 캐리오버가 발생한다.
- 수격작용(워터해머, Water Hammer): 물을 보내는 관로에서 유속의 급격한 변화에 의해 관내 압력이 상승하거나 하강하여 압력파가 발생하는 현상을 말한다. 관내의 유동, 밸브의 개폐, 압력파 등과 관련이 있다.

274

다음 중 보일러의 폭발사고 예방을 위한 장치에 해당하지 않는 것은?

① 압력발생기
② 압력제한스위치
③ 압력방출장치
④ 고저수위 조절장치

해설 보일러의 폭발사고를 예방하기 위하여 압력방출장치, 압력제한스위치, 고저수위 조절장치, 화염검출기 등의 기능이 정상적으로 작동될 수 있도록 유지·관리하여야 한다.

| 정답 | 272 ③ 273 ① 274 ①

275

보일러에서 압력제한스위치의 역할은?

① 최고사용압력과 상용압력 사이에서 보일러의 버너연소를 차단

② 최고사용압력과 상용압력 사이에서 급수펌프 작동을 제한

③ 최고사용압력 도달 시 과열된 공기를 대기에 방출하여 압력 조절

④ 위험압력 시 버너, 급수펌프 및 고저수위 조절장치 등을 동세하여 일정입력 유지

해설 **압력제한스위치**

보일러의 과열을 방지하기 위하여 **최고사용압력과 상용압력 사이에서 보일러의 버너연소를 차단**할 수 있도록 압력제한스위치를 부착하여 사용하여야 한다. 압력제한스위치는 상용운전압력 이상으로 압력이 상승할 경우 보일러의 파열을 방지하기 위하여 버너의 연소를 차단하여 열원을 제거함으로써 정상압력으로 유도하는 장치이다.

276

다음 중 「산업안전보건법령」에 따른 압력용기에 설치하는 안전밸브의 설치 및 작동에 관한 설명으로 틀린 것은?

① 다단형 압축기에는 각 단 또는 각 공기압축기별로 안전밸브 등을 설치하여야 한다.

② 안전밸브는 이를 통하여 보호하려는 설비의 최저사용압력 이하에서 작동되도록 설정하여야 한다.

③ 화학공정 유체와 안전밸브의 디스크 또는 시트가 직접 접촉될 수 있도록 설치된 경우에는 2년마다 1회 이상 국가교정기관에서 교정을 받은 압력계를 이용하여 검사한 후 납으로 봉인하여 사용한다.

④ 공정안전보고서 이행상태 평가결과가 우수한 사업장의 안전밸브의 경우 검사주기는 4년마다 1회 이상이다.

해설 **안전밸브 등의 설치**

- 압력용기 등에 대해서는 과압에 따른 폭발을 방지하기 위하여 폭발 방지 성능과 규격을 갖춘 안전밸브 또는 파열판을 설치하여야 한다.
- 다단형 압축기 또는 직렬로 접속된 공기압축기에 대해서는 각 단 또는 각 공기압축기별로 안전밸브 등을 설치하여야 한다.
- 안전밸브에 대해서는 다음의 구분에 따른 검사주기마다 국가교정기관에서 교정을 받은 압력계를 이용하여 **설정압력에서 안전밸브가 적정하게 작동하는지**를 검사한 후 납으로 봉인하여 사용하여야 한다.
  - 화학공정 유체와 안전밸브의 디스크 또는 시트가 직접 접촉될 수 있도록 설치된 경우: 2년마다 1회 이상
  - 안전밸브 전단에 파열판이 설치된 경우: 3년마다 1회 이상
  - 공정안전보고서 제출 대상으로서 고용노동부장관이 실시하는 공정안전보고서 이행상태 평가결과가 우수한 사업장의 안전밸브의 경우: 4년마다 1회 이상

CBT 대비 500제

| 정답 | 275 ① 276 ②

277

기계의 동작상태가 설정한 순서 조건에 따라 진행되어 한 가지 상태의 종료가 끝난 다음 상태를 생성하는 제어시스템을 가진 로봇은?

① 플레이백 로봇 ② 학습제어 로봇
③ 시퀀스 로봇 ④ 수치제어 로봇

해설 기능수준에 따른 산업용 로봇의 분류

구분	특징
매니퓰레이터형	인간의 팔이나 손의 기능과 유사한 기능을 가지고 대상물을 공간적으로 이동시킬 수 있는 로봇
시퀀스 로봇	미리 설정된 순서와 조건 및 위치에 따라 동작의 각 단계를 점차 진행해 가는 로봇
플레이백 로봇	미리 사람이 작업의 순서, 위치 등의 정보를 기억시켜 그것을 필요에 따라 읽어내어 작업을 할 수 있는 로봇
수치제어(NC) 로봇	로봇을 움직이지 않고 순서, 조건, 위치 및 기타 정보를 수치, 언어 등에 의해 교시하고, 그 정보에 따라 작업을 할 수 있는 로봇(입력정보 교시에 의한 분류)
지능로봇	감상기능 및 인식기능에 의해 행동 결정을 할 수 있는 로봇

278

산업용 로봇의 동작 형태별 분류에 속하지 않는 것은?

① 원통좌표 로봇
② 수평좌표 로봇
③ 극좌표 로봇
④ 관절 로봇

해설 동작형태에 의한 산업용 로봇의 분류

- 직각좌표 로봇: 팔의 자유도가 주로 직각좌표 형식인 로봇
- 원통좌표 로봇: 팔의 자유도가 주로 원통좌표 형식인 로봇
- 극좌표 로봇: 팔의 자유도가 주로 극좌표 형식인 로봇
- 관절 로봇: 자유도가 주로 다관절인 로봇

279

산업용 로봇의 재해 발생에 대한 주된 원인이며, 본체의 외부에 조립되어 인간의 팔에 해당되는 기능을 하는 것은?

① 센서(Sensor)
② 제어 로직(Control logic)
③ 제동장치(Brake system)
④ 매니퓰레이터(Manipulator)

해설 매니퓰레이터(Manipulator)

산업용 로봇에 있어서 인간의 팔에 해당하는 암(Arm)이 기계 본체의 외부에 조립되어 암의 끝부분으로 물건을 잡기도 하고 도구를 잡고 작업을 행하기도 하는데, 이와 같은 기능을 갖는 암을 매니퓰레이터라고 한다. 산업용 로봇에 의한 재해는 주로 이 매니퓰레이터에서 발생하고 있다.

280

다음 중 산업용 로봇에 사용되는 안전매트에 관한 설명으로 틀린 것은?

① 일반적으로 단선경보장치가 부착되어 있어야 한다.
② 일반적으로 감응시간을 조절하는 장치는 부착되어 있지 않아야 한다.
③ 안전인증의 표시 외에 작동하중, 감응시간 등을 추가로 표시하여야 한다.
④ 안전매트의 종류는 연결사용 가능 여부에 따라 1선 감지기와 복선 감지기로 구분할 수 있다.

해설 산업용 로봇의 안전매트

유효감지영역 내의 일정한 정도 이상의 압력이 주어졌을 때 이를 감지하여 신호를 발생시키는 장치이다.

- 단선경보장치가 부착되어 있어야 한다.
- 감응시간을 조절하는 장치는 부착되어 있지 않아야 한다.
- 감응도 조절장치가 있는 경우 봉인되어 있어야 한다.
- 연결사용 가능 여부에 따라 단일 감지기와 복합 감지기로 분류할 수 있다.
- 안전인증 표시 외에 작동하중, 감응시간, 복귀신호의 자동 또는 수동 여부, 대소인공용 여부를 추가로 표시하여야 한다.

| 정답 | 277 ③ 278 ② 279 ④ 280 ④

281

산업용 로봇 작업 시 안전조치 방법이 아닌 것은?

① 높이 1.8[m] 이상의 울타리(방책)를 설치한다.
② 로봇의 조작방법 및 순서의 지침에 따라 작업한다.
③ 로봇 작업 중 이상상황의 대처를 위해 근로자 이외에도 로봇의 기동스위치를 조작할 수 있도록 한다.
④ 2인 이상의 근로자에게 작업을 시킬 때는 신호 방법의 지침을 정하고 그 지침에 따라 작업한다.

해설 **산업용 로봇의 안전관리**

- 다음의 사항에 관한 지침을 정하고 그 지침에 따라 작업을 시킬 것
  - 로봇의 조작방법 및 순서
  - 작업 중의 매니퓰레이터의 속도
  - 2명 이상의 근로자에게 작업을 시킬 경우의 신호방법
  - 이상을 발견할 경우의 조치
  - 이상을 발견하여 로봇의 운전을 정지시킨 후 이를 재가동시킬 경우의 조치
  - 그 밖의 로봇의 예기치 못한 작동 또는 오조작에 의한 위험을 방지하기 위하여 필요한 조치
- 작업에 종사하고 있는 근로자 또는 그 근로자를 감시하는 사람은 이상을 발견하면 즉시 로봇의 운전을 정지시키기 위한 조치를 할 것
- 작업을 하고 있는 동안 로봇의 기동스위치 등에 작업 중이라는 표시를 하는 등 **작업에 종사하고 있는 근로자가 아닌 사람이 그 스위치 등을 조작할 수 없도록 필요한 조치를 할 것**
- 운전 중 위험 방지: 로봇의 운전으로 인하여 근로자에게 발생할 수 있는 부상 등의 위험을 방지하기 위하여 높이 1.8[m] 이상의 울타리를 설치하여야 하며, 컨베이어 시스템의 설치 등으로 울타리를 설치할 수 없는 일부 구간에 대해서는 안전매트 또는 광전자식 방호장치 등 감응형 방호장치를 설치할 것

282

산업용 로봇의 작동범위에서 그 로봇에 대하여 교시 등의 작업을 하는 때의 작업시작 전 점검사항에 해당하지 않는 것은?(단, 로봇의 동력원을 차단하고 행하는 것은 제외한다.)

① 매니퓰레이터 작동의 이상 유무
② 제동장치 및 비상정지장치의 기능
③ 외부전선의 피복 또는 외장의 손상 유무
④ 충전장치를 포함한 홀더 등의 결합상태의 이상 유무

해설 ④는 구내운반차를 사용하여 작업을 할 때 작업시작 전 점검사항이다.

관련개념 로봇의 작동범위에서 그 로봇에 관하여 교시 등의 작업을 할 때 작업시작 전 점검사항

- 외부전선의 피복 또는 외장의 손상 유무
- 매니퓰레이터(Manipulator) 작동의 이상 유무
- 제동장치 및 비상정지장치의 기능

283

목재가공용 기계의 방호장치가 아닌 것은?

① 덮개
② 반발예방장치
③ 톱날접촉예방장치
④ 과부하방지장치

해설 **둥근톱기계의 방호장치**

- 톱날접촉예방장치
  - 가동식 덮개
  - 고정식 덮개
- 반발예방장치
  - 분할날
  - 반발방지기구

| 정답 | 281 ③ 282 ④ 283 ④

284

다음 중 목재가공용 둥근톱에 설치해야 하는 분할날의 두께에 관한 설명으로 옳은 것은?

① 톱날 두께의 1.1배 이상이고, 톱날의 치진폭보다 커야 한다.
② 톱날 두께의 1.1배 이상이고, 톱날의 치진폭보다 작아야 한다.
③ 톱날 두께의 1.1배 이내이고, 톱날의 치진폭보다 커야 한다.
④ 톱날 두께의 1.1배 이내이고, 톱날의 치진폭보다 작아야 한다.

해설 분할날의 두께

- 분할날은 톱 뒷(Back)날 바로 가까이에 설치되고 절삭된 가공재의 홈 사이로 들어가면서 가공재의 모든 두께에 걸쳐서 쐐기작용을 하여 가공재가 톱날을 조이지 않게 하는 것을 말한다.
- 분할날의 두께는 톱날 두께의 1.1배 이상이고 톱날의 치진폭 미만으로 하여야 한다.

285

「산업안전보건법령」상 위험기계·기구별 방호조치로 가장 적절하지 않은 것은?

① 산업용 로봇 – 안전매트
② 보일러 – 급정지장치
③ 목재가공용 둥근톱기계 – 반발예방장치
④ 산업용 로봇 – 광전자식 방호장치

해설 기계·기구별 방호장치

- 산업용 로봇의 운전 중 위험 방지: 로봇의 운전으로 인하여 근로자에게 발생할 수 있는 부상 등의 위험을 방지하기 위하여 높이 1.8[m] 이상의 울타리를 설치하여야 하며, 컨베이어 시스템의 설치 등으로 울타리를 설치할 수 없는 일부 구간에 대해서는 안전매트 또는 광전자식 방호장치 등 감응형 방호장치를 설치하여야 한다.
- 보일러의 안전장치: 보일러의 폭발사고를 예방하기 위하여 압력방출장치, 압력제한스위치, 고저수위 조절장치, 화염검출기 등의 기능이 정상적으로 작동될 수 있도록 유지·관리하여야 한다.
- 목재가공용 둥근톱기계: 분할날 등 반발예방장치와 톱날접촉예방장치를 설치하여야 한다.

CHAPTER 06 | 운반기계 및 양중기

286

「산업안전보건법령」상 지게차 방호장치에 해당하는 것은?

① 포크　② 헤드가드
③ 호이스트　④ 힌지드 버킷

해설 지게차 안전기준

- 지게차에 전조등, 후미등 및 규정에 적합한 헤드가드, 백레스트 설치
- 지게차 충돌방지장치, 후방확인장치 설치
- 충분한 강도를 갖추고 손상, 변형, 부식이 없는 팰릿(Pallet) 또는 스키드(Skid) 사용
- 편하중 적재 또는 지게차 능력을 초과한 적재 금지

287

다음과 같은 지게차가 안정적으로 작업할 수 있는 상태의 조건으로 적합한 것은?

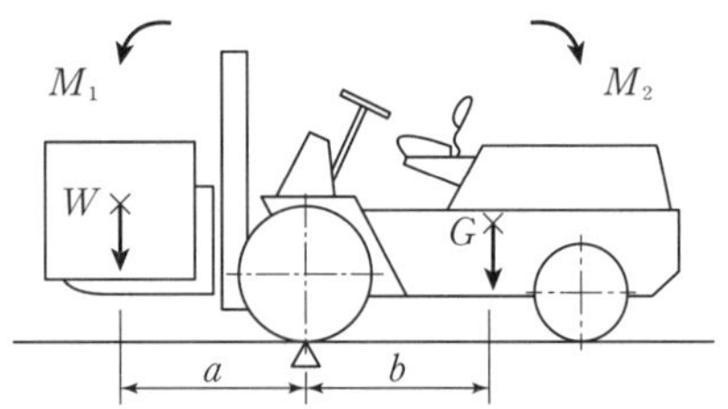

① $M_1 \leq M_2$　② $M_1 > M_2$
③ $M_1 \geq M_2$　④ $M_1 > 2M_2$

해설 지게차의 안정조건

지게차의 회전중심은 앞바퀴에 있으므로 $M_1 \leq M_2$
화물의 모멘트 $M_1 = W \times a$, 지게차의 모멘트 $M_2 = G \times b$
여기서, W: 화물의 중량
G: 지게차 중량
a: 앞바퀴에서 화물 중심까지의 최단거리
b: 앞바퀴에서 지게차 중심까지의 최단거리

| 정답 | 284 ② 285 ② 286 ② 287 ①

288

다음 중 지게차 헤드가드에 관한 설명으로 옳지 않은 것은?

① 상부틀의 각 개구의 폭 또는 길이가 16[cm] 미만일 것
② 강도는 지게차 최대하중의 등분포정하중에 견딜 것
③ 운전자가 서서 조작하는 방식의 지게차의 경우에는 운전석의 바닥면에서 헤드가드의 상부틀 아랫면까지의 높이가 1.88[m] 이상일 것
④ 운전자가 앉아서 조작하는 방식의 지게차의 경우에는 운전자의 좌석 윗면에서 헤드가드의 상부틀 아랫면까지의 높이가 0.903[m] 이상일 것

해설 헤드가드의 구비조건

- 강도는 지게차의 최대하중의 2배 값(4톤을 넘는 값에 대해서는 4톤)의 등분포정하중에 견딜 수 있을 것
- 상부틀의 각 개구의 폭 또는 길이가 16[cm] 미만일 것
- 운전자가 앉아서 조작하거나 서서 조작하는 지게차의 헤드가드는 한국산업표준에서 정하는 높이 기준 이상일 것(입승식: 1.88[m] 이상, 좌승식: 0.903[m] 이상)

289

제철공장에서는 주괴(Ingot)를 운반하는 데 주로 컨베이어를 사용하고 있다. 컨베이어에 대한 방호조치로 틀린 것은?

① 근로자의 신체의 일부가 말려드는 등 근로자에게 위험을 미칠 우려가 있는 때 및 비상시에는 즉시 컨베이어 등의 운전을 정지시킬 수 있는 장치를 설치하여야 한다.
② 화물의 낙하로 인하여 근로자에게 위험을 미칠 우려가 있는 때에는 해당 컨베이어 등에 덮개 또는 울을 설치하는 등 낙하방지를 위한 조치를 하여야 한다.
③ 수평상태로만 사용하는 컨베이어의 경우 정전, 전압 강하 등에 의한 화물 또는 운반구의 이탈 및 역주행을 방지하는 장치를 갖추어야 한다.
④ 운전 중인 컨베이어 등의 위로 근로자를 넘어가도록 하는 때에는 근로자의 위험을 방지하기 위하여 건널다리를 설치하는 등 필요한 조치를 하여야 한다.

해설 수평상태로만 사용하는 컨베이어의 경우에는 이탈 및 역주행을 방지하는 장치를 설치하지 않아도 된다.

관련개념 컨베이어의 방호조치

- 이탈 등의 방지: 컨베이어, 이송용 롤러 등을 사용하는 경우에는 정전·전압강하 등에 따른 화물 또는 운반구의 이탈 및 역주행을 방지하는 장치를 갖추어야 한다. 역주행방지장치의 형식으로는 기계식(롤러식, 라쳇식, 밴드식)과 전기브레이크가 있다.
- 비상정지장치: 컨베이어 등에 해당 근로자의 신체의 일부가 말려드는 등 근로자가 위험해질 우려가 있는 경우 및 비상시에는 즉시 컨베이어 등의 운전을 정지시킬 수 있는 장치를 설치하여야 한다.
- 낙하물에 의한 위험 방지: 컨베이어 등으로부터 화물이 떨어져 근로자가 위험해질 우려가 있는 경우에는 해당 컨베이어 등에 덮개 또는 울을 설치하는 등 낙하 방지를 위한 조치를 하여야 한다.
- 건널다리: 운전 중인 컨베이어 등의 위로 근로자가 넘어가도록 하는 경우에는 위험을 방지하기 위하여 건널다리를 설치하는 등 필요한 조치를 하여야 한다.

| 정답 | 288 ② 289 ③

290

「산업안전보건법령」상 양중기에 속하지 않는 것은?

① 체인블록 ② 이동식 크레인
③ 곤돌라 ④ 호이스트

해설 **양중기의 종류**
- 크레인(호이스트 포함)
- 이동식 크레인
- 리프트(이삿짐운반용 리프트의 경우에는 적재하중이 0.1톤 이상인 것)
- 곤돌라
- 승강기

291

크레인 작업 시 와이어로프 등이 훅으로부터 벗겨지는 것을 방지하기 위한 장치를 무엇이라 하는가?

① 권과방지장치 ② 과부하방지장치
③ 해지장치 ④ 브레이크장치

해설 **해지장치의 사용**

훅걸이용 와이어로프 등이 훅으로부터 벗겨지는 것을 방지하기 위한 장치(해지장치)를 구비한 크레인을 사용하여야 하며, 그 크레인을 사용하여 짐을 운반하는 경우 해지장치를 사용하여야 한다.

292

크레인의 작업 시 그 작업에 종사하는 관계 근로자로 하여금 조치하여야 할 사항으로 적절하지 않은 것은?

① 고정된 물체를 직접 분리·제거하는 작업을 하지 아니할 것
② 신호하는 사람이 없는 경우 인양할 하물(何物)이 보이지 아니하는 때에는 어떠한 동작도 하지 아니할 것
③ 미리 근로자의 출입을 통제하여 인양 중인 하물이 작업자의 머리 위로 통과하지 않도록 할 것
④ 인양할 하물은 바닥에 끌어당기거나 밀어내는 작업으로 유도할 것

해설 **크레인 작업 시의 조치**
- 인양할 하물을 바닥에서 끌어당기거나 밀어내는 작업을 하지 아니할 것
- 유류드럼이나 가스통 등 운반 도중에 떨어져 폭발하거나 누출될 가능성이 있는 위험물 용기는 보관함(또는 보관고)에 담아 안전하게 매달아 운반할 것
- 고정된 물체를 직접 분리·제거하는 작업을 하지 아니할 것
- 미리 근로자의 출입을 통제하여 인양 중인 하물이 작업자의 머리 위로 통과하지 않도록 할 것
- 인양할 하물이 보이지 아니하는 경우에는 어떠한 동작도 하지 아니할 것

| 정답 | 290 ① 291 ③ 292 ④

293

「산업안전보건법령」상 리프트의 종류로 틀린 것은?

① 건설용 리프트
② 자동차정비용 리프트
③ 이삿짐운반용 리프트
④ 간이 리프트

해설 리프트의 종류

- 건설용 리프트: 동력을 사용하여 가이드레일을 따라 상하로 움직이는 운반구를 매달아 사람이나 화물을 운반할 수 있는 설비 또는 이와 유사한 구조 및 성능을 가진 것으로 건설현장에서 사용하는 것
- 산업용 리프트: 동력을 사용하여 가이드레일을 따라 상하로 움직이는 운반구를 매달아 화물을 운반할 수 있는 설비 또는 이와 유사한 구조 및 성능을 가진 것으로 건설현장 외의 장소에서 사용하는 것
- 자동차정비용 리프트: 동력을 사용하여 가이드레일을 따라 움직이는 지지대로 자동차 등을 일정한 높이로 올리거나 내리는 구조의 리프트로서 자동차 정비에 사용하는 것
- 이삿짐운반용 리프트: 연장 및 축소가 가능하고 끝단을 건축물 등에 지지하는 구조의 사다리형 붐에 따라 동력을 사용하여 움직이는 운반구를 매달아 화물을 운반하는 설비로서 화물자동차 등 차량 위에 탑재하여 이삿짐 운반 등에 사용하는 것

294

「산업안전보건법령」상 크레인의 직동식 권과방지장치는 훅·버킷 등 달기구의 윗면이 드럼, 상부 도르래 등 권상장치의 아랫면과 접촉할 우려가 있을 때 그 간격이 얼마 이상이어야 하는가?

① 0.01[m] 이상
② 0.02[m] 이상
③ 0.03[m] 이상
④ 0.05[m] 이상

해설 권과방지장치

- 크레인, 이동식 크레인에 대한 권과방지장치는 훅·버킷 등 달기구의 윗면이 드럼, 상부 도르래, 트롤리프레임 등 권상장치의 아랫면과 접촉할 우려가 있는 경우에 그 간격이 0.25[m](직동식 권과방지장치는 0.05[m] 이상)이 되도록 조정하여야 한다.
- 권과방지장치를 설치하지 않은 크레인에 대해서는 권상용 와이어로프에 위험표시를 하고 경보장치를 설치하는 등 권상용 와이어로프가 지나치게 감겨서 근로자가 위험해질 상황을 방지하기 위한 조치를 하여야 한다.

295

근로자가 탑승하는 운반구를 지지하는 경우 달기 와이어로프의 안전계수 기준은?

① 3 이상
② 5 이상
③ 10 이상
④ 20 이상

해설 와이어로프 등 달기구의 안전계수

- 근로자가 탑승하는 운반구를 지지하는 달기 와이어로프 또는 달기 체인의 경우: 10 이상
- 화물의 하중을 직접 지지하는 달기 와이어로프 또는 달기 체인의 경우: 5 이상
- 훅, 샤클, 클램프, 리프팅 빔의 경우: 3 이상
- 그 밖의 경우: 4 이상

296

「산업안전보건법령」상 양중기에 사용하지 않아야 하는 달기 체인의 기준으로 틀린 것은?

① 심하게 변형된 것
② 균열이 있는 것
③ 달기 체인의 길이가 달기 체인이 제조된 때의 길이의 3[%]를 초과한 것
④ 링의 단면지름이 달기 체인이 제조된 때의 해당 링의 지름의 10[%]를 초과하여 감소한 것

해설 늘어난 체인 등의 사용금지

- 달기 체인의 길이가 달기 체인이 제조된 때의 길이의 5[%]를 초과한 것
- 링의 단면지름이 달기 체인이 제조된 때의 해당 링의 지름의 10[%]를 초과하여 감소한 것
- 균열이 있거나 심하게 변형된 것

| 정답 | 293 ④ 294 ④ 295 ③ 296 ③

297

4.2[ton]의 화물을 그림과 같이 60°의 각을 갖는 와이어로프로 매달아 올릴 때 와이어로프 A에 걸리는 장력 W_1은 약 얼마인가?

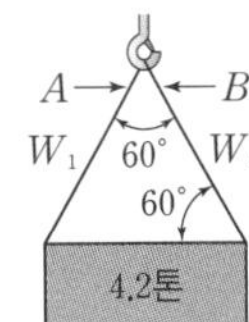

① 2.10[ton] ② 2.42[ton]
③ 4.20[ton] ④ 4.82[ton]

해설 와이어로프에 걸리는 장력

$$W_1=\frac{W}{2\times\cos\frac{\theta}{2}}=\frac{4.2}{2\times\cos 30^\circ}=2.42[\text{ton}]$$

여기서, W: 화물의 무게
θ: 와이어로프가 이루는 각도

298

작업장 내 운반을 주목적으로 하는 구내운반차가 준수해야 할 사항으로 옳지 않은 것은?

① 주행을 제동하거나 정지상태를 유지하기 위하여 유효한 제동장치를 갖출 것
② 경음기를 갖출 것
③ 핸들의 중심에서 차체 바깥 측까지의 거리가 65[cm] 이내일 것
④ 운전자석이 차 실내에 있는 것은 좌우에 한 개씩 방향지시기를 갖출 것

해설 구내운반기계의 제동장치 등

- 주행을 제동하거나 정지상태를 유지하기 위하여 유효한 제동장치를 갖출 것
- 경음기를 갖출 것
- 운전석이 차 실내에 있는 것은 좌우에 한 개씩 방향지시기를 갖출 것
- 전조등과 후미등을 갖출 것

CHAPTER 07 | 설비진단 및 검사

299

비파괴검사 방법으로 틀린 것은?

① 인장시험 ② 음향탐상시험
③ 와류탐상시험 ④ 초음파탐상시험

해설 비파괴검사의 종류

- 육안검사(VT; Visual Testing)
- 누설검사(LT; Leak Testing)
- 침투탐상검사(PT; Liquid Penetrant Testing)
- 초음파탐상검사(UT; Ultrasonic Testing)
- 자분탐상검사(MT; Magnetic Particle Testing)
- 음향탐상검사(AET; Acoustic Emission Testing)
- 방사선투과검사(RT; Radiographic Testing)
- 와류탐상검사(ECT; Eddy Current Testing)

300

「산업안전보건법령」상 사업장 내 근로자 작업환경 중 '강렬한 소음작업'에 해당하지 않는 것은?

① 85[dB] 이상의 소음이 1일 10시간 이상 발생하는 작업
② 90[dB] 이상의 소음이 1일 8시간 이상 발생하는 작업
③ 95[dB] 이상의 소음이 1일 4시간 이상 발생하는 작업
④ 100[dB] 이상의 소음이 1일 2시간 이상 발생하는 작업

해설 강렬한 소음작업

- 90[dB] 이상의 소음이 1일 8시간 이상 발생하는 작업
- 95[dB] 이상의 소음이 1일 4시간 이상 발생하는 작업
- 100[dB] 이상의 소음이 1일 2시간 이상 발생하는 작업
- 105[dB] 이상의 소음이 1일 1시간 이상 발생하는 작업
- 110[dB] 이상의 소음이 1일 30분 이상 발생하는 작업
- 115[dB] 이상의 소음이 1일 15분 이상 발생하는 작업

| 정답 | 297 ② 298 ③ 299 ① 300 ①

SUBJECT 04 전기 및 화학설비 안전관리

CHAPTER 02 | 감전재해 및 방지대책

301

인체가 현저히 젖어 있는 상태 또는 금속성의 전기기계 · 장치나 구조물에 인체의 일부가 상시 접촉되어 있는 상태에서의 허용접촉전압으로 옳은 것은?

① 2.4[V] 이하　② 25[V] 이하
③ 50[V] 이하　④ 75[V] 이하

해설 허용접촉전압

종별	접촉상태	허용접촉전압
제1종	인체의 대부분이 수중에 있는 상태	2.5[V] 이하
제2종	• 인체가 현저히 젖어 있는 상태 • 금속성의 전기기계 · 기구나 구조물에 인체의 일부가 상시 접촉되어 있는 상태	25[V] 이하
제3종	제1종, 제2종 이외의 경우로서 통상의 인체 상태에서 접촉전압이 가해지면 위험성이 높은 상태	50[V] 이하
제4종	• 제1종, 제2종 이외의 경우로서 통상의 인체상태에 접촉전압이 가해지더라도 위험성이 낮은 상태 • 접촉전압이 가해질 우려가 없는 경우	제한 없음

302

다음 중 통전경로별 위험도가 가장 높은 경로는?

① 왼손－등　② 오른손－가슴
③ 왼손－가슴　④ 오른손－양발

해설 통전경로별 위험도

통전경로별 위험도는 숫자가 클수록 높아진다.

통전경로	위험도	통전경로	위험도
왼손－가슴	1.5	왼손－등	0.7
오른손－가슴	1.3	한손 또는 양손－앉아 있는 자리	0.7
왼손－한발 또는 양발	1.0	왼손－오른손	0.4
양손－양발	1.0	오른손－등	0.3
오른손－한발 또는 양발	0.8		

303

인체가 충전부에 접촉하여 감전되었을 때 자력으로 이탈할 수 없는 상태의 전류를 무엇이라 하는가?

① 이탈전류　② 가수전류
③ 불수전류　④ 심실세동전류

해설 통전전류와 인체반응

통전전류 구분	전격의 영향
최소감지전류	고통을 느끼지 않으면서 짜릿하게 전기가 흐르는 것을 감지할 수 있는 최소전류
고통한계전류	통전전류가 최소감지전류보다 커지면 어느 순간부터 고통을 느끼게 되지만 참을 수 있는 전류
가수전류(이탈전류)	자력으로 이탈 가능한 전류(마비한계전류라고도 함)
불수전류(교착전류)	통전전류가 고통한계전류보다 커지면 인체 각부의 근육이 수축현상을 일으키고 신경이 마비되어 신체를 자유로이 움직일 수 없는 전류(자력으로 이탈 불가능)
심실세동전류(치사전류)	심근의 미세한 진동으로 혈액을 송출하는 펌프의 기능이 장애를 받는 때의 전류

304

Dalziel의 심실세동전류와 통전시간과의 관계식에 의하여 인체 전격 시의 통전시간이 4초라고 했을 때 심실세동전류의 크기는 약 몇 [mA]인가?

① 42　② 83
③ 165　④ 185

해설 심실세동전류

$$I=\frac{165}{\sqrt{T}}=\frac{165}{\sqrt{4}}=83[\text{mA}]$$

여기서, I: 심실세동전류(1,000명 중 5명 정도가 심실세동을 일으키는 값)[mA]
T: 통전시간[s]

| 정답 | 301 ② 302 ③ 303 ③ 304 ②

305

혼촉방지판이 부착된 변압기를 설치하고 혼촉방지판을 접지시켰다. 이러한 변압기를 사용하는 주요 이유는?

① 2차 측의 전류를 감소시킬 수 있기 때문에
② 누전전류를 감소시킬 수 있기 때문에
③ 2차 측에 비접지 방식을 채택하면 감전 시 위험을 감소시킬 수 있기 때문에
④ 전력의 손실을 감소시킬 수 있기 때문에

해설 혼촉방지판의 사용

- 변압기의 고 · 저압(1차 측과 2차 측 사이) 권선 사이에 혼촉방지판을 삽입하여 접지시킨 후 사용한다.
- 2차 측에 혼촉방지판과 같은 비접지 방식을 채택하면 누전 시 폐회로가 형성되지 않기 때문에 감전 시 위험을 감소시킬 수 있다.

306

전기기계 · 기구의 조작부분을 점검하거나 보수하는 경우에는 근로자가 안전하게 작업할 수 있도록 전기기계 · 기구로부터 최소 몇 [cm] 이상의 작업공간 폭을 확보하여야 하는가?(단, 작업공간을 확보하는 것이 곤란하여 절연용 보호구를 착용하도록 한 경우는 제외한다.)

① 60[cm] ② 70[cm]
③ 80[cm] ④ 90[cm]

해설 전기기계 · 기구의 조작 시 등의 안전조치

- 전기기계 · 기구의 조작부분을 점검하거나 보수하는 경우에는 근로자가 안전하게 작업할 수 있도록 전기기계 · 기구로부터 폭 70[cm] 이상의 작업공간을 확보하여야 한다. 다만, 작업공간을 확보하는 것이 곤란하여 근로자에게 절연용 보호구를 착용하도록 한 경우에는 그러하지 아니하다.
- 전기적 불꽃 또는 아크에 의한 화상의 우려가 있는 고압 이상의 충전전로 작업에 근로자를 종사시키는 경우에는 방염처리된 작업복 또는 난연성능을 가진 작업복을 착용시켜야 한다.

307

작업장에서 근로자의 감전 위험을 방지하기 위하여 필요한 조치를 하여야 한다. 옳지 않은 것은?

① 작업장 통행 등으로 인하여 접촉하거나 접촉할 우려가 있는 배선 또는 이동전선에 대하여 절연 피복이 손상되거나 노화된 경우에는 교체하여 사용하는 것이 바람직하다.
② 전선을 서로 접속하는 때에는 해당 전선의 절연성능 이상으로 절연될 수 있는 것으로 충분히 피복하거나 적합한 접속기구를 사용하여야 한다.
③ 물 등 도전성이 높은 액체가 있는 습윤한 장소에서 근로자의 통행 등으로 인하여 접촉할 우려가 있는 이동전선 및 이에 부속하는 접속기구는 그 도전성이 높은 액체에 대하여 충분한 절연효과가 있는 것을 사용하여야 한다.
④ 차량, 기타 물체의 통과 등으로 인하여 전선의 절연피복이 손상될 우려가 없더라도 통로바닥에 전선 또는 이동전선을 설치하여 사용하여서는 아니 된다.

해설 배선 등에 의한 감전사고에 대한 방지대책

- 배선 등의 절연피복 등
  - 근로자가 작업 중에나 통행하면서 접촉하거나 접촉할 우려가 있는 배선 또는 이동전선에 대하여 절연피복이 손상되거나 노화됨으로 인한 감전의 위험을 방지하기 위하여 필요한 조치를 하여야 한다.
  - 전선을 서로 접속하는 경우에는 해당 전선의 절연성능 이상으로 절연될 수 있는 것으로 충분히 피복하거나 적합한 접속기구를 사용하여야 한다.
- 습윤한 장소의 이동전선 등: 물 등 도전성이 높은 액체가 있는 습윤한 장소에서 근로자가 작업 중에나 통행하면서 이동전선 등에 접촉할 우려가 있는 경우에는 충분한 절연효과가 있는 것을 사용하여야 한다.
- 통로바닥에서의 전선 등 사용 금지: 통로바닥에 전선 또는 이동전선 등을 설치하여 사용해서는 아니 된다. 다만, 차량이나 그 밖의 물체의 통과 등으로 인하여 해당 전선의 절연피복이 손상될 우려가 없거나 손상되지 않도록 적절한 조치를 하여 사용하는 경우에는 그러하지 아니하다.

| 정답 | 305 ③ 306 ② 307 ④

308

「산업안전보건기준에 관한 규칙」에 따라 꽂음접속기를 설치 또는 사용하는 경우 준수하여야 할 사항으로 틀린 것은?

① 서로 다른 전압의 꽂음접속기는 서로 접속되지 아니한 구조의 것을 사용할 것
② 습윤한 장소에 사용되는 꽂음접속기는 방수형 등 그 장소에 적합한 것을 사용할 것
③ 근로자가 해당 꽂음접속기를 접속시킬 경우에는 땀 등으로 젖은 손으로 취급하지 않도록 할 것
④ 꽂음접속기에 잠금장치가 있을 때에는 접속 후 개방하여 사용할 것

해설 **꽂음접속기의 설치·사용 시 준수사항**

- 서로 다른 전압의 꽂음접속기는 서로 접속되지 아니한 구조의 것을 사용할 것
- 습윤한 장소에 사용되는 꽂음접속기는 방수형 등 그 장소에 적합한 것을 사용할 것
- 근로자가 해당 꽂음접속기를 접속시킬 경우에는 땀 등으로 젖은 손으로 취급하지 않도록 할 것
- 해당 꽂음접속기에 잠금장치가 있는 경우에는 접속 후 잠그고 사용할 것

309

사용전압이 154[kV]인 변압기 설비를 지상에 설치할 때 감전사고 방지대책으로 울타리의 높이와 울타리로부터 충전부분까지의 거리의 합계의 최솟값은?

① 3[m]　② 5[m]
③ 6[m]　④ 8[m]

해설 **울타리·담 등의 높이와 울타리·담 등으로부터 충전부분까지의 거리의 합계**

사용전압의 구분	울타리·담 등의 높이와 울타리·담 등으로부터 충전부분까지의 거리의 합계
35[kV] 이하	5[m]
35[kV] 초과 160[kV] 이하	6[m]
160[kV] 초과	6[m]에 160[kV]를 초과하는 10[kV] 또는 그 단수마다 0.12[m]를 더한 값

310

저압전선로 중 절연부분의 전선과 대지 간 및 전선의 심선 상호 간의 절연저항은 사용전압에 대한 누설전류가 최대 공급전류의 얼마를 넘지 않도록 규정하고 있는가?

① 1/1,000　② 1/1,500
③ 1/2,000　④ 1/2,500

해설 저압전선로 중 절연부분의 전선과 대지 및 심선 상호 간의 절연저항은 사용전압에 대한 누설전류가 최대 공급전류의 $\frac{1}{2,000}$이 넘지 않도록 하여야 한다.

311

충전전로의 선간전압이 37[kV] 초과 88[kV] 이하의 활선작업 시 충전전로에 대한 접근한계거리[cm]는?

① 110　② 150
③ 170　④ 230

해설 **충전전로에 대한 접근한계거리**

충전전로의 선간전압[kV]	충전전로에 대한 접근한계거리[cm]
0.3 이하	접촉금지
0.3 초과 0.75 이하	30
0.75 초과 2 이하	45
2 초과 15 이하	60
15 초과 37 이하	90
37 초과 88 이하	110
88 초과 121 이하	130
121 초과 145 이하	150
145 초과 169 이하	170
169 초과 242 이하	230
242 초과 362 이하	380
362 초과 550 이하	550
550 초과 800 이하	790

| 정답 | 308 ④　309 ③　310 ③　311 ①

312

「산업안전보건법령」에 따라 충전전로 인근에서 차량, 기계장치 등의 작업이 있는 경우에는 차량 등을 충전전로의 충전부로부터 얼마 이상 이격시켜 유지하여야 하는가?

① 1[m] ② 2[m]
③ 3[m] ④ 5[m]

해설 충전전로 인근에서 차량 등의 작업이 있는 경우에는 차량 등을 충전전로의 충전부로부터 300[cm] 이상 이격시켜 유지시키되, 대지전압이 50[kV]를 넘는 경우 이격거리는 10[kV] 증가할 때마다 10[cm]씩 증가시켜야 한다. 다만, 차량 등의 높이를 낮춘 상태에서 이동하는 경우에는 이격거리를 120[cm] 이상(대지전압이 50[kV]를 넘는 경우에는 10[kV] 증가할 때마다 이격거리를 10[cm]씩 증가)으로 할 수 있다.

313

저항값이 0.2[Ω]인 도체에 10[A]의 전류가 1분간 흘렀을 경우 발생하는 열량은 몇 [cal]인가?

① 124 ② 144
③ 288 ④ 386

해설 **발열량**

$Q=0.24I^2Rt=0.24\times10^2\times0.2\times60=288$[cal]

여기서, I: 전류[A]
R: 저항[Ω]
t: 시간[초]

314

감전사고의 사망경로에 해당되지 않는 것은?

① 전류가 뇌의 호흡중추부로 흘러 발생한 호흡기능 마비
② 전류가 흉부에 흘러 발생한 흉부근육수축으로 인한 질식
③ 전류가 심장부로 흘러 심실세동에 의한 혈액 순환기능 장애
④ 전류가 인체에 흐를 때 인체의 저항으로 발생한 줄열에 의한 화상

해설 **전격현상의 매커니즘**

- 심실세동에 의한 혈액 순환기능 상실
- 호흡중추신경 마비에 따른 호흡 중지
- 흉부수축에 의한 질식

315

전격의 위험을 결정하는 주된 인자로 가장 거리가 먼 것은?

① 통전전류 ② 통전시간
③ 통전경로 ④ 접촉전압

해설 **1차적 감전요소**

- 통전전류의 크기: 통전전류가 인체에 미치는 영향은 통전전류의 크기와 통전시간에 의해 결정된다.
- 통전경로: 전류의 경로에 따라 그 위험성은 달라지며 전류가 심장 또는 그 주위를 통과하면 심장에 영향을 주어 더욱 위험하다.
- 통전시간: 길수록 위험하다.
- 전원의 종류: 전압이 동일한 경우 교착성 때문에 교류가 직류보다 더 위험하고, 통전전류가 크고 신체의 중요부분에 흐르거나 오랜 시간 흐를수록 전격에 대한 위험성은 커진다.

관련개념 2차적 감전요소

- 인체의 조건(인체의 저항): 피부가 젖은 정도, 인가전압 등에 의해 크게 변화하며 인가전압이 커짐에 따라 약 500[Ω]까지 감소한다.
- 전압의 크기: 클수록 위험하다.
- 계절 등 주위환경: 계절, 작업장 등 주위환경에 따라 인체의 저항이 변화하므로 전격에 대한 위험도에 영향을 미친다.

| 정답 | 312 ③ 313 ③ 314 ④ 315 ④

316

전기기계·기구에 대하여 누전에 의한 감전위험을 방지하기 위하여 누전차단기를 전기기계·기구에 접속할 때 준수하여야 할 사항으로 옳은 것은?

① 누전차단기는 정격감도전류가 60[mA] 이하이고 작동시간은 0.1초 이내일 것
② 누전차단기는 정격감도전류가 50[mA] 이하이고 작동시간은 0.08초 이내일 것
③ 누전차단기는 정격감도전류가 40[mA] 이하이고 작동시간은 0.06초 이내일 것
④ 누전차단기는 정격감도전류가 30[mA] 이하이고 작동시간은 0.03초 이내일 것

해설 **감전보호용 누전차단기**
정격감도전류 30[mA] 이하, 동작시간 0.03초 이내

317

「산업안전보건법령」에 따라 누전에 의한 감전위험을 방지하기 위하여 대지전압이 몇 [V]를 초과하는 이동형 또는 휴대형 전기기계·기구에는 감전방지용 누전차단기를 설치하여야 하는가?

① 110[V] ② 150[V]
③ 220[V] ④ 380[V]

해설 **누전차단기의 적용범위**
- 대지전압이 150[V]를 초과하는 이동형 또는 휴대형 전기기계·기구
- 물 등 도전성이 높은 액체가 있는 습윤장소에서 사용하는 저압용 전기기계·기구
- 철판·철골 위 등 도전성이 높은 장소에서 사용하는 이동형 또는 휴대형 전기기계·기구
- 임시배선의 전로가 설치되는 장소에서 사용하는 이동형 또는 휴대형 전기기계·기구

318

다음 중 누전차단기의 설치에 관한 설명으로 적절하지 않은 것은?

① 진동 또는 충격을 받지 않도록 한다.
② 전원전압의 변동에 유의하여야 한다.
③ 비나 이슬에 젖지 않은 장소에 설치한다.
④ 누전차단기의 설치는 표고와 관계가 없다.

해설 **누전차단기의 설치 환경조건**
- 주위 온도(−10~40[℃] 범위 내)에 유의할 것
- 표고 1,000[m] 이하의 장소로 할 것
- 비나 이슬에 젖지 않는 장소로 할 것
- 먼지가 적은 장소로 할 것
- 이상한 진동 또는 충격을 받지 않는 장소로 할 것
- 습도가 적은 장소로 할 것
- 전원전압의 변동(정격전압의 85~110[%] 사이)에 유의할 것
- 배선상태를 건전하게 유지할 것
- 불꽃 또는 아크에 의한 폭발의 위험이 없는 장소(비방폭지역)에 설치할 것

319

다음 중 교류아크용접기에서 자동전격방지장치의 기능으로 틀린 것은?

① 감전위험방지
② 전력손실 감소
③ 정전기 위험방지
④ 무부하 시 안전전압 이하로 저하

해설 **자동전격방지장치의 기능**
전격방지장치라 불리는 교류아크용접기의 안전장치는 용접기의 1차 측 또는 2차 측에 부착시켜 용접기의 주회로를 제어하는 기능을 보유하였다. 용접봉의 조작, 모재에의 접촉 또는 분리에 따라 원칙적으로 용접을 할 때에만 용접기의 주회로를 폐로(ON)시키고, 용접을 행하지 않을 때에는 용접기의 주회로를 개로(OFF)시키는데 용접기 2차(출력) 측의 무부하 전압(보통 60~95[V])을 25[V] 이하로 저하시켜 용접기 무부하 시(용접을 행하지 않을 시)에 작업자가 용접봉과 모재 사이에 접촉함으로써 발생하는 감전의 위험을 방지(용접작업 중단 직후부터 다음 아크 발생 시까지 유지)한다. 아울러 용접기 무부하 시 전력손실을 격감시키는 기능도 보유하였다.

320

다음 중 고압활선작업에 필요한 보호구에 해당하지 않는 것은?

① 절연대　　② 절연장갑
③ 절연장화　　④ AE형 안전모

해설 **절연용 안전보호구**
- 전기안전모(AE형 또는 ABE형)
- 절연고무장갑(절연장갑)
- 절연고무장화(절연화)
- 절연복(절연상의 및 하의, 어깨받이 등)
- 도전성 작업복 및 작업화

321

다음 중 절연용 고무장갑과 가죽장갑의 안전한 사용방법으로 가장 적합한 것은?

① 활선작업에서는 가죽장갑만 사용한다.
② 활선작업에서는 고무장갑만 사용한다.
③ 먼저 가죽장갑을 끼고 그 위에 고무장갑을 낀다.
④ 먼저 고무장갑을 끼고 그 위에 가죽장갑을 낀다.

해설 **절연고무장갑(절연장갑)**
전기작업 시 손이 활선부위에 접촉되어 인체가 감전되는 것을 방지하기 위해 사용(고무장갑의 손상 우려가 있을 경우에 반드시 가죽장갑을 외부에 착용)한다.

CHAPTER 03 | 정전기 장 · 재해관리

322

정전기의 발생에 영향을 주는 요인과 가장 거리가 먼 것은?

① 분리속도　　② 물체의 표면상태
③ 접촉면적 및 압력　　④ 외부공기의 풍속

해설 **정전기 발생에 영향을 주는 요인**
- 물체의 특성
- 물체의 표면상태
- 물질의 이력
- 접촉면적 및 압력
- 분리속도

323

정전기 발생량과 관련된 내용으로 옳지 않은 것은?

① 분리속도가 빠를수록 정전기 발생량이 많아진다.
② 두 물질 간의 대전서열이 가까울수록 정전기 발생량이 많아진다.
③ 접촉면적이 넓을수록, 접촉압력이 증가할수록 정전기 발생량이 많아진다.
④ 물질의 표면이 수분이나 기름 등에 오염되어 있으면 정전기 발생량이 많아진다.

해설 **정전기 발생에 영향을 주는 요인**
- 물체의 특성
  - 일반적으로 대전량은 접촉이나 분리하는 두 물체가 대전서열 내에서 가까운 위치에 있으면 적고, 먼 위치에 있으면 대전량이 큰 경향이 있다.
  - 물체가 불순물을 포함하고 있으면 이 불순물로 인해 정전기 발생량이 커진다.
- 물체의 표면상태: 물체의 표면이 원활하면 발생이 적고, 수분이나 기름 등에 의해 오염되었을 때에는 산화, 부식에 의해 정전기 발생이 크다.
- 물질의 이력: 정전기 발생은 일반적으로 처음 접촉, 분리가 일어날 때 최대가 되며, 이후 접촉, 분리가 반복됨에 따라 발생량도 점차 감소된다.
- 접촉면적 및 압력: 접촉면적 및 압력이 클수록 정전기 발생량도 증가한다.
- 분리속도: 일반적으로 분리속도가 빠를수록 정전기의 발생량은 커진다.

| 정답 | 320 ① 321 ④ 322 ④ 323 ②

324

절연체에 발생한 정전기는 일정 장소에 축적되었다가 점차 소멸되는데 처음 값의 몇 [%]로 감소되는 시간을 그 물체의 '시정수' 또는 '완화시간'이라고 하는가?

① 25.8　② 36.8
③ 45.8　④ 67.8

해설 완화시간(시정수)

일반적으로 절연체에 발생한 정전기는 일정장소에 축적되었다가 점차 소멸되는데 처음 값의 36.8[%]로 감소되는 시간을 그 물체에 대한 시정수 또는 완화시간이라고 하며, 이 값은 대전체의 저항 $R[\Omega]$과 정전용량 $C[\mathrm{F}]$, 고유저항 $\rho[\Omega \cdot \mathrm{m}]$와 유전율 $\varepsilon[\mathrm{F/m}]$의 곱($RC = \varepsilon\rho$)으로 결정된다.

325

액체가 관 내를 이동할 때에 정전기가 발생하는 현상은?

① 마찰대전　② 박리대전
③ 분출대전　④ 유동대전

해설 정전기의 발생현상

대전종류	대전현상
마찰대전	두 물체의 마찰이나 마찰에 의한 접촉위치의 이동으로 전하의 분리 및 재배열이 일어나서 정전기 발생
박리대전	• 서로 밀착되어 있는 물체가 떨어질 때 전하의 분리가 일어나 정전기 발생 • 접촉면적, 접촉면의 밀착력, 박리속도 등에 의해서 정전기 발생량이 변화하며 일반적으로 마찰에 의한 것보다 더 큰 정전기 발생
유동대전	• 액체류가 파이프 등 내부에서 유동할 때 액체와 관벽 사이에 정전기 발생 • 정전기 발생에 가장 크게 영향을 미치는 요인은 유동속도이나 흐름의 상태, 배관의 굴곡, 밸브 등과 관계가 있음
분출대전	분체류, 액체류, 기체류가 단면적이 작은 분출구를 통해 공기 중으로 분출될 때 분출하는 물질과 분출구와의 마찰로 정전기 발생
충돌대전	분체류와 같은 입자상호 간이나 입자와 고체와의 충돌에 의해 빠른 접촉, 분리가 행하여짐으로써 정전기 발생
파괴대전	고체나 분체류와 같은 물체가 파괴되었을 때 전하분리 또는 부전하의 균형이 깨지면서 정전기 발생

326

일반적인 방전형태의 종류가 아닌 것은?

① 스트리머(Streamer) 방전
② 적외선(Infrared-ray) 방전
③ 코로나(Corona) 방전
④ 연면(Surface)방전

해설 정전기 방전의 형태 및 영향

구분(형태)	방전현상 및 대상	영향(위험성)
코로나 방전	• 돌기형 도체와 평판 도체 사이에 전압이 상승하면 코로나 방전이 발생 • 정코로나 > 부코로나 • 코로나 방전 발생 시 공기 중에 생성되는 물질: 오존(O_3)	방전에너지가 작기 때문에 재해 원인이 될 확률이 비교적 낮음
스트리머 방전	• 일반적으로 불꽃 코로나가 강해서 파괴음과 발광을 수반하는 방전 • 공기 중에서 나뭇가지 형태의 발광현상 동반	코로나 방전에 비해서 점화원 및 전격의 확률이 높음
불꽃방전	전극 간의 전압을 더욱 상승시키면 코로나 방전에 의한 도전로를 통하여 강한 빛과 큰 소리가 발생되며, 공기절연을 완전 파괴하거나 단락하는 과도현상	점화원 및 전격의 확률이 대단히 높음
연면방전	• 정전기로 대전되어 있는 부도체에 접지체가 접근할 경우 대전체와 접지체 사이에서 발생하는 방전과 부도체 표면을 따라 발생 • 나뭇가지 형태의 발광을 수반하는 방전	점화원 및 전격의 확률이 대단히 높음

| 정답 | 324 ②　325 ④　326 ②

327

최소 착화에너지가 0.25[mJ], 극간 정전용량이 10[pF]인 부탄가스 버너를 점화시키기 위해서 최소 얼마 이상의 전압을 인가하여야 하는가?

① 0.52×10^2[V]　② 0.74×10^3[V]
③ 7.07×10^3[V]　④ 5.03×10^5[V]

해설 **방전에너지(착화에너지)**

$$W=\frac{1}{2}CV^2$$

여기서, C: 도체의 정전용량[F]
V: 대전전위[V]

$$V=\sqrt{\frac{2W}{C}}=\sqrt{\frac{2\times(0.25\times10^{-3})}{10\times10^{-12}}}=7.07\times10^3[\text{V}]$$

관련개념 접두어

10^n	접두어	기호
10^{-3}	밀리(milli)	m
10^{-6}	마이크로(micro)	μ
10^{-9}	나노(nano)	n
10^{-12}	피코(pico)	p

328

정전기에 의한 재해방지대책으로 틀린 것은?

① 대전방지제 등을 사용한다.
② 공기 중의 습기를 제거한다.
③ 금속 등의 도체를 접지시킨다.
④ 배관 내 액체가 흐를 경우 유속을 제한한다.

해설 **정전기 대전방지 대책**

- 도체와 부도체의 대전방지
- 접지에 의한 대전방지
- 유속제한 및 정치시간에 의한 대전방지
- 대전방지제의 사용
- 가습
- 도전성 섬유의 사용
- 대전체의 차폐
- 제전기 사용
- 보호구 착용

329

금속도체 상호 간 혹은 대지에 대하여 전기적으로 절연되어 있는 2개 이상의 금속도체를 전기적으로 접속하여 서로 같은 전위를 형성하여 정전기 사고를 예방하는 기법을 무엇이라고 하는가?

① 본딩　② 인하도선
③ 대전 분리　④ 특별접지

해설 **본딩**

금속도체 상호 간 혹은 대지에 대하여 전기적으로 절연되어 있는 2개 이상의 금속도체를 전기적으로 접속하여 서로 같은 전위로 만드는 것이다.

330

정전기 제전기의 종류가 아닌 것은?

① 방사선식　② 자기방전식
③ 접지제어식　④ 전압인가식

해설 **제전기의 종류**

- 전압인가식 제전기: 금속세침이나 세선 등을 전극으로 하는 제전전극에 고전압(약 7[kV])을 인가하여 전극의 선단에 코로나 방전을 일으켜 제전에 필요한 이온을 발생시키는 것으로서 코로나 방전식 제전기라고도 한다.
- 자기방전식 제전기: 접지된 도전성의 침상이나 세선 상의 전극에 제전하고자 하는 물체의 발산정전계를 모으고 이 정전계에 의해 제전에 필요한 이온을 만드는 제전기이다.(작은 코로나 방전을 일으켜 공기 이온화하는 방식)
- 방사선식 제전기: 방사선 동위원소의 전리작용에 의해 제전에 필요한 이온을 만들어내는 제전기이다.

| 정답 | 327 ③　328 ②　329 ①　330 ③

CHAPTER 04 | 전기방폭관리

331

방폭구조의 명칭과 표기기호가 잘못 연결된 것은?

① 안전증방폭구조: e
② 유입방폭구조: o
③ 내압방폭구조: p
④ 본질안전방폭구조: ia 또는 ib

해설 방폭구조(Ex)의 종류

- 내압방폭구조(d)
- 압력방폭구조(p)
- 유입방폭구조(o)
- 안전증방폭구조(e)
- 본질안전방폭구조(ia 또는 ib)
- 특수방폭구조(s)

332

점화원이 될 우려가 있는 부분을 용기 내에 넣고 신선한 공기 또는 불연성 가스 등의 보호기체를 용기의 내부에 압입함으로써 내부의 압력을 유지하여 폭발성 가스가 침입하지 않도록 한 방폭구조는 무엇인가?

① 압력방폭구조(p) ② 내압방폭구조(d)
③ 유입방폭구조(o) ④ 안전증방폭구조(e)

해설 압력방폭구조(p)

용기 내부에 보호가스(신선한 공기 또는 불연성 기체)를 압입하여 내부압력을 유지함으로써 폭발성 가스 또는 증기가 내부로 유입하지 않도록 한 구조이다.

333

다음 정의에 해당하는 방폭구조는?

> 전기기기의 과도한 온도 상승, 아크 또는 스파크 발생의 위험을 방지하기 위해 추가적인 안전조치를 통한 안전도를 증가시킨 방폭구조

① 내압방폭구조 ② 유입방폭구조
③ 안전증방폭구조 ④ 본질안전방폭구조

해설 안전증방폭구조(e)

- 정상운전 중에 폭발성 가스 또는 증기에 점화원이 될 전기불꽃, 아크 또는 고온 부분 등의 발생을 방지하기 위하여 기계적, 전기적 구조상 또는 온도상승에 대해서 특히 안전도를 증가시킨 구조이다.
- 정상적으로 운전되고 있을 때 내부에서 불꽃이 발생하지 않도록 절연성능을 강화하고, 또 고온으로 인해 외부 가스에 착화되지 않도록 표면온도 상승을 더 낮게 설계한 구조이다.

334

내압방폭구조에서 방폭전기기기의 폭발등급에 따른 최대안전틈새의 범위[mm] 기준으로 옳은 것은?

① ⅡA – 0.65 이상 ② ⅡA – 0.5 초과 0.9 미만
③ ⅡC – 0.25 미만 ④ ⅡC – 0.5 이하

해설 내압방폭구조를 대상으로 하는 전기기기의 분류

최대안전틈새(MESG)	가스 또는 증기의 분류	내압방폭구조 전기기기의 분류
0.9[mm] 이상	A	ⅡA
0.5[mm] 초과 0.9[mm] 이하	B	ⅡB
0.5[mm] 이하	C	ⅡC

| 정답 | 331 ③ 332 ① 333 ③ 334 ④

335

폭발위험장소를 분류할 때 가스폭발 위험장소의 종류에 해당하지 않는 것은?

① 0종 장소 ② 1종 장소
③ 2종 장소 ④ 3종 장소

해설 가스폭발 위험장소

분류	적요	장소
0종 장소	인화성 액체의 증기 또는 가연성 가스에 의한 폭발위험이 지속적으로 또는 장기간 존재하는 장소	용기·장치·배관 등의 내부 등
1종 장소	정상 작동상태에서 인화성 액체의 증기 또는 가연성 가스에 의한 폭발위험분위기가 존재하기 쉬운 장소	맨홀·벤트·피트 등의 주위
2종 장소	정상 작동상태에서 인화성 액체의 증기 또는 가연성 가스에 의한 폭발위험분위기가 존재할 우려가 없으나, 존재할 경우 그 빈도가 아주 적고 단기간만 존재할 수 있는 장소	개스킷·패킹 등의 주위

336

폭발위험장소 중 1종 장소에 해당하는 것은?

① 폭발성 가스 분위기가 연속적, 장기간 또는 빈번하게 존재하는 장소
② 폭발성 가스 분위기가 정상작동 중 주기적 또는 빈번하게 생성되는 장소
③ 폭발성 가스 분위기가 정상작동 중 조성되지 않거나 조성된다 하더라도 짧은 기간에만 존재할 수 있는 장소
④ 전기설비를 제조, 설치 및 사용함에 있어 특별한 주의를 요하는 정도의 폭발성 가스 분위기가 조성될 우려가 없는 장소

해설 1종 장소는 폭발성 가스 분위기가 정상작동 중 주기적 또는 빈번하게 생성되는 장소이다. ①은 0종 장소, ③은 2종 장소에 해당하는 설명이다.

337

「산업안전보건법령」상 다음 내용에 해당하는 폭발위험 장소는?

> 20종 장소 밖으로서 분진운 형태의 가연성 분진이 폭발농도를 형성할 정도의 충분한 양이 정상작동 중에 존재할 수 있는 장소를 말한다.

① 0종 장소 ② 1종 장소
③ 21종 장소 ④ 22종 장소

해설 분진폭발 위험장소

분류	적요	장소
20종 장소	분진운 형태의 가연성 분진이 폭발농도를 형성할 정도로 충분한 양이 정상작동 중에 연속적으로 또는 자주 존재하거나, 제어할 수 없을 정도의 양 및 두께의 분진층이 형성될 수 있는 장소	호퍼·분진저장소·집진장치·필터 등의 내부
21종 장소	20종 장소 밖으로서, 분진운 형태의 가연성 분진이 폭발농도를 형성할 정도의 충분한 양이 정상작동 중에 존재할 수 있는 장소	집진장치·백필터·배기구 등의 주위, 이송밸트의 샘플링 지역 등
22종 장소	21종 장소 밖으로서, 가연성 분진운 형태가 드물게 발생 또는 단기간 존재할 우려가 있거나, 이상 작동 상태 하에서 가연성 분진층이 형성될 수 있는 장소	21종 장소에서 예방조치가 취하여진 지역, 환기설비 등과 같은 안전장치 배출구 주위 등

338

위험분위기가 존재하는 장소의 전기기기에 방폭성능을 갖추기 위한 일반적 방법으로 적절하지 않은 것은?

① 점화원의 격리
② 전기기기의 안전도 증강
③ 점화능력의 본질적 억제
④ 점화원으로 되는 확률을 0으로 낮춤

해설 전기설비 방폭화의 기본

- 점화원의 방폭적 격리(압력방폭구조, 유입방폭구조, 내압방폭구조)
- 전기설비의 안전도 증강(안전증방폭구조)
- 점화능력의 본질적 억제(본질안전방폭구조)

| 정답 | 335 ④ 336 ② 337 ③ 338 ④

339

방폭전기기기를 선정할 경우 고려할 사항으로 거리가 먼 것은?

① 접지공사의 종류
② 가스 등의 발화온도
③ 설치될 지역의 방폭지역 등급
④ 내압방폭구조의 경우 최대안전틈새

해설 **방폭구조의 선정 시 고려사항**

- 방폭전기기기가 설치될 지역의 방폭지역 등급 구분
- 가스 등의 발화온도
- 내압방폭구조의 경우 최대안전틈새
- 본질안전방폭구조의 경우 최소점화전류
- 압력방폭구조, 유입방폭구조, 안전증방폭구조의 경우 최고표면온도
- 방폭전기기기가 설치될 장소의 주변 온도, 표고 또는 상대습도, 먼지, 부식성 가스 또는 습기 등의 환경조건
- 모든 방폭전기기기는 가스 등의 발화온도의 분류와 적절히 대응하는 온도등급의 것을 선정하여야 한다.
- 사용장소에 가스 등의 2종류 이상 존재할 수 있는 경우에는 가장 위험도가 높은 물질의 위험특성과 적절히 대응하는 방폭전기기기를 선정하여야 한다. 단, 가스 등의 2종 이상의 혼합물인 경우에는 혼합물의 위험특성에 적절히 대응하는 방폭전기기기를 선정하여야 한다.
- 사용 중에 전기적 이상상태에 의하여 방폭성능에 영향을 줄 우려가 있는 전기기기는 사전에 적절한 전기적 보호장치를 설치하여야 한다.

CHAPTER 05 | 전기설비 위험요인관리

340

전기화재의 직접적인 발생요인과 가장 거리가 먼 것은?

① 피뢰기의 손상
② 누전, 열의 축적
③ 과전류 및 절연의 손상
④ 지락 및 접속불량으로 인한 과열

해설 **전기화재의 원인**

- 단락(합선)
- 누전(지락)
- 과전류
- 스파크(Spark, 전기불꽃)
- 접촉부 과열
- 절연열화(탄화)에 의한 발열
- 낙뢰
- 정전기 스파크

341

누설전류로 인해 화재가 발생될 수 있는 누전화재의 3요소에 해당하지 않는 것은?

① 누전점　② 인입점
③ 접지점　④ 출화점

해설 **누전화재의 요소**

- 누전점: 전류의 유입점
- 발화점(출화점): 발화된 상소
- 접지점: 접지점의 소재

| 정답 | 339 ① 340 ① 341 ②

342

건물의 전기설비로부터 누설전류를 탐지하여 경보를 발하는 누전경보기의 구성으로 옳은 것은?

① 축전기, 변류기, 경보장치
② 변류기, 수신기, 경보장치
③ 수신기, 발신기, 경보장치
④ 비상전원, 수신기, 경보장치

해설 **전기누전화재경보기의 구성**
- 누설전류를 검출하는 영상 변류기(ZCT)
- 누설전류를 증폭하는 증폭기
- 경보를 발하는 음향장치(수신부)

343

누전경보기의 수신기는 옥내의 점검에 편리한 장소에 설치하여야 한다. 이 수신기의 설치장소로 옳지 않은 것은?

① 습도가 낮은 장소
② 온도의 변화가 거의 없는 장소
③ 화약류를 제조하거나 저장 또는 취급하는 장소
④ 부식성 증기와 가스는 발생되나 방식이 되어있는 곳

해설 **누전경보기 수신부의 설치장소**

누전경보기의 수신부는 다음의 장소 이외의 장소에 설치하여야 한다. 다만, 해당 누전경보기에 대하여 방폭·방식·방습·방온·방진 및 정전기 차폐 등의 방호조치를 한 것은 그러하지 아니하다.
- 가연성의 증기·먼지·가스 등이나 부식성의 증기·가스 등이 다량으로 체류하는 장소
- 화약류를 제조하거나 저장 또는 취급하는 장소
- 습도가 높은 장소
- 온도의 변화가 급격한 장소
- 대전류회로·고주파 발생회로 등에 따른 영향을 받을 우려가 있는 장소

344

접지에 관한 설명으로 틀린 것은?

① 접지저항이 크면 클수록 좋다.
② 접지공사의 접지선은 과전류차단기를 시설하여서는 안 된다.
③ 접지극의 시설은 동판, 동봉 등이 부식될 우려가 없는 장소를 선정하여 지중에 매설 또는 타입한다.
④ 고압전로와 저압전로를 결합하는 변압기의 저압전로 사용전압이 300[V] 이하로 중성점 접지가 어려운 경우 저압 측의 1단자에 접지공사를 시행할 수 있다.

해설 접지저항이 크면 인체 감전 시 통전전류가 인체에 많이 흐르게 되므로 저항을 낮추어야 한다.

345

보기 중 계통접지방식에 해당하지 않는 것은?

① IT 방식　　② TT 방식
③ TN−C 방식　　④ TC 방식

해설 **계통접지방식**
- TN 방식: 대지(T)−중성선(N)을 연결하는 방식으로 다중접지방식이라고도 하며 TN 방식은 TN−C, TN−S, TN−C−S 방식으로 구분된다.
- TT 방식: 변압기 측과 전기설비 측이 개별적으로 접지하는 방식으로 독립접지방식이라고도 한다.
- IT 방식: 변압기(전원부)의 중성점 접지를 비접지로 하고 설비쪽은 접지를 실시한다.

346

다음 중 누전차단기 설치가 불가능한 접지 시스템은?

① TN−S 방식　　② TN−C 방식
③ TT 방식　　④ IT 방식

해설 **TN−C 방식**
- 변압기(전원부)는 접지되어 있고 중성선과 보호도체는 각각 결합(C)되어 사용하므로 PE+N을 합하여 PEN으로 기재한다.
- 3상 불평형이 흐르면 중성선에도 전류가 흘러 이를 누전차단기가 정확히 판단하기 어렵기 때문에 접지선과 중성선을 공유하므로 누전차단기를 사용할 수 없고 배선용 차단기를 사용한다.
- 현재 우리나라 배선전로에서 사용된다.

| 정답 | 342 ② 343 ③ 344 ① 345 ④ 346 ②

347

다음 중 의료용 전자기기(Medical Electronic Instrument)에서 인체의 마이크로 쇼크(Micro Shock) 방지를 목적으로 시설하는 접지로 가장 적절한 것은?

① 기기접지 ② 계통접지
③ 정전기방지용 접지 ④ 등전위접지

해설 접지의 목적에 따른 종류

접지의 종류	접지목적
계통접지	고압전로와 저압전로 혼촉 시 감전이나 화재 방지
기기접지	누전되고 있는 기기에 접촉되었을 때의 감전 방지
피뢰기접지 (낙뢰방지용 접지)	낙뢰로부터 전기기기의 손상 방지
정전기방지용 접지	정전기의 축적에 의한 폭발재해 방지
지락검출용 접지	누전차단기의 동작을 확실하게 하기 위함
등전위 접지	병원에 있어서 의료기기 사용 시의 안전 확보
잡음대책용 접지	잡음에 의한 전자장치의 파괴나 오동작 방지
기능용 접지	전기방식 설비 등의 접지

348

전기기계 · 기구의 누전에 의한 감전의 위험을 방지하기 위하여 코드 및 플러그를 접속하여 사용하는 전기기계 · 기구 중 노출된 비충전 금속체에 접지를 실시하여야 하는 것이 아닌 것은?

① 사용전압이 대지전압 110[V]인 기구
② 냉장고 · 세탁기 · 컴퓨터 및 주변기기 등과 같은 고정형 전기기계 · 기구
③ 고정형 · 이동형 또는 휴대형 전동기계 · 기구
④ 휴대형 손전등

해설 전기기계 · 기구의 접지

코드와 플러그를 접속하여 사용하는 전기기계 · 기구 중 다음의 어느 하나에 대항하는 노출된 비충전 금속체에 대하여 접지를 하여야 한다.

- 사용전압이 대지전압 150[V]를 넘는 것
- 냉장고 · 세탁기 · 컴퓨터 및 주변기기 등과 같은 고정형 전기기계 · 기구
- 고정형 · 이동형 또는 휴대형 전동기계 · 기구
- 물 또는 도전성이 높은 곳에서 사용하는 전기기계 · 기구, 비접지형 콘센트
- 휴대형 손전등

349

다음 중 이상적인 피뢰기가 가져야 할 성능이 아닌 것은?

① 제한전압이 높을 것
② 방전개시전압이 낮을 것
③ 뇌전류 방전능력이 높을 것
④ 속류차단을 빠르게 할 것

해설 피뢰기의 성능

- 제한전압 또는 충격방전개시전압이 충분히 낮고 보호능력이 있을 것
- 속류차단이 완전히 행해져 동작책무특성이 충분할 것
- 뇌진류 빙전능릭이 클 것
- 대전류의 방전, 속류차단의 반복농작에 대하여 상기간 사용에 견딜 수 있을 것
- 상용주파방전개시전압은 회로전압보다 충분히 높아서 상용주파방전을 하지 않을 것

350

보기는 피뢰설비 등급에 따른 인하도선의 이격거리를 나타낸다. 연결이 틀린 것은?

① Ⅰ등급: 5[m] ② Ⅱ등급: 10[m]
③ Ⅲ등급: 15[m] ④ Ⅳ등급: 20[m]

해설 인하도선시스템

뇌전류를 수뢰부시스템에서 접지극으로 흘리기 위한 외부피뢰시스템의 일부를 말한다. 건축물 · 구조물과 분리되지 않은 피뢰시스템인 경우 병렬 인하도선의 최대 간격은 피뢰시스템 등급에 따라 Ⅰ · Ⅱ등급은 10[m], Ⅲ등급은 15[m], Ⅳ등급은 20[m]로 한다.

| 정답 | 347 ④ 348 ① 349 ① 350 ①

CHAPTER 06 | 화재 · 폭발 검토

351

다음 중 연소의 3요소에 해당되지 않는 것은?

① 가연물　② 점화원
③ 연쇄반응　④ 산소공급원

해설 연소의 3요소
물질이 연소하기 위해서는 가연성 물질(가연물), 산소공급원(공기 또는 산소), 점화원(불씨)이 필요하며 이들을 연소의 3요소라 한다. 연쇄반응은 연소의 4요소에 해당한다.

352

환풍기가 고장난 장소에서 인화성 액체를 취급할 때, 부주의로 마개를 막지 않았다. 여기서 작업자가 담배를 피우기 위해 불을 켜는 순간 인화성 액체에서 불꽃이 일어나는 사고가 발생하였다. 이와 같은 사고의 발생 가능성이 가장 높은 물질은?(단, 작업현장의 온도는 20[℃]이다.)

① 글리세린　② 중유
③ 디에틸에테르　④ 경유

해설 보기 중 디에틸에테르의 인화점이 −45[℃]로 가장 낮아 점화원 존재 시 화재가 일어날 가능성이 가장 높다.
(글리세린: 160[℃], 중유: 43~150[℃], 경유: 55[℃])

관련개념 인화점(Flash Point)
가연성 증기가 발생하는 액체 또는 고체가 공기 중에서 점화원에 의해 표면 부근에서 연소하기에 충분한 농도를 만드는 최저의 온도를 인화점이라 한다. 즉 인화점은 가연성 물질의 위험성을 나타내는 대표적인 척도이며, 낮을수록 위험한 물질이라 할 수 있다.

353

다음 중 분진폭발의 발생 위험성을 낮추는 방법으로 적절하지 않은 것은?

① 주변의 점화원을 제거한다.
② 분진이 날리지 않도록 한다.
③ 분진과 그 주변의 온도를 낮춘다.
④ 분진 입자의 표면적을 크게 한다.

해설 분진폭발에 영향을 주는 인자
- 분진의 입경이 작을수록 폭발하기 쉽다.
- 일반적으로 부유분진이 퇴적분진에 비해 발화온도가 높다.
- 연소열이 큰 분진일수록 저농도에서 폭발하고 폭발위력도 크다.
- 분진의 표면적이 클수록 폭발위험성이 높아진다.
- 분진 내의 수분 농도가 작을수록 폭발위험성이 높아진다.

354

다음 중 폭발한계의 범위가 가장 넓은 가스는?

① 수소　② 메탄
③ 프로판　④ 아세틸렌

해설 폭발한계의 범위

구분	폭발하한계 [vol%]	폭발상한계 [vol%]	폭발한계의 범위
아세틸렌	2.5	81	78.5
수소	4	75	71
메탄	5	15	10
프로판	2.4	9.5	7.1

| 정답 | 351 ③　352 ③　353 ④　354 ④

355

메탄 20[vol%], 에탄 25[vol%], 프로판 55[vol%]의 조성을 가진 혼합가스의 폭발하한계값[vol%]은 약 얼마인가?(단, 메탄, 에탄 및 프로판가스의 폭발하한값은 각각 5[vol%], 3[vol%], 2[vol%]이다.)

① 2.51　② 3.12
③ 4.26　④ 5.22

해설 혼합가스의 연소범위-르샤틀리에법칙

$$L=\frac{V_1+V_2+\cdots+V_n}{\frac{V_1}{L_1}+\frac{V_2}{L_2}+\cdots+\frac{V_n}{L_n}}=\frac{20+25+55}{\frac{20}{5}+\frac{25}{3}+\frac{55}{2}}=2.51[\text{vol\%}]$$

여기서, L: 혼합가스의 폭발하한계[vol%]
L_n: 각 성분가스의 폭발하한계[vol%]
V_n: 전체 혼합가스 중 각 성분가스의 부피비[vol%]

356

아세틸렌(C_2H_2)의 공기 중 완전연소 조성농도(C_{st})는 약 얼마인가?

① 6.7[vol%]　② 7.0[vol%]
③ 7.4[vol%]　④ 7.7[vol%]

해설 완전연소 조성농도

화학양론농도라고도 하며 가연성 물질 1[mol]이 완전히 연소할 수 있는 공기와의 혼합비를 부피비[vol%]로 표현한 것이다. 화학양론에 따른 가연성 물질과 산소와의 결합 몰수를 기준으로 계산된다.

$$C_{st}=\frac{1}{(4.77\times2+1.19\times2-2.38\times0)+1}\times100=7.7[\text{vol\%}]$$

관련개념 유기물 $C_nH_xO_y$

- 완전연소 반응식

$$C_nH_xO_y+\left(n+\frac{x}{4}-\frac{y}{2}\right)O_2\rightarrow nCO_2+\left(\frac{x}{2}\right)H_2O$$

- 공기몰수 $=\left(n+\frac{x}{4}-\frac{y}{2}\right)\times\frac{100}{21}=4.77n+1.19x-2.38y$

- 양론농도

$$C_{st}=\frac{1}{(4.77n+1.19x-2.38y)+1}\times100[\text{vol\%}]$$

357

프로판(C_3H_8) 1[mol]이 완전연소하기 위한 산소의 화학양론 계수는 얼마인가?

① 2　② 3
③ 4　④ 5

해설 C_3H_8 1[mol]을 완전연소하기 위한 산소의 양은

$3+\frac{8}{4}-\frac{0}{2}=5$[mol]이다.

$C_3H_8+5O_2\rightarrow3CO_2+4H_2O$

358

다음 중 B급 화재에 해당되는 것은?

① 인화물질(유류)에 의한 화재
② 전기장치에 의한 화재
③ 일반 가연물에 의한 화재
④ 마그네슘 등에 의한 금속 화재

해설 화재의 종류

구분	명칭	가연물
A급 화재	일반화재	나무, 종이, 섬유, 석탄 등
B급 화재	유류화재	각종 유류 및 가스
C급 화재	전기화재	전기기계·기구, 전선 등
D급 화재	금속화재	Mg 분말, Al 분말 등

| 정답 | 355 ① 356 ④ 357 ④ 358 ①

359

다음 중 자연발화에 대한 설명으로 가장 적절한 것은?

① 습도를 높게 하면 자연발화를 방지할 수 있다.
② 점화원을 잘 관리하면 자연발화를 방지할 수 있다.
③ 윤활유를 닦은 걸레의 보관 용기로는 금속재보다 플라스틱 제품이 더 좋다.
④ 자연발화는 외부로 방출하는 열보다 내부에서 발생하는 열의 양이 많은 경우에 발생한다.

해설 **자연발화**
물질이 공기(산소) 중에서 천천히 산화되며 축적된 열이 외부로 방출되지 못하면서 온도가 상승하고, 발화온도에 도달하여 점화원 없이도 발화하는 현상이다.

관련개념 자연발화 방지대책
- 통풍이 잘 되게 할 것
- 주위 온도를 낮출 것
- 습도가 높지 않도록 할 것
- 열전도가 잘 되는 용기에 보관할 것
- 불활성 액체 내에 저장할 것

360

윤활유를 닦은 기름걸레를 햇빛이 잘 드는 작업장의 구석에 모아 두었을 때 가장 발생가능성이 높은 재해는?

① 분진폭발
② 자연발화에 의한 화재
③ 정전기 불꽃에 의한 화재
④ 기계의 마찰열에 의한 화재

해설 윤활유를 닦은 기름걸레가 햇빛에 열이 축적되어 자연발화할 가능성이 높다.

관련개념 자연발화의 형태와 해당물질

자연발화의 형태	해당물질
산화열에 의한 발열	석탄, 건성유, 기름걸레, 기름찌꺼기 등
분해열에 의한 발열	셀룰로이드, 니트로셀룰로오스(질화면) 등
흡착열에 의한 발열	석탄분, 활성탄, 목탄분, 환원 니켈 등
미생물 발효에 의한 발열	건초, 퇴비, 볏집 등
중합에 의한 발열	아크릴로니트릴 등

361

어떤 물질 내에서 반응전파속도가 음속보다 빠르게 진행되며 이로 인해 발생된 충격파가 반응을 일으키고 유지하는 발열반응을 무엇이라 하는가?

① 점화(Ignition)
② 폭연(Deflagration)
③ 폭발(Explosion)
④ 폭굉(Detonation)

해설 **폭굉파(Detonation Wave)**
연소파가 일정 거리를 진행한 후 연소 전파 속도가 1,000~3,500[m/s] 정도에 달할 경우 이를 폭굉현상(Detonation Phenomenon)이라 하며, 이때의 국한된 반응영역을 폭굉파라 한다. 폭굉파의 속도는 음속을 앞지르므로 진행 방향에 그에 따른 충격파가 있다.

362

다음 중 폭굉 유도거리에 대한 설명으로 틀린 것은?

① 압력이 높을수록 짧다.
② 점화원의 에너지가 강할수록 짧다.
③ 정상 연소속도가 큰 혼합가스일수록 짧다.
④ 관 속에 방해물이 없거나 관의 지름이 클수록 짧다.

해설 **폭굉 유도거리**
최초의 완만한 연소속도가 격렬한 폭굉으로 변할 때까지의 시간이다. 다음의 경우 짧아진다.
- 정상 연소속도가 큰 혼합물일 경우
- 점화원의 에너지가 큰 경우
- 고압일 경우
- 관 속에 방해물이 있을 경우
- 관경이 작을 경우

| 정답 | 359 ④ 360 ② 361 ④ 362 ④

363

최소점화에너지(MIE)와 온도, 압력 관계를 옳게 설명한 것은?

① 압력, 온도에 모두 비례한다.
② 압력, 온도에 모두 반비례한다.
③ 압력에 비례하고, 온도에 반비례한다.
④ 압력에 반비례하고, 온도에 비례한다.

해설 **최소점화에너지(MIE)**
가연성 가스 및 공기와의 혼합가스를 발화시키는 데 필요한 최소 에너지를 말하며, 온도와 압력에 반비례한다.
※ 최소점화에너지＝최소발화에너지＝최소착화에너지

364

다음 중 소화에 관한 설명으로 옳은 것은?

① 물은 가장 일반적인 소화약제로서 모든 형태의 불을 소화할 수 있다.
② B급 화재는 물에 의한 소화가 가장 효과적이다.
③ B급 화재의 소화에 있어 첫 단계는 불을 일으키는 연료의 공급을 차단하는 것이다.
④ 소화제로서의 물은 제5류 위험물에 대한 소화 적응력이 떨어지므로 사용할 수 없다.

해설 B급 화재는 각종 유류 및 가스에 의한 화재이다. B급 화재 발생 시에는 수계소화기보다는 이산화탄소소화기와 같이 공기를 차단하는 방식의 질식소화가 더 효과적이다. 또한, B급 화재 발생 시 연료의 공급을 차단하여 최대한 화재가 번지지 않도록 하는 것이 중요하다.

365

다음 중 물분무소화설비의 주된 소화효과에 해당하는 것으로만 나열한 것은?

① 냉각효과, 질식효과
② 희석효과, 제거효과
③ 제거효과, 억제효과
④ 억제효과, 희석효과

해설 물분무소화설비의 주된 소화효과는 증발잠열을 이용한 냉각효과 및 물을 분무상으로 방사하여 화재면을 덮는 질식효과이다.

관련개념 소화
- 제거소화: 가연물의 공급을 중단하여 소화하는 방법이다.
- 질식소화: 산소(공기)공급을 차단함으로써 연소에 필요한 산소 농도 이하가 되게 하여 소화하는 방법이다.
- 냉각소화: 물 등 액체의 증발잠열을 이용, 가연물을 인화점 및 발화점 이하로 낮추어 소화하는 방법이다.
- 억제소화: 가연물 분자가 산화되면서 연소가 계속되는 과정을 억제하여 소화하는 방법이다.

366

다음 중 소화(消火)방법에 있어 제거소화에 해당되지 않는 것은?

① 연료 탱크를 냉각하여 가연성 기체의 발생 속도를 작게 한다.
② 금속화재의 경우 불활성 물질로 가연물을 덮어 미연소 부분과 분리한다.
③ 가연성 기체의 분출 화재 시 주 밸브를 잠그고 연료 공급을 중단시킨다.
④ 가연성 가스나 산소의 농도를 조절하여 혼합 기체의 농도를 연소 범위 밖으로 벗어나게 한다.

해설 ④는 질식소화에 대한 설명이다.

관련개념 제거소화
가연물의 공급을 중단하여 소화하는 방법이다.
- 가스의 화재: 공급밸브를 차단하여 가스 공급을 중단한다.
- 산불: 화재 진행방향의 목재를 제거하여 진화한다.

| 정답 | 363 ② 364 ③ 365 ① 366 ④

367

다음 중 분말소화약제에 대한 설명으로 틀린 것은?

① 소화약제의 종별로는 제1종~제4종까지 있다.
② 적응 화재에 따라 BC 분말과 ABC 분말로 나누어진다.
③ 제3종 분말의 주성분은 제1인산암모늄으로 B급과 C급 화재에만 사용이 가능하다.
④ 제4종 분말소화약제는 제2종 분말을 개량한 것으로 분말소화약제 중 소화력이 가장 우수하다.

해설 분말소화약제의 종류

종별	분자식	착색	적응화재
제1종	탄산수소나트륨 ($NaHCO_3$)	백색	B, C급
제2종	탄산수소칼륨($KHCO_3$)	담회색	B, C급
제3종	제1인산암모늄 ($NH_4H_2PO_4$)	담홍색	A, B, C급
제4종	탄산수소칼륨+요소 ($KHCO_3+(NH_2)_2CO$)	회(백)색	B, C급

368

이산화탄소소화기의 사용에 관한 설명으로 옳지 않은 것은?

① B급 화재 및 C급 화재의 적용에 적절하다.
② 이산화탄소의 주된 소화작용은 질식작용이므로 산소의 농도가 15[%] 이하가 되도록 약제를 살포한다.
③ 액화탄산가스가 공기 중에서 이산화탄소로 기화하면 체적이 급격하게 팽창하므로 질식에 주의한다.
④ 이산화탄소는 반도체설비와 반응을 일으키므로 통신기기나 컴퓨터설비에 사용을 해서는 아니 된다.

해설 이산화탄소소화기의 특징

- 용기 내 액화탄산가스를 기화하여 가스 형태로 방출한다.
- 불연성 기체로 절연성이 높아 전기화재(C급)에 적당하며 유류화재(B급)에도 유효하다.
- 방사 거리가 짧아 화재현장이 광범위할 경우 사용이 제한적이다.
- 공기보다 무거우며 기체상태이기 때문에 화재 심부까지 침투가 용이하다.
- 반응성이 매우 낮아 부식성이 거의 없다.

369

다음 중 폭발한계에 영향을 주는 요소에 관한 설명으로 틀린 것은?

① 일반적으로 폭발범위는 온도상승에 의해서 넓게 된다.
② 폭발하한값은 일반적으로 압력상승에 따라 증가한다.
③ 폭발상한값은 산소농도가 증가하면 현저히 증가한다.
④ 폭발범위는 위쪽으로 전파하는 화염에서 측정할 경우 가장 넓은 값이 나온다.

해설 압력은 폭발상한계에는 크게 영향을 주나 폭발하한계에는 영향이 경미하다.

관련개념 폭발한계에 영향을 주는 요인

- 온도: 기준이 되는 25[℃]에서 100[℃]씩 증가할 때마다 폭발하한계의 값이 8[%] 감소하며, 폭발상한은 8[%] 증가한다.
- 압력: 폭발하한계에는 영향이 경미하나 폭발상한계에는 크게 영향을 준다. 보통 가스압력이 높아질수록 폭발범위는 넓어진다.
- 산소: 폭발하한계는 공기나 산소 중에서 변함이 없으나 폭발상한계는 산소농도 증가에 따라 비례하여 상승하게 된다.
- 화염의 진행방향

| 정답 | 367 ③ 368 ④ 369 ②

CHAPTER 07 | 화학물질 안전관리 실행

370

20[℃], 1기압의 공기를 압축비 3으로 단열압축하였을 때 온도는 약 몇 [℃]가 되겠는가?(단, 공기의 비열비는 1.4이다.)

① 84　　② 128
③ 182　　④ 1,091

해설 **단열변화(단열압축, 단열팽창)**
주변계와의 열교환이 없는 상태에서의 변화과정을 말하며 기체의 부피와 압력의 변화에 따라 온도가 변한다.

$$\frac{T_2}{T_1}=\left(\frac{V_1}{V_2}\right)^{r-1}=\left(\frac{P_2}{P_1}\right)^{\frac{r-1}{r}}$$

여기서, T: 절대온도[K]
V: 부피[L]
P: 절대압력[atm]
r: 비열비

$$T_2=T_1\times\left(\frac{P_2}{P_1}\right)^{\frac{r-1}{r}}=(273+20)\times\left(\frac{3}{1}\right)^{\frac{1.4-1}{1.4}}=401[K]=128[℃]$$

371

다음 중 위험물에 대한 일반적 개념으로 옳지 않은 것은?

① 반응속도가 급격히 진행된다.
② 화학적 구조 및 결합력이 불안정하다.
③ 대부분 화학적 구조가 복잡한 고분자 물질이다.
④ 그 자체가 위험하다든가 또는 환경 조건에 따라 쉽게 위험성을 나타내는 물질을 말한다.

해설 수소(H_2), 나트륨(Na), 메탄(CH_4) 등 화학적 구조가 간단한 화합물도 위험물로 분류된다. 위험물의 위험성은 화학적 구조뿐만 아니라 물리적 성질, 환경 조건 등 다양한 요인에 의해 결정된다.

관련개념 위험물의 일반적 성질
- 상온, 상압 조건에서 산소, 수소 또는 물과의 반응이 잘 된다.
- 반응속도가 다른 물질에 비해 빠르고, 반응 시 대부분 발열반응이며 그 열량 또한 비교적 크다.
- 반응 시 가연성 가스 또는 유독성 가스가 발생한다.
- 보통 화학적으로 불안정하여 다른 물질과의 결합 또는 스스로의 분해가 잘 된다.

372

다음 중 「산업안전보건법령」상의 위험물질의 종류에 있어 폭발성 물질 및 유기과산화물에 해당하는 것은?

① 리튬　　② 하이드라진
③ 하이드라진 유도체　　④ 염소산 및 그 염류

해설 ① 리튬은 물반응성 물질 및 인화성 고체, ② 하이드라진은 인화성 액체, ④ 염소산 및 그 염류는 산화성 액체 및 산화성 고체로 분류된다.

관련개념 폭발성 물질 및 유기과산화물
- 질산에스테르류
- 니트로화합물
- 니트로소화합물
- 아조화합물
- 디아조화합물
- 하이드라진 유도체
- 유기과산화물
- 그 밖의 위의 물질과 같은 정도의 폭발 위험이 있는 물질
- 위의 물질을 함유한 물질

373

물반응성 물질에 해당하는 것은?

① 니트로화합물　　② 칼륨
③ 염소산나트륨　　④ 부탄

해설 ① 니트로화합물은 폭발성 물질 및 유기과산화물, ③ 염소산나트륨은 산화성 액체 및 산화성 고체, ④ 부탄은 인화성 가스로 분류된다.

관련개념 물반응성 물질 및 인화성 고체
- 리튬
- 칼륨 · 나트륨
- 황
- 황린
- 황화인 · 적린
- 셀룰로이드류
- 알킬알루미늄 · 알킬리튬
- 마그네슘 분말
- 금속 분말(마그네슘 분말 제외)
- 알칼리금속(리튬 · 칼륨 및 나트륨 제외)
- 유기 금속화합물(알킬알루미늄 및 알킬리튬 제외)
- 금속의 수소화물
- 금속의 인화물
- 칼슘 탄화물, 알루미늄 탄화물
- 그 밖의 위의 물질과 같은 정도의 발화성 또는 인화성이 있는 물질
- 위의 물질을 함유한 물질

| 정답 | 370 ② 371 ③ 372 ③ 373 ②

374

다음 중 「산업안전보건기준에 관한 규칙」에서 규정하는 급성 독성 물질에 해당되지 않는 것은?

① 쥐에 대한 경구투입실험에 의하여 실험동물의 50[%]를 사망시킬 수 있는 물질의 양이 [kg]당 300[mg]-(체중) 이하인 화학물질

② 쥐에 대한 경피흡수실험에 의하여 실험동물의 50[%]를 사망시킬 수 있는 물질의 양이 [kg]당 1,000[mg]-(체중) 이하인 화학물질

③ 토끼에 대한 경피흡수실험에 의하여 실험동물의 50[%]를 사망시킬 수 있는 물질의 양이 [kg]당 1,000[mg]-(체중) 이하인 화학물질

④ 쥐에 대한 4시간 동안의 흡입실험에 의하여 실험동물의 50[%]를 사망시킬 수 있는 가스의 농도가 3,000[ppm] 이상인 화학물질

해설 **급성 독성 물질**

- 쥐에 대한 경구투입실험에 의하여 실험동물의 50[%]를 사망시킬 수 있는 물질의 양, 즉 LD50(경구, 쥐)이 [kg]당 300[mg]-(체중) 이하인 화학물질
- 쥐 또는 토끼에 대한 경피흡수실험에 의하여 실험동물의 50[%]를 사망시킬 수 있는 물질의 양, 즉 LD50(경피, 토끼 또는 쥐)이 [kg]당 1,000[mg]-(체중) 이하인 화학물질
- 쥐에 대한 4시간 동안의 흡입실험에 의하여 실험동물의 50[%]를 사망시킬 수 있는 물질의 농도, 즉 가스 LC50(쥐, 4시간 흡입)이 2,500[ppm] 이하인 화학물질, 증기 LC50(쥐, 4시간 흡입)이 10[mg/L] 이하인 화학물질, 분진 또는 미스트 1[mg/L] 이하인 화학물질

375

공기 중에 3[ppm]의 디메틸아민(Dimethylamine, TLV-TWA: 10[ppm])과 20[ppm]의 시클로헥산올(Cyclohexanol, TLV-TWA: 50[ppm])이 있고, 10[ppm]의 산화프로필렌(Propyleneoxide, TLV-TWA: 20[ppm])이 존재한다면 혼합 TLV-TWA는 얼마인가?

① 12.5[ppm]　② 22.5[ppm]
③ 27.5[ppm]　④ 32.5[ppm]

해설 **혼합물의 노출기준**

TLV-TWA

$$=\frac{f_1+f_2+\cdots+f_n}{\frac{f_1}{(TLV-TWA)_1}+\frac{f_2}{(TLV-TWA)_2}+\cdots+\frac{f_n}{(TLV-TWA)_n}}$$

$$=\frac{3+20+10}{\frac{3}{10}+\frac{20}{50}+\frac{10}{20}}=27.5[\text{ppm}]$$

여기서, f_n: 물질 1, 2, …, n의 농도
$(\text{TLV}-\text{TWA})_n$: 화학물질 각각의 노출기준

376

물과의 접촉을 금지하여야 하는 물질은?

① 적린　② 칼슘
③ 히드라진　④ 니트로셀룰로오스

해설 칼슘은 물과 반응하여 인화성 가스인 수소를 발생시켜 화재 및 폭발의 위험성을 높이므로 물과의 접촉을 금지하여야 한다.

$Ca+2H_2O \rightarrow Ca(OH)_2+H_2\uparrow$

| 정답 | 374 ④　375 ③　376 ②

377

다음 중 분진폭발의 가능성이 가장 낮은 물질은?

① 소맥분　　② 마그네슘분
③ 질석가루　　④ 석탄가루

해설 질석가루는 분진폭발을 위해 첨가하는 불활성 첨가물이다.

관련개념 폭발성 분진

가연성 고체가 분체 또는 액적으로 되어, 공기 중에 분산하여 있는 상태에서 착화시키면 분진폭발을 일으킬 위험이 있다. 이와 같은 상태의 가연성 분체를 폭발성 분진이라고 한다. 공기 중에 분산된 분진으로는 석탄, 유황, 나무, 밀, 합성수지, 금속(알루미늄, 마그네슘, 칼슘실리콘 등의 분말) 등이 있다.

378

아세톤에 대한 설명으로 옳은 것은?

① 인화점은 557.8[℃]이다.
② 무색의 휘발성 액체이며 유독하지 않다.
③ 20[%] 이하의 수용액에서는 인화의 위험이 없다.
④ 햇빛 또는 공기에 노출되면 과산화물을 생성한다.

해설 아세톤(CH_3COCH_3)

- 아세톤의 인화점은 약 −18[℃]로 매우 낮다.
- 아세톤은 피부에 닿으면 탈지작용이 일어나고, 장시간 흡입하면 구토를 유발하는 등 유독성이 있다.
- 아세톤은 인화의 위험이 매우 커서 10[%]의 수용액 상태에서도 인화될 수 있다.
- 아세톤이 햇빛 또는 공기에 노출되면 폭발성의 과산화물을 생성한다.
- 아세톤은 유기용매로서 물로 지워지지 않는 유성페인트나 매니큐어 등을 지우는 데 쓰인다.

379

황린에 대한 설명으로 옳은 것은?

① 연소 시 인화수소 가스를 발생한다.
② 황린은 자연발화하므로 물속에 보관한다.
③ 황린은 황과 인의 화합물이다.
④ 독성 및 부식성이 없다.

해설 황린은 황색 또는 흰색 인을 의미하여 보통 인 또는 백린이라고도 불리며, 맹독성 물질이다. 자연발화성이 있어서 물속에 보관하여야 한다.

380

가연성 가스가 아닌 것은?

① 이산화탄소　　② 수소
③ 메탄　　④ 아세틸렌

해설 인화성 가스(가연성 가스)

인화성 가스에는 20[℃], 1[atm]에서 기체상태인 인화성 가스(수소, 아세틸렌, 메탄, 프로판 등) 및 인화성 액화가스(LPG, LNG, 액화수소 등)가 있다.

381

LPG에 대한 설명으로 옳지 않은 것은?

① 강한 독성 가스로 분류된다.
② 질식의 우려가 있다.
③ 누설 시 인화, 폭발성이 있다.
④ 가스의 비중은 공기보다 크다.

해설 LPG 가스는 인화물질로 섭취나 흡입이 금지되어 있지만, 강한 유독성 가스로 분류되지는 않는다.

| 정답 | 377 ③　378 ④　379 ②　380 ①　381 ①

382

「산업안전보건법령」상 물질안전보건자료 작성 시 포함되어야 하는 항목이 아닌 것은?(단, 참고사항은 제외한다.)

① 화학제품과 회사에 관한 정보
② 제조일자 및 유효기간
③ 운송에 필요한 정보
④ 환경에 미치는 영향

해설 **물질안전보건자료 작성 시 포함되어야 할 항목**

- 화학제품과 회사에 관한 정보
- 구성성분의 명칭 및 함유량
- 폭발 · 화재 시 대처방법
- 취급 및 저장방법
- 물리화학적 특성
- 독성에 관한 정보
- 폐기 시 주의사항
- 법적규제 현황
- 유해성 · 위험성
- 응급조치요령
- 누출사고 시 대처방법
- 노출방지 및 개인보호구
- 안정성 및 반응성
- 환경에 미치는 영향
- 운송에 필요한 정보
- 그 밖의 참고사항

383

「산업안전보건법령」에서 정한 위험물을 기준량 이상으로 제조하거나 취급하는 설비 중 특수화학설비에 해당하지 않는 것은?

① 발열반응이 일어나는 반응장치
② 증류 · 정류 · 증발 · 추출 등 분리를 하는 장치
③ 가열로 또는 가열기
④ 고로 등 점화기를 직접 사용하는 열교환기류

해설 고로 등 점화기를 직접 사용하는 열교환기류는 특수화학설비가 아닌 화학설비에 해당한다.

384

「산업안전보건기준에 관한 규칙」상 몇 [℃] 이상인 상태에서 운전되는 설비는 특수화학설비에 해당하는가?(단, 규칙에서 정한 위험물질의 기준량 이상을 제조하거나 취급하는 설비인 경우이다.)

① 150[℃] ② 250[℃]
③ 350[℃] ④ 450[℃]

해설 **특수화학설비**

위험물을 기준량 이상으로 제조 또는 취급하는 다음의 어느 하나에 해당하는 화학설비이다.

- 발열반응이 일어나는 반응장치
- 증류 · 정류 · 증발 · 추출 등 분리를 하는 장치
- 가열시켜 주는 물질의 온도가 가열되는 위험물질의 분해온도 또는 발화점보다 높은 상태에서 운전되는 설비
- 반응폭주 등 이상 화학반응에 의하여 위험물질이 발생할 우려가 있는 설비
- 온도가 350[℃] 이상이거나 게이지압력이 980[kPa] 이상인 상태에서 운전되는 설비
- 가열로 또는 가열기

| 정답 | 382 ② 383 ④ 384 ③

385

「산업안전보건기준에 관한 규칙」에 따라 폭발성 물질을 저장·취급하는 화학설비 및 그 부속설비를 설치할 때, 단위공정시설 및 설비로부터 다른 단위공정시설 및 설비 사이의 안전거리는 설비 바깥면으로부터 몇 [m] 이상 두어야 하는가?(단, 원칙적인 경우에 한한다.)

① 3　② 5
③ 10　④ 20

해설 안전거리

위험물을 저장·취급하는 화학설비 및 그 부속설비를 설치하는 경우에는 폭발이나 화재에 따른 피해를 줄일 수 있도록 설비 및 시설 간에 충분한 안전거리를 유지하여야 한다.

구분	안전거리
단위공정시설 및 설비로부터 다른 단위공정시설 및 설비의 사이	설비의 바깥면으로부터 10[m] 이상
플레어스택으로부터 단위공정시설 및 설비, 위험물질 저장탱크 또는 위험물질 하역설비의 사이	플레어스택으로부터 반경 20[m] 이상(단위공정시설 등이 불연재로 시공된 지붕 아래에 설치된 경우 제외)
위험물질 저장탱크로부터 단위공정시설 및 설비, 보일러 또는 가열로의 사이	저장탱크 바깥면으로부터 20[m] 이상(저장탱크의 방호벽, 원격조종소화설비 또는 살수설비를 설치한 경우 예외)
사무실·연구실·실험실·정비실 또는 식당으로부터 단위공정시설 및 설비, 위험물질 저장탱크, 위험물질 하역설비, 보일러 또는 가열로의 사이	사무실 등의 바깥면으로부터 20[m] 이상(난방용 보일러인 경우 또는 사무실 등의 벽을 방호구조로 설치한 경우 예외)

386

「산업안전보건법령」에서 규정한 위험물질을 기준량 이상으로 제조 또는 취급하는 특수화학설비에 설치하여야 할 계측장치가 아닌 것은?

① 경보계　② 온도계
③ 압력계　④ 유량계

해설 계측장치 등의 설치

특수화학설비를 설치하는 경우에는 내부의 이상 상태를 조기에 파악하기 위하여 필요한 온도계·유량계·압력계 등의 계측장치를 설치하여야 한다.

387

반응기를 조작방법에 따라 분류할 때 반응기의 한 쪽에서는 원료를 계속적으로 유입하는 동시에 다른 쪽에서는 반응생성물질을 유출시키는 형식의 반응기를 무엇이라 하는가?

① 관형 반응기　② 연속식 반응기
③ 회분식 반응기　④ 교반조형 반응기

해설 연속식 반응기

반응기의 한 쪽에서는 원료를 계속적으로 유입하는 동시에 다른 쪽에서는 반응생성물질을 유출시키는 형식의 반응기이다.

관련개념 반응기의 분류

- 조작방법에 의한 분류: 회분식 반응기, 반회분식 반응기, 연속식 반응기
- 구조에 의한 분류: 교반조형 반응기, 관형 반응기, 탑형 반응기, 유동층형 반응기

388

취급물질에 따라 여러 가지 증류 방법이 있는데, 다음 중 특수 증류방법이 아닌 것은?

① 감압증류　② 분별증류
③ 공비증류　④ 기·액 증류

해설 증류방식의 종류

- 단순증류: 끓는점 차이가 큰 액체 혼합물을 분리하는 가장 간단한 증류방법으로 기화된 액체를 응축기에서 액화시켜 분리하는 방법이다.
- 평형증류(플래시증류): 성분의 분리 또는 그 외의 목적으로 용액을 증기와 액체로 급속히 분리하는 방법이다.
- 감압증류(진공증류): 끓는점이 비교적 높은 액체 혼합물을 분리하기 위하여 증류공정의 압력을 감소시켜 증류속도를 빠르게(끓는점을 낮게) 하여 증류하는 방법이다.
- 수증기증류: 뜨거운 수증기를 공급하여 수증기와 함께 기화된 액체 성분을 분리하는 방법이다.
- 분별증류: 두 종류 이상의 액체혼합물을 끓는점 차이를 이용하여 분리시키는 방법으로 분류라고도 한다.
- 공비증류: 일반적인 증류로는 분리하기 어려운 혼합물을 분리할 때 제3의 성분을 첨가해 공비혼합물을 만들어 증류에 의해 분리하는 방법이다.

| 정답 | 385 ③　386 ①　387 ②　388 ④

389

다음 중 증류탑의 일상점검 항목으로 볼 수 없는 것은?

① 도장의 상태
② 트레이(Tray)의 부식상태
③ 보온재, 보냉재의 파손여부
④ 접속부, 맨홀부 및 용접부에서의 외부 누출 유무

해설 증류탑의 일상점검 항목

- 도장의 열화 상태
- 기초볼트 상태
- 보온재 및 보냉재 상태
- 배관 등 연결부 상태
- 외부 부식 상태
- 감시창, 출입구, 배기구 등 개구부의 이상 유무

관련개념 증류탑의 자체검사(개방점검) 항목

- 트레이 부식상태, 정도, 범위
- 용접선의 상태
- 내부 부식 및 오염 여부
- 라이닝, 코팅, 개스킷 손상 여부
- 예비동력원의 기능 이상 유무
- 가열장치 및 제어장치 기능의 이상 유무
- 뚜껑, 플랜지 등의 접합 상태의 이상 유무

390

최대운전압력이 게이지압력으로 200[kgf/cm^2]인 열교환기의 안전밸브 작동압력[kgf/cm^2]으로 가장 적절한 것은? (단, 외부화재 외 다른 압력상승요인에 대해 둘 이상의 안전밸브 등을 설치한 경우이다.)

① 210　　② 220
③ 230　　④ 240

해설 안전밸브 등의 작동요건

안전밸브 등이 안전밸브 등을 통하여 보호하려는 설비의 최고사용압력 이하에서 작동되도록 하여야 한다. 다만, 안전밸브 등이 2개 이상 설치된 경우에 1개는 최고사용압력의 1.05배(외부화재를 대비한 경우에는 1.1배) 이하에서 작동되도록 설치할 수 있다.

안전밸브 작동압력$=200\times1.05=210$[kgf/cm^2]

391

건조설비를 사용할 때 주의할 점이 아닌 것은?

① 건조설비 가까이 가연성 물질을 두지 말 것
② 고온으로 가열, 건조한 물질은 즉시 격리, 저장할 것
③ 위험물 건조설비를 사용할 때에는 미리 내부를 청소하거나 환기시킨 후 사용할 것
④ 건조로 인해 발생하는 가스, 증기 또는 분진에 의한 화재, 폭발의 위험이 있는 물질은 안전한 장소로 배출할 것

해설 건조설비 취급 시 준수사항

- 위험물 건조설비를 사용하는 경우에는 미리 내부를 청소하거나 환기할 것
- 위험물 건조설비를 사용하는 경우에는 건조로 인하여 발생하는 가스·증기 또는 분진에 의하여 폭발·화재의 위험이 있는 물질을 안전한 장소로 배출시킬 것
- 위험물 건조설비를 사용하여 가열건조하는 건조물은 쉽게 이탈되지 않도록 할 것
- 고온으로 가열·건조한 인화성 액체는 발화의 위험이 없는 온도로 냉각한 후에 격납시킬 것
- 건조설비(바깥면이 현저히 고온이 되는 설비만 해당)에 가까운 장소에는 인화성 액체를 두지 않도록 할 것

392

위험물을 건조하는 경우 내용적이 몇 [m^3] 이상인 건조설비일 때 위험물 건조설비 중 건조실을 설치하는 건축물의 구조를 독립된 단층으로 해야 하는가?(단, 건축물은 내화구조가 아니며, 건조실을 건축물의 최상층에 설치한 경우가 아니다.)

① 0.1　　② 1
③ 10　　④ 100

해설 위험물 건조설비를 설치하는 건축물의 구조

다음의 어느 하나에 해당하는 위험물 건조설비 중 건조실을 설치하는 건축물의 구조는 독립된 단층건물로 하여야 한다. 다만, 해당 건조실을 건축물의 최상층에 설치하거나 건축물이 내화구조인 경우에는 그러하지 아니하다.

- 위험물 또는 위험물이 발생하는 물질을 가열·건조하는 경우 내용적이 1[m^3] 이상인 건조설비
- 위험물이 아닌 물질을 가열·건조하는 경우로서 다음의 어느 하나의 용량에 해당하는 건조설비
  - 고체 또는 액체연료의 최대사용량이 시간당 10[kg] 이상
  - 기체연료의 최대사용량이 시간당 1[m^3] 이상
  - 전기사용 정격용량이 10[kW] 이상

| 정답 | 389 ② 390 ① 391 ② 392 ②

393

건조설비구조에 관한 설명으로 옳지 않은 것은?

① 건조설비의 외면은 불연성 재료로 한다.
② 위험물 건조설비의 측벽이나 바닥은 견고한 구조로 한다.
③ 건조설비의 내부는 청소할 수 있는 구조로 되어서는 안 된다.
④ 건조설비의 내부 온도는 국부적으로 상승되는 구조로 되어서는 안 된다.

해설 **건조설비의 구조 등**

- 건조설비의 바깥면은 불연성 재료로 만들 것
- 건조설비(유기과산화물을 가열·건조하는 것은 제외)의 내면과 내부의 선반이나 틀은 불연성 재료로 만들 것
- 위험물 건조설비의 측벽이나 바닥은 견고한 구조로 할 것
- 위험물 건조설비는 그 상부를 가벼운 재료로 만들고 주위상황을 고려하여 폭발구를 설치할 것
- 위험물 건조설비는 건조하는 경우에 발생하는 가스·증기 또는 분진을 안전한 장소로 배출시킬 수 있는 구조로 할 것
- 액체연료 또는 인화성 가스를 열원의 연료로 사용하는 건조설비는 점화하는 경우에는 폭발이나 화재를 예방하기 위하여 연소실이나 그 밖에 점화하는 부분을 환기시킬 수 있는 구조로 할 것
- 건조설비의 내부는 청소하기 쉬운 구조로 할 것
- 건조설비의 감시창·출입구 및 배기구 등과 같은 개구부는 발화 시에 불이 다른 곳으로 번지지 아니하는 위치에 설치하고 필요한 경우에는 즉시 밀폐할 수 있는 구조로 할 것
- 건조설비는 내부의 온도가 부분적으로 상승하지 아니하는 구조로 설치할 것
- 위험물 건조설비의 열원으로서 직화를 사용하지 아니할 것
- 위험물 건조설비가 아닌 건조설비의 열원으로서 직화를 사용하는 경우에는 불꽃 등에 의한 화재를 예방하기 위하여 덮개를 설치하거나 격벽을 설치할 것

394

건조설비의 사용에 있어 500~800[℃] 범위의 온도에 가열된 스테인리스강에서 주로 일어나며, 탄화크롬이 형성되어 결정 경계면의 크롬 함유량이 감소하여 발생되는 부식형태는?

① 전면부식 ② 층상부식
③ 입계부식 ④ 격간부식

해설 **부식형태**

- 전면부식: 금속이 두께 방향으로 균일하게 감소되어 가는 부식으로 금속 표면에 부식 생성물의 피막이 형성되지 않는 강한 부식성의 환경 속에서 발생한다.
- 층상부식: 표면 가까이에 층 모양으로 부식하여 박리가 발생하는 부식형태로 마그네슘을 포함한 특정 알루미늄 합금에서 발생하며, 절단한 재료의 가장자리에서 가공 방향을 따라 내부로 진행한다.
- 입계부식: 오스테나이트계 스테인리스강을 500~800[℃]로 가열하면 결정입계에 탄화물이 생성되고 인접부분의 Cr(크롬)량이 감소하며 Cr 결핍층이 생기게 되는데, 입계부식은 이때 생성되는 Cr결핍층이 부식되어 떨어져 나가며 경계면의 Cr 함유량이 감소하여 발생하게 된다.
- 격간부식: 금속의 좁은 틈이나 오목한 부분에서 일어나는 부식형태이다.

CBT 대비 500제

| 정답 | 393 ③ 394 ③

CHAPTER 09 | 화공 안전운전 · 점검

395

다음 중 「산업안전보건법령」상 공정안전보고서에 포함되어야 하는 주요 4가지 사항에 해당하지 않는 것은?(단, 고용노동부장관이 필요하다고 인정하여 고시하는 사항은 제외한다.)

① 공정안전자료　　② 안전운전비용
③ 비상조치계획　　④ 공정위험성 평가서

해설 공정안전보고서의 내용
- 공정안전자료
- 공정위험성 평가서
- 안전운전계획
- 비상조치계획
- 그 밖에 공정상의 안전과 관련하여 고용노동부장관이 필요하다고 인정하여 고시하는 사항

396

유해 · 위험설비의 설치 · 이전 시 공정안전보고서의 제출 시기로 옳은 것은?

① 공사완료 전까지
② 공사 후 시운전 익일까지
③ 설비 가동 후 30일 내에
④ 공사의 착공일 30일 전까지

해설 공정안전보고서의 제출 시기
- 유해하거나 위험한 설비의 설치 · 이전 또는 주요 구조부분의 변경공사의 착공일 30일 전까지 공정안전보고서를 2부 작성하여 한국산업안전보건공단에 제출하여야 한다.
- 공정안전보고서의 내용을 변경하여야 할 사유가 발생한 경우에는 지체 없이 그 내용을 보완하여야 한다.

397

다음 관(Pipe) 부속품 중 관로의 방향을 변경하기 위하여 사용하는 부속품은?

① 니플(Nipple)　　② 유니온(Union)
③ 플랜지(Flange)　　④ 엘보(Elbow)

해설 ①, ②, ③은 관로를 연결할 때 사용하는 부속품이다.

관련개념 용도에 따른 관 부속품

용도	관 부속품
관로를 연결할 때	플랜지(Flange), 유니온(Union), 커플링(Coupling), 니플(Nipple), 소켓(Socket)
관로의 방향을 변경할 때	엘보(Elbow), Y자관(Y－branch), 티(Tee), 십자관(Cross)
관의 지름을 변경할 때	리듀서(Reducer), 부싱(Bushing)
가지관을 설치할 때	티(Tee), Y자관(Y－branch), 십자관(Cross)
유로를 차단할 때	플러그(Plug), 캡(Cap), 밸브(Valve)
유량을 조절할 때	밸브(Valve)

398

다음 중 「산업안전보건법령」상 급성 독성 물질이 지속적으로 외부에 유출될 수 있는 화학설비에 파열판과 안전밸브를 직렬로 설치하고 그 사이에 설치하여야 하는 것은?

① 자동경보장치　　② 차단장치
③ 플레어헤드　　④ 콕

해설 파열판 및 안전밸브의 직렬설치
급성 독성 물질이 지속적으로 외부에 유출될 수 있는 화학설비 및 그 부속설비에 파열판과 안전밸브를 직렬로 설치하고 그 사이에는 압력지시계 또는 자동경보장치를 설치하여야 한다.

| 정답 | 395 ② 396 ④ 397 ④ 398 ①

399

「산업안전보건법령」에 따라 인화성 액체를 저장·취급하는 대기압 탱크에 가압이나 진공 발생 시 압력을 일정하게 유지하기 위하여 설치하여야 하는 장치는?

① 통기밸브 ② 체크밸브
③ 스팀트랩 ④ 프레임어레스트

해설 **통기밸브(Breather Valve)**
대기압 근처의 압력으로 운전되거나 저장되는 용기의 내부압력과 대기압 차이가 발생하였을 경우 대기를 탱크 내에 흡입 또는 탱크 내의 압력을 방출하여 항상 탱크 내부를 대기압과 평형한 상태로 유지하여 보호하는 밸브이다.

관련개념 안전장치의 종류
- 체크밸브(Check Valve): 유체의 역류를 방지하기 위한 장치로 스윙형, 리프트형, 볼형 등이 있다.
- 스팀트랩(Steam Trap): 증기배관 내에 생성하는 응축수는 송기상 지장이 되어 제거할 필요가 있는데, 이때 증기가 도망가지 않도록 이 응축수를 자동적으로 배출하기 위한 장치이다.
- 화염방지기(Flame Arrester): 비교적 저압 또는 상압에서 가연성 증기를 발생시키는 인화성 물질 등을 저장하는 탱크에서 외부에 그 증기를 방출하거나 탱크 내에 외기를 흡입하는 부분에 설치하는 안전장치이다.

400

「산업안전보건법령」상 공정안전보고서의 내용 중 공정안전자료에 포함되지 않는 것은?

① 유해·위험설비의 목록 및 사양
② 폭발위험장소 구분도 및 전기단선도
③ 안전운전지침서
④ 각종 건물·설비의 배치도

해설 안전운전지침서는 안전운전계획에 포함되어야 한다.

관련개념 공정안전자료
- 취급·저장하고 있거나 취급·저장하려는 유해·위험물질의 종류 및 수량
- 유해·위험물질에 대한 물질안전보건자료
- 유해하거나 위험한 설비의 목록 및 사양
- 유해하거나 위험한 설비의 운전방법을 알 수 있는 공정도면
- 각종 건물·설비의 배치도
- 폭발위험장소 구분도 및 전기단선도
- 위험설비의 안전설계·제작 및 설치 관련 지침서

| 정답 | 399 ① 400 ③

SUBJECT 05 건설공사 안전관리

CHAPTER 01 | 건설공사 특성분석

401

재해발생과 관련된 건설공사의 주요 특징으로 틀린 것은?

① 재해 강도가 높다.
② 추락재해의 비중이 높다.
③ 근로자의 직종이 매우 단순하다.
④ 작업환경이 다양하다.

해설 건설공사의 경우 근로자의 직종이 매우 다양하다.

402

다음 중 건설공사관리의 주요 기능이라 볼 수 없는 것은?

① 안전관리 ② 공정관리
③ 품질관리 ④ 재고관리

해설 **공사관리의 주요 기능**

- 공정관리: 공사기간 단축, 공정 간 마찰 방지
- 품질관리: 적합한 제품 생산, 품질 향상
- 원가관리: 신공법 채택, 새로운 원가관리법 도입
- 안전관리: 사람 중심의 관리, 사회적 책임

403

굴착작업 시 근로자의 위험을 방지하기 위하여 해당 작업, 작업장에 대한 사전조사를 실시하여야 하는데 이 사전조사 항목에 포함되지 않는 것은?

① 지반의 지하수위 상태
② 형상 · 지질 및 지층의 상태
③ 굴착기의 이상 유무
④ 매설물 등의 유무 또는 상태

해설 **지반굴착 시 사전 지반조사 항목**

- 형상 · 지질 및 지층의 상태
- 균열 · 함수 · 용수 및 동결의 유무 또는 상태
- 매설물 등의 유무 또는 상태
- 지반의 지하수위 상태

404

굴착작업에 있어서 토사 등의 붕괴 또는 낙하에 의하여 근로자에게 위험을 미칠 우려가 있는 경우에 사전에 필요한 조치로 거리가 먼 것은?

① 인화성 가스의 농도 측정
② 방호망의 설치
③ 흙막이 지보공의 설치
④ 근로자의 출입금지 조치

해설 **굴착작업 시 위험방지**

굴착작업 시 토사 등의 붕괴 또는 낙하에 의하여 근로자에게 위험을 미칠 우려가 있는 경우에는 미리 흙막이 지보공의 설치, 방호망의 설치 및 근로자의 출입금지 등 그 위험을 방지하기 위하여 필요한 조치를 하여야 한다.

| 정답 | 401 ③ 402 ④ 403 ③ 404 ①

405

「산업안전보건기준에 관한 규칙」에 따른 토사굴착 시 굴착면의 기울기 기준으로 옳지 않은 것은?

① 모래 - 1 : 1.8
② 풍화암 - 1 : 1.0
③ 연암 - 1 : 1.0
④ 경암 - 1 : 1.5

해설 굴착면의 기울기 기준

지반의 종류	굴착면의 기울기
모래	1 : 1.8
연암 및 풍화암	1 : 1.0
경암	1 : 0.5
그 밖의 흙	1 : 1.2

406

암반 굴착공사에서 굴착높이가 5[m], 굴착기초면의 폭이 5[m]인 경우 양단면 굴착을 할 때 상부단면의 폭은?(단, 굴착기울기는 1 : 0.5로 한다.)

① 5[m] ② 10[m]
③ 15[m] ④ 20[m]

해설 굴착높이 5[m], 폭 5[m], 굴착기울기를 1 : 0.5로 하면 상부단면의 폭은 10[m]이다.

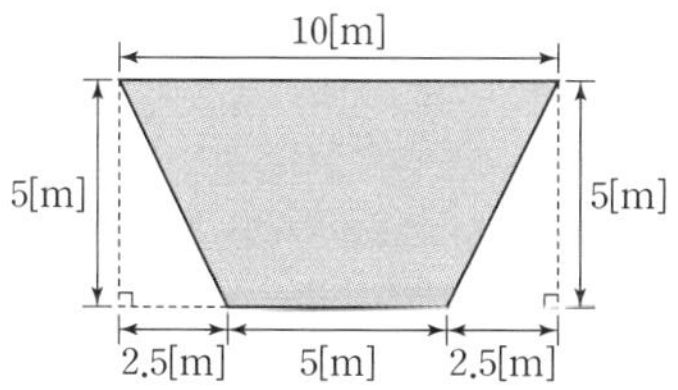

407

잠함, 우물통, 수직갱, 그 밖에 이와 유사한 건설물 또는 설비의 내부에서 굴착작업을 하는 경우에 준수해야 할 기준으로 옳지 않은 것은?

① 산소결핍의 우려가 있는 경우에는 산소의 농도를 측정하는 사람을 지명하여 측정하도록 할 것
② 근로자가 안전하게 승강하기 위한 설비를 설치할 것
③ 굴착 깊이가 10[m]를 초과하는 경우에는 해당 작업장소와 외부와의 연락을 위한 통신설비 등을 설치할 것
④ 굴착 깊이가 20[m]를 초과하는 경우에는 송기를 위한 설비를 설치하여 필요한 양의 공기를 공급할 것

해설 잠함 등 내부에서의 굴착작업 시 준수사항

- 산소 결핍 우려가 있는 경우에는 산소의 농도를 측정하는 사람을 지명하여 측정하도록 할 것
- 근로자가 안전하게 오르내리기 위한 설비를 설치할 것
- 굴착 깊이가 20[m]를 초과하는 경우에는 해당 작업장소와 외부와의 연락을 위한 통신설비 등을 설치할 것
- 산소농도 측정 결과 산소 결핍이 인정되거나 굴착 깊이가 20[m]를 초과하는 경우에는 송기를 위한 설비를 설치하여 필요한 양의 공기를 공급할 것

408

지반의 조사방법 중 지질의 상태를 가장 정확하게 파악할 수 있는 보링방법은?

① 회전식 보링 ② 오거 보링
③ 수세식 보링 ④ 충격식 보링

해설 보링(Boring)

지중의 토질분포, 토층의 구성, 지하수의 수위 등을 알아보기 위하여 기계를 이용해 지중에 구멍을 뚫고 그 안에 있는 토사를 채취하여 조사하는 방법이다.

- 수세식 보링(Wash Boring)
- 회전식 보링(Rotary Boring): 지중의 상태를 가장 정확히 파악
- 충격식 보링(Percussion Boring)
- 오거 보링(Auger Boring)

| 정답 | 405 ④ 406 ② 407 ③ 408 ①

409

낙하추나 화약의 폭발 등으로 인공진동을 일으켜 지반의 종류, 지층 및 강성도 등을 알아내는 데 활용되는 지반조사 방법은?

① 탄성파탐사 ② 전기저항탐사
③ 방사능탐사 ④ 유량검층탐사

해설 **탄성파탐사**
어느 한 지점에서 탄성파를 발생시키고 다른 여러 지점에서 탄성파의 전달 시간과 세기를 측정하여 지반의 구조를 탐사하는 방법이다.

410

히빙(Heaving)현상이 가장 쉽게 발생하는 토질지반은?

① 연약한 점토지반 ② 연약한 사질토지반
③ 견고한 점토지반 ④ 견고한 사질토지반

해설 히빙(Heaving)
연약한 점토지반을 굴착할 때 흙막이벽 배면 흙의 중량이 굴착저면 이하의 흙보다 중량이 클 경우 굴착저면 이하의 지지력보다 크게 되어 흙막이 배면에 있는 흙이 안으로 밀려들어 굴착저면이 부풀어오르는 현상이다.

411

히빙현상에 대한 안전대책과 가장 거리가 먼 것은?

① 지하수위의 저하
② 흙막이벽의 근입심도 확보
③ 양질의 재료로 지반개량 실시
④ 굴착 주변에 상재하중을 증대

해설 **히빙(Heaving)의 예방대책**
- 흙막이벽의 근입 깊이 증가
- 흙막이벽 배면지반의 상재하중 제거
- 저면의 굴착부분을 남겨두어 굴착예정인 부분의 일부를 미리 굴착하여 기초콘크리트 타설
- 굴착주변을 웰 포인트(Well Point) 공법과 병행
- 굴착저면에 토사 등 인공중력 증가

412

사질지반에 흙막이를 하고 터파기를 실시하면 지반수위와 터파기 저면과의 수위차에 의해 보일링현상이 발생할 수 있다. 이때 이 현상을 방지하는 방법이 아닌 것은?

① 흙막이벽의 저면타입깊이를 크게 한다.
② 차수성이 높은 흙막이벽을 사용한다.
③ 웰포인트로 지하수면을 낮춘다.
④ 주동토압을 크게 한다.

해설 **보일링(Boiling)의 예방대책**
- 흙막이벽의 근입 깊이 증가
- 차수성이 높은 흙막이 설치
- 흙막이벽 배면지반 그라우팅 실시
- 흙막이벽 배면지반의 지하수위 저하

413

점성토 지반의 개량공법으로 적합하지 않은 것은?

① 바이브로 플로테이션 공법
② 프리로딩공법
③ 치환공법
④ 페이퍼드레인공법

해설 진동다짐공법(Vibro Floatation)은 사질토 개량공법이다.

관련개념 점성토 개량공법
- 치환공법: 연약지반을 양질의 흙으로 치환하는 공법으로 굴착, 활동, 폭파 치환
- 재하공법(압밀공법)
  - 프리로딩공법(Pre-loading): 사전에 성토를 미리하여 흙의 전단강도 증가
  - 압성토공법(Surcharge): 측방에 압성토하여 압밀에 의해 강도 증가
  - 사면선단 재하공법: 성토한 비탈면 옆부분을 덧붙임하여 비탈면 끝의 전단강도 증가
- 탈수공법: 연약지반에 모래말뚝, 페이퍼드레인, 팩을 설치하여 물을 배제시켜 압밀을 촉진하는 것으로 샌드드레인, 페이퍼드레인, 팩드레인공법이 있음
- 배수공법: 중력배수(집수정, Deep Well), 강제배수(Well Point, 진공 Deep Well)
- 고결공법: 생석회 말뚝공법, 동결공법, 소결공법

| 정답 | 409 ① 410 ① 411 ④ 412 ④ 413 ①

414

흙을 크게 분류하면 사질토와 점성토로 나눌 수 있는데 그 차이점으로 옳지 않은 것은?

① 흙의 내부 마찰각은 사질토가 점성토보다 크다.
② 지지력은 사질토가 점성토보다 크다.
③ 점착력은 사질토가 점성토보다 작다.
④ 장기침하량은 사질토가 점성토보다 크다.

해설 흙의 침하량은 즉시침하량과 압밀침하량으로 나눌 수 있으며, 전 침하량(장기침하량)은 점성토가 사질토에 비해 크게 일어난다.

415

유해위험방지계획서 제출대상 공사의 규모 기준으로 옳지 않은 것은?

① 최대 지간길이 50[m] 이상인 다리의 건설 등 공사
② 다목적댐, 발전용댐, 저수용량 2천만 톤 이상의 용수 전용 댐 및 지방상수도 전용 댐의 건설 등 공사
③ 깊이 12[m] 이상인 굴착공사
④ 터널의 건설 등 공사

해설 유해위험방지계획서 제출대상 공사
- 다음의 어느 하나에 해당하는 건축물 또는 시설 등의 건설 등 공사
  - 지상높이가 31[m] 이상인 건축물 또는 인공구조물
  - 연면적 30,000[m^2] 이상인 건축물
  - 연면적 5,000[m^2] 이상인 시설로서 문화 및 집회시설(전시장 및 동물원 · 식물원 제외), 판매시설, 운수시설(고속철도의 역사 및 집배송시설 제외), 종교시설, 의료시설 중 종합병원, 숙박시설 중 관광숙박시설, 지하도상가, 냉동 · 냉장 창고시설
- 연면적 5,000[m^2] 이상의 냉동 · 냉장 창고시설의 설비공사 및 단열공사
- 최대 지간길이가 50[m] 이상인 다리의 건설 등 공사
- 터널의 건설 등 공사
- 다목적댐, 발전용댐, 저수용량 2천만 톤 이상의 용수 전용 댐 및 지방상수도 전용 댐의 건설 등 공사
- 깊이 10[m] 이상인 굴착공사

416

건설공사 유해위험방지계획서를 제출하는 경우 자격을 갖춘 자의 의견을 들은 후 제출하여야 하는데 이 자격에 해당하지 않는 자는?

① 기계안전기술사
② 건설안전기술사
③ 토목시공기술사
④ 건설안전분야 산업안전지도사

해설 유해위험방지계획서 검토의견 자격 요건
- 건설안전분야 산업안전지도사
- 건설안전기술사 또는 토목 · 건축 분야 기술사
- 건설안전산업기사 이상의 자격을 취득한 후 건설안전 관련 실무경력 7년(기사는 5년) 이상인 사람

417

건설공사 유해위험방지계획서 제출 시 공통적으로 제출하여야 할 첨부서류가 아닌 것은?

① 공사 개요서
② 전체 공정표
③ 산업안전보건관리비 사용계획서
④ 가설도로계획서

해설 건설공사 유해위험방지계획서 제출 시 첨부서류
- 공사 개요서
- 공사현장의 주변 현황 및 주변과의 관계를 나타내는 도면(매설물 현황 포함)
- 전체 공정표
- 산업안전보건관리비 사용계획서
- 안전관리 조직표
- 재해 발생 위험 시 연락 및 대피방법

418

연면적 6,000[m^2]인 호텔공사의 유해위험방지계획서 확인검사 주기는?

① 1개월　　② 3개월
③ 5개월　　④ 6개월

해설 연면적 6,000[m^2]인 호텔공사는 건설공사 유해위험방지계획서 제출대상 공사이나. 건설공사 유해위험방지계획서는 건설공사 중 6개월 이내마다 공단의 확인을 받아야 한다.

CHAPTER 03 | 건설업 산업안전보건 관리비 관리

419

건설업 산업안전보건관리비 계상 및 사용기준을 적용하는 공사금액 기준으로 옳은 것은?(단, 「산업안전보건법」 제2조의 건설공사이다.)

① 총 공사금액 2천만 원 이상인 공사
② 총 공사금액 4천만 원 이상인 공사
③ 총 공사금액 6천만 원 이상인 공사
④ 총 공사금액 1억 원 이상인 공사

해설 **건설업 산업안전보건관리비의 적용범위**
「산업안전보건법」의 건설공사 중 총 공사금액이 2천만 원 이상인 공사. 다만, 다음의 어느 하나에 해당하는 공사 중 단가계약에 의하여 행하는 공사에 대하여는 총 계약금액을 기준으로 적용한다.
- 「전기공사업법」에 따른 전기공사로서 저압·고압 또는 특고압 작업으로 이루어지는 공사
- 「정보통신공사업법」에 따른 정보통신공사

420

공사의 종류 및 규모별 산업안전보건관리비 계상기준에 따른 공사의 종류의 명칭에 해당되지 않는 것은?

① 중건설공사　② 토목공사
③ 특수건설공사　④ 터널공사

해설 **공사종류 및 규모별 산업안전보건관리비 계상기준표**

대상액 / 공사종류	5억 원 미만	5억 원 이상 50억 원 미만		50억 원 이상
		적용비율	기초액	
건축공사	2.93[%]	1.86[%]	5,349,000원	1.97[%]
토목공사	3.09[%]	1.99[%]	5,499,000원	2.10[%]
중건설공사	3.43[%]	2.35[%]	5,400,000원	2.44[%]
특수건설공사	1.85[%]	1.20[%]	3,250,000원	1.27[%]

421

산업안전보건관리비 계상을 위한 대상액이 56억 원인 건축공사의 산업안전보건관리비는 얼마인가?

① 104,160천 원　② 110,320천 원
③ 144,800천 원　④ 150,400천 원

해설 대상액이 5억 원 미만 또는 50억 원 이상인 경우, 산업안전보건관리비의 계상기준은 대상액×계상기준표의 비율이다.
산업안전보건관리비 = 56억 × 0.0197 = 110,320천 원

422

건설업 산업안전보건관리비 항목으로 사용 가능한 내역이 아닌 것은?

① 작업환경 측정에 소요되는 비용
② 휴게시설 관리기준을 준수하기 위해 소요되는 비용
③ 환경관리, 민원 등을 전담하는 안전관리자의 임금
④ 안전기원제 등 산업재해 예방을 기원하는 행사를 개최하기 위해 소요되는 비용

해설 ①은 안전보건진단비 등, ②는 근로자 건강장해예방비 등, ④는 안전보건교육비 등의 항목으로 사용 가능하다.

관련개념 건설업 산업안전보건관리비의 사용항목
- 안전관리자·보건관리자의 임금 등
- 안전시설비 등
- 보호구 등
- 안전보건진단비 등
- 안전보건교육비 등
- 근로자 건강장해예방비 등
- 건설재해예방전문지도기관의 지도에 대한 대가로 자기공사자가 지급하는 비용
- 건설사업자가 아닌 자가 운영하는 사업에서 안전보건 업무를 총괄·관리하는 3명 이상으로 구성된 본사 전담조직에 소속된 근로자의 임금 및 업무수행 출장비 전액(산업안전보건관리비 총액의 5[%] 이내)
- 위험성평가 또는 유해·위험요인 개선을 위해 필요하다고 판단하여 산업안전보건위원회 또는 노사협의체에서 사용하기로 결정한 사항을 이행하기 위한 비용(산업안전보건관리비 총액의 10[%] 이내)

| 정답 | 419 ① 420 ④ 421 ② 422 ③

423

다음은 공사진척에 따른 산업안전보건관리비의 사용기준이다. ( ) 안에 들어갈 내용으로 옳은 것은?

공정률	50[%] 이상 70[%] 미만	70[%] 이상 90[%] 미만	90[%] 이상
사용기준	(　　　)	70[%] 이상	90[%] 이상

① 30[%] 이상　② 40[%] 이상
③ 50[%] 이상　④ 60[%] 이상

해설 공사진척에 따른 산업안전보건관리비 사용기준

공정률[%]	50 이상 70 미만	70 이상 90 미만	90 이상
사용기준[%]	50 이상	70 이상	90 이상

424

다음의 건설공사 현장 중에서 재해예방 기술지도를 받아야 하는 대상공사에 해당하지 않는 것은?

① 공사금액 5억 원인 건축공사
② 공사금액 140억 원인 토목공사
③ 공사금액 5천만 원인 전기공사
④ 공사금액 2억 원인 정보통신공사

해설 건설재해예방 지도 대상 건설공사

- 공사금액 1억 원 이상 120억 원(토목공사는 150억 원) 미만인 공사와 「건축법」에 따른 건축허가의 대상이 되는 공사
- 지도 제외 공사
  - 공사기간이 1개월 미만인 공사
  - 육지와 연결되지 않은 섬 지역(제주특별자치도 제외)에서 이루어지는 공사
  - 안전관리자의 자격을 가진 자를 선임하여 안전관리자의 업무만을 전담하도록 하는 공사
  - 유해위험방지계획서를 제출하여야 하는 공사

CHAPTER 04 | 건설현장 안전시설 관리

425

추락재해 방지설비의 종류가 아닌 것은?

① 추락방호망　② 안전난간
③ 개구부 덮개　④ 낙하물 방지망

해설 낙하물 방지망은 낙하·비래재해 방지설비이다.

관련개념 추락재해의 방호 및 방지설비

- 추락방호망
- 안전난간
- 작업발판
- 개구부 등의 방호조치(덮개 등)

426

추락방호망의 방망, 그물코의 모양 및 크기의 기준으로 옳은 것은?

① 원형 또는 사각으로서 그 크기는 5[cm] 이하이어야 한다.
② 원형 또는 사각으로서 그 크기는 10[cm] 이하이어야 한다.
③ 사각 또는 마름모로서 그 크기는 5[cm] 이하이어야 한다.
④ 사각 또는 마름모로서 그 크기는 10[cm] 이하이어야 한다.

해설 추락방호망의 구조

- 방망: 그물코가 다수 연속된 것
- 그물코: 사각 또는 마름모로서 크기는 10[cm] 이하
- 테두리로프: 방망주변을 형성하는 로프
- 달기로프: 방망을 지지점에 부착하기 위한 로프
- 재봉사: 테누리로프와 방망을 일체화하기 위한 실
- 시험용사: 등속인장시험에 사용하기 위한 것

| 정답 | 423 ③　424 ③　425 ④　426 ④

427

다음은 「산업안전보건법령」에 따른 근로자의 추락위험 방지를 위한 추락방호망의 설치기준이다. (   ) 안에 들어갈 내용으로 옳은 것은?

> 추락방호망은 수평으로 설치하고, 망의 처짐은 짧은 변 길이의 (   ) 이상이 되도록 할 것

① 10[%]　② 12[%]
③ 15[%]　④ 18[%]

해설 **추락방호망 설치기준**

- 추락방호망의 설치위치는 가능하면 작업면으로부터 가까운 지점에 설치하여야 하며, 작업면으로부터 망의 설치지점까지의 수직거리는 10[m]를 초과하지 아니할 것
- 추락방호망은 수평으로 설치하고, 망의 처짐은 짧은 변 길이의 12[%] 이상이 되도록 할 것
- 건축물 등의 바깥쪽으로 설치하는 경우 추락방호망의 내민 길이는 벽면으로부터 3[m] 이상 되도록 할 것. 다만, 그물코가 20[mm] 이하인 추락방호망을 사용한 경우에는 낙하물 방지망을 설치한 것으로 본다.

428

추락재해방지용 방망의 신품에 대한 인장강도는 얼마 이상이어야 하는가?(단, 그물코의 크기가 10[cm]이며, 매듭 없는 방망이다.)

① 220[kg]　② 240[kg]
③ 260[kg]　④ 280[kg]

해설 **방망사의 인장강도**

그물코의 크기[cm]	방망의 종류(단위: [kg])	
	매듭 없는 방망	매듭방망
10	240(150)	200(135)
5	–	110(60)

※ (   ): 폐기기준 인장강도

429

추락방호망의 방망 지지점은 최소 얼마 이상의 외력에 견딜 수 있는 강도를 보유하여야 하는가?

① 500[kg]　② 600[kg]
③ 700[kg]　④ 800[kg]

해설 **지지점의 강도**

방망 지지점은 600[kg]의 외력에 견딜 수 있는 강도를 보유하여야 한다. 다만, 연속적인 구조물이 방망 지지점인 경우 외력이 다음 식에 계산한 값에 견딜 수 있는 것은 제외한다.

$F=200B$

여기서, F: 외력[kg], B: 지지점 간격[m]

430

계단의 개방된 측면에 근로자의 추락 위험을 방지하기 위하여 안전난간을 설치하고자 할 때 그 설치기준으로 옳지 않은 것은?

① 안전난간은 상부난간대, 중간난간대, 발끝막이판 및 난간기둥으로 구성할 것
② 발끝막이판은 바닥면 등으로부터 10[cm] 이상의 높이를 유지할 것
③ 난간기둥은 상부난간대와 중간난간대를 견고하게 떠받칠 수 있도록 적정한 간격을 유지할 것
④ 난간대는 지름 3.8[cm] 이상의 금속제 파이프나 그 이상의 강도가 있는 재료일 것

해설 **안전난간의 구성요소**

- 상부난간대, 중간난간대, 발끝막이판 및 난간기둥으로 구성할 것
- 상부난간대는 바닥면 등으로부터 90[cm] 이상 지점에 설치하고, 상부난간대를 120[cm] 이하에 설치하는 경우에는 중간난간대는 상부난간대와 바닥면 등의 중간에 설치하여야 하며, 120[cm] 이상 지점에 설치하는 경우에는 중간난간대를 2단 이상으로 균등하게 설치하고 난간의 상하 간격은 60[cm] 이하가 되도록 할 것
- 발끝막이판은 바닥면 등으로부터 10[cm] 이상의 높이를 유지할 것
- 난간기둥은 상부난간대와 중간난간대를 견고하게 떠받칠 수 있도록 적정한 간격을 유지할 것
- 상부난간대와 중간난간대는 난간길이 전체에 걸쳐 바닥면 등과 평행을 유지할 것
- 난간대는 지름 2.7[cm] 이상의 금속제 파이프나 그 이상의 강도가 있는 재료일 것
- 안전난간은 구조적으로 가장 취약한 지점에서 가장 취약한 방향으로 작용하는 100[kg] 이상의 하중에 견딜 수 있는 튼튼한 구조일 것

| 정답 | 427 ② 428 ② 429 ② 430 ④

431

사업주는 비계의 높이가 2[m] 이상인 작업장소에는 작업발판을 설치하여야 하는데, 그 설치기준으로 옳지 않은 것은?

① 발판재료는 작업할 때의 하중을 견딜 수 있도록 견고한 것으로 할 것
② 작업발판의 폭은 40[cm] 이상으로 하고, 발판재료 간의 틈은 3[cm] 이하로 할 것
③ 작업발판재료는 뒤집히거나 떨어지지 않도록 하나 이상의 지지물에 연결하거나 고정시킬 것
④ 추락의 위험이 있는 장소에는 안전난간을 설치할 것

해설 **작업발판의 설치기준**

- 발판재료는 작업할 때의 하중을 견딜 수 있도록 견고한 것으로 할 것
- 작업발판의 폭은 40[cm] 이상으로 하고, 발판재료 간의 틈은 3[cm] 이하로 할 것
- 추락의 위험이 있는 장소에는 안전난간을 설치할 것
- 작업발판의 지지물은 하중에 의하여 파괴될 우려가 없는 것을 사용할 것
- 작업발판재료는 뒤집히거나 떨어지지 않도록 둘 이상의 지지물에 연결하거나 고정시킬 것
- 작업발판을 작업에 따라 이동시킬 경우에는 위험 방지에 필요한 조치를 할 것

432

작업발판 및 통로의 끝이나 개구부로서 근로자가 추락할 위험이 있는 장소에 설치하는 것과 거리가 먼 것은?

① 교차가새　　② 안전난간
③ 울타리　　④ 수직형 추락방망

해설 **개구부 등의 방호조치**

- 작업발판 및 통로의 끝이나 개구부로서 근로자가 추락할 위험이 있는 장소에는 안전난간, 울타리, 수직형 추락방망 또는 덮개 등의 방호 조치를 충분한 강도를 가진 구조로 튼튼하게 설치하여야 하며, 덮개를 설치하는 경우에는 뒤집히거나 떨어지지 않도록 설치하여야 한다. 이 경우 어두운 장소에서도 알아볼 수 있도록 개구부임을 표시하여야 하며, 수직형 추락방망은 한국산업표준에서 정하는 성능기준에 적합한 것을 사용하여야 한다.
- 난간 등을 설치하는 것이 매우 곤란하거나 작업의 필요상 임시로 난간 등을 해체하여야 하는 경우 기준에 맞는 추락방호망을 설치하여야 한다. 다만, 추락방호망을 설치하기 곤란한 경우에는 근로자에게 안전대를 착용하도록 하는 등 추락할 위험을 방지하기 위하여 필요한 조치를 하여야 한다.

433

추락 시 로프의 지지점에서 최하단까지의 거리(h)를 구하는 식으로 옳은 것은?

① h=로프의 길이+신장
② h=로프의 길이+$\frac{\text{신장}}{2}$
③ h=로프의 길이+로프의 늘어난 길이+신장
④ h=로프의 길이+로프의 늘어난 길이+$\frac{\text{신장}}{2}$

해설 **최하사점**

1개걸이 안전대를 사용할 때 로프의 길이, 로프의 신장길이, 작업자의 키 등을 고려하여 안전대가 정상적으로 기능을 유지할 수 있도록 하는 한계높이이다.

$H > h$=로프의 길이+로프의 신장길이+작업자 키의 $\frac{1}{2}$

여기서, H: 로프지지 위치에서 바닥면까지의 거리
h: 추락 시 로프지지 위치에서 신체 최하사점까지의 거리

434

토석 붕괴의 내적 원인에 해당되는 것은?

① 토석의 강도 저하
② 절토 및 성토 높이의 증가
③ 사면 · 법면의 경사 및 기울기 증가
④ 지표수 및 지하수의 침투에 의한 토사 중량 증가

해설 **토석 붕괴의 원인**

- 외적 원인
  - 사면, 법면의 경사 및 기울기의 증가
  - 절토 및 성토 높이의 증가
  - 공사에 의한 진동 및 반복 하중의 증가
  - 지표수 및 지하수의 침투에 의한 토사 중량의 증가
  - 지진, 차량, 구조물의 하중작용
  - 토사 및 암석의 혼합층 두께
- 내적 원인
  - 절토 사면의 토질 · 암질
  - 성토 사면의 토질구성 및 분포
  - 토석의 강도 저하

| 정답 | 431 ③　432 ①　433 ④　434 ①

435

토사 붕괴의 조치사항으로 거리가 먼 것은?

① 대피로 통로 및 공간의 확보
② 동시작업의 금지
③ 2차재해의 방지
④ 굴착공법의 선정

해설 **토석 및 토사 붕괴 시 조치사항**

- 동시작업의 금지: 붕괴 토석의 최대 도달거리 범위 내에서 굴착공사, 배수관의 매설, 콘크리트 타설작업 등을 할 경우에는 적절한 보강대책을 강구하여야 한다.
- 대피공간의 확보: 붕괴의 속도는 높이에 비례하므로 수평방향의 활동에 대비하여 작업장 좌우에 피난통로 등을 확보하여야 한다.
- 2차재해의 방지: 작은 규모의 붕괴가 발생되어 인명구출 등 구조작업 도중에 대형 붕괴의 재차 발생을 방지하기 위하여 붕괴면의 주변 상황을 충분히 확인하고 2중 안전조치를 강구한 후 복구작업에 임하여야 한다.

436

작업으로 인하여 물체가 떨어지거나 날아올 위험이 있는 경우에 조치 및 준수하여야 할 사항으로 옳지 않은 것은?

① 낙하물방지망, 수직보호망 또는 방호선반 등을 설치한다.
② 낙하물방지망의 내민 길이는 벽면으로부터 2[m] 이상으로 한다.
③ 낙하물방지망의 수평면과의 각도는 20° 이상 30° 이하를 유지한다.
④ 낙하물방지망의 높이는 15[m] 이내마다 설치한다.

해설 **낙하물방지망 설치기준**

- 높이 10[m] 이내마다 설치하고, 내민 길이는 벽면으로부터 2[m] 이상으로 할 것
- 수평면과의 각도는 20° 이상 30° 이하를 유지할 것

437

낙하 · 비래재해 방지설비에 대한 설명으로 틀린 것은?

① 투하설비는 높이 10[m] 이상 되는 장소에서만 사용한다.
② 투하설비의 이음부는 충분히 겹쳐 설치한다.
③ 투하입구 부근에는 적정한 낙하방지설비를 설치한다.
④ 물체 투하 시에는 감시인을 배치한다.

해설 **투하설비 등**

높이가 3[m] 이상인 장소로부터 물체를 투하하는 경우 적당한 투하설비를 설치하거나 감시인을 배치하는 등 위험을 방지하기 위하여 필요한 조치를 하여야 한다.

438

철근가공작업에서 가스절단을 할 때의 유의사항으로 틀린 것은?

① 가스절단 작업 시 호스는 겹치거나 구부러지거나 밟히지 않도록 한다.
② 호스, 전선 등은 작업효율을 위하여 다른 작업장을 거치는 곡선상의 배선이어야 한다.
③ 작업장에서 가연성 물질에 인접하여 용접작업할 때에는 소화기를 비치하여야 한다.
④ 가스절단 작업 중에는 보호구를 착용하여야 한다.

해설 **가스절단 시 유의사항**

- 가스절단 및 용접자는 해당자격 소지자여야 하며, 작업 중에는 보호구를 착용하여야 한다.
- 가스절단 작업 시 호스는 겹치거나 구부러지거나 또는 밟히지 않도록 하고 전선의 경우에는 피복이 손상되어 있는지를 확인하여야 한다.
- 호스, 전선 등은 다른 작업장을 거치지 않는 직선상의 배선이어야 하며, 길이가 짧아야 한다.
- 작업장에서 가연성 물질에 인접하여 용접작업을 할 때에 소화기를 비치하여야 한다.

| 정답 | 435 ④ 436 ④ 437 ① 438 ②

439

다음 건설기계의 명칭과 각 용도가 옳게 연결된 것은?

① 드래그라인 – 암반굴착
② 드래그셔블 – 흙 운반작업
③ 클램셸 – 정지작업
④ 파워셔블 – 지반면보다 높은 곳의 흙파기

해설 굴착장비

- 드래그셔블(Drag Shovel)/백호우(Back Hoe)
  - 기계가 설치된 지면보다 낮은 곳을 굴착하는 데 적합하다.
  - 단단한 토질의 굴착 및 수중굴착도 가능하다.
- 파워셔블(Power Shovel)
  - 굴착기가 위치한 지면보다 높은 곳을 굴착하는 데 적합하다.
  - 비교적 단단한 토질의 굴착도 가능하며 적재, 석산 작업에 편리하다.
- 드래그라인(Drag Line)
  - 굴착기가 위치한 지면보다 낮은 장소를 굴착하는 데 사용한다.
  - 단단하게 다져진 토질에 부적합하다.
- 클램셸(Clamshell)
  - 굴착기가 위치한 지면보다 낮은 곳을 굴착하는 데 적합하다.
  - 좁은 장소의 깊은 굴착에 효과적이다.
  - 수중작업에 적합하여 준설 등에 사용된다.
  - 정확한 굴착 및 단단한 지반작업이 불가능하다.

440

수중굴착 공사에 가장 적합한 건설장비는?

① 백호우 ② 어스드릴
③ 항타기 ④ 클램셸

해설 클램셸(Clamshell)

- 굴착기가 위치한 지면보다 낮은 곳을 굴착하는 데 적합하다.
- 좁은 장소의 깊은 굴착에 효과적이다.
- 기계 위치와 굴착 지반의 높이 등에 관계없이 고저에 대하여 작업이 가능하다.
- 수중작업에 적합하여 준설 등에 사용된다.
- 정확한 굴착 및 단단한 지반작업이 불가능하다.
- 사이클 타임이 길어 작업능률이 떨어진다.

441

노면을 평활하게 깎아 내고 비탈면의 절삭 · 정지 등에 사용하는 기계는 무엇인가?

① 클램셸 ② 모터 그레이더
③ 스크레이퍼 ④ 드래그라인

해설 모터 그레이더(Motor Grader)

고무 타이어의 전륜과 후륜 사이에 상하 · 좌우 · 선회 등과 같은 임의 동작이 가능한 블레이드(Blade)를 부착하여 노면을 평활하게 깎아 내고 비탈면의 절삭 · 정지 등에 사용하는 기계이다.

관련개념 스크레이퍼(Scraper)

- 굴착, 싣기, 운반, 하역, 정지 작업을 일관하여 연속작업이 가능하다.
- 대량 토공작업을 위한 기계로서 대단위 대량 운반이 용이하고 운반 속도가 빠르다.

442

다음에서 설명하고 있는 건설장비의 종류는?

> 앞뒤 두 개의 차륜이 있으며(2축 2륜), 각각의 차축이 평행으로 배치된 것으로 잘흙, 점성토 등의 두꺼운 흙을 다짐하는 데 적당하나 단단한 각재를 다지는 데는 부적당하며 머캐덤 롤러 다짐 후의 아스팔트 포장에 사용된다.

① 클램셸 ② 탠덤 롤러
③ 트랙터셔블 ④ 드래그라인

해설 탠덤 롤러(Tandem Roller)

전륜, 후륜 각 1개의 철륜을 가진 롤러를 2축 탠덤 롤러 또는 단순히 탠덤 롤러라 하며, 3륜을 따라 나열한 것을 3축 탠덤 롤러라고 한다. 점성토나 자갈, 쇄석의 다짐, 아스팔트 포장의 마무리 전압 작업에 적합하다.

관련개념 머캐덤 롤러(Macadam Roller)

3륜차의 형식으로 쇠바퀴 롤러가 배치된 기계로 중량 6~18톤 정도이다. 부순돌이나 자갈길의 1차 전압 및 마감 전압이나 아스팔트 포장 초기 전압에 사용된다.

| 정답 | 439 ④ 440 ④ 441 ② 442 ②

443

무한궤도식 장비와 타이어식(차륜식) 장비의 차이점에 관한 설명으로 옳은 것은?

① 무한궤도식은 기동성이 좋다.
② 타이어식은 승차감과 주행성이 좋다.
③ 무한궤도식은 경사지반에서의 작업에 부적당하다.
④ 타이어식은 땅을 다지는 데 효과적이다.

해설 **무한궤도식과 타이어식(차륜식) 건설기계의 비교**

구분	무한궤도식	타이어식(차륜식)
작업속도	느리다	빠르다
기동성(주행성)	느리다	빠르다
연약지반 작업	쉽다	어렵다
경사지반 작업	쉽다	어렵다
굴착작업	쉽다	어렵다
토지 영향	작다	크다
연속량 부하 영향	작다	크다
구배 작업 성능	크다	작다
구동장치 정비비용	크다	작다
승차감	나쁘다	좋다

444

블레이드의 길이가 길고 낮으며 블레이드의 좌우를 전후로 25~30° 각도로 회전시킬 수 있어 흙을 측면으로 보낼 수 있는 도저를 무엇이라고 하는가?

① 앵글도저 ② 틸트도저
③ 레이크도저 ④ 스트레이트도저

해설 **앵글도저(Angle Dozer)**

불도저의 일종으로 블레이드가 지반에 대하여 좌우로 움직여 흙을 측면으로 보낼 수 있는 도저로, 토목공사에서 토사의 이동, 운반, 정지 작업에 사용된다.

445

차량계 건설기계를 사용하여 작업을 하는 때의 건설기계의 전도 등에 의한 근로자의 위험을 방지하기 위하여 사업주가 취하여야 할 조치사항으로 적당하지 않은 것은?

① 도로 폭의 유지 ② 지반의 부동침하 방지
③ 울, 손잡이 설치 ④ 갓길의 붕괴 방지

해설 **차량계 건설기계의 전도 등의 방지**

- 유도자 배치
- 지반의 부동침하 방지
- 갓길의 붕괴 방지
- 도로 폭의 유지

446

차량계 건설기계의 작업계획서 작성 시 그 내용에 포함되어야 할 사항이 아닌 것은?

① 차량계 건설기계의 운행경로
② 차량계 건설기계에 의한 작업방법
③ 사용하는 차량계 건설기계의 종류 및 성능
④ 작업인원의 구성 및 작업근로자의 역할범위

해설 **차량계 건설기계의 작업계획서 내용**

- 사용하는 차량계 건설기계의 종류 및 성능
- 차량계 건설기계의 운행경로
- 차량계 건설기계에 의한 작업방법

| 정답 | 443 ② 444 ① 445 ③ 446 ④

447

차량계 하역운반기계에 화물을 적재할 때의 준수사항과 거리가 먼 것은?

① 하중이 한쪽으로 치우치지 않도록 적재할 것
② 구내운반차 또는 화물자동차의 경우 화물의 붕괴 또는 낙하에 의한 위험을 방지하기 위하여 화물에 로프를 거는 등 필요한 조치를 할 것
③ 운전자의 시야를 가리지 않도록 화물을 적재할 것
④ 제동장치 및 조종장치 기능의 이상 유무를 점검할 것

해설 **차량계 하역운반기계 등에 화물 적재 시 준수사항**

- 하중이 한쪽으로 치우치지 않도록 적재할 것
- 구내운반차 또는 화물자동차의 경우 화물의 붕괴 또는 낙하에 의한 위험을 방지하기 위하여 화물에 로프를 거는 등 필요한 조치를 할 것
- 운전자의 시야를 가리지 않도록 화물을 적재할 것

448

차량계 하역운반기계의 운전자가 운전위치를 이탈하는 경우 조치해야 할 내용 중 틀린 것은?

① 포크 및 버킷을 가장 높은 위치에 두어 근로자 통행을 방해하지 않도록 하였다.
② 원동기를 정지시켰다.
③ 브레이크를 걸어두고 확인하였다.
④ 경사지에서 갑작스런 주행이 되지 않도록 바퀴에 블록 등을 놓았다.

해설 **차량계 하역운반기계 등 운전자의 운전위치 이탈 시 조치**

- 포크, 버킷, 디퍼 등의 장치를 가장 낮은 위치 또는 지면에 내려 둘 것
- 원동기를 정지시키고 브레이크를 확실히 거는 등 갑작스러운 주행이나 이탈을 방지하기 위한 조치를 할 것
- 운전석을 이탈하는 경우에는 시동키를 운전대에서 분리시킬 것. 다만, 운전석에 잠금장치를 하는 등 운전자가 아닌 사람이 운전하지 못하도록 조치한 경우에는 그러하지 아니하다.

449

항타기 또는 항발기를 조립할 때 점검하여야 하는 사항과 거리가 먼 것은?

① 권상기의 설치상태의 이상 유무
② 본체 연결부의 풀림 또는 손상의 유무
③ 이동제동장치의 기능의 이상 유무
④ 권상장치의 브레이크 및 쐐기장치 기능의 이상 유무

해설 **항타기 및 항발기 조립·해체 시 점검사항**

- 본체 연결부의 풀림 또는 손상의 유무
- 권상용 와이어로프·드럼 및 도르래의 부착상태의 이상 유무
- 권상장치의 브레이크 및 쐐기장치 기능의 이상 유무
- 권상기의 설치상태의 이상 유무
- 리더(leader)의 버팀 방법 및 고정상태의 이상 유무
- 본체·부속장치 및 부속품의 강도가 적합한지 여부
- 본체·부속장치 및 부속품에 심한 손상·마모·변형 또는 부식이 있는지 여부

450

항타기 및 항발기에서 사용하는 권상용 와이어로프의 안전계수는 최소 얼마 이상이어야 하는가?

① 2 ② 5
③ 8 ④ 10

해설 항타기 및 항발기에서 사용하는 권상용 와이어로프의 안전계수가 5 이상이 아니면 이를 사용해서는 아니 된다.

| 정답 | 447 ④ 448 ① 449 ③ 450 ②

CHAPTER 05 | 비계·거푸집 가시설 위험방지

451

강관비계 중 단관비계의 조립간격(벽체와의 연결간격)으로 옳은 것은?

① 수직방향: 6[m], 수평방향: 8[m]
② 수직방향: 5[m], 수평방향: 5[m]
③ 수직방향: 4[m], 수평방향: 6[m]
④ 수직방향: 8[m], 수평방향: 6[m]

해설 강관비계의 조립간격

강관비계의 종류	조립간격[m]	
	수직방향	수평방향
단관비계	5	5
틀비계(높이 5[m] 미만인 것 제외)	6	8

452

강관을 사용하여 비계를 구성하는 경우 준수해야 할 기준으로 옳지 않은 것은?

① 비계기둥의 간격은 띠장 방향에서는 1.85[m] 이하, 장선 방향에서는 1.5[m] 이하로 할 것
② 띠장간격은 1.5[m] 이하로 설치할 것
③ 비계기둥의 제일 윗부분으로부터 31[m] 되는 지점 밑부분의 비계기둥은 2개의 강관으로 묶어 세울 것
④ 비계기둥 간의 적재하중은 400[kg]을 초과하지 않도록 할 것

해설 강관비계의 구조

구분	준수사항
비계기둥의 간격	• 띠장 방향에서 1.85[m] 이하 • 장선 방향에서 1.5[m] 이하
띠장간격	2[m] 이하
강관보강	비계기둥의 제일 윗부분으로부터 31[m] 되는 지점 밑부분의 비계기둥은 2개의 강관으로 묶어 세울 것
적재하중	비계기둥 간 적재하중은 400[kg]을 초과하지 않도록 할 것

453

곤돌라형 달비계에 사용이 불가능한 와이어로프의 기준으로 옳지 않은 것은?

① 이음매가 없는 것
② 지름의 감소가 공칭지름의 7[%]를 초과하는 것
③ 심하게 변형되거나 부식된 것
④ 와이어로프의 한 꼬임에서 끊어진 소선의 수가 10[%] 이상인 것

해설 달비계 와이어로프의 사용금지 조건

• 이음매가 있는 것
• 와이어로프의 한 꼬임(Strand)에서 끊어진 소선의 수가 10[%] 이상인 것
• 지름의 감소가 공칭지름의 7[%]를 초과한 것
• 꼬인 것
• 심하게 변형되거나 부식된 것
• 열과 전기충격에 의해 손상된 것

454

곤돌라형 달비계 설치 시 달기 체인의 사용금지 기준과 거리가 먼 것은?

① 달기 체인의 길이가 달기 체인이 제조된 때 길이의 5[%]를 초과한 것
② 균열이 있거나 심하게 변형된 것
③ 이음매가 없는 것
④ 링의 단면지름이 달기 체인이 제조된 때의 해당 링 지름의 10[%]를 초과하여 감소한 것

해설 달비계 달기 체인의 사용금지 조건

• 달기 체인의 길이가 달기 체인이 제조된 때의 길이의 5[%]를 초과한 것
• 링의 단면지름이 달기 체인이 제조된 때의 해당 링의 지름의 10[%]를 초과하여 감소한 것
• 균열이 있거나 심하게 변형된 것

| 정답 | 451 ② 452 ② 453 ① 454 ③

455

말비계를 조립하여 사용하는 경우의 준수사항으로 옳지 않은 것은?

① 지주부재의 하단에는 미끄럼 방지장치를 할 것
② 지주부재와 수평면과의 기울기를 85° 이하로 할 것
③ 말비계의 높이가 2[m]를 초과할 경우에는 작업발판의 폭을 40[cm] 이상으로 할 것
④ 지주부재와 지주부재 사이를 고정시키는 보조부재를 설치할 것

해설 말비계 조립 시 준수사항
- 지주부재의 하단에는 미끄럼 방지장치를 하고, 근로자가 양측 끝부분에 올라서서 작업하지 않도록 할 것
- 지주부재와 수평면의 기울기를 75° 이하로 하고, 지주부재와 지주부재 사이를 고정시키는 보조부재를 설치할 것
- 말비계의 높이가 2[m]를 초과하는 경우에는 작업발판의 폭을 40[cm] 이상으로 할 것

456

시스템비계를 사용하여 비계를 구성하는 경우에 준수하여야 할 기준으로 틀린 것은?

① 수직재 · 수평재 · 가새재를 견고하게 연결하는 구조가 되도록 할 것
② 비계 밑단의 수직재와 받침철물의 연결부의 겹침길이는 받침철물 전체길이의 4분의 1 이상이 되도록 할 것
③ 수평재는 수직재와 직각으로 설치하여야 하며, 체결 후 흔들림이 없도록 견고하게 설치할 것
④ 수직재와 수직재의 연결철물은 이탈되지 않도록 견고한 구조로 할 것

해설 시스템비계의 구조
- 수직재 · 수평재 · 가새재를 견고하게 연결하는 구조가 되도록 할 것
- 비계 밑단의 수직재와 받침철물은 밀착되도록 설치하고, 수직재와 받침철물의 연결부의 겹침길이는 받침철물 전체길이의 $\frac{1}{3}$ 이상이 되도록 할 것
- 수평재는 수직재와 직각으로 설치하여야 하며, 체결 후 흔들림이 없도록 견고하게 설치할 것
- 수직재와 수직재의 연결철물은 이탈되지 않도록 견고한 구조로 할 것
- 벽 연결재의 설치간격은 제조사가 정한 기준에 따라 설치할 것

457

달비계 또는 높이 5[m] 이상의 비계를 조립 · 해체하거나 변경하는 작업 시 준수사항으로 틀린 것은?

① 근로자가 관리감독자의 지휘에 따라 작업하도록 할 것
② 비, 눈, 그 밖의 기상상태의 불안정으로 날씨가 몹시 나쁜 경우에는 그 작업을 중지시킬 것
③ 비계재료의 연결 · 해체작업을 하는 경우에는 폭 20[cm] 이상의 발판을 설치할 것
④ 강관비계 또는 통나무비계를 조립하는 경우 외줄로 구성하는 것을 원칙으로 할 것

해설 비계 등의 조립 · 해체 및 변경(높이 5[m] 이상의 비계)
- 근로자가 관리감독자의 지휘에 따라 작업하도록 할 것
- 조립 · 해체 또는 변경의 시기 · 범위 및 절차를 그 작업에 종사하는 근로자에게 주지시킬 것
- 조립 · 해체 또는 변경 작업구역에는 해당 작업에 종사하는 근로자가 아닌 사람의 출입을 금지하고 그 내용을 보기 쉬운 장소에 게시할 것
- 비, 눈, 그 밖의 기상상태의 불안정으로 날씨가 몹시 나쁜 경우에는 그 작업을 중지시킬 것
- 비계재료의 연결 · 해체작업을 하는 경우에는 폭 20[cm] 이상의 발판을 설치하고 근로자로 하여금 안전대를 사용하도록 하는 등 추락을 방지하기 위한 조치를 할 것
- 재료 · 기구 또는 공구 등을 올리거나 내리는 경우에는 근로자가 달줄 또는 달포대 등을 사용하게 할 것
- 강관비계 또는 통나무비계를 조립하는 경우 쌍줄로 할 것. 다만, 별도의 작업발판을 설치할 수 있는 시설을 갖춘 경우에는 외줄로 할 수 있다.

458

「산업안전보건기준에 관한 규칙」에 따른 작업장 근로자의 안전한 통행을 위하여 통로에 설치하여야 하는 조명시설의 조도기준[lux]은?

① 30[lux] 이상　② 75[lux] 이상
③ 150[lux] 이상　④ 300[lux] 이상

해설 통로의 조명
근로자가 안전하게 통행할 수 있도록 통로에 75[lux] 이상의 채광 또는 조명시설을 하여야 한다. 다만, 갱도 또는 상시 통행을 하지 아니하는 지하실 등을 통행하는 근로자에게 휴대용 조명기구를 사용하도록 한 경우에는 그러하지 아니하다.

| 정답 | 455 ② 456 ② 457 ④ 458 ②

459

「산업안전보건법령」에 따른 가설통로의 구조에 관한 설치 기준으로 옳지 않은 것은?

① 견고한 구조로 할 것
② 경사가 15°를 초과하는 경우에는 미끄러지지 않는 구조로 할 것
③ 경사는 30° 이하로 할 것
④ 건설공사에 사용하는 높이 8[m] 이상인 비계다리에는 4[m] 이내마다 계단참을 설치할 것

해설 **가설통로의 구조**

- 견고한 구조로 할 것
- 경사는 30° 이하로 할 것. 다만, 계단을 설치하거나 높이 2[m] 미만의 가설통로로서 튼튼한 손잡이를 설치한 경우에는 그러하지 아니하다.
- 경사가 15°를 초과하는 경우에는 미끄러지지 아니하는 구조로 할 것
- 추락할 위험이 있는 장소에는 안전난간을 설치할 것. 다만, 작업상 부득이한 경우에는 필요한 부분만 임시로 해체할 수 있다.
- 수직갱에 가설된 통로의 길이가 15[m] 이상인 경우에는 10[m] 이내마다 계단참을 설치할 것
- 건설공사에 사용하는 높이 8[m] 이상인 비계다리에는 7[m] 이내마다 계단참을 설치할 것

460

사다리식 통로 등을 설치하는 경우 발판과 벽과의 사이는 최소 얼마 이상의 간격을 유지하여야 하는가?

① 10[cm] 이상　　② 15[cm] 이상
③ 20[cm] 이상　　④ 25[cm] 이상

해설 **사다리식 통로 등의 구조**

- 견고한 구조로 할 것
- 심한 손상·부식 등이 없는 재료를 사용할 것
- 발판의 간격은 일정하게 할 것
- 발판과 벽과의 사이는 15[cm] 이상의 간격을 유지할 것
- 폭은 30[cm] 이상으로 할 것
- 사다리가 넘어지거나 미끄러지는 것을 방지하기 위한 조치를 할 것
- 사다리의 상단은 걸쳐놓은 지점으로부터 60[cm] 이상 올라가도록 할 것
- 사다리식 통로의 길이가 10[m] 이상인 경우에는 5[m] 이내마다 계단참을 설치할 것
- 사다리식 통로의 기울기는 75° 이하로 할 것. 다만, 고정식 사다리식 통로의 기울기는 90° 이하로 하고, 그 높이가 7[m] 이상인 경우에는 경우에 따라 등받이울을 설치하거나 개인용 추락 방지 시스템 설치 또는 전신안전대를 사용하도록 할 것
- 접이식 사다리 기둥은 사용 시 접혀지거나 펼쳐지지 않도록 철물 등을 사용하여 견고하게 조치할 것

461

「산업안전보건기준에 관한 규칙」에 따라 계단 및 계단참을 설치하는 경우 매 [m^2]당 최소 얼마 이상의 하중에 견딜 수 있는 강도를 가진 구조로 설치하여야 하는가?

① 500[kg/m^2]　　② 600[kg/m^2]
③ 700[kg/m^2]　　④ 800[kg/m^2]

해설 **가설계단의 설치기준**

구분	설치기준
강도	• 계단 및 계단참을 설치하는 경우 500[kg/m^2] 이상의 하중에 견딜 수 있도록 • 안전율 4 이상 • 계단 및 승강구 바닥을 구멍이 있는 재료로 만드는 경우 렌치나 그 밖의 공구 등이 낙하할 위험이 없도록
폭	• 폭은 1[m] 이상 • 계단에 손잡이 외의 다른 물건 등을 설치 또는 적재 금지
계단참의 설치	높이가 3[m]를 초과하는 계단에 높이 3[m] 이내마다 진행방향으로 길이 1.2[m] 이상의 계단참 설치
계단의 난간	높이 1[m] 이상인 계단의 개방된 측면에 안전난간 설치

| 정답 | 459 ④ 460 ② 461 ①

462

슬레이트, 선라이트 등 강도가 약한 재료로 덮은 지붕 위에서 작업을 할 때 발이 빠지는 등 근로자의 위험을 방지하기 위하여 필요한 발판의 폭 기준은?

① 10[cm] 이상 ② 20[cm] 이상
③ 25[cm] 이상 ④ 30[cm] 이상

해설 **지붕 위에서의 위험 방지**
- 지붕의 가장자리에 안전난간을 설치할 것
- 채광창(Skylight)에는 견고한 구조의 덮개를 설치할 것
- 슬레이트 등 강도가 약한 재료로 덮은 지붕에는 폭 30[cm] 이상의 발판을 설치할 것

463

콘크리트용 거푸집의 재료에 해당되지 않는 것은?

① 철재 ② 목재
③ 석면 ④ 경금속

해설 석면은 거푸집의 재료로 사용하지 않는다.

관련개념 거푸집의 종류

- 일반 거푸집
  - 목재 거푸집(Wooden Form)
  - 일반 거푸집
    - 강재 거푸집(Steel Form)
    - 알루미늄재 거푸집(Aluminum Form)
- 특수 거푸집
  - 플라스틱재 거푸집(FRP Form)
  - 와플 거푸집(Waffle Form)
  - 활동 거푸집(Sliding Form, Slip Form)

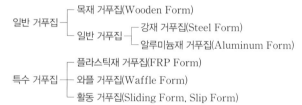

464

거푸집의 조립순서로 옳은 것은?

① 기둥 → 보받이내력벽 → 큰보 → 작은보 → 바닥 → 내벽 → 외벽
② 기둥 → 보받이내력벽 → 큰보 → 작은보 → 바닥 → 외벽 → 내벽
③ 기둥 → 보받이내력벽 → 작은보 → 큰보 → 바닥 → 내벽 → 외벽
④ 기둥 → 보받이내력벽 → 내벽 → 외벽 → 큰보 → 작은보 → 바닥

해설 **거푸집의 조립순서**
기둥 → 보받이내력벽 → 큰보 → 작은보 → 바닥 → 내벽 → 외벽

465

거푸집 및 동바리의 조립도에 명시해야 할 사항과 가장 거리가 먼 것은?

① 단면규격 ② 설치간격
③ 작업환경 조건 ④ 부재의 재질

해설 **거푸집 및 동바리의 조립도**
- 거푸집 및 동바리를 조립하는 경우에는 그 구조를 검토한 후 조립도를 작성하고, 그 조립도에 따라 조립하도록 하여야 한다.
- 조립도에는 거푸집 및 동바리를 구성하는 부재의 재질 · 단면규격 · 설치간격 및 이음방법 등을 명시하여야 한다.

466

콘크리트 거푸집을 설계할 때 고려해야 하는 연직하중으로 거리가 먼 것은?

① 작업하중 ② 콘크리트 자중
③ 충격하중 ④ 풍하중

해설 풍하중은 횡방향 하중이다.

관련개념 연직방향 하중
- 계산식
  W=고정하중+작업하중
  =(콘크리트 무게+거푸집 무게)+(충격하중+작업하중)
- 고정하중: 철근콘크리트와 거푸집의 무게를 합한 하중이며, 거푸집 무게는 최소 0.4[kN/m^2] 이상을 적용하고, 특수 거푸집의 경우에는 그 실제의 무게를 적용한다.
- 작업하중: 작업원, 경량의 장비하중, 기타 콘크리트에 필요한 자재 및 공구 등의 하중을 포함하며, 콘크리트 타설 높이가 0.5[m] 미만인 경우 구조물의 수평투영면적당 최소 2.5[kN/m^2] 이상을 적용하며, 0.5[m] 이상 1.0[m] 미만일 경우 3.5[kN/m^2], 1.0[m] 이상인 경우에는 5.0[kN/m^2]을 적용한다.
- 상기 고정하중과 작업하중을 합한 연직하중은 콘크리트 타설 높이에 관계없이 5.0[kN/m^2] 이상을 적용한다.

| 정답 | 462 ④ 463 ③ 464 ① 465 ③ 466 ④

467

거푸집 및 동바리를 조립하는 경우에 준수하여야 할 사항으로 옳지 않은 것은?

① 받침목이나 깔판의 사용, 콘크리트 타설, 말뚝박기 등 동바리의 침하를 방지하기 위한 조치를 할 것
② 개구부 상부에 동바리를 설치하는 경우에는 상부하중을 견딜 수 있는 견고한 받침대를 설치할 것
③ 거푸집이 곡면인 경우에는 버팀대의 부착 등 그 거푸집의 부상을 방지하기 위한 조치를 할 것
④ 동바리의 이음은 서로 다른 품질의 재료를 사용할 것

해설 **동바리 조립 시 안전조치**
- 받침목이나 깔판의 사용, 콘크리트 타설, 말뚝박기 등 동바리의 침하를 방지하기 위한 조치를 할 것
- 동바리의 상하 고정 및 미끄러짐 방지 조치를 할 것
- 상부·하부의 동바리가 동일 수직선 상에 위치하도록 하여 깔판·받침목에 고정시킬 것
- 개구부 상부에 동바리를 설치하는 경우에는 상부하중을 견딜 수 있는 견고한 받침대를 설치할 것
- U헤드 등의 단판이 없는 동바리의 상단에 멍에 등을 올릴 경우에는 해당 상단에 U헤드 등의 단판을 설치하고, 멍에 등이 전도되거나 이탈되지 않도록 고정시킬 것
- 동바리의 이음은 같은 품질의 재료를 사용할 것
- 강재의 접속부 및 교차부는 볼트·클램프 등 전용철물을 사용하여 단단히 연결할 것
- 거푸집의 형상에 따른 부득이한 경우를 제외하고는 깔판이나 받침목은 2단 이상 끼우지 않도록 할 것
- 깔판이나 받침목을 이어서 사용하는 경우에는 그 깔판·받침목을 단단히 연결할 것

관련개념 거푸집 조립 시 안전조치
- 거푸집을 조립하는 경우에는 거푸집이 콘크리트 하중이나 그 밖에 외력에 견딜 수 있거나, 넘어지지 않도록 견고한 구조의 긴결재, 버팀대 또는 지지대를 설치하는 등 필요한 조치를 할 것
- 거푸집이 곡면인 경우에는 버팀대의 부착 등 그 거푸집의 부상을 방지하기 위한 조치를 할 것

468

동바리로 사용하는 파이프서포트에 대한 준수사항과 가장 거리가 먼 것은?

① 파이프서포트를 3개 이상 이어서 사용하지 않도록 할 것
② 파이프서포트를 이어서 사용하는 경우에는 4개 이상의 볼트 또는 전용철물을 사용하여 이을 것
③ 높이가 3.5[m]를 초과하는 경우에는 높이 2[m] 이내마다 수평연결재를 2개 방향으로 만들 것
④ 파이프서포트 사이에 교차가새를 설치하여 보강 조치를 할 것

해설 교차가새는 동바리로 사용하는 강관틀과 강관틀 사이에 설치하여야 한다.

관련개념 동바리로 사용하는 파이프서포트의 조립 시 안전조치
- 파이프서포트를 3개 이상 이어서 사용하지 않도록 할 것
- 파이프서포트를 이어서 사용하는 경우에는 4개 이상의 볼트 또는 전용철물을 사용하여 이을 것
- 높이가 3.5[m]를 초과하는 경우에는 2[m] 이내마다 수평연결재를 2개 방향으로 만들고 수평연결재의 변위를 방지할 것

469

현장 안전점검 시 흙막이 지보공의 정기점검 사항과 가장 거리가 먼 것은?

① 부재의 손상·변형·부식·변위 및 탈락의 유무와 상태
② 부재의 설치방법과 순서
③ 버팀대의 긴압의 정도
④ 부재의 접속부·부착부 및 교차부의 상태

해설 **흙막이 지보공의 정기적 점검 및 보수사항**
- 부재의 손상·변형·부식·변위 및 탈락의 유무와 상태
- 버팀대의 긴압의 정도
- 부재의 접속부·부착부 및 교차부의 상태
- 침하의 정도

| 정답 | 467 ④ 468 ④ 469 ②

470

건설공사 시 계측관리의 목적이 아닌 것은?

① 지역의 특수성보다는 토질의 일반적인 특성파악을 목적으로 한다.
② 시공 중 위험에 대한 정보제공을 목적으로 한다.
③ 설계 시 예측치와 시공 시 측정치와의 비교를 목적으로 한다.
④ 향후 거동 파악 및 대책 수립을 목적으로 한다.

해설 건설공사 시 계측관리의 목적
- 시공 중 위험에 대한 정보제공
- 설계 시 예측치와 시공 시 측정치와의 비교
- 공사지역 향후 거동 파악 및 대책 수립
- 긴급한 위험징후를 발견하기 위한 계측
- 시공법 개선을 위한 계측

471

흙막이 가시설의 버팀대(스트러트)의 변형을 측정하는 계측기에 해당하는 것은?

① 지하수위계(Water Level Meter)
② 변형률계(Strain Gauge)
③ 간극수압계(Piezometer)
④ 하중계(Load Cell)

해설 계측기의 종류 및 사용목적
- 지표침하계: 흙막이벽 배면에 동결심도보다 깊게 설치하여 지표면 침하량을 측정한다.
- 지중경사계: 흙막이벽 배면에 설치하여 토류벽의 기울어짐을 측정한다.
- 하중계: 스트러트, 어스앵커에 설치하여 축하중 측정으로 부재의 안정성 여부를 판단한다.
- 간극수압계: 굴착, 성토에 의한 간극수압의 변화를 측정한다.
- 균열측정기: 인접구조물, 지반 등의 균열부위에 설치하여 균열크기와 변화를 측정한다.
- 변형률계: 스트러트, 띠장 등에 부착하여 굴착작업 시 구조물의 변형을 측정한다.
- 지하수위계: 굴착에 따른 지하수위 변동을 측정한다.

472

터널 지보공을 조립하는 경우에는 미리 그 구조를 검토한 후 조립도를 작성하고, 그 조립도에 따라 조립하도록 하여야 하는데 조립도에 명시해야 할 사항과 가장 거리가 먼 것은?

① 재료의 강도　　② 단면규격
③ 이음방법　　④ 설치간격

해설 터널 지보공의 조립도
- 터널 지보공을 조립하는 경우에는 미리 그 구조를 검토한 후 조립도를 작성하고, 그 조립도에 따라 조립하도록 하여야 한다.
- 조립도에는 재료의 재질, 단면규격, 설치간격 및 이음방법 등을 명시하여야 한다.

473

터널건설작업 시 터널 내부에서 화기나 아크를 사용하는 장소에 필히 설치하도록 법으로 규정하고 있는 설비는?

① 소화설비　　② 대피설비
③ 충전설비　　④ 차단설비

해설 터널건설작업 시 소화설비 등

터널건설작업을 하는 경우에는 해당 터널 내부의 화기나 아크를 사용하는 장소 또는 배전반, 변압기, 차단기 등을 설치하는 장소에 소화설비를 설치하여야 한다.

| 정답 | 470 ① 471 ② 472 ① 473 ①

CHAPTER 06 | 공사 및 작업 종류별 안전

474

옥외에 설치되어 있는 주행크레인에 대하여 이탈방지장치를 작동시키는 등 이탈 방지를 위한 조치를 하여야 하는 순간풍속 기준은?

① 20[m/s] 초과　　② 25[m/s] 초과
③ 30[m/s] 초과　　④ 40[m/s] 초과

해설 **폭풍에 의한 이탈방지**
순간풍속 30[m/s]를 초과하는 바람이 불어올 우려가 있는 경우 옥외에 설치되어 있는 주행 크레인에 대하여 이탈방지장치를 작동시키는 등 이탈 방지를 위한 조치를 하여야 한다.

475

강풍 시 타워크레인의 설치·수리·점검 또는 해체 작업을 중지하여야 하는 순간풍속 기준으로 옳은 것은?

① 순간풍속이 초당 10[m]를 초과하는 경우
② 순간풍속이 초당 15[m]를 초과하는 경우
③ 순간풍속이 초당 20[m]를 초과하는 경우
④ 순간풍속이 초당 30[m]를 초과하는 경우

해설 **강풍 시 타워크레인의 작업 중지**
순간풍속이 10[m/s]를 초과하는 경우 타워크레인의 설치·수리·점검 또는 해체 작업을 중지하여야 하며, 순간풍속이 15[m/s]를 초과하는 경우에는 타워크레인의 운전 작업을 중지하여야 한다.

476

크레인의 와이어로프가 일정 한계 이상 감기지 않도록 자동으로 정지시키는 장치는?

① 훅 해지장치　　② 권과방지장치
③ 비상정지장치　　④ 과부하방지장치

해설 **양중기의 방호장치**
- 권과방지장치: 권과를 방지하기 위하여 자동적으로 동력을 차단하고 작동을 제동하는 장치이다.
- 과부하방지장치: 크레인에 있어서 정격하중 이상의 하중이 부하되었을 때 자동적으로 상승이 정지되면서 경보음을 발생시키는 장치이다.
- 비상정지장치: 이동 중 이상상태 발생 시 급정지시킬 수 있는 장치이다.
- 제동장치: 운동체를 감속하거나 정지상태로 유지하는 기능을 가진 장치이다.

관련개념 해지장치
훅걸이용 와이어로프 등이 훅으로부터 벗겨지는 것을 방지하기 위한 장치로 하물을 운반하는 경우에 사용하여야 한다.

477

양중기의 와이어로프 등 달기구의 안전계수 기준으로 옳은 것은?(단, 화물의 하중을 직접 지지하는 달기 와이어로프 또는 달기 체인의 경우이다.)

① 3 이상　　② 4 이상
③ 5 이상　　④ 6 이상

해설 **양중기의 안전계수**

구분	안전계수
근로자가 탑승하는 운반구를 지지하는 달기 와이어로프 또는 달기 체인의 경우	10 이상
화물의 하중을 직접 지지하는 달기 와이어로프 또는 달기 체인의 경우	5 이상
훅, 샤클, 클램프, 리프팅 빔의 경우	3 이상
그 밖의 경우	4 이상

| 정답 | 474 ③　475 ①　476 ②　477 ③

478

철근 콘크리트 해체용 장비가 아닌 것은?

① 철 해머　　② 압쇄기
③ 램머　　④ 핸드 브레이커

해설 램머는 다짐장비에 해당한다.

관련개념 해체용 기구의 종류

- 압쇄기
- 대형 브레이커
- 철제 해머
- 핸드 브레이커
- 팽창제
- 절단기

479

콘크리트 타설작업을 하는 경우의 준수사항으로 틀린 것은?

① 콘크리트 타설작업 중 이상이 있으면 작업을 중지하고 근로자를 대피시킬 것
② 콘크리트를 타설하는 경우에는 편심을 유발하여 콘크리트를 거푸집 내에 밀실하게 채울 것
③ 설계도서 상의 콘크리트 양생기간을 준수하여 거푸집 및 동바리를 해체할 것
④ 콘크리트 타설작업 시 거푸집 붕괴의 위험이 발생할 우려가 있으면 충분한 보강조치를 할 것

해설 **콘크리트 타설작업 시 준수사항**

- 당일의 작업을 시작하기 전에 해당 작업에 관한 거푸집 및 동바리의 변형·변위 및 지반의 침하 유무 등을 점검하고 이상이 있으면 보수할 것
- 작업 중에는 감시자를 배치하는 등 거푸집 및 동바리의 변형·변위 및 침하 유무 등을 확인하여야 하고, 이상이 있으면 작업을 중지하고 근로자를 대피시킬 것
- 콘크리트 타설작업 시 거푸집 붕괴의 위험이 발생할 우려가 있으면 충분한 보강조치를 할 것
- 설계도서 상의 콘크리트 양생기간을 준수하여 거푸집 및 동바리를 해체할 것
- 콘크리트를 타설하는 경우에는 편심이 발생하지 않도록 골고루 분산하여 타설할 것

480

콘크리트의 유동성과 묽기를 시험하는 방법은?

① 다짐시험　　② 슬럼프시험
③ 압축강도시험　　④ 평판시험

해설 **슬럼프 시험(Slump Test)**

슬럼프 콘에 의한 콘크리트의 유동성 측정시험을 말하며 유동성(반죽질기)를 측정하는 방법으로서 가장 일반적으로 사용한다.

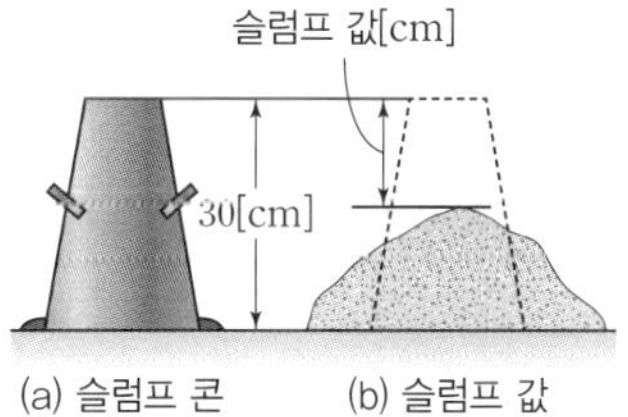

(a) 슬럼프 콘　　(b) 슬럼프 값

481

콘크리트 슬럼프 시험방법에 대한 설명 중 옳지 않은 것은?

① 슬럼프 시험기구는 강제평판, 슬럼프 테스트 콘, 다짐막대, 측정기기로 이루어진다.
② 콘크리트 타설 시 작업의 용이성을 판단하는 방법이다.
③ 슬럼프 콘에 비빈 콘크리트를 같은 양의 3층으로 나누어 25회씩 다지면서 채운다.
④ 슬럼프는 슬럼프 콘을 들어올려 강제평판으로부터 콘크리트가 무너져 내려앉은 높이까지의 거리를 [mm]로 표시한 것이다.

해설 **슬럼프 시험방법 및 순서**

- 슬럼프 콘에 굳지 않은 콘크리트를 충전하고 탈형했을 때 자중에 의해 밑으로 내려앉은 높이를 [cm]로 측정한 값이다.
- 시험방법 및 순서
  - ㉠ 수밀평판을 수평으로 설치하고 슬럼프 콘을 중앙에 설치한다.
  - ㉡ 슬럼프 콘 안에 콘크리트 용적으로 $\frac{1}{3}$씩 3층으로 나누어 넣고 25회씩 다진다.
  - ㉢ 조심성 있게 수직으로 들어 올려 무너져 내린 높이를 측정(슬럼프 값)한다.

| 정답 |　478 ③　479 ②　480 ②　481 ④

482

콘크리트의 재료분리현상 없이 거푸집 내부에 쉽게 타설할 수 있는 정도를 나타내는 것은?

① Workability ② Bleeding
③ Consistency ④ Finishability

해설 **시공연도(Workability)**

시공연도(Workability)란 재료분리를 일으키지 않고 부어넣기 · 다짐 · 마감 등의 작업이 용이한 정도를 나타내는 굳지 않은 콘크리트의 성질이다.

관련개념 시공관련 용어

- 블리딩(Bleeding): 콘크리트 타설 시 비교적 무거운 골재나 시멘트는 침하하고 가벼운 물이나 미세한 물질이 분리 상승하여 콘크리트 표면에 떠오르는 현상
- 유동성(반죽질기, Consistency): 단위수량의 다소에 따르는 혼합물의 묽기 정도
- 마감성(Finishability): 도로포장 등에서 골재의 최대치수에 따르는 표면정리의 난이 정도

483

콘크리트 측압에 관한 설명 중 옳지 않은 것은?

① 슬럼프가 클수록 측압은 커진다.
② 벽 두께가 두꺼울수록 측압은 커진다.
③ 부어 넣는 속도가 빠를수록 측압은 커진다.
④ 대기온도가 높을수록 측압은 커진다.

해설 **콘크리트 측압이 커지는 조건**

- 거푸집 부재단면이 클수록
- 거푸집 수밀성이 클수록(투수성이 작을수록)
- 거푸집의 강성이 클수록
- 거푸집 표면이 평활할수록
- 시공연도(Workability)가 좋을수록
- 철골 또는 철근량이 적을수록
- 외기온도가 낮을수록, 습도가 높을수록
- 콘크리트의 타설속도가 빠를수록
- 콘크리트의 다짐이 과할수록
- 콘크리트의 슬럼프가 클수록
- 콘크리트의 비중이 클수록

484

옹벽의 활동에 대한 저항력은 옹벽에 작용하는 수평력보다 최소 몇 배 이상 되어야 안전한가?

① 0.5 ② 1.0
③ 1.5 ④ 2.0

해설 **옹벽의 안정조건**

- 활동에 대한 안정

$$F_s = \frac{\text{활동에 저항하려는 힘}}{\text{활동하려는 힘}} \geq 1.5$$

- 전도에 대한 안정

$$F_s = \frac{\text{저항 모멘트}}{\text{전도 모멘트}} \geq 2.0$$

- 지반 지지력(침하)에 대한 안정

$$F_s = \frac{\text{지반의 허용지지력}(q_a)}{\text{지반에 작용하는 최대하중}(q_{max})} \geq 1.0$$

485

철골공사 시 구조안전의 위험이 있어 강풍에 대한 안전 여부를 확인해야 할 필요성이 가장 높은 경우는?

① 연면적당 철골량이 일반건물보다 많은 경우
② 기둥이 H형강을 사용하는 경우
③ 이음부가 공장용접인 경우
④ 단면구조에 현저한 차이가 있으며 높이가 20[m] 이상인 건물

해설 **외압에 대한 내력이 설계에 고려되었는지 확인해야 할 구조물**

- 높이 20[m] 이상의 구조물
- 구조물의 폭과 높이의 비가 1 : 4 이상인 구조물
- 단면구조에 현저한 차이가 있는 구조물
- 연면적당 철골량이 50[kg/m^2] 이하인 구조물
- 기둥이 타이플레이트(Tie Plate)형인 구조물
- 이음부가 현장용접인 구조물

| 정답 | 482 ① 483 ④ 484 ③ 485 ④

486

철골작업을 중지하여야 하는 악천후의 조건이다. ( ) 안에 알맞은 숫자를 순서대로 옳게 나열한 것은?

> ㉠ 풍속이 초당 ( )[m] 이상인 경우
> ㉡ 강우량이 시간당 ( )[mm] 이상인 경우
> ㉢ 강설량이 시간당 ( )[cm] 이상인 경우

① 10, 10, 10 ② 1, 1, 10
③ 1, 10, 1 ④ 10, 1, 1

해설 철골작업의 제한기준

구분	내용
강풍	풍속이 10[m/s] 이상인 경우
강우	강우량이 1[mm/h] 이상인 경우
강설	강설량이 1[cm/h] 이상인 경우

487

철골공사 시 안전작업방법 및 준수사항으로 옳지 않은 것은?

① 강풍, 폭우 등과 같은 악천후 시에는 작업을 중지하여야 하며 특히 강풍 시에는 높은 곳에 있는 부재나 공구류가 낙하·비래하지 않도록 조치하여야 한다.
② 철골부재 반입 시 시공순서가 빠른 부재는 상단부에 위치하도록 한다.
③ 구명줄 설치 시 마닐라 로프 직경 10[mm]를 기준하여 설치하고 작업방법을 충분히 검토하여야 한다.
④ 철골보의 두 곳을 매어 인양시킬 때 와이어로프의 내각은 60° 이하이어야 한다.

해설 철골작업 시 구명줄을 설치할 경우에는 구명줄을 마닐라 로프 직경 16[mm]를 기준하여 설치하고 작업방법을 충분히 검토하여야 한다.

488

철골구조물의 건립순서를 계획할 때 일반적인 주의사항으로 틀린 것은?

① 현장건립순서와 공장제작순서를 일치시킨다.
② 건립기계의 작업반경과 진행방향을 고려하여 조립순서를 결정한다.
③ 건립 중 가볼트 체결기간을 가급적 길게 하여 안정을 기한다.
④ 연속기둥 설치 시 기둥을 2개 세우면 기둥 사이의 보도 동시에 설치하도록 한다.

해설 철골건립순서를 계획할 때 검토사항

- 철골건립에 있어서는 현장건립순서와 공장제작순서가 일치하도록 계획하고 제작검사의 사전실시, 현장운반계획 등을 확인하여야 한다.
- 어느 한 면만을 2절점 이상 동시에 세우는 것은 피해야 하며 1스팬 이상 수평방향으로도 조립이 진행되도록 계획하여 좌굴, 탈락에 의한 도괴를 방지하여야 한다.
- 건립기계의 작업반경과 진행방향을 고려하여 조립순서를 결정하고 조립 설치된 부재에 의해 후속작업이 지장을 받지 않도록 계획하여야 한다.
- 연속기둥 설치 시 기둥을 2개 세우면 기둥 사이의 보를 동시에 설치하도록 하며 그 다음의 기둥을 세울 때에도 계속 보를 연결시킴으로써 좌굴 및 편심에 의한 탈락 방지 등의 안전성을 확보하여 건립을 진행시켜야 한다.
- 건립 중 도괴를 방지하기 위하여 가볼트 체결기간을 단축시킬 수 있도록 후속공사를 계획하여야 한다.

| 정답 | 486 ④ 487 ③ 488 ③

489

철골공사 중 트랩을 이용해 승강할 때 안전과 관련된 항목이 아닌 것은?

① 죔줄 ② 수직구명줄
③ 추락방지대 ④ 수평구명줄

해설 수평구명줄은 철골의 조립작업 시 수평으로 이동할 때 사용하는 것으로, 승강과 관련된 설비가 아니다.

490

다음 건설기계 중 360° 회전작업이 불가능한 것은?

① 타워크레인 ② 크롤러크레인
③ 가이데릭 ④ 삼각데릭

해설 **삼각데릭(Stiff Leg Derrick)**
주기둥을 지탱하는 지선 대신에 2개의 다리에 의해 고정하고, 회전반경은 270°로 높이가 낮은 건물에 유리하다.

491

PC(Precast Concrete) 조립 시 안전대책으로 틀린 것은?

① 신호수를 지정한다.
② 인양 PC 부재 아래에 근로자 출입을 금지한다.
③ 크레인에 PC 부재를 달아 올린 채 주행한다.
④ 운전자는 PC 부재를 달아 올린 채 운전대에서 이탈을 금지한다.

해설 **PC 부재의 조립 시 안전대책**
- 신호수를 지정하여 사전에 정해진 신호에 따라 인양작업을 한다.
- 작업자는 안전모, 안전대 등 보호구를 착용한다.
- 조립작업 전 기계·기구 공구의 이상 유무를 확인한다.
- 작업현장 인근의 고압전로에는 방호선반을 사전 설치한다.
- PC 부재 인양작업 시 적재하중을 초과하여서는 아니 된다.
- PC 부재 인양작업 시 크레인의 침하방지 조치를 철저히 한다.
- PC 부재 인양작업 시 그 아래에 근로자의 출입을 금지한다.
- PC 부재 인양 중 운전자는 운전대에서의 이탈을 금지한다.
- 크레인 사용 시 PC 부재의 중량을 고려하여 아웃트리거를 사용한다.

492

프리캐스트 부재의 현장야적에 대한 설명으로 틀린 것은?

① 오물로 인한 부재의 변질을 방지한다.
② 벽 부재는 변형을 방지하기 위해 수평으로 포개 쌓아 놓는다.
③ 부재의 제조번호, 기호 등을 식별하기 쉽게 야적한다.
④ 받침대를 설치하여 휨, 균열 등이 생기지 않게 한다.

해설 **PC 부재의 임시보관**
- 부재는 가능한 수평으로 적재하여야 한다.
- 외장재가 부착된 부재 또는 벽체용 부재는 프레임 또는 수직받침대를 이용하여 수직으로 적재한다.
- 수직받침대 옆에 야적할 때에는 밑바닥에 수평으로 방호물을 설치하고 수직받침대에 살짝 기대게 하여 안정된 상태로 야적하며 부재와 부재 사이에는 보호블록을 끼워 넣고 수직 받침대 양옆으로 대칭이 되게 야적하여 하중의 균형을 잡고 한쪽으로 기울어지지 않게 한다.
- 수평으로 적재하는 부재는 부재에 작용하는 하중이 고르게 분담될 수 있도록 가능한 두 지점에 받침목을 설치하고 받침목은 상하 일직선 상에 위치하여야 하며 불량한 방법으로 부재를 적재하지 않도록 하여야 한다.
- 받침목의 위치는 양 끝에서 부재 전체 길이의 $\frac{1}{5}$ 되는 지점이 적당하다.
- 만일 세 지점 이상 지지가 필요한 경우 부재의 하중이 한 곳에 집중되지 않도록 받침목의 위치를 선정하여야 한다.
- 부재를 포개어 야적하는 경우 포개는 부재의 수는 부재 제작회사의 시방서에 따라야 하며 시방서에서 정하는 바가 없을 때에는 구조검토를 실시하여 부재에 구조적 문제가 생기지 않는 범위 내에서 정하여야 한다.
- 부재의 제조번호, 기호 등을 식별하기 쉽게 야적한다.

| 정답 | 489 ④ 490 ④ 491 ③ 492 ②

493

다음 중 취급, 운반의 5원칙으로 틀린 것은?

① 연속운반으로 할 것
② 직선운반으로 할 것
③ 운반 작업을 집중화시킬 것
④ 생산을 최소로 하는 운반을 생각할 것

해설 **취급, 운반의 5원칙**

- 직선운반을 할 것
- 연속운반을 할 것
- 운반작업을 집중화시킬 것
- 생산을 최고로 하는 운반을 생각할 것
- 시간과 경비를 최대한 절약할 수 있는 운반방법을 고려할 것

494

철근을 인력으로 운반할 때의 주의사항으로 틀린 것은?

① 긴 철근은 2인 1조가 되어 어깨메기로 운반한다.
② 긴 철근을 부득이 1인이 운반할 때는 철근의 한쪽을 어깨에 메고 다른 한쪽 끝을 땅에 끌면서 운반한다.
③ 1인이 1회에 운반할 수 있는 적당한 무게한도는 운반자의 몸무게 정도이다.
④ 운반 시에는 항상 양끝을 묶어 운반한다.

해설 **철근을 인력으로 운반 시 주의사항**

- 1인당 무게는 25[kg] 정도가 적절하며, 무리한 운반을 삼가하여야 한다.
- 2인 이상이 1조가 되어 어깨메기로 운반하여야 한다.
- 긴 철근을 부득이 한 사람이 운반할 때에는 한쪽을 어깨에 메고 한쪽 끝을 끌면서 운반하여야 한다.
- 운반할 때에는 양끝을 묶어 운반하여야 한다.
- 내려 놓을 때는 천천히 내려 놓고 던지지 않아야 한다.
- 공동 작업을 할 때에는 신호에 따라 작업을 하여야 한다.

495

중량물의 취급작업 시 근로자의 위험을 방지하기 위하여 사전에 작성하여야 하는 작업계획서 내용에 포함되지 않는 것은?

① 추락위험을 예방할 수 있는 안전대책
② 낙하위험을 예방할 수 있는 안전대책
③ 전도위험을 예방할 수 있는 안전대책
④ 침수위험을 예방할 수 있는 안전대책

해설 **중량물 취급운반 시 작업계획서 내용**

- 추락위험을 예방할 수 있는 안전대책
- 낙하위험을 예방할 수 있는 안전대책
- 전도위험을 예방할 수 있는 안전대책
- 협착위험을 예방할 수 있는 안전대책
- 붕괴위험을 예방할 수 있는 안전대책

496

차량계 하역운반기계에서 화물을 싣거나 내리는 작업에서 작업지휘자가 준수해야 할 사항과 가장 거리가 먼 것은?

① 작업순서 및 그 순서마다의 작업방법을 정하고 작업을 지휘할 것
② 기구 및 공구를 점검하고 불량품을 제거할 것
③ 해당 작업을 하는 장소에 관계 근로자가 아닌 사람이 출입하는 것을 금지할 것
④ 총 화물량을 산출할 것

해설 **차량계 하역운반기계 등에 싣거나 내리는 작업**

단위화물의 무게가 100[kg] 이상인 화물을 싣는 작업 또는 내리는 작업을 하는 경우에 해당 작업의 작업지휘자에게 다음의 사항을 준수하도록 하여야 한다.

- 작업순서 및 그 순서마다의 작업방법을 정하고 지휘할 것
- 기구와 공구를 점검하고 불량품을 제거할 것
- 해당 작업을 하는 장소에 관계 근로자가 아닌 사람의 출입을 금지할 것
- 로프 풀기 작업 또는 덮개 벗기기 작업은 적재함의 화물이 떨어질 위험이 없음을 확인한 후에 하도록 할 것

| 정답 | 493 ④ 494 ③ 495 ④ 496 ④

497

차량계 하역운반기계 등을 이송하기 위하여 자주 또는 견인에 의하여 화물자동차에 싣거나 내리는 작업을 할 때에 준수하여야 할 사항으로 옳지 않은 것은?

① 발판을 사용하는 경우에는 충분한 길이·폭 및 강도를 가진 것을 사용할 것
② 지정운전자의 성명·연락처 등을 보기 쉬운 곳에 표시하고 지정운전자 외에는 운전하지 않도록 할 것
③ 가설대 등을 사용하는 경우에는 충분한 폭 및 강도와 적당한 경사를 확보할 것
④ 싣거나 내리는 작업을 할 때는 편의를 위해 경사지고 견고한 지대에서 할 것

해설 차량계 하역운반기계 등의 이송

차량계 하역운반기계 등을 이송하기 위하여 자주 또는 견인에 의하여 화물자동차에 싣거나 내리는 작업을 할 때에 발판·성토 등을 사용하는 경우에는 해당 차량계 하역운반기계 등의 전도 또는 굴러 떨어짐에 의한 위험을 방지하기 위하여 다음의 사항을 준수하여야 한다.

- 싣거나 내리는 작업은 평탄하고 견고한 장소에서 할 것
- 발판을 사용하는 경우에는 충분한 길이·폭 및 강도를 가진 것을 사용하고 적당한 경사를 유지하기 위하여 견고하게 설치할 것
- 가설대 등을 사용하는 경우에는 충분한 폭 및 강도와 적당한 경사를 확보할 것
- 지정운전자의 성명·연락처 등을 보기 쉬운 곳에 표시하고 지정운전자 외에는 운전하지 않도록 할 것

498

부두 등의 하역작업장에서 부두 또는 안벽의 선을 따라 통로를 설치할 때 최소 폭 기준은?

① 60[cm] 이상 ② 70[cm] 이상
③ 80[cm] 이상 ④ 90[cm] 이상

해설 하역작업장의 조치기준

- 작업장 및 통로의 위험한 부분에는 안전하게 작업할 수 있는 조명을 유지할 것
- 부두 또는 안벽의 선을 따라 통로를 설치하는 경우에는 폭을 90[cm] 이상으로 할 것
- 육상에서의 통로 및 작업장소로서 다리 또는 선거 갑문을 넘는 보도 등의 위험한 부분에는 안전난간 또는 울타리 등을 설치할 것

499

화물자동차에서 짐을 싣는 작업 또는 내리는 작업을 할 때 바닥과 짐 윗면과의 높이가 최소 얼마 이상이면 승강설비를 설치해야 하는가?

① 1[m] ② 1.5[m]
③ 2[m] ④ 3[m]

해설 화물자동차의 승강설비

사업주는 바닥으로부터 짐 윗면까지의 높이가 2[m] 이상인 화물자동차에 짐을 싣는 작업 또는 내리는 작업을 하는 경우에는 근로자의 추가 위험을 방지하기 위하여 해당 작업에 종사하는 근로자가 바닥과 적재함의 짐 윗면 간을 안전하게 오르내리기 위한 설비를 설치하여야 한다.

500

화물을 적재하는 경우에 준수하여야 하는 사항으로 옳지 않은 것은?

① 침하의 우려가 없는 튼튼한 기반 위에 적재할 것
② 건물의 칸막이나 벽 등이 화물의 압력에 견딜 만큼의 강도를 지니지 아니한 경우에는 칸막이나 벽에 기대어 적재하지 않도록 할 것
③ 불안정할 정도로 높이 쌓아 올리지 말 것
④ 편하중이 발생하도록 쌓아 적재효율을 높일 것

해설 화물의 적재 시 준수사항

- 침하 우려가 없는 튼튼한 기반 위에 적재할 것
- 건물의 칸막이나 벽 등이 화물의 압력에 견딜 만큼의 강도를 지니지 아니한 경우에는 칸막이나 벽에 기대어 적재하지 않도록 할 것
- 불안정할 정도로 높이 쌓아 올리지 말 것
- 하중이 한쪽으로 치우치지 않도록 쌓을 것

| 정답 | 497 ④ 498 ④ 499 ③ 500 ④

ENERGY

행동의 가치는 그 행동을 끝까지 이루는 데 있다.

– 칭기즈칸(Chingiz Khan)

PART 02

최신 5개년 기출문제

합격 GUIDE

CBT 방식 직전 최신 5개년 기출문제를 담았습니다. 년도, 회차별 구성으로 시험 실전 감각을 키울 수 있습니다. 또한 모르는 문제는 이론편에서 관련개념을 바로 확인할 수 있도록 효율적으로 구성하였으며 3회독 학습을 통해 5개년 기출문제를 완벽하게 학습할 수 있습니다. 반복적으로 출제되는 문제는 따로 표시하여 시험 직전에 바로 풀어본다면 시험을 효과적으로 준비할 수 있습니다.

최신 법 개정을 반영한
5개년 기출문제

2020년 1, 2회 기출문제

2020년 6월 6일 시행

※ 2020년은 1, 2회 필기시험이 통합 실시되었습니다.

산업재해 예방 및 안전보건교육

001

「보호구 안전인증 고시」에 따른 안전화의 정의 중 ( ) 안에 알맞은 것은?

> 경작업용 안전화란 (㉠)[mm]의 낙하높이에서 시험했을 때 충격과 ((㉡)±0.1)[kN]의 압축하중에서 시험했을 때 압박에 대하여 보호해 줄 수 있는 선심을 부착하여 착용자를 보호하기 위한 안전화를 말한다.

① ㉠ 500, ㉡ 10.0
② ㉠ 250, ㉡ 10.0
③ ㉠ 500, ㉡ 4.4
④ ㉠ 250, ㉡ 4.4

해설 경작업용 안전화란 250[mm]의 낙하높이에서 시험했을 때 충격과 (4.4±0.1)[kN]의 압축하중에서 시험했을 때 압박에 대하여 보호해 줄 수 있는 선심을 부착하여 착용자를 보호하기 위한 안전화를 말한다.

안전화의 종류

안전화	낙하높이[mm]	압축하중[kN]
중작업용	1,000	15.0±0.1
보통작업용	500	10.0±0.1
경작업용	250	4.4±0.1

관련개념 CHAPTER 02 안전보호구 관리

002

「산업안전보건법령」상 안전보건표지의 종류와 형태 중 그림과 같은 경고표지는?(단, 바탕은 무색, 기본모형은 빨간색, 그림은 검은색이다.)

① 부식성물질 경고
② 폭발성물질 경고
③ 산화성물질 경고
④ 인화성물질 경고

해설 **경고표지**

부식성물질경고	폭발성물질경고	산화성물질경고	인화성물질경고

관련개념 CHAPTER 02 안전보호구 관리

003

일반적으로 사업장에서 안전관리조직을 구성할 때 고려할 사항과 가장 거리가 먼 것은?

① 조직 구성원의 책임과 권한을 명확하게 한다.
② 회사의 특성과 규모에 부합되게 조직되어야 한다.
③ 생산조직과는 동떨어진 독특한 조직이 되도록 하여 효율성을 높인다.
④ 조직의 기능이 충분히 발휘될 수 있는 제도적 체계가 갖추어져야 한다.

해설 안전관리조직을 구성하는 목적은 근로자의 안전과 설비의 안전을 확보하여 생산의 합리화를 기하는 데 있다.

관련개념 CHAPTER 01 산업재해예방 계획 수립

| 정답 | 001 ④ 002 ④ 003 ③

004

주의의 특성으로 볼 수 없는 것은?

① 변동성 ② 선택성
③ 방향성 ④ 통합성

해설 **주의의 특성**

- 선택성(한 번에 많은 종류의 자극을 받을 때 소수의 특정한 것에만 반응하는 성질)
- 방향성(시선의 초점이 맞았을 때 쉽게 인지됨)
- 변동성(인간은 한 점에 계속하여 주의를 집중할 수 없음)

관련개념 CHAPTER 04 인간의 행동과학

005

상시 근로자수가 75명인 사업장에서 1일 8시간씩 연간 320일을 작업하는 동안에 4건의 재해가 발생하였다면 이 사업장의 도수율은 약 얼마인가?

① 17.68 ② 19.67
③ 20.83 ④ 22.83

해설 **도수율(빈도율)**

$$\text{도수율}=\frac{\text{재해건수}}{\text{연근로시간 수}}\times 1{,}000{,}000$$

$$=\frac{4}{75\times(8\times 320)}\times 1{,}000{,}000=20.83$$

관련개념 SUBJECT 03 기계·기구 및 설비 안전관리
CHAPTER 02 기계분야 산업재해 조사 및 관리

006

테크니컬 스킬즈(Technical Skills)에 관한 설명으로 옳은 것은?

① 모럴(Morale)을 앙양시키는 능력
② 인간을 사물에게 적응시키는 능력
③ 사물을 인간에게 유리하게 처리하는 능력
④ 인간과 인간의 의사소통을 원활히 처리하는 능력

해설 **테크니컬 스킬즈**

사물을 인간에게 유익하도록 처리하는 능력이다.

관련개념 CHAPTER 04 인간의 행동과학

007

산업재해 예방의 4원칙 중 '재해발생에는 반드시 원인이 있다.'라는 원칙은?

① 대책선정의 원칙 ② 원인계기의 원칙
③ 손실우연의 원칙 ④ 예방가능의 원칙

해설 **재해예방의 4원칙**

① 대책선정의 원칙: 재해예방을 위한 가능한 안전대책은 반드시 존재한다.
② 원인계기의 원칙: 재해발생은 반드시 원인이 있다.
③ 손실우연의 원칙: 재해손실은 사고발생 시 사고대상의 조건에 따라 달라지므로 한 사고의 결과로서 생긴 재해손실은 우연성에 의해서 결정된다.
④ 예방가능의 원칙: 재해는 원칙적으로 원인만 제거하면 예방이 가능하다.

관련개념 CHAPTER 01 산업재해예방 계획 수립

008

하인리히 재해 발생 5단계 중 3단계에 해당하는 것은?

① 불안전한 행동 또는 불안전한 상태
② 사회적 환경 및 유전적 요소
③ 관리의 부재
④ 사고

해설 **하인리히(H. W. Heinrich)의 도미노 이론(사고발생의 연쇄성)**

- 1단계: 사회적 환경 및 유전적 요소(기초 원인)
- 2단계: 개인의 결함(간접 원인)
- 3단계: 불안전한 행동 및 불안전한 상태(직접 원인) → 제거(효과적임)
- 4단계: 사고
- 5단계: 재해

관련개념 CHAPTER 01 산업재해예방 계획 수립

| 정답 | 004 ④ 005 ③ 006 ③ 007 ② 008 ①

009

조직이 리더에게 부여하는 권한으로 볼 수 없는 것은?

① 보상적 권한 ② 강압적 권한
③ 합법적 권한 ④ 위임된 권한

해설 위임된 권한은 조직이 부여하지 않았지만 부하(Followers)가 부여해 주는 리더의 권한이다.

관련개념 CHAPTER 04 인간의 행동과학

010

기억의 과정 중 과거의 학습경험을 통해서 학습된 행동이 현재와 미래에 지속되는 것을 무엇이라 하는가?

① 기명(Memorizing) ② 파지(Retention)
③ 재생(Recall) ④ 재인(Recognition)

해설 **기억의 4단계**
㉠ 기명: 사물, 현상, 정보 등을 마음에 간직하는 것
㉡ 파지: 사물, 현상, 정보 등이 보존(지속)되는 것
㉢ 재생: 보존된 인상이 다시 의식으로 떠오르는 것
㉣ 재인: 과거에 경험했던 것과 비슷한 상태에 부딪혔을 때 떠오르는 것

관련개념 CHAPTER 05 안전보건교육의 내용 및 방법

011

심리검사의 특징 중 '검사의 관리를 위한 조건과 절차의 일관성과 통일성'을 의미하는 것은?

① 규준 ② 표준화
③ 객관성 ④ 신뢰성

해설 **심리검사의 특성 – 표준화**
검사의 관리를 위한 조건, 절차의 일관성과 통일성에 대한 심리검사의 표준화가 마련되어야 한다. 검사의 재료, 검사받는 시간, 피검사자에게 주어지는 지시, 피검사자의 질문에 대한 검사자의 처리, 검사 장소 및 분위기까지도 모두 통일되어 있어야 한다.

관련개념 CHAPTER 03 산업안전심리

012

「산업안전보건법령」상 특별교육 대상 작업 기준으로 틀린 것은?

① 전압이 75[V] 이상인 정전 및 활선작업
② 굴착면의 높이가 2[m] 이상이 되는 지반 굴착작업
③ 동력에 의하여 작동되는 프레스기계를 3대 이상 보유한 사업장에서 해당 기계로 하는 작업
④ 1톤 미만의 크레인 또는 호이스트를 5대 이상 보유한 사업장에서 해당 기계로 하는 작업

해설 동력에 의하여 작동되는 프레스기계를 5대 이상 보유한 사업장에서 해당 기계로 하는 작업이 특별교육 대상 작업 기준이다.

관련개념 CHAPTER 05 안전보건교육의 내용 및 방법

| 정답 | 009 ④ 010 ② 011 ② 012 ③

013

기계 · 기구 또는 설비의 신설, 변경 또는 고장, 수리 등 부정기적인 점검을 말하며, 기술적 책임자가 시행하는 점검은?

① 정기점검 ② 수시점검
③ 특별점검 ④ 임시점검

해설 **특별점검**
기계 · 기구의 신설 및 변경 또는 고장, 수리 등에 의해 부정기적으로 실시하는 점검, 안전강조기간에 실시하는 점검 등

관련개념 SUBJECT 03 기계 · 기구 및 설비 안전관리
CHAPTER 02 기계분야 산업재해 조사 및 관리

014

위험예지훈련 기초 4라운드(4R)에서 라운드별 내용이 바르게 연결된 것은?

① 1라운드: 현상파악 ② 2라운드: 대책수립
③ 3라운드: 목표설정 ④ 4라운드: 본질추구

해설 **위험예지훈련의 추진을 위한 문제해결 4단계(4라운드)**
- 1라운드: 현상파악(사실의 파악)
- 2라운드: 본질추구(원인조사)
- 3라운드: 대책수립(대책을 세운다)
- 4라운드: 목표설정(행동계획 작성)

관련개념 CHAPTER 01 산업재해예방 계획 수립

015

다음 중 매슬로우(Maslow)가 제창한 인간의 욕구 5단계 이론을 단계별로 옳게 나열한 것은?

① 생리적 욕구 → 안전 욕구 → 사회적 욕구 → 존경의 욕구 → 자아실현의 욕구
② 안전 욕구 → 생리적 욕구 → 사회적 욕구 → 존경의 욕구 → 자아실현의 욕구
③ 사회적 욕구 → 생리적 욕구 → 안전 욕구 → 존경의 욕구 → 자아실현의 욕구
④ 사회적 욕구 → 안전 욕구 → 생리적 욕구 → 존경의 욕구 → 자아실현의 욕구

해설 **매슬로우(Maslow)의 욕구위계이론**
- 제1단계: 생리적 욕구
- 제2단계: 안전의 욕구
- 제3단계: 사회적 욕구(친화 욕구)
- 제4단계: 자기존경의 욕구(안정의 욕구 또는 자기존중의 욕구)
- 제5단계: 자아실현의 욕구(성취욕구)

관련개념 CHAPTER 04 인간의 행동과학

016

교육의 3요소 중 교육의 주체에 해당하는 것은?

① 강사 ② 교재
③ 수강자 ④ 교육방법

해설 **교육의 3요소**
- 주체: 강사
- 객체: 수강자(학생)
- 매개체: 교재(교육내용)

관련개념 CHAPTER 05 안전보건교육의 내용 및 방법

| 정답 | 013 ③ 014 ① 015 ① 016 ①

017

OJT(On the Job Training) 교육의 장점과 가장 거리가 먼 것은?

① 훈련에만 전념할 수 있다.
② 직장의 실정에 맞게 실제적 훈련이 가능하다.
③ 개개인의 업무능력에 적합한 자세한 교육이 가능하다.
④ 교육을 통하여 상사와 부하 간의 의사소통과 신뢰감이 깊어진다.

해설 훈련에만 전념할 수 있는 교육은 Off JT(직장 외 교육훈련)의 특징이다.

관련개념 CHAPTER 05 안전보건교육의 내용 및 방법

018

재해의 원인 분석법 중 사고의 유형, 기인물 등 분류 항목을 큰 순서대로 도표화하여 문제나 목표의 이해가 편리한 것은?

① 관리도(Control Chart)
② 파레토도(Pareto Diagram)
③ 클로즈분석(Close Analysis)
④ 특성요인도(Cause-reason Diagram)

해설 **재해의 통계적 원인분석 방법**

① 관리도: 재해발생 건수 등의 추이를 파악하여 목표관리를 행하는 데 필요한 월별 재해발생수를 그래프화하여 관리선을 설정하고 관리하는 방법이다.
② 파레토도: 분류항목을 큰 순서대로 도표화한 분석법이다.
③ 클로즈(Close)분석도: 데이터(Data)를 집계하고 표로 표시하여 요인별 결과 내역을 교차한 클로즈 그림을 작성하여 분석하는 방법이다.
④ 특성요인도: 특성과 요인관계를 도표로 하여 어골상으로 세분화한 분석법으로 원인과 결과를 연계하여 상호관계를 파악한다.

관련개념 SUBJECT 03 기계 · 기구 및 설비 안전관리
CHAPTER 02 기계분야 산업재해 조사 및 관리

019

산업 재해의 발생 유형으로 볼 수 없는 것은?

① 지그재그형 ② 집중형
③ 연쇄형 ④ 복합형

해설 **재해(사고)발생 시의 유형(모델)**

- 단순자극형(집중형)
- 연쇄형(사슬형)
- 복합형

관련개념 SUBJECT 03 기계 · 기구 및 설비 안전관리
CHAPTER 02 기계분야 산업재해 조사 및 관리

020

「산업안전보건법령」상 근로자 안전보건교육 중 채용 시의 교육 및 작업내용 변경 시의 교육 사항으로 옳은 것은?

① 물질안전보건자료에 관한 사항
② 건강증진 및 질병 예방에 관한 사항
③ 유해 · 위험 작업환경 관리에 관한 사항
④ 표준안전 작업방법 결정 및 지도 · 감독 요령에 관한 사항

해설 ②는 근로자 정기교육 사항이고, ③은 근로자 및 관리감독자 정기교육 사항, ④는 관리감독자 정기교육, 채용 시 교육 및 작업내용 변경 시 교육 사항이다.

관련개념 CHAPTER 05 안전보건교육의 내용 및 방법

| 정답 | 017 ① 018 ② 019 ① 020 ①

인간공학 및 위험성평가 · 관리

021

건구온도 38[℃], 습구온도 32[℃]일 때의 Oxford 지수는 몇 [℃]인가?

① 30.2 ② 32.9
③ 35.3 ④ 37.1

해설 옥스퍼드(Oxford) 지수(습건지수)

$W_D = 0.85W(\text{습구온도}) + 0.15D(\text{건구온도})$
$= 0.85 \times 32 + 0.15 \times 38 = 32.9[℃]$

관련개념 CHAPTER 06 작업환경 관리

022

시스템의 성능 저하가 인원의 부상이나 시스템 전체에 중대한 손해를 입히지 않고 제어가 가능한 상태의 위험강도는?

① 범주 Ⅰ: 파국적 ② 범주 Ⅱ: 위기적
③ 범주 Ⅲ: 한계적 ④ 범주 Ⅳ: 무시

해설 미국방성 위험성평가의 위험도 기준(MIL-STD-882B)에 따른 심각도 분류

구분	내용
범주(Category) Ⅰ 파국(Catastrophic)	인원의 사망 또는 중상, 완전한 시스템의 손상을 일으킴
범주(Category) Ⅱ 중대(위험)(Critical)	인원의 상해 또는 주요 시스템의 생존을 위해 즉시 시정조치 필요
범주(Category) Ⅲ 한계(Marginal)	시스템의 성능저하나 인원의 상해 또는 중대한 시스템의 손상없이 배제 또는 제거 가능
범주(Category) Ⅳ 무시가능(Negligible)	인원의 손상이나 시스템의 성능 기능에 손상이 일어나지 않음

관련개념 CHAPTER 02 위험성 파악 · 결정

023

결함수분석법에서 일정 조합 안에 포함되는 기본사상들이 동시에 발생할 때 반드시 목표사상을 발생시키는 조합을 무엇이라 하는가?

① Cut set ② Decision tree
③ Path set ④ 불 대수

해설 컷셋(Cut Set)

정상사상을 발생시키는 기본사상의 집합으로 그 안에 포함되는 모든 기본사상이 발생할 때 정상사상을 발생시키는 기본사상의 집합이다.

관련개념 CHAPTER 02 위험성 파악 · 결정

024

통제 표시비(C/D비)를 설계할 때의 고려할 사항으로 가장 거리가 먼 것은?

① 공차 ② 운동성
③ 조작시간 ④ 계기의 크기

해설 통제 표시비의 설계 시 고려해야 할 요소

- 계기의 크기
- 공차
- 목시거리
- 조작시간
- 방향성

관련개념 CHAPTER 06 작업환경 관리

| 정답 | 021 ② 022 ③ 023 ① 024 ②

025

모든 시스템안전프로그램 중 최초 단계의 분석으로 시스템 내의 위험요소가 어떤 상태에 있는지를 정성적으로 평가하는 방법은?

① CA ② FHA
③ PHA ④ FMEA

해설 **예비위험분석(PHA)**

시스템 내의 위험요소가 얼마나 위험한 상태에 있는가를 평가하는 시스템 안전프로그램의 최초단계(시스템 구상단계)의 정성적인 분석 방식이다.

관련개념 CHAPTER 02 위험성 파악 · 결정

026

건강한 남성이 8시간 동안 특정 작업을 실시하고, 분당 산소 소비량이 1.1[L/min]으로 나타났다면 8시간 총 작업시간에 포함될 휴식시간은 약 몇 분인가?(단, Murrell의 방법을 적용하며, 휴식 중 에너지소비율은 1.5[kcal/min]이다.)

① 30분 ② 54분
③ 60분 ④ 75분

해설 **휴식시간 산정**

- 작업의 평균 에너지소비량
  산소 1[L]당 5[kcal]의 에너지를 소모하기 때문에 작업 시 에너지소비량을 계산할 때에는 분당 산소 소비량에 5[kcal/L]를 곱한다.
  $1.1[L/min]\times5[kcal/L]=5.5[kcal/min]$
- 전체작업시간$=8[h]\times60[min/h]=480[min]$
- 휴식시간$(R)=\dfrac{480(E-5)}{E-1.5}=\dfrac{480\times(5.5-5)}{5.5-1.5}=60[min]$
  여기서, E: 작업의 평균 에너지소비량[kcal/min]

관련개념 CHAPTER 06 작업환경 관리

027

점광원(point source)에서 표면에 비추는 조도[lux]의 크기를 나타내는 식으로 옳은 것은?(단, D는 광원으로부터의 거리를 말한다.)

① $\dfrac{\text{광속}[fc]}{D^2[m^2]}$ ② $\dfrac{\text{광속}[lm]}{D[m]}$
③ $\dfrac{\text{광속}[lm]}{D^2[m^2]}$ ④ $\dfrac{\text{광속}[fL]}{D[m]}$

해설 **조도(Illuminance)**

어떤 물체나 대상면에 도달하는 빛의 양(단위: [lux])

$\text{조도}[lux]=\dfrac{\text{광속}[lumen]}{(\text{거리}[m])^2}$

관련개념 CHAPTER 06 작업환경 관리

028

다음 중 설비보전관리에서 설비이력카드, MTBF분석표, 고장원인대책표와 관련이 깊은 관리는?

① 보전기록관리 ② 보전자재관리
③ 보전작업관리 ④ 예방보전관리

해설 설비이력카드, MTBF분석표, 고장원인대책표는 설비를 항상 정상, 양호한 상태로 유지 · 보전하기 위해 기록 · 관리하는 서류이다.

관련개념 CHAPTER 03 위험성 감소대책 수립 · 실행

| 정답 | 025 ③ 026 ③ 027 ③ 028 ①

029

인간-기계 시스템에서 기계와 비교한 인간의 장점으로 볼 수 없는 것은?(단, 인공지능과 관련된 사항은 제외한다.)

① 완전히 새로운 해결책을 찾아낸다.
② 여러 개의 프로그램된 활동을 동시에 수행한다.
③ 다양한 경험을 토대로 하여 의사결정을 한다.
④ 상황에 따라 변화하는 복잡한 자극 형태를 식별한다.

해설 여러 개의 프로그램을 동시에 수행(과부하 시에도 효율적으로 작동)하는 것은 기계가 인간을 능가하는 기능에 해당한다.

관련개념 CHAPTER 01 안전과 인간공학

030

인터페이스 설계 시 고려해야 하는 인간과 기계와의 조화성에 해당되지 않는 것은?

① 지적 조화성　② 신체적 조화성
③ 감성적 조화성　④ 심미적 조화성

해설 인간과 기계(시스템) 인터페이스 설계에서의 인간과 기계의 조화성은 다음 3가지 차원이 고려되어야 한다.

- 인지적 조화성
- 감성적 조화성
- 신체적 조화성

관련개념 CHAPTER 01 안전과 인간공학

031

반복되는 사건이 많이 있는 경우, FTA의 최소 컷셋과 관련이 없는 것은?

① Fussel Algorithm
② Boolean Algorithm
③ Monte Carlo Algorithm
④ Limnios & Ziani Algorithm

해설 **몬테 카를로 알고리즘(Monte Carlo Algorithm)**

- 확률적 알고리즘으로서 단 한 번의 과정으로 정확한 해를 구하기 어려운 경우 무작위로 난수를 반복적으로 발생하여 해를 구하는 절차이다.
- 어떤 분석 대상에 대한 완전한 확률 분포가 주어지지 않을 때 유용하다.

관련개념 CHAPTER 02 위험성 파악 · 결정

032

인간공학적 수공구의 설계에 관한 설명으로 옳은 것은?

① 수공구 사용 시 무게 균형이 유지되도록 설계한다.
② 손잡이 크기를 수공구 크기에 맞추어 설계한다.
③ 힘을 요하는 수공구의 손잡이는 직경을 60[mm] 이상으로 한다.
④ 정밀 작업용 수공구의 손잡이는 직경을 5[mm] 이하로 한다.

해설 수공구와 장치설계 시 최대한 공구의 무게를 줄이고, 사용 시 무게 균형이 유지되도록 설계하여야 한다.

손잡이의 크기

사용하려는 공구가 큰 힘이 필요한지, 정밀함이 필요한지 확인하여 공구 손잡이의 지름과 너비를 결정한다.

손잡이 형태	작업 형태	지름[cm]
단일 손잡이	힘이 필요한 작업	3.2~5.1(권장: 3.8)
	정밀함이 필요한 작업	0.7~1.3(권장: 1.1)

관련개념 CHAPTER 06 작업환경 관리

033

공간 배치의 원칙에 해당되지 않는 것은?

① 중요성의 원칙　② 다양성의 원칙
③ 사용빈도의 원칙　④ 기능별 배치의 원칙

해설 **부품배치의 원칙**

- 중요성의 원칙
- 사용빈도의 원칙
- 기능별 배치의 원칙
- 사용순서의 원칙

관련개념 CHAPTER 06 작업환경 관리

034

화학공장(석유화학사업장 등)에서 가동문제를 파악하는 데 널리 사용되며, 위험요소를 예측하고, 새로운 공정에 대한 가동문제를 예측하는 데 사용되는 위험성평가방법은?

① SHA　② EVP
③ CCFA　④ HAZOP

해설 **위험성 및 운전성 검토(HAZOP)**

각각의 장비에 대해 잠재된 위험이나 기능저하, 운전, 잘못 등과 전체로서의 시설에 결과적으로 미칠 수 있는 영향 등을 평가하기 위해서 공정이나 설계도 등에 체계적이고 비판적인 검토를 행하는 것을 말한다.

관련개념 CHAPTER 02 위험성 파악 · 결정

035

작업자가 100개의 부품을 육안 검사하여 20개의 불량품을 발견하였다. 실제 불량품이 40개라면 인간에러(Human Error) 확률은 약 얼마인가?

① 0.2　② 0.3
③ 0.4　④ 0.5

해설 **인간실수 확률(HEP; Human Error Probability)**

특정 직무에서 하나의 착오가 발생할 확률이다.

$$HEP=\frac{\text{인간실수의 수}}{\text{실수발생의 전체 기회수}}=\frac{40-20}{100}=0.2$$

관련개념 CHAPTER 01 안전과 인간공학

036

글자의 설계 요소 중 검은 바탕에 쓰여진 흰 글자가 번져 보이는 현상과 가장 관련 있는 것은?

① 획폭비　② 글자체
③ 종이 크기　④ 글자 두께

해설 검은 바탕의 흰 글자는 주위의 검은 배경으로 번져 보이는 광삼현상이 발생한다. 이는 문자나 숫자의 높이에 대한 획 굵기의 비율인 획폭비와 관련이 있다.

관련개념 CHAPTER 06 작업환경 관리

037

FTA에 사용되는 기호 중 다음 기호에 해당하는 것은?

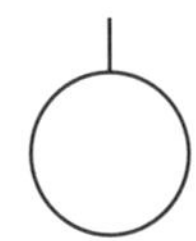

① 생략사상　② 부정사상
③ 결함사상　④ 기본사상

해설

기호	명칭	설명
	기본사상	더 이상 전개되지 않는 기본사상

관련개념 CHAPTER 02 위험성 파악 · 결정

038

휴먼에러(Human Error)의 분류 중 필요한 임무나 절차의 순서 착오로 인하여 발생하는 오류는?

① Omission Error　② Sequential Error
③ Commission Error　④ Extraneous Error

해설 **순서에러(Sequential Error)**

작업수행의 순서를 잘못한 실수이다.

관련개념 CHAPTER 01 안전과 인간공학

| 정답 | 033 ② 034 ④ 035 ① 036 ① 037 ④ 038 ②

039

가청주파수 내에서 사람의 귀가 가장 민감하게 반응하는 주파수 내역은?

① 20~20,000[Hz]　② 50~15,000[Hz]
③ 100~10,000[Hz]　④ 500~3,000[Hz]

해설 청각적 경계 및 경보신호 선택 시 귀는 중음역에 가장 민감하므로 500~3,000[Hz]를 사용한다.

관련개념 CHAPTER 06 작업환경 관리

040

다음은 $\frac{1}{100}$초 동안 발생한 3개의 음파를 나타낸 것이다. 음의 세기가 가장 큰 것과 가장 높은 음은 무엇인가?

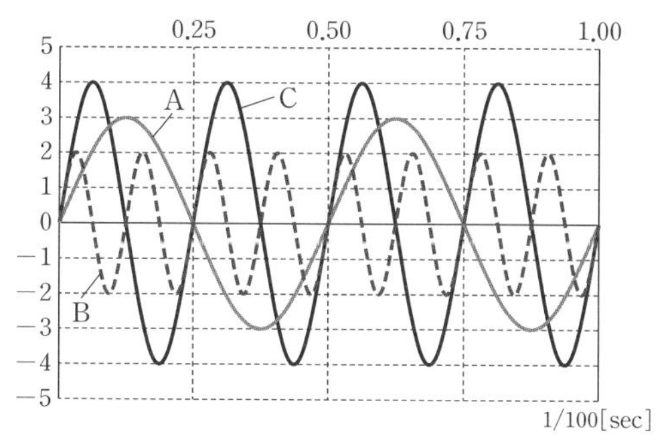

① 가장 큰 음의 세기: A, 가장 높은 음: B
② 가장 큰 음의 세기: C, 가장 높은 음: B
③ 가장 큰 음의 세기: C, 가장 높은 음: A
④ 가장 큰 음의 세기: B, 가장 높은 음: C

해설 인간이 감지하는 음의 세기는 진폭이며, 진폭이 클수록 음의 세기가 크므로 C 음파의 음의 세기가 가장 크다. 또한, 진동수(주파수)는 음의 높낮이를 나타내며, 진동수가 높을수록 음이 높으므로 B 음파의 음의 높이가 가장 높다.

관련개념 CHAPTER 06 작업환경 관리

기계 · 기구 및 설비 안전관리

041

「산업안전보건법령」상 프레스를 사용하여 작업을 할 때 작업시작 전 점검항목에 해당하지 않는 것은?

① 전선 및 접속부 상태
② 클러치 및 브레이크의 기능
③ 프레스의 금형 및 고정볼트 상태
④ 1행정 1정지기구 · 급정지장치 및 비상정지장치의 기능

해설 전선 및 접속부 상태는 이동식 방폭구조 전기기계 · 기구를 사용할 때 작업시작 전 점검항목이다.

관련개념 CHAPTER 02 기계분야 산업재해 조사 및 관리

042

다음 중 연삭기를 이용한 작업을 할 경우 연삭숫돌을 교체한 후에는 얼마 동안 시험운전을 하여야 하는가?

① 1분 이상　② 3분 이상
③ 10분 이상　④ 15분 이상

해설 연삭숫돌을 사용하는 작업의 경우 작업을 시작하기 전에는 1분 이상, 연삭숫돌을 교체한 후에는 3분 이상 시험운전을 하고 해당 기계에 이상이 있는지를 확인하여야 한다.

관련개념 CHAPTER 03 공작기계의 안전

| 정답 | 039 ④　040 ②　041 ①　042 ②

043

프레스기가 작동 후 작업점까지의 도달시간이 0.2초 걸렸다면, 양수기동식 방호장치의 설치거리는 최소 얼마인가?

① 3.2[cm] ② 32[cm]
③ 6.4[cm] ④ 64[cm]

해설 **양수기동식 방호장치의 안전거리**

$D_m = 1,600 \times T_m = 1,600 \times 0.2 = 320[mm] = 32[cm]$

여기서, T_m: 누름버튼을 누른 때부터 사용하는 프레스의 슬라이드가 하사점에 도달하기까지의 소요 최대시간[초]

관련개념 CHAPTER 04 프레스 및 전단기의 안전

044

대패기계용 덮개의 시험 방법에서 날접촉 예방장치인 덮개와 송급테이블면과의 간격기준은 몇 [mm] 이하여야 하는가?

① 3 ② 5
③ 8 ④ 12

해설 날접촉 예방장치인 덮개와 송급테이블면과의 간격이 8[mm] 이하이어야 한다.

대패기계용 덮개의 작동시험방법

대패기계에 직접 부착하여 다음과 같은 작동상태를 3회 이상 반복 시험한다.

- 가동식 방호장치는 스프링의 복원력상태 및 날과 덮개와의 접촉유무를 확인한다.
- 가동부의 고정상태 및 작업자의 접촉으로 인한 위험성 유무를 확인한다.
- 날접촉 예방장치인 덮개와 송급테이블면과의 간격이 8[mm] 이하이어야 한다.
- 작업에 방해의 유무, 안전성의 여부를 확인한다.

관련개념 CHAPTER 05 기타 산업용 기계 · 기구

045

프레스 등의 금형을 부착 · 해체 또는 조정 작업 중 슬라이드가 갑자기 작동하여 근로자에게 발생할 수 있는 위험을 방지하기 위하여 설치하는 것은?

① 방호울 ② 안전블록
③ 시건장치 ④ 게이트 가드

해설 프레스 등의 금형을 부착 · 해체 또는 조정하는 작업을 할 때에 해당 작업에 종사하는 근로자의 신체가 위험한계 내에 있는 경우 슬라이드가 갑자기 작동함으로써 근로자에게 발생할 우려가 있는 위험을 방지하기 위하여 안전블록을 사용하는 등 필요한 조치를 하여야 한다.

관련개념 CHAPTER 04 프레스 및 전단기의 안전

046

작업장 내 운반을 주목적으로 하는 구내운반차가 준수해야 할 사항으로 옳지 않은 것은?

① 주행을 제동하거나 정지상태를 유지하기 위하여 유효한 제동장치를 갖출 것
② 경음기를 갖출 것
③ 핸들의 중심에서 차체 바깥 측까지의 거리가 65[cm] 이내일 것
④ 운전석이 차 실내에 있는 것은 좌우에 한 개씩 방향지시기를 갖출 것

해설 **구내운반차 사용 시 준수사항**

- 주행을 제동하거나 정지상태를 유지하기 위하여 유효한 제동장치를 갖출 것
- 경음기를 갖출 것
- 운전석이 차 실내에 있는 것은 좌우에 한 개씩 방향지시기를 갖출 것
- 전조등과 후미등을 갖출 것

※ 보기 ③과 관련된 조항은 법령이 개정되면서 삭제되었습니다.

관련개념 CHAPTER 06 운반기계 및 양중기

| 정답 | 043 ② 044 ③ 045 ② 046 ③

047

선반작업의 안전사항으로 틀린 것은?

① 베드 위에 공구를 올려놓지 않아야 한다.
② 바이트를 교환할 때는 기계를 정지시키고 한다.
③ 바이트는 끝을 길게 장치한다.
④ 반드시 보안경을 착용한다.

해설 선반작업 시 바이트는 끝을 짧게 장치하여야 한다.

관련개념 CHAPTER 03 공작기계의 안전

048

「산업안전보건법령」상 양중기에 사용하지 않아야 하는 달기 체인의 기준으로 틀린 것은?

① 심하게 변형된 것
② 균열이 있는 것
③ 달기 체인의 길이가 달기 체인이 제조된 때의 길이의 3[%]를 초과한 것
④ 링의 단면지름이 달기 체인이 제조된 때의 해당 링의 지름의 10[%]를 초과하여 감소한 것

해설 달기 체인의 길이가 달기 체인이 제조된 때의 길이의 5[%]를 초과한 것은 사용할 수 없다.

관련개념 CHAPTER 06 운반기계 및 양중기

049

기계설비의 방호를 위험장소에 대한 방호와 위험원에 대한 방호로 분류할 때, 다음 중 위험원에 대한 방호장치에 해당하는 것은?

① 격리형 방호장치 ② 포집형 방호장치
③ 접근거부형 방호장치 ④ 위치제한형 방호장치

해설

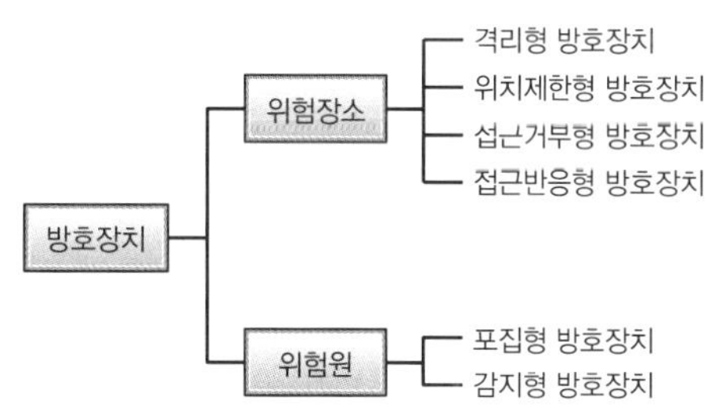

관련개념 CHAPTER 01 기계공정의 안전, 기계안전시설 관리

050

산업용 로봇 작업 시 안전조치 방법으로 틀린 것은?

① 작업 중의 매니퓰레이터의 속도 지침에 따라 작업한다.
② 로봇의 조작방법 및 순서의 지침에 따라 작업한다.
③ 작업을 하고 있는 동안 해당 작업 근로자 이외에도 로봇의 기동스위치를 조작할 수 있도록 한다.
④ 2명 이상의 근로자에게 작업을 시킬 때는 신호 방법의 지침을 정하고 그 지침에 따라 작업한다.

해설 작업을 하고 있는 동안 로봇의 기동스위치 등에 작업 중이라는 표시를 하는 등 작업에 종사하고 있는 근로자가 아닌 사람이 그 스위치 등을 조작할 수 없도록 필요한 조치를 하여야 한다.

관련개념 CHAPTER 05 기타 산업용 기계 · 기구

| 정답 | 047 ③ 048 ③ 049 ② 050 ③

051

크레인 작업 시 조치사항 중 틀린 것은?

① 인양할 하물은 바닥에서 끌어당기거나, 밀어내는 작업을 하지 아니할 것
② 유류드럼이나 가스통 등의 위험물 용기는 보관함에 담아 안전하게 매달아 운반할 것
③ 고정된 물체는 직접 분리, 제거하는 작업을 할 것
④ 근로자의 출입을 통제하여 하물이 작업자의 머리 위로 통과하지 않게 할 것

해설 크레인 작업 시 고정된 물체를 직접 분리·제거하는 작업을 하지 않아야 한다.

관련개념 CHAPTER 06 운반기계 및 양중기

052

연삭기 숫돌의 파괴 원인으로 볼 수 없는 것은?

① 숫돌의 회전속도가 너무 빠를 때
② 숫돌 자체에 균열이 있을 때
③ 숫돌의 정면을 사용할 때
④ 숫돌에 과대한 충격을 줄 때

해설 숫돌의 측면을 일감으로써 심하게 가압했을 경우(특히 숫돌이 얇을 때 위험) 연삭기 숫돌의 파괴 원인이 된다.

관련개념 CHAPTER 03 공작기계의 안전

053

롤러기에 사용되는 급정지장치의 종류가 아닌 것은?

① 손조작식　② 발조작식
③ 무릎조작식　④ 복부조작식

해설 **롤러기 급정지장치의 종류**
- 손조작식
- 복부조작식
- 무릎조작식

관련개념 CHAPTER 05 기타 산업용 기계·기구

054

드릴 작업의 안전조치 사항으로 틀린 것은?

① 칩은 와이어 브러시로 제거한다.
② 드릴 작업에서는 보안경을 쓰거나 안전덮개를 설치한다.
③ 칩에 의한 자상을 방지하기 위해 면장갑을 착용한다.
④ 바이스 등을 사용하여 작업 중 공작물의 유동을 방지한다.

해설 드릴링 머신의 작업 시 장갑을 끼고 작업을 하지 않아야 한다.

관련개념 CHAPTER 03 공작기계의 안전

055

밀링머신의 작업 시 안전수칙에 대한 설명으로 틀린 것은?

① 커터의 교환 시는 테이블 위에 목재를 받쳐 놓는다.
② 강력 절삭 시에는 일감을 바이스에 깊게 물린다.
③ 작업 중 면장갑은 착용하지 않는다.
④ 커터는 가능한 칼럼(Column)으로부터 멀리 설치한다.

해설 밀링머신 작업 시 커터는 될 수 있는 한 칼럼(Column)에 가깝게 설치한다.

관련개념 CHAPTER 03 공작기계의 안전

| 정답 | 051 ③　052 ③　053 ②　054 ③　055 ④

056

연삭숫돌과 작업받침대, 교반기의 날개와 하우스 등 기계의 회전 운동하는 부분과 고정부분 사이에 위험이 형성되는 위험점은?

① 물림점 ② 끼임점
③ 절단점 ④ 접선물림점

해설 **끼임점(Shear Point)**
기계의 고정부분과 회전 또는 직선운동 부분 사이에 형성되는 위험점이다.
예 회전 풀리와 베드 사이, 연삭숫돌과 작업대, 교반기의 날개와 하우스

관련개념 CHAPTER 01 기계공정의 안전, 기계안전시설 관리

057

보일러의 연도(굴뚝)에서 버려지는 여열을 이용하여 보일러에 공급되는 급수를 예열하는 부속장치는?

① 과열기 ② 절탄기
③ 공기예열기 ④ 연소장치

해설 **절탄기(Economizer)**
보일러의 부속장치로 연도를 흐르는 여열을 이용하여 보일러에 공급되는 급수를 예열함으로써 증발량을 증가시키고 연료소비량을 감소시키기 위한 장치이다.

관련개념 CHAPTER 05 기타 산업용 기계 · 기구

058

다음 중 컨베이어의 안전장치가 아닌 것은?

① 이탈 및 역주행방지장치
② 비상정지장치
③ 덮개 또는 울
④ 비상난간

해설 **컨베이어 방호장치의 종류**
- 이탈 및 역주행방지장치
- 비상정지장치
- 덮개 또는 울
- 건널다리

관련개념 CHAPTER 06 운반기계 및 양중기

059

개구부에서 회전하는 롤러의 위험점까지 최단거리가 60[mm]일 때 개구부 간격은?

① 10[mm] ② 12[mm]
③ 13[mm] ④ 15[mm]

해설 **가드를 설치할 때 일반적인 개구부의 간격**
$Y=6+0.15X=6+0.15\times60=15$[mm]
여기서, Y: 개구부의 간격[mm]
X: 개구부에서 위험점까지의 최단거리[mm] ($X<160$[mm])

관련개념 CHAPTER 05 기타 산업용 기계 · 기구

060

선반의 크기를 표시하는 것으로 틀린 것은?

① 양쪽 센터 사이의 최대 거리
② 왕복대 위의 스윙
③ 베드 위의 스윙
④ 주축에 물릴 수 있는 공작물의 최대 지름

해설 **선반의 크기**
베드 위의 스윙, 왕복대 위의 스윙, 양 센터 사이의 최대 거리, 관습상 베드의 길이

관련개념 CHAPTER 03 공작기계의 안전

| 정답 | 056 ② 057 ② 058 ④ 059 ④ 060 ④

전기 및 화학설비 안전관리

061

내전압용 절연장갑의 등급에 따른 최대사용전압이 올바르게 연결된 것은?

① 00 등급: 직류 750[V]
② 00 등급: 교류 650[V]
③ 0 등급: 직류 1,000[V]
④ 0 등급: 교류 800[V]

해설 내전압용 절연장갑의 등급 및 색상

등급	최대사용전압		색상
	교류([V], 실효값)	직류[V]	
00	500	750	갈색
0	1,000	1,500	빨간색
1	7,500	11,250	흰색
2	17,000	25,500	노란색
3	26,500	39,750	녹색
4	36,000	54,000	등색

관련개념 SUBJECT 01 산업재해 예방 및 안전보건교육
CHAPTER 02 안전보호구 관리

062

최대안전틈새(MESG)의 특성을 적용한 방폭구조는?

① 내압방폭구조 ② 유입방폭구조
③ 안전증방폭구조 ④ 압력방폭구조

해설 내압방폭구조는 최대안전틈새(MESG), 본질안전방폭구조는 최소점화전류비(MIC)의 작동원리를 적용한 방폭구조이다.

관련개념 CHAPTER 04 전기방폭관리

063

선간전압이 6.6[kV]인 충전전로 인근에서 유자격자가 작업하는 경우, 충전전로에 대한 최소 접근한계거리[cm]는?(단, 충전부에 절연조치가 되어있지 않고, 작업자는 절연장갑을 착용하지 않았다.)

① 20 ② 30
③ 50 ④ 60

해설

충전전로의 선간전압[kV]	충전전로에 대한 접근한계거리[cm]
0.3 이하	접촉금지
0.3 초과 0.75 이하	30
0.75 초과 2 이하	45
2 초과 15 이하	60
15 초과 37 이하	90

관련개념 CHAPTER 02 감전재해 및 방지대책

064

정전기 발생량과 관련된 내용으로 옳지 않은 것은?

① 분리속도가 빠를수록 정전기 발생량이 많아진다.
② 두 물질 간의 대전서열이 가까울수록 정전기 발생량이 많아진다.
③ 접촉면적이 넓을수록, 접촉압력이 증가할수록 정전기 발생량이 많아진다.
④ 물질의 표면이 수분이나 기름 등에 오염되어 있으면 정전기 발생량이 많아진다.

해설 일반적으로 대전량은 접촉이나 분리하는 두 물체가 대전서열 내에서 가까운 위치에 있으면 적고, 먼 위치에 있으면 큰 경향이 있다.

관련개념 CHAPTER 03 정전기 장·재해관리

| 정답 | 061 ① 062 ① 063 ④ 064 ②

065

피뢰기가 반드시 가져야 할 성능 중 틀린 것은?

① 방전개시전압이 높을 것
② 뇌전류 방전능력이 클 것
③ 속류차단을 확실하게 할 수 있을 것
④ 반복동작이 가능할 것

해설 피뢰기는 제한전압 또는 충격방전개시전압이 충분히 낮고 보호능력이 있어야 한다.

관련개념 CHAPTER 05 전기설비 위험요인관리

066

가스 또는 분진폭발 위험장소에는 변전실 · 배전반실 · 제어실 등을 설치하여서는 아니된다. 다만, 실내기압이 항상 양압을 유지하도록 하고, 별도의 조치를 한 경우에는 그러하지 않는데 이때 요구되는 조치사항으로 틀린 것은?

① 양압을 유지하기 위한 환기설비의 고장 등으로 양압이 유지되지 아니한 때 경보를 할 수 있는 조치를 한 경우
② 환기설비가 정지된 후 재가동하는 경우 변전실 등에 가스 등이 있는지를 확인할 수 있는 가스검지기 등의 장비를 비치한 경우
③ 환기설비에 의하여 변전실 등에 공급되는 공기는 가스폭발 위험장소 또는 분진폭발 위험장소가 아닌 곳으로부터 공급되도록 하는 조치를 한 경우
④ 실내기압이 항상 양압 10[Pa] 이상이 되도록 장치를 한 경우

해설 가스폭발 위험장소 또는 분진폭발 위험장소에는 변전실 등을 설치하여서는 아니 된다. 다만, 변전실 등의 실내기압이 항상 양압(25[Pa] 이상의 압력)으로 유지하도록 하고 ①~③의 조치를 한 경우에는 그러하지 아니하다.

관련개념 CHAPTER 04 전기방폭관리

067

절연체에 발생한 정전기는 일정장소에 축적되었다가 점차 소멸되는데 처음 값의 몇 [%]로 감소되는 시간을 그 물체의 '시정수' 또는 '완화시간'이라고 하는가?

① 25.8 ② 36.8
③ 45.8 ④ 67.8

해설 **완화시간(시정수)**
일반적으로 절연체에 발생한 정전기는 일정장소에 축적되었다가 점차 소멸되는데 처음 값의 36.8[%]로 감소되는 시간을 그 물체에 대한 시정수 또는 완화시간이라고 한다.

관련개념 CHAPTER 03 정전기 장 · 재해관리

068

누전차단기의 선정 및 설치에 대한 설명으로 틀린 것은?

① 차단기를 설치한 전로에 과부하 보호장치를 설치하는 경우는 서로 협조가 잘 이루어지도록 한다.
② 정격부동작전류와 정격감도전류와의 차는 가능한 큰 차단기로 선정한다.
③ 감전방지 목적으로 시설하는 누전차단기는 고감도고속형을 선정한다.
④ 전로의 대지정전용량이 크면 차단기가 오동작하는 경우가 있으므로 각 분기회로마다 차단기를 설치한다.

해설 정격부동작전류는 정격감도전류의 50[%] 이상으로 하고, 이들의 전류차는 가능한 한 작은 것으로 선정하여야 한다.

관련개념 CHAPTER 02 감전재해 및 방지대책

| 정답 | 065 ① 066 ④ 067 ② 068 ②

069

어떤 도체에 20초 동안에 100[C]의 전하량이 이동하면 이때 흐르는 전류[A]는?

① 200　　② 50
③ 10　　④ 5

해설 $Q=It$에서 $I=\frac{Q}{t}=\frac{100}{20}=5[\text{A}]$

여기서, Q: 전하량[C]
I: 전류[A]
t: 전류가 흐른 시간[초]

관련개념 CHAPTER 03 정전기 장·재해관리

070

전기설비 등에는 누전에 의한 감전의 위험을 방지하기 위하여 전기기계·기구에 접지를 실시하도록 하고 있다. 전기기계·기구의 접지에 대한 설명 중 틀린 것은?

① 특고압의 전기를 취급하는 변전소·개폐소, 그 밖에 이와 유사한 장소에서는 지락사고가 발생할 경우 접지극의 전위 상승에 의한 감전위험을 감소시키기 위한 조치를 하여야 한다.
② 코드 및 플러그를 접속하여 사용하는 전압이 대지전압 110[V]를 넘는 전기기계·기구가 노출된 비충전 금속체에는 접지를 반드시 실시하여야 한다.
③ 접지설비에 대하여는 상시 적정상태 유지 여부를 점검하고 이상을 발견한 때에는 즉시 보수하거나 재설치하여야 한다.
④ 전기기계·기구의 금속제 외함·금속제 외피 및 철대에는 접지를 실시하여야 한다.

해설 누전에 의한 감전을 방지하기 위하여 코드와 플러그를 접속하여 사용하는 전기기계·기구 중 사용전압이 대지전압 150[V]를 넘는 것의 노출된 비충전 금속체에는 접지를 실시하여야 한다.

관련개념 CHAPTER 05 전기설비 위험요인관리

071

위험물을 건조하는 경우 내용적이 몇 [m^3] 이상인 건조설비일 때 위험물 건조설비 중 건조실을 설치하는 건축물의 구조를 독립된 단층으로 해야 하는가?(단, 건축물은 내화구조가 아니며, 건조실을 건축물의 최상층에 설치한 경우가 아니다.)

① 0.1　　② 1
③ 10　　④ 100

해설 위험물 또는 위험물이 발생하는 물질을 가열·건조하는 경우 내용적이 1[m^3] 이상인 건조설비 중 건조실을 설치하는 건축물의 구조는 독립된 단층건물로 하여야 한다.

관련개념 CHAPTER 07 화학물질 안전관리 실행

072

「산업안전보건법」상 물질안전보건자료 작성 시 포함되어야 하는 항목이 아닌 것은?(단, 참고사항은 제외한다.)

① 화학제품과 회사에 관한 정보
② 제조일자 및 유효기간
③ 운송에 필요한 정보
④ 환경에 미치는 영향

해설 제조일자 및 유효기간은 물질안전보건자료 작성 시 포함되어야 하는 항목이 아니다.

관련개념 CHAPTER 07 화학물질 안전관리 실행

| 정답 | 069 ④　070 ②　071 ②　072 ②

073

물반응성 물질에 해당하는 것은?

① 니트로화합물　　② 칼륨
③ 염소산나트륨　　④ 부탄

해설
① 니트로화합물: 폭발성 물질 및 유기과산화물
③ 염소산나트륨: 산화성 액체 및 산화성 고체
④ 부탄: 인화성 가스

관련개념 CHAPTER 07 화학물질 안전관리 실행

074

다음 가스 중 공기 중에서 폭발범위가 넓은 순서로 옳은 것은?

① 아세틸렌 > 프로판 > 수소 > 일산화탄소
② 수소 > 아세틸렌 > 프로판 > 일산화탄소
③ 아세틸렌 > 수소 > 일산화탄소 > 프로판
④ 수소 > 프로판 > 일산화탄소 > 아세틸렌

해설 보기 물질의 폭발범위는 다음과 같고 폭발범위가 넓은 순서대로 정렬하면 아세틸렌 > 수소 > 일산화탄소 > 프로판 순서이다.

- 아세틸렌: 2.5~81[vol%] → 78.5[vol%]
- 수소: 4~75[vol%] → 71[vol%]
- 일산화탄소: 12.5~74[vol%] → 61.5[vol%]
- 프로판: 2.2~9.5[vol%] → 7.3[vol%]

관련개념 CHAPTER 06 화재·폭발 검토

075

다음 중 반응기의 운전을 중지할 때 필요한 주의사항으로 가장 적절하지 않은 것은?

① 급격한 유량 변화를 피한다.
② 가연성 물질이 새거나 흘러나올 때의 대책을 사전에 세운다.
③ 급격한 압력 변화 또는 온도 변화를 피한다.
④ 80~90[℃]의 염산으로 세정을 하면서 수소가스로 잔류가스를 제거한 후 잔류물을 처리한다.

해설 수소가스는 인화성 가스이므로 수소가스로 잔류가스 제거 시 화재 폭발의 위험이 있다. 따라서 잔류가스의 제거는 질소나 아르곤 등 불활성 가스를 이용한다.

관련개념 CHAPTER 07 화학물질 안전관리 실행

076

어떤 물질 내에서 반응전파속도가 음속보다 빠르게 진행되며 이로 인해 발생된 충격파가 반응을 일으키고 유지하는 발열반응을 무엇이라 하는가?

① 점화(Ignition)　　② 폭연(Deflagration)
③ 폭발(Explosion)　　④ 폭굉(Detonation)

해설 **폭굉파**
연소파가 일정 거리를 진행한 후 연소 전파 속도가 1,000~3,500[m/s] 정도에 달할 경우 이를 폭굉현상(Detonation Phenomenon)이라 하며, 이때 국한된 반응영역을 폭굉파(Detonation Wave)라 한다. 폭굉파의 속도는 음속을 앞지르므로 진행 방향에 그에 따른 충격파가 있다.

관련개념 CHAPTER 06 화재·폭발 검토

| 정답 | 073 ② 074 ③ 075 ④ 076 ④

077

A가스의 폭발하한계가 4.1[vol%], 폭발상한계가 62[vol%]일 때 이 가스의 위험도는 약 얼마인가?

① 8.94　　② 12.75
③ 14.12　　④ 16.12

해설 위험도

$$H=\frac{U-L}{L}=\frac{62-4.1}{4.1}=14.12$$

여기서, U: 폭발상한계 값
L: 폭발하한계 값

관련개념 CHAPTER 06 화재·폭발 검토

078

사업장에서 유해·위험물질의 일반적인 보관방법으로 적합하지 않은 것은?

① 질소와 격리하여 저장
② 서늘한 장소에 저장
③ 부식성이 없는 용기에 저장
④ 차광막이 있는 곳에 저장

해설 질소는 가연성 기체 등 다른 위험물과 반응하지 않는 불활성 가스로, 그 성질 때문에 저장 시 충전가스 등으로 오히려 이용되기도 한다. 그러므로 질소와 격리하여 저장하는 것은 유해·위험물질의 일반적인 보관방법과는 거리가 멀다.

관련개념 CHAPTER 07 화학물질 안전관리 실행

079

「산업안전보건기준에 관한 규칙」에서 규정하는 급성 독성 물질의 기준으로 틀린 것은?

① 쥐에 대한 경구투입실험에 의하여 실험동물의 50[%]를 사망시킬 수 있는 물질의 양이 [kg]당 300[mg]-(체중) 이하인 화학물질
② 쥐에 대한 경피흡수실험에 의하여 실험동물의 50[%]를 사망시킬 수 있는 물질의 양이 [kg]당 1,000[mg]-(체중) 이하인 화학물질
③ 토끼에 대한 경피흡수실험에 의하여 실험동물의 50[%]를 사망시킬 수 있는 물질의 양이 [kg]당 1,000[mg]-(체중) 이하인 화학물질
④ 쥐에 대한 4시간 동안의 흡입실험에 의하여 실험동물의 50[%]를 사망시킬 수 있는 가스의 농도가 3,000[ppm] 이상인 화학물질

해설 쥐에 대한 4시간 동안의 흡입실험에 의하여 실험동물의 50[%]를 사망시킬 수 있는 물질의 농도, 즉 가스 LC50이 2,500[ppm] 이하인 화학물질이 급성 독성 물질이다.

관련개념 CHAPTER 07 화학물질 안전관리 실행

080

다음 중 분진폭발의 가능성이 가장 낮은 물질은?

① 소맥분　　② 마그네슘분
③ 질석가루　　④ 석탄가루

해설 질석가루는 불연성 물질로, 분진폭발이 일어나지 않는다.

관련개념 CHAPTER 07 화학물질 안전관리 실행

| 정답 | 077 ③　078 ①　079 ④　080 ③

건설공사 안전관리

081

옹벽 축조를 위한 굴착작업에 관한 설명으로 옳지 않은 것은?

① 수평방향으로 연속적으로 시공한다.
② 하나의 구간을 굴착하면 방치하지 말고 기초 및 본체구조물 축조를 마무리 한다.
③ 절취경사면에 전석, 낙석의 우려가 있고 혹은 장기간 방치할 경우에는 숏크리트, 록볼트, 캔버스 및 모르타르 등으로 방호한다.
④ 작업위치 좌우에 만일의 경우에 대비한 대피통로를 확보하여 둔다.

해설 옹벽 축조 시에는 불안전한 급경사가 되게 하거나 좁은 장소에서 작업을 할 때에는 위험을 수반하므로 수평방향의 연속시공을 금하며, 블럭으로 나누어 단위시공 단면적을 최소화하여 분단시공을 한다.

관련개념 CHAPTER 06 공사 및 작업 종류별 안전

082

다음 중 산업안전보건관리비 중 안전시설비 목적으로 사용할 수 있는 것은?

① 안전관리자 업무수행을 위한 도서 구입 비용
② 보호구의 관리 비용
③ 안전보건진단에 소요되는 비용
④ 추락방호망의 구입 비용

해설 ①은 안전보건교육비, ②는 보호구, ③은 안전보건진단비의 목적으로 산업안전보건관리비를 사용할 수 있다.
※ 이 문제는 개정된 법령에 따라 수정한 문제입니다.

관련개념 CHAPTER 03 건설업 산업안전보건관리비 관리

083

포화도 80[%], 함수비 28[%], 흙 입자의 비중 2.7일 때 공극비를 구하면?

① 0.940 ② 0.945
③ 0.950 ④ 0.955

해설 $Se=WG_s$에서 $e=\frac{WG_s}{S}=\frac{28\times 2.7}{80}=0.945$
여기서, S: 포화도[%]
e: 공극비
W: 함수비[%]
G_s: 흙 입자의 비중

관련개념 CHAPTER 02 건설공사 위험성

084

다음 터널 공법 중 전단면 기계 굴착에 의한 공법에 속하는 것은?

① ASSM(American Steel Support Method)
② NATM(New Austrian Tunneling Method)
③ TBM(Tunnel Boring Machine)
④ 개착식 공법

해설 TBM공법(Tunnel Boring Machine)
폭약을 사용하지 않고 터널보링머신의 회전에 의해 터널 전단면을 굴착하는 공법으로 암반터널에 적합하다.

관련개념 CHAPTER 05 비계 · 거푸집 가시설 위험방지

085

크레인 운전실을 통하는 통로의 끝과 건설물 등의 벽체와의 간격은 최대 얼마 이하로 하여야 하는가?

① 0.3[m] ② 0.4[m]
③ 0.5[m] ④ 0.6[m]

해설 크레인 운전실 또는 운전대를 통하는 통로의 끝과 건설물 등의 벽체의 간격은 0.3[m] 이하로 하여야 한다.

관련개념 CHAPTER 06 공사 및 작업 종류별 안전

| 정답 | 081 ① 082 ④ 083 ② 084 ③ 085 ①

086

건설현장에서 사용하는 공구 중 토공용이 아닌 것은?

① 착암기 ② 포장 파괴기
③ 연마기 ④ 점토 굴착기

해설 연마기는 석재를 가공하는 데 사용되는 기계이다.

관련개념 CHAPTER 04 건설현장 안전시설 관리

087

건설현장에서 계단을 설치하는 경우 계단의 높이가 최소 몇 [m] 이상일 때 계단의 개방된 측면에 안전난간을 설치하여야 하는가?

① 0.8[m] ② 1.0[m]
③ 1.2[m] ④ 1.5[m]

해설 계단을 설치하는 경우 높이 1[m] 이상인 계단의 개방된 측면에 안전난간을 설치하여야 한다.

관련개념 CHAPTER 05 비계·거푸집 가시설 위험방지

088

가설통로 설치 시 경사가 몇 도를 초과하면 미끄러지지 않는 구조로 설치하여야 하는가?

① 15° ② 20°
③ 25° ④ 30°

해설 가설통로 설치 시 경사가 15°를 초과하는 경우에는 미끄러지지 아니하는 구조로 하여야 한다.

관련개념 CHAPTER 05 비계·거푸집 가시설 위험방지

089

이동식 비계 작업 시 주의사항으로 옳지 않은 것은?

① 비계의 최상부에서 작업을 하는 경우에는 안전난간을 설치한다.
② 이동 시 작업지휘자가 이동식 비계에 탑승하여 이동하며 안전여부를 확인하여야 한다.
③ 비계를 이동시키고자 할 때는 바닥의 구멍이나 머리 위의 장애물을 사전에 점검한다.
④ 작업발판은 항상 수평을 유지하고 작업발판 위에서 안전난간을 딛고 작업을 하거나 받침대 또는 사다리를 사용하여 작업하지 않도록 한다.

해설 이동식 비계 사용 시 이동할 때에는 작업원이 탑승하지 않은 상태이어야 한다.

관련개념 CHAPTER 05 비계·거푸집 가시설 위험방지

090

가설구조물의 특징이 아닌 것은?

① 연결재가 적은 구조로 되기 쉽다.
② 부재결합이 불완전할 수 있다.
③ 영구적인 구조설계의 개념이 확실하게 적용된다.
④ 단면에 결함이 있기 쉽다.

해설 가설구조물은 구조물이라는 통상의 개념이 확고하지 않아 조립의 정밀도가 낮다.

관련개념 CHAPTER 05 비계·거푸집 가시설 위험방지

| 정답 | 086 ③ 087 ② 088 ① 089 ② 090 ③

091

물체가 떨어지거나 날아올 위험 또는 근로자가 추락할 위험이 있는 작업 시 착용하여야 할 보호구는?

① 보안경 ② 안전모
③ 방열복 ④ 방한복

해설 물체가 떨어지거나 날아올 위험 또는 근로자가 추락할 위험이 있는 작업 시 해당 작업을 하는 근로자는 안전모를 착용하여야 한다.

보호구의 지급

- 물체가 흩날릴 위험이 있는 작업: 보안경
- 고열에 의한 화상 등의 위험이 있는 작업: 방열복
- −18[℃] 이하인 급냉동어창에서 하는 하역작업: 방한모·방한복·방한화·방한장갑

관련개념 CHAPTER 04 건설현장 안전시설 관리

092

부두 등의 하역작업장에서 부두 또는 안벽의 선을 따라 설치하는 통로의 최소 폭 기준은?

① 30[cm] 이상 ② 50[cm] 이상
③ 70[cm] 이상 ④ 90[cm] 이상

해설 하역작업장에서 부두 또는 안벽의 선을 따라 통로를 설치하는 경우에는 폭을 90[cm] 이상으로 하여야 한다.

관련개념 CHAPTER 06 공사 및 작업 종류별 안전

093

운반작업 중 요통을 일으키는 인자와 가장 거리가 먼 것은?

① 물건의 중량 ② 작업자세
③ 작업시간 ④ 물건의 표면마감 종류

해설 **운반작업 중 요통을 일으키게 하는 인자**

- 물건의 중량
- 작업자세
- 작업시간

관련개념 CHAPTER 06 공사 및 작업 종류별 안전

094

콘크리트용 거푸집의 재료에 해당되지 않는 것은?

① 철재 ② 목재
③ 석면 ④ 경금속

해설 콘크리트용 거푸집의 재료에는 목재, 철재, 경금속 등이 있다. 석면은 1급 발암물질로 사용이 불가하다.

관련개념 CHAPTER 05 비계·거푸집 가시설 위험방지

| 정답 | 091 ② 092 ④ 093 ④ 094 ③

095

지반의 사면파괴 유형 중 유한사면의 종류가 아닌 것은?

① 사면 내 파괴　② 사면 선단 파괴
③ 사면 저부 파괴　④ 직립 사면 파괴

해설 **사면의 붕괴형태**
- 사면 천단부 붕괴(사면 선단 파괴)
- 사면 중심부 붕괴(사면 내 파괴)
- 사면 하단부 붕괴(사면 저부 파괴)

관련개념 CHAPTER 04 건설현장 안전시설 관리

096

콘크리트 타설작업을 하는 경우에 준수해야 할 사항으로 옳지 않은 것은?

① 콘크리트를 타설하는 경우에는 편심을 유발하여 한쪽 부분부터 밀실하게 타설되도록 유도할 것
② 당일의 작업을 시작하기 전에 해당 작업에 관한 거푸집 및 동바리의 변형 · 변위 및 지반의 침하 유무 등을 점검하고 이상이 있으면 보수할 것
③ 작업 중에는 거푸집 및 동바리의 변형 · 변위 및 침하 유무 등을 감시할 수 있는 감시자를 배치하여 이상이 있으면 작업을 중지하고 근로자를 대피시킬 것
④ 설계도서 상의 콘크리트 양생기간을 준수하여 거푸집 및 동바리를 해체할 것

해설 콘크리트를 타설하는 경우에는 편심이 발생하지 않도록 골고루 분산하여 타설하여야 한다.

관련개념 CHAPTER 06 공사 및 작업 종류별 안전

097

다음 그림은 풍화암에서 토사붕괴를 예방하기 위한 기울기 기준을 나타낸 것이다. X의 값은?

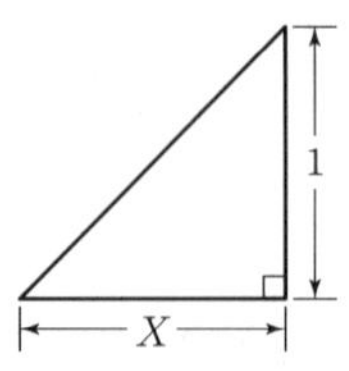

① 0.8　② 1.0
③ 0.5　④ 0.3

해설 **굴착면의 기울기 기준**

지반의 종류	굴착면의 기울기
모래	1 : 1.8
연암 및 풍화암	1 : 1.0
경암	1 : 0.5
그 밖의 흙	1 : 1.2

관련개념 CHAPTER 02 건설공사 위험성

| 정답 | 095 ④　096 ①　097 ②

098

공사종류 및 규모별 산업안전보건관리비 계상기준표에서 공사종류의 명칭에 해당되지 않는 것은?

① 토목공사
② 교량신설공사
③ 중건설공사
④ 특수건설공사

해설 **공사종류 및 규모별 산업안전보건관리비 계상기준표의 공사종류**

- 건축공사
- 토목공사
- 중건설공사
- 특수건설공사

※ 이 문제는 개정된 법령에 따라 수정한 문제입니다.

관련개념 CHAPTER 03 건설업 산업안전보건관리비 관리

099

철근 콘크리트 공사에서 거푸집동바리의 해체 시기를 결정하는 요인으로 가장 거리가 먼 것은?

① 시방서 상의 거푸집 존치기간의 경과
② 콘크리트 강도시험 결과
③ 동절기일 경우 적산온도
④ 후속공정의 착수시기

해설 후속공정의 착수시기는 거푸집동바리의 해체 시기의 결정에 영향을 주지 않는다.

관련개념 CHAPTER 05 비계 · 거푸집 가시설 위험방지

100

건설현장에서의 PC(Precast Concrete) 조립 시 안전대책으로 옳지 않은 것은?

① 달아 올린 부재의 아래에서 정확한 상황을 파악하고 전달하여 작업한다.
② 운전자는 부재를 달아 올린 채 운전대를 이탈해서는 안 된다.
③ 신호는 사전에 정해진 방법에 의해서만 실시한다.
④ 크레인 사용 시 PC판의 중량을 고려하여 아웃트리거를 사용한다.

해설 달아 올린 부재의 아래 작업원이 있을 경우 부재의 낙하로 인한 재해가 발생할 수 있다.

관련개념 CHAPTER 06 공사 및 작업 종류별 안전

| 정답 | 098 ② 099 ④ 100 ①

2020년 3회 기출문제

2020년 8월 22일 시행

산업재해 예방 및 안전보건교육

001

인간관계의 메커니즘 중 다른 사람의 행동 양식이나 태도를 투입시키거나, 다른 사람 가운데서 자기와 비슷한 점을 발견하는 것을 무엇이라고 하는가?

① 투사(Projection)
② 모방(Imitation)
③ 암시(Suggestion)
④ 동일화(Identification)

해설 **동일화(Identification)**
다른 사람의 행동양식이나 태도를 투입시키거나 다른 사람 가운데서 자기와 비슷한 점을 발견하는 것이다.

관련개념 CHAPTER 04 인간의 행동과학

002

「산업안전보건법령」상 안전보건표지의 종류 중 인화성물질에 관한 표지에 해당하는 것은?

① 금지표지 ② 경고표지
③ 지시표지 ④ 안내표지

해설 **경고표지의 종류와 형태**

인화성물질경고 산화성물질경고 폭발성물질경고 급성독성물질경고 부식성물질경고

방사성물질경고 고압전기경고 매달린물체경고 낙하물경고 고온경고

저온경고 몸균형상실경고 레이저광선경고 발암성·변이원성·생식독성·전신독성·호흡기 과민성 물질경고 위험장소경고

관련개념 CHAPTER 02 안전보호구 관리

003

무재해 운동의 이념 가운데 직장의 위험요인을 행동하기 전에 예지하여 발견, 파악, 해결하는 것을 의미하는 것은?

① 무의 원칙 ② 선취의 원칙
③ 참가의 원칙 ④ 인간 존중의 원칙

해설 **안전제일의 원칙(선취의 원칙)**
직장의 위험요인을 행동하기 전에 발견·파악·해결하여 재해를 예방한다.

관련개념 CHAPTER 01 산업재해예방 계획 수립

| 정답 | 001 ④ 002 ② 003 ②

004

「산업안전보건법령」상 안전보건교육 대상과 교육시간으로 옳은 것은?

① 정기교육인 경우: 사무직 종사근로자 – 매반기 6시간 이상
② 정기교육인 경우: 관리감독자 – 연간 10시간 이상
③ 채용 시 교육인 경우: 일용근로자 – 4시간 이상
④ 작업내용 변경 시 교육인 경우: 관리감독자 – 1시간 이상

해설
② 관리감독자의 정기교육: 연간 16시간 이상
③ 일용근로자의 채용 시 교육: 1시간 이상
④ 관리감독자의 작업내용 변경 시 교육: 2시간 이상

관련개념 CHAPTER 05 안전보건교육의 내용 및 방법

005

학습 성취에 직접적인 영향을 미치는 요인과 가장 거리가 먼 것은?

① 적성 ② 준비도
③ 개인차 ④ 동기유발

해설 학습 성취에 직접적 영향을 미치는 요인
- 개인차
- 준비도
- 동기유발

관련개념 CHAPTER 05 안전보건교육의 내용 및 방법

006

「산업안전보건법령」상 안전모의 시험성능기준 항목이 아닌 것은?

① 난연성 ② 인장성
③ 내관통성 ④ 충격흡수성

해설 안전인증대상 안전모의 시험성능기준 항목
- 내관통성
- 충격흡수성
- 내전압성
- 내수성
- 난연성
- 턱끈풀림

관련개념 CHAPTER 02 안전보호구 관리

007

OJT(On the Job Training)의 특징 중 틀린 것은?

① 훈련과 업무의 계속성이 끊어지지 않는다.
② 직장의 실정에 맞게 실제적 훈련이 가능하다.
③ 훈련의 효과가 곧 업무에 나타나며, 훈련의 개선이 용이하다.
④ 다수의 근로자들에게 조직적 훈련이 가능하다.

해설 다수의 근로자에게 조직적 훈련이 가능한 것은 Off JT(직장 외 교육훈련)의 특징이다.

관련개념 CHAPTER 05 안전보건교육의 내용 및 방법

2020년 3회

| 정답 | 004 ① 005 ① 006 ② 007 ④

008

인지과정 착오의 요인이 아닌 것은?

① 정서 불안정 ② 감각차단 현상
③ 작업자의 기능 미숙 ④ 생리 · 심리적 능력의 한계

해설 작업자의 기능 미숙은 조치과정 착오의 요인이다.

관련개념 CHAPTER 03 산업안전심리

009

위험예지훈련 4라운드 기법의 진행방법에 있어 문제점 발견 및 중요 문제를 결정하는 단계는?

① 대책수립 단계 ② 현상파악 단계
③ 본질추구 단계 ④ 행동목표설정 단계

해설 **위험예지훈련의 추진을 위한 문제해결 4단계(4라운드)**

- 1라운드: 현상파악(사실의 파악) – 어떤 위험이 잠재하고 있는가?
- 2라운드: 본질추구(원인조사) – 이것이 위험의 포인트이다.
- 3라운드: 대책수립(대책을 세운다) – 당신이라면 어떻게 하겠는가?
- 4라운드: 목표설정(행동계획 작성) – 우리들은 이렇게 하자!

관련개념 CHAPTER 01 산업재해예방 계획 수립

010

태풍, 지진 등의 천재지변이 발생한 경우나 이상상태 발생 시 기능의 이상 유 · 무에 대한 안전점검의 종류는?

① 일상점검 ② 정기점검
③ 수시점검 ④ 특별점검

해설 **특별점검**

기계 · 기구의 신설 및 변경 또는 고장, 수리 등에 의해 부정기적으로 실시하는 점검, 안전강조기간에 실시하는 점검 등

관련개념 SUBJECT 03 기계 · 기구 및 설비 안전관리
CHAPTER 02 기계분야 산업재해 조사 및 관리

011

연간 근로자수가 300명인 A 공장에서 지난 1년간 1명의 재해자(신체장해등급: 1급)가 발생하였다면 이 공장의 강도율은?(단, 근로자 1인당 1일 8시간씩 연간 300일을 근무하였다.)

① 4.27 ② 6.42
③ 10.05 ④ 10.42

해설 **강도율**

$$\text{강도율}=\frac{\text{총 요양근로손실일수}}{\text{연근로시간 수}}\times 1{,}000=\frac{7{,}500}{300\times(8\times 300)}\times 1{,}000=10.42$$

※ 신체장해등급 1급의 요양근로손실일수는 7,500일이다.

관련개념 SUBJECT 03 기계 · 기구 및 설비 안전관리
CHAPTER 02 기계분야 산업재해 조사 및 관리

012

재해 원인을 통상적으로 직접 원인과 간접 원인으로 나눌 때 직접 원인에 해당되는 것은?

① 기술적 원인 ② 물적 원인
③ 교육적 원인 ④ 관리적 원인

해설 **직접 원인**

- 인적 원인(불안전한 행동)
- 물적 원인(불안전한 상태)

관련개념 SUBJECT 03 기계 · 기구 및 설비 안전관리
CHAPTER 02 기계분야 산업재해 조사 및 관리

| 정답 | 008 ③ 009 ③ 010 ④ 011 ④ 012 ②

013

알더퍼의 ERG(Existence Relatedness Growth) 이론에서 생리저 욕구, 믈리적 측면의 안전욕구 등 지차원적 욕구에 해당하는 것은?

① 관계욕구 ② 성장욕구
③ 존재욕구 ④ 사회적욕구

해설 **E(Existence): 존재욕구**
생리적 욕구나 안전의 욕구와 같이 인간이 자신의 존재를 확보하는 데 필요한 욕구이다. 여기에는 급여, 부가급, 육체적 작업에 대한 욕구 그리고 물질적 욕구가 포함된다.

관련개념 CHAPTER 04 인간의 행동과학

014

상황성 누발자의 재해유발원인과 거리가 먼 것은?

① 작업의 어려움 ② 기계설비의 결함
③ 심신의 근심 ④ 주의력의 산만

해설 **상황성 누발자**
작업이 어렵거나, 기계설비의 결함, 환경상 주의력의 집중이 혼란된 경우, 심신의 근심으로 사고 경향자가 되는 경우이다. 이 경우, 상황이 변하면 안전한 성향으로 바뀐다.

관련개념 CHAPTER 04 인간의 행동과학

015

리더십(Leadership)의 특성에 대한 설명으로 옳은 것은?

① 지휘형태는 민주적이다.
② 권한부여는 위에서 위임된다.
③ 구성원과의 관계는 지배적 구조이다.
④ 권한근거는 법적 또는 공식적으로 부여된다.

해설 ②, ③, ④는 헤드십의 특성이다.

관련개념 CHAPTER 04 인간의 행동과학

016

재해예방의 4원칙에 해당하는 내용이 아닌 것은?

① 예방가능의 원칙 ② 원인계기의 원칙
③ 손실우연의 원칙 ④ 사고조사의 원칙

해설 **재해예방의 4원칙**
- 손실우연의 원칙
- 원인계기(원인연계)의 원칙
- 예방가능의 원칙
- 대책선정의 원칙

관련개념 CHAPTER 01 산업재해예방 계획 수립

| 정답 | 013 ③ 014 ④ 015 ① 016 ④

017

안전교육계획 수립 시 고려하여야 할 사항과 관계가 가장 먼 것은?

① 필요한 정보를 수집한다.
② 현장의 의견을 충분히 반영한다.
③ 법 규정에 의한 교육에 한정한다.
④ 안전교육 시행 체계와의 관련을 고려한다.

해설 안전보건교육계획 수립 시 법 규정에 의한 교육에만 그치지 않는다.

관련개념 CHAPTER 05 안전보건교육의 내용 및 방법

018

안전관리조직의 형태 중 라인·스태프형에 대한 설명으로 틀린 것은?

① 대규모 사업장(1,000명 이상)에 효율적이다.
② 안전과 생산업무가 분리될 우려가 없기 때문에 균형을 유지할 수 있다.
③ 모든 안전관리업무가 생산라인을 통하여 직선적으로 이루어지도록 편성된 조직이다.
④ 안전업무를 전문적으로 담당하는 스태프 및 생산라인의 각 계층에도 겸임 또는 전임의 안전담당자를 둔다.

해설 안전관리업무가 생산라인을 통하여 직선적으로 편성된 조직은 라인형 조직이다.

관련개념 CHAPTER 01 산업재해예방 계획 수립

019

재해의 원인과 결과를 연계하여 상호관계를 파악하기 위해 도표화하는 분석방법은?

① 관리도　　② 파레토도
③ 특성요인도　　④ 크로스분류도

해설 **특성요인도**
특성과 요인관계를 도표로 하여 어골상으로 세분화한 분석법으로 원인과 결과를 연계하여 상호관계를 파악한다.

관련개념 SUBJECT 03 기계·기구 및 설비 안전관리
CHAPTER 02 기계분야 산업재해 조사 및 관리

020

기능(기술)교육의 진행방법 중 하버드 학파의 5단계 교수법의 순서로 옳은 것은?

① 준비 → 연합 → 교시 → 응용 → 총괄
② 준비 → 교시 → 연합 → 총괄 → 응용
③ 준비 → 총괄 → 연합 → 응용 → 교시
④ 준비 → 응용 → 총괄 → 교시 → 연합

해설 **하버드 학파의 5단계 교수법(사례연구 중심)**
- 1단계: 준비시킨다.(Preparation)
- 2단계: 교시한다.(Presentation)
- 3단계: 연합한다.(Association)
- 4단계: 총괄한다.(Generalization)
- 5단계: 응용시킨다.(Application)

관련개념 CHAPTER 05 안전보건교육의 내용 및 방법

| 정답 | 017 ③ 018 ③ 019 ③ 020 ②

인간공학 및 위험성평가 · 관리

021

시스템 수명주기 단계 중 이전 단계들에서 발생되었던 사고 또는 사건으로부터 축적된 자료에 대해 실증을 통한 문제를 규명하고 이를 최소화하기 위한 조치를 마련하는 단계는?

① 구상단계 ② 정의단계
③ 생산단계 ④ 운전단계

해설 사고조사 잠여, 고객에 의한 최종 성능검사, 기술변경의 개발, 시스템 보수 및 폐기 등의 사항을 검토, 분석 및 조치를 마련하는 단계는 시스템 수명주기 중 가장 마지막 단계인 시스템 운전단계이다.

관련개념 CHAPTER 02 위험성 파악 · 결정

022

「산업안전보건법령」상 정밀작업 시 갖추어져야 할 작업면의 조도기준은?(단, 갱내 작업장과 감광재료를 취급하는 작업장은 제외한다.)

① 75[lux] 이상 ② 150[lux] 이상
③ 300[lux] 이상 ④ 750[lux] 이상

해설 **작업별 조도기준**
- 초정밀작업: 750[lux] 이상
- 정밀작업: 300[lux] 이상
- 보통작업: 150[lux] 이상
- 그 밖의 작업: 75[lux] 이상

관련개념 CHAPTER 06 작업환경 관리

023

FTA에 의한 재해사례 연구의 순서를 올바르게 나열한 것은?

A. 목표사상 선정	B. FT도 작성
C. 사상마다 재해원인 규명	D. 개선계획 작성

① A → B → C → D ② A → C → B → D
③ B → C → A → D ④ B → A → C → D

해설 **FTA에 의한 재해사례 연구순서**
㉠ Top(정상) 사상의 선정
㉡ 각 사상의 재해원인 규명
㉢ FT도의 작성 및 분석
㉣ 개선계획의 작성

관련개념 CHAPTER 02 위험성 파악 · 결정

2020년 3회

024

반복되는 사건이 많이 있는 경우에 FTA의 최소 컷셋을 구하는 알고리즘이 아닌 것은?

① Fussel Algorithm
② Boolean Algorithm
③ Monte Carlo Algorithm
④ Limnios & Ziani Algorithm

해설 **몬테 카를로 알고리즘(Monte Carlo Algorithm)**
- 확률적 알고리즘으로서 단 한 번의 과정으로 정확한 해를 구하기 어려운 경우 무작위로 난수를 반복적으로 발생하여 해를 구하는 절차이다.
- 어떤 분석 대상에 대한 완전한 확률 분포가 주어지지 않을 때 유용하다.

관련개념 CHAPTER 02 위험성 파악 · 결정

| 정답 | 021 ④ 022 ③ 023 ② 024 ③

025

환경요소의 조합에 의해서 부과되는 스트레스나 노출로 인해서 개인에 유발되는 긴장(strain)을 나타내는 환경요소 복합지수가 아닌 것은?

① 카타온도(kata temperature)
② Oxford 지수(wet−dry index)
③ 실효온도(effective temperature)
④ 열 스트레스 지수(heat stress index)

해설 **카타온도**
덥거나 춥다고 느끼는 체감의 정도를 나타내는 체감온도라고도 하며, 38[℃]에서 35[℃]까지 내려가는 시간을 재서 구하는 것으로 긴장을 나타내는 환경요소 복합지수와는 무관하다.

관련개념 CHAPTER 06 작업환경 관리

026

조작자 한 사람의 신뢰도가 0.9일 때 요원을 중복하여 2인 1조가 되어 작업을 진행하는 공정이 있다. 작업기간 중 항상 요원 지원을 한다면 이 조의 인간 신뢰도는?

① 0.93 ② 0.94
③ 0.96 ④ 0.99

해설 한 공정에 2인 1조 작업을 진행하므로 병렬구조로 판단한다.
신뢰도 $R=1-(1-0.9)\times(1-0.9)=0.99$

관련개념 CHAPTER 01 안전과 인간공학

027

주물공장 A작업자의 작업지속시간과 휴식시간을 열압박지수(HSI)를 활용하여 계산하니 각각 45분, 15분이었다. A작업자의 1일 작업량(TW)은 얼마인가?(단, 휴식시간은 포함하지 않으며, 1일 근무시간은 8시간이다.)

① 4.5시간 ② 5시간
③ 5.5시간 ④ 6시간

해설 **작업량**

$$\text{작업량}=\text{1일 근무시간}\times\frac{\text{작업지속시간}}{\text{작업지속시간}+\text{휴식시간}}$$

$$=(8\times60)\times\frac{45}{45+15}=360\text{분}=6\text{시간}$$

관련개념 CHAPTER 06 작업환경 관리

028

다수의 표시장치(디스플레이)를 수평으로 배열할 경우 해당 제어장치를 각각의 표시장치 아래에 배치하면 좋아지는 양립성의 종류는?

① 공간 양립성 ② 운동 양립성
③ 개념 양립성 ④ 양식 양립성

해설 **공간적 양립성**
어떤 사물들, 특히 표시장치나 조정장치의 물리적 형태나 공간적인 배치의 양립성을 말한다.

관련개념 CHAPTER 06 작업환경 관리

| 정답 | 025 ① 026 ④ 027 ④ 028 ①

029

신뢰도가 0.4인 부품 5개가 병렬결합 모델로 구성된 제품이 있을 때 이 제품의 신뢰도는?

① 0.90　② 0.91
③ 0.92　④ 0.93

해설 **신뢰도**
$R=1-(1-0.4)\times(1-0.4)\times(1-0.4)\times(1-0.4)\times(1-0.4)=0.92$

관련개념 CHAPTER 01 안전과 인간공학

030

활동의 내용마다 '우 · 양 · 가 · 불가'로 평가하고 이 평가내용을 합하여 다시 종합적으로 정규화하여 평가하는 안전성 평가기법은?

① 평점척도법　② 쌍대비교법
③ 계층적 기법　④ 일관성 검정법

해설 **평점척도법**
정량화하기 어려운 활동 또는 상태에 대해 '우 · 양 · 가 · 불가' 또는 'A, B, C, D, E, F' 등으로 미리 정한 범주에 따라 평가하여 정량화, 정규화하는 평가기법 중 하나이다.

관련개념 CHAPTER 02 위험성 파악 · 결정

031

MIL-STD-882E에서 분류한 심각도(Severity) 카테고리 범주에 해당하지 않는 것은?

① 재앙수준(Catastrophic)
② 임계수준(Critical)
③ 경계수준(Precautionary)
④ 무시가능수준(Negligible)

해설 **미국방성 위험성평가의 위험도 기준(MIL-STD-882E)에 따른 심각도 분류**
- 범주(Category) Ⅰ : 파국(Catastrophic)
- 범주(Category) Ⅱ : 중대재해(Critical)
- 범주(Category) Ⅲ : 경미재해, 한계적(Marginal)
- 범주(Category) Ⅳ : 무시가능(Negligible)

관련개념 CHAPTER 02 위험성 파악 · 결정

032

사용자의 잘못된 조작 또는 실수로 인해 기계의 고장이 발생하지 않도록 설계하는 방법은?

① EMEA　② HAZOP
③ Fail Safe　④ Fool Proof

해설 **풀 프루프(Fool-Proof)**
기계장치 설계단계에서 안전화를 도모하는 것으로 근로자가 기계 등의 취급을 잘못해도 사고로 연결되는 일이 없도록 하는 안전기구이다. 즉, 인간과오(Human Error)를 방지하기 위한 것으로 가드, 록(Lock, 잠금) 장치, 오버런 기구 등이 있다.

관련개념 CHAPTER 02 위험성 파악 · 결정

2020년 3회

| 정답 | 029 ③　030 ①　031 ③　032 ④

033

작업기억(Working Memory)과 관련된 설명으로 옳지 않은 것은?

① 오랜 기간 정보를 기억하는 것이다.
② 작업기억 내의 정보는 시간이 흐름에 따라 쇠퇴할 수 있다.
③ 작업기억의 정보는 일반적으로 시각, 음성, 의미 코드의 3가지로 코드화된다.
④ 리허설(Rehearsal)은 정보를 작업기억 내에 유지하는 유일한 방법이다.

해설 **작업기억(Working Memory)**
특정 작업을 처리하기 위한 의식적인 정신적 노력을 추가한 기억으로, 제한된 정보를 순간적으로 기억하는 형태를 말한다. 단기기억이라고도 하며 용량이 7개 내외로 작아 순간적 망각 등 인적 오류의 원인이 된다.

관련개념 CHAPTER 01 안전과 인간공학

034

다음 형상 암호화 조종장치 중 이산 멈춤 위치용 조종장치는?

①
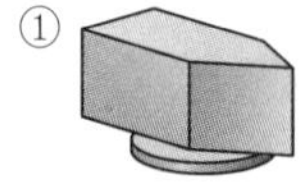
②
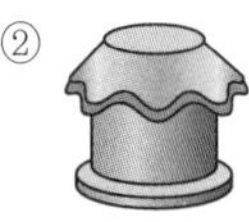
③
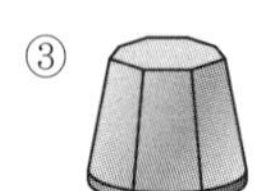
④
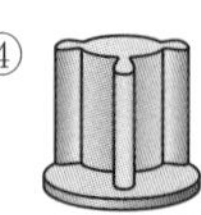

해설 **형상 암호화된 조종장치**

구분	조종장치
단회전용	
다회전용	
이산 멈춤 위치용	

관련개념 CHAPTER 06 작업환경 관리

035

표시값의 변화 방향이나 변화 속도를 나타내어 전반적인 추이의 변화를 관측할 필요가 있는 경우에 가장 적합한 표시장치 유형은?

① 계수형(Digital)
② 묘사형(Descriptive)
③ 동목형(Moving Scale)
④ 동침형(Moving Pointer)

해설 **동침형(Moving Pointer)**
고정된 눈금상에서 지침이 움직이면서 값을 나타내는 방법으로 지침의 위치가 일종의 인식상의 단서로 작용하는 이점이 있다.

관련개념 CHAPTER 06 작업환경 관리

036

다음 중 육체적 활동에 대한 생리학적 측정방법과 가장 거리가 먼 것은?

① EMG ② EEG
③ 심박수 ④ 에너지소비량

해설 생리적 측정방법 중 뇌전도(EEG; Electro Encephalo Gram)는 정신적 활동에 대한 측정방법 중 하나이다.

관련개념 CHAPTER 06 작업환경 관리

| 정답 | 033 ① 034 ① 035 ④ 036 ②

037

인간–기계 시스템을 설계하기 위해 고려해야 할 사항과 거리가 먼 것은?

① 시스템 설계 시 동작 경제의 원칙이 만족되도록 고려한다.
② 인간과 기계가 모두 복수인 경우, 종합적인 효과보다 기계를 우선적으로 고려한다.
③ 대상이 되는 시스템이 위치할 환경 조건이 인간에 대한 한계치를 만족하는가의 여부를 조사한다.
④ 인간이 수행해야 할 조작이 연속적인가 불연속적인가를 알아보기 위해 특성조사를 실시한다.

해설 인간–기계 통합체계는 인간과 기계의 상호작용으로 인간의 역할에 중점을 두고 시스템을 설계하는 것이 바람직하다.

관련개념 CHAPTER 01 안전과 인간공학

038

「한국산업표준」상 결함나무분석(FTA) 시 다음과 같이 사용되는 사상기호가 나타내는 사상은?

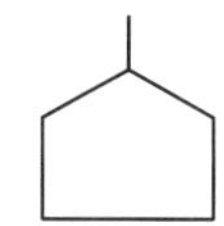

① 공사상　　② 기본사상
③ 통상사상　　④ 심층분석사상

해설

기호	명칭	설명
(오각형 기호)	통상사상	통상발생이 예상되는 사상

※ 실제로는 공사상 관련 문제가 출제되었으나 공사상은 결함수분석법 지침(KOSHA GUIDE P−84)에 제시되지 않은, 일반적으로 사용되는 사상이 아닙니다. 이에 따라 문제를 수정하였습니다.

관련개념 CHAPTER 02 위험성 파악 · 결정

039

작업자의 작업공간과 관련된 내용으로 옳지 않은 것은?

① 서서 작업하는 작업공간에서 발바닥을 높이면 뻗침길이가 늘어난다.
② 서서 작업하는 작업공간에서 신체의 균형에 제한을 받으면 뻗침길이가 늘어난다.
③ 앉아서 작업하는 작업공간은 동적 팔뻗침에 의해 포락면(Reach Envelope)의 한계가 결정된다.
④ 앉아서 작업하는 작업공간에서 기능적 팔뻗침에 영향을 주는 제약이 적을수록 뻗침길이가 늘어난다.

해설 인체는 몸통의 균형이 확보되어야 사지(팔, 다리)를 정상적으로 움직이거나 뻗을 수 있기 때문에 서서 작업하는 공간에서 신체의 균형에 제한을 받으면 팔의 뻗침길이가 감소된다.

관련개념 CHAPTER 06 작업환경 관리

040

조종장치의 촉각적 암호화를 위하여 고려하는 특성으로 볼 수 없는 것은?

① 형상　　② 무게
③ 크기　　④ 표면촉감

해설 **조종장치의 촉각적 암호화**
• 표면촉감을 사용하는 경우
• 형상을 구별하는 경우
• 크기를 구별하는 경우

관련개념 CHAPTER 06 작업환경 관리

| 정답 | 037 ② 038 ③ 039 ② 040 ②

기계 · 기구 및 설비 안전관리

041

보일러수 속에 불순물 농도가 높아지면서 수면에 거품이 형성되어 수위가 불안정하게 되는 현상은?

① 포밍 ② 서징
③ 수격현상 ④ 공동현상

해설 **포밍(Foaming)**
보일러수에 불순물이 많이 포함되었을 경우 보일러수의 비등과 함께 수면부 위에 거품층을 형성하여 수위가 불안정하게 되는 현상을 말한다.

관련개념 CHAPTER 05 기타 산업용 기계 · 기구

042

다음 중 선반작업 시 준수하여야 하는 안전사항으로 틀린 것은?

① 작업 중 면장갑 착용을 금한다.
② 작업 시 공구는 항상 정리해 둔다.
③ 운전 중에 백기어를 사용한다.
④ 주유 및 청소를 할 때에는 반드시 기계를 정지시키고 한다.

해설 선반작업 시 기계 운전 중 백기어(Back Gear) 사용은 금지된다.

관련개념 CHAPTER 03 공작기계의 안전

043

기계설비의 안전조건 중 구조의 안전화에 대한 설명으로 가장 거리가 먼 것은?

① 기계재료의 선정 시 재료 자체에 결함이 없는지 철저히 확인한다.
② 사용 중 재료의 강도가 열화될 것을 감안하여 설계 시 안전율을 고려한다.
③ 기계작동 시 기계의 오동작을 방지하기 위하여 오동작 방지 회로를 적용한다.
④ 가공 경화와 같은 가공결함이 생길 우려가 있는 경우는 열처리 등으로 결함을 방지한다.

해설 ③은 기능상의 안전화에 대한 설명이다.

관련개념 CHAPTER 01 기계공정의 안전, 기계안전시설 관리

044

「산업안전보건법령」상 리프트의 종류로 틀린 것은?

① 건설용 리프트
② 자동차정비용 리프트
③ 이삿짐운반용 리프트
④ 간이 리프트

해설 **리프트의 종류**
- 건설용 리프트
- 산업용 리프트
- 자동차정비용 리프트
- 이삿짐운반용 리프트

관련개념 CHAPTER 06 운반기계 및 양중기

| 정답 | 041 ① 042 ③ 043 ③ 044 ④

045

크레인 작업 시 로프에 1톤의 중량을 걸어 20[m/s^2]의 가속도로 감아올릴 때, 로프에 걸리는 총 하중[kgf]은 약 얼마인가?(단, 중력가속도는 10[m/s^2]이다.)

① 1,000　② 2,000
③ 3,000　④ 3,500

해설 동하중 $=\frac{\text{정하중}}{\text{중력가속도}}\times$ 가속도 $=\frac{1,000}{10}\times 20=2,000$[kgf]
총 하중 = 정하중 + 동하중 = 1,000 + 2,000 = 3,000[kgf]

관련개념 CHAPTER 06 운반기계 및 양중기

046

「산업안전보건법령」상 연삭숫돌의 상부를 사용하는 것을 목적으로 하는 탁상용 연삭기 덮개의 노출각도는?

① 60° 이내　② 65° 이내
③ 80° 이내　④ 125° 이내

해설 연삭숫돌의 상부사용을 목적으로 하는 탁상용 연삭기 덮개의 노출각도는 60° 이내이다.

관련개념 CHAPTER 03 공작기계의 안전

047

「산업안전보건법령」상 위험기계·기구별 방호조치로 가장 적절하지 않은 것은?

① 산업용 로봇 – 안전매트
② 보일러 – 급정지장치
③ 목재가공용 둥근톱기계 – 반발예방장치
④ 산업용 로봇 – 광전자식 방호장치

해설 보일러의 폭발 사고를 예방하기 위하여 압력방출장치, 압력제한스위치, 고저수위 조절장치, 화염검출기 등의 기능이 정상적으로 작동될 수 있도록 유지·관리하여야 한다.

관련개념 CHAPTER 05 기타 산업용 기계·기구

048

「산업안전보건법령」상 양중기에서 절단하중이 100톤인 와이어로프를 사용하여 화물을 직접적으로 지지하는 경우, 화물의 최대허용하중(톤)은?

① 20　② 30
③ 40　④ 50

해설 화물의 하중을 직접 지지하는 달기와이어로프의 안전계수는 5 이상이다.
안전계수 $=\frac{\text{절단하중}}{\text{최대사용하중}}$이므로 최대사용하중 $=\frac{\text{절단하중}}{\text{안전계수}}=\frac{100}{5}=20$톤

관련개념 CHAPTER 06 운반기계 및 양중기

049

금형의 안전화에 대한 설명 중 틀린 것은?

① 금형의 틈새는 8[mm] 이상 충분하게 확보한다.
② 금형 사이에 신체일부가 들어가지 않도록 한다.
③ 충격이 반복되어 부가되는 부분에는 완충장치를 설치한다.
④ 금형설치용 홈은 설치된 프레스의 홈에 적합한 형상의 것으로 한다.

해설 **금형의 안전화**
상사점에 있어서 상형과 하형과의 간격, 가이드 포스트와 부쉬의 간격이 각각 8[mm] 이하가 되도록 설치한다.

관련개념 CHAPTER 04 프레스 및 전단기의 안전

| 정답 | 045 ③　046 ①　047 ②　048 ①　049 ①

050

컨베이어의 종류가 아닌 것은?

① 체인 컨베이어
② 스크루 컨베이어
③ 슬라이딩 컨베이어
④ 유체 컨베이어

해설 **컨베이어의 종류**
- 롤러(Roller) 컨베이어
- 스크루(Screw) 컨베이어
- 벨트(Belt) 컨베이어
- 체인(Chain) 컨베이어
- 유체 컨베이어 등

관련개념 CHAPTER 06 운반기계 및 양중기

051

「산업안전보건법령」상 지게차 방호장치에 해당하는 것은?

① 포크
② 헤드가드
③ 호이스트
④ 힌지드 버킷

해설 지게차의 방호장치로 전조등, 후미등 및 규정에 적합한 헤드가드, 백레스트를 설치하여야 한다.

관련개념 CHAPTER 06 운반기계 및 양중기

052

프레스의 방호장치에 해당되지 않는 것은?

① 가드식 방호장치
② 수인식 방호장치
③ 롤 피드식 방호장치
④ 손쳐내기식 방호장치

해설 **프레스의 방호장치**
- 가드식(Guard) 방호장치
- 양수조작식(Two-hand Control) 방호장치
- 손쳐내기식(Push Away, Sweep Guard) 방호장치
- 수인식(Pull Out) 방호장치
- 광전자식(감응식)(Photosensor Type) 방호장치

관련개념 CHAPTER 04 프레스 및 전단기의 안전

053

「산업안전보건법령」상 연삭숫돌의 시운전에 관한 설명으로 옳은 것은?

① 연삭숫돌의 교체 시에는 바로 사용할 수 있다.
② 연삭숫돌의 교체 시 1분 이상 시운전을 하여야 한다.
③ 연삭숫돌의 교체 시 2분 이상 시운전을 하여야 한다.
④ 연삭숫돌의 교체 시 3분 이상 시운전을 하여야 한다.

해설 연삭숫돌을 사용하는 작업의 경우 작업을 시작하기 전에는 1분 이상, 연삭숫돌을 교체한 후에는 3분 이상 시험운전을 하고 해당 기계에 이상이 있는지를 확인하여야 한다.

관련개념 CHAPTER 03 공작기계의 안전

| 정답 | 050 ③ 051 ② 052 ③ 053 ④

054

「산업안전보건법령」상 기계 · 기구의 방호조치에 대한 사업주 · 근로자 준수사항으로 가장 적절하지 않은 것은?

① 방호조치의 기능상실에 대한 신고가 있을 시 사업주는 수리, 보수 및 작업중지 등 적절한 조치를 할 것
② 방호조치 해체 사유가 소멸된 경우 근로자는 즉시 원상회복시킬 것
③ 방호조치의 기능상실을 발견 시 사업주에게 신고할 것
④ 방호조치 해체 시 해당 근로자가 판단하여 해체할 것

해설 방호조치를 해체하려는 경우 사업주의 허가를 받아 해체하여야 한다.

방호조치 해체 등에 필요한 조치

- 방호조치를 해체하려는 경우: 사업주의 허가를 받아 해체할 것
- 방호조치 해체 사유가 소멸된 경우: 방호조치를 지체 없이 원상으로 회복시킬 것
- 방호조치의 기능이 상실된 것을 발견한 경우: 지체 없이 사업주에게 신고할 것. 사업주는 신고가 있으면 즉시 수리, 보수 및 작업중지 등 적절한 조치를 하여야 한다.

관련개념 CHAPTER 01 기계공정의 안전, 기계안전시설 관리

055

「산업안전보건법령」상 프레스를 사용하여 작업을 할 때 작업시작 전 점검항목에 해당하지 않는 것은?

① 전선 및 접속부 상태
② 클러치 및 브레이크의 기능
③ 프레스의 금형 및 고정볼트 상태
④ 1행정 1정지기구 · 급정지장치 및 비상정지장치의 기능

해설 전선 및 접속부 상태는 이동식 방폭구조 전기기계 · 기구를 사용할 때 작업시작 전 점검사항이다.

관련개념 CHAPTER 02 기계분야 산업재해 조사 및 관리

056

밀링머신(Milling Machine)의 작업 시 안전수칙에 대한 설명으로 틀린 것은?

① 커터의 교환 시에는 테이블 위에 목재를 받쳐 놓는다.
② 강력절삭 시에는 일감을 바이스에 깊게 물린다.
③ 작업 중 면장갑은 끼지 않는다.
④ 커터는 가능한 칼럼(Column)으로부터 멀리 설치한다.

해설 밀링머신 작업 시 커터는 될 수 있는 한 칼럼(Column)에 가깝게 설치한다.

관련개념 CHAPTER 03 공작기계의 안전

057

프레스의 분류 중 동력 프레스에 해당하지 않는 것은?

① 크랭크 프레스 ② 토글 프레스
③ 마찰 프레스 ④ 아버 프레스

해설 아버 프레스는 인력 프레스에 해당한다.

관련개념 CHAPTER 04 프레스 및 전단기의 안전

| 정답 | 054 ④ 055 ① 056 ④ 057 ④

058

산소-아세틸렌가스 용접에서 산소 용기의 취급 시 주의사항으로 틀린 것은?

① 산소 용기의 운반 시 밸브를 닫고 캡을 씌워서 이동할 것
② 기름이 묻은 손이나 장갑을 끼고 취급하지 말 것
③ 원활한 산소 공급을 위하여 산소 용기는 눕혀서 사용할 것
④ 통풍이 잘 되고 직사광선이 없는 곳에 보관할 것

해설 용접할 때 사용하는 산소 용기는 세워 두어야 한다.

관련개념 CHAPTER 05 기타 산업용 기계 · 기구

059

가드(Guard)의 종류가 아닌 것은?

① 고정식 ② 조정식
③ 자동식 ④ 반자동식

해설 가드의 종류는 고정식, 가동식, 조정식, 자동식, 연동식이 있다.

관련개념 CHAPTER 01 기계공정의 안전, 기계안전시설 관리

060

「산업안전보건법령」상 롤러기의 무릎조작식 급정지장치의 설치위치 기준은?(단, 위치는 급정지장치 조작부의 중심점을 기준으로 한다.)

① 밑면에서 0.7~0.8[m] 이내
② 밑면에서 0.6[m] 이내
③ 밑면에서 0.8~1.2[m] 이내
④ 밑면에서 1.5[m] 이내

해설 **롤러기 급정지장치 조작부의 위치**

종류	설치위치
손조작식	밑면에서 1.8[m] 이내
복부조작식	밑면에서 0.8[m] 이상 1.1[m] 이내
무릎조작식	밑면에서 0.6[m] 이내

관련개념 CHAPTER 05 기타 산업용 기계 · 기구

전기 및 화학설비 안전관리

061

옥내배선에서 누전으로 인한 화재방지의 대책이 아닌 것은?

① 배선불량 시 재시공할 것
② 배선에 단로기를 설치할 것
③ 정기적으로 절연저항을 측정할 것
④ 정기적으로 배선시공 상태를 확인할 것

해설 단로기는 개폐기의 일종으로, 무부하 상태의 전로를 개폐하는 역할을 하거나 차단기, 변압기, 피뢰기 등 고전압 기기의 1차 측에 설치하여 기기를 점검, 수리할 때 전원으로부터 기기를 분리하는 역할을 하는 것으로 누전으로 인한 화재방지 대책과는 무관하다.

관련개념 CHAPTER 01 전기안전관리

062

인체의 대부분이 수중에 있는 상태에서의 허용접촉전압으로 옳은 것은?

① 2.5[V] 이하 ② 25[V] 이하
③ 50[V] 이하 ④ 100[V] 이하

해설 **허용접촉전압**

종별	접촉상태	허용접촉전압
제1종	인체의 대부분이 수중에 있는 상태	2.5[V] 이하
제2종	• 인체가 현저히 젖어 있는 상태 • 금속성의 전기기계 · 기구나 구조물에 인체의 일부가 상시 접촉되어 있는 상태	25[V] 이하
제3종	제1종, 제2종 이외의 경우로서 통상의 인체상태에서 접촉전압이 가해지면 위험성이 높은 상태	50[V] 이하
제4종	• 제1종, 제2종 이외의 경우로서 통상의 인체 상태에 접촉전압이 가해지더라도 위험성이 낮은 상태 • 접촉전압이 가해질 우려가 없는 경우	제한 없음

관련개념 CHAPTER 02 감전재해 및 방지대책

| 정답 | 058 ③ 059 ④ 060 ② 061 ② 062 ①

063

전기설비에서 제1종 접지공사는 접지저항을 몇 [Ω] 이하로 해야 하는가?

① 5　② 10
③ 50　④ 100

해설 「한국전기설비규정」 개정으로 인해 접지대상에 따라 일괄 적용한 종별접지(1종, 2종, 3종, 특별3종)가 폐지되어 성립될 수 없는 문제입니다.

접지대상	개정 전 접지방식	KEC 접지방식
(특)고압설비	1종: 접지저항 10[Ω]	• 계통접지: TN, TT, IT 계통 • 보호접지: 등전위본딩 등 • 피뢰시스템접지
600[V] 이하 설비	특3종: 접지저항 10[Ω]	
400[V] 이하 설비	3종: 접지저항 100[Ω]	
변압기	2종: (계산요함)	"변압기 중성점 접지"로 명칭 변경

관련개념 CHAPTER 01 전기안전관리

064

저압전선로 중 절연 부분의 전선과 대지 간 및 전선의 심선 상호 간의 절연저항은 사용전압에 대한 누설전류가 최대 공급전류의 얼마를 넘지 않도록 규정하고 있는가?

① 1/1,000　② 1/1,500
③ 1/2,000　④ 1/2,500

해설 저압전선로 중 절연부분의 전선과 대지 사이 및 심선 상호 간의 절연저항은 사용전압에 대한 누설전류가 최대 공급전류의 $\frac{1}{2,000}$이 넘지 않도록 하여야 한다.

관련개념 CHAPTER 02 감전재해 및 방지대책

065

방폭구조 전기기계·기구의 선정기준에 있어 가스폭발 위험장소의 제1종 장소에 사용할 수 없는 방폭구조는?

① 내압방폭구조　② 안전증방폭구조
③ 본질안전방폭구조　④ 비점화방폭구조

해설 비점화방폭구조는 2종 장소에서만 사용 가능하다.

관련개념 CHAPTER 04 전기방폭관리

066

감전을 방지하기 위해 관계 근로자에게 반드시 주지시켜야 하는 정전작업 사항으로 가장 거리가 먼 것은?

① 전원설비 효율에 관한 사항
② 단락접지 실시에 관한 사항
③ 전원 재투입 순서에 관한 사항
④ 작업책임자의 임명, 정전범위 및 절연용 보호구 작업 등 필요한 사항

해설 정전작업 시 작업책임자, 정전범위, 정전 및 전원 재투입 순서 등을 정하고, 작업책임자는 근로자에게 작업시작 전에 미리 정전범위, 정전 및 송전시간, 개폐기의 차단장소, 선로의 단락접지를 하는 장소와 상태, 작업순서, 근로자의 배치, 작업종료 후의 조치 내용 등을 설명하여야 한다.

관련개념 CHAPTER 02 감전재해 및 방지대책

067

대전된 물체가 방전을 일으킬 때에 에너지 E[J]를 구하는 식으로 옳은 것은?(단, 도체의 정전용량을 C[F], 대전전위를 V[V], 대전전하량을 Q[C]라 한다.)

① $E=\sqrt{2CQ}$　② $E=\frac{1}{2}CV$
③ $E=\frac{Q^2}{2C}$　④ $E=\sqrt{\frac{2V}{C}}$

해설 $E=\frac{1}{2}CV^2$, $Q=CV$이므로 $E=\frac{Q^2}{2C}$

관련개념 CHAPTER 03 정전기 장·재해관리

068

제전기의 설치장소로 가장 적절한 것은?

① 대전물체의 뒷면에 접지물체가 있는 경우
② 정전기의 발생원으로부터 5~20[cm] 정도 떨어진 장소
③ 오물과 이물질이 자주 발생하고 묻기 쉬운 장소
④ 온도가 150[℃], 상대습도가 80[%] 이상인 장소

해설 원칙적으로 대전물체 배면의 접지체 또는 다른 제전기가 설치되어 있는 위치, 정전기의 발생원, 제전기에 오물이 묻기 쉬운 장소, 온도 150[℃] 이상, 상대습도 80[%] 이상인 장소 등에는 제전기의 설치를 피하는 것이 좋다.

제전기 설치 장소

- 제전기를 설치하기 전과 후의 대전물체의 전위를 측정해서 제전의 목표값을 만족하는 위치 또는 제전효율이 90[%] 이상 되는 위치
- 제전기를 설치하기 전 대전물체의 전위를 측정하여 그 전위가 가능한 한 높은 위치
- 정전기의 발생원으로부터 가능한 한 가까운 위치로 하며, 일반적으로 정전기의 발생원으로부터 5~20[cm] 정도 떨어진 위치

관련개념 CHAPTER 03 정전기 장·재해관리

069

전기적 불꽃 또는 아크에 의한 화상의 우려가 높은 고압 이상의 충전전로 작업에 근로자를 종사시키는 경우에는 어떠한 성능을 가진 작업복을 착용시켜야 하는가?

① 방충처리 또는 방수성능을 갖춘 작업복
② 방염처리 또는 난연성능을 갖춘 작업복
③ 방청처리 또는 난연성능을 갖춘 작업복
④ 방수처리 또는 방청성능을 갖춘 작업복

해설 전기적 불꽃 또는 아크에 의한 화상의 우려가 있는 고압 이상의 충전전로 작업에는 방염처리된 작업복 또는 난연성능을 가진 작업복을 착용하여야 한다.

관련개념 CHAPTER 02 감전재해 및 방지대책

070

폭발성 가스가 전기기기 내부로 침입하지 못하도록 전기기기의 내부에 불활성가스를 압입하는 방식의 방폭구조는?

① 내압방폭구조 ② 압력방폭구조
③ 본질안전방폭구조 ④ 유입방폭구조

해설 **압력방폭구조**
용기 내부에 보호가스(신선한 공기 또는 불연성 기체)를 압입하여 내부압력을 유지함으로써 폭발성 가스 또는 증기가 내부로 유입되지 않도록 한 구조이다.

관련개념 CHAPTER 04 전기방폭관리

071

다음 중 폭발하한농도[vol%]가 가장 높은 것은?

① 일산화탄소 ② 아세틸렌
③ 디에틸에테르 ④ 아세톤

해설 보기 물질들의 폭발범위는 아래와 같으며 보기 물질 중에서는 일산화탄소가 12.5[vol%]로 폭발하한농도가 가장 높다.
① 일산화탄소: 12.5~74[vol%]
② 아세틸렌: 2.5~81[vol%]
③ 디에틸에테르: 1.9~48[vol%]
④ 아세톤: 2.6~12.8[vol%]

관련개념 CHAPTER 06 화재·폭발 검토

072

이산화탄소소화기에 관한 설명으로 옳지 않은 것은?

① 전기화재에 사용할 수 있다.
② 주된 소화작용은 질식작용이다.
③ 소화약제 자체 압력으로 방출이 가능하다.
④ 전기 전도성이 높아 사용 시 감전에 유의해야 한다.

해설 이산화탄소(CO_2)소화기는 절연성이 높아 전기화재에 적당하다.

관련개념 CHAPTER 06 화재·폭발 검토

| 정답 | 068 ② 069 ② 070 ② 071 ① 072 ④

073

낮은 압력에서 물질의 끓는점이 내려가는 현상을 이용하여 시행하는 분리법으로 온도를 높여서 가열할 경우 원료가 분해될 우려가 있는 물질을 증류할 때 사용하는 방법을 무엇이라 하는가?

① 진공증류 ② 추출증류
③ 공비증류 ④ 수증기증류

해설 **감압증류(진공증류)**
끓는점이 비교적 높은 액체 혼합물을 분리하기 위하여 증류공정의 압력을 감소시켜 증류속도를 빠르게(끓는점을 낮게) 하여 증류하는 방법이다. 상압 하에서 끓는점까지 가열하면 분해할 우려가 있는 물질 또는 감압 하에서 물질의 끓는점이 낮아지는 현상을 이용하는 증류 방법이다.

관련개념 CHAPTER 07 화학물질 안전관리 실행

074

「위험물안전관리법령」상 제3류 위험물의 금수성 물질이 아닌 것은?

① 과염소산염 ② 금속나트륨
③ 탄화칼슘 ④ 탄화알루미늄

해설 과염소산염은 제1류 위험물(산화성 고체)이다.

관련개념 CHAPTER 07 화학물질 안전관리 실행

075

다음 중 불연성 가스에 해당하는 것은?

① 프로판 ② 이산화탄소
③ 아세틸렌 ④ 암모니아

해설 이산화탄소는 불연성 가스로 스스로 연소하지 못하며 다른 물질을 연소시키는 성질도 갖지 않는다. 프로판, 아세틸렌, 암모니아는 가연성 가스이다.

관련개념 CHAPTER 07 화학물질 안전관리 실행

076

염소산칼륨에 관한 설명으로 옳은 것은?

① 탄소, 유기물과 접촉 시에도 분해폭발 위험은 거의 없다.
② 열에 강한 성질이 있어서 500[℃]의 고온에서도 안정적이다.
③ 찬물이나 에탄올에도 매우 잘 녹는다.
④ 산화성 고체물질이다.

해설 염소산칼륨은 산화성 고체이다.
① 산과 반응하여 ClO_2를 발생하고 폭발위험이 있다.
② 촉매 없이 400[℃] 부근에서 열분해하여 산소를 발생한다.
③ 산성 물질로 온수, 글리세린에 잘 녹고, 냉수, 알코올에는 잘 녹지 않는다.

관련개념 CHAPTER 07 화학물질 안전관리 실행

| 정답 | 073 ① 074 ① 075 ② 076 ④

077

메탄 20[vol%], 에탄 25[vol%], 프로판 55[vol%]의 조성을 가진 혼합가스의 폭발하한계값[vol%]은 약 얼마인가?(단, 메탄, 에탄 및 프로판가스의 폭발하한값은 각각 5[vol%], 3[vol%], 2[vol%]이다.)

① 2.51　② 3.12
③ 4.26　④ 5.22

해설 **르샤틀리에 법칙**

$$L=\frac{V_1+V_2+\cdots+V_n}{\frac{V_1}{L_1}+\frac{V_2}{L_2}+\cdots+\frac{V_n}{L_n}}=\frac{20+25+55}{\frac{20}{5}+\frac{25}{3}+\frac{55}{2}}=2.51[\text{vol}\%]$$

여기서, L: 혼합가스의 폭발하한계[vol%]
L_n: 각 성분가스의 폭발하한계[vol%]
V_n: 각 성분가스의 부피비[vol%]

관련개념 CHAPTER 06 화재·폭발 검토

078

다음 중 화재의 종류가 옳게 연결된 것은?

① A급 화재 – 유류화재　② B급 화재 – 유류화재
③ C급 화재 – 일반화재　④ D급 화재 – 일반화재

해설 **화재의 종류**

구분	A급 화재	B급 화재	C급 화재	D급 화재
명칭	일반화재	유류화재	전기화재	금속화재

관련개념 CHAPTER 06 화재·폭발 검토

079

다음 중 증류탑의 원리로 거리가 먼 것은?

① 끓는점(휘발성) 차이를 이용하여 목적 성분을 분리한다.
② 열이동은 도모하지만 물질이동은 관계하지 않는다.
③ 기–액 두 상의 접촉이 충분히 일어날 수 있는 접촉 면적이 필요하다.
④ 여러 개의 단을 사용하는 다단탑이 사용될 수 있다.

해설 **증류탑(정류탑)**

두 개 또는 그 이상의 액체의 혼합물을 끓는점(비점) 차이를 이용하여 특정 성분을 분리하는 것을 목적으로 하는 장치이다. 기체와 액체를 접촉시켜 물질전달 및 열전달을 이용하여 분리한다.

관련개념 CHAPTER 07 화학물질 안전관리 실행

080

물과 접촉할 경우 화재나 폭발의 위험성이 더욱 증가하는 것은?

① 칼륨　② 트리니트로톨루엔
③ 황린　④ 니트로셀룰로오스

해설 칼륨은 물과 접촉할 경우 많은 열과 함께 수소 기체를 발생시킨다. 따라서 칼륨은 물과 접촉하면 위험성이 커진다.

$2K + 2H_2O \rightarrow 2KOH + H_2\uparrow$

②, ③, ④는 모두 물과 특별한 반응을 하지 않는 물질이다.

관련개념 CHAPTER 07 화학물질 안전관리 실행

| 정답 | 077 ①　078 ②　079 ②　080 ①

건설공사 안전관리

081

건설공사 유해위험방지계획서 제출 시 공통적으로 제출하여야 할 첨부서류가 아닌 것은?

① 공사개요서
② 전체 공정표
③ 산업안전보건관리비 사용계획서
④ 가설도로계획서

해설 가설도로계획서는 건설공사 유해위험방지계획서 제출 시 공통적으로 제출하는 서류에 해당하지 않는다.

관련개념 CHAPTER 02 건설공사 위험성

082

신축공사 현장에서 강관으로 외부비계를 설치할 때 비계기둥의 최고 높이가 45[m]라면 관련 법령에 따라 비계기둥을 2개의 강관으로 보강하여야 하는 높이는 지상으로부터 얼마까지인가?

① 14[m] ② 20[m]
③ 25[m] ④ 31[m]

해설 비계기둥의 제일 윗부분으로부터 31[m] 되는 지점 밑부분의 비계기둥은 2개의 강관으로 묶어 세워야 한다. 따라서 2개의 강관으로 보강하여야 하는 높이는 지상으로부터 45－31＝14[m]이다.

관련개념 CHAPTER 05 비계·거푸집 가시설 위험방지

083

항타기 및 항발기를 조립하는 경우 점검하여야 할 사항이 아닌 것은?

① 과부하장치 및 제동장치의 이상 유무
② 권상장치의 브레이크 및 쐐기장치 기능의 이상 유무
③ 본체 연결부의 풀림 또는 손상의 유무
④ 권상기의 설치상태의 이상 유무

해설 **항타기 및 항발기 조립·해체 시 점검사항**
- 본체 연결부의 풀림 또는 손상의 유무
- 권상용 와이어로프·드럼 및 도르래의 부착상태의 이상 유무
- 권상장치의 브레이크 및 쐐기장치 기능의 이상 유무
- 권상기의 설치상태의 이상 유무
- 리더(leader)의 버팀 방법 및 고정상태의 이상 유무
- 본체·부속장치 및 부속품의 강도가 적합한지 여부
- 본체·부속장치 및 부속품에 심한 손상·마모·변형 또는 부식이 있는지 여부

관련개념 CHAPTER 04 건설현장 안전시설 관리

084

철근콘크리트 현장타설공법과 비교한 PC(Precast Concrete)공법의 장점으로 볼 수 없는 것은?

① 기후의 영향을 받지 않아 동절기 시공이 가능하고, 공기를 단축할 수 있다.
② 현장작업이 감소되고, 생산성이 향상되어 인력절감이 가능하다.
③ 공사비가 매우 저렴하다.
④ 공장 제작이므로 콘크리트 양생 시 최적조건에 의한 양질의 제품 생산이 가능하다.

해설 PC공법은 공사기간은 줄어드나 공사비가 상대적으로 많이 발생한다.

관련개념 CHAPTER 06 공사 및 작업 종류별 안전

2020년 3회

| 정답 | 081 ④ 082 ① 083 ① 084 ③

085

흙막이 지보공을 설치하였을 때 붕괴 등의 위험방지를 위하여 정기적으로 점검하고, 이상 발견 시 즉시 보수하여야 하는 사항이 아닌 것은?

① 침하의 정도
② 버팀대의 긴압의 정도
③ 지형 · 지질 및 지층상태
④ 부재의 손상 · 변형 · 변위 및 탈락의 유무와 상태

해설 **흙막이 지보공 정기적 점검 및 보수사항**
- 부재의 손상 · 변형 · 부식 · 변위 및 탈락의 유무와 상태
- 버팀대의 긴압의 정도
- 부재의 접속부 · 부착부 및 교차부의 상태
- 침하의 정도

관련개념 CHAPTER 05 비계 · 거푸집 가시설 위험방지

086

건물 외부에 낙하물 방지망을 설치할 경우 벽면으로부터 돌출되는 거리의 기준은?

① 1[m] 이상　② 1.5[m] 이상
③ 1.8[m] 이상　④ 2[m] 이상

해설 낙하물 방지망 또는 방호선반을 설치하는 경우 높이 10[m] 이내마다 설치하고, 내민 길이는 벽면으로부터 2[m] 이상으로 하여야 한다.

관련개념 CHAPTER 04 건설현장 안전시설 관리

087

히빙(Heaving)현상이 가장 쉽게 발생하는 토질지반은?

① 연약한 점토지반　② 연약한 사질토지반
③ 견고한 점토지반　④ 견고한 사질토지반

해설 **히빙(Heaving)**
연약한 점토지반을 굴착할 때 흙막이벽 배면 흙의 중량이 굴착저면 이하의 흙보다 클 경우 굴착저면 이하의 지지력보다 크게 되어 흙막이 배면에 있는 흙이 안으로 밀려들어 굴착저면이 부풀어오르는 현상이다.

관련개념 CHAPTER 02 건설공사 위험성

088

작업장으로 통하는 장소 또는 작업장 내에 근로자가 사용할 통로설치에 대한 준수사항 중 다음 (　) 안에 알맞은 내용은?

> • 통로의 주요 부분에는 통로표시를 하고, 근로자가 안전하게 통행할 수 있도록 하여야 한다.
> • 통로면으로부터 높이 (　　)[m] 이내에는 장애물이 없도록 하여야 한다.

① 1　② 1.5
③ 2　④ 3

해설 **통로의 설치기준**
- 작업장으로 통하는 장소 또는 작업장 내에 근로자가 사용할 안전한 통로를 설치하고 항상 사용할 수 있는 상태로 유지하여야 한다.
- 통로의 주요 부분에 통로표시를 하고, 근로자가 안전하게 통행할 수 있도록 하여야 한다.
- 통로면으로부터 높이 2[m] 이내에는 장애물이 없도록 하여야 한다.

관련개념 CHAPTER 05 비계 · 거푸집 가시설 위험방지

| 정답 | 085 ③　086 ④　087 ①　088 ③

089

블레이드의 길이가 길고 낮으며 블레이드의 좌우를 전후 25~30° 각도로 회전시킬 수 있어 흙을 측면으로 보낼 수 있는 도저는?

① 레이크 도저　　② 스트레이트 도저
③ 앵글 도저　　④ 틸트 도저

해설 앵글 도저(Angle Dozer)
불도저의 일종으로 블레이드가 지반에 대하여 좌우로 움직여 흙을 측면으로 보낼 수 있다. 주로 토목공사에서 토사의 이동, 운반, 정지 작업에 사용된다.

관련개념 CHAPTER 04 건설현장 안전시설 관리

090

동바리로 사용하는 파이프 서포트에 관한 설치 기준으로 옳지 않은 것은?

① 파이프 서포트를 3개 이상 이어서 사용하지 않도록 할 것
② 파이프 서포트를 이어서 사용하는 경우에는 4개 이상의 볼트 또는 전용철물을 사용하여 이을 것
③ 높이가 3.5[m]를 초과하는 경우에는 높이 2[m] 이내마다 수평연결재를 2개 방향으로 만들고 수평연결재의 변위를 방지할 것
④ 파이프 서포트 사이에 교차가새를 설치하여 수평력에 대하여 보강 조치할 것

해설 교차가새는 동바리로 사용하는 강관틀과 강관틀 사이에 설치하여야 한다.

관련개념 CHAPTER 05 비계 · 거푸집 가시설 위험방지

091

작업발판 및 통로의 끝이나 개구부로서 근로자가 추락할 위험이 있는 장소에서의 방호조치로 옳지 않은 것은?

① 안전난간 설치　　② 와이어로프 설치
③ 울타리 설치　　④ 수직형 추락방망 설치

해설 와이어로프 설치는 추락재해 방호대책에 해당하지 않는다.

관련개념 CHAPTER 04 건설현장 안전시설 관리

092

콘크리트를 타설할 때 거푸집에 작용하는 콘크리트 측압에 영향을 미치는 요인과 가장 거리가 먼 것은?

① 콘크리트 타설속도　　② 콘크리트 타설 높이
③ 콘크리트의 강도　　④ 기온

해설 콘크리트의 강도는 콘크리트 측압에 영향을 미치는 요인에 해당하지 않는다.
① 콘크리트의 타설속도가 빠를수록 측압이 커진다.
② 콘크리트의 타설 높이가 증가함에 따라 측압은 증가하나 일정한 높이 이상이 되면 감소한다.
④ 외기온도가 낮을수록, 습도가 높을수록 측압이 커진다.

관련개념 CHAPTER 06 공사 및 작업 종류별 안전

| 정답 | 089 ③　090 ④　091 ②　092 ③

093

다음과 같은 조건에서 추락 시 로프의 지지점에서 최하단까지의 거리 h를 구하면 얼마인가?

- 로프 길이 150[cm]
- 로프 신율 30[%]
- 근로자 신장 170[cm]

① 2.8[m] ② 3.0[m]
③ 3.2[m] ④ 3.4[m]

해설 **최하사점**

h=로프의 길이+로프의 신장길이+작업자 키의 $\frac{1}{2}$

$=150+150\times0.3+170\times\frac{1}{2}=280[\text{cm}]=2.8[\text{m}]$

관련개념 CHAPTER 04 건설현장 안전시설 관리

094

다음은 비계를 조립하여 사용하는 경우 작업발판 설치에 관한 기준이다. ( ) 안에 들어갈 내용으로 옳은 것은?

사업주는 비계(달비계, 달대비계 및 말비계는 제외한다)의 높이가 ( ) 이상인 작업장소에 다음의 기준에 맞는 작업발판을 설치하여야 한다.
1. 발판재료는 작업할 때의 하중을 견딜 수 있도록 견고한 것으로 할 것
2. 작업발판의 폭은 40[cm] 이상으로 하고, 발판재료 간의 틈은 3[cm] 이하로 할 것

① 1[m] ② 2[m]
③ 3[m] ④ 4[m]

해설 비계의 높이가 2[m] 이상인 작업장소에 설치하는 작업발판에 관한 기준이다.

관련개념 CHAPTER 04 건설현장 안전시설 관리

095

다음은 「산업안전보건법령」에 따른 승강설비의 설치에 관한 내용이다. ( ) 안에 들어갈 내용으로 옳은 것은?

사업주는 높이 또는 깊이가 ( )를 초과하는 장소에서 작업하는 경우 해당 작업에 종사하는 근로자가 안전하게 승강하기 위한 건설용 리프트 등의 설비를 설치하여야 한다. 다만, 승강설비를 설치하는 것이 작업의 성질상 곤란한 경우에는 그렇지 않다.

① 2[m] ② 3[m]
③ 4[m] ④ 5[m]

해설 사업주는 높이 또는 깊이가 2[m]를 초과하는 장소에서 작업하는 경우 해당 작업에 종사하는 근로자가 안전하게 승강하기 위한 건설용 리프트 등의 설비를 설치하여야 한다.

관련개념 CHAPTER 04 건설현장 안전시설 관리

096

리프트(Lift)의 방호장치에 해당하지 않는 것은?

① 권과방지장치 ② 비상정지장치
③ 과부하방지장치 ④ 자동경보장치

해설 자동경보장치는 이상 상태를 조기에 파악하여 이를 신속하게 알릴 수 있는 것으로 리프트의 방호장치와는 거리가 멀다.

리프트의 방호장치
- 과부하방지장치
- 권과방지장치
- 비상정지장치
- 제동장치

관련개념 CHAPTER 06 공사 및 작업 종류별 안전

| 정답 | 093 ① 094 ② 095 ① 096 ④

097

부두·안벽 등 하역작업을 하는 장소에서 부두 또는 안벽의 선을 따라 통로를 설치하는 경우 그 폭을 최소 얼마 이상으로 하여야 하는가?

① 60[cm] ② 90[cm]
③ 120[cm] ④ 150[cm]

해설 하역작업장에서 부두 또는 안벽의 선을 따라 통로를 설치하는 경우에는 폭을 90[cm] 이상으로 하여야 한다.

관련개념 CHAPTER 06 공사 및 작업 종류별 안전

098

산업안전보건관리비의 사용항목에 해당하지 않는 것은?

① 안전시설비 ② 보호구
③ 접대비 ④ 안전보건진단비

해설 접대비는 산업안전보건관리비의 사용항목이 아니다.
※ 이 문제는 개정된 법령에 따라 수정한 문제입니다.

관련개념 CHAPTER 03 건설업 산업안전보건관리비 관리

099

강관을 사용하여 비계를 구성하는 경우의 준수사항으로 옳지 않은 것은?

① 비계기둥의 간격은 띠장 방향에서는 1.85[m] 이하로 할 것
② 비계기둥의 간격은 장선(長線) 방향에서는 1.0[m] 이하로 할 것
③ 띠장 간격은 2.0[m] 이하로 할 것
④ 비계기둥 간의 적재하중은 400[kg]을 초과하지 않도록 할 것

해설 강관을 사용하여 비계를 구성하는 경우 비계기둥의 간격은 장선 방향에서는 1.5[m] 이하로 하여야 한다.

관련개념 CHAPTER 05 비계·거푸집 가시설 위험방지

100

「산업안전보건법령」에 따른 크레인을 사용하여 작업을 하는 때 작업시작 전 점검사항에 해당되지 않는 것은?

① 권과방지장치·브레이크·클러치 및 운전장치의 기능
② 주행로의 상측 및 트롤리(Trolley)가 횡행하는 레일의 상태
③ 원동기 및 풀리(Pulley) 기능의 이상 유무
④ 와이어로프가 통하고 있는 곳의 상태

해설 원동기 및 풀리(Pulley) 기능의 이상 유무는 컨베이어 등을 사용하여 작업을 할 때 작업시작 전 점검사항이다.

관련개념 CHAPTER 06 공사 및 작업 종류별 안전

| 정답 | 097 ② 098 ③ 099 ② 100 ③

2019년 1회 기출문제

2019년 3월 3일 시행

자동 채점

산업재해 예방 및 안전보건교육

001

다음 중 OJT(On the Job Training) 교육의 특징이 아닌 것은?

① 훈련에 필요한 업무의 계속성이 끊어지지 않는다.
② 교육효과가 업무에 신속히 반영된다.
③ 다수의 근로자들에게 동시에 조직적 훈련이 가능하다.
④ 개개인에게 적절한 지도훈련이 가능하다.

해설 다수의 근로자들에게 동시에 조직적 훈련이 가능한 것은 Off JT(직장 외 교육훈련)의 특징이다.

관련개념 CHAPTER 05 안전보건교육의 내용 및 방법

002

주의(Attention)의 특징 중 여러 종류의 자극을 자각할 때, 소수의 특정한 것에 한하여 주의가 집중되는 것은?

① 선택성 ② 방향성
③ 변동성 ④ 검출성

해설 **선택성**
한 번에 많은 종류의 자극을 받을 때 소수의 특정한 것에만 반응하는 성질이다.

관련개념 CHAPTER 04 인간의 행동과학

003

위험예지훈련 중 TBM(Tool Box Meeting)에 관한 설명으로 틀린 것은?

① 작업 장소에서 원형의 형태를 만들어 실시한다.
② 통상 작업시작 전·후 10분 정도의 시간으로 미팅한다.
③ 토의는 다수인(30인)이 함께 수행한다.
④ 근로자 모두가 말하고 스스로 생각하고 "이렇게 하자"라고 합의한 내용이 되어야 한다.

해설 TBM은 작업 개시 전 또는 종료 후, 10명 이하의 작업원이 리더를 중심으로 둘러앉아(또는 서서) 10분 내외에 걸쳐 실시한다.

관련개념 CHAPTER 01 산업재해예방 계획 수립

004

제조업자는 제조물의 결함으로 인하여 생명·신체 또는 재산에 손해를 입은 자에게 그 손해를 배상하여야 하는데 이를 무엇이라고 하는가?(단, 당해 제조물에 대해서만 발생한 손해는 제외한다.)

① 입증 책임 ② 담보 책임
③ 연대 책임 ④ 제조물 책임

해설 **제조물 책임(PL; Product Liability)**
제조물 책임이란 제조, 유통, 판매된 제품의 결함으로 인해 소비자나 사용자 또는 제3자에게 신체나 재산상의 피해를 발생시킨 경우 그 제품을 제조·판매한 자가 법률상 손해배상책임을 지도록 하는 것을 말한다.

관련개념 CHAPTER 01 산업재해예방 계획 수립

| 정답 | 001 ③ 002 ① 003 ③ 004 ④

005

「산업안전보건법령」상 직업병 유소견자가 발생하거나 다수 발생할 우려가 있는 경우에 실시하는 건강진단은?

① 특별건강진단 ② 일반건강진단
③ 임시건강진단 ④ 채용시건강진단

해설 임시건강진단
같은 부서에 근무하는 근로자 또는 같은 유해인자에 노출되는 근로자에게 유사한 질병의 자각·타각증상이 발생한 경우 혹은 직업병 유소견자가 발생하거나 여러 명이 발생할 우려가 있는 경우에 실시하는 건강진단이다.

관련개념 CHAPTER 01 산업재해예방 계획 수립

006

안전을 위한 동기부여로 옳지 않은 것은?

① 기능을 숙달시킨다.
② 경쟁과 협동을 유도한다.
③ 상벌제도를 합리적으로 시행한다.
④ 안전목표를 명확히 설정하여 주지시킨다.

해설 기능을 숙달시키는 것은 안전을 위한 동기부여 방법에 해당하지 않는다.

관련개념 CHAPTER 04 인간의 행동과학

007

다음 중 「산업안전보건법령」상 안전보건표지에서 기본모형의 색상이 빨강이 아닌 것은?

① 산화성물질경고 ② 화기금지
③ 탑승금지 ④ 고온경고

해설 기본모형의 색상이 빨강인 것은 금지표지이다. 다만, 산화성물질경고는 경고표지이지만 기본모형이 빨간색(검은색도 가능)이다.
고온경고는 경고표지로, 노란색 바탕에 검은색 기본모형으로 표시한다.

관련개념 CHAPTER 02 안전보호구 관리

008

다음 중 인간의 적응기제(適應機制)에 포함되지 않는 것은?

① 갈등(Conflict)
② 억압(Repression)
③ 공격(Aggression)
④ 합리화(Rationalization)

해설 ② 억압은 도피적 기제, ③ 공격은 공격적 기제, ④ 합리화는 방어적 기제의 행동이다.

관련개념 CHAPTER 05 안전보건교육의 내용 및 방법

| 정답 | 005 ③ 006 ① 007 ④ 008 ①

009

하인리히의 재해구성비율에 따라 경상사고가 87건 발생하였다면 무상해사고는 몇 건이 발생하였겠는가?

① 300건 ② 600건
③ 900건 ④ 1,200건

해설 **하인리히의 재해구성비율**
중상 또는 사망 : 경상 : 무상해사고=1 : 29 : 300이므로 무상해사고 수를 x라 하고 비례식을 세워서 구할 수 있다.
$29:300=87:x$
$x=\frac{300\times 87}{29}=900$건

관련개념 CHAPTER 01 산업재해예방 계획 수립

010

다음 중 안전교육의 3단계에서 생활지도, 작업동작지도 등을 통한 안전의 습관화를 위한 교육을 무엇이라 하는가?

① 지식교육 ② 기능교육
③ 태도교육 ④ 인성교육

해설 **안전교육의 3단계**
- 1단계: 지식교육 – 지식의 전달과 이해
- 2단계: 기능교육 – 실습, 시범을 통한 이해
- 3단계: 태도교육 – 안전의 습관화

관련개념 CHAPTER 05 안전보건교육의 내용 및 방법

011

모랄 서베이(Morale Survey)의 효용이 아닌 것은?

① 조직 또는 구성원의 성과를 비교 · 분석한다.
② 종업원의 정화(Catharsis)작용을 촉진시킨다.
③ 경영관리를 개선하는 데에 대한 자료를 얻는다.
④ 근로자의 심리 또는 욕구를 파악하여 불만을 해소하고, 노동의욕을 높인다.

해설 모랄 서베이에서는 조직 또는 구성원의 성과를 비교 · 분석하지 않는다.

관련개념 CHAPTER 04 인간의 행동과학

012

하버드 학파의 5단계 교수법에 해당되지 않는 것은?

① 교시(Presentation)
② 연합(Association)
③ 추론(Reasoning)
④ 총괄(Generalization)

해설 **하버드 학파의 5단계 교수법(사례연구 중심)**
- 1단계: 준비시킨다.(Preparation)
- 2단계: 교시한다.(Presentation)
- 3단계: 연합한다.(Association)
- 4단계: 총괄한다.(Generalization)
- 5단계: 응용시킨다.(Application)

관련개념 CHAPTER 05 안전보건교육의 내용 및 방법

013

다음 중 재해사례연구에 관한 설명으로 틀린 것은?

① 재해사례연구는 주관적이며 정확성이 있어야 한다.
② 문제점과 재해요인의 분석은 과학적이고, 신뢰성이 있어야 한다.
③ 재해사례를 과제로 하여 그 사고와 배경을 체계적으로 파악한다.
④ 재해요인을 규명하여 분석하고 그에 대한 대책을 세운다.

해설 재해사례연구는 객관적이며 정확성이 있어야 한다.

관련개념 SUBJECT 03 기계 · 기구 및 설비 안전관리
CHAPTER 02 기계분야 산업재해 조사 및 관리

| 정답 | 009 ③ 010 ③ 011 ① 012 ③ 013 ①

014

객관적인 위험을 자기 나름대로 판정해서 의지결정을 하고 행동에 옮기는 인간의 심리특성을 무엇이라고 하는가?

① 세이프 테이킹(Safe Taking)
② 액션 테이킹(Action Taking)
③ 리스크 테이킹(Risk Taking)
④ 휴먼 테이킹(Human Taking)

해설 **리스크 테이킹(Risk Taking)**
위험에 대해 주관적인 판단 후 행동에 옮기는 것이다.

관련개념 CHAPTER 03 산업안전심리

015

재해발생 형태별 분류 중 물건이 주체가 되어 사람이 상해를 입는 경우에 해당되는 것은?

① 추락 ② 전도
③ 충돌 ④ 낙하·비래

해설 **맞음(낙하·비래)**
구조물, 기계 등에 고정되어 있던 물체가 중력, 원심력, 관성력 등에 의하여 고정부에서 이탈하거나 또는 설비 등으로부터 물질이 분출되어 사람을 가해하는 경우를 말한다.

관련개념 SUBJECT 03 기계·기구 및 설비 안전관리
CHAPTER 02 기계분야 산업재해 조사 및 관리

016

재해예방의 4원칙에 해당되지 않는 것은?

① 예방가능의 원칙 ② 손실우연의 원칙
③ 원인계기의 원칙 ④ 선취해결의 원칙

해설 **재해예방의 4원칙**
- 손실우연의 원칙
- 원인계기(원인연계)의 원칙
- 예방가능의 원칙
- 대책선정의 원칙

관련개념 CHAPTER 01 산업재해예방 계획 수립

017

방독마스크의 정화통 색상으로 틀린 것은?

① 유기화합물용 – 갈색
② 할로겐용 – 회색
③ 황화수소용 – 회색
④ 암모니아용 – 노란색

해설 **정화통 외부 측면의 표시색**

종류	표시색
암모니아용 정화통	녹색
아황산용 정화통	노란색

관련개념 CHAPTER 02 안전보호구 관리

018

다음 중 「산업안전보건법령」상 특별교육의 대상 작업에 해당하지 않는 것은?

① 석면해체·제거작업
② 밀폐된 장소에서 하는 용접작업
③ 화학설비 취급품의 검수·확인작업
④ 2[m] 이상의 콘크리트 인공구조물의 해체작업

해설 화학설비 취급품의 검수·확인작업은 특별교육 대상 작업에 해당하지 않는다.

관련개념 CHAPTER 05 안전보건교육의 내용 및 방법

| 정답 | 014 ③ 015 ④ 016 ④ 017 ④ 018 ③

019

누전차단장치 등과 같은 안전장치를 정해진 순서에 따라 작동시키고 동작상황의 양부를 확인하는 점검은?

① 외관점검　　② 작동점검
③ 기술점검　　④ 종합점검

해설 누전차단장치 등과 같은 안전장치를 정해진 순서에 따라 동작시키고 동작상황의 양부를 확인하는 점검을 작동점검이라고 한다.

관련개념 SUBJECT 03 기계·기구 및 설비 안전관리
CHAPTER 02 기계분야 산업재해 조사 및 관리

020

스트레스(Stress)에 관한 설명으로 가장 적절한 것은?

① 스트레스는 나쁜 일에서만 발생한다.
② 스트레스는 부정적인 측면만 가지고 있다.
③ 스트레스는 직무몰입과 생산성 감소의 직접적인 원인이 된다.
④ 스트레스 상황에 직면하는 기회가 많을수록 스트레스 발생 가능성은 낮아진다.

해설 스트레스란 적응하기 어려운 환경에 처할 때 느끼는 심리적·신체적 긴장 상태로 직무 몰입과 생산성 감소의 직접적인 원인이 된다.

관련개념 CHAPTER 03 산업안전심리

인간공학 및 위험성평가·관리

021

통제표시비(Control/Display Ratio)를 설계할 때 고려하는 요소에 관한 설명으로 틀린 것은?

① 통제표시비가 낮다는 것은 민감한 장치라는 것을 의미한다.
② 목시거리(目示距離)가 길면 길수록 조절의 정확도는 떨어진다.
③ 짧은 주행 시간 내에 공차의 인정범위를 초과하지 않는 계기를 마련한다.
④ 계기의 조절시간이 짧게 소요되도록 계기의 크기(Size)는 항상 작게 설계한다.

해설 통제표시비 설계 시 조절시간이 짧게 소요되는 사이즈를 선택하되 너무 작으면 오차가 클 수 있다.

관련개념 CHAPTER 06 작업환경 관리

022

인간-기계 시스템에 대한 평가에서 평가척도나 기준(Criteria)으로서 관심의 대상이 되는 변수를 무엇이라 하는가?

① 독립변수　　② 종속변수
③ 확률변수　　④ 통제변수

해설 인간-기계 시스템의 평가 시 평가척도나 기준이 되는 변수는 종속변수이다.

관련개념 CHAPTER 01 안전과 인간공학

| 정답 | 019 ② 020 ③ 021 ④ 022 ②

023

신뢰성과 보전성을 효과적으로 개선하기 위해 작성하는 보전기록자료로서 가장 거리가 먼 것은?

① 자재관리표
② MTBF 분석표
③ 설비이력카드
④ 고장원인대책표

해설 자재관리표는 주요 자재의 매입액, 매입처, 인수검사방법, 보관, 관리의 방법을 기록하는 서식으로 신뢰성과 보전성을 개선하기 위한 보전기록자료와는 거리가 멀다.

관련개념 CHAPTER 03 위험성 감소대책 수립 · 실행

024

화학설비의 안전성 평가 과정에서 제3단계인 정량적 평가 항목에 해당되는 것은?

① 목록
② 공정계통도
③ 화학설비용량
④ 건조물의 도면

해설 안전성 평가 6단계 중 제3단계 정량적 평가의 5가지 평가항목은 취급물질, 온도, 압력, 해당설비용량, 조작이다.

관련개념 CHAPTER 02 위험성 파악 · 결정

025

광원으로부터의 직사휘광을 줄이기 위한 방법으로 적절하지 않은 것은?

① 휘광원 주위를 어둡게 한다.
② 가리개, 갓, 차양 등을 사용한다.
③ 광원을 시선에서 멀리 위치시킨다.
④ 광원의 수는 늘리고 휘도는 줄인다.

해설 광원으로부터의 휘광(Glare) 처리 시 휘광원 주위를 밝게 하여 광도비를 줄여야 한다.

관련개념 CHAPTER 06 작업환경 관리

026

다음 FTA 그림에서 a, b, c의 부품고장률이 각각 0.01일 때, 최소 컷셋(Minimal Cut Sets)과 신뢰도로 옳은 것은?

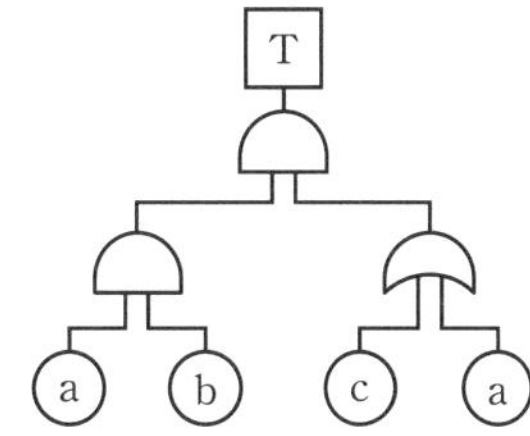

① (a, b), $R(t)=99.99[\%]$
② (a, b, c), $R(t)=98.99[\%]$
③ (a, c)(a, b), $R(t)=96.99[\%]$
④ (a, c)(a, b, c), $R(t)=97.99[\%]$

해설

- 최소 컷셋

  AND 게이트는 가로로, OR 게이트는 세로로 나열한다.

  $T=(a, b)\cdot\begin{pmatrix} c \\ a \end{pmatrix}=\begin{matrix}(a, b, c)\\(a, b, a)\end{matrix}$

  즉, 컷셋은 (a, b, c), (a, b), 미니멀 컷셋은 (a, b)이다.
- 신뢰도

  고장률 $F(t)=a\times b=0.01\times0.01=0.0001$이므로

  신뢰도 $R(t)=1-F(t)=1-0.0001=0.9999=99.99[\%]$

관련개념 CHAPTER 02 위험성 파악 · 결정

027

다음 중 일반적인 수공구의 설계원칙으로 볼 수 없는 것은?

① 손목을 곧게 유지한다.
② 반복적인 손가락 동작을 피한다.
③ 사용이 용이한 검지만을 주로 사용한다.
④ 손잡이는 접촉면적을 가능하면 크게 한다.

해설 수공구 설계 시 반복적인 손가락 움직임을 피한다.(모든 손가락 사용)

관련개념 CHAPTER 06 작업환경 관리

028

FT도에 사용되는 기호 중 입력현상이 생긴 후, 일정시간이 지속된 후에 출력이 생기는 것을 나타내는 것은?

① OR 게이트 ② 위험지속 AND 게이트
③ 억제 게이트 ④ 배타적 OR 게이트

해설 **위험지속 AND 게이트**
입력현상이 생겨서 어떤 일정한 기간이 지속될 때에 출력사상이 발생한다.

관련개념 CHAPTER 02 위험성 파악 · 결정

029

다음 중 암호체계 사용상의 일반적인 지침에 해당하지 않는 것은?

① 암호의 검출성 ② 부호의 양립성
③ 암호의 표준화 ④ 암호의 단일 차원화

해설 2가지 이상의 암호를 조합해서 사용하면 정보전달이 촉진된다.
암호(코드)체계 사용상의 일반적 지침
- 암호의 검출성
- 암호의 변별성
- 암호의 표준화
- 부호의 양립성
- 부호의 의미
- 다차원 암호의 사용

관련개념 CHAPTER 06 작업환경 관리

030

인간-기계 시스템에서의 신뢰도 유지 방안으로 가장 거리가 먼 것은?

① Lock System
② Fail-safe System
③ Fool-proof System
④ Risk Assessment System

해설 **위험성 평가(Risk Assessment)**
유해·위험요인을 파악하고 해당 유해·위험요인의 위험성 수준을 결정하여 위험성을 낮추기 위한 적절한 조치를 마련하고 실행하는 과정으로 인간-기계 시스템의 신뢰도 유지 방안과는 거리가 멀다.

관련개념 CHAPTER 02 위험성 파악 · 결정

| 정답 | 027 ③ 028 ② 029 ④ 030 ④

031

자동차나 항공기의 앞유리 혹은 차양판 등에 정보를 중첩 투사하는 표시장치는?

① CRT ② LCD
③ HUD ④ LED

해설 HUD(Head up Display)
조종사(사용자)가 고개를 숙여 조종석의 계기를 보지 않고도 전방을 주시한 상태에서 원하는 계기의 정보를 볼 수 있도록 전방 시선 높이·방향에 설치한 투명 시현장치이다.

관련개념 CHAPTER 06 작업환경 관리

032

다음 중 연마작업장의 가장 소극적인 소음대책은?

① 음향 처리제를 사용할 것
② 방음보호용구를 착용할 것
③ 덮개를 씌우거나 창문을 닫을 것
④ 소음원으로부터 적절하게 배치할 것

해설 방음보호용구를 이용한 소음대책은 소음의 격리, 소음원의 통제, 차폐장치 사용 등의 조치 후에 최종적으로 시행되어야 하며, 보기 중 가장 소극적인 대책에 해당된다.

관련개념 CHAPTER 06 작업환경 관리

033

어떤 결함수의 쌍대결함수를 구하고, 컷셋을 찾아내어 결함(사고)을 예방할 수 있는 최소의 조합을 의미하는 것은?

① 컷셋 ② 패스셋
③ 최소 컷셋 ④ 최소 패스셋

해설 미니멀 패스셋은 그 속에 포함되어 있는 기본사상이 일어나지 않을 때 처음으로 정상사상이 일어나지 않는 최소한의 셋으로 FT도의 결합 게이트들을 반대로 변환한 후 미니멀 컷셋을 구하면 된다.

관련개념 CHAPTER 02 위험성 파악·결정

034

다음의 설명에서 ( ) 안의 내용을 맞게 나열한 것은?

> 40[phon]은 (㉠)[sone]을 나타내며, 이는 (㉡)[dB]의 (㉢)[Hz] 순음의 크기를 나타낸다.

① ㉠ 1 ㉡ 40 ㉢ 1,000
② ㉠ 1 ㉡ 32 ㉢ 1,000
③ ㉠ 2 ㉡ 40 ㉢ 2,000
④ ㉠ 2 ㉡ 32 ㉢ 2,000

해설 Sone 음량수준
다른 음의 상대적인 주관적 크기 비교이다. 40[dB]의 1,000[Hz] 순음 크기(=40[phon])를 1[sone]으로 정의하고, 기준음보다 10배 크게 들리는 음이 있다면 이 음의 음량은 10[sone]이다.

관련개념 CHAPTER 06 작업환경 관리

035

위험조정을 위해 필요한 기술은 조직형태에 따라 다양한데, 이를 4가지로 분류하였을 때 이에 속하지 않는 것은?

① 전가(Transfer)
② 보류(Retention)
③ 계속(Continuation)
④ 감축(Reduction)

해설 리스크(Risk) 통제방법
- 회피(Avoidance)
- 경감, 감축(Reduction)
- 보류(Retention)
- 전가(Transfer)

관련개념 CHAPTER 03 위험성 감소대책 수립·실행

| 정답 | 031 ③ 032 ② 033 ④ 034 ① 035 ③

036

체내에서 유기물을 합성하거나 분해하는 데는 반드시 에너지의 전환이 뒤따른다. 이것을 무엇이라 하는가?

① 에너지 변환
② 에너지 합성
③ 에너지 대사
④ 에너지 소비

해설 **에너지 대사**
생물체 내에서 일어나고 있는 에너지의 방출, 전환, 저장 및 이용의 모든 과정을 말한다.

관련개념 CHAPTER 06 작업환경 관리

037

동전던지기에서 앞면이 나올 확률이 0.6이고, 뒷면이 나올 확률이 0.4일 때, 앞면이 나올 사건의 정보량(A)과 뒷면이 나올 사건의 정보량(B)은 각각 얼마인가?

① A: 0.10[bit], B: 1.00[bit]
② A: 0.74[bit], B: 1.32[bit]
③ A: 1.32[bit], B: 0.74[bit]
④ A: 2.00[bit], B: 1.00[bit]

해설 정보량 $H=\log_2 \frac{1}{p}$
여기서, p: 실현 확률

$H_{앞면}=\log_2 \frac{1}{0.6}=0.74[bit]$

$H_{뒷면}=\log_2 \frac{1}{0.4}=1.32[bit]$

관련개념 CHAPTER 01 안전과 인간공학

038

다음 중 형상 암호화된 조종장치에서 단회전용 조종장치로 가장 적절한 것은?

① 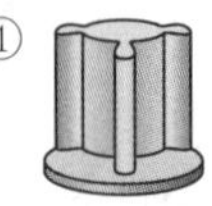
② 
③ 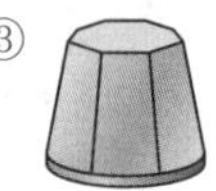
④ 

해설 **형상 암호화된 조종장치**

구분	조종장치
단회전용	
다회전용	
이산 멈춤 위치용	

관련개념 CHAPTER 06 작업환경 관리

039

전통적인 인간-기계(Man-Machine) 체계의 대표적인 유형과 거리가 먼 것은?

① 수동체계
② 기계화체계
③ 자동체계
④ 인공지능체계

해설 **인간-기계 통합체계**
- 수동체계
- 기계화 또는 반자동체계
- 자동체계

관련개념 CHAPTER 01 안전과 인간공학

| 정답 | 036 ③ 037 ② 038 ① 039 ④

040

작업장에서 구성요소를 배치하는 인간공학적 원칙과 가장 거리가 먼 것은?

① 중요도의 원칙
② 선입선출의 원칙
③ 기능성의 원칙
④ 사용빈도의 원칙

해설 **부품배치의 원칙**
- 중요성의 원칙
- 사용빈도의 원칙
- 기능별 배치의 원칙
- 사용순서의 원칙

관련개념 CHAPTER 06 작업환경 관리

기계 · 기구 및 설비 안전관리

041

정(Chisel) 작업의 일반적인 안전수칙에서 틀린 것은?

① 따내기 및 칩이 튀는 가공에서는 보안경을 착용하여야 한다.
② 절단작업 시 절단된 끝이 튀는 것을 조심하여야 한다.
③ 작업을 시작할 때는 가급적 정을 세게 타격하고 점차 힘을 줄여간다.
④ 담금질된 철강 재료는 정 가공을 하지 않는 것이 좋다.

해설 정 작업 시 자르기 시작할 때와 끝날 무렵에는 세게 치지 않아야 한다.

관련개념 CHAPTER 03 공작기계의 안전

042

금형조정작업 시 슬라이드가 갑자기 작동하는 것으로부터 근로자를 보호하기 위하여 가장 필요한 안전장치는?

① 안전블록
② 클러치
③ 안전 1행정 스위치
④ 광전자식 방호장치

해설 프레스 등의 금형을 부착·해체 또는 조정하는 작업을 할 때에 해당 작업에 종사하는 근로자의 신체가 위험한계 내에 있는 경우 슬라이드가 갑자기 작동함으로써 근로자에게 발생할 우려가 있는 위험을 방지하기 위하여 안전블록을 사용하는 등 필요한 조치를 하여야 한다.

관련개념 CHAPTER 04 프레스 및 전단기의 안전

| 정답 | 040 ② 041 ③ 042 ①

043

롤러기에서 앞면 롤러의 지름이 200[mm], 회전속도가 30[rpm]인 롤러의 무부하동작에서의 급정지거리로 옳은 것은?

① 66[mm] 이내 ② 84[mm] 이내
③ 209[mm] 이내 ④ 248[mm] 이내

해설 롤러의 표면속도 $V=\frac{\pi DN}{1,000}=\frac{\pi\times200\times30}{1,000}=18.85$[m/min]

여기서, D: 롤러의 지름[mm]
N: 분당회전수[rpm]

앞면 롤러의 표면속도[m/min]	급정지거리
30 미만	앞면 롤러 원주의 $\frac{1}{3}$ 이내
30 이상	앞면 롤러 원주의 $\frac{1}{2.5}$ 이내

앞면 롤러의 표면속도가 30[m/min] 미만이므로 급정지거리는 앞면 롤러 원주의 $\frac{1}{3}$ 이내이어야 한다.

따라서 급정지거리는 $(\pi\times200)\times\frac{1}{3}=209$[mm] 이내이다.

관련개념 CHAPTER 05 기타 산업용 기계 · 기구

044

프레스 작업 중 작업자의 신체 일부가 위험한 작업점으로 들어가면 자동적으로 정지되는 기능이 있는데, 이러한 안전대책을 무엇이라고 하는가?

① 풀 프루프(Fool Proof)
② 페일 세이프(Fail Safe)
③ 인터록(Inter Lock)
④ 리미트 스위치(Limit Switch)

해설 **풀 프루프(Fool Proof)**
근로자가 기계를 잘못 취급하여 불안전한 행동이나 실수를 하여도 기계설비의 안전기능이 작용하여 재해를 방지할 수 있는 기능이다.

관련개념 CHAPTER 01 기계공정의 안전, 기계안전시설 관리

045

다음 중 취급 · 운반 시 준수해야 할 원칙으로 틀린 것은?

① 연속운반으로 할 것
② 직선운반으로 할 것
③ 운반작업을 집중화시킬 것
④ 생산을 최소로 하는 운반을 생각할 것

해설 취급, 운반 시 생산을 최고로 하는 운반을 생각하여야 한다.

취급 · 운반의 5원칙
- 직선운반을 할 것
- 연속운반을 할 것
- 운반작업을 집중화시킬 것
- 생산을 최고로 하는 운반을 생각할 것
- 시간과 경비를 최대한 절약할 수 있는 운전방법을 고려할 것

관련개념 SUBJECT 05 건설공사 안전관리
CHAPTER 06 공사 및 작업 종류별 안전

046

프레스기에 사용하는 양수조작식 방호장치의 일반구조에 관한 설명 중 틀린 것은?

① 1행정 1정지기구에 사용할 수 있어야 한다.
② 누름버튼을 양손으로 동시에 조작하지 않으면 작동시킬 수 없는 구조이어야 한다.
③ 양쪽 버튼의 작동시간 차이는 최대 0.5초 이내일 때 프레스가 동작되도록 해야 한다.
④ 방호장치는 사용전원전압의 ±50[%]의 변동에 대하여 정상적으로 작동되어야 한다.

해설 프레스의 양수조작식 방호장치는 사용전원전압의 ±20[%]의 변동에 대하여 정상으로 작동되어야 한다.

관련개념 CHAPTER 04 프레스 및 전단기의 안전

| 정답 | 043 ③ 044 ① 045 ④ 046 ④

047

안전계수가 5인 로프의 절단하중이 4,000[N]이라면 이 로프에는 몇 [N] 이하의 하중을 매달아야 하는가?

① 500 ② 800
③ 1,000 ④ 1,600

해설 안전계수 $=\frac{\text{절단하중}}{\text{최대사용하중}}$ 이므로

최대사용하중 $=\frac{\text{절단하중}}{\text{안전계수}}=\frac{4,000}{5}=800[N]$

관련개념 CHAPTER 01 기계공정의 안전, 기계안전시설 관리

048

피복 아크용접작업 시 생기는 결함에 대한 설명 중 틀린 것은?

① 스패터(Spatter): 용융된 금속의 작은 입자가 튀어나와 모재에 묻어 있는 것
② 언더컷(Under cut): 전류가 과대하고 용접속도가 너무 빠르며, 아크를 짧게 유지하기 어려운 경우 모재 및 용접부의 일부가 녹아서 홈 또는 오목하게 생긴 부분
③ 크레이터(Crater): 용착금속 속에 남아 있는 가스로 인하여 생긴 구멍
④ 오버랩(Overlap): 용접봉의 운행이 불량하거나 용접봉의 용융 온도가 모재보다 낮을 때 과잉 용착금속이 남아 있는 부분

해설

- 크레이터(Crater): 아크용접 시 비드(Bead) 끝이 오목하게 들어간 부분
- 기공(Blow Hole): 용착금속에 남아 있는 가스로 인해 기포가 생기는 것

관련개념 CHAPTER 05 기타 산업용 기계 · 기구

049

다음 중 선반(Lathe)의 안전장치에 해당하는 것은?

① 슬라이드(Slide)
② 심압대(Tail Stock)
③ 주축대(Head Stock)
④ 척 가드(Chuck Guard)

해설 **선반의 방호장치**

- 칩 브레이커(Chip Breaker)
- 덮개(Shield)
- 브레이크(Brake)
- 척 커버(Chuck Cover, 척 가드)

관련개념 CHAPTER 03 공작기계의 안전

050

다음 중 「산업안전보건법령」에 따른 압력용기에 설치하는 안전밸브의 설치 및 작동에 관한 설명으로 틀린 것은?

① 다단형 압축기에는 각 단 또는 각 공기압축기별로 안전밸브 등을 설치하여야 한다.
② 안전밸브는 이를 통하여 보호하려는 설비의 최저사용압력 이하에서 작동되도록 설정하여야 한다.
③ 화학공정 유체와 안전밸브의 디스크 또는 시트가 직접 접촉될 수 있도록 설치된 경우에는 매년 1회 이상 국가교정기관에서 교정을 받은 압력계를 이용하여 검사한 후 납으로 봉인하여 사용한다.
④ 공정안전보고서 이행상태 평가결과가 우수한 사업장의 안전밸브의 경우 검사주기는 4년마다 1회 이상이다.

해설 안전밸브는 안전밸브를 통하여 보호하려는 설비의 최고사용압력 이하에서 작동되도록 하여야 한다.

관련개념 CHAPTER 05 기타 산업용 기계 · 기구

2019년 1회

| 정답 | 047 ② 048 ③ 049 ④ 050 ②

051

「산업안전보건법령」에 따라 아세틸렌 발생기실에 설치해야 할 배기통은 얼마 이상의 단면적을 가져야 하는가?

① 바닥 면적의 $\frac{1}{16}$

② 바닥 면적의 $\frac{1}{20}$

③ 바닥 면적의 $\frac{1}{24}$

④ 바닥 면적의 $\frac{1}{30}$

해설 발생기실에 바닥 면적의 $\frac{1}{16}$ 이상의 단면적을 가진 배기통을 옥상으로 돌출시키고 그 개구부를 창이나 출입구로부터 1.5[m] 이상 떨어지도록 하여야 한다.

관련개념 CHAPTER 05 기타 산업용 기계 · 기구

052

프레스의 방호장치 중 확동식 클러치가 적용된 프레스에 한해서만 적용 가능한 방호장치로만 나열된 것은?(단, 방호장치는 한 가지 종류만 사용한다고 가정한다.)

① 광전자식, 수인식

② 양수조작식, 손쳐내기식

③ 광전자식, 양수조작식

④ 손쳐내기식, 수인식

해설 확동식 클러치에만 적용 가능한 방호장치로는 손쳐내기식, 수인식 등이 있다.

관련개념 CHAPTER 04 프레스 및 전단기의 안전

053

다음과 같은 작업 조건일 경우 와이어로프의 안전율은?

> 작업대에서 사용된 와이어로프 1줄의 파단하중이 100[kN], 인양하중이 40[kN], 로프의 줄 수가 2줄

① 2 ② 2.5

③ 4 ④ 5

해설 **와이어로프의 안전율**

$$S=\frac{N\times P}{Q}=\frac{2\times 100}{40}=5$$

여기서, N: 로프의 가닥 수

P: 와이어로프의 파단하중

Q: 최대사용하중(인양하중)

관련개념 CHAPTER 01 기계공정의 안전, 기계안전시설 관리

054

컨베이어의 역전방지장치의 형식 중 전기식 장치에 해당하는 것은?

① 라쳇 브레이크 ② 밴드 브레이크

③ 롤러 브레이크 ④ 스러스트 브레이크

해설 스러스트 브레이크(Thrust Brake)는 브레이크 장치에 전기를 투입하여 유압으로 작동되는 방식의 브레이크이다. 라쳇, 밴드, 롤러 브레이크는 기계식 장치이다.

관련개념 CHAPTER 06 운반기계 및 양중기

055

선반작업에 대한 안전수칙으로 틀린 것은?

① 척 핸들은 항상 척에 끼워둔다.

② 베드 위에 공구를 올려놓지 않아야 한다.

③ 바이트를 교환할 때는 기계를 정지시키고 한다.

④ 일감의 길이가 직경과 비교하여 매우 길 때는 방진구를 사용한다.

해설 선반작업 시 시동 전에 척 핸들은 빼어 두어야 한다.

관련개념 CHAPTER 03 공작기계의 안전

| 정답 | 051 ① 052 ④ 053 ④ 054 ④ 055 ①

056

양중기에 사용 가능한 섬유로프에 해당하는 것은?

① 꼬임이 끊어진 것
② 심하게 손상되거나 부식된 것
③ 작업높이보다 길이가 긴 것
④ 2개 이상의 작업용 섬유로프 또는 섬유벨트를 연결한 것

해설 **섬유로프의 사용금지기준**
- 꼬임이 끊어진 것
- 심하게 손상되거나 부식된 것
- 2개 이상의 작업용 섬유로프 또는 섬유벨트를 연결한 것
- 작업높이보다 길이가 짧은 것

관련개념 SUBJECT 05 건설공사 안전관리
CHAPTER 05 비계 · 거푸집 가시설 위험방지

057

공장설비의 배치계획에서 고려할 사항이 아닌 것은?

① 작업의 흐름에 따라 기계 배치
② 기계설비의 주변 공간 최소화
③ 공장 내 안전통로 설정
④ 기계설비의 보수 · 점검 용이성을 고려한 배치

해설 공장설비 배치 시 기계설비의 주변에 수리 및 유지보수를 위한 공간을 확보하여야 한다.

관련개념 CHAPTER 01 기계공정의 안전, 기계안전시설 관리

058

다음 중 기계설비에 의해 형성되는 위험점이 아닌 것은?

① 회전말림점 ② 접선분리점
③ 절단점 ④ 끼임점

해설 **기계설비의 위험점 종류**
- 협착점(끼임점)
- 끼임점
- 절단점
- 물림점
- 접선물림점
- 회전말림점

관련개념 CHAPTER 01 기계공정의 안전, 기계안전시설 관리

059

위험기계에 조작자의 신체부위가 의도적으로 위험점 밖에 있도록 하는 방호장치는?

① 덮개형 방호장치
② 차단형 방호장치
③ 위치제한형 방호장치
④ 접근반응형 방호장치

해설 **위치제한형 방호장치**
작업자의 신체부위가 위험한계 밖에 있도록 기계의 조작장치를 위험구역에서 일정거리 이상 떨어지게 한 방호장치이다.

관련개념 CHAPTER 01 기계공정의 안전, 기계안전시설 관리

060

가스용접에서 역화의 원인으로 볼 수 없는 것은?

① 토치 성능이 부실한 경우
② 취관이 작업 소재에 너무 가까이 있는 경우
③ 산소 공급량이 부족한 경우
④ 토치 팁에 이물질이 묻은 경우

해설 산소 공급이 과다일 때 역화의 원인이 될 수 있다.

관련개념 CHAPTER 05 기타 산업용 기계 · 기구

| 정답 | 056 ③ 057 ② 058 ② 059 ③ 060 ③

전기 및 화학설비 안전관리

061

정전기의 발생에 영향을 주는 요인과 가장 거리가 먼 것은?

① 박리속도
② 물체의 표면상태
③ 접촉면적 및 압력
④ 외부공기의 풍속

해설 **정전기 발생에 영향을 주는 요인**
- 물체의 특성
- 물체의 표면상태
- 물질의 이력
- 접촉면적 및 압력
- 분리속도

관련개념 CHAPTER 03 정전기 장 · 재해관리

062

다음 정의에 해당하는 방폭구조는?

> 전기기기의 과도한 온도 상승, 아크 또는 스파크 발생의 위험을 방지하기 위해 추가적인 안전조치를 통한 안전도를 증가시킨 방폭구조

① 내압방폭구조
② 유입방폭구조
③ 안전증방폭구조
④ 본질안전방폭구조

해설 **안전증방폭구조**
정상운전 중에 폭발성 가스 또는 증기에 점화원이 될 전기불꽃, 아크 또는 고온 부분 등의 발생을 방지하기 위하여 기계적, 전기적 구조상 또는 온도 상승에 대해서 특히 안전도를 증가시킨 구조이다.

관련개념 CHAPTER 04 전기방폭관리

063

전기화재의 원인을 직접 원인과 간접 원인으로 구분할 때, 직접 원인과 거리가 먼 것은?

① 애자의 오손
② 과전류
③ 누전
④ 절연열화

해설 **전기화재의 원인**
- 단락(합선)
- 누전(지락)
- 과전류
- 스파크(전기불꽃)
- 접촉부 과열
- 절연열화(탄화)에 의한 발열
- 낙뢰
- 정전기 스파크

관련개념 CHAPTER 05 전기설비 위험요인관리

064

다음 중 근로자가 활선작업용 기구를 사용하여 작업할 경우 근로자의 신체 등과 충전전로 사이의 사용전압별 접근한계거리가 서로 잘못 연결된 것은?

① 15[kV] 초과 37[kV] 이하: 80[cm]
② 37[kV] 초과 88[kV] 이하: 110[cm]
③ 121[kV] 초과 145[kV] 이하: 150[cm]
④ 242[kV] 초과 362[kV] 이하: 380[cm]

해설 충전전로의 선간전압이 15[kV] 초과 37[kV] 이하일 때 충전전로에 대한 접근한계거리는 90[cm]이다.

관련개념 CHAPTER 02 감전재해 및 방지대책

| 정답 | 061 ④ 062 ③ 063 ① 064 ①

065

제1종 또는 제2종 접지공사에 사용하는 접지선에 사람이 접촉할 우려가 있는 경우 접지공사 방법으로 틀린 것은?

① 접지극은 지하 75[cm] 이상의 깊이로 묻을 것
② 접지선을 시설한 지지물에는 피뢰침용 지선을 시설하지 않을 것
③ 접지선은 캡타이어케이블, 절연전선 또는 통신용 케이블 이외의 케이블을 사용할 것
④ 접지선은 지하 60[cm]에서 지표 위 1.5[m]까지의 부분을 합성수지관 또는 몰드로 덮을 것

해설 접지도체는 지하 0.75[m]부터 지표상 2[m]까지 부분은 합성수지관(두께 2[mm] 미만의 합성수지제 전선관 및 가연성 콤바인덕트관은 제외) 또는 이와 동등 이상의 절연효과와 강도를 가지는 몰드로 덮어야 한다.
※ 「한국전기설비규정」 개정으로 접지대상에 따라 일괄 적용한 종별접지(1종, 2종, 3종, 특별3종)는 폐지되었습니다.

관련개념 CHAPTER 05 전기설비 위험요인관리

066

정전기 제거방법으로 가장 거리가 먼 것은?

① 설비 주위를 가습한다.
② 설비의 금속 부분을 접지한다.
③ 설비의 주변에 적외선을 조사한다.
④ 정전기 발생 방지 도장을 실시한다.

해설 정전기에 의한 화재 또는 폭발 등의 위험이 발생할 우려가 있는 경우에는 해당 설비에 대하여 확실한 방법으로 접지를 하거나, 도전성 재료를 사용하거나 가습 및 점화원으로 될 우려가 없는 제전장치를 사용하는 등 정전기의 발생을 억제하거나 제거하기 위하여 필요한 조치를 하여야 한다.

관련개념 CHAPTER 03 정전기 장·재해관리

067

활선작업 시 사용하는 안전장구가 아닌 것은?

① 절연용 보호구　② 절연용 방호구
③ 활선작업용 기구　④ 절연저항 측정기구

해설 절연저항 측정기구는 절연체의 저항 성능을 측정할 때 사용하는 장치로서 활선작업 시 사용하는 안전장구가 아니다.

관련개념 CHAPTER 02 감전재해 및 방지대책

068

건설현장에서 사용하는 임시배선의 안전대책으로서 거리가 먼 것은?

① 모든 전기기기의 외함은 접지시켜야 한다.
② 임시배선은 다심케이블을 사용하지 않아도 된다.
③ 배선은 반드시 분전반 또는 배전반에서 인출해야 한다.
④ 지상 등에서 금속관으로 방호할 때는 그 금속관을 접지해야 한다.

해설 임시배선은 다심케이블을 사용하여야 기기 등의 외함 접지선으로 사용할 수 있다.

관련개념 CHAPTER 02 감전재해 및 방지대책

069

정상운전 중의 전기설비가 점화원으로 작용하지 않는 것은?

① 변압기 권선
② 개폐기 접점
③ 직류전동기의 정류자
④ 권선형 전동기의 슬립링

해설 변압기 권선은 잠재적(이상상태에서) 점화원이다.

관련개념 CHAPTER 04 전기방폭관리

2019년 1회

| 정답 | 065 ④　066 ③　067 ④　068 ②　069 ①

070

인체가 전격을 당했을 경우 통전시간이 1초라면 심실세동을 일으키는 전류값[mA]은?(단, 심실세동전류값은 Dalziel의 관계식을 이용한다.)

① 100　　② 165
③ 180　　④ 215

해설 **심실세동전류**

$I=\frac{165}{\sqrt{T}}=\frac{165}{\sqrt{1}}=165[mA]$

여기서, I: 심실세동전류[mA]
T: 통전시간[s]

관련개념 CHAPTER 02 감전재해 및 방지대책

071

「위험물안전관리법령」상 칼륨에 의한 화재에 적응성이 있는 것은?

① 건조사(마른모래)　　② 포소화기
③ 이산화탄소소화기　　④ 할로겐화합물소화기

해설 칼륨은 화재발생 시 이산화탄소와 접촉하면 폭발적인 반응이 일어나므로 건조사(마른모래)나 금속화재용 소화기를 이용하여야 한다.

관련개념 CHAPTER 07 화학물질 안전관리 실행

072

알루미늄 금속분말에 대한 설명으로 틀린 것은?

① 분진폭발의 위험성이 있다.
② 연소 시 열을 발생한다.
③ 분진폭발을 방지하기 위해 물속에 저장한다.
④ 염산과 반응하여 수소가스를 발생시킨다.

해설 알루미늄 분말은 수분과 반응하여 가연성 가스를 발생시키는 물반응성 물질이므로 수분과 접촉하지 않도록 밀봉하여 보관하여야 한다.

관련개념 CHAPTER 07 화학물질 안전관리 실행

073

건조설비의 사용에 있어 500~800[℃] 범위의 온도에 가열된 스테인리스강에서 주로 일어나며, 탄화크롬이 형성되었을 때 결정 경계면의 크롬 함유량이 감소하여 발생되는 부식형태는?

① 전면부식　　② 층상부식
③ 입계부식　　④ 격간부식

해설 **입계부식**

500~800[℃] 범위의 온도에 의해 가열된 스테인리스강에서 탄화크롬이 형성되어 결정 경계면의 크롬 함유량이 감소하여 발생되는 부식이다.

관련개념 CHAPTER 07 화학물질 안전관리 실행

074

가연성 가스가 아닌 것은?

① 이산화탄소　　② 수소
③ 메탄　　④ 아세틸렌

해설 이산화탄소는 스스로 타지 않는 불연성 가스이다.

관련개념 CHAPTER 07 화학물질 안전관리 실행

| 정답 | 070 ② 071 ① 072 ③ 073 ③ 074 ①

075

공기 중에 3[ppm]의 디메틸아민(Dimethylamine, *TLV-TWA*: 10[ppm])과 20[ppm]의 시클로헥산올(Cyclohexanol, *TLV-TWA*: 50[ppm])이 있고, 10[ppm]의 산화프로필렌(Propyleneoxide, *TLV-TWA*: 20[ppm])이 존재한다면 혼합 *TLV-TWA*는 몇 [ppm]인가?

① 12.5　② 22.5
③ 27.5　④ 32.5

해설 혼합물의 노출기준($TLV-TWA$)

$$=\frac{f_1+f_2+\cdots+f_n}{\frac{f_1}{(TLV-TWA)_1}+\frac{f_2}{(TLV-TWA)_2}+\cdots+\frac{f_n}{(TLV-TWA)_n}}$$

$$=\frac{3+20+10}{\frac{3}{10}+\frac{20}{50}+\frac{10}{20}}=27.5[\text{ppm}]$$

여기서, f_n: 물질 1, 2, ⋯, n의 농도
$(TLV-TWA)_n$: 화학물질 각각의 노출기준

관련개념 CHAPTER 07 화학물질 안전관리 실행

076

다음 중 벤젠(C_6H_6)이 공기 중에서 연소될 때의 이론혼합비(화학양론조성)는?

① 0.72[vol%]　② 1.22[vol%]
③ 2.72[vol%]　④ 3.22[vol%]

해설 $C_nH_xO_y$에 대하여 완전연소 시 양론농도

$$C_{st}=\frac{1}{(4.77n+1.19x-2.38y)+1}\times 100$$

$$=\frac{1}{(4.77\times 6+1.19\times 6-2.38\times 0)+1}\times 100=2.72[\text{vol\%}]$$

관련개념 CHAPTER 06 화재·폭발 검토

077

유해·위험물질 취급 시 보호구의 구비조건이 아닌 것은?

① 방호성능이 충분할 것
② 재료의 품질이 양호할 것
③ 작업에 방해가 되지 않을 것
④ 외관이 화려할 것

해설 보호구는 외관상 양호해야 하지만 화려할 필요는 없다.

보호구의 구비조건

- 착용이 간편해야 할 것
- 작업에 방해가 되지 않을 것
- 위험요소에 대한 방호성능이 충분할 것
- 구조와 마무리가 양호할 것
- 외관상 보기가 좋을 것
- 재료의 품질이 양호할 것

관련개념 SUBJECT 01 산업재해 예방 및 안전보건교육
CHAPTER 02 안전보호구 관리

2019년 1회

078

다음은 「산업안전보건법령」상 파열판 및 안전밸브의 직렬 설치에 관한 내용이다. (　) 안에 들어갈 알맞은 용어는?

> 사업주는 급성 독성 물질이 지속적으로 외부에 유출될 수 있는 화학설비 및 그 부속설비에 파열판과 안전밸브를 직렬로 설치하고 그 사이에는 압력지시계 또는 (　　)을(를) 설치하여야 한다.

① 자동경보장치　② 차단장치
③ 플레어헤드　④ 콕

해설 급성 독성 물질이 지속적으로 외부에 유출될 수 있는 화학설비 및 그 부속설비에 파열판과 안전밸브를 직렬로 설치하고 그 사이에는 압력지시계 또는 자동경보장치를 설치하여야 한다.

관련개념 CHAPTER 09 화공 안전운전·점검

| 정답 | 075 ③ 076 ③ 077 ④ 078 ①

079

다음 중 분진폭발의 발생 위험성을 낮추는 방법으로 적절하지 않은 것은?

① 주변의 점화원을 제거한다.
② 분진이 날리지 않도록 한다.
③ 분진과 그 주변의 온도를 낮춘다.
④ 분진 입자의 표면적을 크게 한다.

해설 분진의 표면적이 클수록 폭발위험성이 높아진다.

관련개념 CHAPTER 06 화재 · 폭발 검토

080

「산업안전보건법령」상 용해아세틸렌의 가스집합용접장치의 배관 및 부속기구에는 구리나 구리 함유량이 몇 퍼센트 이상인 합금을 사용할 수 없는가?

① 40[%]　② 50[%]
③ 60[%]　④ 70[%]

해설 용해아세틸렌의 가스집합용접장치의 배관 및 부속기구는 구리나 구리 함유량이 70[%] 이상인 합금을 사용해서는 아니 된다. → 사용 시 폭발성 물질(아세틸라이드) 생성

관련개념 SUBJECT 03 기계 · 기구 및 설비 안전관리
CHAPTER 05 기타 산업용 기계 · 기구

건설공사 안전관리

081

핸드 브레이커 취급 시 안전에 관한 유의사항으로 옳지 않은 것은?

① 기본적으로 현장 정리가 잘 되어 있어야 한다.
② 작업 자세는 항상 하향 45° 방향으로 유지하여야 한다.
③ 작업 전 기계에 대한 점검을 철저히 하여야 한다.
④ 호스의 교차 및 꼬임 여부를 점검하여야 한다.

해설 핸드 브레이커 취급 시 끌의 부러짐 방지를 위하여 작업자세는 하향 수직방향으로 유지하여야 한다.

관련개념 CHAPTER 06 공사 및 작업 종류별 안전

082

흙막이 가시설의 버팀대(Strut)의 변형을 측정하는 계측기에 해당하는 것은?

① 지하수위계(Water Level Meter)
② 변형률계(Strain Gauge)
③ 간극수압계(Piezometer)
④ 하중계(Load Cell)

해설 **변형률계(Strain Gauge)**
스트러트, 띠장 등에 부착하여 굴착작업 시 구조물의 변형을 측정하는 계측기이다.

관련개념 CHAPTER 05 비계 · 거푸집 가시설 위험방지

| 정답 | 079 ④ 080 ④ 081 ② 082 ②

083

화물을 적재하는 경우에 준수하여야 하는 사항으로 옳지 않은 것은?

① 침하의 우려가 없는 튼튼한 기반 위에 적재할 것
② 건물의 칸막이나 벽 등이 화물의 압력에 견딜 만큼의 강도를 지니지 아니한 경우에는 칸막이나 벽에 기대어 적재하지 않도록 할 것
③ 불안정할 정도로 높이 쌓아 올리지 말 것
④ 편하중이 발생하도록 쌓아 적재효율을 높일 것

해설 하물의 적재 시 하중이 한쪽으로 치우치지 않도록 쌓아야 한다.

관련개념 CHAPTER 06 공사 및 작업 종류별 안전

084

콘크리트 타설용 거푸집에 작용하는 외력 중 연직방향 하중이 아닌 것은?

① 고정하중　② 충격하중
③ 작업하중　④ 풍하중

해설 거푸집에 작용하는 연직방향 하중에는 고정하중(콘크리트의 무게+거푸집 무게), 충격하중, 작업하중 등이 있다. 풍하중은 횡방향 하중이다.

관련개념 CHAPTER 05 비계 · 거푸집 가시설 위험방지

085

사다리식 통로 등을 설치하는 경우 준수해야 할 기준으로 옳지 않은 것은?

① 접이식 사다리 기둥은 사용 시 접히거나 펼쳐지지 않도록 철물 등을 사용하여 견고하게 조치할 것
② 발판과 벽과의 사이는 25[cm] 이상의 간격을 유지할 것
③ 폭은 30[cm] 이상으로 할 것
④ 사다리식 통로의 길이가 10[m] 이상인 경우에는 5[m] 이내마다 계단참을 설치할 것

해설 사다리식 통로 등을 설치하는 경우 발판과 벽과의 사이는 15[cm] 이상의 간격을 유지하여야 한다.

관련개념 CHAPTER 05 비계 · 거푸집 가시설 위험방지

086

추락방호망 달기로프를 지지점에 부착할 때 지지점의 간격이 1.5[m]인 경우 지지점의 강도는 최소 얼마 이상이어야 하는가?(단, 연속적인 구조물이 방망 지지점인 경우이다.)

① 200[kg]　② 300[kg]
③ 400[kg]　④ 500[kg]

해설 방망 지지점은 600[kg]의 외력에 견딜 수 있는 강도를 보유하여야 하지만, 연속적인 구조물이 방망 지지점인 경우의 외력이 다음 식에 계산한 값에 견딜 수 있는 경우에는 아래 식에서 계산한 값 이상이어야 한다.

$F=200\times B=200\times 1.5=300$[kg]

여기서, F: 외력[kg]
B: 지지점 간격[m]

관련개념 CHAPTER 04 건설현장 안전시설 관리

| 정답 | 083 ④　084 ④　085 ②　086 ②

087

가설통로를 설치하는 경우 준수해야 할 기준으로 옳지 않은 것은?

① 경사는 45° 이하로 할 것
② 경사가 15°를 초과하는 경우에는 미끄러지지 아니하는 구조로 할 것
③ 추락할 위험이 있는 장소에는 안전난간을 설치할 것
④ 수직갱에 가설된 통로의 길이가 15[m] 이상인 경우에는 10[m] 이내마다 계단참을 설치할 것

해설 가설통로의 경사는 30° 이하로 하여야 한다. 다만, 계단을 설치하거나 높이 2[m] 미만의 가설통로로서 튼튼한 손잡이를 설치한 경우에는 그러하지 아니하다.

관련개념 CHAPTER 05 비계 · 거푸집 가시설 위험방지

088

중량물의 취급작업 시 근로자의 위험을 방지하기 위하여 사전에 작성하여야 하는 작업계획서 내용에 포함되지 않는 것은?

① 추락위험을 예방할 수 있는 안전대책
② 낙하위험을 예방할 수 있는 안전대책
③ 전도위험을 예방할 수 있는 안전대책
④ 침수위험을 예방할 수 있는 안전대책

해설 중량물 취급 작업계획서에는 추락, 낙하, 전도, 협착, 붕괴위험을 예방할 수 있는 안전대책이 포함되어야 한다.

관련개념 CHAPTER 06 공사 및 작업 종류별 안전

089

굴착이 곤란한 경우 발파가 어려운 암석의 파쇄굴착 또는 암석제거에 적합한 장비는?

① 리퍼 ② 스크레이퍼
③ 롤러 ④ 드래그라인

해설 **리퍼(Ripper)**
아스팔트 포장도로 등 지반이 단단한 땅이나 연한 암석지반의 파쇄굴착 또는 암석제거에 적합하다.

관련개념 CHAPTER 04 건설현장 안전시설 관리

090

유해위험방지계획서를 제출해야 하는 공사의 기준으로 옳지 않은 것은?

① 최대 지간길이 30[m] 이상인 교량 건설 등 공사
② 깊이 10[m] 이상인 굴착공사
③ 터널 건설 등의 공사
④ 다목적댐, 발전용댐 및 저수용량 2천만 톤 이상의 용수 전용 댐, 지방상수도 전용 댐 건설 등의 공사

해설 최대 지간길이가 50[m] 이상인 다리의 건설 등 공사를 할 때 유해위험방지계획서를 제출하여야 한다.

관련개념 CHAPTER 02 건설공사 위험성

091

흙막이 지보공을 설치한 때에 정기적으로 점검하고 이상을 발견한 때에 즉시 보수하여야 하는 사항으로 거리가 먼 것은?

① 부재의 손상, 변형, 부식, 변위 및 탈락의 유무와 상태
② 부재의 접속부, 부착부 및 교차부의 상태
③ 침하의 정도
④ 발판의 지지 상태

해설 **흙막이 지보공 정기적 점검 및 보수사항**
- 부재의 손상 · 변형 · 부식 · 변위 및 탈락의 유무와 상태
- 버팀대의 긴압의 정도
- 부재의 접속부 · 부착부 및 교차부의 상태
- 침하의 정도

관련개념 CHAPTER 05 비계 · 거푸집 가시설 위험방지

| 정답 | 087 ① 088 ④ 089 ① 090 ① 091 ④

092

유한사면에서 사면기울기가 비교적 완만한 점성토에서 주로 발생되는 사면파괴의 형태는?

① 사면 저부 파괴 ② 사면 선단 파괴
③ 사면 내 파괴 ④ 국부 전단 파괴

해설 사면의 경사가 완만하고 점착성이며, 견고한 지층이 깊이 존재할 경우 사면의 활동면이 사면의 끝보다 아래를 통과하는 사면 저부 파괴 가능성이 높다.

관련개념 CHAPTER 04 건설현장 안전시설 관리

093

타워크레인의 운전 작업을 중지하여야 하는 순간풍속 기준으로 옳은 것은?

① 초당 10[m] 초과 ② 초당 12[m] 초과
③ 초당 15[m] 초과 ④ 초당 20[m] 초과

해설 순간풍속이 15[m/s]를 초과하는 경우에는 타워크레인의 운전 작업을 중지하여야 한다.

관련개념 CHAPTER 06 공사 및 작업 종류별 안전

094

다음 중 산업안전보건관리비 중 안전시설비 목적으로 사용할 수 있는 것은?

① 안전관리자 업무수행을 위한 도서 구입 비용
② 추락방호망의 구입 비용
③ 보호구의 관리 비용
④ 안전보건진단에 소요되는 비용

해설 ①은 안전보건교육비, ③은 보호구, ④는 안전보건진단비의 목적으로 산업안전보건관리비를 사용할 수 있다.
※ 이 문제는 개정된 법령에 따라 수정한 문제입니다.

관련개념 CHAPTER 03 건설업 산업안전보건관리비 관리

095

철골공사에서 용접작업을 실시함에 있어 전격예방을 위한 안전조치 중 옳지 않은 것은?

① 전격방지를 위해 자동전격방지기를 설치한다.
② 우천, 강설 시에는 야외작업을 중단한다.
③ 개로전압이 낮은 교류 용접기는 사용하지 않는다.
④ 절연 홀더(Holder)를 사용한다.

해설 개로전압이란 아크용접을 할 때 아크를 발생시키기 전 2차 회로에 걸린 단자 사이의 전압으로 개로전압을 안전전압인 30[V] 이하로 유지하여야 감전의 위험을 줄일 수 있다.

관련개념 CHAPTER 06 공사 및 작업 종류별 안전

096

추락방호용 방망을 구성하는 그물코의 모양과 크기로 옳은 것은?

① 원형 또는 사각으로서 그 크기는 10[cm] 이하이어야 한다.
② 원형 또는 사각으로서 그 크기는 20[cm] 이하이어야 한다.
③ 사각 또는 마름모로서 그 크기는 10[cm] 이하이어야 한다.
④ 사각 또는 마름모로서 그 크기는 20[cm] 이하이어야 한다.

해설 추락방호망의 그물코는 사각 또는 마름모로서 크기는 10[cm] 이하이어야 한다.

관련개념 CHAPTER 04 건설현장 안전시설 관리

| 정답 | 092 ① 093 ③ 094 ② 095 ③ 096 ③

097

강관틀비계의 높이가 20[m]를 초과하는 경우 주틀 간의 간격은 최대 얼마 이하로 사용해야 하는가?

① 1.0[m] ② 1.5[m]
③ 1.8[m] ④ 2.0[m]

해설 강관틀비계를 조립하여 사용하는 경우 높이가 20[m]를 초과하거나 중량물의 적재를 수반하는 작업을 할 경우에는 주틀 간의 간격을 1.8[m] 이하로 하여야 한다.

관련개념 CHAPTER 05 비계 · 거푸집 가시설 위험방지

098

지반조사의 방법 중 지반을 강관으로 천공하고 토사를 채취 후 여러 가지 시험을 시행하여 지반의 토질분포, 흙의 층상과 구성 등을 알 수 있는 것은?

① 보링
② 표준관입시험
③ 베인테스트
④ 평판재하시험

해설 **보링(Boring)**
지중의 토질분포, 토층의 구성, 지하수의 수위 등을 알아보기 위하여 기계를 이용해 지중에 구멍을 뚫고 그 안에 있는 토사를 채취하여 조사하는 지반조사 방법이다.

관련개념 CHAPTER 02 건설공사 위험성

099

철골작업을 중지하여야 하는 제한기준에 해당되지 않는 것은?

① 풍속이 초당 10[m] 이상인 경우
② 강우량이 시간당 1[mm] 이상인 경우
③ 강설량이 시간당 1[cm] 이상인 경우
④ 소음이 65[dB] 이상인 경우

해설 철골작업의 제한기준 중 소음에 대한 내용은 없다.

철골작업의 제한기준

구분	내용
강풍	풍속이 10[m/s] 이상인 경우
강우	강우량이 1[mm/h] 이상인 경우
강설	강설량이 1[cm/h] 이상인 경우

관련개념 CHAPTER 06 공사 및 작업 종류별 안전

100

말비계를 조립하여 사용하는 경우의 준수사항으로 옳지 않은 것은?

① 지주부재의 하단에는 미끄럼 방지장치를 할 것
② 지주부재와 수평면과의 기울기를 85° 이하로 할 것
③ 말비계의 높이가 2[m]를 초과할 경우에는 작업발판의 폭을 40[cm] 이상으로 할 것
④ 지주부재와 지주부재 사이를 고정시키는 보조부재를 설치할 것

해설 말비계 조립 시 지주부재와 수평면의 기울기는 75° 이하로 하여야 한다.

관련개념 CHAPTER 05 비계 · 거푸집 가시설 위험방지

| 정답 | 097 ③ 098 ① 099 ④ 100 ②

2019년 2회 기출문제

2019년 4월 27일 시행

자동 채점

산업재해 예방 및 안전보건교육

001

레윈(Lewin)은 인간행동과 인간의 조건 및 환경조건의 관계를 다음과 같이 표시하였다. 이때 'f'의 의미는?

$$B=f(P \cdot E)$$

① 행동 ② 조명
③ 지능 ④ 함수

해설 레윈(Lewin. K)의 법칙

인간의 행동(B)은 그 사람이 가진 자질 즉, 개체(P)와 환경(E)과의 상호함수관계에 있다고 하였다.

$B=f(P \cdot E)$

여기서, B: Behavior(인간의 행동)
f: function(함수관계)
P: Person(개체: 연령, 경험, 심신상태, 성격, 지능 등)
E: Environment(환경: 인간관계, 작업조건, 감독, 직무의 안정 등)

관련개념 CHAPTER 04 인간의 행동과학

002

적응기제(Adjustment Mechanism)의 유형에서 "동일시(Identification)"의 사례에 해당하는 것은?

① 운동시합에 진 선수가 컨디션이 좋지 않았다고 한다.
② 결혼에 실패한 사람이 고아들에게 정열을 쏟고 있다.
③ 아버지의 성공을 자신의 성공인 것처럼 자랑하며 거만한 태도를 보인다.
④ 동생이 태어난 후 초등학교에 입학한 큰 아이가 손가락을 빨기 시작했다.

해설 ①은 방어적 기제 중 합리화, ②는 방어적 기계 중 승화, ④는 도피적 기제 중 퇴행에 대한 사례이다.

관련개념 CHAPTER 05 안전보건교육의 내용 및 방법

003

다음 중 안전태도교육의 원칙으로 적절하지 않은 것은?

① 청취 위주의 대화를 한다.
② 이해하고 납득한다.
③ 항상 모범을 보인다.
④ 지적과 처벌 위주로 한다.

해설 태도교육은 청취, 이해 및 납득, 모범, 권장, 칭찬 또는 처벌 순으로 진행하며 지적과 처벌 위주가 되어서는 안 된다.

관련개념 CHAPTER 05 안전보건교육의 내용 및 방법

| 정답 | 001 ④ 002 ③ 003 ④

004

다음 중 산업심리의 5대 요소에 해당하지 않는 것은?

① 적성 ② 감정
③ 기질 ④ 동기

해설 **산업안전심리의 요소**

- 동기(Motive)
- 기질(Temper)
- 감정(Emotion)
- 습성(Habits)
- 습관(Custom)

관련개념 CHAPTER 03 산업안전심리

005

「산업안전보건법령」상 다음 그림에 해당하는 안전보건표지의 종류로 옳은 것은?

① 부식성물질경고 ② 산화성물질경고
③ 인화성물질경고 ④ 폭발성물질경고

해설 **경고표지의 종류와 형태**

부식성물질경고	산화성물질경고	인화성물질경고	폭발성물질경고

관련개념 CHAPTER 02 안전보호구 관리

006

하인리히의 재해발생 원인 도미노 이론에서 사고의 직접 원인으로 옳은 것은?

① 통제의 부족
② 관리 구조의 부적절
③ 불안전한 행동과 상태
④ 유전과 환경적 영향

해설 하인리히의 도미노 이론에서 사고의 직접 원인은 3단계 불안전한 행동 및 불안전한 상태이다. 이 요인을 제거하면 사고와 재해로 이어지지 않는다.

관련개념 CHAPTER 01 산업재해예방 계획 수립

007

주의의 수준에서 중간 수준에 포함되지 않는 것은?

① 다른 곳에 주의를 기울이고 있을 때
② 가시시야 내 부분
③ 수면 중
④ 일상과 같은 조건일 경우

해설 인간의 의식레벨에서 중간단계는 Phase Ⅱ에 해당하는 단계로 수면은 Phase 0(무의식, 실신) 수준에 해당된다.

관련개념 CHAPTER 04 인간의 행동과학

| 정답 | 004 ① 005 ③ 006 ③ 007 ③

008

「산업안전보건법령」상 안전모의 종류(기호) 중 사용 구분에서 "물체의 낙하 또는 비래 및 추락에 의한 위험을 방지 또는 경감하고, 머리부위 감전에 의한 위험을 방지하기 위한 것"으로 옳은 것은?

① A ② AB
③ AE ④ ABE

해설 낙하, 비래, 추락, 감전을 모두 방호하는 것은 ABE형이고, 추락이 제외되면 AE형, 감전이 제외되면 AB형이다.

관련개념 CHAPTER 02 안전보호구 관리

009

배슬로우(Maslow)의 욕구위계이론 중 제2단계의 욕구에 해당하는 것은?

① 사회적 욕구
② 안전에 대한 욕구
③ 자아실현의 욕구
④ 존경과 긍지에 대한 욕구

해설 매슬로우(Maslow)의 욕구위계이론
- 1단계: 생리적 욕구
- 2단계: 안전의 욕구
- 3단계: 사회적 욕구(친화 욕구)
- 4단계: 자기존경의 욕구(안정의 욕구 또는 자기존중의 욕구)
- 5단계: 자아실현의 욕구(성취 욕구)

관련개념 CHAPTER 04 인간의 행동과학

010

「산업안전보건법령」상 상시 근로자 수의 산출내역에 따라, 연간 국내공사 실적액이 50억 원이고 건설업평균임금이 250만 원이며, 노무비율은 0.06인 사업장의 상시 근로자 수는?

① 10인 ② 30인
③ 33인 ④ 75인

해설 상시 근로자 수 $=\dfrac{\text{연간 국내공사 실적액}\times\text{노무비율}}{\text{건설업평균임금}\times 12}$

$=\dfrac{50\text{억}\times 0.06}{250\text{만}\times 12}=10\text{인}$

관련개념 SUBJECT 03 기계 · 기구 및 설비 안전관리
CHAPTER 02 기계분야 산업재해 조사 및 관리

011

「산업안전보건법령」상 안전검사대상 유해 · 위험기계의 종류에 포함되지 않는 것은?

① 전단기 ② 리프트
③ 곤돌라 ④ 교류아크용접기

해설 교류아크용접기는 「산업안전보건법령」에 따른 안전검사대상에 해당되지 않는다.

관련개념 SUBJECT 03 기계 · 기구 및 설비 안전관리
CHAPTER 02 기계분야 산업재해 조사 및 관리

012

다음 중 무재해 운동의 기본이념 3원칙에 포함되지 않는 것은?

① 무의 원칙 ② 선취의 원칙
③ 참가의 원칙 ④ 라인화의 원칙

해설 무재해 운동의 3원칙
- 무의 원칙
- 참여의 원칙(참가의 원칙)
- 안전제일의 원칙(선취의 원칙)

관련개념 CHAPTER 01 산업재해예방 계획 수립

| 정답 | 008 ④ 009 ② 010 ① 011 ④ 012 ④

013

French와 Raven이 제시한 리더가 가지고 있는 세력의 유형이 아닌 것은?

① 전문세력(Expert Power)
② 보상세력(Reward Power)
③ 위임세력(Entrust Power)
④ 합법세력(Legitimate Power)

해설 **French와 Raven의 리더 세력 유형**
리더의 세력은 독립적으로 존재할 수 없으며 상호 의존적이고 중복적이다.
- 보상세력
- 합법세력
- 전문세력
- 강압세력
- 참조세력

관련개념 CHAPTER 04 인간의 행동과학

014

특성에 따른 안전교육의 3단계에 포함되지 않는 것은?

① 태도교육 ② 지식교육
③ 직무교육 ④ 기능교육

해설 직무교육은 직책이나 직업상 수행하는 업무에 대한 교육으로 안전교육의 3단계에 포함되지 않는다.

관련개념 CHAPTER 05 안전보건교육의 내용 및 방법

015

「산업안전보건법령」상 산업재해조사표에 기록되어야 할 내용으로 옳지 않은 것은?

① 사업장 정보
② 재해정보
③ 재해발생 개요 및 원인
④ 안전교육계획

해설 산업재해조사표에는 안전교육계획에 관련된 내용은 기록되지 않는다.

관련개념 SUBJECT 03 기계 · 기구 및 설비 안전관리
CHAPTER 02 기계분야 산업재해 조사 및 관리

016

다음 중 산업재해통계에 관한 설명으로 적절하지 않은 것은?

① 산업재해통계는 구체적으로 표시되어야 한다.
② 산업재해통계는 안전활동을 추진하기 위한 기초자료이다.
③ 산업재해통계만을 기반으로 해당 사업장의 안전수준을 추측한다.
④ 산업재해통계의 목적은 기업에서 발생한 산업재해에 대하여 효과적인 대책을 강구하기 위함이다.

해설 재해통계 작성 시 산업재해통계를 기반으로 안전조건이나 상태를 추측해서는 안 된다.

관련개념 SUBJECT 03 기계 · 기구 및 설비 안전관리
CHAPTER 02 기계분야 산업재해 조사 및 관리

| 정답 | 013 ③ 014 ③ 015 ④ 016 ③

017

다음 중 작업표준의 구비조건으로 옳지 않은 것은?

① 작업의 실정에 적합할 것
② 생산성과 품질의 특성에 적합할 것
③ 표현은 추상적으로 나타낼 것
④ 다른 규정 등에 위배되지 않을 것

해설 작업표준은 해당 작업을 좀 더 효율적으로 수행하기 위해 제시되는 것으로 실제적이고 구체적으로 표현되어야 한다.

작업표준의 전제조건

작업을 표준화하려면 작업표준의 작업의 흐름이 실정에 맞고 쉽게 이해될 수 있어야 하며 구체적이어야 한다. 추상적이거나 애매하여 읽는 사람마다 해석이 다르게 되는 표현은 작업자가 올바르게 이해하거나 정확하게 이행하기를 기대하기 어렵다. 또한 작업표준은 작업의 목적을 이해할 수 있고 작업내용을 바르게 분석하여 작성되어야 한다.

관련개념 SUBJECT 02 인간공학 및 위험성평가 · 관리
CHAPTER 02 위험성 파악 · 결정

018

안전지식교육 실시 4단계에서 지식을 실제의 상황에 맞추어 문제를 해결해 보고 그 수법을 이해시키는 단계로 옳은 것은?

① 도입　② 제시
③ 적용　④ 확인

해설 이해시킨 내용을 활용시키거나 응용시키는 단계는 3단계인 적용 단계이다.

관련개념 CHAPTER 05 안전보건교육의 내용 및 방법

019

「산업안전보건법령」상 특별교육 대상 작업별 교육내용 중 밀폐공간에서의 작업 시 교육내용에 포함되지 않는 것은?(단, 그 밖에 안전보건관리에 필요한 사항은 제외한다.)

① 산소농도 측정 및 작업환경에 관한 사항
② 유해물질이 인체에 미치는 영향
③ 보호구 착용 및 사용방법에 관한 사항
④ 사고 시의 응급처치 및 비상시 구출에 관한 사항

해설 유해물질이 인체에 미치는 영향은 허가 또는 관리 대상 유해물질의 제조 또는 취급작업을 하는 작업자의 특별교육 내용이다.

관련개념 CHAPTER 05 안전보건교육의 내용 및 방법

020

다음 중 위험예지훈련 4라운드의 순서가 올바르게 나열된 것은?

① 현상파악 → 본질추구 → 대책수립 → 목표설정
② 현상파악 → 대책수립 → 본질추구 → 목표설정
③ 현상파악 → 본질추구 → 목표설정 → 대책수립
④ 현상파악 → 목표설정 → 본질추구 → 대책수립

해설 **위험예지훈련의 추진을 위한 문제해결 4단계(4라운드)**

- 1라운드: 현상파악(사실의 파악)
- 2라운드: 본질추구(원인조사)
- 3라운드: 대책수립(대책을 세운다)
- 4라운드: 목표설정(행동계획 작성)

관련개념 CHAPTER 01 산업재해예방 계획 수립

| 정답 | 017 ③　018 ③　019 ②　020 ①

인간공학 및 위험성평가 · 관리

021

인간오류의 분류 중 원인에 의한 분류의 하나로, 작업자 자신으로부터 발생하는 에러로 옳은 것은?

① Command Error
② Secondary Error
③ Primary Error
④ Third Error

해설 원인에 의한 인간오류(Human Error)에는 1차 실수, 2차 실수, 지시과오가 있으며, 그중 작업자 자신으로부터 발생한 에러는 1차 실수(Primary Error)이다.

관련개념 CHAPTER 01 안전과 인간공학

022

체계 설계과정의 주요 단계 중 가장 먼저 실시되어야 하는 것은?

① 기본설계
② 계면설계
③ 체계의 정의
④ 목표 및 성능명세 결정

해설 **인간-기계 시스템 설계과정 6가지 단계**

㉠ 목표 및 성능명세 결정
㉡ 시스템(체계)의 정의
㉢ 기본설계
㉣ 인터페이스(계면) 설계
㉤ 촉진물 설계
㉥ 시험 및 평가

관련개념 CHAPTER 01 안전과 인간공학

023

인간의 정보처리 기능 중 그 용량이 7개 내외로 작아 순간적 망각 등 인적 오류의 원인이 되는 것은?

① 지각 ② 작업기억
③ 주의력 ④ 감각보관

해설 **작업기억(Working Memory)**

특정 작업을 처리하기 위한 의식적인 정신적 노력을 추가한 기억으로 제한된 정보를 순간적으로 기억하는 형태를 말한다. 단기기억이라고도 하며 용량이 7개 내외로 작아 순간적 망각 등 인적 오류의 원인이 된다.

관련개념 CHAPTER 01 안전과 인간공학

024

작업장 내부의 추천 반사율이 가장 낮아야 하는 곳은?

① 벽 ② 천장
③ 바닥 ④ 가구

해설 **옥내 추천 반사율**

- 천장: 80~90[%]
- 벽: 40~60[%]
- 가구: 25~45[%]
- 바닥: 20~40[%]

관련개념 CHAPTER 06 작업환경 관리

| 정답 | 021 ③ 022 ④ 023 ② 024 ③

025

고장형태 및 영향분석(FMEA; Failure Mode and Effect Analysis)에서 치명도 해석을 포함시킨 분석 방법으로 옳은 것은?

① CA ② ETA
③ FMETA ④ FMECA

해설 FMECA(Failure Modes, Effect & Criticality Analysis)
미국 자동차공학기술자협회가 FMEA와 형식은 같지만 고장발생확률과 치명도 계산을 포함하여 정성적, 정량적 분석을 위해 개발한 분석기법이다.

관련개념 CHAPTER 02 위험성 파악 · 결정

026

그림과 같은 시스템의 신뢰도로 옳은 것은?(단, 그림의 숫자는 각 부품의 신뢰도이다.)

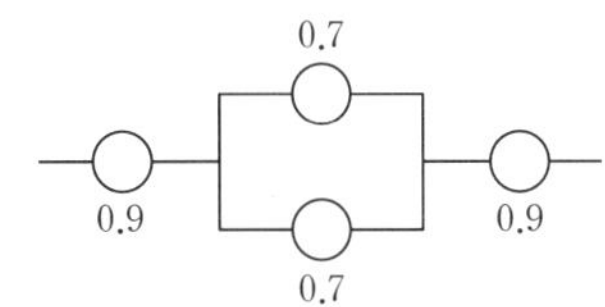

① 0.6261 ② 0.7371
③ 0.8481 ④ 0.9591

해설 가운데 병렬연결의 신뢰도 $=1-(1-0.7)\times(1-0.7)=0.91$
전체 시스템의 신뢰도 $=0.9\times0.91\times0.9=0.7371$

관련개념 CHAPTER 01 안전과 인간공학

027

서서 하는 작업의 작업대 높이에 대한 설명으로 옳지 않은 것은?

① 정밀작업의 경우 팔꿈치 높이보다 약간 높게 한다.
② 경작업의 경우 팔꿈치 높이보다 약간 낮게 한다.
③ 중작업의 경우 경작업의 작업대 높이보다 약간 낮게 한다.
④ 작업대의 높이는 기준을 지켜야 하므로 높낮이가 조절되어서는 안 된다.

해설 작업자의 신장이 모두 다르므로 작업대의 높이는 높낮이가 조절되도록 하는 것이 좋다.

관련개념 CHAPTER 06 작업환경 관리

028

인간의 시각 특성을 설명한 것으로 옳은 것은?

① 적응은 수정체의 두께가 얇아져 근거리의 물체를 볼 수 있게 되는 것이다.
② 시야는 수정체의 두께 조절로 이루어진다.
③ 망막은 카메라의 렌즈에 해당된다.
④ 암조응에 걸리는 시간은 명조응보다 길다.

해설 암조응에 걸리는 시간은 30~40분으로 명조응에 걸리는 시간(약 수초 내지 1~2분)보다 훨씬 길다.
① 수정체의 두께가 얇아져 근거리의 물체를 볼 수 없게 되는 것은 원시이다.
② 시야는 한 점을 주시할 때 눈이 관찰할 수 있는 범위로 수정체의 두께 조절과는 무관하다.
③ 망막은 카메라의 필름에 해당한다.

관련개념 CHAPTER 06 작업환경 관리

| 정답 | 025 ④ 026 ② 027 ④ 028 ④

029

레버를 10° 움직이면 표시장치는 1[cm] 이동하는 조종장치가 있다. 레버의 길이가 20[cm]라고 하면 이 조종장치의 통제표시비(C/D비)는 약 얼마인가?

① 1.27　　② 2.38
③ 3.49　　④ 4.51

해설 **조종구의 통제비**

$$\frac{C}{D} = \frac{\left(\frac{a}{360}\right) \times 2\pi L}{\text{표시계기지침의 이동거리}} = \frac{\frac{10}{360} \times 2\pi \times 20}{1} = 3.49$$

여기서, a: 조종장치가 움직인 각도
L: 반경(레버의 길이)

관련개념 CHAPTER 06 작업환경 관리

030

조종장치를 통한 인간의 통제 아래 기계가 동력원을 제공하는 시스템의 형태로 옳은 것은?

① 기계화 시스템　　② 수동 시스템
③ 자동화 시스템　　④ 컴퓨터 시스템

해설 **기계화(반자동) 체계**

운전자가 조종장치를 사용하여 통제하며, 동력은 전형적으로 기계가 제공한다.

관련개념 CHAPTER 01 안전과 인간공학

031

다음 중 생리적 스트레스를 전기적으로 측정하는 방법으로 옳지 않은 것은?

① 뇌전도(EEG)　　② 근전도(EMG)
③ 전기 피부 반응(GSR)　　④ 안구 반응(EOG)

해설 EOG(Electrooculogram)는 눈 전위도 검사로서 안구의 반복적인 수평운동 시 나타나는 전위변화를 기록한 것이다. 망막질환을 진단하는 데 사용된다.

관련개념 CHAPTER 06 작업환경 관리

032

일반적으로 인체에 가해지는 온·습도 및 기류 등의 외적 변수를 종합적으로 평가하는 데에는 "불쾌지수"라는 지표가 이용된다. 불쾌지수의 계산식이 다음과 같은 경우, 건구온도와 습구온도의 단위로 옳은 것은?

> 불쾌지수=(건구온도+습구온도)×0.72+40.6

① 실효온도　　② 화씨온도
③ 절대온도　　④ 섭씨온도

해설 **불쾌지수**

- 불쾌지수=(건구온도[℃]+습구온도[℃])×0.72+40.6[℃]
- 불쾌지수=(건구온도[°F]+습구온도[°F])×0.4+15[°F]

관련개념 CHAPTER 06 작업환경 관리

033

FTA에서 모든 기본사상이 일어났을 때 톱(Top) 사상을 일으키는 기본사상의 집합을 무엇이라 하는가?

① 컷셋(Cut Set)
② 최소 컷셋(Minimal Cut Set)
③ 패스셋(Path Set)
④ 최소 패스셋(Minimal Path Set)

해설 **컷셋(Cut Set)**

정상사상을 발생시키는 기본사상의 집합으로 그 안에 포함되는 모든 기본사상이 발생할 때 정상사상을 발생시키는 기본사상의 집합이다.

관련개념 CHAPTER 02 위험성 파악·결정

| 정답 | 029 ③　030 ①　031 ④　032 ④　033 ①

034

FT도에 사용되는 논리기호 중 AND 게이트에 해당하는 것은?

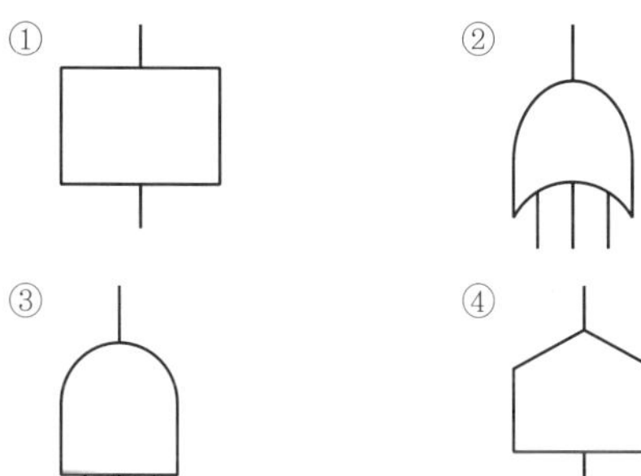

해설 ①은 결함사상(중간사상), ②는 OR 게이트(논리합), ④는 통상사상을 나타낸다.

관련개념 CHAPTER 02 위험성 파악 · 결정

035

위팔은 자연스럽게 수직으로 늘어뜨린 채, 아래팔만을 편하게 뻗어 작업할 수 있는 범위는?

① 정상작업영역 ② 최대작업영역
③ 최소작업영역 ④ 작업포락면

해설 정상작업영역은 효과적인 작업을 위해서 작업자가 가급적 팔꿈치를 몸에 붙이고 자연스럽게 움직일 수 있는 거리를 말하며, 위팔(상완)을 자연스럽게 수직으로 늘어뜨린 채, 아래팔(전완)만을 편하게 뻗어 파악할 수 있는 구역(34~45[cm])을 말한다.

관련개념 CHAPTER 06 작업환경 관리

036

정보를 전송하기 위해 청각적 표시장치를 이용하는 것이 바람직한 경우로 적합한 것은?

① 전언이 복잡한 경우
② 전언이 이후에 재참조되는 경우
③ 전언이 공간적인 사건을 다루는 경우
④ 전언이 즉각적인 행동을 요구하는 경우

해설 ①, ②, ③은 청각적 표시장치보다 시각적 표시장치가 유리한 경우이다.

관련개념 CHAPTER 06 작업환경 관리

037

음의 강약을 나타내는 기본 단위는?

① [dB] ② [pont]
③ [hertz] ④ [diopter]

해설 [dB]은 음의 세기(강약)를 나타내는 기본 단위이다. [hertz]는 진동수의 단위이고, [diopter]는 렌즈나 렌즈 계통의 배율을 나타내는 단위이다.

관련개념 CHAPTER 06 작업환경 관리

| 정답 | 034 ③ 035 ① 036 ④ 037 ①

038

다음의 FT도에서 몇 개의 미니멀 패스셋(Minimal Path Sets)이 존재하는가?

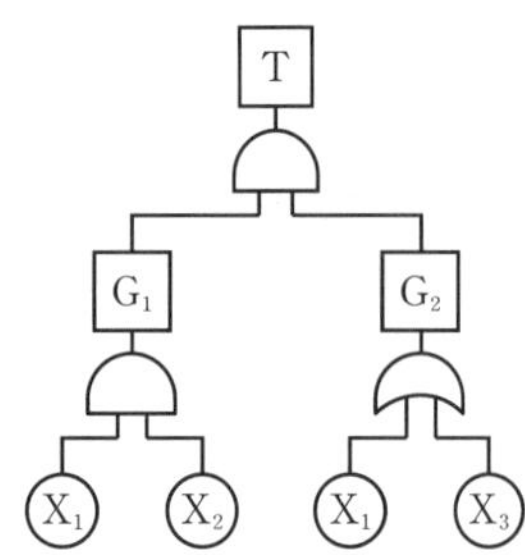

① 1개 ② 2개
③ 3개 ④ 4개

해설 미니멀 패스셋은 FT도의 결합 게이트들을 반대로(AND ↔ OR) 변환한 후 미니멀 컷셋을 구하면 된다.

$$T=\begin{pmatrix} G_1 \\ G_2 \end{pmatrix} = \begin{matrix} (X_1) \\ (X_2) \\ (X_1\ X_3) \end{matrix}$$

따라서 패스셋은 (X_1), (X_2), $(X_1\ X_3)$이고, 미니멀 패스셋은 (X_1), (X_2)의 2개이다.

관련개념 CHAPTER 02 위험성 파악 · 결정

039

예비위험분석(PHA)에 대한 설명으로 옳은 것은?

① 관련된 과거 안전점검결과의 조사에 적절하다.
② 안전 관련 법규 조항의 준수를 위한 조사방법이다.
③ 시스템 고유의 위험성을 파악하고 예상되는 재해의 위험 수준을 결정한다.
④ 초기 단계에서 시스템 내의 위험요소가 어떠한 위험상태에 있는가를 정성적으로 평가하는 것이다.

해설 **예비위험분석(PHA)**
시스템 내의 위험요소가 얼마나 위험한 상태에 있는가를 평가하는 시스템 안전프로그램의 최초단계(시스템 구상단계)의 정성적인 분석 방식이다.

관련개념 CHAPTER 02 위험성 파악 · 결정

040

신뢰성과 보전성 개선을 목적으로 하는 효과적인 보전기록자료에 해당하지 않는 것은?

① 설비이력카드
② 자재관리표
③ MTBF 분석표
④ 고장원인대책표

해설 자재관리표는 주요 자재의 매입액, 매입처, 인수검사방법, 보관, 관리의 방법을 기록하는 서식으로 신뢰성과 보전성을 개선하기 위한 보전기록자료와는 거리가 멀다.

관련개념 CHAPTER 03 위험성 감소대책 수립 · 실행

| 정답 | 038 ② 039 ④ 040 ②

기계 · 기구 및 설비 안전관리

041

압력용기에서 안전밸브를 2개 설치한 경우 그 설치방법으로 옳은 것은?(단, 해당하는 압력용기가 외부화재에 대한 대비가 명료한 경우로 한정한다.)

① 1개는 최고사용압력 이하에서 작동하고 다른 1개는 최고사용압력의 1.1배 이하에서 작동하도록 한다.
② 1개는 최고사용압력 이하에서 작동하고 다른 1개는 최고사용압력의 1.2배 이하에서 작동하도록 한다.
③ 1개는 최고사용압력의 1.05배 이하에서 작동하고 다른 1개는 최고사용압력의 1.1배 이하에서 작동하도록 한다.
④ 1개는 최고사용압력의 1.05배 이하에서 작동하고 다른 1개는 최고사용압력의 1.2배 이하에서 작동하도록 한다.

해설 설치한 안전밸브가 안전밸브를 통하여 보호하려는 설비의 최고사용압력 이하에서 작동되도록 하여야 한다. 다만, 안전밸브가 2개 이상 설치된 경우에 1개는 최고사용압력의 1.05배(외부화재를 대비한 경우에는 1.1배) 이하에서 작동되도록 설치할 수 있다.

관련개념 CHAPTER 05 기타 산업용 기계 · 기구

042

선반에서 냉각재 등에 의한 생물학적 위험을 방지하기 위한 방법으로 틀린 것은?

① 냉각재가 기계에 잔류되지 않고 중력에 의해 수집탱크로 배유되도록 해야 한다.
② 냉각재 저장탱크에는 외부 이물질의 유입을 방지하기 위해 덮개를 설치해야 한다.
③ 특별한 경우를 제외하고는 정상 운전 시 전체 냉각재가 계통 내에서 순환되고 냉각재 탱크에 체류하지 않아야 한다.
④ 배출용 배관의 지름은 대형 이물질이 들어가지 않도록 작아야 하고, 지면과 수평이 되도록 제작해야 한다.

해설 냉각재 등에 의한 생물학적 위험을 방지하기 위해 배출용 배관의 직경은 슬러지의 체류를 최소화할 수 있는 정도의 충분한 크기이고 적절한 기울기를 부여하여야 한다.

관련개념 CHAPTER 03 공작기계의 안전

043

다음 중 연삭기를 이용한 작업의 안전대책으로 가장 옳은 것은?

① 연삭숫돌의 최고 원주속도 이상으로 사용하여야 한다.
② 운전 중 연삭숫돌의 균열 확인을 위해 수시로 충격을 가해 본다.
③ 정밀한 작업을 위해서는 연삭기의 덮개를 벗기고 숫돌의 정면에 서서 작업한다.
④ 작업시작 전에는 1분 이상 시운전을 하고 숫돌의 교체 시에는 3분 이상 시운전을 한다.

해설
① 연삭숫돌의 최고 사용회전속도를 초과하여 사용하도록 해서는 아니 된다.
② 충격을 가할 경우 연삭숫돌이 파괴될 수 있다.
③ 연삭기의 덮개를 벗기거나 숫돌의 정면에서 작업해서는 아니 된다.

관련개념 CHAPTER 03 공작기계의 안전

044

산업용 로봇의 작동범위에서 그 로봇에 관하여 교시 등의 작업을 하는 경우 작업시작 전 점검사항에 해당하지 않는 것은?(단, 로봇의 동력원을 차단하고 행하는 것을 제외한다.)

① 회전부의 덮개 또는 울 부착 여부
② 제동장치 및 비상정지장치의 기능
③ 외부전선의 피복 또는 외장의 손상 유무
④ 매니퓰레이터(Manipulator) 작동의 이상 유무

해설 회전부의 덮개 또는 울 점검은 공기압축기를 가동할 때 작업시작 전 점검사항이다.

관련개념 CHAPTER 05 기타 산업용 기계 · 기구

| 정답 | 041 ① 042 ④ 043 ④ 044 ①

045

프레스 가공품의 이송방법으로 2차 가공용 송급배출장치가 아닌 것은?

① 다이얼 피더(Dial Feeder)
② 롤 피더(Roll Feeder)
③ 푸셔 피더(Pusher Feeder)
④ 트랜스퍼 피더(Transfer Feeder)

해설 롤 피더(Roll Feeder)는 1차 가공용 송급배출장치이다.

관련개념 CHAPTER 04 프레스 및 전단기의 안전

046

기계장치의 안전설계를 위해 적용하는 안전율 계산식은?

① 안전하중÷설계하중
② 최대사용하중÷극한강도
③ 극한강도÷최대설계응력
④ 극한강도÷파단하중

해설 **안전율(안전계수, Safety Factor)**

$$S=\frac{\text{극한(인장)강도}}{\text{허용응력}}=\frac{\text{파단(최대)하중}}{\text{안전(정격)하중}}$$

관련개념 CHAPTER 01 기계공정의 안전, 기계안전시설 관리

047

양수조작식 방호장치에서 양쪽 누름버튼 간의 내측거리는 몇 [mm] 이상이어야 하는가?

① 100 ② 200
③ 300 ④ 400

해설 양수조작식 방호장치 누름버튼의 상호 간 내측거리는 300[mm] 이상이어야 한다.

관련개념 CHAPTER 04 프레스 및 전단기의 안전

048

지게차 헤드가드의 안전기준에 관한 설명으로 틀린 것은?

① 상부틀의 각 개구의 폭 또는 길이가 20[cm] 이상일 것
② 강도는 지게차의 최대하중의 2배 값(4톤을 넘는 값에 대해서는 4톤으로 함)의 등분포정하중에 견딜 수 있을 것
③ 운전자가 서서 조작하는 방식의 지게차의 경우에는 운전석의 바닥면에서 헤드가드의 상부틀 하면까지의 높이가 1.88[m] 이상일 것
④ 운전자가 앉아서 조작하는 방식의 지게차의 경우에는 운전자의 좌석 윗면에서 헤드가드의 상부틀 아랫면까지의 높이가 0.903[m] 이상일 것

해설 지게차 헤드가드 상부틀의 각 개구의 폭 또는 길이가 16[cm] 미만이어야 한다.

관련개념 CHAPTER 06 운반기계 및 양중기

049

드릴작업 시 올바른 작업안전수칙이 아닌 것은?

① 구멍을 뚫을 때 관통된 것을 확인하기 위해 손으로 만져서는 안 된다.
② 드릴을 끼운 후에 척 렌치(Chuck Wrench)를 부착한 상태에서 드릴작업을 한다.
③ 작업모를 착용하고 옷소매가 긴 작업복은 입지 않는다.
④ 보호안경을 쓰거나 안전덮개를 설치한다.

해설 드릴작업 시 작업시작 전 척 렌치를 반드시 제거하여야 한다.

관련개념 CHAPTER 03 공작기계의 안전

| 정답 | 045 ② 046 ③ 047 ③ 048 ① 049 ②

050

프레스의 작업시작 전 점검사항으로 거리가 먼 것은?

① 클러치 및 브레이크의 기능
② 금형 및 고정볼트 상태
③ 전단기(剪斷機)의 칼날 및 테이블의 상태
④ 언로드밸브의 기능

해설 언로드밸브의 기능은 공기압축기를 가동할 때 작업시작 전 점검사항이다.

관련개념 CHAPTER 02 기계분야 산업재해 조사 및 관리

051

(　　) 안에 들어갈 내용으로 옳은 것은?

> 순간풍속이 (㉠)를 초과하는 경우에는 타워크레인의 설치, 수리, 점검 또는 해체작업을 중지하여야 하며, 순간풍속이 (㉡)를 초과하는 경우에는 타워크레인의 운전작업을 중지하여야 한다.

① ㉠ 10[m/s], ㉡ 15[m/s]
② ㉠ 10[m/s], ㉡ 25[m/s]
③ ㉠ 20[m/s], ㉡ 35[m/s]
④ ㉠ 20[m/s], ㉡ 45[m/s]

해설 순간풍속이 10[m/s]를 초과하는 경우 타워크레인의 설치·수리·점검 또는 해체 작업을 중지하여야 하며, 순간풍속이 15[m/s]를 초과하는 경우에는 타워크레인의 운전작업을 중지하여야 한다.

관련개념 CHAPTER 05 운반기계 및 양중기

052

롤러기의 급정지를 위한 방호장치를 설치하고자 한다. 앞면 롤러의 지름이 30[cm]이고, 회전수가 30[rpm]일 때 요구되는 급정지거리의 기준은?

① 급정지거리가 앞면 롤러의 원주의 1/3 이상일 것
② 급정지거리가 앞면 롤러의 원주의 1/3 이내일 것
③ 급정지거리가 앞면 롤러의 원주의 1/2.5 이상일 것
④ 급정지거리가 앞면 롤러의 원주의 1/2.5 이내일 것

해설 롤러의 표면속도 $V=\frac{\pi DN}{1,000}=\frac{\pi\times300\times30}{1,000}=28.27$[m/min]

여기서, D: 롤러의 지름[mm]
N: 분당회전수[rpm]

앞면 롤러의 표면속도[m/min]	급정지거리
30 미만	앞면 롤러 원주의 $\frac{1}{3}$ 이내
30 이상	앞면 롤러 원주의 $\frac{1}{2.5}$ 이내

앞면 롤러의 표면속도가 30[m/min] 미만이므로 급정지거리는 앞면 롤러 원주의 $\frac{1}{3}$ 이내이어야 한다.

관련개념 CHAPTER 05 기타 산업용 기계·기구

053

범용 수동선반의 방호조치에 대한 설명으로 틀린 것은?

① 대형 선반의 후면 칩 가드는 새들의 전체 길이를 방호할 수 있어야 한다.
② 척 가드의 폭은 공작물의 가공작업에 방해되지 않는 범위에서 척 전체 길이를 방호해야 한다.
③ 수동조작을 위한 제어장치는 정확한 제어를 위해 조작스위치를 돌출형으로 제작해야 한다.
④ 스핀들 부위를 통한 기어박스에 접촉될 위험이 있는 경우에는 해당 부위에 잠금장치가 구비된 가드를 설치하고 스핀들 회전과 연동회로를 구성해야 한다.

해설 범용 수동선반에 수동조작을 위한 제어장치는 매입형 스위치의 사용 등 불시접촉에 의한 기동을 방지하기 위한 조치를 하여야 한다.

관련개념 CHAPTER 03 공작기계의 안전

2019년 2회

| 정답 | 050 ④ 051 ① 052 ② 053 ③

054

프레스에 금형 조정작업 시 슬라이드가 갑자기 작동함으로써 근로자에게 발생할 우려가 있는 위험을 방지하기 위하여 사용하는 것은?

① 안전블록
② 비상정지장치
③ 감응식 안전장치
④ 양수조작식 안전장치

해설 프레스 등의 금형을 부착·해체 또는 조정하는 작업을 할 때에 해당 작업에 종사하는 근로자의 신체가 위험한계 내에 있는 경우 슬라이드가 갑자기 작동함으로써 근로자에게 발생할 우려가 있는 위험을 방지하기 위하여 안전블록을 사용하는 등 필요한 조치를 하여야 한다.

관련개념 CHAPTER 04 프레스 및 전단기의 안전

055

크레인 작업 시 300[kg]의 질량을 10[m/s²]의 가속도로 감아올릴 때 로프에 걸리는 총 하중은 약 몇 [N]인가?(단, 중력가속도는 9.81[m/s²]로 한다.)

① 2,943　② 3,000
③ 5,943　④ 8,886

해설 [kg]을 [N]으로 변환하기 위해선 중력가속도를 곱해야 하므로

정하중 $= 300 \times 9.81 = 2{,}943$[N]

동하중 $= \dfrac{\text{정하중}}{\text{중력가속도}} \times \text{가속도} = \dfrac{2{,}943}{9.81} \times 10 = 3{,}000$[N]

총 하중 = 정하중 + 동하중 $= 2{,}943 + 3{,}000 = 5{,}943$[N]

관련개념 CHAPTER 06 운반기계 및 양중기

056

컨베이어(Conveyer)의 역주행방지장치 형식이 아닌 것은?

① 램식　② 라쳇식
③ 롤러식　④ 전기브레이크식

해설 컨베이어 역주행방지장치의 형식으로는 기계식(롤러식, 라쳇식, 밴드식)과 전기브레이크가 있다.

관련개념 CHAPTER 06 운반기계 및 양중기

057

근로자에게 위험을 미칠 우려가 있는 원동기, 축이음, 풀리 등에 설치하여야 하는 것은?

① 덮개　② 압력계
③ 통풍장치　④ 과압방지기

해설 기계의 원동기·회전축·기어·풀리·플라이휠·벨트 및 체인 등 근로자가 위험에 처할 우려가 있는 부위에 덮개·울·슬리브 및 건널다리 등을 설치하여야 한다.

관련개념 CHAPTER 01 기계공정의 안전, 기계안전시설 관리

058

사고 체인의 5요소에 해당하지 않는 것은?

① 함정(Trap)　② 충격(Impact)
③ 접촉(Contact)　④ 결함(Flaw)

해설 **사고 체인(Accident chain)의 5요소**

- 함정(Trap)
- 충격(Impact)
- 접촉(Contact)
- 얽힘·말림(Entanglement)
- 튀어나옴(Ejection)

관련개념 CHAPTER 01 기계공정의 안전, 기계안전시설 관리

| 정답 | 054 ① 055 ③ 056 ① 057 ① 058 ④

059

기계설비의 안전화를 크게 외관의 안전화, 기능의 안전화, 구조적 안전화로 구분할 때, 기능의 안전화에 해당하는 것은?

① 안전율의 확보
② 위험부위 덮개 설치
③ 기계 외관에 안전색채 사용
④ 전압 강하 시 기계의 자동정지

해설 ①은 구조적 안전화, ②, ③은 외관의 안전화에 해당한다.

관련개념 CHAPTER 01 기계공정의 안전, 기계안전시설 관리

060

프레스 작업 시 왕복운동을 하는 부분과 고정부분 사이에서 형성되는 위험점은?

① 물림점 ② 협착점
③ 절단점 ④ 회전말림점

해설 **협착점(Squeeze Point)**
왕복운동을 하는 동작부분과 움직임이 없는 고정부분 사이에 형성되는 위험점이다. ㉞ 프레스, 전단기

관련개념 CHAPTER 01 기계공정의 안전, 기계안전시설 관리

전기 및 화학설비 안전관리

061

정전기 발생의 원인에 해당되지 않는 것은?

① 마찰 ② 냉장
③ 박리 ④ 충돌

해설 **정전기 대전의 종류**
• 마찰대전 • 박리대전 • 유동대전
• 분출대전 • 충돌대전 • 파괴대전
• 교반, 침강대전

관련개념 CHAPTER 03 정전기 장·재해관리

062

혼촉방지판이 부착된 변압기를 설치하고 혼촉방지판을 접지시켰다. 이러한 변압기를 사용하는 주요 이유는?

① 2차 측의 전류를 감소시킬 수 있기 때문에
② 누전전류를 감소시킬 수 있기 때문에
③ 2차 측에 비접지 방식을 채택하면 감전 시 위험을 감소시킬 수 있기 때문에
④ 전력의 손실을 감소시킬 수 있기 때문에

해설 변압기의 고·저압(1차 측과 2차 측 사이) 권선 사이에 혼촉방지판을 삽입하여 접지하여 사용한다. 2차 측에 비접지 방식을 채택하면 누전 시 폐회로가 형성되지 않기 때문에 감전 시 위험을 감소시킬 수 있다.

관련개념 CHAPTER 02 감전재해 및 방지대책

| 정답 | 059 ④ 060 ② 061 ② 062 ③

063

충전전로의 선간전압이 121[kV] 초과 145[kV] 이하의 활선 작업 시 충전전로에 대한 접근한계거리[cm]는?

① 130　② 150
③ 170　④ 230

해설

충전전로의 선간전압[kV]	충전전로에 대한 접근한계거리[cm]
88 초과 121 이하	130
121 초과 145 이하	150
145 초과 169 이하	170

관련개념 CHAPTER 02 감전재해 및 방지대책

064

인체가 현저히 젖어 있는 상태 또는 금속성의 전기기계·기구나 구조물에 인체의 일부가 상시 접촉되어 있는 상태에서의 허용접촉전압으로 옳은 것은?

① 2.4[V] 이하　② 25[V] 이하
③ 50[V] 이하　④ 75[V] 이하

해설 허용접촉전압

종별	접촉상태	허용접촉전압
제2종	• 인체가 현저히 젖어 있는 상태 • 금속성의 전기기계·기구나 구조물에 인체의 일부가 상시 접촉되어 있는 상태	25[V] 이하

관련개념 CHAPTER 02 감전재해 및 방지대책

065

아크용접 작업 시 감전재해 방지에 쓰이지 않는 것은?

① 보호면　② 절연장갑
③ 절연용접봉 홀더　④ 자동전격방지장치

해설 보호면은 감전재해 방지장치가 아닌 아크에 의한 눈 보호장치이다.

관련개념 CHAPTER 02 감전재해 및 방지대책

066

파이프 등에 유체가 흐를 때 발생하는 유동대전에 가장 큰 영향을 미치는 요인은?

① 유체의 이동거리　② 유체의 점도
③ 유체의 속도　④ 유체의 양

해설 유동대전에 가장 크게 영향을 미치는 요인은 유동속도이나 흐름의 상태, 배관의 굴곡, 밸브 등과도 관계가 있다.

관련개념 CHAPTER 03 정전기 장·재해관리

067

방폭구조의 명칭과 표기기호가 잘못 연결된 것은?

① 안전증방폭구조: e
② 유입(油入)방폭구조: o
③ 내압(耐壓)방폭구조: p
④ 본질안전방폭구조: ia 또는 ib

해설 내압방폭구조의 표기기호는 d이고, p는 압력방폭구조의 표기기호이다.

관련개념 CHAPTER 04 전기방폭관리

068

「산업안전보건법령」상 전기기계·기구의 누전에 의한 감전위험을 방지하기 위하여 접지를 하여야 하는 사항으로 틀린 것은?

① 전기기계·기구의 금속제 내부 충전부
② 전기기계·기구의 금속제 외함
③ 전기기계·기구의 금속제 외피
④ 전기기계·기구의 금속제 철대

해설 누전에 의한 감전의 위험을 방지하기 위하여 전기기계·기구의 금속제 외함, 금속제 외피 및 철대에 접지를 하여야 한다.
금속부 내부 충전부에는 접지를 하여서는 아니 된다.

관련개념 CHAPTER 05 전기설비 위험요인관리

| 정답 | 063 ② 064 ② 065 ① 066 ③ 067 ③ 068 ①

069

전폐형 방폭구조가 아닌 것은?

① 압력방폭구조　　② 내압방폭구조
③ 유입방폭구조　　④ 안전증방폭구조

해설 전폐형 방폭구조는 외피가 폐쇄된 구조로써 점화원이 될 우려가 있는 부분을 격리하여 방폭 성능을 갖는 것을 말한다. 압력·내압·유입방폭구조가 전폐형에 해당한다.

관련개념 CHAPTER 04 전기방폭관리

070

변압기 전로의 1선지락전류가 6[A]일 때 제2종 접지공사의 접지저항값은?(단, 자동전로차단장치는 설치되지 않았다.)

① 10[Ω]　　② 15[Ω]
③ 20[Ω]　　④ 25[Ω]

해설

※「한국전기설비규정」 개정으로 접지대상에 따라 일괄 적용한 종별접지(1종, 2종, 3종, 특별3종)가 폐지되어 성립될 수 없는 문제입니다.

관련개념 CHAPTER 05 전기설비 위험요인관리

071

「산업안전보건기준에 관한 규칙」에서 부식성 염기류에 해당하는 것은?

① 농도가 30[%]인 과염소산
② 농도가 30[%]인 아세틸렌
③ 농도가 40[%]인 디아조화물
④ 농도가 40[%]인 수산화나트륨

해설 **부식성 염기류**
농도가 40[%] 이상인 수산화나트륨, 수산화칼륨, 그 밖에 이와 같은 정도 이상의 부식성을 가지는 염기류이다.

관련개념 CHAPTER 07 화학물질 안전관리 실행

072

다음 중 분진폭발에 대한 설명으로 틀린 것은?

① 일반적으로 입자의 크기가 클수록 위험이 더 크다.
② 산소의 농도는 분진폭발 위험에 영향을 주는 요인이다.
③ 주위 공기의 난류확산은 위험을 증가시킨다.
④ 가스폭발에 비하여 불완전 연소를 일으키기 쉽다.

해설 분진의 입경이 작을수록 폭발하기 쉽다.

관련개념 CHAPTER 06 화재·폭발 검토

| 정답 | 069 ④　070 정답없음　071 ④　072 ①

073

메탄올의 연소반응이 다음과 같을 때 최소산소농도(MOC)는 약 얼마인가?(단, 메탄올의 연소하한값은 6.7[vol%]이다.)

$$CH_3OH + 1.5O_2 \rightarrow CO_2 + 2H_2O$$

① 1.5[vol%] ② 6.7[vol%]
③ 10[vol%] ④ 15[vol%]

해설 **최소산소농도**

$$C_m = \text{폭발하한} \times \frac{\text{산소 mol수}}{\text{연소가스 mol수}} = 6.7 \times \frac{1.5}{1} = 10[\text{vol\%}]$$

관련개념 CHAPTER 06 화재 · 폭발 검토

074

다음 중 폭굉(Detonation) 현상에 있어서 폭굉파의 진행 전단에 형성되는 것은?

① 증발열 ② 충격파
③ 역화 ④ 화염의 대류

해설 폭굉파의 속도는 음속을 앞지르므로 진행방향에 그에 따른 충격파가 있다.

관련개념 CHAPTER 06 화재 · 폭발 검토

075

「위험물안전관리법령」상 제4류 위험물(인화성 액체)이 갖는 일반성질로 가장 거리가 먼 것은?

① 증기는 대부분 공기보다 무겁다.
② 대부분 물보다 가볍고 물에 잘 녹는다.
③ 대부분 유기화합물이다.
④ 발생증기는 연소하기 쉽다.

해설 제4류 위험물인 인화성 액체는 대부분 물보다 가벼우며, 물과 섞이지 않아 주수소화 시 물 위로 떠오르므로 화재가 더 번질 위험이 있다.

관련개념 CHAPTER 07 화학물질 안전관리 실행

076

다음은 「산업안전보건기준에 관한 규칙」에서 정한 부식방지와 관련한 내용이다. (   ) 안에 해당하지 않는 것은?

> 사업주는 화학설비 또는 그 배관(화학설비 또는 그 배관의 밸브나 콕은 제외) 중 위험물 또는 인화점이 60[℃] 이상인 물질이 접촉하는 부분에 대해서는 위험물질 등에 의하여 그 부분이 부식되어 폭발 · 화재 또는 누출되는 것을 방지하기 위하여 위험물질 등의 (   ) · (   ) · (   ) 등에 따라 부식이 잘 되지 않는 재료를 사용하거나 도장(塗裝) 등의 조치를 하여야 한다.

① 종류 ② 온도
③ 농도 ④ 색상

해설 화학설비 또는 그 배관(화학설비 또는 그 배관의 밸브나 콕은 제외) 중 위험물 또는 인화점이 60[℃] 이상인 물질이 접촉하는 부분에 대해서는 위험물질 등에 의하여 그 부분이 부식되어 폭발 · 화재 또는 누출되는 것을 방지하기 위하여 위험물질 등의 종류 · 온도 · 농도 등에 따라 부식이 잘 되지 않는 재료를 사용하거나 도장 등의 조치를 하여야 한다.

관련개념 CHAPTER 07 화학물질 안전관리 실행

| 정답 | 073 ③ 074 ② 075 ② 076 ④

077

나트륨은 물과 반응할 때 위험성이 매우 크다. 그 이유로 적합한 것은?

① 물과 반응하여 지연성 가스 및 산소를 발생시키기 때문이다.
② 물과 반응하여 맹독성 가스를 발생시키기 때문이다.
③ 물과 발열반응을 일으키면서 가연성 가스를 발생시키기 때문이다.
④ 물과 반응하여 격렬한 흡열반응을 일으키기 때문이다.

해설 나트륨은 물과 접촉할 경우 발열반응을 일으키면서 가연성 가스인 수소를 발생시킨다.
$2Na + 2H_2O \rightarrow 2NaOH + H_2 \uparrow$

관련개념 CHAPTER 07 화학물질 안전관리 실행

078

아세틸렌(C_2H_2)의 공기 중 완전연소 조성농도(C_{st})는 약 얼마인가?

① 6.7[vol%] ② 7.0[vol%]
③ 7.4[vol%] ④ 7.7[vol%]

해설 $C_nH_xO_y$에 대하여 완전연소 시 양론농도

$$C_{st} = \frac{1}{(4.77n + 1.19x - 2.38y) + 1} \times 100$$
$$= \frac{1}{(4.77 \times 2 + 1.19 \times 2 - 2.38 \times 0) + 1} \times 100 = 7.7[vol\%]$$

관련개념 CHAPTER 06 화재·폭발 검토

079

다음 중 가연성 가스가 아닌 것으로만 나열된 것은?

① 일산화탄소, 프로판
② 이산화탄소, 프로판
③ 일산화탄소, 산소
④ 산소, 이산화탄소

해설 산소는 조연성 가스, 이산화탄소는 불연성 가스이다.

관련개념 CHAPTER 07 화학물질 안전관리 실행

080

「산업안전보건기준에 관한 규칙」에 따라 폭발성 물질을 저장·취급하는 화학설비 및 그 부속설비를 설치할 때, 단위공정시설 및 설비로부터 다른 단위공정시설 및 설비 사이의 안전거리는 설비 바깥면으로부터 몇 [m] 이상 두어야 하는가?(단, 원칙적인 경우에 한한다.)

① 3 ② 5
③ 10 ④ 20

해설 단위공정시설 및 설비로부터 다른 단위공정시설 및 설비 사이의 안전거리는 설비의 바깥면으로부터 10[m] 이상이어야 한다.

관련개념 CHAPTER 07 화학물질 안전관리 실행

| 정답 | 077 ③ 078 ④ 079 ④ 080 ③

건설공사 안전관리

081

추락방호망 방망의 그물코의 모양 및 크기의 기준으로 옳은 것은?

① 원형 또는 사각으로서 그 크기는 5[cm] 이하이어야 한다.
② 원형 또는 사각으로서 그 크기는 10[cm] 이하이어야 한다.
③ 사각 또는 마름모로서 그 크기는 5[cm] 이하이어야 한다.
④ 사각 또는 마름모로서 그 크기는 10[cm] 이하이어야 한다.

해설 추락방호망의 그물코는 사각 또는 마름모로서 크기는 10[cm] 이하이어야 한다.

관련개념 CHAPTER 04 건설현장 안전시설 관리

082

근로자가 추락하거나 넘어질 위험이 있는 장소에서 추락방호망의 설치기준으로 옳지 않은 것은?

① 망의 처짐은 짧은 변 길이의 10[%] 이상이 되도록 할 것
② 추락방호망은 수평으로 설치할 것
③ 건축물 등의 바깥쪽으로 설치하는 경우 추락방호망의 내민 길이는 벽면으로부터 3[m] 이상 되도록 할 것
④ 추락방호망의 설치위치는 가능하면 작업면으로부터 가까운 지점에 설치하여야 하며, 작업면으로부터 망의 설치지점까지의 수직거리는 10[m]를 초과하지 아니할 것

해설 추락방호망은 수평으로 설치하고, 망의 처짐은 짧은 변 길이의 12[%] 이상이 되도록 하여야 한다.

관련개념 CHAPTER 04 건설현장 안전시설 관리

083

산업안전보건관리비에 관한 설명으로 옳지 않은 것은?

① 발주자는 수급인이 산업안전보건관리비를 다른 목적으로 사용한 금액에 대해서는 계약금액에서 감액 조정할 수 있다.
② 발주자는 수급인이 산업안전보건관리비를 사용하지 아니한 금액에 대하여는 반환을 요구할 수 있다.
③ 자기공사자는 원가계산에 의한 예정가격 작성 시 산업안전보건관리비를 계상한다.
④ 발주자는 설계변경 등으로 대상액의 변동이 있는 경우 공사 완료 후 정산하여야 한다.

해설 발주자 또는 자기공사자는 설계변경 등으로 대상액의 변동이 있는 경우 지체 없이 산업안전보건관리비를 조정 계상하여야 한다.

관련개념 CHAPTER 03 건설업 산업안전보건관리비 관리

084

슬레이트, 선라이트 등 강도가 약한 재료로 덮은 지붕 위에서 작업을 할 때 발이 빠지는 등 근로자의 위험을 방지하기 위하여 필요한 발판의 폭 기준은?

① 10[cm] 이상 ② 20[cm] 이상
③ 25[cm] 이상 ④ 30[cm] 이상

해설 근로자가 지붕 위에서 작업을 할 때에 추락하거나 넘어질 위험이 있는 경우 슬레이트 등 강도가 약한 재료로 덮은 지붕에는 폭 30[cm] 이상의 발판을 설치하여야 한다.

관련개념 CHAPTER 04 건설현장 안전시설 관리

| 정답 | 081 ④ 082 ① 083 ④ 084 ④

085

말비계를 조립하여 사용하는 경우에 준수해야 하는 사항으로 옳지 않은 것은?

① 지주부재의 하단에는 미끄럼방지장치를 한다.
② 근로자는 양측 끝부분에 올라서서 작업하도록 한다.
③ 지주부재와 수평면의 기울기를 75° 이하로 한다.
④ 말비계의 높이가 2[m]를 초과하는 경우에는 작업발판의 폭을 40[cm] 이상으로 한다.

해설 말비계 조립 시 근로자가 양측 끝부분에 올라서서 작업하지 않아야 한다.

관련개념 CHAPTER 05 비계 · 거푸집 가시설 위험방지

086

굴착면 붕괴의 원인과 가장 거리가 먼 것은?

① 사면경사의 증가
② 성토 높이의 감소
③ 공사에 의한 진동하중의 증가
④ 굴착높이의 증가

해설 절토 및 성토 높이가 증가할수록 굴착면의 붕괴 위험성이 높아진다.

관련개념 CHAPTER 04 건설현장 안전시설 관리

087

철근콘크리트 공사 시 활용되는 거푸집의 필요조건이 아닌 것은?

① 콘크리트의 하중에 대해 뒤틀림이 없는 강도를 갖출 것
② 콘크리트 내 수분 등에 대한 물빠짐이 원활한 구조를 갖출 것
③ 최소한의 재료로 여러 번 사용할 수 있는 전용성을 가질 것
④ 거푸집은 조립 · 해체 · 운반이 용이하도록 할 것

해설 거푸집은 물의 침투, 흡수 또는 투과를 막는 수밀성을 갖추어야 한다.

관련개념 CHAPTER 05 비계 · 거푸집 가시설 위험방지

088

다음 중 유해위험방지계획서 작성 및 제출대상에 해당되는 공사는?

① 지상높이가 20[m]인 건축물의 해체 공사
② 깊이 9.5[m]인 굴착공사
③ 최대 지간거리가 50[m]인 교량건설 공사
④ 저수용량 1천만 톤인 용수 전용 댐

해설 최대 지간거리가 50[m] 이상인 다리의 건설 등 공사는 유해위험방지계획서 제출 대상이다.
① 지상높이가 31[m] 이상인 건축물 또는 인공구조물의 건설 등 공사
② 깊이가 10[m] 이상인 굴착공사
④ 다목적댐, 발전용댐, 저수용량 2천만 톤 이상의 용수 전용 댐 및 지방상수도 전용 댐의 건설 등 공사

관련개념 CHAPTER 02 건설공사 위험성

2019년 2회

| 정답 | 085 ② 086 ② 087 ② 088 ③

089

연약지반을 굴착할 때, 흙막이벽 뒷쪽 흙의 중량이 바닥의 지지력보다 커지면, 굴착저면에서 흙이 부풀어오르는 현상은?

① 슬라이딩(Sliding) ② 보일링(Boiling)
③ 파이핑(Piping) ④ 히빙(Heaving)

해설 **히빙(Heaving)**
연약한 점토지반을 굴착할 때 흙막이벽 배면 흙의 중량이 굴착저면 이하의 흙보다 클 경우 굴착저면 이하의 지지력보다 크게 되어 흙막이 배면에 있는 흙이 안으로 밀려들어 굴착저면이 부풀어오르는 현상이다.

관련개념 CHAPTER 02 건설공사 위험성

090

철근콘크리트 슬래브에 발생하는 응력에 대한 설명으로 옳지 않은 것은?

① 전단력은 일반적으로 단부보다 중앙부에서 크게 작용한다.
② 중앙부 하부에는 인장응력이 발생한다.
③ 단부 하부에는 압축응력이 발생한다.
④ 휨응력은 일반적으로 슬래브의 중앙부에서 크게 작용한다.

해설 전단력은 중앙부보다 단부에서 크게 작용한다.

관련개념 CHAPTER 05 비계·거푸집 가시설 위험방지

091

「산업안전보건기준에 관한 규칙」에 따른 토사굴착 시 굴착면의 기울기 기준으로 옳지 않은 것은?

① 경암 - 1 : 0.5
② 풍화암 - 1 : 1.0
③ 연암 - 1 : 1.0
④ 모래 - 1 : 1.2

해설 **굴착면의 기울기 기준**

지반의 종류	굴착면의 기울기
모래	1 : 1.8
연암 및 풍화암	1 : 1.0
경암	1 : 0.5
그 밖의 흙	1 : 1.2

관련개념 CHAPTER 02 건설공사 위험성

092

콘크리트를 타설할 때 안전상 유의하여야 할 사항으로 옳지 않은 것은?

① 콘크리트를 치는 도중에는 거푸집, 지보공 등의 이상 유무를 확인한다.
② 진동기 사용 시 지나친 진동은 거푸집 도괴의 원인이 될 수 있으므로 적절히 사용해야 한다.
③ 최상부의 슬래브는 되도록 이어붓기를 하고 여러 번에 나누어 콘크리트를 타설한다.
④ 타워에 연결되어 있는 슈트의 접속이 확실한지 확인한다.

해설 최상부의 슬래브는 되도록 이어붓기를 피하고, 일시에 전체를 타설하도록 한다.

관련개념 CHAPTER 06 공사 및 작업 종류별 안전

| 정답 | 089 ④ 090 ① 091 ④ 092 ③

093

가설통로를 설치하는 경우 준수하여야 할 기준으로 옳지 않은 것은?

① 견고한 구조로 할 것
② 경사는 30° 이하로 할 것
③ 경사가 20°를 초과하는 경우에는 미끄러지지 아니하는 구조로 할 것
④ 수직갱에 가설된 통로의 길이가 15[m] 이상인 경우에는 10[m] 이내마다 계단참을 설치할 것

해설 가설통로 설치 시 경사가 15°를 초과하는 경우에는 미끄러지지 아니하는 구조로 하여야 한다.

관련개념 CHAPTER 05 비계 · 거푸집 가시설 위험방지

094

무한궤도식 장비와 타이어식(차륜식) 장비의 차이점에 관한 설명으로 옳은 것은?

① 무한궤도식은 기동성이 좋다.
② 타이어식은 승차감과 주행성이 좋다.
③ 무한궤도식은 경사지반에서의 작업에 부적당하다.
④ 타이어식은 땅을 다지는 데 효과적이다.

해설 타이어식은 승차감과 주행성이 좋아 이동식 작업에도 적당하다. 무한궤도식은 안전성이 우수하고 연약지반에서의 주행성능이 좋으나 기동성이 저조하다.

관련개념 CHAPTER 04 건설현장 안전시설 관리

095

사다리식 통로 등을 설치하는 경우 발판과 벽과의 사이는 최소 얼마 이상의 간격을 유지하여야 하는가?

① 10[cm] 이상 ② 15[cm] 이상
③ 20[cm] 이상 ④ 25[cm] 이상

해설 사다리식 통로 등을 설치하는 경우 발판과 벽과의 사이는 15[cm] 이상의 간격을 유지하여야 한다.

관련개념 CHAPTER 05 비계 · 거푸집 가시설 위험방지

096

공사현장에서 낙하물방지망 또는 방호선반을 설치할 때 설치높이 및 벽면으로부터 내민 길이 기준으로 옳은 것은?

① 설치높이 10[m] 이내마다, 내민 길이 2[m] 이상
② 설치높이 15[m] 이내마다, 내민 길이 2[m] 이상
③ 설치높이 10[m] 이내마다, 내민 길이 3[m] 이상
④ 설치높이 15[m] 이내마다, 내민 길이 3[m] 이상

해설 낙하물방지망의 또는 방호선반을 설치하는 경우에 높이 10[m] 이내마다 설치하고, 내민 길이는 벽면으로부터 2[m] 이상으로 하여야 한다.

관련개념 CHAPTER 04 건설현장 안전시설 관리

2019년 2회

| 정답 | 093 ③ 094 ② 095 ② 096 ①

097

정기안전점검 결과 건설공사의 물리적·기능적 결함 등이 발견되어 보수·보강 등의 조치를 하기 위하여 필요한 경우에 실시하는 것은?

① 자체안전점검 ② 정밀안전점검
③ 상시안전점검 ④ 품질관리점검

해설 정밀안전점검은 정기안전점검 결과 건설공사의 물리적·기능적 결함 등이 발견되어 보수·보강 등의 조치를 취하기 위하여 필요한 경우에 실시한다.

관련개념 CHAPTER 01 건설공사 특성분석

098

가설구조물이 갖추어야 할 구비요건과 가장 거리가 먼 것은?

① 영구성 ② 경제성
③ 작업성 ④ 안전성

해설 가설구조물이 갖추어야 할 3요소는 안전성, 경제성, 작업성이다.

관련개념 CHAPTER 05 비계·거푸집 가시설 위험방지

099

시스템비계를 사용하여 비계를 구성하는 경우에 준수하여야 할 사항으로 옳지 않은 것은?

① 수직재와 수직재의 연결철물은 이탈되지 않도록 견고한 구조로 할 것
② 수직재·수평재·가새재를 견고하게 연결하는 구조가 되도록 할 것
③ 수직재와 받침철물의 연결부 겹침길이는 받침철물 전체길이의 4분의 1 이상이 되도록 할 것
④ 수평재는 수직재와 직각으로 설치하여야 하며, 체결 후 흔들림이 없도록 견고하게 설치할 것

해설 비계 밑단의 수직재와 받침철물은 밀착되도록 설치하고, 수직재와 받침철물의 연결부의 겹침길이는 받침철물 전체길이의 $\frac{1}{3}$ 이상이 되도록 하여야 한다.

관련개념 CHAPTER 05 비계·거푸집 가시설 위험방지

100

차량계 하역운반기계에 화물을 적재할 때의 준수사항과 거리가 먼 것은?

① 하중이 한쪽으로 치우치지 않도록 적재할 것
② 구내운반차 또는 화물자동차의 경우 화물의 붕괴 또는 낙하에 의한 위험을 방지하기 위하여 화물에 로프를 거는 등 필요한 조치를 할 것
③ 운전자의 시야를 가리지 않도록 화물을 적재할 것
④ 제동장치 및 조종장치 기능의 이상 유무를 점검할 것

해설 제동장치 및 조종장치 기능의 이상 유무 점검은 지게차 또는 구내운반차를 사용하여 작업을 할 때 작업시작 전 점검사항이다.

관련개념 CHAPTER 06 공사 및 작업 종류별 안전

| 정답 | 097 ② 098 ① 099 ③ 100 ④

2019년 3회 기출문제

2019년 8월 4일 시행

자동 채점

산업재해 예방 및 안전보건교육

001

「산업안전보건법령」상 특별교육 대상 작업이 아닌 것은?

① 건설용 리프트 · 곤돌라를 이용한 작업
② 전압이 50[V]인 정전 및 활선작업
③ 화학설비 중 반응기, 교반기 · 추출기의 사용 및 세척작업
④ 액화석유가스 · 수소가스 등 인화성 가스 또는 폭발성 물질 중 가스의 발생장치 취급 작업

해설 전압이 75[V] 이상인 정전 및 활선작업이 특별교육 대상 작업이다.

관련개념 CHAPTER 05 안전보건교육의 내용 및 방법

002

지적확인이란 사람의 눈이나 귀 등 오감의 감각기관을 총동원해서 작업의 정확성과 안전을 확인하는 것이다. 지적확인과 정확도가 올바르게 짝지어진 것은?

① 지적확인한 경우 – 0.3[%]
② 확인만 하는 경우 – 1.25[%]
③ 지적만 하는 경우 – 1.0[%]
④ 아무것도 하지 않은 경우 – 1.8[%]

해설
① 지적확인한 경우: 0.8[%]
③ 지적만 하는 경우: 1.5[%]
④ 아무것도 하지 않은 경우: 2.85[%]

관련개념 CHAPTER 01 산업재해예방 계획 수립

003

안전교육 방법 중 TWI(Training Within Industry)의 교육과정이 아닌 것은?

① 작업지도훈련
② 인간관계훈련
③ 정책수립훈련
④ 작업방법훈련

해설 TWI(Training Within Industry)
• 작업지도훈련(JIT; Job Instruction Training)
• 작업방법훈련(JMT; Job Method Training)
• 인간관계훈련(JRT; Job Relation Training)
• 작업안전훈련(JST; Job Safety Training)

관련개념 CHAPTER 05 안전보건교육의 내용 및 방법

| 정답 | 001 ② 002 ② 003 ③

004

안전심리의 5대 요소 중 능동적인 감각에 의한 자극에서 일어난 사고의 결과로서, 사람의 마음을 움직이는 원동력이 되는 것은?

① 기질(Temper) ② 동기(Motive)
③ 감정(Emotion) ④ 습관(Custom)

해설 **동기(Motive)**
능동적인 감각에 의한 자극에서 일어나는 사고의 결과로서 사람의 마음을 움직이는 원동력이다.

관련개념 CHAPTER 03 산업안전심리

005

재해의 근원이 되는 기계장치나 기타의 물(物) 또는 환경을 뜻하는 것은?

① 상해 ② 가해물
③ 기인물 ④ 사고의 형태

해설 기인물은 재해를 초래하는 근원이 되는 것이고, 재해를 일으킨 직접적인 것은 가해물이다. 가해물이 언제나 기인물이 되는 것은 아니므로 구별할 필요가 있다.

관련개념 CHAPTER 01 산업재해예방 계획 수립

006

교육의 기본 3요소에 해당하지 않는 것은?

① 교육의 형태 ② 교육의 주체
③ 교육의 객체 ④ 교육의 매개체

해설 **교육의 3요소**
- 주체: 강사
- 객체: 수강자(학생)
- 매개체: 교재(교육내용)

관련개념 CHAPTER 05 안전보건교육의 내용 및 방법

007

다음 재해손실 비용 중 직접손실비에 해당하는 것은?

① 진료비
② 입원 중의 잡비
③ 당일 손실 시간손비
④ 구원, 연락으로 인한 부동 임금

해설 진료비는 요양급여로 법령으로 지급되는 산재보상비(직접비)에 해당한다.

관련개념 SUBJECT 03 기계·기구 및 설비 안전관리
CHAPTER 02 기계분야 산업재해 조사 및 관리

008

어느 공장의 연평균 근로자가 180명이고, 1년간 사상자가 6명이 발생했다면, 연천인율은 약 얼마인가?(단, 근로자는 하루 8시간씩 연간 300일을 근무한다.)

① 12.79 ② 13.89
③ 33.33 ④ 43.69

해설 $연천인율 = \frac{연간\ 재해(사상)자\ 수}{연평균\ 근로자\ 수} \times 1,000$

$$= \frac{6}{180} \times 1,000 = 33.33$$

관련개념 SUBJECT 03 기계·기구 및 설비 안전관리
CHAPTER 02 기계분야 산업재해 조사 및 관리

| 정답 | 004 ② 005 ③ 006 ① 007 ① 008 ③

009

안전모에 관한 내용으로 옳은 것은?

① 안전모의 종류는 안전모의 형태로 구분한다.
② 안전모의 종류는 안전모의 색상으로 구분한다.
③ A형 안전모: 물체의 낙하, 비래에 의한 위험을 방지, 경감시키는 것으로 내전압성이다.
④ AE형 안전모: 물체의 낙하, 비래에 의한 위험을 방지 또는 경감하고 머리 부위의 감전에 의한 위험을 방지하기 위한 것으로 내전압성이다.

해설 안전모의 종류는 위험방지 재해에 따라 기호로 구분하고, AB형, AE형, ABE형이 있다. 낙하, 비래, 감전을 방호하는 것은 AE형이다.

관련개념 CHAPTER 02 안전보호구 관리

010

기업조직의 원리 중 지시 일원화의 원리에 대한 설명으로 가장 적절한 것은?

① 지시에 따라 최선을 다해서 주어진 임무나 기능을 수행하는 것
② 책임을 완수하는 데 필요한 수단을 상사로부터 위임받은 것
③ 언제나 직속 상사에게서만 지시를 받고 특정 부하 직원들에게만 지시하는 것
④ 가능한 조직의 각 구성원이 한 가지 특수 직무만을 담당하도록 하는 것

해설 지시 일원화의 원리

- 조직체 내의 각 구성원은 1인의 상사로부터 명령을 받아야 하며, 2인 또는 그 이상의 사람으로부터 직접 명령을 받는 일이 있어서는 안 된다.
- 하나의 조직에는 오직 한 명의 장만이 있어야 하며, 그 조직을 운영할 최종 권한은 이 한 명의 장에게 부여되어야 한다.

관련개념 CHAPTER 01 산업재해예방 계획 수립

011

사고의 간접 원인이 아닌 것은?

① 물적 원인 ② 정신적 원인
③ 관리적 원인 ④ 신체적 원인

해설 물적 원인(불안전한 상태)은 사고의 직접 원인에 해당한다.

관련개념 SUBJECT 03 기계·기구 및 설비 안전관리
CHAPTER 02 기계분야 산업재해 조사 및 관리

012

「산업안전보건법령」상 안전보건표지의 종류에 있어 "안전모 착용"은 어떤 표지에 해당하는가?

① 경고표지 ② 지시표지
③ 안내표지 ④ 관계자 외 출입금지

해설 안전모 착용은 작업에 관한 지시, 즉, 안전·보건 보호구의 착용에 관련된 내용으로 '지시표지'에 해당한다.

관련개념 CHAPTER 02 안전보호구 관리

| 정답 | 009 ④ 010 ③ 011 ① 012 ②

013

안전관리조직의 형태 중 참모식(Staff) 조직에 대한 설명으로 틀린 것은?

① 이 조직은 분업의 원칙을 고도로 이용한 것이며, 책임 및 권한이 직능적으로 분담되어 있다.
② 생산 및 안전에 관한 명령이 각각 별개의 계통에서 나오는 결함이 있어, 응급처치 및 통제수속이 복잡하다.
③ 참모(Staff)의 특성상 업무관장은 계획안의 작성, 조사, 점검결과에 따른 조언, 보고에 머무는 것이다.
④ 참모(Staff)는 각 생산라인의 안전업무를 직접 관장하고 통제한다.

해설 참모식 조직에서 참모(Staff)는 생산부문에 안전 지시나 명령을 전달할 뿐 직접적인 통제는 하지 않는다.

관련개념 CHAPTER 01 산업재해예방 계획 수립

014

토의(회의)방식 중 참가자가 다수인 경우에 전원을 토의에 참가시키기 위하여 소집단으로 구분하고, 각각 자유토의를 행하여 의견을 종합하는 방식은?

① 포럼(Forum)
② 심포지엄(Symposium)
③ 버즈세션(Buzz Session)
④ 패널디스커션(Panel Discussion)

해설 **버즈세션(Buzz Session)**
6－6회의라고도 하며, 먼저 사회자와 기록계를 선출한 후 나머지 사람은 6명씩의 소집단으로 구분하고, 소집단별로 각각 사회자를 선발하여 6분씩 자유토의를 행하여 의견을 종합하는 방법이다.

관련개념 CHAPTER 05 안전보건교육의 내용 및 방법

015

적응기제(Adjustment Mechanism) 중 방어적 기제(Defense Mechanism)에 해당하는 것은?

① 고립(Isolation)
② 퇴행(Regression)
③ 억압(Suppression)
④ 합리화(Rationalization)

해설 ①, ②, ③은 도피적 기제(Escape Mechanism)에 해당한다.

관련개념 CHAPTER 05 안전보건교육의 내용 및 방법

016

매슬로우(Maslow)의 욕구위계이론 5단계를 올바르게 나열한 것은?

① 생리적 욕구 → 안전의 욕구 → 사회적 욕구 → 존경의 욕구 → 자아실현의 욕구
② 생리적 욕구 → 안전의 욕구 → 사회적 욕구 → 자아실현의 욕구 → 존경의 욕구
③ 안전의 욕구 → 생리적 욕구 → 사회적 욕구 → 자아실현의 욕구 → 존경의 욕구
④ 안전의 욕구 → 생리적 욕구 → 사회적 욕구 → 존경의 욕구 → 자아실현의 욕구

해설 **매슬로우(Maslow)의 욕구위계이론**
- 제1단계: 생리적 욕구
- 제2단계: 안전의 욕구
- 제3단계: 사회적 욕구(친화 욕구)
- 제4단계: 자기존경의 욕구(안정의 욕구 또는 자기존중의 욕구)
- 제5단계: 자아실현의 욕구(성취욕구)

관련개념 CHAPTER 04 인간의 행동과학

| 정답 | 013 ④ 014 ③ 015 ④ 016 ①

017

무재해 운동의 3원칙에 해당되지 않는 것은?

① 참가의 원칙
② 무의 원칙
③ 예방의 원칙
④ 선취의 원칙

해설 **무재해 운동의 3원칙**
- 무의 원칙
- 참여의 원칙(참가의 원칙)
- 인진제일의 원칙(신취의 원칙)

관련개념 CHAPTER 01 산업재해예방 계획 수립

018

레윈(Lewin)의 법칙에서 환경조건(E)에 포함되는 것은?

$$B=f(P \cdot E)$$

① 지능　② 소질
③ 적성　④ 인간관계

해설 레윈의 법칙에서 'E'는 환경(Environment)을 의미하며, 인간관계, 작업조건, 감독, 직무의 안정 등이 포함된다.

관련개념 CHAPTER 04 인간의 행동과학

019

재해누발자의 유형 중 작업이 어렵고, 기계설비에 결함이 있기 때문에 재해를 일으키는 유형은?

① 상황성 누발자
② 습관성 누발자
③ 소질성 누발자
④ 미숙성 누발자

해설 **상황성 누발자**
작업이 어렵거나, 기계설비의 결함, 환경상 주의력의 집중이 혼란된 경우, 심신의 근심으로 사고경향자가 되는 경우이다. 이 경우, 상황이 변하면 안전한 성향으로 바뀐다.

관련개념 CHAPTER 04 인간의 행동과학

020

기기의 적정한 배치, 변형, 균열, 손상, 부식 등의 유무를 육안, 촉수 등으로 조사 후 그 설비별로 정해진 점검기준에 따라 양부를 확인하는 점검은?

① 외관점검　② 작동점검
③ 기능점검　④ 종합점검

해설 외관점검은 물체의 외관을 육안으로 관찰하는 검사를 말하며 육안점검이라고도 한다.

관련개념 SUBJECT 03 기계 · 기구 및 실비 안전관리
CHAPTER 02 기계분야 산업재해 조사 및 관리

| 정답 | 017 ③　018 ④　019 ①　020 ①

인간공학 및 위험성평가 · 관리

021

FT에서 사용되는 사상기호에 대한 설명으로 옳은 것은?

① 위험지속기호: 정해진 횟수 이상 입력이 될 때 출력이 발생한다.
② 억제게이트: 조건부 사건이 일어나는 상황 하에서 입력이 발생할 때 출력이 발생한다.
③ 우선적 AND 게이트: 사건이 발생할 때 정해진 순서대로 복수의 출력이 발생한다.
④ 배타적 OR 게이트: 동시에 2개 이상의 입력이 존재하는 경우에 출력이 발생한다.

해설
① 위험지속 AND 게이트: 입력현상이 생겨서 어떤 일정한 기간이 지속될 때에 출력사상이 발생한다.
③ 우선적 AND 게이트: 입력사상 중 어떤 현상이 다른 현상보다 먼저 일어날 경우에만 출력사상이 발생한다.
④ 배타적 OR 게이트: OR 게이트지만 2개 또는 2개 이상의 입력이 동시에 존재하는 경우에는 출력사상이 발생하지 않는다.

관련개념 CHAPTER 02 위험성 파악 · 결정

022

정적자세 유지 시, 진전(Tremor)을 감소시킬 수 있는 방법으로 틀린 것은?

① 시각적인 참조가 있도록 한다.
② 손이 심장 높이에 있도록 유지한다.
③ 작업대상물에 기계적 마찰이 있도록 한다.
④ 손을 떨지 않으려고 힘을 주어 노력한다.

해설 진전(잔잔한 떨림, Tremor)을 감소시키는 방법은 손을 심장 높이에 두는 것이다. 손을 떨지 않으려고 힘을 주는 경우 진전이 더 심해질 수 있다.

관련개념 CHAPTER 06 작업환경 관리

023

60[fL]의 광속발산도를 요하는 시각 표시장치의 반사율이 75[%]일 때, 소요조명은 몇 [fc]인가?

① 75
② 80
③ 85
④ 90

해설 $\text{소요조명} = \frac{\text{광속 발산도}[fL]}{\text{반사율}[\%]} \times 100 = \frac{60}{75} \times 100 = 80[fc]$

관련개념 CHAPTER 06 작업환경 관리

024

인간의 과오를 정량적으로 평가하기 위한 기법으로, 인간과오의 분류시스템과 확률을 계산하는 안전성 평가기법은?

① THERP
② FTA
③ ETA
④ HAZOP

해설 **인간과오율 추정법(THERP; Technique of Human Error Rate Prediction)**
확률론적 안전기법으로서 인간의 과오(Human Error)에 기인된 사고원인을 분석하기 위하여 100만 운전시간당 과오도수를 기본 과오율로 하여 인간의 과오율을 평가하는 정량적인 분석 기법이다.

관련개념 CHAPTER 02 위험성 파악 · 결정

| 정답 | 021 ② 022 ④ 023 ② 024 ①

025

FMEA 기법의 장점에 해당하는 것은?

① 서식이 간단하다.
② 논리적으로 완벽하다.
③ 해석의 초점이 인간에 맞추어져 있다.
④ 동시에 복수의 요소가 고장나는 경우의 해석이 용이하다.

해설

② 논리성이 부족하다.
③ 요소가 물체로 한정되어 있기 때문에 인적 원인을 분석하는 데는 곤란하다.
④ 동시에 두 가지 이상의 요소가 고장이 날 경우에 분석이 곤란하다.

관련개념 CHAPTER 02 위험성 파악 · 결정

026

어떤 기기의 고장률이 시간당 0.002로 일정하다고 한다. 이 기기를 100시간 사용했을 때 고장이 발생할 확률은?

① 0.1813　　② 0.2214
③ 0.6253　　④ 0.8187

해설 신뢰도 $R(t)=e^{-\lambda t}=e^{-0.002\times100}=0.8187$
여기서, λ: 고장률
t: 가동시간
고장발생확률 $F(t)=1-R(t)=1-0.8187=0.1813$

관련개념 CHAPTER 02 위험성 파악 · 결정

027

시스템의 수명곡선에 고장의 발생형태가 일정하게 나타나는 기간은?

① 초기고장기간
② 우발고장기간
③ 마모고장기간
④ 피로고장기간

해설 기계의 고장률(욕조곡선, Bathtub Curve)

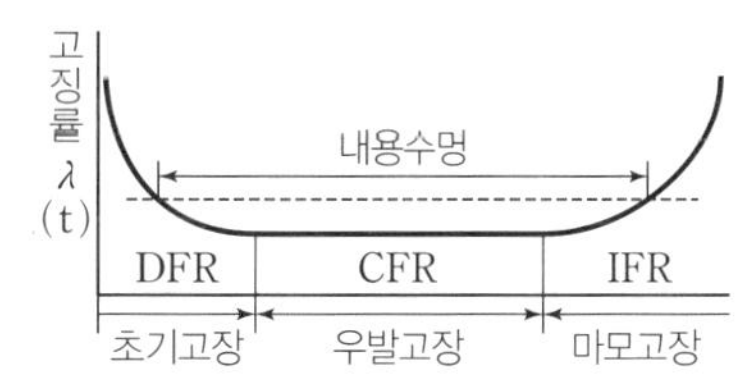

관련개념 CHAPTER 02 위험성 파악 · 결정

028

Fussell의 알고리즘으로 최소 컷셋을 구하는 방법에 대한 설명으로 틀린 것은?

① OR 게이트는 항상 컷셋의 수를 증가시킨다.
② AND 게이트는 항상 컷셋의 크기를 증가시킨다.
③ 중복 및 반복되는 사건이 많은 경우에 적용하기 적합하고 매우 간편하다.
④ 톱(Top)사상을 일으키기 위해 필요한 최소한의 컷셋이 최소 컷셋이다.

해설 반복되는 사건이 많은 경우 Limnios&Ziani Algorithm을 이용하는 것이 더 유리하다.

관련개념 CHAPTER 02 위험성 파악 · 결정

029

반복적 노출에 따라 민감성이 가장 쉽게 떨어지는 표시장치는?

① 시각적 표시장치
② 청각적 표시장치
③ 촉각적 표시장치
④ 후각적 표시장치

해설 **후각적 표시장치**
후각은 사람의 감각기관 중 가장 예민하고 빨리 피로해지기 쉬운 기관으로 사람마다 개인차가 심하다. 코가 막히면 감도도 떨어지고 자극에 순응하는 속도가 빠르다.

관련개념 CHAPTER 06 작업환경 관리

030

제어장치와 표시장치에 있어 물리적 형태나 배열을 유사하게 설계하는 것은 어떤 양립성(Compatibility)의 원칙에 해당하는가?

① 시각적 양립성(Visual Compatibility)
② 양식 양립성(Modality Compatibility)
③ 공간적 양립성(Spatial Compatibility)
④ 개념적 양립성(Conceptual Compatibility)

해설 **공간적 양립성**
어떤 사물들, 특히 표시장치나 조정장치의 물리적 형태나 공간적인 배치의 양립성을 말한다.

관련개념 CHAPTER 06 작업환경 관리

031

작업장에서 발생하는 소음에 대한 대책으로 가장 먼저 고려하여야 할 적극적인 방법은?

① 소음원의 통제
② 소음원의 격리
③ 귀마개 등 보호구의 착용
④ 덮개 등 방호장치의 설치

해설 소음방지의 대책으로 소음원의 통제는 기계의 설계 등 기본적인 단계에서 적극적으로 소음을 억제하는 것이다.

관련개념 CHAPTER 06 작업환경 관리

032

인체측정치를 이용한 설계에 관한 설명으로 옳은 것은?

① 평균치를 기준으로 한 설계를 제일 먼저 고려한다.
② 의자의 깊이와 너비는 모두 작은 사람을 기준으로 설계한다.
③ 자세와 동작에 따라 고려해야 할 인체측정치수가 달라진다.
④ 큰 사람을 기준으로 한 설계는 인체측정치의 5[%tile]을 사용한다.

해설
① 가장 먼저 고려해야 할 설계는 조절식 설계이다.
② 의자의 너비는 최대치 설계로 한다.
④ 최대치 설계의 경우, 상위 백분위 수 기준 90, 95, 99[%tile]로 한다.

관련개념 CHAPTER 06 작업환경 관리

| 정답 | 029 ④ 030 ③ 031 ① 032 ③

033

온도가 적정온도에서 낮은 온도로 내려갈 때의 인체반응으로 옳지 않은 것은?

① 발한을 시작
② 직장온도가 상승
③ 피부온도가 하강
④ 많은 양의 혈액이 몸의 중심부를 순환

해설 발한(Sweating)은 땀을 배출하는 것으로 체온이 적정온도보다 높을 경우 체온을 낮추기 위한 인체의 반응이다.

관련개념 CHAPTER 06 직업환경 관리

034

인간공학의 연구 방법에서 인간-기계 시스템을 평가하는 척도의 요건으로 적합하지 않은 것은?

① 적절성, 타당성 ② 무오염성
③ 주관성 ④ 신뢰성

해설 **연구조사의 기준척도**
- 실제적 요건
- 신뢰성(반복성)
- 타당성(적절성)
- 순수성(무오염성)
- 민감도

관련개념 CHAPTER 01 안전과 인간공학

035

일반적인 FTA 기법의 순서로 옳은 것은?

㉠ FT도의 작성	㉡ 시스템의 정의
㉢ 정량적 평가	㉣ 정성적 평가

① ㉠ → ㉡ → ㉢ → ㉣
② ㉠ → ㉡ → ㉣ → ㉢
③ ㉡ → ㉠ → ㉢ → ㉣
④ ㉡ → ㉠ → ㉣ → ㉢

해설 **FTA 기법의 순서**
시스템의 정의 → FT도의 작성 → 정성적 평가 → 정량적 평가

관련개념 CHAPTER 02 위험성 파악 · 결정

036

NIOSH의 연구에 기초하여, 목과 어깨 부위의 근골격계질환 발생과 인과관계가 가장 적은 위험요인은?

① 진동 ② 반복작업
③ 과도한 힘 ④ 작업자세

해설 진동은 수공구 등을 사용하여 전달되는 손과 팔에 근골격계질환을 발생시키므로 목과 어깨 부위의 근골격계질환 발생요인과 가장 거리가 멀다.

관련개념 CHAPTER 04 근골격계질환 예방관리

2019년 3회

037

필요한 작업 또는 절차의 잘못된 수행으로 발생하는 과오는?

① 시간적 과오(Time Error)
② 생략적 과오(Omission Error)
③ 순서적 과오(Sequential Error)
④ 수행적 과오(Commission Error)

해설 **실행(작위적)에러(Commission Error)**
작업 내지 절차를 수행했으나 잘못한 실수(선택착오, 순서착오, 시간착오)에서 기인한 에러이다.

관련개념 CHAPTER 01 안전과 인간공학

| 정답 | 033 ① 034 ③ 035 ④ 036 ① 037 ④

038

인간-기계 시스템에서의 기본적인 기능에 해당하지 않는 것은?

① 행동기능 ② 정보의 설계
③ 정보의 수용 ④ 정보의 저장

해설 **인간-기계 체계의 기본기능**
- 감지(정보 수용)기능(Sensing)
- 정보저장기능(Information Storage)
- 정보처리 및 의사결정기능(Information Processing and Decision)
- 행동기능(Acting Function)

관련개념 CHAPTER 01 안전과 인간공학

039

조정장치를 3[cm] 움직였을 때 표시장치의 지침이 5[cm] 움직였다면, C/R비는 얼마인가?

① 0.25 ② 0.6
③ 1.6 ④ 1.7

해설 **통제표시비(선형조정장치)**

$$\frac{C}{R}=\frac{\text{통제기기의 변위량}}{\text{표시계기지침의 변위량}}=\frac{3}{5}=0.6$$

관련개념 CHAPTER 06 작업환경 관리

040

시력과 대비감도에 영향을 미치는 인자에 해당하지 않는 것은?

① 노출시간 ② 연령
③ 주파수 ④ 휘도 수준

해설 주파수는 소음, 진동으로 인한 청력이나 신체 말단부위(팔, 다리 등)의 감각이상 등에 영향을 미치는 인자이다.

관련개념 CHAPTER 06 작업환경 관리

기계 · 기구 및 설비 안전관리

041

프레스기의 방호장치의 종류가 아닌 것은?

① 가드식 ② 초음파식
③ 광전자식 ④ 양수조작식

해설 **프레스의 방호장치**
- 가드식(Guard) 방호장치
- 양수조작식(Two-hand Control) 방호장치
- 손쳐내기식(Push Away, Sweep Guard) 방호장치
- 수인식(Pull Out) 방호장치
- 광전자식(감응식)(Photosensor Type) 방호장치

관련개념 CHAPTER 04 프레스 및 전단기의 안전

042

다음 중 프레스의 안전작업을 위하여 활용하는 수공구로 가장 거리가 먼 것은?

① 브러시 ② 진공 컵
③ 마그넷 공구 ④ 플라이어(집게)

해설 브러시는 선반, 밀링, 드릴 등의 작업 시 절삭 칩 제거용으로 사용한다.

관련개념 CHAPTER 04 프레스 및 전단기의 안전

043

연삭기에서 숫돌의 바깥지름이 180[mm]라면, 평형 플랜지의 바깥지름은 몇 [mm] 이상이어야 하는가?

① 30 ② 36
③ 45 ④ 60

해설 플랜지의 지름은 숫돌 직경의 $\frac{1}{3}$ 이상인 것이 적당하다.

플랜지의 지름$=180\times\frac{1}{3}=60$[mm] 이상

관련개념 CHAPTER 03 공작기계의 안전

| 정답 | 038 ② 039 ② 040 ③ 041 ② 042 ① 043 ④

044

「산업안전보건법령」에 따라 컨베이어에 부착해야 할 방호장치로 적합하지 않은 것은?

① 비상정지장치
② 과부하방지장치
③ 역주행방지장치
④ 덮개 또는 낙하방지용 울

해설 과부하방지장치는 양중기의 방호장치이다.

관련개념 CHAPTER 06 운반기계 및 양중기

045

보일러의 방호장치로 적절하지 않은 것은?

① 압력방출장치
② 과부하방지장치
③ 압력제한스위치
④ 고저수위 조절장치

해설 과부하방지장치는 양중기의 방호장치이다

관련개념 CHAPTER 05 기타 산업용 기계 · 기구

046

프레스의 손쳐내기식 방호장치에서 방호판의 기준에 대한 설명이다. ( ) 안에 들어갈 내용으로 옳은 것은?

> 방호판의 폭은 금형 폭의 (㉠) 이상이어야 하고, 행정길이가 (㉡)[mm] 이상인 프레스 기계에서는 방호판의 폭을 (㉢)[mm]로 해야 한다.

① ㉠ 1/2, ㉡ 300, ㉢ 200
② ㉠ 1/2, ㉡ 300, ㉢ 300
③ ㉠ 1/3, ㉡ 300, ㉢ 200
④ ㉠ 1/3, ㉡ 300, ㉢ 300

해설 손쳐내기식 방호장치에서 방호판의 폭은 금형 폭의 $\frac{1}{2}$ 이상이어야 하고, 행정길이가 300[mm] 이상의 프레스 기계에는 방호판의 폭을 300[mm]로 하여야 한다.

관련개념 CHAPTER 04 프레스 및 전단기의 안전

047

선반작업에서 가공물의 길이가 외경에 비하여 과도하게 길 때, 절삭저항에 의한 떨림을 방지하기 위한 장치는?

① 센터　　② 심봉
③ 방진구　　④ 돌리개

해설 **방진구(Center Rest)**
가늘고 긴 일감은 절삭력과 자중으로 휘거나 처짐이 일어나는데 이를 방지하기 위한 장치로 일감의 길이가 직경의 12배 이상인 때 사용한다.

관련개념 CHAPTER 03 공작기계의 안전

| 정답 | 044 ② 045 ② 046 ② 047 ③

048

「산업안전보건법령」에 따라 목재가공용 기계에 설치하여야 하는 방호장치에 대한 내용으로 틀린 것은?

① 목재가공용 둥근톱기계에는 분할날 등 반발예방장치를 설치하여야 한다.
② 목재가공용 둥근톱기계에는 톱날접촉예방장치를 설치하여야 한다.
③ 모떼기기계에는 가공 중 목재의 회전을 방지하는 회전방지장치를 설치하여야 한다.
④ 작업대상물이 수동으로 공급되는 동력식 수동대패기계에 날접촉예방장치를 설치하여야 한다.

해설 모떼기기계에 날접촉예방장치를 설치하여야 한다. 다만, 작업의 성질상 날접촉예방장치를 설치하는 것이 곤란하여 해당 근로자에게 적절한 작업공구 등을 사용하도록 한 경우에는 그러하지 아니하다.

관련개념 CHAPTER 05 기타 산업용 기계 · 기구

049

다음 중 산소-아세틸렌 가스용접 시 역화의 원인과 가장 거리가 먼 것은?

① 토치의 과열
② 토치 팁의 이물질
③ 산소 공급의 부족
④ 압력조정기의 고장

해설 산소 공급이 과다일 때 역화의 원인이 될 수 있다.

관련개념 CHAPTER 05 기타 산업용 기계 · 기구

050

기계설비 외형의 안전화 방법이 아닌 것은?

① 덮개
② 안전색채 조절
③ 가드(Guard)의 설치
④ 페일 세이프(Fail Safe)

해설 페일 세이프(Fail Safe)는 기계설비의 본질적 안전화 방법이다.

관련개념 CHAPTER 01 기계공정의 안전, 기계안전시설 관리

051

그림과 같은 지게차가 안정적으로 작업할 수 있는 상태의 조건으로 적합한 것은?

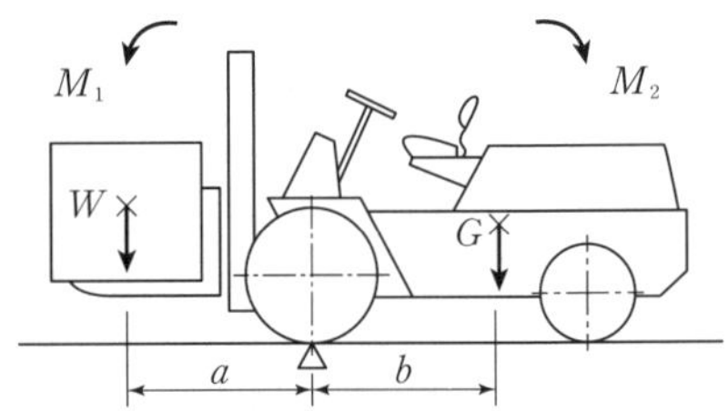

① $M_1 \leq M_2$　② $M_1 > M_2$
③ $M_1 \geq M_2$　④ $M_1 > 2M_2$

해설 지게차의 회전중심은 앞바퀴에 있으므로 $M_1 \leq M_2$
화물의 모멘트 $M_1 = W \times a$, 지게차의 모멘트 $M_2 = G \times b$
여기서, W: 화물의 중량
G: 지게차 중량
a: 앞바퀴에서 화물 중심까지의 최단거리
b: 앞바퀴에서 지게차 중심까지의 최단거리

관련개념 CHAPTER 06 운반기계 및 양중기

| 정답 | 048 ③　049 ③　050 ④　051 ①

052

그림과 같이 2줄의 와이어로프에 중량물을 달아올릴 때, 다음 중 로프에 가장 힘이 작게 걸리는 각도(θ)는?

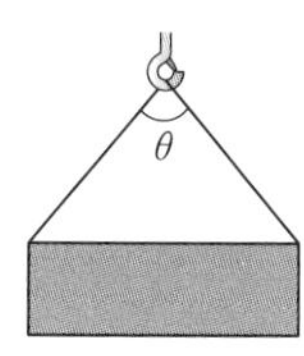

① 30°　　② 60°
③ 90°　　④ 120°

해설 와이어로프로 중량물을 달아 올릴 때 각도(θ)가 클수록 힘이 크게 걸린다. 따라서 보기 중 가장 작은 각도인 30°일 때 가장 힘이 작게 걸린다.

관련개념 CHAPTER 06 운반기계 및 양중기

053

산업용 로봇의 동작형태별 분류에 해당하지 않는 것은?

① 관절 로봇　　② 극좌표 로봇
③ 수치제어 로봇　　④ 원통좌표 로봇

해설 수치제어 로봇은 기능수준에 따른 분류에 해당한다.

관련개념 CHAPTER 05 기타 산업용 기계·기구

054

기계설비의 안전조건에서 구조적 안전화에 해당하지 않는 것은?

① 가공결함　　② 재료결함
③ 설계상의 결함　　④ 방호장치의 작동결함

해설 방호장치의 작동결함은 기계설비의 본질적 안전화에 해당한다.

관련개념 CHAPTER 01 기계공정의 안전, 기계안전시설 관리

055

2개의 회전체가 회전운동을 할 때에 물림점이 발생할 수 있는 조건은?

① 두 개의 회전체 모두 시계 방향으로 회전
② 두 개의 회전체 모두 시계 반대 방향으로 회전
③ 하나는 시계 방향으로 회전하고 다른 하나는 정지
④ 하나는 시계 방향으로 회전하고 다른 하나는 시계 반대 방향으로 회전

해설 물림점이 발생되는 조건은 회전체가 서로 반대방향으로 맞물려 회전되어야 한다.

관련개념 CHAPTER 01 기계공정의 안전, 기계안전시설 관리

2019년 3회

056

연삭기의 원주속도 V[m/s]를 구하는 식은?(단, D는 숫돌의 지름[m], N은 회전수[rpm]이다.)

① $V=\frac{\pi DN}{16}$　　② $V=\frac{\pi DN}{32}$
③ $V=\frac{\pi DN}{60}$　　④ $V=\frac{\pi DN}{1,000}$

해설 $V=\frac{\pi dN}{60\times 1,000}$[m/s]

여기서, d: 지름[mm]
N: 회전수[rpm]

문제에서 주어진 단위가 지름 D[m]이므로 단위를 변환해준다.

$$V=\frac{\pi\times(D\times 1,000)\times N}{60\times 1,000}=\frac{\pi DN}{60}\text{[m/s]}$$

관련개념 CHAPTER 03 공작기계의 안전

| 정답 | 052 ① 053 ③ 054 ④ 055 ④ 056 ③

057

「산업안전보건법령」에 따라 달기 체인을 곤돌라형 달비계에 사용해서는 안 되는 경우가 아닌 것은?

① 균열이 있거나 심하게 변형된 것
② 달기 체인의 한 꼬임에서 끊어진 소선의 수가 10[%] 이상인 것
③ 달기 체인의 길이가 달기 체인이 제조된 때의 길이의 5[%]를 초과한 것
④ 링의 단면 지름이 달기 체인이 제조된 때의 해당 링의 지름의 10[%]를 초과하여 감소한 것

해설 '한 꼬임에서 끊어진 소선의 수가 10[%] 이상인 것'은 와이어로프의 사용금지 기준이다.

관련개념 CHAPTER 06 운반기계 및 양중기

058

양수조작식 방호장치에서 누름버튼 상호 간의 내측거리는 몇 [mm] 이상이어야 하는가?

① 250　　② 300
③ 350　　④ 400

해설 양수조작식 방호장치 누름버튼의 상호 간 내측거리는 300[mm] 이상이어야 한다.

관련개념 CHAPTER 04 프레스 및 전단기의 안전

059

연삭기의 방호장치에 해당하는 것은?

① 주수 장치　　② 덮개 장치
③ 제동 장치　　④ 소화 장치

해설 연삭기 또는 평삭기의 테이블, 형삭기 램 등의 행정끝이 근로자에게 위험을 미칠 우려가 있는 경우에 해당 부위에 덮개 또는 울 등을 설치하여야 한다.

관련개념 CHAPTER 03 공작기계의 안전

060

기계의 왕복운동을 하는 동작부분과 움직임이 없는 고정부분 사이에 형성되는 위험점으로 프레스 등에서 주로 나타나는 것은?

① 물림점　　② 협착점
③ 절단점　　④ 회전말림점

해설 **협착점(Squeeze Point)**
왕복운동을 하는 동작부분과 움직임이 없는 고정부분 사이에 형성되는 위험점이다. 예 프레스, 전단기

관련개념 CHAPTER 01 기계공정의 안전, 기계안전시설 관리

| 정답 | 057 ② 058 ② 059 ② 060 ②

전기 및 화학설비 안전관리

061

신선한 공기 또는 불연성 가스 등의 보호기체를 용기의 내부에 압입함으로써 내부의 압력을 유지하여 폭발성 가스가 침입하지 않도록 하는 방폭구조는?

① 내압방폭구조
② 압력방폭구조
③ 안전증방폭구조
④ 특수방진방폭구조

해설 **압력방폭구조**
용기 내부에 보호기체(신선한 공기 또는 불연성 기체)를 압입하여 내부압력을 유지함으로써 폭발성 가스 또는 증기가 내부로 유입하지 않도록 한 구조이다.

관련개념 CHAPTER 04 전기방폭관리

062

액체가 관내를 이동할 때에 정전기가 발생하는 현상은?

① 마찰대전 ② 박리대전
③ 분출대전 ④ 유동대전

해설 **유동대전**
액체류가 파이프 등의 내부에서 유동할 때 액체와 관벽 사이에 정전기가 발생하는 것이다.

관련개념 CHAPTER 03 정전기 장·재해관리

063

접지공사의 종류별로 접지선의 굵기기준이 바르게 연결된 것은?

① 제1종 접지공사 – 공칭단면적 1.6[mm^2]이상의 연동선
② 제2종 접지공사 – 공칭단면적 2.6[mm^2] 이상의 연동선
③ 제3종 접지공사 – 공칭단면적 2[mm^2] 이상의 연동선
④ 특별 제3종 접지공사 – 공칭단면적 2.5[mm^2] 이상의 연동선

해설
※ 「한국전기설비규정」 개정으로 접지대상에 따라 일괄 적용한 종별접지(1종, 2종, 3종, 특별3종)가 폐지되어 성립될 수 없는 문제입니다.

관련개념 CHAPTER 05 전기설비 위험요인관리

064

전기기계·기구의 누전에 의한 감전의 위험을 방지하기 위하여 코드 및 플러그를 접속하여 사용하는 전기기계·기구 중 노출된 비충전 금속체에 접지를 실시하여야 하는 것이 아닌 것은?

① 사용전압이 대지전압 110[V]인 기구
② 냉장고·세탁기·컴퓨터 및 주변기기 등과 같은 고정형 전기기계·기구
③ 고정형·이동형 또는 휴대형 전동기계·기구
④ 휴대형 손전등

해설 누전에 의한 감전의 위험을 방지하기 위하여 코드와 플러그를 접속하여 사용하는 전기기계·기구 중 사용전압이 대지전압 150[V]를 넘는 것의 노출된 비충전 금속체에 접지를 실시하여야 한다.

관련개념 CHAPTER 05 전기설비 위험요인관리

| 정답 | 061 ② 062 ④ 063 정답없음 064 ①

065

도체의 정전용량 C=20[μF], 대전전위(방전 시 전압) V=3[kV]일 때 정전에너지[J]는?

① 45　　② 90
③ 180　　④ 360

해설 **정전에너지**

$W=\frac{1}{2}CV^2=\frac{1}{2}\times(20\times10^{-6})\times(3\times10^3)^2=90[J]$

여기서, C: 도체의 정전용량[F]
V: 대전전위[V]

관련개념 CHAPTER 03 정전기 장·재해관리

066

과전류차단기로 시설하는 퓨즈 중 고압전로에 사용하는 포장퓨즈는 정격전류의 몇 배를 견딜 수 있어야 하는가?

① 1.1배　　② 1.3배
③ 1.6배　　④ 2.0배

해설 고압용 퓨즈 중 포장퓨즈는 정격전류의 1.3배에 견디고, 2배의 전류에 120분 안에 용단되는 것이어야 한다.

관련개념 CHAPTER 01 전기안전관리

067

사람이 접촉될 우려가 있는 장소에서 제1종 접지공사의 접지선을 시설할 때 접지극의 최소 매설깊이는?

① 지하 30[cm] 이상
② 지하 50[cm] 이상
③ 지하 75[cm] 이상
④ 지하 90[cm] 이상

해설 접지공사 시 접지극은 동결 깊이를 고려하여 시설하되, 전기설비와 규정에 의하여 시설하는 접지극의 매설깊이는 지표면으로부터 지하 0.75[m] 이상으로 한다.

※「한국전기설비규정」 개정으로 접지대상에 따라 일괄 적용한 종별접지(1종, 2종, 3종, 특별3종)는 폐지되었습니다.

관련개념 CHAPTER 05 전기설비 위험요인관리

068

방폭전기설비에서 1종 위험장소에 해당하는 것은?

① 이상상태에서 위험 분위기를 발생할 염려가 있는 장소
② 보통상태에서 위험 분위기를 발생할 염려가 있는 장소
③ 위험 분위기가 보통의 상태에서 계속해서 발생하는 장소
④ 위험 분위기가 장기간 또는 거의 조성되지 않는 장소

해설 **가스폭발 위험장소**

분류	적요	장소
1종 장소	정상 작동상태에서 인화성 액체의 증기 또는 가연성 가스에 의한 폭발 위험 분위기가 존재하기 쉬운 장소	맨홀·벤트·피트 등의 주위

관련개념 CHAPTER 04 전기방폭관리

| 정답 | 065 ② 066 ② 067 ③ 068 ②

069

인체가 현저히 젖어 있거나 인체의 일부가 금속성의 전기기구 또는 구조물에 상시 접촉되어 있는 상태의 허용접촉전압[V]은?

① 2.5[V] 이하　② 25[V] 이하
③ 50[V] 이하　④ 제한 없음

해설 허용접촉전압

종별	접촉상태	허용접촉전압
제2종	• 인체가 현저히 젖어 있는 상태 • 금속성의 전기기계·기구나 구조물에 인체의 일부가 상시 접촉되어 있는 상태	25[V] 이하

관련개념 CHAPTER 02 감전재해 및 방지대책

070

「산업안전보건기준에 관한 규칙」에 따라 꽂음접속기를 설치 또는 사용하는 경우 준수하여야 할 사항으로 틀린 것은?

① 서로 다른 전압의 꽂음접속기는 서로 접속되지 아니한 구조의 것을 사용할 것
② 습윤한 장소에 사용되는 꽂음접속기는 방수형 등 그 장소에 적합한 것을 사용할 것
③ 근로자가 해당 꽂음접속기를 접속시킬 경우에는 땀 등으로 젖은 손으로 취급하지 않도록 할 것
④ 꽂음접속기에 잠금장치가 있을 때에는 접속 후 개방하여 사용할 것

해설 꽂음접속기의 설치·사용 시 해당 꽂음접속기에 잠금장치가 있는 경우에는 접속 후 잠그고 사용하여야 한다.

관련개념 CHAPTER 02 감전재해 및 방지대책

071

분진폭발에 대한 안전대책으로 적절하지 않은 것은?

① 분진의 퇴적을 방지한다.
② 점화원을 제거한다.
③ 입자의 크기를 최소화한다.
④ 불활성 분위기를 조성한다.

해설 분진의 입경이 작을수록 폭발하기 쉽다.

관련개념 CHAPTER 06 화재·폭발 검토

072

연소의 3요소에 해당되지 않는 것은?

① 가연물　② 점화원
③ 연쇄반응　④ 산소공급원

해설 연소의 3요소
- 가연성 물질(가연물)
- 산소공급원(공기 또는 산소)
- 점화원(불씨)

관련개념 CHAPTER 06 화재·폭발 검토

073

절연성 액체를 운반하는 관에서 정전기로 인해 일어나는 화재 및 폭발을 예방하기 위한 방법으로 가장 거리가 먼 것은?

① 유속을 줄인다.
② 관을 접지시킨다.
③ 도전성이 큰 재료의 관을 사용한다.
④ 관의 안지름을 작게 한다.

해설 화재 폭발을 예방하기 위해서는 관의 안지름을 크게 하여 유속을 줄여야 한다.

관련개념 CHAPTER 06 화재·폭발 검토

| 정답 | 069 ② 070 ④ 071 ③ 072 ③ 073 ④

074

「산업안전보건법령」에서 정한 위험물을 기준량 이상으로 제조하거나 취급하는 설비 중 특수화학설비에 해당하지 않는 것은?

① 발열반응이 일어나는 반응장치
② 증류 · 정류 · 증발 · 추출 등 분리를 하는 장치
③ 가열로 또는 가열기
④ 고로 등 점화기를 직접 사용하는 열교환기류

해설 고로 등 점화기를 직접 사용하는 열교환기류는 「산업안전보건법령」상 특수화학설비가 아닌 화학설비에 해당한다.

관련개념 CHAPTER 07 화학물질 안전관리 실행

075

20[℃]인 1기압의 공기를 압력 3배로 단열압축하였을 때, 온도는 약 몇 [℃]가 되겠는가?(단, 공기의 비열비는 1.4이다.)

① 84　② 128
③ 182　④ 1,091

해설 단열변화(단열압축, 단열팽창)

$$\frac{T_2}{T_1}=\left(\frac{V_1}{V_2}\right)^{r-1}=\left(\frac{P_2}{P_1}\right)^{\frac{(r-1)}{r}}$$

여기서, T: 절대온도[K]
V: 부피[L]
P: 절대압력[atm]
r: 비열비

$$T_2=T_1\times\left(\frac{P_2}{P_1}\right)^{\frac{(r-1)}{r}}=(273+20)\times\left(\frac{3}{1}\right)^{\frac{1.4-1}{1.4}}=401[K]=128[℃]$$

관련개념 CHAPTER 07 화학물질 안전관리 실행

076

프로판(C_3H_8)의 완전연소 조성농도는 약 몇 [vol%]인가?

① 4.02　② 4.19
③ 5.05　④ 5.19

해설 $C_nH_xO_y$에 대하여 완전연소 시 양론농도

$$C_{st}=\frac{1}{(4.77n+1.19x-2.38y)+1}\times 100$$
$$=\frac{1}{(4.77\times 3+1.19\times 8-2.38\times 0)+1}\times 100=4.02[vol\%]$$

관련개념 CHAPTER 06 화재 · 폭발 검토

077

다음 중 물과의 반응 또는 열에 의해 분해되어 산소를 발생하는 것은?

① 적린　② 과산화나트륨
③ 유황　④ 이황화탄소

해설 과산화나트륨은 물과 반응하여 산소를 발생시킨다.

$2Na_2O_2+2H_2O \rightarrow 4NaOH+O_2$

관련개념 CHAPTER 07 화학물질 안전관리 실행

| 정답 | 074 ④　075 ②　076 ①　077 ②

078

유해물질의 농도를 c, 노출시간을 t라 할 때 유해물지수 k와의 관계인 Haber의 법칙을 바르게 나타낸 것은?

① $k=c+t$　　② $k=c/k$
③ $k=c\times t$　　④ $k=c-t$

해설 Haber 법칙
약품(독성) 용량에 관한 법칙으로, "유효용량은 노출농도 및 노출시간에 정비례한다."는 이론이다.
$k=c\times t$
여기서, k: 유해물지수, c: 유해물 농도, t: 노출시간

관련개념 CHAPTER 07 화학물질 안전관리 실행

079

환풍기가 고장난 장소에서 인화성 액체를 취급할 때, 부주의로 마개를 막지 않았다. 여기서 작업자가 담배를 피우기 위해 불을 켜는 순간 인화성 액체에서 불꽃이 일어나는 사고가 발생하였다. 이와 같은 사고의 발생 가능성이 가장 높은 물질은?(단, 작업현장의 온도는 20[℃]이다.)

① 글리세린　　② 중유
③ 디에틸에테르　　④ 경유

해설 디에틸에테르 인화점은 −45[℃]로 보기의 물질 중 가장 낮아 점화원 존재 시 화재가 일어날 가능성이 가장 높다.
※ 인화점: 글리세린: 160[℃], 중유: 43~150[℃], 경유: 55[℃]

관련개념 CHAPTER 06 화재 · 폭발 검토

080

「위험물안전관리법령」상 제3류 위험물이 아닌 것은?

① 황화린　　② 금속나트륨
③ 황린　　④ 금속칼륨

해설 황화린은 「위험물안전관리법령」상 제2류 위험물(가연성 고체)이다.

관련개념 CHAPTER 07 화학물질 안전관리 실행

건설공사 안전관리

081

비탈면 붕괴방지를 위한 붕괴방지 공법과 가장 거리가 먼 것은?

① 배토 공법　　② 압성토 공법
③ 공작물의 설치　　④ 언더피닝 공법

해설 언더피닝 공법
기존 구조물에 근접하여 시공할 때 기존 구조물의 기초 저번보다 깊은 구조물을 시공하거나 기존 구조물의 증축 시 기존 구조물을 보호하기 위한 기초보강 공법으로, 비탈면 붕괴방지와는 거리가 멀다.

관련개념 CHAPTER 04 건설현장 안전시설 관리

082

토석이 붕괴되는 원인을 외적 요인과 내적 요인으로 나눌 때 외적 요인으로 볼 수 없는 것은?

① 사면, 법면의 경사 및 기울기의 증가
② 지진발생, 차량 또는 구조물의 중량
③ 공사에 의한 진동 및 반복하중의 증가
④ 절토사면의 토질, 암질

해설 절토사면의 토질, 암질은 토석 붕괴의 내적 요인이다.

관련개념 CHAPTER 04 건설현장 안전시설 관리

| 정답 | 078 ③　079 ③　080 ①　081 ④　082 ④

083

옥내작업장에는 비상시에 근로자에게 신속하게 알리기 위한 경보용 설비 또는 기구를 설치하여야 한다. 그 설치대상 기준으로 옳은 것은?

① 연면적이 400[m^2] 이상이거나 상시 40명 이상의 근로자가 작업하는 옥내작업장
② 연면적이 400[m^2] 이상이거나 상시 50명 이상의 근로자가 작업하는 옥내작업장
③ 연면적이 500[m^2] 이상이거나 상시 40명 이상의 근로자가 작업하는 옥내작업장
④ 연면적이 500[m^2] 이상이거나 상시 50명 이상의 근로자가 작업하는 옥내작업장

해설 연면적이 400[m^2] 이상이거나 상시 50명 이상의 근로자가 작업하는 옥내작업장에는 비상시에 근로자에게 신속하게 알리기 위한 경보용 설비 또는 기구를 설치하여야 한다.

관련개념 CHAPTER 04 건설현장 안전시설 관리

084

건설용 양중기에 관한 설명으로 옳은 것은?

① 삼각데릭은 인접시설에 장해가 없는 상태에서 360° 회전이 가능하다.
② 이동식 크레인(Crane)에는 트럭 크레인, 크롤러 크레인 등이 있다.
③ 휠 크레인에는 무한궤도식과 타이어식이 있으며 장거리 이동에 적당하다.
④ 크롤러 크레인은 휠 크레인보다 기동성이 뛰어나다.

해설
① 삼각데릭의 회전반경은 270°로 높이가 낮은 건물에 유리하다.
③ 휠 크레인은 크롤러 크레인에 타이어를 장착한 것으로 장거리 이동에 부적당하다.
④ 크롤러 크레인은 무한궤도식이며, 휠 크레인보다 기동성이 저조하다.

관련개념 CHAPTER 06 공사 및 작업 종류별 안전

085

양중기의 와이어로프 등 달기구의 안전계수 기준으로 옳은 것은?(단, 화물의 하중을 직접 지지하는 달기 와이어로프 또는 달기 체인의 경우이다.)

① 3 이상 ② 4 이상
③ 5 이상 ④ 6 이상

해설 화물의 하중을 직접 지지하는 달기 와이어로프 또는 달기 체인의 안전계수는 5 이상이어야 한다.

관련개념 CHAPTER 06 공사 및 작업 종류별 안전

086

다음은 공사진척에 따른 산업안전보건관리비의 사용기준이다. ( ) 안에 들어갈 내용으로 옳은 것은?

공정률	50[%] 이상 70[%] 미만	70[%] 이상 90[%] 미만	90[%] 이상
사용기준	( )	70[%] 이상	90[%] 이상

① 30[%] 이상 ② 40[%] 이상
③ 50[%] 이상 ④ 60[%] 이상

해설 공정률이 50[%] 이상 70[%] 미만일 경우 산업안전보건관리비의 사용기준은 50[%] 이상이다.

관련개념 CHAPTER 03 건설업 산업안전보건관리비 관리

087

거푸집 및 동바리의 조립도에 명시해야 할 사항과 거리가 가장 먼 것은?

① 작업환경 조건 ② 부재의 재질
③ 단면규격 ④ 설치간격

해설 거푸집 및 동바리의 조립도에는 동바리를 구성하는 부재의 재질·단면규격·설치간격 및 이음방법 등을 명시하여야 한다.

관련개념 CHAPTER 05 비계·거푸집 가시설 위험방지

| 정답 | 083 ② 084 ② 085 ③ 086 ③ 087 ①

088

강관을 사용하여 비계를 구성하는 경우 준수해야 할 기준으로 옳지 않은 것은?

① 비계기둥의 간격은 띠장 방향에서는 1.85[m] 이하, 장선(長線) 방향에서는 1.5[m] 이하로 할 것
② 띠장 간격은 1.5[m] 이하로 설치할 것
③ 비계기둥의 제일 윗부분으로부터 31[m] 되는 지점 밑부분의 비계기둥은 2개의 강관으로 묶어 세울 것
④ 비계기둥 간의 적재하중은 400[kg]을 초과하지 않도록 할 것

해설 강관을 사용하여 비계를 구성하는 경우 띠장 간격은 2[m] 이하로 설치하여야 한다.

관련개념 CHAPTER 05 비계 · 거푸집 가시설 위험방지

089

철골공사 시 도괴의 위험이 있어 강풍에 대한 안전 여부를 확인해야 할 필요성이 가장 높은 경우는?

① 연면적당 철골량이 일반 건물보다 많은 경우
② 기둥에 H형강을 사용하는 경우
③ 이음부가 공장용접인 경우
④ 단면구조에 현저한 차이가 있으며 높이가 20[m] 이상인 건물

해설 **외압에 대한 내력이 설계에 고려되었는지 확인해야 할 구조물**

- 높이 20[m] 이상의 구조물
- 구조물의 폭과 높이의 비가 1 : 4 이상인 구조물
- 단면구조에 현저한 차이가 있는 구조물
- 연면적당 철골량이 50[kg/m^2] 이하인 구조물
- 기둥이 타이플레이트(Tie Plate)형인 구조물
- 이음부가 현장용접인 구조물

관련개념 CHAPTER 06 공사 및 작업 종류별 안전

090

계단의 개방된 측면에 근로자의 추락 위험을 방지하기 위하여 안전난간을 설치하고자 할 때 그 설치기준으로 옳지 않은 것은?

① 안전난간은 상부 난간대, 중간 난간대, 발끝막이판 및 난간기둥으로 구성할 것
② 발끝막이판은 바닥면 등으로부터 10[cm] 이상의 높이를 유지할 것
③ 난간기둥은 상부 난간대와 중간 난간대를 견고하게 떠받칠 수 있도록 적정한 간격을 유지할 것
④ 난간대는 지름 3.8[cm] 이상의 금속제 파이프나 그 이상의 강도가 있는 재료일 것

해설 안전난간의 난간대는 지름 2.7[cm] 이상의 금속제 파이프나 그 이상의 강도를 가진 재료이어야 한다.

관련개념 CHAPTER 04 건설현장 안전시설 관리

091

「산업안전보건기순에 관한 규칙」에 따른 토사굴착 시 굴착면의 기울기 기준으로 옳지 않은 것은?

① 모래 – 1 : 1.5
② 풍화암 – 1 : 1.0
③ 연암 – 1 : 1.0
④ 경암 – 1 : 0.5

해설 **굴착면의 기울기 기준**

지반의 종류	굴착면의 기울기
모래	1 : 1.8
연암 및 풍화암	1 : 1.0
경암	1 : 0.5
그 밖의 흙	1 : 1.2

관련개념 CHAPTER 02 건설공사 위험성

| 정답 | 088 ② 089 ④ 090 ④ 091 ①

092

거푸집 및 동바리를 조립하거나 해체하는 작업을 하는 경우에 준수해야 할 사항으로 옳지 않은 것은?

① 해당 작업을 하는 구역에는 관계 근로자가 아닌 사람의 출입을 금지할 것
② 비, 눈, 그 밖의 기상상태의 불안정으로 날씨가 몹시 나쁜 경우에는 그 작업을 중지할 것
③ 재료, 기구 또는 공구 등을 올리거나 내리는 경우에는 근로자 간 서로 직접 전달하도록 하고, 달줄·달포대 등의 사용을 금할 것
④ 낙하·충격에 의한 돌발적 재해를 방지하기 위하여 버팀목을 설치하고 거푸집 및 동바리를 인양장비에 매단 후에 작업을 하도록 하는 등 필요한 조치를 할 것

해설 거푸집 및 동바리를 조립·해체작업 시 재료, 기구 또는 공구 등을 올리거나 내리는 경우에는 근로자로 하여금 달줄·달포대 등을 사용하도록 하여야 한다.

관련개념 CHAPTER 05 비계·거푸집 가시설 위험방지

093

고소작업대를 사용하는 경우 준수해야 할 사항으로 옳지 않은 것은?

① 안전한 작업을 위하여 적정수준의 조도를 유지할 것
② 전로(電路)에 근접하여 작업을 하는 경우에는 작업감시자를 배치하는 등 감전사고를 방지하기 위하여 필요한 조치를 할 것
③ 작업대의 붐대를 상승시킨 상태에서 탑승자는 작업대를 벗어나지 말 것
④ 전환스위치는 다른 물체를 이용하여 고정할 것

해설 고소작업대 사용 시 전환스위치는 다른 물체를 이용하여 고정하지 말아야 한다.

관련개념 CHAPTER 06 공사 및 작업 종류별 안전

094

철근의 가스절단 작업 시 안전상 유의해야 할 사항으로 옳지 않은 것은?

① 작업장에는 소화기를 비치하도록 한다.
② 호스, 전선 등은 다른 작업장을 거치는 곡선상의 배선이어야 한다.
③ 전선의 경우 피복이 손상되어 있는지를 확인하여야 한다.
④ 호스는 작업 중에 겹치거나 밟히지 않도록 한다.

해설 호스, 전선 등은 다른 작업장을 거치지 않는 직선상의 배선이어야 한다.

관련개념 CHAPTER 04 건설현장 안전시설 관리

095

터널 등의 건설작업을 하는 경우에 낙반 등에 의하여 근로자가 위험해질 우려가 있는 경우, 그 위험을 방지하기 위하여 취해야 할 조치와 거리가 먼 것은?

① 터널 지보공 설치 ② 록볼트 설치
③ 부석의 제거 ④ 산소의 측정

해설 터널 등의 건설작업을 하는 경우에 낙반 등에 의하여 근로자가 위험해질 우려가 있는 경우에 터널 지보공 및 록볼트의 설치, 부석의 제거 등 위험을 방지하기 위하여 필요한 조치를 하여야 한다.

관련개념 CHAPTER 05 비계·거푸집 가시설 위험방지

| 정답 | 092 ③ 093 ④ 094 ② 095 ④

096

비계의 높이가 2[m] 이상인 작업장소에 설치되는 작업발판의 구조에 관한 기준으로 옳지 않은 것은?

① 작업발판의 폭은 40[cm] 이상으로 할 것
② 발판재료 간의 틈은 5[cm] 이하로 할 것
③ 작업발판재료는 뒤집히거나 떨어지지 않도록 둘 이상의 지지물에 연결하거나 고정시킬 것
④ 작업발판을 작업에 따라 이동시킬 경우에는 위험방지에 필요한 조치를 할 것

해설 작업발판의 발판재료 간의 틈은 3[cm] 이하로 하여야 한다.

관련개념 CHAPTER 04 건설현장 안전시설 관리

097

굴착공사의 경우 유해위험방지계획서 제출대상의 기준으로 옳은 것은?

① 깊이 5[m] 이상인 굴착공사
② 깊이 8[m] 이상인 굴착공사
③ 깊이 10[m] 이상인 굴착공사
④ 깊이 15[m] 이상인 굴착공사

해설 깊이 10[m] 이상인 굴착공사가 유해위험방지계획서 제출대상의 기준이다.

관련개념 CHAPTER 02 건설공사 위험성

098

철골공사 중 트랩을 이용해 승강할 때 안전과 관련된 항목이 아닌 것은?

① 수평구명줄 ② 수직구명줄
③ 죔줄 ④ 추락방지대

해설 수평구명줄은 철골의 조립작업 시 수평으로 이동할 때 사용하는 것으로 승강과 관련된 설비가 아니다.

관련개념 CHAPTER 06 공사 및 작업 종류별 안전

099

철골작업 시의 위험방지와 관련하여 철골작업을 중지하여야 하는 강설량의 기준은?

① 시간당 1[mm] 이상인 경우
② 시간당 3[mm] 이상인 경우
③ 시간당 1[cm] 이상인 경우
④ 시간당 3[cm] 이상인 경우

해설 강설량이 1[cm/h] 이상인 경우 철골작업을 중지하여야 한다.

관련개념 CHAPTER 06 공사 및 작업 종류별 안전

100

거푸집 및 동바리 설계 시 적용하는 연직방향 하중에 해당되지 않는 것은?

① 콘크리트의 측압
② 철근콘크리트의 자중
③ 작업하중
④ 충격하중

해설 콘크리트 측압은 콘크리트가 거푸집을 옆으로 밀어내려고 하는 횡방향 하중이다.

관련개념 CHAPTER 05 비계·거푸집 가시설 위험방지

| 정답 | 096 ② 097 ③ 098 ① 099 ③ 100 ①

2018년 1회 기출문제

2018년 3월 5일 시행

자동 채점

산업재해 예방 및 안전보건교육

001

재해발생 시 조치사항 중 대책수립의 목적은?

① 재해발생 관련자 문책 및 처벌
② 재해 손실비 산정
③ 재해발생 원인 분석
④ 동종 및 유사재해 방지

해설 재해발생 시에는 유사한 재해를 예방하기 위한 기술적, 교육적, 관리적 측면에서의 대책을 수립하여야 한다.

관련개념 SUBJECT 03 기계 · 기구 및 설비 안전관리
CHAPTER 02 기계분야 산업재해 조사 및 관리

002

매슬로우(Maslow)의 욕구위계이론의 요소가 아닌 것은?

① 생리적 욕구 ② 안전에 대한 욕구
③ 사회적 욕구 ④ 심리적 욕구

해설 심리적 욕구는 욕구위계이론에 해당되지 않는다.

관련개념 CHAPTER 04 인간의 행동과학

003

「산업안전보건법령」상 안전보건표지 중 지시표지사항의 기본모형은?

① 사각형 ② 원형
③ 삼각형 ④ 마름모형

해설 지시표지의 기본모형은 원형이다.

관련개념 CHAPTER 02 안전보호구 관리

004

주의(Attention)의 특성 중 여러 종류의 자극을 받을 때 소수의 특정한 것에만 반응하는 것은?

① 선택성 ② 방향성
③ 단속성 ④ 변동성

해설 **선택성**
한 번에 많은 종류의 자극을 받을 때 소수의 특정한 것에만 반응하는 성질이다.

관련개념 CHAPTER 04 인간의 행동과학

| 정답 | 001 ④ 002 ④ 003 ② 004 ①

005

시행착오설에 의한 학습법칙이 아닌 것은?

① 효과의 법칙 ② 준비성의 법칙
③ 연습의 법칙 ④ 일관성의 법칙

해설 일관성의 원리는 파블로프의 조건반사설의 원리 중 하나이다.

관련개념 CHAPTER 05 안전보건교육의 내용 및 방법

006

「산업안전보건법령」상 근로자 안전보건교육 기준 중 다음 ( ) 안에 알맞은 것은?

교육과정	교육대상	교육시간
채용 시의 교육	일용근로자 및 근로계약기간이 1주일 이하인 기간제근로자	(㉠)시간 이상
	근로계약기간이 1주일 초과 1개월 이하인 기간제근로자	(㉡)시간 이상
	그 밖의 근로자	(㉢)시간 이상

① ㉠ 1, ㉡ 4, ㉢ 8 ② ㉠ 2, ㉡ 4, ㉢ 8
③ ㉠ 1, ㉡ 2, ㉢ 4 ④ ㉠ 3, ㉡ 6, ㉢ 8

해설 **근로자 안전보건교육 교육과정별 교육시간**

교육과정	교육대상	교육시간
채용 시의 교육	일용근로자 및 근로계약기간이 1주일 이하인 기간제근로자	1시간 이상
	근로계약기간이 1주일 초과 1개월 이하인 기간제근로자	4시간 이상
	그 밖의 근로자	8시간 이상

※ 이 문제는 개정된 법령에 따라 수정된 문제입니다.

관련개념 CHAPTER 05 안전보건교육의 내용 및 방법

007

학생이 마음 속에 생각하고 있는 것을 외부에 구체적으로 실현하고 형상화하기 위하여 자기 스스로 계획을 세워 수행하는 학습활동으로 이루어지는 학습지도의 형태는?

① 케이스 메소드(Case Method)
② 패널 디스커션(Panel Discussion)
③ 구안법(Project Method)
④ 문제법(Problem Method)

해설 **구안법(Project Method)**
학습자가 마음 속에 생각하고 있는 것을 외부로 나타냄으로써 구체적으로 실천하고 객관화시키기 위하여 스스로 계획을 세워 수행하는 학습활동, 즉 문제해결학습이 발전한 형태를 말한다.

관련개념 CHAPTER 05 안전보건교육의 개념

008

Safe-T-Score에 대한 설명으로 틀린 것은?

① 안전관리의 수행도를 평가하는 데 유용하다.
② 기업의 산업재해에 대한 과거와 현재의 안전성적을 비교 평가한 점수로 단위가 없다.
③ Safe-T-Score가 +2.0 이상인 경우는 안전관리가 과거보다 좋아졌음을 나타낸다.
④ Safe-T-Score가 +2.0~−2.0 사이인 경우는 안전관리가 과거에 비해 심각한 차이가 없음을 나타낸다.

해설 Safe-T-Score가 +2.0 이상인 경우에는 안전관리가 과거보다 심각하게 나빠졌음을 의미한다.

관련개념 SUBJECT 03 기계·기구 및 설비 안전관리
CHAPTER 02 기계분야 산업재해 조사 및 관리

| 정답 | 005 ④ 006 ① 007 ③ 008 ③

009

추락 및 감전 위험방지용 안전모의 일반구조가 아닌 것은?

① 착장체　② 충격흡수재
③ 선심　④ 모체

해설 선심이란 안전화에서 일정한 충격과 압축하중으로부터 착용자의 발끝을 보호하는 부품을 말한다.

관련개념 CHAPTER 02 안전보호구 관리

010

헤드십(Headship)에 관한 설명으로 틀린 것은?

① 구성원과 사회적 간격이 좁다.
② 지휘의 형태는 권위주의적이다.
③ 권한은 조직으로부터 부여받는다.
④ 권한귀속은 공식화된 규정에 의한다.

해설 헤드십은 구성원과의 사회적 간격이 넓은 특성이 있다.

관련개념 CHAPTER 04 인간의 행동과학

011

위험예지훈련 4R 방식 중 각 라운드(Round)별 내용 연결이 옳은 것은?

① 1R－목표설정　② 2R－본질추구
③ 3R－현상파악　④ 4R－대책수립

해설 **위험예지훈련의 추진을 위한 문제해결 4단계(4라운드)**

- 1라운드: 현상파악(사실의 파악)
- 2라운드: 본질추구(원인조사)
- 3라운드: 대책수립(대책을 세운다)
- 4라운드: 목표설정(행동계획 작성)

관련개념 CHAPTER 01 산업재해예방 계획 수립

012

「산업안전보건법령」상 건설현장에서 사용하는 크레인, 리프트 및 곤돌라의 안전검사의 주기로 옳은 것은?(단, 이동식 크레인, 이삿짐 운반용 리프트는 제외한다.)

① 최초로 설치한 날부터 6개월마다
② 최초로 설치한 날부터 1년마다
③ 최초로 설치한 날부터 2년마다
④ 최초로 설치한 날부터 3년마다

해설 크레인, 리프트 및 곤돌라는 사업장에 설치가 끝난 날부터 3년 이내에 최초 안전검사를 실시하되, 그 이후부터 2년마다(건설현장에서 사용하는 것은 최초로 설치한 날부터 6개월마다) 실시한다.

관련개념 SUBJECT 03 기계 · 기구 및 설비 안전관리
CHAPTER 02 기계분야 산업재해 조사 및 관리

013

기업 내 정형교육 중 대상으로 하는 계층이 한정되어 있지 않고, 한 번 훈련을 받은 관리자는 그 부하인 감독자에 대해 지도원이 될 수 있는 교육방법은?

① TWI(Training Within Industry)
② MTP(Management Training Program)
③ CCS(Civil Communication Section)
④ ATT(American Telephone & Telegraph Co.)

해설 **ATT(American Telephone & Telegraph Co.)**
대상층이 한정되어 있지 않고 토의식으로 진행되며, 한 번 훈련을 받은 관리자는 그 부하인 감독자에 대해 지도원이 될 수 있다. 1차 훈련의 교육시간은 1일 8시간씩 2주간, 2차 훈련은 문제 발생 시 하도록 되어 있다.

관련개념 CHAPTER 05 안전보건교육의 내용 및 방법

| 정답 | 009 ③　010 ①　011 ②　012 ①　013 ④

014

부하의 행동에 영향을 주는 리더십 중 조언, 설명, 보상조건 등의 제시를 통한 적극적인 방법은?

① 강요　② 모범
③ 제언　④ 설득

해설 조언, 설명, 보상조건 등의 제시로 부하의 행동에 영향을 주는 리더십 방법은 설득이다.

관련개념 CHAPTER 04 인간의 행동과학

015

학습을 자극에 의한 반응으로 보는 이론에 해당하는 것은?

① 손다이크(Thorndike)의 시행착오설
② 퀠러(Köhler)의 통찰설
③ 톨만(Tolman)의 기호형태설
④ 레윈(Lewin)의 장이론

해설 **손다이크(Thorndike)의 시행착오설**
인간과 동물은 차이가 없다고 보고 동물연구를 통해 인간심리를 발견하고자 했으며 동물의 행동은 자극 S와 반응 R의 연합에 의해 결정된다고 볼 수 있다. 학습 또는 지식의 습득이 아니라 새로운 환경에 적응하는 행동의 변화이다.

관련개념 CHAPTER 05 안전보건교육의 내용 및 방법

016

사고예방대책의 기본원리 5단계 중 제4단계의 내용으로 틀린 것은?

① 인사조정　② 작업분석
③ 기술의 개선　④ 교육 및 훈련의 개선

해설 작업분석은 사고예방대책의 기본원리 5단계 중 2단계 사실의 발견(현상파악)에 해당하는 내용이다.

관련개념 CHAPTER 01 산업재해예방 계획 수립

017

400명의 근로자가 종사하는 공장에서 휴업일수 127일, 중대재해 1건이 발생한 경우 강도율은?(단, 1일 8시간으로 연 300일 근무조건으로 한다.)

① 10　② 0.1
③ 1.0　④ 0.01

해설 **강도율**

$$총\ 요양근로손실일수 = 휴업일수 \times \frac{300}{365} = 127 \times \frac{300}{365} = 104.38이므로$$

$$강도율 = \frac{총\ 요양근로손실일수}{연근로시간\ 수} \times 1{,}000 = \frac{104.38}{400 \times (8 \times 300)} \times 1{,}000 = 0.1$$

관련개념 SUBJECT 03 기계 · 기구 및 설비 안전관리
CHAPTER 02 기계분야 산업재해 조사 및 관리

018

안전심리의 5대 요소에 해당하는 것은?

① 기질(Temper)　② 지능(Intelligence)
③ 감각(Sense)　④ 환경(Environment)

해설 **산업안전심리의 요소**

- 동기(Motive)
- 기질(Temper)
- 감정(Emotion)
- 습성(Habits)
- 습관(Custom)

관련개념 CHAPTER 03 산업안전심리

| 정답 | 014 ④　015 ①　016 ②　017 ②　018 ①

019

「산업안전보건법령」상 관리감독자의 업무의 내용이 아닌 것은?

① 해당 작업에 관련되는 기계 · 기구 또는 설비의 안전 · 보건 점검 및 이상 유무의 확인
② 해당 사업장 산업보건의의 지도 · 조언에 대한 협조
③ 위험성평가를 위한 업무에 기인하는 유해 · 위험요인의 파악 및 그 결과에 따른 개선조치의 시행
④ 작성된 물질안전보건자료의 게시 또는 비치에 관한 보좌 및 지도 · 조언

해설 작성된 물질안전보건자료의 게시 또는 비치에 관한 보좌 및 지도 · 조언은 보건관리자의 업무이다.

관련개념 CHAPTER 01 산업재해예방 계획 수립

020

재해예방의 4원칙이 아닌 것은?

① 원인계기의 원칙
② 예방가능의 원칙
③ 사실보존의 원칙
④ 손실우연의 원칙

해설 **재해예방의 4원칙**
- 손실우연의 원칙
- 원인계기(원인연계)의 원칙
- 예방가능의 원칙
- 대책선정의 원칙

관련개념 CHAPTER 01 산업재해예방 계획 수립

인간공학 및 위험성평가 · 관리

021

시각적 표시장치를 사용하는 것이 청각적 표시장치를 사용하는 것보다 좋은 경우는?

① 메시지가 후에 참고되지 않을 때
② 메시지가 공간적인 위치를 다룰 때
③ 메시지가 시간적인 사건을 다룰 때
④ 사람의 일이 연속적인 움직임을 요구할 때

해설 ①, ③, ④는 시각적 표시장치보다 청각적 표시장치가 더 유리한 경우이다.

관련개념 CHAPTER 06 작업환경 관리

022

체계분석 및 설계에 있어서 인간공학의 가치와 가장 거리가 먼 것은?

① 성능의 향상
② 인력 이용률의 감소
③ 사용자의 수용도 향상
④ 사고 및 오용으로부터의 손실 감소

해설 산업인간공학의 가치 중 하나는 인력 이용률의 향상이다.

관련개념 CHAPTER 01 안전과 인간공학

| 정답 | 019 ④ 020 ③ 021 ② 022 ②

023

휘도(Luminance)의 척도 단위(Unit)가 아닌 것은?

① [fc] ② [fL]
③ [mL] ④ [cd/m^2]

해설 [fc]는 조도의 단위이다.

관련개념 CHAPTER 06 작업환경 관리

024

신체 반응의 척도 중 생리적 스트레스의 척도로 신체적 변화의 측정대상에 해당하지 않는 것은?

① 혈압 ② 부정맥
③ 혈액성분 ④ 심박수

해설 혈액성분은 생화학적 측정요소이다.

관련개념 SUBJECT 01 산업재해 예방 및 안전보건교육
CHAPTER 04 인간의 행동과학

025

안전성의 관점에서 시스템을 분석·평가하는 접근방법과 거리가 먼 것은?

① "이런 일은 금지한다."의 개인 판단에 따른 주관적인 방법
② "어떻게 하면 무슨 일이 발생할 것인가?"의 연역적인 방법
③ "어떤 일은 하면 안 된다."라는 점검표를 사용하는 직관적인 방법
④ "어떤 일이 발생하였을 때 어떻게 처리하여야 안전한가?"의 귀납적인 방법

해설 시스템 분석은 연역적, 직관적, 귀납적, 객관적 방법으로 접근이 가능하다.

관련개념 CHAPTER 02 위험성 파악·결정

026

다음의 연산표에 해당하는 논리연산은?

입력		출력
X_1	X_2	
0	0	0
0	1	1
1	0	1
1	1	0

① XOR ② AND
③ NOT ④ OR

해설 0이 거짓, 1이 참이라고 하면 입력이 같을 때에만 거짓을 출력하고 서로 다른 입력에는 참을 출력한다. 따라서 해당 연산표의 논리연산은 배타적 논리합(XOR)에 해당한다.

논리연산자
- 논리곱(AND): 둘 다 참일 때만 참, 나머지는 모두 거짓
- 논리합(OR): 둘 다 거짓일 때만 거짓, 나머지는 모두 참
- 부정논리곱(NAND): 둘 다 참일 때만 거짓, 나머지는 모두 참
- 부정논리합(NOR): 둘 다 거짓일 때만 참, 나머지는 모두 거짓
- 배타적 논리합(XOR): 참과 거짓이 다르면 참, 같으면 거짓

관련개념 CHAPTER 02 위험성 파악·결정

2018년 1회

| 정답 | 023 ① 024 ③ 025 ① 026 ①

027

항공기 위치 표시장치의 설계원칙에 있어, |보기|의 설명에 해당하는 것은?

보기
항공기의 경우 일반적으로 이동 부분의 영상은 고정된 눈금이나 좌표계에 나타내는 것이 바람직하다.

① 통합 ② 양립적 이동
③ 추종표시 ④ 표시의 현실성

해설 **항공기 위치 표시장치 설계원칙**
① 통합: 관련된 모든 정보를 통합하여 상호관계를 바로 인식할 수 있도록 한다.
② 양립적 이동(Principle of Compatibility Motion): 항공기의 경우 일반적으로 이동 부분의 영상은 고정된 눈금이나 좌표계에 나타내는 것이 바람직하다.
③ 추종표시: 원하는 목표와 실제 지표가 공통눈금이나 좌표계에서 이동한다.
④ 표시의 현실성: 표시장치에 묘사되는 이미지는 기준틀에 상대적인 위치, 깊이 등이 현실과 어느정도 일치하여 표시가 나타내는 것을 쉽게 알 수 있어야 한다.

관련개념 CHAPTER 06 작업환경 관리

028

근골격계 질환의 인간공학적 주요 위험요인과 가장 거리가 먼 것은?

① 과도한 힘 ② 부적절한 자세
③ 고온의 환경 ④ 단순 반복작업

해설 고온의 환경은 고열질환(열사병, 열경련, 열탈진 등)을 유발하는 위험요인으로 인간공학적 위험요인과는 거리가 멀다.

관련개념 CHAPTER 04 근골격계질환 예방관리

029

산업현장에서 사용하는 생산설비의 경우 안전장치가 부착되어 있으나 생산성을 위해 제거하고 사용하는 경우가 있다. 이러한 경우를 대비하여 설계 시 안전장치를 제거하면 작동이 안 되는 구조를 채택하고 있다. 이러한 구조는 무엇인가?

① Fail Safe ② Fool Proof
③ Lock Out ④ Tamper Proof

해설 **Tamper Proof**
안전장치를 제거하는 경우 설비가 작동되지 않도록 하는 설계이다.

관련개념 CHAPTER 03 위험성 감소대책 수립 · 실행

030

10시간 설비가동 시 설비고장으로 1시간 정지하였다면 설비고장 강도율은 얼마인가?

① 0.1[%] ② 9[%]
③ 10[%] ④ 11[%]

해설 설비고장 강도율$=\frac{\text{설비고장 정지시간}}{\text{설비가동시간}}=\frac{1}{10}=0.1=10[\%]$

관련개념 CHAPTER 03 위험성 감소대책 수립 · 실행

031

FTA의 활용 및 기대효과가 아닌 것은?

① 시스템의 결함 진단
② 사고원인 규명의 간편화
③ 사고원인 분석의 정량화
④ 시스템의 결함 비용 분석

해설 **FTA의 기대효과**
- 사고원인 규명의 간편화
- 사고원인 분석의 일반화
- 사고원인 분석의 정량화
- 노력, 시간의 절감
- 시스템의 결함 진단
- 안전점검 체크리스트 작성

관련개념 CHAPTER 02 위험성 파악 · 결정

| 정답 | 027 ② 028 ③ 029 ④ 030 ③ 031 ④

032

인체 측정치의 응용원칙과 거리가 먼 것은?

① 극단치를 고려한 설계
② 조절 범위를 고려한 설계
③ 평균치를 기준으로 한 설계
④ 기능적 치수를 이용한 설계

해설 기능적 치수는 인체측정 방법 중 하나일뿐 인체계측자료의 응용원칙과는 거리가 멀다.

관련개념 CHAPTER 06 작업환경 관리

033

인간공학적 부품배치의 원칙에 해당하지 않는 것은?

① 신뢰성의 원칙 ② 사용순서의 원칙
③ 중요성의 원칙 ④ 사용빈도의 원칙

해설 **부품배치의 원칙**
- 중요성의 원칙
- 사용빈도의 원칙
- 기능별 배치의 원칙
- 사용순서의 원칙

관련개념 CHAPTER 06 작업환경 관리

034

시스템안전프로그램계획(SSPP)에서 "완성해야 할 시스템 안전업무"에 속하지 않는 것은?

① 정성 해석
② 운용 해석
③ 경제성 분석
④ 프로그램 심사의 참가

해설 시스템안전프로그램계획(SSPP)이란 시스템안전요건에 일치하도록 계획된 안전업무를 개재하는 문서로 경제성 분석과는 관련이 없다.

관련개념 CHAPTER 02 위험성 파악 · 결정

035

컷셋과 최소 패스셋을 정의한 것으로 옳은 것은?

① 컷셋은 시스템 고장을 유발시키는 필요 최소한의 고장들의 집합이며, 최소 패스셋은 시스템의 신뢰성을 표시한다.
② 컷셋은 시스템 고장을 유발시키는 필요 최소한의 고장들의 집합이며, 최소 패스셋은 시스템의 불신뢰도를 표시한다.
③ 컷셋은 그 속에 포함되어 있는 모든 기본사상이 일어났을 때 톱 사상을 일으키는 기본사상의 집합이며, 최소 패스셋은 시스템의 신뢰성을 표시한다.
④ 컷셋은 그 속에 포함되어 있는 모든 기본사상이 일어났을 때 톱 사상을 일으키는 기본사상의 집합이며, 최소 패스셋은 시스템의 성공을 유발하는 기본사상의 집합이다.

해설 **컷셋과 패스셋**
- 컷셋(Cut Set): 정상사상(고장)을 일으키는 기본사상의 집합
- 패스셋(Path Set): 정상사상(고장)이 일어나지 않는 기본사상의 집합
- 최소 컷셋(Minimal Cut Set): 정상사상(고장)을 일으키는 최소한의 집합(시스템의 위험성 또는 안전성)
- 최소 패스셋(Minimal Path Set): 정상사상(고장)이 일어나지 않는 최소한의 집합(시스템의 신뢰성)

관련개념 CHAPTER 02 위험성 파악 · 결정

036

선형조정장치를 16[cm] 옮겼을 때, 선형표시장치가 4[cm] 움직였다면, C/R 비는 얼마인가?

① 0.2 ② 2.5
③ 4.0 ④ 5.3

해설 **통제표시비(선형조정장치)**

$$\frac{C}{R}=\frac{\text{통제기기의 변위량}}{\text{표시계기지침의 변위량}}=\frac{16}{4}=4$$

관련개념 CHAPTER 06 작업환경 관리

| 정답 | 032 ④ 033 ① 034 ③ 035 ③ 036 ③

037

시스템 안전을 위한 업무 수행 요건이 아닌 것은?

① 안전활동의 계획 및 관리
② 다른 시스템 프로그램과 분리 및 배제
③ 시스템 안전에 필요한 사항의 동일성 식별
④ 시스템 안전에 대한 프로그램 해석 및 평가

해설 **시스템 안전관리업무를 수행하기 위한 내용**

- 시스템 안전에 필요한 사항의 식별
- 안전활동의 계획, 조직 및 관리
- 시스템 안전에 대한 목표를 유효하게 실현하기 위한 프로그램의 해석, 검토
- 시스템 안전활동 결과의 평가

관련개념 CHAPTER 02 위험성 파악 · 결정

038

자연습구온도가 20[℃]이고, 흑구온도가 30[℃]일 때, 실내의 습구흑구온도지수(WBGT; Wet Bulb Globe Temperature)는 얼마인가?

① 20[℃] ② 23[℃]
③ 25[℃] ④ 30[℃]

해설 **습구흑구온도지수(WBGT) – 태양광선이 내리쬐지 않는 장소**

$$\begin{aligned}\text{WBGT} &= 0.7\times\text{자연습구온도}+0.3\times\text{흑구온도}\\ &= 0.7\times 20+0.3\times 30=23[℃]\end{aligned}$$

관련개념 CHAPTER 06 작업환경 관리

039

산업안전 분야에서의 인간공학을 위한 제반 언급사항으로 관계가 먼 것은?

① 안전관리자와의 의사소통 원활화
② 인간과오 방지를 위한 구체적 대책
③ 인간행동특성 자료의 정량화 및 축적
④ 인간–기계 체계의 설계 개선을 위한 기금의 축적

해설 인간–기계 체계의 설계 개선을 위한 기금의 축적은 인간공학을 위한 제반 언급사항에 해당되지 않는다.

관련개념 CHAPTER 01 안전과 인간공학

040

소음을 방지하기 위한 대책으로 틀린 것은?

① 소음원 통제
② 차폐장치 사용
③ 소음원 격리
④ 연속 소음 노출

해설 연속적으로 소음에 노출하여 소음에 익숙해지는 것은 소음방지 대책과는 거리가 멀다.

관련개념 CHAPTER 06 작업환경 관리

| 정답 | 037 ② 038 ② 039 ④ 040 ④

기계 · 기구 및 설비 안전관리

041

다음 중 근로자에게 위험을 미칠 우려가 있을 때 덮개 또는 울을 설치해야 하는 위치와 가장 거리가 먼 것은?

① 연삭기 또는 평삭기의 테이블, 형삭기 램 등의 행정 끝
② 선반으로부터 돌출하여 회전하고 있는 가공물 부근
③ 과열이 예상되는 보일러의 버너 연소실
④ 띠톱기계의 위험한 톱날(절단부분 제외) 부위

해설 버너 연소실에는 온도를 감지하여 가스 공급량을 조절할 수 있는 가스밸브를 설치하여 과열을 예방하여야 한다.

관련개념 CHAPTER 01 기계공정의 안전, 기계안전시설 관리

042

500[rpm]으로 회전하는 연삭기의 숫돌지름이 200[mm]일 때 원주속도[m/min]는?

① 628　② 62.8
③ 314　④ 31.4

해설 원주속도 $V=\frac{\pi DN}{1,000}=\frac{\pi\times200\times500}{1,000}=314[\mathrm{m/min}]$

여기서, D: 지름[mm]
N: 회전수[rpm]

관련개념 CHAPTER 03 공작기계의 안전

043

탁상용 연삭기에서 숫돌을 안전하게 설치하기 위한 방법으로 옳지 않은 것은?

① 숫돌바퀴 구멍은 축 지름보다 0.1[mm] 정도 작은 것을 선정하여 설치한다.
② 설치 전에는 육안 및 목재 해머로 숫돌의 흠, 균열을 점검한 후 설치한다.
③ 축의 턱에 내측 플랜지, 압지 또는 고무판, 숫돌 순으로 끼운 후 외측에 압지 또는 고무판, 플랜지, 너트 순으로 조인다.
④ 가공물 받침대는 숫돌의 중심에 맞추어 연삭기에 견고히 고정한다.

해설 탁상용 연삭기의 숫돌 설치 시 숫돌바퀴 구멍은 축 지름보다 0.1[mm] 정도 큰 것을 선정하여 설치하여야 한다.

관련개념 CHAPTER 03 공작기계의 안전

044

기계의 운동 형태에 따른 위험점의 분류에서 고정부분과 회전하는 동작부분이 함께 만드는 위험점으로 교반기의 날개와 하우스 등에서 발생하는 위험점을 무엇이라 하는가?

① 끼임점　② 절단점
③ 물림점　④ 회전말림점

해설 끼임점(Shear Point)

기계의 고정부분과 회전 또는 직선운동 부분 사이에 형성되는 위험점이다.
예) 회전 풀리와 베드 사이, 연삭숫돌과 작업대, 교반기의 날개와 하우스

관련개념 CHAPTER 01 기계공정의 안전, 기계안전시설 관리

| 정답 | 041 ③　042 ③　043 ①　044 ①

045

컨베이어 작업시작 전 점검해야 할 사항으로 거리가 먼 것은?

① 원동기 및 풀리 기능의 이상 유무
② 이탈 등의 방지장치 기능의 이상 유무
③ 비상정지장치의 이상 유무
④ 자동전격방지장치의 이상 유무

해설 자동전격방지장치는 교류아크용접작업 시 감전사고에 대한 방호장치로 컨베이어 작업과는 거리가 멀다.

관련개념 CHAPTER 06 운반기계 및 양중기

046

「산업안전보건법령」에 따라 타워크레인의 운전작업을 중지해야 되는 순간풍속의 기준은?

① 초당 10[m]를 초과하는 경우
② 초당 15[m]를 초과하는 경우
③ 초당 30[m]를 초과하는 경우
④ 초당 35[m]를 초과하는 경우

해설 순간풍속이 15[m/s]를 초과하는 경우에는 타워크레인의 운전작업을 중지하여야 한다.

관련개념 CHAPTER 06 운반기계 및 양중기

047

아세틸렌 용접장치에서 아세틸렌 발생기실 설치 위치 기준으로 옳은 것은?

① 건물 지하층에 설치하고 화기 사용설비로부터 3[m] 초과 장소에 설치
② 건물 지하층에 설치하고 화기 사용설비로부터 1.5[m] 초과 장소에 설치
③ 건물 최상층에 설치하고 화기 사용설비로부터 3[m] 초과 장소에 설치
④ 건물 최상층에 설치하고 화기 사용설비로부터 1.5[m] 초과 장소에 설치

해설 아세틸렌 용접장치의 발생기실은 건물의 최상층에 위치하여야 하며, 화기를 사용하는 설비로부터 3[m]를 초과하는 장소에 설치하여야 한다.

관련개념 CHAPTER 05 기타 산업용 기계 · 기구

048

목재가공용 둥근톱의 두께가 3[mm]일 때, 분할날의 두께는 몇 [mm] 이상이어야 하는가?

① 3.3[mm] 이상
② 3.6[mm] 이상
③ 4.5[mm] 이상
④ 4.8[mm] 이상

해설 분할날의 두께는 톱날 두께의 1.1배 이상이어야 한다.
분할날의 두께 $=3\times1.1=3.3$[mm] 이상

관련개념 CHAPTER 05 기타 산업용 기계 · 기구

| 정답 | 045 ④ 046 ② 047 ③ 048 ①

049

완전 회전식 클러치 기구가 있는 양수기동식 방호장치에서 확동클러치의 봉합개소가 4개, 분당 행정수가 200[SPM]일 때, 방호장치의 최소 안전거리는 몇 [mm] 이상이어야 하는가?

① 80 ② 120
③ 240 ④ 360

해설 양수기동식 방호장치의 안전거리

$$T_m=\left(\frac{1}{2}+\frac{1}{\text{클러치 개소 수}}\right)\times\frac{60}{\text{분당 행정수[SPM]}}$$

$$=\left(\frac{1}{2}+\frac{1}{4}\right)\times\frac{60}{200}=0.225\text{초이므로}$$

$D_m=1{,}600\times T_m=1{,}600\times0.225=360[\text{mm}]$

여기서, D_m: 안전거리[mm]

T_m: 누름버튼을 누른 때부터 사용하는 프레스의 슬라이드가 하사점에 도달하기까지의 소요 최대시간[초]

관련개념 CHAPTER 04 프레스 및 전단기의 안전

050

다음 중 접근반응형 방호장치에 해당되는 것은?

① 양수조작식 방호장치
② 손쳐내기식 방호장치
③ 덮개식 방호장치
④ 광전자식 방호장치

해설
① 양수조작식 방호장치: 위치제한형
② 손쳐내기식 방호장치: 접근거부형
③ 덮개식 방호장치: 격리형 방호장치

관련개념 CHAPTER 01 기계공정의 안전, 기계안전시설 관리

051

기계설비 방호에서 가드의 설치조건으로 옳지 않은 것은?

① 충분한 강도를 유지할 것
② 구조가 단순하고 위험점 방호가 확실할 것
③ 개구부(틈새)의 간격은 임의로 조정이 가능할 것
④ 작업, 점검, 주유 시 장애가 없을 것

해설 기계설비 가드의 개구부의 간격은 정해진 식에 의해 계산되어야 한다.

관련개념 CHAPTER 05 기타 산업용 기계 · 기구

052

지게차의 안전장치에 해당하지 않는 것은?

① 후미등 ② 헤드가드
③ 백레스트 ④ 권과방지장치

해설 권과방지장치는 양중기의 방호장치이다.

관련개념 CHAPTER 06 운반기계 및 양중기

053

「산업안전보건법령」상 차량계 하역운반기계를 이용한 화물 적재 시 준수해야 할 사항으로 틀린 것은?

① 최대적재량의 10[%] 이상 초과하지 않도록 적재한다.
② 운전자의 시야를 가리지 않도록 적재한다.
③ 붕괴, 낙하 방지를 위해 화물에 로프를 거는 등 필요 조치를 한다.
④ 편하중이 생기지 않도록 적재한다.

해설 차량계 하역운반기계에 화물을 적재하는 경우에는 최대적재량을 초과해서는 아니 된다.

관련개념 CHAPTER 06 공사 및 작업 종류별 안전

2018년 1회

정답 | 049 ④ 050 ④ 051 ③ 052 ④ 053 ①

054

롤러기의 급정지장치 중 복부조작식과 무릎조작식의 조작부 위치 기준은?(단, 밑면과의 상대거리를 나타낸다.)

	복부조작식	무릎조작식
①	0.5~0.7[m]	0.4[m] 이내
②	0.8~1.1[m]	0.6[m] 이내
③	0.8~1.1[m]	0.6~0.8[m]
④	1.1~1.4[m]	0.8~1.0[m]

해설 롤러기 급정지장치 조작부의 위치

종류	설치위치
손조작식	밑면에서 1.8[m] 이내
복부조작식	밑면에서 0.8[m] 이상 1.1[m] 이내
무릎조작식	밑면에서 0.6[m] 이내

관련개념 CHAPTER 05 기타 산업용 기계 · 기구

055

다음 중 「산업안전보건법령」에 따라 비파괴검사를 실시해야 하는 고속회전체의 기준은?

① 회전축 중량 1톤 초과, 원주속도 120[m/s] 이상
② 회전축 중량 1톤 초과, 원주속도 100[m/s] 이상
③ 회전축 중량 0.7톤 초과, 원주속도 120[m/s] 이상
④ 회전축 중량 0.7톤 초과, 원주속도 100[m/s] 이상

해설 고속회전체(회전축의 중량이 1톤을 초과하고 원주속도가 120[m/s] 이상인 것으로 한정)의 회전시험을 하는 경우 회전축의 재질 및 형상 등에 상응하는 종류의 비파괴검사를 해서 결함 유무를 확인하여야 한다.

관련개념 CHAPTER 05 기타 산업용 기계 · 기구

056

양수조작식 방호장치에서 2개의 누름버튼 간의 거리는 300[mm] 이상으로 정하고 있는데 이 거리의 기준은?

① 2개의 누름버튼 간의 중심거리
② 2개의 누름버튼 간의 외측거리
③ 2개의 누름버튼 간의 내측거리
④ 2개의 누름버튼 간의 평균 이동거리

해설 양수조작식 방호장치 누름버튼의 상호 간 내측거리는 300[mm] 이상이어야 한다.

관련개념 CHAPTER 04 프레스 및 전단기의 안전

057

다음 중 프레스에 사용되는 광전자식 방호장치의 일반구조에 관한 설명으로 틀린 것은?

① 방호장치의 감지기능은 규정한 검출영역 전체에 걸쳐 유효하여야 한다.
② 슬라이드 하강 중 정전 또는 방호장치의 이상 시에는 1회 동작 후 정지할 수 있는 구조이어야 한다.
③ 정상동작표시램프는 녹색, 위험표시램프는 붉은색으로 하며, 쉽게 근로자가 볼 수 있는 곳에 설치해야 한다.
④ 방호장치의 정상작동 중에 감지가 이루어지거나 전원 공급이 중단되는 경우 적어도 두 개 이상의 독립된 출력신호 개폐장치가 꺼진 상태로 되어야 한다.

해설 광전자식 방호장치는 슬라이드 하강 중 정전 또는 방호장치의 이상 시에 바로 정지할 수 있는 구조이어야 한다.

관련개념 CHAPTER 04 프레스 및 전단기의 안전

| 정답 | 054 ② 055 ① 056 ③ 057 ②

058

다음 중 드릴작업 시 가장 안전한 행동에 해당하는 것은?

① 장갑을 끼고 옷 소매가 긴 작업복을 입고 작업한다.
② 작업 중에 브러시로 칩을 털어낸다.
③ 가공할 구멍 지름이 클 경우 작은 구멍을 먼저 뚫고 그 위에 큰 구멍을 뚫는다.
④ 드릴을 먼저 회전시킨 상태에서 공작물을 고정한다.

해설

① 장갑을 끼고 작업을 하지 않아야 하고, 옷소매가 길거나 찢어진 옷은 입지 않아야 한다.
② 칩은 회전을 중지시킨 후 브러시로 제거하여야 한다.
④ 공작물을 먼저 고정시킨 후 드릴을 회전시킨다.

관련개념 CHAPTER 03 공작기계의 안전

059

다음 중 연삭기의 사용상 안전대책으로 적절하지 않은 것은?

① 방호장치로 덮개를 설치한다.
② 숫돌 교체 후 1분 정도 시운전을 실시한다.
③ 숫돌의 최고사용회전속도를 초과하여 사용하지 않는다.
④ 숫돌 측면을 사용하는 것을 목적으로 하는 연삭숫돌을 제외하고는 측면 연삭을 하지 않도록 한다.

해설 연삭숫돌을 사용하는 작업의 경우 작업을 시작하기 전에는 1분 이상, 연삭숫돌을 교체한 후에는 3분 이상 시험운전을 하고 해당 기계에 이상이 있는지 확인하여야 한다.

관련개념 CHAPTER 03 공작기계의 안전

060

보일러수에 불순물이 많이 포함되어 있을 경우, 보일러수의 비등과 함께 수면부 위에 거품을 형성하여 수위가 불안정하게 되는 현상은?

① 프라이밍(Priming)
② 포밍(Foaming)
③ 캐리오버(Carry Over)
④ 워터해머(Water Hammer)

해설 **포밍(Foaming)**
보일러수에 불순물이 많이 포함되었을 경우 보일러수의 비등과 함께 수면부 위에 거품층을 형성하여 수위가 불안정하게 되는 현상을 말한다.

관련개념 CHAPTER 05 기타 산업용 기계 · 기구

정답 | 058 ③ 059 ② 060 ②

전기 및 화학설비 안전관리

061

전기설비에서 일반적인 제2종 접지공사는 접지저항값을 몇 [Ω] 이하로 하여야 하는가?

① 10　　② 100

③ $\frac{150}{1\text{선지락전류}}$　　④ $\frac{400}{1\text{선지락전류}}$

해설 일반적으로 변압기의 중성점 접지 저항값은 고압·특고압측 전로 1선 지락전류로 150을 나눈 값과 같은 저항값 이하로 한다.

※ 「한국전기설비규정」 개정으로 인해 접지대상에 따라 일괄 적용한 종별 접지(1종, 2종, 3종, 특별3종)가 폐지되었으며, 제2종 접지는 변압기 중성점 접지로 명칭이 변경되었습니다.

관련개념 CHAPTER 05 전기설비 위험요인관리

062

저압 옥내직류 전기설비를 전로보호장치의 확실한 동작의 확보와 이상전압 및 대지전압의 억제를 위하여 접지를 하여야 하나, 직류 2선식으로 시설할 때 접지를 생략할 수 있는 경우로 옳지 않은 것은?

① 접지검출기를 설치하고, 특정구역 내의 산업용 기계·기구에만 공급하는 경우

② 사용전압이 110[V] 이상인 경우

③ 최대전류 30[mA] 이하의 직류화재경보회로

④ 교류계통으로부터 공급을 받는 정류기에서 인출되는 직류계통

해설 저압 옥내직류 전기설비에서 직류 2선식을 사용전압이 60[V] 이하인 경우에 시설할 때 접지를 생략할 수 있다.

관련개념 CHAPTER 05 전기설비 위험요인관리

063

다음 중 방폭구조의 종류와 기호를 올바르게 나타낸 것은?

① 안전증방폭구조: e

② 몰드방폭구조: n

③ 충전방폭구조: p

④ 압력방폭구조: o

해설

② 몰드방폭구조: m

③ 충전방폭구조: q

④ 압력방폭구조: p

관련개념 CHAPTER 04 전기방폭관리

064

감전에 의한 전격위험을 결정하는 주된 인자와 거리가 먼 것은?

① 통전저항

② 통전전류의 크기

③ 통전경로

④ 통전시간

해설 인체저항과 전압의 크기는 전격의 간접적인 원인이다.

관련개념 CHAPTER 02 감전재해 및 방지대책

065

정전기 발생 종류가 아닌 것은?

① 박리　　② 마찰

③ 분출　　④ 방전

해설 방전은 공기의 절연파괴현상으로 정전기 발생 시 나타나는 물리적인 현상이다.

관련개념 CHAPTER 03 정전기 장·재해관리

| 정답 | 061 ③　062 ②　063 ①　064 ①　065 ④

066

폭발위험장소를 분류할 때 가스폭발 위험장소의 종류에 해당하지 않는 것은?

① 0종 장소
② 1종 장소
③ 2종 장소
④ 3종 장소

해설 가스폭발 위험장소는 0종, 1종, 2종 장소로 구분된다.

관련개념 CHAPTER 04 전기방폭관리

067

다음 중 정전기 재해의 방지대책으로 가장 적절한 것은?

① 절연도가 높은 플라스틱을 사용한다.
② 대전하기 쉬운 금속은 접지를 실시한다.
③ 작업장 내의 온도를 낮게 해서 방전을 촉진시킨다.
④ (+), (−)전하의 이동을 방해하기 위하여 주위의 습도를 낮춘다.

해설 정전기의 발생 및 대전 우려가 있는 금속도체는 접지를 실시하여 정전기의 대전을 방지할 수 있다.

관련개념 CHAPTER 03 정전기 장·재해관리

068

다음 중 통전경로별 위험도가 가장 높은 경로는?

① 왼손−등
② 오른손−가슴
③ 왼손−가슴
④ 오른손−양발

해설 **통전경로별 위험도**

통전경로	위험도	통전경로	위험도
왼손−가슴	1.5	오른손−한발 또는 양발	0.8
오른손−가슴	1.3	왼손−등	0.7

관련개념 CHAPTER 02 감전재해 및 방지대책

069

인체의 저항이 500[Ω]이고, 440[V] 회로에 감전방지용 누전차단기(ELB)를 설치할 경우 다음 중 가장 적당한 누전차단기는?

① 30[mA] 이하, 0.1초 이하에 작동
② 30[mA] 이하, 0.03초 이하에 작동
③ 15[mA] 이하, 0.1초 이하에 작동
④ 15[mA] 이하, 0.03초 이하에 작동

해설 누전차단기와 접속되어 있는 각각의 전기기계·기구에 대하여 정격감도전류가 30[mA] 이하이고 동작시간은 0.03초 이내이어야 한다.

관련개념 CHAPTER 02 감전재해 및 방지대책

070

전로의 과전류로 인한 재해를 방지하기 위한 방법으로 과전류 차단장치를 설치할 때에 대한 설명으로 틀린 것은?

① 과전류 차단장치로는 차단기·퓨즈 또는 보호계전기 등이 있다.
② 차단기·퓨즈는 계통에서 발생하는 최대 과전류에 대하여 충분하게 차단할 수 있는 성능을 가져야 한다.
③ 과전류 차단장치는 반드시 접지선에 병렬로 연결하여 과전류 발생 시 전로를 자동으로 차단하도록 설치하여야 한다.
④ 과전류 차단장치가 전기계통상에서 상호 협조·보완되어 과전류를 효과적으로 차단하도록 하여야 한다.

해설 과전류 차단장치는 반드시 접지선이 아닌 전로에 직렬로 연결하여 과전류 발생 시 전로를 자동적으로 차단하도록 설치하여야 한다.

관련개념 CHAPTER 01 전기안전관리

| 정답 | 066 ④ 067 ② 068 ③ 069 ② 070 ③

071

다음 중 화재의 분류에서 전기화재에 해당하는 것은?

① A급 화재　② B급 화재
③ C급 화재　④ D급 화재

해설 화재의 종류

구분	A급 화재	B급 화재	C급 화재	D급 화재
명칭	일반화재	유류화재	전기화재	금속화재

관련개념 CHAPTER 06 화재 · 폭발 검토

072

다음 중 분진폭발의 가능성이 가장 낮은 물질은?

① 소맥분　② 마그네슘
③ 질석가루　④ 석탄

해설 질석가루는 불연성 물질로, 분진폭발이 일어나지 않는다.

관련개념 CHAPTER 07 화학물질 안전관리 실행

073

다음 물질이 물과 반응하였을 때 가스가 발생한다. 위험도 값이 가장 큰 가스를 발생하는 물질은?

① 칼륨　② 수소화나트륨
③ 탄화칼슘　④ 트리에틸알루미늄

해설 각 물질의 물과의 반응식은 아래와 같다.
① $2K+2H_2O \rightarrow 2KOH+H_2$
② $NaH+H_2O \rightarrow NaOH+H_2$
③ $CaC_2+2H_2O \rightarrow Ca(OH)_2+C_2H_2$
④ $(C_2H_5)_3Al+3H_2O \rightarrow Al(OH)_3+3C_2H_6$
H_2(수소)의 위험도는 17.75, C_2H_2(아세틸렌)의 위험도는 31.4, C_2H_6(에탄)의 위험도는 3.13으로 물과 반응하였을 때 위험도가 가장 큰 가스를 발생하는 물질은 탄화칼슘이다.

관련개념 CHAPTER 07 화학물질 안전관리 실행

074

연소의 3요소 중 한 가지에 해당하는 요소가 아닌 것은?

① 메탄　② 공기
③ 정전기 방전　④ 이산화탄소

해설 연소의 3요소는 가연물, 산소공급원, 점화원이다.
① 메탄은 가연물, ② 공기는 산소공급원, ③ 정전기 방전은 점화원이다.

관련개념 CHAPTER 06 화재 · 폭발 검토

075

인화성 가스, 불활성 가스 및 산소를 사용하여 금속의 용접 · 용단 또는 가열작업을 하는 경우 가스 등의 누출 또는 방출로 인한 폭발 · 화재 또는 화상을 예방하기 위하여 준수해야 할 사항으로 옳지 않은 것은?

① 가스 등의 호스와 취관(吹管)은 손상 · 마모 등에 의하여 가스 등이 누출할 우려가 없는 것을 사용할 것
② 비상상황을 제외하고는 가스 등의 공급구의 밸브나 콕을 절대 잠그지 말 것
③ 용단작업을 하는 경우에는 취관으로부터 산소의 과잉 방출로 인한 화상을 예방하기 위하여 근로자가 조절밸브를 서서히 조작하도록 주지시킬 것
④ 가스 등의 취관 및 호스의 상호 접촉부분은 호스밴드, 호스클립 등 조임기구를 사용하여 가스 등이 누출되지 않도록 할 것

해설 작업을 중단하거나 마치고 작업장소를 떠날 경우에는 가스 등의 공급구의 밸브나 콕을 잠가야 한다.

관련개념 CHAPTER 09 화공 안전운전 · 점검

| 정답 | 071 ③　072 ③　073 ③　074 ④　075 ②

076

다음 중 「산업안전보건기준에 관한 규칙」에서 규정하는 급성 독성 물질에 해당되지 않는 것은?

① 쥐에 대한 경구투입실험에 의하여 실험동물의 50[%]를 사망시킬 수 있는 물질의 양이 [kg]당 300[mg]-(체중) 이하인 화학물질
② 쥐에 대한 경피흡수실험에 의하여 실험동물의 50[%]를 사망시킬 수 있는 물질의 양이 [kg]당 1,000[mg]-(체중) 이하인 화학물질
③ 토끼에 대한 경피흡수실험에 의하여 실험동물의 50[%]를 사망시킬 수 있는 물질의 양이 [kg]당 1,000[mg]-(체중) 이하인 화학물질
④ 쥐에 대한 4시간 동안의 흡입실험에 의하여 실험동물의 50[%]를 사망시킬 수 있는 가스의 농도가 3,000[ppm] 이상인 화학물질

해설 쥐에 대한 4시간 동안의 흡입실험에 의하여 실험동물의 50[%]를 사망시킬 수 있는 물질의 농도, 즉 가스 LC50이 2,500[ppm] 이하인 화학물질이 급성 독성 물질이다.

관련개념 CHAPTER 07 화학물질 안전관리 실행

077

「산업안전보건기준에 관한 규칙」상 몇 [℃] 이상인 상태에서 운전되는 설비는 특수화학설비에 해당하는가?(단, 규칙에서 정한 위험물질의 기준량 이상을 제조하거나 취급하는 설비인 경우이다.)

① 150[℃] ② 250[℃]
③ 350[℃] ④ 450[℃]

해설 온도가 350[℃] 이상이거나 게이지압력이 980[kPa] 이상인 상태에서 운전되는 설비는 특수화학설비에 해당한다.

관련개념 CHAPTER 07 화학물질 안전관리 실행

078

점화원 없이 발화를 일으키는 최저온도를 무엇이라 하는가?

① 착화점 ② 연소점
③ 용융점 ④ 기화점

해설 외부의 직접적인 점화원 없이 열의 축적에 의해 연소반응이 일어나는 최저온도를 발화점(발화온도, 착화점, 착화온도)이라 한다.

관련개념 CHAPTER 06 화재 · 폭발 검토

079

에틸에테르(폭발하한값 1.9[vol%])와 에틸알코올(폭발하한값 4.3[vol%])이 4 : 1로 혼합된 증기의 폭발하한계[vol%]는 약 얼마인가?(단, 혼합증기는 에틸에테르가 80[%], 에틸알코올이 20[%]로 구성되고, 르샤틀리에 법칙을 이용한다.)

① 2.14[vol%] ② 3.14[vol%]
③ 4.14[vol%] ④ 5.14[vol%]

해설 르샤틀리에 법칙

$$L=\frac{V_1+V_2+\cdots+V_n}{\frac{V_1}{L_1}+\frac{V_2}{L_2}+\cdots+\frac{V_n}{L_n}}=\frac{80+20}{\frac{80}{1.9}+\frac{20}{4.3}}=2.14[\text{vol\%}]$$

여기서, L: 혼합가스의 폭발하한계[vol%]
L_n: 각 성분가스의 폭발하한계[vol%]
V_n: 각 성분가스의 부피비[vol%]

관련개념 CHAPTER 06 화재 · 폭발 검토

080

배관용 부품에 있어 사용되는 용도가 다른 것은?

① 엘보(Elbow) ② 티(Tee)
③ 크로스(Cross) ④ 밸브(Valve)

해설 밸브(Valve)는 유로를 차단하거나 유량을 조절하기 위한 부품이며, 나머지 보기의 부품들은 관로의 방향을 변경하기 위한 부품들이다.

관련개념 CHAPTER 09 화공 안전운전 · 점검

정답 | 076 ④ 077 ③ 078 ① 079 ① 080 ④

건설공사 안전관리

081

다음은 「산업안전보건법령」에 따른 작업장에서의 투하설비 등에 관한 사항이다. (   ) 안에 들어갈 내용으로 옳은 것은?

> 사업주는 높이가 (   ) 이상인 장소로부터 물체를 투하하는 경우 적당한 투하설비를 설치하거나 감시인을 배치하는 등 위험을 방지하기 위하여 필요한 조치를 하여야 한다.

① 2[m]　　② 3[m]
③ 5[m]　　④ 10[m]

해설 투하설비란 높이 3[m] 이상인 장소에서 자재 투하 시 재해를 예방하기 위하여 설치하는 설비를 말한다.

관련개념 CHAPTER 04 건설현장 안전시설 관리

082

층고가 높은 슬래브 거푸집 하부에 적용하는 무지주 공법이 아닌 것은?

① 보우빔(Bow Beam)
② 철근 일체형 데크플레이트(Deck Plate)
③ 페코빔(Pecco Beam)
④ 솔저시스템(Soldier System)

해설 솔저시스템은 지하층 합벽 거푸집 지지장치이다.

관련개념 CHAPTER 05 비계·거푸집 가시설 위험방지

083

달비계(곤돌라의 달비계는 제외)의 최대 적재하중을 정하는 경우 달기 와이어로프 및 달기 강선의 안전계수 기준으로 옳은 것은?

① 5 이상　　② 7 이상
③ 8 이상　　④ 10 이상

해설 달비계의 안전계수

구분		안전계수
달기 와이어로프 및 달기 강선		10 이상
달기 체인 및 달기 훅		5 이상
달기 강대와 달비계의 하부 및 상부지점	강재	2.5 이상
	목재	5 이상

※ 「산업안전보건에 관한 규칙」이 개정됨에 따라 '달비계의 최대적재하중을 정하는 경우 안전계수'가 삭제되었습니다.

관련개념 CHAPTER 04 건설현장 안전시설 관리

084

사질토 지반에서 보일링(Boiling) 현상에 의한 위험성이 예상될 경우의 대책으로 옳지 않은 것은?

① 흙막이 말뚝의 근입장 깊이를 증가시킨다.
② 굴착 저면보다 깊은 지반을 불투수로 개량한다.
③ 굴착 밑 투수층에 만든 피트(Pit)를 제거한다.
④ 흙막이벽 주위에서 배수시설을 통해 수두차를 적게 한다.

해설 굴착 밑 투수층에 배수배관피트(Pit) 등을 설치하여 보일링을 예방할 수 있다.

관련개념 CHAPTER 02 건설공사 위험성

| 정답 | 081 ② 082 ④ 083 정답없음 084 ③

085

다음 중 셔블계 굴착기계에 속하지 않는 것은?

① 파워셔블(Power Shovel)
② 크램셸(Clam Shell)
③ 스크레이퍼(Scraper)
④ 드래그라인(Dragline)

해설 스크레이퍼는 굴착장비가 아닌 운반장비이다.

관련개념 CHAPTER 04 건설현장 안전시설 관리

086

재료비가 30억 원, 직접노무비가 50억 원인 건설공사의 예정가격상 산업안전보건관리비로 옳은 것은?(단, 건축공사에 해당되며 계상기준은 1.97[%]이다.)

① 56,400,000원　② 94,000,000원
③ 150,400,000원　④ 157,600,000원

해설 대상액이 50억 원 이상인 경우 대상액(재료비+직접노무비)에 계상기준을 곱하여 산업안전보건관리비를 계상한다.
산업안전보건관리비=(30억+50억)×0.0197=157,600,000원

관련개념 CHAPTER 03 건설업 산업안전보건관리비 관리

087

지반 종류에 따른 굴착면의 기울기 기준으로 옳지 않은 것은?

① 모래－1 : 1.8　② 연암－1 : 0.7
③ 풍화암－1 : 1.0　④ 경암－1 : 0.5

해설 굴착면의 기울기 기준

지반의 종류	굴착면의 기울기
모래	1:1.8
연암 및 풍화암	1:1.0
경암	1:0.5
그 밖의 흙	1:1.2

관련개념 CHAPTER 02 건설공사 위험성

088

굴착공사에 있어서 비탈면 붕괴를 방지하기 위하여 실시하는 대책으로 옳지 않은 것은?

① 지표수의 침투를 막기 위해 표면배수공을 한다.
② 지하수위를 내리기 위해 수평배수공을 설치한다.
③ 비탈면 하단을 성토한다.
④ 비탈면 상부에 토사를 적재한다.

해설 비탈면 상부에 토사 적재 시 비탈면 붕괴의 위험이 있다.

관련개념 CHAPTER 04 건설현장 안전시설 관리

089

철골작업을 중지하여야 하는 풍속과 강우량 기준으로 옳은 것은?

① 풍속 10[m/s] 이상, 강우량 1[mm/h] 이상
② 풍속 5[m/s] 이상, 강우량 1[mm/h] 이상
③ 풍속 10[m/s] 이상, 강우량 2[mm/h] 이상
④ 풍속 5[m/s] 이상, 강우량 2[mm/h] 이상

해설 철골작업의 제한기준

구분	내용
강풍	풍속이 10[m/s] 이상인 경우
강우	강우량이 1[mm/h] 이상인 경우
강설	강설량이 1[cm/h] 이상인 경우

관련개념 CHAPTER 06 공사 및 작업 종류별 안전

090

근로자의 추락 등의 위험을 방지하기 위하여 안전난간을 설치하는 경우 안전난간은 구조적으로 가장 취약한 지점에서 가장 취약한 방향으로 작용하는 얼마 이상의 하중에 견딜 수 있는 튼튼한 구조이어야 하는가?

① 50[kg]　② 100[kg]
③ 150[kg]　④ 200[kg]

해설 안전난간은 구조적으로 가장 취약한 지점에서 가장 취약한 방향으로 작용하는 100[kg] 이상의 하중에 견딜 수 있는 튼튼한 구조이어야 한다.

관련개념 CHAPTER 04 건설현장 안전시설 관리

2018년 1회

정답 | 085 ③　086 ④　087 ②　088 ④　089 ①　090 ②

091

도심지에서 주변에 주요 시설물이 있을 때 침하와 변위를 적게 할 수 있는 가장 적당한 흙막이 공법은?

① 동결공법　② 샌드드레인공법
③ 지하연속벽공법　④ 뉴매틱케이슨공법

해설 **지하연속벽(Slurry Wall)공법**
구조물의 벽체 부분을 먼저 굴착한 후 그 속에 철근망을 삽입하고 콘크리트를 타설하여 지하벽체를 형성하는 공법으로, 차수성과 강성이 높아 거의 모든 지반에 적용 가능한 가장 안정적인 흙막이 공법이다.

관련개념 CHAPTER 05 비계 · 거푸집 가시설 위험방지

092

토사붕괴의 내적 요인이 아닌 것은?

① 사면, 법면의 경사 증가
② 절토 사면의 토질구성 이상
③ 성토 사면의 토질구성 이상
④ 토석의 강도 저하

해설 사면, 법면의 경사 증가는 토사붕괴의 외적 요인이다.

관련개념 CHAPTER 04 건설현장 안전시설 관리

093

다음 (　) 안에 알맞은 것은?

> 사업주는 근로자가 지붕 위에서 작업을 할 때에 추락하거나 넘어질 위험이 있는 경우 슬레이트 등 강도가 약한 재료로 덮은 지붕에는 폭 (　　) 이상의 발판을 설치해야 한다.

① 30[cm]　② 40[cm]
③ 50[cm]　④ 60[cm]

해설 근로자가 지붕 위에서 작업을 할 때에 추락하거나 넘어질 위험이 있는 경우 슬레이트 등 강도가 약한 재료로 덮은 지붕에는 폭 30[cm] 이상의 발판을 설치하여야 한다.

관련개념 CHAPTER 04 건설현장 안전시설 관리

094

다음은 비계발판용 목재재료의 강도상의 결점에 대한 조사 기준이다. (　) 안에 들어갈 내용으로 옳은 것은?

> 발판의 폭과 동일한 길이 내에 있는 결점치수의 총합이 발판 폭의 (　　)을 초과하지 않을 것

① 1/2　② 1/3
③ 1/4　④ 1/6

해설 목재 작업발판의 결점이 발판의 폭과 동일한 길이 내에 있는 결점치수의 총합이 발판 폭의 $\frac{1}{4}$을 초과하지 않아야 한다.

관련개념 CHAPTER 05 비계 · 거푸집 가시설 위험방지

095

화물을 적재하는 경우 준수하여야 할 사항으로 옳지 않은 것은?

① 침하 우려가 없는 튼튼한 기반 위에 적재할 것
② 화물의 압력 정도와 관계없이 건물의 벽이나 칸막이 등을 이용하여 화물을 기대어 적재할 것
③ 하중이 한쪽으로 치우치지 않도록 쌓을 것
④ 불안정할 정도로 높이 쌓아 올리지 말 것

해설 화물의 적재 시 건물의 칸막이나 벽 등이 화물의 압력에 견딜 만큼의 강도를 지니지 아니한 경우에는 칸막이나 벽에 기대어 적재하지 않도록 하여야 한다.

관련개념 CHAPTER 06 공사 및 작업 종류별 안전

096

건설업 유해위험방지계획서 제출 시 첨부서류의 항목이 아닌 것은?

① 보호장비 폐기계획
② 공사 개요서
③ 산업안전보건관리비 사용계획서
④ 전체 공정표

해설 보호장비 폐기계획은 건설공사 유해위험방지계획서 첨부서류에 해당되지 않는다.

관련개념 CHAPTER 02 건설공사 위험성

| 정답 | 091 ③　092 ①　093 ①　094 ③　095 ②　096 ①

097

굴착작업 시 근로자의 위험을 방지하기 위하여 해당 작업, 작업장에 대한 사전조사를 실시하여야 하는데 이 사전조사 항목에 포함되지 않는 것은?

① 지반의 지하수위 상태
② 형상 · 지질 및 지층의 상태
③ 굴착기의 이상 유무
④ 매설물 등의 유무 또는 상태

해설 **지반 굴착 시 사전 지반조사 항목**
- 형상 · 지질 및 지층의 상태
- 균열 · 함수 · 용수 및 동결의 유무 또는 상태
- 매설물 등의 유무 또는 상태
- 지반의 지하수위 상태

관련개념 CHAPTER 02 건설공사 위험성

098

잠함 또는 우물통의 내부에서 근로자가 굴착작업을 하는 경우의 준수사항으로 옳지 않은 것은?

① 산소결핍 우려가 있는 경우에는 산소의 농도를 측정하는 사람을 지명하여 측정하도록 할 것
② 근로자가 안전하게 오르내리기 위한 설비를 설치할 것
③ 굴착깊이가 20[m]를 초과하는 경우에는 해당 작업장소와 외부와의 연락을 위한 통신설비 등을 설치할 것
④ 잠함 또는 우물통의 급격한 침하에 의한 위험을 방지하기 위하여 바닥으로부터 천장 또는 보까지의 높이는 2[m] 이내로 할 것

해설 잠함 또는 우물통의 급격한 침하에 의한 위험을 방지하기 위하여 바닥으로부터 천장 또는 보까지의 높이는 1.8[m] 이상으로 하여야 한다.

관련개념 CHAPTER 02 건설공사 위험성

099

흙의 연경도(Consistency)에서 반고체 상태와 소성 상태의 한계를 무엇이라 하는가?

① 액성한계 ② 소성한계
③ 수축한계 ④ 반수축한계

해설 소성한계는 파괴 없이 변형이 일어날 수 있는 최소함수비로 흙이 반고체 상태에서 소성 상태로 바뀔 때의 함수비를 의미한다.

관련개념 CHAPTER 02 건설공사 위험성

100

철골용접 작업자의 전격방지를 위한 주의사항으로 옳지 않은 것은?

① 보호구와 복장을 구비하고, 기름기가 묻었거나 젖은 것은 착용하지 않을 것
② 작업 중지의 경우에는 스위치를 떼어 놓을 것
③ 개로전압이 높은 교류 용접기를 사용할 것
④ 좁은 장소에서의 작업에서는 신체를 노출시키지 않을 것

해설 개로전압이란 아크용접을 할 때 아크를 발생시키기 전 2차 회로에 걸린 단자 사이의 전압으로 개로전압을 안전전압인 30[V] 이하로 유지하여야 감전의 위험을 줄일 수 있다.

관련개념 CHAPTER 06 공사 및 작업 종류별 안전

| 정답 | 097 ③ 098 ④ 099 ② 100 ③

2018년 2회 기출문제

2018년 4월 28일 시행

자동 채점

산업재해 예방 및 안전보건교육

001

안전모의 시험성능기준 항목이 아닌 것은?

① 내관통성 ② 충격흡수성
③ 내구성 ④ 난연성

해설 안전인증대상 안전모의 시험성능기준 항목
- 내관통성
- 충격흡수성
- 내전압성
- 내수성
- 난연성
- 턱끈풀림

관련개념 CHAPTER 02 안전보호구 관리

002

산업재해에 있어 인명이나 물적 등 일체의 피해가 없는 사고를 무엇이라고 하는가?

① Near Accident
② Good Accident
③ True Accident
④ Original Accident

해설 아차사고(Near Accident)
무인명상해(인적 피해 없음), 무재산손실(물적 피해 없음) 사고이다.

관련개념 CHAPTER 01 산업재해예방 계획 수립

003

「보호구 안전인증 고시」에 따른 안전화의 정의 중 다음 ( ) 안에 들어갈 내용으로 알맞은 것은?

> 경작업용 안전화란 (㉠)[mm]의 낙하높이에서 시험했을 때 충격과 (㉡)±0.1[kN]의 압축하중에서 시험했을 때 압박에 대하여 보호해 줄 수 있는 선심을 부착하여 착용자를 보호하기 위한 안전화를 말한다.

① ㉠ 500 ㉡ 10.0 ② ㉠ 250 ㉡ 10.0
③ ㉠ 500 ㉡ 4.4 ④ ㉠ 250 ㉡ 4.4

해설 경작업용 안전화란 250[mm]의 낙하높이에서 시험했을 때 충격과 (4.4±0.1)[kN]의 압축하중에서 시험했을 때 압박에 대하여 보호해 줄 수 있는 선심을 부착하여 착용자를 보호하기 위한 안전화를 말한다.

관련개념 CHAPTER 02 안전보호구 관리

004

「산업안전보건법령」상 특별교육 대상 작업별 교육내용 중 밀폐공간에서의 작업별 교육내용이 아닌 것은? (단, 그 밖에 안전보건관리에 필요한 사항은 제외한다.)

① 산소농도 측정 및 작업환경에 관한 사항
② 유해물질이 인체에 미치는 영향
③ 보호구 착용 및 사용방법에 관한 사항
④ 사고 시의 응급처치 및 비상시 구출에 관한 사항

해설 유해물질이 인체에 미치는 영향은 허가 또는 관리 대상 유해물질의 제조 또는 취급작업을 하는 작업자의 특별교육내용이다.

관련개념 CHAPTER 05 안전보건교육의 내용 및 방법

| 정답 | 001 ③ 002 ① 003 ④ 004 ②

005

부주의 현상 중 의식의 우회에 대한 예방대책으로 옳은 것은?

① 안전교육 ② 표준작업제도 도입
③ 상담 ④ 적성배치

해설 **부주의 발생 내적 원인 및 대책**
- 경험 및 미경험: 교육
- 의식의 우회: 상담
- 소질적 조건: 적성배치

관련개념 CHAPTER 04 인간의 행동과학

006

안전교육 훈련의 기법 중 하버드 학파의 5단계 교수법을 순서대로 나열한 것으로 옳은 것은?

① 총괄 → 연합 → 준비 → 교시 → 응용
② 준비 → 교시 → 연합 → 총괄 → 응용
③ 교시 → 준비 → 연합 → 응용 → 총괄
④ 응용 → 연합 → 교시 → 준비 → 총괄

해설 **하버드 학파의 5단계 교수법(사례연구 중심)**
- 1단계: 준비시킨다.(Preparation)
- 2단계: 교시한다.(Presentation)
- 3단계: 연합한다.(Association)
- 4단계: 총괄한다.(Generalization)
- 5단계: 응용시킨다.(Application)

관련개념 CHAPTER 05 안전보건교육의 내용 및 방법

007

「산업안전보건법령」상 안전보건표지의 색채, 색도기준 및 용도 중 다음 ( ) 안에 들어갈 알맞은 것은?

색채	색도기준	용도	사용 예
( )	5Y 8.5/12	경고	화학물질 취급장소에서의 유해·위험경고 이외의 위험경고, 주의표지 또는 기계방호물

① 파란색 ② 노란색
③ 빨간색 ④ 검은색

해설 **안전보건표지의 색도기준 및 용도**

색채	색도기준	용도	사용 예
노란색	5Y 8.5/12	경고	화학물질 취급장소에서의 유해·위험경고 이외의 위험경고, 주의표지 또는 기계방호물

관련개념 CHAPTER 02 안전보호구 관리

008

모랄 서베이(Morale Survey)의 효용이 아닌 것은?

① 조직 또는 구성원의 성과를 비교·분석한다.
② 종업원의 정화(Catharsis)작용을 촉진시킨다.
③ 경영관리를 개선하는 자료를 얻는다.
④ 근로자의 심리 또는 욕구를 파악하여 불만을 해소하고, 노동의욕을 높인다.

해설 모랄 서베이에서는 조직 또는 구성원의 성과를 비교·분석하지 않는다.

관련개념 CHAPTER 04 인간의 행동과학

| 정답 | 005 ③ 006 ② 007 ② 008 ①

009

착오의 요인 중 인지과정의 착오에 해당하지 않는 것은?

① 정서불안정 ② 감각차단현상
③ 정보부족 ④ 생리 · 심리적 능력의 한계

해설 정보부족은 판단과정 착오의 요인이다.

관련개념 CHAPTER 03 산업안전심리

010

내전압용 절연장갑의 성능기준상 최대사용전압에 따른 절연장갑의 구분 중 00등급의 색상으로 옳은 것은?

① 노란색 ② 흰색
③ 녹색 ④ 갈색

해설 **내전압용 절연장갑의 등급 및 색상**

등급	최대사용전압		색상
	교류([V], 실효값)	직류[V]	
00	500	750	갈색
0	1,000	1,500	빨간색
1	7,500	11,250	흰색
2	17,000	25,500	노란색
3	26,500	39,750	녹색
4	36,000	54,000	등색

관련개념 CHAPTER 02 안전보호구 관리

011

파블로프(Pavlov)의 조건반사설에 의한 학습이론의 원리에 해당되지 않는 것은?

① 일관성의 원리 ② 시간의 원리
③ 강도의 원리 ④ 준비성의 원리

해설 준비성의 법칙은 손다이크의 시행착오설의 법칙 중 하나이다.

관련개념 CHAPTER 05 안전보건교육의 내용 및 방법

012

재해율 중 재직 근로자 1,000명당 1년간 발생하는 재해자 수를 나타내는 것은?

① 연천인율 ② 도수율
③ 강도율 ④ 종합재해지수

해설 **연천인율**

1년간 평균 임금근로자 1,000명당 재해자 수이다.

$$연천인율=\frac{연간\ 재해(사상)자\ 수}{연평균\ 근로자\ 수}\times 1{,}000=도수율(빈도율)\times 2.4$$

관련개념 SUBJECT 03 기계 · 기구 및 설비 안전관리
CHAPTER 02 기계분야 산업재해 조사 및 관리

013

「산업안전보건법령」상 근로자 안전보건교육 중 채용 시의 교육 및 작업내용 변경 시의 교육사항으로 옳은 것은?

① 물질안전보건자료에 관한 사항
② 건강증진 및 질병 예방에 관한 사항
③ 유해 · 위험 작업환경 관리에 관한 사항
④ 표준안전 작업방법 결정 및 지도 · 감독 요령에 관한 사항

해설 ②, ③은 정기교육사항, ④는 관리감독자의 교육사항이다.

관련개념 CHAPTER 05 안전보건교육의 내용 및 방법

| 정답 | 009 ③ 010 ④ 011 ④ 012 ① 013 ①

014

근로자가 작업대 위에서 전기공사 작업 중 감전에 의하여 지면으로 떨어져 다리에 골절상해를 입은 경우의 기인물과 가해물로 옳은 것은?

① 기인물 – 작업대, 가해물 – 지면
② 기인물 – 전기, 가해물 – 지면
③ 기인물 – 지면, 가해물 – 전기
④ 기인물 – 작업대, 가해물 – 전기

해설 기인물은 지면으로 떨어지게 되는 행위의 원인이 되는 것으로 '전기'가 되고, 가해물은 골절상해를 입힌 물리적인 대상이므로 '지면'이 된다.

관련개념 CHAPTER 01 산업재해예방 계획 수립

015

지난 한 해 동안 산업재해로 인하여 직접손실비용이 3조 1,600억 원이 발생한 경우의 총 재해코스트는?(단, 하인리히의 재해손실비 평가방식을 적용한다.)

① 6조 3,200억 원
② 9조 4,800억 원
③ 12조 6,400억 원
④ 15조 8,000억 원

해설 재해손실비의 계산(하인리히 방식)

직접비 : 간접비 = 1 : 4이므로 간접비 = 3조 1,600억 × 4 = 12조 6,400억 원

총 재해코스트 = 직접비 + 간접비

= 3조 1,600억 + 12조 6,400억 = 15조 8,000억 원

관련개념 SUBJECT 03 기계 · 기구 및 설비 안전관리
CHAPTER 02 기계분야 산업재해 조사 및 관리

016

「산업안전보건법령」상 안전관리자가 수행하여야 할 업무가 아닌 것은?(단, 그 밖에 안전에 관한 사항으로서 고용노동부장관이 정하는 사항은 제외한다.)

① 위험성 평가에 관한 보좌 및 지도 · 조언
② 물질안전보건자료의 게시 또는 비치에 관한 보좌 및 지도 · 조언
③ 사업장 순회점검, 지도 및 조치의 건의
④ 산업재해에 관한 통계의 유지 · 관리 · 분석을 위한 보좌 및 지도 · 조언

해설 물질안전보건자료의 게시 또는 비치에 관한 보좌 및 지도 · 조언은 보건관리자의 업무이다.

관련개념 CHAPTER 01 산업재해예방 계획 수립

017

안전교육 방법 중 TWI의 교육과정이 아닌 것은?

① 작업지도훈련 ② 인간관계훈련
③ 정책수립훈련 ④ 작업방법훈련

해설 TWI(Training Within Industry)

- 작업지도훈련(JIT; Job Instruction Training)
- 작업방법훈련(JMT; Job Method Training)
- 인간관계훈련(JRT; Job Relation Training)
- 작업안전훈련(JST; Job Safety Training)

관련개념 CHAPTER 05 안전보건교육의 내용 및 방법

| 정답 | 014 ② 015 ④ 016 ② 017 ③

018

매슬로우(Maslow)의 욕구위계이론 중 제5단계 욕구로 옳은 것은?

① 안전에 대한 욕구
② 자아실현의 욕구
③ 사회적(애정적) 욕구
④ 존경과 긍지에 대한 욕구

해설 **매슬로우(Maslow)의 욕구위계이론**
- 1단계: 생리적 욕구
- 2단계: 안전의 욕구
- 3단계: 사회적 욕구(친화 욕구)
- 4단계: 자기존경의 욕구(안정의 욕구 또는 자기존중의 욕구)
- 5단계: 자아실현의 욕구(성취 욕구)

관련개념 CHAPTER 04 인간의 행동과학

019

점검시기에 의한 안전점검의 분류에 해당하지 않는 것은?

① 성능점검 ② 정기점검
③ 임시점검 ④ 특별점검

해설 **점검시기에 의한 안전점검의 종류**
- 일상점검(수시점검)
- 정기점검
- 특별점검
- 임시점검

관련개념 SUBJECT 03 기계·기구 및 설비 안전관리
CHAPTER 02 기계분야 산업재해 조사 및 관리

020

인간관계의 매커니즘 중 다른 사람으로부터의 판단이나 행동을 무비판적으로 논리적, 사실적 근거 없이 받아들이는 것은?

① 모방(Imitation) ② 투사(Projection)
③ 동일화(Identification) ④ 암시(Suggestion)

해설 **암시(Suggestion)**
다른 사람으로부터의 판단이나 행동을 무비판적으로 논리적, 사실적 근거 없이 받아들이는 것이다.

관련개념 CHAPTER 04 인간의 행동과학

인간공학 및 위험성평가 · 관리

021

FT도에 사용되는 기호 중 "전이기호"를 나타내는 기호는?

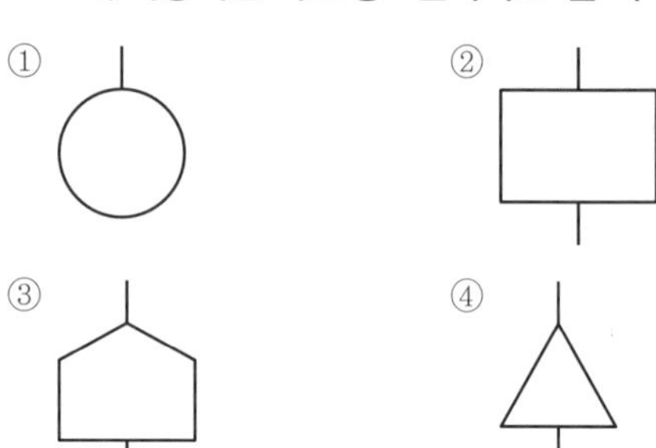

해설 ①은 기본사상, ②는 결함사상(중간사상), ③은 통상사상을 나타낸다.

기호	명칭	설명
(삼각형 기호)	전이기호	FT도 상에서 다른 부분으로 이행 또는 연결을 나타낸다.

관련개념 CHAPTER 02 위험성 파악 · 결정

022

그림과 같은 시스템에서 전체 시스템의 신뢰도는 얼마인가?(단, 네모 안의 숫자는 각 부품의 신뢰도이다.)

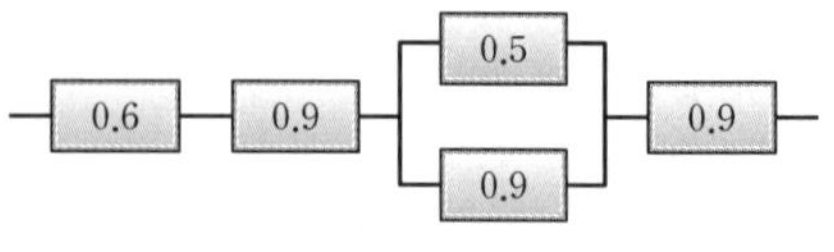

① 0.4104 ② 0.4617
③ 0.6314 ④ 0.6804

해설 가운데 병렬연결의 신뢰도 $=1-(1-0.5)\times(1-0.9)=0.95$
전체 시스템의 신뢰도 $=0.6\times0.9\times0.95\times0.9=0.4617$

관련개념 CHAPTER 01 안전과 인간공학

| 정답 | 018 ② 019 ① 020 ④ 021 ④ 022 ②

023

인간의 눈에서 빛이 가장 먼저 접촉하는 부분은?

① 각막 ② 망막
③ 초자체 ④ 수정체

해설 각막은 안구 표면의 투명한 막으로 빛이 가장 먼저 접촉하는 부분이다.

관련개념 CHAPTER 06 작업환경 관리

024

건습지수로서 습구온도와 건구온도의 가중평균치를 나타내는 Oxford 지수의 공식으로 옳은 것은?

① $W_D=0.65W+0.35D$
② $W_D=0.75W+0.25D$
③ $W_D=0.85W+0.15D$
④ $W_D=0.95W+0.05D$

해설 **옥스퍼드(Oxford) 지수(습건지수)**
$W_D=0.85W$(습구온도)$+0.15D$(건구온도)

관련개념 CHAPTER 06 작업환경 관리

025

결함수분석법에서 일정 조합 안에 포함되어 있는 기본사상들이 모두 발생하지 않으면 틀림없이 정상사상(Top Event)이 발생되지 않는 조합을 무엇이라고 하는가?

① 컷셋(Cut Set)
② 패스셋(Path Set)
③ 결함수셋(Fault Tree Set)
④ 부울대수(Boolean Algebra)

해설 **패스셋(Path Set)**
포함되어 있는 모든 기본사상이 일어나지 않을 때 정상사상이 일어나지 않는 기본사상의 집합이다.

관련개념 CHAPTER 02 위험성 파악 · 결정

026

시스템의 정의에 포함되는 조건 중 틀린 것은?

① 제약된 조건 없이 수행
② 요소의 집합에 의해 구성
③ 시스템 상호 간에 관계를 유지
④ 어떤 목적을 위하여 작용하는 집합체

해설 시스템(System)이란 요소의 집합에 의해 구성되고, System 상호 간의 관계를 유지하며 정해진 조건 아래서 어떤 목적을 위하여 작용하는 집합체이다.

관련개념 CHAPTER 02 위험성 파악 · 결정

027

반경 10[cm]인 조종구(Ball Control)를 30° 움직였을 때, 표시장치가 2[cm] 이동하였다면 통제표시비(C/R비)는 약 얼마인가?

① 1.3 ② 2.6
③ 5.2 ④ 7.8

해설 **조종구의 통제비**

$$\frac{C}{R}=\frac{\left(\frac{a}{360}\right)\times 2\pi L}{\text{표시계기지침의 이동거리}}=\frac{\frac{30}{360}\times 2\pi\times 10}{2}=2.6$$

여기서, a: 조종장치가 움직인 각도
L: 조종구의 반경

관련개념 CHAPTER 06 작업환경 관리

2018년 2회

| 정답 | 023 ① 024 ③ 025 ② 026 ① 027 ②

028

체계분석 및 설계에 있어서 인간공학적 노력의 효능을 산정하는 척도의 기준에 포함되지 않는 것은?

① 성능의 향상
② 훈련비용의 절감
③ 인력 이용률의 저하
④ 생산 및 보전의 경제성 향상

해설 산업인간공학의 가치 중 하나는 인력 이용률의 향상이다.

관련개념 CHAPTER 01 안전과 인간공학

029

FTA에서 어떤 고장이나 실수를 일으키지 않으면 정상사상(Top Event)은 일어나지 않는다고 하는 것으로 시스템의 신뢰성을 표시하는 것은?

① Cut Set ② Minimal Cut Set
③ Free Event ④ Minimal Path Set

해설 **패스셋과 미니멀 패스셋**
패스셋이란 그 속에 포함되어 있는 기본사상이 일어나지 않을 때 처음으로 정상사상이 일어나지 않는 기본사상의 집합으로 미니멀 패스셋은 그 필요한 최소한의 셋을 말한다.(시스템의 신뢰성)

관련개념 CHAPTER 02 위험성 파악·결정

030

인간이 기대하는 바와 자극 또는 반응들이 일치하는 관계를 무엇이라 하는가?

① 관련성 ② 반응성
③ 양립성 ④ 자극성

해설 **양립성(Compatibility)**
안전을 근원적으로 확보하기 위한 전략으로서 외부의 자극과 인간의 기대가 서로 모순되지 않아야 하는 것이고 제어장치와 표시장치 사이의 연관성이 인간의 예상과 어느 정도 일치하는가 여부이다.

관련개념 CHAPTER 06 작업환경 관리

031

정보를 전송하기 위해 청각적 표시장치를 사용해야 효과적인 경우는?

① 전언이 복잡할 경우
② 전언이 후에 재참조될 경우
③ 전언이 공간적인 위치를 다룰 경우
④ 전언이 즉각적인 행동을 요구할 경우

해설 ①, ②, ③은 청각적 표시장치보다 시각적 표시장치가 더 유리한 경우이다.

관련개념 CHAPTER 06 작업환경 관리

032

인체에서 뼈의 주요 기능으로 볼 수 없는 것은?

① 대사작용 ② 신체의 지지
③ 조혈작용 ④ 장기의 보호

해설 **뼈의 주요기능**
- 인체의 지주
- 장기의 보호
- 골수의 조혈기능 등

관련개념 CHAPTER 06 작업환경 관리

| 정답 | 028 ③ 029 ④ 030 ③ 031 ④ 032 ①

033

단위면적당 표면에서 반사되는 빛의 양을 설명한 것으로 맞는 것은?

① 휘도 ② 조도
③ 광도 ④ 반사율

해설 휘도(Luminance)
빛이 어떤 물체에서 반사되어 나오는 양이다.

관련개념 CHAPTER 06 작업환경 관리

034

작업기억(Working Memory)에서 일어나는 정보 코드화에 속하지 않는 것은?

① 의미 코드화 ② 음성 코드화
③ 시각 코드화 ④ 다차원 코드화

해설 작업기억의 정보는 일반적으로 시각, 음성, 의미 코드의 3가지로 코드화된다.

관련개념 CHAPTER 01 안전과 인간공학

035

인간공학적인 의자설계를 위한 일반적 원칙으로 적절하지 않은 것은?

① 척추의 허리 부분은 요부전만을 유지한다.
② 허리 강화를 위하여 쿠션은 설치하지 않는다.
③ 좌판의 앞 모서리 부분은 5[cm] 정도 낮아야 한다.
④ 좌판과 등받이 사이의 각도는 90~105°를 유지하도록 한다.

해설 허리 강화는 인간공학적 의자설계와는 관련이 없다.

관련개념 CHAPTER 06 작업환경 관리

036

휴먼 에러의 배후 요소 중 작업방법, 작업순서, 작업정보, 작업환경과 가장 관련이 깊은 것은?

① Man ② Machine
③ Media ④ Management

해설 4M 분석기법(휴먼 에러의 배후 요소)
① 인간(Man): 잘못된 사용, 오조작, 착오, 실수, 불안심리
② 기계(Machine): 설계·제작 착오, 재료 피로·열화, 고장, 배치·공사 착오
③ 작업매체(Media): 작업정보 부족·부적절, 작업환경 불량
④ 관리(Management): 안전조직 미비, 교육·훈련 부족, 계획 불량, 잘못된 지시

관련개념 CHAPTER 02 위험성 파악·결정

037

윤활관리시스템에서 준수해야 하는 4가지 원칙이 아닌 것은?

① 적정량 준수 ② 다양한 윤활제의 혼합
③ 올바른 윤활법의 선택 ④ 윤활기간의 올바른 준수

해설 기계에 필요한 윤활유를 선정하여 관리하여야 한다.

관련개념 CHAPTER 06 작업환경 관리

038

소음성 난청 유소견자로 판정하는 구분을 나타내는 것은?

① A ② C
③ D_1 ④ D_2

해설 소음성 난청은 일종의 직업병이므로 D_1에 해당한다.

특수건강진단의 판정 구분

A	C_1	C_2	D_1	D_2
건강한 근로자	직업병 요관찰자	일반질병 요관찰자	직업병 유소견자	일반질병 유소견자

관련개념 CHAPTER 06 작업환경 관리

정답 | 033 ① 034 ④ 035 ② 036 ③ 037 ② 038 ③

039

Chapanis의 위험수준에 의한 위험발생률 분석에 대한 설명으로 옳은 것은?

① 자주 발생하는(frequent) > 10^{-3}/day
② 가끔 발생하는(occasional) > 10^{-5}/day
③ 거의 발생하지 않는(remote) > 10^{-6}/day
④ 극히 발생하지 않는(impossible) > 10^{-8}/day

해설
① 자주 발생하는: > 10^{-2}/day
② 가끔 발생하는: > 10^{-4}/day
③ 거의 발생하지 않는: > 10^{-5}/day

관련개념 CHAPTER 02 위험성 파악 · 결정

040

설비의 위험을 예방하기 위한 안전성 평가 단계 중 가장 마지막에 해당하는 것은?

① 재평가 ② 정성적 평가
③ 안전대책 ④ 정량적 평가

해설 안전성 평가 6단계
- 제1단계: 관계자료의 정비검토
- 제2단계: 정성적 평가
- 제3단계: 정량적 평가
- 제4단계: 안전대책 수립
- 제5단계: 재해정보에 의한 재평가
- 제6단계: FTA에 의한 재평가

관련개념 CHAPTER 02 위험성 파악 · 결정

기계 · 기구 및 설비 안전관리

041

작업자의 신체 움직임을 감지하여 프레스의 작동을 급정지시키는 광전자식 안전장치를 부착한 프레스가 있다. 안전거리가 32[cm]라면 급정지에 소요되는 시간은 최대 몇 초 이내이어야 하는가?(단, 급정지에 소요되는 시간은 손이 광선을 차단한 순간부터 급정지기구가 작동하여 하강하는 슬라이드가 정지할 때까지의 시간을 의미한다.)

① 0.1초 ② 0.2초
③ 0.5초 ④ 1초

해설 광전자식 방호장치의 안전거리

$D=1,600\times(T_L+T_S)$

여기서, T_L: 신체가 광선을 차단한 순간부터 급정지기구가 작동 개시하기까지의 시간[초]

T_S: 급정지기구가 작동을 개시할 때부터 슬라이드가 정지할 때까지의 시간[초]

$T_L+T_S=\frac{D}{1,600}=\frac{320}{1,600}=0.2$초

관련개념 CHAPTER 04 프레스 및 전단기의 안전

042

「산업안전보건법령」에서 규정하는 양중기에 속하지 않는 것은?

① 호이스트 ② 이동식 크레인
③ 곤돌라 ④ 체인블록

해설 양중기의 종류
- 크레인(호이스트 포함)
- 이동식 크레인
- 리프트(이삿짐 운반용 리프트의 경우에는 적재하중이 0.1톤 이상인 것)
- 곤돌라
- 승강기

관련개념 CHAPTER 06 운반기계 및 양중기

| 정답 | 039 ④ 040 ① 041 ② 042 ④

043

지게차의 헤드가드가 갖추어야 할 조건에 대한 설명으로 틀린 것은?

① 강도는 지게차 최대하중의 2배 값(4톤을 넘는 값에 대해서는 4톤으로 함)의 등분포정하중에 견딜 수 있을 것
② 상부틀의 각 개구의 폭 또는 길이가 26[cm] 미만일 것
③ 운전자가 앉아서 조작하는 방식인 지게차는 운전자 좌석의 윗면에서 헤드가드의 상부틀의 아랫면까지의 높이가 0.903[m] 이상일 것
④ 운전자가 서서 조작하는 방식인 지게차는 운전석의 바닥면에서 헤드가드 상부틀의 하면까지의 높이가 1.88[m] 이상일 것

해설 지게차 헤드가드 상부틀의 각 개구의 폭 또는 길이가 16[cm] 미만이어야 한다.

관련개념 CHAPTER 06 운반기계 및 양중기

044

산업용 로봇에 사용되는 안전매트에 요구되는 일반구조 및 표시에 관한 설명으로 옳지 않은 것은?

① 단선경보장치가 부착되어 있어야 한다.
② 감응시간을 조절하는 장치는 부착되어 있지 않아야 한다.
③ 자율안전확인의 표시 외에 작동하중, 감응시간, 복귀신호의 자동 또는 수동 여부, 대소인공용 여부를 추가로 표시해야 한다.
④ 감응도 조절장치가 있는 경우 봉인되어 있지 않아야 한다.

해설 안전매트에 감응도 조절장치가 있는 경우 봉인되어 있어야 한다.

관련개념 CHAPTER 05 기타 산업용 기계 · 기구

045

와이어로프의 절단하중이 11,160[N]이고, 한줄로 물건을 매달고지 할 때 안전계수를 6으로 하면 몇 [N] 이하의 물건을 매달 수 있는가?

① 1,860
② 3,720
③ 5,580
④ 66,960

해설 $\text{안전계수}=\dfrac{\text{절단하중}}{\text{최대사용하중}}$이므로

$$\text{최대사용하중}=\frac{\text{절단하중}}{\text{안전계수}}=\frac{11{,}160}{6}=1{,}860[\text{N}]$$

관련개념 CHAPTER 01 기계공정의 안전, 기계안전시설 관리

046

금형 작업의 안전과 관련하여 금형 부품 조립 시의 주의사항으로 틀린 것은?

① 맞춤 핀을 조립할 때에는 헐거운 끼워맞춤으로 한다.
② 파일럿 핀, 직경이 작은 펀치, 핀 게이지 등의 삽입부품은 빠질 위험이 있으므로 플랜지를 설치하는 등 이탈방지대책을 세워둔다.
③ 쿠션 핀을 사용할 경우에는 상승 시 누름판의 이탈방지를 위하여 단붙임한 나사로 견고히 조여야 한다.
④ 가이드 포스트, 샹크는 확실하게 고정한다.

해설 부품 조립 시 맞춤 핀을 사용할 때에는 억지 끼워맞춤으로 한다.

관련개념 CHAPTER 04 프레스 및 전단기의 안전

정답 | 043 ② 044 ④ 045 ① 046 ①

047

프레스의 양수조작식 방호장치에서 누름버튼의 상호 간 내측거리는 몇 [mm] 이상이어야 하는가?

① 200 ② 300
③ 400 ④ 500

해설 양수조작식 방호장치 누름버튼의 상호 간 내측거리는 300[mm] 이상이어야 한다.

관련개념 CHAPTER 04 프레스 및 전단기의 안전

048

선반작업 시 주의사항으로 틀린 것은?

① 회전 중에 가공품을 직접 만지지 않는다.
② 공작물의 설치가 끝나면 척에서 렌치류는 곧바로 제거한다.
③ 칩(Chip)이 비산할 때는 보안경을 쓰고 방호판을 설치하여 사용한다.
④ 돌리개는 적정 크기의 것을 선택하고, 심압대 스핀들은 가능한 길게 나오도록 한다.

해설 선반작업 시 심압대 스핀들은 지나치게 길게 나오지 않도록 한다.

관련개념 CHAPTER 03 공작기계의 안전

049

연삭숫돌의 덮개 재료 선정 시 최고속도에 따라 허용되는 덮개 두께가 달라지는데, 동일한 최고속도에서 가장 얇은 판을 쓸 수 있는 덮개의 재료로 다음 중 가장 적절한 것은?

① 회주철 ② 압연강판
③ 가단주철 ④ 탄소강주강품

해설 연삭숫돌의 덮개 재료 중 회주철은 압연강판 두께의 값에 4를 곱한 값 이상, 가단주철은 압연강판 두께의 값에 2를 곱한 값 이상, 탄소강주강품은 압연강판 두께에 1.6을 곱한 값 이상의 두께이어야 한다. 따라서 가장 얇은 판은 압연강판이다.

관련개념 CHAPTER 03 공작기계의 안전

050

다음 중 기계 고장률의 기본 모형이 아닌 것은?

① 초기고장 ② 우발고장
③ 영구고장 ④ 마모고장

해설 **고장률의 유형**
- 초기고장(감소형)
- 우발고장(일정형)
- 마모고장(증가형)

관련개념 SUBJECT 02 인간공학 및 위험성평가 · 관리
CHAPTER 02 위험성 파악 · 결정

051

보일러수에 유지류, 고형물 등의 부유물로 인한 거품이 발생하여 수위를 판단하지 못하는 현상은?

① 프라이밍(Priming)
② 캐리오버(Carry Over)
③ 포밍(Foaming)
④ 워터해머(Water Hammer)

해설 **포밍(Foaming)**
보일러수에 불순물이 많이 포함되었을 경우 보일러수의 비등과 함께 수면부 위에 거품층을 형성하여 수위가 불안정하게 되는 현상을 말한다.

관련개념 CHAPTER 05 기타 산업용 기계 · 기구

052

위험한 작업점과 작업자 사이의 위험을 차단시키는 격리형 방호장치가 아닌 것은?

① 접촉반응형 방호장치 ② 완전차단형 방호장치
③ 덮개형 방호장치 ④ 안전방책

해설 접촉반응형 방호장치는 접근반응형 방호장치이다.

관련개념 CHAPTER 01 기계공정의 안전, 기계안전시설 관리

| 정답 | 047 ② 048 ④ 049 ② 050 ③ 051 ③ 052 ①

053

롤러기에서 손조작식 급정지장치의 조작부 설치위치로 옳은 것은?(단, 위치는 급정지장치의 조작부의 중심점을 기준으로 한다.)

① 밑면으로부터 0.4[m] 이상 0.6[m] 이내
② 밑면으로부터 0.8[m] 이상 1.1[m] 이내
③ 밑면으로부터 0.8[m] 이내
④ 밑면으로부터 1.8[m] 이내

해설 롤러기 급정지장치 조작부의 위치

종류	설치위치
손조작식	밑면에서 1.8[m] 이내
복부조작식	밑면에서 0.8[m] 이상 1.1[m] 이내
무릎조작식	밑면에서 0.6[m] 이내

관련개념 CHAPTER 05 기타 산업용 기계 · 기구

054

동력 프레스를 분류하는 데 있어서 그 종류에 속하지 않는 것은?

① 크랭크 프레스 ② 토글 프레스
③ 마찰 프레스 ④ 터릿 프레스

해설 동력 프레스의 종류
- 파워프레스(Power Press)
  - 크랭크 프레스(Crank Press)
  - 익센트릭 프레스(Eccentric Press)
  - 토글 프레스(Toggle Press)
  - 마찰 프레스(Friction Press)
- 액압 프레스

관련개념 CHAPTER 04 프레스 및 전단기의 안전

055

목재가공용 둥근톱에서 둥근톱의 두께가 4[mm]일 때 분할날의 두께는 몇 [mm] 이상이어야 하는가?

① 4.0 ② 4.2
③ 4.4 ④ 4.8

해설 분할날의 두께는 톱날 두께의 1.1배 이상이어야 한다.
분할날의 두께 $=4\times1.1=4.4$[mm] 이상

관련개념 CHAPTER 05 기타 산업용 기계 · 기구

056

선반에서 절삭가공 중 발생하는 연속적인 칩을 자동적으로 끊어 주는 역할을 하는 것은?

① 칩 브레이커 ② 방진구
③ 보안경 ④ 커버

해설 칩 브레이커(Chip Breaker)는 칩을 짧게 끊어지도록 하는 장치이다.

관련개념 CHAPTER 03 공작기계의 안전

057

구멍이 있거나 노치(Notch) 등이 있는 재료에 외력이 작용할 때 가장 현저하게 나타나는 현상은?

① 가공경화 ② 피로
③ 응력집중 ④ 크리프(Creep)

해설 응력집중
균일단면에 축하중이 작용하면 응력은 그 단면에 균일하게 분포하는데, Notch나 Hole 등이 있으면 그 단면에 나타나는 응력분포상태가 불규칙하게 되고, 국부적으로 큰 응력이 발생되는 것을 말한다.

관련개념 CHAPTER 01 기계공정의 안전, 기계안전시설 관리

2018년 2회

| 정답 | 053 ④ 054 ④ 055 ③ 056 ① 057 ③

058

제철공장에서는 주괴(Ingot)를 운반하는 데 주로 컨베이어를 사용하고 있다. 이 컨베이어에 대한 방호조치의 설명으로 옳지 않은 것은?

① 근로자의 신체 일부가 말려드는 등 근로자에게 위험을 미칠 우려가 있을 때 및 비상시에는 즉시 컨베이어의 운전을 정지시킬 수 있는 장치를 설치하여야 한다.
② 화물의 낙하로 인하여 근로자에게 위험을 미칠 우려가 있는 때에는 컨베이어에 덮개 또는 울을 설치하는 등 낙하방지를 위한 조치를 하여야 한다.
③ 수평상태로만 사용하는 컨베이어의 경우 정전, 전압강하 등에 의한 화물 또는 운반구의 이탈 및 역주행을 방지하는 장치를 갖추어야 한다.
④ 운전 중인 컨베이어 위로 근로자를 넘어가도록 하는 때에는 근로자의 위험을 방지하기 위하여 건널다리를 설치하는 등 필요한 조치를 하여야 한다.

해설 컨베이어, 이송용 롤러 등을 사용하는 경우에는 정전·전압강하 등에 따른 화물 또는 운반구의 이탈 및 역주행을 방지하는 장치를 갖추어야 한다. 다만, 무동력상태 또는 수평상태로만 사용하여 근로자가 위험해질 우려가 없는 경우에는 그러하지 아니하다.

관련개념 CHAPTER 06 운반기계 및 양중기

059

휴대용 연삭기 덮개의 노출각도 기준은?

① 60° 이내　　② 90° 이내
③ 150° 이내　　④ 180° 이내

해설 휴대용 연삭기, 스윙(Swing) 연삭기 등의 덮개의 노출각도는 180° 이내이다.

관련개념 CHAPTER 03 공작기계의 안전

060

근로자의 추락 등에 의한 위험을 방지하기 위하여 안전난간을 설치하는 경우, 이에 관한 구조 및 설치요건으로 틀린 것은?

① 상부난간대, 중간난간대, 발끝막이판 및 난간기둥으로 구성할 것
② 발끝막이판은 바닥면 등으로부터 5[cm] 이상의 높이를 유지할 것
③ 난간대는 지름 2.7[cm] 이상의 금속제 파이프나 그 이상의 강도를 가진 재료일 것
④ 안전난간은 구조적으로 가장 취약한 지점에서 가장 취약한 방향으로 작용하는 100[kg] 이상의 하중에 견딜 수 있을 것

해설 안전난간의 발끝막이판은 바닥면 등으로부터 10[cm] 이상의 높이를 유지하여야 한다.

관련개념 SUBJECT 05 건설공사 안전관리
CHAPTER 04 건설현장 안전시설 관리

| 정답 | 058 ③　059 ④　060 ②

전기 및 화학설비 안전관리

061

과전류차단기로 시설하는 퓨즈 중 고압전로에 사용하는 비포장 퓨즈에 대한 설명으로 옳은 것은?

① 정격전류의 1.25배의 전류에 견디고 또한 2배의 전류로 2분 안에 용단되는 것이어야 한다.
② 정격전류의 1.25배의 전류에 견디고 또한 2배의 전류로 4분 안에 용단되는 것이어야 한다.
③ 정격전류의 2배의 전류에 견디고 또한 2배의 전류로 2분 안에 용단되는 것이어야 한다.
④ 정격전류의 2배의 전류에 견디고 또한 2배의 전류로 4분 안에 용단되는 것이어야 한다.

해설 고압용 퓨즈의 비포장퓨즈는 정격전류의 1.25배에 견디고, 2배의 전류로 2분 안에 용단되는 것이어야 한다.

관련개념 CHAPTER 01 전기안전관리

062

폭발위험장소의 분류 중 1종 장소에 해당하는 것은?

① 폭발성 가스 분위기가 연속적, 장기간 또는 빈번하게 존재하는 장소
② 폭발성 가스 분위기가 정상작동 중 조성되지 않거나 조성된다 하더라도 짧은 기간에만 존재할 수 있는 장소
③ 폭발성 가스 분위기가 정상작동 중 주기적 또는 빈번하게 생성되는 장소
④ 폭발성 가스 분위기가 장기간 또는 거의 조성되지 않는 장소

해설 가스폭발 위험장소

분류	적요	장소
1종 장소	정상 작동상태에서 인화성 액체의 증기 또는 가연성 가스에 의한 폭발 위험 분위기가 존재하기 쉬운 장소	맨홀 · 벤트 · 피트 등의 주위

관련개념 CHAPTER 04 전기방폭관리

2018년 2회

063

전기기계 · 기구의 조작 부분을 점검하거나 보수하는 경우에는 근로자가 안전하게 작업할 수 있도록 전기기계 · 기구로부터 최소 몇 [cm] 이상의 작업공간 폭을 확보하여야 하는가?(단, 작업공간을 확보하는 것이 곤란하여 절연용 보호구를 착용하도록 한 경우는 제외한다.)

① 60[cm] ② 70[cm]
③ 80[cm] ④ 90[cm]

해설 전기기계 · 기구의 조작부분을 점검하거나 보수하는 경우에는 전기기계 · 기구로부터 폭 70[cm] 이상의 작업공간을 확보하여야 한다.

관련개념 CHAPTER 02 감전재해 및 방지대책

정답 | 061 ① 062 ③ 063 ②

064

고압 또는 특고압의 기계기구 · 모선 등을 옥외에 시설하는 발전소 · 변전소 · 개폐소 또는 이에 준하는 곳에는 구내에 취급자 이외의 자가 들어가지 못하도록 하기 위한 시설의 기준에 대한 설명으로 틀린 것은?

① 울타리 · 담 등의 높이는 1.5[m] 이상으로 시설하여야 한다.
② 출입구에는 출입금지의 표시를 하여야 한다.
③ 출입구에는 자물쇠장치 등 기타 적당한 장치를 하여야 한다.
④ 지표면과 울타리 · 담 등의 하단 사이의 간격은 15[cm] 이하로 하여야 한다.

해설 울타리 · 담 등을 시설할 때 울타리 · 담 등의 높이는 2[m] 이상으로 하고 지표면과 울타리 · 담 등의 하단 사이의 간격은 0.15[m] 이하로 하여야 한다.

관련개념 CHAPTER 02 감전재해 및 방지대책

065

인체저항을 5,000[Ω]으로 가정하면 심실세동을 일으키는 전류에서의 전기에너지는?(단, 심실세동전류는 $\frac{165}{\sqrt{T}}$[mA]이며 통전시간 T는 1초이고 전원은 교류정현파이다.)

① 33[J] ② 130[J]
③ 136[J] ④ 142[J]

해설 **위험한계에너지**

$$W=I^2RT=\left(\frac{165}{\sqrt{T}}\times 10^{-3}\right)^2\times 5{,}000T$$
$$=(165\times 10^{-3})^2\times 5{,}000=136[J]$$

여기서, I: 심실세동전류[A]
R: 인체저항[Ω]
T: 통전시간[s]

관련개념 CHAPTER 02 감전재해 및 방지대책

066

전선 간에 가해지는 전압이 어떤 값 이상이 되면 전선 주위의 전기장이 강하게 되어 전선 표면의 공기가 국부적으로 절연이 파괴되어 빛과 소리를 내는 것은?

① 표피 작용 ② 페란티 효과
③ 코로나 현상 ④ 근접 현상

해설 **코로나 현상**
전선로나 애자 부근에 임계전압 이상의 전압이 가해지면 공기의 절연이 부분적으로 파괴되어 낮은 소리나 엷은 빛을 내면서 방전되는 현상이다.

관련개념 CHAPTER 03 정전기 장 · 재해관리

067

누전에 의한 감전 위험을 방지하기 위하여 반드시 접지를 하여야만 하는 부분에 해당되지 않는 것은?

① 절연대 위 등과 같이 감전 위험이 없는 장소에서 사용하는 전기기계 · 기구의 금속체
② 전기기계 · 기구의 금속제 외함, 금속제 외피 및 철대
③ 전기를 사용하지 아니하는 설비 중 전동식 양중기의 프레임과 궤도에 해당하는 금속체
④ 코드와 플러그를 접속하여 사용하는 휴대형 전동기계 · 기구의 노출된 비충전 금속체

해설 절연대 위 등과 같이 감전 위험이 없는 장소에서 사용하는 전기기계 · 기구에는 접지를 하지 아니할 수 있다.

관련개념 CHAPTER 05 전기설비 위험요인관리

| 정답 | 064 ① 065 ③ 066 ③ 067 ①

068

방폭구조의 종류 중 방진방폭구조를 나타내는 표시로 옳은 것은?

① DDP ② tD
③ XDP ④ DP

해설 "방진방폭구조 tD"는 분진층이나 분진운의 점화를 방지하기 위하여 용기로 보호하는 전기기기에 적용되는 분진침투방지, 표면온도제한 등의 방법을 말한다.

관련개념 CHAPTER 04 전기방폭관리

069

전기기계·기구에 대하여 누전에 의한 감전위험을 방지하기 위하여 누전차단기를 전기기계·기구에 접속할 때 준수하여야 할 사항으로 옳은 것은?

① 누전차단기는 정격감도전류가 60[mA] 이하이고 작동시간은 0.1초 이내일 것
② 누전차단기는 정격감도전류가 50[mA] 이하이고 작동시간은 0.08초 이내일 것
③ 누전차단기는 정격감도전류가 40[mA] 이하이고 작동시간은 0.06초 이내일 것
④ 누전차단기는 정격감도전류가 30[mA] 이하이고 작동시간은 0.03초 이내일 것

해설 누전차단기와 접속되어 있는 각각의 전기기계·기구에 대하여 정격감도전류가 30[mA] 이하이고 동작시간은 0.03초 이내이어야 한다.

관련개념 CHAPTER 02 감전재해 및 방지대책

070

정전기 발생에 영향을 주는 요인이 아닌 것은?

① 물체의 특성 ② 물체의 표면상태
③ 접촉면적 및 압력 ④ 응집속도

해설 **정전기 발생에 영향을 주는 요인**
- 물체의 특성
- 물체의 표면상태
- 물질의 이력
- 접촉면적 및 압력
- 분리속도

관련개념 CHAPTER 05 정전기 장·재해관리

071

산소용기의 압력계가 100[kg/cm²]일 때 약 몇 [psi]인가?(단, 대기압은 표준대기압이다.)

① 1,465 ② 1,455
③ 1,438 ④ 1,423

해설 $1[kg/cm^2]=14.223393[psi]$이므로
$100[kg/cm^2]=1,422.3393[psi]$

관련개념 CHAPTER 07 화학물질 안전관리 실행

072

다음 중 물리적 공정에 해당되는 것은?

① 유화중합 ② 축합중합
③ 산화 ④ 증류

해설 증류는 혼합물의 각 물질의 끓는점(비점) 차이를 이용하여 분리하는 공정으로 물리적 공정에 해당된다.

화학반응의 분류

물리적 공정	화학적 공정
증류, 추출, 건조, 혼합 등	중합, 축합, 산화, 치환 등

관련개념 CHAPTER 07 화학물질 안전관리 실행

정답 | 068 ② 069 ④ 070 ④ 071 ④ 072 ④

073

다음 중 「산업안전보건법령」상 위험물의 종류에서 인화성 가스에 해당하지 않는 것은?

① 수소 ② 질산에스테르
③ 아세틸렌 ④ 메탄

해설 질산에스테르는 폭발성 물질 및 유기과산화물에 해당한다.

관련개념 CHAPTER 07 화학물질 안전관리 실행

074

산화성 액체 중 질산의 성질에 관한 설명으로 옳지 않은 것은?

① 피부 및 의복을 부식시키는 성질이 있다.
② 쉽게 연소하는 가연성 물질이므로 화기에 극도로 주의한다.
③ 위험물 유출 시 건조사를 뿌리거나 중화제로 중화한다.
④ 물과 반응하면 발열반응을 일으키므로 물과의 접촉을 피한다.

해설 질산은 산화성 물질로, 자신은 불연성이지만 다른 물질을 산화시킬 수 있는 강산화제이다.

관련개념 CHAPTER 07 화학물질 안전관리 실행

075

「산업안전보건법령」상의 위험물을 저장·취급하는 화학설비 및 그 부속설비를 설치하는 경우 폭발이나 화재에 따른 피해를 줄이기 위하여 단위공정시설 및 설비로부터 다른 단위공정시설 및 설비 사이의 안전거리는 얼마로 하여야 하는가?

① 설비의 안쪽 면으로부터 10[m] 이상
② 설비의 바깥 면으로부터 10[m] 이상
③ 설비의 안쪽 면으로부터 5[m] 이상
④ 설비의 바깥 면으로부터 5[m] 이상

해설 단위공정시설 및 설비로부터 다른 단위공정시설 및 설비 사이의 안전거리는 설비의 바깥면으로부터 10[m] 이상이어야 한다.

관련개념 CHAPTER 07 화학물질 안전관리 실행

076

최소 착화에너지가 0.25[mJ], 극간 정전용량이 10[pF]인 부탄가스 버너를 점화시키기 위해서 최소 얼마 이상의 전압을 인가하여야 하는가?

① 0.52×10^2[V] ② 0.74×10^3[V]
③ 7.07×10^3[V] ④ 5.03×10^5[V]

해설 **최소발화(착화)에너지**

$E=\frac{1}{2}CV^2$에서 $V=\sqrt{\frac{2E}{C}}=\sqrt{\frac{2\times(0.25\times10^{-3})}{10\times10^{-12}}}=7.07\times10^3$[V]

여기서, E: 착화에너지[J]
C: 전기용량[F]
V: 불꽃전압[V]

관련개념 CHAPTER 06 화재·폭발 검토

077

어떤 물질 내에서 반응전파속도가 음속보다 빠르게 진행되고 이로 인해 발생된 충격파가 반응을 일으키고 유지하는 발열반응을 무엇이라 하는가?

① 점화(Ignition)
② 폭연(Deflagration)
③ 폭발(Explosion)
④ 폭굉(Detonation)

해설 **폭굉파**

연소파가 일정 거리를 진행한 후 연소 전파속도가 1,000~3,500[m/s] 정도에 달할 경우 이를 폭굉현상(Detonation Phenomenon)이라 하며 이때 국한된 반응영역을 폭굉파(Detonation Wave)라 한다. 폭굉파의 속도는 음속을 앞지르므로 진행방향에 그에 따른 충격파가 있다.

관련개념 CHAPTER 06 화재·폭발 검토

| 정답 | 073 ② 074 ② 075 ② 076 ③ 077 ④

078

다음 중 유류화재의 종류에 해당하는 것은?

① A급　　② B급
③ C급　　④ D급

해설 화재의 종류

구분	A급 화재	B급 화재	C급 화재	D급 화재
명칭	일반화재	유류화재	전기화재	금속화재

관련개념 CHAPTER 06 화재 · 폭발 검토

079

「산업안전보건법령」상 관리대상 유해물질의 운반 및 저장 방법으로 적절하지 않은 것은?

① 저장장소에는 관계 근로자가 아닌 사람의 출입을 금지하는 표시를 한다.
② 저장장소에서 관리대상 유해물질의 증기가 실외로 배출되지 않도록 적절한 조치를 한다.
③ 관리대상 유해물질을 저장할 때 일정한 장소를 지정하여 저장하여야 한다.
④ 물질이 새거나 발산될 우려가 없는 뚜껑 또는 마개가 있는 튼튼한 용기를 사용한다.

해설 관리대상 유해물질의 저장장소에는 증기를 실외로 배출시키는 설비를 설치하여야 한다.

관련개념 SUBJECT 02 인간공학 및 위험성평가 · 관리
CHAPTER 05 유해요인 관리

080

다음 중 가연성 가스의 폭발범위에 관한 설명으로 틀린 것은?

① 상한과 하한이 있다.
② 압력과 무관하다.
③ 공기와 혼합된 가연성 가스의 체적 농도로 표시된다.
④ 가연성 가스의 종류에 따라 다른 값을 갖는다.

해설 압력은 폭발하한계에는 영향이 경미하나 폭발상한계에 크게 영향을 준다. 보통 가스압력이 높아질수록 폭발범위는 넓어진다.

관련개념 CHAPTER 06 화재 · 폭발 검토

건설공사 안전관리

081

다음은 「산업안전보건법령」에 따른 근로자의 추락위험 방지를 위한 추락방호망의 설치기준이다. (　) 안에 들어갈 내용으로 옳은 것은?

> 추락방호망은 수평으로 설치하고, 망의 처짐은 짧은 변 길이의 (　　) 이상이 되도록 할 것

① 10[%]　　② 12[%]
③ 15[%]　　④ 18[%]

해설 추락방호망은 수평으로 설치하고, 망의 처짐은 짧은 변 길이의 12[%] 이상이 되도록 하여야 한다.

관련개념 CHAPTER 04 건설현장 안전시설 관리

082

곤돌라형 달비계에 사용이 불가한 와이어로프의 기준으로 옳지 않은 것은?

① 이음매가 없는 것
② 지름의 감소가 공칭지름의 7[%]를 초과하는 것
③ 심하게 변형되거나 부식된 것
④ 와이어로프의 한 꼬임에서 끊어진 소선(素線)의 수가 10[%] 이상인 것

해설 이음매가 있는 것이 곤돌라형 달비계의 와이어로프 사용금지 기준에 해당된다.

관련개념 CHAPTER 05 비계 · 거푸집 가시설 위험방지

| 정답 | 078 ② 079 ② 080 ② 081 ② 082 ①

083

추락재해 방호용 방망의 신품에 대한 인장강도는 얼마인가? (단, 그물코의 크기가 10[cm]이며, 매듭 없는 방망이다.)

① 220[kg] ② 240[kg]
③ 260[kg] ④ 280[kg]

해설 **추락방호망 방망사의 인장강도**

그물코의 크기[cm]	방망의 종류(단위: [kg])	
	매듭 없는 방망	매듭방망
10	240	200
5	–	110

관련개념 CHAPTER 04 건설현장 안전시설 관리

084

다음 중 구조물의 해체작업을 위한 기계 · 기구가 아닌 것은?

① 쇄석기 ② 데릭
③ 압쇄기 ④ 철제 해머

해설 데릭은 해체용 기계가 아닌 양중작업을 위한 기계이다.

관련개념 CHAPTER 06 공사 및 작업 종류별 안전

085

근로자의 추락 위험이 있는 장소에서 발생하는 추락재해의 원인으로 볼 수 없는 것은?

① 안전대를 부착하지 않았다.
② 덮개를 설치하지 않았다.
③ 투하설비를 설치하지 않았다.
④ 안전난간을 설치하지 않았다.

해설 투하설비는 낙하물에 의한 재해를 예방하기 위한 설비이다.

관련개념 CHAPTER 04 건설현장 안전시설 관리

086

다음 중 유해위험방지계획서 제출대상 공사에 해당하는 것은?

① 지상높이가 25[m]인 건축물 건설공사
② 최대 지간길이가 45[m]인 교량건설공사
③ 깊이가 8[m]인 굴착공사
④ 제방 높이가 50[m]인 다목적댐 건설공사

해설 다목적댐의 건설 등 공사는 유해위험방지계획서 제출대상이다.
① 지상높이가 31[m] 이상인 건축물 건설 등 공사
② 최대 지간길이가 50[m] 이상인 다리의 건설 등 공사
③ 깊이가 10[m] 이상인 굴착공사

관련개념 CHAPTER 02 건설공사 위험성

087

사다리식 통로 등을 설치하는 경우 발판과 벽과의 사이는 최소 얼마 이상의 간격을 유지하여야 하는가?

① 5[cm] ② 10[cm]
③ 15[cm] ④ 20[cm]

해설 사다리식 통로 등을 설치하는 경우 발판과 벽과의 사이는 15[cm] 이상의 간격을 유지하여야 한다.

관련개념 CHAPTER 05 비계 · 거푸집 가시설 위험방지

| 정답 | 083 ② 084 ② 085 ③ 086 ④ 087 ③

088

거푸집 공사에 관한 설명으로 옳지 않은 것은?

① 거푸집 조립 시 거푸집이 이동하지 않도록 비계 또는 기타 공작물과 직접 연결한다.
② 거푸집 치수를 정확하게 하여 시멘트 모르타르가 새지 않도록 한다.
③ 거푸집 해체가 쉽게 가능하도록 박리제 사용 등의 조치를 한다.
④ 측압에 대한 안전성을 고려한다.

해설 거푸집을 조립하는 경우에는 거푸집이 콘크리트 하중이나 그 밖의 외력에 견딜 수 있거나, 넘어지지 않도록 견고한 구조의 긴결재, 버팀목 또는 지지대를 설치하는 등 필요한 조치를 하여야 한다.

관련개념 CHAPTER 05 비계 · 거푸집 가시설 위험방지

089

콘크리트 구조물에 적용하는 해체작업 공법의 종류가 아닌 것은?

① 연삭 공법
② 발파 공법
③ 오픈 컷 공법
④ 유압 공법

해설 오픈 컷 공법은 굴착공사의 방법이다.

관련개념 CHAPTER 06 공사 및 작업 종류별 안전

090

발파작업에 종사하는 근로자가 준수하여야 할 사항으로 옳지 않은 것은?

① 장전구는 마찰 · 충격 · 정전기 등에 의한 폭발의 위험이 없는 안전한 것을 사용할 것
② 발파공의 충진재료는 점토 · 모래 등 발화성 또는 인화성의 위험이 없는 재료를 사용할 것
③ 얼어 붙은 다이너마이트는 화기에 접근시키거나 그 밖의 고열물에 직접 접촉시켜 단시간 안에 융해시킬 수 있도록 할 것
④ 전기뇌관에 의한 발파의 경우 점화하기 전에 화약류를 장전한 장소로부터 30[m] 이상 떨어진 안전한 장소에서 전선에 대하여 저항측정 및 도통시험을 할 것

해설 발파작업 시 얼어 붙은 다이너마이트는 화기에 접근시키거나 그 밖의 고열물에 직접 접촉시키는 등 위험한 방법으로 융해되지 않도록 하여야 한다.

관련개념 CHAPTER 02 건설공사 위험성

2018년 2회

091

「산업안전보건법령」에 따른 중량물을 취급하는 작업을 하는 경우의 작업계획서 내용에 포함되지 않는 사항은?

① 추락위험을 예방할 수 있는 안전대책
② 낙하위험을 예방할 수 있는 안전대책
③ 전도위험을 예방할 수 있는 안전대책
④ 위험물 누출위험을 예방할 수 있는 안전대책

해설 중량물 취급 작업계획서에는 추락, 낙하, 전도, 협착, 붕괴위험을 예방할 수 있는 안전대책이 포함되어야 한다.

관련개념 CHAPTER 06 공사 및 작업 종류별 안전

| 정답 | 088 ① 089 ③ 090 ③ 091 ④

092

차량계 하역운반기계 등을 사용하는 작업을 할 때, 그 기계가 넘어지거나 굴러 떨어짐으로써 근로자에게 위험을 미칠 우려가 있는 경우에 이를 방지하기 위한 조치사항과 거리가 먼 것은?

① 유도자 배치
② 지반의 부동침하 방지
③ 상단 부분의 안정을 위하여 버팀줄 설치
④ 갓길 붕괴 방지

해설 **차량계 하역운반기계 전도 등의 방지**
- 유도자 배치
- 지반의 부동침하 방지
- 갓길의 붕괴 방지

관련개념 CHAPTER 04 건설현장 안전시설 관리

093

거푸집 및 동바리를 조립하는 경우의 준수사항으로 옳지 않은 것은?

① 동바리로 사용하는 파이프서포트는 최소 3개 이상 이어서 사용하도록 할 것
② 동바리의 상하 고정 및 미끄러짐 방지조치를 할 것
③ 동바리의 이음은 같은 품질의 재료를 사용할 것
④ 강재의 접속부 및 교차부는 볼트·클램프 등 전용철물을 사용하여 단단히 연결할 것

해설 동바리로 사용하는 파이프서포트는 3개 이상 이어서 사용하지 않도록 하여야 한다.

관련개념 CHAPTER 05 비계·거푸집 가시설 위험방지

094

다음은 「산업안전보건기준에 관한 규칙」 중 가설통로의 구조에 관한 사항이다. (　) 안에 들어갈 내용으로 옳은 것은?

> 수직갱에 가설된 통로의 길이가 15[m] 이상인 경우에는 10[m] 이내마다 (　　　)을/를 설치할 것

① 손잡이　　② 계단참
③ 클램프　　④ 버팀대

해설 수직갱에 가설된 통로의 길이가 15[m] 이상인 경우에는 10[m] 이내마다 계단참을 설치하여야 한다.

관련개념 CHAPTER 05 비계·거푸집 가시설 위험방지

095

강풍 시 타워크레인의 설치·수리·점검 또는 해체 작업을 중지하여야 하는 순간풍속 기준으로 옳은 것은?

① 순간풍속이 초당 10[m]를 초과하는 경우
② 순간풍속이 초당 15[m]를 초과하는 경우
③ 순간풍속이 초당 20[m]를 초과하는 경우
④ 순간풍속이 초당 30[m]를 초과하는 경우

해설 순간풍속이 10[m/s]를 초과하는 경우 타워크레인의 설치·수리·점검 또는 해체 작업을 중지하여야 한다.

관련개념 CHAPTER 06 공사 및 작업 종류별 안전

096

콘크리트 타설작업 시 거푸집에 작용하는 연직하중이 아닌 것은?

① 콘크리트의 측압
② 거푸집의 중량
③ 굳지 않은 콘크리트의 중량
④ 작업원의 작업하중

해설 콘크리트 측압은 콘크리트가 거푸집을 옆으로 밀어내려고 하는 횡방향 하중이다.

관련개념 CHAPTER 05 비계·거푸집 가시설 위험방지

| 정답 | 092 ③　093 ①　094 ②　095 ①　096 ①

097

기상상태의 악화로 비계에서의 작업을 중지시킨 후 그 비계에서 작업을 다시 시작하기 전에 점검해야 할 사항에 해당하지 않는 것은?

① 기둥의 침하 · 변형 · 변위 또는 흔들림 상태
② 손잡이의 탈락 여부
③ 격벽의 설치 여부
④ 발판재료의 손상 여부 및 부착 또는 걸림 상태

해설 격벽은 불꽃 등에 의한 화재를 예방하기 위해 설치하는 시설이다.

관련개념 CHAPTER 05 비계 · 거푸집 가시설 위험방지

098

개착식 굴착공사에서 버팀보공법을 적용하여 굴착할 때 지반붕괴를 방지하기 위하여 사용하는 계측장치로 거리가 먼 것은?

① 지하수위계 ② 경사계
③ 변형률계 ④ 록볼트 응력계

해설 록볼트 응력계는 터널공사 계측기기에 해당된다.

관련개념 CHAPTER 05 비계 · 거푸집 가시설 위험방지

099

산업안전보건관리비 계상을 위한 대상액이 56억 원인 건축공사의 산업안전보건관리비는 얼마인가?

① 104,160천 원 ② 110,320천 원
③ 144,800천 원 ④ 150,400천 원

해설 대상액이 50억 원 이상인 경우 대상액에 계상기준을 곱하여 산업안전보건관리비를 계상한다. 이때 대상액 50억 원 이상 건축공사의 계상기준은 1.97[%]이다.
산업안전보건관리비=56억×0.0197=110,320천 원

관련개념 CHAPTER 03 건설업 산업안전보건관리비 관리

100

드럼에 다수의 돌기를 붙여 놓은 기계로 점토층의 내부를 다지는 데 적합한 것은?

① 탠덤 롤러 ② 타이어 롤러
③ 진동 롤러 ④ 탬핑 롤러

해설 **탬핑 롤러(Tamping Roller)**
롤러의 표면에 돌기를 부착한 것으로서 돌기가 전압층에 매입하여 풍화암을 파쇄해서 흙 속의 간격 수압을 소산시키는 롤러를 말한다. 다른 롤러에 비해서 점착성이 큰 점토질의 다지기에 적당하고, 다지기 유효깊이가 대단히 큰 장점이 있다.

관련개념 CHAPTER 04 건설현장 안전시설 관리

정답 | 097 ③ 098 ④ 099 ② 100 ④

2018년 3회 기출문제

2018년 8월 19일 시행

자동 채점

산업재해 예방 및 안전보건교육

001

「산업안전보건법령」에 따른 안전보건표지에 사용하는 색채 기준 중 비상구 및 피난소, 사람 또는 차량의 통행표지의 안내용도로 사용하는 색채는?

① 빨간색 ② 녹색
③ 노란색 ④ 파란색

해설 안전보건표지의 색도기준 및 용도

색채	색도기준	용도	사용 예
녹색	2.5G 4/10	안내	비상구 및 피난소, 사람 또는 차량의 통행표지

관련개념 CHAPTER 02 안전보호구 관리

002

피로에 의한 정신적 증상과 가장 관련이 깊은 것은?

① 주의력이 감소 또는 경감된다.
② 작업의 효과나 작업량이 감퇴 및 저하된다.
③ 작업에 대한 몸의 자세가 흐트러지고 지치게 된다.
④ 작업에 대하여 무감각·무표정·경련 등이 일어난다.

해설 주의력 감소 또는 경감은 정신적으로 피로할 때 나타나는 대표적 증상이다. ②는 육체적 증상, ③, ④는 생리적 증상과 관련이 깊다.

관련개념 CHAPTER 04 인간의 행동과학

003

사고예방대책의 기본원리 5단계 중 사실의 발견 단계에 해당하는 것은?

① 작업환경 측정
② 안전성 진단, 평가
③ 점검, 검사 및 조사 실시
④ 안전관리 계획수립

해설 사고예방대책의 기본원리 5단계 중 2단계 – 사실의 발견
- 사고 및 안전활동의 기록 검토
- 작업분석
- 안전점검, 검사 및 조사
- 사고조사
- 각종 안전회의 및 토의
- 근로자의 건의 및 애로 조사

관련개념 CHAPTER 01 산업재해예방 계획 수립

004

사업장의 도수율이 10.83이고, 강도율이 7.92일 경우 종합재해지수(FSI)는?

① 4.63 ② 6.42
③ 9.26 ④ 12.84

해설 $\text{종합재해지수(FSI)} = \sqrt{\text{도수율(FR)} \times \text{강도율(SR)}}$
$= \sqrt{10.83 \times 7.92} = 9.26$

관련개념 SUBJECT 03 기계·기구 및 설비 안전관리
CHAPTER 02 기계분야 산업재해 조사 및 관리

| 정답 | 001 ② 002 ① 003 ③ 004 ③

005

「산업안전보건법령」에 따른 근로자 안전보건교육 중 채용 시의 교육내용이 아닌 것은?(단, 「산업안전보건법령」 및 산업재해보상보험 제도에 관한 사항은 제외한다.)

① 사고 발생 시 긴급조치에 관한 사항
② 유해·위험 작업환경 관리에 관한 사항
③ 산업보건 및 직업병 예방에 관한 사항
④ 기계·기구의 위험성과 작업의 순서 및 동선에 관한 사항

해설 유해·위험 작업환경 관리에 관한 사항은 정기교육내용이다.

관련개념 CHAPTER 05 안전보건교육의 내용 및 방법

006

「산업안전보건법령」에 따른 안전검사대상 유해·위험기계 등의 검사 주기 기준 중 다음 ( ) 안에 들어갈 내용으로 알맞은 것은?

> 크레인(이동식 크레인은 제외), 리프트(이삿짐 운반용 리프트는 제외) 및 곤돌라는 사업장에 설치가 끝난 날부터 3년 이내에 최초 안전검사를 실시하되, 그 이후부터 (㉠)년마다(건설현장에서 사용하는 것은 최초로 설치한 날부터 (㉡)개월마다) 실시한다.

① ㉠ 1, ㉡ 4　　② ㉠ 1, ㉡ 6
③ ㉠ 2, ㉡ 4　　④ ㉠ 2, ㉡ 6

해설 크레인, 리프트 및 곤돌라는 사업장에 설치가 끝난 날부터 3년 이내에 최초 안전검사를 실시하되, 그 이후부터 2년마다(건설현장에서 사용하는 것은 최초로 설치한 날부터 6개월마다) 실시한다.

관련개념 SUBJECT 03 기계·기구 및 설비 안전관리
CHAPTER 02 기계분야 산업재해 조사 및 관리

007

산업심리의 5대 요소에 해당되지 않는 것은?

① 동기　　② 지능
③ 감정　　④ 습관

해설 산업안전심리의 요소
- 동기(Motive)
- 기질(Temper)
- 감정(Emotion)
- 습성(Habits)
- 습관(Custom)

관련개념 CHAPTER 03 산업안전심리

008

매슬로우(A. H. Maslow) 욕구위계이론의 각 단계별 내용으로 틀린 것은?

① 1단계: 자아실현의 욕구
② 2단계: 안전에 대한 욕구
③ 3단계: 사회적(애정적) 욕구
④ 4단계: 존경과 긍지에 대한 욕구

해설 매슬로우 욕구위계이론에서 1단계는 생리적 욕구이다. 자아실현의 욕구는 5단계 내용이다.

관련개념 CHAPTER 04 인간의 행동과학

009

리더십(Leadership)의 특성으로 볼 수 없는 것은?

① 민주주의적 지휘 형태
② 부하와의 넓은 사회적 간격
③ 밑으로부터의 동의에 의한 권한 부여
④ 개인적 영향에 의한 부하와의 관계 유지

해설 리더십은 협동과 소통을 통해 사회적 간격이 좁은 특성이 있다.

관련개념 CHAPTER 04 인간의 행동과학

정답 | 005 ② 006 ④ 007 ② 008 ① 009 ②

010

재해예방의 4원칙에 해당하지 않는 것은?

① 손실연계의 원칙　② 대책선정의 원칙
③ 예방가능의 원칙　④ 원인계기의 원칙

해설 **재해예방의 4원칙**
- 손실우연의 원칙
- 원인계기(원인연계)의 원칙
- 예방가능의 원칙
- 대책선정의 원칙

관련개념 CHAPTER 01 산업재해예방 계획 수립

011

위험예지훈련의 방법으로 적절하지 않은 것은?

① 반복 훈련한다.
② 사전에 준비한다.
③ 자신의 작업으로 실시한다.
④ 단위 인원수를 많게 한다.

해설 위험예지훈련 구성원은 4~6명이 적당하다.

관련개념 CHAPTER 01 산업재해예방 계획 수립

012

일반적으로 교육이란 "인간행동의 계획적 변화"로 정의할 수 있다. 여기서 "인간의 행동"이 의미하는 것은?

① 신념과 태도
② 외현적 행동만 포함
③ 내현적 행동만 포함
④ 내현적, 외현적 행동 모두 포함

해설 인간은 교육을 통해 내현적, 외현적 행동을 모두 변화할 수 있다.

관련개념 CHAPTER 05 안전보건교육의 내용 및 방법

013

「산업안전보건법령」에 따른 최소 상시 근로자 50명 이상 규모에 산업안전보건위원회를 설치·운영하여야 할 사업의 종류가 아닌 것은?

① 토사석 광업
② 1차 금속 제조업
③ 자동차 및 트레일러 제조업
④ 정보서비스업

해설 정보서비스업은 상시 근로자 300명 이상인 경우 산업안전보건위원회 설치대상 사업이다.

관련개념 CHAPTER 01 산업재해예방 계획 수립

014

Off JT의 설명으로 틀린 것은?

① 다수의 근로자에게 조직적 훈련이 가능하다.
② 훈련에만 전념하게 된다.
③ 효과가 곧 업무에 나타나며 훈련의 좋고 나쁨에 따라 개선이 쉽다.
④ 교육훈련목표에 대해 집단적 노력이 흐트러질 수 있다.

해설 ③은 OJT(직장 내 교육훈련)에 대한 설명이다.

관련개념 CHAPTER 05 안전보건교육의 내용 및 방법

| 정답 | 010 ① 011 ④ 012 ④ 013 ④ 014 ③

015

산업스트레스의 요인 중 직무특성과 관련된 요인으로 볼 수 없는 것은?

① 조직구조 ② 작업속도
③ 근무시간 ④ 업무의 반복성

해설 조직구조는 스트레스의 요인 중 직무특성과는 관련이 없다.

관련개념 CHAPTER 03 산업안전심리

016

「보호구 안전인증 고시」에 따른 방독마스크 중 할로겐용 정화통 외부 측면의 표시색으로 옳은 것은?

① 갈색 ② 회색
③ 녹색 ④ 노란색

해설 **정화통 외부 측면의 표시색**

종류	표시색
할로겐용 정화통	회색
황화수소용 정화통	
시안화수소용 정화통	

관련개념 CHAPTER 02 안전보호구 관리

017

다음 중 교육의 3요소에 해당되지 않는 것은?

① 교육의 주체
② 교육의 기간
③ 교육의 매개체
④ 교육의 객체

해설 **교육의 3요소**
- 주체: 강사
- 객체: 수강자(학생)
- 매개체: 교재(교육내용)

관련개념 CHAPTER 05 안전보건교육의 내용 및 방법

018

「산업재해보상보험법」에 따른 산업재해로 인한 보상비가 아닌 것은?

① 교통비 ② 장례비
③ 휴업급여 ④ 유족급여

해설 교통비는 「산업재해보상법」에서 정한 산재보상비에 해당하지 않는다.

관련개념 SUBJECT 03 기계 · 기구 및 설비 안전관리
CHAPTER 02 기계분야 산업재해 조사 및 관리

019

직접 사람에게 접촉되어 위해를 가한 물체를 무엇이라 하는가?

① 낙하물 ② 비래물
③ 기인물 ④ 가해물

해설 **가해물**
근로자(사람)에게 직접적으로 상해를 입힌 기계, 장치, 구조물, 물체 · 물질, 사람 또는 환경 등을 말한다.

관련개념 CHAPTER 01 산업재해예방 계획 수립

020

기업 내 교육방법 중 작업의 개선방법 및 사람을 다루는 방법, 작업을 가르치는 방법 등을 주된 교육내용으로 하는 것은?

① CCS(Civil Communication Section)
② MTP(Management Training Program)
③ TWI(Training Within Industry)
④ ATT(American Telephone & Telegram Co.)

해설 **TWI(Training Within Industry)**
주로 관리감독자를 대상으로 하며 전체 교육시간은 10시간 정도 소요된다. 한 그룹에 10명 내외로 토의법과 실연법 중심으로 강의가 실시된다.

관련개념 CHAPTER 05 안전보건교육의 내용 및 방법

2018년 3회

정답 | 015 ① 016 ② 017 ② 018 ① 019 ④ 020 ③

인간공학 및 위험성평가 · 관리

021

결함수분석(FTA) 결과 다음과 같은 패스셋을 구하였다. X_4가 중복사상인 경우 최소 패스셋(Minimal Path Sets)으로 옳은 것은?

$\{X_2, X_3, X_4\}, \{X_1, X_3, X_4\}, \{X_3, X_4\}$

① $\{X_3, X_4\}$
② $\{X_1, X_3, X_4\}$
③ $\{X_2, X_3, X_4\}$
④ $\{X_2, X_3, X_4\}$와 $\{X_3, X_4\}$

해설 패스셋 중 중복사상을 제거하면 최소 패스셋이므로 최소 패스셋은 $\{X_3, X_4\}$이다.

관련개념 CHAPTER 02 위험성 파악 · 결정

022

체계 설계 과정 중 기본설계 단계의 주요활동으로 볼 수 없는 것은?

① 작업설계
② 체계의 정의
③ 기능의 할당
④ 인간 성능 요건 명세

해설 체계의 정의는 기본설계 전 단계에서 수행한다.

관련개념 CHAPTER 01 안전과 인간공학

023

통제표시비를 설계할 때 고려해야 할 5가지 요소에 해당하지 않는 것은?

① 공차 ② 조작시간
③ 일치성 ④ 목측거리

해설 통제표시비의 설계 시 고려해야 할 요소
- 계기의 크기
- 공차
- 목시거리(목측거리)
- 조작시간
- 방향성

관련개념 CHAPTER 06 작업환경 관리

024

정보입력에 사용되는 표시장치 중 청각장치보다 시각장치를 사용하는 것이 더 유리한 경우는?

① 정보의 내용이 긴 경우
② 수신자가 직무상 자주 이동하는 경우
③ 정보의 내용이 즉각적인 행동을 요구하는 경우
④ 정보를 나중에 다시 확인하지 않아도 되는 경우

해설 ②, ③, ④는 시각장치보다 청각장치가 더 유리한 경우이다.

관련개념 CHAPTER 06 작업환경 관리

| 정답 | 021 ① 022 ② 023 ③ 024 ①

025

인간-기계 시스템에 관련된 정의로 틀린 것은?

① 시스템이란 전체 목표를 달성하기 위한 유기적인 결합체이다.
② 인간-기계 시스템이란 인간과 물리적 요소가 주어진 입력에 대해 원하는 출력을 내도록 결합되어 상호작용하는 집합체이다.
③ 수동 시스템은 입력된 정보를 근거로 자신의 신체적 에너지를 사용하여 수공구나 보조기구에 힘을 가하여 작업을 제어하는 시스템이다.
④ 자동화 시스템은 기계에 의해 동력과 몇몇 다른 기능들이 제공되며, 인간이 원하는 반응을 얻기 위해 기계의 제어장치를 사용하여 제어기능을 수행하는 시스템이다.

해설 자동화 시스템에서는 인간은 감시, 프로그래밍, 정비유지 등의 기능만 수행하고, 기계의 제어장치는 사용하지 않는다.

관련개념 CHAPTER 01 안전과 인간공학

026

FT도표에서 사용하는 논리기호 중 기본사상을 나타내는 기호는?

①
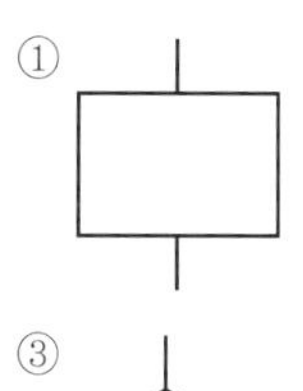

②
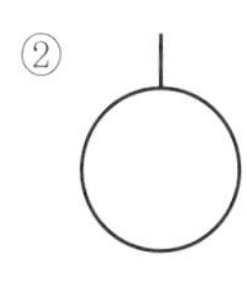

③
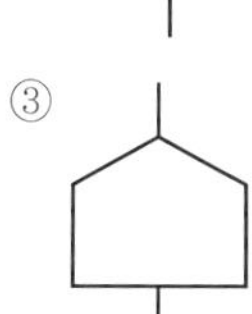

④
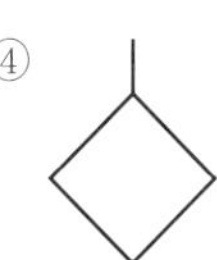

해설 ①은 결함사상(중간사상), ③은 통상사상, ④는 생략사상(최후사상)을 나타낸다.

관련개념 CHAPTER 02 위험성 파악·결정

027

조도가 250[lux]인 책상 위에 짙은 색 종이 A와 B가 있다. 종이 A의 반사율은 20[%]이고, 종이 B의 반사율은 15[%]이다. 종이 A에는 반사율 80[%]의 색으로, 종이 B에는 반사율 60[%]의 색으로 같은 글자를 각각 썼을 때의 설명으로 옳은 것은?(단, 두 글자의 크기, 색, 재질 등은 동일하다.)

① 두 종이에 쓴 글자는 동일한 수준으로 보인다.
② 어느 종이에 쓰인 글자가 더 잘 보이는지 알 수 없다.
③ A 종이에 쓴 글자가 B 종이에 쓴 글자보다 눈에 더 잘 보인다.
④ B 종이에 쓴 글자가 A 종이에 쓴 글자보다 더 잘 보인다.

해설 대비$=\frac{L_b-L_t}{L_b}\times 100$

여기서, L_b: 배경의 광속 발산도
L_t: 표적의 광속 발산도

A 종이의 대비$=\frac{20-80}{20}\times 100=-300[\%]$

B 종이의 대비$=\frac{15-60}{15}\times 100=-300[\%]$

따라서 두 종이에 쓴 글자는 동일한 수준으로 보인다.

관련개념 CHAPTER 06 작업환경 관리

028

작업장의 실효온도에 영향을 주는 인자 중 가장 관계가 먼 것은?

① 온도 ② 체온
③ 습도 ④ 공기유동

해설 실효온도(Effective Temperature, 감각온도, 실감온도)
온도, 습도, 기류 등의 조건에 따라 인간의 감각을 통해 느껴지는 온도로 상대습도 100[%]일 때의 건구온도에서 느끼는 것과 동일한 온도감이다.

관련개념 CHAPTER 06 작업환경 관리

| 정답 | 025 ④ 026 ② 027 ① 028 ②

029

제품의 설계단계에서 고유 신뢰성을 증대시키기 위하여 일반적으로 많이 사용되는 방법이 아닌 것은?

① 병렬 및 대기 리던던시의 활용
② 부품과 조립품의 단순화 및 표준화
③ 제조부문과 납품업자에 대한 부품규격의 명세 제시
④ 부품의 전기적, 기계적, 열적 및 기타 작동조건의 경감

해설 고유 신뢰성 증대방법은 '설계단계에서의 증대방법'과 '제조단계에서 증대방법'이 있으며, ③은 그 어떤 방법에도 속하지 않는다.

고유 신뢰성 증대방법

- 설계단계에서 증대방법: 병렬 및 대기 리던던시의 활용, 부품과 조립품의 단순화 및 표준화, 부품의 전기적, 기계적, 열적 및 기타 작동조건의 경감
- 제조단계에서 증대방법: 제조기술 향상, 제조공정 자동화, 제조품질의 통계적 관리, 부품과 제품의 번인(Burn-in)

관련개념 CHAPTER 02 위험성 파악 · 결정

030

톱사상을 일으키는 컷셋에 해당하는 것은?

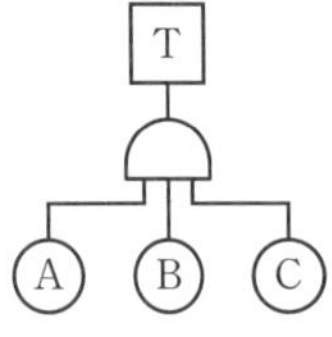

① {A} ② {A, B}
③ {A, B, C} ④ {B, C}

해설 정상(Top)사상 T가 발생하기 위해서는 AND 게이트를 통과해야 하므로 A, B, C 모두가 발생하여야 한다.

관련개념 CHAPTER 02 위험성 파악 · 결정

031

검사공정의 작업자가 제품의 완성도에 대한 검사를 하고 있다. 어느 날 10,000개의 제품에 대한 검사를 실시하여 200개의 부적합품을 발견하였으나 이 로트에는 실제로 500개의 부적합품이 있었다. 이때 인간과오확률(Human Error Probability)은 얼마인가?

① 0.02 ② 0.03
③ 0.04 ④ 0.05

해설 **인간과오확률(HEP; Human Error Probability)**

특정 직무에서 하나의 착오가 발생할 확률이다.

$$\text{HEP}=\frac{\text{인간실수의 수}}{\text{실수발생의 전체 기회 수}}=\frac{500-200}{10{,}000}=0.03$$

관련개념 CHAPTER 01 안전과 인간공학

032

러닝벨트 위를 일정한 속도로 걷는 사람의 배기가스를 5분간 수집한 표본을 가스성분 분석기로 조사한 결과, 산소 16[%], 이산화탄소 4[%]로 나타났다. 배기가스 전량을 가스미터에 통과시킨 결과, 배기량이 90[L]였다면 분당 산소소비량과 에너지(에너지소비량)는 약 얼마인가?

① 0.95[L/min], 4.75[kcal/min]
② 0.96[L/min], 4.80[kcal/min]
③ 0.97[L/min], 4.85[kcal/min]
④ 0.98[L/min], 4.90[kcal/min]

해설 분당 배기량$=\frac{90}{5}=18$[L/min]

흡기량$=\frac{100-O_2-CO_2}{79}\times$배기량$=\frac{100-16-4}{79}\times 18=18.228$[L/min]

산소소비량$=0.21\times$흡기량$-O_2\times$배기량

$=0.21\times 18.228-0.16\times 18=0.95$[L/min]

에너지소비량$=$산소소비량$\times 5$[kcal/L]$=0.95\times 5=4.75$[kcal/min]

관련개념 CHAPTER 06 작업환경 관리

| 정답 | 029 ③ 030 ③ 031 ② 032 ①

033

인간실수의 주 원인에 해당하는 것은?

① 기술수준
② 경험수준
③ 훈련수준
④ 인간 고유의 변화성

해설 기술수준, 경험수준, 훈련수준은 인간의 실수를 줄이기 위한 요인이다.

관련개념 CHAPTER 01 안전과 인간공학

034

사후 보전에 필요한 평균 수리시간을 나타내는 것은?

① MDT ② MTTF
③ MTBF ④ MTTR

해설 **평균수리시간(MTTR; Mean Time To Repair)**
총 수리시간을 그 기간의 수리횟수로 나눈 시간으로 사후 보전에 필요한 수리시간의 평균치를 나타낸다.

관련개념 CHAPTER 03 위험성 감소대책 수립 · 실행

035

통신에서 잡음 중의 일부를 제거하기 위해 필터(Filter)를 사용하였다면 어느 것의 성능을 향상시키는 것인가?

① 신호의 양립성 ② 신호의 산란성
③ 신호의 표준성 ④ 신호의 검출성

해설 신호에 잡음이 섞이지 않도록 여과기(필터)를 사용하여 신호의 검출성을 향상시켰다.

관련개념 CHAPTER 06 작업환경 관리

036

청각적 자극제시와 이에 대한 음성응답과업에서 갖는 양립성에 해당하는 것은?

① 개념적 양립성
② 운동 양립성
③ 공간적 양립성
④ 양식 양립성

해설 **양식 양립성**
언어 또는 문화적 관습이나 특정 신호에 따라 적합하게 반응하는 것을 말하는데, 한국어로 질문하면 한국어로 대납하거나, 기계가 특정 음성에 대해 정해진 반응을 하는 것이 그 예이다.

관련개념 CHAPTER 06 작업환경 관리

037

화학설비의 안전성을 평가하는 방법 5단계 중 제3단계에 해당하는 것은?

① 안전대책 ② 정량적 평가
③ 관계자료 검토 ④ 정성적 평가

해설 **안전성 평가**
- 제1단계: 관계 자료의 정비검토
- 제2단계: 정성적 평가
- 제3단계: 정량적 평가
- 제4단계: 안전대책 수립
- 제5단계: 재평가

관련개념 CHAPTER 02 위험성 파악 · 결정

| 정답 | 033 ④ 034 ④ 035 ④ 036 ④ 037 ②

038

작업공간에서 부품배치의 원칙에 따라 레이아웃을 개선하려 할 때, 부품배치의 원칙에 해당하지 않는 것은?

① 편리성의 원칙　② 사용빈도의 원칙
③ 사용순서의 원칙　④ 기능별 배치의 원칙

해설 **부품배치의 원칙**
- 중요성의 원칙
- 사용빈도의 원칙
- 기능별 배치의 원칙
- 사용순서의 원칙

관련개념 CHAPTER 06 작업환경 관리

039

시력 손상에 가장 크게 영향을 미치는 전신 진동의 주파수는?

① 5[Hz] 미만　② 5~10[Hz]
③ 10~25[Hz]　④ 25[Hz] 초과

해설 전신 진동은 진폭에 비례하여 시력을 손상시키며, 10~25[Hz]의 주파수에서 그 정도가 가장 심하다.

관련개념 CHAPTER 06 작업환경 관리

040

시스템에 영향을 미치는 모든 요소의 고장을 형태별로 분석하여 그 영향을 검토하는 분석기법은?

① FTA　② CHECK LIST
③ FMEA　④ DECISION TREE

해설 **고장형태와 영향분석법(FMEA; Failure Mode and Effect Analysis)**
시스템에 영향을 미치는 모든 요소의 고장을 형태별로 분석하고, 그 고장이 미치는 영향을 분석하는 귀납적, 정성적인 방법이다.

관련개념 CHAPTER 02 위험성 파악 · 결정

기계 · 기구 및 설비 안전관리

041

이동식 크레인과 관련된 용어의 설명 중 옳지 않은 것은?

① "정격하중"이라 함은 이동식 크레인의 지브나 붐의 경사각 및 길이에 따라 부하할 수 있는 최대 하중에서 인양기구(훅, 그래브 등)의 무게를 뺀 하중을 말한다.
② "정격 총하중"이라 함은 최대 하중(붐 길이 및 작업반경에 따라 결정)과 부가하중(훅과 그 이외의 인양 도구들의 무게)을 합한 하중을 말한다.
③ "작업반경"이라 함은 이동식 크레인의 선회 중심선으로부터 훅의 중심선까지의 수평거리를 말하며, 최대 작업반경은 이동식 크레인으로 작업이 가능한 최대치를 말한다.
④ "파단하중"이라 함은 줄걸이 용구 1개를 가지고 안전율을 고려하여 수직으로 매달 수 있는 최대 무게를 말한다.

해설 "파단하중"이라 함은 줄걸이 용구 1개가 절단(파단)에 이를 때까지의 최대 하중을 말한다.

관련개념 CHAPTER 06 운반기계 및 양중기

042

|보기|는 기계설비의 안전화 중 기능의 안전화와 구조의 안전화를 위해 고려해야 할 사항을 열거한 것이다. |보기| 중 기능의 안전화를 위해 고려해야 할 사항에 속하는 것은?

|보기|
㉠ 재료의 결함　㉡ 가공상의 잘못
㉢ 정전 시의 오동작　㉣ 설계의 잘못

① ㉠　② ㉡
③ ㉢　④ ㉣

해설 ㉠, ㉡, ㉣은 구조적 안전화(강도적 안전화)를 위해 고려해야 할 사항이다.

관련개념 CHAPTER 01 기계공정의 안전, 기계안전시설 관리

| 정답 | 038 ① 039 ③ 040 ③ 041 ④ 042 ③

043

다음 중 드릴링 작업에 있어서 공작물을 고정하는 방법으로 가장 적절하지 않은 것은?

① 작은 공작물은 바이스로 고정한다.
② 작고 길쭉한 공작물은 플라이어로 고정한다.
③ 대량 생산과 정밀도를 요구할 때는 지그로 고정한다.
④ 공작물이 크고 복잡할 때는 볼트와 고정구로 고정한다.

해설 플라이어는 작업용 공구의 하나로서, 레버의 원리를 이용하여 악력을 배가시키는 작업용 공구로 공작물을 고정하는 방법과는 관련이 없다.

관련개념 CHAPTER 03 공작기계의 안전

044

탁상용 연삭기에서 일반적으로 플랜지의 지름은 숫돌 지름의 얼마 이상이 적정한가?

① $\frac{1}{2}$　② $\frac{1}{3}$
③ $\frac{1}{5}$　④ $\frac{1}{10}$

해설 플랜지의 지름은 숫돌 직경의 $\frac{1}{3}$ 이상인 것이 적당하다.

관련개념 CHAPTER 03 공작기계의 안전

045

프레스 및 전단기에서 양수조작식 방호장치 누름버튼의 상호 간 최소 내측거리로 옳은 것은?

① 100[mm]　② 150[mm]
③ 250[mm]　④ 300[mm]

해설 양수조작식 방호장치 누름버튼의 상호 간 내측거리는 300[mm] 이상이어야 한다.

관련개념 CHAPTER 04 프레스 및 전단기의 안전

046

공작기계인 밀링작업의 안전사항이 아닌 것은?

① 사용 전에는 기계 · 기구를 점검하고 시운전을 한다.
② 칩을 제거할 때는 칩 브레이커로 제거한다.
③ 회전하는 커터에 손을 대지 않는다.
④ 커터의 제거 · 설치 시에는 반드시 스위치를 차단하고 한다.

해설 칩은 기계를 정지시킨 다음에 브러시 등으로 제거한다. 칩 브레이커는 칩을 짧게 끊어지도록 하는 선반의 안전장치이다.

관련개념 CHAPTER 03 공작기계의 안전

047

크레인에서 훅걸이용 와이어로프 등이 훅으로부터 벗겨지는 것을 방지하기 위해 사용하는 방호장치는?

① 덮개　② 권과방지장치
③ 비상정지장치　④ 해지장치

해설 해지장치란 크레인에서 훅걸이용 와이어로프 등이 훅으로부터 벗겨지는 것을 방지하기 위한 장치이다.

관련개념 CHAPTER 06 운반기계 및 양중기

048

다음 중 욕조 형태를 갖는 일반적인 기계 고장 곡선에서의 기본적인 3가지 고장 유형에 해당하지 않는 것은?

① 피로고장　② 우발고장
③ 초기고장　④ 마모고장

해설 **고장률의 유형**
- 초기고장(감소형)
- 우발고장(일정형)
- 마모고장(증가형)

관련개념 SUBJECT 02 인간공학 및 위험성평가 · 관리
CHAPTER 02 위험성 파악 · 결정

정답 | 043 ② 044 ② 045 ④ 046 ② 047 ④ 048 ①

049

보일러의 안전한 가동을 위하여 압력방출장치를 2개 설치한 경우에 작동방법으로 옳은 것은?

① 최고사용압력 이하에서 2개가 동시 작동
② 최고사용압력 이하에서 1개가 작동되고 다른 것은 최고사용압력의 1.05배 이하에서 작동
③ 최고사용압력 이하에서 1개가 작동되고 다른 것은 최고사용압력의 1.1배 이하에서 작동
④ 최고사용압력의 1.1배 이하에서 2개가 동시 작동

해설 보일러의 안전한 가동을 위하여 보일러 규격에 맞는 압력방출장치를 1개 또는 2개 이상 설치하고 최고사용압력 이하에서 작동되도록 하여야 한다. 다만, 압력방출장치가 2개 이상 설치된 경우에는 최고사용압력 이하에서 1개가 작동되고, 다른 압력방출장치는 최고사용압력 1.05배 이하에서 작동되도록 부착하여야 한다.

관련개념 CHAPTER 05 기타 산업용 기계 · 기구

050

「산업안전보건법령」에 따라 컨베이어의 작업시작 전 점검사항 중 틀린 것은?

① 원동기 및 풀리 기능의 이상 유무
② 이탈 등의 방지장치 기능의 이상 유무
③ 과부하방지장치 기능의 이상 유무
④ 원동기 · 회전축 · 기어 및 풀리 등의 덮개 또는 울 등의 이상 유무

해설 과부하방지장치의 작동 유무는 고소작업대를 사용하여 작업을 할 때 작업시작 전 점검사항이다.

관련개념 CHAPTER 06 운반기계 및 양중기

051

「산업안전보건법령」에 따른 안전난간의 구조 및 설치요건에 대한 설명으로 옳은 것은?

① 상부난간대, 중간난간대, 발끝막이판 및 난간기둥으로 구성하여야 한다.
② 발끝막이판은 바닥면 등으로부터 5[cm] 이하의 높이를 유지하여야 한다.
③ 난간대는 지름 1.5[cm] 이상의 금속제 파이프를 사용하여야 한다.
④ 안전난간은 가장 취약한 지점에서 가장 취약한 방향으로 작용하는 70[kg] 이상의 하중에 견딜 수 있어야 한다.

해설
② 발끝막이판은 바닥면 등으로부터 10[cm] 이상의 높이를 유지할 것
③ 난간대는 지름 2.7[cm] 이상의 금속제 파이프나 그 이상의 강도가 있는 재료일 것
④ 안전난간은 구조적으로 가장 취약한 지점에서 가장 취약한 방향으로 작용하는 100[kg] 이상의 하중에 견딜 수 있는 튼튼한 구조일 것

관련개념 SUBJECT 05 건설공사 안전관리
CHAPTER 04 건설현장 안전시설 관리

052

롤러의 위험점 전방에 개구 간격 16.5[mm]인 가드를 설치하고자 한다면, 개구부에서 위험점까지의 거리는 몇 [mm] 이상이어야 하는가?(단, 위험점이 전동체는 아니다.)

① 70 ② 80
③ 90 ④ 100

해설 **가드를 설치할 때 일반적인 개구부의 간격**

$Y=6+0.15X$에서 $X=\frac{Y-6}{0.15}=\frac{16.5-6}{0.15}=70$[mm]

여기서, Y: 개구부의 간격[mm]
X: 개구부에서 위험점까지의 최단거리[mm]($X<160$[mm])

관련개념 CHAPTER 05 기타 산업용 기계 · 기구

| 정답 | 049 ② 050 ③ 051 ① 052 ①

053

프레스 금형의 설치 및 조정 시 슬라이드 불시하강을 방지하기 위하여 설치해야 하는 것은?

① 인터록 ② 클러치
③ 게이트 가드 ④ 안전블록

해설 프레스 등의 금형을 부착·해체 또는 조정하는 작업을 할 때에 해당 작업에 종사하는 근로자의 신체가 위험한계 내에 있는 경우 슬라이드가 갑자기 작동함으로써 근로자에게 발생할 우려가 있는 위험을 방지하기 위하여 안전블록을 사용하는 등 필요한 조치를 하여야 한다.

관련개념 CHAPTER 04 프레스 및 전단기의 안전

054

프레스 방호장치 중 가드식 방호장치의 구조 및 선정조건에 대한 설명으로 옳지 않은 것은?

① 미동(Inching) 행정에서는 작업자 안전을 위해 가드를 개방할 수 없는 구조로 한다.
② 1행정 1정지기구를 갖춘 프레스에 사용한다.
③ 가드 폭이 400[mm] 이하일 때는 가드 측면을 방호하는 가드를 부착하여 사용한다.
④ 가드 높이는 프레스에 부착되는 금형 높이 이상(최소 180[mm])으로 한다.

해설 미동(Inching) 행정에서는 가드를 개방할 수 있는 것이 작업성에 좋다.

미동(Inching)
전기적 조작에 의하여 회전부를 미소한 각도만큼 회전시키는 것을 말한다.

관련개념 CHAPTER 04 프레스 및 전단기의 안전

055

다음은 지게차의 헤드가드에 관한 기준이다. (　　) 안에 들어갈 내용으로 옳은 것은?

> 지게차 사용 시 화물 낙하 위험의 방호조치 사항으로 헤드가드를 갖추어야 한다. 그 강도는 지게차 최대하중의 (　　　) 값의 등분포정하중(等分布靜荷重)에 견딜 수 있어야 한다. 단, 그 값이 4톤을 넘는 것에 대하여서는 4톤으로 한다.

① 2배 ② 3배
③ 4배 ④ 5배

해설 지게차 헤드가드의 강도는 지게차의 최대하중의 2배의 값(4톤을 넘는 값에 대해서는 4톤)의 등분포정하중에 견딜 수 있는 것이어야 한다.

관련개념 CHAPTER 06 운반기계 및 양중기

056

급정지기구가 있는 1행정 프레스의 광전자식 방호장치에서 광선에 신체의 일부가 감지된 후로부터 급정지기구의 작동 시까지의 시간이 40[ms]이고, 급정지기구의 작동 직후로부터 프레스기가 정지될 때까지의 시간이 20[ms]라면 안전거리는 몇 [mm] 이상이어야 하는가?

① 60 ② 76
③ 80 ④ 96

해설 **광전자식 방호장치의 안전거리**

$D=1,600\times(T_L+T_S)=1,600\times(0.04+0.02)=96$[mm]

여기서, T_L: 신체가 광선을 차단한 순간부터 급정지기구가 작동 개시하기까지의 시간[초]
T_S: 급정지기구가 작동을 개시할 때부터 슬라이드가 정지할 때까지의 시간[초]

관련개념 CHAPTER 04 프레스 및 전단기의 안전

2018년 3회

| 정답 | 053 ④ 054 ① 055 ① 056 ④

057

다음 중 보일러의 폭발사고 예방을 위한 장치로 가장 거리가 먼 것은?

① 압력제한스위치
② 압력방출장치
③ 고저수위 고정장치
④ 화염검출기

해설 보일러의 폭발 사고를 예방하기 위하여 압력방출장치, 압력제한스위치, 고저수위 조절장치, 화염검출기 등의 기능이 정상적으로 작동될 수 있도록 유지·관리하여야 한다.

관련개념 CHAPTER 05 기타 산업용 기계·기구

058

산업용 로봇에 지워지지 않는 방법으로 반드시 표시해야 하는 항목이 있는데 다음 중 이에 속하지 않는 것은?

① 제조자의 이름과 주소, 모델 번호 및 제조일련번호, 제조연월
② 매니퓰레이터의 회전반경
③ 중량
④ 이동 및 설치를 위한 인양 지점

해설 **로봇 표시사항**

- 제조자의 이름과 주소, 모델 번호 및 제조일련번호, 제조연월
- 중량
- 전기 또는 유·공압시스템에 대한 공급사양
- 이동 및 설치를 위한 인양 지점
- 부하 능력

관련개념 CHAPTER 05 기타 산업용 기계·기구

059

프레스 작업 시 금형의 파손을 방지하기 위한 조치 내용 중 틀린 것은?

① 금형 맞춤 핀은 억지 끼워맞춤으로 한다.
② 쿠션 핀을 사용할 경우에는 상승 시 누름판의 이탈방지를 위하여 단붙임한 나사로 견고히 조여야 한다.
③ 금형에 사용하는 스프링은 인장형을 사용한다.
④ 스프링 등의 파손에 의해 부품이 비산될 우려가 있는 부분에는 덮개를 설치한다.

해설 금형에 사용하는 스프링은 압축형으로 한다.

관련개념 CHAPTER 04 프레스 및 전단기의 안전

060

「산업안전보건법령」상 회전 중인 연삭숫돌 지름이 최소 얼마 이상인 경우로서 근로자에게 위험을 미칠 우려가 있는 경우 해당 부위에 덮개를 설치하여야 하는가?

① 3[cm] 이상　② 5[cm] 이상
③ 10[cm] 이상　④ 20[cm] 이상

해설 회전 중인 연삭숫돌(지름이 5[cm] 이상인 것으로 한정)이 근로자에게 위험을 미칠 우려가 있는 경우에 그 부위에 덮개를 설치하여야 한다.

관련개념 CHAPTER 03 공작기계의 안전

| 정답 | 057 ③ 058 ② 059 ③ 060 ②

전기 및 화학설비 안전관리

061

피뢰기의 제한전압이 800[kV]이고, 충격절연강도가 1,000[kV]라면, 보호여유도는?

① 12[%] ② 25[%]
③ 39[%] ④ 43[%]

해설 $\text{보호여유도} = \frac{\text{충격절연강도} - \text{제한전압}}{\text{제한전압}} \times 100$

$= \frac{1,000 - 800}{800} \times 100 = 25[\%]$

관련개념 CHAPTER 05 전기설비 위험요인관리

062

작업장에서 꽂음접속기를 설치 또는 사용하는 때에 작업자의 감전 위험을 방지하기 위하여 필요한 준수사항으로 틀린 것은?

① 서로 다른 전압의 꽂음접속기는 상호 접속되는 구조의 것을 사용할 것
② 습윤한 장소에 사용되는 꽂음접속기는 방수형 등 해당 장소에 적합한 것을 사용할 것
③ 꽂음접속기를 접속시킬 경우 땀 등으로 젖은 손으로 취급하지 않도록 할 것
④ 꽂음접속기에 잠금장치가 있는 때에는 접속 후 잠그고 사용할 것

해설 꽂음접속기의 설치·사용 시 서로 다른 전압의 꽂음접속기는 서로 접속되지 아니한 구조의 것을 사용하여야 한다.

관련개념 CHAPTER 02 감전재해 및 방지대책

063

방폭구조 중 전폐구조를 하고 있으며, 외부의 폭발성 가스가 내부로 침입하여 내부에서 폭발하더라도 용기는 그 압력에 견디고, 내부의 폭발로 인하여 외부의 폭발성 가스에 착화될 우려가 없도록 만들어진 구조는?

① 안전증방폭구조 ② 본질안전방폭구조
③ 유입방폭구조 ④ 내압방폭구조

해설 **내압방폭구조(d)**
용기 내부에 폭발성 가스 및 증기가 폭발하였을 때 용기가 그 압력에 견디며 또한 접합면, 개구부 등을 통해서 외부의 폭발성 가스·증기에 인화되지 않도록 한 구조이다.

관련개념 CHAPTER 04 전기방폭관리

064

전기기계·기구의 누전에 의한 감전 위험을 방지하기 위하여 설치한 누전차단기의 감전방지 사항으로 틀린 것은?

① 정격감도전류가 30[mA] 이하이고 작동시간은 3초 이내일 것
② 분기회로 또는 전기기계·기구마다 누전차단기를 접속할 것
③ 파손이나 감전사고를 방지할 수 있는 장소에 접속할 것
④ 지락보호전용 기능만 있는 누전차단기는 과전류를 차단하는 퓨즈나 차단기 등과 조합하여 접속할 것

해설 누전차단기와 접속되어 있는 각각의 전기기계·기구에 대하여 정격감도전류가 30[mA] 이하이고 동작시간은 0.03초 이내이어야 한다.

관련개념 CHAPTER 02 감전재해 및 방지대책

| 정답 | 061 ② 062 ① 063 ④ 064 ①

065

다음 중 전압의 분류가 잘못된 것은?

① 1,000[V] 이하인 교류전압: 저압
② 1,500[V] 이하인 직류전압: 저압
③ 1,000[V] 초과 7[kV] 이하인 교류전압: 고압
④ 10[kV]를 초과하는 직류전압: 초고압

해설 전압의 구분

구분	교류	직류
저압	1[kV] 이하	1.5[kV] 이하
고압	1[kV] 초과 7[kV] 이하	1.5[kV] 초과 7[kV] 이하
특고압	7[kV] 초과	

관련개념 CHAPTER 02 감전재해 및 방지대책

066

페인트를 스프레이로 뿌려 도장작업을 하는 작업 중 발생할 수 있는 정전기 대전으로만 이루어진 것은?

① 유동대전, 충돌대전　② 유동대전, 마찰대전
③ 분출대전, 충돌대전　④ 분출대전, 유동대전

해설 정전기의 발생현상

- 분출대전: 분체류, 액체류, 기체류가 단면적이 작은 분출구를 통해 공기 중으로 분출될 때 분출하는 물질과 분출구와의 마찰로 정전기 발생
- 충돌대전: 분체류와 같은 입자 상호 간이나 입자와 고체와의 충돌에 의해 빠른 접촉, 분리가 행하여짐으로써 정전기 발생

관련개념 CHAPTER 03 정전기 장·재해관리

067

전기사용장소 사용전압 440[V]인 저압전로의 전선 상호 간 및 전로와 대지 사이의 절연저항은 얼마 이상이어야 하는가?

① 0.1[MΩ]　② 0.5[MΩ]
③ 0.8[MΩ]　④ 1.0[MΩ]

해설 절연저항 기준

전로의 사용전압	DC 시험전압[V]	절연저항[MΩ]
SELV 및 PELV	250	0.5 이상
FELV, 500[V] 이하	500	1 이상
500[V] 초과	1,000	1 이상

※ 이 문제는 개정된 법령에 따라 수정한 문제입니다.

관련개념 CHAPTER 02 감전재해 및 방지대책

068

정전기에 의한 재해방지대책으로 틀린 것은?

① 대전방지제 등을 사용한다.
② 공기 중의 습기를 제거한다.
③ 금속 등의 도체를 접지시킨다.
④ 배관 내 액체가 흐를 경우 유속을 제한한다.

해설 공기 중에 습기를 부여하는 것이 정전기 대전방지에 유효하다.

관련개념 CHAPTER 03 정전기 장·재해관리

069

누설전류로 인해 화재가 발생될 수 있는 누전화재의 3요소에 해당하지 않는 것은?

① 누전점　② 인입점
③ 접지점　④ 출화점

해설 누전화재의 요인

- 누전점(전류의 유입점)
- 발화점(발화된 장소)
- 접지점(접지점의 소재)

관련개념 CHAPTER 05 전기설비 위험요인관리

| 정답 | 065 ④　066 ③　067 ④　068 ②　069 ②

070

폭발위험장소 중 1종 장소에 해당하는 것은?

① 폭발성 가스 분위기가 연속적, 장기간 또는 빈번하게 존재하는 장소
② 폭발성 가스 분위기가 정상작동 중 주기적 또는 빈번하게 생성되는 장소
③ 폭발성 가스 분위기가 정상작동 중 조성되지 않거나 조성된다 하더라도 짧은 기간에만 존재할 수 있는 장소
④ 전기설비를 제조, 설치 및 사용함에 있어 특별한 주의를 요하는 정도의 폭발성 가스 분위기가 조성될 우려가 없는 장소

해설 가스폭발 위험장소

분류	적요	장소
1종 장소	정상 작동상태에서 인화성 액체의 증기 또는 가연성 가스에 의한 폭발 위험 분위기가 존재하기 쉬운 장소	맨홀 · 벤트 · 피트 등의 주위

관련개념 CHAPTER 04 전기방폭관리

071

황린의 저장 및 취급방법으로 옳은 것은?

① 강산화제를 첨가하여 중화된 상태로 저장한다.
② 물 속에 저장한다.
③ 자연발화하므로 건조한 상태로 저장한다.
④ 강알칼리 용액 속에 저장한다.

해설 황린은 자연발화성이 있어서 물 속에 보관하여야 한다.

관련개념 CHAPTER 07 화학물질 안전관리 실행

072

최소 점화에너지(MIE)와 온도, 압력 관계를 옳게 설명한 것은?

① 압력, 온도에 모두 비례한다.
② 압력, 온도에 모두 반비례한다.
③ 압력에 비례하고, 온도에 반비례한다.
④ 압력에 반비례하고, 온도에 비례한다.

해설 압력이 높고, 온도가 높으면 최소 점화에너지는 낮아진다.

관련개념 CHAPTER 06 화재 · 폭발 검토

073

「산업안전보건법령」상 공정안전보고서의 내용 중 공정안전자료에 포함되지 않는 것은?

① 유해 · 위험설비의 목록 및 사양
② 폭발위험장소 구분도 및 전기단선도
③ 안전운전지침서
④ 각종 건물 · 설비의 배치도

해설 안전운전지침서는 안전운전계획의 세부내용이다.

관련개념 CHAPTER 09 화공 안전운전 · 점검

074

폭발범위가 1.8~8.5[vol%]인 가스의 위험도를 구하면 얼마인가?

① 0.8 ② 3.7
③ 5.7 ④ 6.7

해설 위험도

$$H=\frac{U-L}{L}=\frac{8.5-1.8}{1.8}=3.7$$

여기서, U: 폭발상한계 값
L: 폭발하한계 값

관련개념 CHAPTER 06 화재 · 폭발 검토

정답 | 070 ② 071 ② 072 ② 073 ③ 074 ②

075

「산업안전보건기준에 관한 규칙」에서 정한 위험물질의 종류에서 인화성 액체에 해당하지 않는 것은?

① 적린 ② 에틸에테르
③ 산화프로필렌 ④ 아세톤

해설 적린은 물반응성 물질 및 인화성 고체에 해당한다.

관련개념 CHAPTER 07 화학물질 안전관리 실행

076

공정별로 폭발을 분류할 때 물리적 폭발이 아닌 것은?

① 분해폭발 ② 탱크의 감압폭발
③ 수증기 폭발 ④ 고압용기의 폭발

해설 분해폭발은 화학물질이 급격하게 분해되어서 발생하는 폭발로 화학적 폭발에 해당한다.

관련개념 CHAPTER 06 화재 · 폭발 검토

077

다음 물질 중 가연성 가스가 아닌 것은?

① 수소 ② 메탄
③ 프로판 ④ 염소

해설 염소는 지연성 가스로 가연성 가스와 공존할 때 가스폭발의 위험이 있다.

관련개념 CHAPTER 07 화학물질 안전관리 실행

078

사업주가 금속의 용접 · 용단 또는 가열에 사용되는 가스 등의 용기를 취급하는 경우에 준수하여야 하는 사항으로 틀린 것은?

① 용기의 온도를 40[℃] 이하로 유지할 것
② 전도의 위험이 없도록 할 것
③ 밸브의 개폐는 빠르게 할 것
④ 용해아세틸렌의 용기는 세워 둘 것

해설 가스 등의 용기를 취급하는 경우 밸브의 개폐는 서서히 하여야 한다.

관련개념 SUBJECT 03 기계 · 기구 및 설비 안전관리
CHAPTER 05 기타 산업용 기계 · 기구

079

「산업안전보건기준에 관한 규칙」상 ( ) 안에 들어갈 내용으로 알맞은 것은?

> 사업주는 급성 독성 물질이 지속적으로 외부에 유출될 수 있는 화학설비 및 그 부속설비에 파열판과 안전밸브를 직렬로 설치하고 그 사이에는 (   )를 설치하여야 한다.

① 온도지시계 또는 과열방지장치
② 압력지시계 또는 자동경보장치
③ 유량지시계 또는 유속지시계
④ 액위지시계 또는 과압방지장치

해설 급성 독성 물질이 지속적으로 외부에 유출될 수 있는 화학설비 및 그 부속설비에 파열판과 안전밸브를 직렬로 설치하고 그 사이에는 압력지시계 또는 자동경보장치를 설치하여야 한다.

관련개념 CHAPTER 09 화공 안전운전 · 점검

080

관로의 크기를 변경하고자 할 때 사용하는 관부속품은?

① 밸브(Valve) ② 엘보(Elbow)
③ 부싱(Bushing) ④ 플랜지(Flange)

해설 ①은 유로 차단 및 유량 조절 시 사용하고, ②는 관로의 방향 변경 시, ④는 관로의 연결 시 사용한다.

관련개념 CHAPTER 09 화공 안전운전 · 점검

| 정답 | 075 ① 076 ① 077 ④ 078 ③ 079 ② 080 ③

건설공사 안전관리

081

안전난간의 구조 및 설치요건과 관련하여 발끝막이판은 바닥면으로부터 얼마 이상의 높이를 유지하여야 하는가?

① 10[cm] 이상　② 15[cm] 이상
③ 20[cm] 이상　④ 30[cm] 이상

해설 안전난간의 발끝막이판은 바닥면 등으로부터 10[cm] 이상의 높이를 유지하여야 한다.

관련개념 CHAPTER 04 건설현장 안전시설 관리

082

굴착면의 기울기 기준으로 옳지 않은 것은?

① 풍화암 − 1 : 1.0
② 연암 − 1 : 1.0
③ 경암 − 1 : 0.2
④ 모래 − 1 : 1.8

해설 굴착면의 기울기 기준

지반의 종류	굴착면의 기울기
모래	1:1.8
연암 및 풍화암	1:1.0
경암	1:0.5
그 밖의 흙	1:1.2

관련개념 CHAPTER 02 건설공사 위험성

083

점토공사 중 발생하는 비탈면 붕괴의 원인과 거리가 먼 것은?

① 함수비 고정으로 인한 균일한 흙의 단위중량
② 건조로 인하여 점성토의 점착력 상실
③ 점성토의 수축이나 팽창으로 균열 발생
④ 공사진행으로 비탈면의 높이와 기울기 증가

해설 단위중량이 균일할 경우 붕괴위험이 감소된다.

관련개념 CHAPTER 04 건설현장 안전시설 관리

084

작업으로 인하여 물체가 떨어지거나 날아올 위험이 있는 경우에 조치 및 준수하여야 할 사항으로 옳지 않은 것은?

① 낙하물방지망, 수직보호망 또는 방호선반 등을 설치한다.
② 낙하물방지망의 내민 길이는 벽면으로부터 2[m] 이상으로 한다.
③ 낙하물방지망의 수평면과의 각도는 20° 이상 30° 이하를 유지한다.
④ 낙하물방지망의 높이는 15[m] 이내마다 설치한다.

해설 낙하물방지망은 높이 10[m] 이내마다 설치하여야 한다.

관련개념 CHAPTER 04 건설현장 안전시설 관리

085

앞쪽에 한 개의 조향륜 롤러와 뒤축에 두 개의 롤러가 배치된 것으로(2축 3륜), 하층 노반다지기, 아스팔트 포장에 주로 쓰이는 장비의 이름은?

① 머캐덤 롤러　② 탬핑 롤러
③ 페이 로더　④ 래머

해설 **머캐덤 롤러(Macadam Roller)**
3륜차의 형식으로 쇠바퀴 롤러가 배치된 기계로, 중량 6~18톤 정도이다. 부순 돌이나 자갈길의 1차 전압 및 마감 전압이나 아스팔트 포장 초기 전압에 사용된다.

관련개념 CHAPTER 04 건설현장 안전시설 관리

2018년 3회

| 정답 | 081 ① 082 ③ 083 ① 084 ④ 085 ①

086

「산업안전보건법령」에 따라 안전관리자와 보건관리자의 직무를 분류할 때 안전관리자의 직무에 해당되지 않는 것은?

① 산업재해에 관한 통계의 유지 · 관리 · 분석을 위한 보좌 및 지도 · 조언
② 산업재해 발생의 원인 조사 · 분석 및 재발방지를 위한 기술적 보좌 및 지도 · 조언
③ 해당 사업장 안전교육계획의 수립 및 안전교육 실시에 관한 보좌 및 지도 · 조언
④ 국소 배기장치 등에 관한 설비의 점검과 작업방법의 공학적 개선에 관한 보좌 및 지도 · 조언

해설 국소 배기장치 등에 관한 설비의 점검과 작업방법의 공학적 개선에 관한 보좌 및 지도 · 조언는 보건관리자의 직무에 해당한다.

관련개념 SUBJECT 01 산업재해 예방 및 안전보건교육
CHAPTER 01 산업재해예방 계획 수립

087

발파작업에 종사하는 근로자가 준수해야 할 사항으로 옳지 않은 것은?

① 얼어 붙은 다이너마이트는 화기에 접근시키거나 그 밖의 고열물에 직접 접촉시키는 등 위험한 방법으로 융해되지 않도록 할 것
② 발파공의 충진재료는 점토 · 모래 등의 사용을 금할 것
③ 장전구(裝塡具)는 마찰 · 충격 · 정전기 등에 의한 폭발의 위험이 없는 안전한 것을 사용할 것
④ 전기뇌관에 의한 발파의 경우 점화하기 전에 화약류를 장전한 장소로부터 30[m] 이상 떨어진 안전한 장소에서 전선에 대하여 저항측정 및 도통(導通)시험을 할 것

해설 발파작업 시 발파공의 충진재료는 점토 · 모래 등 발화성 또는 인화성의 위험이 없는 재료를 사용하여야 한다.

관련개념 CHAPTER 02 건설공사 위험성

088

「산업안전보건법령」에서는 터널건설작업을 하는 경우에 해당 터널 내부의 화기와 아크를 사용하는 장소에는 필히 무엇을 설치하도록 규정하고 있는가?

① 소화설비 ② 대피설비
③ 충전설비 ④ 차단설비

해설 터널건설작업을 하는 경우에 해당 터널 내부의 화기나 아크를 사용하는 장소 또는 배전반, 변압기, 차단기 등을 설치하는 장소에 소화설비를 설치하여야 한다.

관련개념 CHAPTER 05 비계 · 거푸집 가시설 위험방지

089

비탈면 붕괴를 방지하기 위한 방법으로 옳지 않은 것은?

① 비탈면 상부의 토사 제거
② 지하 배수공 시공
③ 비탈면 하부의 성토
④ 비탈면 내부 수압의 증가 유도

해설 비탈면 내부의 수압이 증가할 경우 기존 토압에 수압이 가중되어 붕괴위험이 높아진다.

관련개념 CHAPTER 04 건설현장 안전시설 관리

090

높이 2[m]를 초과하는 말비계를 조립하여 사용하는 경우 작업발판의 최소 폭 기준으로 옳은 것은?

① 20[cm] 이상 ② 30[cm] 이상
③ 40[cm] 이상 ④ 50[cm] 이상

해설 말비계의 높이가 2[m]를 초과하는 경우에는 작업발판의 폭을 40[cm] 이상으로 하여야 한다.

관련개념 CHAPTER 05 비계 · 거푸집 가시설 위험방지

| 정답 | 086 ④ 087 ② 088 ① 089 ④ 090 ③

091

달비계의 최대 적재하중을 정하는 경우 달기 와이어로프의 최대하중이 50[kg]일 때 안전계수에 의한 와이어로프의 절단하중은 얼마인가?

① 1,000[kg] ② 700[kg]
③ 500[kg] ④ 300[kg]

해설 달기 와이어로프의 안전계수는 10 이상이어야 한다.

$\text{안전계수} = \frac{\text{절단하중}}{\text{최대사용하중}}$이므로

절단하중 = 안전계수 × 최대사용하중 = 10 × 50 = 500[kg]

관련개념 CHAPTER 06 공사 및 작업 종류별 안전

092

콘크리트 타설 시 거푸집의 측압에 영향을 미치는 인자들에 관한 설명으로 옳지 않은 것은?

① 슬럼프가 클수록 측압은 크다.
② 거푸집의 강성이 클수록 측압은 크다.
③ 철근량이 많을수록 측압은 작다.
④ 타설속도가 느릴수록 측압은 크다.

해설 콘크리트의 타설속도가 빠를수록 측압이 커진다.

관련개념 CHAPTER 06 공사 및 작업 종류별 안전

093

거푸집동바리에 작용하는 횡하중이 아닌 것은?

① 콘크리트 측압 ② 풍하중
③ 자중 ④ 지진하중

해설 자중(자체의 하중)은 연직방향 하중에 해당한다.

관련개념 CHAPTER 05 비계 · 거푸집 가시설 위험방지

094

차량계 하역운반기계의 운전자가 운전위치를 이탈하는 경우의 조치사항으로 부적절한 것은?

① 포크 및 버킷을 가장 높은 위치에 두어 근로자 통행을 방해하지 않도록 하였다.
② 원동기를 정지시키고 브레이크를 걸었다.
③ 시동키를 운전대에서 분리시켰다.
④ 경사지에서 갑작스런 주행이 되지 않도록 하였다.

해설 차량계 하역운반기계의 운전자가 운전위치 이탈 시에는 포크, 버킷, 디퍼 등의 상지를 가장 낮은 위치 또는 지면에 내려 두어야 한다.

관련개념 CHAPTER 04 건설현장 안전시설 관리

095

유해위험방지계획서 작성대상 공사의 기준으로 옳지 않은 것은?

① 지상높이 31[m] 이상인 건축물 공사
② 저수용량 1천만 톤 이상인 용수 전용 댐
③ 최대 지간길이 50[m] 이상인 교량건설 등 공사
④ 깊이 10[m] 이상인 굴착공사

해설 다목적 댐, 발전용 댐, 저수용량 2천만 톤 이상인 용수 전용 댐 및 지방상수도 전용 댐의 건설 등의 공사가 유해위험방지계획서 제출대상의 기준이다.

관련개념 CHAPTER 02 건설공사 위험성

정답 | 091 ③ 092 ④ 093 ③ 094 ① 095 ②

096

건설업 산업안전보건관리비 항목으로 사용 가능하지 않은 내역은?

① 용접 작업 등 화재 위험작업 시 사용하는 소화기의 구입비
② 안전관리자가 안전보건 점검 등을 목적으로 건설공사 현장에서 사용하는 차량의 보험료
③ 감염병의 확산 방지를 위한 마스크 구입비용
④ 다른 법령에서 의무사항으로 규정한 사항을 이행하는 데 필요한 비용

해설 ①는 안전시설비, ②는 보호구, ③은 근로자 건강장해예방비의 목적으로 산업안전보건관리비를 사용할 수 있다.
※ 이 문제는 개정된 법령에 따라 수정한 문제입니다.

관련개념 CHAPTER 03 건설업 산업안전보건관리비 관리

097

철골작업 시 위험방지를 위하여 철골작업을 중지하여야 하는 기준으로 옳은 것은?

① 강설량이 시간당 1[mm] 이상인 경우
② 강우량이 시간당 1[mm] 이상인 경우
③ 풍속이 초당 20[m] 이상인 경우
④ 풍속이 시간당 200[mm] 이상인 경우

해설 **철골작업의 제한기준**

구분	내용
강풍	풍속이 10[m/s] 이상인 경우
강우	강우량이 1[mm/h] 이상인 경우
강설	강설량이 1[cm/h] 이상인 경우

관련개념 CHAPTER 06 공사 및 작업 종류별 안전

098

추락에 의한 위험방지를 위해 해당 장소에서 조치해야 할 사항과 거리가 먼 것은?

① 추락방호망 설치
② 안전난간 설치
③ 덮개 설치
④ 투하설비 설치

해설 투하설비는 낙하물에 의한 재해를 예방하기 위한 설비이다.

관련개념 CHAPTER 04 건설현장 안전시설 관리

099

「산업안전보건법령」에 따른 가설통로의 구조에 관한 설치 기준으로 옳지 않은 것은?

① 경사가 25°를 초과하는 경우에는 미끄러지지 아니하는 구조로 할 것
② 경사는 30° 이하로 할 것
③ 수직갱에 가설된 통로의 길이가 15[m] 이상인 경우에는 10[m] 이내마다 계단참을 설치할 것
④ 건설공사에 사용하는 높이 8[m] 이상인 비계다리에는 7[m] 이내마다 계단참을 설치할 것

해설 가설통로 설치 시 경사가 15°를 초과하는 경우에는 미끄러지지 아니하는 구조로 하여야 한다.

관련개념 CHAPTER 05 비계 · 거푸집 가시설 위험방지

100

항타기 또는 항발기의 권상용 와이어로프의 안전계수 기준으로 옳은 것은?

① 3 이상
② 5 이상
③ 8 이상
④ 10 이상

해설 항타기 및 항발기의 권상용 와이어로프의 안전계수가 5 이상이 아니면 이를 사용하여서는 아니 된다.

관련개념 CHAPTER 04 건설현장 안전시설 관리

| 정답 | 096 ④ 097 ② 098 ④ 099 ① 100 ②

2017년 1회 기출문제

2017년 3월 5일 시행

산업재해 예방 및 안전보건교육

001

재해의 원인과 결과를 연계하여 상호 관계를 파악하기 위해 도표화하는 분석방법은?

① 특성요인도
② 파레토도
③ 클로즈 분석도
④ 관리도

해설 특성요인도
특성과 요인관계를 도표로 하여 어골상으로 세분화한 분석법으로 원인과 결과를 연계하여 상호관계를 파악한다.

관련개념 SUBJECT 03 기계·기구 및 설비 안전관리
CHAPTER 02 기계분야 산업재해 조사 및 관리

002

연평균 근로자 수가 1,000명인 사업장에서 연간 6건의 재해가 발생한 경우, 이때의 도수율은?(단, 1일 근로시간 수는 4시간, 연평균 근로일 수는 150일이다.)

① 1　② 10
③ 100　④ 1,000

해설 도수율(빈도율)

$$\text{도수율} = \frac{\text{재해건수}}{\text{연근로시간 수}} \times 1,000,000$$

$$= \frac{6}{1,000 \times (4 \times 150)} \times 1,000,000 = 10$$

관련개념 SUBJECT 03 기계·기구 및 설비 안전관리
CHAPTER 02 기계분야 산업재해 조사 및 관리

003

교육의 효과를 높이기 위하여 시청각 교재를 최대한으로 활용하는 시청각적 방법의 필요성이 아닌 것은?

① 교재의 구조화를 기할 수 있다.
② 대량 수업체제가 확립될 수 있다.
③ 교수의 평준화를 기할 수 있다.
④ 개인차를 최대한으로 고려할 수 있다.

해설 시청각 교육방법은 교재의 내용이 표준화되어 있어 개인차를 고려하기 힘든 교육 방법이다.

관련개념 CHAPTER 05 안전보건교육의 내용 및 방법

004

인간의 행동특성에 관한 레윈(Lewin)의 법칙에서 각 인자에 대한 내용으로 틀린 것은?

$$B = f(P \cdot E)$$

① B: 행동　② f: 함수관계
③ P: 개체　④ E: 기술

해설 레윈의 법칙에서 'E'는 환경(Environment)을 의미한다.

관련개념 CHAPTER 04 인간의 행동과학

|정답| 001 ① 002 ② 003 ④ 004 ④

005

「산업안전보건법」상 고용노동부장관이 산업재해 예방을 위하여 종합적인 개선조치를 할 필요가 있다고 인정할 때에 안전보건개선계획의 수립·시행을 명할 수 있는 대상 사업장이 아닌 것은?

① 산업재해율이 같은 업종의 규모별 평균 산업재해율보다 높은 사업장
② 사업주가 안전보건조치의무를 이행하지 아니하여 중대재해가 발생한 사업장
③ 고용노동부장관이 관보 등에 고시한 유해인자의 노출기준을 초과한 사업장
④ 경미한 재해가 다발로 발생한 사업장

해설 경미한 재해가 다발로 발생한 사업장은 안전보건개선계획 수립·시행 명령 대상에 해당하지 않는다.
안전보건개선계획 수립 대상 사업장은 ①, ②, ③ 및 직업성 질병자가 연간 2명 이상 발생한 사업장이다.

관련개념 CHAPTER 01 산업재해예방 계획 수립

006

개인 카운슬링(Counseling) 방법으로 가장 거리가 먼 것은?

① 직접적 충고　② 설득적 방법
③ 설명적 방법　④ 반복적 충고

해설 개인적 카운슬링 방법에는 직접적 충고, 설명적 방법, 설득적 방법이 있다.

관련개념 CHAPTER 05 안전보건교육의 내용 및 방법

007

재해의 기본원인 4M에 해당하지 않는 것은?

① Man　② Machine
③ Media　④ Measurement

해설 4M 분석기법에 Measurement는 존재하지 않는다.
4M 분석기법은 ①, ②, ③ 및 관리(Management)이다.

관련개념 CHAPTER 01 산업재해예방 계획 수립

008

무재해 운동의 추진을 위한 3요소에 해당하지 않는 것은?

① 모든 위험잠재요인의 해결
② 최고경영자의 경영자세
③ 관리감독자(Line)의 적극적 추진
④ 직장 소집단의 자주활동 활성화

해설 **무재해 운동의 3기둥(3요소)**
• 소집단의 자주활동의 활성화
• 라인관리자에 의한 안전보건의 추진
• 최고경영자의 경영자세

관련개념 CHAPTER 01 산업재해예방 계획 수립

009

「산업안전보건법령」상 사업주가 근로자에 대하여 실시하여야 하는 교육 중 특별교육의 대상이 되는 작업이 아닌 것은?

① 화학설비의 탱크 내 작업
② 전압이 30[V]인 정전 및 활선작업
③ 건설용 리프트·곤돌라를 이용한 작업
④ 동력에 의하여 작동되는 프레스기계를 5대 이상 보유한 사업장에서 해당 기계로 하는 작업

해설 전압이 75[V] 이상인 정전 및 활선작업이 특별교육 대상 작업이다.

관련개념 CHAPTER 05 안전보건교육의 내용 및 방법

| 정답 | 005 ④　006 ④　007 ④　008 ①　009 ②

010

다음과 같은 스트레스에 대한 반응은 무엇에 해당하는가?

> 여동생이나 남동생을 얻게 되면서 손가락을 빠는 것과 같이 어린 시절의 버릇을 나타낸다.

① 투사 ② 억압
③ 승화 ④ 퇴행

해설 퇴행
신체적으로나 정신적으로 정상 발달되어 있으면서도 위협이나 불안을 일으키는 상황에는 생애 초기에 만족했던 시절을 생각하는 것이다.

관련개념 CHAPTER 05 안전보건교육의 내용 및 방법

011

무재해 운동의 추진기법에서 위험예지훈련의 4라운드 중 2라운드 진행 방법에 해당하는 것은?

① 본질추구 ② 목표설정
③ 현상파악 ④ 대책수립

해설 위험예지훈련의 추진을 위한 문제해결 4단계(4라운드)
- 1라운드: 현상파악(사실의 파악)
- 2라운드: 본질추구(원인조사)
- 3라운드: 대책수립(대책을 세운다)
- 4라운드: 목표설정(행동계획 작성)

관련개념 CHAPTER 01 산업재해예방 계획 수립

012

보호구 안전인증 고시에 따른 안전모의 일반구조 중 턱끈의 최소 폭 기준은?

① 5[mm] 이상 ② 7[mm] 이상
③ 10[mm] 이상 ④ 12[mm] 이상

해설 안전모의 턱끈의 폭은 10[mm] 이상이어야 한다.

관련개념 CHAPTER 02 안전보호구 관리

013

안전교육 훈련기법에 있어 태도 개발 측면에서 가장 적합한 기본교육 훈련방식은?

① 실습방식 ② 제시방식
③ 참가방식 ④ 시뮬레이션방식

해설 태도에 관한 교육훈련에서 가장 많이 쓰이는 방식은 참가방식이다.

관련개념 CHAPTER 05 안전보건교육의 내용 및 방법

014

허즈버그(Herzberg)의 동기·위생 이론에 대한 설명으로 옳은 것은?

① 위생요인은 직무내용에 관련된 요인이다.
② 동기요인은 직무에 만족을 느끼는 주요인이다.
③ 위생요인은 매슬로우 욕구위계 중 존경, 자아실현의 욕구와 유사하다.
④ 동기요인은 매슬로우 욕구위계 중 생리적 욕구와 유사하다.

해설 동기요인(Motivation)은 책임감, 성취, 인정, 개인발전 등 일 자체에서 오는 심리적 욕구로 일 자체와 직결된 요인이다.

관련개념 CHAPTER 04 인간의 행동과학

015

「산업안전보건법령」상 안전보건표지에 관한 설명으로 틀린 것은?

① 안전보건표지 속의 그림 또는 부호의 크기는 안전보건표지의 크기와 비례하여야 하며, 안전보건표지 전체 규격의 30[%] 이상이 되어야 한다.
② 안전보건표지 색채의 물감은 변질되지 아니하는 것에 색채 고정원료를 배합하여 사용하여야 한다.
③ 안전보건표지는 그 표시내용을 근로자가 빠르고 쉽게 알아볼 수 있는 크기로 제작하여야 한다.
④ 안전보건표지에는 야광물질을 사용하여서는 아니 된다.

해설 야간에 필요한 안전보건표지는 야광물질을 사용하는 등 쉽게 알아볼 수 있도록 제작하여야 한다.

관련개념 CHAPTER 02 안전보호구 관리

2017년 1회

| 정답 | 010 ④ 011 ① 012 ③ 013 ③ 014 ② 015 ④

016

조직이 리더에게 부여하는 권한으로 볼 수 없는 것은?

① 보상적 권한　　② 강압적 권한
③ 합법적 권한　　④ 위임된 권한

해설 위임된 권한은 조직이 부여하지 않았지만 부하(Followers)가 부여해 주는 리더의 권한이다.

관련개념 CHAPTER 04 인간의 행동과학

017

「산업안전보건법령」상 일용근로자의 안전보건교육 과정별 교육시간 기준으로 틀린 것은?

① 채용 시의 교육: 1시간 이상
② 작업내용 변경 시의 교육: 2시간 이상
③ 건설업 기초안전·보건교육(건설 일용근로자): 4시간 이상
④ 특별교육(흙막이 지보공의 보강 또는 동바리를 설치하거나 해체하는 작업에 종사하는 일용근로자): 2시간 이상

해설 일용근로자의 작업내용 변경 시에는 1시간 이상 교육을 실시하여야 한다.

관련개념 CHAPTER 05 안전보건교육의 내용 및 방법

018

적응기제(Adjustment Mechanism)의 도피적 행동인 고립에 해당하는 것은?

① 운동시합에서 진 선수가 컨디션이 좋지 않았다고 말한다.
② 키가 작은 사람이 키 큰 친구들과 같이 사진을 찍으려 하지 않는다.
③ 자녀가 없는 여교사가 아동교육에 전념하게 되었다.
④ 동생이 태어나자 형이 된 아이가 말을 더듬는다.

해설 ①은 방어적 기제 중 합리화, ③은 방어적 기제 중 승화, ④는 도피적 기제 중 퇴행에 해당한다.

관련개념 CHAPTER 05 안전보건교육의 내용 및 방법

019

「산업안전보건법령」상 안전인증대상 기계·기구 등이 아닌 것은?

① 프레스　　② 전단기
③ 롤러기　　④ 산업용 원심기

해설 산업용 원심기는 안전인증대상은 아니지만 안전검사대상 유해·위험기계 등에 해당한다.

관련개념 SUBJECT 03 기계·기구 및 설비 안전관리
CHAPTER 02 기계분야 산업재해 조사 및 관리

020

억측판단의 배경이 아닌 것은?

① 생략 행위　　② 초조한 심정
③ 희망적 관측　　④ 과거의 성공한 경험

해설 **억측판단이 발생하는 배경**

- 희망적인 관측
- 불확실한 정보나 지식
- 과거의 성공한 경험
- 초조한 심정

관련개념 CHAPTER 03 산업안전심리

| 정답 | 016 ④　017 ②　018 ②　019 ④　020 ①

인간공학 및 위험성평가 · 관리

021

작업장 내의 색채조절이 적합하지 못한 경우에 나타나는 상황이 아닌 것은?

① 안전표지가 너무 많아 눈에 거슬린다.
② 현란한 색배합으로 물체 식별이 어렵다.
③ 무채색으로만 구성되어 중압감을 느낀다.
④ 다양한 색채를 사용하면 작업의 집중도가 높아진다.

해설 다양한 색채는 시각의 혼란으로 재해를 유발시킬 수 있다.

관련개념 CHAPTER 06 작업환경 관리

022

반복되는 사건이 많이 있는 경우에 FTA의 최소 컷셋을 구하는 알고리즘이 아닌 것은?

① Fussell Algorithm
② Boolean Algorithm
③ Monte Carlo Algorithm
④ Limnios & Ziani Algorithm

해설 **몬테 카를로 알고리즘(Monte Carlo Algorithm)**
확률적 알고리즘으로서 단 한 번의 과정으로 정확한 해를 구하기 어려운 경우 무작위로 난수를 반복적으로 발생하여 해를 구하는 절차이다.
어떤 분석 대상에 대한 완전한 확률 분포가 주어지지 않을 때 유용하다.

관련개념 CHAPTER 02 위험성 파악 · 결정

023

FT도에 사용되는 다음 기호의 명칭으로 옳은 것은?

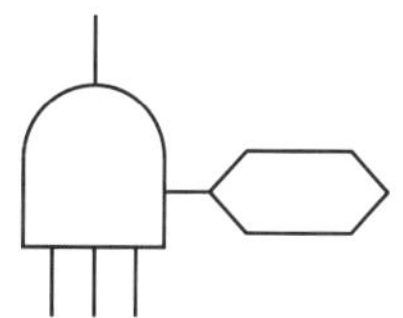

① 억제 게이트　　② 부정 게이트
③ 배타적 OR 게이트　　④ 우선적 AND 게이트

해설

기호	명칭	설명
	우선적 AND 게이트	입력사상 중 어떤 현상이 다른 현상보다 먼저 일어날 경우에만 출력사상이 발생

관련개념 CHAPTER 02 위험성 파악 · 결정

024

1[cd]의 점광원에서 1[m] 떨어진 곳에서의 조도가 3[lux]였다. 동일한 조건에서 5[m] 떨어진 곳에서의 조도는 약 몇 [lux]인가?

① 0.12　　② 0.22
③ 0.36　　④ 0.56

해설 조도[lux]$=\dfrac{\text{광속[lumen]}}{(\text{거리[m]})^2}$이므로
광속$=$조도$\times$거리$^2=3\times1^2=3$[lumen]
따라서 5[m] 떨어진 곳에서의 조도는 $\dfrac{3}{5^2}=0.12$[lux]이다.

관련개념 CHAPTER 06 작업환경 관리

정답 | 021 ④　022 ③　023 ④　024 ①

025

지게차 인장벨트의 수명은 평균이 100,000시간, 표준편차가 500시간인 정규분포를 따른다. 이 인장벨트의 수명이 101,000시간 이상일 확률은 약 얼마인가?(단, $P(Z\leq 1)=0.8413$, $P(Z\leq 2)=0.9772$, $P(Z\leq 3)=0.9987$이다.)

① 1.60[%] ② 2.28[%]
③ 3.28[%] ④ 4.28[%]

해설 정규분포 표준화 공식 $P\left(Z\geq\frac{X-\mu}{\sigma}\right)$

여기서, X: 확률변수, μ: 평균, σ: 표준편차

$$P_r(X\geq 101{,}000)=P_r\left(Z\geq\frac{101{,}000-100{,}000}{500}\right)$$
$$=P_r(Z\geq 2)=1-P_r(Z\leq 2)$$
$$=1-0.9772=0.0228=2.28[\%]$$

관련개념 CHAPTER 03 위험성 감소대책 수립 · 실행

026

청각적 표시장치에서 300[m] 이상의 장거리용 경보기에 사용하는 진동수로 가장 적절한 것은?

① 800[Hz] 전후 ② 2,200[Hz] 전후
③ 3,500[Hz] 전후 ④ 4,000[Hz] 전후

해설 청각적 경계 및 경보신호 선택 시 300[m] 이상의 장거리용 신호에는 1,000[Hz] 이하의 진동수를 사용한다.

관련개념 CHAPTER 02 정보입력표시

027

「산업안전보건법령」에서 정한 물리적 인자의 분류 기준에 있어서 소음은 소음성 난청을 유발할 수 있는 몇 [dB] 이상의 시끄러운 소리로 규정하고 있는가?

① 70 ② 85
③ 100 ④ 115

해설 소음이란 소음성 난청을 유발할 수 있는 85[dB] 이상의 시끄러운 소리를 말한다.

관련개념 CHAPTER 05 유해요인 관리

028

FTA에 의한 재해사례 연구의 순서를 올바르게 나열한 것은?

A. 목표사상 선정	B. FT도 작성
C. 사상마다 재해원인 규명	D. 개선계획 작성

① A → B → C → D ② A → C → B → D
③ B → C → A → D ④ B → A → C → D

해설 FTA에 의한 재해사례 연구순서

㉠ Top(정상) 사상의 선정
㉡ 각 사상의 재해원인 규명
㉢ FT도의 작성 및 분석
㉣ 개선계획의 작성

관련개념 CHAPTER 02 위험성 파악 · 결정

029

인터페이스 설계 시 고려해야 하는 인간과 기계와의 조화성에 해당되지 않는 것은?

① 지적 조화성 ② 신체적 조화성
③ 감성적 조화성 ④ 심미적 조화성

해설 인간과 기계(시스템) 인터페이스 설계에서의 인간과 기계의 조화성은 다음 3가지 차원이 고려되어야 한다.

- 인지적 조화성
- 감성적 조화성
- 신체적 조화성

관련개념 CHAPTER 01 안전과 인간공학

030

설비나 공법 등에서 나타날 위험에 대하여 정성적 또는 정량적인 평가를 행하고 그 평가에 따른 대책을 강구하는 것은?

① 설비보전 ② 동작분석
③ 안전계획 ④ 안전성 평가

해설 안전성 평가는 설비나 제품의 제조, 사용 등에 있어 안전성을 사전에 평가하고, 적절한 대책을 강구하기 위한 평가 행위이다.

관련개념 CHAPTER 02 위험성 파악 · 결정

| 정답 | 025 ② 026 ① 027 ② 028 ② 029 ④ 030 ④

031

모든 시스템안전프로그램 중 최초 단계의 분석으로 시스템 내의 위험요소가 어떤 상태에 있는지를 정성적으로 평가하는 방법은?

① CA ② FHA
③ PHA ④ FMEA

해설 **예비위험분석(PHA)**
시스템 내의 위험요소가 얼마나 위험한 상태에 있는가를 평가하는 시스템 안전프로그램의 최초단계(시스템 구상단계)의 정성적인 분석 방식이다.

관련개념 CHAPTER 02 위험성 파악 · 결정

032

위험처리 방법에 관한 설명으로 틀린 것은?

① 위험처리 대책 수립 시 비용문제는 제외된다.
② 재정적으로 처리하는 방법에는 보류와 전가 방법이 있다.
③ 위험의 제어 방법에는 회피, 손실제어, 위험분리, 책임전가 등이 있다.
④ 위험처리 방법에는 위험을 제어하는 방법과 재정적으로 처리하는 방법이 있다.

해설 위험처리 대책 수립 시 재정적인 문제를 제외할 수 없다.

관련개념 CHAPTER 03 위험성 감소대책 수립 · 실행

033

인간공학에 관련된 설명으로 틀린 것은?

① 편리성, 쾌적성, 효율성을 높일 수 있다.
② 사고를 방지하고 안전성과 능률성을 높일 수 있다.
③ 인간의 특성과 한계점을 고려하여 제품을 설계한다.
④ 생산성을 높이기 위해 인간을 작업 특성에 맞추는 것이다.

해설 인간공학은 인간의 신체적, 정신적 한계를 고려해 작업환경 또는 기계를 인간에게 적절한 형태로 맞추는 것이다.

관련개념 CHAPTER 01 안전과 인간공학

034

인간의 가청주파수 범위는?

① 2~10,000[Hz] ② 20~20,000[Hz]
③ 200~30,000[Hz] ④ 200~40,000[Hz]

해설 인간의 가청주파수 범위는 20~20,000[Hz]이다.

관련개념 CHAPTER 06 작업환경 관리

035

「산업안전보건법령」에서 규정하는 근골격계 부담작업의 범위에 해당하지 않는 것은?

① 단기간 작업 또는 간헐적인 작업
② 하루에 10회 이상 25[kg] 이상의 물체를 드는 작업
③ 하루에 총 2시간 이상 쪼그리고 앉거나 무릎을 굽힌 자세에서 이루어지는 작업
④ 하루에 4시간 이상 집중적으로 자료입력 등을 위해 키보드 또는 마우스를 조작하는 작업

해설 근골격계 부담작업의 범위에 해당하더라도 단기간 작업 또는 간헐적인 작업인 경우에는 적용 예외이다.

관련개념 CHAPTER 04 근골격계질환 예방관리

036

기능식 생산에서 유연생산시스템 설비의 가장 적합한 배치는?

① 합류(Y)형 배치 ② 유자(U)형 배치
③ 일자(—)형 배치 ④ 복수라인(=)형 배치

해설 **유연생산시스템 U자형 배치의 장점**
- U자형 라인은 작업장이 밀집되어 있어 공간이 적게 소요된다.
- 작업자의 이동이나 운반거리가 짧아 운반 노력을 최소화한다.
- 모여서 작업하므로 작업자들의 의사소통을 증가시킨다.

유연생산시스템(FMS; Flexible Manufacturing System)
생산성을 감소시키지 않으면서 여러 종류의 제품을 가공처리할 수 있는 유연성이 큰 자동화 생산 라인을 말한다.

관련개념 CHAPTER 06 작업환경 관리

| 정답 | 031 ③ 032 ① 033 ④ 034 ② 035 ① 036 ②

037

어떤 작업자의 배기량을 측정하였더니, 10분간 200[L]였고, 배기량을 분석한 결과 O_2: 16[%], CO_2: 4[%]였다. 분당 산소소비량은 약 얼마인가?

① 1.05[L/min] ② 2.05[L/min]
③ 3.05[L/min] ④ 4.05[L/min]

해설 분당 배기량$=\frac{200}{10}=20$[L/min]

흡기량$=\frac{100-O_2-CO}{79}\times$배기량$=\frac{100-16-4}{79}\times 20=20.25$[L/min]

산소소비량$=0.21\times$흡기량$-O_2\times$배기량
$=0.21\times 20.25-0.16\times 20=1.05$[L/min]

관련개념 CHAPTER 06 작업환경 관리

038

인체계측자료에서 주로 사용하는 변수가 아닌 것은?

① 평균 ② 5 백분위수
③ 최빈값 ④ 95 백분위수

해설 **인체계측자료의 응용원칙**

- 극단치 설계
  - 최소치 설계: 하위 백분위 수 기준 1, 5, 10[%tile]
  - 최대치 설계: 상위 백분위 수 기준 90, 95, 99[%tile]
- 조절식 설계(5~95[%tile])
- 평균치 설계

관련개념 CHAPTER 06 작업환경 관리

039

다음 그림은 C/R비와 시간의 관계를 나타낸 그림이다. ㉠~㉣에 들어갈 내용이 옳은 것은?

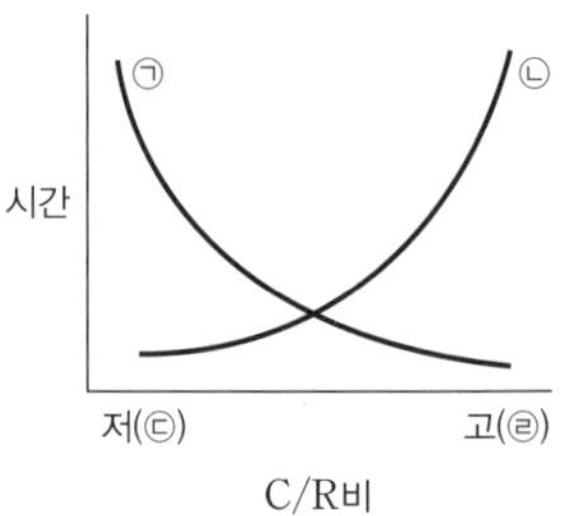

① ㉠ 이동시간 ㉡ 조종시간 ㉢ 민감 ㉣ 둔감
② ㉠ 이동시간 ㉡ 조종시간 ㉢ 둔감 ㉣ 민감
③ ㉠ 조종시간 ㉡ 이동시간 ㉢ 민감 ㉣ 둔감
④ ㉠ 조종시간 ㉡ 이동시간 ㉢ 둔감 ㉣ 민감

해설

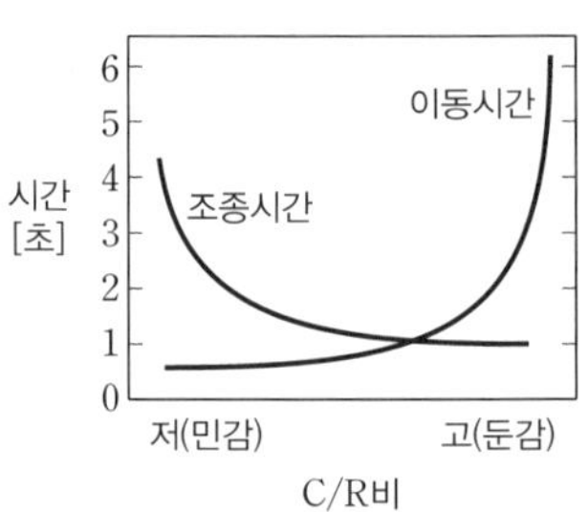

관련개념 CHAPTER 06 작업환경 관리

040

인간-기계 체계에서 인간의 과오에 기인된 원인 확률을 분석하여 위험성의 예측과 개선을 위한 평가기법은?

① PHA ② FMEA
③ THERP ④ MORT

해설 **인간과오율 추정법(THERP; Technique of Human Error Rate Prediction)**

확률론적 안전기법으로서 인간의 과오(Human Error)에 기인된 사고원인을 분석하기 위하여 100만 운전시간당 과오도수를 기본 과오율로 하여 인간의 과오율을 평가하는 정량적인 분석 기법이다.

관련개념 CHAPTER 02 위험성 파악 · 결정

| 정답 | 037 ① 038 ③ 039 ③ 040 ③

기계 · 기구 및 설비 안전관리

041

탁상용 연삭기의 평형 플랜지 바깥지름이 150[mm]일 때, 숫돌의 바깥지름은 몇 [mm] 이내이어야 하는가?

① 300[mm] ② 450[mm]
③ 600[mm] ④ 750[mm]

해설 플랜지의 지름은 숫돌 직경의 $\frac{1}{3}$ 이상인 것이 적당하다. 그러므로 숫돌 직경은 플랜지의 지름의 3배 이내인 것이 적당하다.
숫돌 직경 $=150\times3=450$[mm] 이내

관련개념 CHAPTER 03 공작기계의 안전

042

방호장치 자율안전기준 고시상 평면연삭기 또는 절단연삭기에서 덮개의 노출각도 기준으로 옳은 것은?

① 80° 이내 ② 125° 이내
③ 150° 이내 ④ 180° 이내

해설 평면연삭기, 절단연삭기 등 덮개의 노출각도는 150° 이내이다.

관련개념 CHAPTER 03 공작기계의 안전

043

원심기의 안전대책에 관한 사항에 해당되지 않는 것은?

① 최고사용회전수를 초과하여 사용해서는 아니 된다.
② 내용물이 튀어나오는 것을 방지하도록 덮개를 설치하여야 한다.
③ 폭발을 방지하도록 압력방출장치를 2개 이상 설치하여야 한다.
④ 청소, 검사, 수리 등의 작업 시에는 기계의 운전을 정지하여야 한다.

해설 압력방출장치는 보일러의 폭발 사고를 예방하기 위하여 설치하는 것으로 원심기와는 거리가 멀다.

관련개념 CHAPTER 05 기타 산업용 기계 · 기구

044

롤러기의 방호장치 중 복부조작식 급정지장치의 설치위치 기준에 해당하는 것은?(단, 위치는 급정지장치의 조작부의 중심점을 기준으로 한다.)

① 밑면에서 1.8[m] 이상
② 밑면에서 0.8[m] 미만
③ 밑면에서 0.8[m] 이상 1.1[m] 이내
④ 밑면에서 0.4[m] 이상 0.8[m] 이내

해설 롤러기 급정지장치 조작부의 설치위치

종류	설치위치
손조작식	밑면에서 1.8[m] 이내
복부조작식	밑면에서 0.8[m] 이상 1.1[m] 이내
무릎조작식	밑면에서 0.6[m] 이내

관련개념 CHAPTER 05 기타 산업용 기계 · 기구

정답 | 041 ② 042 ③ 043 ③ 044 ③

045

광전자식 방호장치가 설치된 프레스에서 손이 광선을 차단했을 때부터 급정지기구가 작동을 개시할 때까지의 시간은 0.3초, 급정지기구가 작동을 개시했을 때부터 슬라이드가 정지할 때까지의 시간이 0.4초 걸린다고 할 때 최소 안전거리는 약 몇 [mm]인가?

① 540 ② 760
③ 980 ④ 1,120

해설 **광전자식 방호장치의 안전거리**

$D=1,600\times(T_L+T_s)=1,600\times(0.3+0.4)=1,120[\text{mm}]$

여기서, T_L: 신체가 광선을 차단한 순간부터 급정지기구가 작동개시하기까지의 시간[초]

T_s: 급정지기구가 작동을 개시할 때부터 슬라이드가 정지할 때까지의 시간[초]

관련개념 CHAPTER 04 프레스 및 전단기의 안전

046

드릴링 머신의 드릴지름이 10[mm]이고, 드릴 회전수가 1,000[rpm]일 때 절삭속도는 약 얼마인가?

① 3.14[m/min] ② 6.28[m/min]
③ 31.4[m/min] ④ 62.8[m/min]

해설 **드릴의 절삭속도**

$v=\frac{\pi dN}{1,000}=\frac{\pi\times 10\times 1,000}{1,000}=31.4[\text{m/min}]$

여기서, d: 드릴의 직경[mm]

N: 드릴의 회전수[rpm]

관련개념 CHAPTER 03 공작기계의 안전

047

선반 등으로부터 돌출하여 회전하고 있는 가공물이 근로자에게 위험을 미칠 우려가 있는 경우 설치할 방호장치로 가장 적합한 것은?

① 덮개 또는 울 ② 슬리브
③ 건널다리 ④ 체인 블록

해설 선반 등으로부터 돌출하여 회전하고 있는 가공물이 근로자에게 위험을 미칠 우려가 있는 경우에 덮개 또는 울 등을 설치하여야 한다.

관련개념 CHAPTER 03 공작기계의 안전

048

지게차의 안정도 기준으로 틀린 것은?

① 기준부하상태에서 주행 시의 전후 안정도는 8[%] 이내이다.
② 하역작업 시의 좌우 안정도는 최대하중상태에서 포크를 가장 높이 올리고 마스트를 가장 뒤로 기울인 상태에서 6[%] 이내이다.
③ 하역작업 시의 전후 안정도는 최대하중상태에서 포크를 가장 높이 올린 경우 4[%] 이내이며, 5톤 이상은 3.5[%] 이내이다.
④ 기준무부하상태에서 주행 시의 좌우 안정도는 $(15+1.1\times V)$[%] 이내이고, V는 구내 최고속도[km/h]를 의미한다.

해설 주행 시의 전후 안정도(기준부하상태)는 18[%] 이내이다.

관련개념 CHAPTER 06 운반기계 및 양중기

| 정답 | 045 ④ 046 ③ 047 ① 048 ①

049

기계설비 구조의 안전을 위해서 설계 시 고려하여야 할 안전계수(Safety Factor)의 산출 공식으로 틀린 것은?

① 파괴강도 ÷ 허용응력
② 안전하중 ÷ 파단하중
③ 파괴하중 ÷ 허용하중
④ 극한강도 ÷ 최대설계응력

해설 안전율(안전계수, Safety Factor)

$$S=\frac{\text{극한(인장)강도}}{\text{허용응력}}=\frac{\text{파단(최대)하중}}{\text{안전(성격)하중}}$$

관련개념 CHAPTER 01 기계공정의 안전, 기계안전시설 관리

050

「산업안전보건법령」상 크레인의 직동식 권과방지장치는 훅·버킷 등 달기구의 윗면이 드럼, 상부 도르래 등 권상장치의 아랫면과 접촉할 우려가 있을 때 그 간격이 얼마 이상이어야 하는가?

① 0.01[m] 이상　② 0.02[m] 이상
③ 0.03[m] 이상　④ 0.05[m] 이상

해설 크레인, 이동식 크레인에 대한 권과방지장치는 훅·버킷 등 달기구의 윗면이 드럼, 상부 도르래, 트롤리프레임 등 권상장치의 아랫면과 접촉할 우려가 있는 경우에 그 간격이 0.25[m] 이상(직동식 권과방지장치는 0.05[m] 이상)이 되도록 조정하여야 한다.

관련개념 CHAPTER 06 운반기계 및 양중기

051

금형 운반에 대한 안전수칙에 관한 설명으로 옳지 않은 것은?

① 상부금형과 하부금형이 낳을 위험이 있을 때는 고정 패드를 이용한 스트랩, 금속재질이나 우레탄 고무의 블록 등을 사용한다.
② 금형을 안전하게 취급하기 위해 아이볼트를 사용할 때는 숄더형으로 사용하는 것이 좋다.
③ 관통 아이볼트가 사용될 때는 조립이 쉽도록 구멍 틈새를 크게 한다.
④ 운반하기 위해 꼭 들어 올려야 할 때는 필요한 높이 이상으로 들어 올려서는 안 된다.

해설 금형의 운반 시 관통 아이볼트가 사용될 때는 구멍 틈새가 최소화되도록 한다.

관련개념 CHAPTER 04 프레스 및 전단기의 안전

2017년 1회

052

「산업안전보건법령」상 고속회전체의 회전시험을 하는 경우 미리 회전축의 재질 및 형상 등에 상응하는 종류의 비파괴검사를 해서 결함 유무(有無)를 확인하여야 하는 고속회전체 대상은?

① 회전축의 중량이 0.5톤을 초과하고, 원주속도가 15[m/s] 이상인 것
② 회전축의 중량이 1톤을 초과하고, 원주속도가 30[m/s] 이상인 것
③ 회전축의 중량이 0.5톤을 초과하고, 원주속도가 60[m/s] 이상인 것
④ 회전축의 중량이 1톤을 초과하고, 원주속도가 120[m/s] 이상인 것

해설 고속회전체(회전축의 중량이 1톤을 초과하고 원주속도가 120[m/s] 이상인 것으로 한정)의 회전시험을 하는 경우 미리 회전축의 재질 및 형상 등에 상응하는 종류의 비파괴검사를 해서 결함 유무를 확인하여야 한다.

관련개념 CHAPTER 05 기타 산업용 기계·기구

정답 | 049 ② 050 ④ 051 ③ 052 ④

053

산업용 로봇의 재해 발생에 대한 주된 원인이며, 본체의 외부에 조립되어 인간의 팔에 해당되는 기능을 하는 것은?

① 센서(Sensor)
② 제어 로직(Control logic)
③ 제동장치(Brake system)
④ 매니퓰레이터(Manipulator)

해설 **매니퓰레이터(Manipulator)**
산업용 로봇에 있어서 인간의 팔에 해당하는 암(Arm)이 기계 본체의 외부에 조립되어 암의 끝부분으로 물건을 잡기도 하고 도구를 잡고 작업을 행하기도 하는데, 이와 같은 기능을 갖는 암을 매니퓰레이터라고 한다. 산업용 로봇에 의한 재해는 주로 이 매니퓰레이터에서 발생하고 있다.

관련개념 CHAPTER 05 기타 산업용 기계 · 기구

054

기계운동 형태에 따른 위험점 분류에 해당되지 않는 것은?

① 접선끼임점 ② 회전말림점
③ 물림점 ④ 절단점

해설 **기계설비의 위험점 종류**
- 협착점(끼임점)
- 끼임점
- 절단점
- 물림점
- 접선물림점
- 회전말림점

관련개념 CHAPTER 01 기계공정의 안전, 기계안전시설 관리

055

롤러기의 급정지장치를 작동시켰을 경우에 무부하 운전 시 앞면 롤러의 표면속도가 30[m/min] 미만일 때의 급정지거리로 적합한 것은?

① 앞면 롤러 원주의 1/1.5 이내
② 앞면 롤러 원주의 1/2 이내
③ 앞면 롤러 원주의 1/2.5 이내
④ 앞면 롤러 원주의 1/3 이내

해설 **급정지장치의 성능**

앞면 롤러의 표면속도[m/min]	급정지거리
30 미만	앞면 롤러 원주의 $\frac{1}{3}$ 이내
30 이상	앞면 롤러 원주의 $\frac{1}{2.5}$ 이내

관련개념 CHAPTER 05 기타 산업용 기계 · 기구

056

기계를 구성하는 요소에서 피로현상은 안전과 밀접한 관련이 있다. 다음 중 기계요소의 피로파괴현상과 가장 관련이 적은 것은?

① 소음(Noise) ② 노치(Notch)
③ 부식(Corrosion) ④ 치수효과(Size Effect)

해설 피로파괴에 영향을 주는 인자로는 치수효과(Size Effect), 노치효과(Notch Effect), 부식(Corrosion), 표면효과(Skin Effect) 등이 있다.

관련개념 CHAPTER 01 기계공정의 안전, 기계안전시설 관리

| 정답 | 053 ④ 054 ① 055 ④ 056 ①

057

다음 중 목재가공용 둥근톱에 설치해야 하는 분할날의 두께에 관한 설명으로 옳은 것은?

① 톱날 두께의 1.1배 이상이고, 톱날의 치진폭보다 커야 한다.
② 톱날 두께의 1.1배 이상이고, 톱날의 치진폭보다 작아야 한다.
③ 톱날 두께의 1.1배 이내이고, 톱날의 치진폭보다 커야 한다.
④ 톱날 두께의 1.1배 이내이고, 톱날의 치진폭보다 작아야 한다.

해설 분할날의 두께는 톱날 두께의 1.1배 이상이고 톱날의 치진폭 미만으로 하여야 한다.

관련개념 CHAPTER 05 기타 산업용 기계 · 기구

058

「위험기계 · 기구 자율안전확인 고시」에 의하면 탁상용 연삭기에서 연삭숫돌의 외주면과 가공물 받침대 사이 거리는 몇 [mm]를 초과하지 않아야 하는가?

① 1 ② 2
③ 4 ④ 8

해설 탁상용 및 절단용 연삭기 연삭숫돌의 외주면과 받침대 사이의 거리는 2[mm]를 초과하지 않아야 한다.

관련개념 CHAPTER 03 공작기계의 안전

059

안전한 상태를 확보할 수 있도록 기계의 작동부분 상호 간을 기계적, 전기적인 방법으로 연결하여 기계가 정상 작동을 하기 위한 모든 조건이 충족되어야지만 작동하며, 그 중 하나라도 충족되지 않으면 자동적으로 정지시키는 방호장치 형식은?

① 자동식 방호장치
② 가변식 방호장치
③ 고정식 방호장치
④ 인터록식 방호장치

해설 인터록 장치
기계의 각 작동부분 상호 간을 전기적, 기구적, 유공압장치 등으로 연결하여 기계의 각 작동부분이 정상으로 작동하기 위한 조건이 만족되지 않을 경우 자동적으로 그 기계를 작동할 수 없도록 하는 것이다.

관련개념 CHAPTER 01 기계공정의 안전, 기계안전시설 관리

060

지게차의 헤드가드 상부틀에 있어서 각 개구부의 폭 또는 길이의 크기는?

① 8[cm] 미만 ② 10[cm] 미만
③ 16[cm] 미만 ④ 20[cm] 미만

해설 지게차 헤드가드 상부틀의 각 개구의 폭 또는 길이가 16[cm] 미만이어야 한다.

관련개념 CHAPTER 06 운반기계 및 양중기

| 정답 | 057 ② 058 ② 059 ④ 060 ③

전기 및 화학설비 안전관리

061

송전선의 경우 복도체 방식으로 송전하는데 이는 어떤 방전 손실을 줄이기 위한 것인가?

① 코로나 방전　② 평등방전
③ 불꽃방전　④ 자기방전

해설 코로나 방전 손실을 줄이기 위해 복도체 방식으로 송전한다.

복도체 방식
송전선의 도체를 같은 전위를 가진 두 개 이상의 도체로 구성하는 방식을 말한다.

관련개념 CHAPTER 03 정전기 장 · 재해관리

062

교류아크용접기의 재해방지를 위해 쓰이는 것은?

① 자동전격방지장치
② 리밋 스위치
③ 정전압장치
④ 정전류장치

해설 교류아크용접기의 자동전격방지장치는 용접기의 주회로를 제어하는 기능을 보유함으로써 용접봉의 조작에 따라 용접을 할 때에만 용접기의 주회로를 형성하고, 그 외에는 용접기의 2차(출력) 측의 무부하 전압(보통 60~95[V])을 25[V] 이하로 저하시켜 감전의 위험을 방지한다.

관련개념 CHAPTER 02 감전재해 및 방지대책

063

콘덴서의 단자전압이 1[kV], 정전용량이 740[μF]일 경우 방전에너지는 약 몇 [mJ]인가?

① 370　② 37
③ 3.7　④ 0.37

해설 **방전에너지**

$$W=\frac{1}{2}CV^2=\frac{1}{2}\times(740\times10^{-12})\times(1\times10^3)^2$$
$$=0.37\times10^{-3}[J]=0.37[mJ]$$

여기서, C: 도체의 정전용량[F]
V: 대전전위[V]

관련개념 CHAPTER 03 정전기 장 · 재해관리

064

방폭구조의 종류와 기호가 잘못 연결된 것은?

① 유입방폭구조 − o
② 압력방폭구조 − p
③ 내압방폭구조 − d
④ 본질안전방폭구조 − e

해설 본질안전방폭구조의 기호는 ia 또는 ib이고, e는 안전증방폭구조의 기호이다.

관련개념 CHAPTER 04 전기방폭관리

065

피뢰설비 기본 용어에 있어 외부 뇌보호 시스템에 해당되지 않는 구성요소는?

① 수뢰부　② 인하도선
③ 접지시스템　④ 등전위 본딩

해설 **외부 뇌보호 시스템 구성요소**

- 수뢰부
- 인하도선시스템
- 접지시스템

관련개념 CHAPTER 05 전기설비 위험요인관리

| 정답 | 061 ① 062 ① 063 ④ 064 ④ 065 ④

066

이온생성 방법에 따라 정전기 제전기의 종류가 아닌 것은?

① 고전압인가식 ② 접지제어식
③ 자기방전식 ④ 방사선식

해설 제전기의 종류는 이온 생성방법에 따라 전압인가식 제전기, 자기방전식 제전기, 방사선식 제전기가 있다.

관련개념 CHAPTER 03 정전기 장·재해관리

067

누전에 의한 감전위험을 방지하기 위하여 누전차단기를 설치하여야 하는데 다음 중 누전차단기를 설치하지 않아도 되는 것은?

① 절연대 위에서 사용하는 이중절연구조의 전동기기
② 임시배선의 전로가 설치되는 장소에서 사용하는 이동형 전기기구
③ 철판 위와 같이 도전성이 높은 장소에서 사용하는 이동형 전기기구
④ 물과 같이 도전성이 높은 액체에 의한 습윤 장소에서 사용하는 이동형 전기기구

해설 누전차단기의 적용비대상

- 「전기용품 및 생활용품 안전관리법」이 적용되는 이중절연구조 또는 이와 같은 수준 이상으로 보호되는 구조로 된 전기기계·기구
- 절연대 위 등과 같이 감전 위험이 없는 장소에서 사용하는 전기기계·기구
- 비접지방식의 전로

관련개념 CHAPTER 02 감전재해 및 방지대책

068

누전차단기의 설치 환경조건에 관한 설명으로 틀린 것은?

① 전원전압은 정격전압의 85~110[%] 범위로 한다.
② 설치장소가 직사광선을 받을 경우 차폐시설을 설치한다.
③ 정격부동작전류가 정격감도전류의 30[%] 이상이어야 하고 이들의 차가 가능한 한 큰 것이 좋다.
④ 정격전부하전류가 30[A]인 이동형 전기기계·기구에 접속되어 있는 경우 일반적으로 정격감도전류는 30[mA] 이하인 것을 사용한다.

해설 정격부동작전류는 정격감도전류의 50[%] 이상으로 하고, 이들의 전류차는 가능한 한 작은 것으로 선정하여야 한다.

관련개념 CHAPTER 02 감전재해 및 방지대책

069

전기화재의 직접적인 발생 요인과 가장 거리가 먼 것은?

① 피뢰기의 손상
② 누전, 열의 축적
③ 과전류 및 절연의 손상
④ 지락 및 접속불량으로 인한 과열

해설 피뢰기는 이상전압으로부터 전기설비를 보호하는 설비로 전기화재 발생 요인과는 거리가 멀다.

관련개념 CHAPTER 05 전기설비 위험요인관리

정답 | 066 ② 067 ① 068 ③ 069 ①

070

위험장소의 분류에 있어 다음 설명에 해당되는 것은?

> 분진운 형태의 가연성 분진이 폭발농도를 형성할 정도로 충분한 양이 정상작동 중에 연속적으로 또는 자주 존재하거나, 제어할 수 없을 정도의 양 및 두께의 분진층이 형성될 수 있는 장소

① 20종 장소　　② 21종 장소
③ 22종 장소　　④ 23종 장소

해설 분진폭발 위험장소

분류	적요	장소
20종 장소	분진운 형태의 가연성 분진이 폭발농도를 형성할 정도로 충분한 양이 정상작동 중에 연속적으로 또는 자주 존재하거나, 제어할 수 없을 정도의 양 및 두께의 분진층이 형성될 수 있는 장소	호퍼 · 분진저장소 · 집진장치 · 필터 등의 내부

관련개념 CHAPTER 04 전기방폭관리

071

가스를 저장하는 가스용기의 색상이 틀린 것은?(단, 의료용 가스는 제외한다.)

① 암모니아 – 백색
② 이산화탄소 – 황색
③ 산소 – 녹색
④ 수소 – 주황색

해설 고압가스용기의 도색

가스의 종류	도색의 구분	가스의 종류	도색의 구분
액화탄산가스	청색	산소	녹색
수소	주황색	아세틸렌	황색
액화암모니아	백색	액화염소	갈색
기타 가스	회색		

관련개념 CHAPTER 07 화학물질 안전관리 실행

072

프로판(C_3H_8) 가스의 공기 중 완전연소 조성농도는 약 몇 [vol%]인가?

① 2.02　　② 3.02
③ 4.02　　④ 5.02

해설 $C_nH_xO_y$에 대하여 완전연소 시 양론농도

$$C_{st}=\frac{1}{(4.77n+1.19x-2.38y)+1}\times 100$$
$$=\frac{1}{(4.77\times 3+1.19\times 8-2.38\times 0)+1}\times 100=4.02[\text{vol\%}]$$

관련개념 CHAPTER 06 화재 · 폭발 검토

073

다음 중 「화학물질 및 물리적 인자의 노출기준」에 따른 TWA 노출기준이 가장 낮은 물질은?

① 불소　　② 아세톤
③ 니트로벤젠　　④ 사염화탄소

해설

① 불소(F_2): 0.1[ppm]
② 아세톤(CH_3COCH_3): 500[ppm]
③ 니트로벤젠($C_6H_5NO_2$): 1[ppm]
④ 사염화탄소(CCl_4): 5[ppm]

관련개념 CHAPTER 07 화학물질 안전관리 실행

| 정답 | 070 ① 071 ② 072 ③ 073 ①

074

대기 중에 대량의 가연성 가스가 유출되거나 대량의 가연성 액체가 유출하여 그것으로부터 발생하는 증기가 공기와 혼합해서 가연성 혼합기체를 형성하고, 점화원에 의하여 발생하는 폭발을 무엇이라 하는가?

① UVCE　② BLEVE
③ Detonation　④ Boil over

해설 **증기운 폭발(UVCE; Unconfined Vapor Cloud Explosion)**
가연성 위험물질이 용기 또는 배관 내에 저장·취급되는 과정에서 지속적으로 누출되면서 대기 중에 구름 형태로 모이게 되어 바람 등의 영향으로 움직이다가 발화원에 의하여 모든 가스가 동시에 폭발하는 현상이다.

관련개념 CHAPTER 06 화재·폭발 검토

075

여러 가지 성분의 액체 혼합물을 각 성분별로 분리하고자 할 때 비점의 차이를 이용하여 분리하는 화학설비를 무엇이라 하는가?

① 건조기　② 반응기
③ 진공관　④ 증류탑

해설 **증류탑(정류탑)**
두 개 또는 그 이상의 액체의 혼합물을 끓는점(비점)의 차이를 이용하여 특정 성분을 분리하는 것을 목적으로 하는 장치이다.

관련개념 CHAPTER 07 화학물질 안전관리 실행

076

화재 발생 시 알코올포(내알코올포) 소화약제의 소화효과가 큰 대상물은?

① 특수인화물
② 물과 친화력이 있는 수용성 용매
③ 인화점이 영하 이하의 인화성 물질
④ 발생하는 증기가 공기보다 무거운 인화성 액체

해설 내알코올포 소화기(소화약제)는 수용성 액체의 화재를 소화할 때 효과적이다.

관련개념 CHAPTER 06 화재·폭발 검토

077

「산업안전보건법령」에서 정한 안전검사의 주기에 따르면 건조설비 및 그 부속설비는 사업장에 설치가 끝난 날부터 몇 년 이내에 최초 안전검사를 실시하여야 하는가?

① 1　② 2
③ 3　④ 4

해설
※「산업안전보건법령」 개정으로 건조설비 및 그 부속설비는 안전검사대상 기계·기구에서 삭제됨에 따라 성립될 수 없는 문제입니다.

관련개념 CHAPTER 07 화학물질 안전관리 실행

078

「산업안전보건법령」에서 정한 위험물질의 종류에서 "물반응성 물질 및 인화성 고체"에 해당하는 것은?

① 니트로화합물　② 과염소산
③ 아조화합물　④ 칼륨

해설 니트로화합물과 아조화합물은 폭발성 물질 및 유기과산화물에 해당하고, 과염소산은 산화성 액체 및 산화성 고체에 해당한다.

관련개념 CHAPTER 07 화학물질 안전관리 실행

2017년 1회

정답 | 074 ① 075 ④ 076 ② 077 정답없음 078 ④

079

20[℃], 1기압의 공기를 압력 3배로 단열압축하였을 때 온도는 약 몇 [℃]가 되겠는가?(단, 공기의 비열비는 1.4이다.)

① 84 ② 128
③ 182 ④ 1,091

해설 **단열변화(단열압축, 단열팽창)**

$$\frac{T_2}{T_1}=\left(\frac{V_1}{V_2}\right)^{r-1}=\left(\frac{P_2}{P_1}\right)^{\frac{r-1}{r}}$$

여기서, T: 절대온도[K]
V: 부피[L]
P: 절대압력[atm]
r: 비열비

$$T_2=T_1\times\left(\frac{P_2}{P_1}\right)^{\frac{r-1}{r}}=(273+20)\times\left(\frac{3}{1}\right)^{\frac{1.4-1}{1.4}}=401[\text{K}]=128[℃]$$

관련개념 CHAPTER 07 화학물질 안전관리 실행

080

다음 중 폭발한계의 범위가 가장 넓은 가스는?

① 수소 ② 메탄
③ 프로판 ④ 아세틸렌

해설 보기 중 아세틸렌의 폭발범위가 가장 넓다.
① 수소: 4~75[vol%] → 71[vol%]
② 메탄: 5~15[vol%] → 10[vol%]
③ 프로판: 2.4~9.5[vol%] → 7.1[vol%]
④ 아세틸렌: 2.5~81[vol%] → 78.5[vol%]

관련개념 CHAPTER 06 화재·폭발 검토

건설공사 안전관리

081

버팀대(Strut)의 축하중 변화 상태를 측정하는 계측기는?

① 경사계(Inclino Meter)
② 수위계(Water Level Meter)
③ 침하계(Extension)
④ 하중계(Load Cell)

해설 하중계는 스트러트, 어스앵커에 설치하여 축하중 측정으로 부재의 안정성 여부를 판단한다.

관련개념 CHAPTER 05 비계·거푸집 가시설 위험방지

082

건설업 산업안전보건관리비의 안전시설비로 사용 가능하지 않은 항목은?

① 안전난간의 구입을 위해 소용되는 비용
② 작업환경 측정에 소요되는 비용
③ 위험작업 시 사용하는 소화기의 구입 비용
④ 스마트 안전장비 임대 비용의 $\frac{2}{5}$

해설 작업환경 측정에 소요되는 비용은 안전보건진단비 등의 항목으로 산업안전보건관리비를 사용할 수 있다.
※ 이 문제는 개정된 법령에 따라 수정한 문제입니다.

관련개념 CHAPTER 03 건설업 산업안전보건관리비 관리

| 정답 | 079 ② 080 ④ 081 ④ 082 ②

083

굴착작업을 하는 경우 지반의 붕괴 또는 토석의 낙하에 의한 근로자의 위험을 미리 방지하기 위하여 점검해야 하는 사항과 가장 거리가 먼 것은?

① 부석 · 균열의 유무 ② 함수 · 용수
③ 동결상태의 변화 ④ 시계의 상태

해설 **굴착작업 사전조사**
- 작업 장소 및 그 주변의 부석 · 균열의 유무
- 함수(含水) · 용수(湧水) 및 동결의 유무 또는 상태의 변화

관련개념 CHAPTER 02 건실공사 위험성

084

콘크리트 타설작업을 하는 경우에 준수해야 할 사항으로 옳지 않은 것은?

① 당일의 작업을 시작하기 전에 해당 작업에 관한 거푸집 및 동바리의 변형 · 변위 및 지반의 침하 유무 등을 점검하고 이상이 있으면 보수할 것
② 작업 중에는 거푸집 및 동바리의 변형 · 변위 및 침하 유무 등을 감시할 수 있는 감시자를 배치하여 이상이 있으면 작업을 중지하고 근로자를 대피시킬 것
③ 설계도서 상의 콘크리트 양생기간을 준수하여 거푸집 및 동바리를 해체할 것
④ 콘크리트를 타설하는 경우에는 편심을 유발하여 한쪽 부분부터 밀실하게 타설되도록 유도할 것

해설 콘크리트를 타설하는 경우에는 편심이 발생하지 않도록 골고루 분산하여 타설하여야 한다.

관련개념 CHAPTER 06 공사 및 작업 종류별 안전

085

크레인을 사용하여 작업을 하는 경우 준수해야 할 사항으로 옳지 않은 것은?

① 인양할 하물을 바닥에서 끌어당기거나 밀어 정위치 작업을 할 것
② 유류드럼이나 가스통 등 운반 도중에 떨어져 폭발하거나 누출될 가능성이 있는 위험물 용기는 보관함(또는 보관고)에 담아 안전하게 매달아 운반할 것
③ 미리 근로자의 출입을 통제하여 인양 중인 하물이 작업자의 머리 위로 통과하지 않도록 할 것
④ 인양할 하물이 보이지 아니하는 경우에는 어떤 동작도 하지 아니할 것(신호하는 사람에 의하여 작업을 하는 경우는 제외함)

해설 크레인 작업 시 인양할 하물을 바닥에서 끌어당기거나 밀어내는 작업을 하지 않아야 한다.

관련개념 CHAPTER 06 운반기계 및 양중기

086

이동식 비계를 조립하여 작업을 하는 경우의 준수사항으로 옳지 않은 것은?

① 이동식 비계의 바퀴에는 뜻밖의 갑작스러운 이동 또는 전도를 방지하기 위하여 브레이크 · 쐐기 등으로 바퀴를 고정시킨 다음 비계의 일부를 견고한 시설물에 고정하거나 아웃트리거(Outrigger)를 설치하는 등 필요한 조치를 할 것
② 작업발판은 항상 수평을 유지하고 작업발판 위에서 안전난간을 딛고 작업을 하지 않도록 하며, 대신 받침대 또는 사다리를 사용하여 작업할 것
③ 비계의 최상부에서 작업을 하는 경우에는 안전난간을 설치할 것
④ 작업발판의 최대적재하중은 250[kg]을 초과하지 않도록 할 것

해설 이동식 비계의 작업발판은 항상 수평을 유지하고 작업발판 위에서 안전난간을 딛고 작업을 하거나 받침대 또는 사다리를 사용하여 작업하지 않도록 하여야 한다.

관련개념 CHAPTER 05 비계 · 거푸집 가시설 위험방지

정답 | 083 ④ 084 ④ 085 ① 086 ②

087

거푸집 및 동바리를 조립하거나 해체하는 작업을 하는 경우 준수사항으로 옳지 않은 것은?

① 해당 작업을 하는 구역에는 관계 근로자가 아닌 사람의 출입을 금지할 것
② 비, 눈, 그 밖의 기상상태의 불안정으로 날씨가 몹시 나쁜 경우에는 그 작업을 중지할 것
③ 낙하·충격에 의한 돌발적 재해를 방지하기 위하여 버팀목을 설치하고 거푸집 및 동바리를 인양장비에 매단 후에 작업을 하도록 하는 등 필요한 조치를 할 것
④ 재료, 기구 또는 공구 등을 올리거나 내리는 경우에는 근로자로 하여금 달줄·달포대 등의 사용을 금지하도록 할 것

해설 거푸집 및 동바리의 조립·해체작업 시 재료, 기구 또는 공구 등을 올리거나 내리는 경우에는 근로자로 하여금 달줄·달포대 등을 사용하도록 하여야 한다.

관련개념 CHAPTER 05 비계·거푸집 가시설 위험방지

088

다음에서 설명하고 있는 건설장비의 종류는?

> 앞뒤 두 개의 차륜이 있으며(2축 2륜), 각각의 차축이 평행으로 배치된 것으로 찰흙, 점성토 등의 두꺼운 흙을 다짐하는 데 적당하나 단단한 각재를 다지는 데는 부적당하며 머캐덤 롤러 다짐 후의 아스팔트 포장에 사용된다.

① 클램셸　　② 탠덤 롤러
③ 트랙터 셔블　　④ 드래그 라인

해설 **탠덤 롤러(Tandem Roller)**
전륜, 후륜 각 1개의 철륜을 가진 롤러를 2축 탠덤 롤러 또는 단순히 탠덤 롤러라 하며, 3륜을 따라 나열한 것을 3축 탠덤 롤러라 한다. 점성토나 자갈, 쇄석의 다짐, 아스팔트 포장의 마무리 전압작업에 적합하다.

관련개념 CHAPTER 04 건설현장 안전시설 관리

089

통나무 비계를 건축물, 공작물 등의 건조·해체 및 조립 등의 작업에 사용하기 위한 지상 높이 기준은?

① 2층 이하 또는 6[m] 이하
② 3층 이하 또는 9[m] 이하
③ 4층 이하 또는 12[m] 이하
④ 5층 이하 또는 15[m] 이하

해설 통나무 비계는 지상높이 4층 이하 또는 12[m] 이하인 건축물·공작물 등의 건조·해체 및 조립 등의 작업에만 사용할 수 있다.
※ 「산업안전보건기준에 관한 규칙」이 개정됨에 따라 '통나무 비계의 구조' 에 대한 내용은 삭제되었습니다.

관련개념 CHAPTER 05 비계·거푸집 가시설 위험방지

090

추락방호망을 건축물의 바깥쪽으로 설치하는 경우 벽면으로부터 망의 내민 길이는 최소 얼마 이상이어야 하는가?

① 2[m]　　② 3[m]
③ 5[m]　　④ 10[m]

해설 추락방호망을 건축물 등의 바깥쪽으로 설치하는 경우 추락방호망의 내민 길이는 벽면으로부터 3[m] 이상이 되도록 하여야 한다.

관련개념 CHAPTER 04 건설현장 안전시설 관리

091

철골공사에서 나타나는 용접결함의 종류에 해당하지 않는 것은?

① 가우징(Gouging)　　② 오버랩(Overlap)
③ 언더 컷(Under Cut)　　④ 블로 홀(Blow Hole)

해설 가우징(Gouging)은 용접결함이 아니라 용접한 부위의 결함 제거나 주철의 균열 보수를 위하여 좁은 홈을 파내는 것이다.

관련개념 CHAPTER 06 공사 및 작업 종류별 안전

| 정답 | 087 ④　088 ②　089 정답없음　090 ②　091 ①

092

고소작업대가 갖추어야 할 설치조건으로 옳지 않은 것은?

① 작업대를 와이어로프 또는 체인으로 올리거나 내릴 경우에는 와이어로프 또는 체인이 끊어져 작업대가 낙하하지 아니하는 구조여야 하며, 와이어로프 또는 체인의 안전율은 3 이상일 것
② 작업대를 유압에 의해 올리거나 내릴 경우에는 작업대를 일정한 위치에 유지할 수 있는 장치를 갖추고 압력의 이상저하를 방지할 수 있는 구조일 것
③ 작업대에 정격하중(안전율 5 이상)을 표시할 것
④ 작업대에 끼임 · 충돌 등 재해를 예방하기 위한 가드 또는 과상승방지장치를 설치할 것

해설 고소작업대를 와이어로프 또는 체인으로 올리거나 내릴 경우에는 와이어로프 또는 체인이 끊어져 작업대가 떨어지지 아니하는 구조이어야 하며, 와이어로프 또는 체인의 안전율은 5 이상이어야 한다.

관련개념 CHAPTER 06 공사 및 작업 종류별 안전

093

미리 작업장소의 지형 및 지반상태 등에 적합한 제한속도를 정하지 않아도 되는 차량계 건설기계의 속도 기준은?

① 최대 제한속도가 10[km/h] 이하
② 최대 제한속도가 20[km/h] 이하
③ 최대 제한속도가 30[km/h] 이하
④ 최대 제한속도가 40[km/h] 이하

해설 차량계 하역운반기계, 차량계 건설기계(최대제한속도가 10[km/h] 이하인 것 제외)를 사용하여 작업을 하는 경우 미리 작업장소의 지형 및 지반상태 등에 적합한 제한속도를 정하고, 운전자로 하여금 이를 준수하도록 하여야 한다.

관련개념 CHAPTER 04 건설현장 안전시설 관리

094

건설업에서 사업주의 유해위험방지계획서 제출대상 사업장이 아닌 것은?

① 지상 높이가 31[m] 이상인 건축물의 건설, 개조 또는 해체공사
② 연면적 5,000[m^2] 이상 관광숙박시설의 해체공사
③ 저수용량 5,000톤 이하의 지방상수도 전용 댐 건설 등의 공사
④ 깊이 10[m] 이상인 굴착공사

해설 다목적 댐, 발전용 댐, 저수용량 2천만 톤 이상의 용수 전용 댐 및 지방상수도 전용 댐 건설 등의 공사가 유해위험방지계획서 제출대상 공사이다.

관련개념 CHAPTER 02 건설공사 위험성

095

작업으로 인하여 물체가 떨어지거나 날아올 위험이 있는 경우 설치하는 낙하물방지망의 수평면과의 각도 기준으로 옳은 것은?

① 10° 이상 20° 이하를 유지
② 20° 이상 30° 이하를 유지
③ 30° 이상 40° 이하를 유지
④ 40° 이상 45° 이하를 유지

해설 낙하물방지망의 수평면과의 각도는 20° 이상 30° 이하를 유지하여야 한다.

관련개념 CHAPTER 04 건설현장 안전시설 관리

정답 | 092 ① 093 ① 094 ③ 095 ②

096

추락방호망의 방망 지지점은 최소 얼마 이상의 외력에 견딜 수 있는 강도를 보유하여야 하는가?

① 500[kg] ② 600[kg]
③ 700[kg] ④ 800[kg]

해설 방망 지지점은 600[kg]의 외력에 견딜 수 있는 강도를 보유하여야 한다.

관련개념 CHAPTER 04 건설현장 안전시설 관리

097

아스팔트 포장도로의 노반의 파쇄 또는 토사 중에 있는 암석 제거에 가장 적당한 장비는?

① 스크레이퍼 ② 롤러
③ 리퍼 ④ 드래그라인

해설 리퍼(Ripper)
아스팔트 포장도로 등 지반이 단단한 땅이나 연한 암석지반의 파쇄굴착 또는 암석 제거에 적합하다.

관련개념 CHAPTER 04 건설현장 안전시설 관리

098

다음은 「산업안전보건법령」에 따른 말비계를 조립하여 사용하는 경우에 관한 준수사항이다. ( ) 안에 알맞은 숫자는?

> 말비계의 높이가 2[m]를 초과할 경우에는 작업발판의 폭을 ( )[cm] 이상으로 할 것

① 10 ② 20
③ 30 ④ 40

해설 말비계의 높이가 2[m]를 초과하는 경우에는 작업발판의 폭을 40[cm] 이상으로 하여야 한다.

관련개념 CHAPTER 05 비계 · 거푸집 가시설 위험방지

099

터널지보공을 설치한 경우에 수시로 점검하여야 할 사항에 해당하지 않는 것은?

① 기둥침하의 유무 및 상태
② 부재의 긴압 정도
③ 매설물 등의 유무 또는 상태
④ 부재의 접속부 및 교차부의 상태

해설 매설물 등의 유무 또는 상태는 지반굴착 시 사전조사 항목이다.

관련개념 CHAPTER 05 비계 · 거푸집 가시설 위험방지

100

다음은 「산업안전보건법령」에 따른 지붕 위에서의 위험 방지에 관한 사항이다. ( ) 안에 알맞은 것은?

> 사업주는 근로자가 지붕 위에서 작업을 할 때에 추락하거나 넘어질 위험이 있는 경우 슬레이트 등 강도가 약한 재료로 덮은 지붕에는 폭 ( ) [cm] 이상의 발판을 설치해야 한다.

① 20 ② 25
③ 30 ④ 40

해설 근로자가 지붕 위에서 작업을 할 때에 추락하거나 넘어질 위험이 있는 경우 슬레이트 등 강도가 약한 재료를 덮은 지붕에는 폭 30[cm] 이상의 발판을 설치하여야 한다.

관련개념 CHAPTER 04 건설현장 안전시설 관리

| 정답 | 096 ② 097 ③ 098 ④ 099 ③ 100 ③

시작하는 데에 나쁜 시기란 없다.

– 프란츠 카프카(Franz Kafka)

2017년 2회 기출문제

2017년 5월 7일 시행

자동 채점

산업재해 예방 및 안전보건교육

001

안전관리조직의 형태 중 라인·스태프형에 대한 설명으로 틀린 것은?

① 안전스태프는 안전에 관한 기획, 입안, 조사, 검토 및 연구를 행한다.
② 안전업무를 전문적으로 담당하는 스태프 및 생산라인의 각 계층에도 겸임 또는 전임의 안전담당자를 둔다.
③ 모든 안전관리업무를 생산라인을 통하여 직선적으로 이루어지도록 편성된 조직이다.
④ 대규모 사업장(1,000명 이상)에 효율적이다.

해설 안전관리업무가 생산라인을 통하여 직선적으로 편성된 조직은 라인형 조직이다.

관련개념 CHAPTER 01 산업재해예방 계획 수립

002

「산업안전보건법령」상 안전보건교육의 기준으로 틀린 것은?

① 사무직 종사 근로자의 정기교육: 매반기 6시간 이상
② 일용근로자의 작업내용 변경 시의 교육: 1시간 이상
③ 관리감독자의 정기교육: 연간 16시간 이상
④ 건설 일용근로자의 건설업 기초안전·보건교육: 2시간 이상

해설 건설 일용근로자의 건설업 기초안전·보건교육은 4시간 이상 실시하여야 한다.

관련개념 CHAPTER 05 안전보건교육의 내용 및 방법

003

학습정도(Level of learning)의 4단계 요소가 아닌 것은?

① 지각 ② 적용
③ 인지 ④ 정리

해설 **학습정도의 4단계**
인지 → 지각 → 이해 → 적용

관련개념 CHAPTER 05 안전보건교육의 내용 및 방법

004

무재해 운동 추진기법 중 지적확인에 대한 설명으로 옳은 것은?

① 비평을 금지하고, 자유로운 토론을 통하여 독창적인 아이디어를 끌어낼 수 있다.
② 참여자 전원의 스킨십을 통하여 연대감, 일체감을 조성할 수 있고 느낌을 교류한다.
③ 작업 전 5분간의 미팅을 통하여 시나리오상의 역할을 연기하여 체험하는 것을 목적으로 한다.
④ 오관의 감각기관을 총동원하여 작업의 정확성과 안전을 확인한다.

해설 ①은 브레인스토밍, ②는 터치 앤 콜, ③은 롤 플레잉에 대한 설명이다.

관련개념 CHAPTER 01 산업재해예방 계획 수립

| 정답 | 001 ③ 002 ④ 003 ④ 004 ④

005

안전보건표지의 기본모형 중 다음 그림의 기본모형의 표시사항으로 옳은 것은?

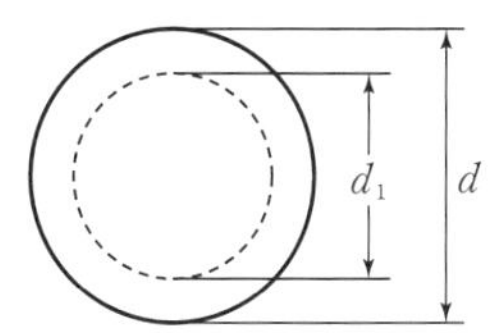

① 지시　　② 안내
③ 경고　　④ 금지

해설 안전보건표지의 기본모형

기본모형	규격비율	표시사항
	$d \geq 0.025L$ $d_1 = 0.8d$	지시

관련개념 CHAPTER 02 안전보호구 관리

006

토의법의 유형 중 다음에서 설명하는 것은?

> 교육과제에 정통한 전문가 4～5명이 피교육자 앞에서 자유로이 토의를 실시한 다음에 피교육자 전원이 참가하여 사회자의 사회에 따라 토의하는 방법

① 포럼(Forum)
② 패널 디스커션(Panel Discussion)
③ 심포지엄(Symposium)
④ 버즈세션(Buzz Session)

해설 패널 디스커션(Panel Discussion)
교육과제에 정통한 전문가 4～5명이 피교육자 앞에서 자유로이 토의를 하고, 그 다음에 피교육자 전원이 참가하여 사회자의 사회에 따라 토의하는 방법이다.

관련개념 CHAPTER 05 안전보건교육의 내용 및 방법

007

부주의의 발생원인과 그 대책이 옳게 연결된 것은?

① 의식의 우회－상담
② 소질적 조건－교육
③ 작업환경 조건 불량－작업순서 정비
④ 작업순서의 부적당－작업자 재배치

해설
② 소질적 조건 – 적성배치
③ 작업환경 조건 불량 – 환경정비
④ 작업순서의 부적당 – 작업순서 정비

관련개념 CHAPTER 04 인간의 행동과학

008

기업 내 정형교육 중 TWI의 훈련내용이 아닌 것은?

① 작업방법훈련　　② 작업지도훈련
③ 사례연구훈련　　④ 인간관계훈련

해설 TWI(Training Within Industry)
• 작업지도훈련(JIT; Job Instruction Training)
• 작업방법훈련(JMT; Job Method Training)
• 인간관계훈련(JRT; Job Relation Training)
• 작업안전훈련(JST; Job Safety Training)

관련개념 CHAPTER 05 안전보건교육의 내용 및 방법

009

재해 발생의 주요 원인 중 불안전한 상태에 해당하지 않는 것은?

① 기계설비 및 장비의 결함
② 부적절한 조명 및 환기
③ 작업장소의 정리 · 정돈 불량
④ 보호구 미착용

해설 보호구 미착용은 불안전한 행동에 해당된다.

관련개념 SUBJECT 03 기계 · 기구 및 설비 안전관리
CHAPTER 02 기계분야 산업재해 조사 및 관리

| 정답 | 005 ① 006 ② 007 ① 008 ③ 009 ④

010

「보호구 자율안전확인 고시」상 사용 구분에 따른 보안경의 종류가 아닌 것은?

① 차광보안경 ② 유리보안경
③ 플라스틱보안경 ④ 도수렌즈보안경

해설 차광보안경은 자율안전확인대상이 아닌 안전인증대상 보호구이다.

관련개념 SUBJECT 03 기계 · 기구 및 설비 안전관리
CHAPTER 02 기계분야 산업재해 조사 및 관리

011

「산업안전보건법령」상 안전검사대상 유해 · 위험 기계 등이 아닌 것은?

① 곤돌라 ② 이동식 국소배기장치
③ 산업용 원심기 ④ 산업용 로봇

해설 국소배기장치는 안전검사대상에 해당되나 이동식 국소배기장치는 대상에서 제외된다.

관련개념 SUBJECT 03 기계 · 기구 및 설비 안전관리
CHAPTER 02 기계분야 산업재해 조사 및 관리

012

맥그리거(McGregor)의 X 이론에 따른 관리 처방이 아닌 것은?

① 목표에 의한 관리
② 권위주의적 리더십 확립
③ 경제적 보상체제의 강화
④ 면밀한 감독과 엄격한 통제

해설 목표에 의한 관리는 Y 이론에 대한 관리 처방이다.

관련개념 CHAPTER 04 인간의 행동과학

013

하인리히의 사고방지 5단계 중 제1단계 안전조직의 내용이 아닌 것은?

① 경영자의 안전목표 설정
② 안전관리자의 선임
③ 안전활동의 방침 및 계획수립
④ 안전회의 및 토의

해설 안전회의 및 토의는 2단계 사실의 발견(현상파악)에 해당된다.

관련개념 CHAPTER 01 산업재해예방 계획 수립

014

어느 공장의 재해율을 조사한 결과 도수율이 20이고, 강도율이 1.2로 나타났다. 이 공장에서 근무하는 근로자가 입사부터 정년퇴직할 때까지 예상되는 재해건수(a)와 이로 인한 근로손실일수(b)는?

① a=20, b=1.2 ② a=2, b=120
③ a=20, b=20 ④ a=120, b=2

해설 **환산도수율과 환산강도율**

환산도수율은 근로자가 입사하여 퇴직할 때까지 당할 수 있는 재해건수이고, 환산강도율은 근로자가 입사하여 퇴직할 때까지 잃을 수 있는 근로손실일수이다.

$$환산도수율=\frac{도수율}{10}=\frac{20}{10}=2$$

$$환산강도율=강도율\times 100=1.2\times 100=120$$

관련개념 SUBJECT 03 기계 · 기구 및 설비 안전관리
CHAPTER 02 기계분야 산업재해 조사 및 관리

| 정답 | 010 ① 011 ② 012 ① 013 ④ 014 ②

015

지도자가 추구하는 계획과 목표를 부하직원이 자신의 것으로 받아들여 자발적으로 참여하게 하는 리더십의 권한은?

① 보상적 권한 ② 강압적 권한
③ 위임된 권한 ④ 합법적 권한

해설 **위임된 권한**
부하직원이 지도자의 생각과 목표를 얼마나 잘 따르는지와 관련된 권한이다.

관련개념 CHAPTER 04 인간의 행동과학

016

재해손실비의 평가방식 중 시몬즈(R.H. Simonds) 방식에 의한 계산방법으로 옳은 것은?

① 직접비＋간접비
② 공동비용＋개별비용
③ 보험 코스트＋비보험 코스트
④ (휴업상해건수×관련비용 평균치)＋(통원상해건수×관련비용 평균치)

해설 **시몬즈 방식의 재해손실비**
총 재해 코스트＝보험 코스트＋비보험 코스트

관련개념 SUBJECT 03 기계 · 기구 및 설비 안전관리
CHAPTER 02 기계분야 산업재해 조사 및 관리

017

비통제의 집단행동 중 폭동과 같은 것을 말하며, 군중보다 합의성이 없고, 감정에 의해서만 행동하는 특성은?

① 패닉(Panic)
② 모브(Mob)
③ 모방(Imitation)
④ 심리적 전염(Mental Epidemic)

해설 **모브(Mob)**
폭동과 같은 것을 말하며 군중보다 합의성이 없고 감정에 의해 행동하는 것이다.

관련개념 CHAPTER 04 인간의 행동과학

018

강의계획에 있어 학습 목적의 3요소가 아닌 것은?

① 목표 ② 주제
③ 학습 내용 ④ 학습정도

해설 **학습 목적의 3요소**
• 주제 • 학습정도 • 학습 목표

관련개념 CHAPTER 05 안전보건교육의 내용 및 방법

019

인간의 착각현상 중 버스나 전동차의 움직임으로 인하여 자신이 승차하고 있는 정지된 차량이 움직이는 것 같은 느낌을 받는 현상은?

① 자동운동 ② 유도운동
③ 가현운동 ④ 플리커현상

해설 **유도운동**
실제로는 움직이지 않는 것이 어느 기준의 이동에 유도되어 움직이는 것처럼 느껴지는 현상을 말한다.

관련개념 CHAPTER 03 산업안전심리

020

재해예방의 4원칙에 해당하지 않는 것은?

① 예방가능의 원칙
② 대책선정의 원칙
③ 손실우연의 원칙
④ 원인추정의 원칙

해설 **재해예방의 4원칙**
• 손실우연의 원칙
• 원인계기(원인연계)의 원칙
• 예방가능의 원칙
• 대책선정이 원칙

관련개념 CHAPTER 01 산업재해예방 계획 수립

정답 | 015 ③ 016 ③ 017 ② 018 ③ 019 ② 020 ④

인간공학 및 위험성평가 · 관리

021

단일 차원의 시각적 암호 중 구성암호, 영문자암호, 숫자암호에 대하여 암호로서의 성능이 가장 좋은 것부터 배열한 것은?

① 숫자암호 – 영문자암호 – 구성암호
② 구성암호 – 숫자암호 – 영문자암호
③ 영문자암호 – 숫자암호 – 구성암호
④ 영문자암호 – 구성암호 – 숫자암호

해설 **시각적 암호 성능**
숫자 > 영문자 > 기하적 형상 > 구성 > 색

관련개념 CHAPTER 06 작업환경 관리

022

휘도(Luminance)가 10[cd/m^2]이고, 조도(Illuminance)가 100[lux]일 때 반사율(Reflectance, [%])은?

① 0.1π　　② 10π
③ 100π　　④ $1,000\pi$

해설 $반사율 = \frac{광도[fL]}{조도[fc]} \times 100$

$$= \frac{[\text{cd/m}^2] \times \pi}{[\text{lux}]} \times 100 = \frac{10 \times \pi}{100} \times 100 = 10\pi$$

관련개념 CHAPTER 06 작업환경 관리

023

FT도에 의한 컷셋(Cut set)이 다음과 같이 구해졌을 때 최소 컷셋(Minimal Cut Set)으로 옳은 것은?

(X_1, X_3)
(X_1, X_2, X_3)
(X_1, X_3, X_4)

① (X_1, X_3)
② (X_1, X_2, X_3)
③ (X_1, X_3, X_4)
④ (X_1, X_2, X_3, X_4)

해설 컷셋 중 중복사상을 제거하면 최소 컷셋이므로 최소 컷셋은 (X_1, X_3)이다.

관련개념 CHAPTER 02 위험성 파악 · 결정

024

다음 중 사람의 감각기관 중 반응속도가 가장 느린 것은?

① 청각　　② 시각
③ 미각　　④ 촉각

해설 **인간의 감각기관의 자극에 대한 반응속도**
청각(0.17초) > 촉각(0.18초) > 시각(0.20초) > 미각(0.29초) > 통각(0.70초)

관련개념 CHAPTER 06 작업환경 관리

| 정답 | 021 ① 022 ② 023 ① 024 ③

025

의자의 등받이 설계에 관한 설명으로 가장 적절하지 않은 것은?

① 등받이 폭은 최소 30.5[cm]가 되게 한다.
② 등받이 높이는 최소 50[cm]가 되게 한다.
③ 의자의 좌판과 등받이 각도는 90~105°를 유지한다.
④ 요부받침의 높이는 25~35[cm]로 하고 폭은 30.5[cm]로 한다.

해설 요부받침의 높이는 15.2~22.9[cm], 폭은 30.5[cm]로 하고, 등받이로부터 5[cm] 정도의 두께로 한다.

관련개념 CHAPTER 06 작업환경 관리

026

한 사무실에서 타자기 소리 때문에 말소리가 묻히는 현상을 무엇이라 하는가?

① dBA ② CAS
③ phone ④ Masking

해설 **은폐(Masking)현상**
음의 한 성분이 다른 성분에 대한 귀의 감수성을 감소시키는 상황으로 피은폐된 한 음의 가청 역치가 다른 은폐된 음 때문에 높아지는 현상을 말한다.

관련개념 CHAPTER 06 작업환경 관리

027

작업기억과 관련된 설명으로 틀린 것은?

① 단기기억이라고도 한다.
② 오랜 기간 정보를 기억하는 것이다.
③ 작업기억 내의 정보는 시간이 흐름에 따라 쇠퇴할 수 있다.
④ 리허설(Rehearsal)은 정보를 작업기억 내에 유지하는 유일한 방법이다.

해설 **작업기억(Working Memory)**
특정 작업을 처리하기 위한 의식적인 정신적 노력을 추가한 기억으로 제한된 정보를 순간적으로 기억하는 형태를 말한다. 단기기억이라고도 하며 용량이 7개 내외로 작아 순간적 망각 등 인적 오류의 원인이 된다.

관련개념 CHAPTER 01 안전과 인간공학

028

1에서 15까지 수의 집합에서 무작위로 선택할 때, 어떤 숫자가 나올지 알려주는 경우의 정보량은 몇 [bit]인가?

① 2.91[bit] ② 3.91[bit]
③ 4.51[bit] ④ 4.91[bit]

해설 정보량 $H=\log_2 n=\log_2 15=3.91$[bit]
여기서, n: 대안 수

관련개념 CHAPTER 01 안전과 인간공학

2017년 2회

정답 | 025 ④ 026 ④ 027 ② 028 ②

029

체계 분석 및 설계에 있어서 인간공학의 가치와 가장 거리가 먼 것은?

① 성능의 향상
② 훈련비용의 증가
③ 사용자의 수용도 향상
④ 생산 및 보전의 경제성 증대

해설 산업인간공학의 가치 중 하나는 훈련비용의 절감이다.

관련개념 CHAPTER 01 안전과 인간공학

030

어떤 전자기기의 수명은 지수분포를 따르며, 그 평균수명이 1,000시간이라고 할 때, 500시간 동안 고장 없이 작동할 확률은 약 얼마인가?

① 0.1353 ② 0.3935
③ 0.6065 ④ 0.8647

해설 신뢰도 $R(t)=e^{-\frac{t}{t_0}}=e^{-\frac{500}{1,000}}=0.6065$

여기서, t: 가동시간

t_0: 평균수명

관련개념 CHAPTER 02 위험성 파악 · 결정

031

시스템 안전 분석기법 중 인적 오류와 그로 인한 위험성의 예측과 개선을 위한 기법은 무엇인가?

① FTA ② ETBA
③ THERP ④ MORT

해설 **인간과오율 추정법(THERP; Technique of Human Error Rate Prediction)**

확률론적 안전기법으로서 인간의 과오(Human Error)에 기인된 사고원인을 분석하기 위하여 100만 운전시간당 과오도수를 기본 과오율로 하여 인간의 과오율을 평가하는 정량적인 분석 기법이다.

관련개념 CHAPTER 02 위험성 파악 · 결정

032

정보전달용 표시장치에서 청각적 표현이 좋은 경우가 아닌 것은?

① 메시지가 복잡하다.
② 시각장치가 지나치게 많다.
③ 즉각적인 행동이 요구된다.
④ 메시지가 그때의 사건을 다룬다.

해설 메시지가 복잡한 경우에는 시각적 표현이 청각적 표현보다 더 유리하다.

관련개념 CHAPTER 06 작업환경 관리

| 정답 | 029 ② 030 ③ 031 ③ 032 ①

033

FTA의 용도와 거리가 먼 것은?

① 고장의 원인을 연역적으로 찾을 수 있다.
② 시스템의 전체적인 구조를 그림으로 나타낼 수 있다.
③ 시스템에서 고장이 발생할 수 있는 부분을 쉽게 찾을 수 있다.
④ 구체적인 초기사건에 대하여 상향식(Bottom-up) 접근방식으로 재해경로를 분석하는 정량적 기법이다.

해설 FTA는 시스템의 고장을 논리적으로 찾아가는 연역적, 정성적, 정량적 분석기법으로 Top down(하향식) 방법이다.

관련개념 CHAPTER 02 위험성 파악 · 결정

034

안전가치분석의 특징으로 틀린 것은?

① 기능 위주로 분석한다.
② 왜 비용이 드는가를 분석한다.
③ 특정 위험의 분석을 위주로 한다.
④ 그룹 활동은 전원의 중지를 모은다.

해설 안전가치분석은 특정 위험의 분석 위주가 아닌 전체적인 분석을 하여야 한다.

관련개념 CHAPTER 02 위험성 파악 · 결정

035

일반적인 인간-기계 시스템의 형태 중 인간이 사용자나 동력원으로 기능하는 것은?

① 수동 체계 ② 기계화 체계
③ 자동 체계 ④ 반자동 체계

해설 수동 체계에서는 자신의 신체적인 힘을 동력원으로 사용하여 작업을 통제하는 인간 사용자와 결합(수공구 또는 그 밖의 보조물 사용)하는 특성을 갖는다.

관련개념 CHAPTER 01 안전과 인간공학

036

인체 측정치 중 기능적 인체치수에 해당되는 것은?

① 표준자세
② 특정 작업에 국한
③ 움직이지 않는 피측정자
④ 각 지체는 독립적으로 움직임

해설 **인체측정 방법**
- 구조적 인체치수: 표준자세에서 움직이지 않는 피측정자를 인체측정기로 측정한다.
- 기능적 인체치수: 특정 작업에 국한하여 움직이는 몸의 자세로부터 측정한다.

관련개념 CHAPTER 06 작업환경 관리

037

「산업안전보건법령」에 따라 상시 작업에 종사하는 장소에서 보통작업을 하고자 할 때 작업면의 최소 조도[lux]로 맞는 것은?

① 75 ② 150
③ 300 ④ 750

해설 **작업별 조도기준**
- 초정밀작업: 750[lux] 이상
- 정밀작업: 300[lux] 이상
- 보통작업: 150[lux] 이상
- 그 밖의 작업: 75[lux] 이상

관련개념 CHAPTER 06 작업환경 관리

정답 | 033 ④ 034 ③ 035 ① 036 ② 037 ②

038

인간–기계 체계의 기본기능 중 정보보관과 가장 관계 없는 것은?

① 감지 ② 정보처리
③ 출력 ④ 행동기능

해설 인간–기계 체계의 기본기능에서 감지, 정보처리 및 의사결정, 행동기능 단계에서 정보보관이 이루어지며 출력과는 관계가 멀다.

관련개념 CHAPTER 01 안전과 인간공학

039

보전효과 측정을 위해 사용하는 설비고장 강도율의 식으로 옳은 것은?

① 부하시간÷설비가동시간
② 총 수리시간÷설비가동시간
③ 설비고장건수÷설비가동시간
④ 설비고장 정지시간÷설비가동시간

해설 설비고장 강도율 $=\frac{\text{설비고장 정지시간}}{\text{설비가동시간}}$

※설비고장 도수율 $=\frac{\text{설비고장건수}}{\text{설비가동시간}}$

관련개념 CHAPTER 03 위험성 감소대책 수립 · 실행

040

FT도 작성 시 논리게이트에 속하지 않는 것은 어느 것인가?

① OR 게이트 ② 억제 게이트
③ AND 게이트 ④ 동등 게이트

해설 FT도에 사용되는 논리기호 중 동등 게이트라는 것은 없다.

관련개념 CHAPTER 02 위험성 파악 · 결정

기계 · 기구 및 설비 안전관리

041

「산업안전보건법령」상 양중기에 사용하지 않아야 하는 달기 체인의 기준으로 틀린 것은?

① 변형이 심한 것
② 균열이 있는 것
③ 길이의 증가가 제조 시보다 3[%]를 초과한 것
④ 링의 단면지름의 감소가 제조 시 링 지름의 10[%]를 초과한 것

해설 달기 체인의 길이가 달기 체인이 제조된 때의 길이의 5[%]를 초과한 것은 사용할 수 없다.

관련개념 CHAPTER 06 운반기계 및 양중기

042

아세틸렌 용접장치의 안전기준과 관련하여 다음 (　　) 안에 들어갈 용어로 옳은 것은?

사업주는 가스용기가 발생기와 분리되어 있는 아세틸렌 용접장치에 대하여는 발생기와 가스용기 사이에 (　　　　)을(를) 설치하여야 한다.

① 격납실 ② 안전기
③ 안전밸브 ④ 소화설비

해설 가스용기가 발생기와 분리되어 있는 아세틸렌 용접장치에 대하여 발생기와 가스용기 사이에 안전기를 설치하여야 한다.

관련개념 CHAPTER 05 기타 산업용 기계 · 기구

| 정답 | 038 ③ 039 ④ 040 ④ 041 ③ 042 ②

043

기계설비의 안전조건 중 외관의 안전화에 해당되지 않는 것은?

① 오동작 방지 회로 적용
② 안전색채 조절
③ 덮개의 설치
④ 구획된 장소에 격리

해설 ①은 기능상의 안전화에 해당한다.

관련개념 CHAPTER 01 기계공정의 안전, 기계안전시설 관리

044

산업용 로봇 작업 시 안전조치 방법이 아닌 것은?

① 높이 1.8[m] 이상의 울타리(방책)를 설치한다.
② 로봇의 조작방법 및 순서의 지침에 따라 작업한다.
③ 로봇 작업 중 이상상황의 대처를 위해 근로자 이외에도 로봇의 기동스위치를 조작할 수 있도록 한다.
④ 2인 이상의 근로자에게 작업을 시킬 때는 신호 방법의 지침을 정하고 그 지침에 따라 작업한다.

해설 작업을 하고 있는 동안 로봇의 기동스위치 등에 작업 중이라는 표시를 하는 등 작업에 종사하고 있는 근로자가 아닌 사람이 그 스위치 등을 조작할 수 없도록 필요한 조치를 하여야 한다.

관련개념 CHAPTER 05 기타 산업용 기계 · 기구

045

다음 중 연삭기의 종류가 아닌 것은?

① 다두연삭기 ② 원통연삭기
③ 센터리스연삭기 ④ 만능연삭기

해설 **연삭기의 종류**

- 원통연삭기
- 내면연삭기
- 평면연삭기
- 만능연삭기
- 센터리스연삭기
- 나사연삭기
- 기어연삭기 등

관련개념 CHAPTER 03 공작기계의 안전

046

프레스의 제작 및 안전기준에 따라 프레스의 각 항목이 표시된 이름판을 부착해야 하는데 이 이름판에 나타내어야 하는 항목이 아닌 것은?

① 압력능력 또는 전단능력
② 제조연월
③ 안전인증의 표시
④ 정격하중

해설 **프레스 등 이름판의 표시내용**

- 압력능력(전단기는 전단능력)
- 사용전기설비의 정격
- 제조자명
- 제조연월
- 안전인증의 표시
- 형식 또는 모델번호
- 제조번호

관련개념 CHAPTER 04 프레스 및 전단기의 안전

정답 | 043 ① 044 ③ 045 ① 046 ④

047

동력식 수동대패기계의 덮개와 송급 테이블면과의 간격기준은 몇 [mm] 이하여야 하는가?

① 3　　② 5
③ 8　　④ 12

해설 날접촉 예방장치인 덮개와 송급 테이블면과의 간격이 8[mm] 이하이어야 한다.

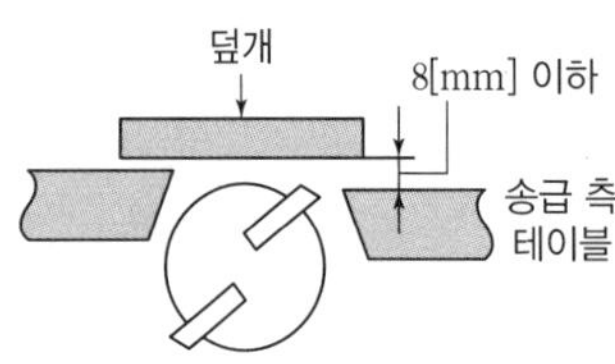

관련개념 CHAPTER 05 기타 산업용 기계 · 기구

048

기계나 그 부품에 고장이나 기능 불량이 생겨도 항상 안전하게 작동하는 안전화 대책은?

① Fool Proof
② Fail Safe
③ Risk Management
④ Hazard Diagnosis

해설 **페일 세이프(Fail Safe)**
기계나 그 부품에 고장이나 기능불량이 생겨도 항상 안전하게 작동하는 구조와 기능을 추구하는 본질적 안전과 관련된 것이다.

관련개념 CHAPTER 01 기계공정의 안전, 기계안전시설 관리

049

다음 중 연삭기의 원주속도[m/s]를 구하는 식으로 옳은 것은?(단, D는 숫돌의 지름[m], N은 회전수[rpm]이다.)

① $V=\frac{\pi DN}{16}$　　② $V=\frac{\pi DN}{32}$
③ $V=\frac{\pi DN}{60}$　　④ $V=\frac{\pi DN}{1,000}$

해설 $v=\frac{\pi dN}{60\times 1,000}$[m/s]
여기서, d: 지름[mm]
　　N: 회전수[rpm]
문제에서 주어진 단위가 지름 D[m]이므로 단위를 변환해준다.
$V=\frac{\pi\times(D\times 1,000)\times N}{60\times 1,000}=\frac{\pi DN}{60}$[m/s]

관련개념 CHAPTER 03 공작기계의 안전

050

「산업안전보건법령」에 따라 다음 중 덮개 혹은 울을 설치하여야 하는 경우나 부위에 속하지 않는 것은?

① 목재가공용 띠톱기계를 제외한 띠톱기계에서 절단에 필요한 톱날 부위 외의 위험한 톱날 부위
② 선반으로부터 돌출하여 회전하고 있는 가공물이 근로자에게 위험을 미칠 우려가 있는 경우
③ 보일러에서 과열에 의한 압력상승으로 인해 사용자에게 위험을 미칠 우려가 있는 경우
④ 연삭기 또는 평삭기의 테이블, 형삭기 램 등의 행정 끝이 근로자에게 위험을 미칠 우려가 있는 경우

해설 보일러에는 덮개 혹은 울을 설치하지 않아도 된다.
보일러에서는 과열을 방지하기 위하여 압력제한스위치를 부착하여 사용하여야 한다.

관련개념 CHAPTER 05 기타 산업용 기계 · 기구

| 정답 | 047 ③　048 ②　049 ③　050 (

051

드릴링 머신을 이용한 작업 시 안전수칙에 관한 설명으로 옳지 않은 것은?

① 일감을 손으로 견고하게 쥐고 작업한다.
② 장갑을 끼고 작업을 하지 않는다.
③ 칩은 기계를 정지시킨 다음에 와이어 브러시로 제거한다.
④ 드릴을 끼운 후에는 척 렌치를 반드시 탈거한다.

해설 드릴작업 중 물건은 바이스나 클램프를 사용하여 견고하게 고정시켜야 하며, 손으로 쥐고 구멍을 뚫는 것은 위험하다.

관련개념 CHAPTER 03 공작기계의 안전

052

다음 중 컨베이어(Conveyor)의 방호장치로 볼 수 없는 것은?

① 반발예방장치
② 이탈방지장치
③ 비상정지장치
④ 덮개 또는 울

해설 반발예방장치는 둥근톱기계의 방호장치이다.

관련개념 CHAPTER 06 운반기계 및 양중기

053

롤러기에 사용되는 급정지장치의 종류가 아닌 것은?

① 손조작식
② 발조작식
③ 무릎조작식
④ 복부조작식

해설 롤러기 급정지장치의 종류
- 손조작식
- 복부조작식
- 무릎조작식

관련개념 CHAPTER 05 기타 산업용 기계·기구

054

연삭기에서 숫돌의 바깥지름이 180[mm]라면, 평형 플랜지의 바깥지름은 몇 [mm] 이상이어야 하는가?

① 30 ② 36
③ 45 ④ 60

해설 플랜지의 지름은 숫돌 직경의 $\frac{1}{3}$ 이상인 것이 적당하다.

플랜지의 지름 $= 180 \times \frac{1}{3} = 60$[mm] 이상

관련개념 CHAPTER 03 공작기계의 안전

정답 | 051 ① 052 ① 053 ② 054 ④

055

클러치 프레스에 부착된 양수기동식 방호장치에 있어서 확동 클러치의 봉합개소의 수가 4, 분당 행정수가 300[SPM]일 때 양수기동식 조작부의 최소 안전거리는?(단, 인간의 손의 기준속도는 1.6[m/s]로 한다.)

① 240[mm] ② 260[mm]
③ 340[mm] ④ 360[mm]

해설 양수기동식 방호장치의 안전거리

$$T_m=\left(\frac{1}{2}+\frac{1}{\text{클러치 개소 수}}\right)\times\frac{60}{\text{분당 행정수[SPM]}}$$

$$=\left(\frac{1}{2}+\frac{1}{4}\right)\times\frac{60}{300}=0.15\text{초이므로}$$

$D_m=1,600\times T_m=1,600\times0.15=240[mm]$

여기서, D_m: 안전거리[mm]

T_m: 누름버튼을 누른 때부터 사용하는 프레스의 슬라이드가 하사점에 도달하기까지의 소요 최대시간[초]

관련개념 CHAPTER 04 프레스 및 전단기의 안전

056

프레스의 본질적 안전화(No-hand in Die 방식) 추진대책이 아닌 것은?

① 안전금형을 설치
② 전용프레스의 사용
③ 방호울이 부착된 프레스 사용
④ 감응식 방호장치 설치

해설 No-hand In Die 방식(금형 안에 손이 들어가지 않는 구조)

- 방호울 설치
- 안전금형 설치
- 자동화 또는 전용프레스 사용

관련개념 CHAPTER 04 프레스 및 전단기의 안전

057

기계운동의 형태에 따른 위험점 분류에 해당되지 않는 것은?

① 끼임점 ② 회전물림점
③ 물림점 ④ 절단점

해설 기계설비의 위험점 종류

- 협착점(끼임정)
- 끼임점
- 절단점
- 물림점
- 접선물림점
- 회전말림점

관련개념 CHAPTER 01 기계공정의 안전, 기계안전시설 관리

058

「산업안전보건법령」상 크레인의 방호장치에 해당하지 않는 것은?

① 권과방지장치 ② 낙하방지장치
③ 비상정지장치 ④ 과부하방지장치

해설 이삿짐 운반용 리프트나 컨베이어 등 화물이 떨어질 위험이 있는 경우 낙하방지 조치를 하여야 한다. 낙하방지장치는 크레인 방호장치와는 거리가 멀다.

관련개념 CHAPTER 06 운반기계 및 양중기

| 정답 | 055 ① 056 ④ 057 ② 058

059

작업장 내 운반을 주목적으로 하는 구내운반차가 준수해야 할 사항으로 옳지 않은 것은?

① 주행을 제동하거나 정지상태를 유지하기 위하여 유효한 제동장치를 갖출 것
② 경음기를 갖출 것
③ 핸들의 중심에서 차체 바깥 측까지의 거리가 65[cm] 이내일 것
④ 운전자석이 차 실내에 있는 것은 좌우에 한 개씩 방향지시기를 갖출 것

해설 구내운반차 사용 시 준수사항
- 주행을 제동하거나 정지상태를 유지하기 위하여 유효한 제동장치를 갖출 것
- 경음기를 갖출 것
- 운전석이 차 실내에 있는 것은 좌우에 한 개씩 방향지시기를 갖출 것
- 전조등과 후미등을 갖출 것

※ 보기 ③과 관련된 조항은 법령이 개정되면서 삭제되었습니다.

관련개념 CHAPTER 06 운반기계 및 양중기

060

양수조작식 방호장치에서 누름버튼 상호 간의 내측거리는 얼마 이상이어야 하는가?

① 250[mm] 이상 ② 300[mm] 이상
③ 350[mm] 이상 ④ 400[mm] 이상

해설 양수조작식 방호장치 누름버튼의 상호 간 내측거리는 300[mm] 이상이어야 한다.

관련개념 CHAPTER 04 프레스 및 전단기의 안전

전기 및 화학설비 안전관리

061

다음 중 대전된 정전기의 제거방법으로 적당하지 않은 것은?

① 작업장 내에서의 습도를 가능한 한 낮춘다.
② 제전기를 이용해 물체에 대전된 정전기를 제거한다.
③ 도전성을 부여하여 대전된 전하를 누설시킨다.
④ 금속 도체와 대지 사이의 전위를 최소화하기 위하여 접지한다.

해설 정전기 대전방지를 위해 작업장 내의 습도를 70[%] 정도로 유지하는 것이 바람직하다.

관련개념 CHAPTER 03 정전기 장 · 재해관리

062

다음 중 접지공사의 종류에 해당되지 않는 것은?

① 특별 제1종 접지공사 ② 특별 제3종 접지공사
③ 제1종 접지공사 ④ 제2종 접지공사

해설

※「한국전기설비규정」 개정으로 접지대상에 따라 일괄 적용한 종별접지(1종, 2종, 3종, 특별3종)가 폐지되어 성립될 수 없는 문제입니다.

관련개념 CHAPTER 05 전기설비 위험요인관리

063

제3종 접지공사 시 접지선에 흐르는 전류가 0.1[A]일 때 전압강하로 인한 대지전압의 최댓값은 몇 [V] 이하이어야 하는가?

① 10[V] ② 20[V]
③ 30[V] ④ 50[V]

해설

※「한국전기설비규정」 개정으로 접지대상에 따라 일괄 적용한 종별접지(1종, 2종, 3종, 특별3종)가 폐지되어 성립될 수 없는 문제입니다.

관련개념 CHAPTER 05 전기설비 위험요인관리

정답 | 059 ③ 060 ② 061 ① 062 정답없음 063 정답없음

064

전기스파크의 최소발화에너지를 구하는 공식은?

① $W=\frac{1}{2}CV^2$　　② $W=\frac{1}{2}CV$

③ $W=2CV^2$　　④ $W=2C^2V$

해설 최소발화에너지

$W=\frac{1}{2}CV^2$[J]

여기서, C: 전기용량[F]

V: 불꽃전압[V]

관련개념 CHAPTER 06 화재 · 폭발 검토

065

허용접촉전압이 종별 기준과 서로 다른 것은?

① 제1종－2.5[V] 이하

② 제2종－25[V] 이하

③ 제3종－75[V] 이하

④ 제4종－제한 없음

해설 허용접촉전압

종별	접촉상태	허용접촉전압
제1종	인체의 대부분이 수중에 있는 상태	2.5[V] 이하
제2종	• 인체가 현저히 젖어 있는 상태 • 금속성의 전기기계 · 기구나 구조물에 인체의 일부가 상시 접촉되어 있는 상태	25[V] 이하
제3종	제1종, 제2종 이외의 경우로서 통상의 인체상태에서 접촉전압이 가해지면 위험성이 높은 상태	50[V] 이하
제4종	• 제1종, 제2종 이외의 경우로서 통상의 인체 상태에 접촉전압이 가해지더라도 위험성이 낮은 상태 • 접촉전압이 가해질 우려가 없는 경우	제한 없음

관련개념 CHAPTER 02 감전재해 및 방지대책

066

페인트를 스프레이로 뿌려 도장작업을 하는 작업 중 발생할 수 있는 정전기 대전으로만 이루어진 것은?

① 분출대전, 충돌대전　　② 충돌대전, 마찰대전

③ 유동대전, 충돌대전　　④ 분출대전, 유동대전

해설 정전기의 발생현상

• 분출대전: 분체류, 액체류, 기체류가 단면적이 작은 분출구를 통해 공기 중으로 분출될 때 분출하는 물질과 분출구의 마찰로 정전기 발생

• 충돌대전: 분체류와 같은 입자 상호 간이나 입자와 고체와의 충돌에 의해 빠른 접촉, 분리가 행하여짐으로써 정전기 발생

관련개념 CHAPTER 03 정전기 장 · 재해관리

067

감전을 방지하기 위하여 정전작업 요령을 관계 근로자에 주지시킬 필요가 없는 것은?

① 전원설비 효율에 관한 사항

② 단락접지 실시에 관한 사항

③ 전원 재투입 순서에 관한 사항

④ 작업 책임자의 임명, 정전범위 및 절연용 보호구 작업 등 필요한 사항

해설 정전작업 시 작업책임자, 정전범위, 정전 및 전원 재투입 순서 등을 정하고, 작업책임자는 근로자에게 작업시작 전에 미리 정전범위, 정전 및 송전시간, 개폐기의 차단장소, 선로의 단락접지를 하는 장소와 상태, 작업순서, 근로자의 배치, 작업종료 후의 조치 내용 등을 설명하여야 한다.

관련개념 CHAPTER 02 감전재해 및 방지대책

068

다음 중 방폭구조의 종류와 기호가 올바르게 연결된 것은?

① 압력방폭구조: q　　② 유입방폭구조: m

③ 비점화방폭구조: n　　④ 본질안전방폭구조: e

해설

① 압력방폭구조: p

② 유입방폭구조: o

④ 본질안전방폭구조: ia 또는 ib

관련개념 CHAPTER 04 전기방폭관리

| 정답 | 064 ① 065 ③ 066 ① 067 ① 068 (

069

방폭전기설비의 설치 시 고려하여야 할 환경조건으로 가장 거리가 먼 것은?

① 열　　② 진동
③ 산소량　　④ 수분 및 습기

해설 **방폭전기설비 설치 시 전원 및 환경에 대한 유의사항**
- 전원 전압 및 주파수
- 주변 온도 및 습도
- 수분 및 먼지
- 부식성 가스 및 액체
- 설치장소의 진동

관련개념 CHAPTER 04 전기방폭관리

070

누전에 의한 감전위험을 방지하기 위하여 감전방지용 누전차단기의 접속에 관한 일반사항으로 틀린 것은?

① 분기회로마다 누전차단기를 설치한다.
② 동작시간은 0.03초 이내이어야 한다.
③ 전기기계·기구에 설치되어 있는 누전차단기는 정격감도전류가 30[mA] 이하이어야 한다.
④ 누전차단기는 배전반 또는 분전반 내에 접속하지 않고 별도로 설치한다.

해설 누전차단기는 배전반 또는 분전반에 설치하는 것을 원칙으로 한다. 다만, 꽂음접속기형 누전차단기는 콘센트에 연결 또는 부착하여 사용할 수 있다.

관련개념 CHAPTER 02 감전재해 및 방지대책

071

가정에서 요리를 할 때 사용하는 가스레인지에서 일어나는 가스의 연소 형태에 해당되는 것은?

① 자기연소　　② 분해연소
③ 표면연소　　④ 확산연소

해설 **확산연소**
- 가연성 가스가 공기(산소) 중에 확산되어 연소범위에 도달했을 때 연소하는 현상이다.
- 기체의 일반적 연소 형태이다.

관련개념 CHAPTER 06 화재·폭발 검토

072

휘발유를 저장하던 이동저장탱크에 등유나 경유를 이동저장탱크의 밑부분부터 주입할 때에 액표면의 높이가 주입관의 선단의 높이를 넘을 때까지 주입속도는 몇 [m/s] 이하로 하여야 하는가?

① 0.5　　② 1
③ 1.5　　④ 2.0

해설 등유나 경유를 주입하는 작업을 하는 경우에는 그 액표면의 높이가 주입관의 선단의 높이를 넘을 때까지 주입속도를 1[m/s] 이하로 하여야 한다.

관련개념 CHAPTER 06 화재·폭발 검토

073

물반응성 물질에 해당하는 것은?

① 니트로화합물　　② 칼륨
③ 염소산나트륨　　④ 부탄

해설
① 니트로화합물: 폭발성 물질 및 유기과산화물
③ 염소산나트륨: 산화성 액체 및 산화성 고체
④ 부탄: 인화성 가스

관련개념 CHAPTER 07 화학물질 안전관리 실행

2017년 2회

| 정답 | 069 ③　070 ④　071 ④　072 ②　073 ②

074

다음 중 증류탑의 원리로 거리가 먼 것은?

① 끓는점(휘발성) 차이를 이용하여 목적 성분을 분리한다.
② 열 이동은 도모하지만 물질 이동은 관계하지 않는다.
③ 기－액 두 상의 접촉이 충분히 일어날 수 있는 접촉 면적이 필요하다.
④ 여러 개의 단을 사용하는 다단탑이 사용될 수 있다.

해설 **증류탑(정류탑)**
두 개 또는 그 이상의 액체의 혼합물을 끓는점(비점) 차이를 이용하여 특정 성분을 분리하는 것을 목적으로 하는 장치이다. 기체와 액체를 접촉시켜 물질전달 및 열전달을 이용하여 분리한다.

관련개념 CHAPTER 07 화학물질 안전관리 실행

075

메탄(CH_4) 100[mol]이 산소 중에서 완전연소하였다면 이때 소비된 산소량은 몇 [mol]인가?

① 50　② 100
③ 150　④ 200

해설 $CH_4+2O_2 \rightarrow CO_2+2H_2O$
메탄 1[mol]을 완전연소하는 데 필요한 산소량은 2[mol]이므로 메탄 100[mol]이 완전연소하였다면 이때 소비된 산소량은 $100\times2=200$[mol]이다.

관련개념 CHAPTER 06 화재 · 폭발 검토

076

화염의 전파속도가 음속보다 빨라 파면 선단에 충격파가 형성되며 보통 그 속도가 1,000~3,500[m/s]에 이르는 현상을 무엇이라 하는가?

① 폭발현상　② 폭굉현상
③ 파괴현상　④ 발화현상

해설 **폭굉파**
연소파가 일정 거리를 진행한 후 연소 전파속도가 1,000~3,500[m/s] 정도에 달할 경우 이를 폭굉현상(Detonation Phenomenon)이라 하며, 이때 국한된 반응영역을 폭굉파(Detonation Wave)라 한다. 폭굉파의 속도는 음속을 앞지르므로 진행 방향에 그에 따른 충격파가 있다.

관련개념 CHAPTER 06 화재 · 폭발 검토

077

다음 중 물질의 위험성과 그 시험방법이 올바르게 연결된 것은?

① 인화점－태그 밀폐식
② 발화온도－산소지수법
③ 연소시험－가스크로마토그래피법
④ 최소발화에너지－클리브랜드 개방식

해설 태그 밀폐식 시험기는 인화점 시험기의 일종으로 인화점이 93[℃] 이하인 석유제품의 인화점 시험에 사용한다.
② 산소지수법: 연소를 지속하는 데 필요한 산소의 농도와 연기의 농도를 측정하여 가연성을 분석하는 장치이다.
③ 가스크로마토그래피법: 가스 혼합물의 성분을 분리하여 분석하는 장치이다.
④ 클리브랜드 개방식: 열과 불꽃에 반응하는 시료의 특성을 측정하는 것으로 인화점 및 연소점 시험기이다.

관련개념 CHAPTER 06 화재 · 폭발 검토

078

SO_2 20[ppm]은 약 몇 [g/m^3]인가?(단, SO_2의 분자량은 64이고, 온도는 21[℃], 압력은 1기압이다.)

① 0.571　② 0.531
③ 0.0571　④ 0.0531

해설 아보가드로 법칙에 의해 0[℃](273[K]), 1기압에서 공기 1[mol]의 부피는 22.4[L](0.0224[m^3])이다.
21[℃](294[K])에서 공기 1[mol]의 부피를 x라 하면
273[K] : 0.0224[m^3]=294[K] : x

$$x=\frac{0.0224\times294}{273}=0.0241[m^3]$$

SO_2 20[ppm]은 공기 1[mol]에 SO_2 20×10^{-6}[mol]이 들어있는 것이므로 SO_2 1[mol]의 부피를 y라 하면
20×10^{-6}[mol] : 0.0241[m^3]=1[mol] : y

$$y=\frac{0.0241}{20\times10^{-6}}=1,205[m^3]$$

SO_2의 분자량은 64이고, 1[mol]의 부피는 1,205[m^3]이므로

$$SO_2\ 20[ppm]=\frac{64[g/mol]}{1,205[m^3/mol]}=0.0531[g/m^3]$$

관련개념 CHAPTER 07 화학물질 안전관리 실행

| 정답 | 074 ② 075 ④ 076 ② 077 ① 078 ④

079

다음 중 가연성 분진의 폭발 메커니즘으로 옳은 것은?

① 퇴적분진 → 비산 → 분산 → 발화원 발생 → 폭발
② 발화원 발생 → 퇴적분진 → 비산 → 분산 → 폭발
③ 퇴적분진 → 발화원 발생 → 분산 → 비산 → 폭발
④ 발화원 발생 → 비산 → 분산 → 퇴적분진 → 폭발

해설 **분진폭발의 순서**
퇴적분진 → 비산 → 분산 → 발화원 → 전면폭발 → 2차 폭발

관련개념 CHAPTER 06 화재 · 폭발 검토

080

다음 중 유해 · 위험물질이 유출되는 사고가 발생했을 때의 대처요령으로 가장 적절하지 않은 것은?

① 중화 또는 희석을 시킨다.
② 유해 · 위험물질을 즉시 모두 소각시킨다.
③ 유출 부분을 억제 또는 폐쇄시킨다.
④ 유출된 지역의 인원을 대피시킨다.

해설 유해 · 위험물질을 소각할 경우 화재 · 폭발 등의 위험이 있으며, 독성 물질의 경우 확산 등에 의해 환경 또는 인체에 유해할 수 있으므로 적절하지 않다.

관련개념 CHAPTER 07 화학물질 안전관리 실행

건설공사 안전관리

081

거푸집 해체 시 작업자가 이행해야 할 안전수칙으로 옳지 않은 것은?

① 거푸집 해체는 순서에 입각하여 실시한다.
② 상하에서 동시작업을 할 때는 상하의 작업자가 긴밀하게 연락을 취해야 한다.
③ 거푸집 해체가 용이하지 않을 때에는 큰 힘을 줄 수 있는 지렛대를 사용해야 한다.
④ 해체된 거푸집, 각목 등을 올리거나 내릴 때는 달줄, 달포대 등을 사용한다.

해설 거푸집 해체 시 구조체에 무리한 충격이나 큰 힘에 의한 지렛대 사용은 금지하여야 한다.

관련개념 CHAPTER 05 비계 · 거푸집 가시설 위험방지

082

건설공사현장에 가설통로를 설치하는 경우 경사는 몇 도 이내를 원칙으로 하는가?

① 15° ② 20°
③ 25° ④ 30°

해설 가설통로의 경사는 30° 이하로 하여야 한다.

관련개념 CHAPTER 05 비계 · 거푸집 가시설 위험방지

083

토류벽에 거치된 어스앵커의 인장력을 측정하기 위한 계측기는?

① 하중계 ② 변형계
③ 지하수위계 ④ 지중경사계

해설 하중계는 스트러트, 어스앵커에 설치하여 축하중 측정으로 부재의 안정성 여부를 판단한다.

관련개념 CHAPTER 05 비계 · 거푸집 가시설 위험방지

| 정답 | 079 ① 080 ② 081 ③ 082 ④ 083 ①

084

건설업 산업안전보건관리비 계상 및 사용기준을 적용하는 공사금액 기준으로 옳은 것은?(단, 「산업안전보건법」 제2조에 따른 건설공사이다.)

① 총 공사금액 2천만 원 이상인 공사
② 총 공사금액 4천만 원 이상인 공사
③ 총 공사금액 6천만 원 이상인 공사
④ 총 공사금액 1억 원 이상인 공사

해설 건설업 산업안전보건관리비 계상 및 사용기준은 「산업안전보건법」의 건설공사 중 총 공사금액 2천만 원 이상인 공사에 적용한다.

관련개념 CHAPTER 03 건설업 산업안전보건관리비 관리

085

추락에 의한 위험방지와 관련된 승강설비의 설치에 관한 사항이다. (　　) 안에 들어갈 내용으로 옳은 것은?

> 사업주는 높이 또는 깊이가 (　　　　)를 초과하는 장소에서 작업하는 경우 해당 작업에 종사하는 근로자가 안전하게 승강하기 위한 건설용 리프트 등의 설비를 설치하여야 한다.

① 1.0[m]　② 1.5[m]
③ 2.0[m]　④ 2.5[m]

해설 사업주는 높이 또는 깊이가 2[m]를 초과하는 장소에서 작업하는 경우 해당 작업에 종사하는 근로자가 안전하게 승강하기 위한 건설용 리프트 등의 설비를 설치하여야 한다.

관련개념 CHAPTER 04 건설현장 안전시설 관리

086

사다리식 통로를 설치할 때 사다리의 상단은 걸쳐 놓은 지점으로부터 최소 얼마 이상 올라가도록 하여야 하는가?

① 45[cm] 이상　② 60[cm] 이상
③ 75[cm] 이상　④ 90[cm] 이상

해설 사다리식 통로를 설치할 때 사다리의 상단은 걸쳐 놓은 지점으로부터 60[cm] 이상 올라가도록 하여야 한다.

관련개념 CHAPTER 05 비계 · 거푸집 가시설 위험방지

087

달비계에 사용하는 와이어로프는 지름의 감소가 공칭지름의 몇 [%]를 초과할 경우에 사용할 수 없도록 규정되어 있는가?

① 5[%]　② 7[%]
③ 9[%]　④ 10[%]

해설 달비계에 사용하는 와이어로프는 지름의 감소가 공칭지름의 7[%]를 초과하는 경우에 사용할 수 없다.

관련개념 CHAPTER 05 비계 · 거푸집 가시설 위험방지

088

추락방호망의 달기 로프를 지지점에 부착할 때 지지점의 간격이 1.5[m]인 경우 지지점의 강도는 최소 얼마 이상이어야 하는가?(단, 연속적인 구조물이 방망 지지점인 경우이다.)

① 200[kg]　② 300[kg]
③ 400[kg]　④ 500[kg]

해설 방망 지지점은 600[kg]의 외력에 견딜 수 있는 강도를 보유하여야 하지만, 연속적인 구조물이 방망 지지점인 경우의 외력이 다음 식에 계산한 값에 견딜 수 있는 경우에는 아래 식에서 계산한 값 이상이어야 한다.

$F=200\times B=200\times 1.5=300$[kg]

여기서, F: 외력[kg]
B: 지지점 간격[m]

관련개념 CHAPTER 04 건설현장 안전시설 관리

| 정답 | 084 ① 085 ③ 086 ② 087 ② 088 ②

089

차량계 건설기계의 작업계획서 작성 시 그 내용에 포함되어야 할 사항이 아닌 것은?

① 사용하는 차량계 건설기계의 종류 및 성능
② 차량계 건설기계의 운행 경로
③ 차량계 건설기계에 의한 작업방법
④ 브레이크 및 클러치 등의 기능 점검

해설 브레이크 및 클러치의 기능은 프레스 등을 사용하여 작업을 할 때 작업시작 전 점검사항이다.

관련개념 CHAPTER 04 건설현장 안전시설 관리

090

다음 셔블계 굴착장비 중 좁고 깊은 굴착에 가장 적합한 장비는?

① 드래그라인
② 파워셔블
③ 백호우
④ 클램셸

해설 **클램셸(Clamshell)**

- 굴착기가 위치한 지면보다 낮은 곳을 굴착하는 데 적합하다.
- 좁은 장소의 깊은 굴착에 효과적이다.
- 정확한 굴착 및 단단한 지반작업이 불가능하다.

관련개념 CHAPTER 04 건설현장 안전시설 관리

091

차량계 하역운반기계 등을 이송하기 위하여 자주 또는 견인에 의하여 화물자동차에 싣거나 내리는 작업을 할 때 발판·성토 등을 사용하는 경우 기계의 전도 또는 전락에 의한 위험을 방지하기 위하여 준수하여야 할 사항으로 옳지 않은 것은?

① 싣거나 내리는 작업은 견고한 경사지에서 실시할 것
② 가설대 등을 사용하는 경우에는 충분한 폭 및 강도와 적당한 경사를 확보할 것
③ 발판을 사용하는 경우에는 충분한 길이·폭 및 강도를 가진 것을 사용할 것
④ 마대·가설대 등을 사용하는 경우 충분한 폭 및 강도와 적당한 경사를 확보할 것

해설 차량계 하역운반기계 등을 이송하기 위하여 자주 또는 견인에 의하여 화물자동차에 싣거나 내리는 작업을 할 때에 발판·성토 등을 사용하는 경우에는 해당 차량계 하역운반기계 등의 전도 또는 굴러 떨어짐에 의한 위험을 방지하기 위하여 작업은 평탄하고 견고한 장소에서 하여야 한다.

관련개념 CHAPTER 06 공사 및 작업 종류별 안전

정답 | 089 ④ 090 ④ 091 ①

092

작업에서의 위험요인과 재해 형태가 가장 관련이 적은 것은?

① 무리한 자재적재 및 통로 미확보 → 전도
② 개구부 안전난간 미설치 → 추락
③ 벽돌 등 중량물 취급 작업 → 협착
④ 항만 하역작업 → 질식

해설 항만 하역작업에서는 추락, 협착의 위험요인이 있다.

관련개념 CHAPTER 06 공사 및 작업 종류별 안전

093

산업안전보건관리비 중 안전시설비의 항목에서 사용할 수 있는 항목에 해당하는 것은?

① 안전관리자 업무수행을 위한 도서 구입 비용
② 보호구의 관리 비용
③ 안전보건진단에 소요되는 비용
④ 추락방호망의 구입 비용

해설 ①은 안전보건교육비, ②는 보호구, ③은 안전보건진단비의 목적으로 산업안전보건관리비를 사용할 수 있다.
※ 이 문제는 개정된 법령에 따라 수정한 문제입니다.

관련개념 CHAPTER 03 건설업 산업안전보건관리비 관리

094

개착식 굴착공사(Open Cut)에서 설치하는 계측기기와 거리가 먼 것은?

① 수위계　② 경사계
③ 응력계　④ 내공변위계

해설 내공변위계는 터널 내부의 변위를 측정하는 계측기기이다.

관련개념 CHAPTER 05 비계 · 거푸집 가시설 위험방지

095

다음 중 차량계 건설기계에 속하지 않는 것은?

① 배처플랜트
② 모터그레이더
③ 크롤러드릴
④ 탠덤롤러

해설 배처플랜트는 콘크리트 제조설비의 일종이며, 차량계 건설기계에 해당하지 않는다.

관련개념 CHAPTER 04 건설현장 안전시설 관리

| 정답 | 092 ④　093 ④　094 ④　095 ①

096

철근의 인력 운반방법에 관한 설명으로 옳지 않은 것은?

① 긴 철근은 두 사람이 한 조가 되어 같은 쪽의 어깨에 메고 운반한다.
② 양끝은 묶어서 운반한다.
③ 1회 운반 시 1인당 무게는 50[kg] 정도로 한다.
④ 공동작업 시 신호에 따라 작업한다.

해설 인력으로 철근을 운반하는 경우 1인당 무게는 25[kg] 정도가 적절하며, 무리한 운반을 삼가야 한다.

관련개념 CHAPTER 06 공사 및 작업 종류별 안전

097

지반의 조사방법 중 지질의 상태를 가장 정확히 파악할 수 있는 보링방법은?

① 충격식 보링 ② 수세식 보링
③ 회전식 보링 ④ 오거 보링

해설 회전식 보링은 지질의 상태를 가장 정확히 파악할 수 있는 보링방법이다.

관련개념 CHAPTER 02 건설공사 위험성

098

건설용 리프트에 대하여 바람에 의한 붕괴를 방지하는 조치를 한다고 할 때 그 기준이 되는 풍속은?

① 순간풍속 30[m/s] 초과
② 순간풍속 35[m/s] 초과
③ 순간풍속 40[m/s] 초과
④ 순간풍속 45[m/s] 초과

해설 순간풍속이 35[m/s]를 초과하는 바람이 불어올 우려가 있는 경우 건설용 리프트에 대하여 받침의 수를 증가시키는 등 그 붕괴 등을 방지하기 위한 조치를 하여야 한다.

관련개념 CHAPTER 06 공사 및 작업 종류별 안전

099

강관비계의 구조에서 비계기둥 간의 최대허용 적재하중으로 옳은 것은?

① 500[kg] ② 400[kg]
③ 300[kg] ④ 200[kg]

해설 강관을 사용하여 비계를 구성하는 경우 비계기둥 간의 적재하중은 400[kg]을 초과하지 않아야 한다.

관련개념 CHAPTER 05 비계 · 거푸집 가시설 위험방지

100

콘크리트 측압에 관한 설명으로 옳지 않은 것은?

① 대기의 온도가 높을수록 크다.
② 콘크리트의 타설속도가 빠를수록 크다.
③ 콘크리트의 타설높이가 높을수록 크다.
④ 배근된 철근량이 적을수록 크다.

해설 외기 온도가 낮을수록 콘크리트의 측압이 커진다.

관련개념 CHAPTER 06 공사 및 작업 종류별 안전

정답 | 096 ③ 097 ③ 098 ② 099 ② 100 ①

2017년 3회 기출문제

2017년 8월 26일 시행

산업재해 예방 및 안전보건교육

001

무재해 운동의 기본이념 3대 원칙이 아닌 것은?

① 무의 원칙
② 참가의 원칙
③ 선취의 원칙
④ 자주활동의 원칙

해설 **무재해 운동의 3원칙**
- 무의 원칙
- 참여의 원칙(참가의 원칙)
- 안전제일의 원칙(선취의 원칙)

관련개념 CHAPTER 01 산업재해예방 계획 수립

002

TWI(Training Within Industry)의 교육내용이 아닌 것은?

① Job Support Training
② Job Method Training
③ Job Relation Training
④ Job Instruction Training

해설 TWI의 교육내용 중 JST는 Job Safety Training의 약자로 작업안전훈련을 의미하며 Job Support Training은 TWI의 교육내용에 해당하지 않는다.

관련개념 CHAPTER 05 안전보건교육의 내용 및 방법

003

의사결정 과정에 따른 리더십의 행동유형 중 전제형에 속하는 것은?

① 집단 구성원에게 자유를 준다.
② 지도자가 모든 정책을 결정한다.
③ 집단토론이나 집단결정을 통해서 정책을 결정한다.
④ 명목적인 리더의 자리를 지키고 부하직원들의 의견에 따른다.

해설 **전제형 리더십**
주어진 과업을 성취시키는 국면에 역점을 두고 구성원들에게 지시 또는 명령하는 리더십으로 리더가 모든 구성원에 군림하게 되어 지배적인 위치에 서게 되며, 부하의 관리는 공포와 처벌로써 일관한다. 그리하여 전제형 리더들은 과업수행에 필요한 모든 정보를 독점하며 조직 내 의사결정권은 상사 중심적이 된다.

관련개념 CHAPTER 04 인간의 행동과학

004

교육의 3요소 중 교육의 주체에 해당하는 것은?

① 강사 ② 교재
③ 수강자 ④ 교육방법

해설 **교육의 3요소**
- 주체: 강사
- 객체: 수강자(학생)
- 매개체: 교재(교육내용)

관련개념 CHAPTER 05 안전보건교육의 내용 및 방법

| 정답 | 001 ④ 002 ① 003 ② 004 ①

005

하인리히(Heinrich)의 사고발생의 연쇄성 5단계 중 2단계에 해당되는 것은?

① 유전과 환경
② 개인적인 결함
③ 불안전한 행동
④ 사고

해설 **하인리히(H. W. Heinrich)의 도미노 이론(사고발생의 연쇄성)**

- 1단계: 사회적 환경 및 유전적 요소(기초 원인)
- 2단계: 개인의 결함(간접 원인)
- 3단계: 불안전한 행동 및 불안전한 상태(직접 원인) → 제거(효과적임)
- 4단계: 사고
- 5단계: 재해

관련개념 CHAPTER 01 산업재해예방 계획 수립

006

착시현상 중 그림과 같이 우선 평행의 호를 보고 이어 직선을 본 경우에 직선이 호와의 반대방향으로 보이는 현상은?

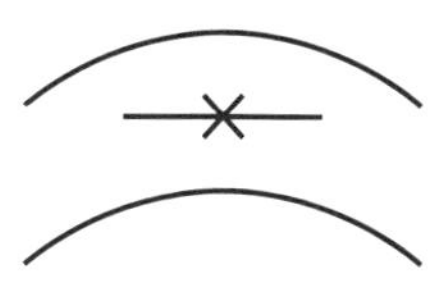

① 동화착오 ② 분할착오
③ 윤곽착오 ④ 방향착오

해설 **Köhler의 착시(윤곽착오)**

우선 평형의 호를 본 후 즉시 직선을 본 경우에 직선은 호의 반대방향으로 굽어보인다.

관련개념 CHAPTER 03 산업안전심리

007

무재해 운동 추진기법 중 다음에서 설명하는 것은?

> 작업을 오조작 없이 안전하게 하기 위하여 작업공정의 요소에서 자신의 행동을 하고 대상을 가리킨 후 큰 소리로 확인하는 것

① 지적확인 ② TBM
③ 터치 앤드 콜 ④ 삼각 위험예지훈련

해설 **지적확인**

작업의 정확성이나 안전을 확인하기 위해 오관의 감각기관을 이용하여 작업시작 전에 뇌를 자극시켜 안전을 확보하기 위한 기법으로 작업을 안진하게 오조작 없이 실시하기 위해 작업공정의 각 요소에서 자신의 행동을 「…, 좋아!」하고 대상을 지적하여 큰 소리로 확인하는 것이다.

관련개념 CHAPTER 01 산업재해예방 계획 수립

008

안전보건표지의 색채 및 색도기준 중 다음 ( ) 안에 알맞은 것은?

색채	색도기준	용도
(㉠)	5Y 8.5/12	경고
(㉡)	2.5PB 4/10	지시

① ㉠ 빨간색 ㉡ 흰색
② ㉠ 검은색 ㉡ 노란색
③ ㉠ 흰색 ㉡ 녹색
④ ㉠ 노란색 ㉡ 파란색

해설 **안전보건표지의 색도기준 및 용도**

색채	색도기준	용도	사용 예
노란색	5Y 8.5/12	경고	화학물질 취급장소에서의 유해·위험 경고 이외의 위험경고, 주의표지 또는 기계방호물
파란색	2.5PB 4/10	지시	특정 행위의 지시 및 사실의 고지

관련개념 CHAPTER 02 안전보호구 관리

정답 | 005 ② 006 ③ 007 ① 008 ④

009

조건반사설에 의한 학습이론의 원리에 해당하지 않는 것은?

① 강도의 원리　② 시간의 원리
③ 효과의 원리　④ 계속성의 원리

해설 효과의 법칙은 손다이크의 시행착오설의 법칙 중 하나이다.

관련개념 CHAPTER 05 안전보건교육의 내용 및 방법

010

50인의 상시 근로자를 가지고 있는 어느 사업장이 1년간 3건의 부상자를 내고 그 휴업일수가 219일이라면 강도율은?

① 1.37　② 1.50
③ 1.86　④ 2.21

해설 **강도율**

총 요양근로손실일수 = 휴업일수 $\times \frac{300}{365} = 219 \times \frac{300}{365} = 180$이므로

$$강도율 = \frac{총\ 요양근로손실일수}{연근로시간\ 수} \times 1{,}000 = \frac{180}{50 \times (8 \times 300)} \times 1{,}000 = 1.5$$

※ 1인당 연근로시간이 문제에서 주어지지 않았으므로 8시간, 300일로 계산한다.

관련개념 SUBJECT 03 기계·기구 및 설비 안전관리
CHAPTER 02 기계분야 산업재해 조사 및 관리

011

안전교육방법 중 사례연구법의 장점이 아닌 것은?

① 흥미가 있고, 학습동기를 유발할 수 있다.
② 현실적인 문제의 학습이 가능하다.
③ 관찰력과 분석력을 높일 수 있다.
④ 원칙과 규정의 체계적 습득이 용이하다.

해설 사례연구법은 여러 가지 사례를 조사하여 결과를 도출하는 방법으로 원칙과 규정의 체계적 습득이 어렵다.

관련개념 CHAPTER 05 안전보건교육의 내용 및 방법

012

재해손실비의 평가방식 중 하인리히(Heinrich) 계산방식으로 옳은 것은?

① 총 재해비용 = 보험비용 + 비보험비용
② 총 재해비용 = 직접손실비용 + 간접손실비용
③ 총 재해비용 = 공동비용 + 개별비용
④ 총 재해비용 = 노동손실비용 + 설비손실비용

해설 **하인리히 방식의 재해손실비**

- 총 재해코스트 = 직접비 + 간접비
- 직접비 : 간접비 = 1 : 4

관련개념 SUBJECT 03 기계·기구 및 설비 안전관리
CHAPTER 02 기계분야 산업재해 조사 및 관리

013

허즈버그(Herzberg)의 동기·위생이론 중 위생요인에 해당하지 않는 것은?

① 보수　② 책임감
③ 작업조건　④ 감독

해설 위생요인(Hygiene)은 작업조건, 급여, 직무환경, 감독 등 일의 조건, 보상에서 오는 욕구로 책임감은 위생요인이 아닌 동기요인에 해당한다.

관련개념 CHAPTER 04 인간의 행동과학

| 정답 | 009 ③　010 ②　011 ④　012 ②　013 ②

014

「산업안전보건법령」상 사업장 내 안전보건교육 중 근로자의 정기안전보건교육내용에 해당하지 않는 것은?

① 산업재해보상보험 제도에 관한 사항
② 산업안전 및 사고 예방에 관한 사항
③ 산업보건 및 직업병 예방에 관한 사항
④ 기계 · 기구의 위험성과 작업의 순서 및 동선에 관한 사항

해설 기계 · 기구의 위험성과 작업의 순서 및 동선에 관한 사항은 채용 시 및 작업내용 변경 시 교육내용에 해당한다.

관련개념 CHAPTER 05 안전보건교육의 내용 및 방법

015

안전보건관리조직의 형태 중 라인(Line)형 조직의 특성이 아닌 것은?

① 소규모 사업장(100명 이하)에 적합하다.
② 라인에 과중한 책임을 지우기가 쉽다.
③ 안전관리 전담 요원을 별도로 지정한다.
④ 모든 명령은 생산 계통을 따라 이루어진다.

해설 안전업무를 관장하는 참모(STAFF)를 별도로 두는 것은 스태프(STAFF)형 조직의 특성이다.

관련개념 CHAPTER 01 산업재해예방 계획 수립

016

상황성 누발자의 재해유발원인과 거리가 먼 것은?

① 작업의 어려움　② 기계설비의 결함
③ 심신의 근심　④ 주의력의 산만

해설 상황성 누발자

작업이 어렵거나, 기계설비의 결함, 환경상 주의력의 집중이 혼란된 경우, 심신의 근심으로 사고 경향자가 되는 경우이다. 이 경우, 상황이 변하면 안전한 성향으로 바뀐다.

관련개념 CHAPTER 04 인간의 행동과학

017

추락 및 감전 위험방지용 안전모의 난연성 시험 성능기준 중 모체가 불꽃을 내며 최소 몇 초 이상 연소되지 않아야 하는가?

① 3　② 5
③ 7　④ 10

해설 안전모의 시험성능기준

항목	시험성능기준
난연성	모체가 불꽃을 내며 5초 이상 연소되지 않아야 한다.

관련개념 CHAPTER 02 안전보호구 관리

018

인간의 사회적 행동의 기본 형태가 아닌 것은?

① 대립　② 도피
③ 모방　④ 협력

해설 사회행동의 기본형태

- 협력: 조력, 분업
- 대립: 공격, 경쟁
- 도피: 고립, 정신병, 자살
- 융합: 강제, 타협, 통합

관련개념 CHAPTER 04 인간의 행동과학

2017년 3회

정답 | 014 ④　015 ③　016 ④　017 ②　018 ③

019

「산업안전보건법령」상 안전검사대상 유해·위험기계가 아닌 것은?

① 선반 ② 리프트
③ 압력용기 ④ 곤돌라

해설 선반은 안전검사대상이 아닌 자율안전확인대상 기계 또는 설비 중 공작기계에 해당한다.

관련개념 SUBJECT 03 기계·기구 및 설비 안전관리
CHAPTER 02 기계분야 산업재해 조사 및 관리

020

재해원인 분석방법의 통계적 원인분석 중 다음에서 설명하는 것은?

> 사고의 유형, 기인물 등 분류항목을 큰 순서대로 도표화한다.

① 파레토도 ② 특성요인도
③ 크로스도 ④ 관리도

해설 **파레토도**
분류항목을 큰 순서대로 도표화한 분석법이다.

관련개념 SUBJECT 03 기계·기구 및 설비 안전관리
CHAPTER 02 기계분야 산업재해 조사 및 관리

인간공학 및 위험성평가·관리

021

A요업공장의 근로자 최씨는 작업일 3월 15일에 다음과 같은 소음에 노출되었다. 총 소음 노출량[%]은 약 얼마인가?

> • 80[dB(A)]: 2시간 30분
> • 90[dB(A)]: 4시간 30분
> • 100[dB(A)]: 1시간

① 106.3 ② 124.1
③ 134.1 ④ 144.1

해설 90[dB]에 8시간 노출될 때를 기준으로 하며, 5[dB] 증가할 때마다 허용시간은 $\frac{1}{2}$로 감소한다.

$$\text{총 소음량}=\frac{\text{실제노출시간}}{\text{최대허용시간}}\times 100=\left(\frac{4.5}{8}+\frac{1}{2}\right)\times 100=106.3[\%]$$

관련개념 CHAPTER 06 작업환경 관리

022

작업장에서 광원으로부터의 직사휘광을 처리하는 방법으로 옳은 것은?

① 광원의 휘도를 늘린다.
② 가리개, 차양을 설치한다.
③ 광원을 시선에서 가까이 위치시킨다.
④ 휘광원 주위를 밝게 하여 광도비를 늘린다.

해설 광원으로부터 휘광(Glare)의 처리방법 시 가리개, 갓 혹은 차양을 사용한다.
① 광원의 휘도를 줄이고, 광원의 수를 늘린다.
③ 광원을 시선에서 멀리 위치시킨다.
④ 휘광원 주위를 밝게 하여 광도비를 줄인다.

관련개념 CHAPTER 06 작업환경 관리

| 정답 | 019 ① 020 ① 021 ① 022 ②

023

FT도에서 사용되는 다음 기호의 의미로 옳은 것은?

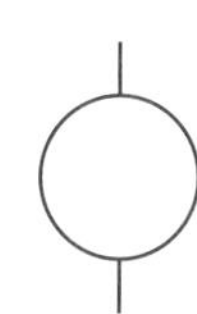

① 결함사상 ② 통상사상
③ 기본사상 ④ 제외사상

해설

기호	명칭	설명
	기본사상	더 이상 전개되지 않는 기본사상

관련개념 CHAPTER 02 위험성 파악 · 결정

024

신호검출 이론의 응용분야가 아닌 것은?

① 품질검사 ② 의료진단
③ 교통통제 ④ 시뮬레이션

해설 **신호검출 이론**
신호의 탐지는 관찰자(혹은 기계 · 설비, 시스템)의 민감도와 반응기준에 달려 있다는 이론으로 대표적인 응용분야는 품질검사, 생체신호가 정상범위에 해당하는 의료진료, 교통통제 등이다.

관련개념 CHAPTER 06 작업환경 관리

025

현장에서 인간공학의 적용분야로 가장 거리가 먼 것은?

① 설비관리
② 제품설계
③ 재해 · 질병 예방
④ 장비 · 공구 · 설비의 설계

해설 **사업장에서의 인간공학 적용분야**
- 작업관련성 유해 · 위험 작업 분석(작업환경개선)
- 제품설계에 있어 인간에 대한 안전성 평가(장비, 공구 설계)
- 작업공간의 설계
- 인간-기계 인터페이스 디자인
- 재해 및 질병 예방

관련개념 CHAPTER 01 안전과 인간공학

026

고장의 발생상황 중 부적합품 제조, 생산과정에서의 품질관리 미비, 설계미숙 등으로 일어나는 고장은?

① 초기고장 ② 마모고장
③ 우발고장 ④ 품질관리고장

해설 **초기고장(감소형)**
제조가 불량하거나 생산과정에서 품질관리가 안 되어서 생기는 고장이다.

관련개념 CHAPTER 02 위험성 파악 · 결정

027

기계의 고장률이 일정한 지수분포를 가지며, 시간당 고장률이 0.04일 때, 이 기계가 10시간 동안 고장이 나지 않고 작동할 확률은 약 얼마인가?

① 0.40 ② 0.67
③ 0.84 ④ 0.96

해설 신뢰도 $R(t)=e^{-\lambda t}=e^{-0.04\times10}=0.67$
여기서, λ: 고장률
t: 가동시간

관련개념 CHAPTER 02 위험성 파악 · 결정

정답 | 023 ③ 024 ④ 025 ① 026 ① 027 ②

028

청각적 표시의 원리로 조작자에 대한 입력신호는 꼭 필요한 정보만을 제공한다는 원리는?

① 양립성 ② 분리성
③ 근사성 ④ 검약성

해설 **검약성**
청각적 표시의 원리로 조작자에 대한 입력신호는 꼭 필요한 정보만을 제공하도록 하는 것이다.
청각적 표시의 설계원리
- 양립성: 가능한 한 사용자가 알고 있는 자연스러운 신호를 선택하는 것
- 분리성: 청각신호는 기존 입력과 쉽게 식별될 수 있을 것
- 근사성: 복잡한 정보를 나타낼 때에는 2단계 신호를 고려할 것
- 불변성: 동일한 신호는 항상 동일한 정보를 갖는 것

관련개념 CHAPTER 06 작업환경 관리

029

불대수(Boolean Algebra)의 관계식으로 옳은 것은?

① A(A · B)=B
② A+B=A · B
③ A+A · B=A · B
④ A+B · C=(A+B) · (A+C)

해설 **불대수의 분배법칙**
A+B·C=(A+B)·(A+C)
① A(A·B)=(A·A)·B=A·B
② A+B=B+A
③ A+A·B=A

관련개념 CHAPTER 02 위험성 파악 · 결정

030

IES(Illuminating Engineering Society)의 권고에 따른 작업장 내부의 추천 반사율이 가장 높아야 하는 곳은?

① 벽 ② 바닥
③ 천장 ④ 가구

해설 **옥내 추천 반사율**
- 천장: 80~90[%]
- 벽: 40~60[%]
- 가구: 25~45[%]
- 바닥: 20~40[%]

관련개념 CHAPTER 06 작업환경 관리

031

반복되는 사건이 많이 있는 경우, FTA의 최소 컷셋과 관련이 없는 것은?

① Fussell Algorithm
② Boolean Algorithm
③ Monte Carlo Algorithm
④ Limnios & Ziani Algorithm

해설 **몬테 카를로 알고리즘(Monte Carlo Algorithm)**
- 확률적 알고리즘으로서 단 한 번의 과정으로 정확한 해를 구하기 어려운 경우 무작위로 난수를 반복적으로 발생하여 해를 구하는 절차이다.
- 어떤 분석 대상에 대한 완전한 확률 분포가 주어지지 않을 때 유용하다.

관련개념 CHAPTER 02 위험성 파악 · 결정

032

안전성 향상을 위한 시설배치의 예로 적절하지 않은 것은?

① 기계배치는 작업의 흐름에 따른다.
② 작업자가 통로 쪽으로 등을 향하여 일하도록 한다.
③ 기계 설비 주위에 운전 공간, 보수 점검 공간을 확보한다
④ 통로는 선을 그어 작업장과 명확히 구별하도록 한다.

해설 작업자가 통로 쪽으로 등을 향할 경우 작업 중 통행하는 사람을 볼 수 없어 위험성이 높다.

관련개념 CHAPTER 06 작업환경 관리

| 정답 | 028 ④ 029 ④ 030 ③ 031 ③ 032

033

출력과 반대 방향으로 그 속도에 비례해서 작용하는 힘 때문에 생기는 항력으로 원활한 제어를 도우며, 특히 규정된 변위 속도를 유지하는 효과를 가진 조종장치의 저항력은?

① 관성
② 탄성저항
③ 점성저항
④ 정지 및 미끄럼 마찰

해설 **점성저항**
출력과 반대 방향으로 속도에 비례해서 작용하는 힘 때문에 생기는 저항력이다. 원활한 제어를 도우며, 규정된 변위 속도를 유지시키는 효과(부드러운 제어동작) 및 우발적인 조종장치의 동작을 감소시키는 효과가 있다.

관련개념 CHAPTER 06 작업환경 관리

034

정신적 작업 부하 척도와 가장 거리가 먼 것은?

① 부정맥
② 혈액성분
③ 점멸융합주파수
④ 눈 깜박임률(Blink Rate)

해설 **정신적 작업 부하의 생리적 척도**
- 점멸융합주파수(플리커법)
- 눈꺼풀의 깜박임률
- 동공지름
- 뇌파도
- 부정맥 지수

관련개념 SUBJECT 01 산업재해 예방 및 안전보건교육
CHAPTER 04 인간의 행동과학

035

MIL-STD-882B에서 시스템 안전 필요사항을 충족시키고 확인된 위험을 해결하기 위한 우선권을 정하는 순서로 맞는 것은?

㉠ 경보장치 설치 ㉡ 안전장치 설치 ㉢ 절차 및 교육훈련 개발 ㉣ 최소 리스크를 위한 설계

① ㉣ → ㉡ → ㉠ → ㉢
② ㉣ → ㉠ → ㉡ → ㉢
③ ㉢ → ㉣ → ㉠ → ㉡
④ ㉢ → ㉣ → ㉡ → ㉠

해설 **시스템 안전 우선권을 정하는 순서**
최소 위험성을 위한 설계 → 안전장치 설계 → 경보장치 설계 → 절차 및 교육훈련 개발

관련개념 CHAPTER 02 위험성 파악 · 결정

036

일반적인 조종장치의 경우, 어떤 것을 켤 때 기대되는 운동방향이 아닌 것은?

① 레버를 앞으로 민다.
② 버튼을 우측으로 민다.
③ 스위치를 위로 올린다.
④ 다이얼을 반시계 방향으로 돌린다.

해설 다이얼의 기대되는 운동방향은 시계 방향이다.

관련개념 CHAPTER 06 작업환경 관리

정답 | 033 ③ 034 ② 035 ① 036 ④

037

계수형(Digital) 표시장치를 사용하는 것이 부적합한 것은?

① 수치를 정확히 읽어야 할 경우
② 짧은 판독 시간을 필요로 할 경우
③ 판독 오차가 적은 것을 필요로 할 경우
④ 표시장치에 나타나는 값들이 계속 변하는 경우

해설 **계수형(Digital Display)**
수치를 정확히 읽어야 하며, 지침의 위치를 추정할 필요가 없는 경우에 적합하다. 수치가 빨리 변하는 경우 판독이 곤란하며 시각 피로 유발도가 높다.

관련개념 CHAPTER 06 작업환경 관리

038

좌식 평면 작업대에서의 최대 작업영역에 관한 설명으로 옳은 것은?

① 각 손의 정상 작업영역 경계선이 작업자의 정면에서 교차되는 공통 영역
② 위팔과 손목을 중립자세로 유지한 채 손으로 원을 그릴 때, 부채꼴 원호의 내부 영역
③ 어깨로부터 팔을 펴서 어깨를 축으로 하여 수평면상에 원을 그릴 때, 부채꼴 원호의 내부 지역
④ 자연스러운 자세로 위팔을 몸통에 붙인 채 손으로 수평면상에 원을 그릴 때, 부채꼴 원호의 내부 지역

해설 **수평작업대의 최대 작업영역**
아래팔(전완)과 위팔(상완)을 곧게 펴서 파악할 수 있는 구역(55~65[cm])이다.

관련개념 CHAPTER 06 작업환경 관리

039

인간-기계 시스템을 설계하기 위해 고려해야 할 사항으로 틀린 것은?

① 시스템 설계 시 동작경제의 원칙이 만족되도록 고려하여야 한다.
② 인간과 기계가 모두 복수인 경우, 종합적인 효과보다 기계를 우선적으로 고려한다.
③ 대상이 되는 시스템이 위치할 환경 조건이 인간에 대한 한계치를 만족하는가의 여부를 조사한다.
④ 인간이 수행해야 할 조작이 연속적인가 불연속적인가를 알아보기 위해 특성조사를 실시한다.

해설 인간 – 기계 통합체계는 인간과 기계의 상호작용으로 인간의 역할에 중점을 두고 시스템을 설계하는 것이 바람직하다.

관련개념 CHAPTER 01 안전과 인간공학

040

누적손상장애(CTDs)의 원인이 아닌 것은?

① 과도한 힘의 사용
② 높은 장소에서의 작업
③ 장시간 진동공구의 사용
④ 부적절한 자세에서의 작업

해설 **누적손상장애(CTDs)의 원인**
- 과도한 힘의 사용
- 장시간 진동공구의 사용
- 부적절한 자세에서의 작업

관련개념 CHAPTER 04 근골격계질환 예방관리

| 정답 | 037 ④ 038 ③ 039 ② 040 ②

기계 · 기구 및 설비 안전관리

041

다음 중 원심기에 적용하는 방호장치는?

① 덮개
② 권과방지장치
③ 리밋 스위치
④ 과부하방지장치

해설 원심기에는 덮개를 설치하여야 한다.

관련개념 CHAPTER 05 기타 산업용 기계 · 기구

042

왕복운동을 하는 기계의 동작부분과 고정부분 사이에 형성되는 위험점으로 프레스, 절단기 등에서 주로 나타나는 것은?

① 협착점　② 절단점
③ 끼임점　④ 접선물림점

해설 **협착점(Squeeze Point)**
왕복운동을 하는 동작부분과 움직임이 없는 고정부분 사이에 형성되는 위험점이다. 예 프레스, 절단기

관련개념 CHAPTER 01 기계공정의 안전, 기계안전시설 관리

043

크레인 작업 시 2,000[N]의 화물을 걸어 25[m/s²] 가속도로 감아올릴 때 로프에 걸리는 총 하중은 약 몇 [kN]인가?(단, 중력가속도는 9.81[m/s²]이다.)

① 3.1　② 5.1
③ 7.1　④ 9.1

해설 $\text{동하중}=\frac{\text{정하중}}{\text{중력가속도}}\times\text{가속도}=\frac{2{,}000}{9.81}\times 25=5{,}100[\text{N}]$

$\text{총 하중}=\text{정하중}+\text{동하중}=2{,}000+5{,}100=7{,}100[\text{N}]=7.1[\text{kN}]$

관련개념 CHAPTER 06 운반기계 및 양중기

044

지름이 60[cm]이고, 20[rpm]으로 회전하는 롤러기의 무부하 동작에서 급정지거리 기준으로 옳은 것은?

① 앞면 롤러 원주의 1/1.5 이내 거리에서 급정지
② 앞면 롤러 원주의 1/2 이내 거리에서 급정지
③ 앞면 롤러 원주의 1/2.5 이내 거리에서 급정지
④ 앞면 롤러 원주의 1/3 이내 거리에서 급정지

해설 롤러의 표면속도 $V=\frac{\pi DN}{1{,}000}=\frac{\pi\times 600\times 20}{1{,}000}=37.70[\text{m/min}]$

여기서, D: 롤러의 지름[mm]
N: 분당회전수[rpm]

앞면 롤러의 표면속도[m/min]	급정지거리
30 미만	앞면 롤러 원주의 $\frac{1}{3}$ 이내
30 이상	앞면 롤러 원주의 $\frac{1}{2.5}$ 이내

앞면 롤러의 표면속도가 30[m/min] 이상이므로 급정지거리는 앞면 롤러 원주의 $\frac{1}{2.5}$ 이내이어야 한다.

관련개념 CHAPTER 05 기타 산업용 기계 · 기구

2017년 3회

정답 | 041 ① 042 ① 043 ③ 044 ③

045

프레스기에 사용되는 손쳐내기식 방호장치의 일반구조에 대한 설명으로 틀린 것은?

① 슬라이드 하행정거리의 1/4 위치에서 손을 완전히 밀어내야 한다.
② 방호판의 폭은 금형 폭의 1/2 이상이어야 하고, 행정길이가 300[mm] 이상의 프레스 기계에는 방호판 폭을 300[mm]로 해야 한다.
③ 부착볼트 등의 고정금속부분은 예리하게 돌출되지 않아야 한다.
④ 손쳐내기봉의 행정(Stroke) 길이를 금형의 높이에 따라 조정할 수 있고, 진동폭은 금형폭 이상이어야 한다.

해설 손쳐내기식 방호장치는 슬라이드 하행정거리의 $\frac{3}{4}$ 위치에서 손을 완전히 밀어내야 한다.

관련개념 CHAPTER 04 프레스 및 전단기의 안전

046

다음 중 원통 보일러의 종류가 아닌 것은?

① 입형 보일러 ② 노통 보일러
③ 연관 보일러 ④ 관류 보일러

해설 **원통 보일러(Cylindrical Boiler)의 종류**
- 입형 보일러
- 노통 보일러
- 연관 보일러

관련개념 CHAPTER 05 기타 산업용 기계 · 기구

047

통로의 설치기준 중 ( ) 안에 공통적으로 들어갈 숫자로 옳은 것은?

> 사업주는 통로면으로부터 높이 ( )[m] 이내에는 장애물이 없도록 하여야 한다. 다만, 부득이하게 통로면으로부터 높이 ( )[m] 이내에 장애물을 설치할 수밖에 없거나 통로면으로부터 높이 ( )[m] 이내의 장애물을 제거하는 것이 곤란하다고 고용노동부장관이 인정하는 경우에는 근로자에게 발생할 수 있는 부상 등의 위험을 방지하기 위한 안전 조치를 하여야 한다.

① 1 ② 2
③ 1.5 ④ 2.5

해설 **통로의 설치**
통로면으로부터 높이 2[m] 이내에는 장애물이 없도록 하여야 한다. 다만, 부득이하게 통로면으로부터 높이 2[m] 이내에 장애물을 설치할 수밖에 없거나 통로면으로부터 높이 2[m] 이내의 장애물을 제거하는 것이 곤란하다고 고용노동부장관이 인정하는 경우에는 근로자에게 발생할 수 있는 부상 등의 위험을 방지하기 위한 안전 조치를 하여야 한다.

관련개념 CHAPTER 01 기계공정의 안전, 기계안전시설 관리

048

크레인에 사용하는 방호장치가 아닌 것은?

① 과부하방지장치 ② 가스집합장치
③ 권과방지장치 ④ 제동장치

해설 가스집합장치는 아세틸렌 용접장치에 설치하는 것으로 크레인의 방호장치와는 거리가 멀다.

관련개념 CHAPTER 06 운반기계 및 양중기

| 정답 | 045 ① 046 ④ 047 ② 048 ②

049

기계 고장률의 기본모형에 해당하지 않는 것은?

① 예측고장 ② 초기고장
③ 우발고장 ④ 마모고장

해설 고장률의 유형
- 초기고장(감소형)
- 우발고장(일정형)
- 마모고장(증가형)

관련개념 SUBJECT 02 인간공학 및 위험성평가 · 관리
CHAPTER 02 위험성 파악 · 결정

050

드릴작업 시 유의사항 중 틀린 것은?

① 균열이 심한 드릴은 사용해서는 안 된다.
② 드릴을 장치에서 제거할 경우에는 회전을 완전히 멈추고 한다.
③ 드릴이 밑면에 나왔는지 확인을 위해 가공물 밑면에 손으로 만지면서 확인한다.
④ 가공 중에는 소리에 주의하여 드릴의 날에 이상한 소리가 나면 즉시 드릴을 연마하거나 다른 드릴과 교체한다.

해설 드릴링 머신 사용 작업 시 구멍을 뚫을 때 관통된 것을 확인하기 위하여 손을 집어넣지 않아야 한다.

관련개념 CHAPTER 03 공작기계의 안전

051

숫돌의 지름을 D[mm], 회전수 N[rpm]이라 할 경우 숫돌의 원주속도 V[m/min]를 구하는 식으로 옳은 것은?

① $D \cdot N$ ② $\pi \cdot D \cdot N$
③ $\frac{D \cdot N}{1,000}$ ④ $\frac{\pi \cdot D \cdot N}{1,000}$

해설 숫돌의 원주속도 $V = \frac{\pi DN}{60 \times 1,000}[\text{m/s}] = \frac{\pi DN}{1,000}[\text{m/min}]$

여기서, D: 지름[mm]
N: 회전수[rpm]

관련개념 CHAPTER 03 공작기계의 안전

052

연삭숫돌의 상부를 사용하는 것을 목적으로 하는 탁상용 연삭기 덮개의 노출각도는?

① 60° 이내 ② 65° 이내
③ 80° 이내 ④ 125° 이내

해설 연삭숫돌의 상부사용을 목적으로 하는 탁상용 연삭기 덮개의 노출각도는 60° 이내이다.

관련개념 CHAPTER 03 공작기계의 안전

053

지게차의 작업과정에서 작업 대상물의 팔레트 폭이 b라고 할 때 적절한 포크 간격은?(단, 포크의 중심과 팔레트의 중심은 일치한다고 가정한다.)

① $\frac{1}{4}b \sim \frac{1}{2}b$ ② $\frac{1}{4}b \sim \frac{3}{4}b$
③ $\frac{1}{2}b \sim \frac{3}{4}b$ ④ $\frac{3}{4}b \sim \frac{7}{8}b$

해설 지게차 포크의 간격은 적재상태 팔레트 폭(b)의 $\frac{1}{2}$ 이상 $\frac{3}{4}$ 이하 정도를 유지한다.

관련개념 CHAPTER 06 운반기계 및 양중기

2017년 3회

| 정답 | 049 ① 050 ③ 051 ④ 052 ① 053 ③

054

연삭숫돌을 사용하는 작업 시 해당 기계의 이상 유무를 확인하기 위한 시험운전시간으로 옳은 것은?

① 작업시작 전 30초 이상, 연삭숫돌 교체 후 5분 이상
② 작업시작 전 30초 이상, 연삭숫돌 교체 후 3분 이상
③ 작업시작 전 1분 이상, 연삭숫돌 교체 후 5분 이상
④ 작업시작 전 1분 이상, 연삭숫돌 교체 후 3분 이상

해설 연삭숫돌을 사용하는 작업의 경우 작업을 시작하기 전에는 1분 이상, 연삭숫돌을 교체한 후에는 3분 이상 시험운전을 하고 해당 기계에 이상이 있는지를 확인하여야 한다.

관련개념 CHAPTER 03 공작기계의 안전

055

롤러에 설치하는 급정지장치 조작부의 종류와 그 위치로 옳은 것은?(단, 위치는 조작부의 중심점을 기준으로 한다.)

① 발조작식은 밑면으로부터 0.2[m] 이내
② 손조작식은 밑면으로부터 1.8[m] 이내
③ 복부조작식은 밑면으로부터 0.6[m] 이상 1[m] 이내
④ 무릎조작식은 밑면으로부터 0.2[m] 이상 0.4[m] 이내

해설 롤러기 급정지장치 조작부의 위치

종류	설치위치
손조작식	밑면에서 1.8[m] 이내
복부조작식	밑면에서 0.8[m] 이상 1.1[m] 이내
무릎조작식	밑면에서 0.6[m] 이내

관련개념 CHAPTER 05 기타 산업용 기계 · 기구

056

프레스의 분류 중 동력 프레스에 해당하지 않는 것은?

① 크랭크 프레스
② 토글 프레스
③ 마찰 프레스
④ 아버 프레스

해설 아버 프레스는 인력 프레스에 해당한다.

관련개념 CHAPTER 04 프레스 및 전단기의 안전

057

프레스 및 전단기에서 양수조작식 방호장치의 일반구조에 대한 설명으로 옳지 않은 것은?

① 누름버튼(레버 포함)은 돌출형 구조로 설치할 것
② 누름버튼의 상호 간 내측거리는 300[mm] 이상일 것
③ 누름버튼을 양손으로 동시에 조작하지 않으면 작동시킬 수 없는 구조일 것
④ 정상동작표시등은 녹색, 위험표시등은 붉은색으로 하며, 쉽게 근로자가 볼 수 있는 곳에 설치할 것

해설 양수조작식 방호장치의 누름버튼(레버 포함)은 매립형 구조로 하여야 한다.

관련개념 CHAPTER 04 프레스 및 전단기의 안전

058

선반 등으로부터 돌출하여 회전하고 있는 가공물에 설치할 방호장치는?

① 클러치
② 울
③ 슬리브
④ 베드

해설 선반 등으로부터 돌출하여 회전하고 있는 가공물이 근로자에게 위험을 미칠 우려가 있는 경우에 덮개 또는 울 등을 설치하여야 한다.

관련개념 CHAPTER 03 공작기계의 안전

| 정답 | 054 ④ 055 ② 056 ④ 057 ① 058 ②

059

작업자의 신체 움직임을 감지하여 프레스의 작동을 급정지시키는 광전자식 안전장치를 부착한 프레스가 있다. 안전거리가 48[cm]인 경우 급정지에 소요되는 시간은 최대 몇 초 이내일 때 안전한가?(단, 급정지에 소요되는 시간은 손이 광선을 차단한 순간부터 급정지기구가 작동하여 슬라이드가 정지할 때까지의 시간을 의미한다.)

① 0.1초 ② 0.2초
③ 0.3초 ④ 0.5초

해설 광전자식 방호장치의 안전거리

$D=1,600\times(T_L+T_S)$

여기서, T_L: 신체가 광선을 차단한 순간부터 급정지기구가 작동개시하기까지의 시간[초]

T_s: 급정지기구가 작동을 개시할 때부터 슬라이드가 정지할 때까지의 시간[초]

$T_L+T_S=\frac{D}{1,600}=\frac{480}{1,600}=0.3$초

관련개념 CHAPTER 04 프레스 및 전단기의 안전

060

화물 적재 시에 지게차의 안정조건을 옳게 나타낸 것은?(단, W는 화물의 중량, L_W는 앞바퀴에서 화물 중심까지의 최단거리, G는 지게차의 중량, L_G는 앞바퀴에서 지게차 중심까지의 최단거리이다.)

① $G\times L_G\geq W\times L_W$ ② $W\times L_W\geq G\times L_G$
③ $G\times L_W\geq W\times L_G$ ④ $W\times L_G\geq G\times L_W$

해설 지게차의 회전중심은 앞바퀴에 있으므로 $M_1\leq M_2$

화물의 모멘트 $M_1=W\times L_W$, 지게차의 모멘트 $M_2=G\times L_G$

여기서, W: 화물의 중량

G: 지게차 중량

L_W: 앞바퀴에서 화물 중심까지의 최단거리

L_G: 앞바퀴에서 지게차 중심까지의 최단거리

따라서 $W\times L_W\leq G\times L_G$이다.

관련개념 CHAPTER 06 운반기계 및 양중기

전기 및 화학설비 안전관리

061

다음 중 인입용 비닐절연전선에 해당하는 약어로 옳은 것은?

① RB ② IV
③ DV ④ OW

해설 전선의 종류와 용도

전선의 종류	주요용도
옥외용 비닐절연전선(OW)	저압가공 배전선로에 사용
인입용 비닐절연전선(DV)	저압가공 인입선에 사용
600[V] 비닐절연전선(IV)	습기, 물기가 많은 곳, 금속관 공사용
옥외용 가교 폴리에틸렌 절연전선(OC)	고압가공 전선로에 사용

관련개념 CHAPTER 02 감전재해 및 방지대책

062

절연물은 여러 가지 원인으로 전기저항이 저하되어 이른바 절연불량을 일으켜 위험한 상태가 되는데 절연불량의 주요 원인이 아닌 것은?

① 정전에 의한 전기적 원인
② 온도 상승에 의한 열적 요인
③ 진동, 충격 등에 의한 기계적 요인
④ 높은 이상전압 등에 의한 전기적 요인

해설 정전에 의한 전기적 원인은 절연불량과 무관하며, ②, ③, ④ 외의 절연불량의 원인으로 산화 등에 의한 화학적 요인이 있다.

관련개념 CHAPTER 05 전기설비 위험요인관리

정답 | 059 ③ 060 ① 061 ③ 062 ①

063

정전기 제전기의 분류 방식으로 틀린 것은?

① 고전압인가형　　② 자기방전형
③ 연X선형　　④ 접지형

해설 제전기의 종류에는 제전에 필요한 이온의 생성방법에 따라 전압인가식 제전기, 자기방전식 제전기, 방사선식 제전기가 있다.

관련개념 CHAPTER 03 정전기 장·재해관리

064

작업장 내 시설하는 저압전선에는 감전 등의 위험으로 나전선을 사용하지 않고 있지만, 특별한 이유에 의하여 사용할 수 있도록 규정된 곳이 있는데 이에 해당되지 않는 것은?

① 버스덕트 작업에 의한 시설 작업
② 애자 사용 작업에 의한 전기로용 전선
③ 유희용 전차시설의 규정에 준하는 접촉전선을 시설하는 경우
④ 애자 사용 작업에 의한 전선의 피복 절연물이 부식되지 않는 장소에 시설하는 전선

해설 애자 공사에 의하여 전개된 곳에 전선의 피복 절연물이 부식하는 장소에 시설하는 전선을 시설하는 경우 나전선 사용이 허용된다.

관련개념 CHAPTER 02 감전재해 및 방지대책

065

다음 중 정전기의 발생요인으로 적절하지 않은 것은?

① 도전성 재료에 의한 발생
② 박리에 의한 발생
③ 유동에 의한 발생
④ 마찰에 의한 발생

해설 **정전기 대전의 종류**
- 마찰대전
- 박리대전
- 유동대전
- 분출대전
- 충돌대전
- 파괴대전
- 교반, 침강대전

관련개념 CHAPTER 03 정전기 장·재해관리

066

다음 설명에 해당하는 위험장소의 종류로 옳은 것은?

> 공기 중에서 가연성 분진운의 형태가 연속적, 장기적 또는 단기적 자주 폭발성 분위기가 존재하는 장소

① 0종 장소　　② 1종 장소
③ 20종 장소　　④ 21종 장소

해설 **분진폭발 위험장소**

분류	적요	장소
20종 장소	분진운 형태의 가연성 분진이 폭발농도를 형성할 정도로 충분한 양이 정상작동 중에 연속적으로 또는 자주 존재하거나, 제어할 수 없을 정도의 양 및 두께의 분진층이 형성될 수 있는 장소	호퍼·분진저장소·집진장치·필터 등의 내부

관련개념 CHAPTER 04 전기방폭관리

| 정답 | 063 ④　064 ④　065 ①　066 ③

067

10[Ω]의 저항에 10[A]의 전류를 1분간 흘렸을 때의 발열량은 몇 [cal]인가?

① 1,800
② 3,600
③ 7,200
④ 14,400

해설 **발열량**

$H=0.24I^2RT=0.24\times10^2\times10\times60=14,400$[cal]

여기서, I: 전류[A]
R: 저항[Ω]
T: 시간[초]

관련개념 CHAPTER 05 전기설비 위험요인관리

068

제1종, 제2종 접지공사에서 사람이 접촉할 우려가 있는 경우에 시설하는 방법이 아닌 것은?

① 접지극은 지하 50[cm] 이상의 깊이로 매설할 것
② 접지극은 금속체로부터 1[m] 이상 이격시켜 매설할 것
③ 접지선은 절연전선, 케이블, 캡타이어케이블 등을 사용할 것
④ 접지선의 지하 75[cm]에서 지표상 2[m]까지의 부분은 합성수지관 또는 몰드로 덮을 것

해설 접지공사 시 접지극은 동결 깊이를 고려하여 시설하되, 전기설비 규정에 의하여 시설하는 전지극의 매설깊이는 지표면으로부터 지하 .75[m] 이상으로 한다.

※ 「한국전기설비규정」 개정으로 접지대상에 따라 일괄 적용한 종별접지(제1종, 제2종, 세3종, 특별3종)는 폐지되있습니다.

관련개념 CHAPTER 05 전기설비 위험요인관리

069

다음 중 전선이 연소될 때의 단계별 순서로 가장 적절한 것은?

① 착화단계 → 순시용단 단계 → 발화단계 → 인화단계
② 인화단계 → 착화단계 → 발화단계 → 순시용단 단계
③ 순시용단 단계 → 착화단계 → 인화단계 → 발화단계
④ 발화단계 → 순시용단 단계 → 착화단계 → 인화단계

해설 **과전류단계**

과전류 단계	인화 단계	착화 단계	발화단계		순간 용단 단계
			발화 후 용단	용단과 동시 발화	
전선전류밀도 [A/mm²]	40~43	43~60	60~70	75~120	120

관련개념 CHAPTER 05 전기설비 위험요인관리

070

전기기기의 과도한 온도 상승, 아크 또는 불꽃 발생의 위험을 방지하기 위하여 추가적인 안전조치를 통한 안전도를 증가시킨 방폭구조를 무엇이라 하는가?

① 충전방폭구조
② 안전증방폭구조
③ 비점화방폭구조
④ 본질안전방폭구조

해설 **안전증방폭구조**

정상운전 중에 폭발성 가스 또는 증기에 점화원이 될 전기불꽃, 아크 또는 고온 부분 등의 발생을 방지하기 위하여 기계적, 전기적 구조상 또는 온도 상승에 대해서 특히 안전도를 증가시킨 구조이다.

관련개념 CHAPTER 04 전기방폭관리

정답 | 067 ④ 068 ① 069 ② 070 ②

071

배관설비 중 유체의 역류를 방지하기 위하여 설치하는 밸브는?

① 글로브밸브 ② 체크밸브
③ 게이트밸브 ④ 시퀀스밸브

해설 체크밸브는 유체의 역류를 방지하기 위한 장치로 유체가 한쪽 방향으로만 흐르게 한다.

관련개념 CHAPTER 09 화공 안전운전 · 점검

072

어떤 혼합가스의 구성성분이 공기는 50[vol%], 수소는 20[vol%], 아세틸렌은 30[vol%]인 경우 이 혼합가스의 폭발하한계는?(단, 폭발하한값이 수소는 4[vol%], 아세틸렌은 2.5[vol%]이다.)

① 2.50[%] ② 2.94[%]
③ 4.76[%] ④ 5.88[%]

해설 **르샤틀리에 법칙**

$$L=\frac{V_1+V_2+\cdots+V_n}{\frac{V_1}{L_1}+\frac{V_2}{L_2}+\cdots+\frac{V_n}{L_n}}=\frac{20+30}{\frac{20}{4}+\frac{30}{2.5}}=2.94[\text{vol}\%]$$

여기서, L: 혼합가스의 폭발하한계[vol%]
L_n: 각 성분가스의 폭발하한계[vol%]
V_n: 각 성분가스의 부피비[vol%]

관련개념 CHAPTER 06 화재 · 폭발 검토

073

고압가스 용기에 사용되며 화재 등으로 용기의 온도가 상승하였을 때 금속의 일부분을 녹여 가스의 배출구를 만들어 압력을 분출시켜 용기의 폭발을 방지하는 안전장치는?

① 가용합금 안전밸브
② 방유제
③ 폭압방산공
④ 폭발억제장치

해설 **가용합금 안전밸브**
일반적으로 200[℃] 이하의 낮은 용점을 갖는 합금(비스무트, 카드뮴, 납, 주석 등)을 가용합금이라고 한다. 이 금속의 비교적 낮은 온도에서 유동하는 성질을 이용하여 화재 등으로 인하여 비정상적으로 온도가 상승할 때 그 속의 일부분을 녹여 가스의 배출구를 만들어 압력을 분출시킴으로써 용기의 폭발을 방지하는 안전장치이다.

관련개념 CHAPTER 09 화공 안전운전 · 점검

074

응상폭발에 해당되지 않는 것은?

① 수증기폭발 ② 전선폭발
③ 증기폭발 ④ 분진폭발

해설 분진폭발은 기상폭발에 해당한다.

관련개념 CHAPTER 06 화재 · 폭발 검토

| 정답 | 071 ② 072 ② 073 ① 074 (

075

다음 중 독성이 강한 순서로 옳게 나열된 것은?

① 일산화탄소 > 염소 > 아세톤
② 일산화탄소 > 아세톤 > 염소
③ 염소 > 일산화탄소 > 아세톤
④ 염소 > 아세톤 > 일산화탄소

해설 노출기준이 낮을수록 독성이 강하다.
- 염소(Cl_2): 0.5[ppm]
- 일산화탄소(CO): 30[ppm]
- 아세톤(CH_3COCH_3): 500[ppm]

관련개념 CHAPTER 07 화학물질 안전관리 실행

076

LPG에 대한 설명으로 옳지 않은 것은?

① 강한 독성 가스로 분류된다.
② 질식의 우려가 있다.
③ 누설 시 인화, 폭발성이 있다.
④ 가스의 비중은 공기보다 크다.

해설 LPG(액화석유가스)는 환각물질로 섭취나 흡입이 금지되어 있지만 비교적 강한 독성이 있는 물질은 아니다.

관련개념 CHAPTER 07 화학물질 안전관리 실행

077

「산업안전보건법령」에서 규정한 위험물질을 기준량 이상으로 제조 또는 취급하는 특수화학설비에 설치하여야 할 계측장치가 아닌 것은?

① 온도계 ② 유량계
③ 압력계 ④ 경보계

해설 특수화학설비를 설치하는 경우에는 내부의 이상 상태를 조기에 파악하기 위하여 필요한 온도계 · 유량계 · 압력계 등의 계측장치를 설치하여야 한다.

관련개념 CHAPTER 07 화학물질 안전관리 실행

078

인화점에 대한 설명으로 옳은 것은?

① 인화점이 높을수록 위험하다.
② 인화점이 낮을수록 위험하다.
③ 인화점과 위험성은 관계없다.
④ 인화점이 0[℃] 이상인 경우만 위험하다.

해설 **인화점**
가연성 증기가 발생하는 액체 또는 고체가 공기 중에서 점화원에 의해 표면 부근에서 연소하기에 충분한 농도(폭발하한계)를 만드는 최저의 온도를 말한다. 인화점은 가연성 물질의 위험성을 나타내는 대표적인 척도이며, 낮을수록 위험한 물질이라 할 수 있다.

관련개념 CHAPTER 06 화재 · 폭발 검토

정답 | 075 ③ 076 ① 077 ④ 078 ②

079

부탄의 연소하한값이 1.6[vol%]일 경우, 연소에 필요한 최소산소농도는 약 몇 [vol%]인가?

① 9.4　　② 10.4
③ 11.4　　④ 12.4

해설
- 부탄의 완전연소 시 화학반응식
$2C_4H_{10}+13O_2 \rightarrow 8CO_2+10H_2O$
- 최소산소농도
$C_m=\text{폭발하한}\times\frac{\text{산소 mol수}}{\text{연소가스 mol수}}=1.6\times\frac{13}{2}=10.4[\text{vol\%}]$

관련개념 CHAPTER 06 화재·폭발 검토

080

다음은 「산업안전보건법령」에 따른 위험물질의 종류 중 부식성 염기류에 관한 내용이다. (　　) 안에 알맞은 수치는?

> 농도가 (　　　)[%] 이상인 수산화나트륨, 수산화칼륨, 그 밖에 이와 같은 정도 이상의 부식성을 가지는 염기류

① 20　　② 40
③ 60　　④ 80

해설 **부식성 염기류**
농도가 40[%] 이상인 수산화나트륨, 수산화칼륨, 그 밖에 이와 같은 정도 이상의 부식성을 가지는 염기류이다.

관련개념 CHAPTER 07 화학물질 안전관리 실행

건설공사 안전관리

081

리프트(Lift)의 안전장치에 해당하지 않는 것은?

① 권과방지장치　　② 비상정지장치
③ 과부하방지장치　　④ 조속기

해설 조속기는 모터의 회전수를 조절하여 승강기의 속도를 조절하는 승강기의 안전장치이다.

관련개념 CHAPTER 06 공사 및 작업 종류별 안전

082

다음 공사규모를 가진 사업장 중 유해위험방지계획서를 제출해야 할 대상 사업장은?

① 최대 지간길이가 40[m]인 교량 건설 공사
② 연면적 4,000[m^2]인 종합병원 공사
③ 연면적 3,000[m^2]인 종교시설 공사
④ 연면적 6,000[m^2]인 지하도상가 공사

해설 연면적 5,000[m^2] 이상인 지하도상가의 건설 등 공사는 유해위험방지계획서 제출대상 공사이다.
① 최대 지간길이 50[m] 이상인 다리의 건설 등 공사
② 연면적 5,000[m^2] 이상인 의료시설 중 종합병원의 건설 등 공사
③ 연면적 5,000[m^2] 이상인 종교시설의 건설 등 공사

관련개념 CHAPTER 02 건설공사 위험성

| 정답 | 079 ② 080 ② 081 ④ 082 ④

083

작업장의 바닥, 도로 및 통로 등에서 낙하물이 근로자에게 위험을 미칠 우려가 있는 경우의 필요한 조치 및 준수사항으로 옳지 않은 것은?

① 수직 보호망 및 방호선반 설치
② 출입금지구역의 설정
③ 낙하물방지망의 수평면과의 각도는 20° 이상 30° 이하 유지
④ 낙하물방지망을 높이 15[m] 이내마다 설치

해설 낙하물방지망은 높이 10[m] 이내마다 설치하여야 한다.

관련개념 CHAPTER 04 건설현장 안전시설 관리

084

「굴착공사 표준안전 작업지침」에 따른 인력굴착 작업 시 굴착면이 높아 계단식 굴착을 할 때 소단의 폭은 수평거리로 얼마 정도하여야 하는가?

① 1[m] ② 1.5[m]
③ 2[m] ④ 2.5[m]

해설 굴착면이 높은 경우는 계단식으로 굴착하고 소단의 폭은 수평거리 2[m] 정도로 하여야 한다.

관련개념 CHAPTER 04 건설현장 안전시설 관리

085

거푸집 및 동바리를 조립하는 때 동바리로 사용하는 파이프서포트에 대하여는 다음에서 정하는 바에 의해 설치하여야 한다. ( ) 안에 들어갈 내용으로 옳은 것은?

> 가. 파이프서포트를 ( )개 이상 이어서 사용하지 않도록 할 것
> 나. 파이프서포트를 이어서 사용하는 경우에는 ( )개 이상의 볼트 또는 전용철물을 사용하여 이을 것

① 가: 1, 나: 2 ② 가: 2, 나: 3
③ 가: 3, 나: 4 ④ 가: 4, 나: 5

해설 동바리로 사용하는 파이프서포트에 대해서는 다음의 사항을 따라야 한다.
- 파이프서포트를 3개 이상 이어서 사용하지 않도록 할 것
- 파이프서포트를 이어서 사용하는 경우에는 4개 이상의 볼트 또는 전용철물을 사용하여 이을 것
- 높이가 3.5[m]를 초과하는 경우에는 높이 2[m] 이내마다 수평연결재를 2개 방향으로 만들고 수평연결재의 변위를 방지할 것

관련개념 CHAPTER 05 비계·거푸집 가시설 위험방지

086

곤돌라형 달비계에 사용하는 와이어로프는 지름의 감소가 공칭지름의 몇 [%]를 초과할 경우에 사용할 수 없도록 규정되어 있는가?

① 5[%] ② 7[%]
③ 9[%] ④ 10[%]

해설 달비계에 사용하는 와이어로프는 지름의 감소가 공칭지름의 7[%]를 초과하는 경우에 사용할 수 없다.

관련개념 CHAPTER 05 비계·거푸집 가시설 위험방지

정답 | 083 ④ 084 ③ 085 ③ 086 ②

087

거푸집 해체작업 시 일반적인 안전수칙과 거리가 먼 것은?

① 거푸집동바리를 해체할 때는 작업책임자를 선임한다.
② 해체된 거푸집 재료를 올리거나 내릴 때는 달줄이나 달포대를 사용한다.
③ 보 밑 또는 슬래브 거푸집을 해체할 때는 동시에 해체하여야 한다.
④ 거푸집의 해체가 곤란한 경우 구조체에 무리한 충격이나 지렛대 사용은 금하여야 한다.

해설 거푸집 해체 시 상하 동시 작업은 원칙적으로 금지하여야 한다. 다만, 부득이한 경우에는 긴밀히 연락을 취하며 작업을 하여야 한다.

관련개념 CHAPTER 05 비계 · 거푸집 가시설 위험방지

088

다음 (   ) 안에 알맞은 숫자를 옳게 나타낸 것은?

강관비계의 경우, 띠장 간격은 (   )[m] 이하로 설치한다.

① 2　　② 2.5
③ 3　　④ 3.5

해설 강관비계의 띠장 간격은 2[m] 이하로 하여야 한다.

관련개념 CHAPTER 05 비계 · 거푸집 가시설 위험방지

089

화물취급작업 중 화물적재 시 준수하여야 할 사항으로 옳지 않은 것은?

① 침하 우려가 없는 튼튼한 기반 위에 적재할 것
② 중량의 화물은 공간의 효율성을 고려하여 건물의 칸막이나 벽에 기대어 적재할 것
③ 불안정할 정도로 높이 쌓아 올리지 말 것
④ 하중이 한쪽으로 치우치지 않도록 쌓을 것

해설 화물의 적재 시 건물의 칸막이나 벽 등이 화물의 압력에 견딜 만큼의 강도를 지니지 아니한 경우에는 칸막이나 벽에 기대어 적재하지 않도록 하여야 한다.

관련개념 CHAPTER 06 공사 및 작업 종류별 안전

090

비계(달비계, 달대비계 및 말비계 제외)의 높이가 2[m] 이상인 작업장소에 적합한 작업발판의 폭은 최소 얼마 이상이어야 하는가?

① 10[cm]　　② 20[cm]
③ 30[cm]　　④ 40[cm]

해설 작업발판의 폭은 40[cm] 이상으로 하여야 한다.

관련개념 CHAPTER 04 건설현장 안전시설 관리

091

건설현장에서 근로자가 안전하게 통행할 수 있도록 통로에 설치하는 조명의 조도 기준은?

① 65[lux] 이상　　② 75[lux] 이상
③ 85[lux] 이상　　④ 95[lux] 이상

해설 근로자가 안전하게 통행할 수 있도록 통로에 75[lux] 이상의 채광 또는 조명시설을 하여야 한다.

관련개념 CHAPTER 05 비계 · 거푸집 가시설 위험방지

| 정답 | 087 ③　088 ①　089 ②　090 ④　091 ②

092

다음은 건설업 산업안전보건관리비 계상 및 사용기준의 적용에 관한 사항이다. ( ) 안에 들어갈 내용으로 옳은 것은?

> 이 고시는 「산업안전보건법」의 건설공사 중 총 공사금액 ( ) 이상인 공사에 적용한다.

① 2천만 원 ② 4천만 원
③ 8천만 원 ④ 1억 원

해설 건설업 산업안전보건관리비 계상 및 사용기준은 「산업안전보건법」의 건설공사 중 총 공사금액 2천만 원 이상인 공사에 적용한다.

관련개념 CHAPTER 03 건설업 산업안전보건관리비 관리

093

앞 뒤 두 개의 차륜이 있으며(2축 2롤) 각각의 차축이 평행으로 배치된 것으로 찰흙, 점성토 등의 두꺼운 흙을 다짐하는 데는 적당하나 단단한 각재를 다지는 데는 부적당한 기계는?

① 머캐덤 롤러
② 탠덤 롤러
③ 래머
④ 진동 롤러

해설 **탠덤 롤러(Tandem Roller)**
전륜, 후륜 각 1개의 철륜을 가진 롤러를 2축 탠덤 롤러 또는 단순히 탠덤 롤러라 하며, 3륜을 따라 나열한 것을 3축 탠덤 롤러라고 한다. 점성토나 자갈, 쇄석의 다짐, 아스팔드 포장의 미무리 전압작업에 적합하다.

관련개념 CHAPTER 04 건설현장 안전시설 관리

094

방망의 정기시험은 사용 개시 후 몇 년 이내에 실시하는가?

① 1년 이내 ② 2년 이내
③ 3년 이내 ④ 4년 이내

해설 방망의 정기시험은 사용 개시 후 1년 이내로 하고, 그 후 6개월마다 1회씩 정기적으로 시험용사에 대하여 등속인장시험을 하여야 한다.

관련개념 CHAPTER 04 건설현장 안전시설 관리

095

터널 계측관리 및 이상 발견 시 조치에 관한 설명으로 옳지 않은 것은?

① 숏크리트가 벗겨지면 두께를 감소시키고 뿜어붙이기를 금한다.
② 터널의 계측관리는 일상계측과 대표계측으로 나뉜다.
③ 록볼트의 축력이 증가하여 지압판이 휘게 되면 추가볼트를 시공한다.
④ 지중변위가 크게 되고 이완영역이 이상하게 넓어지면 추가볼트를 시공한다.

해설 숏크리트가 벗겨지면 뿜어붙이기를 실시하여 설계에서 정한 두께를 확보한다.

관련개념 CHAPTER 05 비계 · 거푸집 가시설 위험방지

096

하루의 평균기온이 4[℃] 이하로 될 것이 예상되는 기상조건에서 낮에도 콘크리트가 동결의 우려가 있는 경우에 사용되는 콘크리트는?

① 고강도 콘크리트 ② 경량 콘크리트
③ 서중 콘크리트 ④ 한중 콘크리트

해설 한중 콘크리트는 일평균 기온 4[℃] 이하일 때 타설하는 콘크리트로 물−시멘트비(W/C)를 60[%] 이하로 가급적 작게 한다.

관련개념 CHAPTER 06 공사 및 작업 종류별 안전

정답 | 092 ① 093 ② 094 ① 095 ① 096 ④

097

거푸집 및 동바리를 조립하는 경우의 준수사항으로 옳지 않은 것은?

① 강재의 접속부 및 교차부는 볼트·클램프 등 전용철물을 사용하여 단단히 연결할 것
② 동바리로 사용하는 파이프 서포트의 경우 파이프 서포트를 3개 이상 이어서 사용하지 않도록 할 것
③ 동바리의 이음은 서로 다른 품질의 재료를 사용할 것
④ 거푸집이 곡면인 경우에는 버팀대의 부착 등 그 거푸집의 부상을 방지하기 위한 조치를 할 것

해설 동바리의 이음은 같은 품질의 재료를 사용하여야 한다.
※ 이 문제는 개정된 법령에 따라 수정한 문제입니다.

관련개념 CHAPTER 05 비계·거푸집 가시설 위험방지

098

다음과 같은 조건에서 방망사의 신품에 대한 최소 인장강도로 옳은 것은?(단, 그물코의 크기는 10[cm], 매듭방망이다.)

① 240[kg] ② 200[kg]
③ 150[kg] ④ 110[kg]

해설 **추락방호망 방망사의 인장강도**

그물코의 크기[cm]	방망의 종류(단위: [kg])	
	매듭 없는 방망	매듭방망
10	240	200
5	–	110

관련개념 CHAPTER 04 건설현장 안전시설 관리

099

다음은 건설현장의 추락재해를 방지하기 위한 사항이다. (   ) 안에 들어갈 내용으로 옳은 것은?

> 사업주는 높이 또는 깊이가 (   )를 초과하는 장소에서 작업하는 경우 해당 작업에 종사하는 근로자가 안전하게 승강하기 위한 건설용 리프트 등의 설비를 설치하여야 한다. 다만, 승강설비를 설치하는 것이 작업의 성질상 곤란한 경우에는 그렇지 않다.

① 2[m] ② 3[m]
③ 4[m] ④ 5[m]

해설 사업주는 높이 또는 깊이가 2[m]를 초과하는 장소에서 작업하는 경우 해당 작업에 종사하는 근로자가 안전하게 승강하기 위한 건설용 리프트 등의 설비를 설치하여야 한다.

관련개념 CHAPTER 04 건설현장 안전시설 관리

100

다음 건설기계 중 360° 회전작업이 불가능한 것은?

① 타워크레인 ② 크롤러크레인
③ 가이데릭 ④ 삼각데릭

해설 **삼각데릭(Stiffleg Derrick)**
주 기둥을 지탱하는 지선 대신에 2개의 다리에 의해 고정하고, 회전반경 270°로 높이가 낮은 건물에 유리하다.

관련개념 CHAPTER 06 공사 및 작업 종류별 안전

| 정답 | 097 ③ 098 ② 099 ① 100

2016년 1회 기출문제

2016년 3월 6일 시행

자동 채점

산업재해 예방 및 안전보건교육

001

다음 ( ) 안에 알맞은 것은?

> 사업수는 산업재해로 사망자가 발생하거나 ( )일 이상의 휴업이 필요한 부상을 입거나 질병에 걸린 사람이 발생한 경우에는 해당 산업재해가 발생한 날부터 1개월 이내에 산업재해조사표를 작성하여 관할 지방고용노동관서의 장에게 제출하여야 한다.

① 3 ② 4
③ 5 ④ 7

해설 산업재해 발생 보고
사업주는 산업재해로 사망자가 발생하거나 3일 이상의 휴업이 필요한 부상을 입거나 질병에 걸린 사람이 발생한 경우에는 해당 산업재해가 발생한 날부터 1개월 이내에 산업재해조사표를 작성하여 관할 지방고용노동관서의 장에게 제출(전자문서로 제출하는 것 포함)하여야 한다.

관련개념 SUBJECT 03 기계 · 기구 및 설비 안전관리
CHAPTER 02 기계분야 산업재해 조사 및 관리

002

연간 총 근로시간 중에 발생하는 근로손실일수를 1,000시간당 발생하는 근로손실일수로 나타내는 식은?

① 강도율 ② 도수율
③ 연천인율 ④ 종합재해지수

해설 강도율(S.R; Severity Rate of Injury)
근로시간 1,000시간당 요양재해로 인해 발생하는 근로손실일수이다.

$$강도율=\frac{총\ 요양근로손실일수}{연근로시간\ 수}\times 1{,}000$$

관련개념 SUBJECT 03 기계 · 기구 및 설비 안전관리
CHAPTER 02 기계분야 산업재해 조사 및 관리

003

「산업안전보건법」상 아세틸렌 용접장치 또는 가스집합 용접장치를 사용하여 행하는 금속의 용접 · 용단 또는 가열작업자에게 특별교육을 시키고자 할 때의 교육내용으로 거리가 먼 것은?

① 용접 흄 · 분진 및 유해광선 등의 유해성에 관한 사항
② 작업방법 · 작업순서 및 응급처치에 관한 사항
③ 안전밸브의 취급 및 주의에 관한 사항
④ 안전기 및 보호구 취급에 관한 사항

해설 아세틸렌 용접장치 또는 가스집합 용접장치를 사용하는 금속의 용접 · 용단 또는 가열작업 시 특별교육내용
- 용접 흄, 분진 및 유해광선 등의 유해성에 관한 사항
- 가스용접기, 압력조정기, 호스 및 취관두 등의 기기 점검에 관한 사항
- 작업방법 · 순서 및 응급처치에 관한 사항
- 안전기 및 보호구 취급에 관한 사항
- 화재예방 및 초기대응에 관한 사항
- 그 밖에 안전 · 보건관리에 필요한 사항

관련개념 CHAPTER 05 안전보건교육의 내용 및 방법

004

재해원인을 직접원인과 간접원인으로 나눌 때, 직접원인에 해당하는 것은?

① 기술적 원인 ② 관리적 원인
③ 교육적 원인 ④ 물적 원인

해설 물적 원인(불안전한 상태)은 재해발생의 직접원인에 해당한다.

관련개념 SUBJECT 03 기계 · 기구 및 설비 인전관리
CHAPTER 02 기계분야 산업재해 조사 및 관리

정답 | 001 ① 002 ① 003 ③ 004 ④

005

성공적인 리더가 갖추어야 할 특성으로 가장 거리가 먼 것은?

① 강한 출세 욕구
② 강력한 조직 능력
③ 미래지향적 사고 능력
④ 상사에 대한 부정적 태도

해설 성공적인 리더는 상사에 대한 긍정적 태도를 가진다.

관련개념 CHAPTER 04 인간의 행동과학

006

TBM(Tool Box Meeting)의 의미를 가장 잘 설명한 것은?

① 지시나 명령의 전달회의
② 공구함을 준비한 후 작업하라는 뜻
③ 작업원 전원의 상호 대화로 스스로 생각하고 납득하는 작업장 안전회의
④ 상사의 지시된 작업내용에 따른 공구를 하나하나 준비해야 한다는 뜻

해설 TBM는 일반적인 명령이나 지시가 아니라 잠재위험에 대해 같이 생각하고 해결하며, 모두가 "이렇게 하자", "이렇게 한다"라고 합의하고 실행한다.

관련개념 CHAPTER 01 산업재해예방 계획 수립

007

다음 중 교육 대상자 수가 많고, 교육 대상자의 학습 능력의 차이가 큰 경우 집단안전 교육방법으로서 가장 효과적인 방법은?

① 문답식 교육 ② 토의식 교육
③ 시청각 교육 ④ 상담식 교육

해설 시청각 교육은 시청각 교육자료를 가지고 학습하는 것으로 집단교육의 방법 중 가장 효과적인 교육방법이다.

관련개념 CHAPTER 05 안전보건교육의 내용 및 방법

008

「산업안전보건법령」상 바탕은 흰색, 기본모형은 빨간색, 관련 부호 및 그림은 검은색으로 사용하는 안전보건표지는?

① 안전복착용 ② 출입금지
③ 고온경고 ④ 비상구

해설 바탕은 흰색, 기본모형은 빨간색, 관련 부호 및 그림은 검은색인 것은 금지표지이다.
① 안전복착용: 지시표지
③ 고온경고: 경고표지
④ 비상구: 안내표지

관련개념 CHAPTER 02 안전보호구 관리

009

교육훈련의 효과는 5관을 최대한 활용하여야 하는데 다음 중 효과가 가장 큰 것은?

① 청각 ② 시각
③ 촉각 ④ 후각

해설 **5관의 효과치**
- 시각효과 60[%](미국 75[%])
- 청각효과 20[%][(미국 13[%])
- 촉각효과 15[%](미국 6[%])
- 미각효과 3[%](미국 3[%])
- 후각효과 2[%](미국 3[%])

관련개념 CHAPTER 05 안전보건교육의 내용 및 방법

| 정답 | 005 ④ 006 ③ 007 ③ 008 ② 009 ②

010

다음 중 주로 일선 관리감독자를 대상으로 하여 작업지도기법, 작업개선기법, 인간관계 관리기법 등을 교육하는 방법은?

① ATT(American Telephone & Telegram Co.)
② MTP(Management Training Program)
③ CCS(Civil Communication Section)
④ TWI(Training Within Industry)

해설 TWI(Training Within Industry)
주로 관리감독자를 대상으로 하며 전체 교육시간은 10시간 정도 소요된다. 한 그룹에 10명 내외로 토의법과 실연법 중심으로 강의가 실시되며 훈련의 종류는 다음과 같다.

- 작업지도훈련(JIT; Job Instruction Training)
- 작업방법훈련(JMT; Job Method Training)
- 인간관계훈련(JRT; Job Relation Training)
- 작업안전훈련(JST; Job Safety Training)

관련개념 CHAPTER 05 안전보건교육의 내용 및 방법

011

재해손실 코스트 방식 중 하인리히의 방식에 있어 1:4의 원칙 중 1에 해당하지 않는 것은?

① 재해예방을 위한 교육비
② 치료비
③ 재해자에게 지급된 급료
④ 재해보상 보험금

해설 1:4의 원칙에서 1은 직접비를 의미하며, 재해예방을 위한 교육비는 직접비(법령으로 지급되는 산재보상비)에 해당하지 않는다.

관련개념 SUBJECT 03 기계·기구 및 설비 안전관리
CHAPTER 02 기계분야 산업재해 조사 및 관리

012

안전관리에 관한 계획에서 실시에 이르기까지 모든 권한이 포괄적이며 하향적으로 행사되고, 전문 안전담당부서가 없는 안전관리 조직은?

① 직계식 조직　② 참모식 조직
③ 직계－참모식 조직　④ 안전·보건 조직

해설 라인(Line)형(직계식) 조직
소규모 기업에 적합한 조직으로서 안전관리에 관한 계획에서부터 실시에 이르기까지 모든 안전업무를 생산라인을 통하여 수직적으로 이루어지도록 편성된 조직이다.

관련개념 CHAPTER 01 산업재해예방 계획 수립

013

레윈(Lewin)의 법칙 중 환경조건(*E*)이 의미하는 것은?

① 지능　② 소질
③ 적성　④ 인간관계

해설 레윈의 법칙에서 '*E*'는 환경(Environment)을 의미하며, 인간관계, 작업조건, 감독, 직무의 안정 등이 포함된다.

관련개념 CHAPTER 04 인간의 행동과학

정답 | 010 ④　011 ①　012 ①　013 ④

014

매슬로우(A. H. Maslow)의 욕구 5단계 이론에서 각 단계별 내용이 잘못 연결된 것은?

① 1단계: 자아실현의 욕구
② 2단계: 안전에 대한 욕구
③ 3단계: 사회적 욕구
④ 4단계: 존경에 대한 욕구

해설 매슬로우의 욕구위계이론에서 1단계는 생리적 욕구이다. 자아실현의 욕구는 5단계 내용이다.

관련개념 CHAPTER 04 인간의 행동과학

015

「산업안전보건법령」상 프레스를 사용하여 작업을 할 때 작업시작 전 점검항목에 해당하지 않는 것은?

① 클러치 및 브레이크의 기능
② 매니퓰레이터(Manipulator) 작동의 이상 유무
③ 프레스의 금형 및 고정볼트 상태
④ 1행정 1정지기구·급정지장치 및 비상정지장치의 기능

해설 매니퓰레이터 작동의 이상 유무는 산업용 로봇을 이용할 때 작업시작 전 점검사항이다.

관련개념 SUBJECT 03 기계·기구 및 설비 안전관리
CHAPTER 02 기계분야 산업재해 조사 및 관리

016

피로의 예방과 회복대책에 대한 설명이 아닌 것은?

① 작업부하를 크게 할 것
② 정적 동작을 피할 것
③ 작업속도를 적절하게 할 것
④ 근로시간과 휴식을 적정하게 할 것

해설 작업부하를 적게 하여야 피로를 예방할 수 있다.

관련개념 CHAPTER 04 인간의 행동과학

017

다음과 같은 착시현상에 해당하는 것은?

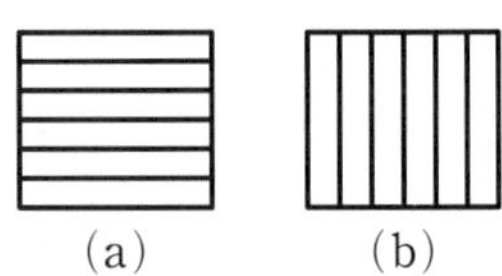

(a)는 세로로 길어 보이고, (b)는 가로로 길어 보인다.

① 뮐러-라이어(Muller-Lyer)의 착시
② 헬름홀츠(Helmholtz)의 착시
③ 헤링(Hering)의 착시
④ 포겐도르프(Poggendorff)의 착시

해설 Helmholtz의 착시

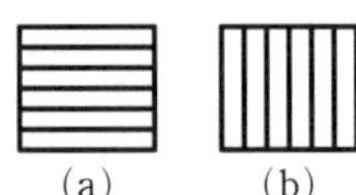

(a)는 세로로 길어 보이고, (b)는 가로로 길어 보인다.

관련개념 CHAPTER 03 산업안전심리

| 정답 | 014 ① 015 ② 016 ① 017 ②

018

하버드 학파의 5단계 교수법에 해당되지 않는 것은?

① 교시(Presentation) ② 연합(Association)
③ 추론(Reasoning) ④ 총괄(Generalization)

해설 **하버드 학파의 5단계 교수법(사례연구 중심)**
- 1단계: 준비시킨다.(Preparation)
- 2단계: 교시한다.(Presentation)
- 3단계: 연합한다.(Association)
- 4단계: 총괄한다.(Generalization)
- 5단계: 응용시킨다.(Application)

관련개념 CHAPTER 05 안전보건교육의 내용 및 방법

019

방독마스크의 흡수관의 종류와 사용조건이 옳게 연결된 것은?

① 보통가스용 – 산화금속
② 유기가스용 – 활성탄
③ 일산화탄소용 – 알칼리제재
④ 암모니아용 – 산화금속

해설
① 보통가스용: 활성탄
③ 일산화탄소용: 호프카라이트, 방습제
④ 암모니아용: 큐프라마이트

관련개념 CHAPTER 02 안전보호구 관리

020

「산업안전보건법」상 중대재해에 해당하지 않는 것은?

① 추락으로 인하여 1명이 사망한 재해
② 건물의 붕괴로 인하여 15명의 부상자가 동시에 발생한 재해
③ 화재로 인하여 4개월의 요양이 필요한 부상자가 동시에 3명 발생한 재해
④ 근로환경으로 인하여 직업성 질병자가 동시에 5명 발생한 재해

해설 부상자 또는 직업성 질병자가 동시에 10명 이상 발생했을 경우 중대재해에 해당된다.

관련개념 CHAPTER 01 산업재해예방 계획 수립

2016년 1회

인간공학 및 위험성평가 · 관리

021

작업자가 소음 작업환경에 장기간 노출되어 소음성 난청이 발병하였다면 일반적으로 청력손실이 가장 크게 나타나는 주파수는?

① 1,000[Hz] ② 2,000[Hz]
③ 4,000[Hz] ④ 6,000[Hz]

해설 청력손실은 4,000[Hz](C5–dip 현상)에서 크게 나타난다.

관련개념 CHAPTER 06 작업환경 관리

022

음량 수준이 50[phon]일 때 [sone]값은 얼마인가?

① 2 ② 5
③ 10 ④ 100

해설 [sone]치$=2^{\frac{[phon]-40}{10}}=2^{\frac{50-40}{10}}=2$[sone]

관련개념 CHAPTER 06 작업환경 관리

023

중량물을 반복적으로 드는 작업의 부하를 평가하기 위한 방법에 NIOSH 들기지수를 적용할 때 고려되지 않는 항목은?

① 들기빈도 ② 수평이동거리
③ 손잡이 조건 ④ 허리 비틀림

해설 NLE(NIOSH Lifting Equation)
권장무게한계(RWL)$=LC\times HM\times VM\times DM\times AM\times FM\times CM$
여기서, LC: 부하상수(23[kg]), HM: 수평계수, VM: 수직계수
DM: 거리계수, AM: 비대칭계수, FM: 빈도계수, CM: 커플링계수
들기빈도는 빈도계수(FM), 손잡이 조건은 커플링계수(CM), 허리 비틀림은 비대칭계수(AM)에 각각 반영되며, 수평계수(HM)는 들기동작 시 손의 위치~양 발의 중심의 수평거리를 각 시작자세 및 종료자세에서 측정하여 반영하기 때문에 수평이동거리와는 무관하다.

관련개념 CHAPTER 06 작업환경 관리

024

청각적 표시장치 지침에 관한 설명으로 틀린 것은?

① 신호는 최소한 0.5~1초 동안 지속한다.
② 신호는 배경소음과 다른 주파수를 이용한다.
③ 소음은 양쪽 귀에, 신호는 한쪽 귀에 들리게 한다.
④ 300[m] 이상 멀리 보내는 신호는 2,000[Hz] 이상의 주파수를 사용한다.

해설 300[m] 이상 장거리용 신호에는 1,000[Hz] 이하의 진동수를 사용한다.

관련개념 CHAPTER 06 작업환경 관리

025

인체측정치를 이용한 설계에 관한 설명으로 옳은 것은?

① 평균치를 기준으로 한 설계를 제일 먼저 고려한다.
② 자세와 동작에 따라 고려해야 할 인체측정 치수가 달라진다.
③ 의자의 깊이와 너비는 작은 사람 기준으로 설계한다.
④ 큰 사람을 기준으로 한 설계는 인체측정치의 5[%tile]을 사용한다.

해설
① 가장 먼저 고려해야 할 설계는 조절식 설계이다.
③ 의자의 너비는 최대치 설계로 한다.
④ 최대치 설계의 경우, 상위 백분위 수 기준 90, 95, 99[%tile]로 한다.

관련개념 CHAPTER 06 작업환경 관리

026

다음 중 일반적으로 가장 신뢰도가 높은 시스템의 구조는?

① 직렬 연결구조 ② 병렬 연결구조
③ 단일부품구조 ④ 직 · 병렬 혼합구조

해설 병렬연결은 연결된 요소 중 어느 하나라도 정상이면 전체 시스템이 정상가동하고 요소의 수가 많을수록 고장의 기회가 줄어들기 때문에 일반적으로 신뢰도가 가장 높다.

관련개념 CHAPTER 03 위험성 감소대책 수립 · 실행

| 정답 | 021 ③ 022 ① 023 ② 024 ④ 025 ② 026 ②

027

인간-기계 시스템 설계과정의 주요 6단계를 올바른 순서로 나열한 것은?

ⓐ 기본설계
ⓑ 시스템 정의
ⓒ 목표 및 성능명세 결정
ⓓ 인간-기계 인터페이스(Human-machine Interface) 설계
ⓔ 매뉴얼 및 성능보조자료 작성
ⓕ 시험 및 평가

① ⓒ → ⓑ → ⓐ → ⓓ → ⓔ → ⓕ
② ⓐ → ⓑ → ⓒ → ⓓ → ⓔ → ⓕ
③ ⓑ → ⓒ → ⓐ → ⓔ → ⓓ → ⓕ
④ ⓒ → ⓐ → ⓑ → ⓔ → ⓓ → ⓕ

해설 인간-기계 시스템 설계과정 6가지 단계
㉠ 목표 및 성능명세 결정
㉡ 시스템(체계)의 정의
㉢ 기본설계
㉣ 인터페이스(계면) 설계
㉤ 촉진물 설계
㉥ 시험 및 평가

관련개념 CHAPTER 01 안전과 인간공학

028

FMEA의 위험성 분류 중 'Category Ⅱ'에 해당되는 것은?

① 영향 없음
② 활동의 지연
③ 사명 수행의 실패
④ 생명 또는 가옥의 상실

해설 FMEA의 위험성 분류의 표시
• Category Ⅰ: 생명 또는 가옥의 상실
• Category Ⅱ: 사명(작업) 수행의 실패
• Category Ⅲ: 활동의 지연
• Category Ⅳ: 영향 없음

관련개념 CHAPTER 02 위험성 파악 · 결정

029

다음 중 고온 작업자의 고온 스트레스로 인해 발생하는 생리적 영향이 아닌 것은?

① 피부와 직장온도의 상승
② 발한(Sweating)의 증가
③ 심박출량(Cardiac Output)의 증가
④ 근육의 젖산 감소로 인한 근육통과 근육피로 증가

해설 고온 스트레스로 인해 근육의 젖산이 증가하면서 근육통과 근육피로가 증가한다.

관련개념 CHAPTER 06 직업환경 관리

030

에너지 대사율(Relative Metabolic Rate)에 관한 설명으로 틀린 것은?

① 작업대사량은 작업 시 소비에너지와 안정 시 소비에너지의 차로 나타낸다.
② RMR은 작업대사량을 기초대사량으로 나눈 값이다.
③ 산소소비량을 측정할 때 더글라스백(Douglas Bag)을 이용한다.
④ 기초대사량은 의자에 앉아서 호흡하는 동안에 측정한 산소소비량으로 구한다.

해설 의자에 앉아서 호흡하는 동안 소비한 산소량은 안정 시 소비에너지이다.
기초대사량은 체표면적 산출식과 기초대사량 표에 의해 산출한다.

관련개념 CHAPTER 06 작업환경 관리

정답 | 027 ① 028 ③ 029 ④ 030 ④

031

동전 던지기에서 앞면이 나올 확률이 0.7이고, 뒷면이 나올 확률이 0.3일 때 앞면과 뒷면이 나올 사건 각각의 정보량은?

① 앞면: 0.88[bit], 뒷면: 1.74[bit]
② 앞면: 0.51[bit], 뒷면: 1.74[bit]
③ 앞면: 0.88[bit], 뒷면: 2.25[bit]
④ 앞면: 0.51[bit], 뒷면: 2.25[bit]

해설 정보량 $H=\log_2\frac{1}{p}$

여기서, p: 실현 확률

$H_{앞면}=\log_2\frac{1}{0.7}=0.51[\text{bit}]$

$H_{뒷면}=\log_2\frac{1}{0.3}=1.74[\text{bit}]$

관련개념 CHAPTER 01 안전과 인간공학

032

다음 중 시스템 안전성 평가의 순서를 가장 올바르게 나열한 것은?

① 자료의 정리 → 정량적 평가 → 정성적 평가 → 대책수립 → 재평가
② 자료의 정리 → 정성적 평가 → 정량적 평가 → 재평가 → 대책수립
③ 자료의 정리 → 정량적 평가 → 정성적 평가 → 재평가 → 대책수립
④ 자료의 정리 → 정성적 평가 → 정량적 평가 → 대책수립 → 재평가

해설 **안전성 평가 6단계**

- 제1단계: 관계 자료의 정비 검토
- 제2단계: 정성적 평가
- 제3단계: 정량적 평가
- 제4단계: 안전대책 수립
- 제5단계: 재해정보에 의한 재평가
- 제6단계: FTA에 의한 재평가

관련개념 CHAPTER 07 안전성 평가

033

설비의 보전과 가동에 있어 시스템의 고장과 고장 사이의 시간 간격을 의미하는 용어는?

① MTTR ② MDT
③ MTBF ④ MTBR

해설 **평균고장간격(MTBF; Mean Time Between Failure)**

시스템, 부품 등의 고장 간의 동작시간 평균치이다.

관련개념 CHAPTER 03 위험성 감소대책 수립 · 실행

034

결함수분석법에 있어 정상사상(Top Event)이 발생하지 않게 하는 기본사상들의 집합을 무엇이라고 하는가?

① 컷셋(Cut Set)
② 패일셋(Fail Set)
③ 트루셋(Truth Set)
④ 패스셋(Path Set)

해설 **패스셋(Path Set)**

포함되어 있는 모든 기본사상이 일어나지 않을 때 정상사상이 일어나지 않는 기본사상의 집합이다.

관련개념 CHAPTER 02 위험성 파악 · 결정

| 정답 | 031 ② 032 ④ 033 ③ 034 ④

035

FT도에 사용되는 논리기호 중 AND 게이트에 해당하는 것은?

①

②
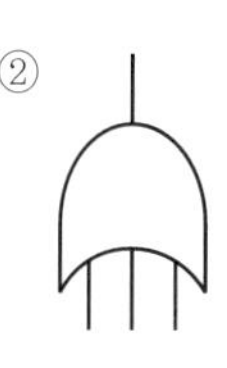

③
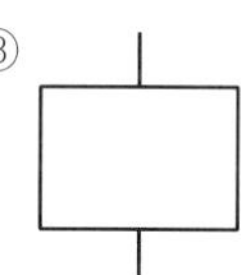

④
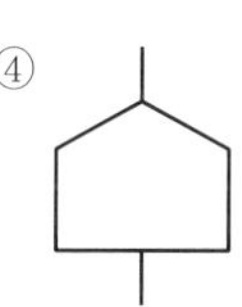

해설 ②는 OR 게이트(논리합), ③은 결함사상(중간사상), ④는 통상사상을 나타낸다.

관련개념 CHAPTER 02 위험성 파악 · 결정

036

다음 그림의 FT도에서 최소 컷셋으로 옳은 것은?

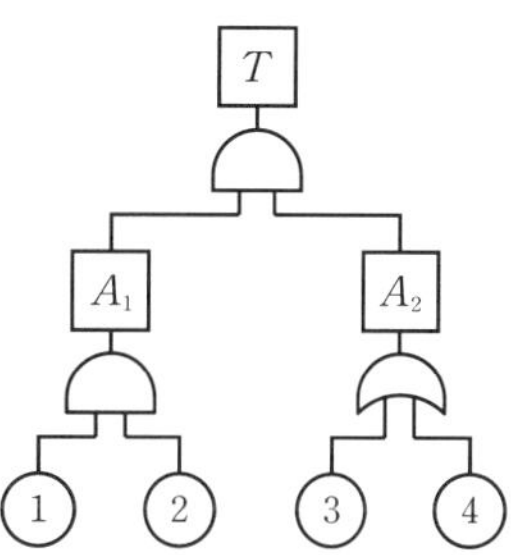

① {1, 2, 3, 4}
② {1, 2, 3}, {1, 2, 4}
③ {1, 3, 4}, {2, 3, 4}
④ {1,3} {1,4} {2,3} {3,4}

해설 AND 게이트는 가로로, OR 게이트는 세로로 나열한다.

$$T = A_1 \cdot A_2 = (1\ \ 2)\begin{pmatrix} 3 \\ 4 \end{pmatrix} = \begin{matrix} (1\ \ 2\ \ 3) \\ (1\ \ 2\ \ 4) \end{matrix}$$

즉, 컷셋은 {1,2,3}, {1,2,4}, 미니멀 컷셋은 {1,2,3}, {1,2,4}이다.

관련개념 CHAPTER 02 위험성 파악 · 결정

037

다음 중 관측하고자 하는 측정값을 가장 정확하게 읽을 수 있는 표시장치는?

① 계수형 ② 동침형
③ 동목형 ④ 묘사형

해설 **계수형(Digital Display)**
수치를 정확히 읽어야 하며, 지침의 위치를 추정할 필요가 없는 경우에 적합하다. 수치가 빨리 변하는 경우 판독이 곤란하며 시각피로 유발도가 높다.

관련개념 CHAPTER 06 작업환경 관리

정답 | 035 ① 036 ② 037 ①

038

조종반응비율(C/R비)에 관한 설명으로 틀린 것은?

① 조종장치와 표시장치의 물리적 크기와 성질에 따라 달라진다.
② 표시장치의 이동거리를 조종장치의 이동거리로 나눈 값이다.
③ 조종반응비율이 낮다는 것은 민감도가 높다는 의미이다.
④ 최적의 조종반응비율은 조종장치의 조종시간과 표시장치의 이동시간이 교차하는 값이다.

해설 조종반응비율은 조종장치의 이동거리를 표시장치의 이동거리로 나눈 값이다.

관련개념 CHAPTER 06 작업환경 관리

039

다음 중 실내면의 추천반사율이 낮은 것에서부터 높은 순으로 올바르게 배열된 것은?

① 벽 < 천장 < 가구 < 바닥
② 바닥 < 가구 < 천장 < 벽
③ 가구 < 바닥 < 천장 < 벽
④ 바닥 < 가구 < 벽 < 천장

해설 옥내 추천 반사율

- 천장: 80~90[%]
- 벽: 40~60[%]
- 가구: 25~45[%]
- 바닥: 20~40[%]

관련개념 CHAPTER 06 작업환경 관리

040

페일세이프(Fail-Safe)의 원리에 해당되지 않는 것은?

① 교대 구조 ② 다경로 하중 구조
③ 배타설계 구조 ④ 하중 경감 구조

해설 Fail-Safe의 종류

- 다경로 하중 구조
- 하중 경감 구조
- 교대 구조
- 중복 구조

관련개념 CHAPTER 02 위험성 파악 · 결정

기계 · 기구 및 설비 안전관리

041

프레스의 광전자식 방호장치의 광선에 신체의 일부가 감지된 후로부터 급정지기구 작동 시까지의 시간이 30[ms]이고, 급정지기구의 작동 직후로부터 프레스기가 정지될 때까지의 시간이 20[ms]라면 광축의 최소 설치거리는?

① 75[mm] 이상 ② 80[mm] 이상
③ 100[mm] 이상 ④ 150[mm] 이상

해설 광전자식 방호장치의 안전거리

$D=1,600\times(T_L+T_S)=1,600\times(0.03+0.02)=80[mm]$

여기서, T_L: 신체가 광선을 차단한 순간부터 급정지 기구가 작동 개시하기까지의 시간[초]
T_S: 급정지기구가 작동을 개시할 때부터 슬라이드가 정지할 때까지의 시간[초]

관련개념 CHAPTER 04 프레스 및 전단기의 안전

042

운전자가 서서 조작하는 방식의 지게차의 경우 운전석의 바닥면에서 헤드가드의 상부틀의 하면까지 높이가 몇 [m] 이상이 되어야 하는가?

① 0.3 ② 0.5
③ 1.0 ④ 1.88

해설 헤드가드의 구비조건

운전자가 앉아서 조작하거나 서서 조작하는 지게차의 헤드가드는 한국산업표준에서 정하는 높이 기준 이상이어야 한다.(입승식: 1.88[m] 이상, 좌승식: 0.903[m] 이상)

관련개념 CHAPTER 06 운반기계 및 양중기

| 정답 | 038 ② 039 ④ 040 ③ 041 ② 042

043

불순물이 포함된 물을 보일러수로 사용하여 보일러의 관벽과 드럼 내면에 관석(Scale)으로 인한 영향이 아닌 것은?

① 과열
② 불완전연소
③ 보일러의 효율 저하
④ 보일러수의 순환 저하

해설 보일러에 관석(Scale)이 발생하면 효율 저하, 순환 저하, 과열의 원인이 된다. 불완전연소는 산소가 부족할 때 발생한다.

관련개념 CHAPTER 05 기타 산업용 기계 · 기구

044

프레스에 적용되는 방호장치의 유형이 아닌 것은?

① 접근거부형 ② 접근반응형
③ 위치제한형 ④ 포집형

해설 **포집형 방호장치**
목재가공기의 반발예방장치와 같이 위험장소에 설치하여 위험원이 비산하거나 튀는 것을 방지하는 등 작업자로부터 위험원을 차단하는 방호장치이다.

관련개념 CHAPTER 01 기계공정의 안전, 기계안전시설 관리

045

공기압축기의 작업시작 전 점검사항이 아닌 것은?

① 윤활유의 상태
② 언로드밸브의 기능
③ 비상정지장치의 기능
④ 압력방출장치의 기능

해설 비상정지장치의 기능은 프레스, 산업용 로봇 및 컨베이어 등을 사용하여 작업을 할 때 작업시작 전 점검사항이다.

관련개념 CHAPTER 05 기타 산업용 기계 · 기구

046

롤러 방호장치의 무부하 동작시험 시 앞면 롤러의 지름이 150[mm]이고 회전수가 30[rpm]인 롤러기를 사용하고 있다. 이 롤러기의 급정지거리는 몇 [mm] 이내여야 하는가?

① 157 ② 188
③ 207 ④ 237

해설 롤러의 표면속도 $V=\frac{\pi DN}{1,000}=\frac{\pi\times150\times30}{1,000}=14.14$[m/min]
여기서, D: 롤러의 지름[mm]
N: 분당회전수[rpm]

앞면 롤러의 표면속도[m/min]	급정지거리
30 미만	앞면 롤러 원주의 $\frac{1}{3}$ 이내
30 이상	앞면 롤러 원주의 $\frac{1}{2.5}$ 이내

앞면 롤러의 표면속도가 30[m/min] 미만이므로 급정지거리는 앞면 롤러 원주의 $\frac{1}{3}$ 이내이어야 한다.

따라서 급정지거리는 $(\pi\times150)\times\frac{1}{3}=157$[mm] 이내이어야 한다.

관련개념 CHAPTER 05 기타 산업용 기계 · 기구

047

밀링머신(Milling Machine)의 작업 시 안전수칙에 대한 설명으로 틀린 것은?

① 커터의 교환 시에는 테이블 위에 목재를 받쳐 놓는다.
② 강력절삭 시에는 일감을 바이스에 깊게 물린다.
③ 작업 중 면장갑은 끼지 않는다.
④ 커터는 가능한 칼럼(Column)으로부터 멀리 설치한다.

해설 밀링머신 작업 시 커터는 될 수 있는 한 칼럼(Column)에 가깝게 설치한다.

관련개념 CHAPTER 03 공작기계의 안전

정답 | 043 ② 044 ④ 045 ③ 046 ① 047 ④

048

기계설비 안전의 기본 원칙에서 기계나 그 부품에 고장이나 기능불량이 생겨도 항상 안전하게 작동하는 안전화 대책은?

① 진단 ② 예방정비
③ Fail Safe ④ Fool Proof

해설 **페일 세이프(Fail Safe)**
기계나 그 부품에 고장이나 기능불량이 생겨도 항상 안전하게 작동하는 구조와 기능을 추구하는 본질적 안전과 관련된 것이다.

관련개념 CHAPTER 01 기계공정의 안전, 기계안전시설 관리

049

위험한 작업점과 작업자 사이에 서로 접근되어 일어날 수 있는 재해를 방지하는 격리형 방호장치가 아닌 것은?

① 완전차단형 방호장치
② 덮개형 방호장치
③ 울타리(안전방책)
④ 양수조작식 방호장치

해설 양수조작식 방호장치는 작업자의 신체부위가 위험한계 밖에 있도록 기계의 조작장치를 위험구역에서 일정거리 이상 떨어지게 한 위치제한형 방호장치이다.

관련개념 CHAPTER 01 기계공정의 안전, 기계안전시설 관리

050

연강의 인장강도가 420[MPa]이고, 허용응력이 140[MPa]이라면, 안전율은?

① 0.3 ② 0.4
③ 3 ④ 4

해설 **안전율(Safety Factor)**

$$S=\frac{\text{극한(인장)강도}}{\text{허용응력}}=\frac{420}{140}=3$$

관련개념 CHAPTER 01 기계공정의 안전, 기계안전시설 관리

051

아세틸렌 용접장치의 발생기실을 옥외에 설치하는 경우 그 개구부는 다른 건축물로부터 몇 [m] 이상 떨어져야 하는가?

① 1 ② 1.5
③ 2.5 ④ 3

해설 아세틸렌 용접장치의 발생기실을 옥외에 설치한 경우에는 그 개구부를 다른 건축물로부터 1.5[m] 이상 떨어지도록 하여야 한다.

관련개념 CHAPTER 05 기타 산업용 기계 · 기구

052

프레스 방호장치의 공통 일반구조에 대한 설명으로 틀린 것은?

① 방호장치의 표면은 벗겨짐 현상이 없어야 하며, 날카로운 모서리 등이 없어야 한다.
② 위험기계 · 기구 등에 장착이 용이하고 견고하게 고정될 수 있어야 한다.
③ 외부 충격으로부터 방호장치의 성능이 유지될 수 있도록 보호덮개가 설치되어야 한다.
④ 각종 스위치, 표시램프는 돌출형으로 쉽게 근로자가 볼 수 있는 곳에 설치해야 한다.

해설 프레스 방호장치의 각종 스위치, 표시램프는 매립형으로 근로자가 쉽게 볼 수 있는 곳에 설치하여야 한다.

관련개념 CHAPTER 04 프레스 및 전단기의 안전

| 정답 | 048 ③ 049 ④ 050 ③ 051 ② 052

053

연삭기 덮개에 관한 설명으로 틀린 것은?

① 탁상용 연삭기의 워크레스트(Workrest)는 연삭숫돌과의 간격을 3[mm] 이하로 조정할 수 있는 구조여야 한다.
② 연삭숫돌의 상부를 사용하는 것을 목적으로 하는 탁상용 연삭기의 덮개의 노출각도는 90° 이내로 제한하고 있다.
③ 덮개의 두께는 연삭숫돌의 최고사용속도, 연삭숫돌의 두께 및 직경에 따라 달라진다.
④ 덮개 재료는 인장강도가 274.5[MPa] 이상이고 신장도가 14[%] 이상이어야 한다.

해설 연삭숫돌의 상부사용을 목적으로 하는 탁상용 연삭기 덮개의 노출각도는 60° 이내이어야 한다.

관련개념 CHAPTER 03 공작기계의 안전

054

소성가공의 종류가 아닌 것은?

① 단조 ② 압연
③ 인발 ④ 연삭

해설 소성가공은 금속이나 합금에 소성 변형을 하는 것으로 가공 종류는 단조, 압연, 선뽑기, 밀어내기 등이 있다. 연삭은 절삭가공의 종류이다.

관련개념 CHAPTER 03 공작기계의 안전

055

프레스 금형의 설치 및 조정 시 슬라이드 불시하강을 방지하기 위하여 설치해야 하는 것은?

① 인터록 ② 클러치
③ 게이트 가드 ④ 안전블록

해설 프레스 등의 금형을 부착·해체 또는 조정하는 작업을 할 때에 해당 작업에 종사하는 근로자의 신체가 위험한계 내에 있는 경우 슬라이드가 갑자기 작동함으로써 근로자에게 발생할 우려가 있는 위험을 방지하기 위하여 안전블록을 사용하는 등 필요한 조치를 하여야 한다.

관련개념 CHAPTER 04 프레스 및 전단기의 안전

056

풀 프루프(Fool Proof)에 해당되지 않는 것은?

① 각종 기구의 인터록 기구
② 크레인의 권과방지장치
③ 카메라의 이중 촬영 방지기구
④ 항공기 엔진의 병렬설계

해설 항공기 엔진의 병렬설계는 풀 프루프(Fool Proof)가 아닌 페일 세이프(Fail Safe)에 해당된다.

관련개념 CHAPTER 01 기계공정의 안전, 기계안전시설 관리

057

「산업안전보건법령」상 양중기가 아닌 것은?

① 곤돌라
② 이동식 크레인
③ 최대하중이 0.2톤인 승강기
④ 적재하중이 0.05톤인 이삿짐 운반용 리프트

해설 이삿짐 운반용 리프트의 경우에는 적재하중이 0.1톤 이상인 것으로 한정한다.

관련개념 CHAPTER 06 운반기계 및 양중기

058

기계설비의 안전조건에서 구조적 안전화로 틀린 것은?

① 가공결함
② 재료의 결함
③ 설계상의 결함
④ 방호장치의 작동결함

해설 **구조적 안전화(강도적 안전화)**
- 재료에 있어서의 결함 방지
- 설계에 있어서의 결함 방지
- 가공에 있어서의 결함 방지

관련개념 CHAPTER 01 기계공정의 안전, 기계안전시설 관리

정답 | 053 ② 054 ④ 055 ④ 056 ④ 057 ④ 058 ④

059

그림과 같은 지게차에서 W를 화물중량, G를 지게차 자체 중량, a를 앞바퀴 중심부터 화물의 중심까지의 최단거리, b를 앞바퀴 중심에서 지게차의 중심까지의 최단거리라고 할 때 지게차 안정조건은?

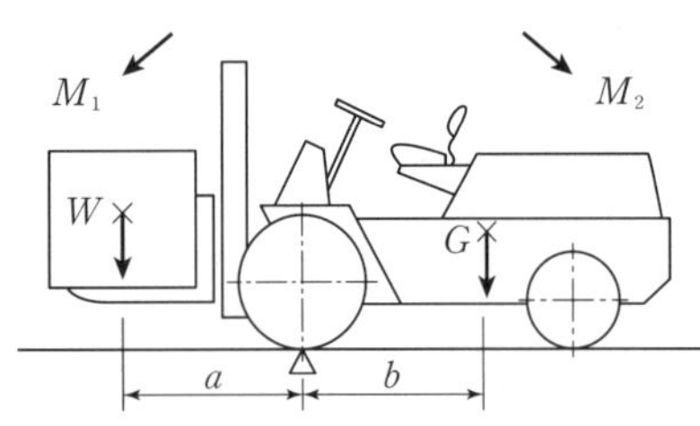

M_1: 화물의 모멘트
M_2: 차의 모멘트

① $W \cdot a < G \cdot b$
② $W-1 < G \cdot \frac{b}{a}$
③ $W \cdot a > G \cdot (b-1)$
④ $W > G \cdot \frac{b}{a}$

해설 지게차의 회전중심은 앞바퀴에 있으므로 $M_1 \leq M_2$
화물의 모멘트 $M_1 = W \times a$, 지게차의 모멘트 $M_2 = G \times b$
여기서, W: 화물의 중량
G: 지게차 중량
a: 앞바퀴에서 화물 중심까지의 최단거리
b: 앞바퀴에서 지게차 중심까지의 최단거리
따라서 $W \times a \leq G \times b$이다.

관련개념 CHAPTER 06 운반기계 및 양중기

060

컨베이어의 종류가 아닌 것은?

① 체인 컨베이어 ② 스크류 컨베이어
③ 슬라이딩 컨베이어 ④ 유체 컨베이어

해설 **컨베이어의 종류**
- 롤러(Roller) 컨베이어
- 스크류(Screw) 컨베이어
- 벨트(Belt) 컨베이어
- 체인(Chain) 컨베이어
- 유체 컨베이어

관련개념 CHAPTER 06 운반기계 및 양중기

전기 및 화학설비 안전관리

061

유류 저장탱크에서 배관을 통해 드럼으로 기름을 이송하고 있다. 이때 유동전류에 의한 정전대전 및 정전기 방전에 의한 피해를 방지하기 위한 조치와 관련이 먼 것은?

① 유체가 흘러가는 배관을 접지시킨다.
② 배관 내 유류의 유속은 가능한 느리게 한다.
③ 유류 저장탱크와 배관, 드럼 간에 본딩(Bonding)을 시킨다.
④ 유류를 취급하고 있으므로 화기 등을 가까이 하지 않도록 점화원 관리를 한다.

해설 정전기 자체가 점화원이므로 정전기 대전 방지대책을 수립하여야 한다.

관련개념 CHAPTER 03 정전기 장 · 재해관리

062

저압전로의 사용전압이 220[V]인 경우 절연저항값은 몇 [MΩ] 이상이어야 하는가?

① 0.2 ② 0.5
③ 0.8 ④ 1.0

해설 **절연저항 기준**

전로의 사용전압	DC 시험전압[V]	절연저항[MΩ]
SELV 및 PELV	250	0.5 이상
FELV, 500[V] 이하	500	1 이상
500[V] 초과	1,000	1 이상

※ 이 문제는 개정된 법령에 따라 수정한 문제입니다.

관련개념 CHAPTER 02 감전재해 및 방지대책

| 정답 | 059 ① 060 ③ 061 ④ 062

063

「산업안전보건법령」에 따라 누전에 의한 감전위험을 방지하기 위하여 해당 전로의 정격에 적합하고 감도가 양호하며 확실하게 작동하는 감전방지용 누전차단기를 설치할 때 누전차단기는 정격감도전류가 30[mA] 이하이고 작동시간은 얼마 이내이어야 하는가?

① 0.03초 ② 0.1초
③ 0.3초 ④ 0.5초

해설 누전차단기와 접속되어 있는 각각의 전기기계·기구에 대하여 정격감도전류가 30[mA] 이하이고 동작시간은 0.03초 이내이어야 한다.

관련개념 CHAPTER 02 감전재해 및 방지대책

064

저항값이 0.1[Ω]인 도체에 10[A]의 전류가 1분간 흘렀을 경우 발생하는 열량은 몇 [cal]인가?

① 124 ② 144
③ 166 ④ 250

해설 발열량

$H=0.24I^2RT=0.24\times10^2\times0.1\times60=144$[cal]

여기서, I: 전류[A], R: 저항[Ω], T: 시간[초]

관련개념 CHAPTER 05 전기설비 위험요인관리

065

다음 중 인화성 액체의 증기 또는 가연성 가스에 의한 가스폭발 위험장소의 분류에 해당하지 않는 것은?

① 0종 장소 ② 1종 장소
③ 2종 장소 ④ 3종 장소

해설 가스폭발 위험장소는 0종, 1종, 2종 장소로 구분된다.

관련개념 CHAPTER 04 전기방폭관리

066

다음 중 전류밀도, 통전전류, 접촉면적과 피부저항의 관계를 설명한 것으로 옳은 것은?

① 전류밀도와 통전전류는 반비례 관계이다.
② 통전전류와 접촉면적에 관계없이 피부저항은 항상 일정하다.
③ 같은 크기의 통전전류가 흘러도 접촉면적이 커지면 전류밀도는 커진다.
④ 같은 크기의 통전전류가 흘러도 접촉면적이 커지면 피부저항은 작게 된다.

해설

① 전류밀도는 통전전류에 비례한다.
② 같은 크기의 전류가 흘러도 접촉면적이 커지면 피부저항은 작아진다.
③ 같은 크기의 전류가 흘러도 접촉면적이 커지면 전류밀도는 작아진다.

관련개념 CHAPTER 02 감전재해 및 방지대책

2016년 1회

067

다음과 같은 특성이 있으며 제한전압이 낮기 때문에 접지저항을 낮게 하기 어려운 배전선로에 적합한 피뢰기는?

> 피뢰기의 특성요소가 파이버관으로 되어 있고 방전은 직렬 갭을 통하여 파이버관 내부의 상부와 하부 전극 간에서 행하여지며, 속류 차단은 파이버관 내부 벽면에서 아크열에 의한 파이버질의 분해로 발생하는 고압가스의 소호작용에 의한다.

① 변형 피뢰기 ② 방출형 피뢰기
③ 갭레스형 피뢰기 ④ 변저항형 피뢰기

해설 방출형 피뢰기

- 특성요소는 파이버관으로 되어 있고 방전은 직렬 갭을 통하여 파이버관 내부의 상부와 하부 전극 간에 행하여지며, 속류 차단은 파이버관의 내부 벽면에서 아크열에 의한 파이버질의 분해로 발생하는 고압가스(주로 수소)의 소호작용에 의한다.
- 기기보호용으로는 방전개시전압이 높아 부적당하나 제한전압이 낮기 때문에 접지저항을 낮게 하기 어려운 배전선로용에 적합하다.

관련개념 CHAPTER 05 전기설비 위험요인관리

정답 | 063 ① 064 ② 065 ④ 066 ④ 067 ②

068

정전기 방전의 종류 중 부도체의 표면을 따라서 Star Check 마크를 가지는 나뭇가지 형태의 발광을 수반하는 것은?

① 기중방전　　② 불꽃방전
③ 연면방전　　④ 고압방전

해설 **연면방전**
- 정전기로 대전되어 있는 부도체에 접지체가 접근할 경우 대전체와 접지체 사이에서 발생하는 방전으로 부도체 표면을 따라 발생한다.
- 나뭇가지 형태의 발광을 수반하는 방전이다.

관련개념 CHAPTER 03 정전기 장 · 재해관리

069

인체가 현저히 젖어 있는 상태이거나 금속성의 전기기계 · 기구의 구조물에 인체의 일부가 상시 접촉되어 있는 상태에서의 허용접촉전압으로 옳은 것은?

① 2.5[V] 이하　　② 25[V] 이하
③ 50[V] 이하　　④ 제한 없음

해설 **허용접촉전압**

종별	접촉상태	허용접촉전압
제2종	• 인체가 현저히 젖어 있는 상태 • 금속성의 전기기계 · 기구나 구조물에 인체의 일부가 상시 접촉되어 있는 상태	25[V] 이하

관련개념 CHAPTER 02 감전재해 및 방지대책

070

전기불꽃이나 과열에 대해서 회로특성상 폭발의 위험을 방지할 수 있는 방폭구조는?

① 내압방폭구조　　② 유입방폭구조
③ 안전증방폭구조　　④ 압력방폭구조

해설 **안전증방폭구조**
정상운전 중에 폭발성 가스 또는 증기에 점화원이 될 전기불꽃, 아크 또는 고온 부분 등의 발생을 방지하기 위하여 기계적, 전기적 구조상 또는 온도 상승에 대해서 특히 안전도를 증가시킨 구조이다.

관련개념 CHAPTER 04 전기방폭관리

071

최소점화에너지(MIE)와 온도, 압력의 관계를 옳게 설명한 것은?

① 압력, 온도에 모두 비례한다.
② 압력, 온도에 모두 반비례한다.
③ 압력에 비례하고, 온도에 반비례한다.
④ 압력에 반비례하고, 온도에 비례한다.

해설 압력이 높고, 온도가 높으면 최소점화에너지는 낮아진다.

관련개념 CHAPTER 06 화재 · 폭발 검토

072

소화방법에 대한 주된 소화원리로 틀린 것은?

① 물을 살포한다: 냉각소화
② 모래를 뿌린다: 질식소화
③ 초를 불어서 끈다: 억제소화
④ 담요를 덮는다: 질식소화

해설 초를 불어서 끄는 것은 가연물(산소)의 공급을 중단하는 제거소화의 원리이다.

관련개념 CHAPTER 06 화재 · 폭발 검토

| 정답 | 068 ③　069 ②　070 ③　071 ②　072 (

073

황린에 대한 설명으로 옳은 것은?

① 연소 시 인화수소가스가 발생한다.
② 황린은 자연발화하므로 물 속에 보관한다.
③ 황린은 황과 인의 화합물이다.
④ 독성 및 부식성이 없다.

해설 황린은 자연발화성이 있어서 물 속에 보관하여야 한다.

관련개념 CHAPTER 07 화학물질 안전관리 실행

074

다음 중 화학장치에서 반응기의 유해·위험요인(Hazard)으로 화학반응이 있을 때 특히 유의해야 할 사항은?

① 낙하, 절단 ② 감전, 협착
③ 비래, 붕괴 ④ 반응폭주, 과압

해설 반응기와 같은 화학장치에서 위험성은 반응폭주, 과압 등에 의한 화재, 폭발 등이 있다.

관련개념 CHAPTER 07 화학물질 안전관리 실행

075

다음 중 절연성 액체를 운반하는 관에 있어 정전기로 인한 화재 및 폭발을 예방하기 위한 방법으로 가장 거리가 먼 것은?

① 유속을 줄인다.
② 관을 접지시킨다.
③ 도전성이 큰 재료의 관을 사용한다.
④ 관의 안지름을 작게 한다.

해설 화재 폭발을 예방하기 위해서는 관의 안지름을 크게 하여 유속을 줄여야 한다.

관련개념 CHAPTER 06 화재·폭발 검토

076

다음 중 액체계의 과도한 상승압력의 방출에 이용되고, 설정압력이 되었을 때 압력 상승에 비례하여 개방 정도가 커지는 밸브는?

① 릴리프밸브 ② 체크밸브
③ 안전밸브 ④ 통기밸브

해설 릴리프밸브는 배관 내에서 유체(주로 액체)의 압력 상승을 방지하기 위해 사용하는 밸브이다.

관련개념 CHAPTER 09 화학설비 안전

077

물과의 접촉을 금지하여야 하는 물질은?

① 적린 ② 칼슘
③ 히드라진 ④ 니트로셀룰로오스

해설 칼슘은 물과 반응하여 가연성 가스인 수소를 발생시키므로 물과의 접촉을 금지하여야 한다.

관련개념 CHAPTER 07 화학물질 안전관리 실행

078

「산업안전보건기준에 관한 규칙」에서 정한 위험물질 종류 중 부식성 물질에서 부식성 염기류에 해당하는 것은?

① 농도 40[%] 이상인 염산
② 농도 40[%] 이상인 불산
③ 농도 40[%] 이상인 아세트산
④ 농도 40[%] 이상인 수산화칼륨

해설 **부식성 염기류**
농도가 40[%] 이상인 수산화나트륨, 수산화칼륨, 그 밖에 이와 같은 정도 이상의 부식성을 가지는 염기류이다.

관련개념 CHAPTER 07 화학물질 안전관리 실행

정답 | 073 ② 074 ④ 075 ④ 076 ① 077 ② 078 ④

079

다음 가스 중 위험도가 가장 큰 것은?

① 수소 ② 아세틸렌
③ 프로판 ④ 암모니아

해설 위험도

$$H=\frac{U-L}{L}$$

여기서, U: 폭발상한계 값
L: 폭발하한계 값

구분	폭발하한계[vol%]	폭발상한계[vol%]	위험도
아세틸렌	2.5	81	31.4
수소	4	75	17.75
프로판	2.4	9.5	2.96
암모니아	15	28	0.87

보기 중 아세틸렌의 위험도가 31.4로 가장 높다.

관련개념 CHAPTER 06 화재·폭발 검토

080

다음 물질 중 가연성 가스가 아닌 것은?

① 수소 ② 메탄
③ 프로판 ④ 염소

해설 염소는 지연성 가스로 가연성 가스와 공존할 때 가스폭발의 위험이 있다.

관련개념 CHAPTER 07 화학물질 안전관리 실행

건설공사 안전관리

081

다음은 지붕 위에서의 위험 방지를 위한 내용이다. (   ) 안에 알맞은 수치로 옳은 것은?

> 슬레이트 등 강도가 약한 재료로 덮은 지붕에는 폭 (   )[cm] 이상의 발판을 설치할 것

① 20 ② 25
③ 30 ④ 40

해설 근로자가 지붕 위에서 작업을 할 때에 추락하거나 넘어질 위험이 있는 경우 슬레이트 등 강도가 약한 재료로 덮은 지붕에는 폭 30[cm] 이상의 발판을 설치하여야 한다.

관련개념 CHAPTER 04 건설현장 안전시설 관리

082

다음 중 건설공사관리의 주요 기능이라 볼 수 없는 것은?

① 안전관리 ② 공정관리
③ 품질관리 ④ 재고관리

해설 건설공사관리의 주요 기능에는 안전관리, 품질관리, 공정관리 등이 있다.

관련개념 CHAPTER 01 건설공사 특성분석

| 정답 | 079 ② 080 ④ 081 ③ 082 (

083

철골작업을 중지해야 할 강설량 기준으로 옳은 것은?

① 강설량이 시간당 1[mm] 이상인 경우
② 강설량이 시간당 5[mm] 이상인 경우
③ 강설량이 시간당 1[cm] 이상인 경우
④ 강설량이 시간당 5[cm] 이상인 경우

해설 강설량이 1[cm/h] 이상인 경우 철골작업을 중지하여야 한다.

관련개념 CHAPTER 06 공사 및 작업 종류별 안전

084

사다리를 설치하여 사용함에 있어 사다리 지주 끝에 사용하는 미끄럼 방지재료로 적당하지 않은 것은?

① 고무 ② 코르크
③ 가죽 ④ 비닐

해설 비닐은 미끄러짐을 유발하므로 사다리의 미끄럼 방지재료로 적당하지 않다.

관련개념 CHAPTER 05 비계 · 거푸집 가시설 위험방지

085

공사의 종류 및 규모별 산업안전보건관리비 계상기준표에서 공사 종류의 명칭에 해당되지 않는 것은?

① 토목공사
② 교량신설공사
③ 중건설공사
④ 특수건설공사

해설 **공사종류 및 규모별 산업안전보건관리비 계상기준표의 공사 종류**

- 건축공사
- 토목공사
- 중건설공사
- 특수건설공사

※ 이 문제는 개정된 법령에 따라 수정한 문제입니다.

관련개념 CHAPTER 03 건설업 산업안전보건관리비 관리

086

철골공사에서 기둥의 건립 작업 시 앵커볼트의 매립에 있어 요구되는 정밀도에서 기둥 중심은 기준선 및 인접기둥의 중심으로부터 얼마 이상 벗어나지 않아야 하는가?

① 3[mm] ② 5[mm]
③ 7[mm] ④ 10[mm]

해설 철골건립 전 앵커볼트 매립 시 기둥 중심은 기준선 및 인접기둥의 중심에서 5[mm] 이상 벗어나지 않아야 한다.

관련개념 CHAPTER 06 공사 및 작업 종류별 안전

2016년 1회

정답 | 083 ③ 084 ④ 085 ② 086 ②

087

안전난간의 구조 및 설치기준으로 옳지 않은 것은?

① 안전난간은 상부난간대, 중간난간대, 발끝막이판, 난간기둥으로 구성할 것
② 상부난간대와 중간난간대는 난간 길이 전체에 걸쳐 바닥면 등과 평행을 유지할 것
③ 발끝막이판은 바닥면 등으로부터 10[cm] 이상의 높이를 유지할 것
④ 안전난간은 구조적으로 가장 취약한 지점에서 가장 취약한 방향으로 작용하는 80[kg] 이상의 하중에 견딜 수 있는 튼튼한 구조일 것

해설 안전난간은 구조적으로 가장 취약한 지점에서 가장 취약한 방향으로 작용하는 100[kg] 이상의 하중에 견딜 수 있는 튼튼한 구조이어야 한다.

관련개념 CHAPTER 04 건설현장 안전시설 관리

088

철골공사의 용접, 용단작업에 사용되는 가스의 용기는 최대 몇 [℃] 이하로 보존해야 하는가?

① 25[℃]　② 36[℃]
③ 40[℃]　④ 48[℃]

해설 금속의 용접·용단 또는 가열작업에 사용되는 가스 등의 용기를 취급하는 경우에 용기의 온도는 40[℃] 이하로 유지하여야 한다.

관련개념 SUBJECT 03 기계·기구 및 설비 안전관리
CHAPTER 05 기타 산업용 기계·기구

089

현장에서 가설통로의 설치 시 준수사항으로 옳지 않은 것은?

① 건설공사에 사용하는 높이 8[m] 이상인 비계다리에는 10[m] 이내마다 계단참을 설치할 것
② 수직갱에 가설된 통로의 길이가 15[m] 이상인 경우에는 10[m] 이내마다 계단참을 설치할 것
③ 경사가 15°를 초과하는 경우에는 미끄러지지 아니하는 구조로 할 것
④ 경사는 30° 이하로 할 것

해설 건설공사에 사용하는 높이 8[m] 이상인 비계다리에는 7[m] 이내마다 계단참을 설치하여야 한다.

관련개념 CHAPTER 05 비계·거푸집 가시설 위험방지

090

토석붕괴의 요인 중 외적 요인이 아닌 것은?

① 토석의 강도 저하
② 사면, 법면의 경사 및 기울기의 증가
③ 절토 및 성토 높이의 증가
④ 공사에 의한 진동 및 반복하중의 증가

해설 토석의 강도 저하는 토석붕괴의 내적 요인에 해당된다.

관련개념 CHAPTER 04 건설현장 안전시설 관리

| 정답 | 087 ④ 088 ③ 089 ① 090 ①

091

화물용 승강기를 설계하면서 와이어로프의 안전하중이 10톤이라면 로프의 가닥수를 얼마로 하여야 하는가?(단, 와이어로프 한 가닥의 파단강도는 4톤이며, 화물용 승강기 와이어로프의 안전율은 6으로 한다.)

① 10가닥　　② 15가닥
③ 20가닥　　④ 30가닥

해설 안전율(안전계수)$=\frac{\text{절단하중}}{\text{최대사용하중}}$이므로

절단하중＝안전율×최대사용하중＝$6\times10=60$톤

따라서 한 가닥의 파단강도는 4톤이므로 필요한 로프는 $\frac{60}{4}=15$가닥이다.

관련개념 CHAPTER 06 공사 및 작업 종류별 안전

092

기계가 서 있는 지면보다 높은 곳을 파는 작업에 가장 적합한 굴착기계는?

① 파워셔블　　② 드래그라인
③ 백호우　　④ 클램셸

해설 파워셔블(Power Shovel)은 디퍼(Dipper)를 아래에서 위로 조작하여 굴착하므로 굴착기가 위치한 지면보다 높은 곳을 굴착하는 데 적합하다.

드래그라인, 백호우, 클램셸은 굴착기가 위치한 지면보다 낮은 곳을 굴착하는 데 적합하다.

관련개념 CHAPTER 04 건설현장 안전시설 관리

093

추락재해 방지용 방망의 신품에 대한 인장강도는 얼마인가?(단, 그물코의 크기가 10[cm]이며, 매듭 없는 방망이다.)

① 220[kg]　　② 240[kg]
③ 260[kg]　　④ 280[kg]

해설 추락방호망 방망사의 인장강도

그물코의 크기[cm]	방망의 종류(단위: [kg])	
	매듭 없는 방망	매듭방망
10	240	200
5	–	110

관련개념 CHAPTER 04 건설현장 안전시설 관리

094

옥외에 설치되어 있는 주행 크레인에 대하여 이탈방지장치를 작동시키는 등 이탈 방지를 위한 조치를 하여야 하는 순간풍속 기준은?

① 20[m/s] 초과　　② 25[m/s] 초과
③ 30[m/s] 초과　　④ 40[m/s] 초과

해설 순간풍속이 30[m/s]를 초과하는 바람이 불어올 우려가 있는 경우 옥외에 설치되어 있는 주행 크레인에 대하여 이탈방지장치를 작동시키는 등 이탈 방지를 위한 조치를 하여야 한다.

관련개념 CHAPTER 06 공사 및 작업 종류별 안전

095

콘크리트 양생방법이 아닌 것은?

① 습윤양생　　② 건조양생
③ 증기양생　　④ 전기양생

해설 콘크리트 양생의 종류

- 습윤양생
- 고압증기양생(오토클레이브 양생)
- 피막양생
- 전열양생
- 전기양생
- 온도제어양생

관련개념 CHAPTER 06 공사 및 작업 종류별 안전

정답 | 091 ② 092 ① 093 ② 094 ③ 095 ②

096

강재거푸집과 비교한 합판거푸집의 특성이 아닌 것은?

① 외기 온도의 영향이 적다.
② 녹이 슬지 않으므로 보관하기가 쉽다.
③ 중량이 무겁다.
④ 보수가 간단하다.

해설 합판거푸집은 강재거푸집보다 중량이 가볍다.

관련개념 CHAPTER 05 비계 · 거푸집 가시설 위험방지

097

말뚝박기 해머(Hammer) 중 연약지반에 적합하고 상대적으로 소음이 적은 것은?

① 드롭 해머(Drop Hammer)
② 디젤 해머(Diesel Hammer)
③ 스팀 해머(Steam Hammer)
④ 바이브로 해머(Vibro Hammer)

해설 바이브로 해머는 연약지반에 적합하고 비교적 소음이 적다.

관련개념 CHAPTER 02 건설공사 위험성

098

다음 중 사다리식 통로를 설치할 때 준수해야 할 사항으로 옳지 않은 것은?

① 발판과 벽 사이는 15[cm] 이상의 간격을 유지할 것
② 사다리의 상단은 걸쳐놓은 지점으로부터 60[cm] 이상 올라가도록 할 것
③ 이동식 사다리식 통로의 기울기는 75° 이하로 할 것
④ 사다리식 통로의 길이가 10[m] 이상인 때에는 7[m] 이내마다 계단참을 설치할 것

해설 사다리식 통로의 길이가 10[m] 이상인 경우에는 5[m] 이내마다 계단참을 설치하여야 한다.

관련개념 CHAPTER 05 비계 · 거푸집 가시설 위험방지

099

철골 조립 공사 중에 볼트 작업을 하기 위해 주체인 철골에 매달아서 작업발판으로 이용하는 비계는?

① 달비계 ② 말비계
③ 달대비계 ④ 선반비계

해설 달대비계란 철골공사의 볼트 작업 시 이용되는 것으로 철골에 매달아서 작업발판을 만든 비계이다.

관련개념 CHAPTER 05 비계 · 거푸집 가시설 위험방지

100

다음은 작업으로 인하여 물체가 떨어지거나 날아올 위험이 있는 경우에 조치하여야 하는 사항이다. ( ) 안에 알맞은 내용으로 옳은 것은?

> 낙하물방지망 또는 방호선반을 설치하는 경우 높이 10[m] 이내마다 설치하고 내민 길이는 벽면으로부터 (   ) 이상으로 할 것

① 2[m] ② 2.5[m]
③ 3[m] ④ 3.5[m]

해설 낙하물방지망 또는 방호선반을 설치하는 경우 높이 10[m] 이내마다 설치하고, 내민 길이는 벽면으로부터 2[m] 이상으로 하여야 한다.

관련개념 CHAPTER 04 건설현장 안전시설 관리

| 정답 | 096 ③ 097 ④ 098 ④ 099 ③ 100 ①

2016년 2회 기출문제

2016년 5월 8일 시행

산업재해 예방 및 안전보건교육

001

재해예방의 4원칙에 해당되지 않는 것은?

① 손실발생의 원칙 ② 원인계기의 원칙
③ 예방가능의 원칙 ④ 대책선정의 원칙

해설 재해예방의 4원칙
- 손실우연의 원칙
- 원인계기(원인연계)의 원칙
- 예방가능의 원칙
- 대책선정의 원칙

관련개념 CHAPTER 01 산업재해예방 계획 수립

002

OJT(On the Job Training)에 관한 설명으로 옳은 것은?

① 집합교육형태의 훈련이다.
② 다수의 근로자에게 조직적 훈련이 가능하다.
③ 직장의 실정에 맞게 실제적 훈련이 가능하다.
④ 전문가를 강사로 활용할 수 있다.

해설 ①, ②, ④는 Off JT(직장 외 교육훈련)의 특징이다.

관련개념 CHAPTER 05 안전보건교육의 내용 및 방법

003

다음 중 「산업안전보건법령」상 사업 내 안전보건교육의 교육과정에 해당하지 않는 것은?

① 검사원 정기점검교육
② 특별교육
③ 정기교육
④ 작업내용 변경 시의 교육

해설 근로자 안전보건교육 교육과정
- 정기교육
- 채용 시 교육
- 작업내용 변경 시 교육
- 특별교육
- 건설업 기초안전 · 보건교육

관련개념 CHAPTER 05 안전보건교육의 내용 및 방법

004

안전관리의 중요성과 가장 거리가 먼 것은?

① 인간존중이라는 인도적인 신념의 실현
② 경영 경제상의 제품의 품질 향상과 생산성 향상
③ 재해로부터 인적 · 물적 손실 예방
④ 작업환경 개선을 통한 투자 비용 증대

해설 안전관리가 생산성 측면에서 가져오는 효과는 비용절감(손실감소) 및 이윤 증대이다.

관련개념 CHAPTER 01 산업재해예방 계획 수립

정답 | 001 ① 002 ③ 003 ① 004 ④

005

안전모 중에서 머리 부위의 감전에 의한 위험을 방지할 수 있는 것은?

① A형 ② B형
③ AC형 ④ AE형

해설 낙하, 비래, 추락, 감전을 모두 방호하는 것은 ABE형이고, 추락이 제외되면 AE형, 감전이 제외되면 AB형이다.

관련개념 CHAPTER 02 안전보호구 관리

006

피로를 측정하는 방법 중 동작분석, 연속반응시간 등을 통하여 피로를 측정하는 방법은 다음 중 어느 것에 해당되는가?

① 생리학적 측정 ② 생화학적 측정
③ 심리학적 측정 ④ 생역학적 측정

해설 피로의 측정방법 중 심리학적 측정에는 피부저항, 동작분석, 연속반응시간, 집중력 등이 있다.

관련개념 CHAPTER 04 인간의 행동과학

007

모랄 서베이(Morale Survey) 주요 방법 중 태도조사법에 해당하는 것은?

① 사례연구법 ② 관찰법
③ 실험연구법 ④ 문답법

해설 태도조사법은 질문지(문답)법, 면접법, 집단토의법, 투사법 등에 의해 의견을 조사하는 방법이다.

관련개념 CHAPTER 04 인간의 행동과학

008

자신의 약점이나 무능력, 열등감을 위장하여 유리하게 보호함으로써 안정감을 찾으려는 방어적 적응기제에 해당하는 것은?

① 보상 ② 고립
③ 퇴행 ④ 억압

해설 고립, 퇴행, 억압은 도피적 적응기제에 해당한다.

관련개념 CHAPTER 05 안전보건교육의 내용 및 방법

009

공장 내에 안전보건표지를 부착하는 주된 이유는?

① 안전의식 고취
② 인간 행동의 변화 통제
③ 공장 내의 환경 정비 목적
④ 능률적인 작업 유도

해설 안전보건표지는 근로자의 안전 및 보건 의식을 고취하기 위한 사항들을 그림, 기호 및 글자 등으로 나타낸 것으로 예상되는 재해를 사전에 예방하기 위하여 부착한다.

관련개념 CHAPTER 02 안전보호구 관리

010

하인리히(Heinrich)의 이론에 의한 재해발생의 주요 원인에 있어 다음 중 불안전한 행동에 의한 요인이 아닌 것은?

① 권한 없이 행한 조작
② 전문지식의 결여 및 기술, 숙련도 부족
③ 보호구 미착용 및 위험한 장비에서 작업
④ 결함 있는 장비 및 공구의 사용

해설 불안전한 행동은 직접 원인에 해당하며, 무지, 불이해, 훈련 미숙, 나쁜 습관 등은 교육적 원인으로 간접 원인 중 하나이다.

관련개념 SUBJECT 03 기계·기구 및 설비 안전관리
CHAPTER 02 기계분야 산업재해 조사 및 관리

| 정답 | 005 ④ 006 ③ 007 ④ 008 ① 009 ① 010 (

011

ERG(Existence Relatedness Growth) 이론을 주장한 사람은?

① 매슬로우(Maslow) ② 맥그리거(McGregor)
③ 테일러(Taylor) ④ 알더퍼(Alderfer)

해설 알더퍼(Alderfer)의 ERG 이론
- E(Existence): 존재 욕구
- R(Relatedness): 관계욕구
- G(Growth): 성장욕구

관련개념 CHAPTER 04 인간의 행동과학

012

인간의 실수 및 과오의 원인과 직접적인 관계가 가장 먼 것은?

① 관리의 부적당
② 능력의 부족
③ 주의의 부족
④ 환경조건의 부적당

해설 관리의 부적당은 인간 실수 및 과오의 간접요인에 해당한다.

관련개념 CHAPTER 03 산업안전심리

013

자율검사프로그램을 인정받으려는 자가 한국산업안전보건공단에 제출해야 하는 서류가 아닌 것은?

① 안전검사대상 유해 · 위험기계 등의 보유 현황
② 유해 · 위험기계 등의 검사 주기 및 검사기준
③ 안전검사대상 유해 · 위험기계의 사용 실적
④ 향후 2년간 검사대상 유해 · 위험기계 등의 검사수행계획

해설 안전검사대상 유해 · 위험기계의 사용 실적은 자율검사프로그램 인정 시 고려되지 않는다.

자율검사프로그램의 포함내용
- 안전검사대상기계 등의 보유 현황
- 검사원 보유 현황과 검사를 할 수 있는 장비 및 장비 관리방법(자율안전검사기관에 위탁한 경우에는 위탁을 증명할 수 있는 서류 제출)
- 안전검사대상기계 등의 검사 주기 및 검사기준
- 향후 2년간 안전검사대상기계 등의 검사수행계획
- 과거 2년간 자율검사프로그램 수행 실적(재신청의 경우만 해당)

관련개념 SUBJECT 03 기계 · 기구 및 설비 안전관리
CHAPTER 02 기계분야 산업재해 조사 및 관리

014

재해손실비용 중 직접비에 해당되는 것은?

① 인적 손실 ② 생산 손실
③ 산재보상비 ④ 특수 손실

해설 직접비란 법령으로 지급되는 산재보상비이다.

관련개념 SUBJECT 03 기계 · 기구 및 설비 안전관리
CHAPTER 02 기계분야 산업재해 조사 및 관리

정답 | 011 ④ 012 ① 013 ③ 014 ③

015

위험예지훈련 기초 4라운드(4R)에서 라운드별 내용이 바르게 연결된 것은?

① 1라운드: 현상파악
② 2라운드: 대책수립
③ 3라운드: 목표설정
④ 4라운드: 본질추구

해설 **위험예지훈련의 추진을 위한 문제해결 4단계(4라운드)**

- 1라운드: 현상파악(사실의 파악)
- 2라운드: 본질추구(원인조사)
- 3라운드: 대책수립(대책을 세운다)
- 4라운드: 목표설정(행동계획 작성)

관련개념 CHAPTER 01 산업재해예방 계획 수립

016

「산업안전보건법령」상 안전보건관리규정을 작성하여야 할 사업 중에 정보서비스업의 상시 근로자 수는 몇 명 이상인가?

① 50　② 100
③ 300　④ 500

해설 정보서비스업은 상시 근로자 300명 이상인 경우 안전보건관리규정을 작성하여야 한다.

관련개념 CHAPTER 01 안전보건관리의 개요

017

적응기제에서 방어기제가 아닌 것은?

① 보상　② 고립
③ 합리화　④ 동일시

해설 고립은 도피적 기제에 해당한다.

관련개념 CHAPTER 05 안전보건교육의 내용 및 방법

018

도수율이 12.57, 강도율이 17.45인 사업장에서 한 근로자가 평생 근무한다면 며칠의 근로손실이 발생하겠는가?(단, 1인 근로자의 평생근로시간은 10만 시간이다.)

① 1,257일　② 126일
③ 1,745일　④ 175일

해설 환산강도율은 근로자가 입사하여 퇴직할 때까지 잃을 수 있는 근로손실일수이다.

환산강도율 = 강도율 × 100 = 17.45 × 100 = 1,745

관련개념 SUBJECT 03 기계 · 기구 및 설비 안전관리
CHAPTER 02 기계분야 산업재해 조사 및 관리

019

다음 중 인지과정 착오의 요인과 가장 거리가 먼 것은?

① 정서 불안정
② 감각차단 현상
③ 작업자의 기능 미숙
④ 생리 · 심리적 능력의 한계

해설 작업자의 기능 미숙은 조치과정 착오의 요인이다.

관련개념 CHAPTER 03 산업안전심리

020

토의식 교육지도에 있어서 가장 시간이 많이 소요되는 단계는?

① 도입　② 제시
③ 적용　④ 확인

해설 **교육방법에 따른 교육시간**

교육법의 4단계	강의식	토의식
제1단계 – 도입(준비)	5분	5분
제2단계 – 제시(설명)	40분	10분
제3단계 – 적용(응용)	10분	40분
제4단계 – 확인(총괄)	5분	5분

관련개념 CHAPTER 05 안전보건교육의 내용 및 방법

| 정답 | 015 ① 016 ③ 017 ② 018 ③ 019 ③ 020 ③

인간공학 및 위험성평가 · 관리

021

일반적으로 의자설계의 원칙에서 고려해야 할 사항과 가장 거리가 먼 것은?

① 체중분포에 관한 사항
② 상반신의 안정에 관한 사항
③ 개인차의 반영에 관한 사항
④ 의자 좌판의 높이에 관한 사항

해설
① 몸통의 안정은 체중이 골반뼈에 실려야 몸통안정이 쉬워진다.
② 등받이는 요추 전만(앞으로 굽힘)자세를 유지하며, 추간판의 압력 및 등 근육의 정적부하를 감소시킬 수 있도록 설계한다.
④ 의자 좌판의 높이는 좌판 앞부분이 무릎 높이보다 높지 않게(치수는 5[%tile] 되는 사람까지 수용할 수 있게) 설계한다.

관련개념 CHAPTER 06 작업환경 관리

022

다음 중 실효온도(ET)의 결정요소가 아닌 것은?

① 온도　② 습도
③ 대류　④ 복사

해설 실효온도(Effective Temperature, 감각온도, 실감온도)
온도, 습도, 기류 등의 조건에 따라 인간의 감각을 통해 느껴지는 온도로 상대습도 100[%]일 때의 건구온도에서 느끼는 것과 동일한 온도감이다.

관련개념 CHAPTER 06 작업환경 관리

023

인간공학적 수공구의 설계에 관한 설명으로 옳은 것은?

① 손잡이 크기를 수공구 크기에 맞추어 설계한다.
② 수공구 사용 시 무게 균형이 유지되도록 설계한다.
③ 정밀 작업용 수공구의 손잡이는 직경을 5[mm] 이하로 한다.
④ 힘을 요하는 수공구의 손잡이는 직경을 60[mm] 이상으로 한다.

해설
① 손잡이의 크기는 손바닥의 접촉면적이 크도록 설계하여야 한다.
③, ④ 손잡이의 직경은 사용용도에 따라 다르게 설계하여야 한다.(힘이 필요한 작업: 3.2~5.1[cm], 정밀함이 필요한 작업: 0.7~1.3[cm])

관련개념 CHAPTER 06 작업환경 관리

024

창문을 통해 들어오는 직사휘광을 처리하는 방법으로 가장 거리가 먼 것은?

① 창문을 높이 단다.
② 간접조명 수준을 높인다.
③ 차양이나 발(Blind)을 사용한다.
④ 옥외 창 위에 드리우개(Overhang)를 설치한다.

해설 간접조명의 사용은 반사휘광 처리방법으로 창문을 통해 들어오는 직사휘광을 처리하는 방법과는 거리가 멀다.

관련개념 CHAPTER 06 작업환경 관리

정답 | 021 ③　022 ④　023 ②　024 ②

025

과전압이 걸리면 전기를 차단하는 차단기, 퓨즈 등을 설치하여 오류가 재해로 이어지지 않도록 사고를 예방하는 설계 원칙은?

① 에러복구 설계
② 풀 프루프(Fool Proof) 설계
③ 페일세이프(Fail Safe) 설계
④ 템퍼 프루프(Tamper Proof) 설계

해설 페일세이프(Fail Safe)
- 기계나 그 부품에 고장이나 기능불량이 생겨도 항상 안전을 유지하는 구조와 기능이다.
- 인간 또는 기계의 과오나 오작동이 있어도 사고 및 재해가 발생하지 않도록 2중, 3중으로 안전장치를 한 시스템(System)이다.

관련개념 CHAPTER 02 위험성 파악 · 결정

026

녹색과 적색의 두 신호가 있는 신호등에서 1시간 동안 적색과 녹색이 각각 30분씩 켜진다면 이 신호등의 정보량은?

① 0.5[bit] ② 1[bit]
③ 2[bit] ④ 4[bit]

해설
- 각 신호의 확률

신호등이 녹색, 적색 2종류로 구성되어 있으며, 1시간 동안 녹색등과 적색등이 각각 30분씩 켜지므로 각 신호의 확률은 $P_{녹색}=\frac{30}{60}=0.5$, $P_{적색}=\frac{30}{60}=0.5$이다.

- 각 신호의 정보량

정보량 $H=\log_2\frac{1}{p}$

여기서, p: 실현 확률

$H_{녹색}=\log_2\frac{1}{0.5}=1[bit]$, $H_{적색}=\log_2\frac{1}{0.5}=1[bit]$

- 신호등의 정보량

신호등 총 정보량

=녹색신호가 켜질 확률×녹색신호의 정보량
 +적색신호가 켜질 확률×적색신호의 정보량
=$(0.5\times1)+(0.5\times1)=1[bit]$

관련개념 CHAPTER 01 안전과 인간공학

027

건강한 남성이 8시간 동안 특정 작업을 실시하고, 산소소비량이 1.2[L/분]으로 나타났다면 8시간 동안 총 작업시간에 포함되어야 할 최소 휴식시간은?(단, 남성의 권장 평균에너지소비량은 5[kcal/분], 안정 시 에너지 소비량은 1.5[kcal/분]으로 가정한다.)

① 107분 ② 117분
③ 127분 ④ 137분

해설 휴식시간 산정
- 작업의 평균 에너지소비량$=1.2\times5=6[kcal/min]$
- 전체작업시간$=8[h]\times60[min/h]=480[min]$
- 휴식시간 $R=\frac{480(E-5)}{E-1.5}=\frac{480\times(6-5)}{6-1.5}=107[min]$

 여기서, E: 작업의 평균 에너지소비량[kcal/min]

관련개념 CHAPTER 06 작업환경 관리

028

조종장치의 저항 중 갑작스런 속도의 변화를 막고 부드러운 제어동작을 유지하게 해주는 저항을 무엇이라 하는가?

① 점성저항 ② 관성저항
③ 마찰저항 ④ 탄성저항

해설 점성저항

출력과 반대방향으로, 속도에 비례해서 작용하는 힘 때문에 생기는 저항이다. 원활한 제어를 도우며, 규정된 변위 속도를 유지시키는 효과(부드러운 제어동작) 및 우발적인 조종장치의 동작을 감소시키는 효과가 있다.

관련개념 CHAPTER 06 작업환경 관리

| 정답 | 025 ③ 026 ② 027 ① 028 ①

029

청각신호의 수신과 관련된 인간의 기능으로 볼 수 없는 것은?

① 검응(Detection)
② 순응(Adaptation)
③ 위치 판별(Directional Judgement)
④ 절대적 식별(Absolute Judgement)

해설 **청각신호의 3가지 기능**
검출(검응), 위치 판별, 절대적 식별

관련개념 CHAPTER 06 작업환경 관리

030

그림의 부품 A, B, C로 구성된 시스템의 신뢰도는?(단, 부품 A의 신뢰도는 0.85, 부품 B와 C의 신뢰도는 각각 0.90이다.)

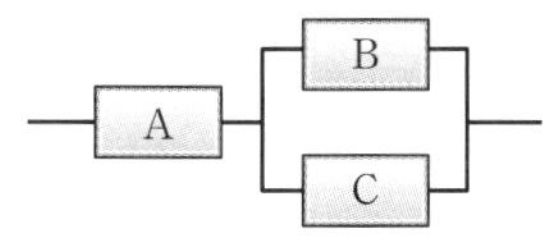

① 0.8415 ② 0.8425
③ 0.8515 ④ 0.8525

해설 가운데 병렬연결의 신뢰도 $=1-(1-0.9)\times(1-0.9)=0.99$
전체 시스템의 신뢰도 $=0.85\times0.99=0.8415$

관련개념 CHAPTER 01 안전과 인간공학

031

사고의 발단이 되는 초기 사상이 발생할 경우 그 영향이 시스템에서 어떤 결과(정상 또는 고장)로 진전해 가는지를 나뭇가지가 갈라지는 형태로 분석하는 방법은?

① FTA ② PHA
③ FHA ④ ETA

해설 **사건수 분석(ETA; Event Tree Analysis)**
재해의 확대 요인의 분석(나뭇가지가 갈라지는 형태)에 적합하다. 설비의 설계, 심사, 제작, 검사, 보전, 운전, 안전대책의 과정에서 그 대응조치가 성공인가 실패인가를 확대해 가는 과정을 검토한다.

관련개념 CHAPTER 02 위험성 파악 · 결정

032

설비보전 방식의 유형 중 궁극적으로는 설비의 설계, 제작 단계에서 보전 활동이 불필요한 체계를 목표로 하는 것은?

① 개량보전 ② 수명보전
③ 사후보전 ④ 보전예방

해설 **보전예방(Maintenance Prevention)**
설비를 새롭게 계획 · 설계하는 단계에서 보전 정보나 새로운 기술을 채용하여 신뢰성, 보전성, 경제성, 조작성, 안전성 등을 고려함으로써 보전비나 열화 손실을 적게 하는 활동이다.

관련개념 CHAPTER 03 위험성 감소대책 수립 · 실행

033

인간이 현존하는 기계를 능가하는 기능으로 거리가 먼 것은?

① 완전히 새로운 해결책을 도출할 수 있다.
② 원칙을 적용하여 다양한 문제를 해결할 수 있다.
③ 여러 개의 프로그램된 활동을 동시에 수행할 수 있다.
④ 상황에 따라 변하는 복잡한 자극 형태를 식별할 수 있다.

해설 여러 개의 프로그램을 동시에 수행하는 기능은 현존하는 기계가 인간을 능가하는 기능이다.

관련개념 CHAPTER 01 안전과 인간공학

034

FTA의 논리게이트 중에서 3개 이상의 입력사상 중 2개가 일어나면 출력이 나오는 것은?

① 억제 게이트 ② 조합 AND 게이트
③ 배타적 OR 게이트 ④ 우선적 AND 게이트

해설

기호	명칭	설명
2개의 조합 A_i A_j A_k	조합 AND 게이트	3개 이상의 입력현상 중 2개가 일어나면 출력사상이 발생

관련개념 CHAPTER 02 위험성 파악 · 결정

정답 | 029 ② 030 ① 031 ④ 032 ④ 033 ③ 034 ②

035

인적 오류로 인한 사고를 예방하기 위한 대책 중 성격이 다른 것은?

① 작업의 모의 훈련
② 정보의 피드백 개선
③ 설비의 위험요인 개선
④ 적합한 인체측정치 적용

해설 ①은 내적 원인에 대한 대책이고, ②, ③, ④는 설비 및 환경적 측면에 대한 대책이다.

관련개념 SUBJECT 01 산업재해 예방 및 안전보건교육
CHAPTER 04 인간의 행동과학

036

시스템 수명주기에서 예비위험분석을 적용하는 단계는?

① 구상단계 ② 개발단계
③ 생산단계 ④ 운전단계

해설 예비위험분석(PHA)은 시스템안전프로그램의 최초단계(시스템 구상단계)의 정성적인 분석 방식이다.

관련개념 CHAPTER 02 위험성 파악 · 결정

037

표시 값의 변화 방향이나 변화 속도를 관찰할 필요가 있는 경우에 가장 적합한 표시장치는?

① 동목형 표시장치 ② 계수형 표시장치
③ 묘사형 표시장치 ④ 동침형 표시장치

해설 **동침형**(Moving Pointer)
고정된 눈금 상에서 지침이 움직이면서 값을 나타내는 방법으로 지침의 위치가 일종의 인식상의 단서로 작용하는 이점이 있다.

관련개념 CHAPTER 06 작업환경 관리

038

결함수분석의 컷셋(Cut Set)과 패스셋(Path Set)에 관한 설명으로 틀린 것은?

① 최소 컷셋은 시스템의 위험성을 나타낸다.
② 최소 패스셋은 시스템의 신뢰도를 나타낸다.
③ 최소 패스셋은 정상사상을 일으키는 최소한의 사상집합을 의미한다.
④ 최소 컷셋은 반복사상이 없는 경우 일반적으로 퍼셀(Fussell) 알고리즘을 이용하여 구한다.

해설 최소 컷셋은 정상사상을 일으키는 최소한의 집합이고, 최소 패스셋은 정상사상이 일어나지 않는 최소한의 집합이다.

관련개념 CHAPTER 02 위험성 파악 · 결정

039

다음 FT도에서 사상 A의 발생확률은?(단, 사상 B_1의 발생확률은 0.3이고, B_2의 발생확률은 0.2이다.)

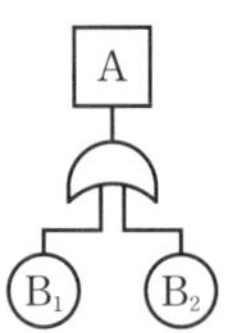

① 0.06 ② 0.44
③ 0.56 ④ 0.94

해설 사상 A는 OR 게이트이므로
발생확률$=1-(1-0.3)\times(1-0.2)=0.44$

관련개념 CHAPTER 02 위험성 파악 · 결정

040

음압의 세기인 데시벨[dB]을 측정할 때 기준 음압의 주파수는?

① 10[Hz] ② 100[Hz]
③ 1,000[Hz] ④ 10,000[Hz]

해설 기준 음압의 주파수는 1,000[Hz]이다.

관련개념 CHAPTER 06 작업환경 관리

| 정답 | 035 ① 036 ① 037 ④ 038 ③ 039 ② 040 ③

기계 · 기구 및 설비 안전관리

041

가드(Guard)의 종류가 아닌 것은?

① 고정식 ② 조정식
③ 자동식 ④ 반자동식

해설 가드의 종류는 고정식, 가동식, 조정식, 자동식, 연동식이 있다.

관련개념 CHAPTER 01 기계공정의 안전, 기계안전시설 관리

042

기계의 안전조건 중 구조의 안전화 방법에 해당되지 않는 것은?

① 기계재료의 선정 시 재료 자체의 결함이 없는지 철저히 확인한다.
② 사용 중 재료의 강도가 열화될 것을 감안하여 설계 시 안전율을 고려한다.
③ 기계 작동 시 기계의 오동작을 방지하기 위하여 오동작 방지 회로를 적용한다.
④ 가공경화와 같은 가공결함이 생길 우려가 있는 경우는 열처리 등으로 결함을 방지한다.

해설 ③은 기능상의 안전화 방법에 해당된다.

관련개념 CHAPTER 01 기계공정의 안전, 기계안전시설 관리

043

다음 중 「산업안전보건법령」상 안전난간의 구조 및 설치 요건에서 상부 난간대의 높이는 바닥면으로부터 얼마 지점에 설치하여야 하는가?

① 30[cm] 이상 ② 60[cm] 이상
③ 90[cm] 이상 ④ 120[cm] 이상

해설 안전난간의 상부 난간대는 바닥면 등으로부터 90[cm] 이상 지점에 설치하고, 상부 난간대를 120[cm] 이하에 설치하는 경우에는 중간 난간대는 상부 난간대와 바닥면 등의 중간에 설치하여야 하며, 120[cm] 이상 지점에 설치하는 경우에는 중간 난간대를 2단 이상으로 균등하게 설치하고 난간의 상하 간격은 60[cm] 이하가 되도록 하여야 한다.

관련개념 SUBJECT 05 건설공사 안전관리
CHAPTER 04 건설현장 안전시설 관리

044

보일러의 압력방출장치가 2개 이상 설치된 경우, 최고사용압력 이하에서 1개가 작동되고, 다른 압력방출장치는 얼마에서 작동되도록 부착하여야 하는가?

① 최고사용압력 1.05배 이하
② 최고사용압력 1.1배 이하
③ 최고사용압력 1.15배 이하
④ 최고사용압력 1.2배 이하

해설 압력방출장치가 2개 이상 설치된 경우에는 최고사용압력 이하에서 1개가 작동되고, 다른 압력방출장치는 최고사용압력 1.05배 이하에서 작동되도록 부착하여야 한다.

관련개념 CHAPTER 05 기타 산업용 기계 · 기구

정답 | 041 ④ 042 ③ 043 ③ 044 ①

045

목재 가공용 둥근톱의 목재반발 예방장치가 아닌 것은?

① 반발방지기구(Finger)
② 분할날(Spreader)
③ 덮개(Cover)
④ 반발방지롤(Roll)

해설 덮개는 날접촉 예방장치에 해당한다.

관련개념 CHAPTER 05 기타 산업용 기계 · 기구

046

프레스 작업의 안전을 위한 방호장치 중 투광부와 수광부를 구비하는 방호장치는?

① 양수조작식　　② 가드식
③ 광전자식　　④ 수인식

해설 **광전자식 방호장치**

종류	분류	기능
광전자식	A-1	프레스 또는 전단기에서 일반적으로 많이 활용하고 있는 형태로서 투광부, 수광부, 컨트롤 부분으로 구성된 것으로서 신체의 일부가 광선을 차단하면 기계를 급정지시키는 방호장치
	A-2	급정지기능이 없는 프레스의 클러치 개조를 통해 광선 차단 시 급정지시킬 수 있도록 한 방호장치

관련개념 CHAPTER 04 프레스 및 전단기의 안전

047

다음 중 기계설비에 있어서 방호의 기본 원리와 가장 거리가 먼 것은?

① 위험 제거　　② 덮어씌움
③ 위험 분석　　④ 위험에 적응

해설 기계설비 방호의 원리는 위험을 분석하여 위험을 제거하거나 덮개 등을 설치하여 위험에 접근하지 않도록 하는 것으로 위험에 적응은 방호의 원리와는 거리가 멀다.

관련개념 CHAPTER 01 기계공정의 안전, 기계안전시설 관리

048

공작기계 중 플레이너 작업 시 안전대책이 아닌 것은?

① 베드 위에는 다른 물건을 올려놓지 않는다.
② 절삭행정 중 일감에 손을 대지 말아야 한다.
③ 프레임 내 피트(Pit)에는 뚜껑을 설치하여야 한다.
④ 바이트는 되도록 길게 나오도록 설치한다.

해설 플레이너 작업 시 바이트는 되도록 짧게 설치한다.

관련개념 CHAPTER 03 공작기계의 안전

049

체인과 스프라켓, 랙과 피니언, 풀리와 V벨트 등에서 형성되는 위험점은?

① 끼임점　　② 회전말림점
③ 접선물림점　　④ 협착점

해설 **접선물림점(Tangential Nip Point)**
회전하는 부분의 접선방향으로 물려 들어갈 위험이 존재하는 위험점이다.
예 풀리와 벨트, 체인과 스프라켓

관련개념 CHAPTER 01 기계공정의 안전, 기계안전시설 관리

| 정답 | 045 ③　046 ③　047 ④　048 ④　049

050

화물의 하중을 직접 지지하는 달기와이어로프의 안전계수 기준은?

① 3 이상 ② 4 이상
③ 5 이상 ④ 10 이상

해설 화물의 하중을 직접 지지하는 달기와이어로프 또는 달기체인의 안전계수는 5 이상이어야 한다.

관련개념 CHAPTER 06 운반기계 및 양중기

051

프레스의 양수조작식 방호장치에서 양쪽버튼의 작동시간 차이는 최대 얼마 이내일 때 프레스가 동작되도록 해야 하는가?

① 0.1초 ② 0.5초
③ 1.0초 ④ 1.5초

해설 프레스의 양수조작식 방호장치는 누름버튼을 양손으로 동시에 조작하지 않으면 작동시킬 수 없는 구조이어야 하며, 양쪽버튼의 작동시간 차이는 최대 0.5초 이내일 때 프레스가 동작되도록 하여야 한다.

관련개념 CHAPTER 04 프레스 및 전단기의 안전

052

산업용 로봇의 방호장치로 옳은 것은?

① 압력방출장치 ② 안전매트
③ 과부하방지장치 ④ 자동전격방지장치

해설 **산업용 로봇의 방호장치**

- 동력차단장치
- 비상정지기능
- 안전방호 울타리(방책)
- 안전매트

관련개념 CHAPTER 05 기타 산업용 기계 · 기구

053

그림과 같이 2줄 걸이 인양작업에서 와이어로프 1줄의 파단하중이 10,000[N], 인양화물의 무게가 2,000[N]이라면 이 작업에서 확보된 안전율은?

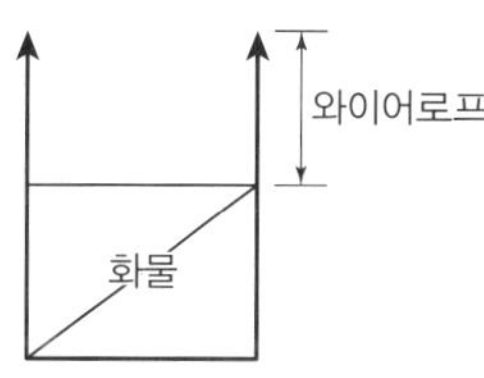

① 2 ② 5
③ 10 ④ 20

해설 와이어로프의 안전율

$$S=\frac{N\times P}{Q}=\frac{2\times 10{,}000}{2{,}000}=10$$

여기서, N: 로프의 가닥 수
P: 와이어로프의 파단하중
Q: 최대사용하중(인양하중)

관련개념 CHAPTER 01 기계공정의 안전, 기계안전시설 관리

054

연삭숫돌의 파괴원인이 아닌 것은?

① 숫돌 작업 시 측면 사용이 원인이 된다.
② 숫돌 작업 시 드레싱을 실시했을 때 원인이 된다.
③ 숫돌의 회전속도가 너무 빠를 때 원인이 된다.
④ 숫돌 회전중심이 잡히지 않았거나 베어링의 마모에 의한 진동이 원인이 된다.

해설 숫돌 작업 시 드레싱을 실시하지 않았을 때 연삭숫돌의 파괴원인이 된다.

드레싱(Dressing)
숫돌면의 표면층을 깎아내어 절삭성이 나빠진 숫돌의 면에 새롭고 날카로운 날끝을 발생시켜 주는 방법이다.

관련개념 CHAPTER 03 공작기계의 안전

정답 | 050 ③ 051 ② 052 ② 053 ③ 054 ②

055

가스집합 용접장치에서 가스장치실을 설치할 때 유의사항으로 틀린 것은?

① 가스가 누출될 때에는 해당 가스가 정체되지 않도록 한다.
② 지붕 및 천장은 콘크리트 등의 재료로 폭발을 대비하여 견고히 한다.
③ 벽에는 불연성 재료를 사용한다.
④ 가스장치실에는 관계근로자 외의 자의 출입을 금지시킨다.

해설 발생기실의 지붕과 천장에는 얇은 철판이나 가벼운 불연성 재료를 사용하여야 한다.

관련개념 CHAPTER 05 기타 산업용 기계 · 기구

056

수공구의 재해방지를 위한 일반적인 유의사항이 아닌 것은?

① 사용 전 이상 유무를 점검한다.
② 작업자에게 필요한 보호구를 착용시킨다.
③ 적합한 수공구가 없을 경우 유사한 것을 선택하여 사용한다.
④ 사용 전 충분한 사용법을 숙지하고 익힌다.

해설 수공구는 반드시 작업에 적합한 것만 사용하여야 한다.

관련개념 CHAPTER 03 공작기계의 안전

057

근로자가 탑승하는 운반구를 지지하는 달기체인의 안전계수는 몇 이상이어야 하는가?

① 3　　② 4
③ 5　　④ 10

해설 근로자가 탑승하는 운반구를 지지하는 달기와이어로프 또는 달기체인의 안전계수는 10 이상이어야 한다.

관련개념 CHAPTER 06 운반기계 및 양중기

058

플레이너와 셰이퍼의 방호장치가 아닌 것은?

① 칩 브레이커　　② 칩받이
③ 칸막이　　④ 방책

해설 칩 브레이커는 칩을 짧게 끊어지도록 하는 장치로 선반의 방호장치이다.

관련개념 CHAPTER 03 공작기계의 안전

059

지게차가 무부하 상태로 구내 최고속도 25[km/h]로 주행 시 좌우 안정도는 몇 [%] 이내인가?

① 16.5[%]　　② 25.0[%]
③ 37.5[%]　　④ 42.5[%]

해설 주행 시의 좌우 안정도 $=15+1.1V=15+1.1\times25=42.5[\%]$
여기서, V : 구내 최고속도[km/h](기준 무부하 상태)

관련개념 CHAPTER 06 운반기계 및 양중기

060

선반의 안전작업 방법 중 틀린 것은?

① 절삭칩의 제거는 반드시 브러시를 사용할 것
② 기계운전 중에는 백기어(Back Gear)의 사용을 금할 것
③ 공작물의 길이가 직경의 6배 이상일 때는 반드시 방진구를 사용할 것
④ 시동 전에 척 핸들을 빼둘 것

해설 선반작업 시 일감의 길이가 직경의 12배 이상일 때 방진구를 사용한다.

관련개념 CHAPTER 03 공작기계의 안전

| 정답 | 055 ② 056 ③ 057 ④ 058 ① 059 ④ 060

전기 및 화학설비 안전관리

061

전로에 시설하는 기계·기구의 철대 및 금속제 외함에는 규정에 따른 접지공사를 실시하여야 하나 시설하지 않아도 되는 경우가 있다. 예외 규정으로 틀린 것은?

① 사용전압이 교류 대지전압 150[V] 이하인 기계·기구를 습한 곳에 시설하는 경우
② 철대 또는 외함 주위에 적당한 절연대를 설치하는 경우
③ 저압용 기계·기구를 건조한 마루나 절연성 물질 위에서 취급하도록 시설하는 경우
④ 2중 절연구조로 되어 있는 기계·기구를 시설하는 경우

해설 사용전압이 직류 300[V] 또는 교류 대지전압이 150[V] 이하인 기계·기구를 건조한 곳에 시설하는 경우가 예외 규정이다.

관련개념 CHAPTER 05 전기설비 위험요인관리

062

교류아크용접작업 시 감전을 예방하기 위하여 사용하는 자동전격방지기의 2차 전압은 몇 [V] 이하로 유지하여야 하는가?

① 25 ② 35
③ 50 ④ 40

해설 교류아크용접기의 자동전격방지장치는 용접기의 주회로를 제어하는 기능을 보유함으로써 용접봉의 조작에 따라 용접을 할 때에만 용접기의 주회로를 형성하고, 그 외에는 용접기의 2차(출력) 측의 무부하 전압(보통 60~95[V])을 25[V] 이하로 저하시켜 감전의 위험을 방지한다.

관련개념 CHAPTER 02 감전재해 및 방지대책

063

일반적인 방전형태의 종류가 아닌 것은?

① 스트리머(Streamer) 방전
② 적외선(Infrared-ray) 방전
③ 코로나(Corona) 방전
④ 연면(Surface) 방전

해설 정전기 방전의 형태
- 코로나 방전
- 스트리머 방전
- 불꽃 방전
- 연면 방전

관련개념 CHAPTER 03 정전기 장·재해관리

064

대전된 물체가 방전을 일으킬 때의 에너지 E[J]를 구하는 식으로 옳은 것은?

① $E=\sqrt{2CQ}$ ② $E=\frac{1}{2}CV$
③ $E=\frac{Q^2}{2C}$ ④ $E=\sqrt{\frac{2V}{C}}$

해설 $E=\frac{1}{2}CV^2=\frac{1}{2}QV=\frac{Q^2}{2C}$

여기서, E: 정전기 방전에너지[J]
C: 도체의 정전용량[F]
V: 대전전위[V]
Q: 대전전하량[C] → $Q=CV$

관련개념 CHAPTER 03 정전기 장·재해관리

정답 | 061 ① 062 ① 063 ② 064 ③

065

다음 중 누전차단기의 선정 및 설치에 대한 설명으로 틀린 것은?

① 차단기를 설치한 전로에 과부하보호장치를 설치하는 경우는 서로 협조가 잘 이루어지도록 한다.
② 정격부동작전류와 정격감도전류와의 차는 가능한 한 큰 차단기로 선정한다.
③ 휴대용, 이동용 전기기기에 설치하는 차단기는 정격감도전류가 낮고 동작시간이 짧은 것을 선정한다.
④ 전로의 대지정전용량이 크면 차단기가 오동작하는 경우가 있으므로 각 분기회로마다 차단기를 설치한다.

해설 정격부동작전류는 정격감도전류의 50[%] 이상으로 하고, 이들의 전류차는 가능한 한 작은 것으로 선정하여야 한다.

관련개념 CHAPTER 02 감전재해 및 방지대책

066

가스 또는 분진폭발 위험장소에는 변전실 · 배전반실 · 제어실을 설치하여서는 아니 된다. 다만, 실내기압이 항상 양압을 유지하도록 하고, 별도의 조치를 한 경우에는 그러하지 않는데, 이때 요구되는 조치사항으로 적합하지 않은 것은?

① 양압을 유지하기 위한 환기설비의 고장 등으로 양압이 유지되지 아니한 때 경보를 할 수 있는 조치를 한 경우
② 환기설비가 정지된 후 재가동할 때 변전실 내의 가스 등의 유무를 확인할 수 있는 가스검지기 등 장비를 비치한 경우
③ 환기설비에 의하여 변전실 등에 공급되는 공기는 가스 또는 분진폭발 위험장소 외의 장소로부터 공급되도록 조치한 경우
④ 항상 유지해야 하는 실내기압의 양압을 10[Pa] 이상으로 유지한 경우

해설 가스폭발 위험장소 또는 분진폭발 위험장소에는 변전실 등을 설치하여서는 아니 된다. 다만, 변전실 등의 실내기압이 항상 양압(25[Pa] 이상의 압력)으로 유지하도록 하고 ①~③의 조치를 한 경우에는 그러하지 아니하다.

관련개념 CHAPTER 04 전기방폭관리

067

감전 영향을 미치는 요인으로 통전경로별 위험도가 가장 높은 것은?

① 왼손－등　② 오른손－등
③ 오른손－왼발　④ 왼손－가슴

해설 통전경로별 위험도

통전경로	위험도	통전경로	위험도
왼손－가슴	1.5	오른손－한발 또는 양발	0.8
왼손－등	0.7	오른손－등	0.3

관련개념 CHAPTER 02 감전재해 및 방지대책

068

다음 중 전기기기의 불꽃 또는 열로 인해 폭발성 위험분위기에 점화되지 않도록 컴파운드를 충전해서 보호한 방폭구조는?

① 몰드방폭구조　② 비점화방폭구조
③ 안전증방폭구조　④ 본질안전방폭구조

해설 몰드방폭구조
폭발성 가스 또는 증기에 점화할 수 있는 전기 불꽃이나 고온 발생부분을 컴파운드로 밀폐시킨 구조이다.

관련개념 CHAPTER 04 전기방폭관리

069

22.9[kV] 특고압 활선작업 시 충전전로에 대한 접근한계거리는 몇 [cm]인가?

① 30　② 60
③ 90　④ 110

해설

충전전로의 선간전압[kV]	충전전로에 대한 접근한계거리[cm]
2 초과 15 이하	60
15 초과 37 이하	90
37 초과 88 이하	110

관련개념 CHAPTER 02 감전재해 및 방지대책

| 정답 | 065 ② 066 ④ 067 ④ 068 ① 069 ③

070

저항값이 0.2[Ω]인 도체에 10[A]의 전류가 1분간 흘렀을 경우 발생하는 열량은 몇 [cal]인가?

① 124 ② 144
③ 288 ④ 386

해설 발열량

$H=0.24I^2RT=0.24\times10^2\times0.2\times60=288[\text{cal}]$

여기서, I: 전류[A], R: 저항[Ω], T: 시간[초]

관련개념 CHAPTER 05 전기설비 위험요인관리

071

반응기가 이상과열인 경우 반응폭주를 방지하기 위하여 작동하는 장치로 가장 거리가 먼 것은?

① 고온경보장치 ② 블로다운시스템
③ 긴급차단장치 ④ 자동 Shutdown 장치

해설 반응기의 반응폭주 방지장치

- 고온경보장치
- 긴급차단장치
- 자동 셧다운 장치

관련개념 CHAPTER 07 화학물질 안전관리 실행

072

폭발범위에 있는 가연성 가스 혼합물에 전압을 변화시키며 전기불꽃을 주었더니 1,000[V]가 되는 순간 폭발이 일어났다. 이때 사용한 전기불꽃의 콘덴서 용량이 0.1[μF]이었다면 이 가스에 대한 최소발화에너지는 얼마인가?

① 5[mJ] ② 10[mJ]
③ 50[mJ] ④ 100[mJ]

해설 최소발화에너지

$E=\frac{1}{2}CV^2=\frac{1}{2}\times(0.1\times10^{-6})\times1{,}000^2=0.05[\text{J}]=50[\text{mJ}]$

여기서, C: 전기용량[F]
V: 불꽃전압[V]

관련개념 CHAPTER 06 화재·폭발 검토

073

공정 중에서 발생하는 미연소가스를 연소하여 안전하게 밖으로 배출시키기 위하여 사용하는 설비는 무엇인가?

① 증류탑 ② 플레어스택
③ 흡수탑 ④ 인화방지망

해설 플레어스택(Flare Stack)

공정 중에서 발생하는 미연소가스를 연소하여 안전하게 밖으로 배출시키기 위하여 사용하는 설비이다.

관련개념 CHAPTER 09 화공 안전운전·점검

074

나음 중 폭발범위에 대한 설명으로 옳은 것은?

① 공기밀도에 대한 폭발성 가스 및 증기의 폭발 가능 밀도범위
② 가연성 액체의 액면 근방에 생기는 증기가 착화할 수 있는 온도범위
③ 폭발화염이 내부에서 외부로 전파될 수 있는 용기의 틈새간격범위
④ 가연성 가스와 공기와의 혼합가스에 점화원을 주었을 때 폭발이 일어나는 혼합가스의 농도범위

해설 폭발범위는 가연성 가스 등이 공기 중에서 점화원에 의해 화염원이 전파될 수 있는 농도의 범위이다. 농도가 지나치게 낮거나 지나치게 높아도 폭발은 일어나지 않는다.

관련개념 CHAPTER 06 화재·폭발 검토

정답 | 070 ③ 071 ② 072 ③ 073 ② 074 ④

075

가열 · 마찰 · 충격 또는 다른 화학물질과의 접촉 등으로 인하여 산소나 산화제의 공급이 없더라도 폭발 등 격렬한 반응을 일으킬 수 있는 물질은?

① 알코올류　② 무기과산화물
③ 니트로화합물　④ 과망간산칼륨

해설 니트로화합물은 산소를 함유하고 있어, 외부 산소공급원 없이 점화원에 의해 자신이 분해되며 자기연소하는 폭발성 물질이다.

관련개념 CHAPTER 07 화학물질 안전관리 실행

076

다음 중 물분무소화설비의 주된 소화효과에 해당하는 것으로만 나열한 것은?

① 냉각효과, 질식효과　② 희석효과, 제거효과
③ 제거효과, 억제효과　④ 억제효과, 희석효과

해설 물분무소화설비의 주된 소화효과는 증발잠열을 이용한 냉각효과 및 물을 분무상으로 방사하여 화재면을 덮는 질식효과이다.

관련개념 CHAPTER 06 화재 · 폭발 검토

077

다음 중 아세틸렌의 취급 · 관리 시 주의사항으로 틀린 것은?

① 용기는 폭발할 수 있으므로 전도 · 낙하되지 않도록 한다.
② 폭발할 수 있으므로 필요 이상 고압으로 충전하지 않는다.
③ 용기는 밀폐된 장소에 보관하고, 누출 시에는 누출원에 직접 주수하도록 한다.
④ 폭발성 물질을 생성할 수 있으므로 구리나 일정 함량 이상의 구리합금과 접촉하지 않도록 한다.

해설 아세틸렌 용기는 통풍이나 환기가 불충분한 장소에 설치 · 저장 또는 방치하지 않아야 한다.

관련개념 SUBJECT 03 기계 · 기구 및 설비 안전관리
CHAPTER 05 기타 산업용 기계 · 기구

078

「산업안전보건법령」상 안전밸브 전단, 후단에 자물쇠형 차단밸브를 설치할 수 없는 경우는?

① 화학설비 및 그 부속설비에 안전밸브 등이 복수방식으로 설치되어 있는 경우
② 예비용 설비를 설치하고 각각의 설비에 안전밸브 등이 설치되어 있는 경우
③ 열팽창에 의하여 상승된 압력을 낮추기 위한 목적으로 안전밸브가 설치된 경우
④ 안전밸브 등의 배출용량의 $\frac{1}{2}$ 이상에 해당하는 용량의 자동압력조절밸브와 안전밸브가 직렬로 연결된 경우

해설 안전밸브 등의 배출용량의 $\frac{1}{2}$ 이상에 해당하는 용량의 자동압력조절밸브와 안전밸브 등이 병렬로 연결된 경우에 안전밸브 등의 전단, 후단에 자물쇠형 차단밸브를 설치할 수 있다.

관련개념 CHAPTER 09 화공 안전운전 · 점검

079

다음 중 분진폭발의 발생 위험성을 낮추는 방법으로 적절하지 않은 것은?

① 주변의 점화원을 제거한다.
② 분진이 날리지 않도록 한다.
③ 분진과 그 주변의 온도를 낮춘다.
④ 분진 입자의 표면적을 크게 한다.

해설 분진의 표면적이 클수록 폭발위험성이 높아진다.

관련개념 CHAPTER 06 화재 · 폭발 검토

| 정답 | 075 ③　076 ①　077 ③　078 ④　079 ④

080

유해·위험물질 취급 시 보호구의 구비조건으로 가장 거리가 먼 것은?

① 방호성능이 충분할 것
② 재료의 품질이 양호할 것
③ 작업에 방해가 되지 않을 것
④ 착용감이 뛰어나고 외관이 화려할 것

해설 보호구는 외관상 양호해야 하지만 화려할 필요는 없다.

관련개념 SUBJECT 01 산업재해 예방 및 안전보건교육
CHAPTER 02 안전보호구 관리

건설공사 안전관리

081

지반의 투수계수에 영향을 주는 인자에 해당하지 않는 것은?

① 토립자의 단위중량
② 유체의 점성계수
③ 토립자의 공극비
④ 유체의 밀도

해설 토립자의 단위중량이 아니라 물(유체)의 단위중량이 투수계수에 영향을 주는 인자이다.

$$K = D_S{}^2 \times \frac{\gamma_w}{\eta} \times \frac{e^3}{(1+e)} \times C$$

여기서, K: 투수계수
D_S: 유효입경
γ_w: 물의 단위중량
η: 물의 점성계수
e: 공극비
C: 형상계수

관련개념 CHAPTER 02 건설공사 위험성

082

철골기둥 건립 작업 시 붕괴, 도괴 방지를 위하여 베이스 플레이트의 하단은 인접기둥에서 얼마 이상 벗어나지 않아야 하는가?

① 2[mm] ② 3[mm]
③ 4[mm] ④ 5[mm]

해설 철골건립 전 앵커 볼트 매립에 있어서 베이스 플레이트의 하단은 기초 높이 및 인접기둥의 높이에서 3[mm] 이상 벗어나지 않아야 한다.

관련개념 CHAPTER 06 공사 및 작업 종류별 안전

2016년 2회

083

가설공사와 관련된 안전율에 대한 정의로 옳은 것은?

① 재료의 파괴응력도와 허용응력도의 비이다.
② 재료가 받을 수 있는 허용응력도이다.
③ 재료의 변형이 일어나는 한계응력도이다.
④ 재료가 받을 수 있는 허용하중을 나타내는 것이다.

해설 가설재의 안전율 $= \frac{\text{재료의 파괴응력도}}{\text{재료의 허용응력도}}$

관련개념 CHAPTER 05 비계 · 거푸집 가시설 위험방지

084

철골작업에서 작업을 중지해야 하는 규정에 해당되지 않는 경우는?

① 풍속이 초당 10[m] 이상인 경우
② 강우량이 시간당 1[mm] 이상인 경우
③ 강설량이 시간당 1[cm] 이상인 경우
④ 겨울철 기온이 4[℃] 이상인 경우

해설 철골작업의 제한기준에서 기온에 대한 내용은 없다.

관련개념 CHAPTER 06 공사 및 작업 종류별 안전

085

콘크리트를 타설할 때 거푸집에서 작용하는 콘크리트 측압에 영향을 미치는 요인과 가장 거리가 먼 것은?

① 콘크리트의 타설속도
② 콘크리트의 타설 높이
③ 콘크리트의 강도
④ 기온

해설 콘크리트의 강도는 콘크리트 측압에 영향을 미치는 요인에 해당하지 않는다.
① 콘크리트의 타설속도가 빠를수록 측압이 커진다.
② 콘크리트의 타설 높이가 증가함에 따라 측압은 증가하나 일정한 높이 이상이 되면 감소한다.
④ 외기온도가 낮을수록, 습도가 높을수록 측압이 커진다.

관련개념 CHAPTER 06 공사 및 작업 종류별 안전

086

강관을 사용하여 비계를 구성하는 경우 비계기둥 간의 적재하중은 얼마를 초과하지 않도록 하여야 하는가?

① 200[kg]　② 300[kg]
③ 400[kg]　④ 500[kg]

해설 강관을 사용하여 비계를 구성하는 경우 비계기둥 간의 적재하중은 400[kg]을 초과하지 않아야 한다.

관련개념 CHAPTER 05 비계 · 거푸집 가시설 위험방지

| 정답 | 083 ① 084 ④ 085 ③ 086 ③

087

거푸집에 작용하는 하중 중에서 연직하중이 아닌 것은?

① 고정하중 ② 작업하중
③ 충격하중 ④ 콘크리트 측압

해설 콘크리트 측압은 콘크리트가 거푸집을 옆으로 밀어내려고 하는 횡방향 하중이다.

관련개념 CHAPTER 05 비계 · 거푸집 가시설 위험방지

088

부두 등의 하역작업장에서 부두 또는 안벽의 선을 따라 통로를 설치할 때의 최소 폭 기준은?

① 70[cm] 이상 ② 80[cm] 이상
③ 85[cm] 이상 ④ 90[cm] 이상

해설 하역작업장에서 부두 또는 안벽의 선을 따라 통로를 설치하는 경우에는 폭을 90[cm] 이상으로 하여야 한다.

관련개념 CHAPTER 06 공사 및 작업 종류별 안전

089

콘크리트의 비파괴 검사방법이 아닌 것은?

① 반발경도법 ② 자기법
③ 음파법 ④ 침지법

해설 침지법은 강재의 비파괴 검사방법에 해당된다.

관련개념 CHAPTER 06 공사 및 작업 종류별 안전

090

달비계에 설치되는 작업발판의 폭에 대한 기준으로 옳은 것은?

① 20[cm] 이상 ② 40[cm] 이상
③ 60[cm] 이상 ④ 80[cm] 이상

해설 달비계의 작업발판은 폭을 40[cm] 이상으로 하고 틈새가 없도록 하여야 한다.

관련개념 CHAPTER 05 비계 · 거푸집 가시설 위험방지

091

수중굴착 및 구조물의 기초바닥 등과 같은 협소하고 상당히 깊은 범위의 굴착과 호퍼작업에 가장 적당한 굴착기계는?

① 파워셔블
② 항타기
③ 클램셀
④ 리버스서큘레이션드릴

해설 클램셸(Clamshell)은 굴착기가 위치한 지면보다 낮은 곳을 굴착하는 데 적합하고, 좁은 장소의 깊은 굴착에 효과적이다.

관련개념 CHAPTER 04 건설현장 안전시설 관리

092

다음 중 굴착기의 전부장치에 해당하지 않는 것은?

① 붐(Boom) ② 암(Arm)
③ 버킷(Bucket) ④ 블레이드(Blade)

해설 굴착기의 전부장치는 붐, 암, 버킷으로 구성되어 있다.

관련개념 CHAPTER 04 건설현장 안전시설 관리

정답 | 087 ④ 088 ④ 089 ④ 090 ② 091 ③ 092 ④

093

흙의 액성한계 $W_L=48[\%]$, 소성한계 $W_P=26[\%]$일 때 소성지수(I_p)는 얼마인가?

① 18[%] ② 22[%]
③ 26[%] ④ 32[%]

해설 소성지수 $I_p=W_L-W_P=48-26=22[\%]$

관련개념 CHAPTER 02 건설공사 위험성

094

터널작업 중 낙반 등에 의한 위험방지를 위해 취할 수 있는 조치사항이 아닌 것은?

① 터널지보공 설치 ② 록볼트 설치
③ 부석의 제거 ④ 산소의 측정

해설 터널 등의 건설작업을 하는 경우에 낙반 등에 의하여 근로자가 위험해질 우려가 있는 경우에 터널지보공 및 록볼트의 설치, 부석의 제거 등 위험을 방지하기 위하여 필요한 조치를 하여야 한다.

관련개념 CHAPTER 05 비계 · 거푸집 가시설 위험방지

095

「산업안전보건기준에 관한 규칙」에 따르면 풍화암의 토사붕괴를 예방하기 위한 기울기는 얼마인가?

① 1 : 0.8 ② 1 : 1.0
③ 1 : 0.5 ④ 1 : 0.3

해설 굴착면의 기울기 기준

지반의 종류	굴착면의 기울기
모래	1:1.8
연암 및 풍화암	1:1.0
경암	1:0.5
그 밖의 흙	1:1.2

관련개념 CHAPTER 02 건설공사 위험성

096

가설통로 중 경사로를 설치 · 사용함에 있어 준수해야 할 사항으로 옳지 않은 것은?

① 경사로의 폭은 최소 90[cm] 이상이어야 한다.
② 비탈면의 경사각은 45° 내외로 한다.
③ 높이 7[m] 이내마다 계단참을 설치하여야 한다.
④ 추락방지용 안전난간을 설치하여야 한다.

해설 경사로 설치 · 사용 시 비탈면의 경사각은 30° 이내로 하여야 한다.

관련개념 CHAPTER 05 비계 · 거푸집 가시설 위험방지

097

차량계 건설기계의 운전자가 운전위치를 이탈할 때 행하여야 할 조치사항으로 옳지 않은 것은?

① 버킷은 지상에서 1[m] 정도의 위치에 둔다.
② 브레이크를 걸어둔다.
③ 디퍼는 지면에 내려둔다.
④ 원동기를 정지시킨다.

해설 차량계 건설기계의 운전자가 운전위치 이탈 시 포크, 버킷, 디퍼 등의 장치를 가장 낮은 위치 또는 지면에 내려 두어야 한다.

관련개념 CHAPTER 04 건설현장 안전시설 관리

| 정답 | 093 ② 094 ④ 095 ② 096 ② 097 ①

098

콘크리트 타설 시 안전에 유의해야 할 사항으로 옳지 않은 것은?

① 콘크리트 다짐효과를 위하여 최대한 높은 곳에서 타설한다.
② 타설 순서는 계획에 의하여 실시한다.
③ 콘크리트를 치는 도중에는 거푸집, 동바리 등의 이상 유무를 확인하여야 한다.
④ 타설 시 비어 있는 공간이 발생되지 않도록 밀실하게 부어 넣는다.

해설 콘크리트 타설 시 콘크리트 호스에서부터 타설 위치까지 높이는 1.5[m] 이하로 하여야 한다.

관련개념 CHAPTER 06 공사 및 작업 종류별 안전

099

다음 중 「산업안전보건기준에 관한 규칙」에서 규정하는 현장에서 고소작업대 사용 시 준수사항이 아닌 것은?

① 작업자가 안전모·안전대 등의 보호구를 착용하도록 할 것
② 관계자 외의 자가 작업구역 내에 들어오는 것을 방지하기 위하여 필요한 조치를 할 것
③ 작업을 지휘하는 자를 선임하여 그 자의 지휘하에 작업을 실시할 것
④ 안전한 작업을 위하여 적정수준의 조도를 유지할 것

해설 고소작업대 사용작업은 작업지휘자의 선임과는 거리가 멀다.

관련개념 CHAPTER 06 공사 및 작업 종류별 안전

100

토사붕괴를 방지하기 위한 붕괴방지공법에 해당되지 않는 것은?

① 배토공법
② 압성토공법
③ 집수정 공법
④ 공작물 설치

해설 집수정 공법은 점성토를 개량하는 배수공법 중 하나로 토사붕괴 방지와는 관련이 없다.

관련개념 CHAPTER 04 건설현장 안전시설 관리

2016년 2회

정답 | 098 ① 099 ③ 100 ③

2016년 3회 기출문제

2016년 8월 21일 시행

자동 채점

산업재해 예방 및 안전보건교육

001

주요 구조 부분을 변경하는 경우 안전인증을 받아야 하는 기계 · 기구가 아닌 것은?

① 원심기 ② 사출성형기
③ 압력용기 ④ 고소작업대

해설 원심기는 주요 구조 부분을 변경하는 경우 안전인증을 받아야 하는 기계 · 기구가 아니다.

관련개념 SUBJECT 03 기계 · 기구 및 설비 안전관리
CHAPTER 02 기계분야 산업재해 조사 및 관리

002

「산업안전보건법」상 안전보건표지의 종류 중 지시표지에 포함되지 않는 것은?

① 안전모착용
② 안전화착용
③ 방호복착용
④ 방독마스크착용

해설 지시표지는 작업에 관한 지시, 즉 안전 · 보건 보호구의 착용에 사용되며 방호복 착용에 대한 지시표지는 없다.

관련개념 CHAPTER 02 안전보호구 관리

003

다음 중 교육훈련 평가의 4단계를 올바르게 나열한 것은?

① 학습 → 반응 → 행동 → 결과
② 학습 → 행동 → 반응 → 결과
③ 행동 → 반응 → 학습 → 결과
④ 반응 → 학습 → 행동 → 결과

해설 **교육훈련 평가의 4단계**
반응 → 학습 → 행동 → 결과

관련개념 CHAPTER 05 안전보건교육의 내용 및 방법

004

부주의에 대한 설명 중 틀린 것은?

① 부주의는 거의 모든 사고의 직접 원인이 된다.
② 부주의라는 말은 불안전한 행위뿐만 아니라 불안전한 상태에도 통용된다.
③ 부주의라는 말은 결과를 표현한다.
④ 부주의는 무의식적인 행위나 의식의 주변에서 행해지는 행위에 나타난다.

해설 사고의 직접 원인은 불안전한 행동과 불안전한 행동을 일으키는 내적요인 및 외적요인, 불안전한 상태 등 다양한 요인이 있다. 부주의는 사고의 간접 원인이다.

관련개념 SUBJECT 03 기계 · 기구 및 설비 안전관리
CHAPTER 04 인간의 행동과학

| 정답 | 001 ① 002 ③ 003 ④ 004

005

인간의 안전교육 형태에서 행위나 난이도가 점차적으로 높아지는 순서를 옳게 표시한 것은?

① 지식 → 태도변형 → 개인행위 → 집단행위
② 태도변형 → 지식 → 집단행위 → 개인행위
③ 개인행위 → 태도변형 → 집단행위 → 지식
④ 개인행위 → 집단행위 → 지식 → 태도변형

해설 안전교육 형태에서 행위나 난도가 높아지는 순서는 '지식 → 태도변형 → 개인행위 → 집단행위'이다.

관련개념 CHAPTER 05 안전보건교육의 내용 및 방법

006

벨트식, 안전그네식 안전대의 사용 구분에 따른 분류에 해당되지 않는 것은?

① U자 걸이용 ② D링 걸이용
③ 안전블록 ④ 추락방지대

해설 안전대의 종류 및 사용구분

종류	사용구분
벨트식, 안전그네식	1개 걸이용
	U자 걸이용
안전그네식	추락방지대
	안전블록

관련개념 CHAPTER 02 안전보호구 관리

007

리더십에 있어서 권한의 역할 중 조직이 지도자에게 부여한 권한이 아닌 것은?

① 보상적 권한 ② 강압적 권한
③ 합법적 권한 ④ 전문성의 권한

해설 전문성의 권한은 조직이 부여하지 않았지만 부하(Followers)가 부여해 주는 리더의 권한이다.

관련개념 CHAPTER 04 인간의 행동과학

008

국제노동기구(ILO)에서 구분한 '일시 전노동 불능'에 관한 설명으로 옳은 것은?

① 부상의 결과로 근로기능을 완전히 잃은 부상
② 부상의 결과로 신체의 일부가 근로기능을 완전히 상실한 부상
③ 의사의 소견에 따라 일정 기간 노동에 종사할 수 없는 상해
④ 의사의 소견에 따라 일시적으로 근로시간 중 치료를 받는 정도의 상해

해설 일시 전노동 불능
의사의 진단에 따라 일정 기간 노동에 종사할 수 없는 상해이다.

관련개념 SUBJECT 03 기계·기구 및 설비 안전관리
CHAPTER 02 기계분야 산업재해 조사 및 관리

009

위험예지훈련 기초 4라운드법의 진행에서 전원이 토의를 통하여 위험요인을 발견하는 단계로 가장 적절한 것은?

① 제1라운드: 현상파악
② 제2라운드: 본질추구
③ 제3라운드: 대책수립
④ 제4라운드: 목표설정

해설 위험예지훈련의 추진을 위한 문제해결 4라운드 중 1라운드, 현상파악(사실의 파악)은 '어떤 위험이 잠재하고 있는가?'를 파악하는 단계이다.

관련개념 CHAPTER 01 산업재해예방 계획 수립

정답 | 005 ① 006 ② 007 ④ 008 ③ 009 ①

010

매슬로우(Maslow)의 욕구 5단계 이론에 해당되지 않는 것은?

① 생리적 욕구 ② 안전의 욕구
③ 사회적 욕구 ④ 심리적 욕구

해설 심리적 욕구는 욕구위계이론에 해당되지 않는다.

관련개념 CHAPTER 04 인간의 행동과학

011

재해예방 4원칙 중 대책선정 원칙의 충족조건이 아닌 것은?

① 문제해결 능력 고취
② 적합한 기준 설정
③ 경영자 및 관리자 솔선수범
④ 부단한 동기부여와 사기 향상

해설 재해예방 4원칙은 문제가 발생하기 이전에 예방하기 위한 원칙으로 문제해결 능력은 사고가 발생한 후에 필요한 능력이다.

관련개념 CHAPTER 01 산업재해예방 계획 수립

012

안전교육의 3요소가 아닌 것은?

① 지식교육 ② 기능교육
③ 태도교육 ④ 실습교육

해설 실습교육은 교육을 통해 습득한 지식 및 기술을 실제상황에 적용해 보는 것으로 안전교육의 3단계에 포함되지 않는다.

관련개념 CHAPTER 05 안전보건교육의 내용 및 방법

013

무재해 운동의 3대 원칙에 대한 설명이 아닌 것은?

① 사람이 죽거나 다쳐서 일을 못하게 되는 일 및 모든 잠재요소를 제거한다.
② 잠재위험요인의 발굴 · 제거로 안전 확보 및 사고를 예방한다.
③ 작업환경을 개선하고 이상을 발견하면 정비 및 수리를 통해 사고를 예방한다.
④ 무재해를 지향하고 안전과 건강을 선취하기 위해 전원 참가한다.

해설 ①은 무의 원칙, ②는 안전제일의 원칙(선취의 원칙), ④는 참여의 원칙(참가의 원칙)에 대한 설명이다.

관련개념 CHAPTER 01 산업재해예방 계획 수립

014

집단에 있어서의 인간관계를 하나의 단면에서 포착하였을 때 이러한 단면적인 인간관계가 생기는 기제(Mechanism)와 가장 거리가 먼 것은?

① 모방 ② 암시
③ 습관 ④ 커뮤니케이션

해설 **인간관계 메커니즘**

- 동일화(Identification)
- 투사(Projection)
- 커뮤니케이션(Communication)
- 모방(Imitation)
- 암시(Suggestion)

관련개념 CHAPTER 04 인간의 행동과학

| 정답 | 010 ④ 011 ① 012 ④ 013 ③ 014

015

다음의 설명과 그림은 어떤 착시현상과 관계가 깊은가?

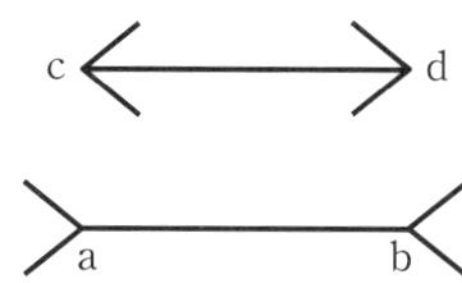

> 그림에서 선 ab와 선 cd는 그 길이가 동일한 것이지만, 시각적으로는 선 ab가 선 cd보다 길어 보인다.

① 헬름홀츠(Helmholtz)의 착시
② 쾰러(Köhler)의 착시
③ 뮐러-라이어(Müller-Lyer)의 착시
④ 포겐도르프(Poggendorff)의 착시

해설 **Müller-Lyer의 착시**

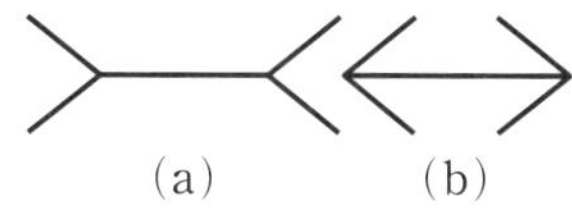

(a)가 (b)보다 길게 보이지만 실제로는 (a)=(b)이다.

관련개념 CHAPTER 03 산업안전심리

016

「산업안전보건법령」상 사업장 내 안전보건교육 교육과정이 아닌 것은?

① 특별교육
② 양성교육
③ 작업내용 변경 시 교육
④ 건설업 기초안전 · 보건교육

해설 **근로자 안전보건교육 교육과정**

- 정기교육
- 채용 시 교육
- 작업내용 변경 시 교육
- 특별교육
- 건설업 기초안전 · 보건교육

관련개념 CHAPTER 05 안전보건교육의 내용 및 방법

017

다음 중 주로 일선 관리감독자를 대상으로 하여 작업지도기법, 작업개선기법, 인간관계 관리기법 등을 교육하는 방법은?

① TWI(Training Within Industry)
② ATT(American Telephone & Telegram Co.)
③ MTP(Management Training Program)
④ CCS(Civil Communication Section)

해설 **TWI(Training Within Industry)**

주로 관리감독자를 대상으로 하며 전체 교육시간은 10시간 정도 소요된다. 한 그룹에 10명 내외로 토의법과 실연법 중심으로 강의가 실시된다.

관련개념 CHAPTER 05 안전보건교육의 내용 및 방법

018

다음 ( ) 안에 들어갈 내용으로 알맞은 것은?

> 「산업안전보건법」상 사업주는 안전보건관리규정을 작성 또는 변경할 때에는 (㉠)의 심의 · 의결을 거쳐야 한다. 다만, (㉠)가 설치되어 있지 아니한 사업장에 있어서는 (㉡)의 동의를 받아야 한다.

① ㉠ 안전보건관리규정위원회
　㉡ 노사대표
② ㉠ 안전보건관리규정위원회
　㉡ 근로자대표
③ ㉠ 산업안전보건위원회
　㉡ 노사대표
④ ㉠ 산업안전보건위원회
　㉡ 근로자대표

해설 **안전보건관리규정의 작성 · 변경 절차**

사업주는 안전보건관리규정을 작성하거나 변경할 때에는 산업안전보건위원회의 심의 · 의결을 거쳐야 한다. 다만, 산업안전보건위원회가 설치되어 있지 아니한 사업장의 경우에는 근로자대표의 동의를 받아야 한다.

관련개념 CHAPTER 01 산업재해예방 계획 수립

정답 | 015 ③ 016 ② 017 ① 018 ④

019

산업재해 손실액 산정 시 직접비가 2,000만 원일 때 하인리히 방식을 적용하면 총 손실액은 얼마인가?

① 2,000만 원 ② 8,000만 원
③ 1억 원 ④ 1억 2,000만 원

해설 **재해손실비의 계산(하인리히 방식)**
직접비 : 간접비 = 1 : 4이므로 간접비 = 2,000만 × 4 = 8,000만 원
총 재해코스트 = 직접비 + 간접비
= 2,000만 + 8,000만 = 1억 원

관련개념 SUBJECT 03 기계 · 기구 및 설비 안전관리
CHAPTER 02 기계분야 산업재해 조사 및 관리

020

다음 중 학습의 전개 단계에서 주제를 논리적으로 체계화하는 방법과 거리가 가장 먼 것은?

① 간단한 것에서 복잡한 것으로
② 부분적인 것에서 전체적인 것으로
③ 미리 알려져 있는 것에서 미지의 것으로
④ 많이 사용하는 것에서 적게 사용하는 것으로

해설 학습은 전체적인 것에서 부분적인 것으로 실시되어야 한다.

관련개념 CHAPTER 05 안전보건교육의 내용 및 방법

인간공학 및 위험성평가 · 관리

021

"음의 높이, 무게 등 물리적 자극을 상대적으로 판단하는 데 있어 특정 감각기관의 변화감지역은 표준자극에 비례한다."는 법칙을 발견한 사람은?

① 피츠(Fitts) ② 드루리(Drury)
③ 웨버(Weber) ④ 호프만(Hofmann)

해설 **웨버(Weber)의 법칙**
특정 감각의 변화감지역(ΔI)은 사용되는 표준자극의 크기(I)에 비례한다.

웨버비 $= \frac{\Delta I}{I}$

관련개념 CHAPTER 06 작업환경 관리

022

설비에 부착된 안전장치를 제거하면 설비가 작동되지 않도록 하는 안전설계는?

① Fail Safe ② Fool Proof
③ Lock Out ④ Tamper Proof

해설 **Tamper Proof**
안전장치를 제거하는 경우 설비가 작동되지 않도록 하는 설계이다.

관련개념 CHAPTER 03 위험성 감소대책 수립 · 실행

023

인간의 반응체계에서 이미 시작된 반응을 수정하지 못하는 저항기간(Refractory Period)은?

① 0.1초 ② 0.5초
③ 1초 ④ 2초

해설 이미 시작된 반응을 조작자가 수정하지 못하는 저항기간(Refractory Period)은 0.5초이다.

관련개념 CHAPTER 06 작업환경 관리

| 정답 | 019 ③ 020 ② 021 ③ 022 ④ 023 (

024

측정값의 변화방향이나 변화속도를 나타내는 데 가장 유리한 표시장치는?

① 동침형　② 동목형
③ 계수형　④ 묘사형

해설 **동침형(Moving Pointer)**
고정된 눈금상에서 지침이 움직이면서 값을 나타내는 방법으로 지침의 위치가 일종의 인식상의 단서로 작용하는 이점이 있다.

관련개념 CHAPTER 06 작업환경 관리

025

60[phon]의 소리에 해당하는 [sone]의 값은?

① 1　② 2
③ 4　④ 8

해설 $[\text{sone}]\text{치}=2^{\frac{[\text{phon}]-40}{10}}=2^{\frac{60-40}{10}}=4[\text{sone}]$

관련개념 CHAPTER 06 작업환경 관리

026

VDT(Visual Display Terminal) 작업을 위한 조명의 일반 원칙으로 적절하지 않은 것은?

① 화면반사를 줄이기 위해 산란식 간접조명을 사용한다.
② 화면과 화면에서 먼 주위의 휘도비는 1 : 10으로 한다.
③ 작업영역을 조명기구들 사이보다는 조명기구 바로 아래에 둔다.
④ 조명의 수준이 높으면 자주 주위를 둘러봄으로써 수정체의 근육을 이완시키는 것이 좋다.

해설 작업대 주변에 영상표시단말기작업 전용의 조명등을 설치할 경우에는 영상표시단말기 취급근로자의 한쪽 또는 양쪽 면에서 화면·서류면·키보드 등에 균등한 밝기가 되도록 설치하여야 한다.

관련개념 CHAPTER 06 작업환경 관리

027

후각적 표시장치에 대한 설명으로 틀린 것은?

① 냄새의 확산을 통제하기 힘들다.
② 코가 막히면 민감도가 떨어진다.
③ 복잡한 정보를 전달하는 데 유용하다.
④ 냄새에 대한 민감도의 개인차가 있다.

해설 메시지가 복잡한 경우 후각적 표시장치보다 시각적 표시장치가 더 유리하다.

관련개념 CHAPTER 06 작업환경 관리

028

인간-기계 시스템의 신뢰도를 향상시킬 수 있는 방법으로 가장 적절하지 않은 것은?

① 중복설계　② 고가재료 사용
③ 부품개선　④ 충분한 여유용량

해설 고가재료의 사용은 시스템의 본질 신뢰도를 향상시키는 방법과는 거리가 멀다.

관련개념 CHAPTER 02 위험성 파악·결정

029

의자 좌판의 높이 결정 시 사용할 수 있는 인체측정치는?

① 앉은 키　② 앉은 배꼽 높이
③ 앉은 팔꿈치 높이　④ 앉은 무릎 높이

해설 의자설계 시 의자 좌판의 높이는 좌판 앞부분이 무릎 높이보다 높지 않게(치수는 5[%tile] 되는 사람까지 수용할 수 있게) 설계한다.

관련개념 CHAPTER 06 작업환경 관리

2016년 3회

정답 | 024 ①　025 ③　026 ③　027 ③　028 ②　029 ④

030

신뢰도가 동일한 부품 4개로 구성된 시스템 전체의 신뢰도가 가장 높은 것은?

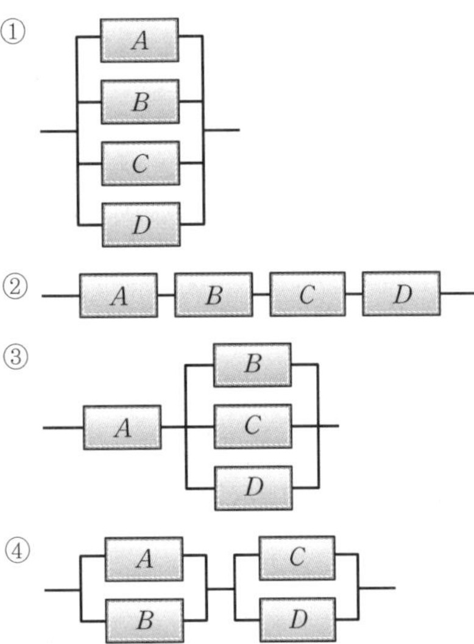

해설 병렬체계에서 요소의 수가 많을수록 고장의 기회가 줄어든다. 따라서 네 부품이 모두 병렬로 연결되었을 경우 시스템 전체의 신뢰도가 가장 높다.

관련개념 CHAPTER 03 위험성 감소대책 수립 · 실행

031

인간오류의 확률을 이용하여 시스템의 위험성을 평가하는 기법은?

① PHA ② THERP
③ OHA ④ HAZOP

해설 **인간과오율 추정법(THERP; Technique of Human Error Rate Prediction)**
확률론적 안전기법으로서 인간의 과오(Human Error)에 기인된 사고원인을 분석하기 위하여 100만 운전시간당 과오도수를 기본 과오율로 하여 인간의 과오율을 평가하는 정량적인 분석기법이다.

관련개념 CHAPTER 02 위험성 파악 · 결정

032

광원으로부터 직사휘광을 처리하기 위한 방법으로 틀린 것은?

① 광원의 휘도를 줄인다.
② 가리개나 차양을 사용한다.
③ 광원을 시선에서 멀리 한다.
④ 광원의 주위를 어둡게 한다.

해설 광원으로부터의 휘광(Glare) 처리 시 휘광원 주위를 밝게 하여 광도비를 줄여야 한다.

관련개념 CHAPTER 06 작업환경 관리

033

다음의 인체측정자료의 응용원리를 설계에 적용하는 순서로 가장 적절한 것은?

ㄱ. 극단치 설계 ㄴ. 평균치 설계 ㄷ. 조절식 설계

① ㄱ → ㄴ → ㄷ ② ㄷ → ㄴ → ㄱ
③ ㄴ → ㄱ → ㄷ ④ ㄷ → ㄱ → ㄴ

해설 **인체계측자료의 응용원칙 적용순서**
조절식 설계 → 극단치 설계 → 평균치 설계

관련개념 CHAPTER 06 작업환경 관리

| 정답 | 030 ① 031 ② 032 ④ 033

034

FT도에서 사용되는 사상기호에 대한 설명으로 옳은 것은?

① 위험지속기호: 정해진 횟수 이상 입력이 될 때 출력이 발생한다.

② 억제게이트: 조건부 사건이 일어났다는 조건 하에 출력이 발생한다.

③ 우선적 AND 게이트: 입력이 될 때 정해진 순서대로 복수의 출력이 발생한다.

④ 배타적 OR 게이트: 2개 이상의 입력이 동시에 존재하는 경우에 출력이 발생한다.

해설

① 위험지속 AND 게이트: 입력현상이 생겨서 어떤 일정한 기간이 지속될 때에 출력사상이 발생한다.

③ 우선적 AND 게이트: 입력사상 중 어떤 현상이 다른 현상보다 먼저 일어날 경우에만 출력사상이 발생한다.

④ 배타적 OR 게이트: OR 게이트지만 2개 또는 2개 이상의 입력이 동시에 존재하는 경우에는 출력사상이 발생하지 않는다.

관련개념 CHAPTER 02 위험성 파악 · 결정

035

설비의 이상상태 여부를 감시하여 열화의 정도가 사용한도에 이른 시점에서 부품교환 및 수리하는 설비보전 방법은?

① 예지보전 ② 계량보전

③ 사후보전 ④ 일상보전

해설 예방보전은 정기보전과 예지보전으로 구분할 수 있는데, 정기보전은 정기적으로 주요 부품을 교체 · 수리하는 활동이고, 예지보전은 상태감시를 통해 기기의 이상을 예지하여 열화의 정도가 사용한도에 이른 시점부터 교체 · 수리하는 활동이다.

관련개념 CHAPTER 03 위험성 감소대책 수립 · 실행

036

인간공학의 연구방법에서 인간-기계 시스템을 평가하는 척도로서 인간기준이 아닌 것은?

① 사고빈도 ② 인간성능 척도

③ 객관적인 반응 ④ 생리학적 지표

해설 **인간기준(Human Criteria)의 유형**

- 인간성능(Human Performance) 척도
- 생리학적(Physiological) 지표
- 주관적 반응(Subjective Response)
- 사고빈도(Accident Frequency)

관련개념 CHAPTER 01 안전과 인간공학

037

다음 설명에 해당하는 시스템 위험분석방법은?

> • 시스템의 정의 및 개발 단계에서 실행한다.
> • 시스템의 기능, 과업, 활동으로부터 발생되는 위험에 초점을 둔다.

① 모트(MORT) ② 결함수분석(FTA)

③ 예비위험분석(PHA) ④ 운용위험분석(OHA)

해설 **운용위험분석(OHA; Operating Hazard Analysis)**

다양한 업무활동에서 제품의 사용과 함께 발생할 수 있는 위험성을 분석하는 방법이다.

관련개념 CHAPTER 02 위험성 파악 · 결정

038

FT도에서 두 입력사상 A와 B가 AND 게이트로 결합되어 있을 때 출력사상의 고장발생확률은?(단, A의 고장률은 0.6, B의 고장률은 0.2이다.)

① 0.12 ② 0.40

③ 0.68 ④ 0.80

해설 고장률 $R=A\times B$ $0.6\times0.2=0.12$

관련개념 CHAPTER 02 위험성 파악 · 결정

정답 | 034 ② 035 ① 036 ③ 037 ④ 038 ①

039

그림의 FT도에서 최소 패스셋(Minimal Path Set)은?

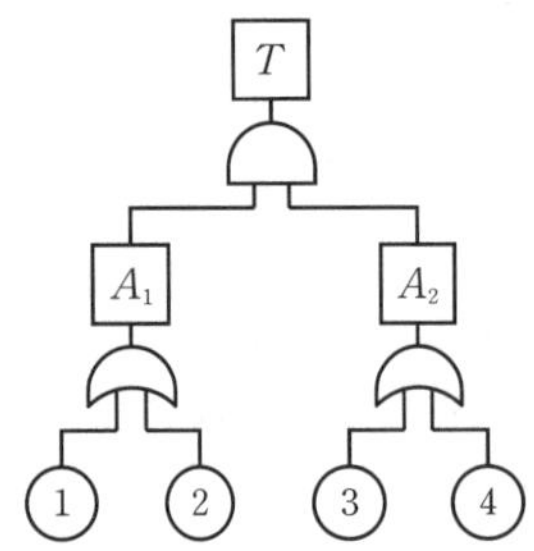

① {1, 3}, {1, 4}　　② {1, 2}, {3, 4}
③ {1, 2, 3}, {1, 2, 4}　　④ {1, 3, 4}, {2, 3, 4}

해설 최소 패스셋은 FT도의 결합 게이트들을 반대로(AND ↔ OR 게이트) 변환 후 최소 컷셋을 구하면 된다.

$$T=\begin{pmatrix}A_1\\A_2\end{pmatrix}=\begin{matrix}\{1,\ 2\}\\\{3,\ 4\}\end{matrix}$$

따라서 패스셋과 미니멀 패스셋 모두 {1, 2}, {3, 4}이다.

관련개념 CHAPTER 02 위험성 파악 · 결정

040

그림의 선형 표시장치를 움직이기 위해 길이가 L인 레버(Lever)를 $a°$ 움직일 때 조종반응(C/R) 비율을 계산하는 식은?

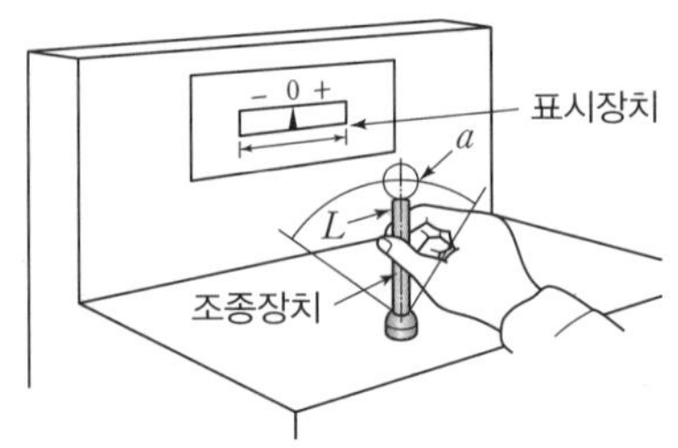

① $\dfrac{(a/360)\times 2\pi L}{\text{표시장치 이동거리}}$

② $\dfrac{\text{표시장치 이동거리}}{(a/360)\times 2\pi L}$

③ $\dfrac{(a/360)\times 4\pi L}{\text{표시장치 이동거리}}$

④ $\dfrac{\text{표시장치 이동거리}}{(a/360)\times 4\pi L}$

해설 **조종구의 통제비**

$$\frac{C}{R}=\frac{\left(\frac{a}{360}\right)\times 2\pi L}{\text{표시계기지침의 이동거리}}$$

여기서, a: 조종장치가 움직인 각도
L: 반경(조이스틱의 길이)

관련개념 CHAPTER 06 작업환경 관리

기계 · 기구 및 설비 안전관리

041

기계설비의 일반적인 안전조건에 해당되지 않는 것은?

① 설비의 안전화 ② 기능의 안전화
③ 구조의 안전화 ④ 작업의 안전화

해설 기계의 안전조건
- 외형의 안전화
- 작업의 안전하
- 작업점의 안전화
- 기능상의 안전화
- 구조적 안전화(강도적 안전화)

관련개념 CHAPTER 01 기계공정의 안전, 기계안전시설 관리

042

다음 중 기계의 회전 운동하는 부분과 고정부 사이에 위험이 형성되는 위험점으로 예를 들어 연삭숫돌과 작업받침대, 교반기의 날개와 하우스 등에서 발생되는 위험점은?

① 끼임점 ② 접선물림점
③ 협착점 ④ 절단점

해설 끼임점(Shear Point)
기계의 고정부분과 회전 또는 직선운동 부분 사이에 형성되는 위험점이다.
예) 회전 풀리와 베드 사이, 연삭숫돌과 작업대, 교반기의 날개와 하우스

관련개념 CHAPTER 01 기계공정의 안전, 기계안전시설 관리

043

프레스기에 사용하는 양수조작식 방호장치의 일반적인 구조에 관한 설명으로 틀린 것은?

① 1행정 1정지 기구에 사용할 수 있어야 한다.
② 누름버튼을 양손으로 동시에 조작하지 않으면 작동시킬 수 없는 구조이어야 한다.
③ 양쪽버튼의 작동시간 차이는 최대 0.5초 이내일 때 프레스가 작동되도록 해야 한다.
④ 사용전원전압의 ±50[%] 변동 범위에서도 정상적으로 작동되어야 한다.

해설 프레스의 양수조작식 방호장치는 사용전원전압의 ±20[%]의 변동에 대하여 정상으로 작동되어야 한다.

관련개념 CHAPTER 04 프레스 및 전단기의 안전

044

기계설비와 방호장치 분류 중 위험원에 대한 방호장치는?

① 감지형 방호장치
② 접근반응형 방호장치
③ 위치제한형 방호장치
④ 접근거부형 방호장치

해설 ②, ③, ④는 위험장소에 대한 방호장치이다.

관련개념 CHAPTER 01 기계공정의 안전, 기계안전시설 관리

045

밀링작업에 관한 설명으로 틀린 것은?

① 하향절삭은 날의 마모가 적고, 가공면이 깨끗하다.
② 상향절삭은 절삭열에 의한 치수정밀도의 변화가 적다.
③ 커터의 회전방향과 반대방향으로 가공재를 이송하는 것을 상향절삭이라 한다.
④ 하향절삭은 커터의 회전방향과 같은 방향으로 일감을 이송하므로 백래시 제거장치가 필요 없다.

해설 하향절삭은 커터의 회전방향과 일감의 이송방향이 일치하므로 백래시(Backlash) 제거장치가 없으면 작업을 할 수 없다.

관련개념 CHAPTER 03 공작기계의 안전

정답 | 041 ① 042 ① 043 ④ 044 ① 045 ④

046

기계설비의 본질적 안전화를 위한 방식 중 성격이 다른 것은?

① 고정가드
② 인터록 기구
③ 압력용기 안전밸브
④ 양수조작식 조작기구

해설 ①, ②, ④는 풀 프루프의 기능이 적용된 것이고, ③은 페일 세이프의 기능이 적용된 것이다.

관련개념 CHAPTER 01 기계공정의 안전, 기계안전시설 관리

047

산업용 로봇의 작동범위에서 그 로봇에 관하여 교시 등의 작업을 하는 때의 작업시작 전 점검사항에 해당하지 않는 것은?(단, 로봇의 동력원을 차단하고 행하는 것을 제외한다.)

① 회전부의 덮개 또는 울
② 제동장치 및 비상정지장치의 기능
③ 외부전선의 피복 또는 외장의 손상 유무
④ 매니퓰레이터(Manipulator) 작동의 이상 유무

해설 회전부의 덮개 또는 울 점검은 공기압축기를 가동할 때 작업시작 전 점검사항이다.

관련개념 CHAPTER 05 기타 산업용 기계·기구

048

셰이퍼(Shaper) 작업 시의 안전대책으로 틀린 것은?

① 바이트는 가급적 짧게 물리도록 한다.
② 가공 중 다듬질 면을 손으로 만지지 않는다.
③ 시동하기 전에 행정조정용 핸들을 끼워둔다.
④ 가공 중에는 바이트의 운동방향에 서지 않도록 한다.

해설 셰이퍼 작업 시 시동하기 전에 행정조정용 핸들을 빼놓는다.

관련개념 CHAPTER 03 공작기계의 안전

049

연삭기 숫돌차의 바깥지름이 250[mm]라면 평형플랜지의 바깥지름은 약 몇 [mm] 이상이어야 하는가?

① 62[mm] ② 84[mm]
③ 93[mm] ④ 114[mm]

해설 플랜지의 지름은 숫돌 직경의 $\frac{1}{3}$ 이상인 것이 적당하다.

플랜지의 지름 $=250\times\frac{1}{3}=84$[mm] 이상

관련개념 CHAPTER 03 공작기계의 안전

050

위험기계·기구와 이에 해당하는 방호장치의 연결이 틀린 것은?

① 연삭기－급정지장치
② 프레스－광전자식 방호장치
③ 아세틸렌 용접장치－안전기
④ 압력용기－압력방출용 안전밸브

해설 연삭기의 방호장치는 덮개이다.
급정지장치는 프레스, 롤러기 등의 방호장치이다.

관련개념 CHAPTER 03 공작기계의 안전

051

「산업안전보건기준에 관한 규칙」에 의거 프레스 등의 금형을 부착, 해체 또는 조정작업 중 슬라이드가 갑자기 작동함으로써 발생하는 근로자의 위험을 방지하기 위하여 사업주가 설치해야 하는 것은?

① 방호울 ② 안전블록
③ 시건장치 ④ 게이트 가드

해설 프레스 등의 금형을 부착·해체 또는 조정하는 작업을 할 때에 해당 작업에 종사하는 근로자의 신체가 위험한계 내에 있는 경우 슬라이드가 갑자기 작동함으로써 근로자에게 발생할 우려가 있는 위험을 방지하기 위하여 안전블록을 사용하는 등 필요한 조치를 하여야 한다.

관련개념 CHAPTER 04 프레스 및 전단기의 안전

| 정답 | 046 ③ 047 ① 048 ③ 049 ② 050 ① 051

052

보일러수에 유지류, 고형물 등에 의한 거품이 생겨 수위를 판단하지 못하는 현상은?

① 역화　　② 포밍
③ 프라이밍　　④ 캐리오버

해설 **포밍(Foaming)**

보일러수에 불순물이 많이 포함되었을 경우 보일러수의 비등과 함께 수면 위에 거품층을 형성하여 수위가 불안정하게 되는 현상을 말한다.

관련개념 CHAPTER 05 기타 산업용 기계 · 기구

053

안전한 컨베이어 작업을 위한 사항으로 적합하지 않은 것은?

① 컨베이어 위로 건널다리를 설치하였다.
② 운전 중인 컨베이어에는 근로자를 탑승시켜서는 안 된다.
③ 작업 중 급정지를 방지하기 위하여 비상정지장치는 해체하여야 한다.
④ 트롤리 컨베이어에서 트롤리와 체인을 상호 확실하게 연결시켜야 한다.

해설 컨베이어 작업 시 근로자의 신체의 일부가 말려드는 등 근로자가 위험해질 우려가 있는 경우 및 비상시에는 즉시 컨베이어 등의 운전을 정지시킬 수 있는 장치를 설치하여야 한다.

관련개념 CHAPTER 06 운반기계 및 양중기

054

보일러에서 과열이 발생하는 간접적인 원인과 가장 거리가 먼 것은?

① 수관의 청소 불량
② 관수 부족 시 보일러의 가동
③ 안전밸브의 기능이 부정확할 때
④ 수면계의 고장으로 드럼 내 물의 감소

해설 안전밸브는 보일러가 과압 상태가 되었을 때 압력을 방출하는 방호장치로 보일러의 과열과는 거리가 멀다.

관련개념 CHAPTER 05 기타 산업용 기계 · 기구

055

어떤 로프의 안전하중이 200[kgf]이고, 파단하중이 600[kgf]일 때 이 로프의 안전율은?

① 0.33　　② 3
③ 200　　④ 300

해설 **안전율(안전계수, Safety Factor)**

$$S=\frac{\text{파단(최대)하중}}{\text{안전(정격)하중}}=\frac{600}{200}=3$$

관련개념 CHAPTER 01 기계공정의 안전, 기계안전시설 관리

056

드릴작업 시 가공재를 고정하기 위한 방법으로 적합하지 않은 것은?

① 가공재가 길 때는 방진구를 이용한다.
② 가공재가 작을 때는 바이스로 고정한다.
③ 가공재가 크고 복잡할 때는 볼트와 고정구로 고정한다.
④ 대량생산과 정밀도가 요구될 때는 지그로 고정한다.

해설 방진구는 선반 작업 시 일감의 진동을 방지하기 위한 장치로서 드릴작업과는 관련이 없다.

관련개념 CHAPTER 03 공작기계의 안전

정답 | 052 ② 053 ③ 054 ③ 055 ② 056 ①

057

롤러의 맞물림점의 전방 60[mm]의 거리에 가드를 설치하고자 할 때 가드 개구부의 간격은 얼마인가?(단, 위험점이 전동체가 아닌 경우이다.)

① 12[mm] ② 15[mm]
③ 18[mm] ④ 20[mm]

해설 **가드를 설치할 때 일반적인 개구부의 간격**

$Y=6+0.15X=6+0.15\times60=15$[mm]

여기서, Y: 개구부의 간격[mm]

X: 개구부에서 위험점까지의 최단거리[mm]($X<160$[mm])

관련개념 CHAPTER 05 기타 산업용 기계 · 기구

058

기계설비의 안전조건 중 외관의 안전화에 해당하는 조치는?

① 고장 발생을 최소화하기 위해 정기점검을 실시한다.
② 강도의 열화를 생각하여 안전율을 최대로 고려하여 설계하였다.
③ 전압강하, 정전 시의 오동작을 방지하기 위하여 제어장치를 설치하였다.
④ 작업자가 접촉할 우려가 있는 기계의 회전부를 덮개로 씌우고 안전색채를 사용하였다.

해설 ②는 구조적 안전화(강도적 안전화), ③은 기능상의 안전화에 대한 설명이다.

외형의 안전화
- 묻힘형이나 덮개의 설치
- 별실 또는 구획된 장소에의 격리
- 안전색채를 사용

관련개념 CHAPTER 01 기계공정의 안전, 기계안전시설 관리

059

지게차가 20[km/h]의 속력으로 주행할 때 좌우안정도는 몇 [%] 이내이어야 하는가?(단, 무부하상태를 기준으로 한다.)

① 4[%] ② 20[%]
③ 37[%] ④ 40[%]

해설 주행 시의 좌우안정도$=15+1.1V=15+1.1\times20=37$[%]

여기서, V: 구내 최고속도[km/h](기준 무부하상태)

관련개념 CHAPTER 06 운반기계 및 양중기

060

프레스기에서 사용하는 손쳐내기식 방호장치의 방호판에 관한 기준으로 옳은 것은?

① 방호판의 폭은 금형 폭의 1/2 이상이어야 하고, 행정길이가 300[mm] 이상의 프레스 기계에서는 방호판의 폭을 200[mm]로 해야 한다.
② 방호판의 폭은 금형 폭의 1/2 이상이어야 하고, 행정길이가 300[mm] 이상의 프레스 기계에서는 방호판의 폭을 300[mm]로 해야 한다.
③ 방호판의 폭은 금형 폭의 1/3 이상이어야 하고, 행정길이가 300[mm] 이상의 프레스 기계에서는 방호판의 폭을 200[mm]로 해야 한다.
④ 방호판의 폭은 금형 폭의 1/3 이상이어야 하고, 행정길이가 300[mm] 이상의 프레스 기계에서는 방호판의 폭을 300[mm]로 해야 한다.

해설 손쳐내기식 방호장치에서 방호판의 폭은 금형 폭의 $\frac{1}{2}$ 이상이어야 하고, 행정길이 300[mm] 이상의 프레스 기계에는 방호판의 폭을 300[mm]로 하여야 한다.

관련개념 CHAPTER 04 프레스 및 전단기의 안전

| 정답 | 057 ② 058 ④ 059 ③ 060 ②

전기 및 화학설비 안전관리

061

전기기계·기구의 조작부분을 점검하거나 보수하는 경우에는 근로자가 안전하게 작업할 수 있도록 전기기계·기구로부터 몇 [m] 이상의 작업공간을 확보하여야 하는가?

① 0.5 ② 0.7
③ 0.9 ④ 1.2

해설 전기기계·기구의 조작부분을 점검하거나 보수하는 경우에는 전기기계·기구로부터 폭 70[cm] 이상의 작업공간을 확보하여야 한다.

관련개념 CHAPTER 02 감전재해 및 방지대책

062

방폭구조의 명칭과 표기기호가 잘못 연결된 것은?

① 안전증방폭구조: e
② 유입방폭구조: o
③ 내압방폭구조: p
④ 본질안전방폭구조: ia 또는 ib

해설 내압방폭구조의 표기기호는 d이고, p는 압력방폭구조의 표기기호이다.

관련개념 CHAPTER 04 전기방폭관리

063

다음 중 정전기 대전현상이 아닌 것은?

① 교반대전 ② 충돌대전
③ 박리대전 ④ 망상대전

해설 **정전기 대전의 종류**

- 마찰대전
- 박리대전
- 유동대전
- 분출대전
- 충돌대전
- 파괴대전
- 교반, 침강대전

관련개념 CHAPTER 03 정전기 장·재해관리

064

전기설비의 점화원 중 잠재적 점화원에 속하지 않는 것은?

① 전동기 권선 ② 마그넷 코일
③ 케이블 ④ 릴레이 전기접점

해설 릴레이 전기접점은 현재적(정상상태에서) 점화원이다.

관련개념 CHAPTER 04 전기방폭관리

065

인체가 현저히 젖어 있는 상태이거나 금속성의 전기기계·기구의 구조물에 인체의 일부가 상시 접촉되어 있는 상태에서의 허용접촉전압으로 옳은 것은?

① 2.5[V] 이하 ② 25[V] 이하
③ 50[V] 이하 ④ 100[V] 이하

해설 **허용접촉전압**

종별	접촉상태	허용접촉전압
제2종	• 인체가 현저히 젖어 있는 상태 • 금속성의 전기기계·기구나 구조물에 인체의 일부가 상시 접촉되어 있는 상태	25[V] 이하

관련개념 CHAPTER 02 감전재해 및 방지대책

066

전로의 사용전압이 400[V]인 저압전로의 절연저항값은 몇 [MΩ] 이상이어야 하는가?

① 0.2 ② 0.4
③ 0.8 ④ 1.0

해설 **절연저항 기준**

전로의 사용전압	DC 시험전압[V]	절연저항[MΩ]
SELV 및 PELV	250	0.5 이상
FELV, 500[V] 이하	500	1 이상
500[V] 초과	1,000	1 이상

※ 이 문제는 개정된 법령에 따라 수정한 문제입니다.

관련개념 CHAPTER 02 감전재해 및 방지대책

2016년 3회

정답 | 061 ② 062 ③ 063 ④ 064 ④ 065 ② 066 ④

067

접지에 관한 설명으로 틀린 것은?

① 접지저항이 크면 클수록 좋다.
② 접지공사의 접지선에는 과전류차단기를 시설하여서는 안 된다.
③ 접지극의 시설은 동판, 동봉 등이 부식될 우려가 없는 장소를 선정하여 지중에 매설 또는 타입한다.
④ 고압전로와 저압전로를 결합하는 변압기의 저압전로 사용전압이 300[V] 이하로 중성점 접지가 어려운 경우 저압 측의 1단자에 접지공사를 시행할 수 있다.

해설 전류와 저항은 반비례 관계이므로 접지저항이 클수록 누전전류가 대지로 흐르는 양이 적어 누전 시 감전사고의 위험이 커진다.

관련개념 CHAPTER 05 전기설비 위험요인관리

068

정전작업 시 주의할 사항으로 틀린 것은?

① 감독자를 배치시켜 스위치의 조작을 통제한다.
② 퓨즈가 있는 개폐기의 경우는 퓨즈를 제거한다.
③ 정전작업 전에 작업내용을 충분히 작업원에게 주지시킨다.
④ 단시간에 끝나는 작업일 경우 작업원의 판단에 의해 작업한다.

해설 정전작업 시 단시간에 끝나는 작업일 경우라도 작업원의 판단에 의해 작업을 하여서는 안 된다.

관련개념 CHAPTER 02 감전재해 및 방지대책

069

근로자가 충전전로를 취급하거나 그 인근에서 작업하는 경우 조치하여야 하는 사항으로 틀린 것은?

① 충전전로를 취급하는 근로자에게 그 작업에 적합한 절연용 보호구를 착용시킬 것
② 충전전로를 정전시키는 경우 차단장치나 단로기 등의 잠금장치 확인 없이 빠른 시간 내에 작업을 완료할 것
③ 충전전로에 근접한 장소에서 전기작업을 하는 경우에는 해당 전압에 적합한 절연용 방호구를 설치할 것
④ 고압 및 특고압의 전로에서 전기작업을 하는 근로자에게 활선작업용 기구 및 장치를 사용하도록 할 것

해설 충전전로를 정전시키는 경우 전로 차단을 위해 차단장치나 단로기 등에 잠금장치 및 꼬리표를 부착하여야 한다.

관련개념 CHAPTER 02 감전재해 및 방지대책

070

인체가 전격(감전)으로 인한 사고 시 통전전류에 의한 인체 반응으로 틀린 것은?

① 교류가 직류보다 일반적으로 더 위험하다.
② 주파수가 높아지면 감지전류는 작아진다.
③ 심장을 관통하는 경로가 가장 사망률이 높다.
④ 가수전류는 불수전류보다 값이 대체적으로 작다.

해설 주파수가 높아지면 감지전류는 증가한다.

관련개념 CHAPTER 02 감전재해 및 방지대책

| 정답 | 067 ① 068 ④ 069 ② 070

071

할로겐화합물 소화약제의 소화작용과 같이 연소의 연속적인 연쇄 반응을 차단, 억제하여 연소현상이 일어나지 않도록 하는 소화작용은?

① 부촉매 소화작용 ② 냉각 소화작용
③ 질식 소화작용 ④ 제거 소화작용

해설 할로겐화합물소화기는 할로겐 원소가 가연물이 산소와 반응하는 것을 방해하는 부촉매로 작용하여 연소가 계속되는 것을 억제하는 억제소화 효과를 얻을 수 있다.

관련개념 CHAPTER 06 화재 · 폭발 검토

072

다음 중 물 속에 저장이 가능한 물질은?

① 칼륨 ② 황린
③ 인화칼슘 ④ 탄화알루미늄

해설 황린은 자연발화성이 있어서 물 속에 보관하여야 한다.

관련개념 CHAPTER 07 화학물질 안전관리 실행

073

리튬(Li)에 관한 설명으로 틀린 것은?

① 연소 시 산소와는 반응하지 않는 특성이 있다.
② 염산과 반응하여 수소를 발생시킨다.
③ 물과 반응하여 수소를 발생한다.
④ 화재 발생 시 소화방법으로는 건조된 마른 모래 등을 이용한다.

해설 리튬은 연소 시 산소와 반응하여 산화리튬을 생성한다.
$4Li+O_2 \rightarrow 2Li_2O$
② 리튬과 염산의 반응식: $2Li+2HCl \rightarrow 2LiCl+H_2$
③ 리튬과 물의 반응식: $2Li+2H_2O \rightarrow 2LiOH+H_2$

관련개념 CHAPTER 07 화학물질 안전관리 실행

074

프로판(C_3H_8) 1몰이 완전연소하기 위한 산소의 화학양론 계수는 얼마인가?

① 2 ② 3
③ 4 ④ 5

해설 **프로판의 완전연소 반응식**
$C_3H_8+5O_2 \rightarrow 3CO_2+4H_2O$
따라서 프로판 1몰을 완전연소하기 위해 필요한 산소의 몰수(화학양론계수)는 5이다.

관련개념 CHAPTER 06 화재 · 폭발 검토

075

다음 중 분해 폭발하는 가스의 폭발방지를 위하여 첨가하는 불활성 가스로 가장 적합한 것은?

① 산소 ② 질소
③ 수소 ④ 프로판

해설 질소는 화학공정에서 불활성화를 위해 사용되는 대표적인 불활성 가스이다.
산소는 지연성 가스, 수소와 프로판은 가연성 가스이다.

관련개념 CHAPTER 06 화재 · 폭발 검토

076

다음 중 화재의 종류가 옳게 연결된 것은?

① A급 화재 – 유류화재
② B급 화재 – 유류화재
③ C급 화재 – 일반화재
④ D급 화재 – 일반화재

해설 **화재의 종류**

구분	A급 화재	B급 화재	C급 화재	D급 화재
명칭	일반화재	유류화재	전기화재	금속화재

관련개념 CHAPTER 06 화재 · 폭발 검토

정답 | 071 ① 072 ② 073 ① 074 ④ 075 ② 076 ②

077

「위험물안전관리법령」상 자기반응성 물질은 제 몇 류 위험물로 분류하는가?

① 제1류 위험물　　② 제3류 위험물
③ 제4류 위험물　　④ 제5류 위험물

해설 자기반응성 물질은 「위험물안전관리법령」상 제5류 위험물이다.
① 제1류 위험물: 산화성 고체
② 제3류 위험물: 자연발화성 물질 및 금수성 물질
③ 제4류 위험물: 인화성 액체

관련개념 CHAPTER 07 화학물질 안전관리 실행

078

25[℃], 1기압에서 벤젠(C_6H_6)의 허용농도가 10[ppm]일 때 [mg/m^3]의 단위로 환산하면 약 얼마인가?(단, C, H의 원자량은 각각 12, 1이다.)

① 28.7　　② 31.9
③ 34.8　　④ 45.9

해설 아보가드로 법칙에 의해 0[℃](273[K]), 1기압에서 공기 1[mol]의 부피는 22.4[L](0.0224[m^3])이다.
25[℃](298[K])에서 공기 1[mol]의 부피를 x라 하면
273[K] : 0.0224[m^3]=298[K] : x

$$x=\frac{0.0224\times298}{273}=0.0244[\mathrm{m}^3]$$

C_6H_6 10[ppm]은 공기 1[mol]에 C_6H_6 10×10^{-6}[mol]이 들어있는 것이므로 C_6H_6 1[mol]의 부피를 y라 하면
10×10^{-6}[mol] : 0.0244[m^3]=1[mol] : y

$$y=\frac{0.0244}{10\times10^{-6}}=2{,}440[\mathrm{m}^3]$$

C_6H_6의 분자량은 $12\times6+1\times6=78$이고,
1[mol]의 부피는 2,440[m^3]이므로

$$C_6H_6\ 10[\mathrm{ppm}]=\frac{78[\mathrm{g/mol}]}{2{,}440[\mathrm{m}^3/\mathrm{mol}]}=0.0319[\mathrm{g/m}^3]=31.9[\mathrm{mg/m}^3]$$

관련개념 CHAPTER 07 화학물질 안전관리 실행

079

다음 중 점화원에 해당하지 않는 것은?

① 기화열　　② 충격마찰
③ 복사열　　④ 고온물질표면

해설 기화열은 액체가 기체로 바뀔 때 외부에서 흡수하는 열량으로 점화원이 될 수 없다.

관련개념 CHAPTER 06 화재 · 폭발 검토

080

건조설비의 사용상 주의점이 아닌 것은?

① 건조설비 가까이 가연성 물질을 두지 말 것
② 고온으로 가열건조한 물질은 즉시 격리 저장할 것
③ 위험물 건조설비를 사용할 때는 미리 내부를 청소하거나 환기시킨 후 사용할 것
④ 건조로 인해 발생하는 가스, 증기 또는 분진에 의한 화재, 폭발의 위험이 있는 물질은 안전한 장소로 배출할 것

해설 건조설비 취급 시 고온으로 가열건조한 인화성 액체는 발화의 위험이 없는 온도로 냉각한 후에 격납시켜야 한다.

관련개념 CHAPTER 07 화학물질 안전관리 실행

| 정답 | 077 ④　078 ②　079 ①　080 ②

건설공사 안전관리

081

낙하물방지망 설치기준으로 옳지 않은 것은?

① 높이 10[m] 이내마다 설치한다.
② 내민 길이는 벽면으로부터 3[m] 이상으로 한다.
③ 수평면과의 각도는 20° 이상 30° 이하를 유지한다.
④ 방호선반의 설치기준과 동일하다.

해설 낙하물방지망의 내민 길이는 벽면으로부터 2[m] 이상으로 하여야 한다.

관련개념 CHAPTER 04 건설현장 안전시설 관리

082

철골작업 시 폭우와 같은 악천후에 작업을 중지하여야 하는 강우량 기준은?

① 1시간당 1[mm] 이상일 때
② 2시간당 1[mm] 이상일 때
③ 3시간당 2[mm] 이상일 때
④ 4시간당 2[mm] 이상일 때

해설 강우량이 시간당 1[mm] 이상인 경우 철골작업을 중지하여야 한다.

관련개념 CHAPTER 06 공사 및 작업 종류별 안전

083

자재 등의 물체 투하에 투하설비를 설치하거나 감시인을 배치하는 등의 조치를 취하여야 하는 최소 높이는 얼마 이상부터인가?

① 3[m] 이상　　② 5[m] 이상
③ 7[m] 이상　　④ 10[m] 이상

해설 투하설비란 높이 3[m] 이상인 장소에서 자재 투하 시 재해를 예방하기 위하여 설치하는 설비를 말한다.

관련개념 CHAPTER 04 건설현장 안전시설 관리

084

흙의 안식각과 동일한 의미를 가진 용어는?

① 자연 경사각　　② 비탈면각
③ 시공 경사각　　④ 계획 경사각

해설 흙은 쌓아올려 자연상태로 방치하면 급한 경사면은 차츰 붕괴되어 안정된 비탈을 형성하는데, 이 안정된 비탈면과 원지면이 이루는 각을 흙의 안식각이라 하고, 흙의 안식각과 자연 경사각은 동일한 의미를 가진다.

관련개념 CHAPTER 04 건설현장 안전시설 관리

085

굴착면 붕괴의 원인과 가장 관계가 먼 것은?

① 사면경사의 증가
② 성토 높이의 감소
③ 공사에 의한 진동하중의 증가
④ 굴착높이의 증가

해설 절토 및 성토 높이가 증가할수록 굴착면의 붕괴 위험성이 높아진다.

관련개념 CHAPTER 04 건설현장 안전시설 관리

086

건설공사 유해위험방지계획서를 제출하는 경우 자격을 갖춘 자의 의견을 들은 후 제출하여야 하는데 이 자격에 해당하지 않는 자는?

① 건설안전기사로 건설안전 관련 실무경력이 4년인 자
② 건설안전기술사
③ 토목시공기술사
④ 건설안전분야 산업안전지도사

해설 유해위험방지계획서 검토의견 자격 요건은 건설안전기사 이상의 자격을 취득한 후 건설안전 관련 실무경력이 5년 이상인 사람이다.

관련개념 CHAPTER 02 건설공사 위험성

2016년 3회

| 정답 | 081 ② 082 ① 083 ① 084 ① 085 ② 086 ①

087

콘크리트 양생작업에 관한 설명 중 옳지 않은 것은?

① 콘크리트 타설 후 소요기간까지 경화에 필요한 조건을 유지시켜주는 작업이다.
② 양생기간 중에 예상되는 진동, 충격, 하중 등의 유해한 작용으로부터 보호하여야 한다.
③ 습윤양생 시 일광을 최대한 도입하여 수화작용을 촉진하도록 한다.
④ 습윤양생 시 거푸집판이 건조될 우려가 있는 경우에는 살수하여야 한다.

해설 습윤양생은 콘크리트의 건조를 방지하고 수분상태를 유지시키는 방법이므로 직사광선을 피해야 한다.

관련개념 CHAPTER 06 공사 및 작업 종류별 안전

088

양중기에서 화물을 직접 지지하는 달기 와이어로프의 안전계수는 최소 얼마 이상으로 하여야 하는가?

① 3.0 이상 ② 4.0 이상
③ 5.0 이상 ④ 10.0 이상

해설 화물의 하중을 직접 지지하는 달기 와이어로프 또는 달기 체인의 안전계수는 5 이상이어야 한다.

관련개념 CHAPTER 06 공사 및 작업 종류별 안전

089

공사금액이 500억 원인 건설공사에서 선임해야 할 최소 안전관리자 수는?

① 1명 ② 2명
③ 3명 ④ 4명

해설 공사금액이 50억 원(토목공사는 150억 원) 이상 800억 원 미만인 건설업의 경우 안전관리자를 1명 이상 선임하여야 한다.

관련개념 CHAPTER 01 건설공사 특성분석

090

다음 중 철골보 인양작업 시의 준수사항으로 옳지 않은 것은?

① 인양용 와이어로프의 체결지점은 수평부재의 1/4 지점을 기준으로 한다.
② 인양용 와이어로프의 매달기 각도는 양변 60°를 기준으로 한다.
③ 흔들리거나 선회하지 않도록 유도로프로 유도한다.
④ 후크는 용접의 경우 용접규격을 반드시 확인한다.

해설 철골보 인양작업 시 인양 와이어로프의 매달기 각도는 양변 60°를 기준으로 2열로 매달고 와이어로프의 체결지점은 수평부재의 $\frac{1}{3}$ 지점을 기준으로 하여야 한다.

관련개념 CHAPTER 06 공사 및 작업 종류별 안전

091

다음은 「산업안전보건기준에 관한 규칙」 중 조립도에 관한 사항이다. (   ) 안에 알맞은 것은?

> 거푸집 및 동바리를 조립할 때에는 그 구조를 검토한 후 조립도를 작성하여야 한다. 조립도에는 거푸집 및 동바리를 구성하는 부재의 재질, 단면규격, (   ) 및 이음방법 등을 명시하여야 한다.

① 부재강도 ② 기울기
③ 안전대책 ④ 설치간격

해설 거푸집 및 동바리 조립 시 조립도에는 거푸집 및 동바리를 구성하는 부재의 재질 · 단면규격 · 설치간격 및 이음방법 등을 명시하여야 한다.

관련개념 CHAPTER 05 비계 · 거푸집 가시설 위험방지

| 정답 | 087 ③ 088 ③ 089 ① 090 ① 091 ④

092

일반적인 안전수칙에 따른 수공구와 관련된 행동으로 옳지 않은 것은?

① 작업에 맞는 공구의 선택과 올바른 취급을 하여야 한다.
② 결함이 없는 완전한 공구를 사용하여야 한다.
③ 작업 중인 공구는 작업이 편리한 반경 내의 작업대나 기계 위에 올려놓고 사용하여야 한다.
④ 공구는 사용 후 안전한 장소에 보관하여야 한다.

해설 작업 중인 공구를 반경 내의 작업대나 기계 위에 올려 둘 경우 떨어트려 재해를 발생시킬 수 있다.

관련개념 CHAPTER 04 건설현장 안전시설 관리

093

흙의 함수비 측정시험을 하였다. 먼저 용기의 무게를 잰 결과 10[g]이었다. 시료를 용기에 넣은 후의 총 무게는 40[g], 그대로 건조시킨 후의 무게는 30[g]이었다. 함수비는?

① 25[%] ② 30[%]
③ 50[%] ④ 75[%]

해설 함수비 $w=\frac{W_w}{W_S}\times 100=\frac{40-30}{30-10}\times 100=50[\%]$

여기서, W_w=물의 무게
=(젖은 흙+용기)의 무게−(건조한 흙+용기)의 무게
W_S=건조한 흙의 무게
=(건조한 흙+용기)의 무게−용기의 무게

관련개념 CHAPTER 02 건설공사 위험성

094

강관틀비계를 조립하여 사용하는 경우 벽이음의 수직방향 조립간격은?

① 2[m] 이내마다
② 5[m] 이내마다
③ 6[m] 이내마다
④ 8[m] 이내마다

해설 강관틀비계의 벽이음은 수직방향으로 6[m], 수평방향으로 8[m] 이내마다 설치하여야 한다.

관련개념 CHAPTER 05 비계 · 거푸집 가시설 위험방지

095

다음 중 채석작업을 하는 때 채석작업계획에 포함되어야 하는 사항에 해당되지 않는 것은?

① 굴착면의 높이와 기울기
② 기둥침하의 유무 및 상태 확인
③ 암석의 분할방법
④ 표토 또는 용수의 처리방법

해설 기둥침하의 유무 및 상태는 터널 지보공을 설치한 경우 수시로 점검하여야 하는 사항이다.

관련개념 CHAPTER 04 건설현장 안전시설 관리

정답 | 092 ③ 093 ③ 094 ③ 095 ②

096

가설구조물의 특징으로 옳지 않은 것은?

① 연결재가 적은 구조로 되기 쉽다.
② 부재의 결합이 매우 복잡하다.
③ 구조상의 결함이 있는 경우 중대재해로 이어질 수 있다.
④ 사용부재가 과소단면이거나 결함재료를 사용하기 쉽다.

해설 가설구조물은 부재의 결합이 간단하나 불완전 결합이 많다.

관련개념 CHAPTER 05 비계 · 거푸집 가시설 위험방지

097

슬레이트, 선라이트 등 강도가 약한 재료로 덮은 지붕 위에서의 작업 중 위험방지를 위하여 필요한 발판의 폭에 대한 기준은?

① 10[cm] 이상　② 20[cm] 이상
③ 25[cm] 이상　④ 30[cm] 이상

해설 근로자가 지붕 위에서 작업을 할 때에 추락하거나 넘어질 위험이 있는 경우 슬레이트 등 강도가 약한 재료로 덮은 지붕에는 폭 30[cm] 이상의 발판을 설치하여야 한다.

관련개념 CHAPTER 04 건설현장 안전시설 관리

098

철골공사에서 부재의 건립용 기계로 거리가 먼 것은?

① 타워크레인　② 가이데릭
③ 삼각데릭　④ 항타기

해설 항타기는 토목공사용 차량계 건설기계로서 지반에 말뚝을 깊이 박을 때 사용한다.

관련개념 CHAPTER 06 공사 및 작업 종류별 안전

099

추락방호망의 달기로프를 지지점에 부착할 때 지지점의 간격이 1.5[m]인 경우 지지점의 강도는 최소 얼마 이상이어야 하는가?(단, 연속적인 구조물이 방망 지지점인 경우이다.)

① 200[kg]　② 300[kg]
③ 400[kg]　④ 500[kg]

해설 방망 지지점은 600[kg]의 외력에 견딜 수 있는 강도를 보유하여야 하지만, 연속적인 구조물이 방망 지지점인 경우의 외력이 다음 식에 계산한 값에 견딜 수 있는 경우에는 아래 식에서 계산한 값 이상이어야 한다.

$F=200\times B=200\times 1.5=300$[kg]

여기서, F: 외력[kg]
B: 지지점 간격[m]

관련개념 CHAPTER 04 건설현장 안전시설 관리

100

히빙현상에 대한 안전대책과 가장 거리가 먼 것은?

① 지하수위의 저하
② 흙막이벽의 근입심도 확보
③ 양질의 재료로 지반개량 실시
④ 굴착 주변에 상재하중을 증대

해설 히빙현상을 예방하기 위해서는 흙막이벽 배면지반의 상재하중을 제거하여야 한다.

관련개념 CHAPTER 02 건설공사 위험성

| 정답 | 096 ② 097 ④ 098 ④ 099 ② 100 ④

내가 꿈을 이루면
나는 누군가의 꿈이 된다.

– 이도준

여러분의 작은 소리
에듀윌은 크게 듣겠습니다.

본 교재에 대한 여러분의 목소리를 들려주세요.
공부하시면서 어려웠던 점, 궁금한 점,
칭찬하고 싶은 점, 개선할 점, 어떤 것이라도 좋습니다.

에듀윌은 여러분께서 나누어 주신 의견을
통해 끊임없이 발전하고 있습니다.

에듀윌 산업안전산업기사

필기 한권끝장

실전 모의고사 6회 | 별책부록 3회 + CBT 응시 3회

혜택받기 교재 내 수록 / 교재 내 QR 또는 링크로 접속

CORE BOOK | 빈출개념 + 빈출문제

혜택받기 교재 내 수록

무료특강 | CBT 대비 500제

혜택받기 에듀윌 도서몰(book.eduwill.net) ▶ 동영상강의실 ▶ '산업안전산업기사' 검색

YES24 수험서 자격증 한국산업인력공단 안전관리분야 산업안전 베스트셀러 1위
(2021년 6월 4주 주별 베스트)

2023, 2022, 2021 대한민국 브랜드만족도 산업안전산업기사 교육 1위
(한경비즈니스)

고객의 꿈, 직원의 꿈, 지역사회의 꿈을 실현한다

펴낸곳 (주)에듀윌 **펴낸이** 양형남 **출판총괄** 오용철 **에듀윌 대표번호** 1600-6700
주소 서울시 구로구 디지털로 34길 55 코오롱싸이언스밸리 2차 3층 **등록번호** 제25100-2002-000052호

에듀윌 도서몰 book.eduwill.net

- 부가학습자료 및 정오표: 에듀윌 도서몰 > 도서자료실
- 교재 문의: 에듀윌 도서몰 > 문의하기 > 교재(내용, 출간) / 주문 및 배송

본 교재는 총 2권 구성이며, 정가는 37,00
ISBN: 979-11-36

꿈을 실현하는 에듀윌 Real 합격 스토리

산업안전기사, 산업안전산업기사 동시 합격!

산업안전기사 및 산업기사는 암기력 테스트라는 사실은 익히 알고 있었지만, 그 범위가 너무 광범위했습니다. 저는 에듀윌 교재의 기출, 모의고사, 핵심정리 등을 모두 풀었습니다. 에듀윌은 저에게 '아직도 머리는 죽지 않았구나' 하는 자신감을 갖게 해 주었습니다.

비전공자도 어렵지 않게 합격!

필기시험은 시험 2달 전부터 준비했습니다. 에듀윌 강의와 교재로 평일은 퇴근 후 2시간씩, 주말에는 6시간씩 공부했습니다. 필기시험 합격 후 실기시험은 기출문제 위주로 대비하였습니다. 이 자격증은 늦은 나이에도 활용할 수 있다는 점이 좋더라고요. 에듀윌을 통해서 한 번에 합격하니 기쁩니다.

60대 나이에도 할 수 있는, 해낸 산업안전산업기사 합격!

산업안전 부문이 활용도가 높고 재취업에도 용이하다는 조언을 듣고 에듀윌로 자격증 시험을 준비하게 되었습니다. 기출문제를 반복해서 풀 때마다 내용을 노트에 정리, 필기하는 방법으로 공부하였습니다. 실기까지 합격하고 보니 필기 공부 과정에서 기초를 튼튼히 한 것이 합격할 수 있게 된 비결인 것 같습니다.

다음 합격의 주인공은 당신입니다!

더 많은 합격 비법

* 2023 대한민국 브랜드만족도 산업안전산업기사 교육 1위(한경비즈니스)

1위 에듀윌만의
체계적인 합격 커리큘럼

원하는 시간과 장소에서, 1:1 관리까지 한번에

온라인 강의

① 전 과목 최신 교재 제공
② 업계 최강 교수진의 전 강의 수강 가능
③ 맞춤형 학습플랜 및 커리큘럼으로 효율적인 학습

회원가입하고
산업안전기사 입문팩
100% 무료로 받기

입문팩
무료 받기

친구 추천 이벤트

"친구 추천하고 한 달 만에 920만원 받았어요"

친구 1명 추천할 때마다 현금 10만원 제공
추천 참여 횟수 무제한 반복 가능

※ *a*o*h**** 회원의 2021년 2월 실제 리워드 금액 기준
※ 해당 이벤트는 예고 없이 변경되거나 종료될 수 있습니다.

친구 추천 이벤트
바로가기

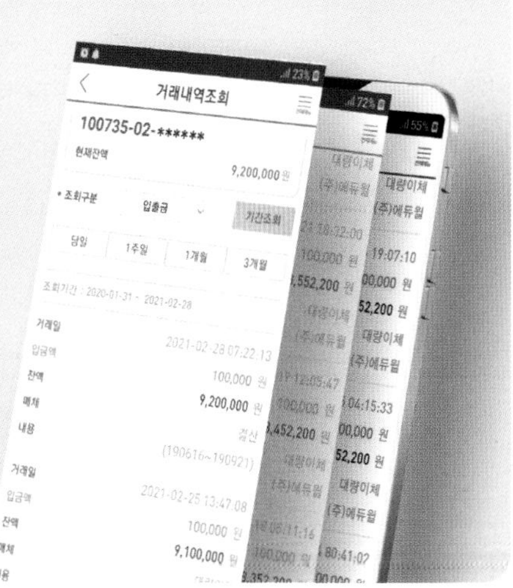

* 2023 대한민국 브랜드만족도 산업안전산업기사 교육 1위(한경비즈니스)

시험 직전, CBT 시험 적응을 위한

CBT 실전모의고사 3회 제공

PC로 응시하기

1 | 최신 출제경향을 반영한 CBT 모의고사

실제 시험과 동일한 시험 환경 구현
CBT 시험 완벽 대비
총 3회 분량의 모의고사 제공

모의고사 입장하기

1회 | https://eduwill.kr/Rjoe
2회 | https://eduwill.kr/xjoe
3회 | https://eduwill.kr/Jfoe

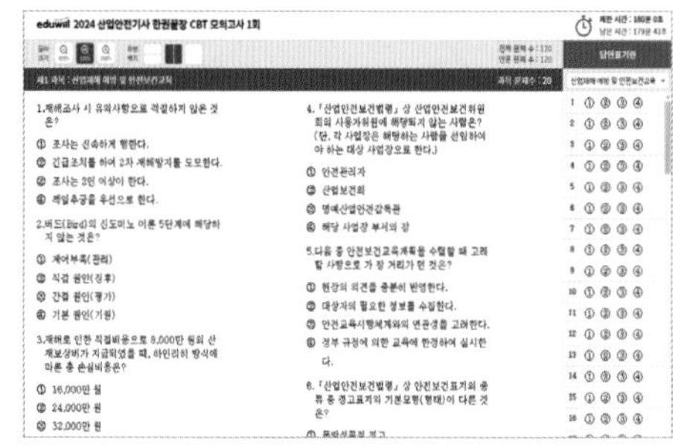

2 | 학습자 맞춤형 성적분석

전체 응시생의 평균점수 비교를 통한 시험의 난이도와 합격예측 확인

과목별 점수와 난이도를 비교하여 스스로 취약한 부분 확인

STEP 1 모의고사 응시 후 [성적 분석] 클릭

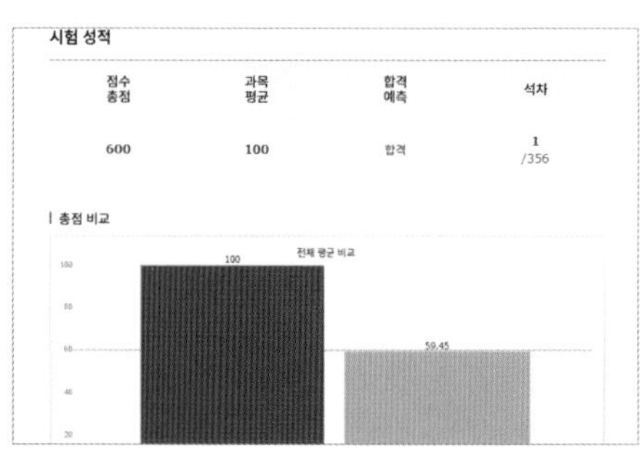

3 | 쉽고 빠르게 확인하는 오답해설

모의고사 채점을 통한 과목별 성적 및 상세한 해설 제공

문제 별 정답률을 확인하여 문제 난이도를 한눈에 파악

STEP 1 모의고사 응시 후 [채점 결과] 클릭
STEP 2 점수 확인 후 [해설 보기] 클릭

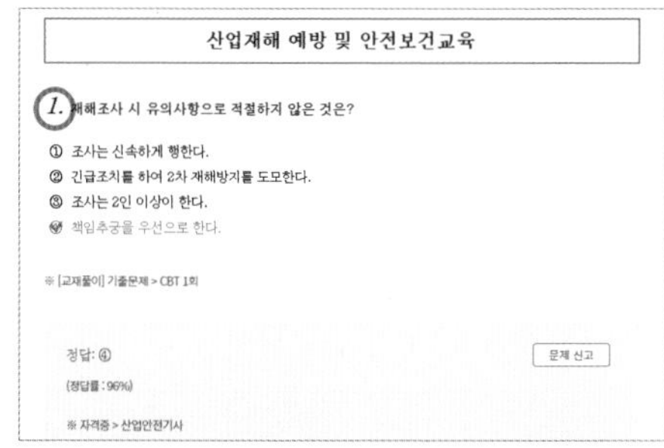

Mobile로 응시하기

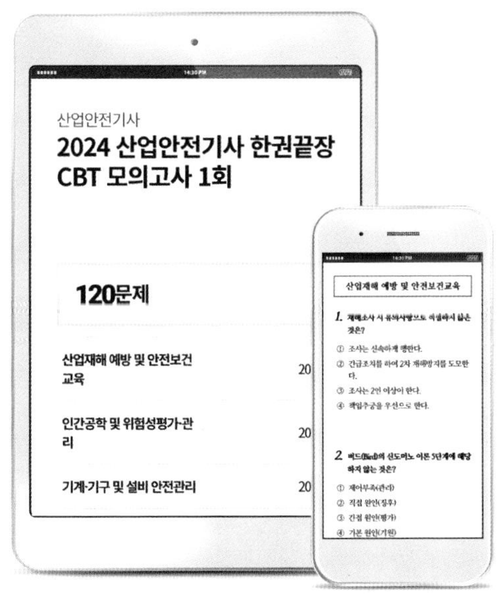

PC 버전 CBT 모의고사의 장점만을 그대로 담았습니다.
QR 코드를 스캔하여 더욱 쉽고 빠르게 서비스를 이용할 수 있습니다.

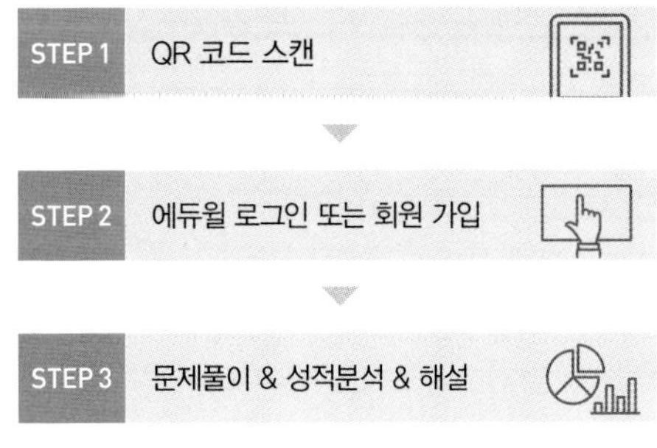

STEP 1 QR 코드 스캔
STEP 2 에듀윌 로그인 또는 회원 가입
STEP 3 문제풀이 & 성적분석 & 해설

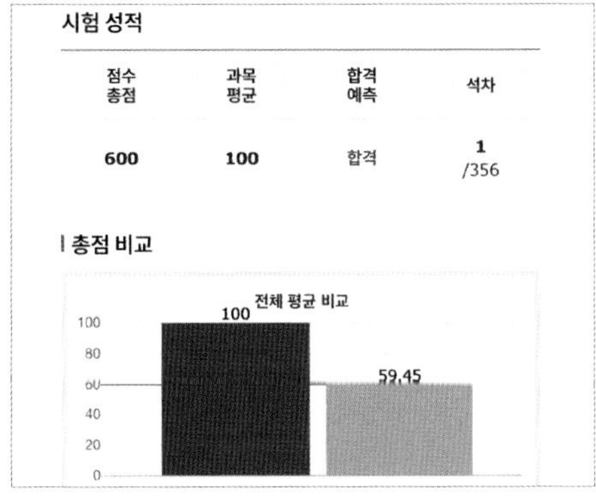

맞춤형 성적 분석

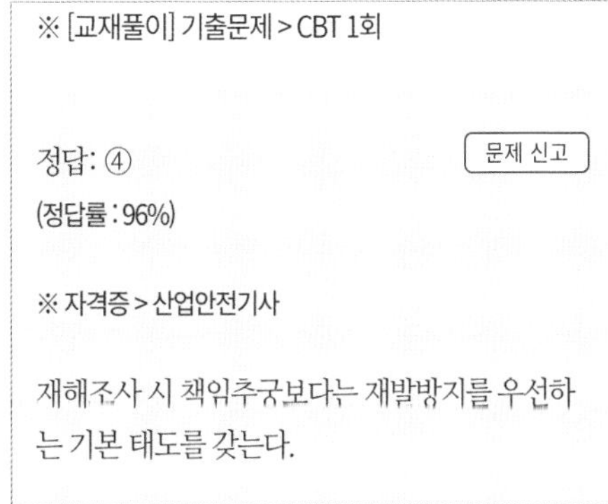

쉽고 빠른 오답해설

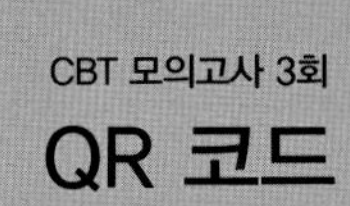

1회

2회

3회

* CBT 모의고사는 2025년 1회차 시험 한 달 전 제공됩니다. (2025년 1월 예정)
* CBT 모의고사의 유효기간은 2026년 2월 28일까지이며, 이후 서비스 제공이 중단될 수 있습니다.

안전·보건 표지 종류 및 형태

금지표지

출입금지

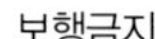
보행금지

차량통행금지

사용금지

탑승금지

금연

화기금지

물체이동금지

경고표지

인화성물질경고

산화성물질경고

폭발성물질경고

급성독성물질경고

부식성물질경고

방사성물질경고

고압전기경고

매달린물체경고

낙하물경고

고온경고

저온경고

몸균형상실경고

레이저광선경고

발암성·변이원성·생식독성·전신독성·호흡기 과민성 물질경고

위험장소경고

지시표지

보안경착용

방독마스크착용

방진마스크착용

보안면착용

안전모착용

귀마개착용

안전화착용

안전장갑착용

안전복착용

안내표지

녹십자표지

응급구호표지

들것

세안장치

비상용기구

비상구

좌측비상구

우측비상구

시작하는 방법은
말을 멈추고
즉시 행동하는 것이다.

– 월트 디즈니(Walt Disney)

에듀윌
산업안전산업기사

필기 이론편

산업안전산업기사 INFORMATION

1 「산업안전보건법」에 의한 고용의무 자격증

「산업안전보건법」에서 규정한 **안전관리자 자격을 취득**하기 위해서는 4년제 대학 이상의 학교에서 산업안전 관련 학과를 졸업하거나 **산업안전기사 또는 산업안전산업기사 이상의 자격증을 취득**하여야 합니다. 안전관리자는 제조 및 서비스업 등 각 산업현장에 배치되어 산업재해 예방계획의 수립에 관한 사항을 수행합니다.

산업안전보건법

제17조【안전관리자】 ① 사업주는 사업장에 제15조 제1항 각 호의 사항 중 안전에 관한 기술적인 사항에 관하여 사업주 또는 안전보건관리책임자를 보좌하고 관리감독자에게 지도 · 조언하는 업무를 수행하는 사람(이하 "안전관리자"라 한다)을 두어야 한다.

② 안전관리자를 두어야 하는 사업의 종류와 사업장의 상시근로자 수, 안전관리자의 수 · 자격 · 업무 · 권한 · 선임 방법, 그 밖에 필요한 사항은 대통령령으로 정한다.

③ 대통령령으로 정하는 사업의 종류 및 사업장의 상시근로자 수에 해당하는 사업장의 사업주는 안전관리자에게 그 업무만을 전담하도록 하여야 한다.

---

2 안전에 대한 중요도 증가로 지속적인 수요 증가

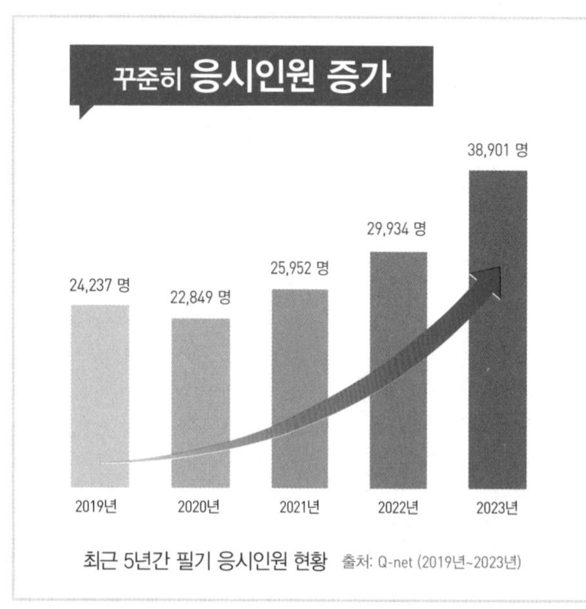

최근 5년간 필기 응시인원 현황 출처: Q-net (2019년~2023년)

2000년도 초반에는 산업안전산업기사 시험 응시자 수가 4천 명 정도였다. 하지만 **2023년 그 수가 3만 8천 명 이상으로 증가하였습니다.**

최근 우리나라는 사회적으로 안전에 대한 관심이 높아지고 있고, 법령에 의해서 안전관리자를 선임해야 하는 것이 의무화되어 있기 때문에 **앞으로도 산업안전산업기사 응시생 수는 늘어날 것으로 전망됩니다.**

3 응시자격

대학 및 전문대학의 경영·회계·사무 중 생산관리 직무분야와 관련된 학과, 보건·의료 직무분야와 관련된 학과, 건설, 광업자원, 기계, 재료, 화학, 섬유·의복, 전기·전자, 정보통신, 식품가공, 인쇄·목재·가구·공예, 농림어업, 안전관리, 환경·에너지 직무분야와 관련된 학과 졸업생, 동일 및 유사직무분야에서 2년 이상 실무에 종사한 자가 응시 가능합니다.

※ 정확한 관련 학과의 명칭, 경력 인정범위, 학점은행제 졸업생의 정확한 응시 가능 여부는 한국산업인력공단에 별도 문의해야 합니다.

4 시험일정

회차	필기시험	필기합격 (예정자)발표	실기시험	최종합격자 발표일
1회	2월~3월	3월 중	4월~5월	6월 중
2회	5월 중	6월 중	7월~8월	9월 중
3회	7월 중	8월 중	10월~11월	12월 중

※ 정확한 시험일정은 한국산업인력공단(Q-net) 참고

※ CBT 방식의 시험은 시험기간(2~3주) 중 원하는 날짜와 시간을 선택하여 응시 가능

5 검정방법 & 합격기준

- 검정방법
  - 필기: 객관식 4지 택일형 과목당 20문항
  - 실기: 복합형(필답형 + 작업형)
- 합격기준

필기시험	· 100점을 만점으로 하여 과목당 40점 이상, 5과목 평균 60점 이상이면 합격 · 5과목 평균 60점 이상이어도 한 과목이라도 40점 미만이면 과락
실기시험	· 필답형 55점, 작업형 45점으로 구분됨 · 필답형과 작업형 점수를 합하여 60점 이상이면 합격

최신 법령 & 출제기준 완벽 반영

1 산업안전산업기사 출제기준 변경

• 변경된 출제기준 및 적용기간

– 2023년 7월, 한국산업인력공단의 공시로 현장 및 실무에 활용을 높이기 위한 목적으로 '국가직무능력표준(NCS)'에 맞추어 산업안전산업기사 출제기준이 개편되었습니다.

– 개편된 출제기준은 2024년 1월 1일부터 2026년 12월 31일까지 3년간 적용되며 2024년 2월에 시행된 1회차 필기 시험부터 적용되었습니다. 따라서 수험생 여러분들은 꼭! 개편된 내용과 2024년 출제경향을 확인하고 2025년 시험을 대비할 필요가 있습니다.

구분	변경 전(23. 12. 31.까지)	변경 후(24. 01. 01.부터)	에듀윌 신규 이론 2024
1과목	안전관리론	산업재해 예방 및 안전보건교육	안전보건기술지침 및 안전보건예산
2과목	인간공학 및 시스템안전공학	인간공학 및 위험성평가 · 관리	위험성평가, 위험성 감소대책, 근골격계 유해요인 관리, 유해요인 관리
3과목	기계위험방지기술	기계 · 기구 및 설비 안전관리	공정관리, 표준안전작업, KS 규격 및 ISO 규격
4과목	전기 및 화학설비 위험방지기술	전기 및 화학설비 안전관리	전기안전관련법령, 방폭형 전기기기, 비상대응 교육 훈련, 자체매뉴얼 개발
5과목	건설안전기술	건설공사 안전관리	건설공사 특수성, 안전관리 고려사항, 위험성 결정 관련 지침

• 변경 출제기준 완벽 반영!

– 『2025 에듀윌 산업안전산업기사 필기 한권끝장』은 개편된 출제기준의 내용을 모두 완벽히 반영하였습니다.

– 개편된 내용 중 추가된 이론은 2024 아이콘으로 표시하였고, 추가된 이론에 대한 학습점검을 할 수 있도록 출제예상문제도 함께 수록하였습니다.

• 출제기준 개편에 따른 학습의 방향

2020년 4회차 필기시험부터 적용된 CBT(Computer Based Test) 방식 특성상 출제기준 변경에 따른 문항의 변형 및 신규 문항으로 학습자가 체감할 난도는 크게 변하지 않습니다. 따라서 신규 이론의 내용을 확인하고 지금까지처럼 지난 기출문제 위주로 학습한다면 출제기준 개편에 영향 없이 합격할 수 있습니다.

2 주목할 만한 개정 법령 등 주요 내용

• 실기까지 적용될 빈출 개정 법령

구분	주요 내용
「산업안전보건기준에 관한 규칙」 (2024. 6. 28. 시행)	• '달비계의 최대적재하중을 정하는 경우 안전계수', '통나무비계의 구조'에 대한 내용이 삭제되고, '이동식 사다리 사용 · 작업 시 안전조치'가 마련되었습니다. • 2025. 6. 29. 시행예정 법령에는 '분쇄기 사용 · 작업 시 위험방지기준'이 강화되었고, '구내운반차 사용 시 준수사항'이 개정되어 2025년 3회차 응시생은 개정된 법령을 반드시 확인하고 넘어가야 합니다.
「산업안전보건법 시행령」 (2025. 6. 26. 시행예정)	'혼합기'와 '파쇄기 또는 분쇄기'가 안전검사대상기계로 분류될 예정입니다. 안전검사 대상 기계는 필기는 물론 실기에서도 종종 출제되는 유형이니 필기 3회차 및 실기 2 · 3회차 응시생은 변경된 법령을 반드시 확인하고 넘어가야 합니다.
「전기안전관리법 시행규칙」 (2024. 7. 1. 시행)	전기안전관리 대상에서 제외되었던 무정전전원장치가 정기검사 대상으로 추가되었습니다. 개편된 출제기준에 따라 '정기검사 대상 전기설비'에 대한 이론이 추가되었으니 개정된 법령을 확인하는 것이 좋을 것 같습니다.

• 개정 법령 완벽 반영!

「산업안전보건법 시행령」(2025. 1. 1. 시행예정) 등 30여 가지의 최신 개정 법령 및 행정규칙 반영

『2025 에듀윌 산업안전산업기사 필기 한권끝장』에서는 「건설기술 진흥법령」, 「위험물안전관리법령」, 「전기안전관리법령」 외에도 「가설공사 표준안전 작업지침」, 「건설업 산업안전보건관리비 계상 및 사용기준」, 「굴착공사 표준안전 작업지침」, 「방호장치 안전인증 고시」, 「보호구 안전인증 고시」, 「산업재해통계업무처리규정」, 「철골공사표준안전작업지침」, 「추락재해방지표준안전작업지침」, 「해체공사표준안전작업지침」 등 여러 행정규칙과 한국전기설비규정(KEC) 및 KOSHA GUIDE를 최신 개정된 내용에 맞추어 문제, 보기 등을 수정하여 제공하고 있습니다.

에듀윌과 함께 하는
산업안전산업기사 단기 합격 !

2025 에듀윌 산업안전산업기사

합격에 필요한 이론만 담은 **이론편**

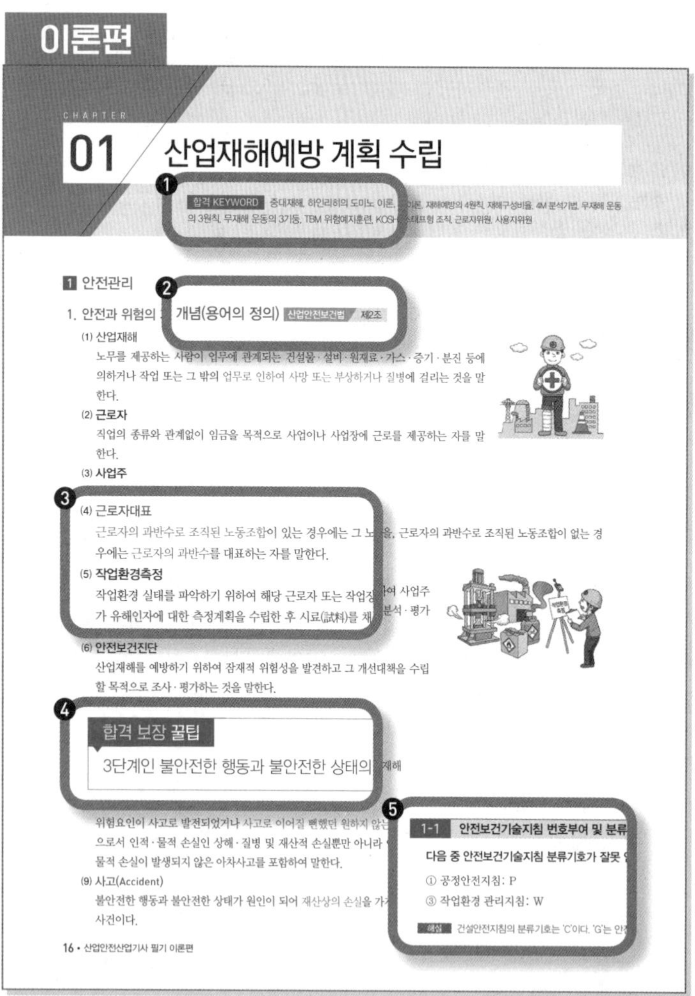

❶ CHAPTER별로 '합격 KEYWORD'를 구성하여 중요 개념을 한눈에 파악

❷ 관련 법령 등을 표기하여 더 많은 내용을 학습하고 싶은 경우 활용 가능!

❸ 빈출 내용은 색자로 구성하여 시간이 부족한 학습자는 중요한 내용 위주로 빠르게 학습

❹ 시험에 잘 나오고, 헷갈리는 내용은 '합격 보장 꿀팁'으로 정리!

❺ 2024 신규 이론에 대한 출제예상문제를 통해 개정된 출제기준 완벽 대비!

합격으로 가는
빠르고 쉬운 길

직독직해 해설로 완벽학습이 가능한 **기출문제편**

CBT 대비 500제

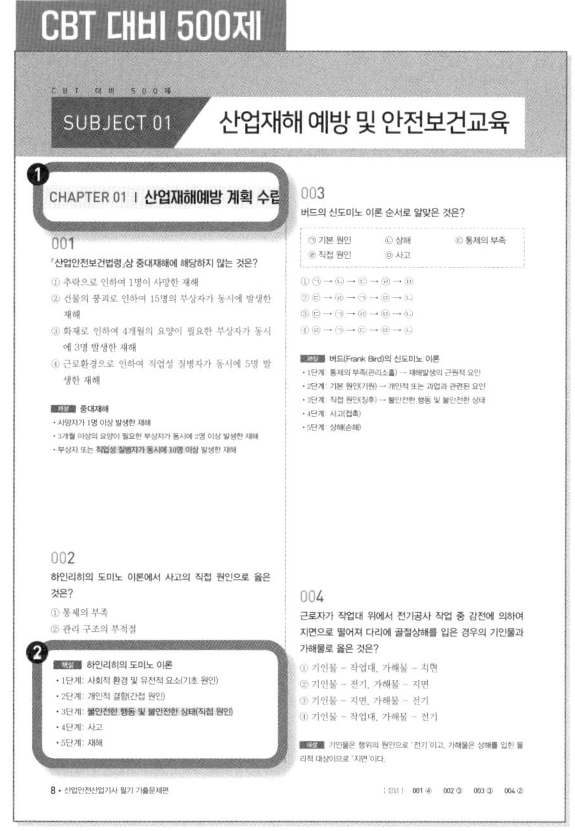

CBT 대비 500제

SUBJECT 01 산업재해 예방 및 안전보건교육

CHAPTER 01 | 산업재해예방 계획 수립

001

「산업안전보건법령」상 중대재해에 해당하지 않는 것은?

① 추락으로 인하여 1명이 사망한 재해
② 건물의 붕괴로 인하여 15명의 부상자가 동시에 발생한 재해
③ 화재로 인하여 4개월의 요양이 필요한 부상자가 동시에 3명 발생한 재해
④ 근로환경으로 인하여 직업성 질병자가 동시에 5명 발생한 재해

해설 중대재해
- 사망자가 1명 이상 발생한 재해
- 3개월 이상의 요양이 필요한 부상자가 동시에 2명 이상 발생한 재해
- 부상자 또는 직업성 질병자가 동시에 10명 이상 발생한 재해

002

하인리히의 도미노 이론에서 사고의 직접 원인으로 옳은 것은?

① 통제의 부족
② 관리 구조의 부적절

해설 하인리히의 도미노 이론
- 1단계: 사회적 환경 및 유전적 요소(기초 원인)
- 2단계: 개인적 결함(간접 원인)
- 3단계: 불안전한 행동 및 불안전한 상태(직접 원인)
- 4단계: 사고
- 5단계: 재해

003

버드의 신도미노 이론 순서로 알맞은 것은?

㉠ 기본 원인 ㉡ 상해 ㉢ 통제의 부족
㉣ 직접 원인 ㉤ 사고

① ㉠ → ㉡ → ㉢ → ㉣ → ㉤
② ㉢ → ㉣ → ㉠ → ㉤ → ㉡
③ ㉢ → ㉠ → ㉣ → ㉤ → ㉡
④ ㉣ → ㉠ → ㉢ → ㉤ → ㉡

해설 버드(Frank Bird)의 신도미노 이론
- 1단계: 통제의 부족(관리소홀) → 재해발생의 근원적 요인
- 2단계: 기본 원인(기원) → 개인적 또는 과업과 관련된 요인
- 3단계: 직접 원인(징후) → 불안전한 행동 및 불안전한 상태
- 4단계: 사고(접촉)
- 5단계: 상해(손해)

004

근로자가 작업대 위에서 전기공사 작업 중 감전에 의하여 지면으로 떨어져 다리에 골절상해를 입은 경우의 기인물과 가해물로 옳은 것은?

① 기인물 – 작업대, 가해물 – 지면
② 기인물 – 전기, 가해물 – 지면
③ 기인물 – 지면, 가해물 – 전기
④ 기인물 – 작업대, 가해물 – 전기

해설 기인물은 행위의 원인으로 '전기'이고, 가해물은 상해를 입힌 물리적 대상이므로 '지면'이다.

8 • 산업안전산업기사 필기 기출문제편

| 정답 | 001 ④ 002 ③ 003 ③ 004 ②

❶ CBT 시험을 대비하여 과목별, 유형별로 문제 선별

❷ 초보자도 쉽게 이해할 수 있는 상세한 해설 제공

기출문제

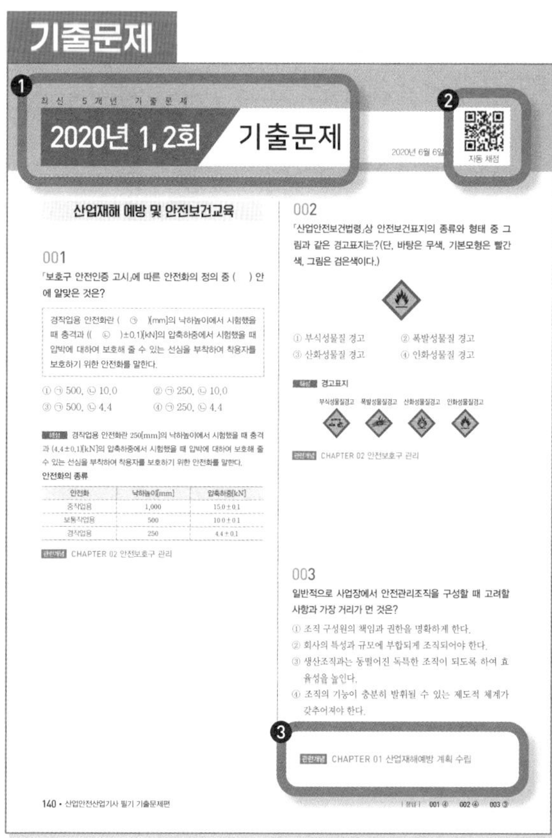

최신 5개년 기출문제

2020년 1, 2회 기출문제

2020년 6월 6일

자동 채점

산업재해 예방 및 안전보건교육

001

「보호구 안전인증 고시」에 따른 안전화의 정의 중 ( ) 안에 알맞은 것은?

경작업용 안전화란 (㉠)(mm)의 낙하높이에서 시험했을 때 충격과 ((㉡)±0.1)(kN)의 압축하중에서 시험했을 때 압박에 대하여 보호해 줄 수 있는 선심을 부착하여 착용자를 보호하기 위한 안전화를 말한다.

① ㉠ 500, ㉡ 10.0 ② ㉠ 250, ㉡ 10.0
③ ㉠ 500, ㉡ 4.4 ④ ㉠ 250, ㉡ 4.4

해설 경작업용 안전화란 250[mm]의 낙하높이에서 시험했을 때 충격과 (4.4±0.1)[kN]의 압축하중에서 시험했을 때 압박에 대하여 보호해 줄 수 있는 선심을 부착하여 착용자를 보호하기 위한 안전화를 말한다.

안전화의 종류

안전화	낙하높이[mm]	압축하중[kN]
중작업용	1,000	15.0±0.1
보통작업용	500	10.0±0.1
경작업용	250	4.4±0.1

관련개념 CHAPTER 02 안전보호구 관리

002

「산업안전보건법령」상 안전보건표지의 종류와 형태 중 그림과 같은 경고표지는?(단, 바탕은 무색, 기본모형은 빨간색, 그림은 검은색이다.)

① 부식성물질 경고 ② 폭발성물질 경고
③ 산화성물질 경고 ④ 인화성물질 경고

해설 경고표지

부식성물질경고 폭발성물질경고 산화성물질경고 인화성물질경고

관련개념 CHAPTER 02 안전보호구 관리

003

일반적으로 사업장에서 안전관리조직을 구성할 때 고려할 사항과 가장 거리가 먼 것은?

① 조직 구성원의 책임과 권한을 명확하게 한다.
② 회사의 특성과 규모에 부합되게 조직되어야 한다.
③ 생산조직과는 동떨어진 독특한 조직이 되도록 하여 효율성을 높인다.
④ 조직의 기능이 충분히 발휘될 수 있는 제도적 체계가 갖추어져야 한다.

관련개념 CHAPTER 01 산업재해예방 계획 수립

140 • 산업안전산업기사 필기 기출문제편

| 정답 | 001 ④ 002 ④ 003 ③

❶ CBT 직전 5개년 기출문제를 완벽 복원하여 수록

❷ 자동채점이 가능한 모바일 OMR을 통해 성적 확인 및 분석 가능

❸ 문항별로 관련개념을 안내하여 부족한 내용을 이론에서 쉽게 탐색 가능

2025 에듀윌 산업안전산업기사

시작부터 끝까지 함께하는 **부가학습자료**

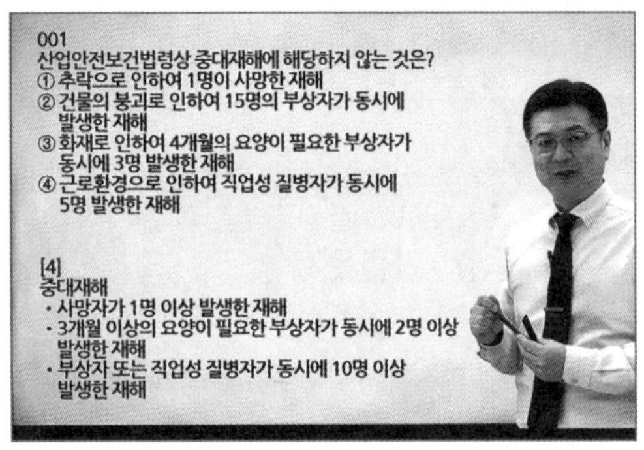

01

무료강의 | CBT 대비 500제

CBT 대비 500제 전 과목 무료특강 제공!

※ 에듀윌 도서몰 ▶ 동영상강의실 ▶ '산업안전산업기사' 검색
※ 2월 중 제공 예정

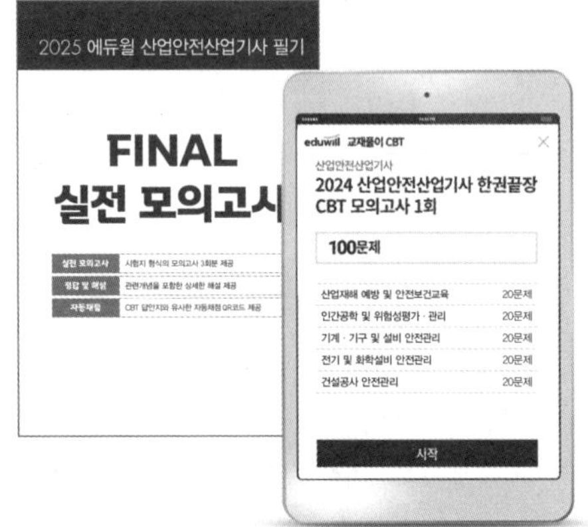

2025 에듀윌 산업안전산업기사 필기
FINAL
실전 모의고사
eduwill 교재풀이 CBT
산업안전산업기사
2024 산업안전산업기사 한권끝장
CBT 모의고사 1회
100문제
산업재해 예방 및 안전보건교육 20문제
인간공학 및 위험성평가 · 관리 20문제
기계 · 기구 및 설비 안전관리 20문제
전기 및 화학설비 안전관리 20문제
건설공사 안전관리 20문제
시작

02

실전 모의고사 6회 | 별책부록 3회 + CBT 응시 3회

손으로 직접 풀어보는 FINAL 실전 모의고사 3회와 시험 환경과 유사한 상황에서 응시하는 CBT 실전 모의고사 3회, 총 6회 제공!

※ CBT 실전 모의고사: 2025년 1회 시험 1달 전 제공되며, 유효기간은 2026년 2월까지입니다.
※ 자세한 응시방법은 본교재 광고 페이지를 통해 확인하세요.

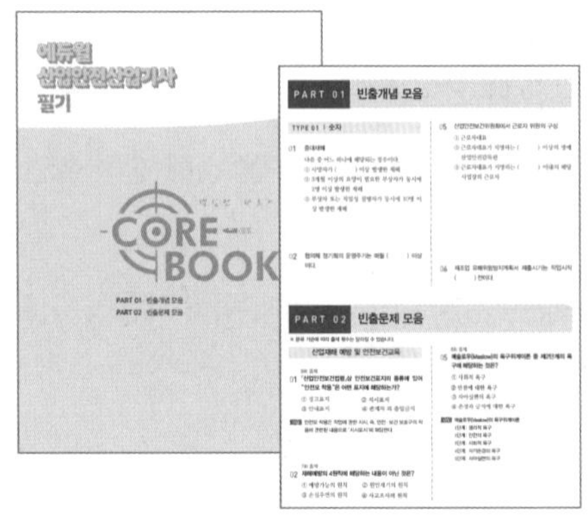

03

CORE BOOK | 빈출개념 + 빈출문제

빈출개념을 4개의 TYPE으로 분류하여 핵심이 되는 단어만 학습할 수 있도록 구성한 '빈출개념' 모음과 기출문제 중 빈출만 모아 구성한 '빈출문제' 모음을 한 권으로!
시험 직전 CORE BOOK 하나면 복습 완료!

산업안전산업기사 합격전략!

1 실기까지 생각하여 학습의 강약 조절

산업안전산업기사 자격증을 취득하기 위해서는 결국 실기까지 합격해야 합니다. 그렇기 때문에 필기를 공부할 때부터 실기에서 출제비율이 높은 산업재해 예방 및 안전보건교육, 기계 · 기구 및 설비 안전관리, 건설공사 안전관리 과목은 더 집중해서 공부해야 합니다.

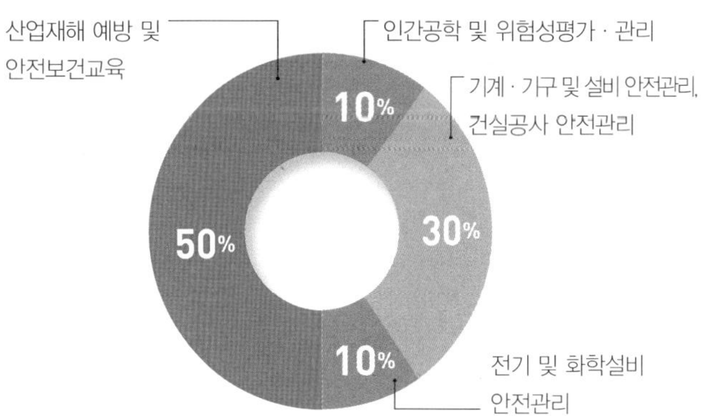

산업안전산업기사 실기시험 과목별 출제비율

최신 10개년 시험 분석 결과로 문항 분류 방법에 따라 비율은 달라질 수 있음

2 이론은 가볍게, 기출문제 풀이에 집중

산업안전산업기사 시험은 문제은행 방식으로 출제되기 때문에 기존의 기출문제만 완벽하게 공부해도 합격할 수 있습니다.

다만, 이론을 전혀 공부하지 않고 기출문제만 풀면 문제를 이해하는 데 어려움이 있을 수 있으므로 이론을 기본적인 개념과 용어를 이해할 정도로 간단하게 읽고, 기출문제를 반복해서 학습하는 것이 좋습니다.

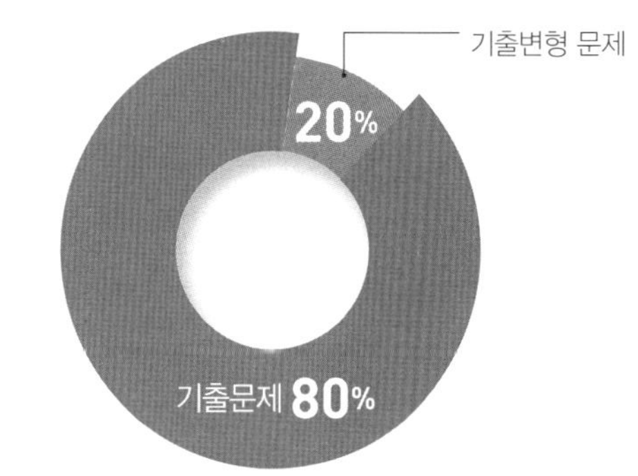

최신 10개년 기출문제 중 기출문제 · 유사문제 비율

최신 10개년 시험 분석 결과로 문항 분류 방법에 따라 비율은 달라질 수 있음

3 전기, 화학은 과락 주의

지난 10년간 수험생의 학습 결과를 분석해 보면 전기 및 화학설비 안전관리 과목에서 과락이 많이 발생했습니다. 산업안전산업기사 필기시험은 평균 60점이 넘으면 합격할 수 있지만 한 과목이라도 40점 미만을 받으면 불합격하게 되므로 시간이 부족한 수험생의 경우 전기 및 화학설비 안전관리 과목은 과락을 받지 않을 정도로 집중하여 공부하고, 다른 과목에서 높은 점수를 받는 전략을 가져갈 수 있습니다.

차례

SUBJECT 04
전기 및 화학설비 안전관리

SUBJECT 05
건설공사 안전관리

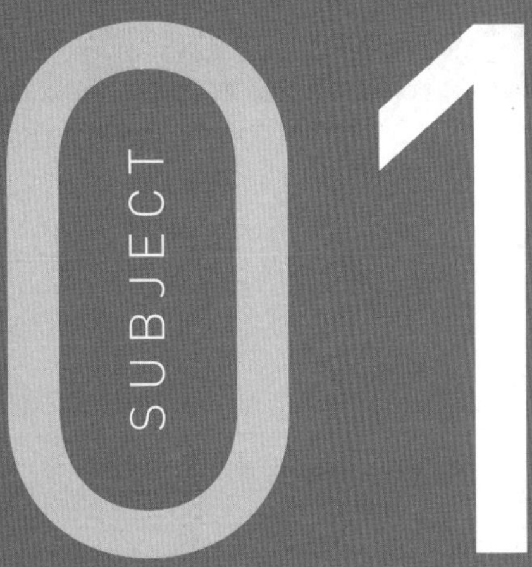

산업재해 예방 및 안전보건교육

합격 GUIDE

산업재해 예방 및 안전보건교육은 산업안전의 가장 기본이 되는 과목입니다. 산업재해 예방 및 안전보건교육은 기본 개념만 이해하면 누구든지 높은 점수를 받을 수 있는 과목입니다. 이 교재에서는 안전 분야에 처음 입문하는 수험생을 위해 이론 부분을 간략하게 정리하였습니다. 산업안전보건법과 안전 관련 이론을 중점적으로 공부하면 쉽게 고득점을 받을 수 있습니다.

기출기반으로 정리한
압축이론

최신 5개년 출제비율 분석

CHAPTER 01 산업재해예방 계획 수립
CHAPTER 02 안전보호구 관리
CHAPTER 03 산업안전심리
CHAPTER 04 인간의 행동과학
CHAPTER 05 안전보건교육의 내용 및 방법
CHAPTER 06 산업안전관계법규

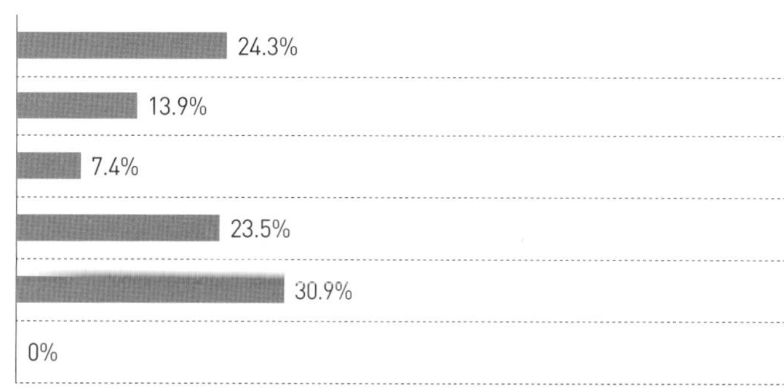

CHAPTER

01 산업재해예방 계획 수립

합격 KEYWORD 중대재해, 하인리히의 도미노 이론, 버드의 신도미노 이론, 재해예방의 4원칙, 재해구성비율, 4M 분석기법, 무재해 운동의 3원칙, 무재해 운동의 3기둥, TBM 위험예지훈련, KOSHA GUIDE, 라인 · 스태프형 조직, 근로자위원, 사용자위원

1 안전관리

1. 안전과 위험의 개념(용어의 정의) 산업안전보건법 제2조

(1) 산업재해

노무를 제공하는 사람이 업무에 관계되는 건설물 · 설비 · 원재료 · 가스 · 증기 · 분진 등에 의하거나 작업 또는 그 밖의 업무로 인하여 사망 또는 부상하거나 질병에 걸리는 것을 말한다.

(2) 근로자

직업의 종류와 관계없이 임금을 목적으로 사업이나 사업장에 근로를 제공하는 자를 말한다.

(3) 사업주

근로자를 사용하여 사업을 하는 자를 말한다.

(4) 근로자대표

근로자의 과반수로 조직된 노동조합이 있는 경우에는 그 노동조합을, 근로자의 과반수로 조직된 노동조합이 없는 경우에는 근로자의 과반수를 대표하는 자를 말한다.

(5) 작업환경측정

작업환경 실태를 파악하기 위하여 해당 근로자 또는 작업장에 대하여 사업주가 유해인자에 대한 측정계획을 수립한 후 시료(試料)를 채취하고 분석 · 평가하는 것을 말한다.

(6) 안전보건진단

산업재해를 예방하기 위하여 잠재적 위험성을 발견하고 그 개선대책을 수립할 목적으로 조사 · 평가하는 것을 말한다.

(7) 중대재해 산업안전보건법 시행규칙 제3조

다음의 어느 하나에 해당하는 재해를 말한다.

① 사망자가 1명 이상 발생한 재해

② 3개월 이상의 요양이 필요한 부상자가 동시에 2명 이상 발생한 재해

③ 부상자 또는 직업성 질병자가 동시에 10명 이상 발생한 재해

(8) 사건(Event)

위험요인이 사고로 발전되었거나 사고로 이어질 뻔했던 원하지 않는 사상으로서 인적 · 물적 손실인 상해 · 질병 및 재산적 손실뿐만 아니라 인적 · 물적 손실이 발생되지 않은 아차사고를 포함하여 말한다.

(9) 사고(Accident)

불안전한 행동과 불안전한 상태가 원인이 되어 재산상의 손실을 가져오는 사건이다.

2. 안전보건관리 제이론

(1) 재해발생의 메커니즘

① 하인리히(H. W. Heinrich)의 도미노 이론(사고발생의 연쇄성)

㉠ 1단계: 사회적 환경 및 유전적 요소(기초 원인)

㉡ 2단계: 개인적 결함(간접 원인)

㉢ 3단계: 불안전한 행동 및 불안전한 상태(직접 원인) → 제거(효과적임)

㉣ 4단계: 사고

㉤ 5단계: 재해

합격 보장 꿀팁

3단계인 불안전한 행동과 불안전한 상태의 중추적 요인을 제거하면 사고와 재해로 이어지지 않는다.

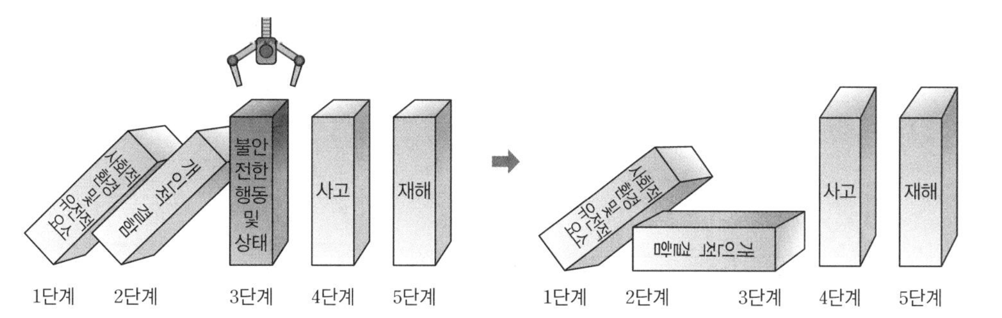

▲ 불안전한 행동 및 상태의 제거

② 버드(Frank Bird)의 신도미노 이론

㉠ 1단계: 통제의 부족(관리소홀) → 재해발생의 근원적 요인

㉡ 2단계: 기본 원인(기원) → 개인적 또는 과업과 관련된 요인

㉢ 3단계: 직접 원인(징후) → 불안전한 행동 및 불안전한 상태

㉣ 4단계: 사고(접촉)

㉤ 5단계: 상해(손해)

③ 애드워드 아담스(E. Adams)의 사고연쇄반응 이론

㉠ 1단계: 관리구조 결함

㉡ 2단계: 작전적 에러 → 관리자의 의사결정이 그릇되거나 행동을 안 함

㉢ 3단계: 전술적 에러 → 불안전 행동, 불안전 동작

㉣ 4단계: 사고 → 상해의 발생, 아차사고(Near Miss), 비상해사고

㉤ 5단계: 상해, 손해 → 대인, 대물

(2) 산업재해 발생모델(재해발생의 메커니즘)

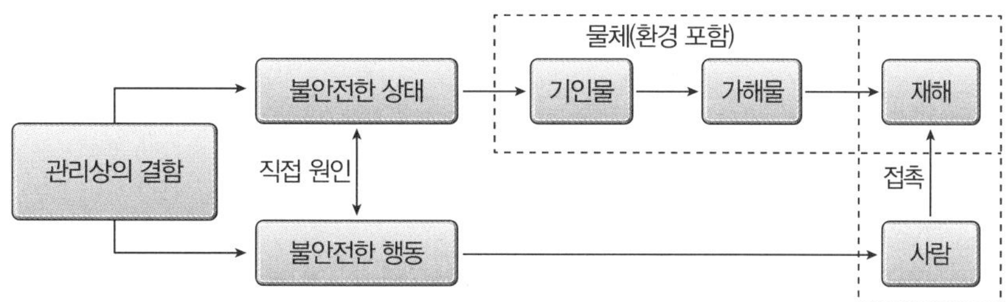

① 불안전한 행동: 작업자의 부주의, 실수, 착오, 안전조치 미이행 등

② 불안전한 상태: 기계·설비 결함, 방호장치 결함, 작업환경 결함 등

(3) 재해예방의 4원칙

하인리히는 재해를 예방하기 위한 "재해예방의 4원칙"이란 예방이론을 제시하였다. 사고는 손실우연의 원칙에 의하여 반복적으로 발생할 수 있으므로 사고발생 자체를 예방해야 한다고 주장하였다.

① 손실우연의 원칙: 재해손실은 사고발생 시 사고대상의 조건에 따라 달라지므로, 한 사고의 결과로서 생긴 재해손실은 우연성에 의해서 결정된다.

② 원인계기(원인연계)의 원칙: 재해발생은 반드시 원인이 있다.

③ 예방가능의 원칙: 재해는 원칙적으로 원인만 제거하면 예방이 가능하다.

④ 대책선정의 원칙: 재해예방을 위한 가능한 안전대책은 반드시 존재한다.

(4) 재해구성비율

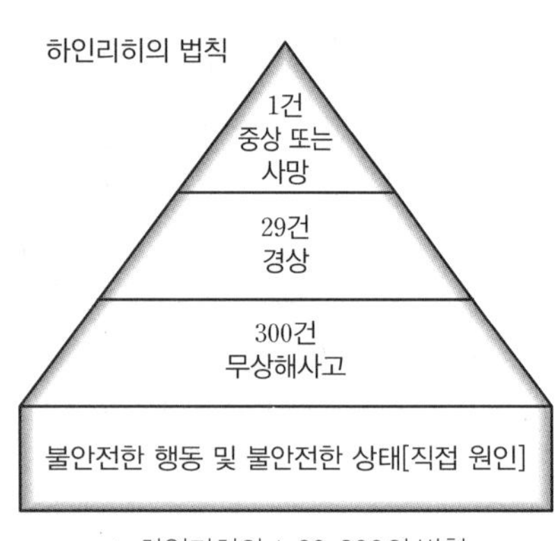

▲ 하인리히의 1:29:300의 법칙

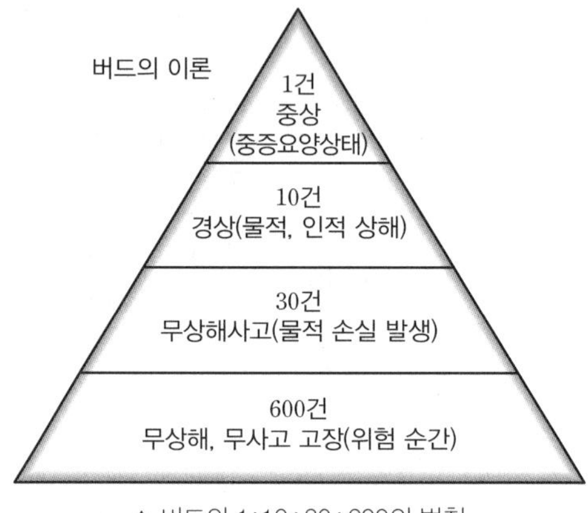

▲ 버드의 1:10:30:600의 법칙

① 하인리히의 법칙

1:29:300

㉠ 1: 중상 또는 사망

㉡ 29: 경상

㉢ 300: 무상해사고

합격 보장 꿀팁

하인리히의 법칙에 따르면 330회의 사고 가운데 중상 또는 사망 1회, 경상 29회, 무상해사고 300회의 비율로 사고가 발생한다.

① 재해의 발생=물적(불안전 상태)+인적(불안전 행동)+α

=설비적 결함+관리적 결함+α

② $\alpha = \frac{1}{1+29+300} = \frac{1}{330}$

㉠ α: 숨은 위험한 요인(잠재된 위험의 상태)

㉡ 재해건수=1+29+300=330건

② 버드의 법칙

1:10:30:600

㉠ 1: 중상(중증요양상태) 또는 사망

㉡ 10: 경상(물적, 인적 상해)

㉢ 30: 무상해사고(물적 손실 발생)

㉣ 600: 무상해, 무사고 고장(위험 순간)

(5) 사고예방대책의 기본원리 5단계(하인리히의 사고예방원리)

① 1단계: 조직(안전관리조직)
- ㉠ 경영층의 안전목표 설정
- ㉡ 안전관리조직 구성(안전관리자 선임 등)
- ㉢ 안전활동 및 계획 수립

② 2단계: 사실의 발견(현상파악)
- ㉠ 사고 및 안전활동의 기록 검토
- ㉡ 작업분석
- ㉢ 안전점검, 검사 및 조사
- ㉣ 사고조사
- ㉤ 각종 안전회의 및 토의
- ㉥ 근로자의 건의 및 애로 조사

③ 3단계: 분석 · 평가(원인규명)
- ㉠ 사고조사 결과의 분석
- ㉡ 불안전 상태 및 불안전 행동 분석
- ㉢ 작업공정 및 작업형태 분석
- ㉣ 교육 및 훈련의 분석
- ㉤ 안전수칙 및 안전기준 분석

④ 4단계: 시정책의 선정
- ㉠ 기술의 개선
- ㉡ 인사조정
- ㉢ 교육 및 훈련 개선
- ㉣ 안전규정 및 수칙의 개선
- ㉤ 이행의 감독과 제재 강화

⑤ 5단계: 시정책의 적용
- ㉠ 목표 설정
- ㉡ 3E(기술, 교육, 관리)의 적용

(6) 재해원인과 대책을 위한 기법

① 3E 기법(하비, Harvey)
- ㉠ 기술적 측면(Engineering): 안전설계(안전기준)의 선정, 작업행정 및 환경설비의 개선
- ㉡ 교육적 측면(Education): 안전지식 교육 및 안전교육 실시, 안전훈련 및 경험훈련 실시
- ㉢ 관리적 측면(Enforcement): 안전관리조직 정비 및 적정인원 배치, 적합한 기준설정 및 각종 수칙의 준수 등

② 4M 분석기법(휴먼에러의 배후요인)
- ㉠ 인간(Man; 자기 자신 이외의 다른 사람): 잘못된 사용, 오조작, 착오, 실수, 불안심리
- ㉡ 기계(Machine; 기계 · 기구 · 장치 등의 물적인 요인): 설계 · 제작 착오, 재료 피로 · 열화, 고장, 배치 · 공사 착오
- ㉢ 작업매체(Media; 인간과 기계를 연결시키는 매개체): 작업정보 부족 · 부적절, 작업환경 불량
- ㉣ 관리(Management; 안전에 관한 법규, 규칙 등): 안전조직 미비, 교육 · 훈련 부족, 계획 불량, 잘못된 지시

③ 3S 이론
- ㉠ 단순화(Simplification)
- ㉡ 표준화(Standardization)
- ㉢ 전문화(Specification)
- ㉣ 총합화(Synthesization) → 4S일 경우 포함

(7) 안전관리의 적극적 대책

① 위험공정의 배제

② 위험물질의 격리 및 대체

③ 위험성평가를 통한 작업환경 개선

3. 생산성과 경제적 안전도

(1) 안전관리의 정의

안전관리란 생산성의 향상과 손실(Loss)의 최소화를 위하여 행하는 것으로 비능률적 요소인 사고가 발생하지 않는 상태를 유지하기 위한 활동이다.

(2) 안전관리가 생산성 측면에서 가져오는 효과

① 근로자의 사기진작

② 생산성 향상

③ 사회적 신뢰성 유지 및 확보

④ 비용절감(손실감소)

⑤ 이윤증대

2 무재해 운동 등 재해예방활동기법

1. 무재해의 정의

사업장에서 산업재해로 사망자가 발생하거나 부상을 입거나 질병에 걸리지 않는 것이다.

2. 무재해 운동의 목적

(1) 회사의 손실방지와 생산성 향상으로 기업에 경제적 이익을 발생시킨다.

(2) 자율적인 문제해결 능력으로서의 생산, 품질의 향상 능력을 제고한다.

(3) 전원 운동 참가로 밝고 명랑한 직장 풍토를 조성한다.

(4) 노사 간 화합분위기 조성으로 노사 신뢰도를 향상한다.

3. 무재해 운동 이론

(1) 무재해 운동의 3원칙

① **무의 원칙**: 모든 잠재위험요인을 사전에 발견 · 파악 · 해결함으로써 근원적으로 산업재해를 제거한다.

② **참여의 원칙(참가의 원칙)**: 작업에 따르는 잠재적인 위험요인을 발견 · 해결하기 위하여 전원이 협력하여 문제해결 운동을 실천한다.

③ **안전제일의 원칙(선취의 원칙)**: 직장의 위험요인을 행동하기 전에 발견 · 파악 · 해결하여 재해를 예방한다.

(2) 무재해 운동의 3기둥(3요소)

① **소집단의 자주활동의 활성화**: 일하는 한 사람 한 사람이 안전보건을 자신의 문제이며 동시에 같은 동료의 문제로 진지하게 받아들여 직장의 팀 멤버와의 협동노력으로 자주적으로 추진해 가는 것이 필요하다.

② **라인관리자에 의한 안전보건의 추진**: 안전보건을 추진하는 데는 라인관리자들의 생산활동 속에 안전보건을 접목시켜 실천하는 것이 꼭 필요하다.

③ 최고경영자의 경영자세

㉠ 안전보건은 최고경영자의 "무재해, 무질병"에 대한 확고한 경영자세로부터 시작된다.

㉡ "일하는 한 사람 한 사람이 중요하다."라는 최고경영자의 인간존중의 결의로 무재해 운동이 출발한다.

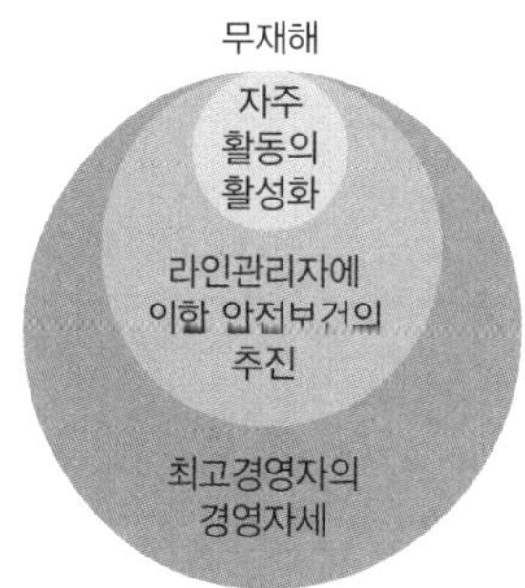

4. 무재해 소집단 활동

(1) 원포인트 위험예지훈련

위험예지훈련 4라운드 중 2R, 3R, 4R를 모두 원포인트로 요약하여 실시하는 기법으로 2~3분이면 실시가 가능한 현장 활동용 기법이다.

(2) 브레인스토밍(Brain Storming)

알렉스 오스본(A.F. Osborn)에 의해 창안된 발상법으로 6~12명의 구성원이 타인의 비판 없이 자유로운 토론을 통하여 다량의 독창적인 아이디어를 이끌어내고, 대안적 해결안을 찾기 위한 집단적 사고 기법이다.

① 비판금지: "좋다, 나쁘다"등의 비평을 하지 않는다.

② 자유분방: 자유로운 분위기에서 발표한다.

③ 대량발언: 무엇이든지 좋으니 많이 발언한다.

④ 수정발언: 자유자재로 변하는 아이디어를 개발한다.(타인 의견의 수정발언)

(3) 지적확인

작업의 정확성이나 안전을 확인하기 위해 오관의 감각기관을 이용하여 작업시작 전에 뇌를 자극시켜 안전을 확보하기 위한 기법으로 작업을 안전하게 오조작 없이 실시하기 위해 작업공정의 각 요소에서 자신의 행동을「…, 좋아!」하고 대상을 지적하여 큰소리로 확인하는 것이다.

(4) 터치 앤 콜(Touch and Call)

① 왼손을 맞잡고 같이 소리치는 것으로 전원이 스킨십(Skinship)을 느끼도록 하는 것이다.

② 팀의 일체감, 연대감을 조성할 수 있다.

③ 대뇌 피질에 좋은 이미지를 불어넣어 안전행동을 하도록 하는 것이다.

(5) TBM(Tool Box Meeting) 위험예지훈련

작업 개시 전 또는 종료 후, 10명 이하의 작업원이 리더를 중심으로 둘러앉아(또는 서서) 10분 내외에 걸쳐 작업 중 발생할 수 있는 위험을 예측하고 사전에 점검하여 대책을 수립하는 등 단시간 내에 의논하는 문제해결 기법이다. 작업 현장에서 상황에 맞추어 실시할 수 있는 장점이 있다.

① TBM 실시요령

㉠ 작업시작 전, 중식 후, 작업종료 후 짧은 시간을 활용하여 실시한다.

㉡ 때와 장소에 구애받지 않고 10명 이하의 작업자가 모여서 공구나 기계 앞에서 행한다.

㉢ 일방적인 명령이나 지시가 아니라 잠재위험에 대해 같이 생각하고 해결한다.

㉣ 모두가 "이렇게 하자", "이렇게 한다"라고 합의하고 실행한다.

② TBM의 내용

㉠ 작업시작 전(실시순서 5단계)

도입	직장체조, 무재해기 게양, 목표제안
점검 및 정비	건강상태, 복장 및 보호구 점검, 자재 및 공구확인
작업지시	작업내용 및 안전사항 전달
위험예측	당일 작업에 대한 위험예측, 위험예지훈련
확인	위험에 대한 대책과 팀목표 확인

㉡ 작업종료 시

- 실시사항의 적절성 확인: 작업시작 전 TBM에서 결정된 사항의 적절성 확인
- 검토 및 보고: 그날 작업의 위험요인 도출, 대책 등 검토 및 보고
- 문제 제기: 그날의 작업에 대한 문제 제기

(6) 1인 위험예지훈련

각자가 위험에 대한 감수성 향상을 도모하기 위하여 삼각 및 원포인트 위험예지훈련을 실시하는 것이다.

(7) 롤 플레잉(Role Playing)

참가자에게 일정한 역할을 주어 실제적으로 연기를 시켜봄으로써 자기의 역할을 보다 확실히 인식시키는 것이다.

5. 위험예지훈련 및 진행방법

(1) 위험예지훈련의 추진을 위한 문제해결 4단계(4라운드)

① 1라운드: 현상파악(사실의 파악) – 어떤 위험이 잠재하고 있는가?

② 2라운드: 본질추구(원인조사) – 이것이 위험의 포인트이다.

③ 3라운드: 대책수립(대책을 세운다) – 당신이라면 어떻게 하겠는가?

④ 4라운드: 목표설정(행동계획 작성) – 우리들은 이렇게 하자!

(2) 위험예지훈련의 3가지 효용

① 위험에 대한 감수성 향상

② 작업행동의 각 요소에서 집중력 증대

③ 문제(위험)해결의 의욕(하고자 하는 생각) 증대

3 안전보건기술지침 및 안전보건예산 2024

1. 안전보건기술지침(KOSHA GUIDE)

(1) 안전보건기술지침(KOSHA GUIDE)이란?

「산업안전보건법령」에서 정한 최소한의 수준이 아니라, 사업장의 자기규율 예방체계 확립을 지원하고, 좀 더 높은 수준의 안전보건 향상을 위해 참고할 수 있는 기술적 내용을 기술한 자율적 안전보건가이드이다.

※ 법적 기준이 아닌 사업장의 이해를 돕기 위해 작성된 기술적 권고 지침으로써, 법적 구속력(효력)은 없다.

(2) 안전보건기술지침 번호부여 및 분류기호

① 번호부여: 가이드표시, 분야별 또는 업종별 분류기호, 공표순서, 제 · 개정 연도의 순으로 번호를 부여한다.

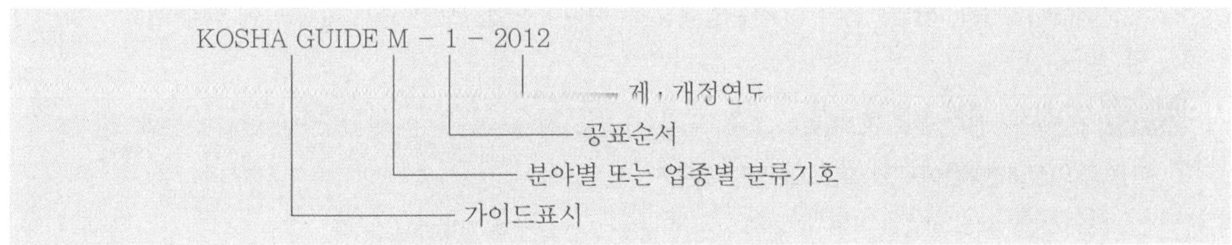

② 분류기호

㉠ 시료 채취 및 분석지침: A
㉡ 조선 · 항만하역지침: B
㉢ 건설안전지침: C
㉣ 안전설계지침: D
㉤ 전기 · 계장일반지침: E
㉥ 화재보호지침: F
㉦ 안전 · 보건 일반지침: G
㉧ 건강진단 및 관리지침: H
㉨ 화학공업지침: K
㉩ 기계일반지침: M
㉪ 점검 · 정비 · 유지관리지침: O
㉫ 공정안전지침: P
㉬ 산업독성지침: T
㉭ 작업환경 관리지침: W
㉮ 리스크관리지침: X
㉯ 안전경영관리지침: Z

1-1 안전보건기술지침 번호부여 및 분류기호

다음 중 안전보건기술지침 분류기호가 잘못 연결된 것은?

① 공정안전지침: P
② 기계일반지침: M
③ 작업환경 관리지침: W
④ 건설안전지침 : G

해설 건설안전지침의 분류기호는 'C'이다. 'G'는 안전 · 보건 일반지침의 분류기호이다.

| 정답 | ④

2. 안전보건예산 편성 및 계상

(1) 목적 중대재해처벌법 시행령 제4조

다음의 사항을 이행하는 데 필요한 예산을 편성하고 그 편성된 용도에 맞게 집행하도록 하여야 한다.

① 재해 예방을 위해 필요한 안전 · 보건에 관한 인력, 시설 및 장비의 구비

② 사업 또는 사업장의 특성에 따른 유해 · 위험요인을 확인하여 개선하는 업무절차를 마련하고, 해당 업무절차에 따라 확인된 유해 · 위험요인의 개선

③ 그 밖에 안전보건관리체계 구축 등을 위해 필요한 사항으로서 고용노동부장관이 정하여 고시하는 사항

(2) 예산 편성의 기본원칙

① 예산의 편성 시에는 예산 규모가 얼마인지가 중요한 것이 아니라, 유해 · 위험요인을 어떻게 분석하고 평가했는지 여부가 중요하다.

② 유해 · 위험요인 확인 절차 등에서 확인된 사항을 사업 또는 사업장의 재정 여건 등에 맞추어 제거 · 대체 · 통제 등 합리적으로 실행 가능한 수준만큼 개선하는 데 필요한 예산을 편성하여야 한다.

(3) 재해 예방을 위해 필요한 인력, 시설 및 장비

「산업안전보건법」 등 종사자의 재해 예방을 위한 안전·보건 관계 법령 등에서 정한 인력(안전관리자, 보건관리자, 안전보건관리담당자, 산업보건의 등 전문인력 뿐만 아니라 안전·보건 관계 법령 등에 따른 필요 인력), 시설, 장비를 말한다.

1-2 안전보건예산 편성 및 계상

다음 중 안전보건예산에 관한 설명으로 틀린 것은?

① 재해 예방을 위해 필요한 안전·보건에 관한 인력을 구성하는 데 집행할 수 있다.
② 사업장에 현존하는 유해·위험요인을 개선하는 데 집행 가능하다.
③ 안전보건관리체계 구축을 위해 예산 편성 시 예산 규모가 가장 중요하다.
④ 재해 예방을 위해 필요한 인력, 시설 및 장비를 구비하는 데 집행 가능하다.

해설 예산의 편성 시에는 예산 규모가 얼마인지가 중요한 것이 아니라, 유해·위험요인을 어떻게 분석하고 평가했는지 여부가 중요하다.

| 정답 | ③

4 안전보건관리 체제 및 운용

1. 안전보건관리조직

(1) 안전관리조직의 목적

기업 내에서 안전관리조직을 구성하는 목적은 근로자의 안전과 설비의 안전을 확보하여 생산의 합리화를 기하는 데 있다.

(2) 라인(LINE)형 조직(직계형 조직)

소규모 기업에 적합한 조직으로서 안전관리에 관한 계획에서부터 실시에 이르기까지 모든 안전업무가 생산라인을 통하여 수직적으로 이루어지도록 편성된 조직이다.

① **규모**: 소규모(100명 미만)

② 장점
㉠ 안전에 관한 지시 및 명령계통이 철저하다.(생산라인을 통해 이루어짐)
㉡ 안전대책의 실시가 신속하다.
㉢ 명령과 보고가 상하관계로 일원화하여 간단 명료하다.

③ 단점
㉠ 안전에 대한 지식 및 기술축적이 어렵다.
㉡ 안전에 대한 정보수집 및 신기술 개발이 미흡하다.
㉢ 라인에 과중한 책임을 지우기 쉽다.

경영자
관리감독자
작업자
작업 지시
안전 지시

▲ 라인형 조직 구성도

(3) 스태프(STAFF)형 조직(참모형 조직)

중규모 사업장에 적합한 조직으로서 안전업무를 관장하는 참모(STAFF)를 두고 안전관리에 관한 계획 조정·조사·검토·보고 등의 업무와 현장에 대한 기술지원을 담당하도록 편성된 조직이다.

① **규모**: 중규모(100명 이상 1,000명 미만)

② 장점
㉠ 사업장 특성에 맞는 전문적인 기술연구가 가능하다.
㉡ 경영자에게 조언과 자문 역할을 할 수 있다.
㉢ 안전정보 수집이 빠르다.

③ 단점

㉠ 안전 지시나 명령이 작업자에게까지 신속·정확하게 전달되지 못한다.

㉡ 생산부문은 안전에 대한 책임과 권한이 없다.

㉢ 권한다툼이나 조정 때문에 시간과 노력이 소모된다.

④ 스태프의 주된 역할

㉠ 실시계획의 추진

㉡ 안전관리 계획안의 작성

㉢ 정보수집과 주지, 활용

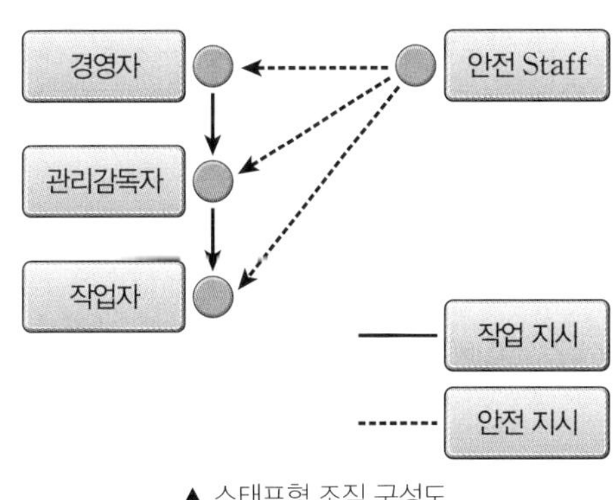

▲ 스태프형 조직 구성도

⑷ 라인·스태프(LINE－STAFF)형 조직(직계참모조직)

대규모 사업장에 적합한 조직으로서 라인형과 스태프형의 장점만을 채택한 형태이며 안전업무를 전담하는 스태프를 두고 생산라인의 각 계층에서도 각 부서장으로 하여금 안전업무를 수행하도록 하여 스태프에서 안전에 관한 사항이 결정되면 라인을 통하여 실천하도록 편성된 조직이다.

① 규모: 대규모(1,000명 이상)

② 장점

㉠ 안전에 대한 기술 및 경험축적이 용이하다.

㉡ 사업장에 맞는 독자적인 안전개선책을 강구할 수 있다.

㉢ 안전에 관한 명령과 지시는 생산라인을 통해 신속하게 전달한다.

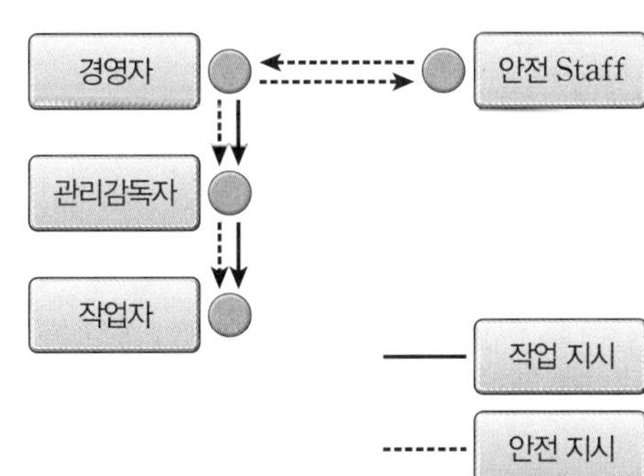

▲ 라인·스태프형 조직 구성도

③ 단점: 명령계통과 조언의 권고적 참여가 혼동되기 쉽다.

④ 특징: 라인·스태프형은 라인과 스태프형의 장점을 절충·조정한 유형으로 라인과 스태프가 협조를 이루어 나갈 수 있고 라인에게는 생산과 안전보건에 관한 책임을 동시에 지우므로 안전보건업무와 생산업무가 균형을 유지할 수 있는 이상적인 조직이다.

2. 산업안전보건위원회 등의 법적체제

⑴ 구성 산업안전보건법 시행령 제35조

사업주는 사업장의 안전 및 보건에 관한 중요 사항을 심의·의결하기 위하여 사업장에 근로자위원과 사용자위원이 같은 수로 구성되는 산업안전보건위원회를 구성·운영하여야 한다.

① 근로자위원

㉠ 근로자대표

㉡ 근로자대표가 지명하는 1명 이상의 명예산업안전감독관

㉢ 근로자대표가 지명하는 9명 이내의 해당 사업장의 근로자

② 사용자위원

㉠ 해당 사업의 대표자

㉡ 안전관리자 1명

㉢ 보건관리자 1명

㉣ 산업보건의

㉤ 해당 사업의 대표자가 지명하는 9명 이내의 해당 사업장 부서의 장(상시근로자 50명 이상 100명 미만 사업장에서는 제외 가능)

(2) 산업안전보건위원회 설치대상 산업안전보건법 시행령 별표 9

사업의 종류	사업장의 상시근로자 수
1. 토사석 광업 2. 목재 및 나무제품 제조업; 가구 제외 3. 화학물질 및 화학제품 제조업; 의약품 제외(세제, 화장품 및 광택제 제조업과 화학섬유 제조업 제외) 4. 비금속 광물제품 제조업 5. 1차 금속 제조업 6. 금속가공제품 제조업; 기계 및 가구 제외 7. 자동차 및 트레일러 제조업 8. 기타 기계 및 장비 제조업(사무용 기계 및 장비 제조업 제외) 9. 기타 운송장비 제조업(전투용 차량 제조업 제외)	상시근로자 50명 이상
10. 농업 11. 어업 12. 소프트웨어 개발 및 공급업 13. 컴퓨터 프로그래밍, 시스템 통합 및 관리업 13의2. 영상·오디오물 제공 서비스업 14. 정보서비스업 15. 금융 및 보험업 16. 임대업; 부동산 제외 17. 전문, 과학 및 기술 서비스업(연구개발업 제외) 18. 사업지원 서비스업 19. 사회복지 서비스업	상시근로자 300명 이상
20. 건설업	공사금액 120억 원 이상(「건설산업기본법 시행령」에 따른 토목공사업의 경우에는 150억 원 이상)
21. 1부터 20까지의 사업을 제외한 사업	상시근로자 100명 이상

(3) 회의 소집 산업안전보건법 시행령 제37조

① 산업안전보건위원회의 회의는 정기회의와 임시회의로 구분하되, 정기회의는 분기마다 산업안전보건위원회의 위원장이 소집하며, 임시회의는 위원장이 필요하다고 인정할 때에 소집한다.

② 회의는 근로자위원 및 사용자위원 각 과반수의 출석으로 개의하고 출석위원 과반수의 찬성으로 의결한다.

③ 근로자대표, 명예산업안전감독관, 해당 사업의 대표자, 안전관리자 또는 보건관리자는 회의에 출석할 수 없는 경우에는 해당 사업에 종사하는 사람 중에서 1명을 지정하여 위원으로서의 직무를 대리하게 할 수 있다.

④ 산업안전보건위원회는 다음의 사항을 기록한 회의록을 작성하여 갖추어 두어야 한다.

㉠ 개최 일시 및 장소
㉡ 출석위원
㉢ 심의 내용 및 의결·결정 사항
㉣ 그 밖의 토의사항

(4) 회의 결과 등의 공지 산업안전보건법 시행령 제39조

① 사내방송이나 사내보

② 게시 또는 자체 정례조회

③ 그 밖의 적절한 방법

3. 협의체의 구성 및 운영 산업안전보건법 시행규칙 제79조

① 구성: 도급인 및 그의 수급인 전원

② 협의사항

㉠ 작업의 시작 시간

㉡ 작업 또는 작업장 간의 연락 방법

㉢ 재해발생 위험이 있는 경우 대피 방법

㉣ 작업장에서의 위험성평가의 실시에 관한 사항

㉤ 사업주와 수급인 또는 수급인 상호 간의 연락 방법 및 작업공정의 조정

③ 운영 주기: 매월 1회 이상 정기적으로 회의를 개최하고 그 결과를 기록 · 보존해야 함

4. 안전보건경영시스템 KOSHA MS

안전보건경영시스템이란 사업주가 자율적으로 해당 사업장의 산업재해를 예방하기 위하여 안전보건관리체제를 구축하고 정기적으로 위험성평가를 실시하여 잠재 유해 · 위험 요인을 지속적으로 개선하는 등 산업재해예방을 위한 조치사항을 체계적으로 관리하는 제반활동을 말한다.

5. 안전보건관리규정

(1) 작성내용 산업안전보건법 제25조

① 안전 및 보건에 관한 관리조직과 그 직무에 관한 사항
② 안전보건교육에 관한 사항
③ 작업장의 안전 및 보건 관리에 관한 사항
④ 사고 조사 및 대책 수립에 관한 사항
⑤ 그 밖에 안전 및 보건에 관한 사항

(2) 안전보건관리규정 세부내용 산업안전보건법 시행규칙 별표 3

① 총칙

㉠ 안전보건관리규정 작성의 목적 및 적용 범위에 관한 사항

㉡ 사업주 및 근로자의 재해 예방 책임 및 의무 등에 관한 사항

㉢ 하도급 사업장에 대한 안전 · 보건관리에 관한 사항

② 안전 · 보건 관리조직과 그 직무

㉠ 안전 · 보건 관리조직의 구성방법, 소속, 업무 분장 등에 관한 사항

㉡ 안전보건관리책임자(안전보건총괄책임자), 안전관리자, 보건관리자, 관리감독자의 직무 및 선임에 관한 사항

㉢ 산업안전보건위원회의 설치 · 운영에 관한 사항

㉣ 명예산업안전감독관의 직무 및 활동에 관한 사항

㉤ 작업지휘자 배치 등에 관한 사항

③ 안전 · 보건교육

㉠ 근로자 및 관리감독자의 안전 · 보건교육에 관한 사항

㉡ 교육계획의 수립 및 기록 등에 관한 사항

④ 작업장 안전관리

㉠ 안전 · 보건관리에 관한 계획의 수립 및 시행에 관한 사항

㉡ 기계 · 기구 및 설비의 방호조치에 관한 사항

㉢ 유해 · 위험기계 등에 대한 자율검사프로그램에 의한 검사 또는 안전검사에 관한 사항

㉣ 근로자의 안전수칙 준수에 관한 사항

ⓜ 위험물질의 보관 및 출입 제한에 관한 사항
ⓗ 중대재해 및 중대산업사고 발생, 급박한 산업재해 발생의 위험이 있는 경우 작업중지에 관한 사항
ⓢ 안전표지 · 안전수칙의 종류 및 게시에 관한 사항과 그 밖에 안전관리에 관한 사항

⑤ 작업장 보건관리
㉠ 근로자 건강진단, 작업환경측정의 실시 및 조치절차 등에 관한 사항
㉡ 유해물질의 취급에 관한 사항
㉢ 보호구의 지급 등에 관한 사항
㉣ 질병자의 근로 금지 및 취업 제한 등에 관한 사항
㉤ 보건표지 · 보건수칙의 종류 및 게시에 관한 사항과 그 밖에 보건관리에 관한 사항

⑥ 사고 조사 및 대책 수립
㉠ 산업재해 및 중대산업사고의 발생 시 처리 절차 및 긴급조치에 관한 사항
㉡ 산업재해 및 중대산업사고의 발생원인에 대한 조사 및 분석, 대책 수립에 관한 사항
㉢ 산업재해 및 중대산업사고 발생의 기록 · 관리 등에 관한 사항

⑦ 위험성평가에 관한 사항
㉠ 위험성평가의 실시 시기 및 방법, 절차에 관한 사항
㉡ 위험성 감소대책 수립 및 시행에 관한 사항

⑧ 보칙
㉠ 무재해운동 참여, 안전 · 보건 관련 제안 및 포상 · 징계 등 산업재해 예방을 위하여 필요하다고 판단하는 사항
㉡ 안전 · 보건 관련 문서의 보존에 관한 사항
㉢ 그 밖의 사항: 사업장의 규모 · 업종 등에 적합하게 작성하며, 필요한 사항을 추가하거나 그 사업장에 관련되지 않는 사항은 제외할 수 있다.

(3) 안전보건관리규정 작성대상 산업안전보건법 시행규칙 별표 2

사업의 종류	상시근로자 수
1. 농업 2. 어업 3. 소프트웨어 개발 및 공급업 4. 컴퓨터 프로그래밍, 시스템 통합 및 관리업 5. 정보서비스업 6. 금융 및 보험업 7. 임대업; 부동산 제외 8. 전문, 과학 및 기술 서비스업(연구개발업 제외) 9. 사업지원 서비스업 10. 사회복지 서비스업	300명 이상
11. 1부터 10까지의 사업을 제외한 사업	100명 이상

(4) 안전보건관리규정의 작성 · 변경 절차 산업안전보건법 제26조

사업주는 안전보건관리규정을 작성하거나 변경할 때에는 산업안전보건위원회의 심의 · 의결을 거쳐야 한다. 다만, 산업안전보건위원회가 설치되어 있지 아니한 사업장의 경우에는 근로자대표의 동의를 받아야 한다.

(5) 작성 시의 유의사항

① 규정된 기준은 법정기준을 상회하도록 할 것
② 관리자층의 직무와 권한, 근로자에게 강제 또는 요청한 부분을 명확히 할 것
③ 관계법령의 제 · 개정에 따라 즉시 개정되도록 라인 활용이 쉬운 규정이 되도록 할 것

④ 작성 또는 개정 시에는 현장의 의견을 충분히 반영할 것

⑤ 규정의 내용은 정상 시는 물론 이상 시, 사고 시, 재해발생 시의 조치와 기준에 관해서도 규정할 것

6. 안전보건관리계획

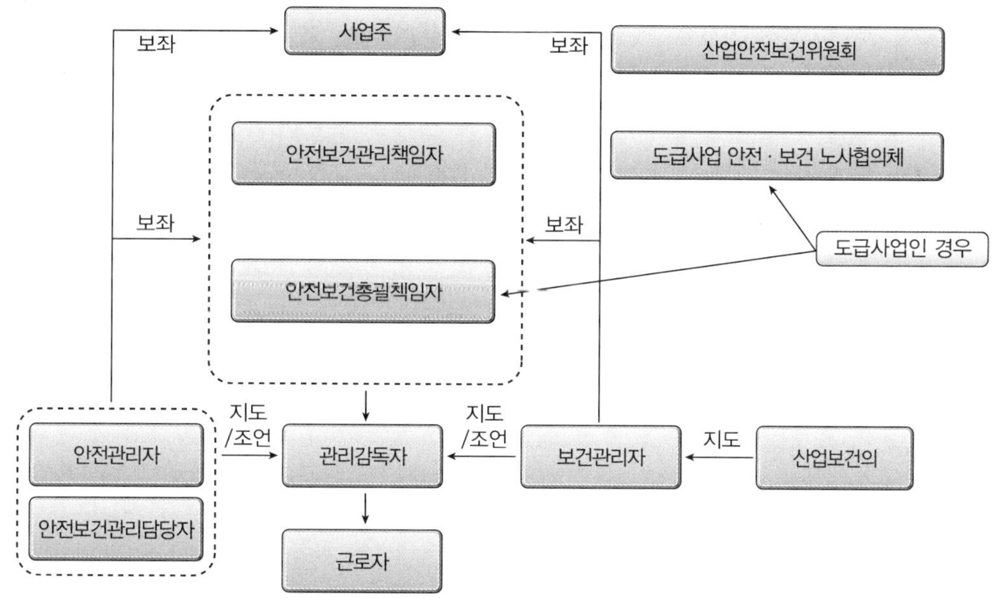

(1) 관리자의 직무 등

① 안전관리자의 업무 등 산업안전보건법 시행령 제18조

㉠ 산업안전보건위원회 또는 안전 및 보건에 관한 노사협의체에서 심의 · 의결한 업무와 해당 사업장의 안전보건관리규정 및 취업규칙에서 정한 업무

㉡ 위험성평가에 관한 보좌 및 지도 · 조언

㉢ 안전인증대상 기계 등과 자율안전확인대상 기계 등 구입 시 적격품의 선정에 관한 보좌 및 지도 · 조언

㉣ 해당 사업장 안전교육계획의 수립 및 안전교육 실시에 관한 보좌 및 지도 · 조언

㉤ 사업장 순회점검, 지도 및 조치 건의

㉥ 산업재해 발생의 원인 조사 · 분석 및 재발 방지를 위한 기술적 보좌 및 지도 · 조언

㉦ 산업재해에 관한 통계의 유지 · 관리 · 분석을 위한 보좌 및 지도 · 조언

㉧ 법 또는 법에 따른 명령으로 정한 안전에 관한 사항의 이행에 관한 보좌 및 지도 · 조언

㉨ 업무 수행 내용의 기록 · 유지

㉩ 그 밖에 안전에 관한 사항으로서 고용노동부장관이 정하는 사항

합격 보장 꿀팁 안전관리자 등의 증원 · 교체임명 명령 산업안전보건법 시행규칙 제12조

지방고용노동관서의 장은 다음의 어느 하나에 해당하는 사유가 발생한 경우에는 사업주에게 안전관리자 · 보건관리자 또는 안전보건관리담당자를 정수 이상으로 증원하게 하거나 교체하여 임명할 것을 명할 수 있다. 다만, 4에 해당하는 경우로서 직업성 질병자 발생 당시 사업장에서 해당 화학적 인자를 사용하지 않는 경우에는 그렇지 않다.

1. 해당 사업장의 연간재해율이 같은 업종의 평균재해율의 2배 이상인 경우
2. 중대재해가 연간 2건 이상 발생한 경우. 다만, 해당 사업장의 전년도 사망만인율이 같은 업종의 평균 사망만인율 이하인 경우는 제외한다.
3. 관리자가 질병이나 그 밖의 사유로 3개월 이상 직무를 수행할 수 없게 된 경우
4. 화학적 인자로 인한 직업성 질병자가 연간 3명 이상 발생한 경우. 이 경우 직업성 질병자의 발생일은 「산업재해보상보험법 시행규칙」에 따른 요양급여의 결정일로 한다.

② 보건관리자의 업무 등 산업안전보건법 시행령 제22조

㉠ 산업안전보건위원회 또는 노사협의체에서 심의·의결한 업무와 안전보건관리규정 및 취업규칙에서 정한 업무

㉡ 안전인증대상 기계 등과 자율안전확인대상 기계 등 중 보건과 관련된 보호구(保護具) 구입 시 적격품 선정에 관한 보좌 및 지도·조언

㉢ 위험성평가에 관한 보좌 및 지도·조언

㉣ 작성된 물질안전보건자료의 게시 또는 비치에 관한 보좌 및 지도·조언

㉤ 산업보건의의 직무

㉥ 해당 사업장 보건교육계획의 수립 및 보건교육 실시에 관한 보좌 및 지도·조언

㉦ 해당 사업장의 근로자를 보호하기 위한 다음의 조치에 해당하는 의료행위

- 자주 발생하는 가벼운 부상에 대한 치료
- 응급처치가 필요한 사람에 대한 처치
- 부상·질병의 악화를 방지하기 위한 처치
- 건강진단 결과 발견된 질병자의 요양 지도 및 관리
- 상위 항목에 대한 의료행위에 따르는 의약품의 투여

㉧ 작업장 내에서 사용되는 전체 환기장치 및 국소 배기장치 등에 관한 설비의 점검과 작업방법의 공학적 개선에 관한 보좌 및 지도·조언

㉨ 사업장 순회점검, 지도 및 조치 건의

㉩ 산업재해 발생의 원인 조사·분석 및 재발 방지를 위한 기술적 보좌 및 지도·조언

㉪ 산업재해에 관한 통계의 유지·관리·분석을 위한 보좌 및 지도·조언

㉫ 법 또는 법에 따른 명령으로 정한 보건에 관한 사항의 이행에 관한 보좌 및 지도·조언

㉬ 업무 수행 내용의 기록·유지

㉭ 그 밖에 보건과 관련된 작업관리 및 작업환경관리에 관한 사항으로서 고용노동부장관이 정하는 사항

③ 안전보건관리책임자의 업무 산업안전보건법 제15조

㉠ 사업장의 산업재해 예방계획의 수립에 관한 사항

㉡ 안전보건관리규정의 작성 및 변경에 관한 사항

㉢ 안전보건교육에 관한 사항

㉣ 작업환경측정 등 작업환경의 점검 및 개선에 관한 사항

㉤ 근로자의 건강진단 등 건강관리에 관한 사항

㉥ 산업재해의 원인 조사 및 재발 방지대책 수립에 관한 사항

㉦ 산업재해에 관한 통계의 기록 및 유지에 관한 사항

㉧ 안전장치 및 보호구 구입 시 적격품 여부 확인에 관한 사항

㉨ 그 밖에 근로자의 유해·위험 방지조치에 관한 사항으로서 고용노동부령으로 정하는 사항

④ 관리감독자의 업무 산업안전보건법 시행령 제15조

㉠ 사업장 내 관리감독자가 지휘·감독하는 작업과 관련된 기계·기구 또는 설비의 안전·보건 점검 및 이상 유무의 확인

㉡ 관리감독자에게 소속된 근로자의 작업복·보호구 및 방호장치의 점검과 그 착용·사용에 관한 교육·지도

㉢ 해당 작업에서 발생한 산업재해에 관한 보고 및 이에 대한 응급조치

㉣ 해당 작업의 작업장 정리·정돈 및 통로 확보에 대한 확인·감독

㉤ 사업장의 안전관리자·보건관리자 및 안전보건관리담당자·산업보건의의 지도·조언에 대한 협조

㉥ 위험성평가에 관한 업무에 기인하는 유해·위험요인의 파악 및 개선조치의 시행에 대한 참여

㉦ 그 밖에 해당 작업의 안전 및 보건에 관한 사항으로서 고용노동부령으로 정하는 사항

(2) 안전보건관리계획 수립(작성) 시 고려사항

① 사업장의 실태에 맞도록 독자적으로 작성하되 실현 가능성이 있도록 한다.
② 직장 단위로 구체적으로 작성한다.
③ 계획의 목표는 점진적으로 높은 수준으로 정한다.
④ 계획의 실시 시 효과를 거둘 수 있도록 계획안에 대해 안전보건관련자의 이해를 구한다.
⑤ PDCA(Plan, Do, Check, Action) 사이클 도입으로 계획에서 실시까지의 개선 및 보완사항이 피드백되도록 작성한다.

7. 안전보건개선계획

(1) 안전보건개선계획서의 제출 산업안전보건법 시행규칙 제61조

안전보건개선계획의 수립 · 시행 명령을 받은 사업주는 안전보건개선계획서를 작성하여 그 명령을 받은 날부터 60일 이내에 관할 지방고용노동관서의 장에게 제출(전자문서로 제출하는 것 포함)하여야 한다.

(2) 안전보건개선계획서에 포함되어야 할 내용 산업안전보건법 시행규칙 제61조

① 시설
② 안전보건관리체제
③ 안전보건교육
④ 산업재해예방 및 작업환경의 개선을 위하여 필요한 사항

(3) 안전보건개선계획서의 중점개선 항목

① 시설
② 기계장치
③ 원료 · 재료
④ 작업방법
⑤ 작업환경

(4) 안전보건개선계획 수립 대상 사업장 산업안전보건법 제49조

① 산업재해율이 같은 업종의 규모별 평균 산업재해율보다 높은 사업장
② 사업주가 필요한 안전조치 또는 보건조치를 이행하지 아니하여 중대재해가 발생한 사업장
③ 직업성 질병자가 연간 2명 이상 발생한 사업장
④ 유해인자의 노출기준을 초과한 사업장

(5) 안전보건진단을 받아 안전보건개선계획을 수립할 대상 사업장 산업안전보건법 시행령 제49조

① 산업재해율이 같은 업종 평균 산업재해율의 2배 이상인 사업장
② 사업주가 필요한 안전조치 또는 보건조치를 이행하지 아니하여 중대재해가 발생한 사업장
③ 직업성 질병자가 연간 2명 이상(상시근로자 1천 명 이상 사업장의 경우 3명 이상) 발생한 사업장
④ 그 밖에 작업환경 불량, 화재 · 폭발 또는 누출 사고 등으로 사업장 주변까지 피해가 확산된 사업장으로서 고용노동부령으로 정하는 사업장

8. 유해위험방지계획

(1) 유해위험방지계획서 제출 대상 사업장 산업안전보건법 시행령 제42조

다음의 어느 하나에 해당하는 사업으로서 전기 계약용량이 300[kW] 이상인 경우이다.

① 금속가공제품 제조업; 기계 및 가구 제외

② 비금속 광물제품 제조업

③ 기타 기계 및 장비 제조업

④ 자동차 및 트레일러 제조업

⑤ 식료품 제조업

⑥ 고무제품 및 플라스틱제품 제조업

⑦ 목재 및 나무제품 제조업

⑧ 기타 제품 제조업

⑨ 1차 금속 제조업

⑩ 가구 제조업

⑪ 화학물질 및 화학제품 제조업

⑫ 반도체 제조업

⑬ 전자부품 제조업

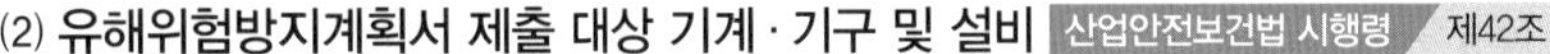

(2) 유해위험방지계획서 제출 대상 기계 · 기구 및 설비 산업안전보건법 시행령 제42조

① 금속이나 그 밖의 광물의 용해로

② 화학설비

③ 건조설비

④ 가스집합 용접장치

⑤ 근로자의 건강에 상당한 장해를 일으킬 우려가 있는 물질로서 고용노동부령으로 정하는 물질의 밀폐 · 환기 · 배기를 위한 설비

(3) 유해위험방지계획서 제출 대상 건설공사 산업안전보건법 시행령 제42조

① 다음의 어느 하나에 해당하는 건축물 또는 시설 등의 건설 · 개조 또는 해체(이하 "건설 등") 공사

㉠ 지상높이가 31[m] 이상인 건축물 또는 인공구조물

㉡ 연면적 30,000[m^2] 이상인 건축물

㉢ 연면적 5,000[m^2] 이상인 시설로서 다음의 어느 하나에 해당하는 시설

- 문화 및 집회시설(전시장 및 동물원 · 식물원 제외)
- 판매시설, 운수시설(고속철도의 역사 및 집배송시설 제외)
- 종교시설
- 의료시설 중 종합병원
- 숙박시설 중 관광숙박시설
- 지하도상가
- 냉동 · 냉장 창고시설

② 연면적 5,000[m^2] 이상인 냉동 · 냉장 창고시설의 설비공사 및 단열공사

③ 최대 지간길이가 50[m] 이상인 다리의 건설 등 공사

④ 터널의 건설 등 공사

⑤ 다목적댐, 발전용댐, 저수용량 2천만 톤 이상의 용수 전용 댐 및 지방상수도 전용 댐의 건설 등 공사

⑥ 깊이 10[m] 이상인 굴착공사

(4) 제출서류

① 유해위험방지계획서 제출 대상 사업장 산업안전보건법 시행규칙 제42조

제조업 등 유해위험방지계획서에 다음의 서류를 첨부하여 해당 작업 시작 15일 전까지 한국산업안전보건공단에 2부 제출하여야 한다.

㉠ 건축물 각 층의 평면도

㉡ 기계 · 설비의 개요를 나타내는 서류

㉢ 기계 · 설비의 배치도면

㉣ 원재료 및 제품의 취급, 제조 등의 작업방법의 개요

㉤ 그 밖에 고용노동부장관이 정하는 도면 및 서류

② 유해위험방지계획서 제출 대상 기계 · 기구 및 설비 산업안전보건법 시행규칙 제42조

제조업 등 유해위험방지계획서에 다음의 서류를 첨부하여 해당 작업 시작 15일 전까지 한국산업안전보건공단에 2부 제출하여야 한다.

㉠ 설치장소의 개요를 나타내는 서류

㉡ 설비의 도면

㉢ 그 밖에 고용노동부장관이 정하는 도면 및 서류

③ 유해위험방지계획서 제출 대상 건설공사 산업안전보건법 시행규칙 별표 10

건설공사 유해위험방지계획서에 다음의 서류를 첨부하여 해당 공사의 착공 전날까지 한국산업안전보건공단에 2부 제출하여야 한다.

㉠ 공사 개요 및 안전보건관리계획

- 공사 개요서
- 공사현장의 주변 현황 및 주변과의 관계를 나타내는 도면(매설물 현황 포함)
- 전체 공정표
- 산업안전보건관리비 사용계획서
- 안전관리 조직표
- 재해 발생 위험 시 연락 및 대피방법

㉡ 작업 공사 종류별 유해위험방지계획

CHAPTER

02 안전보호구 관리

합격 KEYWORD 보호구의 성능기준, 안전보건표지의 종류, 안전보건표지의 색도기준 및 용도, 기본모형

1 보호구 및 안전장구 관리

1. 보호구의 개요

(1) 보호구의 개요

① 산업재해예방을 위해 작업자 개인이 착용하고 작업하는 것으로서 유해·위험상황에 따라 발생할 수 있는 재해를 예방하고, 그 유해·위험의 영향이나 재해의 정도를 감소시키기 위한 것이다.

② 보호구에 완전히 의존하여 기계·기구 및 설비의 보완이나 작업환경개선을 소홀히 해서는 안 되며, 보호구는 어디까지나 보조수단으로 사용함을 원칙으로 해야 한다.

③ 보호구 선정 시 유의사항

㉠ 사용목적에 적합할 것

㉡ 안전인증(자율안전확인신고)을 받고 성능이 보장될 것

㉢ 작업에 방해가 되지 않을 것

㉣ 착용이 쉽고 크기 등이 사용자에게 편리할 것

(2) 자율안전확인표시

① 안전인증의 표시 산업안전보건법 시행규칙 제114조

안전인증 및 자율안전확인의 표시	안전인증대상기계 등이 아닌 유해·위험기계 등의 안전인증의 표시

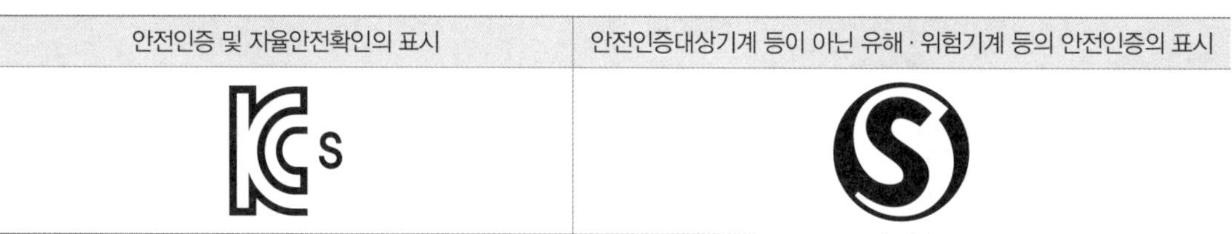

② 자율안전확인 제품표시의 붙임 보호구 자율안전확인 고시 제11조

㉠ 형식 또는 모델명

㉡ 규격 또는 등급 등

㉢ 제조자명

㉣ 제조번호 및 제조연월

㉤ 자율안전확인 번호

③ 자율안전확인표시의 사용 금지 등 산업안전보건법 제91조

고용노동부장관은 신고된 자율안전확인대상 기계 등의 안전에 관한 성능이 자율안전기준에 맞지 아니하게 된 경우에는 신고한 자에게 6개월 이내의 기간을 정하여 자율안전확인표시의 사용을 금지하거나 자율안전기준에 맞게 시정하도록 명할 수 있다.

2. 보호구별 특성, 성능기준 및 시험방법

(1) 안전화 보호구 안전인증 고시 별표 2

① 안전화 각 부분의 명칭

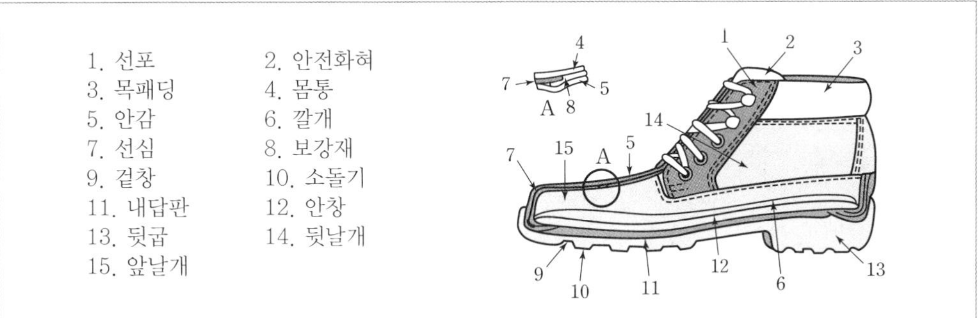

▲ 가죽제안전화 각 부분의 명칭

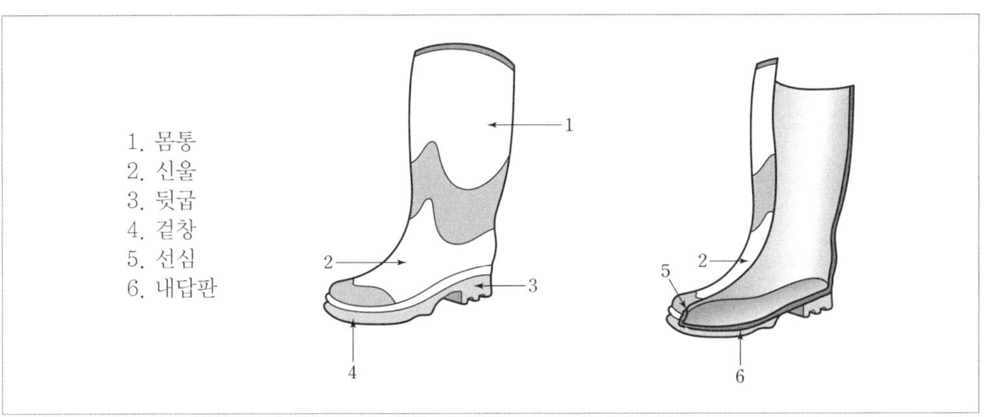

▲ 고무제안전화 각 부분의 명칭

② 안전화의 종류

종류	성능구분
가죽제 안전화	• 물체의 낙하, 충격 또는 날카로운 물체에 의한 찔림 위험으로부터 발을 보호하기 위한 것 • 성능시험: 내부식성, 내유성, 내압박성, 내충격성, 박리저항, 내답발성 시험 등
고무제 안전화	• 물체의 낙하, 충격 또는 날카로운 물체에 의한 찔림 위험으로부터 발을 보호하고 내수성을 겸한 것 • 성능시험: 인장강도, 내유성, 파열강도, 선심 및 내답판의 내부식성, 누출방지 시험
정전기 안전화	물체의 낙하, 충격 또는 날카로운 물체에 의한 찔림 위험으로부터 발을 보호하고 정전기의 인체대전을 방지하기 위한 것
발등 안전화	물체의 낙하, 충격 또는 날카로운 물체에 의한 찔림 위험으로부터 발 및 발등을 보호하기 위한 것
절연화	물체의 낙하, 충격 또는 날카로운 물체에 의한 찔림 위험으로부터 발을 보호하고 저압의 전기에 의한 감전을 방지하기 위한 것
절연장화	고압에 의한 감전을 방지 및 방수를 겸한 것
화학물질용 안전화	물체의 낙하, 충격 또는 날카로운 물체에 의한 찔림 위험으로부터 발을 보호하고 화학물질로부터 유해위험을 방지하기 위한 것

(2) 안전모

① 안전모의 구조 보호구 안전인증 고시 제3조

번호	명칭	
㉠	모체	
㉡	착장체	머리받침끈
㉢		머리고정대
㉣		머리받침고리
㉤	충격흡수재	
㉥	턱끈	
㉦	챙(차양)	

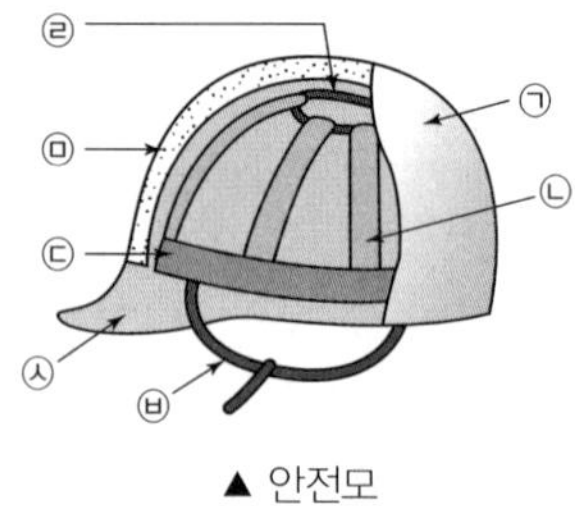

▲ 안전모

② 안전인증대상 안전모의 종류 및 사용구분 보호구 안전인증 고시 별표 1

종류(기호)	사용구분	비고
AB	물체의 낙하 또는 비래 및 추락에 의한 위험을 방지 또는 경감시키기 위한 것	
AE	물체의 낙하 또는 비래에 의한 위험을 방지 또는 경감하고, 머리부위 감전에 의한 위험을 방지하기 위한 것	내전압성
ABE	물체의 낙하 또는 비래 및 추락에 의한 위험을 방지 또는 경감하고, 머리부위 감전에 의한 위험을 방지하기 위한 것	내전압성

※ 내전압성이란 7,000[V] 이하의 전압에 견디는 것을 말한다.

③ 안전모의 구비조건 보호구 안전인증 고시 별표 1

㉠ 일반구조

- 안전모는 모체, 착장체(머리받침끈, 머리고정대, 머리받침고리) 및 턱끈을 가질 것
- 착장체의 머리고정대는 착용자의 머리부위에 적합하도록 조절할 수 있을 것
- 착장체의 구조는 착용자의 머리에 균등한 힘이 분배되도록 할 것
- 모체, 착장체 등 안전모의 부품은 착용자에게 상해를 줄 수 있는 날카로운 모서리 등이 없을 것
- 턱끈은 사용 중 탈락되지 않도록 확실히 고정되는 구조일 것
- 안전모의 착용높이는 85[mm] 이상이고 외부수직거리는 80[mm] 미만일 것
- 안전모의 내부수직거리는 25[mm] 이상 50[mm] 미만일 것
- 안전모의 수평간격은 5[mm] 이상일 것
- 머리받침끈이 섬유인 경우에는 각각의 폭이 15[mm] 이상이어야 하며, 교차지점 중심으로부터 방사되는 끈 폭의 총합은 72[mm] 이상일 것
- 턱끈의 폭은 10[mm] 이상일 것

㉡ AB종 안전모: ㉠의 조건에 적합해야 하고 충격흡수재를 가져야 하며, 리벳(Rivet) 등 기타 돌출부가 모체의 표면에서 5[mm] 이상 돌출되지 않아야 한다.

㉢ AE종 안전모: ㉠의 조건에 적합해야 하고 금속제의 부품을 사용하지 않고, 착장체는 모체의 내외면을 관통하는 구멍을 뚫지 않고 붙일 수 있는 구조로서 모체의 내외면을 관통하는 구멍 핀홀 등이 없어야 한다.

㉣ ABE종 안전모: 상기 ㉠, ㉢의 조건에 적합하여야 하며 충격흡수재를 부착하되, 리벳(Rivet) 등 기타 돌출부가 모체의 표면에서 5[mm] 이상 돌출되지 않아야 한다.

④ 안전인증대상 안전모의 시험성능기준 보호구 안전인증 고시 별표 1

항목	시험성능기준
내관통성	AE, ABE종 안전모는 관통거리가 9.5[mm] 이하이고, AB종 안전모는 관통거리가 11.1[mm] 이하이어야 한다.
충격흡수성	최고전달충격력이 4,450[N]을 초과해서는 안 되며, 모체와 착장체의 기능이 상실되지 않아야 한다.
내전압성	AE, ABE종 안전모는 교류 20[kV]에서 1분간 절연파괴 없이 견뎌야 하고, 이때 누설되는 충전전류는 10[mA] 이하이어야 한다.
내수성	AE, ABE종 안전모는 질량 증가율이 1[%] 미만이어야 한다.
난연성	모체가 불꽃을 내며 5초 이상 연소되지 않아야 한다.
턱끈풀림	150[N] 이상 250[N] 이하에서 턱끈이 풀려야 한다.

(3) 내전압용 절연장갑 보호구 안전인증 고시 별표 3

① 일반구조

㉠ 절연장갑은 탄성중합체(Elastomer)로 제조하여야 하며 핀홀(Pin Hole), 균열, 기포 등의 물리적인 변형이 없어야 한다.

㉡ 여러 색상의 층들로 제조된 합성 절연장갑이 마모되는 경우에는 그 아래의 다른 색상의 층이 나타나야 한다.

② 절연장갑의 등급 및 색상

등급	최대사용전압		색상
	교류([V], 실횻값)	직류[V]	
00	500	750	갈색
0	1,000	1,500	빨간색
1	7,500	11,250	흰색
2	17,000	25,500	노란색
3	26,500	39,750	녹색
4	36,000	54,000	등색

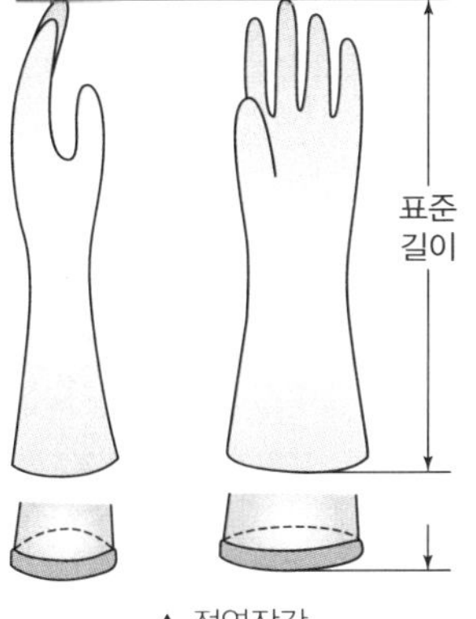

▲ 절연장갑

(4) 방진마스크

① 방진마스크의 형태별 구조분류 보호구 안전인증 고시 별표 4

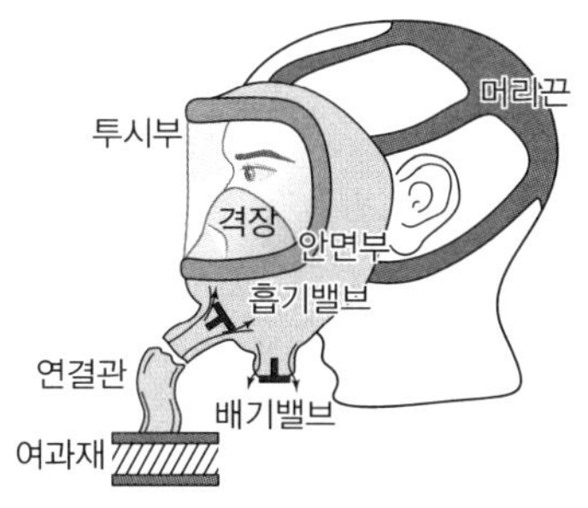

▲ 격리식 전면형

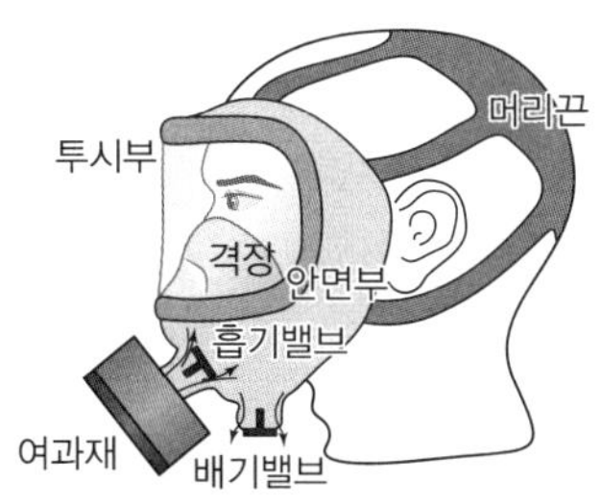

▲ 직결식 전면형

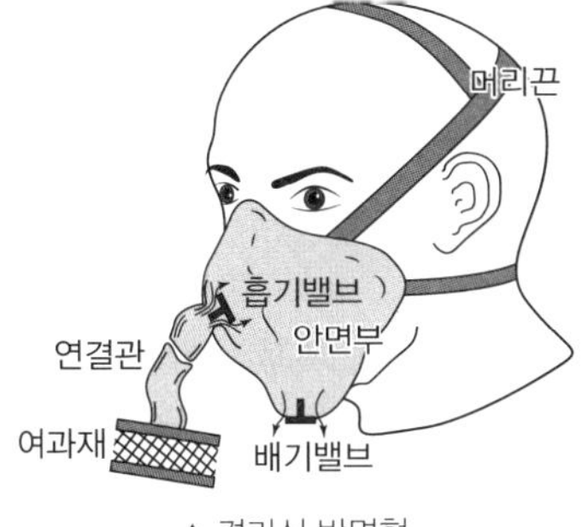

▲ 격리식 반면형

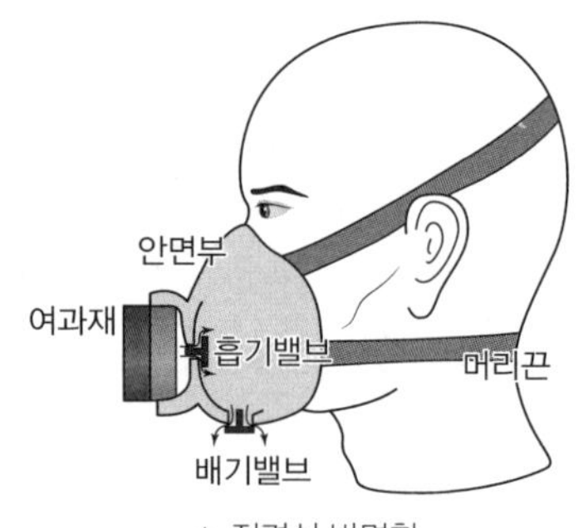

▲ 직결식 반면형

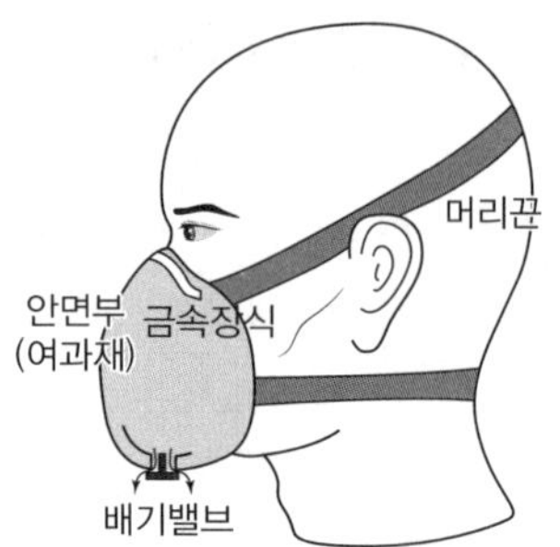

▲ 안면부 여과식

② 방진마스크의 등급 및 사용장소

등급	특급	1급	2급
사용장소	• 베릴륨 등과 같이 독성이 강한 물질들을 함유한 분진 등 발생장소 • 석면 취급장소	• 특급마스크 착용장소를 제외한 분진 등 발생장소 • 금속흄 등과 같이 열적으로 생기는 분진 등 발생장소 • 기계적으로 생기는 분진 등 발생장소(규소 등과 같이 2급 방진마스크를 착용하여도 무방한 경우 제외)	특급 및 1급 마스크 착용장소를 제외한 분진 등 발생장소
	배기밸브가 없는 안면부 여과식 마스크는 특급 및 1급 장소에 사용해서는 안 됨		

③ 여과재 분진 등 포집효율

형태 및 등급		염화나트륨(NaCl) 및 파라핀 오일(Paraffin oil) 시험[%]
분리식	특급	99.95 이상
	1급	94.0 이상
	2급	80.0 이상
안면부 여과식	특급	99.0 이상
	1급	94.0 이상
	2급	80.0 이상

④ 일반구조

㉠ 착용 시 이상한 압박감이나 고통을 주지 않을 것

㉡ 전면형은 호흡 시에 투시부가 흐려지지 않을 것

㉢ 분리식 마스크에 있어서는 여과재, 흡기밸브, 배기밸브 및 머리끈을 쉽게 교환할 수 있고 착용자 자신이 안면과 분리식 마스크의 안면부와의 밀착성 여부를 수시로 확인할 수 있어야 할 것

㉣ 안면부 여과식 마스크는 여과재로 된 안면부가 사용기간 중 심하게 변형되지 않을 것

㉤ 안면부 여과식 마스크는 여과재를 안면에 밀착시킬 수 있어야 할 것

⑤ 방진마스크 선정기준(구비조건)

㉠ 분진포집효율(여과효율)이 좋을 것

㉡ 흡기, 배기저항이 낮을 것

㉢ 사용적이 적을 것

㉣ 중량이 가벼울 것

㉤ 시야가 넓을 것

㉥ 안면밀착성이 좋을 것

(5) 방독마스크

① 방독마스크의 종류 보호구 안전인증 고시 / 별표 5

종류	시험가스	정화통 흡수제(정화제)
유기화합물용	시클로헥산(C_6H_{12})	활성탄
	디메틸에테르(CH_3OCH_3)	
	이소부탄(C_4H_{10})	
할로겐용	염소가스 또는 증기(Cl_2)	소다라임, 활성탄
황화수소용	황화수소가스(H_2S)	금속염류, 알칼리제재
시안화수소용	시안화수소가스(HCN)	산화금속, 알칼리제재
아황산용	아황산가스(SO_2)	
암모니아용	암모니아가스(NH_3)	큐프라마이트

② 방독마스크의 형태 및 구조

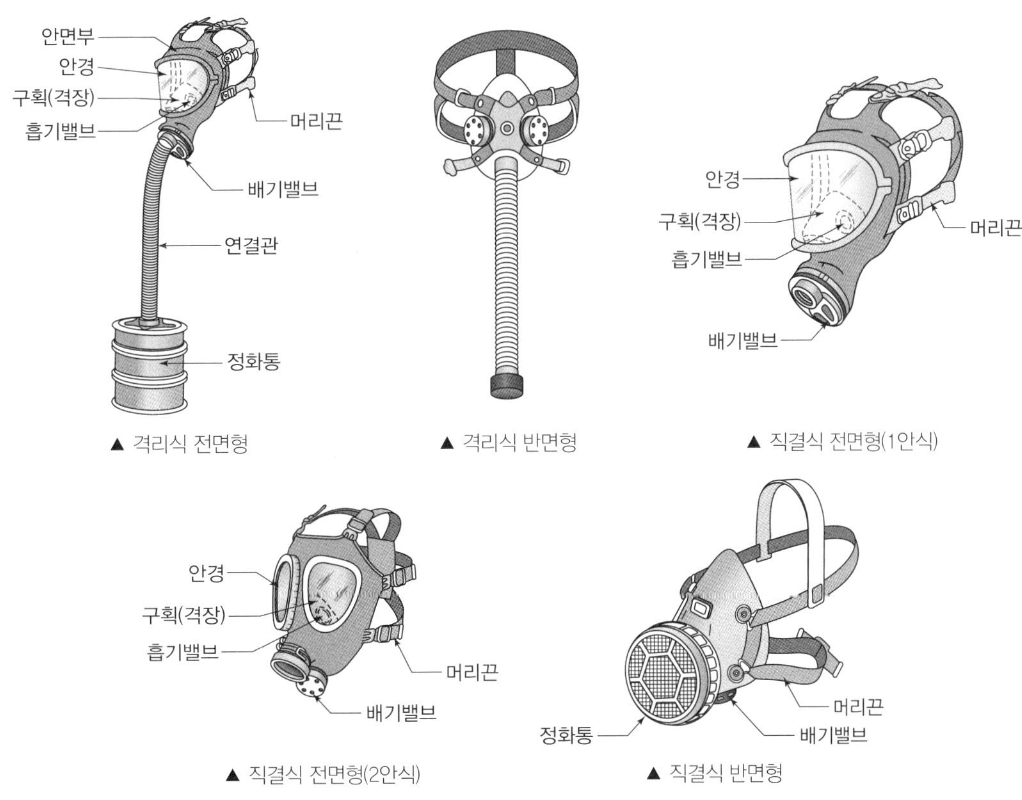

▲ 격리식 전면형 ▲ 격리식 반면형 ▲ 직결식 전면형(1안식)

▲ 직결식 전면형(2안식) ▲ 직결식 반면형

③ 방독마스크의 등급

등급	사용장소
고농도	가스 또는 증기의 농도가 $\frac{2}{100}$(암모니아에 있어서는 $\frac{3}{100}$) 이하의 대기 중에서 사용하는 것
중농도	가스 또는 증기의 농도가 $\frac{1}{100}$(암모니아에 있어서는 $\frac{1.5}{100}$) 이하의 대기 중에서 사용하는 것
저농도 및 최저농도	가스 또는 증기의 농도가 $\frac{0.1}{100}$ 이하의 대기 중에서 사용하는 것으로서 긴급용이 아닌 것

※ 방독마스크는 산소농도가 18[%] 이상인 장소에서 사용하여야 하고, 고농도와 중농도에서 사용하는 방독마스크는 전면형(격리식, 직결식)을 사용하여야 한다.

④ 정화통 외부 측면의 표시색

종류	표시색
유기화합물용 정화통	갈색
할로겐용 정화통	회색
황화수소용 정화통	
시안화수소용 정화통	
아황산용 정화통	노란색
암모니아용 정화통	녹색
복합용 및 겸용의 정화통	• 복합용: 해당가스 모두 표시(2층 분리) • 겸용: 백색과 해당가스 모두 표시(2층 분리)

(6) 송기마스크의 종류 및 등급 보호구 안전인증 고시 별표 6

종류	등급		구분
호스 마스크	폐력흡인형		안면부
	송풍기형	전동	안면부, 페이스실드, 후드
		수동	안면부
에어라인마스크	일정유량형		안면부, 페이스실드, 후드
	디맨드형		안면부
	압력디맨드형		안면부
복합식 에어라인마스크	디맨드형		안면부
	압력디맨드형		안면부

(7) 안전대 보호구 안전인증 고시 별표 9

① 안전대의 종류 및 부품

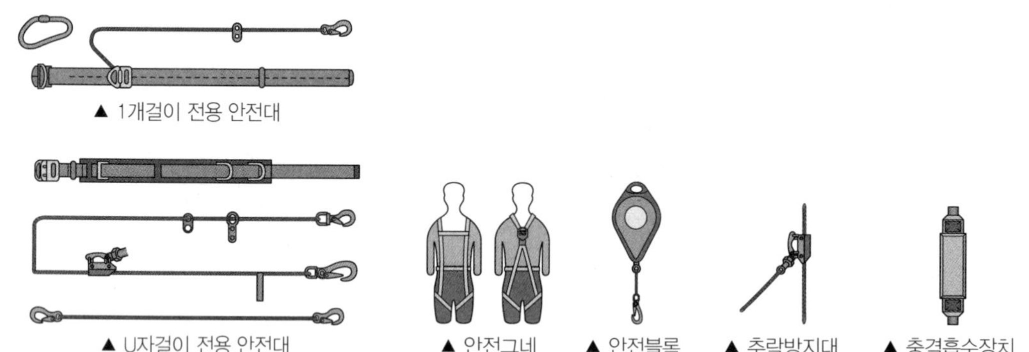
▲ 1개걸이 전용 안전대
▲ U자걸이 전용 안전대
▲ 안전그네
▲ 안전블록
▲ 추락방지대
▲ 충격흡수장치

② 안전대 부품의 재료

부품	재료
벨트, 안전그네, 지탱벨트	나일론, 폴리에스테르 및 비닐론 등의 합성섬유
죔줄, 보조죔줄, 수직구명줄 및 D링 등 부착부분의 봉합사	합성섬유(로프, 웨빙 등) 및 스틸(와이어로프 등)
링류(D링, 각링, 8자형링)	KS D 3503(일반구조용 압연강재)에 규정한 SS400 또는 이와 동등 이상의 재료

훅 및 카라비너	KS D 3503(일반구조용 압연강재)에 규정한 SS400 또는 KS D 6763(알루미늄 및 알루미늄합금봉 및 선)에 규정하는 A2017BE-T4 또는 이와 동등 이상의 재료
버클, 신축조절기, 추락방지대 및 안전블록	KS D 3512(냉간 압연강판 및 강재)에 규정하는 SCP1 또는 이와 동등 이상의 재료
신축조절기 및 추락방지대의 누름금속	KS D 3503(일반구조용 압연강재)에 규정한 SS400 또는 KS D 6759(알루미늄 및 알루미늄합금 압출형재)에 규정하는 A2014-T6 또는 이와 동등 이상의 재료
훅, 신축조절기의 스프링	KS D 3509에 규정한 스프링용 스테인리스강선 또는 이와 동등 이상의 재료

(8) 차광보안경의 종류 보호구 안전인증 고시 별표 10

종류	사용구분
자외선용	자외선이 발생하는 장소
적외선용	적외선이 발생하는 장소
복합용	자외선 및 적외선이 발생하는 장소
용접용	산소용접작업 등과 같이 자외선, 적외선 및 강렬한 가시광선이 발생하는 장소

(9) 용접용 보안면의 형태 보호구 안전인증 고시 별표 11

형태	구조
헬멧형	안전모나 착용자의 머리에 지지대나 헤드밴드 등을 이용하여 적정위치에 고정, 사용하는 형태(자동용접필터형, 일반용접필터형)
핸드실드형	손에 들고 이용하는 보안면으로 적절한 필터를 장착하여 눈 및 안면을 보호하는 형태

(10) 방음용 귀마개 또는 귀덮개 보호구 안전인증 고시 별표 12

① 방음용 귀마개 또는 귀덮개의 종류 · 등급

종류	등급	기호	성능	비고
귀마개	1종	EP-1	저음부터 고음까지 차음하는 것	귀마개의 경우 재사용 여부를 제조특성으로 표기
	2종	EP-2	주로 고음을 차음하고 저음(회화음영역)은 차음하지 않는 것	
귀덮개	–	EM		

▲ 폼타입 귀마개의 종류

▲ 재사용 귀마개의 종류

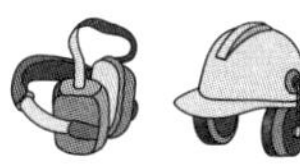
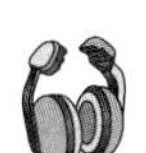
▲ 귀덮개의 종류

② 방음용 귀마개의 일반구조

㉠ 귀마개는 사용수명 동안 피부자극, 피부질환, 알레르기 반응 혹은 그 밖에 다른 건강상의 부작용을 일으키지 않을 것
㉡ 귀마개 사용 중 재료에 변형이 생기지 않을 것
㉢ 귀마개를 착용할 때 귀마개의 모든 부분이 착용자에게 물리적인 손상을 유발시키지 않을 것
㉣ 귀마개를 착용할 때 밖으로 돌출되는 부분이 외부의 접촉에 의하여 귀에 손상이 발생하지 않을 것
㉤ 귀(외이도)에 잘 맞을 것
㉥ 사용 중 심한 불쾌함이 없을 것
㉦ 사용 중에 쉽게 빠지지 않을 것

2 안전보건표지의 종류 · 용도 및 적용

1. 안전보건표지의 종류

(1) 종류별 색채 산업안전보건법 시행규칙 별표 7

① 금지표지

㉠ 위험한 행동을 금지하는 데 사용되며 8개 종류가 있다.

㉡ 바탕은 흰색, 기본모형은 빨간색, 관련 부호 및 그림은 검은색이다.

② 경고표지

㉠ 직접 위험한 것 및 장소 또는 상태에 대한 경고로서 사용되며 15개 종류가 있다.

㉡ 바탕은 노란색, 기본모형, 관련 부호 및 그림은 검은색이다.

㉢ 다만, 인화성물질 경고, 산화성물질 경고, 폭발성물질 경고, 급성독성물질 경고, 부식성물질 경고 및 발암성 · 변이원성 · 생식독성 · 전신독성 · 호흡기과민성물질 경고의 경우 바탕은 무색, 기본모형은 빨간색(검은색도 가능)이다.

③ 지시표지

㉠ 작업에 관한 지시, 즉 안전 · 보건 보호구의 착용에 사용되며 9개 종류가 있다.

㉡ 바탕은 파란색, 관련 그림은 흰색이다.

④ 안내표지

㉠ 구명, 구호, 피난의 방향 등을 분명히 하는 데 사용되며 8개 종류가 있다.

㉡ 바탕은 흰색, 기본모형 및 관련 부호는 녹색, 바탕은 녹색, 관련 부호 및 그림은 흰색이다.

⑤ 출입금지표지

㉠ 물질의 취급 및 해체 · 제거 작업공간에 대한 출입을 금지하는 데 사용되며 3개 종류가 있다.

㉡ 글자는 흰색 바탕에 흑색이고, 'ㅇㅇㅇ제조/사용/보관 중', '석면 취급/해체 중', '발암물질 취급 중' 글자는 적색이다.

(2) 종류와 형태 산업안전보건법 시행규칙 별표 6

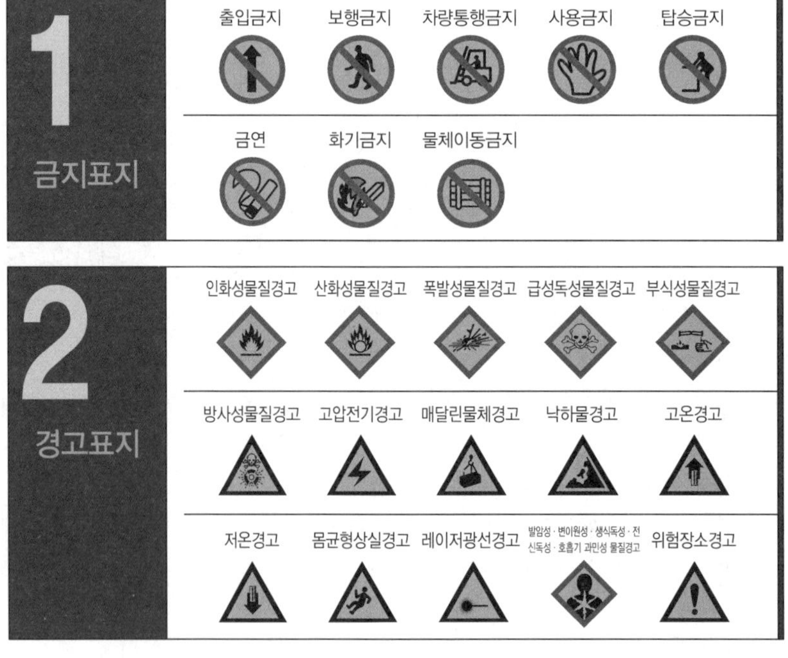

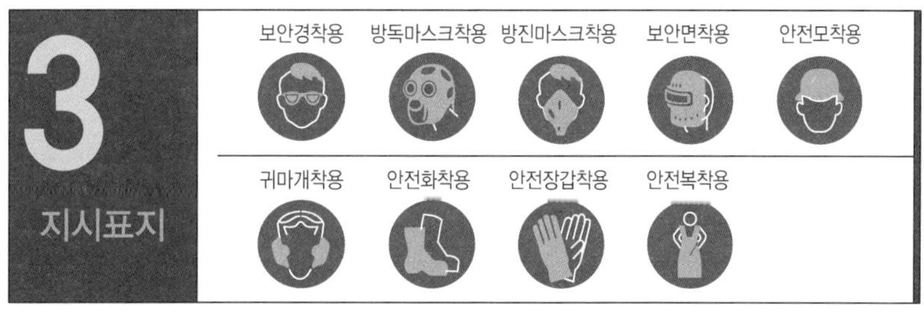

5 관계자외 출입금지	허가대상물질 작업장	석면취급/해체 작업장	금지대상물질의 취급실험실 등
	관계자외 출입금지 (허가물질 명칭) 제조/사용/보관 중 보호구/보호복 착용 흡연 및 음식물 섭취 금지	관계자외 출입금지 석면 취급/해체 중 보호구/보호복 착용 흡연 및 음식물 섭취 금지	관계자외 출입금지 발암물질 취급 중 보호구/보호복 착용 흡연 및 음식물 섭취 금지

2. 안전보건표지의 설치 산업안전보건법 시행규칙 제39조

(1) 근로자가 쉽게 알아볼 수 있는 장소 · 시설 또는 물체에 설치하거나 부착하여야 한다.

(2) 흔들리거나 쉽게 파손되지 아니하도록 견고하게 설치하거나 부착하여야 한다.

(3) 설치하거나 부착하는 것이 곤란한 경우에는 해당 물체에 직접 도색할 수 있다.

3. 안전보건표지의 제작 산업안전보건법 시행규칙 제40조

(1) 표시내용을 근로자가 빠르고 쉽게 알아볼 수 있는 크기로 제작하여야 한다.

(2) 표지 속의 그림 또는 부호의 크기는 안전보건표지의 크기와 비례하여야 하며, 안전보건표지 전체 규격의 30[%] 이상이 되어야 한다.

(3) 쉽게 파손되거나 변형되지 않는 재료로 제작하여야 한다.

(4) 야간에 필요한 안전보건표지는 야광물질을 사용하는 등 쉽게 알아볼 수 있도록 제작하여야 한다.

3 안전보건표지의 색도기준 및 용도, 기본모형

1. 안전보건표지의 색도기준 및 용도 산업안전보건법 시행규칙 별표 8

색채	색도기준	용도	사용 예
빨간색	7.5R 4/14	금지	정지신호, 소화설비 및 그 장소, 유해행위의 금지
		경고	화학물질 취급장소에서의 유해 · 위험경고
노란색	5Y 8.5/12	경고	화학물질 취급장소에서의 유해 · 위험경고 이외의 위험경고, 주의표지 또는 기계방호물
파란색	2.5PB 4/10	지시	특정 행위의 지시 및 사실의 고지
녹색	2.5G 4/10	안내	비상구 및 피난소, 사람 또는 차량의 통행표지
흰색	N9.5		파란색 또는 녹색에 대한 보조색
검은색	N0.5		문자 및 빨간색 또는 노란색에 대한 보조색

2. 안전보건표지의 기본모형 산업안전보건법 시행규칙 별표 9

번호	기본모형	규격비율	표시사항
1	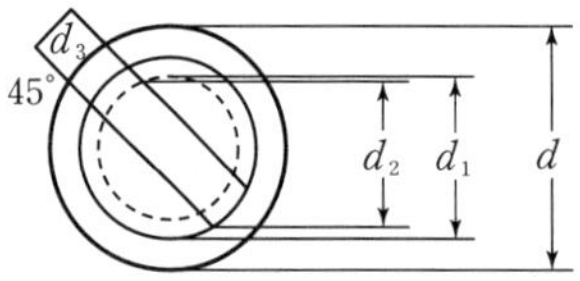 d_3, 45°, d_2, d_1, d	$d \geq 0.025L$ $d_1 = 0.8d$ $0.7d < d_2 < 0.8d$ $d_3 = 0.1d$	금지
2	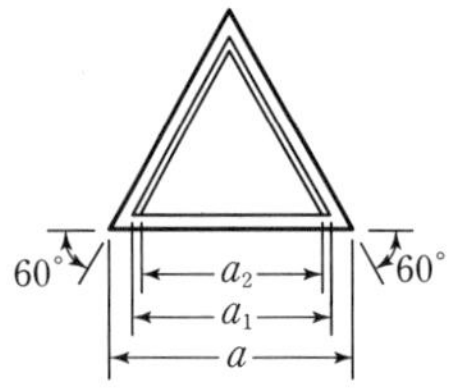 60°, 60°, a_2, a_1, a	$a \geq 0.034L$ $a_1 = 0.8a$ $0.7a < a_2 < 0.8a$	경고
	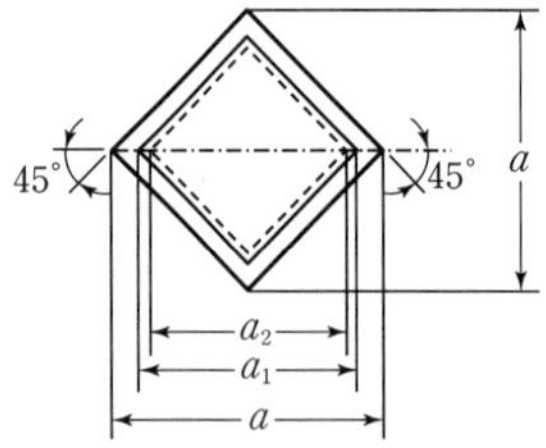 45°, 45°, a, a_2, a_1, a	$a \geq 0.025L$ $a_1 = 0.8a$ $0.7a < a_2 < 0.8a$	
3	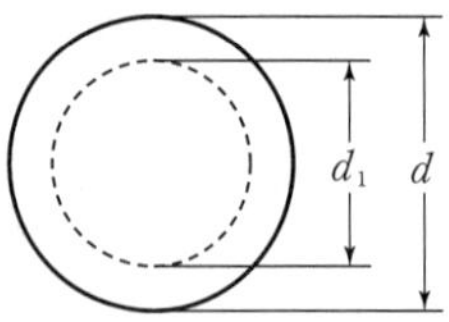 d_1, d	$d \geq 0.025L$ $d_1 = 0.8d$	지시
4	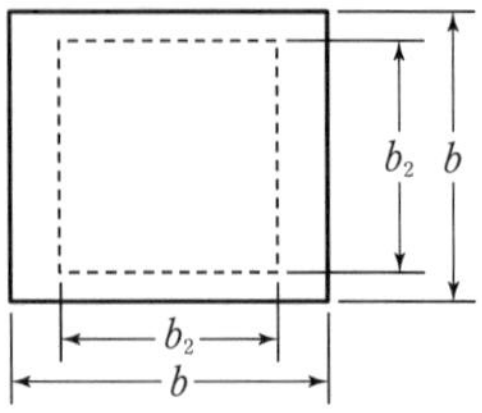 b_2, b, b_2, b	$b \geq 0.0224L$ $b_2 = 0.8b$	안내

5	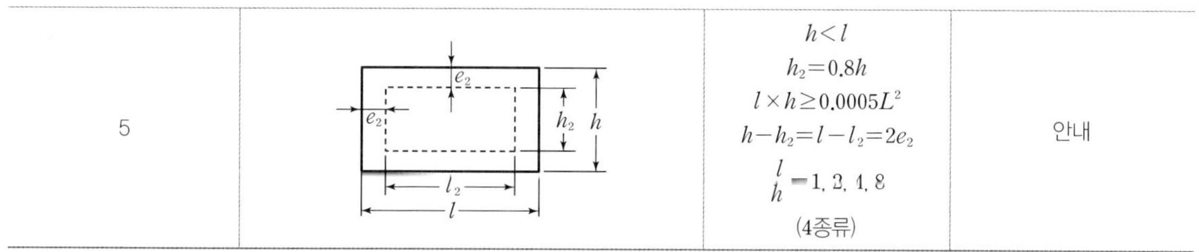	$h<l$ $h_2=0.8h$ $l \times h \geq 0.0005L^2$ $h-h_2=l-l_2=2e_2$ $\frac{l}{h}=1, 2, 4, 8$ (4종류)	안내

※ 1. L은 안전보건표지를 인식할 수 있거나 인식하여야 할 안전거리를 말한다.(L과 a, b, d, e, h, l은 같은 단위로 계산해야 한다.)
　2. 점선 안쪽에는 표시사항과 관련된 부호 또는 그림을 그린다.

CHAPTER

03 산업안전심리

합격 KEYWORD 심리검사의 특성, 불안과 스트레스, 직무분석 방법, 적성배치, 불안전행동, 산업안전심리의 요소, 착오의 원인, 착시, 착각현상, 유도운동

1 산업심리와 심리검사

1. 심리검사의 종류

(1) 운동능력검사(Motor Ability Test)

① 추적(Tracing): 아주 작은 통로에 선을 그리는 것
② 두드리기(Tapping): 가능한 빨리 점을 찍는 것
③ 점찍기(Dotting): 원속에 점을 빨리 찍는 것
④ 복사(Copying): 간단한 모양을 베끼는 것
⑤ 위치(Location): 일정한 점들을 이어 크거나 작게 변형하는 것
⑥ 블록(Blocks): 그림의 블록 개수를 세는 것
⑦ 추적(Pursuit): 미로 속의 선을 따라가는 것

(2) 창조성검사(상상력을 발동시켜 창조성 개발능력을 점검하는 검사)

(3) 정밀도검사(정확성 및 기민성)

① 교환검사 ② 회전검사 ③ 조립검사 ④ 분해검사

(4) 계산에 의한 검사

① 계산검사 ② 기록검사 ③ 수학응용검사

(5) 시각적 판단검사

① 형태비교검사 ② 입체도판단검사 ③ 언어식별검사
④ 평면도판단검사 ⑤ 명칭판단검사 ⑥ 공구판단검사

(6) 안전검사

① 건강진단 ② 실시시험 ③ 학과시험
④ 감각기능검사 ⑤ 전직조사 및 면접

2. 심리학적 요인

(1) 심리검사의 특성

① 신뢰성: 한 집단에 대한 검사응답의 일관성을 말하는 신뢰도를 갖추어야 한다. 검사를 동일한 사람에게 실시했을 때 '검사조건이나 시기에 관계없이 점수들이 얼마나 일관성이 있는가, 비슷한 것을 측정하는 검사점수와 얼마나 일관성이 있는가' 하는 것 등이다.
② 객관성: 채점이 객관적인 것을 의미한다.

③ 표준화: 검사의 관리를 위한 조건, 절차의 일관성과 통일성에 대한 심리검사의 표준화가 마련되어야 한다. 검사의 재료, 검사받는 시간, 피검사자에게 주어지는 지시, 피검사자의 질문에 대한 검사자의 처리, 검사 장소 및 분위기까지도 모두 통일되어 있어야 한다.

④ 타당성: 특정한 시기에 모든 근로자를 검사하고, 그 검사 점수와 근로자의 직무평정 척도를 상호 연관시키는 예언적 타당성을 갖추어야 한다.

⑤ 실용성: 실시가 쉬운 검사이다.

(2) 내용별 심리검사 분류

① 인지적 검사(능력검사)

㉠ 지능검사: 한국판 웩슬러 성인용 지능검사(K-WAIS), 한국판 웩슬러 지능검사(K-WIS)

㉡ 적성검사: GATB 일반적성검사, 기타 다양한 특수적성검사

㉢ 성취도 검사: 토익, 토플 등의 시험

② 정서적 검사(성격검사)

㉠ 성격검사: 직업선호도 검사 중 성격검사(BIG FIVE), 다면적 인성검사(MMPI), 캘리포니아 성격검사(CPI), 성격유형검사(MBTI), 이화방어기제검사(EDMT)

㉡ 흥미검사: 직업선호도 검사 중 흥미검사

㉢ 태도검사: 구직욕구검사, 직무만족도검사 등

3. 지각과 정서

(1) 지각과 정서의 정의

① 지각(Perception, 知覺): 지각의 사전적인 의미는 '사물의 이치를 알아서 깨닫는 능력'을 말한다. 이것을 좀 더 구체적으로 말하자면 '사람이 오관을 통하여 외부의 사람, 사물, 사건에 대한 정보를 선택하고 해석하며 판단하는 과정'을 지각이라고 할 수 있다. 이 지각이라는 것은 심히 개인적이고 주관적이며 심리적인 요소가 큰 영향을 미치는 과정이다.

② 정서(Emotion, 情緖): 정서란 생리적 각성, 표현적 행동, 그리고 사고와 감정을 포함한 의식적 경험의 혼합체이다. 정서는 우리의 생존을 증진시키기 위해 존재하는 것으로, 인간 내부에서 진행되는 일시적인 혹은 장기적인 느낌이나 감정을 의미한다. 머리 부분의 활동을 인지라고 한다면, 정서는 가슴 부분의 활동이라 할 수 있다. 즉, 기쁨, 분노, 두려움과 같은 것은 물론, 두뇌 없이 진행될 수는 없지만 주로 생리적인 반응과 직결되어 있어 가슴이나 피부로 경험하기 때문에 머리에서만 진행되는 인지활동과 대비해 볼 수 있다.

(2) 지각의 과정

① 현상의 입력/투입: 이 단계는 사람이 지닌 감각기관을 통해 접수하게 되는 여러 가지 정보를 모으는 것을 뜻한다. 어떠한 사람이나 물건, 이야기, 사건 등에 대한 외부로부터의 정보를 얻는 과정이다.

② 지각 메커니즘: 앞 단계에서 자신에게 감각을 통해 입력된 여러 가지 정보를 자신의 입장에서 나름대로의 의미를 부여하며 정보마다의 의미를 규합하여 조직하고 해석하는 과정이다.

③ 지각에 영향을 미치는 요인들: 지각에 영향을 미치는 요인에는 크게 외적인 것과 내적인 것 두 가지가 있다. 외적요인은 지각 대상의 특성에 관련된 요인이다. 예를 들어 대상의 크기, 가격, 형태, 색, 냄새, 동작 등을 들 수 있다. 내적요인은 지각의 주체 내면에 존재하는 요인들이다. 예를 들어 컨디션, 성격, 과거의 경험, 욕구 등을 들 수 있다. 이런 요인들이 복합적으로 작용하여 지각의 과정에 영향을 미친다.

④ 지각산출: 지각 메커니즘은 여러 가지 지각에 영향을 미치는 요소들의 작용을 거쳐 현재 직면한 사물이나, 사람, 상황에 상응하는 태도와 의견과 감정을 산출하게 된다. 이 지각산출은 지각자의 반응으로서 일어날 행동과 미래에 일어날 다음 단계의 지각 투입 과정에 영향을 미치게 된다.

⑤ **행동**: 지각의 산출결과 일정한 태도, 견해, 감정 등에 따라 상황에 맞추어 반응을 내보이게 된다. 이렇게 행해지는 행동 또한 지각 결정의 요인이 되어 다음 지각 과정과 그 결과에 영향을 미치게 된다.

4. 동기 · 좌절 · 갈등

(1) 동기

① **의미**: 유기체로 하여금 어떤 행동의 준비 또는 일련의 행동을 지속시키도록 하는 유기체의 내적, 외적 조건들을 지칭한다.

② **유형**: 생리적 동기, 심리적 동기, 내재적 동기, 외재적 동기

(2) 좌절

① **의미**: 동기 혹은 목표의 성취나 욕구의 충족이 이루어지지 못한 결과로 생기는 주관적 경험이다.

② 좌절의 요인: 행동과정의 지연, 자원의 결핍, 상실, 실패, 인생에 대한 무의미감

(3) 갈등

① **의미**: 개인의 정서나 동기가 다른 정서나 동기와 모순되어 그 표현이 저지되는 현상을 말한다.

② **사례**

㉠ 두 개의 플러스의 유의성(誘意性; 끌어당기는 힘)이 거의 같은 세기로 동시에 반대방향으로 작용하는 경우, 즉 다 같이 매력 있는 목표가 있는데 어느 쪽을 택하면 좋을지 결정하지 못하는 경우를 말한다.

㉡ 두 개의 마이너스의 유의성이 거의 같은 세기로 동시에 작용하는 경우이다.

㉢ 플러스의 유의성이 동시에 마이너스의 유의성을 수반하는 경우이다.

5. 불안과 스트레스

(1) 스트레스의 정의

스트레스란 적응하기 어려운 환경에 처할 때 느끼는 심리적 · 신체적 긴장 상태로 직무몰입과 생산성 감소의 직접적인 원인이 된다. 직무특성 스트레스 요인은 작업속도, 근무시간, 업무의 반복성 등이 있다.

(2) 스트레스의 자극요인

① **내적요인**: 자존심의 손상, 업무상의 죄책감, 현실에서의 부적응

② **외적요인**: 대인관계의 갈등과 대립, 가족의 죽음 · 질병, 경제적 어려움

(3) 스트레스 해소법

① 자기 자신을 돌아보는 반성의 기회를 가끔씩 가진다.

② 주변 사람과의 대화를 통해서 해결책을 모색한다.

③ 스트레스는 가급적 빨리 푼다.

④ 출세에 조급한 마음을 가지지 않는다.

2 직업적성과 배치

1. 직업적성의 분류

(1) **기계적 적성(기계 작업에 성공하기 쉬운 특성)**

① 손과 팔의 솜씨: 신속하고 정확한 능력

② 공간 시각화: 형상, 크기의 판단능력

③ 기계적 이해: 공간지각능력, 지각속도, 경험, 기술적 지식 등 복합적 인자가 합쳐져 만들어진 적성

(2) **사무적 적성**

① 지능 ② 지각속도 ③ 정확성

(3) **작업자 적성의 요인**

① 직업적성 ② 지능 ③ 흥미 ④ 인간성

(4) **적성배치 시 작업자의 특성**

① 지적 능력 ② 성격 ③ 기능 ④ 업무수행력

⑤ 연령적 특성 ⑥ 신체적 특성 ⑦ 태도 ⑧ 업무경력

(5) **직업적성 검사**

① 지능 ② 형태식별능력 ③ 운동속도

2. 적성검사의 종류

(1) 시각적 판단검사

(2) 정확도 및 기민성 검사(정밀성 검사)

(3) 계산에 의한 검사

(4) 속도에 의한 검사

3. 직무분석 및 직무평가(직무분석 방법)

(1) 면접법

(2) 설문지법

(3) 직접관찰법

(4) 일지작성법

(5) 결정사건기법

4. 선발 및 배치

(1) **적성배치의 효과**

① 근로의욕 고취

② 재해의 예방

③ 근로자 자신의 자아실현

④ 생산성 및 능률 향상

(2) **적성배치에 있어서 고려되어야 할 기본사항**

① 적성검사를 실시하여 개인의 능력을 파악한다.

② 직무평가를 통하여 자격수준을 정한다.

③ 객관적인 감정 요소에 따른다.

④ 인사관리의 기준원칙을 고수한다.

5. 인사관리의 기초

(1) 조직과 리더십(Leadership)
(2) 선발(적성검사 및 시험)
(3) 배치
(4) 작업분석과 업무평가
(5) 상담 및 노사 간의 이해

3 인간의 특성과 안전과의 관계

1. 안전사고요인

(1) 생리적 요소

① 극도의 피로
② 시력 및 청각기능의 이상
③ 근육운동의 부적합
④ 생리 및 신경계통의 이상

(2) 정신적 요소

① 안전의식 부족
② 주의력 부족
③ 방심, 공상
④ 판단력 부족

(3) 불안전행동

① **직접적인 원인**: 지식의 부족, 기능 미숙, 태도불량, 인간에러 등
② **간접적인 원인**
㉠ 망각: 학습된 행동이 지속되지 않고 소멸되는 것으로 기억된 내용의 망각은 시간의 경과에 비례하여 급격히 이루어진다.
㉡ 의식의 우회: 공상, 회상 등이 있다.
㉢ 생략행위: 정해진 순서를 빠뜨리는 것이다.
㉣ 억측판단: 자기 멋대로 하는 주관적인 판단 후 행동에 옮기는 것이다.
㉤ 4M 요인: 인간(Man), 설비(Machine), 작업환경(Media), 관리(Management)

(4) 억측판단이 발생하는 배경

① **희망적 관측**: '그때도 그랬으니까 괜찮겠지'하는 관측이다.
② **불확실한 정보나 지식**: 위험에 대한 정보의 불확실 및 지식의 부족이다.
③ **과거의 성공한 경험**: 과거에 그 행위로 성공한 경험의 선입관이다.
④ **초조한 심정**: 일을 빨리 끝내고 싶은 초조한 심정이다.

2. 산업안전심리의 요소

(1) 동기(Motive)

능동적인 감각에 의한 자극에서 일어나는 사고의 결과로서 사람의 마음을 움직이는 원동력이다.

(2) 기질(Temper)

인간의 성격, 능력 등 개인적인 특성을 말하는 것으로 생활환경에 영향을 받는다.

(3) 감정(Emotion)

희로애락의 의식으로 외부 자극이나 내적 사건에 대한 주관적인 느낌이나 반응이다.

(4) 습성(Habits)

동기, 기질, 감정 등이 밀접한 관계를 형성하여 인간의 행동에 영향을 미칠 수 있도록 하는 것이다.

(5) 습관(Custom)

자신도 모르게 습관화된 현상을 말하며 습관에 영향을 미치는 요소는 동기, 기질, 감정, 습성이다.

3. 착상심리

인간 판단의 과오로 사람의 생각이 항상 건전하고 올바르다고 볼 수는 없다.

4. 착오

(1) 착오의 종류

① 위치착오
② 순서착오
③ 패턴의 착오
④ 기억의 착오
⑤ 형(모양)의 착오

(2) 착오의 원인

① 인지과정 착오의 요인
- ㉠ 생리 · 심리적 능력한계
- ㉡ 감각차단현상
- ㉢ 정보량(정보 수용능력)의 한계
- ㉣ 정서불안정

② 판단과정 착오의 요인
- ㉠ 자기합리화
- ㉡ 작업조건불량
- ㉢ 정보부족
- ㉣ 능력부족
- ㉤ 과신(자신 과잉)

③ 조치과정 착오의 요인
- ㉠ 기능 미숙
- ㉡ 작업경험 부족
- ㉢ 피로

5. 착시

물체의 물리적인 구조가 인간의 감각기관인 시각을 통해 인지한 구조와 일치되지 않게 보이는 현상이다.

학설	그림	현상
Müller-Lyer의 착시	(a) (b)	(a)가 (b)보다 길게 보이지만 실제로는 (a)=(b)이다.
Köhler의 착시(윤곽착오)		우선 평형의 호를 본 후 즉시 직선을 본 경우에 직선은 호의 반대방향으로 굽어보인다.
Hering의 착시	(a) (b)	(a)는 양단이 벌어져 보이고, (b)는 중앙이 벌어져 보인다.

Orbison의 착시		안쪽 원이 찌그러져 보인다.
Sander의 착시		두 점선의 길이가 다르게 보인다.
Zöllner의 착시		세로의 선이 굽어 보인다.
Ponzo의 착시		두 수평선의 길이가 다르게 보인다.
Helmholtz의 착시	(a) (b)	(a)는 세로로 길어 보이고, (b)는 가로로 길어 보인다.
Poggendorff의 착시	(a) (c) (b)	(a)와 (c)가 일직선으로 보이지만 실제로는 (a)와 (b)가 일직선이다.

6. 착각현상

착각은 물리현상을 왜곡하는 지각현상을 말한다.

(1) 자동운동

① 암실 내에서 정지된 작은 빛을 응시하고 있으면 그 빛이 움직이는 것을 볼 수 있는데 이것을 자동운동이라 한다.

② 자동운동이 생기기 쉬운 조건

㉠ 광점이 작을 것

㉡ 시야의 다른 부분이 어두울 것

㉢ 광의 강도가 작을 것

㉣ 대상이 단순할 것

(2) 유도운동

실제로 움직이지 않는 것이 어느 기준의 이동에 유도되어 움직이는 것처럼 느껴지는 현상을 말한다.

(3) 가현운동(β 운동)

객관적으로 정지하고 있는 대상물이 급속히 나타나든가 소멸하는 것으로 인하여 일어나는 운동으로 마치 대상이 운동하는 것처럼 인식되는 현상을 말한다.(영화 · 영상의 방법)

CHAPTER

04 인간의 행동과학

합격 KEYWORD 호손의 실험, 인간의 의식 Level의 단계별 신뢰성, 인간관계 메커니즘, 레윈의 법칙, 매슬로우의 욕구위계이론, 맥그리거의 X 이론과 Y 이론, 허즈버그의 2요인 이론, 알더퍼의 ERG 이론, 부주의, 관리 그리드, 생체리듬

1 조직과 인간행동

1. 인간관계

(1) 호손(Hawthorne)의 실험

① 미국 호손공장에서 실시된 실험으로 종업원의 인간성을 과학적으로 연구한 실험이다.

② 물리적인 조건(조명, 휴식시간, 근로시간 단축, 임금 등)이 생산성에 영향을 주는 것이 아니라 인간관계가 절대적인 요소로 작용함을 강조한다.

(2) 소시오메트리(Sociometry)

① 사회 측정법으로 집단에 있어 각 구성원 사이의 견인과 배척관계를 조사하여 어떤 개인의 집단 내에서의 관계나 위치를 발견하고 평가하는 방법으로 집단의 인간관계(선호도)를 조사하는 방법이다.

② **소시오그램(교우도식)**: 소시오메트리를 복잡한 도면(상호 간의 관계를 선으로 연결)으로 나타내는 것이다.

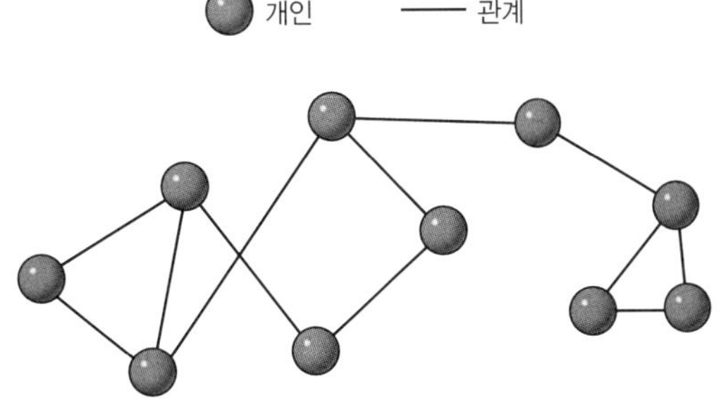

(3) 인간관계 관리방식

① 종업원의 경영참여 기회 제공 및 자율적인 협력체계를 형성한다.

② 종업원의 윤리경영의식 함양 및 동기를 부여한다.

2. 사회행동의 기초

(1) 적응의 개념

적응이란 개인의 심리적 요인과 환경적 요인이 작용하여 조화를 이룬 상태이다. 일반적으로 유기체가 장애를 극복하고 욕구를 충족하기 위해 변화시키는 활동뿐만 아니라 신체적 · 사회적 환경과 조화로운 관계를 수립하는 것이다.

(2) 부적응

사람들은 누구나 자기의 행동이나 욕구, 감정, 사상 등이 사회의 요구 · 규범 · 질서에 비추어 용납되지 않을 때는 긴장, 스트레스, 압박, 갈등이 일어나며 이로 인해 대인관계나 사회생활에 조화를 잘 이루지 못하는 행동이나 상태를 부적응 또는 부적응 상태라 이른다.

① 부적응의 현상: 능률저하, 사고, 불만 등

② 부적응의 원인

㉠ 신체 장애: 감각기관 장애, 지체부자유, 허약, 언어 장애, 기타 신체상의 장애

㉡ 정신적 결함: 지적 우수, 지적 지체, 정신이상, 성격 결함 등

㉢ 가정 · 사회 환경의 결함: 가정환경 결함, 사회 · 경제적 · 정치적 조건의 혼란과 불안정 등

(3) 인간의 의식 Level의 단계별 신뢰성

단계	의식의 상태	신뢰성	의식의 작용	생리적 상태
Phase 0	무의식, 실신	0	없음	수면, 뇌발작
Phase I	의식의 둔화	0.9 이하	부주의	피로, 단조로움, 졸음, 술취함
Phase II	이완 상태	0.99~0.99999	마음이 안쪽으로 향함 (Passive)	안정기거, 휴식 시, 정례작업 시
Phase III	명료한 상태	0.99999 이상	전향적(Active)	적극활동 시
Phase IV	과긴장 상태	0.9 이하	한점에 집중, 판단 정지	당황, 패닉

3. 인간관계 메커니즘

(1) 동일화(Identification)

다른 사람의 행동양식이나 태도를 투입시키거나 다른 사람 가운데서 자기와 비슷한 점을 발견하는 것이다.

(2) 투사(Projection)

자기 속의 억압된 것을 다른 사람의 것으로 생각하는 것이다.

(3) 커뮤니케이션(Communication)

갖가지 행동양식이나 기호를 매개로 하여 어떤 사람으로부터 다른 사람에게 전달하는 과정이다.

(4) 모방(Imitation)

남의 행동이나 판단을 표본으로 하여 그것과 같거나 또는 그것에 가까운 행동 또는 판단을 취하려는 것이다.

(5) 암시(Suggestion)

다른 사람으로부터의 판단이나 행동을 무비판적으로 논리적, 사실적 근거 없이 받아들이는 것이다.

4. 집단행동

(1) 통제가 있는 집단행동(규칙이나 규율이 존재함)

① 관습: 풍습(Folkways), 예의(Ritual), 금기(Taboo) 등으로 나누어진다.

② 제도적 행동(Institutional Behavior): 합리적으로 성원의 행동을 통제하고 표준화함으로써 집단의 안정을 유지하려는 것이다.

③ 유행(Fashion): 공통적인 행동양식이나 태도 등을 말한다.

(2) 통제가 없는 집단행동(성원의 감정, 정서에 의해 좌우되고 연속성이 희박함)

① 군중(Crowd): 성원 사이에 지위나 역할의 분화가 없고 성원 각자는 책임감을 가지지 않으며 비판력도 가지지 않는다.

② 모브(Mob): 폭동과 같은 것을 말하며 군중보다 합의성이 없고 감정에 의해 행동하는 것이다.

③ 패닉(Panic): 모브가 공격적인데 반해 패닉은 방어적인 특징이 있다.

④ 심리적 전염(Mental Epidemic): 어떤 사상이 상당 기간에 걸쳐 광범위하게 논리적 근거 없이 무비판적으로 받아들여지는 것이다.

5. 인간의 일반적인 행동특성

(1) 레윈(Lewin.K)의 법칙

레윈은 인간의 행동(B)은 그 사람이 가진 자질 즉, 개체(P)와 환경(E)과의 상호함수관계에 있다고 하였다.

$B=f(P \cdot E)$

여기서, B: Behavior(인간의 행동)
f: function(함수관계)
P: Person(개체: 연령, 경험, 심신상태, 성격, 지능 등)
E: Environment(환경: 인간관계, 작업조건, 감독, 직무의 안정 등)

(2) 안전수단을 생략(단락)하는 경우 3가지

① 의식과잉이 있는 경우

② 피로하거나 과로한 경우

③ 조명, 소음 등 주변 환경의 영향이 있는 경우

6. 사회행동의 기본형태

(1) 협력(Cooperation) → 조력, 분업

(2) 대립(Opposition) → 공격, 경쟁

(3) 도피(Escape) → 고립, 정신병, 자살

(4) 융합(Accommodation) → 강제, 타협, 통합

2 재해 빈발성 및 행동과학

1. 사고경향

사고의 대부분은 소수에 의해 발생되고 있으며 사고를 낸 사람이 또다시 사고를 발생시키는 경향이 있다.

2. 성격의 유형(재해누발자 유형)

(1) 미숙성 누발자

환경에 익숙하지 못하거나 기능 미숙으로 인한 재해누발자이다.

(2) 상황성 누발자

작업이 어렵거나, 기계설비의 결함, 환경상 주의력의 집중이 혼란된 경우, 심신의 근심으로 사고경향자가 되는 경우이다. 이 경우, 상황이 변하면 안전한 성향으로 바뀐다.

(3) 습관성 누발자

재해의 경험으로 신경과민이 되거나 슬럼프에 빠져 불안전 행동을 수행하게 되어 사고 또는 재해를 습관적으로 발생시키는 경우이다.

(4) 소질성 누발자

지능, 성격, 감각운동 등에 의한 소질적 요소에 의해서 결정되는 특수성격 소유자이다.

3. 재해 빈발성

(1) 기회설

개인의 문제가 아니라 작업 자체에 문제가 있어 재해가 빈발한다.

(2) 암시설

재해를 한 번 경험한 사람은 심리적 압박을 받게 되어 대처능력이 떨어져 재해가 빈발한다.

(3) 빈발경향자설

재해를 자주 일으키는 소질을 가진 근로자가 있다는 설이다.

4. 동기부여

동기부여란 동기를 불러일으키게 하고 일어난 행동을 유지시켜 일정한 목표로 이끌어 가는 과정을 말한다.

(1) 매슬로우(Maslow)의 욕구위계이론

① 제1단계: 생리적 욕구-기아, 갈증, 호흡, 배설, 성욕 등
② 제2단계: 안전의 욕구-안전을 기하려는 욕구
③ 제3단계: 사회적 욕구-소속 및 애정에 대한 욕구(친화 욕구)
④ 제4단계: 자기존경의 욕구-자존심, 명예, 성취, 지위에 대한 욕구(안정의 욕구 또는 자기존중의 욕구)
⑤ 제5단계: 자아실현의 욕구-잠재적인 능력을 실현하고자 하는 욕구(성취욕구)

▲ 매슬로우의 욕구위계이론

(2) 맥그리거(Mcgregor)의 X 이론과 Y 이론

① X 이론에 대한 가정
㉠ 원래 종업원들은 일하기 싫어하며 가능하면 일하는 것을 피하려고 한다.
㉡ 종업원들은 일하는 것을 싫어하므로 바람직한 목표를 달성하기 위해서는 그들을 통제하고 위협하여야 한다.
㉢ 종업원들은 책임을 회피하고 가능하면 공식적인 지시를 바란다.
㉣ 인간은 명령되는 쪽을 좋아하며 무엇보다 안전을 바라고 있다는 인간관이다.

② Y 이론에 대한 가정
㉠ 종업원들은 일하는 것을 놀이나 휴식과 동일한 것으로 볼 수 있다.
㉡ 종업원들은 조직의 목표에 관여하는 경우에 자기지향과 자기통제를 행한다.
㉢ 보통 인간들은 책임을 수용하고 심지어는 구하는 것을 배울 수 있다.
㉣ 작업에서 몸과 마음을 구사하는 것은 인간의 본성이라는 인간관이다.
㉤ 인간은 조건에 따라 자발적으로 책임을 지려고 한다는 인간관이다.
㉥ 매슬로우의 욕구체계 중 자아실현의 욕구에 해당한다.

합격 보장 꿀팁 X 이론과 Y 이론에 대한 관리 처방

X 이론	Y 이론
① 경제적 보상체제의 강화 ② 권위주의적 리더십의 확립 ③ 면밀한 감독과 엄격한 통제 ④ 상부책임제도의 강화 ⑤ 통제에 의한 관리	① 민주적 리더십의 확립 ② 분권화 및 권한의 위임 ③ 직무의 확장 ④ 자율적인 통제 ⑤ 목표에 의한 관리

(3) 허즈버그(Herzberg)의 2요인 이론(위생요인, 동기요인)

① 위생요인(Hygiene): 작업조건, 급여, 직무환경, 감독 등 일의 조건, 보상에서 오는 욕구(충족되지 않을 경우 조직의 성과가 떨어지나, 충족되었다고 성과가 향상되지 않음)

② 동기요인(Motivation): 책임감, 성취, 인정, 개인발전 등 일 자체에서 오는 심리적 욕구(충족될 경우 조직의 성과가 향상되며 충족되지 않아도 성과가 떨어지지 않음)

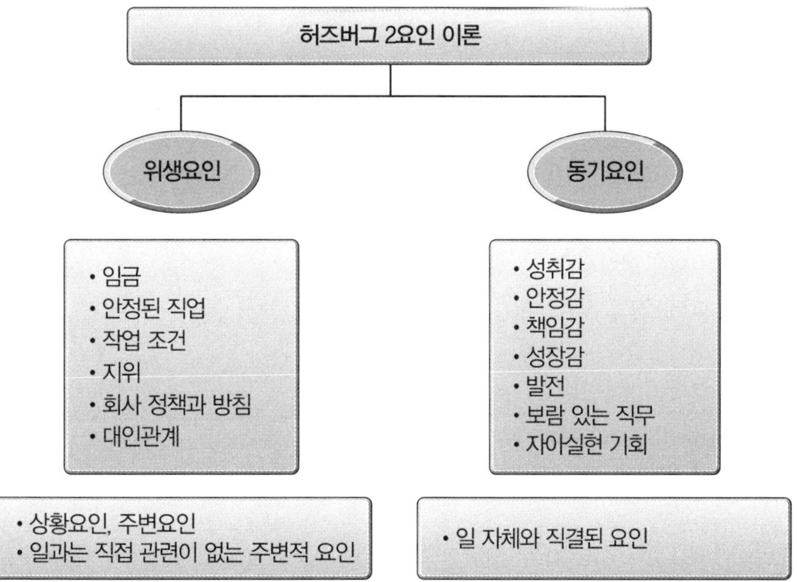

(4) 알더퍼(Alderfer)의 ERG 이론

① E(Existence, 존재욕구): 생리적 욕구나 안전의 욕구와 같이 인간이 자신의 존재를 확보하는 데 필요한 욕구이다. 여기에는 급여, 부가급, 육체적 작업에 대한 욕구 그리고 물질적 욕구가 포함된다.

② R(Relatedness, 관계욕구): 개인이 주변사람들(가족, 감독자, 동료작업자, 하위자, 친구 등)과 상호작용을 통하여 만족을 추구하고 싶어하는 욕구로서 매슬로우 욕구위계 중 사회적 욕구에 속한다.

③ G(Growth, 성장욕구): 매슬로우의 자기존중의 욕구와 자아실현의 욕구를 포함하는 것으로서, 개인의 잠재력 개발과 관련되는 욕구이다.

④ ERG 이론에 따르면 경영자가 종업원의 고차원 욕구를 충족시켜야 하는 것은 동기부여를 위해서만이 아니라 발생할 수 있는 직·간접비용을 절감한다는 차원에서도 중요하다는 것을 밝히고 있다.

⑤ 매슬로우의 욕구위계이론을 심화시킨 것으로서 하위욕구가 충족되면 상위욕구로 진행한다는 점은 유사하나 각 단계별로 퇴행도 고려하여 상위욕구가 좌절되면 하위욕구의 중요성이 더욱 커지고 강조된다는 점이 매슬로우의 욕구위계이론과의 차이점이다.

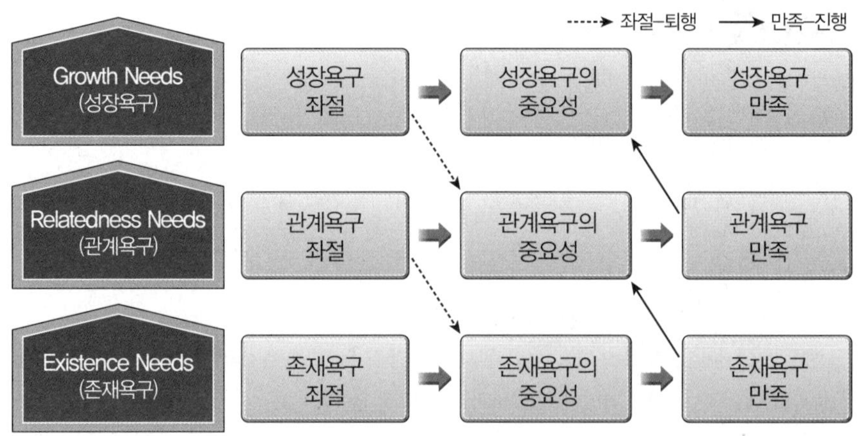

▲ ERG 이론의 작동원리

(5) 데이비스(K.Davis)의 동기부여 이론

① 지식(Knowledge)×기능(Skill)=능력(Ability)

② 상황(Situation)×태도(Attitude)=동기유발(Motivation)

③ 능력(Ability)×동기유발(Motivation)=인간의 성과(Human Performance)

④ 인간의 성과×물질적 성과=경영의 성과

(6) 안전에 대한 동기유발 방법

① 안전의 근본이념을 인식시킨다.

② 상벌제도를 합리적으로 시행한다.

③ 동기유발의 최적수준을 유지한다.

④ 안전목표를 명확히 설정한다.

⑤ 결과를 알려준다.

⑥ 경쟁과 협동을 유발시킨다.

5. 주의와 부주의

(1) 주의의 특성

① 선택성(한 번에 많은 종류의 자극을 받을 때 소수의 특정한 것에만 반응하는 성질)

㉠ 인간은 어떤 사물을 기억하는 데에 3단계의 과정을 거친다. 첫째 단계는 감각보관(Sensory Storage)으로 시각적인 잔상(殘像)과 같이 자극이 사라진 후에도 감각기관에 그 자극감각이 잠시 지속되는 것을 말한다. 둘째 단계는 단기기억(Short-term Memory)으로 누구에게 전해야 할 메시지를 잠시 기억하는 것처럼 관련 정보를 잠시 기억하는 것인데, 감각보관으로부터 정보를 암호화하여 단기기억으로 이전하기 위해서는 인간이 그 과정에 주의를 집중해야 한다. 셋째 단계인 장기기억(Long-term Memory)은 단기기억 내의 정보를 의미론적으로 암호화하여 보관하는 것이다.

㉡ 인간의 정보처리능력은 한계가 있으므로 모든 정보가 단기기억으로 입력될 수는 없다. 따라서 입력정보들 중 필요한 것만을 골라내는 기능을 담당하는 선택여과기(Selective Filter)가 있는 셈인데, 브로드벤트(Broadbent)는 이러한 주의의 특성을 선택적 주의(Selective Attention)라 하였다.

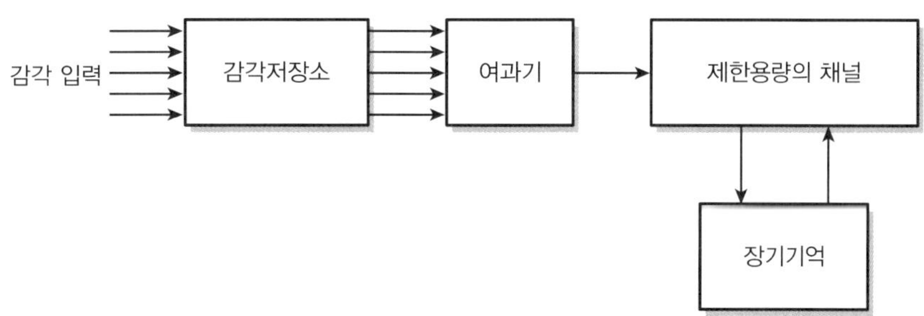

▲ 브로드벤트(Broadbent)의 선택적 주의 모형

② 방향성(시선의 초점이 맞았을 때 쉽게 인지됨): 주의의 초점에 합치된 것은 쉽게 인식되지만 초점으로부터 벗어난 부분은 무시되는 성질을 말하는데, 얼마나 집중하였느냐에 따라 무시되는 정도도 달라진다. 정보를 입수할 때에 중요한 정보의 발생방향을 선택하여 그곳으로부터 중점적인 정보를 입수하고 그 이외의 것을 무시하는 이러한 주의의 특성을 집중적 주의(Focused Attention)라고 하기도 한다.

③ 변동성: 인간은 한 점에 계속하여 주의를 집중할 수는 없다. 주의를 계속하는 사이에 언제인가 자신도 모르게 다른 일을 생각하게 된다. 이것을 다른 말로 '의식의 우회'라고 표현하기도 한다. 대체적으로 변화가 없는 한 가지 자극에 명료하게 의식을 집중할 수 있는 시간은 불과 수초에 지나지 않고, 주의집중 작업 혹은 각성을 요하는 작업(Vigilance Task)은 30분을 넘어서면 작업성능이 현저하게 저하한다.

(2) 부주의 원인(현상)

① 의식의 우회: 의식의 흐름이 옆으로 빗나가 발생하는 것(걱정, 고민, 욕구불만 등에 의하여 정신을 빼앗기는 것)이다.

② 의식수준의 저하: 혼미한 정신상태에서 심신이 피로할 경우나 단조로운 반복작업 등의 경우에 일어나기 쉽다.

③ 의식의 단절: 지속적인 의식의 흐름에 단절이 생기고 공백의 상태가 나타나는 것으로 주로 질병의 경우에 나타난다.

④ 의식의 과잉: 돌발사태에 직면하면 공포를 느끼게 되고 주의가 일점(주시점)에 집중되어 판단정지 및 긴장 상태에 빠지게 되어 유효한 대응을 못하게 된다.

⑤ 의식의 혼란: 외부의 자극이 애매모호하거나, 자극이 강할 때 및 약할 때 등과 같이 외적 조건에 의해 의식이 혼란하거나 분산되어 위험요인에 대응할 수 없을 때 발생한다.

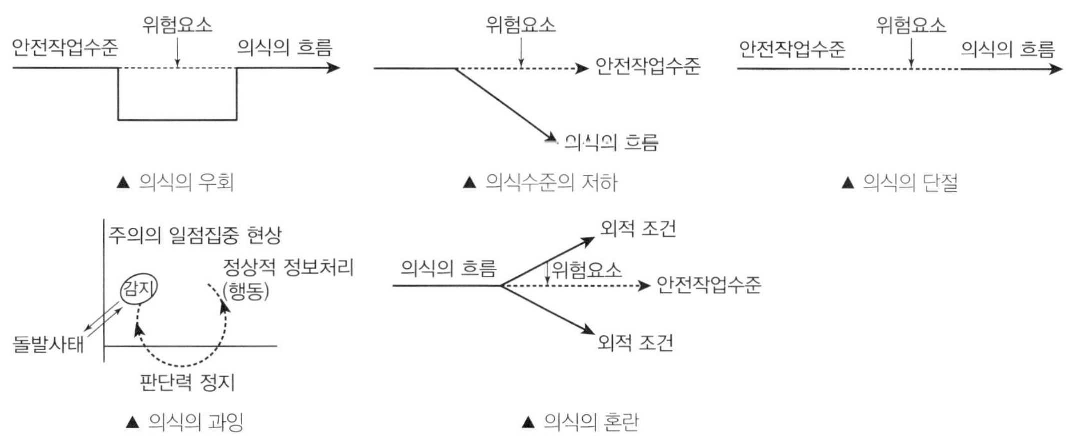

▲ 의식의 우회 ▲ 의식수준의 저하 ▲ 의식의 단절

▲ 의식의 과잉 ▲ 의식의 혼란

⑥ 부주의 발생원인 및 대책

㉠ 내적 원인 및 대책

- 소질적 조건: 적성배치
- 경험 및 미경험: 교육
- 의식의 우회: 상담

㉡ 외적 원인 및 대책
- 작업환경조건 불량: 환경정비
- 작업순서의 부적당: 작업순서 변경

㉢ 정신적 측면에 대한 대책
- 주의력의 집중 훈련
- 스트레스의 해소
- 안전의식의 제고
- 작업의욕의 고취

㉣ 기능 및 작업적 측면에 대한 대책
- 적성 배치
- 안전작업 방법 습득
- 표준작업 동작의 습관화

㉤ 설비 및 환경적 측면에 대한 대책
- 설비 및 작업환경의 안전화
- 표준작업제도의 도입
- 긴급 시의 안전대책

3 집단관리와 리더십

1. 리더십의 유형

(1) 리더십의 정의

① 주어진 상황 속에서 목표 달성을 위해 개인 또는 집단의 활동에 영향을 미치는 과정이다.
② 어떤 특정한 목표달성을 지향하고 있는 상황에서 행사되는 대인 간의 영향력이다.
③ 공통된 목표달성을 지향하도록 사람에게 영향을 미치는 것이다.

(2) 리더십의 유형

① 독재형(권위형)
㉠ 부하직원을 강압적으로 통제한다.
㉡ 의사결정권은 경영자가 가지고 있다.

② 민주형
㉠ 발생 가능한 갈등은 의사소통을 통해 조정한다.
㉡ 부하직원의 고충을 해결할 수 있도록 지원한다.

③ 자유방임형
㉠ 의사결정의 책임을 부하직원에게 전가한다.
㉡ 업무회피 현상이 발생한다.
㉢ 경험이나 자율성이 부족한 부하직원에게는 적합하지 않다.

④ 위임형
㉠ 부하직원에게 권한을 준다.
㉡ 의사결정 시 개인의 통찰력보다 팀의 통찰력을 존중한다.

(3) 리더십에 있어서의 권한

① 조직이 리더에게 부여한 권한
㉠ 합법적 권한: 군대, 교사, 정부기관 등 법적으로 부여된 권한
㉡ 보상적 권한: 부하에게 노력에 대한 물리적 보상을 할 수 있는 권한
㉢ 강압적 권한: 부하에게 명령할 수 있는 권한

② 조직이 부여하지 않았지만 부하(Followers)가 부여해 주는 리더의 권한
- ㉠ 전문성의 권한: 지도자가 전문지식을 가지고 있는가와 관련된 권한
- ㉡ 위임된 권한: 부하직원이 지도자의 생각과 목표를 얼마나 잘 따르는지와 관련된 권한

③ 특성
- ㉠ 지휘형태가 민주적이다.
- ㉡ 협동과 의사소통을 통해 사회적 간격이 좁다.
- ㉢ 밑으로부터의 동의에 의한 권한을 부여한다.
- ㉣ 개인적 영향에 의해 부하와의 관계가 유지된다.

(4) 특성이론

① 개념: 리더의 개인적인 자질에 의해 리더십의 성공이 좌우된다고 보는 이론으로 사회적으로 훌륭한 것으로 정평이 난 인물들을 중심으로 리더의 선천적 자질을 탐구했다는 점에서 '위인이론' 또는 '자연적 리더십 이론'이라고 불린다.

② 주요 내용
- ㉠ 리더는 일반인이 기지지 않는 특성을 가진다.
- ㉡ 실제로 혈통적 배경이나 제한된 몇 가지 개인적 특성이 리더십 발휘 능력과 상관관계가 있다는 일관된 증거가 존재하지 않아 한계를 가지는 이론이다.

(5) 리더가 가지고 있는 세력의 유형

① 보상세력 ② 합법세력 ③ 전문세력 ④ 강압세력 ⑤ 참조세력

2. 리더십과 헤드십

(1) 리더십과 헤드십의 차이

① 리더십(Leadership): 집단 구성원에 의해 내부적으로 선출된 지도자로 권한을 대행한다.

② 헤드십(Headship): 집단 구성원이 아닌 외부에 의해 선출(임명)된 지도자로 권한을 행사한다.

(2) 헤드십(Headship)

① 개념: 외부로부터 임명된 헤드(Head)가 조직 체계나 직위를 이용, 권한을 행사하는 것이다. 지도자와 집단 구성원 사이에 공통의 감정이 생기기 어려우며 항상 일정한 거리가 있다.

② 특성
- ㉠ 부하직원의 활동을 감독한다.
- ㉡ 상사와 부하와의 관계가 종속적이다.
- ㉢ 부하와의 사회적 간격이 넓다.
- ㉣ 지휘형태가 권위적이다.
- ㉤ 법적 또는 규정에 의한 권한을 가지며 조직으로부터 위임받는다.

3. 사기와 집단역학

(1) 집단의 적응

① 집단의 기능
- ㉠ 응집력: 집단 내부에 머물도록 하는 내부의 힘이다.
- ㉡ 행동규범: 집단을 유지 · 통제하고 목표를 달성하기 위한 것으로 집단에 의해 지지되며 통제가 행해진다.
- ㉢ 집단 목표: 집단이 하나의 집단으로서의 역할을 다하기 위해서는 집단 목표가 있어야 한다.

② 집단에서의 인간관계
- ㉠ 경쟁: 상대보다 목표에 빨리 도달하려고 하는 것
- ㉡ 도피, 고립: 열등감으로 소속된 집단에서 이탈하는 것
- ㉢ 공격: 상대방을 압도하여 목표를 달성하려고 하는 것

③ 집단관리 시 유의해야 할 사항

㉠ 집단 규범(Group norm): 집단이 존속하고 멤버의 상호작용이 이루어지고 있는 동안 집단 규범은 그 집단을 유지하며, 집단의 목표를 달성하는 데 필수적인 것으로서 자연 발생적으로 성립되는 것이다.(변화 가능, 유동적)

㉡ 집단 참여(Participation): 구성원이 그 집단에 기여하는 공헌도는 중요한 역할을 맡는 지위의 높이만큼 크며, 이것이 소속 집단에 대한 참가감과 결부되어 목적달성을 위한 근무 의욕을 향상시킨다.

④ 슈퍼(Super)의 역할이론

㉠ 역할 갈등(Role Conflict): 작업 중에 상반된 역할이 기대되는 경우가 있으며, 그럴 때 갈등이 생긴다.

㉡ 역할 기대(Role Expectation): 자기의 역할을 기대하고 감수하는 수단이다.

㉢ 역할 조성(Role Shaping): 개인에게 여러 개의 역할 기대가 있을 경우 그중의 어떤 역할 기대는 불응, 거부할 수도 있으며 혹은 다른 역할을 해내기 위해 다른 일을 구할 때도 있다.

㉣ 역할 연기(Role Playing): 자아탐색인 동시에 자아실현의 수단이다.

(2) 욕구저지

① 욕구저지의 상황적 요인

㉠ 외적 결여: 욕구만족의 대상이 존재하지 않는다.

㉡ 외적 상실: 욕구를 만족해오던 대상이 사라진다.

㉢ 외적 갈등: 외부조건으로 인해 심리적 갈등이 발생한다.

㉣ 내적 결여: 개체에 욕구만족의 능력과 자질이 부족하다.

㉤ 내적 상실: 개체의 능력을 상실한다.

㉥ 내적 갈등: 개체 내 압력으로 인해 심리적 갈등이 발생한다.

② 갈등상황의 3가지 기본형

㉠ 접근 – 접근형 ㉡ 접근 – 회피형 ㉢ 회피 – 회피형

(3) 관리 그리드(Managerial Grid)

① 무관심형(1, 1): 생산과 인간에 대한 관심이 모두 낮은 무관심한 유형으로서 리더 자신의 직분을 유지하는 데 필요한 최소의 노력만을 투입하는 리더 유형이다.

② 인기형(1, 9): 인간에 대한 관심은 매우 높고 생산에 대한 관심은 매우 낮아서 부서원들과의 만족스런 관계와 친밀한 분위기를 조성하는 데 역점을 기울이는 리더 유형이다.

③ 과업형(9, 1): 생산에 대한 관심은 매우 높지만 인간에 대한 관심은 매우 낮아서 인간적인 요소보다도 과업수행에 대한 능력을 중요시하는 리더 유형이다.

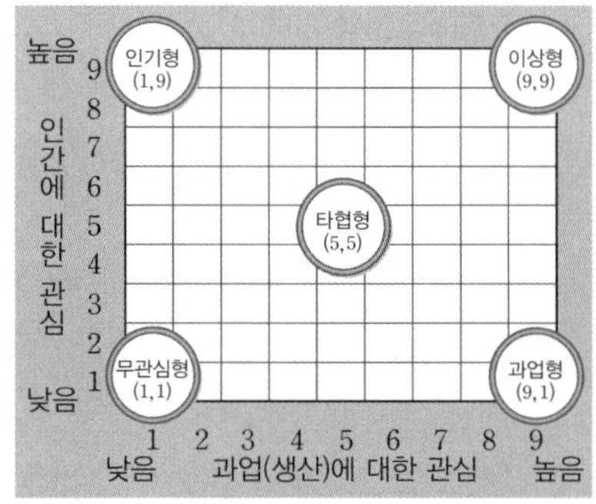

▲ 관리 그리드

④ 타협형(5, 5): 중간형으로 과업의 생산성과 인간적 요소를 절충하여 적당한 수준의 성과를 지향하는 유형이다.

⑤ 이상형(9, 9): 팀형으로 인간에 대한 관심과 생산에 대한 관심이 모두 높으며 구성원들에게 공동목표 및 상호의존관계를 강조하고, 상호신뢰적이고 상호존중관계 속에서 구성원들의 몰입을 통하여 과업을 달성하는 리더 유형이다.

(4) 모랄 서베이(Morale Survey)

구성원의 사기, 만족도, 업무 환경에 대한 의견을 조사하는 것으로 근로의욕 조사라고도 한다. 근로자의 감정과 기분을 과학적으로 고려하고 이에 따른 경영의 관리활동을 개선하려는 데 목적이 있다.

① 실시방법

㉠ 통계에 의한 방법: 사고 상해율, 생산성, 지각, 조퇴, 이직 등을 분석하여 파악하는 방법이다.

㉡ 사례연구(Case Study)법: 관리상의 여러 가지 제도에 나타나는 사례에 대해 연구함으로써 현상을 파악하는 방법이다.

㉢ 관찰법: 종업원의 근무 실태를 계속 관찰함으로써 문제점을 찾아내는 방법이다.

㉣ 실험연구법: 실험그룹과 통제그룹으로 나누고 정황, 자극을 주어 태도 변화를 조사하는 방법이다.

㉤ 태도조사법: 질문지(문답)법, 면접법, 집단토의법, 투사법 등에 의해 의견을 조사하는 방법이다.

② 모랄 서베이의 효용

㉠ 업무환경 보상, 커뮤니케이션 등 다양한 요인을 분석하여 개선 방향을 제시한다.

㉡ 근로자의 심리 · 욕구를 파악하여 불만을 해소한다.

㉢ 조직이 직원들을 중요하게 생각한다는 것을 보여주고, 직원들의 가치를 높여 노동 의욕을 높인다.

㉣ 경영관리를 개선하는 데 필요한 자료를 얻는다.

㉤ 종업원의 정화작용을 촉진시킨다.

4 생체리듬과 피로

1. 피로의 증상 및 대책

(1) 피로의 발생원인

① 피로의 요인

㉠ 작업조건: 작업강도, 작업속도, 작업시간 등

㉡ 환경조건: 온도, 습도, 소음, 조명 등

㉢ 생활조건: 수면, 식사, 취미활동 등

㉣ 사회적 조건: 대인관계, 생활수준 등

㉤ 신체적, 정신적 조건

② 기계적 요인과 인간적 요인

㉠ 기계적 요인: 기계의 종류, 조작부분의 배치, 색채, 조작부분의 감촉 등

㉡ 인간적 요인: 신체상태, 정신상태, 작업내용, 작업시간, 사회환경, 작업환경 등

(2) 피로의 종류

① **정신적(주관적) 피로**: 피로감을 느끼는 자각증세이다.

② **육체적(객관적) 피로**: 작업피로가 질적, 양적 생산성의 저하로 나타난다.

③ **생리적 피로**: 작업능력 또는 생리적 기능의 저하이다.

(3) 피로의 예방과 회복대책

① 작업부하를 적게 할 것

② 정적 동작을 피할 것

③ 작업속도를 적절하게 할 것

④ 근로시간과 휴식을 적절하게 할 것

⑤ 목욕이나 가벼운 체조를 할 것

⑥ 수면을 충분히 취할 것

2. 피로의 측정법

(1) 신체활동의 생리학적 측정분류

작업을 할 때 인체가 받는 부담은 작업의 성질에 따라 상당한 차이가 있다. 이 차이를 연구하기 위한 방법이 생리적 변화를 측정하는 것이다. 즉, 산소소비량, 근전도, 플리커치 등으로 인체의 생리적 변화를 측정한다.

① 근전도(EMG): 근육활동의 전위차를 기록하여 측정한다.

② 심전도(ECG): 심장의 근육활동의 전위차를 기록하여 측정한다.

③ 산소소비량

④ 정신적 작업부하에 관한 생리적 측정치

㉠ 점멸융합주파수(플리커법): 사이가 벌어져 회전하는 원판으로 들어오는 광원의 빛을 단속시켜 연속광으로 보이는지 단속광으로 보이는지 경계에서의 빛의 단속주기를 플리커치라고 한다. 정신적으로 피로한 경우에는 주파수 값이 내려가는 것으로 알려져 있다.

㉡ 기타 정신부하에 관한 생리적 측정치: 눈꺼풀의 깜박임률(Blink Rate), 동공지름(Pupil Diameter), 뇌의 활동전위를 측정하는 뇌파도(EEG; Electro Encephalo Gram), 부정맥 지수

(2) 피로의 측정방법

① 생리학적 측정: 근력 및 근활동(EMG), 대뇌활동(EEG), 호흡(산소소비량), 순환기(ECG), 부정맥 지수

② 생화학적 측정: 혈액농도 측정, 혈액수분 측정, 요전해질, 요단백질 측정

③ 심리학적 측정: 피부저항, 동작분석, 연속반응시간, 집중력

3. 작업강도와 피로

(1) 작업강도(RMR; Relative Metabolic Rate) → 에너지 대사율

$$\text{RMR} = \frac{\text{작업 시 소비에너지} - \text{안정 시 소비에너지}}{\text{기초대사 시 소비에너지}} = \frac{\text{작업대사량}}{\text{기초대사량}}$$

① 작업 시 소비에너지: 작업 중 소비한 산소량이다.

② 안정 시 소비에너지: 의자에 앉아서 호흡하는 동안 소비한 산소량이다.

(2) 에너지 대사율(RMR)에 의한 작업강도

① 경작업: 0~2RMR－사무실 작업, 정신작업 등

② 중(中)작업(보통작업): 2~4RMR－힘이나 동작, 속도가 작은 하체작업 등

③ 중(重)작업: 4~7RMR－전신작업 등

④ 초중(超重)작업: 7RMR 이상－과격한 전신작업

4. 생체리듬

(1) 생체리듬(바이오리듬)의 종류

① 육체적(신체적) 리듬(P, Physical): 신체의 물리적인 상태를 나타내는 리듬, 청색 실선으로 표시하며 23일의 주기이다.

② 감성적 리듬(S, Sensitivity): 기분이나 신경계통의 상태를 나타내는 리듬, 적색 점선으로 표시하며 28일의 주기이다.

③ 지성적 리듬(I, Intellectual): 기억력, 인지력, 판단력 등을 나타내는 리듬, 녹색 일점쇄선으로 표시하며 33일의 주기이다.

(2) 생체리듬(바이오리듬)의 변화

① 야간에는 체중이 감소한다.

② 야간에는 말초운동 기능이 저하되고, 피로의 자각증상이 증대한다.

③ 혈액의 수분과 염분량은 주간에 감소하고 야간에 증가한다.

④ 체온, 혈압, 맥박은 주간에 상승하고 야간에 감소한다.

5. 위험일

(1) 개념

3가지 생체리듬은 안정기(+)와 불안정기(−)를 반복하면서 사인(Sine) 곡선을 그리며 반복되는데 (+) → (−) 또는 (−) → (+)로 변하는 지점을 영(Zero) 또는 위험일이라 한다. 위험일에는 평소보다 뇌졸중이 5.4배, 심장질환이 5.1배, 자살이 6.8배나 높게 나타난다고 한다.

(2) 사고발생률이 가장 높은 시간대

① 24시간 중: 03~05시 사이

② 주간업무 중: 오전 10~11시, 오후 15~16시

CHAPTER

05 안전보건교육의 내용 및 방법

합격 KEYWORD 학습지도 이론, 교육심리학의 연구방법, 손다이크의 시행착오설, 파블로프의 조건반사설, 적응기제, TWI, OJT, Off JT, 강의법, 프로그램 학습법, 안전교육의 3단계, 교육법의 4단계, 안전보건교육계획, 안전보건교육

1 교육의 필요성과 목적

1. 교육목적

피교육자의 발달을 효과적으로 도와줌으로써 이상적인 상태가 되도록 하는 것을 말한다.

2. 교육의 개념

(1) 재해, 기계설비의 소모 등의 감소에 유효하며 산업재해를 예방한다.

(2) 새로 도입된 신기술에 대한 종업원의 적응을 원활하게 한다.

(3) 직무에 대한 지도를 받아 질과 양이 모두 표준에 도달하고 임금의 증가를 도모한다.

(4) 직원의 불만과 결근, 이동을 방지한다.

(5) 내부 이동에 대비한 능력의 다양화 및 승진에 대비한 능력 향상을 도모한다.

(6) 신입직원은 기업의 내용, 방침과 규정을 파악함으로써 친근감과 안정감을 준다.

3. 학습지도 이론

개별화의 원리	학습자가 가지고 있는 각각의 요구 및 능력에 맞게 지도해야 한다는 원리
통합의 원리	학습을 종합적으로 지도하는 것으로 학습자의 능력을 조화있게 발달시키는 원리
사회화의 원리	공동학습을 통해 협력과 사회화를 도와준다는 원리
자발성의 원리	학습자 스스로 학습에 참여해야 한다는 원리
직관의 원리	구체적인 사물을 제시하거나 경험 등을 통해 학습효과를 거둘 수 있다는 원리

4. 교육심리학의 이해

(1) 교육심리학의 정의 및 특징

① 정의: 교육의 과정에서 일어나는 여러 문제를 심리학적 측면에서 연구하여 원리를 정립하고 방법을 제시함으로써 교육의 효과를 극대화하려는 교육학의 한 분야이다.

② 특징

㉠ 교육심리학에서 심리학적 측면을 강조하는 경우에는 학습자의 발달과정이나 학습방법과 관련된 법칙정립이 그 핵심이 되어 가치중립적인 과학적 연구가 된다.

㉡ 바람직한 방향으로 학습자를 성장하도록 도와준다는 교육적 측면이 중요시되는 경우에는 교육적인 측면에 가치가 개입된다.

(2) 교육심리학의 연구방법

실험법	관찰 대상을 교육목적에 맞게 계획하고 조작하여 나타나는 결과를 관찰하는 방법
관찰법	현재의 상태를 있는 그대로 관찰하는 방법
투사법	다양한 종류의 상황을 가정하거나 상상하여 관찰 대상의 심리상태를 파악하는 방법
면접법	관찰자가 직접 면접을 통해서 관찰 대상의 심리상태를 파악하는 방법
사례연구법	여러 가지 사례를 조사하여 결과를 도출하는 방법. 원칙과 규정의 체계적 습득이 어려움
질문지법	관찰 대상에게 질문지를 나누어 주고 이에 대한 답을 작성하게 해서 알아보는 방법
카운슬링	• 심리학적 교양과 기술을 익힌 전문가인 카운슬러가 적응상의 문제를 가진 내담자와 면접하여 대화를 거듭하고, 이를 통하여 내담자가 자신의 문제를 해결해 나가는 인격적 발달을 도울 수 있도록 하는 것 • 카운슬링의 순서: 장면구성 → 내담자와의 대화 → 의견 재분석 → 감정 표출 → 감정의 명확화 • 개인적 카운슬링 방법: 직접적 충고, 설명적 방법, 설득적 방법

(3) 성장과 발달

① 발달(Development)의 의미

발달이란 성숙, 성장, 경험에 의하여 이루어지는데, 이는 심신의 구조·형태 및 기능이 변화하는 과정을 의미한다. 또한 인간의 행동이 상향적으로 또는 지향적으로 변화할 때 발달이라고 할 수 있다.

② 성장과 성숙의 차이

㉠ 성장(Growth): 신체적으로 키가 커지거나 몸무게가 늘어나는 등의 양적으로 변화하는 현상이다.

㉡ 성숙(Maturation): 운동기능이라든가, 감각기능과 여러 내분비선의 변화에 의하여 질적으로 변화하는 현상이다.

(4) 학습이론

① 자극과 반응(S－R, Stimulus & Response) 이론

㉠ 손다이크(Thorndike)의 시행착오설

인간과 동물은 차이가 없다고 보고 동물연구를 통해 인간심리를 발견하고자 했으며 동물의 행동은 자극 S와 반응 R의 연합에 의해 결정된다고 볼 수 있다. 학습 또한 지식의 습득이 아니라 새로운 환경에 적응하는 행동의 변화이다.

- 준비성의 법칙: 학습이 이루어지기 전의 학습자의 상태에 따라 그것이 만족스러운가 불만족스러운가에 관한 것이다.
- 연습의 법칙: 일정한 목적을 가지고 있는 작업을 반복하는 과정 및 효과를 포함한 전체 과정이다.
- 효과의 법칙: 목표에 도달했을 때 만족스러운 보상을 주면 반응과 결합이 강해져 조건화가 잘 이루어진다.

㉡ 파블로프(Pavlov)의 조건반사설

종소리를 통해 개의 소화작용에 대한 실험을 실시함으로써 훈련을 통해 반응이나 새로운 행동에 적응한다고 볼 수 있다.

- 계속성의 원리(The Continuity Principle): 자극과 반응의 관계는 횟수가 거듭될수록 강화가 잘 된다.
- 일관성의 원리(The Consistency Principle): 일관된 자극을 사용하여야 한다.
- 강도의 원리(The Intensity Principle): 먼저 준 자극보다 같거나 강한 자극을 주어야 강화가 잘 된다.
- 시간의 원리(The Time Principle): 조건자극을 무조건자극보다 조금 앞서거나 동시에 주어야 강화가 잘 된다.

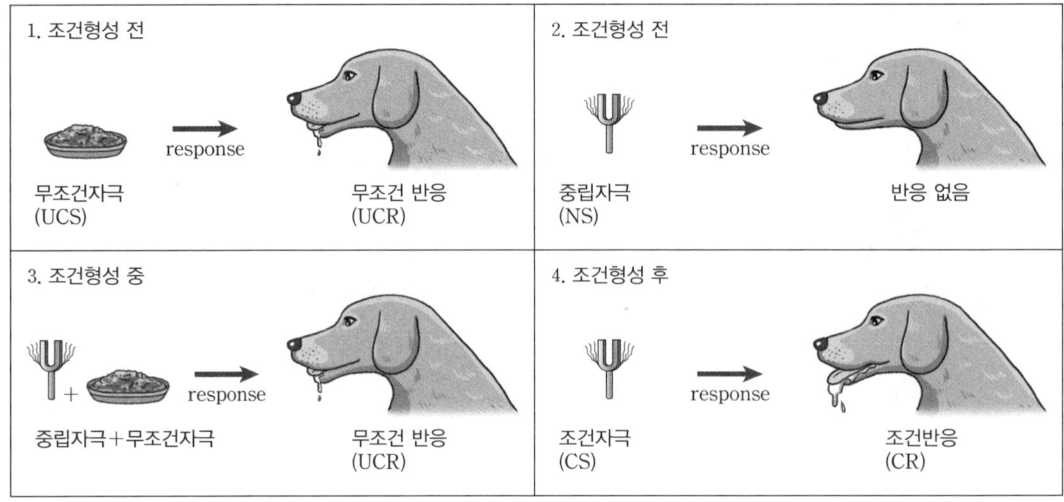

㉢ 파블로프의 계속성의 원리와 손다이크의 연습의 법칙 비교

- 파블로프의 계속성 원리: 같은 행동을 단순히 반복하고, 행동의 양적 측면에 관심을 가진다.
- 손다이크의 연습의 법칙: 단순동일행동의 반복이 아니고, 최종행동의 형성을 위해 점차적인 변화를 꾀하는 목적 있는 진보를 의미한다.

㉣ 스키너(Skinner)의 조작적 조건형성 이론

쥐를 상자에 넣고 쥐의 행동에 따라 음식을 떨어뜨리는 실험을 실시함으로써 특정 반응에 대해 체계적이고 선택적인 강화를 통해 그 반응이 반복해서 일어날 확률을 증가시킨다고 볼 수 있다.

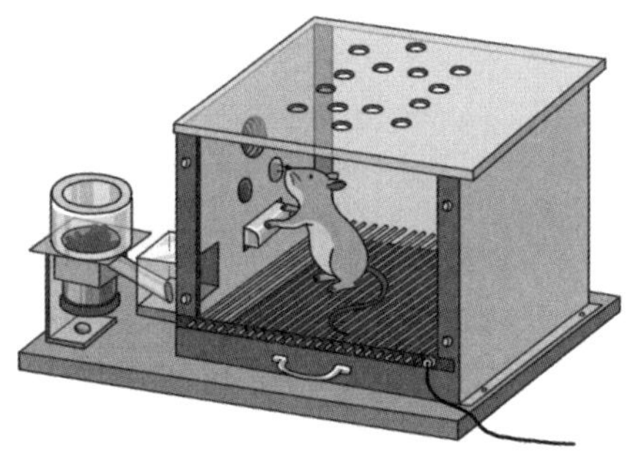

- 강화(Reinforcement)의 원리: 어떤 행동의 강도와 발생빈도를 증가시키는 것
- 소거의 원리
- 조형의 원리
- 변별의 원리
- 자발적 회복의 원리

② 인지이론

㉠ 톨만(Tolman)의 기호형태설: 학습자의 머리 속에 인지적 지도 같은 인지구조를 바탕으로 학습하려는 것이다.

㉡ 쾰러(Köhler)의 통찰설

㉢ 레윈(Lewin)의 장이론(Field Theory)

③ 기억과 망각

㉠ 기억: 과거의 경험이 어떠한 형태로 미래의 행동에 영향을 주는 작용이다.

㉡ 기억의 4단계: 기명(Memorizing) → 파지(Retention) → 재생(Recall) → 재인(Recognition)

- 기명: 사물, 현상, 정보 등을 마음에 간직하는 것
- 파지: 사물, 현상, 정보 등이 보존(지속)되는 것
- 재생: 보존된 인상이 다시 의식으로 떠오르는 것
- 재인: 과거에 경험했던 것과 비슷한 상태에 부딪혔을 때 떠오르는 것

㉢ 망각: 학습경험이 시간의 경과와 불사용 등으로 약화되고 소멸되어 재생 또는 재인되지 않는 현상(현재의 학습경험과 결합되지 않아 생각해 낼 수 없는 상태)이다.

㉣ 에빙하우스(Hermann Ebbinghaus)의 망각곡선: 독일의 과학자 에빙하우스의 연구에 의하면 학습 후 바로 망각이 시작되어 20분이 지나면 58[%]를 기억하고 1시간이 지나면 44[%], 하루가 지나면 33[%], 한 달이 지나면 21[%]만 기억된다고 한다.

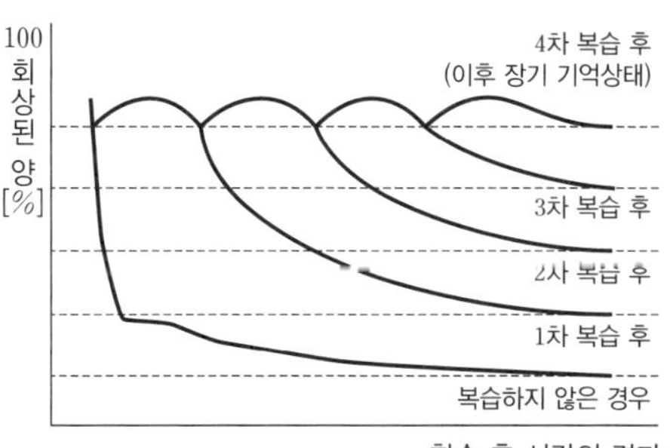

▲ 에빙하우스의 망각곡선

(5) 학습조건

① 먼저 실시한 학습이 뒤의 학습을 방해하는 조건
㉠ 앞의 학습이 불완전한 경우
㉡ 앞의 학습 내용과 뒤의 학습 내용이 같은 경우
㉢ 뒤의 학습을 앞의 학습 직후에 실시하는 경우
㉣ 앞의 학습에 대한 내용을 재생(再生)하기 직전에 실시하는 경우

② 학습의 전이
어떤 내용을 학습한 결과가 다른 학습이나 반응에 영향을 주는 현상이다. 학습전이의 조건으로는 학습정도의 요인, 학습자의 지능요인, 학습자의 태도 요인, 유사성의 요인, 시간적 간격의 요인이 있다.

③ 학습정도(Level of Learning)
㉠ 인지(Recognition): 주변 환경이나 사물을 처음 인지하고 구분하는 단계
㉡ 지각(Knowledge): 인지된 정보를 기억하고 저장하는 단계
㉢ 이해(Understanding): 기억된 정보를 논리적으로 연결하고 의미를 파악하는 단계
㉣ 적용(Application): 학습된 지식과 기술을 실제 상황에 적용하는 단계

(6) 적응기제

욕구 불만에서 합리적인 반응을 하기가 곤란할 때 일어나는 여러 가지의 비합리적인 행동으로 자신을 보호하려고 하는 것이다. 문제의 직접적인 해결을 시도하지 않고, 현실을 왜곡시켜 자기를 보호함으로써 심리적 균형을 유지하려는 '행동 기제'이다.

① 방어적 기제(Defense Mechanism)
자신의 약점을 위장하여 유리하게 보임으로써 자기를 보호하려는 것이다.
㉠ 보상: 계획한 일을 성공하는 데에서 오는 자존감이다.
㉡ 합리화(변명): 너무 고통스럽기 때문에 인정할 수 없는 실제 이유 대신에 자기 행동에 그럴듯한 이유를 붙이는 방법이다.
㉢ 승화: 억압당한 욕구가 사회적 · 문화적으로 가치 있는 목적으로 향하도록 노력함으로써 욕구를 충족하는 방법이다.
㉣ 동일시: 자기가 되고자 하는 인물을 찾아내어 동일시하여 만족을 얻는 행동이다.
㉤ 투사: 자기 속의 억압된 것을 다른 사람의 것으로 생각하는 것이다.

② 도피적 기제(Escape Mechanism)
욕구불만이나 압박으로부터 벗어나기 위해 현실을 벗어나 마음의 안정을 찾으려는 것이다.
㉠ 고립: 자기의 열등감을 의식하여 다른 사람과의 접촉을 피해 자기의 내적 세계로 들어가 현실의 억압에서 피하려는 것이다.
㉡ 퇴행: 신체적으로나 정신적으로 정상 발달되어 있으면서도 위협이나 불안을 일으키는 상황에는 생애 초기에 만족했던 시절을 생각하는 것이다.
㉢ 억압: 나쁜 무엇을 잊고 더 이상 행하지 않겠다는 해결 방어기제이다.
㉣ 백일몽: 현실에서 만족할 수 없는 욕구를 상상의 세계에서 얻으려는 행동이다.

③ 공격적 기제(Aggressive Mechanism)

욕구불만이나 압박에 대해 반항하여 적대시 하는 감정이나 태도를 취하는 것이다.

㉠ 직접적 공격기제: 폭행, 싸움, 기물파손

㉡ 간접적 공격기제: 욕설, 비난, 조소 등

2 교육방법

1. 교육훈련기법

(1) 강의법

안전지식을 강의식으로 전달하는 방법으로 초보적인 단계에서 효과적이다.

① 강사의 입장에서 시간의 조정이 가능하다.

② 다수의 수강자를 대상으로 동시에 교육할 수 있다.

③ 단시간에 비교적 많은 내용을 전달할 수 있다.

④ 다른 교육방법에 비해 수강자의 참여가 제약된다.

(2) 시범: 필요한 내용을 직접 제시하는 방법이다.

(3) 안전보건교육 동기유발요인

① 안정	② 기회	③ 참여	④ 인정	⑤ 경제
⑥ 성과	⑦ 부여권한(권력)	⑧ 적응도	⑨ 독자성	⑩ 의사소통

(4) 존 듀이(John Dewey)의 5단계 사고과정

존 듀이는 미국 실용주의 철학자 · 교육자로서 대표적인 형식적 교육은 학교안전교육이라고 주장하였다.

① 제1단계: 시사(Suggestion)를 받는다.

② 제2단계: 지식화(Intellectualization)한다.

③ 제3단계: 가설(Hypothesis)을 설정한다.

④ 제4단계: 추론(Reasoning)한다.

⑤ 제5단계: 행동에 의하여 가설을 검토한다.

2. 안전보건교육방법(TWI, OJT, Off JT 등)

(1) TWI

① TWI(Training Within Industry): 주로 관리감독자를 대상으로 하며 전체 교육시간은 10시간 정도 소요된다. 한 그룹에 10명 내외로 토의법과 실연법 중심으로 강의가 실시되며 훈련의 종류는 다음과 같다.

㉠ 작업지도훈련(JIT; Job Instruction Training)

㉡ 작업방법훈련(JMT; Job Method Training)

㉢ 인간관계훈련(JRT; Job Relation Training)

㉣ 작업안전훈련(JST; Job Safety Training)

② ATT(American Telephone & Telegraph Co.): 대상층이 한정되어 있지 않고 토의식으로 진행되며, 한 번 훈련을 받은 관리자는 그 부하인 감독자에 대해 지도원이 될 수 있다. 1차 훈련의 교육시간은 1일 8시간씩 2주간, 2차 과정은 문제 발생 시 하도록 되어 있다.

(2) OJT 및 Off JT

① OJT(직장 내 교육훈련): 직속상사가 직장 내에서 작업표준을 가지고 업무상의 개별교육이나 지도훈련을 하는 것으로 개별교육에 적합하다.

㉠ 개개인에게 적절한 지도훈련이 가능하다.

㉡ 직장의 실정에 맞게 실제적 훈련이 가능하다.

㉢ 효과가 곧 업무에 나타나며 훈련의 좋고 나쁨에 따라 개선이 쉽다.

㉣ 직장의 직속상사에 의한 교육이 가능하고, 훈련 효과에 의해 서로의 신뢰 및 이해도가 높아진다.

② Off JT(직장 외 교육훈련): 계층별 직능별로 공통된 교육대상자를 현장 이외의 한 장소에 모아 집합교육을 실시하는 교육형태로 집단교육에 적합하다.

㉠ 다수의 근로자에게 조직적 훈련을 행하는 것이 가능하다.

㉡ 훈련에만 전념할 수 있다.

㉢ 외부의 전문가를 강사로 초청하는 것이 가능하다.

㉣ 특별교재 · 교구 및 설비를 사용하는 것이 가능하다.

㉤ Off JT 안전교육 4단계

- 1단계: 학습할 준비를 시킨다.
- 2단계: 작업을 설명한다.
- 3단계: 작업을 시켜본다.
- 4단계: 가르친 뒤 이를 살펴본다.

(3) 하버드 학파의 5단계 교수법(사례연구 중심)

① 1단계: 준비시킨다.(Preparation)

② 2단계: 교시한다.(Presentation)

③ 3단계: 연합한다.(Association)

④ 4단계: 총괄한다.(Generalization)

⑤ 5단계: 응용시킨다.(Application)

3. 교육의 3요소

(1) 주체: 강사 (2) 객체: 수강자(학생) (3) 매개체: 교재(교육내용)

4. 교육법의 4단계

(1) **1단계**: 도입(준비단계)

(2) **2단계**: 제시(일을 해 보이는 단계)

(3) **3단계**: 적용(일을 시켜보는 단계)

(4) **4단계**: 확인(보습 지도의 단계)

5. 교육훈련의 평가방법

(1) 학습평가의 기본적인 기준

① 타당성 ② 신뢰성 ③ 객관성 ④ 실용성

(2) 교육훈련평가의 4단계

① 반응 → ② 학습 → ③ 행동 → ④ 결과

(3) 교육훈련의 평가방법

① 관찰 ② 면접 ③ 자료분석 ④ 과제

⑤ 설문 ⑥ 감상문 ⑦ 상호평가 ⑧ 시험

3 교육실시 방법

1. 강의법

강의식	집단교육방법으로 많은 인원을 단시간에 교육할 수 있으며 교육내용이 많을 때 효과적인 방법
문제 제시식	주어진 과제에 대처하는 문제해결방법
문답식	서로 묻고 대답하는 방식

2. 토의법

10~20인 정도가 모여서 토의하는 방법으로 태도교육의 효과를 높이기 위한 교육방법이다. 집단을 대상으로 한 안전교육 중 가장 효율적인 교육방법이며 안전지식을 가진 사람에게 효과적이다.

(1) 대집단 토의

① 패널디스커션(배심원토의법; Panel Discussion): 교육과제에 정통한 전문가 4~5명이 피교육자 앞에서 자유로이 토의를 하고, 그 다음에 피교육자 전원이 참가하여 사회자의 사회에 따라 토의하는 방법이다.

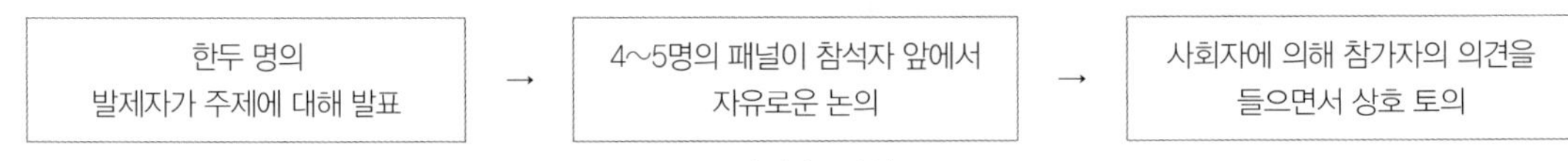

▲ 패널디스커션

② 포럼(Forum): 새로운 자료나 교재를 제시하고 거기서의 문제점을 피교육자로 하여금 제기하게 하거나 의견을 여러 가지 방법으로 발표하게 하고 다시 깊이 파고들어 토의하는 방법이다.

③ 심포지엄(Symposium): 몇 사람의 전문가가 과제에 관한 견해를 발표하게 한 뒤 참가자로 하여금 의견이나 질문을 하게 하여 토의하는 방법이다.

④ 문제법(Problem Method): 문제법은 문제의 인식 → 해결방법의 연구계획 → 자료의 수집 → 해결방법의 실시 → 정리와 결과의 검토 단계를 거친다.(지식, 기능, 태도, 기술 종합교육 등)

⑤ 사례연구법(Case Study 또는 Case Method): 먼저 사례를 제시하고 문제적 사실들과 그의 상호관계에 대해서 검토하고 대책을 토의한다.

⑥ 버즈세션(Buzz Session): 6-6회의라고도 하며, 먼저 사회자와 기록계를 선출한 후 나머지 사람은 6명씩 소집단으로 구분하고, 소집단별로 각각 사회자를 선발하여 6분씩 자유토의를 행하여 의견을 종합하는 방법이다.

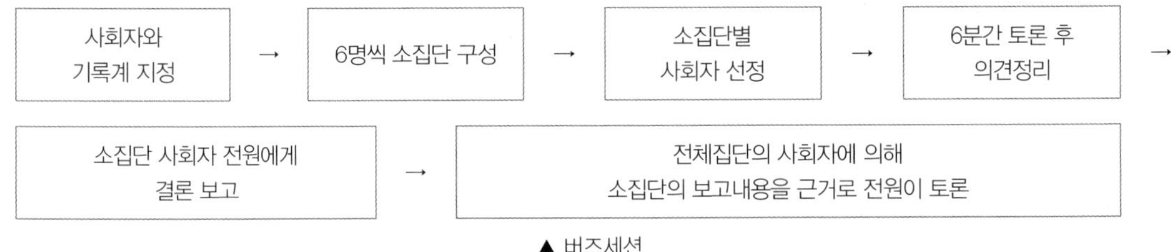

▲ 버즈세션

(2) 소집단 토의

① 브레인스토밍

② 개별지도 토의

3. 실연법

학습자가 이미 설명을 듣거나 시범을 보고 알게 된 지식이나 기능을 강사의 감독 아래 직접적으로 연습하여 적용해 보게 하는 교육방법이다. 다른 방법보다 교사 대 학습자의 비가 높다.

4. 프로그램 학습법

학습자가 프로그램을 통해 단독으로 학습하는 방법으로 개발된 프로그램은 변경이 어렵다.

(1) 장점

① 학습자의 학습과정을 쉽게 알 수 있다.
② 학습자가 자신의 능력과 학습속도에 맞추어 학습을 진행할 수 있다.
③ 자율학습이 가능하므로 자기가 원하는 시간, 원하는 장소에서 학습을 할 수 있다.
④ 즉각적인 피드백이 제공되므로 학습의 효과를 높일 수 있다.

(2) 단점

① 프로그램 자료를 개발하는 데 상당한 시간과 노력, 비용이 든다.
② 주어진 프로그램에 따라 나아가다 보면 학습자의 소극적인 순응을 조장하여, 창의력 증진이나 자기표현의 기회를 갖지 못하게 된다.
③ 구성원 간의 상호작용적인 의사소통을 촉진하지 못한다.

5. 모의법

실제 상황을 만들어 두고 학습하는 방법이다.

(1) 제약조건

① 단위 교육비가 비싸고, 시간의 소비가 많다.
② 시설의 유지비가 높다.
③ 다른 방법에 비하여 학습자 대 교사의 비가 높다.

(2) 모의법 적용의 경우

① 수업의 모든 단계
② 학교수업 및 직업훈련 등
③ 실제사태는 위험성이 따르는 경우
④ 직접 조작을 중요시하는 경우

6. 시청각교육법 등

시청각교육자료를 가지고 학습하는 방법이다.

4 안전보건교육계획 수립 및 실시

1. 안전보건교육의 기본방향

(1) 안전교육의 내용(안전교육계획 수립 시 포함되어야 할 사항)

① 교육대상(가장 먼저 고려)
② 교육의 종류
③ 교육과목 및 교육내용
④ 교육기간 및 시간
⑤ 교육장소
⑥ 교육방법
⑦ 교육담당자 및 강사
⑧ 교육목표 및 목적

(2) 교육준비계획에 포함되어야 할 사항

① 교육목표 설정
② 교육대상자 범위 결정
③ 교육과정의 결정
④ 교육방법의 결정
⑤ 강사, 조교 편성
⑥ 교육보조자료의 선정

(3) 안전보건교육계획 수립 시 고려사항

① 필요한 정보를 수집한다.
② 현장의 의견을 충분히 반영한다.
③ 안전교육 시행 체계와의 관련을 고려한다.
④ 법 규정에 의한 교육에만 그치지 않는다.

(4) 교육지도의 8원칙

① 상대방의 입장고려
② 동기부여
③ 쉬운 것에서 어려운 것 순으로
④ 반복
⑤ 한 번에 하나씩
⑥ 인상의 강화
⑦ 오감의 활용
⑧ 기능적인 이해

(5) 학습경험 선정의 원리

① 동기유발의 원리
② 가능성의 원리
③ 다목적 달성의 원리

(6) 성인학습의 원리

① 자발적 학습의 원리: 강제적인 학습이 아니다.
② **자기주도적 학습의 원리**: 자기가 설계한 목적 및 방법으로 학습한다.
③ **상호학습의 원리**: 교학상장(敎學相長)을 기하는 학습이다.
④ **생활적응의 원리**: 이론보다 실생활에 적용되는 학습이어야 한다.

2. 안전보건교육의 단계별 교육과정

(1) 안전교육의 3단계

① 1단계: 지식교육
㉠ 강의, 시청각 교육을 통한 지식을 전달하고 이해시킨다.
㉡ 작업의 종류나 내용에 따라 교육범위가 다르다.
② 2단계: 기능교육
㉠ 교육대상자가 그것을 스스로 행함으로 얻어진다.
㉡ 개인의 반복적 시행착오에 의해서만 얻어진다.
㉢ 시험, 견학, 실습, 현장실습 교육을 통한 경험 체득과 이해를 한다.
③ 3단계: 태도교육-생활지도, 작업 동작 지도, 적성배치 등을 통한 안전의 습관화
㉠ 청취(들어본다) → ㉡ 이해, 납득(이해시킨다) → ㉢ 모범(시범을 보인다) → ㉣ 권장(평가한다) → ㉤ 칭찬한다 또는 ㉥ 벌을 준다

(2) 교육법의 4단계

① **1단계**: 도입- 학습할 준비를 시킨다.(배우고자 하는 마음가짐을 일으키는 단계)
② **2단계**: 제시-작업을 설명한다.(내용을 확실하게 이해시키고 납득시키는 단계)
③ **3단계**: 적용-작업을 지휘한다.(이해시킨 내용을 활용시키거나 응용시키는 단계)
④ **4단계**: 확인-가르친 뒤 살펴본다.(교육내용을 정확하게 이해하였는가를 평가하는 단계)

(3) 교육방법에 따른 교육시간

교육법의 4단계	강의식	토의식
1단계 – 도입(준비)	5분	5분
2단계 – 제시(설명)	40분	10분
3단계 – 적용(응용)	10분	40분
4단계 – 확인(총괄)	5분	5분

(4) 구안법(Project Method)의 학습단계

학습자가 마음 속에 생각하고 있는 것을 외부로 나타냄으로써 구체적으로 실천하고 객관화시키기 위하여 스스로 계획을 세워 수행하는 학습활동, 즉 문제해결학습이 발전한 형태를 말한다.

① 목적의 단계
- ㉠ 학생: 프로젝트(Project)를 선택하여 프로젝트에 대해 흥미와 관심을 갖는다.
- ㉡ 교사: 학생의 능력에 적절한 프로젝트가 선정되도록 조직한다.

② 계획의 단계
- ㉠ 가장 어려운 단계이다.
- ㉡ 교사의 지도 아래 학생이 스스로 계획을 수립한다.

③ 실행(활동)의 단계
- ㉠ 학생: 실제의 학습활동을 전개한다.
- ㉡ 교사: 학습이 원활하게 진행되도록 조력한다.

④ 비판(평가)의 단계
- ㉠ 학생: 학습의 결과를 스스로 평가한다.(진단평가)
- ㉡ 교사: 객관적 평가가 될 수 있도록 지도하여 비판적 태도를 기르도록 한다.

3. 안전보건교육계획

(1) 학습목적과 학습성과의 설정

① 학습목적의 3요소
- ㉠ 주제: 목표 달성을 위한 중점 사항
- ㉡ 학습정도: 주제를 학습시킬 범위와 내용의 정도
- ㉢ 학습 목표: 학습목적의 핵심, 학습을 통해 달성하려는 지표

② 학습성과: 학습목적을 세분하여 구체적으로 결정하는 것이다.

③ 학습성과 설정 시 유의할 사항
- ㉠ 주제와 학습정도가 포함되어야 한다.
- ㉡ 학습목적에 적합하고 타당해야 한다.
- ㉢ 구체적으로 서술해야 한다.
- ㉣ 수강자의 입장에서 기술해야 한다.

(2) 학습자료의 수집 및 체계화

(3) 교수방법의 선정

(4) 강의안 작성

5 교육내용

1. 근로자 안전보건교육

(1) 정기교육내용 산업안전보건법 시행규칙 별표 5

교육내용	
• 산업안전 및 사고 예방에 관한 사항	• 산업보건 및 직업병 예방에 관한 사항
• 위험성평가에 관한 사항	• 건강증진 및 질병 예방에 관한 사항
• 유해 · 위험 작업환경 관리에 관한 사항	•「산업안전보건법령」 및 산업재해보상보험 제도에 관한 사항
• 직무스트레스 예방 및 관리에 관한 사항	
• 직장 내 괴롭힘, 고객의 폭언 등으로 인한 건강장해 예방 및 관리에 관한 사항	

(2) 채용 시 교육 및 작업내용 변경 시 교육내용 산업안전보건법 시행규칙 별표 5

교육내용	
• 산업안전 및 사고 예방에 관한 사항	• 산업보건 및 직업병 예방에 관한 사항
• 위험성평가에 관한 사항	•「산업안전보건법령」 및 산업재해보상보험 제도에 관한 사항
• 직무스트레스 예방 및 관리에 관한 사항	
• 직장 내 괴롭힘, 고객의 폭언 등으로 인한 건강장해 예방 및 관리에 관한 사항	
• 기계 · 기구의 위험성과 작업의 순서 및 동선에 관한 사항	• 작업 개시 전 점검에 관한 사항
• 정리정돈 및 청소에 관한 사항	• 사고 발생 시 긴급조치에 관한 사항
• 물질안전보건자료에 관한 사항	

(3) 안전보건교육 교육과정별 교육시간 산업안전보건법 시행규칙 별표 4

교육과정	교육대상		교육시간
가. 정기교육	사무직 종사 근로자		매반기 6시간 이상
	그 밖의 근로자	판매업무에 직접 종사하는 근로자	매반기 6시간 이상
		판매업무에 직접 종사하는 근로자 외의 근로자	매반기 12시간 이상
나. 채용 시 교육	일용근로자 및 근로계약기간이 1주일 이하인 기간제근로자		1시간 이상
	근로계약기간이 1주일 초과 1개월 이하인 기간제근로자		4시간 이상
	그 밖의 근로자		8시간 이상
다. 작업내용 변경 시 교육	일용근로자 및 근로계약기간이 1주일 이하인 기간제근로자		1시간 이상
	그 밖의 근로자		2시간 이상
라. 특별교육	일용근로자 및 근로계약기간이 1주일 이하인 기간제근로자:「산업안전보건법령」상 특별교육 대상(타워크레인 신호작업 제외) 작업에 종사하는 근로자 한정		2시간 이상
	일용근로자 및 근로계약기간이 1주일 이하인 기간제근로자: 타워크레인 신호작업에 종사하는 근로자 한정		8시간 이상

	일용근로자 및 근로계약기간이 1주일 이하인 기간제근로자를 제외한 근로자: 「산업안전보건법령」상 특별교육 대상 작업에 종사하는 근로자 한정	• 16시간 이상(최초 작업에 종사하기 전 4시간 이상 실시하고 12시간은 3개월 이내에서 분할하여 실시 가능) • 단기간 작업 또는 간헐적 작업인 경우에는 2시간 이상
마. 건설업 기초안전·보건교육	건설 일용근로자	4시간 이상

2. 관리감독자 안전보건교육

(1) 정기교육내용 산업안전보건법 시행규칙 별표 5

교육내용
• 산업안전 및 사고 예방에 관한 사항 • 산업보건 및 직업병 예방에 관한 사항 • 위험성평가에 관한 사항 • 유해·위험 작업환경 관리에 관한 사항 • 「산업안전보건법령」 및 산업재해보상보험 제도에 관한 사항 • 직무스트레스 예방 및 관리에 관한 사항 • 직장 내 괴롭힘, 고객의 폭언 등으로 인한 건강장해 예방 및 관리에 관한 사항 • 작업공정의 유해·위험과 재해 예방대책에 관한 사항 • 사업장 내 안전보건관리체제 및 안전·보건조치 현황에 관한 사항 • 표준안전 작업방법 결정 및 지도·감독 요령에 관한 사항 • 현장 근로자와의 의사소통능력 및 강의능력 등 안전보건교육 능력 배양에 관한 사항 • 비상시 또는 재해 발생 시 긴급조치에 관한 사항 • 그 밖의 관리감독자의 직무에 관한 사항

(2) 채용 시 교육 및 작업내용 변경 시 교육내용 산업안전보건법 시행규칙 별표 5

교육내용
• 산업안전 및 사고 예방에 관한 사항 • 산업보건 및 직업병 예방에 관한 사항 • 위험성평가에 관한 사항 • 「산업안전보건법령」 및 산업재해보상보험 제도에 관한 사항 • 직무스트레스 예방 및 관리에 관한 사항 • 직장 내 괴롭힘, 고객의 폭언 등으로 인한 건강장해 예방 및 관리에 관한 사항 • 기계·기구의 위험성과 작업의 순서 및 동선에 관한 사항 • 작업 개시 전 점검에 관한 사항 • 물질안전보건자료에 관한 사항 • 사업장 내 안전보건관리체제 및 안전·보건조치 현황에 관한 사항 • 표준안전 작업방법 결정 및 지도·감독 요령에 관한 사항 • 비상시 또는 재해 발생 시 긴급조치에 관한 사항 • 그 밖의 관리감독자의 직무에 관한 사항

(3) 안전보건교육 교육과정별 교육시간 산업안전보건법 시행규칙 별표 4

교육과정	교육시간
가. 정기교육	연간 16시간 이상
나. 채용 시 교육	8시간 이상
다. 작업내용 변경 시 교육	2시간 이상
라. 특별교육	• 16시간 이상(최초 작업에 종사하기 전 4시간 이상 실시하고, 12시간은 3개월 이내에서 분할하여 실시 가능) • 단기간 작업 또는 간헐적 작업인 경우에는 2시간 이상

3. 안전보건관리책임자 등에 대한 교육시간 산업안전보건법 시행규칙 별표 4

교육대상	교육시간	
	신규교육	보수교육
가. 안전보건관리책임자	6시간 이상	6시간 이상
나. 안전관리자, 안전관리전문기관의 종사자	34시간 이상	24시간 이상
다. 보건관리자, 보건관리전문기관의 종사자	34시간 이상	24시간 이상
라. 건설재해예방전문지도기관의 종사자	34시간 이상	24시간 이상
마. 석면조사기관의 종사자	34시간 이상	24시간 이상
바. 안전보건관리담당자	–	8시간 이상
사. 안전검사기관, 자율안전검사기관의 종사자	34시간 이상	24시간 이상

4. 특별교육 대상 작업별 교육내용 산업안전보건법 시행규칙 별표 5

작업명	교육내용
〈공통내용〉	채용 시 교육 및 작업내용 변경 시 교육과 같은 내용
아세틸렌 용접장치 또는 가스집합 용접장치를 사용하는 금속의 용접·용단 또는 가열작업(발생기·도관 등에 의하여 구성되는 용접장치만 해당)	• 용접 흄, 분진 및 유해광선 등의 유해성에 관한 사항 • 가스용접기, 압력조정기, 호스 및 취관두 등의 기기 점검에 관한 사항 • 작업방법·순서 및 응급처치에 관한 사항 • 안전기 및 보호구 취급에 관한 사항 • 화재예방 및 초기대응에 관한 사항 • 그 밖에 안전·보건관리에 필요한 사항
밀폐된 장소(탱크 내 또는 환기가 극히 불량한 좁은 장소)에서 하는 용접작업 또는 습한 장소에서 하는 전기용접 작업	• 작업순서, 안전작업방법 및 수칙에 관한 사항 • 환기설비에 관한 사항 • 전격 방지 및 보호구 착용에 관한 사항 • 질식 시 응급조치에 관한 사항 • 작업환경 점검에 관한 사항 • 그 밖에 안전·보건관리에 필요한 사항
전압이 75[V] 이상인 정전 및 활선작업	• 전기의 위험성 및 전격 방지에 관한 사항 • 해당 설비의 보수 및 점검에 관한 사항 • 정전작업·활선작업 시의 안전작업방법 및 순서에 관한 사항 • 절연용 보호구, 절연용 방호구 및 활선작업용 기구 등의 사용에 관한 사항 • 그 밖에 안전·보건관리에 필요한 사항
방사선 업무에 관계되는 작업(의료 및 실험용 제외)	• 방사선의 유해·위험 및 인체에 미치는 영향 • 방사선의 측정기기 기능의 점검에 관한 사항 • 방호거리·방호벽 및 방사선물질의 취급 요령에 관한 사항 • 응급처치 및 보호구 착용에 관한 사항 • 그 밖에 안전·보건관리에 필요한 사항
밀폐공간에서의 작업	• 산소농도 측정 및 작업환경에 관한 사항 • 사고 시의 응급처치 및 비상 시 구출에 관한 사항 • 보호구 착용 및 보호 장비 사용에 관한 사항 • 작업내용·안전작업방법 및 절차에 관한 사항 • 장비·설비 및 시설 등의 안전점검에 관한 사항 • 그 밖에 안전·보건관리에 필요한 사항
석면해체·제거작업	• 석면의 특성과 위험성 • 석면해체·제거의 작업방법에 관한 사항 • 장비 및 보호구 사용에 관한 사항 • 그 밖에 안전·보건관리에 필요한 사항

타워크레인을 사용하는 작업 시 신호업무를 하는 작업	• 타워크레인의 기계적 특성 및 방호장치 등에 관한 사항 • 화물의 취급 및 안전작업방법에 관한 사항 • 신호방법 및 요령에 관한 사항 • 인양 물건의 위험성 및 낙하 · 비래 · 충돌재해 예방에 관한 사항 • 인양물이 적재될 지반의 조건, 인양하중, 풍압 등이 인양물과 타워크레인에 미치는 영향 • 그 밖에 안전 · 보건관리에 필요한 사항

CHAPTER

06 산업안전관계법규

합격 KEYWORD 산업안전보건법, 산업안전보건법 시행령, 산업안전보건법 시행규칙, 산업안전보건기준에 관한 규칙

「산업안전보건법령」은 1개의 법률과 1개의 시행령 및 3개의 시행규칙으로 이루어져 있으며, 하위 규정으로서 고시, 예규, 훈령 및 각종 기술상의 지침 및 작업환경 표준 등이 있다.
일반적으로 다른 행정법령의 시행규칙은 1개로 구성되어 있으나 시행규칙이 3개로 구성된 것은 그 내용이 1개의 규칙에 담기에는 지나치게 복잡하고 기술적인 사항으로 이루어져 있기 때문이다.

1 산업안전보건법령

1. 산업안전보건법

「산업안전보건법」은 산업재해예방을 위한 각종 제도를 설정하고 그 시행근거를 확보하며 정부의 산업재해예방정책 및 사업수행의 근거를 설정한 것으로써 175개 조문과 부칙으로 구성되어 있다.

2. 산업안전보건법 시행령

「산업안전보건법 시행령」은 법에서 위임된 사항, 즉 제도의 대상·범위·절차 등을 설정한 것이다.

3. 산업안전보건법 시행규칙

「산업안전보건법 시행규칙」은 크게 법에 부속된 시행규칙과 「산업안전보건기준에 관한 규칙」, 「유해·위험작업의 취업 제한에 관한 규칙」으로 구분되며 법률과 시행령에서 위임된 사항을 규정하고 있다.

4. 산업안전보건기준에 관한 규칙

「산업안전보건법」에서 위임한 산업안전보건기준에 관한 사항과 그 시행에 필요한 사항을 규정하고 있다. 「안전보건규칙」이라고도 한다.

5. 관련 고시 및 지침에 관한 사항

일반사항분야, 검사·인증분야, 기계·전기분야, 화학분야, 건설분야, 보건·위생분야 및 교육 분야별로 약 80여개가 있다.
고시는 각종 검사·검정 등에 필요한 일반적이고 객관적인 사항을 널리 알리어 활용할 수 있는 수치적·표준적 내용이고, 예규는 정부와 실시기관 및 의무대상자 간에 일상적·반복적으로 이루어지는 업무절차 등을 모델화하여 조문형식으로 규정화한 내용이며, 훈령은 상급기관, 즉 고용노동부장관이 하급기관, 즉 지방고용노동관서의 장에게 어떤 업무 수행을 위한 훈시·지침 등을 시달할 때 조문의 형식으로 알리는 내용이다.
기술상의 지침 및 작업환경표준은 안전작업을 위한 기술적인 지침을 규범형식으로 작성한 기술상의 지침과 작업장 내의

유해(불량한) 환경요소 제거를 위한 모델을 규정한 작업환경표준이 마련되어 있으며 이는 고시의 범주에 포함되는 것으로 볼 수 있으나 법률적 위임근거에 따라 마련된 규정이 아니므로 강제적 효력은 없고 지도·권고적 성격을 띤다.

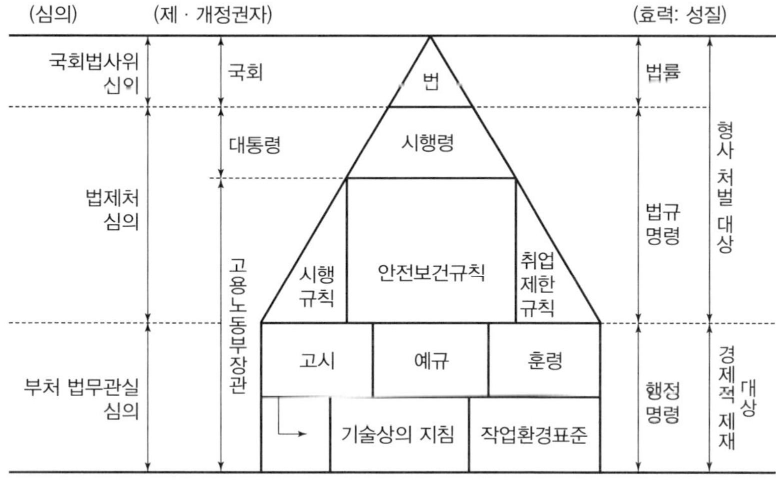

▲ 「산업안전보건법령」의 체계

SUBJECT

02

인간공학 및 위험성평가 · 관리

합격 GUIDE

인간공학 및 위험성평가 · 관리는 시험의 난이도가 많이 변하는 과목입니다. 따라서 수험생도 이러한 출제경향에 맞춰 공부해야 합니다. 세부적으로는 인간공학과 관련된 문제는 평이하게 출제되고, 위험성평가 · 관리는 2024 출제기준 변경에 따라 새롭게 출제될 예정입니다. 이론 부분을 공부할 때 색자 부분 위주로 공부하면 빠르게 합격점수에 도달할 수 있습니다. 특히, 계산문제, 컷셋, 신뢰도 등은 자주 출제되므로 완벽하게 이해해야 합니다.

기출기반으로 정리한
압축이론

최신 5개년 출제비율 분석

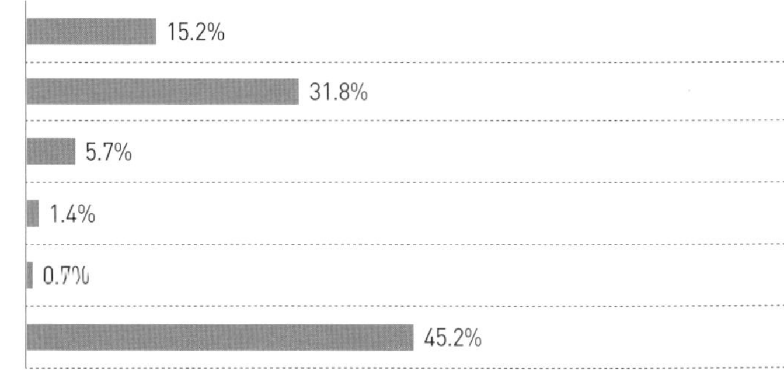

장	제목	출제비율
CHAPTER 01	안전과 인간공학	15.2%
CHAPTER 02	위험성 파악 · 결정	31.8%
CHAPTER 03	위험성 감소대책 수립 · 실행	5.7%
CHAPTER 04	근골격계질환 예방관리	1.4%
CHAPTER 05	유해요인 관리	0.7%
CHAPTER 06	작업환경 관리	45.2%

CHAPTER

01 안전과 인간공학

합격 KEYWORD 인간공학, 인간–기계 통합체계의 특성, 인간과 기계의 상대적 기능, 인간–기계 시스템 설계과정, 인간실수의 분류

1 인간공학의 정의

1. 정의 및 목적

(1) 정의

① 인간의 신체적, 정신적 능력 한계를 고려해 기계, 기구, 환경 등의 물적인 조건을 인간과 잘 조화하도록 설계하기 위한 수단을 연구하는 학문이다. 인간공학의 목표는 설비, 환경, 직무, 도구, 장비, 공정 그리고 훈련방법을 평가하고 디자인하여 특정한 작업자의 능력에 접합시킴으로써 직업성 장해를 예방하고 피로, 실수, 불안전한 행동의 가능성을 감소시키는 것이다.

② Ergonomics(인간공학)

㉠ Ergon(일, 작업) + Nomos(자연의 원리, 법칙)

㉡ 자스트러제보스키(Jastrzebowski)가 처음 조합

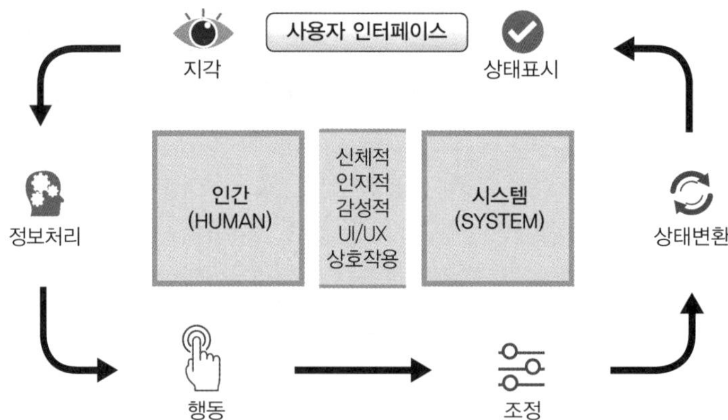

(2) 목적

① 작업장의 배치, 작업방법, 기계설비, 전반적인 작업환경 등에서 작업자의 신체적인 특성이나 행동하는 데 받는 제약조건 등이 고려된 시스템을 디자인하는 것이다.

② 인간과 기계 및 작업환경과의 조화가 잘 이루어질 수 있도록 하는 것이다.

㉠ 작업자의 안전성의 향상과 사고를 방지한다.

㉡ 기계조작의 능률성과 생산성을 향상시킨다.

㉢ 편리성, 쾌적성(만족도)을 향상시킨다.

2. 배경 및 필요성

(1) 인간공학의 배경

① 초기(1940년 이전): 기계 위주의 설계 철학이었다.

㉠ 길브레스(Gilbreth): 벽돌쌓기 작업의 동작연구(Motion Study)

㉡ 테일러(Tailor): 시간연구

② **체계수립과정(1945~1960년)**: 기계에 맞는 인간선발 또는 훈련을 통해 기계에 적합하도록 유도했다.

③ **급성장기(1960~1980년)**: 우주경쟁과 더불어 군사, 산업분야에서 주요분야로 위치, 산업현장의 작업장 및 제품설계에 있어서 인간공학의 중요성 및 기여도를 인식했다.

④ **성숙의 시기(1980년 이후)**: 인간요소를 고려한 기계 시스템의 중요성을 부각하고 인간공학분야로 지속적으로 성장하고 있다.

(2) 필요성

① 산업재해의 감소

② 생산원가의 절감

③ 재해로 인한 손실 감소

④ 직무만족도의 향상

⑤ 기업의 이미지와 상품선호도 향상

⑥ 노사 간의 신뢰 구축

3. 사업장에서의 인간공학 적용분야

(1) 작업관련성 유해 · 위험 작업 분석(작업환경개선)

(2) 제품설계에 있어 인간에 대한 안전성 평가(장비, 공구 설계)

(3) 작업공간의 설계

(4) 인간 – 기계 인터페이스 디자인

(5) 재해 및 질병 예방

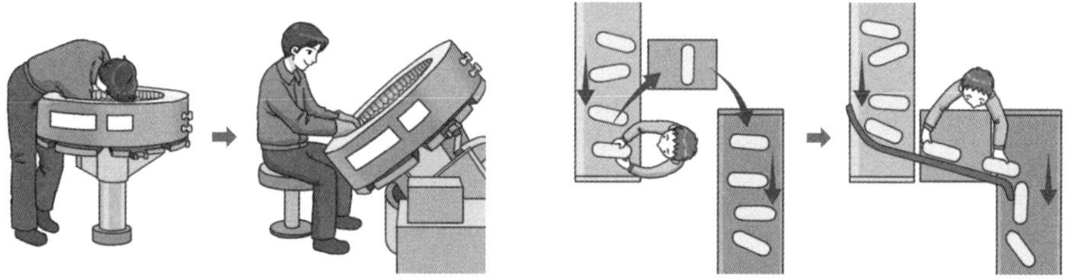

▲ 산업현장에서 작업물의 각도를 조절가능한 것으로 만들거나 재배치하면 허리와 목의 부상 위험을 최소화할 수 있음

4. 산업인간공학

(1) 산업인간공학

인간의 능력과 관련된 특성이나 한계점을 체계적으로 응용하여 작업체계의 개선에 활용하는 연구분야이다.

(2) 산업인간공학의 가치

① 인력 이용률의 향상

② 훈련비용의 절감

③ 사고 및 오용으로부터의 손실 감소

④ 생산성(성능)의 향상

⑤ 사용자의 수용도 향상

⑥ 생산 및 보전의 경제성 증대

인간공학의 혜택

조직/기업
- 생산성, 효율성 향상
- 제품 수준 향상, 매출 및 브랜드 가치 증대
- 안전사고 등 경영 위험 요인 감소
- 효과적인 인력 선발, 양성
- 임직원 사기 진작

업무
- 효율적, 효과적인 작업
- 배우고 사용하기 쉬운 기계 설비와 도구
- 작업 절차, 훈련 프로그램 효과 향상
- 인적 오류 위험 감소

제품/서비스
- 편하고 쓰기 쉬우며 쓸수록 더 애착이 가는 제품/서비스
- 좋은 제품/서비스를 통해 더 편리하고 안전한 생활

사용자/고객
- 고객 충성도 향상
- 지속 사용 고객 증가

환경
- 임직원 및 고객 친화적인 업무 환경
- 안전성, 효율, 생산성 향상

직원
- 임직원 복지 향상
- 팀내/간 소통 향상
- 안전하고 효율적인 근무조건

2 인간－기계 체계(시스템, System)

1. 인간－기계 체계의 정의 및 유형

인간－기계 통합체계는 인간과 기계의 상호작용으로 인간의 역할에 중점을 두고 시스템을 설계하는 것이 바람직하다.

(1) 인간－기계 체계의 기본기능

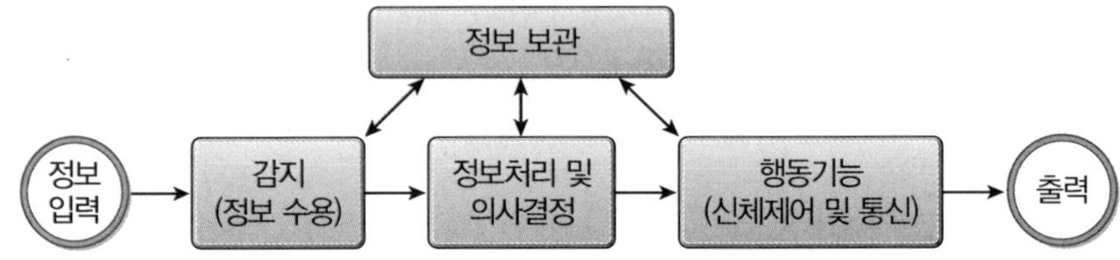

▲ 인간－기계 체계에서의 인터페이스 설계

① 감지기능(Sensing)

㉠ 인간: 시각, 청각, 촉각 등의 감각기관

㉡ 기계: 전자, 사진, 음파탐지기 등 기계적인 감지장치

② 정보저장기능(Information Storage)

㉠ 인간: 기억된 학습 내용

㉡ 기계: 펀치카드(Punch Card), 자기테이프, 형판(Template), 기록표 등 물리적 기구

③ 정보처리 및 의사결정기능(Information Processing and Decision)

㉠ 인간: 행동을 한다는 결심

㉡ 기계: 입력된 모든 정보에 대해 미리 정해진 방식으로 반응하게 하는 프로그램(Program)

④ 행동기능(Acting Function)

㉠ 물리적인 조정행위: 조종장치 작동, 물체나 물건을 취급 · 이동 · 변경 · 개조 등

㉡ 통신행위: 음성(사람의 경우), 신호, 기록 등

(2) 인간의 정보처리능력

① **밀러(Miller)의 신비의 수(Magical Number)**: 인간이 신뢰성 있게 정보 전달을 할 수 있는 기억은 5가지 미만이며 감각에 따라 정보를 신뢰성 있게 전달할 수 있는 한계 개수는 5~9가지로 '신비의 수 7±2(5~9)'를 발표했다.

② **정보량 계산**

정보량 $H=\log_2 n=\log_2 \frac{1}{p}$, $p=\frac{1}{n}$

여러 개의 실현가능한 대안이 있는 경우 평균정보량 $H=\sum_{i=1}^{n} P_i \log_2 n\left(\frac{1}{P_i}\right)$

여기서, 정보량의 단위는 bit(Binary Digit)

p: 실현 확률, n: 대안 수

(3) 시배분(Time-Sharing)

사람이 주의를 번갈아 가며 두 가지 이상을 돌보아야 하는 상황을 시배분이라 하며, 사람은 동시에 두 가지 이상에 주의를 기울일 수 없기 때문에 시배분 작업은 처리해야 하는 정보의 가짓수와 속도에 의하여 영향을 받는다.(시청각 시배분: 청각이 우월함)

(4) 정보이론

① 정보경로: 자극과 관련된 정보가 입력되면 제대로 해석되어 올바른 반응이 되기도 하지만 입력 정보가 손실되어 출력에 반영되지 않거나, 불필요한 소음정보가 추가되어 반응이 일어나기도 한다.

② 지극과 반응에 관련된 정보량

㉠ 자극 정보량을 $H(x)$, 반응 정보량을 $H(y)$, 자극과 반응 정보량의 합집합을 결합 정보량 $H(x, y)$라 하면 전달된 정보량(Transmitted Information) $T(x, y)$, 손실 정보량과 소음 정보량은 다음 수식으로 표현된다.

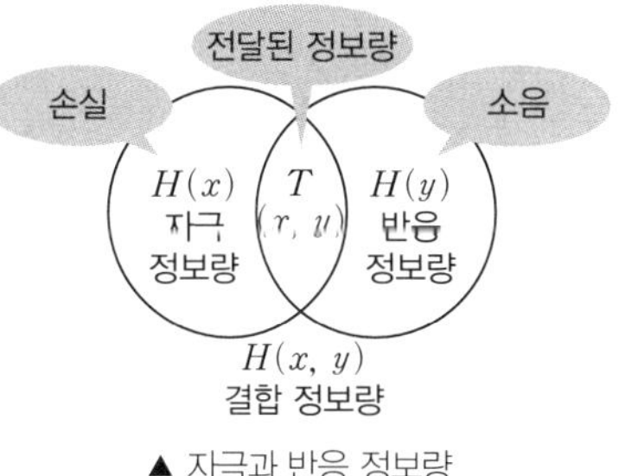

▲ 자극과 반응 정보량

전달된 정보량 $T(x, y)=H(x)+H(y)-H(x, y)$
손실 정보량 $H(x)-T(x, y)=H(x, y)-H(y)$
소음 정보량 $H(y)-T(x, y)=H(x, y)-H(x)$

㉡ 제품의 사용과 관련된 정보전달체계에서는 자극 정보량과 반응 정보량이 일치하도록 손실 정보량과 소음 정보량을 줄이고 전달된 정보량을 늘릴 수 있도록 제품을 설계해야 한다.

2. 인간 – 기계 통합체계(시스템)의 특성

수동체계	자신의 신체적인 힘을 동력원으로 사용하여 작업을 통제하는 인간 사용자와 결합(수공구 또는 그 밖의 보조물 사용)
기계화 또는 반자동체계	운전자가 조종장치를 사용하여 통제하며, 동력은 전형적으로 기계가 제공
자동체계	기계가 감지, 정보처리, 의사결정 등 행동을 포함한 모든 임무를 수행하고, 인간은 감시, 프로그래밍, 정비유지 등의 기능을 수행하는 체계

3 체계설계와 인간요소

1. 체계설계 시 고려사항

인간요소적인 면, 신체의 역학적 특성 및 인체측정학적 요소를 고려한다.

2. 인간기준(Human Criteria)의 유형

인간성능 (Human Performance) 척도	감각활동, 정신활동, 근육활동 등
생리학적(Physiological) 지표	혈압, 뇌파, 혈액성분, 심박수, 근전도(EMG), 뇌전도(EEG), 산소소비량, 에너지소비량 등
주관적 반응 (Subjective Response)	피실험자의 개인적 의견, 평가, 판단 등
사고빈도 (Accident Frequency)	재해발생의 빈도

3. 체계기준의 구비조건(연구조사의 기준척도)

실제적 요건	객관적, 정량적이고 수집 또는 연구가 쉬우며, 특수한 자료 수집기법이나 기기가 필요 없어 돈이나 실험자의 수고가 적게 드는 것
신뢰성(반복성)	시간이나 대표적 표본의 선정에 관계없이, 변수 측정의 일관성이나 안정성이 있는 것
타당성(적절성)	어느 것이나 공통적으로 변수가 실제로 의도하는 바를 어느 정도 측정하는가를 결정하는 것(시스템의 목표를 잘 반영하는가를 나타내는 척도)
순수성(무오염성)	측정하는 구조 외적인 변수의 영향을 받지 않는 것
민감도	피검자 사이에서 볼 수 있는 예상 차이점에 비례하는 단위로 측정하는 것

4. 인간과 기계의 상대적 기능

(1) 인간이 현존하는 기계를 능가하는 기능

① 매우 낮은 수준의 시각, 청각, 촉각, 후각, 미각적인 자극 감지(복잡한 자극의 형태 식별)

② 주위의 이상하거나 예기치 못한 사건 감지

③ 다양한 경험을 토대로 의사결정(상황에 따른 적절한 결정)

④ 관찰을 통해 일반화하고 귀납적(Inductive)으로 추리

⑤ 주관적으로 추산하고 평가하는 것

⑥ 완전히 새로운 해결책 도출 가능

⑦ 원칙을 적용하여 다양한 문제 해결

(2) 현존하는 기계가 인간을 능가하는 기능

① 인간의 정상적인 감지범위 밖에 있는 자극을 감지

② 자극을 연역적(Deductive)으로 추리

③ 암호화(Coded)된 정보를 신속하게, 대량으로 보관

④ 명시된 절차에 따라 신속하고 정량적인 정보처리

⑤ 과부하 시에도 효율적으로 작동(여러 개의 프로그램 동시 수행)

(3) 인간-기계 시스템에서 유의하여야 할 사항

① 인간과 기계의 비교가 항상 적용되지는 않는다. 컴퓨터는 단순반복 처리가 우수하나 일이 적은 양일 때는 사람의 암산 이용이 더 용이하다.

② 과학기술의 발달로 인하여 현재 기계가 열세한 점이 극복될 수 있다.

③ 인간은 감성을 지닌 존재이다.

④ 인간이 기능적으로 기계보다 못하다고 해서 항상 기계가 선택되지는 않는다.

5. 인간-기계 시스템 설계과정 6가지 단계

목표 및 성능명세 결정	시스템 설계 전 그 목적이나 존재 이유가 있어야 함(인간요소적인 면, 신체의 역학적 특성 및 인체측정학적 요소 고려)
시스템(체계)의 정의	목적을 달성하기 위한 특정한 기본기능들이 수행되어야 함
기본설계	시스템의 형태를 갖추기 시작하는 단계(직무분석, 작업설계, 기능할당)
인터페이스(계면) 설계	사용자 편의와 시스템 성능에 관여
촉진물 설계	인간의 성능을 증진시킬 보조물 설계
시험 및 평가	시스템 개발과 관련된 평가와 인간적인 요소 평가 실시

6. 인간의 특성과 안전

(1) **인간성능(Human Performance) 연구에 사용되는 변수**

① **독립변수**: 관찰하고자 하는 현상에 대한 변수

② 종속변수: 평가척도나 기준이 되는 변수

③ **통제변수**: 종속변수에 영향을 미칠 수 있지만 독립변수에 포함되지 않은 변수

(2) **성능신뢰도**

① 인간의 신뢰성 요인: 주의력 수준, 의식 수준(경험, 지식, 기술), 긴장 수준

② 기계의 신뢰성 요인: 재질, 기능, 작동방법

③ 설비의 신뢰도

㉠ 직렬(Series System)

$$R = R_1 \times R_2 \times R_3 \times \cdots \times R_n = \prod_{i=1}^{n} R_i$$

㉡ 병렬(Parallel System)

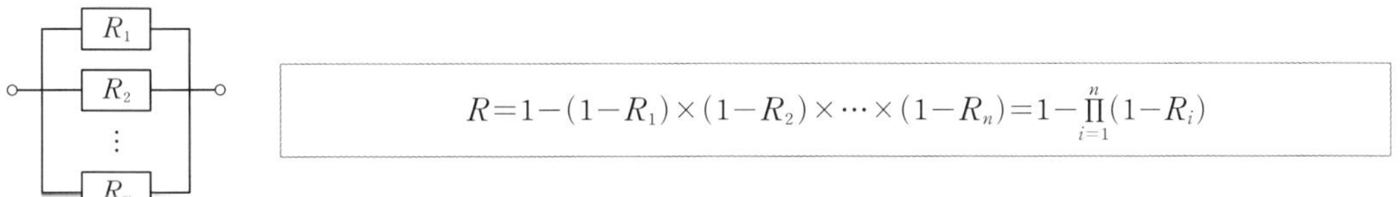

$$R = 1-(1-R_1)\times(1-R_2)\times\cdots\times(1-R_n) = 1-\prod_{i=1}^{n}(1-R_i)$$

4 인간요소와 휴먼에러

1. 휴먼에러(인적오류)

(1) **휴먼에러의 관계**

SP=K(H · E)=f(H · E)
여기서, SP: 시스템퍼포먼스(체계성능), H · E: 인간과오(Human Error)
K: 상수, f: 함수
※ K≒1: 중대한 영향, K<1: 위험, K≒0: 무시

(2) 인적오류의 분류

① 행위에 의한 분류(Swain)

㉠ 생략(부작위적)에러(Omission Error): 작업 내지 필요한 절차를 수행하지 않는 데서 기인한 에러

㉡ 실행(작위적)에러(Commission Error): 작업 내지 절차를 수행했으나 잘못한 실수(선택착오, 순서착오, 시간착오)에서 기인한 에러

㉢ 과잉행동에러(Extraneous Error): 불필요한 작업 내지 절차를 수행함으로써 기인한 에러

㉣ 순서에러(Sequential Error): 작업수행의 순서를 잘못한 실수

㉤ 시간(지연)에러(Timing Error): 소정의 기간에 수행하지 못한 실수(너무 빨리 혹은 늦게)

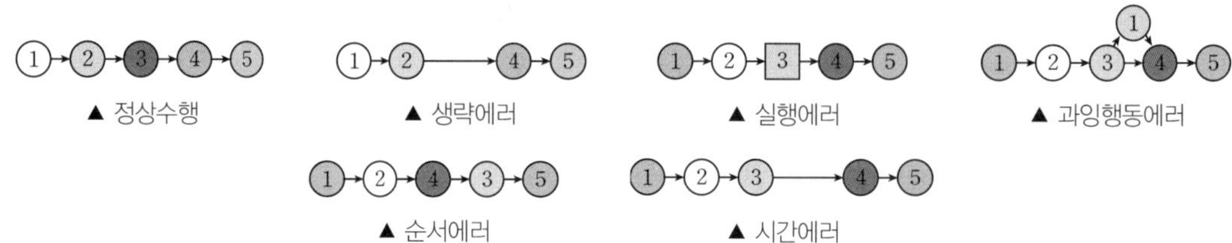

② 원인 레벨(level)적 분류

㉠ 1차 실수(Primary Error; 주과오): 작업자 자신으로부터 발생한 에러(안전교육을 통하여 제거)

㉡ 2차 실수(Secondary Error; 2차과오): 작업형태나 작업조건 중에서 다른 문제가 생겨 그 때문에 필요한 사항을 실행할 수 없는 오류나 어떤 결함으로부터 파생하여 발생하는 에러

㉢ 지시과오(Command Error): 요구되는 것을 실행하고자 하여도 필요한 정보, 에너지 등이 공급되지 않아 작업자가 움직이려 해도 움직이지 않는 에러

③ 제임스 리즌(James Reason)의 불안전한 행동 분류

라스무센(Rasmussen)의 인간행동모델에 따른 원인기준에 의한 휴먼에러 분류 방법이다. 인간의 불안전한 행동을 비의도적인 경우와 의도적인 경우로 나누었다. 비의도적 행동은 모두 숙련기반의 에러, 의도적 행동은 규칙기반착오와 지식기반착오, 고의사고로 분류할 수 있다.

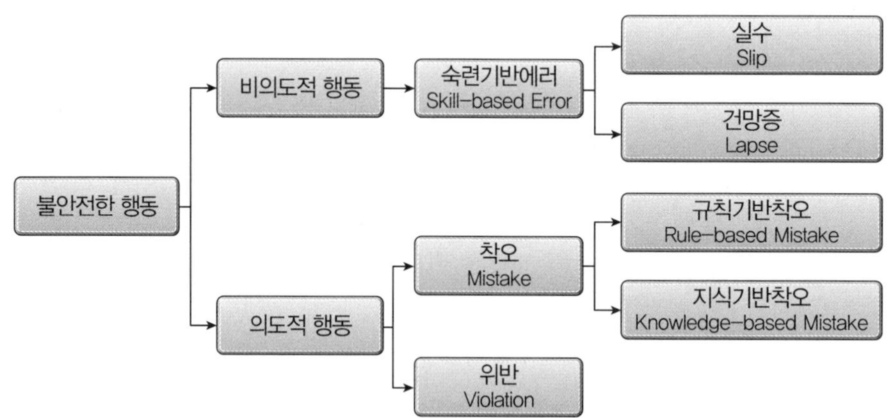

▲ 라스무센의 SRK 모델을 재정립한 리즌의 불안전한 행동 분류(원인기준)

④ 인간의 오류모형

㉠ 착오(Mistake): 상황해석을 잘못하거나 목표를 잘못 이해하고 착각하여 행하는 경우

㉡ 실수(Slip): 상황이나 목표의 해석을 제대로 했으나 의도와는 다른 행동을 하는 경우

㉢ 건망증(Lapse): 여러 과정이 연계적으로 일어나는 행동 중에서 일부를 잊어버리고 하지 않거나 또는 기억의 실패에 의하여 발생하는 오류

㉣ 위반(Violation): 정해진 규칙을 알고 있음에도 고의로 따르지 않거나 무시하는 행위

⑤ 인간실수(휴먼에러) 확률에 대한 추정기법

인간의 잘못은 피할 수 없다. 하지만 인간오류의 가능성이나 부정적 결과는 인력선정, 훈련절차, 환경설계 등을 통해 줄일 수 있다.

㉠ 인간실수 확률(HEP; Human Error Probability): 특정 직무에서 하나의 착오가 발생할 확률이다.

$$HEP = \frac{\text{인간실수의 수}}{\text{실수발생의 전체 기회 수}}$$

인간의 신뢰도(R)=1−HEP=1−P

㉡ THERP(Technique for Human Error Rate Prediction): 인간실수 확률(HEP)에 대한 정량적 예측기법으로 분석하고자 하는 작업을 기본행위로 하여 각 행위의 성공, 실패확률을 계산하는 방법이다.

㉢ 결함수분석(FTA; Fault Tree Analysis): 복잡하고 대형화된 시스템의 신뢰성 분석에 이용되는 기법으로 시스템의 각 단위 부품의 고장을 기본 고장(Primary Failure or Basic Event)이라 하고, 시스템의 결함 상태를 시스템 고장(Top Event or System Failure)이라 하여 이들의 관계를 정량적으로 평가하는 방법이다.

⑥ 인간행동 관계요소(레윈의 법칙)

$B=f(P \cdot E)$

여기서, B: 행동, f: 함수관계, P: 인간특성(개성), E: 환경

CHAPTER

02 위험성 파악 · 결정

합격 KEYWORD 위험성평가, 작업위험분석, 4M 위험성평가, THERP, HAZOP, 유인어, FTA, 컷셋, 패스셋, 안전성 평가 6단계, 신뢰도, 고장률, 욕조곡선, 페일 세이프, 풀 프루프

1 위험성평가 2024

1. 위험성평가의 정의 및 개요

(1) 정의 사업장 위험성평가에 관한 지침 / 제3조

사업주가 스스로 사업장의 유해 · 위험요인을 파악하고 해당 유해 · 위험요인의 위험성 수준을 결정하여, 위험성을 낮추기 위한 적절한 조치를 마련하고 실행하는 과정을 말한다.

(2) 실시 주체

사업주 주도 하에 안전보건관리책임자, 관리감독자, 안전관리자 · 보건관리자 또는 안전보건관리담당자, 대상 작업의 근로자가 위험성평가 전 과정에 참여하여 각자의 역할에 따라 실시하여야 한다.

※ 현장의 유해 · 위험요인을 제대로 파악하기 위해서는 관리감독자와 근로자의 적극적인 참여가 무엇보다 중요하다.

2. 위험성평가의 대상 및 절차

(1) 평가대상 사업장 위험성평가에 관한 지침 / 제5조의 2

① 근로자에게 노출된 것이 확인되었거나 노출될 것이 합리적으로 예견 가능한 모든 유해 · 위험요인

② 업무 중 근로자에게 노출된 것이 확인되었거나 노출될 것이 합리적으로 예견 가능한 모든 유해 · 위험요인

㉠ 업무 중: 매일 같은 장소에서 반복하는 작업 외에도 임시 · 수시로 하는 작업 포함

㉡ 근로자: 해당 작업을 수행하는 근로자뿐만 아니라 유해 · 위험요인 주변에서 작업하여 영향을 받을 수 있는 모든 근로자

※ 다만, 매우 경미한 부상 및 질병만을 초래할 것으로 명백히 예상되는 유해 · 위험요인은 평가 대상에서 제외 가능

③ 아차사고의 원인이 된 유해 · 위험요인

④ 중대재해의 원인이 된 유해 · 위험요인

(2) 평가절차

① 1단계: 사전준비 – 위험성평가 실시규정 작성, 위험성의 수준 등 확정, 평가에 필요한 각종 자료 수집

② 2단계: 유해 · 위험요인 파악 – 사업장 순회점검 및 근로자들의 상시적 제안 등을 활용하여 사업장 내 유해 · 위험요인 파악

③ 3단계: 위험성 결정 – 사업장에서 설정한 허용 가능한 위험성의 기준과 비교하여 판단된 위험성의 수준이 허용 가능한지 여부를 결정

④ 4단계: 위험성 감소대책 수립 및 실행 – 위험성의 결정 결과 허용 불가능한 위험성을 합리적으로 실천 가능한 범위에서 가능한 낮은 수준으로 감소시키기 위한 대책을 수립하고 실행

⑤ 5단계: 위험성평가의 공유 – 근로자에게 위험성평가 결과를 게시, 주지 등의 방법으로 알리고, 작업 전 안전점검회의(TBM) 등을 통해 상시적으로 주지

⑥ 6단계: 기록 및 보존 – 위험성평가의 유해 · 위험요인 파악, 위험성 결정의 내용 및 그에 따른 조치사항 등을 기록 및 보존(3년간 보존)

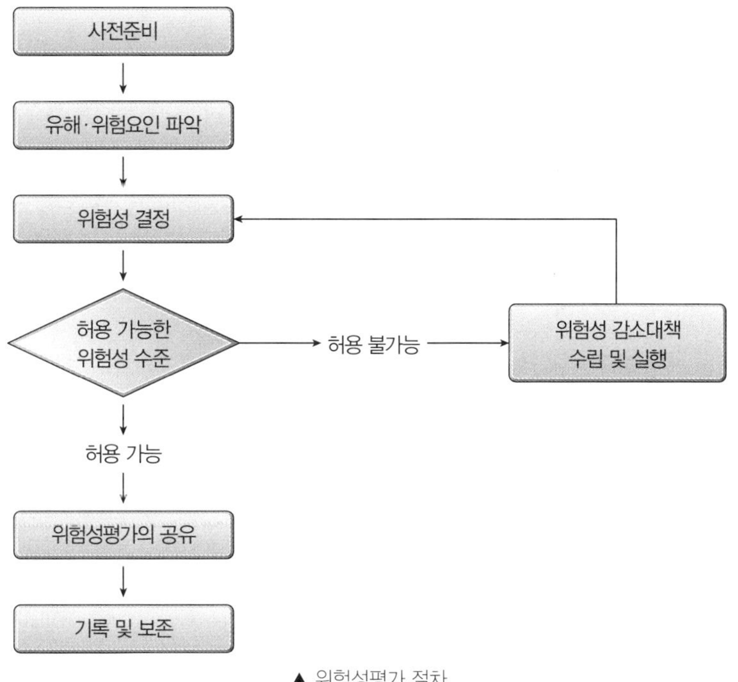

▲ 위험성평가 절차

2-1 위험성평가의 대상 및 절차

위험성평가 방법으로 옳지 않은 것은?

① 안전보건관리책임자는 위험성평가의 실시를 총괄 관리한다.
② 안전관리자, 보건관리자는 위험성평가의 실시를 보좌 및 지도·조언한다.
③ 허용 불가능한 위험성 수준을 먼저 결정한 뒤 유해·위험요인을 파악하여 개선한다.
④ 해당 작업에 종사하는 근로자는 특별한 사정이 없는 한 해당 작업에 대한 유해·위험요인을 파악하거나 감소대책을 수립하는데 참여한다.

해설 유해·위험요인을 먼저 파악한 후 위험성을 결정한다.

| 정답 | ③

2-2 위험성평가의 대상 및 절차

「산업안전보건법령」상 위험성평가의 실시내용 및 결과의 기록·보존에 관한 설명으로 옳지 않은 것은?

① 위험성평가 대상의 유해·위험요인이 포함되어야 한다.
② 위험성 결정 및 결정에 따른 조치의 내용이 포함되어야 한다.
③ 위험성평가의 실시내용을 확인하기 위하여 필요한 사항으로서 고용노동부장관이 정하여 고시하는 사항이 포함되어야 한다.
④ 사업주는 위험성평가 실시내용 및 결과의 기록·보존에 따른 자료를 5년간 보존하여야 한다.

해설 위험성평가의 결과와 조치사항을 기록한 자료는 3년간 보존하여야 한다. 산업안전보건법 시행규칙 제37조

| 정답 | ④

SUBJECT 02 인간공학 및 위험성평가·관리

3. 유해위험방지계획서

(1) 유해위험방지계획서 제출 대상 산업안전보건법 / 제42조

사업주는 다음의 어느 하나에 해당하는 경우에는 유해 · 위험 방지에 관한 사항을 적은 계획서(이하 "유해위험방지계획서")를 작성하여 고용노동부령으로 정하는 바에 따라 고용노동부장관에게 제출하고 심사를 받아야 한다.

① **대통령령으로 정하는 사업의 종류 및 규모에 해당하는 사업으로서 해당 제품의 생산 공정과 직접적으로 관련된 건설물 · 기계 · 기구 및 설비 등 전부를 설치 · 이전하거나 그 주요 구조부분을 변경하려는 경우**

"대통령령으로 정하는 사업의 종류 및 규모에 해당하는 사업"이란 다음의 어느 하나에 해당하는 사업으로서 전기계약용량이 300[kW] 이상인 경우를 말한다.

㉠ 금속가공제품 제조업(기계 및 가구 제외)
㉡ 비금속 광물제품 제조업
㉢ 기타 기계 및 장비 제조업
㉣ 자동차 및 트레일러 제조업
㉤ 식료품 제조업
㉥ 고무제품 및 플라스틱제품 제조업
㉦ 목재 및 나무제품 제조업
㉧ 기타 제품 제조업
㉨ 1차 금속 제조업
㉩ 가구 제조업
㉪ 화학물질 및 화학제품 제조업
㉫ 반도체 제조업
㉬ 전자부품 제조업

② **유해하거나 위험한 작업 또는 장소에서 사용하거나 건강장해를 방지하기 위하여 사용하는 기계 · 기구 및 설비로서 대통령령으로 정하는 기계 · 기구 및 설비를 설치 · 이전하거나 그 주요 구조부분을 변경하려는 경우**

"대통령령으로 정하는 기계 · 기구 및 설비"란 다음의 어느 하나에 해당하는 기계 · 기구 및 설비를 말한다. 이 경우 다음에 해당하는 기계 · 기구 및 설비의 구체적인 범위는 고용노동부장관이 정하여 고시한다.

㉠ 금속이나 그 밖의 광물의 용해로
㉡ 화학설비
㉢ 건조설비
㉣ 가스집합 용접장치
㉤ 근로자의 건강에 상당한 장해를 일으킬 우려가 있는 물질로서 고용노동부령으로 정하는 물질의 밀폐 · 환기 · 배기를 위한 설비

③ **대통령령으로 정하는 크기, 높이 등에 해당하는 건설공사를 착공하려는 경우**

"대통령령으로 정하는 크기, 높이 등에 해당하는 건설공사"란 다음의 어느 하나에 해당하는 공사를 말한다.

㉠ 다음의 어느 하나에 해당하는 건축물 또는 시설 등의 건설 · 개조 또는 해체(이하 "건설 등") 공사

- 지상높이가 31[m] 이상인 건축물 또는 인공구조물
- 연면적 30,000[m^2] 이상인 건축물
- 연면적 5,000[m^2] 이상인 시설로서 다음의 어느 하나에 해당하는 시설
  - 문화 및 집회시설(전시장 및 동물원 · 식물원 제외)
  - 판매시설, 운수시설(고속철도의 역사 및 집배송시설 제외)
  - 종교시설

– 의료시설 중 종합병원
– 숙박시설 중 관광숙박시설
– 지하도상가
– 냉동 · 냉장 창고시설

㉡ 연면적 5,000[m^2] 이상인 냉동 · 냉장 창고시설의 설비공사 및 단열공사
㉢ 최대 지간길이가 50[m] 이상인 다리의 건설 등 공사
㉣ 터널의 건설 등 공사
㉤ 다목적댐, 발전용댐, 저수용량 2천만 톤 이상의 용수 전용 댐 및 지방상수도 전용 댐의 건설 등 공사
㉥ 깊이 10[m] 이상인 굴착공사

(2) 유해위험방지계획서 제출서류 등 산업안전보건법 시행규칙 제42조

사업주가 유해위험방지계획서를 제출할 때에는 사업장별로 제조업 등 유해위험방지계획서에 다음의 서류를 첨부하여 해당 작업 시작 15일 전까지 한국산업안전보건공단에 2부를 제출하여야 한다. 이 경우 유해위험방지계획서의 작성기준, 작성자, 심사기준, 그 밖에 심사에 필요한 사항은 고용노동부장관이 정하여 고시한다.

① 건축물 각 층의 평면도
② 기계 · 설비의 개요를 나타내는 서류
③ 기계 · 설비의 배치도면
④ 원재료 및 제품의 취급, 제조 등의 작업방법의 개요
⑤ 그 밖에 고용노동부장관이 정하는 도면 및 서류

(3) 유해위험방지계획서 확인사항 산업안전보건법 시행규칙 제46조

유해위험방지계획서를 제출한 사업주는 해당 건설물 · 기계 · 기구 및 설비의 시운전단계에서, 건설공사의 경우 6개월 이내마다 다음의 사항에 관하여 한국산업안전보건공단의 확인을 받아야 한다.

① 유해위험방지계획서의 내용과 실제공사 내용이 부합하는지 여부
② 유해위험방지계획서 변경내용의 적정성
③ 추가적인 유해 · 위험요인의 존재 여부

2 시스템 위험성 추정 및 결정

1. 시스템 위험분석 및 관리

(1) 시스템의 의미

요소의 집합에 의해 구성되고, System 상호 간의 관계를 유지하며 정해진 조건 아래서 어떤 목적을 위하여 작용하는 집합체이다.

(2) 시스템의 안전성 확보방법

① 위험 상태의 존재 최소화
② 안전장치의 채용
③ 경보장치의 채택
④ 특수 수단 개발과 표식 등의 규격화
⑤ 중복(Redundancy)설계
⑥ 부품의 단순화와 표준화
⑦ 인간공학적 설계와 보전성 설계

(3) 시스템 위험성의 분류

① 미국방성 위험성평가의 위험도 기준(MIL-STD-882B)에 따른 심각도 분류

범주	내용
범주(Category) Ⅰ 파국(Catastrophic)	인원의 사망 또는 중상, 완전한 시스템의 손상을 일으킴
범주(Category) Ⅱ 중대(위기)(Critical)	인원의 상해 또는 주요 시스템의 생존을 위해 즉시 시정조치 필요
범주(Category) Ⅲ 한계(Marginal)	시스템의 성능 저하나 인원의 상해 또는 중대한 시스템의 손상 없이 배제 또는 제거 가능
범주(Category) Ⅳ 무시가능(Negligible)	인원의 손상이나 시스템의 성능 기능에 손상이 일어나지 않음

② 발생빈도(확률) 분류

수준 A. 자주 발생(frequent)	한 항목의 수명 중 발생확률 10^{-1} 이상의 확률로 자주 일어남
수준 B. 빈번히 발생(probable)	한 항목의 수명 중 발생확률 10^{-2} 이상 10^{-1} 미만의 확률로 수 회 일어남
수준 C. 가끔 발생(occasional)	한 항목의 수명 중 발생확률 10^{-3} 이상 10^{-2} 미만의 확률로 가끔 일어남
수준 D. 거의 발생하지 않음(remote)	한 항목의 수명 중 발생확률 10^{-6} 이상 10^{-3} 미만의 확률로 일어남. 일어날 것 같지 않지만 일어날 가능성 있음
수준 E. 발생가능성 없음(improbable)	한 항목의 수명 중 발생확률 10^{-6} 미만의 확률로 일어남. 거의 일어날 것 같지 않음
수준 F. 위험요인 제거됨(eliminated)	위험요인을 확인하였고 제거함

(4) 작업위험분석 및 표준화

① 작업표준의 목적

㉠ 작업의 효율화
㉡ 위험요인의 제거
㉢ 손실요인의 제거

② 작업표준의 작성절차

㉠ 작업의 분류정리
㉡ 작업분해
㉢ 작업분석 및 연구토의(동작순서와 급소를 정함)
㉣ 작업표준안 작성
㉤ 작업표준의 제정

③ 작업표준의 구비조건

㉠ 작업의 실정에 적합할 것
㉡ 표현은 구체적으로 나타낼 것
㉢ 이상 시의 조치기준에 대해 정해둘 것
㉣ 좋은 작업의 표준일 것
㉤ 생산성과 품질의 특성에 적합할 것
㉥ 다른 규정 등에 위배되지 않을 것

④ 작업방법의 개선원칙 ECRS

㉠ 제거(Eliminate)
㉡ 결합(Combine)
㉢ 재배치, 재조정(Rearrange)
㉣ 단순화(Simplify)

2. 4M 위험성평가 KOSHA X-14

공정(작업) 내 잠재하고 있는 유해 · 위험요인을 4가지 분야로 위험성을 파악하여 위험제거 대책을 제시하는 방법이다.

(1) Man(인간): 작업자의 불안전 행동을 유발시키는 인적 위험 평가

㉮ 작업자의 불안전 행동, 작업방법의 부적절, 보호구 미착용 등

(2) Machine(기계): 생산설비의 불안전 상태를 유발시키는 설계 · 제작 · 안전장치 등을 포함한 기계 자체 및 기계 주변의 위험 평가

㉮ 위험기계의 본질안전 설계의 부족, 기계 · 설비의 구조상 결함 등

(3) Media(물질 · 환경): 소음, 분진, 유해물질 등 작업환경 평가

㉮ 작업공간의 불량, 취급 화학물질에 대한 중독 등

(4) Management(관리): 안전의식 해이로 사고를 유발시키는 관리적인 사항 평가

㉮ 규정, 매뉴얼의 미작성 및 교육 · 훈련의 부족, 안전보건표지 미게시 등

3. 위험분석기법

(1) 시스템 수명주기

구상단계 → 정의 → 개발 → 생산 → 운전

(2) 예비위험분석(PHA; Preliminary Hazards Analysis)

① 의미

시스템 내의 위험요소가 얼마나 위험한 상태에 있는가를 평가하는 시스템 안전프로그램의 최초단계(시스템 구상단계)의 정성적인 분석 방식이다.

② PHA에 의한 위험등급

㉠ Class – 1: 파국(Catastrophic)[사망, 시스템 손상]

㉡ Class – 2: 중대(위기)(Critical)[심각한 상해, 시스템 중대 손상]

㉢ Class – 3: 한계적(Marginal)[경미한 상해, 시스템 성능 저하]

㉣ Class – 4: 무시가능(Negligible)[경미한 상해, 시스템 손상 없음]

▲ 시스템 수명주기에서의 PHA

(3) 결함위험분석(FHA; Fault Hazards Analysis)

① 의미

분업에 의해 여럿이 분담 설계한 서브시스템 간의 인터페이스를 조정하여 각각의 서브시스템 및 전체 시스템에 악영향을 미치지 않게 하기 위한 분석 방식으로 시스템 정의단계와 시스템 개발단계에서 적용한다.

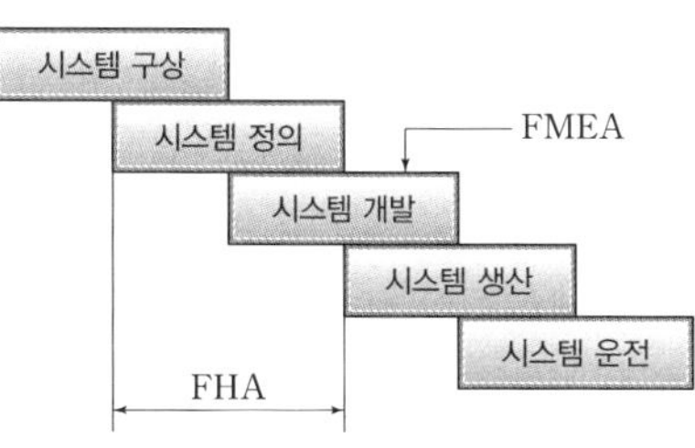

▲ 시스템 수명주기에서의 FHA

② FHA의 기재사항

프로그램: 시스템:

#1 구성요소 명칭	#2 구성요소 위험방식	#3 시스템 작동방식	#4 서브시스템에서 위험영향	#5 서브시스템, 대표적 시스템 위험영향	#6 환경적 요인	#7 위험영향을 받을 수 있는 2차 요인	#8 위험수준	#9 위험관리

(4) 고장형태와 영향분석법(FMEA; Failure Mode and Effect Analysis)

시스템에 영향을 미치는 모든 요소의 고장을 형태별로 분석하고, 그 고장이 미치는 영향을 분석하는 귀납적, 정성적인 방법으로 치명도 해석을 추가할 수 있다.

① 특징

㉠ FTA보다 서식이 간단하고 적은 노력으로 분석이 가능하다.

㉡ 논리성이 부족하고, 특히 각 요소 간의 영향을 분석하기 어렵기 때문에 동시에 두 가지 이상의 요소가 고장이 날 경우에 분석이 곤란하다.

㉢ 요소가 물체로 한정되어 있기 때문에 인적 원인을 분석하는 데는 곤란하다.

② 시스템에 영향을 미치는 고장형태

㉠ 폐로 또는 폐쇄된 고장

㉡ 개로 또는 개방된 고장

㉢ 기동 및 정지의 고장

㉣ 운전계속의 고장

㉤ 오동작

③ 순서

㉠ 1단계: 대상시스템의 분석

- 기본방침의 결정
- 시스템의 구성 및 기능의 확인
- 분석레벨의 결정
- 기능별 블록도와 신뢰성 블록도 작성

㉡ 2단계: 고장형태와 그 영향의 해석

- 고장형태의 예측과 설정
- 고장형태에 대한 추정원인 열거
- 상위 아이템의 고장영향의 검토
- 고장등급의 평가

㉢ 3단계: 치명도 해석과 그 개선책의 검토

- 치명도 해석
- 해석결과의 정리 및 설계개선 제안

④ 고장등급의 결정

㉠ 고장 평점법

$$C=(C_1 \times C_2 \times C_3 \times C_4 \times C_5)^{\frac{1}{5}}$$

여기서, C_1: 기능적 고장 영향의 중요도, C_2: 영향을 미치는 시스템의 범위, C_3: 고장발생의 빈도, C_4: 고장방지의 가능성, C_5: 신규 설계의 정도

㉡ 고장등급의 결정

- 고장등급 Ⅰ(치명고장): 임무수행 불능, 인명손실(설계변경 필요)
- 고장등급 Ⅱ(중대고장): 임무의 중대부분 미달성(설계의 재검토 필요)
- 고장등급 Ⅲ(경미고장): 임무의 일부 미달성(설계변경 불필요)
- 고장등급 Ⅳ(미소고장): 영향 없음(설계변경 불필요)

⑤ FMEA 서식

1. 항목	2. 기능	3. 고장의 형태	4. 고장 반응시간	5. 사명 또는 운용단계	6. 고장의 영향			7. 고장의 발견방식	8. 시정 활동	9. 위험성 분류	10. 소견

㉠ 고장의 영향분류

영향	발생확률
실제의 손실	$\beta=1.00$
예상되는 손실	$0.10 \le \beta < 1.00$
가능한 손실	$0 < \beta < 0.10$
영향 없음	$\beta=0$

㉡ FMEA의 위험성 분류의 표시

- Category 1: 생명 또는 가옥의 상실
- Category 2: 사명(작업) 수행의 실패
- Category 3: 활동의 지연
- Category 4: 영향 없음

(5) 위험성 분석법(CA; Criticality Analysis)

고장이 시스템의 손해와 인원의 사상에 직접적으로 연결되는 높은 위험도를 가지는 경우에 위험도를 가져오는 요소 또는 고장의 형태에 따라 위험성을 정량적으로 분석하는 것이다. 항공기의 안전성 평가에 널리 사용되는 기법으로서 각 중요 부품의 고장률, 운용형태, 보정계수, 사용시간비율 등을 고려하여 정량적, 귀납적으로 부품의 위험도를 평가하는 분석기법이다.

$C_r = C_1 \times C_2 \times C_3 \times C_4 \times C_5$

여기서, C_1: 고장영향의 중대도, C_2: 고장의 발생빈도, C_3: 고장검출의 곤란도, C_4: 고장방지의 곤란도,
C_5: 고장 시정시간의 여유도

(6) 인간과오율 추정법(THERP; Technique of Human Error Rate Prediction)

Swain 등에 의해 개발된 것으로 확률론적 안전기법으로서 인간의 과오(Human Error)에 기인된 사고원인을 분석하기 위하여 100만 운전시간당 과오도 수를 기본 과오율로 하여 인간의 과오율을 평가하는 정량적인 분석 기법이다.

① 인간의 동작이 시스템에 미치는 영향을 나타내는 그래프적 방법으로 인간 실수율(HEP)을 예측하는 기법이다.
② 사건들을 일련의 Binary 의사결정 분기들로 모형화해서 예측한다.
③ 사건수 분석의 변형으로 나무형태의 그래프를 통한 각 경로의 확률을 계산한다.

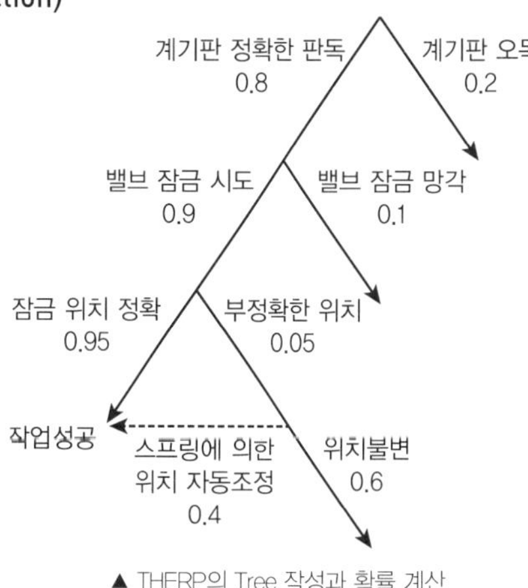

▲ THERP의 Tree 작성과 확률 계산

(7) 모트(MORT; Management Oversight and Risk Tree)

미국의 W. G. Johnson에 의해 개발된 것으로 원자력 산업과 같이 안전이 확보되어 있는 장소에서 추가적인 고도의 안전 달성을 목적으로, FTA와 같은 논리기법을 이용하여 관리, 설계, 생산, 보전 등에 대해서 광범위하게 안전성을 확보하기 위한 기법이다.

(8) 결함수분석법(FTA; Fault Tree Analysis)

기계, 설비 또는 인간-기계 시스템의 고장이나 재해의 발생요인을 논리적 도표에 의하여 분석하는 정량적, 연역적 기법이다.

(9) 운영 및 지원위험 분석(O&SHA; Operation and Support Hazards Analysis)

시스템의 모든 사용단계에서 생산, 보전, 시험, 저장, 운전, 비상탈출, 구조 훈련 및 폐기 등에 사용되는 인원, 순서, 설비에 대한 위험을 평가하고 안전요건을 결정하기 위한 해석방법이며, 위험에 초점을 맞춘 위험분석 차트이다.

⑽ DT(Decision Tree)

요소의 신뢰도를 이용하여 시스템의 신뢰도를 나타내는 시스템 모델의 하나로 귀납적이고 정량적인 분석 방식이며, 성공사상은 상방에, 실패사상은 하방에 분기된다. 재해사고의 분석에 이용될 때는 Event Tree라고 한다.

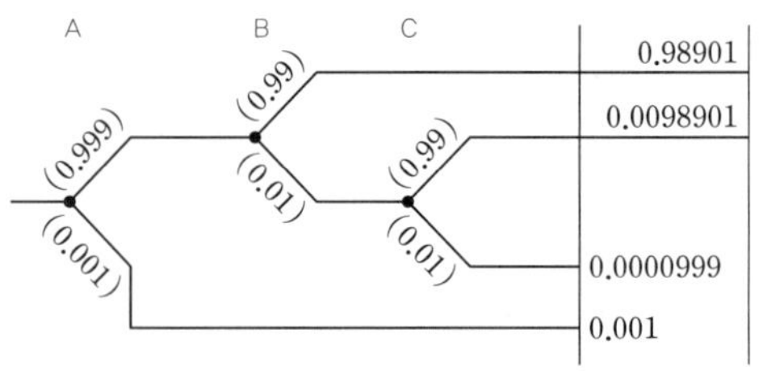

▲ Decision Tree의 예

⑾ 사건수 분석(ETA; Event Tree Analysis)

정량적, 귀납적 분석(정상 또는 고장)으로 발생경로를 파악하는 기법으로 DT에서 변천해 온 것이다. 재해의 확대 요인의 분석(나뭇가지가 갈라지는 형태)에 적합하며 각 사상의 확률합은 1.0이다. 설비의 설계, 심사, 제작, 검사, 보전, 운전, 안전대책의 과정에서 그 대응조치가 성공인가 실패인가를 확대해 가는 과정을 검토한다.

⑿ FAFR(Fatality Accident Frequency Rate)

Kletz(클레츠)가 고안한 것으로 위험도를 표시하는 단위로 10^8시간당 사망자수를 나타낸다. 즉, 일정한 업무 또는 작업행위에 직접 노출된 10^8시간(1억 시간)당 사망확률로 10^8시간은 근로자 수가 1,000명인 사업장에서 50년간 근로한 총시간을 의미하기도 한다.

⒀ 위험 및 운전성 검토(HAZOP; Hazards and Operability Study)

① 위험 및 운전성 검토

각각의 장비에 대해 잠재된 위험이나 기능저하, 운전 잘못 등과 전체로서의 시설에 결과적으로 미칠 수 있는 영향 등을 평가하기 위해서 공정이나 설계도 등에 체계적이고 비판적인 검토를 행하는 것을 말한다.

② 위험 및 운전성 검토의 성패를 좌우하는 요인

㉠ 팀의 기술능력과 통찰력
㉡ 사용된 도면, 자료 등의 정확성
㉢ 발견된 위험의 심각성을 평가할 때 팀의 균형감각 유지 능력
㉣ 이상(Deviation), 원인(Cause), 결과(Consequence) 등을 발견하기 위해 상상력을 동원하는 데 보조수단으로 사용할 수 있는 팀의 능력

③ 위험 및 운전성 검토 절차

㉠ 1단계: 목적의 범위 결정
㉡ 2단계: 검토팀의 선정
㉢ 3단계: 검토 준비
㉣ 4단계: 검토 실시
㉤ 5단계: 후속 조치 후 결과기록

④ 위험 및 운전성 검토 목적

㉠ 기존시설(기계설비 등)의 안전도 향상
㉡ 설비 구입 여부 결정
㉢ 설계의 검사
㉣ 작업수칙의 검토
㉤ 공장 건설 여부와 건설장소의 결정

⑤ 위험 및 운전성 검토 시 고려해야 할 위험의 형태

㉠ 공장 및 기계설비에 대한 위험
㉡ 작업 중인 인원 및 일반대중에 대한 위험
㉢ 제품 품질에 대한 위험

㉣ 환경에 대한 위험

⑥ 위험을 억제하기 위한 일반적인 조치사항

㉠ 공정의 변경(원료, 방법 등)

㉡ 공정 조건의 변경(압력, 온도 등)

㉢ 설계 외형의 변경

㉣ 작업방법의 변경

⑦ 유인어(Guide Words) KOSHA P-82

간단한 용어로서 창조적 사고를 유도하고 자극하여, 이상을 발견하고 의도를 한정하기 위하여 사용되는 것이다.

㉠ NO 또는 NOT: 설계의도에 완전히 반하여 변수의 양이 없는 상태

㉡ MORE 또는 LESS: 변수가 양적으로 증가 또는 감소되는 상태

㉢ AS WELL AS: 설계의도 외의 다른 변수가 부가되는 상태(성질상의 증가)

㉣ PART OF: 설계의도대로 완전히 이루어지지 않는 상태(성질상의 감소)

㉤ REVERSE: 설계의도와 정반대로 나타나는 상태

㉥ OTHER THAN: 설계의도대로 설치되지 않거나 운전 유지되지 않는 상태(완전한 대체)

4. 결함수분석법(FTA; Fault Tree Analysis)

(1) FTA의 정의 및 특징

① 정의

시스템의 고장을 논리게이트로 찾아가는 연역적, 정성적, 정량적 분석기법이다.

㉠ 1962년 미국 벨 연구소의 H. A. Watson에 의해 개발된 기법으로 최초에는 미사일 발사사고를 예측하는 데 활용해오다 점차 우주선, 원자력산업, 산업안전 분야로 확장되었다.

㉡ 시스템의 고장을 발생시키는 사상(Event)과 그 원인과의 관계를 논리기호(AND 게이트, OR 게이트 등)를 활용하여 나뭇가지 모양(Tree)의 고장 계통도를 작성하고, 이를 기초로 시스템의 고장확률을 구한다.

② 특징

㉠ Top down(하향식) 방법이다.

㉡ 정성적, 정량적(컴퓨터 처리 가능) 분석기법이다.

㉢ 논리기호를 사용한 특정사상에 대한 해석이다.

㉣ 서식이 간단해서 비전문가도 짧은 훈련으로 사용할 수 있다.

㉤ 복잡하고 대형화된 시스템에 사용할 수 있다.

㉥ 기능적 결함의 원인을 분석하는 데 용이하다.

㉦ Human Error의 검출이 어렵다.

③ FTA의 기본적인 가정

㉠ 기본사상들의 발생은 독립적이다.

㉡ 모든 기본사상은 정상사상과 관련되어 있다.

㉢ 기본사상의 조건부 발생확률은 이미 알고 있다.

④ FTA의 기대효과

㉠ 사고원인 규명의 간편화

㉡ 사고원인 분석의 일반화

㉢ 사고원인 분석의 정량화

㉣ 노력, 시간의 절감

㉤ 시스템의 결함 진단

㉥ 안전점검 체크리스트 작성

(2) FTA에 사용되는 논리기호 및 사상기호

번호	기호	명칭	설명
1		결함사상 (중간사상)	고장 또는 결함으로 나타나는 비정상적인 사건
2		기본사상	더 이상 전개되지 않는 기본사상
3		생략사상(최후사상)	정보부족, 해석기술 불충분으로 더 이상 전개할 수 없는 사상
4		통상사상	통상발생이 예상되는 사상
5	출력 입력	AND 게이트(논리곱)	모든 입력사상이 공존할 때 출력사상이 발생
6	출력 입력	OR 게이트(논리합)	입력사상 중 어느 하나가 존재할 때 출력사상이 발생
7	A_i, A_j, A_k 순으로 A_i A_j A_k	우선적 AND 게이트	입력사상 중 어떤 현상이 다른 현상보다 먼저 일어날 경우에만 출력사상이 발생
8	2개의 조합 A_i A_j A_k	조합 AND 게이트	3개 이상의 입력현상 중 2개가 일어나면 출력사상이 발생
9	위험 지속 시간	위험 지속 AND 게이트	입력현상이 생겨서 어떤 일정한 기간이 지속될 때에 출력사상이 발생
10	동시발생 안 한다	배타적 OR 게이트	OR 게이트이지만 2개 또는 2개 이상의 입력이 동시에 존재하는 경우에는 출력사상이 발생하지 않음

(3) FTA의 순서 및 작성방법

① FTA의 실시순서

㉠ 분석 대상 시스템의 파악

㉡ 정상사상의 선정

㉢ FT도의 작성과 단순화

㉣ 정량적 평가

- 재해발생 확률 목표치 설정
- 실패 대수 표시
- 고장발생 확률과 인간에러 확률 계산
- 재해발생 확률 계산
- 재검토

㉤ 종결(평가 및 개선권고)

② FTA에 의한 재해사례 연구순서(D. R. Cheriton)

㉠ Top(정상)사상의 선정

㉡ 각 사상의 재해원인 규명

㉢ FT도의 작성 및 분석

㉣ 개선계획의 작성

(4) 컷셋 및 패스셋

컷셋 (Cut Set)	정상사상을 발생시키는 기본사상의 집합으로 그 안에 포함되는 모든 기본사상이 발생할 때 정상사상을 발생시키는 기본사상의 집합
패스셋 (Path Set)	포함되어 있는 모든 기본사상이 일어나지 않을 때 정상사상이 일어나지 않는 기본사상의 집합

5. 정성적, 정량적 분석

(1) 확률사상의 계산

① 논리곱의 확률(독립사상)

$$A(x_1 \cdot x_2 \cdot x_3) = Ax_1 \cdot Ax_2 \cdot Ax_3$$
$$G_1 = ① \times ② = 0.2 \times 0.1 = 0.02$$

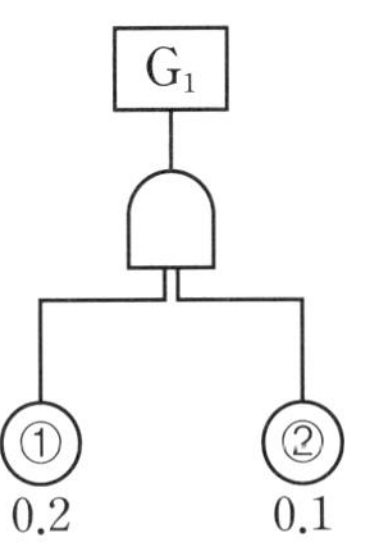

▲ 논리곱의 예

② 논리합의 확률(독립사상)

$$A(x_1 + x_2 + x_3) = 1 - (1 - Ax_1) \times (1 - Ax_2) \times (1 - Ax_3)$$

③ 불 대수의 법칙

㉠ 동정법칙: A+A=A, A · A=A

㉡ 교환법칙: A · B=B · A, A+B=B+A

㉢ 흡수법칙: A(A · B)=(A · A)B, A(A+B)=A

A+A · B=A∪(A∩B)=(A∪A)∩(A∪B)=A∩(A∪B)=A

㉣ 분배법칙: A(B+C)=A · B+A · C, A+(B · C)=(A+B) · (A+C)

㉤ 결합법칙: A(B · C)=(A · B)C, A+(B+C)=(A+B)+C

㉥ 기타: $A \cdot 0 = 0$, $A + 1 = 1$, $A \cdot 1 = A$, $A + \overline{A} = 1$, $A \cdot \overline{A} = 0$

④ 드 모르간의 법칙

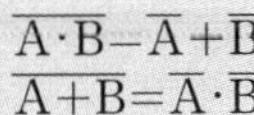

$$\overline{A \cdot B} = \overline{A} + \overline{B}$$
$$\overline{A + B} = \overline{A} \cdot \overline{B}$$

⑤ 발생확률 계산 예

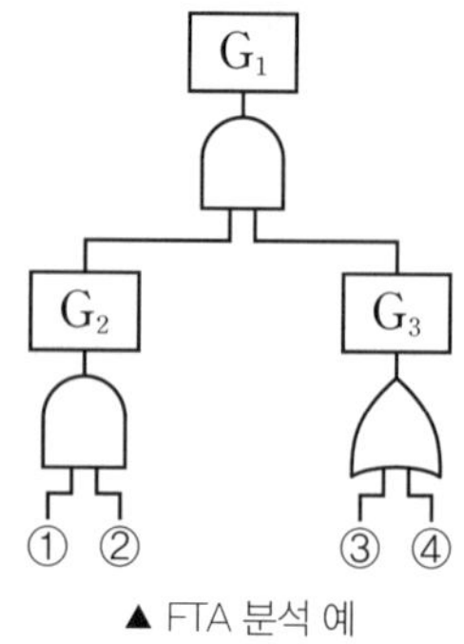

▲ FTA 분석 예

①의 발생확률은 0.3

②의 발생확률은 0.4

③의 발생확률은 0.3

④의 발생확률은 0.5

$G_1 = G_2 \times G_3$

$= ① \times ② \times \{1-(1-③)\times(1-④)\}$

$= 0.3 \times 0.4 \times \{1-(1-0.3)\times(1-0.5)\} = 0.078$

(2) 미니멀 컷셋(최소 컷셋)과 미니멀 패스셋(최소 패스셋)

① 컷셋과 미니멀 컷셋

컷셋이란 그 속에 포함되어 있는 모든 기본사상이 일어났을 때 정상사상을 일으키는 기본사상의 집합으로 미니멀 컷셋은 정상사상을 일으키기 위한 최소한의 컷셋을 말한다. 즉 미니멀 컷셋은 컷셋 중에 타 컷셋을 포함하고 있는 것을 배제하고 남은 컷셋들을 의미한다.(시스템의 위험성 또는 안전성)

② 패스셋과 미니멀 패스셋

패스셋이란 그 속에 포함되어 있는 기본사상이 일어나지 않을 때 정상사상이 일어나지 않는 기본사상의 집합으로 미니멀 패스셋은 그 필요한 최소한의 셋을 말한다.(시스템의 신뢰성)

(3) 미니멀 컷셋 구하는 법

① 정상사상에서 차례로 하단의 사상으로 치환하면서 AND 게이트는 가로로, OR 게이트는 세로로 나열한다.

② 중복사상이나 컷을 제거하면 미니멀 컷셋이 된다.

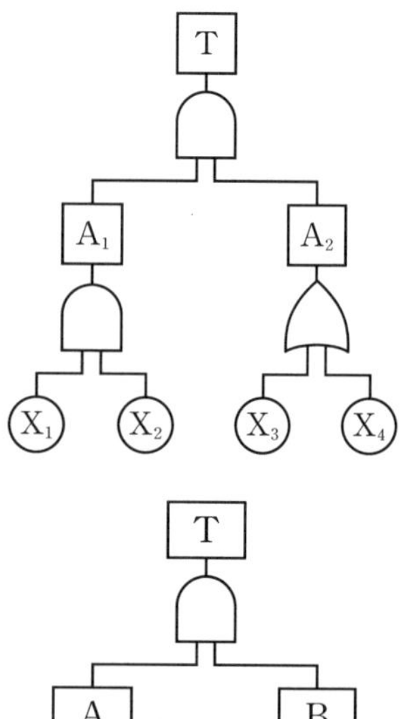

㉠ $T = A_1 \cdot A_2 = (X_1\ X_2)\begin{pmatrix} X_3 \\ X_4 \end{pmatrix} = \begin{matrix} (X_1\ X_2\ X_3) \\ (X_1\ X_2\ X_4) \end{matrix}$

즉, 컷셋은 $(X_1\ X_2\ X_3)$, $(X_1\ X_2\ X_4$이므로

미니멀 컷셋은 $(X_1\ X_2\ X_3)$ 또는 $(X_1\ X_2\ X_4)$ 중 1개이다.

㉡ $T = A \cdot B = \begin{pmatrix} X_1 \\ X_2 \end{pmatrix}(X_1\ X_3) = \begin{matrix} (X_1\ X_1\ X_3) \\ (X_1\ X_2\ X_3) \end{matrix} = \begin{matrix} (X_1\ X_3) \\ (X_1\ X_2\ X_3) \end{matrix}$

즉, 컷셋은 $(X_1\ X_3)$, $(X_1\ X_2\ X_3)$이므로 미니멀 컷셋은 $(X_1\ X_3)$이다.

6. 안전성 평가

(1) 정의

설비나 제품의 제조, 사용 등에 있어 안전성을 사전에 평가하고, 적절한 대책을 강구하기 위한 평가행위이다.

(2) 안전성 평가의 종류

① 테크놀로지 어세스먼트(Technology Assessment): 기술 개발과정에서의 효율성과 위험성을 종합적으로 분석, 판단하는 프로세스

② 세이프티 어세스먼트(Safety Assessment): 인적, 물적 손실을 방지하기 위한 설비 전 공정에 걸친 안전성 평가

③ 리스크 어세스먼트(Risk Assessment): 생산활동에 지장을 줄 수 있는 리스크(Risk)를 파악하고 제거하는 활동

④ 휴먼 어세스먼트(Human Assessment): 인적오류, 인간과 관련된 사고 상의 평가

(3) 안전성 평가 6단계

① 제1단계: 관계 자료의 정비검토

㉠ 입지조건

㉡ 화학설비 배치도

㉢ 건조물/기계실/전기실의 평면도, 단면도 및 입면도

㉣ 제조공정 개요

㉤ 공정 계통도

㉥ 운전요령, 요원배치 계획

㉦ 배관이나 계장 등의 계통도

㉧ 안전설비의 종류와 설치장소 등

② 제2단계: 정성적 평가(안전확보를 위한 기본적인 자료의 검토)

㉠ 설계관계: 입지조건, 공장 내 배치, 건조물, 소방설비, 공정기기 등

㉡ 운전관계: 원재료, 운송, 저장 등

③ 제3단계: 정량적 평가(재해중복 또는 가능성이 높은 것에 대한 위험도 평가)

㉠ 평가항목(5가지 항목): 취급물질, 온도, 압력, 해당설비용량, 조작

㉡ 화학설비 정량평가 등급

- 위험등급Ⅰ: 합산점수 16점 이상
- 위험등급Ⅱ: 합산점수 11~15점
- 위험등급Ⅲ: 합산점수 10점 이하

④ 제4단계: 안전대책 수립

㉠ 보전: 설비나 시스템을 최적의 상태로 유지하기 위한 활동이다.

㉡ 설비적 대책: 안전장치 및 방재 장치에 관하여 대책을 세운다.

㉢ 관리적 대책: 인원배치, 교육훈련 등에 관하여 대책을 세운다.

⑤ 제5단계: 재해정보에 의한 재평가

⑥ 제6단계: FTA에 의한 재평가

위험등급Ⅰ(16점 이상)에 해당하는 화학설비에 대해 FTA에 의한 재평가를 실시한다.

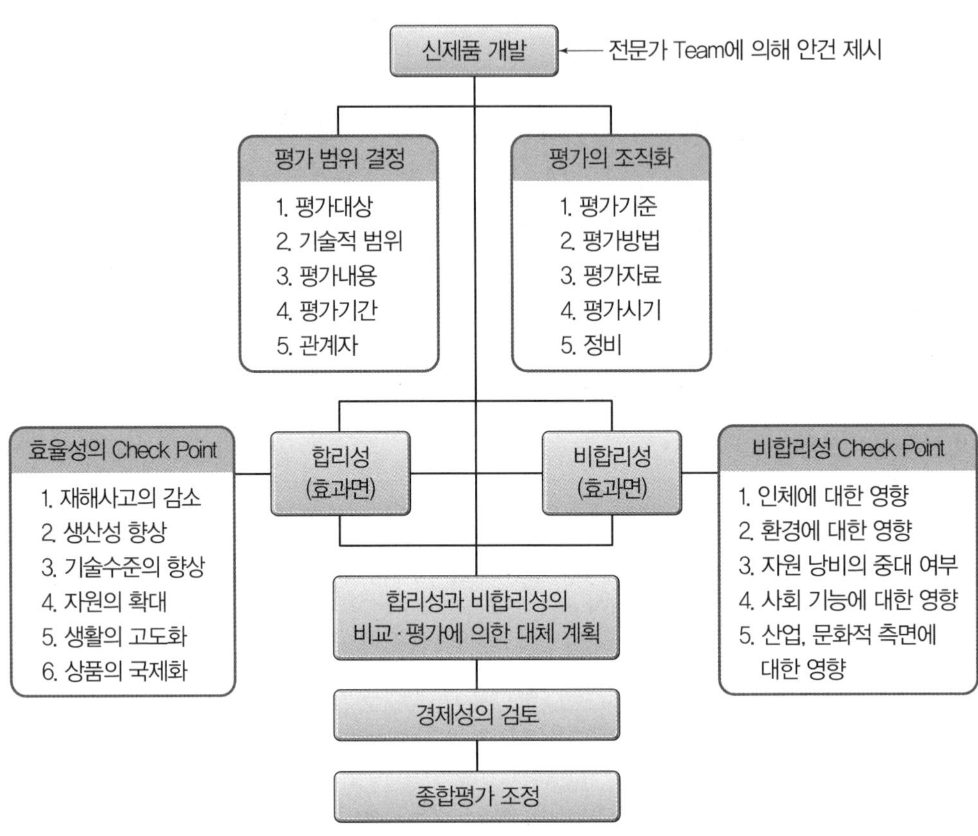

▲ 기술개발의 종합평가도

(4) 안전성 평가 4가지 기법

① 위험의 예측평가(Layout의 검토)
② 체크리스트(Check-list)에 의한 방법
③ 고장형태와 영향분석법(FMEA법)
④ 결함수분석법(FTA법)

(5) 기계, 설비의 레이아웃(Layout)의 원칙

① 이동거리를 단축하고 기계배치를 집중화한다.
② 인력활동이나 운반작업을 기계화한다.
③ 중복 부분을 제거한다.
④ 인간과 기계의 흐름을 라인화한다.

7. 신뢰도 및 안전도 계산

(1) 신뢰도

체계 혹은 부품이 주어진 운용조건 하에서 의도되는 사용기간 중에 의도한 목적에 만족스럽게 작동할 확률이다.

(2) 기계의 신뢰도

$$R(t)=e^{-\lambda t}=e^{-\frac{t}{t_0}}$$

여기서, λ: 고장률, t: 가동시간, t_0: 평균수명

> **합격 보장 꿀팁** 고장률이 0.004일 경우
>
> ① 평균고장간격(MTBF)$=\frac{1}{\lambda}=\frac{1}{0.004}=250[hr]$
>
> ② 10시간 가동 시 신뢰도: $R(t)=e^{-\lambda t}=e^{-0.004\times10}=e^{-0.04}=0.961$
>
> ③ 고장발생확률: $F(t)=1-R(t)=1-0.961=0.039$

(3) 고장률의 유형

① **초기고장(감소형)**: 제조가 불량하거나 생산과정에서 품질관리가 안 되어서 생기는 고장이다.

㉠ 디버깅(Debugging) 기간: 결함을 찾아내어 고장률을 안정시키는 기간이다.

㉡ 번인(Burn-in) 기간: 장시간 움직여보고 그동안에 고장 난 것을 스크리닝(Screening)하여 제거시키는 기간이다.

② **우발고장(일정형)**: 실제 사용하는 상태에서 발생하는 고장으로 예측할 수 없는 랜덤의 간격으로 생기는 고장이다.

③ **마모고장(증가형)**: 설비 또는 장치가 수명을 다하여 생기는 고장으로, 이 시기의 예방대책은 예방보전(PM)이다.

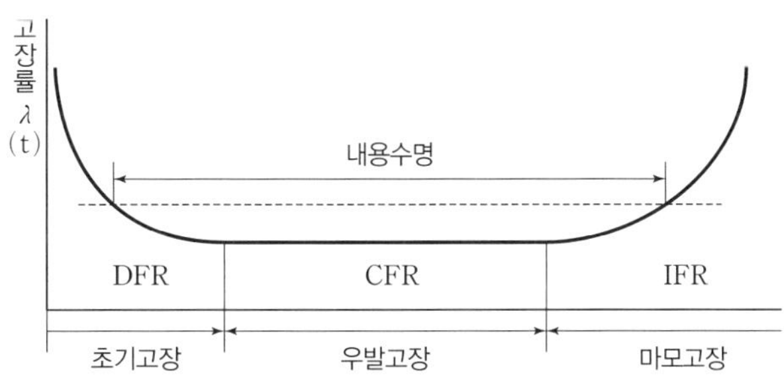

▲ 기계의 고장률(욕조곡선, Bathtub Curve)

(4) Lock System의 종류

Interlock System	기계 설계 시 불안전한 요소에 대하여 통제를 가함
Intralock System	인간의 불안전한 요소에 대하여 통제를 가함
Translock System	Interlock과 Intralock 사이에 두어 불안전한 요소에 대하여 통제를 가함

(5) 시스템 안전관리업무를 수행하기 위한 내용

① 시스템 안전에 필요한 사항의 식별

② 안전활동의 계획, 조직 및 관리

③ 시스템 안전에 대한 목표를 유효하게 실현하기 위한 프로그램의 해석 검토

④ 시스템 안전활동 결과의 평가

(6) 인간에 대한 Monitoring 방식

셀프 모니터링 방법(자기감지)	자극, 고통, 피로, 권태, 이상감각 등의 지각에 의해서 자신의 상태를 알고 행동하는 감시방법
생리학적 모니터링 방법	맥박수, 체온, 호흡 속도, 혈압, 뇌파 등으로 인간 자체의 상태를 생리적으로 모니터링하는 방법
비주얼 모니터링 방법(시각적 감지)	작업자의 태도를 보고 작업자의 상태를 파악하는 방법
반응에 의한 모니터링 방법	자극(청각 또는 시각에 의한 자극)을 가하여 이에 대한 반응을 보고 정상 또는 비정상을 판단하는 방법
환경의 모니터링 방법	간접적인 감시방법으로서 환경조건의 개선으로 인체의 안락과 기분을 좋게 하여 정상작업을 할 수 있도록 만드는 방법

(7) 페일 세이프(Fail-safe) 정의 및 기능면 3단계

① 정의

㉠ 기계나 그 부품에 고장이나 기능불량이 생겨도 항상 안전을 유지하는 구조와 기능이다.

㉡ 인간 또는 기계의 과오나 오작동이 있어도 사고 및 재해가 발생하지 않도록 2중, 3중으로 안전장치를 한 시스템(System)이다.

② Fail-safe의 종류

㉠ 다경로 하중 구조
㉡ 하중 경감 구조
㉢ 교대 구조
㉣ 중복 구조

③ Fail-safe의 기능분류

㉠ Fail Passive: 부품이 고장나면 통상 정지하는 방향으로 이동한다.

㉡ Fail Active: 부품이 고장나면 기계는 경보를 울리며 짧은 시간 동안 운전이 가능하다.

㉢ Fail Operational: 부품에 고장이 있더라도 추후 보수가 있을 때까지 안전한 기능을 유지한다.

④ Fail-safe의 예

㉠ 승강기 정전 시 마그네틱 브레이크가 작동하여 운전을 정지시키는 경우와 정격속도 이상의 주행 시 조속기가 작동하여 긴급 정지시키는 것

㉡ 석유난로가 일정각도 이상 기울어지면 자동적으로 불이 꺼지도록 소화기구를 내장시킨 것

㉢ 한쪽 밸브 고장 시 다른 쪽 브레이크의 압축공기를 배출시켜 급정지시키도록 한 것

(8) 풀 프루프(Fool-proof)

기계장치 설계단계에서 안전화를 도모하는 것으로 근로자가 기계 등의 취급을 잘못해도 사고로 연결되는 일이 없도록 하는 안전기구이다. 즉, 인간과오(Human Error)를 방지하기 위한 것으로 가드, 록(Lock, 잠금) 장치, 오버런 기구 등이 있다.

(9) 리던던시(Redundancy)

시스템 일부에 고장이 나더라도 전체가 고장이 나지 않도록 기능적인 부분을 부가해서 신뢰도를 향상시키는 중복설계로 병렬 리던던시, 대기 리던던시, M out of N 리던던시, 스페어에 의한 교환, Fail-safe 등이 있다.

CHAPTER

03 위험성 감소대책 수립 · 실행

합격 KEYWORD 위험성 감소대책 고려순서, 예방보전, 평균고장간격(MTBF), 평균동작시간(MTTF), 평균수리시간(MTTR)

1 위험성 감소대책 수립 및 실행

1. 위험성 감소대책 실행 2024

각 유해 · 위험요인에 대해 위험성을 결정하고, 결정한 후 허용 가능하지 않은 수준의 위험성을 가진 유해 · 위험요인들에 대해서는 허용 가능한 수준으로 위험성을 낮추는 대책이 필요하다.

(1) 위험성 감소대책의 정의

① 작업장 내 유해 · 위험요인으로 인한 위험성을 허용 가능한 수준으로 낮추기 위해 수립하고 실행하는 일련의 조치를 말한다.

② 위험성 평가 결과를 바탕으로 수립되며, 근로자의 안전과 건강을 보호하는 것을 목적으로 한다.

(2) 위험성 감소대책 고려순서

① 「산업안전보건법령」 등에 규정된 사항이 있는지를 검토하여 법령에 규정된 방법으로 조치

② 위험한 작업을 아예 폐지하거나 기계 · 기구, 물질의 변경 또는 대체를 통해 위험을 본질적으로 제거하는 방안을 우선적으로 고려

③ ①, ②의 방법으로 위험성을 줄이기 어렵다면 인터록, 안전장치, 방호문, 국소배기장치 설치 등 유해 · 위험요인의 유해성이나 위험에의 접근 가능성을 줄이는 공학적 방법 검토

④ ①, ②, ③의 방법들로도 위험이 다 줄어들지 않는다면 작업 매뉴얼을 정비하거나 출입금지 · 작업허가 제도를 도입하고 근로자들에게 주의사항을 교육하는 등 관리적 방법 적용

⑤ 상기 모든 조치들로도 줄이기 어려운 위험에 대해 최후의 방법으로 개인보호구의 사용 검토

2. 설비관리

(1) 중요설비의 분류

설비란 유형고정자산을 총칭하는 것으로 기업 전체의 효율성을 높이기 위해서는 설비를 유효하게 사용하는 것이 중요하다. 설비의 예로는 토지, 건물, 기계, 공구, 비품 등이 있다.

(2) 보전

설비 또는 제품의 고장이나 결함을 회복시키기 위한 수리, 교체 등을 통해 시스템을 사용가능한 상태로 유지시키는 것이다.

① 예방보전(Preventive Maintenance): 설비를 항상 정상, 양호한 상태로 유지하기 위한 정기적인 검사와 초기의 단계에서 성능의 저하나 고장을 제거하든가 조정 또는 수복하기 위한 설비의 보수 활동을 의미한다.

㉠ 시간계획보전: 예정된 시간계획에 의한 보전

㉡ 상태감시보전: 설비의 이상상태를 미리 검출하여 설비의 상태에 따라 보전

㉢ 수명보전(Age-based Maintenance): 부품 등이 예정된 동작시간(수명)에 달하였을 때 행하는 보전

② **일상보전(Routine Maintenance)**: 설비의 열화를 방지하고 그 진행을 지연시켜 수명을 연장하기 위한 보전으로 점검, 청소, 주유 및 교체 등의 활동을 말한다.

③ **사후보전(Breakdown Maintenance)**: 고장이 발생한 이후에 시스템을 원래 상태로 되돌리는 것이다.

3. 설비의 운전 및 유지관리

(1) 교체주기

수명교체	부품고장 시 즉시 교체하고 고장이 발생하지 않을 경우에도 교체주기(수명)에 맞추어 교체하는 방법
일괄교체	부품이 고장나지 않아도 관련부품을 일괄적으로 교체하는 방법으로 교체비용을 줄이기 위해 사용

(2) 청소 및 청결

청소	쓸데없는 것을 버리고 더러워진 것을 깨끗하게 하는 것
청결	청소 후 깨끗한 상태를 유지하는 것

(3) 평균고장간격(MTBF; Mean Time Between Failure)

시스템, 부품 등의 고장 간의 동작시간 평균치이다.

① $\text{MTBF}=\frac{1}{\lambda}$, $\lambda(\text{평균고장률})=\frac{\text{고장건수}}{\text{총가동시간}}$

② $\text{MTBF}=\frac{1}{\lambda_1}+\frac{1}{\lambda_2}+\cdots+\frac{1}{\lambda_n}=\text{평균동작시간(MTTF)}+\text{평균수리시간(MTTR)}$

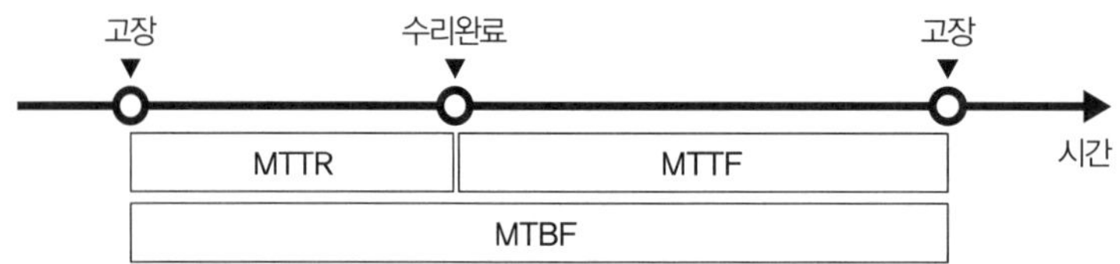

(4) 평균동작시간(MTTF; Mean Time To Failure)

시스템, 부품 등이 고장나기까지 동작시간의 평균치로 평균수명이라고도 한다.

① 직렬계

$$\text{System의 수명}=\frac{\text{MTTF}}{n}=\frac{1}{\lambda}$$

② 병렬계

$$\text{System의 수명}=\text{MTTF}\left(1+\frac{1}{2}+\frac{1}{3}+\cdots+\frac{1}{n}\right)$$

※ 여기서, n: 직렬 또는 병렬계의 요소 수

(5) 평균수리시간(MTTR; Mean Time To Repair)

총 수리시간을 그 기간의 수리횟수로 나눈 시간으로 사후보전에 필요한 수리시간의 평균치를 나타낸다.

$$\text{MTTR}=\frac{1}{U(\text{평균수리율})}=\frac{\text{수리시간합계}}{\text{수리횟수}}[\text{시간}]$$

(6) **가용도(Availability, 이용률)**

일정 기간에 시스템이 고장 없이 가동될 확률이다.

① 가용도(A)=$\frac{MTTF}{MTTF+MTTR}=\frac{MTTF}{MTBF}$

② 가용도(A)=$\frac{\mu}{\lambda+\mu}$(여기서, λ: 평균고장률, μ: 평균수리율)

2 평가 방법별 허용 가능한 위험수준 분석(빈도 · 강도법) 2024

위험성의 빈도(가능성)와 강도(중대성)를 곱셈, 덧셈, 행렬 등의 방법으로 조합하여 위험성의 크기(수준)를 산출하고, 이 위험성의 크기가 허용 가능한 수준인지 여부를 살펴보는 방법이다.

1. 빈도

유해 · 위험요인에 얼마나 자주 노출되는지, 얼마나 오래 노출되는지, 며칠에 한 번 아차사고가 발생하는지 등을 고려하여 숫자로 나타낸 크기이다.

예 빈번하게 발생하는 경우 "3", 가끔 발생하는 경우 "2", 거의 발생 않는 경우 "1" 등

2. 강도

위험한 사고로 인해 누구에게 얼마나 큰 피해가 있었는지를 나타내는 척도이다.

예 사망이나 장애 발생 "3", 휴업이 필요한 경우 "2", 치료가 불필요한 경우 "1" 등

3. 위험성 결정

(1) 빈도와 강도를 곱하거나 더해서 나온 위험성의 크기를 다양한 숫자로 나타낸다.

(2) 사전에 근로자들과 상의하여 준비한 "허용 가능한 위험성의 크기"와 비교한다.

(3) 산출된 유해 · 위험요인의 위험성 크기에 따라 "허용 가능/불가능" 여부를 판단한다.

3 휴먼에러 대책

1. 배타설계(Exclusion Design)

설계 단계에서 사용하는 재료나 기계 작동 메커니즘 등 모든 면에서 휴먼에러 요소를 근원적으로 제거하도록 하는 디자인 원칙이다.

예 유아용 완구의 표면을 칠하는 도료를 위험한 화학물질에서 먹어도 무해한 도료로 대체

2. 보호설계(Preventive Design)

에러를 근원적으로 제거하는데 경제적, 기술적으로 어려운 경우 가능한 에러 발생 확률을 최대한 낮추어 주는 설계를 한다. 즉, 신체적 조건이나 정신적 능력이 낮은 사용자 또는 사용자가 조작실수를 하더라도 사고를 낼 확률을 낮게 설계해 주는 것을 에러 예방 디자인, 혹은 풀-푸르프(Fool-proof) 디자인이라고 한다.

예 아이들이 세제나 약병의 뚜껑을 함부로 열 수 없도록 힘을 아래 방향으로 가해 돌려야 열 수 있도록 병뚜껑을 디자인한다. 자동차 기어가 D에 물려있는 경우 시동을 걸어도 시동이 걸리지 않는다.

3. 이중-안전설계(Fail-safe Design)

안전장치 등의 부착을 통한 디자인 원칙을 페일-세이프(Fail-safe) 디자인이라고 한다. Fail-safe 설계를 위해서는 보통 시스템 설계 시 부품의 병렬체계설계나 대기체계설계와 같은 중복설계를 한다.

합격 보장 꿀팁 병렬체계설계의 특성

① 요소의 어느 하나라도 정상이면 시스템은 정상이다.
② 요소의 중복도가 늘어날수록 시스템의 수명은 늘어난다.
③ 요소의 수가 많을수록 고장의 기회는 줄어든다.
④ 시스템의 수명은 요소 중 수명이 가장 긴 것으로 정해진다.
예) 비행기 각 날개에 엔진이 두 개씩 배치되어 하나가 고장나더라도 비상착륙이 가능하도록 함

CHAPTER

04 근골격계질환 예방관리

합격 KEYWORD 근골격계질환의 정의, 근골격계부담작업의 범위, 유해요인조사

1 근골격계 유해요인

1. 근골격계질환의 정의 안전보건규칙 제656조

반복적인 동작, 부적절한 작업자세, 무리한 힘의 사용, 날카로운 면과의 신체접촉, 진동 및 온도 등의 요인에 의하여 발생하는 건강장해로서 목, 어깨, 허리, 팔·다리의 신경·근육 및 그 주변 신체조직 등에 나타나는 질환을 말한다.

▲ 무리한 힘

+

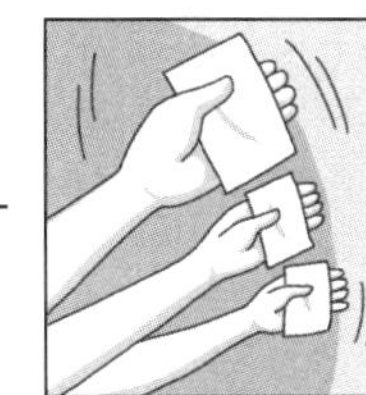
▲ 반복동작

+

▲ 부적절한 자세

+

▲ 휴식부족

=

▲ 근골격계질환

2. 근골격계부담작업의 범위 2024

(1) 단기간 작업과 간헐적인 작업 근골격계부담작업의 범위 및 유해요인조사 방법에 관한 고시 제2조

① 단기간 작업: 2개월 이내에 종료되는 1회성 작업

② 간헐적인 작업: 연간 총 작업일수가 60일을 초과하지 않는 작업

(2) 근골격계부담작업의 범위 근골격계부담작업의 범위 및 유해요인조사 방법에 관한 고시 제3조

근골격계부담작업이란 다음의 어느 하나에 해당하는 작업을 말한다. 다만, 단기간 작업 또는 간헐적인 작업은 제외한다.

① 하루에 4시간 이상 집중적으로 자료입력 등을 위해 키보드 또는 마우스를 조작하는 작업

② 하루에 총 2시간 이상 목, 어깨, 팔꿈치, 손목 또는 손을 사용하여 같은 동작을 반복하는 작업

③ 하루에 총 2시간 이상 머리 위에 손이 있거나, 팔꿈치가 어깨 위에 있거나, 팔꿈치를 몸통으로부터 들거나, 팔꿈치를 몸통 뒤쪽에 위치하도록 하는 상태에서 이루어지는 작업

④ 지지되지 않은 상태이거나 임의로 자세를 바꿀 수 없는 조건에서, 하루에 총 2시간 이상 목이나 허리를 구부리거나 트는 상태에서 이루어지는 작업

⑤ 하루에 총 2시간 이상 쪼그리고 앉거나 무릎을 굽힌 자세에서 이루어지는 작업

⑥ 하루에 총 2시간 이상 지지되지 않은 상태에서 1[kg] 이상의 물건을 한손의 손가락으로 집어 옮기거나, 2[kg] 이상에 상응하는 힘을 가하여 한손의 손가락으로 물건을 쥐는 작업

⑦ 하루에 총 2시간 이상 지지되지 않은 상태에서 4.5[kg] 이상의 물건을 한 손으로 들거나 동일한 힘으로 쥐는 작업

⑧ 하루에 10회 이상 25[kg] 이상의 물체를 드는 작업

⑨ 하루에 25회 이상 10[kg] 이상의 물체를 무릎 아래에서 들거나, 어깨 위에서 들거나, 팔을 뻗은 상태에서 드는 작업

⑩ 하루에 총 2시간 이상, 분당 2회 이상 4.5[kg] 이상의 물체를 드는 작업

⑪ 하루에 총 2시간 이상 시간당 10회 이상 손 또는 무릎을 사용하여 반복적으로 충격을 가하는 작업

2-3 근골격계부담작업의 범위

다음 중 근골격계부담작업의 범위에 속하지 않는 것은?(단, 단기간 작업 또는 간헐적인 작업은 제외)

① 하루에 총 2시간 이상, 분당 2회 이상 4.5[kg] 이상의 물체를 드는 작업
② 하루에 총 2시간 이상 쪼그리고 앉거나 무릎을 굽힌 자세에서 이루어지는 작업
③ 하루에 4시간 이상 집중적으로 자료입력 등을 위해 키보드를 조작하는 작업
④ 하루에 5회 이상 25[kg] 이상의 물체를 드는 작업

해설 하루에 10회 이상 25[kg] 이상의 물체를 드는 작업이 근골격계부담작업에 해당한다.

| 정답 | ④

2 인간공학적 유해요인 평가 2024

1. OWAS(Ovako Working-posture Analysis System)

(1) 평가방법

작업자의 자세를 관찰하여 허리, 팔, 다리, 하중/힘에 해당하는 OWAS 코드를 찾아 AC(Action Level) 판정표에서 점수를 확인한다.

(2) 한계점

작업자세 특성이 정적인 자세에 초점이 맞추어져 있고, 중량물 취급 작업 외에는 작업에 소요되는 힘과 반복성에 대한 위험성이 평가에 반영되지 않는다.

2. RULA(Rapid Upper Limb Assessment)

(1) 평가방법

팔(윗팔 및 아래팔), 손목, 목, 몸통(허리), 다리 부위에 대해 각각의 기준에서 정한 값을 표에서 찾고, 근육의 사용 정도와 사용 빈도를 정해진 표에서 찾아 점수를 더하여 최종점수를 계산한다.

(2) 한계점

팔의 분석에만 초점을 맞추고 있어 전신의 작업자세 분석에는 한계가 있다. 예를 들어, 쪼그려 앉은 작업자세는 분석이 어렵다.

3. REBA(Rapid Entire Body Assessment)

(1) 평가방법

평가방법은 크게 신체부위별로 A(허리, 목, 다리)와 B(윗팔, 아래팔, 손목) 그룹의 자세를 각각 평가한 뒤 도출된 점수에 A 그룹은 무게/힘을 고려한 점수 A를, B 그룹은 손잡이를 고려한 점수 B를 도출한 뒤 점수 A, B를 더한 점수 C를 산출한다. 산출된 점수 C에 행동점수를 고려하여 산출된 최종점수인 REBA 점수를 통해 작업의 위험수준과 조치사항을 결정할 수 있다.

(2) 한계점

RULA의 한계점을 보완한 도구로써, 전신의 작업자세, 작업물이나 공구의 무게도 고려하나 RULA에 비하여 자세분석에 사용된 사례가 부족하다.

2-4 인간공학적 유해요인 평가

근골격계부담작업의 평가방법 중 OWAS에서 고려되는 평가항목으로 가장 적절하지 않은 것은?

① 하중 ② 허리
③ 다리 ④ 손목

해설 OWAS의 평가항목은 허리, 팔, 다리, 하중/힘이다.

| 정답 | ④

2-5 인간공학적 유해요인 평가

유해요인 조사방법에 관한 설명으로 틀린 것은?

① OWAS는 신체부위의 자세뿐만 아니라 중량물의 사용도 고려하여 평가한다.
② REBA는 팔, RULA는 다리자세를 평가하기 위한 방법이다.
③ RULA, OWAS는 자세평가를 주목적으로 한다.
④ NIOSH Lifting Equation은 중량물작업 분석에 이용된다.

해설 REBA는 전신(팔, 다리)자세, RULA는 팔을 평가하기 위한 방법이다.

| 정답 | ②

3 근골격계 유해요인 관리 2024

1. 작업관리의 목적

(1) 인간공학적 작업환경 조성(생산성 증대)
(2) 신체부담 감소를 위한 작업 개선
(3) 방법, 재료, 설비, 공구 등의 표준화
(4) 제품의 품질 균일화
(5) 생산비 절감
(6) 새로운 방법의 작업 지도
(7) 안전성 향상

2. 방법연구(작업방법의 개선)

(1) 정의

작업 중에 포함된 불필요한 동작을 제거하기 위해 작업을 과학적으로 분석하여 필요한 동작만으로 구성된 효과적, 합리적인 작업방법 설계 기법(공정분석, 작업분석, 동작분석)을 말한다.

(2) 절차

① 문제 발견 → ② 현장분석 → ③ 중요도 발견 → ④ 검토 → ⑤ 개선안 수립 및 실시 → ⑥ 결과평가 → ⑦ 표준작업과 표준시간 설정 → ⑧ 표준의 유지

3. 문제해결절차(기본형 5단계)

(1) **1단계**: 연구대상 선정(경제성 기술 및 인간적인 면 고려)

(2) **2단계**: 분석과 기록(차트와 도표 사용)

(3) **3단계**: 자료의 검토(5W1H의 설문방식 도입, 개선의 ECRS)

(4) **4단계**: 개선안의 수립

(5) **5단계**: 개선안의 도입

2-6 근골격계 유해요인 관리

다음 중 작업관리의 내용과 거리가 먼 것은?

① 작업관리는 작업시간을 단축하는 것이 주목적이다.

② 작업관리는 방법연구와 작업측정을 주 영역으로 하는 경영기법의 하나이다.

③ 작업관리는 생산과정에서 인간이 관여하는 작업을 주 연구대상으로 한다.

④ 작업관리는 생산성과 함께 작업자의 안전과 건강을 함께 추구한다.

해설 작업관리는 작업 중에 포함된 불필요한 동작을 제거하기 위해 작업을 과학적으로 분석하여 필요한 동작만으로 구성된 효과적, 합리적인 설계 기법으로 제품의 품질 균일화, 생산비 절감, 안전성 향상 등의 목적이 있으며, 작업시간을 단축하는 것이 주 목적은 아니다.

| 정답 | ①

4. 유해요인조사 안전보건규칙 제657조

사업주는 근로자가 근골격계부담작업을 하는 경우에 3년마다 다음 각 사항에 대한 유해요인조사를 하여야 한다. 다만, 신설되는 사업장의 경우에는 신설일부터 1년 이내에 최초의 유해요인조사를 하여야 한다.

(1) 설비 · 작업공정 · 작업량 · 작업속도 등 작업장 상황

(2) 작업시간 · 작업자세 · 작업방법 등 작업조건

(3) 작업과 관련된 근골격계질환 징후와 증상 유무 등

CHAPTER

05 유해요인 관리

합격 KEYWORD 물리적 유해요인, 화학적 유해요인, 생물학적 유해요인

1 물리적 유해요인 관리 산업안전보건법 시행규칙 별표 18

1. 소음

소음성난청을 유발할 수 있는 85[dB(A)] 이상의 시끄러운 소리

(1) **소음 발생원 대책**: 발생원 저감화, 제거, 차음, 방진, 운전 방법 개선 등

(2) **전파 경로 대책**: 거리 이격, 차폐, 흡음, 지향성 등

(3) **수음자 대책**: 작업 방법의 개선, 보호구 착용 등

2. 진동

착암기, 손망치 등의 공구를 사용함으로써 발생되는 백랍병 · 레이노 현상 · 말초순환장애 등의 국소 진동 및 차량 등을 이용함으로써 발생되는 관절통 · 디스크 · 소화장애 등의 전신 진동

(1) **발생원에서의 진동 감소**: 진동 댐핑, 진동 격리 등

(2) **작업 방법 개선**: 진동 공구의 적절한 유지 보수, 가능한 공구는 낮은 속력에서 작동, 정기휴식 제공, 교육 등

(3) 방진 장갑 등 개인 보호구 착용

3. 방사선

직접 · 간접으로 공기 또는 세포를 전리하는 능력을 가진 알파선 · 베타선 · 감마선 · 엑스선 · 중성자선 등의 전자선

(1) 방사선 노출 시간 단축(피폭량 = 선량률 × 시간)

(2) 방사선원으로부터 가능한 거리는 멀게(거리의 제곱에 반비례)

(3) 차폐 시설 설치 및 개인 보호구 착용

4. 이상기압

게이지 압력이 1[kg/cm^2] 초과 또는 미만인 기압

(1) **고기압에 대한 대책**: 잠함 작업 시 시설 점검, 고압 하의 작업시간 규정 준수 철저 등

(2) **저기압에 대한 대책**: 환기, 산소농도 측정, 보호구 착용, 근로자 건강을 고려한 작업배치 등

5. 이상기온

고열 · 한랭 · 다습으로 인하여 열사병 · 동상 · 피부질환 등을 일으킬 수 있는 기온

(1) 고열장해 예방 및 관리대책

① **발생원에 대한 공학적 대책:** 방열, 환기, 복사열 차단, 냉방 등

② **작업자에 대한 대책:** 적성배치, 고온순화, 작업량 및 작업주기 조절, 물과 소금 공급 등

(2) 저열장해 예방 및 관리대책

① **발생원에 대한 공학적 대책:** 전신 온도 상승, 기류 속도 감소, 난방, 열전도 높은 물질 사용 권고 등

② **작업자에 대한 대책:** 단열의복 착용, 작업량 및 작업시간 조절, 한랭순화 등

2 화학적 유해요인 관리

1. 화학적 유해요인 파악

(1) 화학물질의 분류기준 산업안전보건법 시행규칙 별표 18

① **물리적 위험성 분류기준:** 폭발성 물질, 인화성 가스, 인화성 액체, 인화성 고체 등

② **건강 및 환경 유해성 분류기준:** 급성 독성 물질, 피부 부식성 또는 자극성 물질, 발암성 물질, 생식세포 변이원성 물질 등

(2) 관리대상 유해물질 안전보건규칙 제420조

① 근로자에게 상당한 건강장해를 일으킬 우려가 있어 건강장해를 예방하기 위한 보건상의 조치가 필요한 원재료 · 가스 · 증기 · 분진 · 흄, 미스트

② 유기화합물(123종), 금속류(25종), 산 · 알칼리류(18종), 가스 상태 물질류(15종)

(3) 작업환경관리상 화학적 유해인자의 분류

① 입자상물질(분진, 미스트)

② 가스상물질(가스, 증기)

2. 화학적 유해요인 관리대책 수립

(1) 공학적 대책

① 대체(물질, 공정, 시설 등)　② 격리　③ 밀폐
④ 차단　⑤ 환기(전체환기, 국소배기)

(2) 관리적 대책

① 작업시간 및 휴식시간 조정　② 교대근무　③ 작업전환
④ 교육　⑤ 명칭 등의 게시　⑥ 출입 또는 작업금지

(3) 개인 보호구 착용

3 생물학적 유해요인 관리

1. 생물학적 유해요인 파악 산업안전보건법 시행규칙 별표 18

(1) 혈액매개 감염인자

인간면역결핍바이러스, B형 · C형간염바이러스, 매독바이러스 등 혈액을 매개로 다른 사람에게 전염되어 질병을 유발하는 인자

(2) 공기매개 감염인자

결핵 · 수두 · 홍역 등 공기 또는 비말감염 등을 매개로 호흡기를 통하여 전염되는 인자

(3) 곤충 및 동물매개 감염인자

① 동물의 배설물 등에 의해 전염되는 인자: 쯔쯔가무시증, 렙토스피라증, 유행성출혈열 등

② 가축 또는 야생동물로부터 사람에게 감염되는 인자: 탄저병, 브루셀라병 등

2. 생물학적 유해요인 관리대책 수립

(1) 감염병 예방을 위한 계획수립, 보호구 지급, 예방접종 등

(2) 감염병 예방을 위한 유해성 주지, 감염병의 종류와 원인, 전파 및 감염경로 파악 등

(3) 보안경, 보호마스크, 보호장갑, 보호앞치마 등 개인보호구 지급 및 착용

CHAPTER

06 작업환경 관리

합격 KEYWORD 인체계측자료의 응용원칙, 정량적 표시장치, Phon, Sone, 시각장치와 청각장치의 비교, 조정-반응 비율, 양립성, 신체활동의 에너지 소비, 휴식시간 산정, 부품배치의 원칙, 실효온도, 저온스트레스, 작업별 조도기준, 강렬한 소음작업, 동작경제의 3원칙

1 인체계측 및 체계제어

1. 인체측정(계측) 방법

(1) 구조적 인체치수

① 표준 자세에서 움직이지 않는 피측정자를 인체측정기로 측정한다.

② 설계의 표준이 되는 기초적인 치수를 결정한다.

③ 마틴측정기, 실루엣 사진기

(2) 기능적 인체치수

① 움직이는 몸의 자세로부터 측정한다.

② 사람은 일상생활 중에 항상 몸을 움직이기 때문에 어떤 설계 문제에는 기능적 치수가 더 널리 사용된다.

③ 사이클그래프, 마르티스트로브, 시네필름, VTR

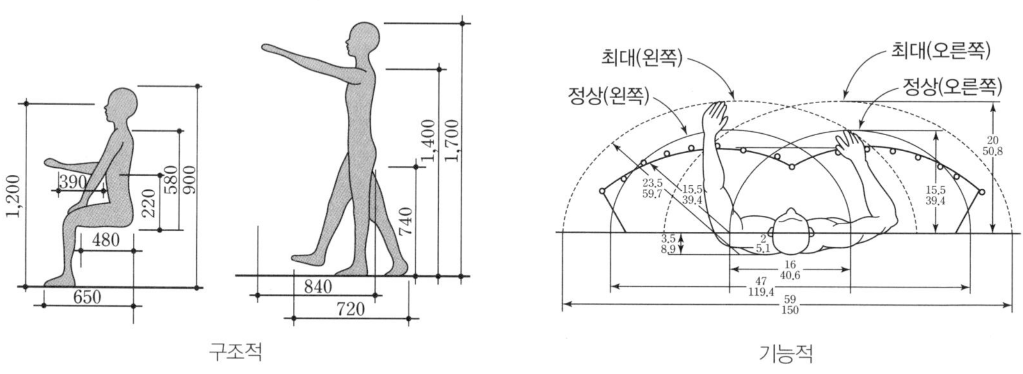

▲ 구조적 인체치수 및 기능적 인체치수 예

2. 인체계측자료의 응용원칙

(1) 극단치 설계

특정한 설비를 설계할 때, 거의 모든 사람을 수용할 수 있도록 설계한다.

① **최소치 설계:** 하위 백분위 수 기준 1, 5, 10[%tile]

예 선반의 높이, 조종장치까지의 거리 등

② **최대치 설계:** 상위 백분위 수 기준 90, 95, 99[%tile]

예 문, 통로, 탈출구 등

(2) 조절식 설계(5~95[%tile])

체격이 다른 여러 사람에 맞도록 조절식으로 만드는 것이다.

예 자동차 좌석의 전후 조절, 사무실 의자의 상하 조절 등

(3) 평균치 설계

최대치수나 최소치수를 기준 또는 조절식으로 설계하기 부적절한 경우, 평균치를 기준으로 설계한다.

예 손님의 평균 신장을 기준으로 만든 은행의 계산대 등

3. 신체반응의 측정

(1) 작업의 종류에 따른 측정

① **정적 근력작업**: 에너지 대사량과 심박수의 상관관계, 시간적 경과, 근전도 등

② **동적 근력작업**: 에너지 대사량과 산소소비량, CO_2 배출량, 호흡량, 심박수, 근전도 등

③ **신경적 작업**: 매회 평균호흡진폭, 맥박수, 피부전기반사(GSR) 등

④ **심적작업**: 플리커값 등

(2) 심장활동의 측정

① **심장주기**: 수축기(약 0.3초), 확장기(약 0.5초)의 주기를 측정한다.

② **심박수**: 분당 심장 주기수를 측정(분당 75회)한다.

③ **심전도(ECG)**: 심장근 수축에 따른 전기적 변화를 피부에 부착한 전극으로 측정한다.

(3) 산소소비량 측정

① 더글러스 백(Douglas Bag)을 사용하여 배기가스를 수집한다.

② 배기가스의 성분을 분석하고 부피를 측정한다.

4. 시각적 표시장치

(1) 눈의 구조

① **각막**: 빛이 통과하는 곳

② **홍채**: 눈으로 들어가는 빛의 양을 조절(카메라 조리개 역할)

③ **모양체**: 수정체의 두께를 조절하는 근육

④ **수정체**: 빛을 굴절시켜 망막에 상이 맺히는 역할(카메라 렌즈 역할)

⑤ **망막**: 상이 맺히는 곳, 감광세포가 존재(카메라 필름 역할)

⑥ **시신경**: 망막으로부터 받은 정보를 뇌로 전달

⑦ **맥락막**: 망막을 둘러싼 검은 막(카메라 어둠상자 역할)

⑧ **황반**: 망막 중 시신경 세포가 밀집된 부위

⑨ **맹점**: 시신경 섬유가 모이는 곳으로 시각 세포가 없음

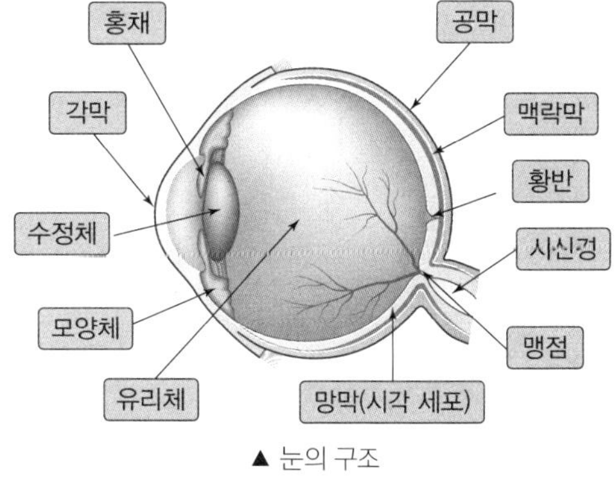

▲ 눈의 구조

(2) 시력

① **디옵터(Diopter)**: 수정체의 초점조절 능력, 초점거리를 [m]로 표시했을 때의 굴절률(단위: [D])

$$\text{렌즈의 굴절률 Diopter[D]} = \frac{1}{\text{[m] 단위의 초점거리}}$$

$$\text{사람의 굴절률} = \frac{1}{0.017} = 59[D]$$

※ 사람의 눈은 수정체의 1.7[cm](0.017[m]) 뒤쪽에 있는 망막에 물체의 초점이 맺히도록 함

② 시각과 시력

㉠ 시각(Visual Angle): 보는 물체에 대한 눈의 대각이다.

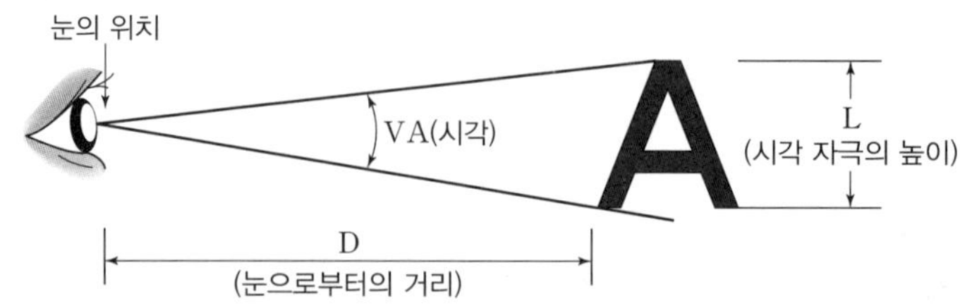

$$시각[분]=\frac{180}{\pi}\times60\times\frac{시각\ 자극의\ 높이(L[mm])}{눈으로부터의\ 거리(D[mm])}=L\times57.3\times\frac{60}{D}$$

㉡ 시력 $=\frac{1}{시각}$

③ 눈의 이상

㉠ 원시: 가까운 물체의 상이 망막 뒤에 맺히는 것으로 멀리 있는 물체는 잘 볼 수 있으나 가까운 물체는 보기 어렵다.

㉡ 근시: 먼 물체의 상이 망막 앞에 맺히는 것으로 가까운 물체는 잘 볼 수 있으나 멀리 있는 물체는 보기 어렵다.

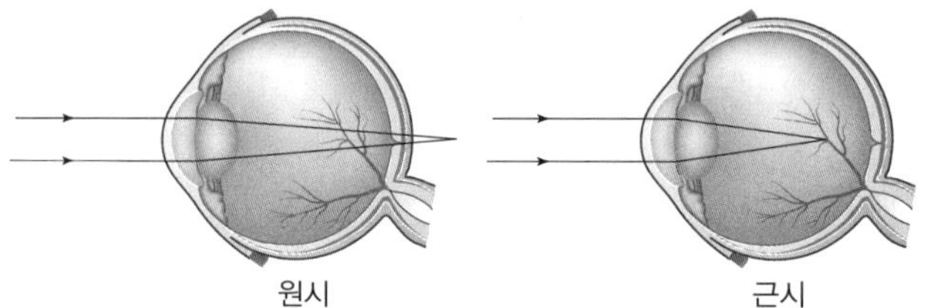

④ 순응(조응)

갑자기 어두운 곳에 들어가면 보이지 않거나 밝은 곳에 갑자기 노출되면 눈이 부시나 시간이 지나면 점차 사물의 형상을 알 수 있는데, 이러한 광도수준에 대한 적응을 순응(Adaption) 또는 조응이라고 한다.

㉠ 암순응(암조응): 우리 눈이 어둠에 적응하는 과정으로 로돕신(Rhodopsin)이 증가하여 간상세포의 감도가 높아진다.(약 30~40분 정도 소요)

㉡ 명순응(명조응): 우리 눈이 밝음에 적응하는 과정으로 로돕신이 감소하여 원추세포가 기능하게 된다.(약 수초 내지 1~2분 소요)

⑤ 푸르키네(퍼킨지) 현상(Purkinje Effect)

조명수준이 감소하면 장파장에 대한 시감도가 감소하는 현상이다. 즉, 밤에는 같은 밝기를 가진 장파장의 적색보다 단파장인 청색이 더 잘 보인다.

⑥ 시성능

인간의 정상적인 시계는 200°이고 그중에서도 색채를 식별할 수 있는 범위는 70°이다. 또한 시성능은 연령에 따라 감퇴되는 특성을 갖고 있기 때문에 젊은이에게 충분한 조명수준이라도 노인에게는 부족할 수 있다. 20세의 시성능을 1.0이라 할 때 40세는 1.17배, 50세는 1.58배, 65세는 2.66배의 조명이 필요하다.

(3) 정량적 표시장치

온도나 속도 같은 동적으로 변하는 변수나 자로 재는 길이 같은 계량치에 관한 정보를 제공하는 데 사용한다.

① 동침형(Moving Pointer): 고정된 눈금상에서 지침이 움직이면서 값을 나타내는 방법으로 지침의 위치가 일종의 인식상의 단서로 작용하는 이점이 있다.

② 동목형(Moving Scale): 동침형과 달리 표시장치의 공간을 적게 차지하는 이점이 있으나, "이동부분의 원칙"과 "동작방향의 운동양립성"을 동시에 만족시킬 수가 없으므로 지침의 빠른 인식을 요구하는 작업에 부적합하다.

③ 계수형(Digital Display): 수치를 정확히 읽어야 하며, 지침의 위치를 추정할 필요가 없는 경우에 적합하다. 수치가 빨리 변하는 경우 판독이 곤란하며 시각피로 유발도가 높다.

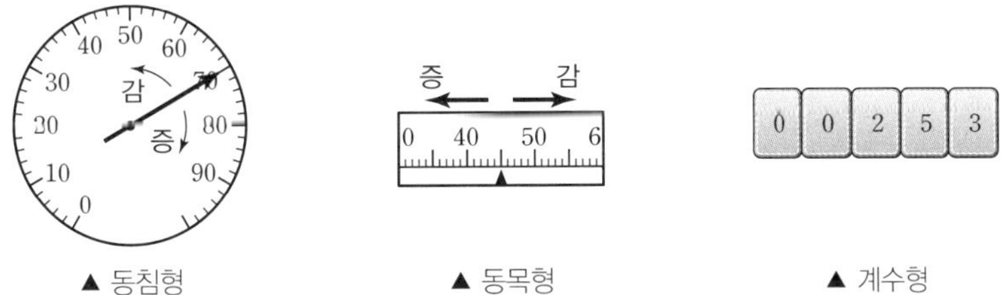

▲ 동침형　　▲ 동목형　　▲ 계수형

(4) **정성적 표시장치**

온도, 압력, 속도와 같이 연속적으로 변하는 변수의 대략적인 값이나 변화추세 또는 현재 상태의 정상 · 비정상 여부 등을 알고자 할 때 사용한다.

합격 보장 꿀팁

① 시각 표시장치의 목적
- ㉠ 정량적 판독: 눈금을 사용하는 경우와 같이 정확한 정량적 값을 얻으려는 경우이다.
- ㉡ 정성적 판독: 기계가 작동되는 상태나 조건 등을 결정하기 위한 것으로 보통 허용범위 이상, 이내, 미만 등과 같이 세 가지 조건에 대하여 사용한다.
- ㉢ 이분적 판독: On-Off와 같이 작업을 확인하거나 상태를 규정하기 위해 사용한다.

② 정량적 자료를 정성적 판독의 근거로 사용하는 경우
- ㉠ 변수의 상태나 조건이 미리 정해놓은 몇 개의 범위 중 어디에 속하는가를 판정할 때
- ㉡ 바람직한 어떤 범위의 값을 대략 유지하고자 할 때(자동차의 시속을 50~60[km]로 유지할 때)
- ㉢ 변화 추세나 변화율을 관찰하고자 할 때(비행고도의 변화율을 볼 때)

(5) **상태표시기**

정성적 계기를 다른 목적으로 사용하지 않고 상태점검용이나 확인용으로만 사용할 경우 이를 상태지시계(상태표시기)라 한다. 가장 대표적인 예가 신호등인데 대개 적색, 황색, 녹색 등으로 코드화한다.

정적(Static) 표시장치	간판, 도표, 그래프, 인쇄물, 필기물 같이 시간에 따라 변하지 않는 것
동적(Dynamic) 표시장치	온도계, 기압계, 속도계, 고도계, 레이더 등 어떤 변수를 조정하거나 맞추는 것을 돕기 위한 것

(6) **신호 및 경보등**

① 광원의 크기, 광도 및 노출시간

광원의 크기가 작으면 시각이 작아지며, 광원의 크기가 작을수록 광속발산도가 커야 한다.

② 색광

㉠ 반응시간이 빠른 순서는 적색 > 녹색 > 황색 > 백색 순이다.

㉡ 가볍고 경쾌한 색에서 느리고 둔한 색의 순서를 나타내면 백색 > 황색 > 녹색 > 등색 > 자색 > 청색 > 흑색이다.

③ 점멸속도

점멸 융합주파수(약 30[Hz])보다 작아야 하며, 주의를 끌기 위해서는 초당 3~10회의 점멸속도에 지속시간은 0.05초 이상이 적당하다.

④ 배경광(불빛)

배경의 불빛이 신호등과 비슷할 경우 신호광 식별이 곤란하며, 배경 잡음의 광이 점멸일 경우 점멸신호등의 기능을 상실한다.

(7) 묘사적 표시장치

① 묘사적 표시장치의 이동표시(예 항공기 표시장치)

배경이 변화하는 상황을 중첩하여 나타내는 표시장치로 효과적인 상황 판단을 위해 사용한다.

② 형태

㉠ 항공기 이동형(외견형): 지평선이 고정되고 항공기가 움직이는 형태

㉡ 지평선 이동형(내견형): 항공기가 고정되고 지평선이 이동되는 형태로 대부분의 항공기의 표시장치가 이에 속함

㉢ 빈도 분리형: 외견형과 내견형의 혼합형

▲ 항공기 이동형

▲ 지평선 이동형

(8) 문자-숫자 표시장치

문자-숫자 체계에서 인간공학적 판단기준은 가시성(Visibility), 식별성(Legibility), 판독성(Readability)이다.

① 획폭비

문자나 숫자의 높이에 대한 획 굵기의 비율이다.

② 종횡비

문자나 숫자의 폭에 대한 높이의 비율이다.

㉠ 문자의 경우 최적 종횡비는 1:1 정도

㉡ 숫자의 경우 최적 종횡비는 3:5 정도

(9) 시각적 암호, 부호, 기호

묘사적 부호	사물이나 행동을 단순하고 정확하게 묘사한 것(예 도로표지판의 보행신호)
추상적 부호	메시지의 기본요소를 도식적으로 압축한 부호로 원래의 개념과는 약간의 유사성이 있음
임의적 부호	부호가 이미 고안되어 사용자가 이를 배워야 하는 것(산업안전표지의 원형 → 금지표지, 사각형 → 안내표지 등)

합격 보장 꿀팁 암호(코드)체계 사용상의 일반적 지침

① 암호의 검출성: 타 신호가 존재하더라도 검출이 가능해야 한다.
② 암호의 변별성: 다른 암호표시와 구분이 되어야 한다.
③ 암호의 표준화: 표준화되어야 한다.
④ 부호의 양립성: 인간의 기대와 모순되지 않아야 한다.
⑤ 부호의 의미: 사용자가 부호의 의미를 알 수 있어야 한다.
⑥ 다차원 암호의 사용: 2가지 이상의 암호를 조합해서 사용하면 정보전달이 촉진된다.

(10) 작업장 내부 및 외부색의 선택

작업장 색채조절은 사람에 대한 감정적 효과, 피로방지 등을 통하여 생산능률 향상에 도움을 주려는 목적과 사고방지를 위한 표식의 명확화 등을 위해 사용한다.

내부	천장은 75[%] 이상의 반사율을 가진 백색, 바닥 색은 광선의 반사를 피해 명도 4~5 정도 유지
외부	벽면은 주변 명도의 2배 이상, 창틀은 명도나 채도를 벽보다 1~2배 높게
기계	녹색(10G 6/2)과 회색을 혼합해서 사용 또는 청록색(7.5BG 6/15) 사용
바닥	추천 반사율은 20~40[%]
색의 심리적 작용	색의 명도, 채도에 따라 사물의 크기, 원근감, 온도감, 경중(輕重)감, 속도감 등을 각각 다르게 느낄 수 있음

5. 청각적 표시장치

(1) 청각과정

① 귀의 구조

㉠ 바깥귀(외이): 소리를 모으는 역할을 한다.

㉡ 가운데귀(중이): 고막의 진동을 속귀로 전달하는 역할을 한다.

㉢ 속귀(내이): 달팽이관에 청세포가 분포되어 있어 소리자극을 청신경으로 전달한다.

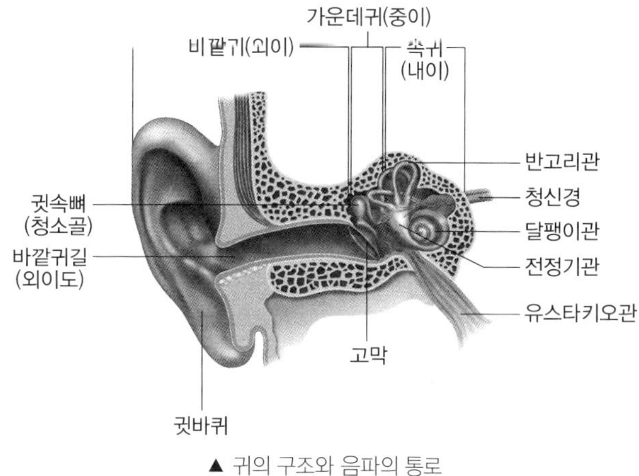

▲ 귀의 구조와 음파의 통로

② 음의 특성 및 측정

㉠ 음파의 진동수(Frequency of Sound Wave)

- 인간이 감지하는 음의 높낮이다.
- 음원의 진동이 주변 공기의 압력을 증가 또는 감소시키는데 1초당 증감 사이클 수를 음의 진동수(주파수)라 하며 [Hz](herz) 또는 CPS[cycle/s]로 표시한다.

㉡ 음의 강도(Sound Intensity)

- 인간이 감지하는 음의 세기(진폭)이다.
- 음의 강도는 단위면적당 동력[W/m^2]으로 정의되는데 그 범위가 매우 넓기 때문에 로그(log)를 사용한다. [B](Bell, 두 음의 강도비의 로그값)을 기본측정 단위로 사용하고 보통은 [dB](Decibel)을 사용한다.(1[dB]=0.1[B])
- 음압수준(SPL, Sound Pressure Level): SPL[dB]=$20\log\frac{P_1}{P_0}$, P_1: 음압, P_0: 기준음압(20[μN/m^2])
- 두 음압 P_1, P_2의 강도차: $\mathrm{SPL}_2-\mathrm{SPL}_1=20\log\frac{P_2}{P_1}$
- 두 거리 d_1, d_2에 따른 음의 변화: $\mathrm{dB}_2=\mathrm{dB}_1-20\log\frac{d_2}{d_1}$

㉢ 소음이 합쳐질 경우 음압수준

$$\mathrm{SPL[dB]}=10\log(10^{\frac{A_1}{10}}+10^{\frac{A_2}{10}}+10^{\frac{A_3}{10}}+\cdots)$$

여기서, A_1, A_2, A_3, …: 각 소음의 음압수준

③ 음량(Loudness)

㉠ Phon 음량수준: 정량적 평가를 위한 음량 수준 척도이다. [phon]으로 표시한 음량 수준은 이 음과 같은 크기로 들리는 1,000[Hz] 순음의 음압수준[dB]이다.

㉡ Sone 음량수준: 다른 음의 상대적인 주관적 크기 비교이다. 40[dB]의 1,000[Hz] 순음 크기(=40[phon])를 1[sone]으로 정의하고, 기준음보다 10배 크게 들리는 음이 있다면 이 음의 음량은 10[sone]이다.

$$[\mathrm{sone}]\text{치}=2^{\frac{[\mathrm{phon}]-40}{10}}$$

④ 은폐(Masking) 효과

음의 한 성분이 다른 성분에 대한 귀의 감수성을 감소시키는 상황으로 피은폐된 한 음의 가청 역치가 다른 은폐된 음 때문에 높아지는 현상을 말한다. 예 사무실의 키보드 소리 때문에 말소리가 묻히는 경우

⑤ 등감곡선(등청감곡선)

음의 물리적 강약은 음압에 따라 변화하지만 사람의 귀로 듣는 음의 감각적 강약은 음압뿐만 아니라 주파수에 따라 변한다. 따라서 같은 크기로 느끼는 순음을 주파수별로 구하여 그래프로 작성한 것을 말한다. 등청감곡선에 따르면 사람의 귀로는 주파수 범위 20~20,000[Hz]의 음압레벨 0~130[dB] 정도를 가청할 수 있고, 이 청감은 4,000[Hz] 주위의 음에서 가장 예민하며 100[Hz] 이하의 저주파음에서는 둔하다.

⑥ 통화이해도

통화이해도란 음성 메시지를 수화자가 얼마나 정확하게 인지할 수 있는가 하는 것이다.

㉠ 통화이해도(Speech Intelligibility) 시험: 통화의 이해도를 측정하는 가장 간단한 방법은 실제로 말을 들려주고 이를 복창하게 하거나 물어보는 것이다. 측정에 소요되는 시간과 노력을 고려해 볼 때 통신 시스템이나 잡음의 영향을 평가하는 데는 실용적이지 못하다.

㉡ 명료도 지수(Articulation Index): 명료도 지수란 각 옥타브(Octave)대의 음성과 잡음의 [dB]값에 가중치를 주어 그 합계를 구하는 것이다. 통화이해도를 추정하기 위해 사용된다.

㉢ 이해도 점수(Intelligibility Score): 수화자가 통화내용을 얼마나 알아들었는가의 비율[%]이다. 명료도 지수는 직접적으로 이해도를 나타내지는 않지만 여러 종류의 통화 자료의 이해도 추산치로 전환하여 사용될 수 있다.

㉣ 통화 간섭 수준(SIL; Speech Interference Level): 통화 간섭 수준이란 잡음이 통화이해도에 미치는 영향을 추정하는 하나의 지수이다. 잡음의 주파수별 분포가 평평할 경우 유용한 지표로서 500[Hz], 1,000[Hz], 2,000[Hz]에 중심을 둔 3옥타브 잡음 [dB] 수준의 평균치이다.

㉤ 소음 기준(NC; Noise Criteria) 곡선: 사무실, 회의실, 공장 등에서의 통화를 평가할 때 사용하는 것이 소음 기준이다. 어떤 주어진 통화 환경에서 배경 소음 수준을 각 옥타브별로 측정하고 그래프를 중첩시켜 보았을 때 가장 높은 값을 갖는 N값이 소음 기준치이다.

(2) 청각적 표시장치의 선택

① 시각장치와 청각장치의 비교

시각장치 사용이 유리한 경우	청각장치 사용이 유리한 경우
㉠ 메시지가 복잡한 경우 ㉡ 메시지가 긴 경우 ㉢ 메시지가 후에 재참조되는 경우 ㉣ 메시지가 공간적인 위치를 다루는 경우 ㉤ 메시지가 즉각적인 행동을 요구하지 않는 경우 ㉥ 수신자의 청각 계통이 과부하 상태인 경우 ㉦ 수신 장소가 너무 소란스러운 경우 ㉧ 직무상 수신자가 한 곳에 머무르는 경우	㉠ 메시지가 간단한 경우 ㉡ 메시지가 짧은 경우 ㉢ 메시지가 후에 재참조되지 않는 경우 ㉣ 메시지가 시간적인 사건을 다루는 경우 ㉤ 메시지가 즉각적인 행동을 요구하는 경우 ㉥ 수신자의 시각 계통이 과부하 상태인 경우 ㉦ 수신장소가 너무 밝거나 암순응이 요구될 경우 ㉧ 직무상 수신자가 자주 움직이는 경우

② 경계 및 경보신호 선택 시 지침

㉠ 귀는 중음역에 가장 민감하므로 500~3,000[Hz]를 사용한다.

㉡ 300[m] 이상 장거리용 신호에는 1,000[Hz] 이하의 진동수를 사용한다.

㉢ 칸막이를 돌아가는 신호는 500[Hz] 이하의 진동수를 사용한다.

㉣ 배경소음과 다른 진동수를 갖는 신호를 사용하고, 신호는 최소 0.5~1초 지속한다.

㉤ 주의를 끌기 위해서는 변조된 신호를 사용한다.

㉥ 경보효과를 높이기 위해서는 개시시간이 짧은 고강도의 신호를 사용한다.

6. 촉각 및 후각적 표시장치

(1) 피부감각

통각	아픔을 느끼는 감각
압각	압박이나 충격이 피부에 주어질 때 느끼는 감각
감각점의 분포량 순서	① 통점 → ② 압점 → ③ 냉점 → ④ 온점

(2) 조정장치의 촉각적 암호화

① 표면촉감을 사용하는 경우

② 형상을 구별하는 경우

③ 크기를 구별하는 경우

※ 조정장치(제어장치)의 암호화 방법(코드화): 형상, 크기, 색채, 촉감, 위치, 레벨, 조작방법

(3) 동적인 촉각적 표시장치

기계적 진동 (Mechanical Vibration)	① 진동기를 사용하여 피부에 전달 ② 진동장치의 위치, 주파수, 세기, 지속시간 등 물리적 매개변수
전기적 임펄스 (Electrical Impulse)	① 전류자극을 사용하여 피부에 전달 ② 전극위치, 펄스속도, 지속시간, 강도 등

(4) 후각적 표시장치

후각은 사람의 감각기관 중 가장 예민하고 빨리 피로해지기 쉬운 기관으로 사람마다 개인차가 심하다. 코가 막히면 감도도 떨어지고 냄새에 순응하는 속도가 빠르다.

(5) 웨버(Weber)의 법칙

특정 감각의 변화감지역(ΔI)은 사용되는 표준자극의 크기(I)에 비례한다.

웨버비 $= \dfrac{\Delta I}{I}$

여기서, I: 표준자극크기

ΔI: 변화감지역

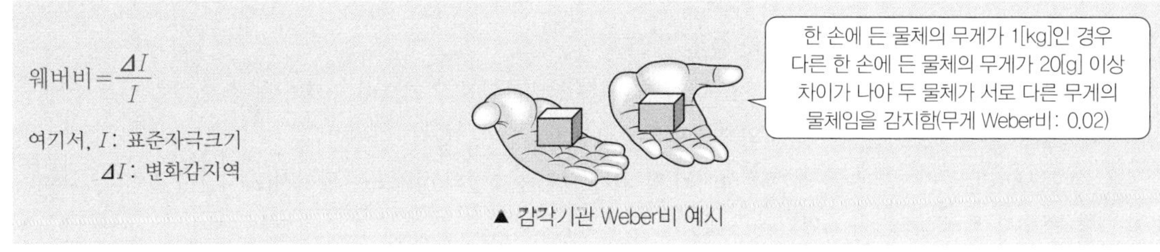

한 손에 든 물체의 무게가 1[kg]인 경우
다른 한 손에 든 물체의 무게가 20[g] 이상
차이가 나야 두 물체가 서로 다른 무게의
물체임을 감지함(무게 Weber비 : 0.02)

▲ 감각기관 Weber비 예시

① 감각기관의 웨버(Weber)비

㉠ 웨버(Weber)비가 작을수록 인간의 분별력이 좋아진다.

㉡ 감각별 웨버(Weber)비

감각	시각	청각	무게	후각	미각
Weber비	$\frac{1}{60}$	$\frac{1}{10}$	$\frac{1}{50}$	$\frac{1}{4}$	$\frac{1}{3}$

② 인간의 감각기관의 자극에 대한 반응속도

청각(0.17초) > 촉각(0.18초) > 시각(0.20초) > 미각(0.29초) > 통각(0.70초)

7. 제어장치의 종류

(1) 개폐에 의한 제어(On-Off 제어)

$\frac{C}{D}$비로 동작을 제어하는 제어장치이다.

예 누름단추(Push Button), 발(Foot) 푸시, 토글 스위치(Toggle Switch), 로터리 스위치(Rotary Switch)

(2) 양의 조절에 의한 통제

연료량, 전기량 등으로 양을 조절하는 통제장치이다.

예 노브(Knob), 핸들(Hand Wheel), 페달(Pedal), 크랭크

(3) 반응에 의한 통제

계기, 신호, 감각에 의하여 통제 또는 자동경보 시스템이다.

8. 조정-반응 비율(통제비, $\frac{C}{D}$비, $\frac{C}{R}$비, Control Display Ratio, Control Response Ratio)

(1) 통제표시비(선형조정장치)

$$\frac{X}{Y}=\frac{C}{R}=\frac{\text{통제기기의 변위량}}{\text{표시계기지침의 변위량}}$$

(2) 조종구의 통제비

$$\frac{C}{R}=\frac{\left(\frac{a}{360}\right)\times 2\pi L}{\text{표시계기지침의 이동거리}}$$

여기서, a: 조종장치가 움직인 각도

L: 반경(조이스틱의 길이)

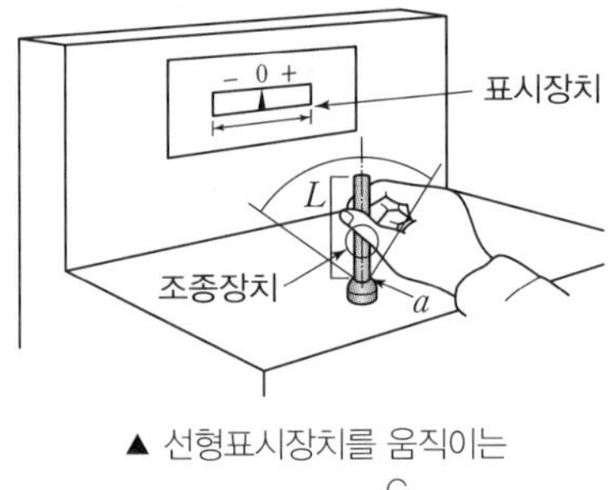

▲ 선형표시장치를 움직이는 조정구에서의 $\frac{C}{R}$비

(3) 통제표시비의 설계 시 고려해야 할 요소

① 계기의 크기: 조절시간이 짧게 소요되는 사이즈를 선택하되 너무 작으면 오차가 클 수 있다.

② 공차: 짧은 주행시간 내에 공차의 인정범위를 초과하지 않는 계기를 마련한다.

③ 목시거리: 목시거리(눈과 계기표 사이의 거리)가 길수록 조절의 정확도는 떨어지고 시간이 걸린다.

④ 조작시간: 조작시간이 지연되면 통제비가 크게 작용한다.

⑤ 방향성: 계기의 방향성은 안전과 능률에 영향을 미친다.

(4) 통제비의 3요소

① 시각감지시간 ② 조절시간 ③ 통제기기의 주행시간

(5) 최적 $\frac{C}{R}$비

① $\frac{C}{R}$비가 증가함에 따라 조정시간은 급격히 감소하다가 안정되며, 이동시간은 이와 반대가 된다.

② $\frac{C}{R}$비가 작을수록 이동시간이 짧고 조정이 어려워 조정장치가 민감하다.

(6) 사정효과(Range Effect)

① 인간의 위치 동작에 있어 눈으로 보지 않고 손을 수평면상에서 움직이는 경우 짧은 거리는 지나치고 긴 거리는 못 미치는 경향을 말한다.

② 조작자는 작은 오차에는 과잉반응, 큰 오차에는 과소반응을 한다.

9. 양립성(Compatibility)

안전을 근원적으로 확보하기 위한 전략으로서 외부의 자극과 인간의 기대가 서로 모순되지 않아야 하는 것이고 제어장치와 표시장치 사이의 연관성이 인간의 예상과 어느 정도 일치하는가 여부이다.

(1) 공간적 양립성

어떤 사물들, 특히 표시장치나 조정장치의 물리적 형태나 공간적인 배치의 양립성을 말한다.

(2) 운동적 양립성

표시장치, 조정장치, 체계반응 등의 운동방향의 양립성을 말한다.

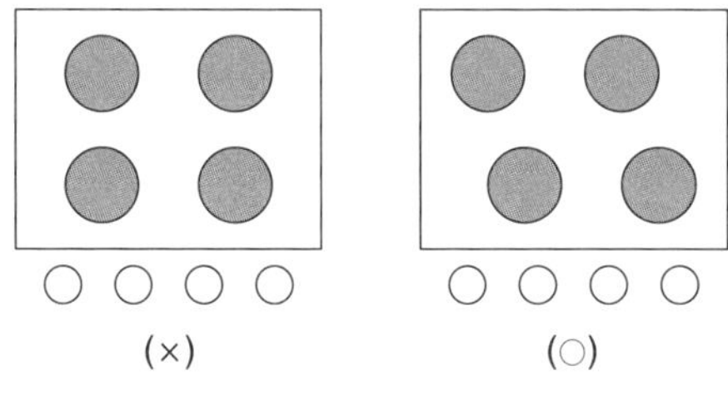

▲ 공간적 양립성에 따른 설계 예

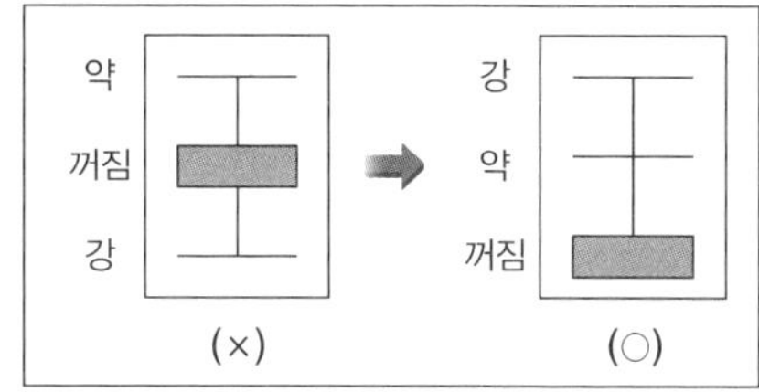

▲ 운동적 양립성에 따른 설계 예

(3) 개념적 양립성

외부로부터의 자극에 대해 인간이 가지고 있는 개념적 연상의 일관성을 말하는데, 예를 들어 파란색 수도꼭지와 빨간색 수도꼭지가 있는 경우 빨간색 수도꼭지를 보고 따뜻한 물이라고 연상하는 것을 말한다.

(4) 양식 양립성

언어 또는 문화적 관습이나 특정 신호에 따라 적합하게 반응하는 것을 말하는데, 예를 들어 한국어로 질문하면 한국어로 대답하거나, 기계가 특정 음성에 대해 정해진 반응을 하는 것을 말한다.

▲ 개념적 양립성이 적용된 정수기 출수 레버

10. 수공구와 장치 설계의 원리

(1) 손목을 곧게 유지한다.

(2) 조직의 압축응력을 피한다.

(3) 반복적인 손가락 움직임을 피한다.(모든 손가락 사용)

(4) 안전작동을 고려하여 설계한다.

(5) 손잡이는 손바닥의 접촉면적이 크도록 설계한다.

2 신체활동의 생리학적 측정방법

1. 신체반응의 측정

(1) 근전도(EMG; Electromyogram)

근육활동의 전위차를 기록한 것으로 심장근의 근전도를 특히 심전도(ECG; Electrocardiogram)라 한다.(정신활동의 부담을 측정하는 방법이 아님)

(2) 피부전기반사(GSR; Galvanic Skin Reflex)

작업부하의 정신적 부담도가 피로와 함께 증대하는 양상을 전기저항의 변화에서 측정하는 것이다.

(3) 플리커값(Flicker Frequency of Fusion Light)

뇌의 피로 정도를 빛의 성질을 이용하여 측정하는 것이다. 빛의 단락(On-off) 주파수를 차츰 높이면 깜박거림이 없어지고 빛이 지속적으로 켜진 것처럼 보이는데, 일반적으로 피로도가 높을수록 낮은 주파수에서 빛이 지속적으로 켜진 것처럼 보인다.

2. 신체역학

인간은 근육, 뼈, 신경, 에너지 대사 등을 바탕으로 물리적인 활동을 수행하게 되는데 이러한 활동에 대하여 생리적 조건과 역학적 특성을 고려한 접근방법이다.

> **합격 보장 꿀팁**
>
> 뼈의 주요기능: 인체의 지주, 장기의 보호, 골수의 조혈기능 등

(1) 신체부위의 운동

① 팔(어깨관절), 다리(고관절)

㉠ 외전(벌림)(Abduction): 몸의 중심선으로부터 멀리 떨어지게 하는 동작 예 좌우로 나란히

㉡ 내전(모음)(Adduction): 몸의 중심선으로의 이동 예 차렷 자세

② 팔(팔꿈치관절), 다리(무릎관절)

㉠ 굴곡(굽힘)(Flexion): 관절이 만드는 각도가 감소하는 동작 예 팔꿈치 굽히기

㉡ 신전(폄)(Extension): 관절이 만드는 각도가 증가하는 동작 예 팔꿈치 펴기

(2) 근력 및 지구력

① 근력: 근육이 낼 수 있는 최대 힘으로 정적 조건에서 힘을 낼 수 있는 근육의 능력이다.

② 지구력: 근육을 사용하여 특정한 힘을 유지할 수 있는 시간이다.

3. 신체활동의 에너지 소비

(1) 에너지 대사율(RMR; Relative Metabolic Rate)

$$RMR = \frac{\text{작업대사량}}{\text{기초대사량}} = \frac{\text{작업 시 소비에너지} - \text{안정 시 소비에너지}}{\text{기초대사 시 소비에너지}}$$

(2) 에너지 대사율(RMR)에 의한 작업강도

① 경작업(經作業): 0~2

② 중(보통)작업(中作業): 2~4

③ 중(무거운)작업(重作業): 4~7

④ 초중작업(超重作業): 7 이상

(3) 휴식시간 산정

$$R[\text{min}]=\frac{60(E-5)}{E-1.5}\text{(60분 기준)}$$

여기서, E: 작업의 평균 에너지소비량[kcal/min], 에너지 값의 상한: 5[kcal/min]

(4) 에너지 소비량에 영향을 미치는 인자

① **작업방법**: 특정 작업에서의 에너지 소비는 작업의 수행방법에 따라 달라진다.

② **작업자세**: 손과 무릎을 바닥에 댄 자세와 쪼그려 앉는 자세가 다른 자세에 비해 에너지 소비량이 적은 등 에너지 소비량은 자세에 따라 달라진다.

③ **작업속도**: 적절한 작업속도에서는 별다른 생리적 부담이 없으나 작업속도가 빠른 경우 작업부하가 증가하기 때문에 생리적 스트레스도 증가한다.

④ **도구설계**: 도구가 얼마나 작업에 적절하게 설계되었느냐가 작업의 효율을 결정한다.

3 작업공간 및 작업자세

1. 부품배치의 원칙

중요성의 원칙	부품의 작동성능이 목표달성에 중요한 정도에 따라 우선순위를 결정
사용빈도의 원칙	부품이 사용되는 빈도에 따른 우선순위를 결정
기능별 배치의 원칙	기능적으로 관련된 부품을 모아서 배치
사용순서의 원칙	사용순서에 맞게 순차적으로 부품들을 배치

2. 개별 작업공간 설계지침

(1) **설계지침**

① 주된 시각적 임무

② 주 시각임무와 상호 교환되는 주 조정장치

③ 조정장치와 표시장치 간의 관계(양립성)

④ 사용순서에 따른 부품의 배치(사용순서의 원칙)

⑤ 자주 사용되는 부품을 편리한 위치에 배치(사용빈도의 원칙)

⑥ 체계 내 또는 다른 체계와의 일관성 있는 배치

⑦ 팔꿈치 높이에 따라 작업면의 높이 결정

⑧ 과업수행에 따라 작업면의 높이 조정

⑨ 높이 조절이 가능한 의자 제공

⑩ 서 있는 작업자를 위해 바닥에 피로예방 매트 사용

⑪ 정상 작업영역 안에 공구 및 재료 배치

(2) 작업공간

① 작업공간 포락면(Envelope): 한 장소에 앉아서 수행하는 작업활동에서 사람이 작업하는 데 사용하는 공간으로 작업에 특성에 따라 포락면이 변경될 수 있다.

② 파악한계(Grasping Reach): 앉은 작업자가 특정한 수작업을 편히 수행할 수 있는 공간의 외곽한계이다.

③ 특수작업역: 특정 공간에서 작업하는 구역이다.

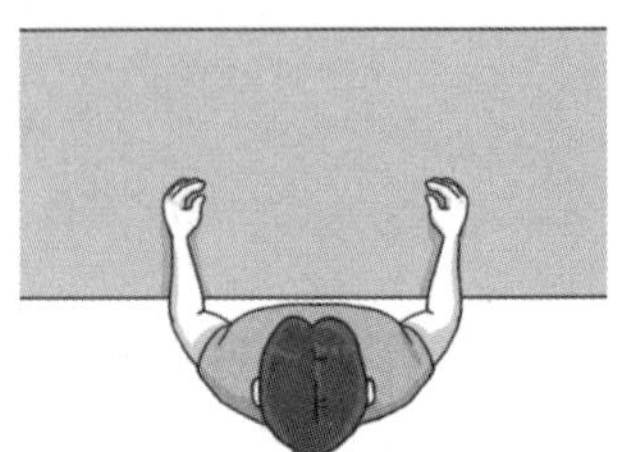
▲ 정상 작업영역

(3) 수평작업대의 정상 작업영역과 최대 작업영역

① 정상 작업영역: 위팔(상완)을 자연스럽게 수직으로 늘어뜨린 채, 아래팔(전완)만으로 편하게 뻗어 파악할 수 있는 구역(34~45[cm])이다.

② 최대 작업영역: 아래팔(전완)과 위팔(상완)을 곧게 펴서 파악할 수 있는 구역(55~65[cm])이다.

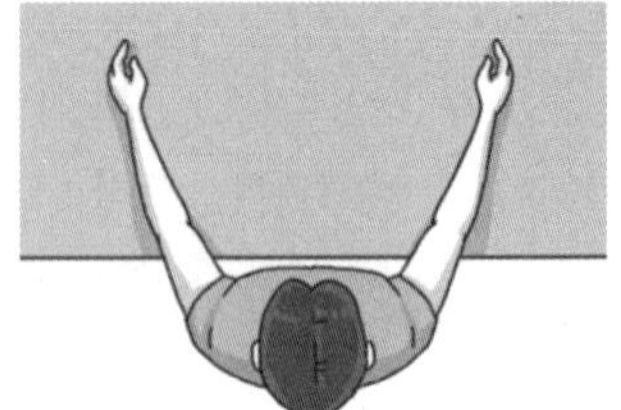
▲ 최대 작업영역

(4) 작업대 높이

① 최적높이 설계지침: 작업대의 높이는 상완을 자연스럽게 수직으로 늘어뜨리고 전완은 수평 또는 약간 아래로 편안하게 유지할 수 있는 수준이다.

② 착석식(의자식) 작업대 높이

㉠ 의자의 높이를 조절할 수 있도록 설계하는 것이 바람직하다.

㉡ 섬세한 작업은 작업대를 약간 높게, 거친 작업은 작업대를 약간 낮게 설계한다.

㉢ 작업면 하부 여유공간은 대퇴부가 가장 큰 사람이 자유롭게 움직일 수 있을 정도로 설계한다.

③ 입식 작업대 높이(팔꿈치 높이 기준)

㉠ 정밀작업: 팔꿈치 높이보다 5~10[cm] 높게 설계

㉡ 일반작업: 팔꿈치 높이보다 5~10[cm] 낮게 설계

㉢ 힘든작업(重작업): 팔꿈치 높이보다 10~20[cm] 낮게 설계

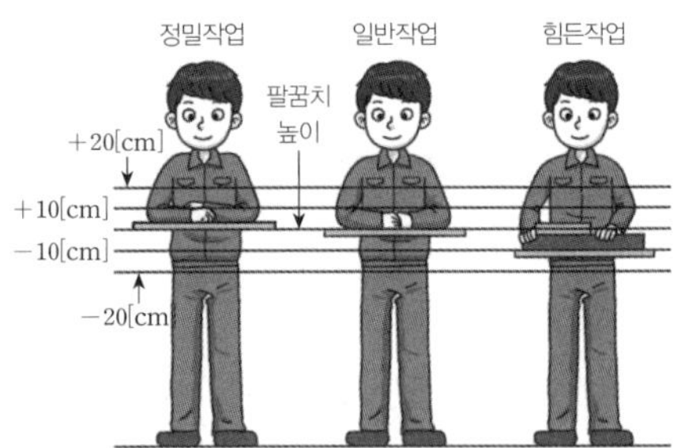

▲ 팔꿈치 높이와 작업대 높이의 관계

3. 의자설계 원칙

(1) 등받이는 요추 전만(앞으로 굽힘)자세를 유지하며, 추간판의 압력 및 등근육의 정적부하를 감소시킬 수 있도록 설계한다.

(2) 의자 좌판의 높이는 좌판 앞부분이 무릎 높이보다 높지 않게(치수는 5[%tile] 되는 사람까지 수용할 수 있게) 설계한다.

(3) 의자 좌판의 깊이와 폭은 작업자의 등이 등받이에 닿을 수 있도록 설계하며 골반 너비보다 넓게 설계한다.

(4) 몸통의 안정은 체중이 골반뼈에 실려야 몸통안정이 쉬워진다.

(5) 고정된 자세가 장시간 유지되지 않도록 설계한다.

▲ 신체치수와 작업대 및 의자높이의 관계

▲ 인간공학적 좌식 작업환경

4 작업측정 2024

1. 작업측정의 목적과 기법

(1) **작업측정 정의:** 제품과 서비스를 생산하는 작업 시스템을 과학적으로 계획 · 관리하기 위해 그 활동에 소요되는 시간과 자원을 측정 또는 추정하는 것을 말한다.

(2) **목적**

① 표준시간의 설정　　② 유휴시간의 제거　　③ 작업성과의 측정

(3) **작업측정 기법**

① 직접측정법: 시간연구법(스톱워치법, 촬영법, VTR 분석법, 컴퓨터 분석법 등), 워크샘플링법

② 간접측정법: 표준자료법, PTS(Predetermined Time Standards)법

2. 표준시간 및 연구

(1) **표준시간의 계산**

$$\text{표준시간(ST)} = \text{정미시간(NT)} + \text{여유시간(AT)}$$

① 정미시간(NT; Normal Time): 정상시간이라고도 하며, 매회 또는 일정한 주기로 발생하는 작업요소의 수행시간

② 여유시간(AT; Allowance Time): 작업자의 생리적 원인 내지 피로 등에 의한 작업지연이나 기계고장, 가공재료의 부족 등으로 작업을 중단할 경우, 이로 인한 소요시간을 정미시간에 더하는 형식으로 보상하는 시간 값

(2) **외경법**: 정미시간에 대한 비율을 여유율로 사용한다.

① $\text{여유율(A)}=\dfrac{\text{여유시간의 총계}}{\text{정미시간의 총계}}\times 100$

② $\text{표준시간(ST)}=\text{정미시간}\times(1+\text{여유율})$

(3) **내경법**: 근무시간에 대한 비율을 여유율로 사용한다.

① $\text{여유율(A)}=\dfrac{\text{여유시간}}{\text{실동시간}}\times 100=\dfrac{\text{여유시간}}{\text{정미시간}+\text{여유시간}}\times 100$

② $\text{표준시간(ST)}=\text{정미시간}\times\left(\dfrac{1}{1-\text{여유율}}\right)$

3. 워크샘플링

(1) **정의**: 관측 대상을 무작위로 선정한 시점에서 작업자나 기계의 가동상태를 순간적으로 눈으로 관측하여 그 상황을 비율로 추정(이항분포)하는 방법이다.(확률의 법칙)

(2) **목적**

① 여유율 산정　　② 가동률 산정　　③ 표준시간의 산정

④ 업무개선　　⑤ 정원설정 등

(3) **장 · 단점:** 한 평가자가 동시에 여러 작업을 측정할 수 있는 등 측정방법이 간단하고 별도의 측정 장치가 필요 없으나, 시간연구법보다 부정확하고 짧은 주기나 반복 작업인 경우에는 적절하지 않다.

2-7 워크샘플링

일반적인 시간연구방법과 비교한 워크샘플링 방법의 장점이 아닌 것은?

① 분석자에 의해 소비되는 총 작업시간이 훨씬 적은 편이다.
② 특별한 시간 측정 장비가 별도로 필요하지 않는 간단한 방법이다.
③ 관측항목의 분류가 자유로워 작업현황을 세밀히 관찰할 수 있다.
④ 한 사람의 평가자가 동시에 여러 작업을 측정할 수 있다.

해설 관측항목의 분류가 자유로워 작업현황을 세밀히 관찰할 수 있는 것은 시간연구방법의 장점이다.

| 정답 | ③

---

4. 표준자료법

(1) **정의:** 시간연구법 또는 PTS법 등 과거에 측정된 기록을 검토, 가공한 뒤 요소별 표준자료들을 다중회귀분석법을 이용하여 표준시간 산출하는 방법으로 합성법(Synthetic Method)이라고도 한다.

(2) **단점:** 표준시간의 정도가 떨어지며, 계측을 하지 않기 때문에 작업개선의 기회나 의욕이 상실되고, 초기비용이 큰 단점과 함께 작업조건이 불안정하거나 표준화가 어려운 경우에는 표준자료 설정이 곤란하다.

2-8 표준자료법

표준자료법의 특징으로 옳은 것은?

① 레이팅(Rating)이 필요하다.
② 표준시간의 정도가 뛰어나다.
③ 직접적인 표준자료 구축 비용이 크다.
④ 작업방법의 변경 시 표준시간을 설정할 수 있다.

해설 표준자료법의 경우, 표준자료 작성의 초기비용이 크기 때문에 생산량이 적거나 제품이 큰 경우 부적합하다.

| 정답 | ③

---

5. PTS법(Predetermined Time Standards)

(1) **정의**

① 기정시간표준법이라고도 하며, 기본동작 요소(Therblig)와 같은 요소동작이나 또는 운동에 대해 미리 정해 놓은 일정한 표준요소 시간 값을 나타낸 표를 적용하여 각 작업을 수행하는 데 소요되는 시간 값을 합성하여 산출하는 방법이다.
② 기본원리(PTS법의 가정)로써 언제, 어디서든 동작의 변동요인이 같으면 소요시간은 기준시간 값과 동일하다.

(2) **장점**

① 표준시간 설정과정에 있어서 현재 방법보다 합리적인 개선이 가능하다.
② 정확한 원가의 견적이 용이하다.
③ 작업방법만 알고 있으면 그 작업을 행하기 전 표준시간을 예측할 수 있다.
④ 라인밸런싱의 고도화가 가능하다.

(3) 단점

① 수작업에만 적용이 가능하다.

② 분석에 많은 시간이 소요된다.

③ 도입초기에 전문가의 자문 또는 적용을 위한 교육 · 훈련비용이 크다.

④ 여러 종류의 PTS기법 중 회사 실정에 맞는 기법 선정이 용이하지 않아 소율이 필요하다.

(4) WF법(Work Factor System)

① 시간단위

㉠ Detailed WF(DWF): 1[WFU](Work Factor Unit) = 0.0001분(1/10,000분)

㉡ Ready WF(RWF): 1[RU](Ready WF Unit) = 0.001분(1/1,000분)

② 8가지 표준요소

㉠ 동작–이동(T) ㉡ 쥐기(Gr) ㉢ 미리놓기(PP) ㉣ 조립(Asy)

㉤ 사용(US) ㉥ 분해(Dsy) ㉦ 내려놓기(RI) ㉧ 해석(MP)

(5) MTM법(Method Time Measurement)

① 1[TMU](Time Measurement Unit) = 0.00001시간 = 0.0006분 = 0.036초

② 기본동작

㉠ 손을 뻗음(R) ㉡ 운반(M) ㉢ 회전(T) ㉣ 누름(AP)

㉤ 쥐기(G) ㉥ 위치(P) ㉦ 놓음(RL) ㉧ 떼어놓음(D)

㉨ 크랭크(K) ㉩ 눈의 이동(ET) ㉪ 눈의 초점 맞추기(EF)

2-9 PTS법

다음 중 PTS법의 장점이 아닌 것은?

① 직접 작업자를 대상으로 작업시간을 측정하지 않아도 된다.

② 쉽게 적용 가능하도록 표준화되어 있어 전문가의 조언이 거의 필요하지 않다.

③ 표준시간의 설정에 논란이 되는 Rating의 필요가 없어 표준시간의 일관성과 정확성이 높아진다.

④ 실제 생산현장을 보지 않고도 작업대의 배치와 작업방법을 알면 표준시간의 산출이 가능하다.

해설 PTS법의 도입 초기에는 전문가의 자문이 필요하고, 교육, 훈련비용이 크다.

| 정답 | ②

2-10 PTS법

다음 중 5[TMU](Time Measurement Unit)를 초단위로 환산하면 몇 초인가?

① 1.8초 ② 0.18초 ③ 0.036초 ④ 0.00036초

해설 1[TMU]=0.00001시간=0.0006분=0.036초이므로 5[TMU]=0.036×5=0.18초이다.

| 정답 | ②

5 작업환경과 인간공학

1. 반사율과 휘광

(1) 반사율[%]

반사광의 에너지와 입사광의 에너지의 비율이다.

$$\text{반사율}[\%]=\frac{\text{광도}[fL]}{\text{조도}[fC]}\times 100=\frac{[\text{cd/m}^2]\times\pi}{[\text{lux}]}\times 100=\frac{\text{광속 발산도}}{\text{소요조명}}\times 100$$

합격 보장 꿀팁 **옥내 추천 반사율**

① 천장: 80~90[%]
② 벽: 40~60[%]
③ 가구: 25~45[%]
④ 바닥: 20~40[%]
※ 천장과 바닥 반사비율은 최소한 3:1 이상 유지해야 한다.

(2) 휘광(Glare, 눈부심)

시야 내 어떤 광도로 인하여 불쾌감, 고통, 눈의 피로 또는 시력의 일시적인 감퇴를 초래하는 현상이다.

① 휘광의 발생원인
- ㉠ 눈에 들어오는 광속이 너무 많을 때
- ㉡ 광원을 너무 오래 바라볼 때
- ㉢ 광원과 배경 사이의 휘도 대비가 클 때
- ㉣ 순응이 잘 안 될 때

② 광원으로부터의 휘광(Glare)의 처리방법
- ㉠ 광원의 휘도를 줄이고, 광원의 수를 늘린다.
- ㉡ 광원을 시선에서 멀리 위치시킨다.
- ㉢ 휘광원 주위를 밝게 하여 광도비를 줄인다.
- ㉣ 가리개(Blind), 갓(Hood) 혹은 차양(Visor)을 사용한다.

③ 창문으로부터의 직사휘광 처리방법
- ㉠ 창문을 높이 단다.
- ㉡ 창 위에 드리우개(Overhang)를 설치한다.
- ㉢ 차양(Shade) 혹은 발(Blind)을 사용한다.

④ 반사휘광의 처리방법
- ㉠ 일반(간접) 조명 수준을 높인다.
- ㉡ 산란광, 간접광, 조절판(Baffle), 창문에 차양(Shade) 등을 사용한다.
- ㉢ 반사광이 눈에 비치지 않게 광원을 위치시킨다.
- ㉣ 무광택 도료, 빛을 산란시키는 표면색을 한 사무용 기기 등을 사용한다.

2. 조도와 광도

(1) 조도(Illuminance)

어떤 물체나 대상면에 도달하는 빛의 양(단위: [lux])

$$\text{조도}[\text{lux}]=\frac{\text{광속}[\text{lumen}]}{(\text{거리}[\text{m}])^2}$$

(2) **광속(Luminous Flux)**

광원에서 방출되는 빛의 총량(단위: [lm])

(3) **광도(Luminous Intensity)**

광원에서 어느 특정 방향으로 나오는 빛의 세기(단위: [cd])

(4) **휘도(Luminance)**

빛이 어떤 물체에서 반사되어 나오는 양(단위: [nit])

(5) **대비(Contrast)**

표적의 광속 발산도와 배경의 광속 발산도의 차이

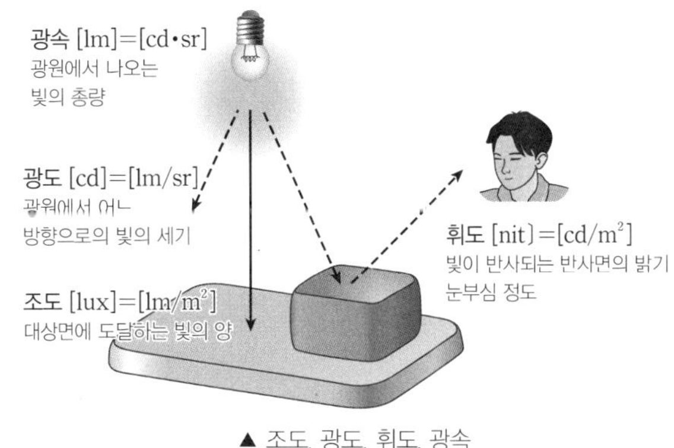

▲ 조도, 광도, 휘도, 광속

$$대비=100\times\frac{L_b-L_t}{L_b}$$

여기서, L_b: 배경의 광속 발산도, L_t: 표적의 광속 발산도

(6) **광속 발산도(Luminance Exitance)**

단위면적당 표면에서 반사 또는 방출되는 빛의 양(단위: [lm/m²])

3. 소요조명

$$소요조명[fc]=\frac{광속\ 발산도[fL]}{반사율[\%]}\times 100$$

4. 소음과 청력손실

(1) **소음(Noise)**

바람직하지 않은 소리를 의미하며 음성, 음악 등의 전달을 방해하거나 생활에 장애, 고통을 주거나 하는 소리를 말한다.

① 가청주파수: 20~20,000[Hz]

② 유해주파수: 4,000[Hz]

(2) **소음의 영향**

① 일반적인 영향: 불쾌감을 주거나 대화, 마음의 집중, 수면, 휴식을 방해하며 피로를 가중시킨다.

② 청력손실: 진동수가 높아짐에 따라 청력손실이 증가한다. 청력손실은 4,000[Hz](C5-dip 현상)에서 크게 나타난다.

㉠ 청력손실의 정도는 노출 소음수준에 따라 증가한다.

㉡ 약한 소음에 대해서는 노출기간과 청력손실의 관계가 없다.

㉢ 강한 소음에 대해서는 노출기간에 따라 청력손실도 증가한다.

(3) **소음을 통제하는 방법(소음대책)**

① 소음원의 통제

② 소음의 격리

③ 차폐장치 및 흡음재 사용

④ 음향처리제 사용

⑤ 적절한 배치

5. 열교환 과정과 열압박

(1) 열균형 방정식

S(열축적)=M(대사율)−W(한 일)±R(복사)±C(대류)−E(증발)

(2) 열압박 지수(HSI)

$$HSI=\frac{E_{req}(\text{요구되는 증발량})}{E_{max}(\text{최대 증발량})}\times 100$$

(3) 열손실률(R)

37[℃] 물 1[g] 증발 시 필요에너지는 2,410[J/g](575.5[cal/g])이다.

$$R=\frac{Q}{t}$$

여기서, R: 열손실률, Q: 증발에너지, t: 증발시간[sec]

6. 실효온도(Effective Temperature, 감각온도, 실감온도)

온도, 습도, 기류 등의 조건에 따라 인간의 감각을 통해 느껴지는 온도로 상대습도 100[%]일 때의 건구온도에서 느끼는 것과 동일한 온도감이다.

(1) 옥스퍼드(Oxford) 지수(습건지수)

W_D=0.85W(습구온도)+0.15D(건구온도)

(2) 습구흑구온도지수(WBGT[℃])

① 옥내 또는 옥외(태양광선이 내리쬐지 않는 장소)

WBGT=0.7×자연습구온도(NWB)+0.3×흑구온도(GT)

② 옥외(태양광선이 내리쬐는 장소)

WBGT=0.7×자연습구온도(NWB)+0.2×흑구온도(GT)+0.1×건구온도(DT)

(3) 불쾌지수

① 불쾌지수=섭씨(건구온도+습구온도)×0.72+40.6[℃]

② 불쾌지수=화씨(건구온도+습구온도)×0.4+15[℉]

③ 불쾌지수가 80 이상일 때는 모든 사람이 불쾌감을 가지기 시작하고, 75의 경우에는 절반 정도가 불쾌감을 가지며, 70~75에서는 불쾌감을 느끼기 시작한다. 70 이하에서는 모두가 쾌적하다.

(4) 작업환경의 온열요소

온도, 습도, 기류(공기유동), 복사열

(5) 추운 환경으로 변할 때 신체 조절작용(저온스트레스)

① 피부온도가 내려간다.

② 피부를 경유하는 혈액순환량이 감소한다.

③ 많은 양의 혈액이 몸의 중심부를 순환한다.

④ 직장(直腸)온도가 약간 올라간다.
⑤ 소름이 돋고 몸이 떨린다.

7. 진동

(1) 진동의 생리적 영향

① **단시간 노출 시**: 과다호흡, 혈액이나 내분비 성분은 불변
② **장기간 노출 시**: 근육긴장의 증가

(2) 국소진동

착암기, 임펙트, 그라인더 등의 사용으로 손에 영향을 주어 백색수지증(레이노증후군)을 유발한다.

(3) 전신 진동이 인간성능에 끼치는 영향

① **시성능**: 진동은 진폭에 비례하여 시력을 손상하며, 10~25[Hz]의 경우에 가장 심하다.
② **운동성능**: 진동은 진폭에 비례하여 추적능력(Tracking)을 손상하며, 5[Hz] 이하의 낮은 진동수에서 가장 심하다.
③ **신경계**: 반응시간, 감시, 형태식별 등 주로 중앙신경처리에 달린 임무는 진동의 영향을 덜 받는다.
④ 안정되고, 정확한 근육조절을 요하는 작업은 진동에 의해서 저하된다.

8. 작업별 조도기준 및 소음기준

(1) 작업별 조도기준 안전보건규칙 제8조

① **초정밀작업**: 750[lux] 이상
② **정밀작업**: 300[lux] 이상
③ **보통작업**: 150[lux] 이상
④ **그 밖의 작업**: 75[lux] 이상

(2) 조명의 적절성을 결정하는 요소

① 과업의 형태
② 작업시간
③ 작업을 진행하는 속도 및 정확도
④ 작업조건의 변동
⑤ 작업에 내포된 위험 정도

(3) 인공조명 설계 시 고려사항

① 조도는 작업상 충분할 것
② 광색은 주광색에 가까울 것
③ 유해가스를 발생하지 않을 것
④ 폭발과 발화성이 없을 것
⑤ 취급이 간단하고 경제적일 것
⑥ 작업장의 경우 공간 전체에 빛이 골고루 퍼지게 할 것(전반조명 방식)

(4) VDT를 위한 조명

① **조명수준**: VDT 조명은 화면에서 반사하여 화면상의 정보를 더 어렵게 할 수 있으므로 대부분 300~500[lux]를 지정한다.
② **광도비**: 화면과 극 인접 주변 간에는 1 : 3의 광도비가, 화면과 화면에서 먼 주위 간에는 1 : 10의 광도비가 추천된다.
③ **화면반사**: 화면반사는 화면으로부터 정보를 읽기 어렵게 하므로 다음의 방법으로 화면반사를 줄일 수 있다.
㉠ 창문을 가린다.
㉡ 반사원의 위치를 바꾼다.
㉢ 광도를 줄인다.
㉣ 산란된 간접조명을 사용한다.

(5) **소음기준** 안전보건규칙 제512조

① **소음작업**: 1일 8시간 작업을 기준으로 85[dB] 이상의 소음이 발생하는 작업

② **강렬한 소음작업**

㉠ 90[dB] 이상의 소음이 1일 8시간 이상 발생하는 작업

㉡ 95[dB] 이상의 소음이 1일 4시간 이상 발생하는 작업

㉢ 100[dB] 이상의 소음이 1일 2시간 이상 발생하는 작업

㉣ 105[dB] 이상의 소음이 1일 1시간 이상 발생하는 작업

㉤ 110[dB] 이상의 소음이 1일 30분 이상 발생하는 작업

㉥ 115[dB] 이상의 소음이 1일 15분 이상 발생하는 작업

③ **충격소음작업**: 소음이 1초 이상의 간격으로 발생하는 작업

㉠ 120[dB]을 초과하는 소음이 1일 1만 회 이상 발생하는 작업

㉡ 130[dB]을 초과하는 소음이 1일 1천 회 이상 발생하는 작업

㉢ 140[dB]을 초과하는 소음이 1일 1백 회 이상 발생하는 작업

9. 작업환경 개선의 4원칙

대체	유해물질을 유해하지 않은 물질로 대체
격리	유해요인에 접촉하지 않게 격리
환기	유해분진이나 가스 등을 환기
교육	위험성 개선방법에 대한 교육

10. 인간공학적 설계의 일반적인 원칙

(1) 인간의 특성을 고려한다.

(2) 시스템을 인간의 예상과 양립시킨다.(양립성)

(3) 표시장치나 제어장치의 중요성, 사용빈도, 사용순서, 기능에 따라 배치하도록 한다.

(4) 작업의 흐름에 따라 배치한다.

11. 동작경제의 3원칙

(1) 신체사용에 관한 원칙

① 두 손의 동작은 같이 시작하고 같이 끝나도록 한다.

② 휴식시간을 제외하고는 양손이 동시에 쉬지 않도록 한다.

③ 두 팔의 동작은 동시에 서로 반대방향으로 대칭적으로 움직이도록 한다.

④ 자연스러운 리듬이 생기도록 손의 동작은 유연하고 연속적이어야 한다.(관성 이용)

⑤ 손과 신체의 동작은 작업을 원만하게 처리할 수 있는 범위 내에서 가장 낮은 동작등급을 사용하도록 한다.

(2) 작업장 배치에 관한 원칙

① 모든 공구나 재료는 정해진 위치에 있도록 한다.

② 공구, 재료 및 제어장치는 사용위치에 가까이 두도록 한다.(정상 작업영역, 최대 작업영역)

③ 공구나 재료는 작업동작이 원활하게 수행되도록 그 위치를 정해준다.

④ 가급적이면 낙하시켜 전달하는 방법을 따른다.

(3) 공구 및 설비 설계(디자인)에 관한 원칙

① 치구나 족답장치(Foot-operated Device)를 효과적으로 사용할 수 있는 작업에서는 이러한 장치를 사용하도록 하여 양손이 다른 일을 할 수 있도록 한다.

② 가능하면 공구 기능을 결합하여 사용하도록 한다.

③ 공구와 자세는 가능한 한 사용하기 쉽도록 미리 위치를 잡아준다.(Pre-position)

6 중량물 취급 작업

1. 중량물 취급 방법

(1) 중량물에 몸의 중심을 가깝게 한다.

(2) 발을 어깨너비 정도로 벌리고 몸은 정확하게 균형을 유지한다.

(3) 무릎을 굽힌다.

(4) 가능하면 중량물을 양손으로 잡는다.

(5) 목과 등이 거의 일직선이 되도록 한다.

(6) 등을 반듯이 유지하면서 무릎의 힘으로 일어난다.

2. NIOSH 들기작업 안전 작업지침(NLE; NIOSH Lifting Equation)

(1) 권장무게한계(RWL; Recommended Weight Limit)

RWL[kg] = LC × HM × VM × DM × AM × FM × CM
여기서, LC: 부하상수(23[kg]), HM: 수평계수, VM: 수직계수, DM: 거리계수, AM: 비대칭계수,
FM: 빈도계수, CM: 커플링계수

(2) 한계점

한손취급 작업, 8시간 이상 작업, 앉거나 무릎을 굽힌 자세의 작업, 작업공간제약, 불균형 작업, 밀거나 끄는 작업, 손수레 등을 이용한 작업 등에는 NLE를 적용할 수 없다.

SUBJECT

03

기계 · 기구 및 설비 안전관리

합격 GUIDE

기계 · 기구 및 설비 안전관리는 전공자가 아닌 수험생이 공부를 해도 평균 70점 이상을 받을 수 있는 비교적 쉬운 과목입니다. 처음 공부하는 수험생을 위하여 삽화와 사진을 많이 넣었습니다. 이론 부분에서 시험에 자주 출제되는 부분은 색자로 표시해 놓았고, 실제로 이 부분만 공부해도 높은 점수를 받을 수 있습니다. 특히, 최근의 출제경향을 분석해 보면 산업안전보건기준에 관한 규칙의 기계 부분에서 문제가 많이 출제되고 있습니다.

기출기반으로 정리한
압축이론

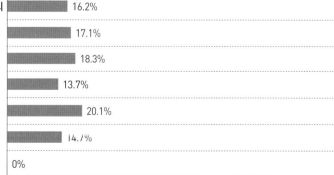

최신 5개년 출제비율 분석

구분	출제비율
CHAPTER 01 기계공정의 안전, 기계안전시설 관리	16.2%
CHAPTER 02 기계분야 산업재해 조사 및 관리	17.1%
CHAPTER 03 공작기계의 안전	18.3%
CHAPTER 04 프레스 및 전단기의 안전	13.7%
CHAPTER 05 기타 산업용 기계 · 기구	20.1%
CHAPTER 06 운반기계 및 양중기	14.7%
CHAPTER 07 설비진단 및 검사	0%

CHAPTER

01 기계공정의 안전, 기계안전시설 관리

합격 KEYWORD 기계설비의 위험점, 끼임점, 절단점, 묻힘형이나 덮개의 설치, 구조적 안전화, Fool Proof, Fail Safe, 인터록 장치, 안전장치의 설치

1 기계의 위험 및 안전조건

1. 기계의 위험요인

(1) 기계설비의 위험점 종류

① **협착점(끼임점)(Squeeze Point)**: 왕복운동을 하는 동작부분과 움직임이 없는 고정부분 사이에 형성되는 위험점이다. 예 프레스, 전단기

② **끼임점(Shear Point)**: 기계의 고정부분과 회전 또는 직선운동 부분 사이에 형성되는 위험점이다.
예 회전 풀리와 베드 사이, 연삭숫돌과 작업대, 교반기의 날개와 하우스

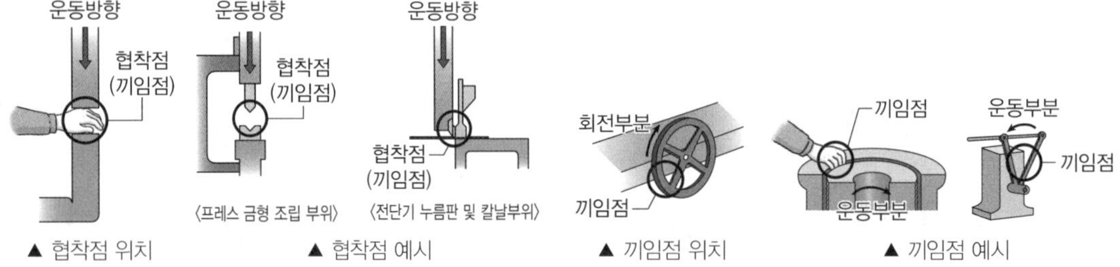

▲ 협착점 위치 ▲ 협착점 예시 ▲ 끼임점 위치 ▲ 끼임점 예시

③ **절단점(Cutting Point)**: 회전하는 운동부분 자체의 위험이나 운동하는 기계부분 자체의 위험에서 초래되는 위험점이다. 예 목공용 띠톱 부분, 밀링커터, 둥근톱날

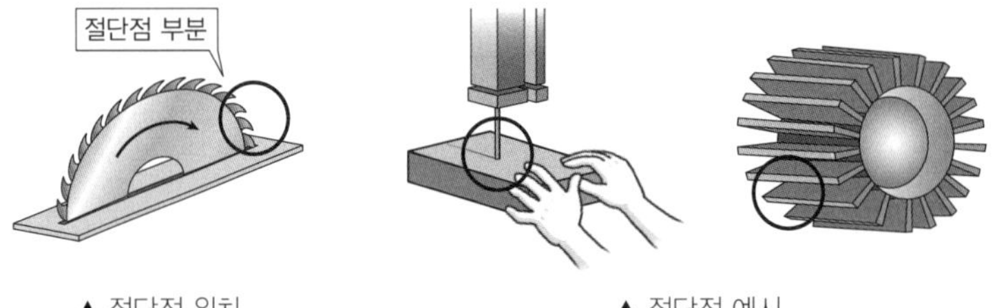

▲ 절단점 위치 ▲ 절단점 예시

④ **물림점(Nip Point)**: 회전하는 두 개의 회전체가 맞닿아서 위험성이 있는 곳을 말하며, 위험점이 발생되는 조건은 회전체가 서로 반대방향으로 맞물려 회전되어야 한다. 예 기어, 롤러

⑤ **접선물림점(Tangential Nip Point)**: 회전하는 부분의 접선방향으로 물려 들어갈 위험이 존재하는 위험점이다.
예 풀리와 벨트, 체인과 스프라켓

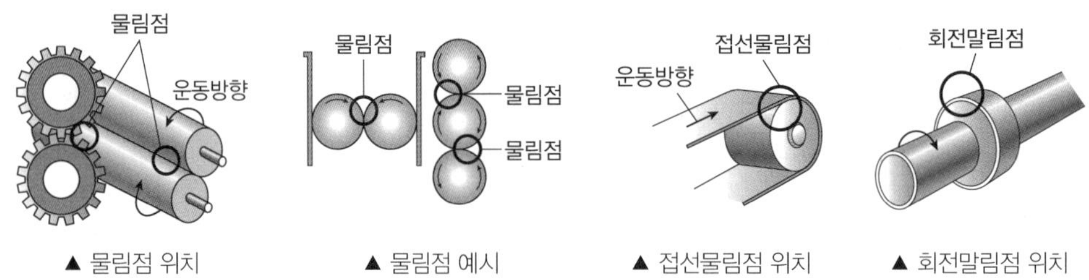

▲ 물림점 위치 ▲ 물림점 예시 ▲ 접선물림점 위치 ▲ 회전말림점 위치

⑥ 회전말림점(Trapping Point): 회전하는 물체의 길이, 굵기, 속도 등이 불규칙한 부위와 돌기 회전부위에 작업복 등이 말려드는 위험이 존재하는 점이다. 예 회전축, 드릴

(2) 사고 체인(Accident Chain)의 5요소

① 1요소(함정; Trap): 기계의 운동에 의해서 회전말림점(Trapping Point)이 발생할 가능성이 있는가?

② 2요소(충격; Impact): 운동하는 어떤 기계 요소들과 사람이 부딪혀 그 요소의 운동에너지에 의해 사고가 일어날 가능성이 없는가?

③ 3요소(접촉; Contact): 날카롭거나, 뜨겁거나 또는 전류가 흐름으로써 접촉 시 상해가 일어날 요소들이 있는가?

④ 4요소(얽힘, 말림; Entanglement): 작업자의 신체일부가 기계설비에 말려 들어갈 염려가 없는가?

⑤ 5요소(튀어나옴; Ejection): 기계요소나 피(彼)가공재가 기계로부터 튀어나올 염려가 없는가?

2. 기계의 일반적인 안전사항

(1) 피로파괴: 기계나 구조물에 인장과 압축을 되풀이해서 받는 부분이 있는데, 이러한 경우 그 응력이 인장(또는 압축) 강도보다 훨씬 작다 하더라도 이것을 오랜 시간에 걸쳐서 연속적으로 되풀이하여 작용시키면 결국엔 파괴되는 현상을 재료가 "피로"를 일으켰다고 하며 이 파괴현상을 "피로파괴"라 한다. 피로파괴에 영향을 주는 인자로는 치수효과(Size Effect), 노치효과(Notch Effect), 부식(Corrosion), 표면효과(Skin Effect) 등이 있다.

(2) 크리프(Creep): 금속이나 합금에 외력이 일정하게 작용할 경우 온도가 높은 상태에서는 시간이 경과함에 따라 연신율이 일정한도 늘어나다가 파괴되는 현상이다. 금속재료를 고온에서 긴 시간 외력을 걸고 시간이 경과됨에 따라 서서히 변형의 정도를 측정하는 시험을 크리프시험이라 한다.

(3) 인장시험 및 인장응력

① 인장시험: 재료의 항복점, 인장강도, 신장 등을 알 수 있는 시험이다.

② 인장응력

$$\sigma_t(\text{인장응력}) = \frac{P_t(\text{인장하중})}{A(\text{면적})}$$

(4) 푸아송비(Poisson's Ratio)

종변형률에 대한 횡변형률의 비를 푸아송의 비라 하고 ν로 표시한다.

$$\nu = \frac{1}{m} = \frac{\varepsilon'}{\varepsilon}$$

여기서, m: 푸아송 수, $\varepsilon = \frac{l'-l}{l} \times 100[\%]$ (l: 원래의 길이, l': 늘어난 길이)

3. 통행과 통로

(1) 통로의 설치 안전보건규칙 제22조

① 작업장으로 통하는 장소 또는 작업장 내에 근로자가 사용할 안전한 통로를 설치하고 항상 사용할 수 있는 상태로 유지하여야 한다.

② 통로의 주요 부분에 통로표시를 하고, 근로자가 안전하게 통행할 수 있도록 하여야 한다.

③ 통로면으로부터 높이 2[m] 이내에는 장애물이 없도록 하여야 한다.

(2) 작업장 내 통로의 안전 안전보건규칙 제21조, 제24조

① 사다리식 통로의 구조

㉠ 견고한 구조로 할 것

㉡ 심한 손상 · 부식 등이 없는 재료를 사용할 것

㉢ 발판의 간격은 일정하게 할 것

㉣ 발판과 벽과의 사이는 15[cm] 이상의 간격을 유지할 것

㉤ 폭은 30[cm] 이상으로 할 것

㉥ 사다리가 넘어지거나 미끄러지는 것을 방지하기 위한 조치를 할 것

㉦ 사다리의 상단은 걸쳐놓은 지점으로부터 60[cm] 이상 올라가도록 할 것

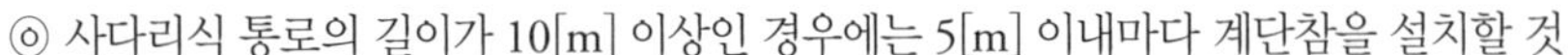

㉧ 사다리식 통로의 길이가 10[m] 이상인 경우에는 5[m] 이내마다 계단참을 설치할 것

㉨ 사다리식 통로의 기울기는 75° 이하로 할 것. 다만, 고정식 사다리식 통로의 기울기는 90° 이하로 하고, 그 높이가 7[m] 이상인 경우에는 다음의 구분에 따른 조치를 할 것

- 등받이울이 있어도 근로자 이동에 지장이 없는 경우: 바닥으로부터 높이가 2.5[m] 되는 지점부터 등받이울을 설치할 것
- 등받이울이 있으면 근로자가 이동이 곤란한 경우: 한국산업표준에서 정하는 기준에 적합한 개인용 추락 방지 시스템을 설치하고 근로자로 하여금 한국산업표준에서 정하는 기준에 적합한 전신안전대를 사용하도록 할 것

㉩ 접이식 사다리 기둥은 사용 시 접혀지거나 펼쳐지지 않도록 철물 등을 사용하여 견고하게 조치할 것

② **통로의 조명**: 근로자가 안전하게 통행할 수 있도록 통로에 75[lux] 이상의 채광 또는 조명시설을 하여야 한다. 다만, 갱도 또는 상시통행을 하지 아니하는 지하실 등을 통행하는 근로자에게 휴대용 조명기구를 사용하도록 한 경우에는 그러하지 아니하다.

(3) 계단의 안전 안전보건규칙 제26~30조

① 계단 및 계단참을 설치하는 경우 500[kg/m^2] 이상의 하중에 견딜 수 있는 강도를 가진 구조로 설치하여야 하며, 안전율은 4 이상으로 하여야 한다.

② 계단을 설치하는 경우 그 폭은 1[m] 이상으로 하여야 한다. 다만, 급유용 · 보수용 · 비상용 계단 및 나선형 계단이거나 높이 1[m] 미만의 이동식 계단인 경우에는 그러하지 아니하다.

③ 높이가 3[m]를 초과하는 계단에 높이 3[m] 이내마다 너비 1.2[m] 이상의 계단참을 설치하여야 한다.

④ 계단을 설치하는 경우 바닥면으로부터 높이 2[m] 이내의 공간에 장애물이 없도록 하여야 한다.

⑤ 높이 1[m] 이상인 계단의 개방된 측면에 안전난간을 설치하여야 한다.

4. 기계의 안전조건

(1) 외형의 안전화

① 묻힘형이나 덮개의 설치 안전보건규칙 제87조

㉠ 기계의 원동기 · 회전축 · 기어 · 풀리 · 플라이휠 · 벨트 및 체인 등 근로자가 위험에 처할 우려가 있는 부위에 덮개 · 울 · 슬리브 및 건널다리 등을 설치하여야 한다.

㉡ 회전축 · 기어 · 풀리 및 플라이휠 등에 부속되는 키 · 핀 등의 기계요소는 묻힘형으로 하거나 해당 부위에 덮개를 설치하여야 한다.

㉢ 벨트의 이음 부분에 돌출된 고정구를 사용하여서는 아니 된다.

㉣ ㉠의 건널다리에는 안전난간 및 미끄러지지 아니하는 구조의 발판을 설치하여야 한다.

② **별실 또는 구획된 장소에의 격리:** 원동기 및 동력전달장치(벨트, 기어, 샤프트, 체인 등)
③ **안전색채 사용:** 기계설비의 위험 요소를 쉽게 인지할 수 있도록 주의를 요하는 안전색채를 사용한다.
　예 시동 스위치는 녹색, 급정지 스위치는 적색

(2) 작업의 안전화

작업 중의 안전은 그 기계설비의 제어방법(자동, 반자동, 수동)에 따라 다르며 기계 또는 설비의 작업환경과 작업방법을 검토하고 작업위험분석을 하여 작업을 표준화할 수 있도록 한다.

(3) 작업점의 안전화

일이 물체에 행해지는 점 혹은 일감이 직접 가공되는 부분을 작업점(Point of Operation)이라 하며, 이와 같은 작업점은 특히 위험하므로 방호장치나 자동제어 및 원격장치를 설치할 필요가 있다.

(4) 기능상의 안전화

최근 기계는 반자동 또는 자동 제어장치를 갖추고 있어서 에너지 변동에 따라 오동작이 발생하여 주요 문제로 대두되므로 이에 따른 기능의 안전화가 요구되고 있다.
예 전압 강하 및 정전에 따른 오작동, 사용압력 변동 시의 오작동, 단락 또는 스위치 고장 시의 오작동

(5) 구조적 안전화(강도적 안전화)

① 재료에 있어서의 결함 방지
② 설계에 있어서의 결함 방지
③ **가공에 있어서의 결함 방지:** 최근에 고급강을 재료로 사용하는 경우는 필요한 기계적 특성을 얻기 위하여 적절한 열처리를 필요로 한다.
④ 안전율

㉠ 안전율(안전계수, Safety Factor)

- 안전율은 응력계산 및 재료의 불균질 등에 대한 부정확을 보충하고 각 부분의 불충분한 안전율과 더불어 경제적 치수결정에 대단히 중요한 것으로서 다음과 같이 표시된다.

$$\text{안전율}(S)=\frac{\text{극한(인장)강도}}{\text{허용응력}}=\frac{\text{파단(최대)하중}}{\text{안전(정격)하중}}$$

- 안전율이나 허용응력을 결정하려면 재질, 하중의 성질, 하중과 응력계산의 정확성, 공작방법 및 정밀도, 부품형상 및 사용장소 등을 고려하여야 한다.

㉡ 와이어로프의 안전율

$$S=\frac{N\times P}{Q}$$

여기서, N: 로프의 가닥 수, P: 와이어로프의 파단하중, Q: 최대사용하중

5. 기계설비의 본질적 안전

(1) 본질안전조건

근로자가 동작상 과오나 실수를 하여도, 혹은 기계설비에 이상이 발생하여도 안전성이 확보되어 재해나 사고가 발생하지 않도록 설계되는 기본적 개념이다.

(2) 풀 프루프(Fool Proof)

① **정의:** 근로자가 기계를 잘못 취급하여 불안전한 행동이나 실수를 하여도 기계설비의 안전기능이 작용하여 재해를 방지할 수 있는 기능이다.

② 가드의 종류: 인터록가드(Interlock Guard), 조절가드(Adjustable Guard), 고정가드(Fixed Guard)

(3) 페일 세이프(Fail Safe)

기계나 그 부품에 고장이나 기능불량이 생겨도 항상 안전하게 작동하는 구조와 기능을 추구하는 본질적 안전과 관련된 것이다.

(4) 인터록(Interlock) 장치

기계의 각 작동부분 상호 간을 전기적, 기구적, 유공압장치 등으로 연결하여 기계의 각 작동부분이 정상으로 작동하기 위한 조건이 만족되지 않을 경우 자동적으로 그 기계를 작동할 수 없도록 하는 것이다.

2 기계의 방호

1. 안전장치의 설치(방호장치의 종류)

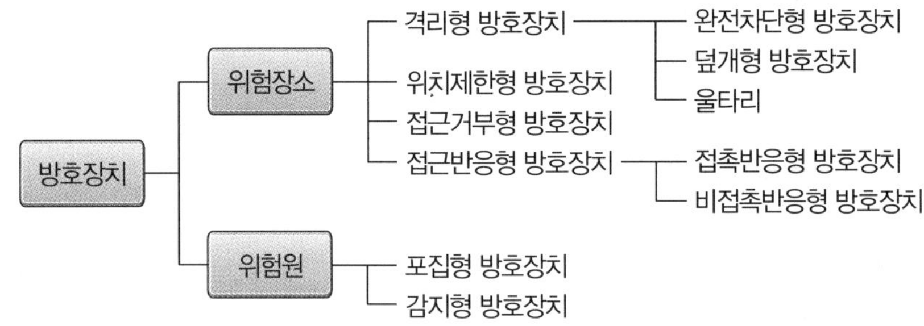

(1) 격리형 방호장치

작업자가 작업점에 접촉되어 재해를 당하지 않도록 기계설비 외부에 차단벽이나 방호망을 설치하는 것으로 작업장에서 가장 많이 사용하는 방식(덮개)이다. ㉑ 완전차단형 방호장치, 덮개형 방호장치, 울타리

(2) 위치제한형 방호장치

작업자의 신체부위가 위험한계 밖에 있도록 기계의 조작장치를 위험구역에서 일정거리 이상 떨어지게 한 방호장치(양수조작식 안전장치)이다.

(3) 접근거부형 방호장치

작업자의 신체부위가 위험한계 내로 접근하면 기계의 동작위치에 설치해 놓은 기구가 접근하는 신체부위를 안전한 위치로 되돌리는 것(손쳐내기식 안전장치)이다.

(4) 접근반응형 방호장치

작업자의 신체부위가 위험한계 내로 접근하면 이를 감지하여 작동 중인 기계를 즉시 정지시키거나 스위치가 꺼지도록 하는 것(광전자식 안전장치)이다. ㉑ 접촉반응형 방호장치, 비접촉반응형 방호장치

(5) 포집형 방호장치

목재가공기의 반발예방장치와 같이 위험장소에 설치하여 위험원이 비산하거나 튀는 것을 방지하는 등 작업자로부터 위험원을 차단하는 방호장치이다.

2. 작업점의 방호

(1) 방호장치를 설치할 때 고려할 사항

① 신뢰성　② 작업성　③ 보수성

(2) 작업점의 방호방법

작업점과 작업자 사이에 장애물(차단벽이나 망 등)을 설치하여 접근을 방지한다.

(3) 동력기계의 표준방호덮개 설치목적

① 가공물 등의 낙하에 의한 위험방지
② 위험부위와 신체의 접촉방지
③ 방음이나 집진

3 기능적 안전

1. 소극적 대책

(1) 소극적(1차적) 대책

이상 발생 시 기계를 급정지시키거나 방호장치가 작동하도록 하는 대책이다.

(2) 유해하거나 위험한 기계·기구 등에 대한 방호조치 산업안전보건법 제80조

① 누구든지 동력으로 작동하는 기계·기구로서 대통령령으로 정하는 것은 고용노동부령으로 정하는 유해·위험 방지를 위한 방호조치를 하지 아니하고는 양도, 대여, 설치 또는 사용에 제공하거나 양도·대여의 목적으로 진열해서는 아니 된다.

② 대통령령으로 정하는 기계·기구

㉠ 예초기　㉡ 원심기
㉢ 공기압축기　㉣ 금속절단기
㉤ 지게차　㉥ 포장기계(진공포장기, 래핑기로 한정)

2. 적극적 대책

(1) 적극적(2차적) 대책

회로를 개선하여 오작동을 사전에 방지하거나 별도의 안전한 회로에 의한 정상기능을 찾도록 하는 대책이다.

(2) 기능적 안전

① Fail Safe의 기능면에서의 분류
　㉠ Fail Passive: 부품이 고장났을 경우 통상 기계는 정지하는 방향으로 이동(일반적인 산업기계)
　㉡ Fail Active: 부품이 고장났을 경우 기계는 경보를 울리는 가운데 짧은 시간 동안 운전 가능
　㉢ Fail Operational: 부품의 고장이 있더라도 기계는 추후 보수가 이루어질 때까지 안전한 기능 유지

② 기능적 Fail Safe 적용 사례: 철도신호의 경우 고장 발생 시 청색신호가 적색신호로 변경되어 열차가 정지할 수 있도록 해야 하며, 신호가 바뀌지 못하고 청색으로 있다면 사고 발생의 원인이 될 수 있으므로 철도신호 고장 시에 반드시 적색신호로 바뀌도록 해주는 제도이다.

4 관련 공정 특성 분석(위험요인 도출) 2024

1. 공정관리의 정의

품질 · 수량 · 가격의 제품을 일정한 시간 동안 가장 효율적으로 생산하기 위해 총괄 관리하는 활동으로 협의의 생산관리인 생산통제로 쓰이기도 한다. 즉, 부품 조립의 흐름을 순서 정연하게 능률적 방법으로 계획하고, 처리하는 절차를 말한다.

2. 공정관리의 목표

(1) 대내적인 목표

① 설비의 유휴에 의한 손실시간을 감소시킴으로써 가동률의 향상

② 자재의 투입부터 제품 출하까지의 시간을 단축함으로써 재공품의 감소와 생산 속도의 향상

(2) 대외적인 목표

수요자의 요건 충족 및 생산량의 요구 조건을 준수하기 위해 생산과정 합리화

3. 공정관리의 기능

(1) 계획 기능

생산계획을 통칭하는 것으로 공정계획을 행하여 작업의 순서와 방법을 결정하고, 일정계획을 통해 공정별 부하를 고려한 각 작업의 착수 시기와 완성 일자를 결정하여 납기를 준수하고 유지하게 한다.

(2) 통제 기능

계획 기능에 따른 실제 과정의 지도, 조정 및 결과와 계획을 비교하고 측정, 통제하는 것을 말한다.

(3) 감사 기능

계획과 실행의 결과를 비교 검토하여 차이를 찾아내고 그 원인을 분석하여 적절한 조치를 취하며, 개선해 나감으로써 생산성을 향상하는 기능을 갖는다.

4. 공정(절차) 계획

(1) 절차 계획(Routing)

특정 제품을 만드는 데 필요한 공정순서를 정의한 것으로 작업의 순서, 표준시간, 각 작업이 행해질 장소를 결정하고 할당한다. 즉 리드타임(Lead Time) 및 자원의 양을 계산하고, 원가 계산 시 기초자료로 활용할 수 있다.

(2) 공수 계획

① **부하 계획**: 일반적으로 할당된 작업에 대해 최대 작업량과 평균 작업량의 비율인 부하율을 최적으로 유지할 수 있는 작업량의 할당을 계획한다.

② **능력 계획**: 작업 수행 상의 능력에 대해 기준 조업도와 실제 조업도와의 비율을 최적으로 유지하기 위해 현유능력을 계획한다.

(3) 일정 계획

① **대일정 계획**: 납기에 따른 월별생산량이 예정되면 기준일정표에 의거한 각 직장 · 제품 · 부분품별로 작업개시일과 작업시간 및 완성 기일을 지시할 수 있다.

② **중일정 계획**: 제작에 필요한 세부 작업 즉, 공정 · 부품별 일정 계획으로 일정 계획의 기본이 된다.

③ **소일정 계획**: 특정 기계 또는 작업자에게 할당될 작업을 결정하고, 그 작업의 개시일과 종료일을 나타내며, 진도관리 및 작업분배가 이루어진다.

5. 공정 분석

(1) 공정 분석의 정의

원재료가 출고되면서부터 제품으로 출하될 때까지 다양한 경로에 따른 경과 시간과 이동 거리를 공정 도시 기호를 이용하여 계통적으로 나타냄으로써 공정계열의 합리화를 위한 개선방안을 모색할 때 쓰는 방법이다.

(2) 요소 공정 분류 및 기호

① 가공 공정: ○

제조의 목적을 직접적으로 달성하는 공정

② 운반 공정: ⇨

제품이나 부품이 하나의 작업 장소에서 다른 작업 장소로 이동하기 위해 발생하는 작업

③ 검사 공정: ◇(품질 검사), □(수량 검사)

㉠ 양의 검사: 수량, 중량

㉡ 질적 검사: 가공부품의 가공정도, 품질, 등급별 분류

④ 정체 공정: ▽(저장), D(대기, 정체)

㉠ 대기: 부품의 다음 가공, 조립을 일시적으로 기다림

㉡ 저장: 계획적인 보관

3-1 공정 분석

요소 공정 분류 기호로 옳게 짝지어지지 않은 것은?

① 가공 공정: ○
② 운반 공정: ⇨
③ 검사 공정: ◇
④ 정체 공정: □

해설 정체 공정을 나타내는 분류 기호는 ▽(저장), D(대기, 정체)이다.

| 정답 | ④

5 표준안전작업절차서 2024

1. 표준안전작업방법의 정의

(1) 작업 현장에서 특정 작업을 수행할 때 안전하고 효율적으로 작업하기 위해 따라야 할 구체적인 절차와 지침을 의미한다.

(2) 작업자들이 일관되게 안전한 작업방법으로 작업을 수행할 수 있도록 가이드라인을 제공하며, 다양한 산업과 작업환경에서 적용될 수 있다.

2. 표준안전작업방법의 필요성

(1) 현장의 안전한 작업을 유지하고, 새로운 작업에 대해 학습 · 지도하기 위한 교재로 활용하기 위하여 표준안전작업지침이 필요하다.

(2) 표준안전작업지침은 현장에서 올바르게 작업하는 방법을 가장 쉽고 안전하게 실행할 수 있도록 제시한 것으로, 작업의 순서를 정하여 능률적으로 행할 수 있도록 단위 요소별 작업 순서, 작업 조건, 작업 방법, 위험 요소, 보수 방법 등을 제시하는 것이다. 그러므로 표준화된 작업 순서는 근로자로서 반드시 지켜야 하는 것이다.

(3) 반복 작업, 정확도를 요구하는 작업, 위험하거나 사고가 우려되는 작업, 개인에 따라 불규칙적인 방법을 취하고 있는 작업 등에는 사고 예방을 위해서 반드시 표준안전작업지침이 마련되어 있어야 한다.

3. 표준안전작업방법의 구성요소

(1) **목적:** 작업방법서의 목적과 필요성

(2) **적용범위:** 절차가 적용되는 작업의 범위와 대상 명시

(3) **책임과 권한:** 각 작업단계에서의 책임과 권한을 명확히 구분하여 기술

(4) **작업절차:** 각 작업단계별로 필요한 절차와 세부지침을 상세히 기술

(5) **안전지침:** 작업 중 따라야 할 안전지침과 주의사항 포함

(6) **비상대응절차:** 비상상황 발생 시 대응 절차 명시

(7) **필요한 도구 및 장비:** 작업에 필요한 도구와 장비의 나열 및 사용법 제시

(8) **관련 문서:** 참고할 수 있는 관련 문서나 규정

6 KS 규격과 ISO 규격 2024

1. KS 규격(Korean Industrial Standards)

(1) 한국산업표준은 산업표준화를 위해 제정된 산업 규격을 활용 및 보급하여 생산능률 향상, 품질 개선, 소비자 보호 및 공정화를 위해서 만든 제도이다.

(2) 「산업표준화법」에 의거하여 산업표준심의회의 심의를 거쳐 국가기술표준원장이 고시함으로써 확정된다.

2. ISO 규격(International Organization for Standardization)

국제표준화기구는 전 세계 여러 나라의 표준제정단체들의 대표들로 이루어진 국제적인 표준화 기구로 나라마다 다른 산업, 통상 표준의 문제점을 해결하기 위해 세계 공통적으로 통용되는 표준을 개발·보급한다. ISO 9001(품질경영시스템), ISO 14001(환경경영시스템), ISO 45001(안전보건경영시스템) 등이 있다.

3-2 ISO 규격(International Organization for Standardization)

국제표준화기구(ISO)에서 안전보건경영시스템 규격은?

① ISO 9001 ② ISO 14001
③ ISO 45001 ④ ISO 50001

해설 국제표준화기구(ISO)에서 안전보건경영시스템의 규격은 ISO 45001이다.
ISO 9001(품질경영시스템), ISO 14001(환경경영시스템), ISO 50001(에너지경영시스템)

| 정답 | ③

CHAPTER

02 기계분야 산업재해 조사 및 관리

합격 KEYWORD 재해사례연구, 재해예방의 4원칙, 연천인율, 도수율, 강도율, 요양근로손실일수, 재해손실비, 안전점검의 종류, 안전인증 대상 기계 등, 안전검사대상 기계 등

1 재해조사

1. 재해조사의 목적

(1) 산업재해 기록 산업안전보건법 시행규칙 제72조

사업주는 산업재해가 발생한 때에는 다음의 사항을 기록·보존하여야 한다. 다만, 산업재해조사표의 사본을 보존하거나 요양신청서의 사본에 재해 재발방지 계획을 첨부하여 보존한 경우에는 그러하지 아니하다.

① 사업장의 개요 및 근로자의 인적사항
② 재해발생의 일시 및 장소
③ 재해발생의 원인 및 과정
④ 재해 재발방지 계획

(2) 목적

① 재해예방 자료수집
② 동종 및 유사재해 재발방지
③ 재해발생 원인 및 결함 규명

(3) 재해조사에서 방지대책까지의 순서(재해사례연구)

① 1단계: 사실의 확인(사람, 물건, 관리, 재해발생까지의 경과)
② 2단계: 직접 원인과 문제점의 발견
③ 3단계: 근본적 문제점의 결정
④ 4단계: 대책 수립

(4) 산업재해 발생 보고 산업안전보건법 시행규칙 제73조

① 사업주는 산업재해로 사망자가 발생하거나 3일 이상의 휴업이 필요한 부상을 입거나 질병에 걸린 사람이 발생한 경우에는 해당 산업재해가 발생한 날부터 1개월 이내에 산업재해조사표를 작성하여 관할 지방고용노동관서의 장에게 제출(전자문서로 제출하는 것 포함)하여야 한다.
② 사업주는 산업재해조사표에 근로자대표의 확인을 받아야 하며, 그 기재 내용에 대하여 근로자대표의 이견이 있는 경우에는 그 내용을 첨부하여야 한다. 다만, 근로자대표가 없는 경우에는 재해자 본인의 확인을 받아 산업재해조사표를 제출할 수 있다.

(5) 중대재해 발생 보고 산업안전보건법 시행규칙 제67조

사업주는 중대재해가 발생한 사실을 알게 된 경우에는 지체 없이 다음의 사항을 관할 지방고용노동관서의 장에게 전화·팩스 또는 그 밖에 적절한 방법으로 보고하여야 한다.

① 발생 개요 및 피해 상황
② 조치 및 전망
③ 그 밖의 중요한 사항

2. 재해조사 시 유의사항

(1) 사실을 수집한다.
(2) 목격자 등이 증언하는 사실 이외의 추측의 말은 참고로만 한다.
(3) 조사는 신속하게 행하고, 긴급조치를 하여 2차 재해의 방지를 도모한다.
(4) 사람, 기계설비, 환경의 측면에서 재해요인을 모두 도출한다.
(5) 객관적인 입장에서 공정하게 조사하며, 조사는 2인 이상이 한다.
(6) 책임추궁보다 재발방지를 우선하는 기본 태도를 갖는다.

3. 재해발생 시 조치순서

(1) 긴급처리

① 재해발생기계의 정지 및 피해확산 방지
② 재해자의 구조 및 응급조치
③ 관계자에게 통보
④ 2차 재해방지
⑤ 현장보존

(2) 재해조사

누가, 언제, 어디서, 어떤 작업을 하고 있을 때, 어떤 환경에서, 불안전 행동이나 상태는 없었는지 등에 대한 조사를 실시한다.

(3) 원인강구

인간(Man), 기계(Machine), 작업매체(Media), 관리(Management) 측면에서의 원인을 분석한다.

(4) 대책수립

유사한 재해를 예방하기 위한 기술적(Engineering), 교육적(Education), 관리적(Enforcement) 측면에서의 대책을 수립한다.

(5) 실시

(6) 평가

4. 재해의 원인분석 및 조사기법

(1) 재해예방의 4원칙

① 손실우연의 원칙: 재해손실은 사고발생 시 사고대상의 조건에 따라 달라지므로 한 사고의 결과로서 생긴 재해손실은 우연성에 의해서 결정된다.
② 원인계기의 원칙: 재해발생은 반드시 원인이 있다.
③ 예방가능의 원칙: 재해는 원칙적으로 원인만 제거하면 예방이 가능하다.
④ 대책선정의 원칙: 재해예방을 위한 가능한 안전대책은 반드시 존재한다.

(2) 애드워드 아담스의 사고연쇄반응 이론

세인트루이스 석유회사의 손실방지 담당 중역인 애드워드 아담스(Edward Adams)는 사고의 직접 원인을 불안전한 행동의 특성에 달려 있는 것으로 보고 전술적 에러(Tactical Error)와 작전적 에러로 구분하여 설명하였다.

① 관리구조 결함
② 작전적 에러: 관리자의 의사결정이 그릇되거나 행동을 안 함
③ 전술적 에러: 불안전 행동, 불안전 동작
④ 사고: 상해의 발생, 아차사고(Near Miss), 비상해사고
⑤ 상해, 손해: 대인, 대물

(3) 재해(사고)발생 시의 유형(모델)

① 단순자극형(집중형): 상호자극에 의하여 순간적으로 재해가 발생하는 유형으로 재해가 일어난 장소나 그 시점에 일시적으로 요인이 집중된다.
② 연쇄형(사슬형): 하나의 사고요인이 또 다른 요인을 발생시키면서 재해를 발생시키는 유형이다. 단순 연쇄형과 복합 연쇄형이 있다.
③ 복합형: 단순자극형과 연쇄형의 복합적인 발생유형이다. 일반적으로 대부분의 산업재해는 재해원인들이 복잡하게 결합되어 있는 복합형이다.
④ 연쇄형의 경우에는 원인들 중에 하나를 제거하면 재해가 일어나지 않는다. 그러나 단순 자극형이나 복합형은 하나를 제거하더라도 재해가 일어나지 않는다는 보장이 없으므로 도미노 이론이 적용되지 않는다. 이런 요인들은 부속적인 요인들에 불과하다. 따라서 재해조사에 있어서는 가능한 한 모든 요인들을 파악하도록 해야 한다.

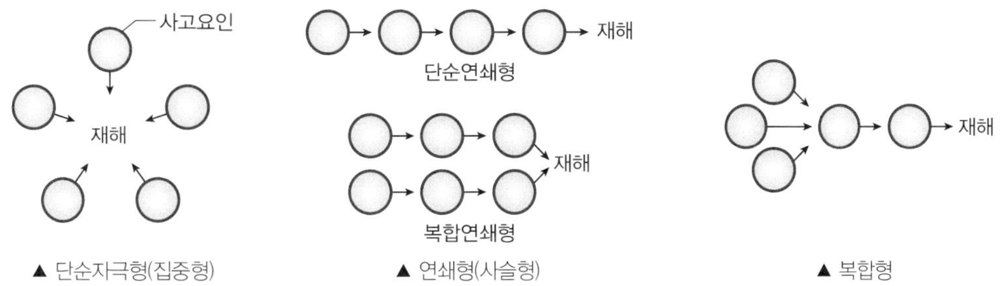

▲ 단순자극형(집중형) ▲ 연쇄형(사슬형) ▲ 복합형

(4) 산업재해의 직 · 간접 원인

① 직접 원인
㉠ 불안전한 행동(인적 원인, 전체 재해발생 원인의 88[%] 정도)

- 위험장소 접근
- 안전장치의 기능 제거
- 복장 · 보호구의 잘못된 사용
- 기계 · 기구의 잘못된 사용
- 운전 중인 기계 장치의 점검
- 불안전한 속도 조작
- 위험물 취급 부주의
- 불안전한 상태 방치
- 불안전한 자세나 동작
- 감독 및 연락 불충분

㉡ 불안전한 행동을 일으키는 내적요인과 외적요인의 발생형태 및 대책

- 내적요인
  - 소질적 조건: 적성배치
  - 의식의 우회: 상담
  - 경험 및 미경험: 교육
- 외적요인
  - 작업 및 환경조건 불량: 환경정비
  - 작업순서의 부적당: 작업순서정비
- 적성배치에 있어서 고려되어야 할 기본사항
  - 적성검사를 실시하여 개인의 능력을 파악한다.

– 직무평가를 통하여 자격수준을 정한다.
– 인사관리의 기준원칙을 고수한다.

㉢ 불안전한 상태(물적 원인)

- 물건 자체의 결함
- 안전방호장치의 결함
- 복장 · 보호구의 결함
- 기계의 배치 및 작업장소의 결함
- 작업환경의 결함(부적당한 조명, 부적당한 온 · 습도, 과다한 소음, 부적당한 배기)
- 생산공정의 결함
- 경계표시 및 설비의 결함

② 간접 원인

㉠ 기술적 원인: 기계 · 기구 · 설비 등의 방호 설비, 경계 설비, 보호구 정비, 구조재료의 부적당 등의 기술적 결함

㉡ 교육적 원인: 무지, 경시, 불이해, 훈련 미숙, 나쁜 습관 등

㉢ 신체적 원인: 각종 질병, 스트레스, 피로, 수면 부족 등

㉣ 정신적 원인: 태만, 반항, 불만, 초조, 긴장, 공포 등

㉤ 관리적 원인: 책임감의 부족, 부적절한 인사 배치, 작업기준의 불명확, 점검 · 보건 제도의 결함, 근로 의욕 침체, 작업지시 부적절 등

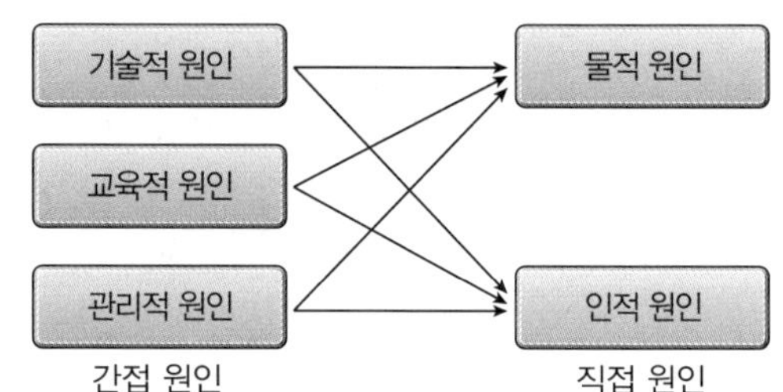

2 산재분류 및 통계분석

1. 재해관련 통계

(1) 재해조사의 목적

① 동종 및 유사한 재해의 재발을 방지한다.
② 재해발생의 원인을 분석한다.
③ 재해예방의 적절한 대책을 수립한다.
④ 불안전한 상태와 행동 등을 파악하기 위한 것이다.

(2) 재해통계의 역할

① 재해원인을 분석하고, 위험한 작업 및 여건을 도출한다.
② 합리적이고 경제적인 재해예방 정책방향을 설정한다.
③ 재해실태를 파악하여 예방활동에 필요한 기초자료 및 지표를 제공한다.
④ 재해예방사업 추진실적을 평가하는 측정 수단이다.

(3) 재해통계의 활용

① 제도의 개선 및 시정
② 재해의 경향파악
③ 동종 업종과의 비교

(4) 재해통계 작성 시 유의할 점

① 활용목적을 수행할 수 있도록 충분한 내용이 포함되어야 한다.
② 재해통계는 구체적으로 표시되고, 그 내용은 용이하게 이해되며 이용할 수 있어야 한다.
③ 재해통계는 항목 내용 등 재해요소가 정확히 파악될 수 있도록 예방대책이 수립되어야 한다.
④ 재해통계는 정량적으로 정확하게 수치적으로 표시되어야 한다.
⑤ 산업재해통계를 기반으로 안전조건이나 상태를 추측해서는 안 된다.
⑥ 산업재해통계 그 자체보다는 재해통계에 나타난 경향과 성질의 활용을 중요시하여야 된다.
⑦ 이용 및 활용가치가 없는 산업재해통계는 그 작성에 따른 시간과 경비의 낭비임을 인지하여야 한다.

(5) 산업재해 용어 KOSHA G-83

떨어짐(추락)	사람이 인력(중력)에 의하여 건축물, 구조물, 가설물, 수목, 사다리 등의 높은 장소에서 떨어지는 것
넘어짐(전도)	사람이 거의 평면 또는 경사면, 층계 등에서 구르거나 넘어지는 경우
깔림 · 뒤집힘(전도 · 전복)	기대어져 있거나 세워져 있는 물체 등이 쓰러져 깔린 경우 및 지게차 등의 건설기계 등이 운행 또는 작업 중 뒤집어진 경우
부딪힘 · 접촉(충돌)	재해자 자신의 움직임 · 동작으로 인하여 기인물에 접촉 또는 부딪히거나, 물체가 고정부에서 이탈하지 않은 상태로 움직임(규칙, 불규칙) 등에 의하여 부딪히거나 접촉한 경우
맞음(낙하 · 비래)	구조물, 기계 등에 고정되어 있던 물체가 중력, 원심력, 관성력 등에 의하여 고정부에서 이탈하거나 또는 설비 등으로부터 물질이 분출되어 사람을 가해하는 경우
끼임(협착)	두 물체 사이의 움직임에 의하여 일어난 것으로 직선 운동하는 물체 사이의 끼임, 회전부와 고정체 사이의 끼임, 롤러 등 회전체 사이에 물리거나 또는 회전체 · 돌기부 등에 감긴 경우
무너짐(붕괴 · 도괴)	토사, 적재물, 구조물, 건축물, 가설물 등이 전체적으로 허물어져 내리거나 또는 주요 부분이 꺾어져 무너지는 경우

2. 재해관련 통계의 종류 및 계산

(1) 재해율 산업재해통계업무처리규정 제3조

산재보험적용 근로자 수 100명당 발생하는 재해자 수의 비율이다.

$$재해율=\frac{재해자\ 수}{산재보험적용\ 근로자\ 수}\times 100$$

※ 산재보험적용 근로자 수란 「산업재해보상보험법」이 적용되는 근로자 수를 말한다.

(2) 연천인율

1년간 평균 임금근로자 1,000명당 재해자 수이다.

$$연천인율=\frac{연간\ 재해(사상)자\ 수}{연평균\ 근로자\ 수}\times 1,000$$

$$연천인율=도수율(빈도율)\times 2.4$$

(3) 도수율(빈도율)(F.R; Frequency Rate of Injury) 산업재해통계업무처리규정 제3조

100만 근로시간당 발생하는 재해건수이다.

$$도수율(빈도율)=\frac{재해건수}{연근로시간\ 수}\times 1,000,000$$

※ 연근로시간 수=근로자 수×1일 근로시간(8시간)×1년(300일)

(4) 강도율(S.R; Severity Rate of Injury) 산업재해통계업무처리규정 제3조

근로시간 1,000시간당 요양재해로 인해 발생하는 근로손실일수이다.

$$강도율=\frac{총\ 요양근로손실일수}{연근로시간\ 수}\times 1,000$$

합격 보장 꿀팁 총 요양근로손실일수 산업재해통계업무처리규정 별표 1

① 총 요양근로손실일수는 재해자의 총 요양기간을 합산하여 산출하되, 사망, 부상 또는 질병이나 장해자의 등급별 요양근로손실일수는 아래 표와 같다. 사망, 1~3등급일 때 요양근로손실일수는 7,500일이다.

등급	4	5	6	7	8	9	10	11	12	13	14
일수	5,500	4,000	3,000	2,200	1,500	1,000	600	400	200	100	50

② 일시 전노동 불능(의사의 진단에 따라 일정기간 노동에 종사할 수 없는 상해)의 경우, 휴업일수$\times\frac{300}{365}$으로 산출한다.

(5) 종합재해지수(F.S.I; Frequency Severity Indicator)

재해 빈도의 다수와 상해 정도의 강약을 종합한다.

$$종합재해지수(FSI)=\sqrt{도수율(FR)\times 강도율(SR)}$$

(6) 환산강도율

근로자가 입사하여 퇴직할 때까지(40년=10만 시간) 잃을 수 있는 근로손실일수이다.

$$환산강도율=강도율\times 100$$

(7) 환산도수율

근로자가 입사하여 퇴직할 때까지(40년=10만 시간) 당할 수 있는 재해건수이다.

$$환산도수율=\frac{도수율}{10}$$

(8) 평균강도율

재해 1건당 평균 근로손실일수이다.

$$평균강도율=\frac{강도율}{도수율}\times 1,000$$

(9) 사망만인율 산업재해통계업무처리규정 제3조

임금근로자 수 10,000명당 발생하는 사망자 수의 비율이다.

$$사망만인율=\frac{사망자\ 수}{산재보험적용\ 근로자\ 수}\times 10,000$$

(10) 세이프티스코어(Safe T. Score)

① 과거와 현재의 안전성적을 비교, 평가하는 방법으로 단위가 없으며 계산결과가 (+)이면 과거에 비해 나쁜 기록, (−)이면 과거에 비해 좋은 기록으로 본다.

$$Safe\ T.\ Score=\frac{도수율(현재)-도수율(과거)}{\sqrt{\frac{도수율(과거)}{현재\ 총\ 근로시간\ 수}\times 1,000,000}}$$

② 평가방법

㉠ +2.0 이상인 경우: 과거보다 심각하게 나쁘다.

㉡ +2.0～－2.0인 경우: 심각한 차이가 없다.

㉢ －2.0 이하인 경우: 과거보다 좋다.

(11) 안전활동률(R.P.Blake, 미국)

100만 근로시간당 안전활동건수를 말한다.

$$\text{안전활동률}=\frac{\text{안전활동건수}}{\text{평균 근로자 수}\times\text{근로시간 수}}\times 1{,}000{,}000$$

※ 안전활동건수는 일정 기간 내에 행한 안전개선 권고 수, 안전조치한 불안전 작업 수, 불안전한 행동 적발 수, 불안전한 상태 지적 수, 안전회의 건수 및 안전홍보건수를 합한 수이다.

3. 재해손실비의 종류 및 계산

업무상 재해로서 인적재해를 수반하는 재해에 의해 생기는 비용으로 재해가 발생하지 않았다면 발생하지 않아도 되는 직·간접 비용이다.

(1) 하인리히 방식

총 재해코스트＝직접비＋간접비

① 직접비: 법령으로 지급되는 산재보상비 산업재해보상보험법 제36조

㉠ 요양급여	㉡ 휴업급여	㉢ 장해급여
㉣ 간병급여	㉤ 유족급여	㉥ 상병보상연금
㉦ 장례비	㉧ 직업재활급여	

② 간접비: 재산손실, 생산중단 등으로 기업이 입은 손실

㉠ 인적손실: 본인 및 제3자에 관한 것을 포함한 시간손실

㉡ 물적손실: 기계, 공구, 재료, 시설의 복구에 소비된 시간손실 및 재산손실

㉢ 생산손실: 생산감소, 생산중단, 판매감소 등에 의한 손실

㉣ 특수손실

㉤ 기타손실

③ 직접비 : 간접비＝1 : 4

※ 우리나라의 재해손실비용은 「경제적 손실 추정액」이라 칭하며 하인리히 방식으로 산정한다.

(2) 시몬즈 방식

① 총 재해코스트

㉠ 총 재해코스트＝보험코스트＋비보험코스트

㉡ 비보험코스트＝휴업상해건수×A＋통원상해건수×B＋응급조치건수×C＋무상해사고건수×D

㉢ A, B, C, D는 장해정도별에 의한 비보험코스트의 평균치

② 상해의 종류

㉠ 휴업상해: 영구 부분노동 불능 및 일시 전노동 불능

㉡ 통원상해: 일시 부분노동 불능 및 의사의 통원조치를 필요로 하는 상해

㉢ 응급조치상해: 응급조치상해 또는 8시간 미만의 휴업 의료조치 상해

㉣ 무상해사고: 의료조치를 필요로 하지 않는 상해사고

(3) 버드의 방식

총 재해코스트 = 보험비(1) + 비보험비(5~50) + 비보험 기타비용(1~3)

① **보험비**: 의료, 보상금
② **비보험 재산비용**: 건물손실, 기구 및 장비손실, 조업중단 및 지연
③ **비보험 기타비용**: 조사시간, 교육 등

(4) 콤패스 방식

총 재해코스트 = 공동비용비 + 개별비용비

① **공동비용**: 보험료, 안전보건팀 유지비용
② **개별비용**: 작업손실비용, 수리비, 치료비 등

4. 재해사례 분석절차

(1) 상해정도별 구분

① 사망
② 영구 전노동 불능 상해(신체장해등급 1~3급)
③ 영구 일부노동 불능 상해(신체장해등급 4~14급)
④ **일시 전노동 불능 상해**: 장해가 남지 않는 휴업상해
⑤ **일시 일부노동 불능 상해**: 일시 근무 중에 업무를 떠나 치료를 받는 정도의 통원상해
⑥ **구급처치상해**: 응급처치 후 정상작업을 할 수 있는 정도의 상해

(2) 통계적 분류

① **사망**: 노동 손실일수 7,500일
② **중상해**: 부상으로 8일 이상 노동 손실을 가져온 상해
③ **경상해**: 부상으로 1일 이상 7일 이하의 노동 손실을 가져온 상해
④ **경미상해**: 8시간 이하의 휴무 또는 작업에 종사하면서 치료를 받는 상해(통원치료)

(3) 상해의 종류

① **골절**: 뼈에 금이 가거나 부러진 상해
② **동상**: 저온물 접촉으로 생긴 동상 상해
③ **부종**: 국부의 혈액순환의 이상으로 몸이 퉁퉁 부어오르는 상해
④ **자상(찔림)**: 칼날 등 날카로운 물건에 찔린 상해
⑤ **좌상(타박상)**: 타박, 충돌, 추락 등으로 피부의 표면보다는 피하조직 또는 근육부를 다친 상해(삔 것 포함)
⑥ **절상(절단)**: 뼈가 부러지거나 뼈마디가 어긋나 다침 또는 그런 부상
⑦ **중독, 질식**: 음식, 약물, 가스 등에 의해 중독이나 질식된 상태
⑧ **찰과상**: 스치거나 문질러서 벗겨진 상태
⑨ **창상(베임)**: 창, 칼 등에 베인 상처
⑩ **청력 장해**: 청력이 감퇴 또는 난청이 된 상태
⑪ **시력 장해**: 시력이 감퇴 또는 실명이 된 상태
⑫ **화상**: 화재 또는 고온물 접촉으로 인한 상해

(4) 재해의 통계적 원인분석 방법

① 파레토도: 분류항목을 큰 순서대로 도표화한 분석법이다.

② 특성요인도: 특성과 요인관계를 도표로 하여 어골상으로 세분화한 분석법으로 원인과 결과를 연계하여 상호관계를 파악한다.

③ 클로즈(Close)분석도: 데이터(Data)를 집계하고 표로 표시하여 요인별 결과 내역을 교차한 클로즈 그림을 작성하여 분석하는 방법이다.

④ 관리도: 재해발생 건수 등의 추이를 파악하여 목표관리를 행하는 데 필요한 월별 재해발생수를 그래프화하여 관리선을 설정하고 관리하는 방법이다.

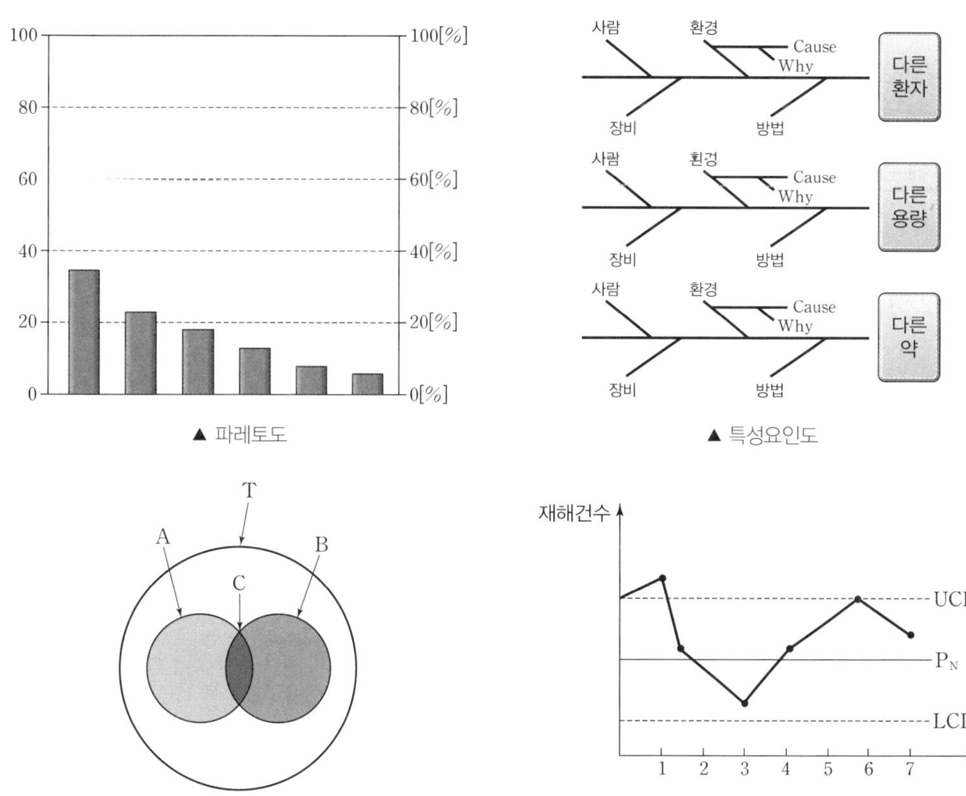

▲ 파레토도 ▲ 특성요인도

▲ 클로즈분석도 ▲ 관리도

(5) 재해사례 연구의 진행 단계

① 전제 조건 – 재해상황의 파악: 사례연구의 전제 조건인 재해상황의 파악은 다음의 항목에 관하여 실시한다.

㉠ 재해발생 일시, 장소	㉡ 업종, 규모	㉢ 상해의 상황
㉣ 물적 피해상황	㉤ 피해 근로자의 특성	㉥ 사고형태
㉦ 기인물과 가해물	㉧ 조직 계통도	㉨ 재현현황 도면

② 제1단계 – 사실의 확인: 작업의 개시에서 재해의 발생까지의 경과 가운데 재해와 관계가 있는 사실 및 재해요인으로 알려진 사실을 객관적으로 확인한다. 이상 시, 사고 시 또는 재해발생 시의 조치도 포함된다.

③ 제2단계 – 문제점의 발견: 파악된 사실로부터 판단하여 각종 기준에서 차이의 문제점을 발견한다.(직접 원인)

④ 제3단계 – 근본적 문제점의 결정: 문제점 가운데 재해의 중심이 된 근본적 문제점을 결정하고 다음에 재해원인을 결정한다.(기본원인)

⑤ 제4단계 – 대책수립: 사례를 해결하기 위한 대책을 세운다.

3 안전점검 · 검사 · 인증 및 진단

1. 안전점검의 정의 및 목적

(1) 정의

안전점검은 설비의 불안전한 상태나 인간의 불안전한 행동으로부터 일어나는 결함을 발견하여 안전대책을 세우기 위한 활동을 말한다.

(2) 안전점검의 목적

① 기기 및 설비의 결함이나 불안전한 상태의 제거로 사전에 안전성을 확보하기 위함이다.

② 기기 및 설비의 안전상태 유지 및 본래의 성능을 유지하기 위함이다.

③ 재해방지를 위한 대책을 계획적으로 실시하기 위함이다.

2. 안전점검의 종류

종류	내용
일상점검(수시점검)	작업 전 · 중 · 후 수시로 실시하는 점검
정기점검	정해진 기간에 정기적으로 실시하는 점검
특별점검	기계 · 기구의 신설 및 변경 또는 고장, 수리 등에 의해 부정기적으로 실시하는 점검, 안전강조기간에 실시하는 점검 등
임시점검	이상 발견 시 또는 재해발생 시 임시로 실시하는 점검

3. 안전점검표의 작성

(1) 안전점검표(체크리스트)에 포함되어야 할 사항

① 점검대상

② 점검부분(점검개소)

③ 점검항목(점검내용: 마모, 균열, 부식, 파손, 변형 등)

④ 점검주기 또는 기간(점검시기)

⑤ 점검방법(육안점검, 기능점검, 기기점검, 정밀점검)

⑥ 판정기준(안전검사기준, 법령에 의한 기준, KS기준 등)

⑦ 조치사항(점검결과에 따른 결과의 시정)

(2) 안전점검표(체크리스트) 작성 시 유의사항

① 위험성이 높은 순이나 긴급을 요하는 순으로 작성할 것

② 정기적으로 검토하여 설비나 작업방법이 타당성 있게 개조된 내용일 것

③ 점검항목을 이해하기 쉽게 구체적으로 표현할 것

④ 사업장에 적합한 독자적 내용을 가지고 작성할 것

(3) 안전점검보고서에 수록될 내용

① 작업현장의 현 배치 상태와 문제점

② 안전교육 실시현황 및 추진방향

③ 안전방침과 중점개선 계획

④ 재해다발요인과 유형분석 및 비교 데이터 제시

⑤ 보호구, 방호장치 작업환경 실태와 개선 제시

(4) 작업시작 전 점검사항 안전보건규칙 / 별표 3

작업의 종류	점검내용
프레스 등을 사용하여 작업을 할 때	가. 클러치 및 브레이크의 기능 나. 크랭크축 · 플라이휠 · 슬라이드 · 연결봉 및 연결 나사의 풀림 여부 다. 1행정 1정지기구 · 급정지장치 및 비상정지장치의 기능 라. 슬라이드 또는 칼날에 의한 위험방지 기구의 기능 마. 프레스의 금형 및 고정볼트 상태 바. 방호장치의 기능 사. 전단기의 칼날 및 테이블의 상태
로봇의 작동 범위에서 그 로봇에 관하여 교시 등(로봇의 동력원을 차단하고 하는 것 제외)의 작업을 할 때	가. 외부 전선의 피복 또는 외장의 손상 유무 나. 매니퓰레이터(Manipulator) 작동의 이상 유무 다. 제동장치 및 비상정지장치의 기능
공기압축기를 가동할 때	가. 공기저장 압력용기의 외관 상태 나. 드레인밸브(Drain Valve)의 조작 및 배수 다. 압력방출장치의 기능 라. 언로드밸브(Unloading Valve)의 기능 마. 윤활유의 상태 바. 회전부의 덮개 또는 울 사. 그 밖의 연결 부위의 이상 유무
크레인을 사용하여 작업을 하는 때	가. 권과방지장치 · 브레이크 · 클러치 및 운전장치의 기능 나. 주행로의 상측 및 트롤리(Trolley)가 횡행하는 레일의 상태 다. 와이어로프가 통하고 있는 곳의 상태
이동식 크레인을 사용하여 작업을 할 때	가. 권과방지장치나 그 밖의 경보장치의 기능 나. 브레이크 · 클러치 및 조정장치의 기능 다. 와이어로프가 통하고 있는 곳 및 작업장소의 지반상태
지게차를 사용하여 작업을 하는 때	가. 제동장치 및 조종장치 기능의 이상 유무 나. 하역장치 및 유압장치 기능의 이상 유무 다. 바퀴의 이상 유무 라. 전조등 · 후미등 · 방향지시기 및 경보장치 기능의 이상 유무
구내운반차를 사용하여 작업을 할 때	가. 제동장치 및 조종장치 기능의 이상 유무 나. 하역장치 및 유압장치 기능의 이상 유무 다. 바퀴의 이상 유무 라. 전조등 · 후미등 · 방향지시기 및 경음기 기능의 이상 유무 마. 충전장치를 포함한 홀더 등의 결합상태의 이상 유무
컨베이어 등을 사용하여 작업을 할 때	가. 원동기 및 풀리(Pulley) 기능의 이상 유무 나. 이탈 등의 방지장치 기능의 이상 유무 다. 비상정지장치 기능의 이상 유무 라. 원동기 · 회전축 · 기어 및 풀리 등의 덮개 또는 울 등의 이상 유무

4. 안전검사 및 안전인증

(1) 안전인증대상 기계 등 산업안전보건법 시행령 / 제74조

① 안전인증대상 기계 또는 설비

㉠ 프레스　㉡ 전단기 및 절곡기　㉢ 크레인
㉣ 리프트　㉤ 압력용기　㉥ 롤러기
㉦ 사출성형기　㉧ 고소작업대　㉨ 곤돌라

② 안전인증대상 방호장치

㉠ 프레스 및 전단기 방호장치

㉡ 양중기용 과부하방지장치

㉢ 보일러 압력방출용 안전밸브

㉣ 압력용기 압력방출용 안전밸브

㉤ 압력용기 압력방출용 파열판

㉥ 절연용 방호구 및 활선작업용 기구

㉦ 방폭구조 전기기계 · 기구 및 부품

㉧ 추락 · 낙하 및 붕괴 등의 위험 방지 및 보호에 필요한 가설기자재로서 고용노동부장관이 정하여 고시하는 것

㉨ 충돌 · 협착 등의 위험 방지에 필요한 산업용 로봇 방호장치로서 고용노동부장관이 정하여 고시하는 것

③ 안전인증대상 보호구

㉠ 추락 및 감전 위험방지용 안전모

㉡ 안전화

㉢ 안전장갑

㉣ 방진마스크

㉤ 방독마스크

㉥ 송기마스크

㉦ 전동식 호흡보호구

㉧ 보호복

㉨ 안전대

㉩ 차광 및 비산물 위험방지용 보안경

㉪ 용접용 보안면

㉫ 방음용 귀마개 또는 귀덮개

(2) 자율안전확인대상 기계 등 산업안전보건법 시행령 제77조

① 자율안전확인대상 기계 또는 설비

㉠ 연삭기 또는 연마기(휴대형 제외)

㉡ 산업용 로봇

㉢ 혼합기

㉣ 파쇄기 또는 분쇄기

㉤ 식품가공용 기계(파쇄 · 절단 · 혼합 · 제면기만 해당)

㉥ 컨베이어

㉦ 자동차정비용 리프트

㉧ 공작기계(선반, 드릴기, 평삭 · 형삭기, 밀링만 해당)

㉨ 고정형 목재가공용 기계(둥근톱, 대패, 루타기, 띠톱, 모떼기 기계만 해당)

㉩ 인쇄기

② 자율안전확인대상 방호장치

㉠ 아세틸렌 용접장치용 또는 가스집합 용접장치용 안전기

㉡ 교류 아크용접기용 자동전격방지기

㉢ 롤러기 급정지장치

㉣ 연삭기 덮개

㉤ 목재가공용 둥근톱 반발예방장치와 날접촉예방장치

㉥ 동력식 수동대패용 칼날 접촉 방지장치

㉦ 추락 · 낙하 및 붕괴 등의 위험 방지 및 보호에 필요한 가설기자재로서 고용노동부장관이 정하여 고시하는 것

③ 자율안전확인대상 보호구

㉠ 안전모(추락 및 감전 위험방지용 안전모 제외)

㉡ 보안경(차광 및 비산물 위험방지용 보안경 제외)

㉢ 보안면(용접용 보안면 제외)

(3) 안전검사대상 기계 등

① 안전검사대상 유해 · 위험기계 등 산업안전보건법 시행령 제78조

㉠ 프레스
㉡ 전단기
㉢ 크레인(정격 하중이 2톤 미만인 것 제외)
㉣ 리프트
㉤ 압력용기
㉥ 곤돌라
㉦ 국소배기장치(이동식 제외)
㉧ 원심기(산업용만 해당)
㉨ 롤러기(밀폐형 구조 제외)
㉩ 사출성형기(형 체결력 294[kN] 미만 제외)
㉪ 고소작업대(화물자동차 또는 특수자동차에 탑재한 고소작업대로 한정)
㉫ 컨베이어
㉬ 산업용 로봇

② 안전검사의 신청 산업안전보건법 시행규칙 제124조, 제127조

㉠ 안전검사를 받아야 하는 자는 안전검사 신청서를 검사 주기 만료일 30일 전에 안전검사 업무를 위탁받은 기관(이하 "안전검사기관")에 제출(전자문서로 제출하는 것 포함)하여야 한다.
㉡ 안전검사 신청을 받은 안전검사기관은 검사 주기 만료일 전후 각각 30일 이내에 해당 기계 · 기구 및 설비별로 안전검사를 하여야 한다.
㉢ 고용노동부장관은 안전검사에 합격한 사업주에게 안전검사대상 기계 등에 직접 부착 가능한 안전검사합격증명서를 발급하고, 부적합한 경우에는 해당 사업주에게 안전검사 불합격 통지서에 그 사유를 밝혀 통지하여야 한다.

③ 안전검사의 주기 산업안전보건법 시행규칙 제126조

㉠ 크레인(이동식 크레인 제외), 리프트(이삿짐운반용 리프트 제외) 및 곤돌라: 사업장에 설치가 끝난 날부터 3년 이내에 최초 안전검사를 실시하되, 그 이후부터 2년마다(건설현장에서 사용하는 것은 최초로 설치한 날부터 6개월마다) 실시한다.
㉡ 이동식 크레인, 이삿짐운반용 리프트 및 고소작업대: 신규등록 이후 3년 이내에 최초 안전검사를 실시하되, 그 이후부터 2년마다 실시한다.
㉢ 프레스, 전단기, 압력용기, 국소배기장치, 원심기, 롤러기, 사출성형기, 컨베이어 및 산업용 로봇: 사업장에 설치가 끝난 날부터 3년 이내에 최초 안전검사를 실시하되, 그 이후부터 2년마다(공정안전보고서를 제출하여 확인을 받은 압력용기는 4년마다) 실시한다.

④ 사업주가 자율검사프로그램을 인정받기 위한 충족 요건 산업안전보건법 시행규칙 제132조

㉠ 검사원을 고용하고 있을 것
㉡ 검사를 할 수 있는 장비를 갖추고 이를 유지 · 관리할 수 있을 것
㉢ 안전검사 주기의 $\frac{1}{2}$에 해당하는 주기(크레인 중 건설현장 외에서 사용하는 크레인의 경우에는 6개월)마다 검사를 할 것
㉣ 자율검사프로그램의 검사기준이 안전검사기준을 충족할 것

SUBJECT 03 기계 · 기구 및 설비 안전관리

CHAPTER

03 공작기계의 안전

합격 KEYWORD 칩 브레이커, 선반작업 시 안전대책, 밀링작업 시 안전대책, 숫돌의 원주속도, 플랜지의 지름, 연삭기의 방호장치

1 절삭가공기계의 종류 및 방호장치

1. 선반의 안전장치 및 작업 시 유의사항

(1) 선반의 종류

① 보통선반 ② 터릿선반 ③ 탁상선반 ④ 자동선반

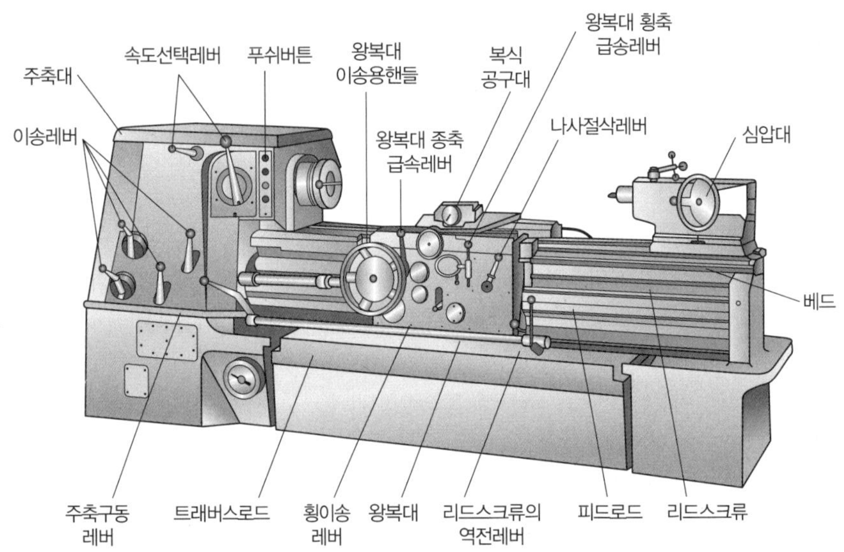

(2) 선반작업의 종류

총형깎기, 원통깎기, 테이퍼깎기, 보링, 숫나사깎기 등

(3) 선반의 방호장치

① 칩 브레이커(Chip Breaker): 칩을 짧게 끊어지도록 하는 장치

② 덮개(Shield): 가공재료의 칩이나 절삭유 등이 비산되어 나오는 위험으로부터 작업자의 보호를 위하여 이동이 가능한 장치

③ 브레이크(Brake): 가공 작업 중 선반을 급정지시킬 수 있는 장치

④ 척 커버(Chuck Cover): 척에 고정한 가공물의 돌출부에 작업자가 접촉하여 발생하는 위험을 방지하는 장치

(4) 선반의 크기 및 주요구조부분

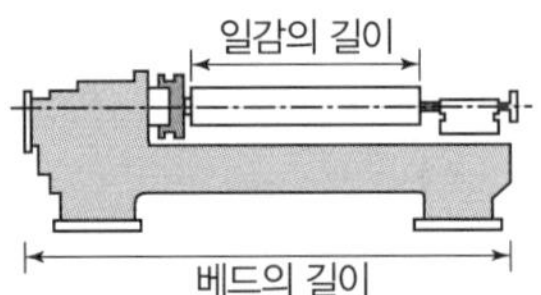

① 선반의 크기: 베드 위의 스윙, 왕복대 위의 스윙, 양 센터 사이의 최대 거리, 관습상 베드의 길이

② 선반의 주요구조부분: 주축대, 심압대, 왕복대, 베드

(5) 선반용 부품

① 센터(Center)　　② 돌리개(Lathe dog or Carrier)

③ 면판(Face Plate)　　④ 심봉(Mandrel)

⑤ 방진구(Center Rest): 가늘고 긴 일감은 절삭력과 자중으로 휘거나 처짐이 일어나는데 이를 방지하기 위한 장치로 일감의 길이가 직경의 12배 이상일 때 사용한다.

⑥ 척(Chuck): 선반의 주축 끝에 장치하여 공작물을 유지하는 부속장치이다.

(6) 선반작업 시 안전대책

① 긴 물건 가공 시 주축대 쪽으로 돌출된 회전가공물에는 덮개를 설치하고, 심압대로 지지하고 가공한다.

② 바이트는 끝을 짧게 장치하고 일감의 길이가 직경의 12배 이상일 때 방진구를 사용한다.

③ 절삭 중 일감에 손을 대서는 안 되며 손이 말려 들어갈 위험이 있는 장갑을 착용하지 않는다.

④ 바이트에는 칩 브레이커를 설치하고, 보안경을 착용한다.

⑤ 치수 측정, 주유, 청소 시에는 반느시 기계를 정시한다.

⑥ 기계 운전 중 백기어 사용은 금지된다.

⑦ 가공물은 전원스위치를 끄고 바이트를 충분히 멀리 위치시킨 후 설치한다.

⑧ 가공물 장착 후에는 척 렌치를 바로 벗겨 놓는다.

⑨ 무게가 편중된 가공물은 균형추를 부착한다.

⑩ 상의는 옷자락 안으로 넣고, 소맷자락을 묶을 때에는 끈을 사용하지 않는다.

⑪ 돌리개는 적정 크기의 것을 선택하고, 심압대 스핀들은 지나치게 길게 나오지 않도록 한다.

⑫ 시동 전에 척 핸들은 빼어 둔다.

⑬ 절삭 칩의 제거는 반드시 브러시 등의 도구를 사용한다.

⑭ 작업 시 공구는 항상 정리해두고, 베드 위에 공구를 올려놓지 않아야 한다.

(7) 기계의 동력차단장치 안전보건규칙 제88조

동력차단장치(비상정지장치)를 설치할 때에는 기계 중 절단 · 인발 · 압축 · 꼬임 · 타발 또는 굽힘 등의 가공을 하는 기계에 설치하되, 근로자가 작업위치를 이동하지 아니하고 조작할 수 있는 위치에 설치하여야 한다.

2. 밀링작업 시 안전수칙

(1) 밀링머신

밀링머신은 회전하는 절삭공구에 가공물을 이송하여 원하는 형상으로 가공하는 공작기계이다.

▲ 밀링머신

(2) 밀링절삭작업

① 상향절삭: 일감의 이송방향과 커터의 회전방향이 반대

② 하향절삭: 일감의 이송방향과 커터의 회전방향이 일치

㉠ 일감의 고정이 간편하다.

㉡ 가공면이 깨끗하다.

㉢ 밀링커터의 날이 마찰작용을 하지 않으므로 수명이 길다.

㉣ 백래시(Backlash) 제거 장치가 없으면 작업을 할 수 없다.

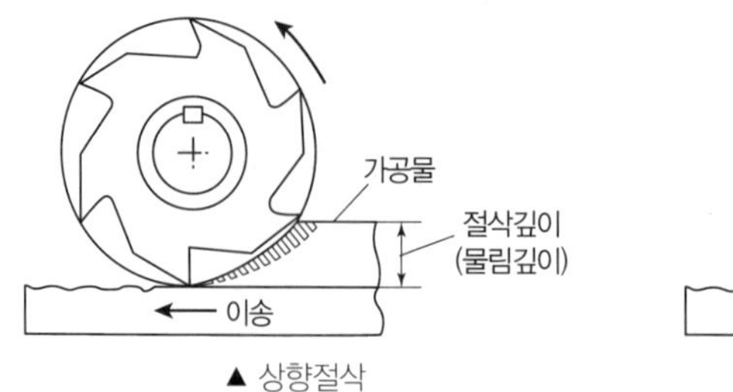

▲ 상향절삭

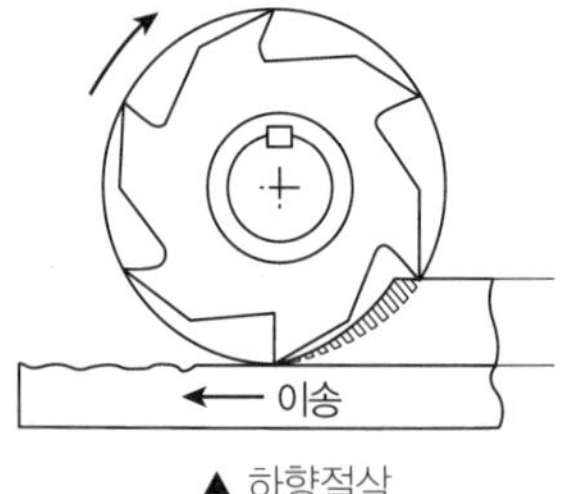

▲ 하향절삭

(3) 밀링작업의 공식

① 절삭속도

$$V=\frac{\pi DN}{1,000}$$

여기서, V: 절삭속도[m/min], D: 밀링커터의 지름[mm], N: 밀링커터의 회전수[rpm]

② 이송속도

$$f=f_z\times z\times N$$

여기서, f: 테이블의 이송속도[mm/min], f_z: 밀링커터의 날 1개마다의 이송거리[mm]
z: 밀링커터의 날 수, N: 밀링커터의 회전수[rpm]

(4) 방호장치의 덮개

밀링커터 작업 시 작업자의 옷 소매가 커터에 감겨 들어가거나 칩이 작업자의 눈에 들어가는 것을 방지하기 위하여 상부의 암에 덮개를 설치한다.

(5) 밀링작업 시 안전대책

① 밀링커터에 작업복의 소매나 작업모가 말려 들어가지 않도록 한다.
② 칩은 기계를 정지시킨 후 브러시 등으로 제거한다.
③ 커터를 끼울 때에는 아버를 깨끗이 닦는다.
④ 상하, 좌우 이송장치의 핸들은 사용 후 반드시 빼어 둔다.
⑤ 일감 또는 부속장치 등을 설치하거나 제거할 때 또는 일감을 측정할 때에는 반드시 정지시킨 다음에 작업한다.
⑥ 커터를 교환할 때는 반드시 테이블 위에 목재를 받쳐 놓는다.
⑦ 커터는 될 수 있는 한 칼럼에 가깝게 설치한다.
⑧ 테이블이나 암 위에 공구나 커터 등을 올려놓지 않고 공구대 위에 놓는다.
⑨ 가공 중에는 손으로 가공면을 점검하지 않는다.
⑩ 강력절삭을 할 때는 일감을 바이스에 깊게 물린다.
⑪ 손이 말려 들어갈 위험이 있는 장갑을 착용하지 않는다.
⑫ 밀링작업에서 생기는 칩은 가늘고 예리하며 부상을 입히기 쉬우므로 보안경을 착용한다.
⑬ 주축속도를 변속시킬 때에는 반드시 주축이 정지한 후에 변환한다.
⑭ 정면 밀링커터 작업 시 날 끝 위쪽 높이에서 확인하며 작업한다.

3. 플레이너와 셰이퍼의 방호장치 및 안전수칙

(1) 플레이너(Planer)

① 플레이너의 개요

㉠ 플레이너 작업에서 공구는 고정되어 있고 일감이 직선운동을 하며 공구는 이송운동을 할 뿐이다.

㉡ 셰이퍼에 비하여 큰 일감을 가공하는 데 사용된다.

▲ 플레이너(Planer)

② 플레이너의 안전작업수칙

㉠ 반드시 스위치를 끄고 일감의 고정작업을 하고, 일감의 고정작업 시 균일한 힘을 유지한다.

㉡ 바이트는 되도록 짧게 설치한다.

㉢ 기계작동 중 테이블 위에는 절대로 올라가지 않는다.

㉣ 프레임 중앙부에 있는 피트에는 뚜껑을 설치한다.

㉤ 베드 위에는 물건을 올려놓지 않는다.

㉥ 테이블과 고정벽 또는 다른 기계와의 최소 거리가 40[cm] 이하가 될 때는 기계의 양쪽에 울타리를 설치하여 통행을 차단한다.

③ 절삭속도

$$v_m = \frac{2L}{t} = \frac{2v_s}{1+\frac{1}{n}},\ t = \frac{L}{v_s} = \frac{L}{v_r}$$

여기서, v_m: 평균속도[m/min], v_s: 절삭속도[m/min], v_r: 귀환속도[m/min]

L: 행정[m], t: 1회 왕복시간[min], n: 속도비$=\frac{v_r}{v_s}$(보통 3~4)

(2) 셰이퍼(Shaper)

① 셰이퍼의 개요

㉠ 셰이퍼(Shaper)는 램(Ram)의 왕복운동에 의한 바이트의 직선절삭운동과 절삭운동에 수직방향인 테이블의 운동으로 일감이 이송되어 평면을 주로 가공하는 공작기계이다.

㉡ 셰이퍼의 크기는 주로 램의 최대행정으로 표시할 때가 많고 테이블의 크기와 이송거리를 표시하는 경우도 있다.

▲ 셰이퍼(Shaper)

② 셰이퍼의 안전작업수칙

㉠ 보안경을 착용한다.

㉡ 가공품을 측정하거나 청소를 할 때는 기계를 정지한다.

㉢ 램 행정은 공작물 길이보다 20~30[mm] 길게 한다.

㉣ 시동하기 전에 행정조정용 핸들을 빼놓는다.

㉤ 가공 중에는 다듬질 면을 손으로 만지지 않고, 바이트의 운동방향에 서지 않는다.

㉥ 가공 중에 기계의 점검 및 주유를 하지 않는다.

㉦ 일감가공 중 바이트와 부딪혀 떨어지는 경우가 있으므로 일감은 견고하게 물린다.

③ 셰이퍼의 안전장치: 울타리(방책), 칩받이, 칸막이(방호울)

④ 위험요인: 가공칩(Chip) 비산, 램(Ram) 말단부 충돌, 바이트(Bite)의 이탈

⑤ **셰이퍼 바이트(Shaper Bite)의 설치:** 가능한 범위 내에서 짧게 고정하고, 날 끝은 생크(Shank)의 뒷면과 일직선 상에 있게 한다.

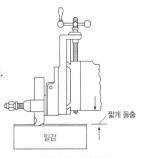

짧게 돌출

일감

▲ 바이트의 설치법

(3) 슬로터(Slotter)

① 슬로터 작업

㉠ 슬로터는 구조가 셰이퍼를 수직으로 세워 놓은 것과 비슷하여 수직셰이퍼라고도 한다.

㉡ 주로 보스에 Key Way를 절삭하기 위한 기계로서 일감을 베드 위에 고정하고 베드에 수직인 하향으로 절삭함으로써 중절삭을 할 수 있다.

② 슬로터 안전작업수칙

㉠ 일감을 견고하게 고정한다.

㉡ 근로자의 탑승을 금지시킨다.

㉢ 바이트는 가급적 짧게 물린다.

㉣ 작업 중 바이트의 운동방향에 서지 않는다.

4. 드릴링 머신(Drilling Machine)

(1) 드릴 가공의 종류

① 드릴 가공(Drilling): 드릴로 구멍을 뚫는 작업이다.

② 리머 가공(Reaming): 리머를 사용하여 드릴로 뚫은 구멍의 치수를 정확히 하며 정밀가공을 한다.

③ 보링(Boring): 이미 뚫린 구멍이나 주조한 구멍을 각각 용도에 따른 크기나 정밀도로 넓히는 작업이고 구멍의 형상을 바로잡기도 한다.

④ 카운터 보링(Counter Boring): 작은 나사머리, 볼트의 머리를 일감에 묻히게 하기 위한 턱이 있는 구멍뚫기의 가공이다.

⑤ 카운터 싱킹(Counter Sinking): 접시머리 나사의 머리부를 묻히게 하기 위하여 원뿔자리를 내는 가공이다.

▲ 드릴링 머신

(2) 드릴의 절삭속도

$$v=\frac{\pi d N}{1,000}$$

여기서, v: 절삭속도[m/min], d: 드릴의 직경[mm], N: 드릴의 회전수[rpm]

(3) 드릴링 머신의 안전작업수칙

① 일감은 견고하게 고정시켜야 하며, 손으로 쥐고 구멍을 뚫는 것은 위험하다.

② 작업시작 전 척 렌치(Chuck Wrench)를 반드시 뺀다.

③ 장갑을 끼고 작업을 하지 않아야 하고, 회전하는 드릴에 걸레 등을 가까이 하지 않는다.

④ 구멍을 뚫을 때 관통된 것을 확인하기 위하여 손을 집어넣지 않아야 한다.

⑤ 칩은 회전을 중지시킨 후 브러시로 제거하여야 한다.

⑥ 드릴작업 중 물건은 바이스나 클램프를 사용하여 고정한다.

⑦ 드릴을 장치에서 제거할 경우에는 회전이 완전히 멈춘 후 작업한다.

⑧ 균열이 심한 드릴은 사용할 수 없고, 가공 중 이상한 소리가 나면 즉시 드릴을 연마하거나 다른 드릴로 교환한다.

⑨ 큰 구멍을 뚫을 때에는 작은 구멍을 먼저 뚫고 그 위에 큰 구멍을 뚫는다.

⑩ 작업모를 착용하고, 옷소매가 길거나 찢어진 옷은 입지 않는다.

⑪ 공작물을 먼저 고정시킨 후 드릴을 회전시킨다.

⑫ 보안경을 쓰거나 안전덮개를 설치한다.

(4) 휴대용 동력드릴의 안전한 작업방법

① 드릴의 손잡이를 견고하게 잡고 작업하여 드릴손잡이 부위가 회전하지 않고 확실하게 제어 가능하도록 한다.

② 절삭하기 위하여 구멍에 드릴날을 넣거나 뺄 때 반발에 의하여 손잡이 부분이 튀거나 회전하여 위험을 초래하지 않도록 팔을 드릴과 직선으로 유지한다.

③ 드릴이나 리머를 고정시키거나 제거하고자 할 때 공구를 사용하고 해머 등으로 두드려서는 안 된다.

④ 드릴을 구멍에 맞추거나 스핀들의 속도를 낮추기 위해서 드릴날을 손으로 잡아서는 안 된다.

5. 연삭기

동력에 의해 회전하는 연삭숫돌을 사용해서 금속이나 그 밖의 공작물을 연삭하거나 절단하는 기계로서 크게 분류하면 공작물을 기계적 장치로 이송하는 기계식 연삭기와 공작물을 손으로 이송하거나 연삭기계를 손으로 잡고 가공하는 자유식 연삭기가 있다.

(1) 연삭기의 종류

숫돌차를 고속회전시켜 공작물이나 공구 등을 연삭하는 연삭용으로는 원통 연삭기, 내면 연삭기, 평면 연삭기, 만능 연삭기, 센터리스 연삭기, 나사 연삭기, 기어 연삭기 등이 있고, 공구 연삭용으로는 공구 연삭기, 드릴링 연삭기, 초경 공구 연삭기, 만능 공구 연삭기 등이 있다.

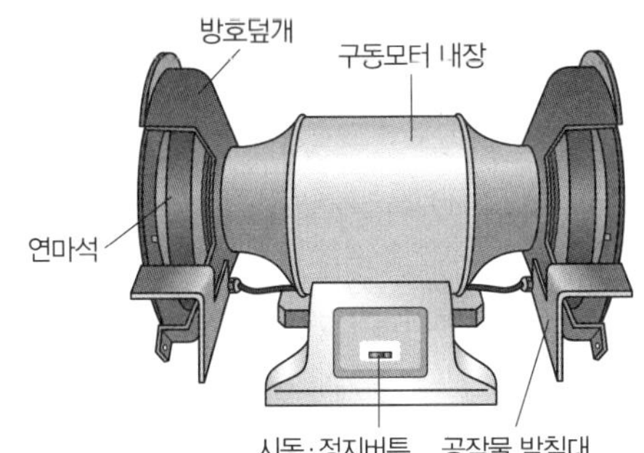

(2) 연삭숫돌의 구성

① 숫돌입자(Abrasive Grain)

연삭재		숫돌입자의 기호	성분
인조산	알루미나(Al_2O_3)	A	알루미나 약 95[%]
		WA	알루미나 약 99.5[%] 이상

② 입도(Grain Size)

숫돌입자는 메시(Mesh)로 선별하며 숫돌입자 크기의 굵기를 표시하는 숫자이다.

호칭	거친 것	중간 것	고운 것	매우 고운 것
입도(번)	10, 12, …, 24	30, 36, 46, 54, 60	70, 80, …, 220	240, 280, …, 800

③ 결합도(Grade)

숫돌입자의 결합상태를 나타낸다.

호칭	극히 연한 것	연한 것	중간 것	단단한 것	매우 단단한 것
결합도	E, F, G	H, I, J, K	L, M, N, O	P, Q, R, S	T, U, V, W, X, Y, Z

④ 조직(Structure)

숫돌의 단위 용적당 입자의 양 즉, 입자의 조밀상태를 나타낸다.

호칭	조직	숫돌입자율[%]	기호
치밀한 것	0, 1, 2, 3	50 이상	c
중간 것	4, 5, 6	42 이상 50 미만	m
거친 것	7, 8, 9, 10, 11, 12	42 미만	w

⑤ 결합제(Bond)

숫돌입자를 결합하여 숫돌을 형성하는 재료이다.

㉠ 비트리파이드 결합제(V; Vitrified Bond)

㉡ 실리케이트 결합제(S; Silicate Bond)

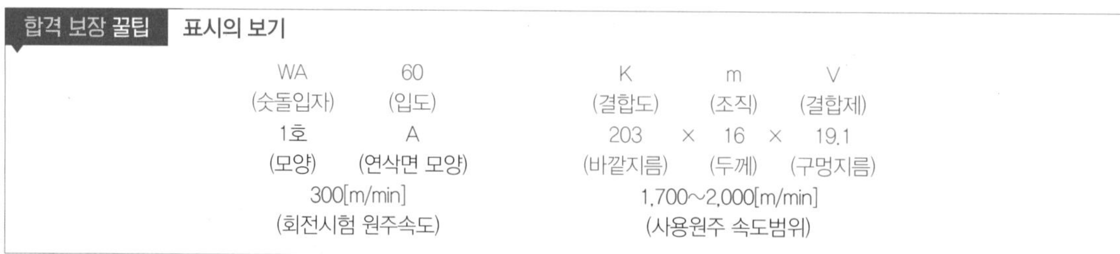

합격 보장 꿀팁 표시의 보기

WA	60	K	m	V
(숫돌입자)	(입도)	(결합도)	(조직)	(결합제)

1호	A	203 ×	16 ×	19.1
(모양)	(연삭면 모양)	(바깥지름)	(두께)	(구멍지름)

300[m/min]	1,700~2,000[m/min]
(회전시험 원주속도)	(사용원주 속도범위)

(3) 숫돌의 원주속도 및 플랜지의 지름

① 숫돌의 원주속도 위험기계·기구 자율안전확인 고시 제4조

$$V = \frac{\pi DN}{60 \times 1,000}[\mathrm{m/s}]$$

여기서, D: 지름[mm], N: 회전수[rpm]

② 플랜지의 지름: 플랜지의 지름은 숫돌 직경의 $\frac{1}{3}$ 이상인 것이 적당하다.

(4) 연삭숫돌의 파괴 및 재해원인

① 숫돌에 균열이 있는 경우

② 숫돌이 고속으로 회전하는 경우

③ 회전력이 결합력보다 큰 경우

④ 무거운 물체가 충돌한 경우(외부의 큰 충격을 받은 경우)

⑤ 숫돌의 측면을 일감으로써 심하게 가압했을 경우(특히 숫돌이 얇을 때 위험)

⑥ 베어링이 마모되어 진동을 일으키는 경우

⑦ 플랜지 지름이 현저하게 작은 경우

⑧ 회전중심이 잡히지 않은 경우

(5) 연삭숫돌의 수정

① 드레싱(Dressing): 숫돌면의 표면층을 깎아내어 절삭성이 나빠진 숫돌의 면에 새롭고 날카로운 날 끝을 발생시켜 주는 방법이다.

㉠ 눈메꿈(Loading): 결합도가 높은 숫돌에 구리와 같이 연한 금속을 연삭하였을 때 숫돌 표면의 기공에 칩이 메워져 연삭이 잘 안 되는 현상이다.

㉡ 글레이징(Glazing): 숫돌의 결합도가 높아 무디어진 입자가 탈락하지 않아 절삭이 어렵고, 일감을 상하게 하고 표면이 변질되는 현상이다.

㉢ 입자탈락: 숫돌바퀴의 결합도가 그 작업에 대하여 지나치게 낮을 경우 숫돌입자의 파쇄가 일어나기 전에 결합체가 파쇄되어 숫돌입자가 입자 그대로 떨어져 나가는 것이다.

▲ 정상연삭

▲ 눈메꿈

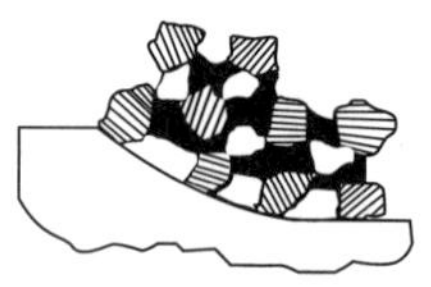

▲ 글레이징

② 트루잉(Truing): 숫돌의 연삭면을 숫돌과 축에 대하여 평행 또는 정확한 모양으로 성형시켜 주는 방법이다.

㉠ 크러시 롤러(Crush Roller): 총형 연삭을 할 때 숫돌을 일감의 반대모양으로 성형하며 드레싱하기 위한 강철롤러로 저속회전하는 숫돌바퀴에 접촉시켜 숫돌면을 부수며 총형으로 드레싱과 트루잉을 할 수 있다.

㉡ 자생작용: 연삭작업을 할 때 무디어진 연삭숫돌의 입자가 떨어져 나가고 새로운 입자가 나타나 연삭을 함으로써 마모, 파쇄, 탈락, 생성의 과정을 숫돌 스스로 반복하면서 연삭하여 주는 현상이다.

(6) 연삭기의 방호장치

① 연삭숫돌의 덮개 등 안전보건규칙 제122조

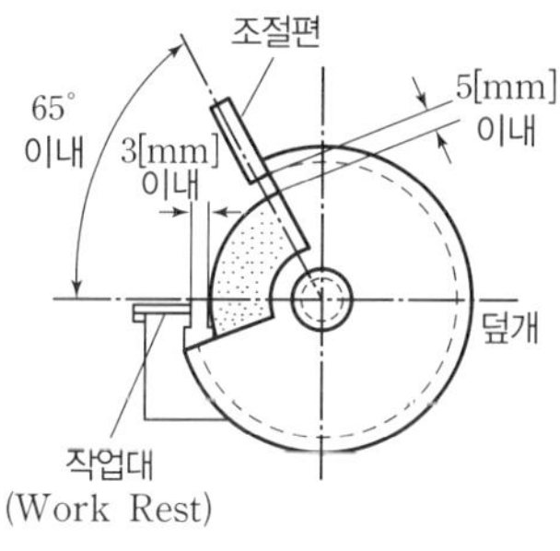

▲ 탁상용 연삭기의 덮개

㉠ 회전 중인 연삭숫돌(지름이 5[cm] 이상인 것으로 한정)이 근로자에게 위험을 미칠 우려가 있는 경우에 그 부위에 덮개를 설치하여야 한다.

㉡ 연삭숫돌을 사용하는 작업의 경우 작업을 시작하기 전에는 1분 이상, 연삭숫돌을 교체한 후에는 3분 이상 시험운전을 하고 해당 기계에 이상이 있는지를 확인하여야 한다.

㉢ 시험운전에 사용하는 연삭숫돌은 작업시작 전에 결함이 있는지를 확인한 후 사용하여야 한다.

㉣ 연삭숫돌의 최고 사용회전속도를 초과하여 사용하도록 해서는 아니 된다.

㉤ 측면을 사용하는 것을 목적으로 하지 않는 연삭숫돌을 사용하는 경우 측면을 사용하도록 해서는 아니 된다.

② 안전덮개의 각도 방호장치 자율안전기준 고시 별표 4

㉠ 탁상용 연삭기의 덮개

- 일반 연삭작업 등에 사용하는 것을 목적으로 하는 경우의 노출각도: 125° 이내
- 연삭숫돌의 상부사용을 목적으로 하는 경우의 노출각도: 60° 이내

㉡ 원동 연삭기, 만능 연삭기 등 덮개의 노출각도: 180° 이내

㉢ 휴대용 연삭기, 스윙(Swing) 연삭기 등 덮개의 노출각도: 180° 이내

㉣ 평면 연삭기, 절단 연삭기 등 덮개의 노출각도: 150° 이내

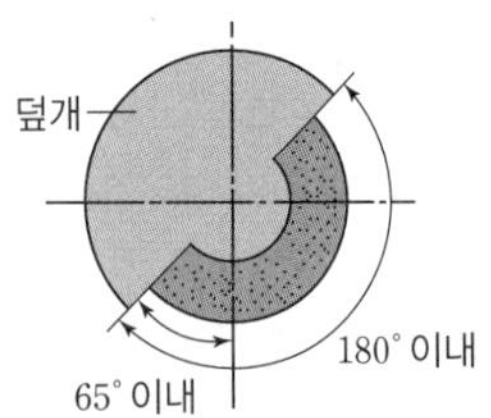

㉮ 원통 연삭기, 센터리스 연삭기, 공구 연삭기, 만능 연삭기, 기타 이와 비슷한 연삭기

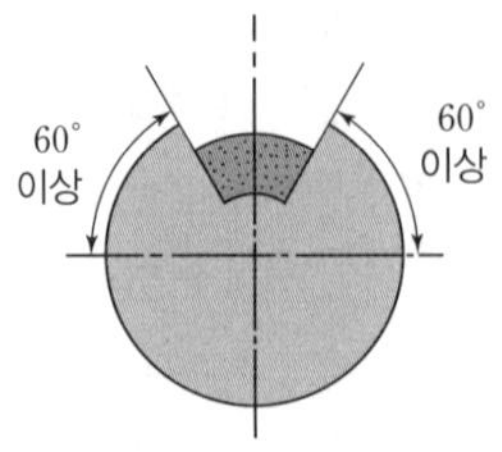

㉯ 연삭숫돌의 상부를 사용하는 것을 목적으로 하는 탁상용 연삭기

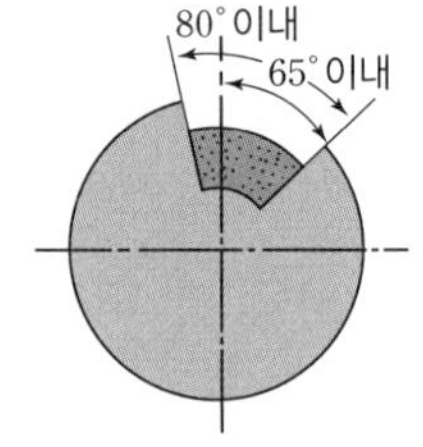

㉰ ㉯ 및 ㉳ 이외의 탁상용 연삭기, 기타 이와 비슷한 연삭기

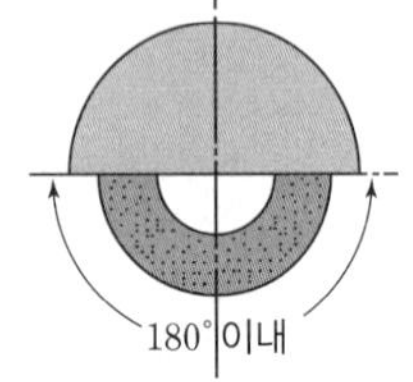

㉱ 휴대용 연삭기, 스윙 연삭기, 슬라브 연삭기, 기타 이와 비슷한 연삭기

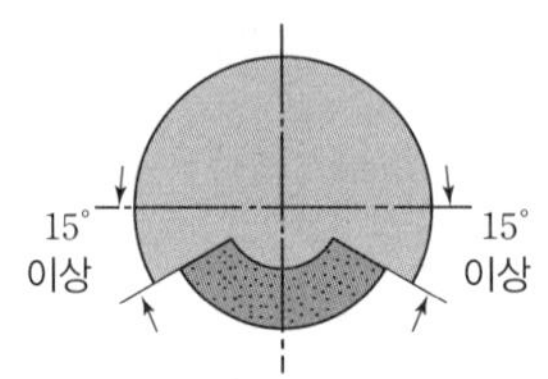

㉲ 평면 연삭기, 절단 연삭기, 기타 이와 비슷한 연삭기

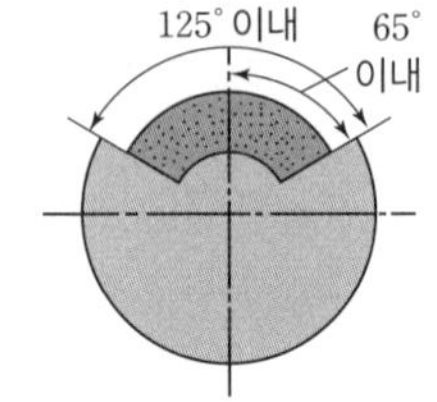

㉳ 일반 연삭작업 등에 사용하는 것을 목적으로 하는 탁상용 연삭기

(7) **래핑(Lapping)**

일감과 랩공구 사이에 미분말상태의 래핑제와 랩제(연마제)를 넣고 이들 사이에 상대운동을 시켜 표면을 매끈하게 하는 가공이다.

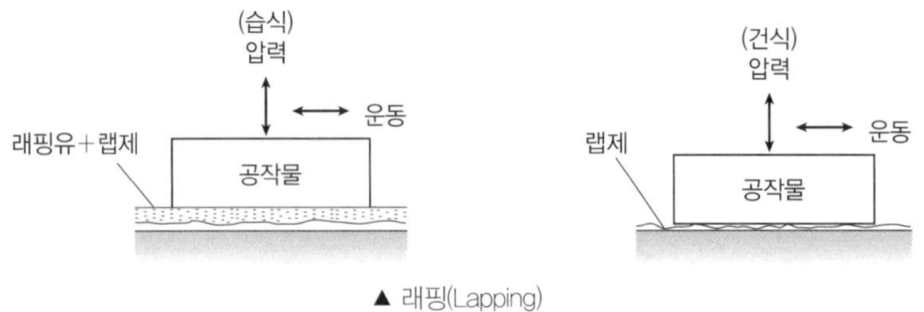

▲ 래핑(Lapping)

2 소성가공 및 방호장치

1. 소성가공의 종류

소성가공은 금속이나 합금에 소성 변형을 하는 것으로 가공 종류는 단조, 압연, 선뽑기, 밀어내기 등이 있다.

(1) **작업 방법에 따른 분류**

① **단조가공(Forging)**: 보통 열간가공에서 적당한 단조기계로 재료를 소성가공하여 조직을 미세화시키고, 균질상태에서 성형하며, 자유단조와 형단조(Die Forging)가 있다.

② **압연가공(Rolling)**: 재료를 열간 또는 냉간가공하기 위하여 회전하는 롤러 사이를 통과시켜 예정된 두께, 폭 또는 직경으로 가공한다.

③ **인발가공(Drawing)**: 금속 파이프 또는 봉재를 다이(Die)에 통과시켜, 축 방향으로 인발하여 외경을 감소시키면서 일정한 단면을 가진 소재로 가공하는 방법이다.

④ **압출가공(Extruding)**: 상온 또는 가열된 금속을 실린더 형상을 한 컨테이너에 넣고, 한쪽에 있는 램에 압력을 가하여 압출한다.

⑤ **판금가공(Sheet Metal Working)**: 판상 금속재료를 형틀로써 프레스(Press), 펀칭, 압축, 인장 등으로 가공하여 목적하는 형상으로 변형 가공하는 것이다.

⑥ **전조가공**: 압연과 유사한 작업으로 전조 공구를 이용하여 나사(Thread), 기어(Gear) 등을 성형하는 방법이다.

(2) 냉간가공 및 열간가공

① **냉간가공(상온가공, Cold Working)**: 재결정 온도 이하에서 금속의 인장강도, 항복점, 탄성한계, 경도, 연율, 단면 수축률 등과 같은 기계적 성질을 변화시키는 가공이다.

② **열간가공(고온가공, Hot Working)**: 재결정 온도 이상에서 하는 가공이다.

2. 단조작업의 종류

자유단조	개방형 형틀을 사용하여 소재를 변형시키는 것
형단조(Die Forging)	2개의 다이(Die) 사이에 재료를 넣고 가압하여 성형하는 방법
업셋단조 (Upset Forging)	가열된 재료를 수평으로 형틀에 고정하고, 한쪽 끝을 돌출시켜 돌출부를 축방향으로 헤딩공구(Heading Tool)로 타격을 주어 성형하는 방법
압연단조	한 쌍의 반원통 롤러 표면 위에 형을 조각하여 롤러를 회전시키면서 성형하는 것으로, 봉재에 가늘고 긴 것을 성형할 때 이용

3. 수공구

(1) 수공구의 종류

① **앤빌(Anvil)**: 연강으로 만들고 표면에 경강으로 단접한 것이 많으나 주강으로 만든 것도 있다.

② **표준대 또는 정반**: 기준 치수를 맞추는 대로서 두꺼운 철판 또는 주물로 만든다. 단조용은 때로는 앤빌 대용으로 사용된다.

③ **이형공대(Swage Block)**: 300~350[mm] 각(角) 정도의 크기로 앤빌 대용으로 사용되며, 여러 가지 형상의 이형틀이 있어 조형용으로 사용된다.

④ **해머(Hammer)**: 망치는 경강으로 만들며 내부는 점성이 크고 두부는 열처리로 경화하여 사용한다.

⑤ **집게(Tong)**: 가공물을 집는 공구로서 그 형상은 여러 가지가 있어 각종 목적에 사용하기에 편리하다.

⑥ **정(Chisel)**: 재료를 절단할 때 사용하는 것으로 직선절단용, 곡선절단용이 있다. 정의 각은 상온재 절단용에는 60°, 고온재의 절단용에는 30°를 사용한다.

㉠ 칩이 튀는 작업에는 보안경을 착용할 것

㉡ 정으로 담금질된 재료를 가공하지 아니할 것

㉢ 자르기 시작할 때와 끝날 무렵에는 세게 치지 아니할 것

㉣ 철강재를 정으로 절단할 때에는 철편이 날아 튀는 것에 주의할 것

(2) 수공구 취급 시 안전수칙

① 해머는 처음부터 힘을 주어 치지 않는다.

② 렌치(Wrench)는 올바르게 끼우고 몸 쪽으로 당기면서 작업한다.

③ 줄의 눈이 막힌 것은 반드시 와이어 브러시로 제거한다.

④ 정으로는 담금질된 재료를 가공하여서는 아니 된다.

CHAPTER

04 프레스 및 전단기의 안전

합격 KEYWORD No-hand In Die 방식, Hand In Die 방식, 프레스의 방호장치, 안전거리, 프레스 작업시작 전 점검사항

1 프레스 재해방지의 근본적인 대책

1. 프레스의 종류 및 가공

(1) 인력 프레스

수동 프레스로서 족답(足踏)프레스가 있으며 얇은 판의 펀칭 등에 주로 사용한다.

(2) 동력 프레스

① 파워 프레스(Power Press)

㉠ 크랭크 프레스(Crank Press): 크랭크축과 커넥팅로드와의 조합으로 축의 회전운동을 직선운동으로 전환시켜 프레스에 필요한 램의 운동을 시키는 것이다.

㉡ 익센트릭 프레스(Eccentric Press): 페달을 밟으면 클러치가 작용하여 주축에 회전이 전달된다. 편심주축의 일단에는 상하운동하는 램이 있고, 여기에 형틀을 고정하여 작업한다.

㉢ 토글 프레스(Toggle Press): 플라이휠의 회전운동을 크랭크장치로써 왕복운동으로 변환시키고 이것을 다시 토글(Toggle)기구로써 직선운동을 하는 프레스로 배력장치를 이용한다.

㉣ 마찰 프레스(Friction Press): 회전하는 마찰차를 좌우로 이동시켜 수평마찰차와 교대로 접촉시킴으로써 작업한다. 판금의 두께가 일정하지 않을 때 하강력의 조절이 잘 되는 프레스이다.

▲ 파워 프레스

② 유압 프레스: 용량이 큰 프레스로 수압 또는 유압으로 기계를 작동시킨다.

▲ 유압 프레스

(3) 프레스 가공의 종류

① 블랭킹(Blanking): 판재를 펀치로써 뽑는 작업을 말하며 그 제품을 블랭크(Blank)라고 하고 남은 부분을 스크랩(Scrap)이라 한다.

② 펀칭(Punching): 원판 소재에서 제품을 펀칭하면 이때 뽑힌 부분이 스크랩으로 되고 남은 부분은 제품이 된다.

③ 전단(Shearing): 소재를 직선, 원형, 이형의 소재로 잘라내는 것을 말한다.

④ 분단(Parting): 제품을 분리하는 가공이며 다이나 펀치에 Shear를 둘 수 없으며 2차 가공에 속한다.

⑤ 노칭(Notching): 소재의 단부에서 단부에 거쳐 직선 또는 곡선상으로 절단한다.

⑥ 트리밍(Trimming): 지느러미(Fin) 부분을 절단해 내는 작업이다. Punch와 Die로 Drawing 제품의 Flange를 소요의 형상과 치수로 잘라내는 것이며 2차 가공에 속한다.

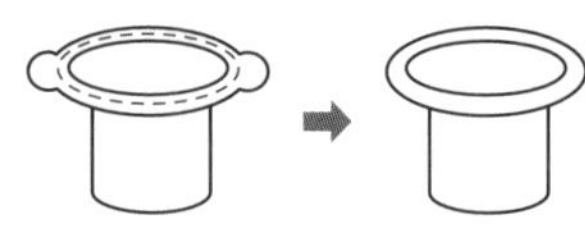
▲ 트리밍(Trimming)

2. 프레스의 작업점에 대한 방호방법

(1) No-hand In Die 방식(금형 안에 손이 들어가지 않는 구조)

① 방호울 설치 ② 안전금형 설치 ③ 자동화 또는 전용프레스 사용

(2) Hand In Die 방식(금형 안에 손이 들어가는 구조)

① 가드식 ② 수인식 ③ 손쳐내기식 ④ 양수조작식 ⑤ 광전자식

3. 프레스의 방호장치 설치기준 및 설치방법

(1) 가드식(Guard) 방호장치

① 정의 KOSHA M-122

가드의 개폐를 이용한 방호장치로서 기계의 작동을 서로 연동하여 가드가 열려 있는 상태에서는 기계의 위험부분이 가동되지 않고, 또한 기계가 작동하여 위험한 상태로 있을 때에는 가드를 열 수 없게 한 장치를 말한다.

② 종류: 가드방식, 게이트 가드방식

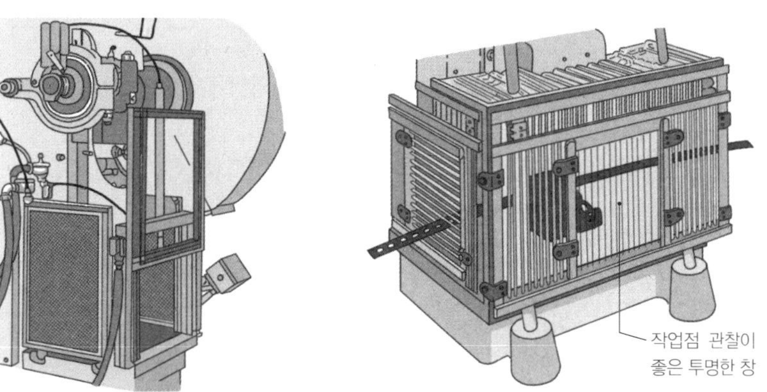

▲ 가드식 방호장치

(2) 양수조작식(Two-hand Control) 방호장치

① 양수조작식

㉠ 정의 KOSHA M-122

기계의 조작을 양손으로 동시에 하지 않으면 기계가 가동하지 않으며 한 손이라도 떼어내면 기계가 급정지 또는 급상승하게 하는 장치를 말한다. 급정지기구가 있는 마찰프레스에 적합하다.

▲ 양수조작식 방호장치

㉡ 안전거리 KOSHA M-122

$$D=1,600\times(T_L+T_S)[\text{mm}]$$

여기서, T_L: 방호장치의 작동시간(누름버튼에서 손을 떼는 순간부터 급정지기구가 작동 개시하기까지의 시간)[초]

T_S: 프레스의 급정지시간(급정지기구가 작동을 개시할 때부터 슬라이드가 정지할 때까지의 시간)[초]

※ T_L+T_S: 최대정지시간

㉢ 양수조작식 방호장치의 일반구조 방호장치 안전인증 고시 별표 1

- 정상동작표시등은 녹색, 위험표시등은 붉은색으로 하며, 쉽게 근로자가 볼 수 있는 곳에 설치하여야 한다.
- 방호장치는 릴레이, 리미트스위치 등의 전기부품의 고장, 전원전압의 변동 및 정전에 의해 슬라이드가 불시에 동작하지 않아야 하며, 사용전원전압의 ±20[%]의 변동에 대하여 정상으로 작동되어야 한다.
- 1행정 1정지기구에 사용할 수 있어야 한다.

• 누름버튼을 양손으로 동시에 조작하지 않으면 작동시킬 수 없는 구조이어야 하며, 양쪽버튼의 작동시간 차이는 최대 0.5초 이내일 때 프레스가 동작되도록 하여야 한다.
• 누름버튼의 상호 간 내측거리는 300[mm] 이상이어야 한다.
• 누름버튼(레버 포함)은 매립형의 구조로 한다.

② 양수기동식

㉠ 정의: 양손으로 누름단추 등의 조작장치를 동시에 1회 누르면 기계가 작동을 개시하는 것을 말한다. 급정지기구가 없는 확동식 프레스에 적합하다.

㉡ 안전거리 KOSHA M-122

$$D_m = 1,600 \times T_m[\text{mm}]$$

$$T_m = \left(\frac{1}{2} + \frac{1}{\text{클러치 개소 수}}\right) \times \frac{60}{\text{분당 행정수[SPM]}}$$

여기서, T_m: 누름버튼을 누른 때부터 사용하는 프레스의 슬라이드가 하사점에 도달할 때까지의 소요 최대시간[초]

(3) 손쳐내기식(Push Away, Sweep Guard) 방호장치

① 정의 KOSHA M-122

기계의 작동에 연동시켜 위험상태로 되기 전에 손을 위험 영역에서 밀어내거나 쳐냄으로써 위험을 배제하는 장치를 말한다.

▲ 손쳐내기식 방호장치

② 손쳐내기식 방호장치의 일반구조 및 설치 방호장치 안전인증 고시 별표 1

㉠ 슬라이드 행정수가 100[SPM] 이하, 행정길이가 40[mm] 이상의 것에 사용한다.

㉡ 슬라이드 하행정거리의 $\frac{3}{4}$ 위치에서 손을 완전히 밀어내야 한다.

㉢ 손쳐내기봉의 행정(Stroke) 길이를 금형의 높이에 따라 조정할 수 있고 진동폭은 금형 폭 이상이어야 한다.

㉣ 방호판의 폭은 금형 폭의 $\frac{1}{2}$ 이상이어야 하고, 행정길이 300[mm] 이상의 프레스 기계에는 방호판의 폭을 300[mm]로 하여야 한다.

㉤ 부착볼트 등의 고정 금속부분은 예리하게 돌출되지 않아야 한다.

(4) 수인식(Pull Out) 방호장치

① 정의 KOSHA M-122

슬라이드와 작업자 손을 끈으로 연결하여 슬라이드 하강 시 작업자 손을 당겨 위험영역에서 빼낼 수 있도록 한 장치를 말한다.

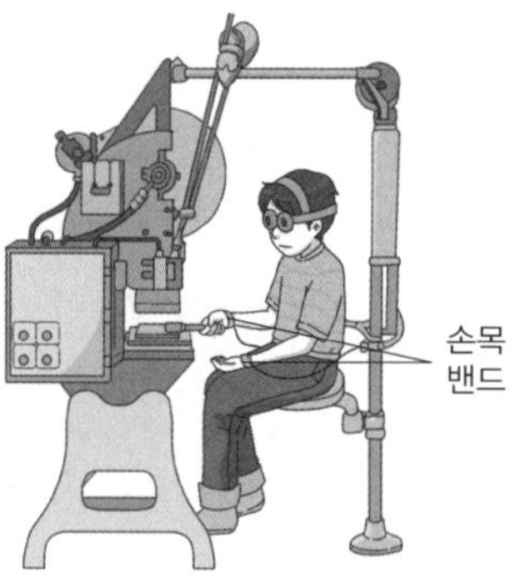

▲ 수인식 방호장치

② 수인식 방호장치의 일반구조 및 설치 방호장치 안전인증 고시 별표 1

㉠ 슬라이드 행정수가 100[SPM] 이하, 행정길이가 50[mm] 이상의 것에 사용한다.

㉡ 손목밴드(Wrist Band)의 재료는 유연한 내유성 피혁 또는 이와 동등한 재료를 사용하여야 한다.

㉢ 수인끈의 재료는 합성섬유로 직경이 4[mm] 이상이어야 한다.

㉣ 수인끈은 작업자와 작업공정에 따라 그 길이를 조정할 수 있어야 한다.

㉤ 수인끈의 안내통은 끈의 마모와 손상을 방지할 수 있는 조치를 하여야 한다.

(5) 광전자식(감응식)(Photosensor Type) 방호장치

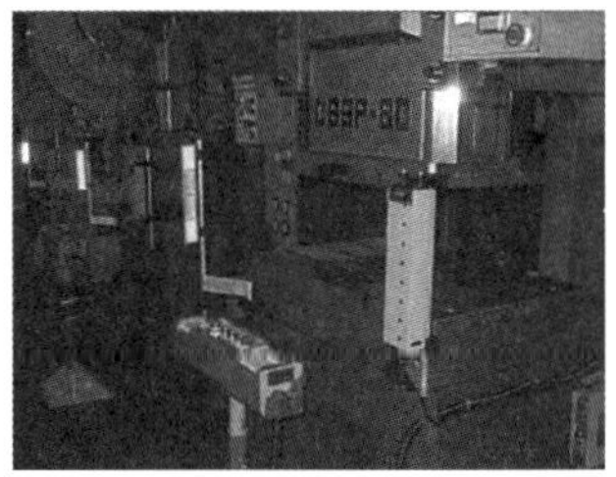

▲ 광전자식 방호장치

① 정의 KOSHA M-122

광선 검출트립기구를 이용한 방호장치로서 신체의 일부가 광선을 차단하면 기계를 급정지 또는 급상승시켜 안전을 확보하는 장치를 말한다.

② 안전거리 KOSHA M-122

$$D=1,600\times(T_L+T_S)[\text{mm}]$$

여기서, T_L: 방호장치의 작동시간(신체가 광선을 차단한 순간부터 급정지기구가 작동 개시하기까지의 시간)[초]

T_S: 프레스의 급정지시간(급정지기구가 작동을 개시할 때부터 슬라이드가 정지할 때까지의 시간)[초]

※ T_L+T_S: 최대정지시간

③ 광전자식 방호장치의 일반구조 방호장치 안전인증 고시 별표 1

㉠ 정상동작표시램프는 녹색, 위험표시램프는 붉은색으로 하며, 쉽게 근로자가 볼 수 있는 곳에 설치하여야 한다.

㉡ 슬라이드 하강 중 정전 또는 방호장치의 이상 시에 정지할 수 있는 구조이어야 한다.

㉢ 방호장치의 정상작동 중에 감지가 이루어지거나 공급전원이 중단되는 경우 적어도 두 개 이상의 독립된 출력신호 개폐장치가 꺼진 상태로 되어야 한다.

㉣ 방호장치의 감지기능은 규정한 검출영역 전체에 걸쳐 유효하여야 한다.

④ 광전자식 방호장치의 특징

㉠ 핀클러치 구조의 프레스에는 사용할 수 없다.

㉡ 연속 운전작업에 사용할 수 있다.

㉢ 기계적 고장에 의한 2차 낙하에는 효과가 없다.

㉣ 시계를 차단하지 않기 때문에 작업에 지장을 주지 않는다.

4. 프레스 작업 시 안전수칙

(1) 금형조정작업의 위험 방지 안전보건규칙 제104조

프레스 등의 금형을 부착 · 해체 또는 조정하는 작업을 할 때에 해당 작업에 종사하는 근로자의 신체가 위험한계 내에 있는 경우 슬라이드가 갑자기 작동함으로써 근로자에게 발생할 우려가 있는 위험을 방지하기 위하여 안전블록을 사용하는 등 필요한 조치를 하여야 한다.

(2) 작업시작 전 점검사항 안전보건규칙 별표 3

① 클러치 및 브레이크의 기능

② 크랭크축 · 플라이휠 · 슬라이드 · 연결봉 및 연결 나사의 풀림 여부

③ 1행정 1정지기구 · 급정지장치 및 비상정지장치의 기능

④ 슬라이드 또는 칼날에 의한 위험방지 기구의 기능

⑤ 프레스의 금형 및 고정볼트 상태

⑥ 방호장치의 기능

⑦ 전단기의 칼날 및 테이블의 상태

(3) 프레스 기계의 위험을 방지하기 위한 본질안전화

① 금형에 방호울 설치　② 안전금형의 사용　③ 전용프레스 사용

2 금형의 안전화

1. 위험방지 방법

(1) 금형의 사이에 신체의 일부가 들어가지 않도록 안전망을 설치한다.

(2) 상사점에 있어서 상형과 하형과의 간격, 가이드 포스트와 부쉬의 간격이 각각 8[mm] 이하가 되도록 설치한다.

(3) 금형 사이에 손을 넣을 필요가 없도록 조치를 강구한다.

2. 금형파손에 따른 위험방지

(1) 금형의 조립에 이용하는 볼트 또는 너트는 스프링와셔, 조립너트 등으로 헐거움 방지를 한다.

(2) 금형은 그 하중 중심이 원칙적으로 프레스 기계의 하중 중심과 일치하도록 한다.

(3) 캠, 기타 충격이 반복해서 가해지는 부품에는 완충장치를 설치한다.

(4) 금형에서 사용하는 스프링은 압축형으로 한다.

3. 금형의 탈착 및 운반에 의한 위험방지 KOSHA M-138

(1) 금형의 탈착 시

① 금형의 설치용구는 프레스의 구조에 적합한 형태로 한다.

② 금형을 설치하는 프레스의 T홈 안길이는 설치볼트 직경의 2배 이상으로 한다.

③ 고정볼트는 고정 후 가능하면 나사산을 3~4개 정도 짧게 남겨 슬라이드 면과의 사이에 협착이 발생하지 않도록 하여야 한다.

④ 금형 고정용 브래킷(물림판)을 고정시킬 때 고정용 브래킷은 수평이 되게 하고 고정볼트는 수직이 되게 고정하여야 한다.

(2) 금형의 운반 시

① 상부금형과 하부금형이 닿을 위험이 있을 때는 고정패드를 이용한 스트랩, 금속재질이나 우레탄 고무의 블록 등을 사용한다.

② 금형을 안전하게 취급하기 위해 아이볼트를 사용할 때는 반드시 숄더형으로서 완전하게 고정되어 있어야 한다.

③ 관통 아이볼트가 사용될 때는 구멍 틈새가 최소화되도록 한다. 아이볼트 고정을 위한 탭(Tap)이 있는 구멍들은 볼트 크기가 섞이지 않도록 한다.

④ 운반하기 위해 꼭 들어 올려야 할 때는 다이(Die)를 최소한의 간격을 유지하기 위해 필요한 높이 이상으로 들어 올려서는 안 된다.

4. 재료 또는 가공품 이송방법의 자동화

재료를 자동적으로 또는 위험한계 밖으로 송급하기 위한 롤피더, 슬라이딩 다이 등을 설치하여 금형 사이에 손을 넣을 필요가 없도록 한다.

5. 수공구의 활용

(1) 핀셋류

(2) 플라이어(집게)류

(3) 자석(마그넷)공구류

(4) 진공컵류(재료를 꺼내는 것밖에 사용할 수 없음)

CHAPTER

05 기타 산업용 기계 · 기구

합격 KEYWORD 개구부의 간격, 롤러기의 급정지거리, 앞면 롤러의 표면속도, 발생기실의 설치장소, 용접부의 결함, 보일러 안전장치

1 롤러기(Roller)

1. 가드(Guard) 설치

(1) 개구부의 간격 KOSHA M-135

① 가드를 설치할 때 일반적인 개구부의 간격은 다음의 식으로 계산한다.

$Y=6+0.15X(X<160[mm])$

여기서, Y: 개구부의 간격[mm], X: 개구부에서 위험점까지의 최단거리[mm]

단, $X \geq 160[mm]$이면 $Y=30[mm]$이다.

② 위험점이 전동체인 경우 개구부의 간격은 다음의 식으로 계산한다.

$$Y=6+0.1X(\text{단, } X<760[mm]\text{에서 유효})$$

▲ 롤러기

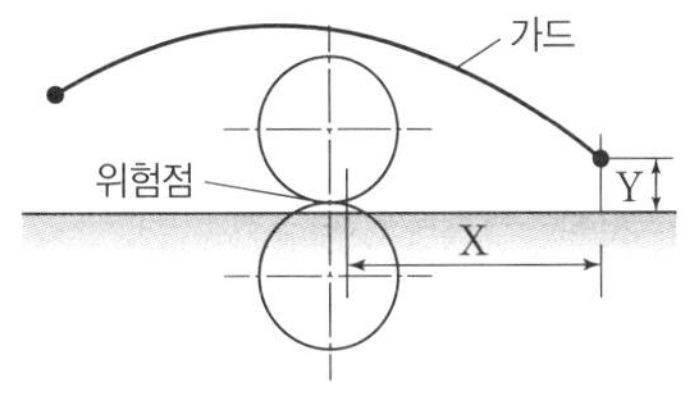

▲ 안전개구부

(2) 롤러기의 급정지거리 방호장치 자율안전기준 고시 별표 3

① 급정지장치의 성능

앞면 롤러의 표면속도[m/min]	급정지거리
30 미만	앞면 롤러 원주의 $\frac{1}{3}$ 이내
30 이상	앞면 롤러 원주의 $\frac{1}{2.5}$ 이내

② 앞면 롤러의 표면속도

$V=\frac{\pi DN}{1,000}[m/min]$

여기서, D: 롤러의 지름[mm], N: 분당회전수[rpm]

2. 방호장치의 설치방법 및 성능조건

(1) 방호장치의 종류

① 급정지장치

㉠ 손조작식: 비상안전제어로프(Safety Trip Wire Cable)장치는 송급 및 인출 컨베이어, 슈트 및 호퍼 등에 의해서 제한이 되는 밀기에 사용한다.

㉡ 복부조작식

㉢ 무릎조작식

㉣ 급정지장치 조작부의 위치 방호장치 자율안전기준 고시 별표 3

종류	설치위치	비고
손조작식	밑면에서 1.8[m] 이내	위치는 급정지장치 조작부의 중심점을 기준으로 함
복부조작식	밑면에서 0.8[m] 이상 1.1[m] 이내	
무릎조작식	밑면에서 0.6[m] 이내	

② 가드: 공간함정(Trap)을 막기 위한 가드와 손가락과의 최소 틈새는 25[mm]이다.

③ 발광다이오드 광선식 장치

(2) 급정지장치의 설치기준 위험기계·기구 안전인증 고시 별표 5

① 손으로 조작하는 급정지장치의 조작부는 롤러기의 전면 및 후면에 각각 1개씩 수평으로 설치하여야 하며 그 길이는 롤러의 길이 이상이어야 한다.

② 조작부에 사용하는 줄은 사용 중에 늘어져서는 안 되며, 충분한 인장강도를 가져야 한다.

(3) 롤러기의 작업안전수칙

① 롤러기의 주위 바닥은 평탄하고 돌출물이나 장애물이 있으면 안 되며, 바닥에 기름이 있으면 제거한다.

② 롤러기 청소 시에는 정지시키고 난 후 작업을 한다.

2 원심기

1. 원심기의 사용방법 안전보건규칙 제87조, 제111~112조

(1) 원심기의 정의

원심기는 원심력을 이용하여 물질을 분리하거나 추출하는 일련의 작업을 행하는 기기를 말한다.

(2) 운전의 정지

원심기 또는 분쇄기 등으로부터 내용물을 꺼내거나 원심기 또는 분쇄기 등의 정비·청소·검사·수리 또는 그 밖에 이와 유사한 작업을 하는 경우에 그 기계의 운전을 정지하여야 한다.

(3) 최고사용회전수의 초과 사용 금지

원심기의 최고사용회전수를 초과하여 사용해서는 아니 된다.

2. 원심기의 방호장치 안전보건규칙 제87조

원심기에는 덮개를 설치하여야 한다.

3. 안전검사 내용

원심기의 표면 및 내면, 작업용 발판, 금속부분, 도장, 원심기의 구조 등

3 아세틸렌 용접장치 및 가스집합 용접장치

1. 용접장치의 구조

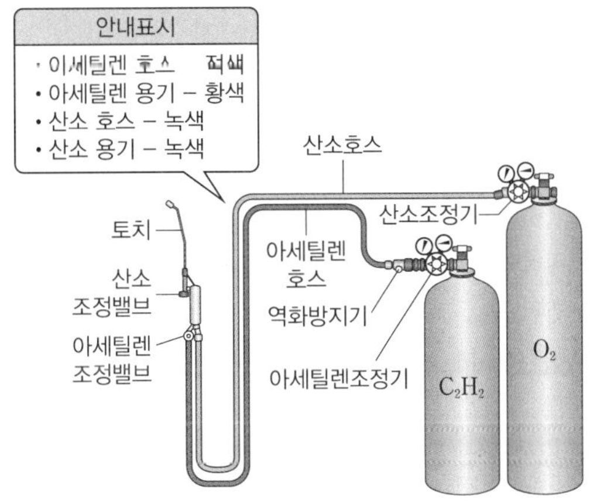

(1) 아세틸렌가스

아세틸렌가스 발생기는 카바이드(탄화칼슘, CaC_2)에 물을 작용시켜 아세틸렌(C_2H_2)가스를 발생시키고 동시에 아세틸렌가스를 저장하는 장치를 말한다.

① 아세틸렌가스의 화학반응: 카바이드(탄화칼슘, CaC_2)에 물을 작용시킨다.

$$CaC_2+2H_2O \rightarrow C_2H_2+Ca(OH)_2+31.872[kcal]$$

② 아세틸렌가스 발생기의 종류

㉠ 투입식: 많은 양의 물 속에 카바이드를 소량씩 투입하여 비교적 많은 양의 아세틸렌가스를 발생시키며, 카바이드 1[kg]에 대하여 6~7[L]의 물을 사용한다.

㉡ 주수식: 발생기 안에 들어 있는 카바이드에 필요한 양의 물을 주수하여 가스를 발생시키는 방식으로 소량의 가스를 필요로 할 때 사용된다.

㉢ 침지식: 투입식과 주수식의 절충형으로 카바이드를 물에 침지시켜 가스를 발생시키며 이동식 발생기로서 널리 사용된다.

③ 산소–아세틸렌불꽃

㉠ 중성불꽃: 표준불꽃(Neutral Flame)이라고 하며, 산소와 아세틸렌의 혼합비율이 1 : 1인 것으로 일반 용접에 쓰인다.

㉡ 탄화불꽃: 산소가 적고 아세틸렌이 많은 때의 불꽃(아세틸렌 과잉불꽃)으로서 불완전 연소로 인하여 온도가 낮다. 스테인리스 강판의 용접에 쓰인다.

㉢ 산화불꽃: 중성불꽃에서 산소의 양을 많이 공급했을 때 생기는 불꽃으로서 산화성이 강하여 황동용접에 많이 쓰인다. 용접부에 기공이 많이 생긴다.

(2) 용해 아세틸렌 용기

아세틸렌을 2기압 이상으로 압축하면 폭발할 위험이 있다. 아세톤에 잘 용해되므로 석면과 같은 다공질 물질에 흡수시킨 아세톤에 아세틸렌을 고압으로 용해시켜 용기에 충전한다.

(3) 가스 등의 용기 안전보건규칙 제234조

금속의 용접·용단 또는 가열에 사용되는 가스 등의 용기를 취급하는 경우에 다음의 사항을 준수하여야 한다.

① 다음의 어느 하나에 해당하는 장소에서 사용하거나 해당 장소에 설치·저장 또는 방치하지 않도록 할 것

㉠ 통풍이나 환기가 불충분한 장소

ⓛ 화기를 사용하는 장소 및 그 부근

ⓒ 위험물 또는 인화성 액체를 취급하는 장소 및 그 부근

② 용기의 온도는 40[℃] 이하로 유지할 것

③ 전도의 위험이 없도록 할 것

④ 충격을 가하지 않도록 할 것

⑤ 운반하는 경우에는 캡을 씌울 것

⑥ 사용하는 경우에는 용기의 마개에 부착되어 있는 유류 및 먼지를 제거할 것

⑦ 밸브의 개폐는 서서히 할 것

⑧ 사용 전 또는 사용 중인 용기와 그 밖의 용기를 명확히 구별하여 보관할 것

⑨ 용해아세틸렌의 용기는 세워 둘 것

⑩ 용기의 부식 · 마모 또는 변형상태를 점검한 후 사용할 것

(4) 압력조정기

고압의 산소, 아세틸렌을 용접에 사용할 수 있게 임의의 사용압력으로 감압하고 항상 일정한 압력을 유지할 수 있게 하는 장치이다.

(5) 토치(Torch)

프랑스식에서 팁100이란 1시간 동안 표준불꽃으로 용접할 때 아세틸렌 소비량 100[L]를 말하며, 독일식은 연강판 두께 1[mm]의 용접에 적당한 팁의 크기를 1번이라고 한다.

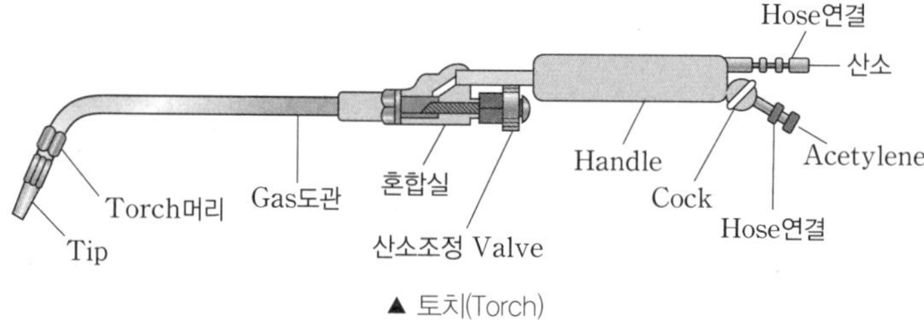

▲ 토치(Torch)

2. 방호장치의 종류 및 설치방법

(1) 수봉식 안전기

용접 중 역화현상이 생기거나, 토치(Torch)가 막혀 산소가 아세틸렌가스 쪽으로 역류하여 가스 발생장치에 도달하면 폭발사고가 일어날 위험이 있으므로 가스발생기와 토치 사이에 수봉식 안전기를 설치한다. 즉, 발생기에서 발생한 아세틸렌가스가 수중을 통과하여 토치에 도달하고(그림 a), 고압의 산소가 토치로부터 아세틸렌 발생기를 향하여 역류(역화)할 때 물이 아세틸렌가스 발생기로의 진입을 차단하여 위험을 방지한다(그림 b).

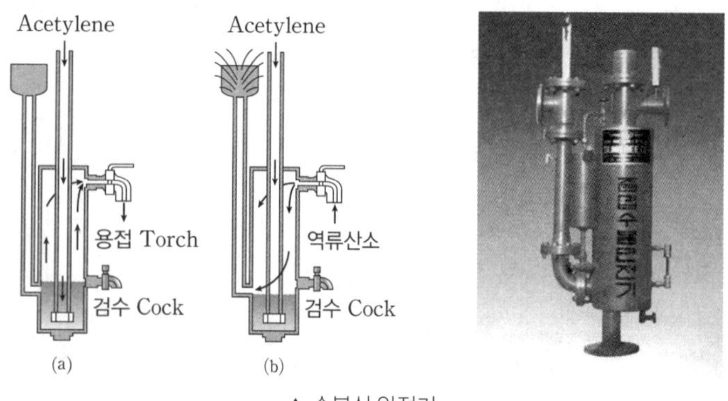

▲ 수봉식 안전기

① **저압용 수봉식 안전기**: 게이지압력이 0.07[kg/cm^2] 이하인 저압식 아세틸렌 용접장치 안전기의 성능기준은 다음과 같다.

㉠ 주요부분은 두께 2[mm] 이상의 강판 또는 강관을 사용하여 내부압력에 견디어야 한다.

㉡ 도입부는 수봉식이어야 한다.

㉢ 수봉배기관을 갖추어야 한다.

㉣ 도입부 및 수봉배기관은 가스가 역류하고 역화폭발을 할 때 위험을 확실히 방호할 수 있는 구조이어야 한다.

㉤ 유효수주는 25[mm] 이상으로 유지하여 만일의 사태에 대비하여야 한다.

㉥ 수위를 용이하게 점검할 수 있어야 한다.

㉦ 물의 보급 및 교환이 용이한 구조로 하여야 한다.

㉧ 아세틸렌과 접촉하는 부분은 동관을 사용하지 않아야 한다.

② **중압용 수봉식 안전기**: 게이지압력 0.07[kg/cm^2] 이상 1.3[kg/cm^2] 이하의 아세틸렌을 사용하는 중압용에도 저압용과 동일한 모양의 수봉배기관을 이용할 수 있지만 그 높이가 13[mm] 필요하게 되므로 실용적이 아니어서 거의 사용되고 있지 않다. 실제로는 기계적 역류방지밸브, 안전밸브 등을 갖춘 것이 이용되고 유효수주는 50[mm] 이상이어야 한다.

(2) 건식 안전기(역화방지기)

최근에는 아세틸렌 용접장치를 이용하는 것이 극히 드물고 용해아세틸렌, LP가스 등의 용기를 이용하는 일이 많아지고 있다. 여기에 이용하는 것이 건식 안전기이다.

▲ 역화방지기

① **우회로식 건식 안전기**: 우회로식 건식 안전기는 역화의 압력파를 분리시켜 이중 연소파는 우회로를 통과하며, 압력파에 의해서 폐쇄압착자를 작동시켜 가스통로를 폐쇄시키고 역화를 방지하는 장치이다.

② **소결금속식 건식 안전기**: 소결금속식 건식 안전기는 역행되어 온 화염이 소결금속에 의하여 냉각소화되고, 역화압력에 의하여 폐쇄밸브가 작동해서 가스통로를 닫게 되는 장치이다.

③ 역화의 원인

㉠ 토치 팁에 이물질이 묻은 경우

㉡ 팁과 모재의 접촉

㉢ 토치의 성능 불량

㉣ 토치 팁의 과열

㉤ 압력조정기의 고장

(3) 방호장치의 설치방법 안전보건규칙 제289조, 제293조

① 아세틸렌 용접장치

㉠ 아세틸렌 용접장치의 취관마다 안전기를 설치한다. 다만, 주관 및 취관에 가장 가까운 분기관마다 안전기를 부착한 경우에는 그러하지 아니하다.

㉡ 가스용기가 발생기와 분리되어 있는 아세틸렌 용접장치에 대하여 발생기와 가스용기 사이에 안전기를 설치하여야 한다.

② 가스집합 용접장치

주관 및 분기관에는 안전기를 설치하여야 한다. 이 경우에 하나의 취관에 2개 이상의 안전기를 설치하여야 한다.

3. 아세틸렌 용접장치 안전보건규칙 제285~287조

(1) 용접법의 분류 및 압력의 제한

① 용접법의 분류

㉠ 가스용접법(Gas Fusion Welding): 용접할 부분을 가스로 가열하여 접합

㉡ 가스압접법(Gas Pressure Welding): 용접부에 압력을 가하여 접합

② 압력의 제한

아세틸렌 용접장치를 사용하여 금속의 용접·용단 또는 가열 작업을 하는 경우에는 게이지압력이 127[kPa](1.3[kg/cm^2])을 초과하는 압력의 아세틸렌을 발생시켜 사용해서는 아니 된다.

아세틸렌
압력이 127[kPa]을
초과하여서는
안 된다.
옥외설치 시 개구부를
건축물로부터 1.5[m] 이
상 떨어지게 한다.
건물의
최상층에 위치
발생기실
개구부

(2) 발생기실의 설치장소 및 발생기실의 구조

① 발생기실의 설치장소

㉠ 아세틸렌 용접장치의 아세틸렌 발생기를 설치하는 경우에는 전용의 발생기실에 설치하여야 한다.

㉡ 발생기실은 건물의 최상층에 위치하여야 하며, 화기를 사용하는 설비로부터 3[m]를 초과하는 장소에 설치하여야 한다.

㉢ 발생기실을 옥외에 설치한 경우에는 그 개구부를 다른 건축물로부터 1.5[m] 이상 떨어지도록 하여야 한다.

② 발생기실의 구조

㉠ 벽은 불연성 재료로 하고 철근 콘크리트 또는 그 밖에 이와 같은 수준이거나 그 이상의 강도를 가진 구조로 할 것

㉡ 지붕과 천장에는 얇은 철판이나 가벼운 불연성 재료를 사용할 것

㉢ 바닥 면적의 $\frac{1}{16}$ 이상의 단면적을 가진 배기통을 옥상으로 돌출시키고 그 개구부를 창이나 출입구로부터 1.5[m] 이상 떨어지도록 할 것

㉣ 출입구의 문은 불연성 재료로 하고 두께 1.5[mm] 이상의 철판이나 그 밖에 그 이상의 강도를 가진 구조로 할 것

㉤ 벽과 발생기 사이에는 발생기의 조정 또는 카바이드 공급 등의 작업을 방해하지 않도록 간격을 확보할 것

4. 가스용접 작업의 안전

(1) 아세틸렌 용접장치의 관리 안전보건규칙 제290조

① 발생기(이동식 아세틸렌 용접장치의 발생기 제외)의 종류, 형식, 제작업체명, 매시 평균 가스발생량 및 1회 카바이드 공급량을 발생기실 내의 보기 쉬운 장소에 게시할 것

② 발생기실에는 관계 근로자가 아닌 사람이 출입하는 것을 금지할 것

③ 발생기에서 5[m] 이내 또는 발생기실에서 3[m] 이내의 장소에서는 흡연, 화기의 사용 또는 불꽃이 발생할 위험한 행위를 금지시킬 것

④ 도관에는 산소용과 아세틸렌용의 혼동을 방지하기 위한 조치를 할 것

⑤ 아세틸렌 용접장치의 설치장소에는 소화기 한 대 이상을 갖출 것

⑥ 이동식 아세틸렌 용접장치의 발생기는 고온의 장소, 통풍이나 환기가 불충분한 장소 또는 진동이 많은 장소 등에 설치하지 않도록 할 것

(2) 가스집합 용접장치의 관리 안전보건규칙 제295조

① 사용하는 가스의 명칭 및 최대가스저장량을 가스장치실의 보기 쉬운 장소에 게시할 것
② 가스용기를 교환하는 경우에는 관리감독자가 참여한 가운데 할 것
③ 밸브·콕 등의 조작 및 점검요령을 가스장치실의 보기 쉬운 장소에 게시할 것
④ 가스장치실에는 관계 근로자가 아닌 사람의 출입을 금지할 것
⑤ 가스집합장치로부터 5[m] 이내의 장소에서는 흡연, 화기의 사용 또는 불꽃을 발생할 우려가 있는 행위를 금지할 것
⑥ 도관에는 산소용과의 혼동을 방지하기 위한 조치를 할 것
⑦ 가스집합장치의 설치장소에는 「소방시설법 시행령」에 따른 소화설비(간이소화용구 제외) 중 어느 하나 이상을 갖출 것
⑧ 이동식 가스집합용접장치의 가스집합장치는 고온의 장소, 통풍이나 환기가 불충분한 장소 또는 진동이 많은 장소에 설치하지 않도록 할 것
⑨ 해당 작업을 행하는 근로자에게 보안경과 안전장갑을 착용시킬 것

(3) 용접작업의 안전관리

① 일반적으로 장갑을 착용하고 작업할 것
② 용접하기 전에 반드시 소화기, 소화수의 위치를 확인할 것
③ 작업 전에 안전기와 산소조정기의 상태를 점검할 것
④ 보안경을 반드시 착용할 것
⑤ 토치 내에서 소리가 날 때 또는 과열되었을 때는 역화를 주의할 것
⑥ 산소호스(녹색)와 아세틸렌호스(적색)의 색깔을 구분하여 사용할 것

(4) 산소-아세틸렌 가스용접에 의해 발생되는 재해

① 화재 ② 폭발 ③ 화상 ④ 가스중독 ⑤ 질식

5. 용접부의 결함

명칭	상태
언더컷(Under Cut)	용접부에서 전류가 과대하고, 용접속도가 너무 빨라 용접부의 일부가 홈 또는 오목한 부분이 생기는 결함
오버랩(Over Lap)	용접봉의 운행이 불량하거나 용접봉의 용융 온도가 모재보다 낮을 때 과잉 용착금속이 남아 있는 부분
기공(Blow Hole)	용착금속에 남아있는 가스로 인해 기포가 생기는 것
스패터(Spatter)	용융된 금속의 작은 입자가 튀어나와 모재에 묻은 것
슬래그 섞임(Slag Inclusion)	녹은 피복제가 용착금속 표면에 떠 있거나 용착금속 속에 남아있는 것
용입불량(Incomplete Penetration)	용융금속이 불균일하게 주입되는 것

4 보일러 및 압력용기

1. 보일러의 구조와 종류

(1) 보일러의 구조

보일러는 일반적으로 연료를 연소시켜 얻어진 열을 이용해서 보일러 내의 물을 가열하여 필요한 증기 또는 온수를 얻는 장치로서 본체, 연소장치와 연소실, 과열기(Superheater), 절탄기(Economizer), 공기예열기(Air Preheater), 급수장치 등으로 구성되어 있다.

(2) 보일러의 종류

① **원통 보일러(Cylindrical Boiler)**: 노통이나 연관 또는 노통과 연관이 함께 설치된 구조로 구조가 간단하여 취급이 용이한 반면 보유수량이 많아 증기발생시간이 길고 파열 시 피해가 크다.

② **수관 보일러(Water Tube Boiler)**: 전열면이 지름이 작은 다수의 수관으로 되어 있어 수관 외부의 고온가스로부터 보일러수가 열을 받아 증발된다. 시동시간이 짧고 과열의 위험성이 적어 고압 대용량에 적합하다.

③ **특수보일러**: 열원, 연료, 유체의 종류 그리고 가열방법이 보통 보일러와 다르게 되어 있는 보일러로 폐열보일러, 전기보일러, 특수연료보일러 등이 있다.

2. 보일러의 사고형태 및 원인

(1) 사고형태

수위의 이상(저수위일 때)

(2) 발생증기의 이상

① 프라이밍(Priming): 보일러가 과부하로 사용될 경우 수위가 상승하거나 드럼 내의 부착품에 기계적 결함이 있으면 보일러수가 극심하게 끓어서 수면에서 물방울이 끊임없이 격심하게 비산하고 증기부가 물방울로 충만하여 수위가 불안정하게 되는 현상을 말한다.

② 포밍(Foaming): 보일러수에 불순물이 많이 포함되었을 경우 보일러수의 비등과 함께 수면부 위에 거품층을 형성하여 수위가 불안정하게 되는 현상을 말한다.

③ 캐리오버(Carry Over): 보일러 증기관 쪽에 보내는 증기에 대량의 물방울이 포함되는 경우가 있는데 이것을 캐리오버라 하며, 프라이밍이나 포밍이 생기면 필연적으로 캐리오버가 발생한다.

(3) 수격작용(워터해머, Water Hammer)

물을 보내는 관로에서 유속의 급격한 변화에 의해 관내 압력이 상승하거나 하강하여 압력파가 발생하는 현상을 말한다. 관내의 유동, 밸브의 개폐, 압력파 등과 관련이 있다.

(4) 이상연소

이상연소현상으로는 불완전연소, 이상소화, 2차 연소, 역화, 선화 등이 있다.

(5) 저수위의 원인

① 분출밸브 등의 누수 ② 급수관의 이물질 축적 ③ 급수장치 및 수면계의 고장

3. 보일러 사고원인

(1) 보일러 압력상승의 원인

① 압력계의 눈금을 잘못 읽거나 감시가 소홀했을 때

② 압력계의 고장으로 압력계의 기능이 불안정할 때

③ 안전밸브의 기능이 정확하지 않을 때

(2) 보일러 부식의 원인

① 급수처리를 하지 않은 물을 사용할 때

② 불순물을 사용하여 수관이 부식되었을 때

③ 급수에 해로운 불순물이 혼입되었을 때

(3) 보일러 과열의 원인

① 수관과 본체의 청소 불량

② 관수 부족 시 보일러의 가동

③ 수면계의 고장으로 드럼 내 물의 감소

(4) 보일러 파열

보일러의 파열에는 압력이 규정압력 이상으로 상승하여 파열하는 경우와 최고사용압력 이하이더라도 파열하는 경우가 있다.

4. 보일러 안전장치의 종류 안전보건규칙 제116~119조

보일러의 폭발사고를 예방하기 위하여 압력방출장치, 압력제한스위치, 고저수위 조절장치, 화염검출기 등의 기능이 정상적으로 작동될 수 있도록 유지·관리하여야 한다.

(1) 고저수위 조절장치

고저수위 조절장치의 동작 상태를 작업자가 쉽게 감시하도록 하기 위하여 고저수위지점을 알리는 경보등·경보음장치 등을 설치하여야 하며, 자동으로 급수되거나 단수되도록 설치하여야 한다.

(2) 압력방출장치(안전밸브)

보일러의 안전한 가동을 위하여 보일러 규격에 맞는 압력방출장치를 1개 또는 2개 이상 설치하고 최고사용압력(설계압력 또는 최고허용압력) 이하에서 작동되도록 하여야 한다. 다만, 압력방출장치가 2개 이상 설치된 경우에는 최고사용압력 이하에서 1개가 작동되고, 다른 압력방출장치는 최고사용압력 1.05배 이하에서 작동되도록 부착하여야 한다.

(3) 압력제한스위치

보일러의 과열을 방지하기 위하여 최고사용압력과 상용압력 사이에서 보일러의 버너연소를 차단할 수 있도록 압력제한스위치를 부착하여 사용하여야 한다. 압력제한스위치는 상용운전압력 이상으로 압력이 상승할 경우 보일러의 파열을 방지하기 위하여 버너연소를 차단하여 열원을 제거함으로써 정상압력으로 유도하는 장치이다.

5. 보일러 운전 시 안전수칙

(1) 가동 중인 보일러에는 작업자가 항상 정위치를 떠나지 아니한다.
(2) 보일러의 각종 부속장치의 누설상태를 점검한다.
(3) 노내의 환기 및 통풍장치를 점검한다.
(4) 압력방출장치는 매년마다 정기적으로 작동시험을 한다.

6. 압력용기의 정의 위험기계·기구 안전인증 고시 제10조

용기의 내면 또는 외면에서 일정한 유체의 압력을 받는 밀폐된 용기를 말한다.

7. 압력용기의 방호장치

(1) 안전밸브 등의 설치 안전보건규칙 제261조

① 압력용기 등에 대해서는 과압에 따른 폭발을 방지하기 위하여 폭발 방지 성능과 규격을 갖춘 안전밸브 또는 파열판을 설치하여야 한다.

② 다단형 압축기 또는 직렬로 접속된 공기압축기에 대해서는 각 단 또는 각 공기압축기별로 안전밸브 등을 설치하여야 한다.

③ 안전밸브에 대해서는 다음의 구분에 따른 검사주기마다 국가교정기관에서 교정을 받은 압력계를 이용하여 설정압력에서 안전밸브가 적정하게 작동하는지를 검사한 후 납으로 봉인하여 사용하여야 한다. 다만, 공기나 질소취급용기 등에 설치된 안전밸브 중 안전밸브 자체에 부착된 레버 또는 고리를 통하여 수시로 안전밸브가 적정하게 작동하는지를 확인할 수 있는 경우에는 검사하지 아니할 수 있고 납으로 봉인하지 아니할 수 있다.

㉠ 화학공정 유체와 안전밸브의 디스크 또는 시트가 직접 접촉될 수 있도록 설치된 경우: 2년마다 1회 이상
㉡ 안전밸브 전단에 파열판이 설치된 경우: 3년마다 1회 이상
㉢ 공정안전보고서 제출 대상으로서 고용노동부장관이 실시하는 공정안전보고서 이행상태 평가결과가 우수한 사업장의 안전밸브의 경우: 4년마다 1회 이상

(2) 압력용기에 표시하여야 할 사항 안전보건규칙 제120조

압력용기 등을 식별할 수 있도록 하기 위하여 그 압력용기 등의 최고사용압력, 제조연월일, 제조회사명 등이 지워지지 않도록 각인 표시된 것을 사용하여야 한다.

5 산업용 로봇

산업용 로봇(Industrial Robot)은 사람의 팔과 손의 동작기능을 가지고 있는 기계 또는 인식기능과 감각기능을 가지고 자율적으로 행동하거나 프로그램에 따라 동작하는 기기로서 자동제어에 의해서 여러 가지 작업을 수행하거나 이동하도록 프로그램할 수 있는 다목적용 기계이다. 로봇은 작업에 알맞도록 고안된 도구를 팔 끝 부분의 손에 부착하고 제어장치에 내장된 프로그램의 순서대로 작업을 수행한다.

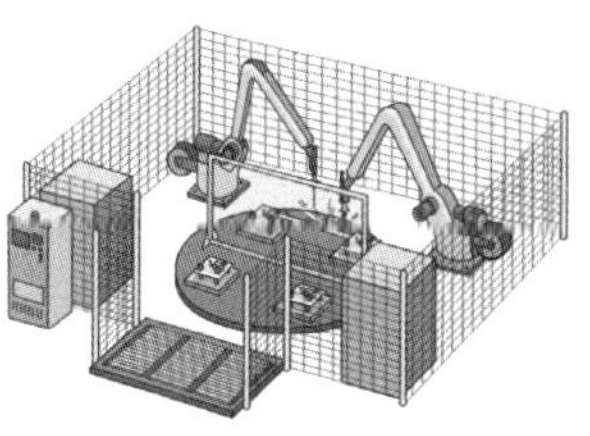

1. 산업용 로봇의 종류

(1) 기능수준에 따른 분류

구분	특징
매니퓰레이터형	인간의 팔이나 손의 기능과 유사한 기능을 가지고 대상물을 공간적으로 이동시킬 수 있는 로봇
시퀀스 로봇	미리 설정된 순서와 조건 및 위치에 따라 동작의 각 단계를 점차 진행해 가는 로봇
플레이백 로봇	미리 사람이 작업의 순서, 위치 등의 정보를 기억시켜 그것을 필요에 따라 읽어내어 작업을 할 수 있는 로봇
수치제어(NC) 로봇	로봇을 움직이지 않고 순서, 조건, 위치 및 기타 정보를 수치, 언어 등에 의해 교시하고, 그 정보에 따라 작업을 할 수 있는 로봇(입력정보교시에 의한 분류)
지능로봇	감상기능 및 인식기능에 의해 행동 결정을 할 수 있는 로봇

(2) 동작형태에 의한 분류

① **직각좌표 로봇**: 팔의 자유도가 주로 직각좌표 형식인 로봇
② **원통좌표 로봇**: 팔의 자유도가 주로 원통좌표 형식인 로봇
③ **극좌표 로봇**: 팔의 자유도가 주로 극좌표 형식인 로봇
④ **관절 로봇**: 자유도가 주로 다관절인 로봇

2. 산업용 로봇의 안전관리

(1) 매니퓰레이터와 가동범위

산업용 로봇에 있어서 인간의 팔에 해당하는 암(Arm)이 기계 본체의 외부에 조립되어 암의 끝부분으로 물건을 잡기도 하고 도구를 잡고 작업을 행하기도 하는데, 이와 같은 기능을 갖는 암을 매니퓰레이터라고 한다. 산업용 로봇에 의한 재해는 주로 이 매니퓰레이터에서 발생하고 있다. 매니퓰레이터가 움직이는 영역을 가동범위라 하고, 이때 매니퓰레이터가 동작하여 사람과 접촉할 수 있는 범위를 위험범위라 한다.

(2) 방호장치

① 동력차단장치
② 비상정지기능
③ 안전방호 울타리(방책)
④ 안전매트

(3) 교시 등 안전보건규칙 제222조

산업용 로봇의 작동범위에서 해당 로봇에 대하여 교시 등(매니퓰레이터(Manipulator)의 작동순서, 위치·속도의 설정·변경 또는 그 결과를 확인하는 것)의 작업을 하는 경우에는 해당 로봇의 예기치 못한 작동 또는 오조작에 의한 위험을 방지하기 위하여 다음의 조치를 하여야 한다. 다만, 로봇의 구동원을 차단하고 작업을 하는 경우에는 ②, ③의 조치를 하지 아니할 수 있다.

① 다음의 사항에 관한 지침을 정하고 그 지침에 따라 작업을 시킬 것
   ㉠ 로봇의 조작방법 및 순서
   ㉡ 작업 중의 매니퓰레이터의 속도
   ㉢ 2명 이상의 근로자에게 작업을 시킬 경우의 신호방법
   ㉣ 이상을 발견한 경우의 조치
   ㉤ 이상을 발견하여 로봇의 운전을 정지시킨 후 이를 재가동시킬 경우의 조치
   ㉥ 그 밖에 로봇의 예기치 못한 작동 또는 오조작에 의한 위험을 방지하기 위하여 필요한 조치
② 작업에 종사하고 있는 근로자 또는 그 근로자를 감시하는 사람은 이상을 발견하면 즉시 로봇의 운전을 정지시키기 위한 조치를 할 것
③ 작업을 하고 있는 동안 로봇의 기동스위치 등에 작업 중이라는 표시를 하는 등 작업에 종사하고 있는 근로자가 아닌 사람이 그 스위치 등을 조작할 수 없도록 필요한 조치를 할 것

⑷ 작업시작 전 점검사항(로봇의 작동범위에서 그 로봇에 관하여 교시 등의 작업을 할 때) 안전보건규칙 별표 3

① 외부 전선의 피복 또는 외장의 손상 유무
② 매니퓰레이터(Manipulator) 작동의 이상 유무
③ 제동장치 및 비상정지장치의 기능

⑸ 운전 중 위험 방지 안전보건규칙 제223조

로봇의 운전으로 인하여 근로자에게 발생할 수 있는 부상 등의 위험을 방지하기 위하여 높이 1.8[m] 이상의 울타리를 설치하여야 하며, 컨베이어 시스템의 설치 등으로 울타리를 설치할 수 없는 일부 구간에 대해서는 안전매트 또는 광전자식 방호장치 등 감응형(感應形) 방호장치를 설치하여야 한다.

⑹ 공기압 구동식 산업용 로봇의 경우 이상 시 조치사항

① 공기누설의 유무 확인
② 물방울의 혼입 유무 확인
③ 압력저하 유무 확인

6 목재가공용 기계

1. 둥근톱기계의 방호장치 방호장치 자율안전기준 고시 / 별표 5

톱날접촉예방장치		반발예방장치	
가동식 덮개		분할날	
		겸형식 분할날	현수식 분할날
덮개의 하단이 항상 가공재 또는 테이블에 접한다.	분할날은 대면해 있는 부문의 날이나.	12[mm] 이내, l, $\frac{2}{3}l$	분할날 폭, 12[mm] 이내
고정식 덮개		반발방지기구	
스토퍼, 조절나사, t, 최대 8[mm], 최대 25[mm]		송급위치에 부착한다.	

2. 톱날접촉예방장치의 구조

(1) 둥근톱기계의 톱날접촉예방장치 안전보건규칙 / 제106조

목재가공용 둥근톱기계(휴대용 둥근톱을 포함하되, 원목제재용 둥근톱기계 및 자동이송장치를 부착한 둥근톱기계는 제외)에는 톱날접촉예방장치를 설치하여야 한다.

톱날접촉예방장치
설치해야

(2) 고정식 접촉예방장치

박판가공의 경우에만 사용할 수 있는 것이다.

(3) 가동식 접촉예방장치

본체덮개 또는 보조덮개가 항상 가공재에 자동적으로 접촉되어 톱니를 덮을 수 있도록 되어 있는 것이다.

3. 반발예방장치의 구조 및 기능

(1) 둥근톱기계의 반발예방장치 안전보건규칙 / 제105조

목재가공용 둥근톱기계(가로 절단용 둥근톱기계 및 반발에 의하여 근로자에게 위험을 미칠 우려가 없는 것은 제외)에 분할날 등 반발예방장치를 설치하여야 한다.

(2) 분할날(Spreader)

① 분할날의 두께

㉠ 분할날은 톱 뒷(Back)날 바로 가까이에 설치되고 절삭된 가공재의 홈 사이로 들어가면서 가공재의 모든 두께에 걸쳐서 쐐기작용을 하여 가공재가 톱날을 조이지 않게 하는 것을 말한다.

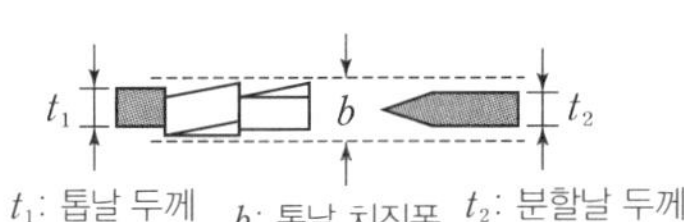

㉡ 분할날의 두께는 톱날 두께의 1.1배 이상이고 톱날의 치진폭 미만으로 하여야 한다. → $1.1t_1 \leq t_2 < b$

② **분할날의 길이**

$$l = \frac{\pi D}{4} \times \frac{2}{3} = \frac{\pi D}{6}$$

여기서, D: 톱날의 지름

③ 톱의 후면날과 12[mm] 이내가 되도록 설치한다.

④ 재료는 탄성이 큰 탄소공구강 5종에 상당하는 재질이어야 한다.

⑤ 표준 테이블 위 톱의 후면날 $\frac{2}{3}$ 이상을 덮어야 한다.

⑥ 설치부는 둥근톱니와 분할날과의 간격 조절이 가능한 구조여야 한다.

⑦ 둥근톱 직경이 610[mm] 이상일 때의 분할날은 양단 고정식의 현수식이어야 한다.

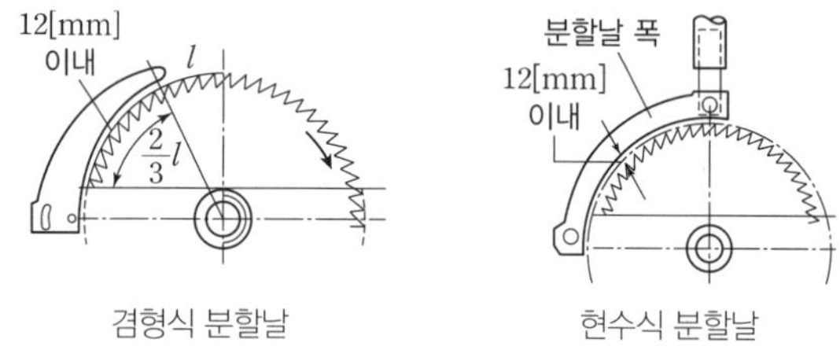

▲ 둥근톱 분할날의 종류

(3) 반발방지기구(Finger)

① 가공재가 톱날 후면에서 조금 들뜨고 역행하려고 할 때에 가공재면 사이에서 쐐기작용을 하여 반발을 방지하기 위한 기구를 반발방지기구(Finger)라고 한다.

② 작동할 때의 충격하중을 고려하여 일단 구조용 압연강재 2종 이상을 사용한다.

③ 기구의 형상은 가공재가 반발할 경우에 먹혀 들어가기 쉽도록 한다.

(4) 반발방지롤(Roll)

① 가공재가 톱 후면에서 들뜨는 것을 방지하기 위한 장치를 말한다.

② 가공재의 위쪽 면을 언제나 일정하게 누르고 있어야 한다.

③ 가공재의 두께에 따라 자동적으로 그 높이를 조절할 수 있어야 한다.

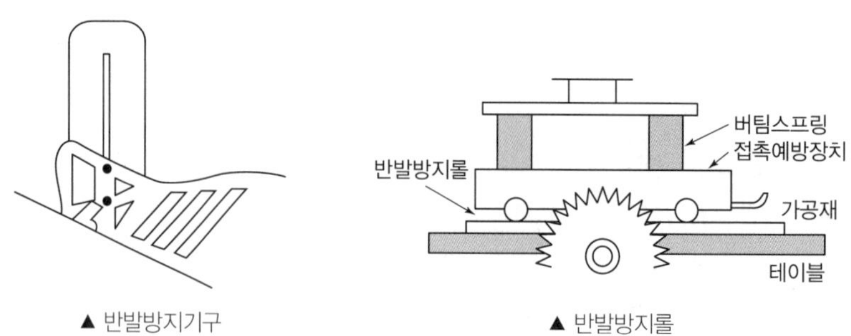

▲ 반발방지기구　　▲ 반발방지롤

(5) 보조안내판

주안내판과 톱날 사이의 공간에서 나무가 퍼질 수 있게 하여 죄임으로 인한 반발을 방지하는 것이다.

(6) **반발예방장치의 설치요령**

① 분할날에 대면하고 있는 부분과 가공재를 절단하는 부분 이외의 톱날을 덮을 수 있는 구조로 날접촉예방장치를 설치할 것

② 목재의 반발을 충분히 방지할 수 있도록 반발방지기구를 설치할 것

③ 분할날의 두께는 둥근톱 두께의 1.1배 이상일 것(톱날과의 간격 12[mm] 이내)

④ 표준 테이블 위의 톱 후면날을 $\frac{2}{3}$ 이상 덮을 수 있도록 분할날을 설치할 것

4. 둥근톱기계의 안전작업수칙

(1) 손이 말려 들어갈 위험이 있는 장갑을 끼고 작업하지 않는다.

(2) 작업 전에 공회전시켜서 이상 유무를 점검한다.

(3) 두께가 얇은 재료의 절단에는 압목 등의 적당한 도구를 사용한다.

(4) 톱날이 재료보다 너무 높게 솟아나지 않게 한다.

(5) 작업자는 작업 중에 톱날 회전방향의 정면에 서지 않는다.

5. 모떼기기계의 날접촉예방장치 안전보건규칙 제110조

모떼기기계(자동이송장치를 부착한 것 제외)에 날접촉예방장치를 설치하여야 한다. 다만, 작업의 성질상 날접촉예방장치를 설치하는 것이 곤란하여 해당 근로자에게 적절한 작업공구 등을 사용하도록 한 경우에는 그러하지 아니하다.

7 고속회전체

1. 회전시험 중의 위험방지 안전보건규칙 제114조

고속회전체(터빈로터 · 원심분리기의 버킷 등의 회전체로서 원주속도가 25[m/s]를 초과하는 것으로 한정)의 회전시험을 하는 경우 고속회전체의 파괴로 인한 위험을 방지하기 위하여 전용의 견고한 시설물의 내부 또는 견고한 장벽 등으로 격리된 장소에서 하여야 한다.

2. 비파괴검사 실시 안전보건규칙 제115조

고속회전체(회전축의 중량이 1톤을 초과하고 원주속도가 120[m/s] 이상인 것으로 한정)의 회전시험을 하는 경우 미리 회전축의 재질 및 형상 등에 상응하는 종류의 비파괴검사를 해서 결함 유무를 확인하여야 한다.

8 사출성형기

1. 사출성형기 구조

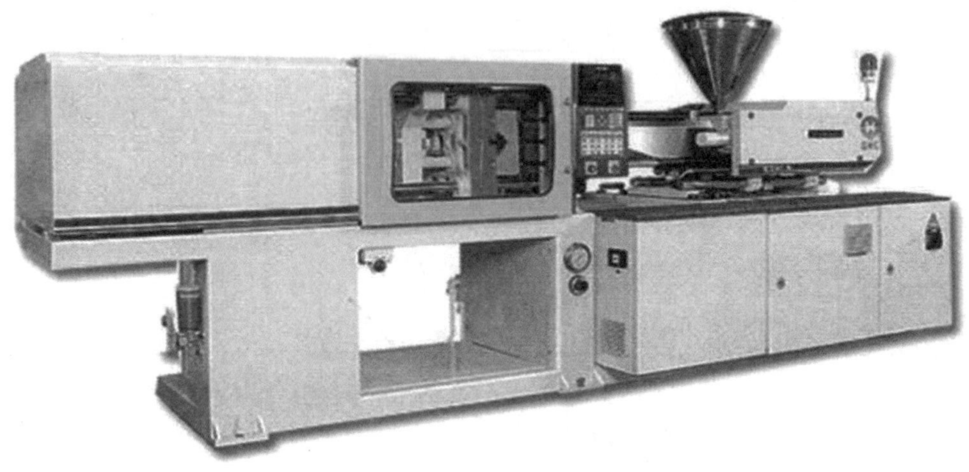

2. 사출성형기 방호장치 안전보건규칙 제121조

(1) 사출성형기·주형조형기 및 형단조기 등에 근로자의 신체 일부가 말려들어갈 우려가 있는 경우 게이트가드(Gate Guard) 또는 양수조작식 등에 의한 방호장치, 그 밖에 필요한 방호조치를 하여야 한다.

(2) 게이트가드는 닫지 아니하면 기계가 작동되지 아니하는 연동구조이어야 한다.

(3) 기계의 히터 등의 가열 부위 또는 감전 우려가 있는 부위에는 방호덮개를 설치하는 등 필요한 안전조치를 하여야 한다.

CHAPTER

06 운반기계 및 양중기

합격 KEYWORD 지게차 안정도, 컨베이어 방호장치, 양중기, 방호장치의 조정, 달기구의 안전계수, 와이어로프의 사용금지기준, 늘어난 체인 등의 사용금지

1 지게차

1. 지게차 취급 시 안전대책

(1) 지게차의 정의

지게차는 화물 적재상치인 포크(Fork), 램(Ram), 승강장지인 마스트(Mast) 능이 차의 전면에 장착된 하역용 자동차로서 포크리프트(Fork Lift)라고도 부른다.

(2) 지게차 안전기준

① 지게차에 전조등, 후미등 및 규정에 적합한 헤드가드, 백레스트 설치

② 지게차 충돌방지장치, 후방확인장치 설치

③ 충분한 강도를 갖추고 손상, 변형, 부식이 없는 팰릿(Pallet) 또는 스키드(Skid) 사용

④ 편하중 적재 또는 지게차 능력을 초과한 적재 금지

2. 지게차 안정도 KOSHA M-185

(1) 지게차는 화물 적재 시에 지게차의 카운터밸런스(Counter Balance) 무게에 의하여 안정된 상태를 유지할 수 있도록 최대하중 이하로 적재하여야 한다.

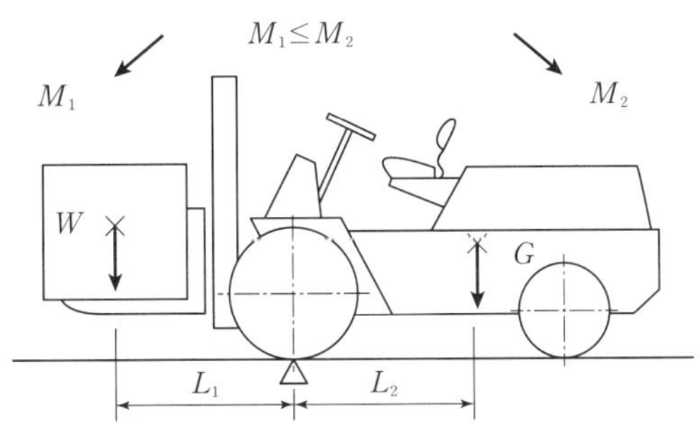

▲ 지게차의 안정조건

$M_1 \leq M_2$

화물의 모멘트 $M_1 = W \times L_1$, 지게차의 모멘트 $M_2 = G \times L_2$

여기서, W: 화물의 중량[kgf]

G: 지게차 중량[kgf]

L_1: 앞바퀴에서 화물 중심까지의 최단거리[cm]

L_2: 앞바퀴에서 지게차 중심까지의 최단거리[cm]

(2) 지게차의 주행 · 하역작업 시 안정도 기준

안정도	지게차의 상태	
	옆에서 본 경우	위에서 본 경우
하역작업 시의 전후 안정도: 4[%] 이내 (5톤 이상은 3.5[%] 이내) (최대하중상태에서 포크를 가장 높이 올린 경우)	A B	Y A B X
주행 시의 전후 안정도 : 18[%] 이내 (기준 부하상태)	A B	
하역작업 시의 좌우 안정도 : 6[%] 이내 (최대하중상태에서 포크를 가장 높이 올리고 마스트를 가장 뒤로 기울인 경우)	X Y	
주행 시의 좌우 안정도 : (15+1.1V)[%] 이내 (V는 구내 최고속도[km/h]) (기준 무부하상태)	X Y	

$$안정도 = \frac{h}{l} \times 100[\%]$$

전도구배 $\frac{h}{l}$ (h, l)

3. 헤드가드(Head Guard)

(1) 헤드가드의 정의 위험기계·기구 방호조치 기준 제3조

지게차를 이용한 작업 중에 위쪽으로부터 떨어지는 물건에 의한 위험을 방지하기 위하여 운전자의 머리 위쪽에 설치하는 덮개를 의미한다.

(2) 헤드가드의 구비조건 안전보건규칙 제180조

지게차의 최대하중의 2배를 견딜 수 있어야
개구의 폭이 16[cm] 미만이어야

① 강도는 지게차의 최대하중의 2배 값(4톤을 넘는 값에 대해서는 4톤)의 등분포정하중에 견딜 수 있을 것

② 상부틀의 각 개구의 폭 또는 길이가 16[cm] 미만일 것

③ 운전자가 앉아서 조작하거나 서서 조작하는 지게차의 헤드가드는 한국산업표준에서 정하는 높이 기준 이상일 것(입승식: 1.88[m] 이상, 좌승식: 0.903[m] 이상)

2 컨베이어(Conveyor)

1. 컨베이어의 종류 및 용도

컨베이어란 재료나 화물을 일정한 거리 사이를 두고 자동으로 연속 운반하는 기계장치를 말하며, 중량물이나 다루기 힘든 형태의 제품을 정해진 속도로 원하는 위치까지 이동하는 경우에 사용한다.

(1) **벨트 컨베이어(Belt Conveyor)**

두 개의 바퀴에 벨트를 걸어 돌리면서 그 위에 물건을 올려 연속적으로 운반하는 컨베이어이다.

(2) **롤러 컨베이어 및 휠 컨베이어(Roller Conveyor and Wheel Conveyor)**

나란히 배열한 여러 개의 롤을 비스듬히 놓거나 기어를 회전시켜 그 위에 실려 있는 물건을 운반하는 컨베이어이다.

(3) **스크루 컨베이어(Screw Conveyor)**

반원통 속에서 나선 모양의 날개가 달린 축이 돌면서 물건을 운반하는 컨베이어이다.

(4) **기타**

셔틀 컨베이어, 포터블 벨트 컨베이어, 피킹 테이블 컨베이어, 에이프런 컨베이어 등이 있다.

2. 컨베이어의 안전조치사항

(1) 인력으로 적하하는 컨베이어에는 하중 제한 표시를 할 것
(2) 기어 · 체인 또는 이동 부위에는 덮개를 설치할 것
(3) 지면으로부터 2[m] 이상 높이에 설치된 컨베이어에는 승강 계단을 설치할 것
(4) 컨베이어는 마지막 쪽의 컨베이어부터 시동하고, 처음 쪽의 컨베이어부터 정지할 것

3. 안전작업수칙

(1) 컨베이어 이송속도는 임의로 변경하지 않는다.
(2) 운반물의 편중현상을 방지한다.
(3) 사용 전 소음 등 기기 이상 여부를 확인한다.

4. 컨베이어 방호상지의 송류 안전보건규칙 제191~193조, 제195조

(1) **이탈 등의 방지**

컨베이어, 이송용 롤러 등을 사용하는 경우에는 정전 · 전압강하 등에 따른 화물 또는 운반구의 이탈 및 역주행을 방지하는 장치를 갖추어야 한다. 역주행방지장치의 형식으로는 기계식(롤러식, 라쳇식, 밴드식)과 전기브레이크가 있다.

(2) **비상정지장치**

컨베이어 등에 해당 근로자의 신체의 일부가 말려드는 등 근로자가 위험해질 우려가 있는 경우 및 비상시에는 즉시 컨베이어 등의 운전을 정지시킬 수 있는 장치를 설치하여야 한다.

SUBJECT 03 기계 · 기구 및 설비 안전관리

(3) 낙하물에 의한 위험 방지

컨베이어 등으로부터 화물이 떨어져 근로자가 위험해질 우려가 있는 경우에는 해당 컨베이어 등에 덮개 또는 울을 설치하는 등 낙하 방지를 위한 조치를 하여야 한다.

(4) 건널다리

운전 중인 컨베이어 등의 위로 근로자를 넘어가도록 하는 경우에는 위험을 방지하기 위하여 건널다리를 설치하는 등 필요한 조치를 하여야 한다.

3 크레인 등 양중기

1. 양중기

작업장에서 화물 또는 사람을 올리고 내리는 데 사용하는 기계로서 크레인, 이동식 크레인, 리프트, 곤돌라 및 승강기를 포함하여 말한다.

(1) **크레인(호이스트(Hoist) 포함)** 안전보건규칙 제132조, 제137조, 제139~140조, 제144조, 제146조

동력을 사용하여 중량물을 매달아 상하 및 좌우로 운반하는 것을 목적으로 하는 기계 또는 기계장치를 말하며, "호이스트"란 훅이나 그 밖의 달기구 등을 사용하여 화물을 권상 및 횡행 또는 권상동작만을 하여 양중하는 것을 말한다.

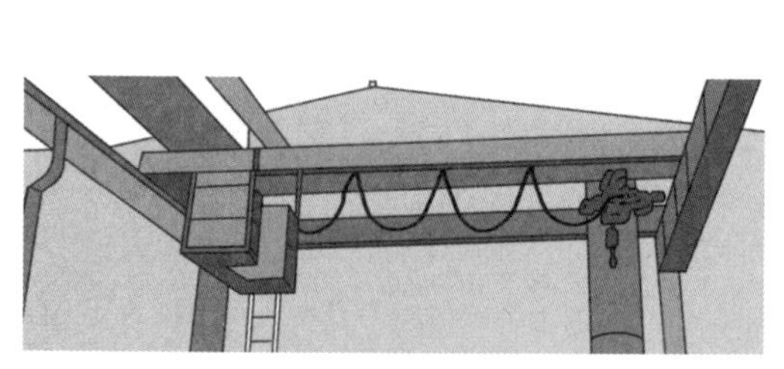
▲ 천장크레인

▲ 이동식 크레인

① **해지장치의 사용**: 훅걸이용 와이어로프 등이 훅으로부터 벗겨지는 것을 방지하기 위한 장치(해지장치)를 구비한 크레인을 사용하여야 하며, 그 크레인을 사용하여 짐을 운반하는 경우에는 해지장치를 사용하여야 한다.

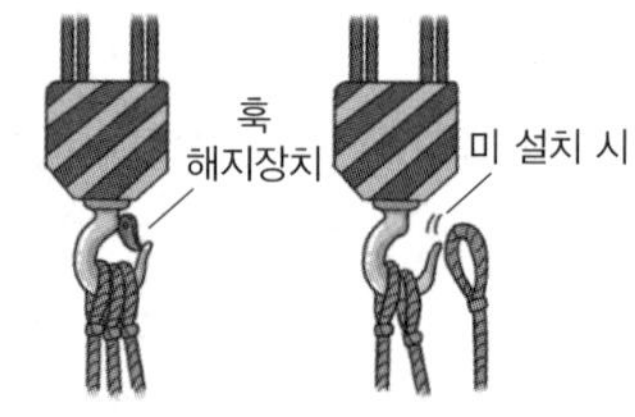

② **크레인의 수리 등의 작업**: 갠트리 크레인 등과 같이 작업장 바닥에 고정된 레일을 따라 주행하는 크레인의 새들(Saddle) 돌출부와 주변 구조물 사이의 안전공간이 40[cm] 이상 되도록 바닥에 표시를 하는 등 안전공간을 확보하여야 한다.

③ **폭풍에 의한 이탈방지**: 순간풍속이 30[m/s]를 초과하는 바람이 불어올 우려가 있는 경우 옥외에 설치되어 있는 주행 크레인에 대하여 이탈방지장치를 작동시키는 등 이탈방지를 위한 조치를 하여야 한다.

④ **건설물 등과의 사이 통로**: 주행 크레인 또는 선회 크레인과 건설물 또는 설비와의 사이에 통로를 설치하는 경우 그 폭을 0.6[m] 이상으로 하여야 한다. 다만, 그 통로 중 건설물의 기둥에 접촉하는 부분에 대해서는 0.4[m] 이상으로 할 수 있다.

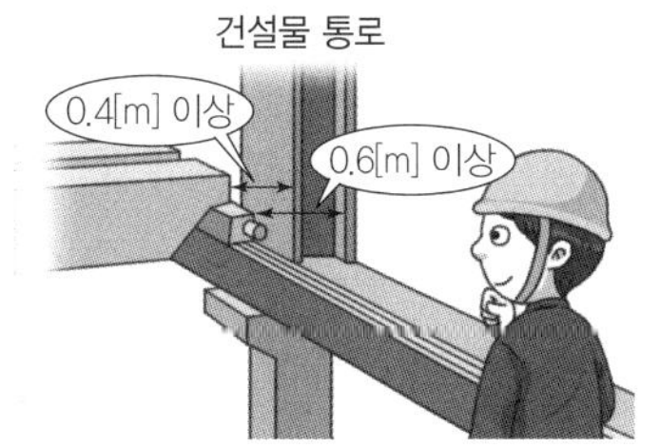

⑤ 크레인 작업 시의 조치
㉠ 인양할 하물(荷物)을 바닥에서 끌어당기거나 밀어내는 작업을 하지 아니할 것
㉡ 유류드럼이나 가스통 등 운반 도중에 떨어져 폭발하거나 누출될 가능성이 있는 위험물 용기는 보관함(또는 보관고)에 담아 안전하게 매달아 운반할 것
㉢ 고정된 물체를 직접 분리·제거하는 작업을 하지 아니할 것
㉣ 미리 근로자의 출입을 통제하여 인양 중인 하물이 작업자의 머리 위로 통과하지 않도록 할 것
㉤ 인양할 하물이 보이지 아니하는 경우에는 어떠한 동작도 하지 아니할 것(신호하는 사람에 의하여 작업을 하는 경우 제외)

(2) 이동식 크레인 안전보건규칙 제132조

원동기를 내장하고 있는 것으로서 불특정 장소에 스스로 이동할 수 있는 크레인으로 동력을 사용하여 중량물을 매달아 상하 및 좌우로 운반하는 설비로서 「건설기계관리법」을 적용 받는 기중기 또는 「자동차관리법」에 따른 화물·특수자동차의 작업부에 탑재하여 화물운반 등에 사용하는 기계 또는 기계장치를 말한다.

(3) 리프트(이삿짐운반용 리프트의 경우에는 적재하중이 0.1톤 이상인 것) 안전보건규칙 제132조, 제151조, 제154조

① **리프트의 종류**: 동력을 사용하여 사람이나 화물을 운반하는 것을 목적으로 하는 기계설비로서 다음의 것을 말한다.
㉠ 건설용 리프트: 동력을 사용하여 가이드레일을 따라 상하로 움직이는 운반구를 매달아 사람이나 화물을 운반할 수 있는 설비 또는 이와 유사한 구조 및 성능을 가진 것으로 건설현장에서 사용하는 것
㉡ 산업용 리프트: 동력을 사용하여 가이드레일을 따라 상하로 움직이는 운반구를 매달아 화물을 운반할 수 있는 설비 또는 이와 유사한 구조 및 성능을 가진 것으로 건설현장 외의 장소에서 사용하는 것
㉢ 자동차정비용 리프트: 동력을 사용하여 가이드레일을 따라 움직이는 지지대로 자동차 등을 일정한 높이로 올리거나 내리는 구조의 리프트로서 자동차 정비에 사용하는 것
㉣ 이삿짐운반용 리프트: 연장 및 축소가 가능하고 끝단을 건축물 등에 지지하는 구조의 사다리형 붐에 따라 동력을 사용하여 움직이는 운반구를 매달아 화물을 운반하는 설비로서 화물자동차 등 차량 위에 탑재하여 이삿짐 운반 등에 사용하는 것

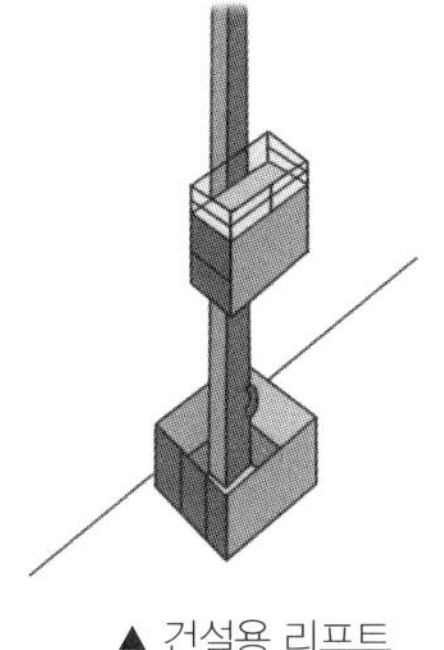
▲ 건설용 리프트

▲ 곤돌라

② **리프트의 방호장치**: 리프트(자동차정비용 리프트 제외)의 운반구 이탈 등의 위험을 방지하기 위하여 권과방지장치, 과부하방지장치, 비상정지장치 등을 설치하는 등 필요한 조치를 하여야 한다.

③ **붕괴 등의 방지**: 순간풍속이 35[m/s]를 초과하는 바람이 불어올 우려가 있는 경우 건설용 리프트(지하에 설치되어 있는 것 제외)에 대하여 받침의 수를 증가시키는 등 그 붕괴 등을 방지하기 위한 조치를 하여야 한다.

(4) 곤돌라 안전보건규칙 제132조

달기발판 또는 운반구, 승강장치, 그 밖의 장치 및 이들에 부속된 기계부품에 의하여 구성되고, 와이어로프 또는 달기강선에 의하여 달기발판 또는 운반구가 전용 승강장치에 의하여 오르내리는 설비를 말한다.

(5) 승강기 안전보건규칙 제132조

건축물이나 고정된 시설물에 설치되어 일정한 경로에 따라 사람이나 화물을 승강장으로 옮기는 데에 사용되는 설비로서 다음의 것을 말한다.

① **승객용 엘리베이터**: 사람의 운송에 적합하게 제조·설치된 엘리베이터

② **승객화물용 엘리베이터**: 사람의 운송과 화물 운반을 겸용하는 데 적합하게 제조·설치된 엘리베이터

③ **화물용 엘리베이터**: 화물 운반에 적합하게 제조·설치된 엘리베이터로서 조작자 또는 화물취급자 1명은 탑승할 수 있는 것(적재용량이 300[kg] 미만인 것은 제외)

④ **소형화물용 엘리베이터**: 음식물이나 서적 등 소형 화물의 운반에 적합하게 제조·설치된 엘리베이터로서 사람의 탑승이 금지된 것

⑤ **에스컬레이터**: 일정한 경사로 또는 수평로를 따라 위·아래 또는 옆으로 움직이는 디딤판을 통해 사람이나 화물을 승강장으로 운송시키는 설비

2. 양중기 방호장치의 종류 안전보건규칙 제134~135조

(1) 방호장치의 조정

다음의 양중기에 과부하방지장치, 권과방지장치, 비상정지장치 및 제동장치, 그 밖의 방호장치[승강기의 파이널 리미트 스위치(Final Limit Switch), 속도조절기, 출입문 인터 록(Inter Lock) 등]가 정상적으로 작동될 수 있도록 미리 조정해 두어야 한다.

방호장치를
부착하여 미리
조정해 두어야

① 크레인 ② 이동식 크레인 ③ 리프트
④ 곤돌라 ⑤ 승강기

(2) 권과방지장치

① 크레인, 이동식 크레인에 대한 권과방지장치는 훅·버킷 등 달기구의 윗면이 드럼, 상부 도르래, 트롤리프레임 등 권상장치의 아랫면과 접촉할 우려가 있는 경우에 그 간격이 0.25[m] 이상(직동식 권과방지장치는 0.05[m] 이상)이 되도록 조정하여야 한다.

② 권과방지장치를 설치하지 않은 크레인에 대해서는 권상용 와이어로프에 위험표시를 하고 경보장치를 설치하는 등 권상용 와이어로프가 지나치게 감겨서 근로자가 위험해질 상황을 방지하기 위한 조치를 하여야 한다.

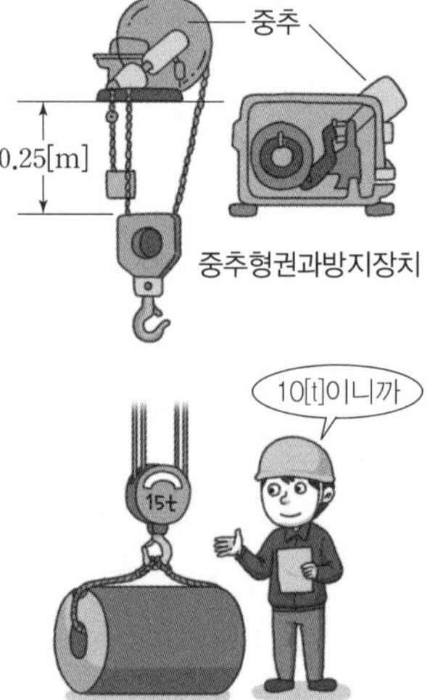

(3) 과부하의 제한

양중기에 그 적재하중을 초과하는 하중을 걸어서 사용하도록 해서는 아니 된다.

3. 양중기의 와이어로프

양질의 탄소강의 소재를 인발한 많은 소선(Wire)을 집합하여 꼬아서 스트랜드(Strand)를 만들고 이 스트랜드를 심(Core) 주위에 일정한 피치(Pitch)로 감아서 제작한 일종의 로프이다.

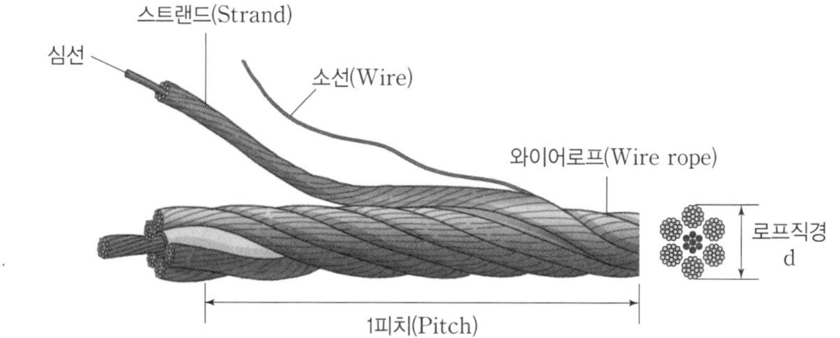

(1) 와이어로프의 구성

로프의 구성은 로프의 "스트랜드 수(꼬임의 수량)×소선의 개수"로 표시하며, 크기는 단면 외접원의 지름으로 나타낸다.

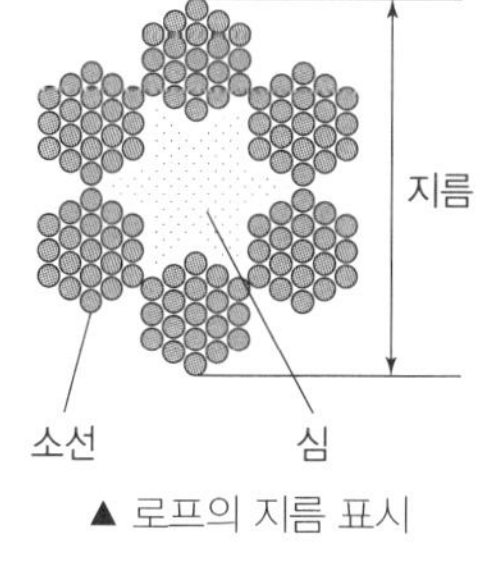

▲ 로프의 지름 표시

(2) 와이어로프의 꼬임모양과 꼬임방향

로프의 꼬임방법은 다음과 같다.

① 보통 꼬임(Regular Lay): 스트랜드의 꼬임방향과 소선의 꼬임방향이 반대인 것이다.

② 랭 꼬임(Lang's Lay): 스트랜드의 꼬임방향과 소선의 꼬임방향이 같은 것이다.

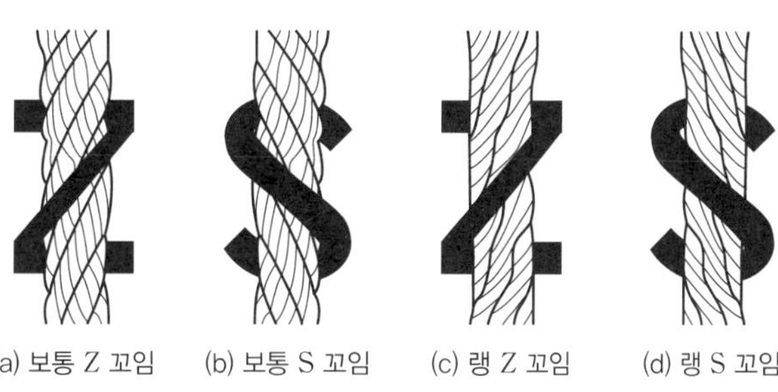

(a) 보통 Z 꼬임 (b) 보통 S 꼬임 (c) 랭 Z 꼬임 (d) 랭 S 꼬임

▲ 와이어로프의 꼬임명칭

(3) 와이어로프 등 달기구의 안전계수 안전보건규칙 제163조

양중기의 와이어로프 등 달기구의 안전계수(달기구 절단하중의 값을 그 달기구에 걸리는 하중의 최대값으로 나눈 값)가 다음 구분에 따른 기준에 맞지 아니한 경우에는 이를 사용해서는 아니 된다.

① 근로자가 탑승하는 운반구를 지지하는 달기와이어로프 또는 달기체인의 경우: 10 이상

② 화물의 하중을 직접 지지하는 달기와이어로프 또는 달기체인의 경우: 5 이상

③ 훅, 샤클, 클램프, 리프팅 빔의 경우: 3 이상

④ 그 밖의 경우: 4 이상

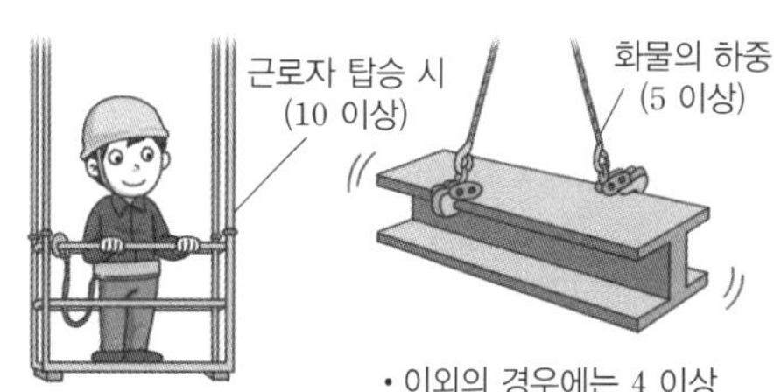

(4) 와이어로프의 절단방법 안전보건규칙 제165조

와이어로프를 절단하여 양중작업용구를 제작하는 경우 반드시 기계적인 방법으로 절단하여야 하며, 가스용단 등 열에 의한 방법으로 절단해서는 아니 된다.

(5) 와이어로프의 사용금지기준 안전보건규칙 제166조

① 이음매가 있는 것
② 와이어로프의 한 꼬임(Strand)에서 끊어진 소선의 수가 10[%] 이상인 것
③ 지름의 감소가 공칭지름의 7[%]를 초과하는 것
④ 꼬인 것
⑤ 심하게 변형되거나 부식된 것
⑥ 열과 전기충격에 의해 손상된 것

(6) 늘어난 체인 등의 사용금지 안전보건규칙 제167조

① 달기 체인의 길이가 달기 체인이 제조된 때의 길이의 5[%]를 초과한 것
② 링의 단면지름이 달기 체인이 제조된 때의 해당 링의 지름의 10[%]를 초과하여 감소한 것
③ 균열이 있거나 심하게 변형된 것

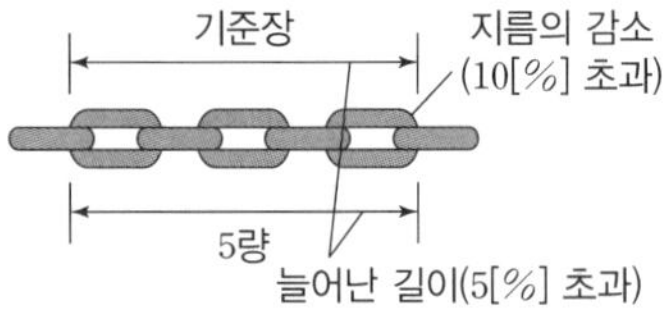

4 구내운반기계

1. 구조와 종류

작업장 내에 운반을 주목적으로 하는 차량으로 보통 길이 4.7[m] 이하, 폭 1.7[m] 이하, 높이 2.0[m] 이하이며, 최고속도가 15[km/h] 이하의 것을 말한다. 「도로운송차량법」의 소형차량 기준에 따르며, 플랫폼 트럭이라고 부르는 경우도 있고 3륜 소형 구내운반차, 궤도식 운반차, 견인차(Towing Tractor), 구내용 대형 트레일러, 전동운반차 등이 있다.

▲ 구내운반차

2. 구내운반기계의 방호장치 안전보건규칙 제184~185조

(1) 제동장치 등

구내운반차(작업장 내 운반을 주목적으로 하는 차량으로 한정)를 사용하는 경우에 다음의 사항을 준수하여야 한다.

① 주행을 제동하거나 정지상태를 유지하기 위하여 유효한 제동장치를 갖출 것
② 경음기를 갖출 것
③ 운전석이 차 실내에 있는 것은 좌우에 한 개씩 방향지시기를 갖출 것
④ 전조등과 후미등을 갖출 것

(2) 연결장치

구내운반차에 피견인차를 연결하는 경우에는 적합한 연결장치를 사용하여야 한다.

CHAPTER

07 설비진단 및 검사

한격 KEYWORD 비파괴검사, 침투탐상검사, 초음파탐상검사, 방사선투과검사, 진동작업, 강렬한 소음작업

1 비파괴검사의 종류 및 특징

1. 비파괴검사의 정의

비파괴검사(NDT; Non Destructive Testing)란 재료나 제품을 원형과 기능에 변화를 주지 않고 실시하여 원하는 것을 알 수 있는 검사를 말한다. 즉 재료나 제품을 물리적 현상을 이용한 특수방법으로 검사 대상물을 파괴, 분리 또는 손상을 입히지 않고 결함의 유무와 상태 또는 그것의 성질, 상태, 내부구조 등을 알아내는 모든 검사를 말한다.

2. 비파괴검사의 종류 및 특징

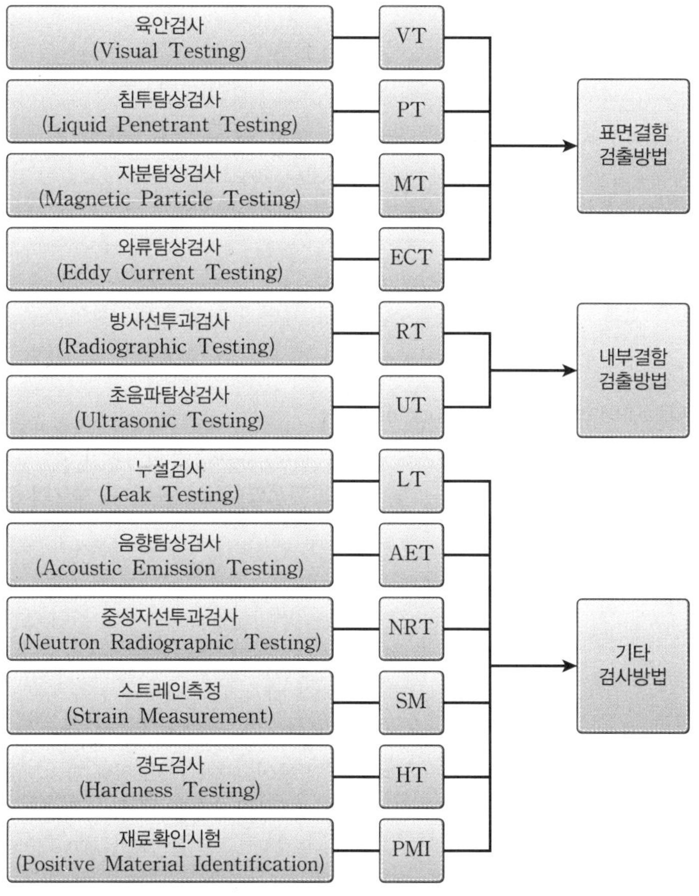

(1) 육안검사(VT; Visual Testing)

재료, 제품 또는 구조물(시험체)을 직접 또는 간접적으로 관찰하여 표면결함이 존재하는지 그 유무를 알아내는 비파괴검사방법이다.

(2) 누설검사(LT; Leak Testing)

시험체의 내부와 외부의 압력차를 이용하여 유체가 결함을 통해 흘러 들어가거나 흘러나오는 것을 감지하는 방법으로 압력용기검사, 배관검사 등에 사용된다.

(3) 침투탐상검사(PT; Liquid Penetrant Testing)

시험체 표면에 침투제를 적용시켜 침투제가 표면에 열려있는 불연속부에 침투할 수 있는 충분한 시간이 경과한 후, 불연속부에 침투하지 못하고 시험체 표면에 남아있는 과잉의 침투제를 제거하고 그 위에 현상제를 도포하여 불연속부에 들어있는 침투제를 빨아올림으로써 불연속의 위치, 크기 및 지시모양을 검출하는 검사방법이다.

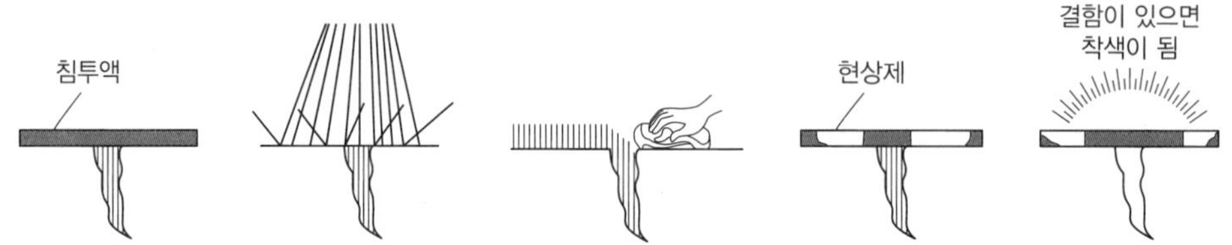

(4) 초음파탐상검사(UT; Ultrasonic Testing)

① 시험체 내부결함의 검출에 주로 이용되며 시험체에 초음파를 전달하여 내부에 존재하는 불연속으로부터 반사한 초음파의 에너지양, 초음파의 진행시간 등을 CRT Screen에 표시, 분석하여 불연속의 위치 및 크기를 알아내는 검사방법으로 균열 등 면상결함의 검출능력이 방사선투과검사보다 우수하다.

② 초음파탐상검사의 종류로는 투과법, 펄스반사법, 공진법 등이 있다.

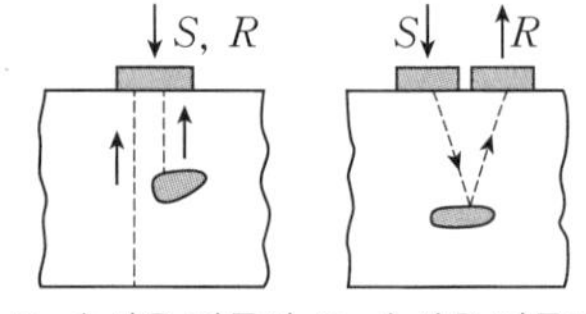

S: 송신용 진동자 R: 수신용 진동자

(5) 자분탐상검사(MT; Magnetic Particle Testing)

강자성체의 결함을 찾을 때 사용하는 비파괴시험법으로 표면 또는 표층에 결함이 있을 경우 누설자속을 이용하여 육안으로 결함을 검출하는 검사방법이다.

(6) 음향탐상검사(AET; Acoustic Emission Testing)

하중을 받고 있는 재료의 결함부에서 방출되는 응력파(Stress Wave)를 분석하여 소성변형, 균열의 생성 및 진전 감시 등 동적거동을 파악하고 결함부의 취이판정 및 재료의 특성평가에 이용한다. 재료의 종류나 물성 등의 특성에 많은 영향을 받는다.

(7) 방사선투과검사(RT; Radiographic Testing)

목적물에 방사선을 투과시켜 필름에 감광시킨 후 현상하여 관찰함으로써 재료 내부 또는 외부의 불연속 유무를 검사하는 비파괴검사방법이다.

(8) 와류탐상검사(ECT; Eddy Current Testing)

금속 등의 도체에 교류를 통한 코일을 접근시켰을 때, 결함이 존재하면 코일에 유기되는 전압이나 전류가 변하는 것을 이용한 검사방법이다.

2 진동방지기술

1. 진동작업의 정의

(1) 진동(Vibration)

물체가 일정한 시간 간격으로 같은 운동을 되풀이하는 현상을 말한다.

(2) 진동작업 안전보건규칙 제512조

다음의 어느 하나에 해당하는 기계 · 기구를 사용하는 작업을 말한다.

① 착암기(鑿巖機)

② 동력을 이용한 해머

③ 체인톱

④ 엔진 커터(Engine Cutter)

⑤ 동력을 이용한 연삭기

⑥ 임팩트 렌치(Impact Wrench)

⑦ 그 밖에 진동으로 인하여 건강장해를 유발할 수 있는 기계 · 기구

2. 진동작업 관리 안전보건규칙 제518~519조, 제521조

(1) 진동보호구의 지급 등

진동작업에 근로자를 종사하도록 하는 경우에 방진장갑 등 진동보호구를 지급하여 착용하도록 하여야 한다.

(2) 유해성 등의 주지

근로자가 진동작업에 종사하는 경우에 다음의 사항을 근로자에게 충분히 알려야 한다.

① 인체에 미치는 영향과 증상

② 보호구의 선정과 착용방법

③ 진동 기계 · 기구 관리 및 사용방법

④ 진동 장해 예방방법

(3) 진동 기계 · 기구의 관리

진동 기계 · 기구가 정상적으로 유지될 수 있도록 상시 점검하여 보수하는 등 관리를 하여야 한다.

3 소음방지기술

1. 소음작업의 정의 안전보건규칙 제512조

(1) 소음(Noise)

바람직하지 않은 소리를 의미하며 음성, 음악 등의 전달을 방해하거나 생활에 장애, 고통을 주거나 하는 소리를 말한다.

(2) 소음작업

1일 8시간 작업을 기준으로 85[dB] 이상의 소음이 발생하는 작업을 말한다.

(3) 강렬한 소음작업

① 90[dB] 이상의 소음이 1일 8시간 이상 발생하는 작업

② 95[dB] 이상의 소음이 1일 4시간 이상 발생하는 작업

③ 100[dB] 이상의 소음이 1일 2시간 이상 발생하는 작업

④ 105[dB] 이상의 소음이 1일 1시간 이상 발생하는 작업

⑤ 110[dB] 이상의 소음이 1일 30분 이상 발생하는 작업

⑥ 115[dB] 이상의 소음이 1일 15분 이상 발생하는 작업

(4) 청력보존 프로그램

다음의 사항이 포함된 소음성 난청을 예방 · 관리하기 위한 종합적인 계획을 말한다.

① 소음노출 평가

② 소음노출에 대한 공학적 대책

③ 청력보호구의 지급과 착용

④ 소음의 유해성 및 예방 관련 교육

⑤ 정기적 청력검사

⑥ 청력보존 프로그램 수집 및 시행 관련 기록 · 관리체계

⑦ 그 밖에 소음성 난청 예방 · 관리에 필요한 사항

2. 소음 감소 조치 안전보건규칙 제513조

사업주는 강렬한 소음작업이나 충격소음작업 장소에 대하여 기계 · 기구 등의 대체, 시설의 밀폐 · 흡음 또는 격리 등 소음 감소를 위한 조치를 하여야 한다.

벽을 내려치느라 시간을 낭비하지 마라.

그 벽이 문으로 바뀔 수 있도록 노력하라.

– 가브리엘 "코코" 샤넬(Gabrielle "Coco" Chanel)

04 SUBJECT

전기 및 화학설비 안전관리

합격 GUIDE

전기 및 화학설비 안전관리는 전공자가 아닌 수험생이 공부하기 어려워 실제로도 점수가 가장 낮게 나오는 과목입니다. 또한 2021년부터 한국전기설비규정(KEC)이 적용(개정)되며 가장 많은 변화가 있는 과목입니다. 따라서 처음 공부를 시작하는 수험생은 전기 및 화학설비 안전관리에서 과락을 받지 않도록 주의해야 합니다. 어려운 과목일수록 시험에 반복적으로 출제되는 부분은 완벽하게 이해를 해야 합니다. 특히 색자로 표기된 부분을 집중적으로 암기하고, 기출문제 위주로 학습하면 짧은 시간 내에 합격 점수를 받을 수 있습니다.

기출기반으로 정리한
압축이론

최신 5개년 출제비율 분석

CHAPTER 01 전기안전관리

CHAPTER 02 감전재해 및 방지대책

CHAPTER 03 정전기 장 · 재해관리

CHAPTER 04 전기방폭관리

CHAPTER 05 전기설비 위험요인관리

CHAPTER 06 화재 · 폭발 검토

CHAPTER 07 화학물질 안전관리 실행

CHAPTER 08 화공안전 비상조치 계획 · 대응

CHAPTER 09 화공 안전운전 · 점검

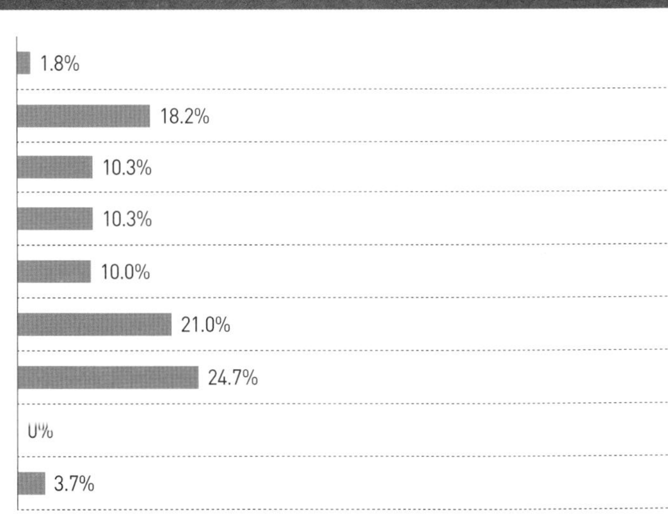

CHAPTER

01 전기안전관리

합격 KEYWORD 단로기, 유입차단기, 누전차단기

1 전기설비 및 기기

1. 배전반 및 분전반

분기회로에는 감전보호용 지락과 과부하 겸용의 누전차단기를 설치, 철제 분전함의 외함은 반드시 접지 실시하고, 문에는 시건장치를 하고 "취급자 외 조작금지" 표지를 부착한다.

합격 보장 꿀팁 수전반, 분전반, 배전반의 차이

① 수전반: 한전으로부터 전기를 인수받는 곳
② 배전반: 수전한 전기를 계통별 또는 용도별로 나누어 주는 곳
③ 분전반: 부하별로 분기해 주는 곳
④ 부하(전기제품)와 연결되면 분전반이고, 분전반에 전원을 공급해 주는 것이 배전반이다.

분전반과 같이 충전부가 있는 전기설비를 내부에 설치하는 기구를 폐쇄형 외함이라 합니다.

2. 개폐기

(1) 개폐기는 전로의 개폐에만 사용되고, 통전상태에서 차단능력이 없다.

(2) **개폐기의 시설** KEC 341.9

고압용 또는 특고압용의 개폐기로서 부하전류를 차단하기 위한 것이 아닌 개폐기는 부하전류가 통하고 있을 경우에는 회로가 열리지 않도록 시설하여야 한다.

(3) **개폐기의 종류**

① 주상유입개폐기(PCS; Primary Cutout Switch 또는 COS; Cut Out Switch)

㉠ 고압컷아웃스위치라 부르고 있는 기기로서 주로 3[kV] 또는 6[kV]용 300[kVA]까지 용량의 1차 측 개폐기로 사용하고 있다.

㉡ 배전선로의 개폐, 고장구간의 구분, 타 계통으로의 변환, 접지사고의 차단 및 콘덴서의 개폐 등에 사용한다.

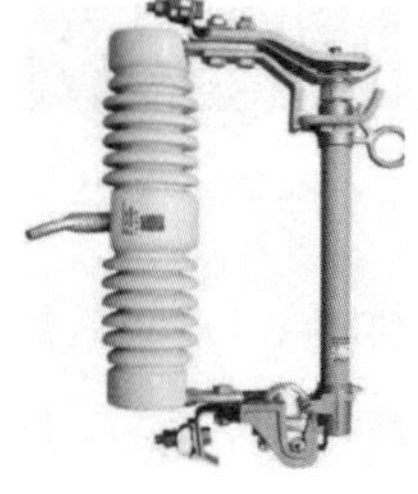

▲ 고압컷아웃스위치

▲ 설치사진

② 단로기(DS; Disconnection Switch)

㉠ 단로기는 개폐기의 일종으로 수용가 구내 인입구에 설치하여 무부하 상태의 전로를 개폐하는 역할을 하거나 차단기, 변압기, 피뢰기 등 고전압 기기의 1차 측에 설치하여 기기를 점검, 수리할 때 전원으로부터 이들 기기를 분리한다.

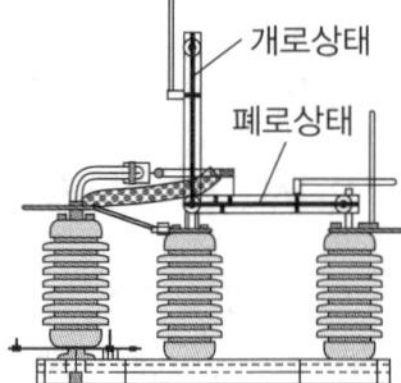

▲ 단로기

ⓛ 다른 개폐기가 전류 개폐 기능을 가지고 있는 반면에, 단로기는 전압 개폐 기능(부하전류 차단능력 없음)만 가진다. 그러므로 부하전류가 흐르는 상태에서 차단(개방)하면 매우 위험하고, 반드시 무부하 상태에서 개폐해야 한다.

ⓒ 단로기 및 차단기의 투입, 개방 시의 조작순서

- 전원 투입 시: 단로기를 투입한 후에 차단기 투입(ⓐ ▶ ⓑ ▶ ⓒ)
- 전원 개방 시: 차단기를 개방한 후에 단로기 개방(ⓒ ▶ ⓑ ▶ ⓐ)

③ 부하개폐기(LBS; Load Breaker Switch)

수변전설비의 인입구 개폐기로 많이 사용되며 부하전류를 개폐할 수는 있으나, 고장전류는 차단할 수 없어 전력퓨즈를 함께 사용한다.

④ 자동개폐기(AS; Automatic Switch)

⑤ 저압개폐기(스위치 내에 퓨즈 삽입)

▲ 부하개폐기

▲ 설치사진

3. 보호계전기

발전기, 변압기, 모선, 선로 및 기타 전력계통의 구성요소를 항상 감시하여 이들에 고장이 발생하거나 계통의 운전에 이상이 있을 때는 즉시 이를 검출 동작하여 고장부분을 분리시킴으로써 전력 공급지장을 방지하고 고장기기나 시설의 손상을 최소화한다.

4. 과전류차단기

(1) 차단기의 개요

차단기는 전선로에 전류가 흐르고 있는 상태에서 그 선로를 개폐하며, 차단기 부하 측에서 과부하, 단락 및 지락사고가 발생했을 때 각종 계전기와의 조합으로 신속히 선로를 차단하는 역할을 한다.

합격 보장 꿀팁

과전류의 종류: 단락전류, 과부하전류, 과도전류

(2) 차단기의 종류

차단기의 종류	사용장소
배선용 차단기(MCCB), 기중차단기(ACB)	저압전기설비
① 종래: 유입차단기(OCB) ② 최근: 진공차단기(VCB), 가스차단기(GCB)	변전소 및 자가용 고압 및 특고압 전기설비
공기차단기(ABB), 가스차단기(GCB)	특고압 및 대전류 차단용량을 필요로 하는 대규모 전기설비

(3) 유입차단기의 작동(투입 및 차단)순서

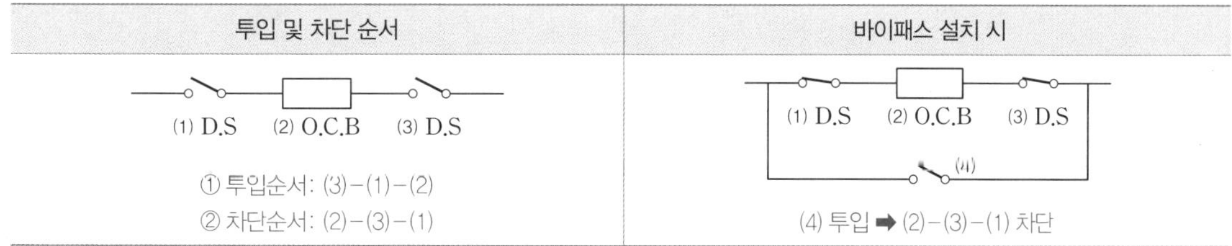

투입 및 차단 순서	바이패스 설치 시
(1) D.S (2) O.C.B (3) D.S ① 투입순서: (3)−(1)−(2) ② 차단순서: (2)−(3)−(1)	(1) D.S (2) O.C.B (3) D.S (4) (4) 투입 ➡ (2)−(3)−(1) 차단

(4) 차단기의 차단용량(정격차단용량) KEC 212.5.5

정격차단용량은 단락전류보호장치 설치 점에서 예상되는 최대 크기의 단락전류보다 커야 한다. 다만, 전원 측 전로에 단락고장전류 이상의 차단능력이 있는 과전류차단기가 설치되는 경우에는 그러하지 아니하다. 이 경우에 두 장치를 통과하는 에너지가 부하 측 장치와 이 보호장치로 보호를 받는 도체가 손상을 입지 않고 견뎌낼 수 있는 에너지를 초과하지 않도록 양쪽 보호장치의 특성이 협조되도록 하여야 한다.

① 단상: 정격차단용량 = 정격차단전압 × 정격차단전류

② 3상: 정격차단용량 = $\sqrt{3}$× 정격차단전압 × 정격차단전류

(5) 퓨즈

① 과전류차단기로 전압전로에 사용하는 퓨즈는 아래 표에 적합한 것이어야 한다. KEC 212.3.4

정격전류의 구분[A]	시간[분]	정격전류의 배수	
		불용단전류	용단전류
4 이하	60	1.5배	2.1배
4 초과 16 미만	60	1.5배	1.9배
16 이상 63 이하	60	1.25배	1.6배
63 초과 160 이하	120	1.25배	1.6배
160 초과 400 이하	180	1.25배	1.6배
400 초과	240	1.25배	1.6배

② 고압용 Fuse KEC 341.10

㉠ 포장퓨즈: 정격전류의 1.3배의 전류에 견디고, 2배의 전류로 120분 안에 용단되는 것

㉡ 비포장퓨즈: 정격전류의 1.25배의 전류에 견디고, 2배의 전류로 2분 안에 용단되는 것

(6) 전력퓨즈

① 고압 및 특고압 선로와 기기의 단락보호용으로 단락전류 차단이 주목적이다.

② 부하전류를 안전하게 통전하고, 일정치 이상의 과전류(단락전류)는 차단하여 전선로나 기기를 보호한다.

③ 가격이 싸고 소형경량이나, 재투입이 불가능하고 과도전류에 용단되기 쉽다.

(7) 저압전로 중의 과전류차단기의 시설 KEC 212.3.4

① 과전류차단기로 저압전로에 사용하는 산업용 배선차단기(「전기용품 및 생활용품 안전관리법」에서 규정하는 것 제외) 및 주택용 배선차단기는 아래 표에 적합한 것이어야 한다. 다만, 일반인이 접촉할 우려가 있는 장소(세대 내 분전반 및 이와 유사한 장소)에는 주택용 배선차단기를 시설하여야 한다.

정격전류의 구분[A]	시간[분]	정격전류의 배수(모든 극에 통전)			
		부동작 전류		동작 전류	
		산업용	주택용	산업용	주택용
63 이하	60	1.05배	1.13배	1.3배	1.45배
63 초과	120	1.05배	1.13배	1.3배	1.45배

② 주택용 배선차단기의 경우 아래 표에 적합한 것이어야 한다.

형	순시트립범위
B	$3I_n$ 초과 ~ $5I_n$ 이하
C	$5I_n$ 초과 ~ $10I_n$ 이하
D	$10I_n$ 초과 ~ $20I_n$ 이하

여기서, B, C, D: 순시트립전류에 따른 차단기 분류
I_n: 차단기 정격전류

5. 누전차단기

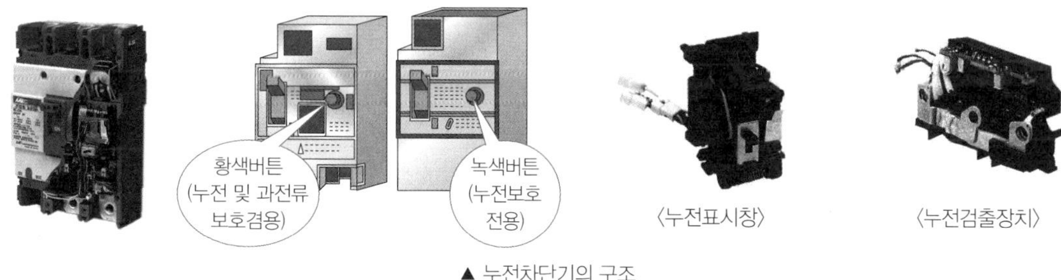

▲ 누전차단기의 구조

(1) 기능

누전차단기는 저압 전로에 있어서 인체의 감전사고 및 누전에 의한 화재를 방지하기 위해 사용한다.

① 누전이 발생하지 않을 경우: $I_a+I_b=0$(I_a: 유입 전류, I_b: 유출 전류)

② 누전이 발생할 경우: $I_a+I_b=I_g$(I_g: 지락 전류)

㉠ 그림(a)와 같이 회로가 정상상태에서는 영상변류기(ZCT)를 통과하는 부하전류(I_L)가 평형을 이루게 되어 ZCT 2차 측에 출력이 나타나지 않게 된다.

㉡ 그림(b)와 같이 지락이 발생한 상태에서는 지락전류(I_g)가 흐르게 되어 ZCT를 통과하는 부하전류(I_L)는 불평형 상태로 되고 이로 인하여 ZCT 2차 측에 유도전류(I_t)가 나타나게 되어 Trip Coil을 여자시켜 회로를 차단한다.

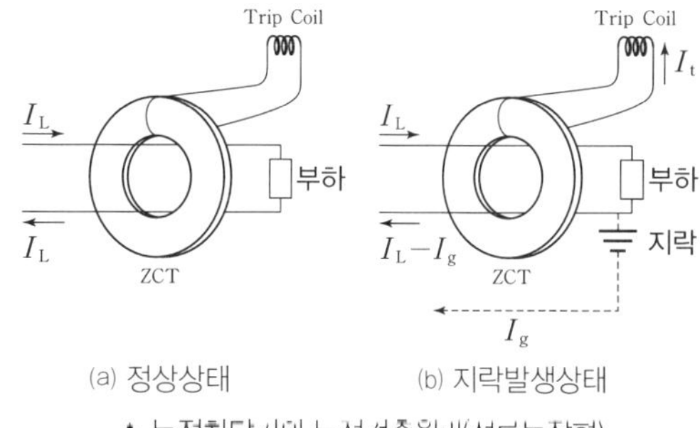

▲ 누전차단기의 누선검출원리(선류농작형)

(2) 누전차단기의 종류

구분		정격감도전류[mA]	동작시간
고감도형	고속형	5, 10, 15, 30	정격감도전류에서 0.1초 이내
	시연형		정격감도전류에서 0.1초 초과 2초 이내
	반한시형		① 정격감도전류에서 0.2초 초과 2초 이내 ② 정격감도전류의 1.4배에서 0.1초 초과 0.5초 이내 ③ 정격감도전류의 4.4배에서 0.05초 이내
중감도형	고속형	50, 100, 200, 500, 1,000	정격감도전류에서 0.1초 이내
	시연형		정격감도전류에서 0.1초 초과 2초 이내

※ 감전 보호용 누전차단기: 정격감도전류 30[mA] 이하, 동작시간 0.03초 이내

합격 보장 꿀팁 **변압기 절연유**

① 절연유의 조건
　㉠ 절연내력이 클 것
　㉡ 절연재료 및 금속에 화학작용을 일으키지 않을 것
　㉢ 인화점이 높고 응고점이 낮을 것
　㉣ 점도가 낮고(유동성이 풍부), 비열이 커서 냉각효과가 클 것
　㉤ 저온에서 석출물이 생기거나 산화하지 않을 것
　㉥ 고온에서 침전물이 생기거나 산화하지 않을 것
② 열화 판정시험
　㉠ 절연파괴 시험법: 신유(30[kV] 10분), 사용유(25[kV] 10분)
　㉡ 산가 시험법: 신유(0.2 정도), 불량(0.4 이상)
③ 절연유의 열화원인: 수분흡수에 따른 산화 작용, 금속접촉, 절연재료, 직사광선, 이종절연유의 혼합 등

2 전기안전관련법령 2024

1. 정기검사 대상 전기설비 및 시기 전기안전관리법 시행규칙 별표 4

구분	대상	시기	비고
1. 전기사업용전기설비 기력, 내연력, 가스터빈, 복합화력, 수력(양수), 풍력, 태양광, 연료전지, 전기저장장치 및 무정전전원장치발전소(구역전기사업자의 송전·변전 및 배전설비 포함)	(1) 증기터빈 및 내연기관 계통	4년 이내	(1)부터 (4)까지의 설비에 부속되는 전기설비로서 사용압력이 0[kg/cm^2] 이상의 내압부분이 있는 것을 포함한다.
	(2) 가스터빈·보일러·열교환기(「집단에너지사업법」을 적용받는 보일러 및 압력용기는 제외), 공해방지설비 및 발전기 계통	2년 이내	
	(3) 수차·발전기 계통	4년 이내	
	(4) 풍차·발전기 계통(토목 기초 포함)	3년 이내	
	(5) 태양광설비		
	① 태양광·전기설비 계통	4년 이내	
	② 「전기사업법」에 따른 전기사업 허가 당시 「공간정보의 구축 및 관리 등에 관한 법률」에 따른 전, 답, 과수원, 임야 또는 염전 지역(간척지였던 경우에는 「전기사업법」에 따른 전기사업의 허가를 받은 날을 기준으로 「공간정보의 구축 및 관리 등에 관한 법률」에 따른 전, 답, 과수원, 임야 또는 염전으로 등록된 지 30년이 지나지 않은 지역으로 한정)에 설치된 태양광발전소의 부지 및 구조물	2년 이내	
	(6) 연료전지·전기설비 계통	4년 이내	
	(7) 전기저장장치·전기설비 계통(전기저장장치 중 변전소에 설치되는 주파수조정용 전기저장장치 제외)		
	① 여러 사람이 이용할 수 있는 건물 안에 설치된 설비 또는 이차전지 용량 1,000[kWh] 이상인 설비(차량에 탑재하여 이동이 가능한 설비 포함)	1년 이내	
	② ① 외의 설비	2년 이내	
	(8) 구역전기사업자의 송전·변전 및 배전설비	2년 이내	
	(9) 신재생에너지 발전사업용인 송전선로·변전소	4년 이내	
	(10) 무정전전원장치·전기설비 계통		
	① 여러 사람이 이용할 수 있는 건물 안에 설치된 설비 또는 이차전치 용량 1,000[kWh] 이상인 설비	1년 이내	
	② ① 외의 설비(20[kWh] 이하의 리튬·나트륨계 배터리 및 70[kWh] 이하의 납계 배터리를 사용하는 무정전전원장치 제외)	2년 이내	

구분	대상	시기	비고
2. 자가용전기설비			
가. 발전설비기력, 내연력, 가스터빈, 복합화력 및 수력, 태양광, 연료전지, 전기저장장치 및 무정전전원장치발전소(비상 예비발전설비 제외)	(1) 증기터빈 및 내연기관 계통(공해방지설비 및 발전기 계통 포함)	4년 이내	(1)과 (2)에 부속되는 전기설비로서 사용압력이 0[kg/cm^2] 이상의 내압부분이 있는 것을 포함한다.
	(2) 가스터빈(공해방지설비 및 발전기 계통 포함), 보일러, 열교환기(보일러 및 열교환기 중 「에너지이용 합리화법」에 따라 검사를 받는 것 제외)	2년 이내	
	(3) 수차 · 발전기 계통	4년 이내	
	(4) 풍차 · 발전기 계통	4년 이내	
	(5) 태양광 · 전기설비 계통	4년 이내	
	(6) 연료전지 · 전기설비 계통	4년 이내	
	(7) 전기저장장치 · 전기설비 계통		
	① 여러 사람이 이용할 수 있는 건물 안에 설치된 설비 또는 이차전지 용량 1,000[kWh] 이상인 설비	1년 이내	
	② ① 외의 설비	2년 이내	
	(8) 무정전전원장치 · 전기설비 계통		
	① 여러 사람이 이용할 수 있는 건물 안에 설치된 설비 또는 이차전지 용량 1,000[kWh] 이상인 설비	1년 이내	
	② ① 외의 설비(20[kWh] 이하의 리튬 · 나트륨계 배터리 및 70[kWh] 이하의 납계 배터리를 사용하는 무정전전원장치 제외)	2년 이내	
나. 전기수용설비 및 비상용 예비발전설비 및 전기자동차 충전설비	(1) 의료기관, 공연장, 호텔, 대규모 점포, 전통시장, 예식장, 지정 문화재, 단란주점, 유흥주점, 목욕장, 노래연습장에 설치한 고압 이상의 전기수용설비, 비상용 예비발전설비 및 전기자동차 충전설비	2년마다 2개월 전후	
	(2) 전기안전관리자의 선임이 면제된 제조업자 또는 제조업 관련 서비스업자의 전기수용설비, 비상용 예비발전설비 및 전기자동차 충전설비	2년마다 2개월 전후	
	(3) (1) 및 (2)의 설비 외의 수용가에 설치한 고압 이상의 전기수용설비, 비상용 예비발전설비 및 전기자동차 충전설비(단독으로 설치된 경우 포함)	3년마다 2개월 전후	
	(4) (3)의 규정에도 불구하고 공정안전보고서 또는 안전성향상계획서를 제출하거나 갖춰 둔 자의 고압 이상의 전기수용설비, 비상용 예비발전설비 및 전기자동차 충전설비	4년 이내	

※ 1. 발전설비의 검사는 발전설비의 가동정지기간 중에 하며, 설비 고장 등 검사시기 조정 사유 발생 시 검사기관과 협의하여 2개월 이내의 범위에서 검사시기를 조정할 수 있다.
2. 비상용 예비발전설비는 이와 연계된 비상부하설비를 포함한다.

4-1 정기검사 대상 전기설비 및 시기

다음 중 정기검사 대상 전기설비와 검사시기가 옳은 것은?

① 의료기관, 공연장, 호텔, 대규모 점포, 전통시장, 예식장, 지정 문화재, 단란주점, 유흥주점, 목욕장, 노래연습장에 설치한 고압 이상의 전기수용설비, 비상용 예비발전설비 및 전기자동차 충전설비 – 2년마다 2개월 전후

② 전기안전관리자의 선임이 면제된 제조업자 또는 제조업 관련 서비스업자의 전기수용설비, 비상용 예비발전설비 및 전기자동차 충전설비 – 1년마다 1개월 전후

③ 태양광 · 전기설비 계통 – 3년 이내

④ 연료전지 · 전기설비 계통 – 2년 이내

해설

② 전기안전관리자의 선임이 면제된 제조업자 또는 제조업 관련 서비스업자의 전기수용설비, 비상용 예비발전설비 및 전기자동차 충전설비 – 2년마다 2개월 전후

③ 태양광 · 전기설비 계통 – 4년 이내

④ 연료전지 · 전기설비 계통 – 4년 이내

| 정답 | ①

2. 전기안전관리자의 선임기준 및 세부기술자격 전기안전관리법 시행규칙 별표 8

구분	안전관리 대상	안전관리자 자격기준	안전관리보조원인력
1. 발전설비 가. 전기설비(수력, 기력, 가스터빈, 복합화력, 원자력 및 그 밖의 발전소 공통)	(1) 모든 전기설비의 공사·유지 및 운용	(1) 전기·안전관리(전기안전) 분야 기술사 자격소지자, 전기기사 또는 전기기능장 자격 취득 이후 실무경력 2년 이상인 사람	(1) 용량 50만[kW] 이상은 전기 및 기계 분야 각 2명 (2) 용량 10만[kW] 이상 50만[kW] 미만은 전기 분야 2명, 기계 분야 1명 (3) 용량 1만[kW] 이상 10만[kW] 미만은 전기 및 기계 분야 각 1명
	(2) 전압 10만[V] 미만 전기설비의 공사·유지 및 운용	(2) 전기산업기사 자격 취득 이후 실무경력 4년 이상인 사람	
	(3) 전압 10만[V] 미만으로서 전기설비용량 2,000[kW] 미만 전기설비의 공사·유지 및 운용	(3) 전기기사 또는 전기기능장 자격 취득 이후 실무경력 1년 이상인 사람 또는 전기산업기사 자격 취득 이후 실무경력 2년 이상인 사람	
	(4) 전압 10만[V] 미만으로서 전기설비용량 1,500[kW] 미만 전기설비의 공사·유지 및 운용	(4) 전기산업기사 이상 자격소지자	
나. 기계설비(기력, 가스터빈, 복합화력, 원자력 발전소만 해당)	(1) 기력설비, 가스터빈설비 및 원자력설비(「원자력법」에 따라 규제를 받는 부분 제외)의 공사·유지 및 운용(전기설비에 관한 것 제외)	(1) 산업기계설비, 공조냉동기계, 건설기계기술사 자격소지자 또는 일반기계기사, 건설기계설비기사 자격 취득 이후 실무경력 2년 이상인 사람	
	(2) 압력이 100[kg/cm^2] 미만의 기력설비, 가스터빈설비 및 원자력설비(「원자력법」에 따라 규제를 받는 부분 제외)의 공사·유지 및 운용(전기설비에 관한 것 제외)	(2) 일반기계기사, 건설기계설비기사 자격 취득 이후 실무경력 2년 이상인 사람 또는 컴퓨터응용가공산업기사, 생산기계산업기사, 건설기계설비산업기사 자격 취득 이후 실무경력 4년 이상인 사람	
다. 토목설비(수력발전소만 해당)	(1) 모든 수력설비의 공사·유지 및 운용(전기설비에 관한 것 제외)	(1) 토목구조·토목시공기술사 자격소지자 또는 토목기사 자격 취득 이후 실무경력 2년 이상인 사람	
	(2) 높이 70[m] 미만의 댐, 압력이 6[kg/cm^2] 미만의 도수로, 압력 조정용 용기 및 방수로, 그 밖의 수력설비의 공사·유지 및 운용(전기설비에 관한 것 제외)	(2) 토목기사 자격 취득 이후 실무경력 2년 이상인 사람 또는 토목산업기사 자격 취득 이후 실무경력 4년 이상인 사람	
2. 송전·변전설비 및 배전설비 또는 그 설비를 관할하는 사업장	(1) 모든 송전·변전설비 및 배전설비의 공사·유지 및 운용	(1) 전기·안전관리(전기안전) 분야 기술사 자격소지자, 전기기사 또는 전기기능장 자격 취득 이후 실무경력 2년 이상인 사람	(1) 용량 50만[kW] 이상은 전기 분야 3명 (2) 용량 10만[kW] 이상 50만[kW] 미만은 전기 분야 2명 (3) 용량 1,000[kW] 이상 10만[kW] 미만은 전기 분야 1명
	(2) 전압 10만[V] 미만 전기설비의 공사·유지 및 운용	(2) 전기산업기사 자격 취득 이후 실무경력 4년 이상인 사람	
	(3) 전압 10만[V] 미만으로서 전기설비용량 2,000[kW] 미만 전기설비의 공사·유지 및 운용	(3) 전기기사 또는 전기기능장 자격 취득 이후 실무경력 1년 이상인 사람 또는 전기산업기사 자격 취득 이후 실무경력 2년 이상인 사람	
	(4) 전압 10만[V] 미만으로서 전기설비용량 1,500[kW] 미만 전기설비의 공사·유지 및 운용	(4) 전기산업기사 이상 자격소지자	

3. 전기수용설비 및 비상용 예비발전 설비	(1) 모든 전기설비의 공사·유지 및 운용	(1) 전기·안전관리(전기안전) 분야 기술사 자격소지자, 전기기사 또는 전기기능장 자격 취득 이후 실무경력 2년 이상인 사람	(1) 용량 1만[kW] 이상은 전기 분야 2명 (2) 용량 5,000[kW] 이상 1만[kW] 미만은 전기 분야 1명
	(2) 전압 10만[V] 미만 전기설비의 공사·유지 및 운용	(2) 전기산업기사 자격 취득 이후 실무경력 4년 이상인 사람	
	(3) 전압 10만[kV] 미만으로서 전기설비용량 2,000[kW] 미만 전기설비의 공사·유지 및 운용	(3) 전기기사 또는 전기기능장 자격 취득 이후 실무경력 1년 이상인 사람 또는 전기산업기사 자격취득 이후 실무경력 2년 이상인 사람	
	(4) 전압 10만[V] 미만으로서 전기설비용량 1,500[kW] 미만 전기설비의 공사·유지 및 운용	(4) 전기산업기사 이상 자격소지자	

※ 1. 「전기안전관리법」 제22조제2항 후단에 따라 선임된 전기안전관리자와 같은 조 제3항제1호 및 제2호에 따라 전기안전관리자로 선임된 안전공사 및 대행사업자의 소속 기술인력은 전기수용설비의 안전관리자 자격기순 숭 (1)·(2)의 어느 하나에 해당하는 사람이어야 한다.

2. 안전관리보조원의 자격은 해당 분야 기능사 이상의 자격소지자이거나 같은 분야 5년 이상 실무 경력자를 말한다.

3. 같은 사업장에 발전설비와 송전·변전설비 및 배전설비, 전기수용설비가 설치된 경우에는 선임되는 안전관리자가 분야별로 서로 중복되지 않도록 선임할 수 있다. 이 경우 선임 인원을 설비마다 산출한 선임 인원에서 많은 인원으로 한다.

4. 「전기안전관리법」 제22조제1항에 따라 선임해야 할 전기안전관리자의 분야는 다음과 같다.

가. 수력발전소: 전기 및 토목 분야. 다만, 다음의 경우에는 토목 분야 전기안전관리자를 선임하지 않을 수 있다.

① 수력발전소의 출력이 1,000[kW] 미만인 경우

② 원격감시·제어기능을 갖추고 발전 출력이 3,000[kW] 미만인 월류형 보의 경우

나. 기력·가스터빈·복합화력·원자력발전소: 전기 및 기계 분야(출력 1,000[kW] 미만의 가스터빈발전소는 기계 분야 제외)

다. 가. 및 나. 외의 발전소, 전기수용설비 및 비상용 예비발전설비, 송전·변전·배전설비: 전기 분야

CHAPTER

02 감전재해 및 방지대책

합격 KEYWORD 허용접촉전압, 전격의 위험, 통전전류와 인체반응, 심실세동전류, 감전사고 시 응급조치, 1차적 감전요소, 감전보호용 누전차단기, 누전차단기의 적용범위, 전격방지장치의 기능, 교류아크용접기의 재해 및 보호구

1 감전재해 예방 및 조치

1. 안전전압

회로의 정격전압이 일정 수준 이하의 낮은 전압으로 절연파괴 등의 사고 시에도 인체에 위험을 주지 않는 전압을 말한다.(「산업안전보건법령」에서 30[V]로 규정)

2. 허용접촉전압 및 허용보폭전압

(1) 허용전압

① **허용접촉전압**: 대지에 접촉하고 있는 발과 발 이외의 다른 신체부분 사이에서 인가되는 전압이다.

합격 보장 꿀팁 허용접촉전압

종별	접촉상태	허용접촉전압
제1종	인체의 대부분이 수중에 있는 상태	2.5[V] 이하
제2종	• 인체가 현저히 젖어 있는 상태 • 금속성의 전기기계·기구나 구조물에 인체의 일부가 상시 접촉되어 있는 상태	25[V] 이하
제3종	제1종, 제2종 이외의 경우로서 통상의 인체상태에서 접촉전압이 가해지면 위험성이 높은 상태	50[V] 이하
제4종	• 제1종, 제2종 이외의 경우로서 통상의 인체상태에 접촉전압이 가해지더라도 위험성이 낮은 상태 • 접촉전압이 가해질 우려가 없는 경우	제한 없음

② **허용보폭전압**: 사람의 양발 사이에 인가되는 전압으로, 접지극을 통하여 대지로 전류가 흘러갈 때 접지극 주위의 지표면에 형성되는 전위분포로 인해 양발 사이에 인가되는 전위차(ΔV)를 말한다.

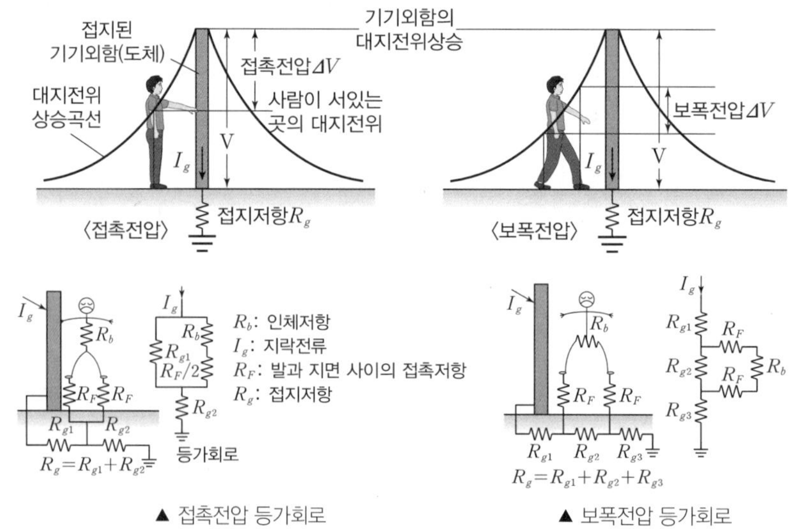

▲ 접촉전압 등가회로 ▲ 보폭전압 등가회로

(2) 허용접촉전압과 허용보폭전압

허용접촉전압	허용보폭전압
$E=\left(R_b+\frac{3\rho_s}{2}\right)\times I_k$	$E=(R_b+6\rho_s)\times I_k$
여기서, I_k: 통전전류$\left(\frac{0.165}{\sqrt{T}}\right)$[A], R_b: 인체저항[Ω], ρ_s: 지표상층 저항률[Ω·m]	

3. 인체의 전기저항

통전전류의 크기는 인체의 전기저항 즉, 임피던스의 값에 의해 결정되며, 임피던스는 인체의 각 부위(피부, 혈액 등)의 저항성분과 용량성분이 합성된 값이 되며, 이 값은 여러 인자 특히 접촉전압, 통전시간, 접촉면적 등에 따라 변화한다.

(1) 인체임피던스의 등가회로

인체의 임피던스는 내부임피던스와 피부임피던스의 합성임피던스로 구성된다.

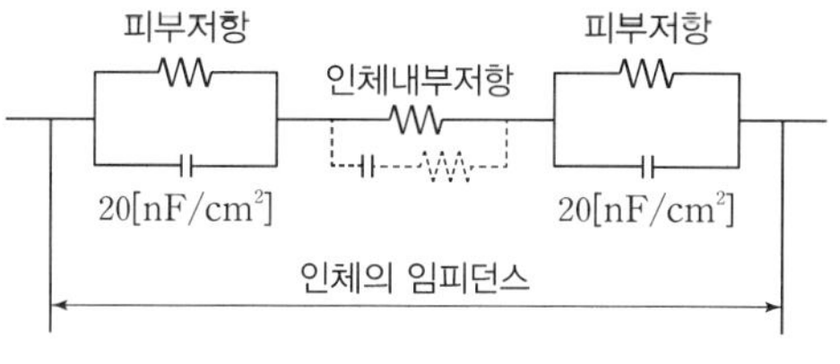

(2) 인체 각부의 저항

보통 인체의 전기저항은 전체저항을 약 5,000[Ω]으로 보고 있다. 이 저항 값은 피부가 젖은 정도, 인가전압 등에 의해 크게 변화한다. 따라서 인가전압이 커짐에 따라 약 500[Ω] 이하까지 감소하고, 피부에 땀이 있을 때에는 건조 시의 약 $\frac{1}{12}$~$\frac{1}{20}$, 물에 젖어 있을 때는 약 $\frac{1}{25}$로 감소한다.

인체의 전기저항	저항치[Ω]	비고
전체저항	약 5,000	피부가 젖은 정도, 인가전압 등에 의해 크게 변화하며 인가전압이 커짐에 따라 약 500[Ω]까지 감소
① 피부저항	약 2,500	피부에 땀이 있을 경우 건조 시의 $\frac{1}{12}$~$\frac{1}{20}$, 물에 젖어 있을 경우 $\frac{1}{25}$로 저항 감소
② 인체내부저항	약 300	교류, 직류에 따라 거의 일정하지만 통전시간이 길어지면 인체의 온도상승에 의해 저항치 감소
③ 발과 신발 사이의 저항	약 1,500	
④ 신발과 대지 사이의 저항	약 700	

- 인체 부위별 저항률: 피부>뼈>근육>혈액>내부 조직
- 피전점: 인체의 전기저항이 약한 부분(턱, 볼, 손등, 정강이 등)

4. 전압의 구분

구분	변경 전	변경 후
저압	교류: 600[V] 이하 직류: 750[V] 이하	교류: 1[kV] 이하 직류: 1.5[kV] 이하
고압	교류: 600[V] 초과 7[kV] 이하 직류: 750[V] 초과 7[kV] 이하	교류: 1[kV] 초과 7[kV] 이하 직류: 1.5[kV] 초과 7[kV] 이하
특고압	교류, 직류: 7[kV] 초과	교류, 직류: 7[kV] 초과

2 전기의 위험성

1. 감전의 위험요소

(1) 감전(전격)의 위험을 결정하는 주된 인자

① 통전전류의 크기(가장 근본적인 원인이며 감전피해의 위험도에 가장 큰 영향을 미침)

② 통전시간 ③ 통전경로 ④ 전원의 종류(교류 또는 직류) ⑤ 주파수 및 파형

⑥ 전격인가위상(심장 맥동주기의 어느 위상에서의 통전 여부)

⑦ 기타 간접적으로는 인체저항과 전압의 크기 등이 관련 있다.

합격 보장 꿀팁 감전

① 감전 및 감전재해의 정의

㉠ 감전(感電, Electric Shock): 인체의 일부 또는 전체에 전류가 흐르는 현상을 말하며, 이로 인해 인체가 받게 되는 충격을 전격(電擊, Electric Shock)이라고 한다.

㉡ 감전(전격)에 의한 재해: 인체의 일부 또는 전체에 전류가 흘렀을 때 인체 내에서 일어나는 생리적인 현상으로 근육의 수축, 호흡곤란, 심실세동 등으로 부상·사망하거나 추락·전도 등의 2차적 재해가 일어나는 것을 말한다.

② 심장의 맥동주기: 전격이 인가되면 심실세동을 일으키는 확률이 가장 크고 위험한 부분은 심실이 수축 종료하는 T파 부분이다.

㉠ P파: 심방수축에 따른 파형

㉡ Q-R-S파: 심실수축에 따른 파형

㉢ T파: 심실의 수축 종료 후 심실의 휴식 시 발생하는 파형

㉣ R-R: 심장의 맥동주기

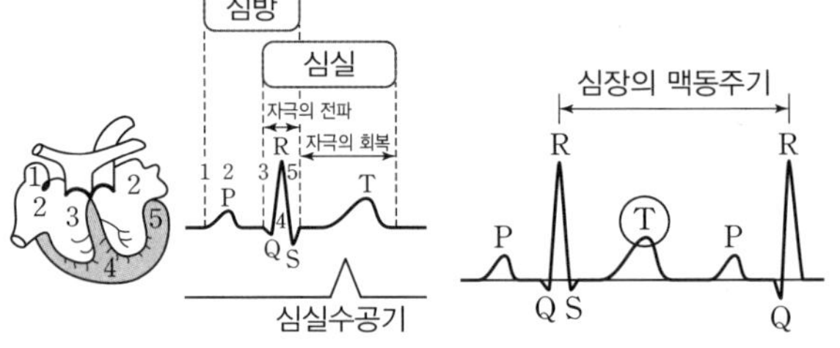

(2) 통전경로별 위험도

통전경로별 위험도는 숫자가 클수록 높아진다.

통전경로	위험도	통전경로	위험도
왼손-가슴	1.5	왼손-등	0.7
오른손-가슴	1.3	한손 또는 양손-앉아 있는 자리	0.7
왼손-한발 또는 양발	1.0	왼손-오른손	0.4
양손-양발	1.0	오른손-등	0.3
오른손-한발 또는 양발	0.8		

2. 통전전류의 세기 및 그에 따른 영향

(1) 통전전류와 인체반응

통전전류 구분	통전전류의 세기 [통전전류(교류) 값]	전격의 영향
최소감지전류	상용주파수 60[Hz]에서 성인남자의 경우 1[mA]	고통을 느끼지 않으면서 짜릿하게 전기가 흐르는 것을 감지할 수 있는 최소전류
고통한계전류	상용주파수 60[Hz]에서 7~8[mA]	통전전류가 최소감지전류보다 커지면 어느 순간부터 고통을 느끼게 되지만 참을 수 있는 전류
가수전류 (이탈전류)	상용주파수 60[Hz]에서 10~15[mA] (최저가수전류치 남: 9[mA], 여: 6[mA])	자력으로 이탈 가능한 전류(마비한계전류라고도 함)

불수전류 (교착전류)	상용주파수 60[Hz]에서 20~50[mA]	통전전류가 고통한계전류보다 커지면 인체 각부의 근육이 수축현상을 일으키고 신경이 마비되어 신체를 자유로이 움직일 수 없는 전류(자력으로 이탈 불가능)
심실세동전류 (치사전류)	$I=\frac{165}{\sqrt{T}}$ I: 심실세동전류[mA] T: 통전시간[s]	심근의 미세한 진동으로 혈액을 송출하는 펌프의 기능이 장애를 받는 때의 전류

합격 보장 꿀팁 **통전전류별 인체반응**

1[mA]	5[mA]	10[mA]	15[mA]	50~100[mA]
약간 느낄 정도	경련을 일으킴	불편해짐(통증)	격렬한 경련을 일으킴	심실세동으로 사망위험

(2) 심실세동전류

① 통전전류가 너욱 증가하면 전류의 일부가 심장부분을 흐르게 된다. 이렇게 되면 심장이 정상적인 맥동을 하지 못하며 불규칙적으로 세동하게 되어 결국 혈액의 순환에 큰 장애를 가져오게 되고, 산소의 공급 중지로 인해 뇌에 치명적인 손상을 입히게 된다.

② 이와 같이 심근의 미세한 진동으로 혈액을 송출하는 펌프의 기능이 장애를 받는 현상을 심실세동이라 하며, 이때의 전류를 심실세동전류라 한다.

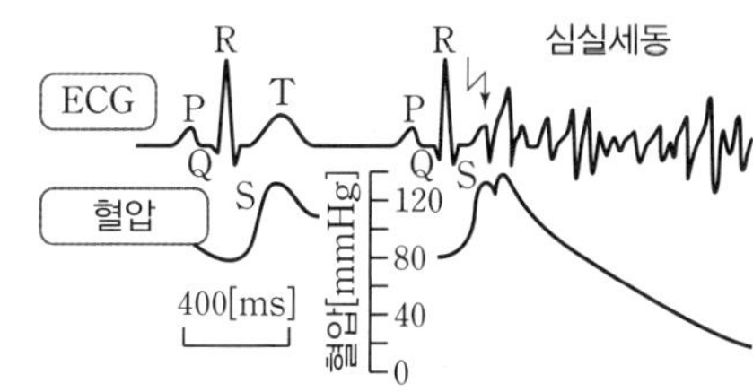

▲ 심전도(ECG)와 심실세동의 발생

③ 심실세동상태가 되면 전류를 제거하여도 자연적으로는 건강을 회복하지 못하며, 그대로 방치하여 두면 수 분 내에 사망한다.

(3) 심실세동전류와 통전시간과의 관계

$$I=\frac{165}{\sqrt{T}}$$

여기서, I: 심실세동전류(1,000명 중 5명 정도가 심실세동을 일으키는 값)[mA], T: 통전시간[s]

(4) 위험한계에너지

① 심실세동을 일으키는 위험한 전기에너지이다.

② 인체의 전기저항 R을 500[Ω]으로 본 경우

13.6[W]의 전력이 1초간 공급되는 아주 미약한 전기에너지이지만 인체에 직접 가해지면 생명이 위험할 정도로 위험한 상태가 된다.

$$W=I^2RT=\left(\frac{165}{\sqrt{T}}\times10^{-3}\right)^2\times500T=(165^2\times10^{-6})\times500$$
$$=13.6[W\cdot s]=13.6[J]$$
$$=13.6\times0.24[cal]=3.3[cal]$$

3 감전사고 방지대책

1. 감전사고에 대한 원인 및 방지대책

합격 보장 꿀팁 **감전사고방지 일반대책**

① 전기설비의 점검 철저
② 전기기기 및 설비의 정비
③ 전기기기 및 설비의 위험부에 위험표시
④ 설비의 필요부분에 보호접지 실시
⑤ 충전부가 노출된 부분에는 절연방호구 사용
⑥ 고전압 선로 및 충전부에 근접하여 작업하는 작업자에게는 보호구를 착용시킬 것
⑦ 유자격자 이외는 전기기계 및 기구에 전기적인 접촉 금지
⑧ 관리감독자는 작업에 대한 안전교육 시행
⑨ 사고발생 시의 처리순서를 미리 작성하여 둘 것

[대책 1] 전기기계 · 기구 등에 의한 감전사고에 대한 방지대책

(1) 직접접촉에 의한 감전방지대책 안전보건규칙 제301조

① 충전부가 노출되지 않도록 폐쇄형 외함이 있는 구조로 할 것
② 충전부에 충분한 절연효과가 있는 방호망이나 절연덮개를 설치할 것
③ 충전부는 내구성이 있는 절연물로 완전히 덮어 감쌀 것
④ 발전소 · 변전소 및 개폐소 등 구획되어 있는 장소로서 관계근로자가 아닌 사람의 출입이 금지되는 장소에 충전부를 설치하고, 위험표시 등의 방법으로 방호를 강화할 것
⑤ 전주 위 및 철탑 위 등 격리되어 있는 장소로서 관계근로자가 아닌 사람이 접근할 우려가 없는 장소에 충전부를 설치할 것

(2) 간접접촉(누전)에 의한 감전방지대책

① 안전전압(「산업안전보건법」에서 30[V]로 규정) 이하 전원의 기기 사용
② 보호접지

접지대상	개정 전 접지방식	KEC 접지방식
(특)고압설비	1종: 접지저항 10[Ω]	• 계통접지: TN, TT, IT 계통 • 보호접지: 등전위본딩 등 • 피뢰시스템접지
600[V] 이하 설비	특별3종: 접지저항 10[Ω]	
400[V] 이하 설비	3종: 접지저항 100[Ω]	
변압기	2종: (계산요함)	"변압기 중성점 접지"로 명칭 변경

③ **누전차단기의 설치:** 누전차단기는 누전을 자동적으로 검출하여 누전전류가 감도전류 이상이 되면 전원을 자동으로 차단하는 장치를 말하며 저압전로에서 감전화재 및 전기기계 · 기구의 손상 등을 방지하기 위해 사용한다.

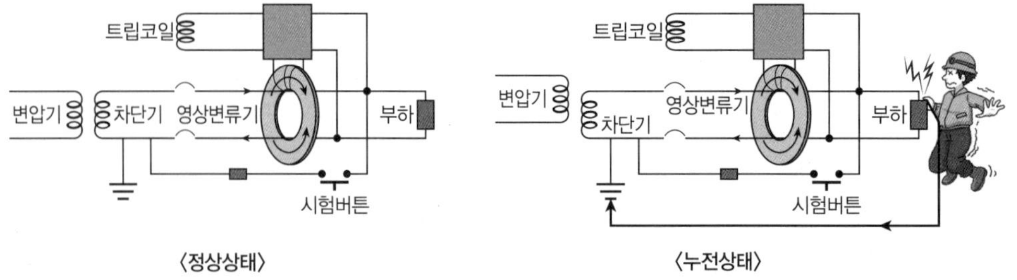

▲ 누전차단기의 동작원리

④ **이중절연기기의 사용:** 「전기용품 및 생활용품 안전관리법」이 적용되는 이중절연구조 또는 이와 동등 이상으로 보호되는 전기기계 · 기구를 사용한다.

⑤ 비접지식 전로의 채용

㉠ 저압배전선로는 일반적으로 고압을 저압으로 변환시키는 변압기의 일단이 접지되어 누전 시에 작업자가 접촉하게 되면 감전사고가 발생하게 되므로 변압기의 저압 측을 비접지식 선로로 할 경우 기기가 누전된다 하더라도 전기회로가 구성되지 않기 때문에 안전하다.(감전사고 방지책으로 가장 좋은 방법)

㉡ 비접지식 전로는 선로의 길이가 길지 않고 용량이 적은 3[kVA] 이하인 전로에서 안정적으로 사용할 수 있다.

㉢ 비접지 방식의 종류: 비접지 방식의 경우 변압기 내부에서 고 · 저압 권선의 혼촉에 의해 고전압이 저압 측에 인가될 위험성이 있으므로 저압전로 중간에 절연변압기를 사용하는 방법이나 고압 측 권선과 저압 측 권선 사이에 혼촉방지판을 넣어 이를 접지시킨 혼촉방지판 부착변압기를 사용하는 방법이 있다.

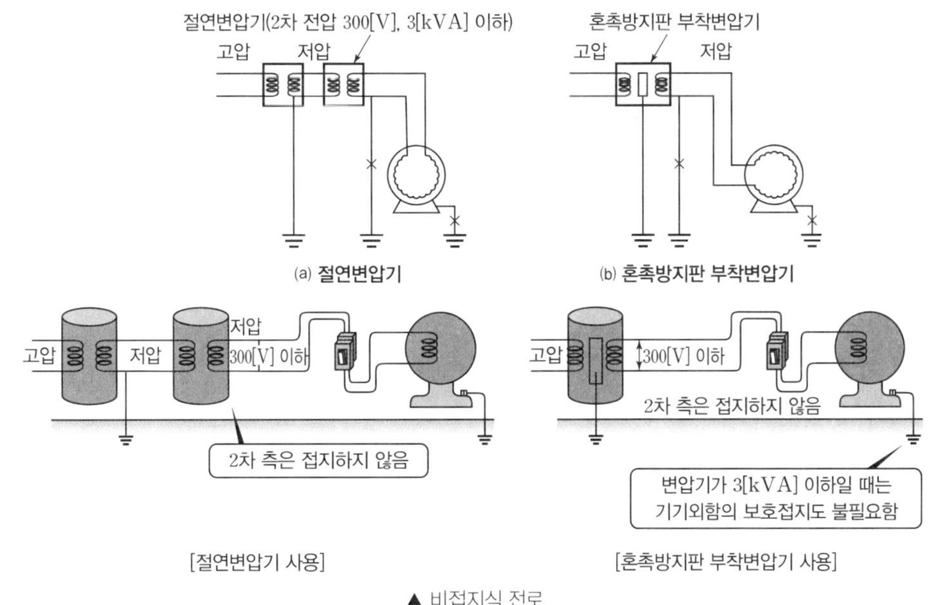

▲ 비접지식 전로

(3) 전기기계 · 기구의 조작 시 등의 안전조치 안전보건규칙 제310조

① 전기기계 · 기구의 조작부분을 점검하거나 보수하는 경우에는 전기기계 · 기구로부터 폭 70[cm] 이상의 작업공간을 확보하여야 한다. 다만, 작업공간의 확보가 곤란한 때에는 절연용 보호구를 착용한다.

② 전기적 불꽃 또는 아크에 의한 화상의 우려가 있는 고압 이상의 충전전로 작업에는 방염처리된 작업복 또는 난연성능을 가진 작업복을 착용한다.

[대책 2] 배선 및 이동전선에 의한 감전사고에 대한 방지대책

(1) 배선 등의 절연피복 및 접속

① 절연전선에는 「전기용품 및 생활용품 안전관리법」의 적용을 받은 것을 제외하고는 규격에 적합한 고압절연전선, 600[V] 폴리에틸렌절연전선, 600[V] 불소수지절연전선, 600[V] 고무절연전선 또는 옥외용 비닐절연전선을 사용하여야 한다.

전선의 종류	주요용도
옥외용 비닐절연전선(OW)	저압가공 배전선로에 사용
인입용 비닐절연전선(DV)	저압가공 인입선에 사용
600[V] 비닐절연전선(IV)	습기, 물기가 많은 곳, 금속관 공사용
옥외용 가교 폴리에틸렌절연전선(OC)	고압가공 전선로에 사용

② 전선을 서로 접속하는 때에는 해당 전선의 절연성능 이상으로 절연될 수 있도록 충분히 피복하거나 적합한 접속기구를 사용하여야 한다.

전로의 사용전압	DC 시험전압[V]	절연저항[MΩ]
SELV 및 PELV	250	0.5 이상
FELV, 500[V] 이하	500	1 이상
500[V] 초과	1,000	1 이상

※ 특별저압(Extra Low Voltage: 2차 전압이 AC 50[V], DC 120[V] 이하)으로 SELV(비접지회로 구성) 및 PELV(접지회로 구성)는 1차와 2차가 전기적으로 절연된 회로, FELV는 1차와 2차가 전기적으로 절연되지 않은 회로

(2) 습윤한 장소의 이동전선 안전보건규칙 제314조

물 등의 도전성이 높은 액체가 있는 습윤한 장소에서 근로자가 작업 중에나 통행하면서 이동전선 및 이에 부속하는 접속기구(이하 "이동전선 등")에 접촉할 우려가 있는 경우에는 충분한 절연효과가 있는 것을 사용하여야 한다.

(3) 통로바닥에서의 전선 안전보건규칙 제315조

통로바닥에 전선 또는 이동전선 등을 설치하여 사용해서는 아니 된다.(차량이나 그 밖의 물체의 통과 등으로 인하여 해당 전선의 절연피복이 손상될 우려가 없거나 손상되지 않도록 적절한 조치를 한 경우 제외)

(4) 꽂음접속기의 설치 · 사용 시 준수사항 안전보건규칙 제316조

① 서로 다른 전압의 꽂음접속기는 서로 접속되지 아니한 구조의 것을 사용할 것

② 습윤한 장소에 사용되는 꽂음접속기는 방수형 등 그 장소에 적합한 것을 사용할 것

③ 근로자가 해당 꽂음접속기를 접속시킬 경우에는 땀 등으로 젖은 손으로 취급하지 않도록 할 것

④ 해당 꽂음접속기에 잠금장치가 있는 경우에는 접속 후 잠그고 사용할 것

[대책 3] 전기설비의 점검사항

(1) 발전소 · 변전소 · 개폐소 또는 이에 준하는 곳의 시설 KEC 351.1

① 울타리 · 담 등을 시설할 것

㉠ 울타리 · 담 등의 높이는 2[m] 이상으로 하고 지표면과 울타리 · 담 등의 하단 사이의 간격은 0.15[m] 이하로 할 것

㉡ 울타리 · 담 등과 고압 및 특고압의 충전부분이 접근하는 경우에는 울타리 · 담 등의 높이와 울타리 · 담 등으로부터 충전부분까지 거리의 합계는 아래 표에서 정한 값 이상으로 할 것

사용전압의 구분	울타리 · 담 등의 높이와 울타리 · 담 등으로부터 충전부분까지의 거리의 합계
35[kV] 이하	5[m]
35[kV] 초과 160[kV] 이하	6[m]
160[kV] 초과	6[m]에 160[kV]를 초과하는 10[kV] 또는 그 단수마다 0.12[m]를 더한 값

② 견고한 벽을 시설하고 그 출입구에는 출입금지의 표시와 자물쇠장치 등의 장치를 할 것

(2) 아크를 발생시키는 기구와 목재의 벽 또는 천장과의 간격 KEC 341.7

아크를 발생시키는 기구	간격
개폐기, 차단기, 피뢰기, 기타 유사한 기구	고압용의 것은 1[m] 이상
	특고압용의 것은 2[m] 이상 (사용전압이 35[kV] 이하의 특고압용의 기구 등으로서 아크의 방향과 길이를 화재가 발생할 우려가 없도록 제한하는 경우에는 1[m] 이상)

(3) 고압 옥내배선 KEC 342.1

① 애자사용 공사인 경우

㉠ 전선은 공칭단면적 6[mm^2] 이상의 연동선 또는 이와 동등 이상의 세기 및 굵기의 고압 절연전선이나 특고압 절연전선 또는 인하용 고압 절연전선을 사용한다.

㉡ 전선의 지지점 간 거리는 6[m] 이하, 전선을 조영재의 면을 따라 붙이는 경우에는 2[m] 이하이어야 한다.

㉢ 전선 상호간의 간격은 0.08[m] 이상, 전선과 조영재 사이의 간격은 0.05[m] 이상이어야 한다.

② 케이블공사인 경우

㉠ 케이블이 중량물의 압력 또는 현저한 기계적 충격을 받을 우려가 있는 곳에 포설할 때는 방호장치를 시설한다.

저압 및 고압선의 매설깊이	
중량물의 압력을 받지 않는 장소	중량물의 압력을 받는 장소
0.6[m] 이상	1[m] 이상
지중전선로를 암거식에 의하여 시설하는 경우에는 견고하고 차량, 기타 중량물의 압력에 견디는 것을 사용할 것	

㉡ 케이블을 조영재의 아랫면 또는 옆면에 배선할 때는 지지점 간의 거리가 2[m] 이하로 하고 그 피복을 손상하지 않도록 붙여야 한다.

(4) 저압 옥내배선

① 사용 케이블: 저압 옥내배선은 단면적 2.5[mm^2]의 연동선 또는 이와 동등 이상의 강도 및 굵기의 것을 사용한다.

② 애자사용 공사인 경우 전선과 조영재 사이의 간격 KEC 232.56.1

㉠ 사용전압이 400[V] 이하인 경우에는 25[mm] 이상

㉡ 400[V] 초과인 경우에는 45[mm](건조한 장소에 시설하는 경우에는 25[mm]) 이상

(5) **전로의 절연저항 및 절연내력**

① 저압전선로 중 절연부분의 전선과 대지 사이 및 심선 상호 간의 절연저항은 사용전압에 대한 누설전류가 최대 공급전류의 $\frac{1}{2,000}$이 넘지 않도록 하여야 한다.

② 개폐기 · 차단기 · 전력용 커패시터 · 유도전압조정기 · 계기용변성기 · 기타의 기구의 전로 및 발전소 · 변전소 · 개폐소 또는 이에 준하는 곳에 시설하는 기계기구의 접속선 및 모선(전로를 구성하는 것에 한함. 이하 "기구 등의 전로")은 아래 표에서 정하는 시험전압을 충전 부분과 대지 사이(다심케이블은 심선 상호 간 및 심선과 대지 사이)에 연속하여 10분간 가하여 절연내력을 시험하였을 때에 이에 견디어야 한다. 다만, 접지형계기용변압기 · 전력선 반송용 결합커패시터 · 뇌서지 흡수용 커패시터 · 지락검출용 커패시터 · 재기전압 억제용 커패시터 · 피뢰기 또는 전력선반송용 결합리액터로서 다음에 따른 표준에 적합한 것 혹은 전선에 케이블을 사용하는 기계기구의 교류의 접속선 또는 모선으로서 아래 표에서 정한 시험전압의 2배의 직류전압을 충전부분과 대지 사이(다심케이블에서는 심선 상호 간 및 심선과 대지 사이)에 연속하여 10분간 가하여 절연내력을 시험하였을 때에 이에 견디도록 시설할 때에는 그러하지 아니하다. KEC 136

종류	시험전압
① 최대 사용전압이 7[kV] 이하인 기구 등의 전로	최대 사용전압의 1.5배의 전압(직류의 충전 부분에 대하여는 최대 사용전압의 1.5배의 직류전압 또는 1배의 교류전압) (500[V] 미만으로 되는 경우에는 500[V])
② 최대 사용전압이 7[kV]를 초과하고 25[kV] 이하인 기구 등의 전로로서 중성점 접지식 전로(중성선을 가지는 것으로서 그 중성선에 다중접지하는 것에 한함)에 접속하는 것	최대 사용전압의 0.92배의 전압
③ 최대 사용전압이 7[kV]를 초과하고 60[kV] 이하인 기구 등의 전로(②의 것 제외)	최대 사용전압의 1.25배의 전압 (10.5[kV] 미만으로 되는 경우에는 10.5[kV])
④ 최대 사용전압이 60[kV]를 초과하는 기구 등의 전로로서 중성점 비접지식 전로(전위변성기를 사용하여 접지하는 것 포함. ⑧의 것 제외)에 접속하는 것	최대 사용전압의 1.25배의 전압
⑤ 최대 사용전압이 60[kV]를 초과하는 기구 등의 전로로서 중성점 접지식 전로(전위변성기를 사용하여 접지하는 것 제외)에 접속하는 것(⑦과 ⑧의 것 제외)	최대 사용전압의 1.1배의 전압 (75[kV] 미만으로 되는 경우에는 75[kV])
⑥ 최대 사용전압이 170[kV]를 초과하는 기구 등의 전로로서 중성점 직접접지식 전로에 접속하는 것(⑦과 ⑧의 것 제외)	최대 사용전압의 0.72배의 전압
⑦ 최대 사용전압이 170[kV]를 초과하는 기구 등의 전로로서 중성점 직접접지식 전로 중 중성점이 직접접지 되어 있는 발전소 또는 변전소 혹은 이에 준하는 장소의 전로에 접속하는 것(⑧의 것 제외)	최대 사용전압의 0.64배의 전압
⑧ 최대 사용전압이 60[kV]를 초과하는 정류기의 교류측 및 직류측 전로에 접속하는 기구 등의 전로	교류측 및 직류 고전압측에 접속하는 기구 등의 전로는 교류측의 최대 사용전압의 1.1배의 교류전압 또는 직류측의 최대 사용전압의 1.1배의 직류전압
	직류 저압측전로에 접속하는 기구 등의 전로는 규정하는 계산식으로 구한 값

[대책 4] 교류아크용접기의 감전사고 방지대책

(1) **자동전격방지장치의 사용**

(2) **절연 용접봉 홀더의 사용**

(3) **적정한 케이블의 사용**

용접기 출력 측 회로의 배선에는 일반적으로 캡타이어 케이블 및 용접용 케이블이 쓰이지만 출력 측 케이블은 일반적으로 기름에 의해 쉽게 손상되므로 클로로프렌 캡타이어 케이블을 사용하는 것이 좋다.

(4) **2차 측 공통선의 연결**

2차 측 전로 중 피용접 모재와 공통선의 단자를 연결하는 데에는 용접용 케이블이나 캡타이어 케이블을 사용하여야 하며, 이를 사용하지 않고 철근을 연결하여 사용하면 전력손실과 감전위험이 커질 뿐만 아니라 용접부분에 전력이 집중되지 않으므로 용접하기도 어렵게 된다.

(5) **용접용 가죽장갑의 사용**

(6) **기타**

① **케이블 커넥터**: 커넥터는 충전부가 고무 등의 절연물로 완전히 덮힌 것을 사용하여야 하며, 작업바닥에 물이 고일 우려가 있을 경우에는 방수형을 사용한다.

② **용접기 단자와 케이블의 접속**: 접속단자 부분은 충전부분이 노출되어 있는 경우 감전의 위험이 있을 뿐만 아니라 그 사이에 금속 등이 접촉하여 단락사고가 일어나 용접기를 파손시킬 위험이 뒤따르므로 완전하게 절연하여야 한다.

③ **접지**: 용접기 외함 및 피용접모재에는 보호접지를 실시한다.

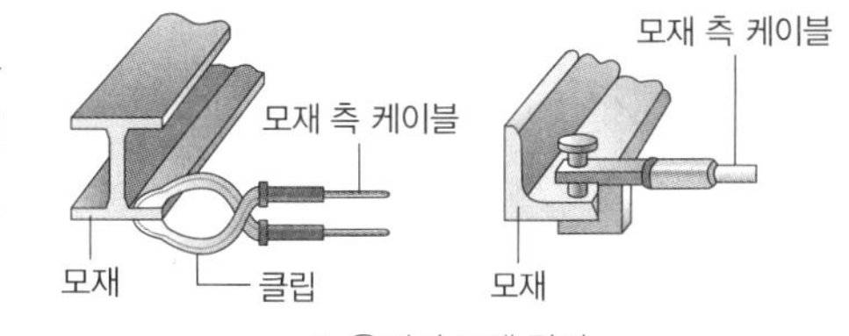

▲ 용접기 모재 접지

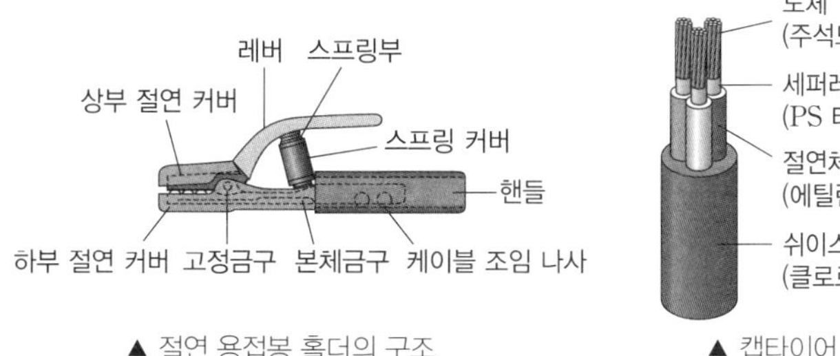

▲ 절연 용접봉 홀더의 구조

▲ 캡타이어 케이블 ▲ 용접봉 케이블

[대책 5] 정전작업의 안전

정전전로에서의 전기작업 안전보건규칙 제319조

① 근로자가 노출된 충전부 또는 그 부근에서 작업함으로써 감전될 우려가 있는 경우에는 작업에 들어가기 전에 해당 전로를 차단하여야 한다. 다만, 다음의 경우에는 그러하지 아니하다.

1. 생명유지장치, 비상경보설비, 폭발위험장소의 환기설비, 비상조명설비 등의 장치·설비의 가동이 중지되어 사고의 위험이 증가되는 경우
2. 기기의 설계상 또는 작동상 제한으로 전로 차단이 불가능한 경우
3. 감전, 아크 등으로 인한 화상, 화재·폭발의 위험이 없는 것으로 확인된 경우

② 전로 차단은 다음의 절차에 따라 시행하여야 한다.

1. 전기기기 등에 공급되는 모든 전원을 관련 도면, 배선도 등으로 확인할 것
2. 전원을 차단한 후 각 단로기 등을 개방하고 확인할 것
3. 차단장치나 단로기 등에 잠금장치 및 꼬리표를 부착할 것
4. 개로된 전로에서 유도전압 또는 전기에너지가 축적되어 근로자에게 전기위험을 끼칠 수 있는 전기기기 등은 접촉하기 전에 잔류전하를 완전히 방전시킬 것

5. 검전기를 이용하여 작업 대상 기기가 충전되었는지를 확인할 것
6. 전기기기 등이 다른 노출 충전부와의 접촉, 유도 또는 예비동력원의 역송전 등으로 전압이 발생할 우려가 있는 경우에는 충분한 용량을 가진 단락 접지기구를 이용하여 접지할 것

③ ① 외의 본문에 따른 작업 중 또는 작업을 마친 후 전원을 공급하는 경우에는 작업에 종사하는 근로자 또는 그 인근에서 작업하거나 정전된 전기기기 등(고정 설치된 것으로 한정)과 접촉할 우려가 있는 근로자에게 감전의 위험이 없도록 다음의 사항을 준수하여야 한다.

1. 작업기구, 단락 접지기구 등을 제거하고 전기기기 등이 안전하게 통전될 수 있는지를 확인할 것
2. 모든 작업자가 작업이 완료된 전기기기 등에서 떨어져 있는지를 확인할 것
3. 잠금장치와 꼬리표는 설치한 근로자가 직접 철거할 것
4. 모든 이상 유무를 확인한 후 전기기기 등의 전원을 투입할 것

합격 보장 꿀팁 **단락접지를 하는 이유**

전로가 정전된 경우에도 오통전, 다른 전로와의 접촉(혼촉) 또는 다른 전로에서의 유도작용 및 비상용 발전기의 가동 등으로 정전전로가 갑자기 충전되는 경우가 있으므로 이에 따른 감전위험을 제거하기 위해 작업개소에 근접한 지점에 충분한 용량을 갖는 단락접지기구를 사용하여 정전전로를 단락접지하는 것이 필요하다.(3상 3선식 전선로의 보수를 위하여 정전작업 시에는 3선을 단락접지)

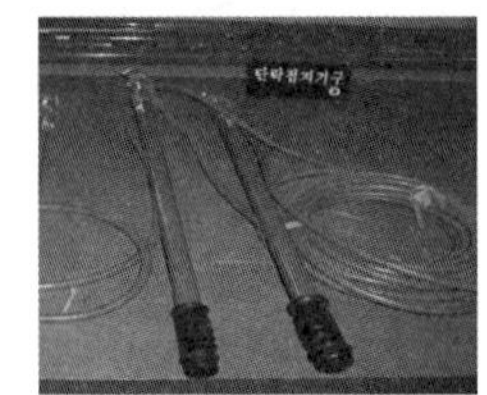

▲ 단락접지기구

(1) 오조작 방지

개폐기는 오조작에 의하여 부하전류를 차단하여 아크발생에 따른 재해가 발생하지 않도록 다음과 같은 조치를 강구하여야 한다.

경고!
단로기 조작 시
무부하 확인

① 무부하 상태를 표시하는 파일럿 램프 설치(단로기 등에 전로가 무부하로 되지 아니하면 개로 · 폐로할 수 없도록 하는 연동장치를 설치한 경우 제외)
② 전선로의 계통을 판별하기 위하여 더블릿 시설
③ 개폐기에 전선로가 무부하 상태가 아니면 개로할 수 없도록 인터록 장치 설치

(2) 정전절차

국제사회안전협회(ISSA)에서 제시하는 정전작업의 5대 안전수칙이다.

① **첫째**: 작업 전 전원차단
② **둘째**: 전원투입의 방지
③ **셋째**: 작업장소의 무전압 여부 확인
④ **넷째**: 단락접지
⑤ **다섯째**: 작업장소의 보호

[대책 6] 활선작업 및 활선근접작업의 안전

충전전로에서의 전기작업 **안전보건규칙** 제321조

① 근로자가 충전전로를 취급하거나 그 인근에서 작업하는 경우에는 다음의 조치를 하여야 한다.

1. 충전전로를 정전시키는 경우에는 [대책 5]에 따른 조치를 할 것

근로자와 전로 간
접속 막아야

절연용 보호구
착용해야
안전모
안전작업복
절연장갑
절연화

일정한 거리 이내
접근 금지

2. 충전전로를 방호, 차폐하거나 절연 등의 조치를 하는 경우에는 근로자의 신체가 전로와 직접 접촉하거나 도전재료, 공구 또는 기기를 통하여 간접 접촉되지 않도록 할 것
3. 충전전로를 취급하는 근로자에게 그 작업에 적합한 절연용 보호구를 착용시킬 것
4. 충전전로에 근접한 장소에서 전기작업을 하는 경우에는 해당 전압에 적합한 절연용 방호구를 설치할 것. 다만, 저압인 경우에는 해당 전기작업자가 절연용 보호구를 착용하되, 충전전로에 접촉할 우려가 없는 경우에는 절연용 방호구를 설치하지 아니할 수 있다.
5. 고압 및 특고압의 전로에서 전기작업을 하는 근로자에게 활선작업용 기구 및 장치를 사용하도록 할 것
6. 근로자가 절연용 방호구의 설치·해체작업을 하는 경우에는 절연용 보호구를 착용하거나 활선작업용 기구 및 장치를 사용하도록 할 것
7. 유자격자가 아닌 근로자가 충전전로 인근의 높은 곳에서 작업할 때에 근로자의 몸 또는 긴 도전성 물체가 방호되지 않은 충전전로에서 대지전압이 50[kV] 이하인 경우에는 300[cm] 이내로, 대지전압이 50[kV]를 넘는 경우에는 10[kV]당 10[cm]씩 더한 거리 이내로 각각 접근할 수 없도록 할 것
8. 유자격자가 충전전로 인근에서 작업하는 경우에는 다음의 경우를 제외하고는 노출 충전부에 다음 표에 제시된 접근한계거리 이내로 접근하거나 절연 손잡이가 없는 도전체에 접근할 수 없도록 할 것
   가. 근로자가 노출 충전부로부터 절연된 경우 또는 해당 전압에 적합한 절연장갑을 착용한 경우
   나. 노출 충전부가 다른 전위를 갖는 도전체 또는 근로자와 절연된 경우
   다. 근로자가 다른 전위를 갖는 모든 도전체로부터 절연된 경우

충전전로의 선간전압[kV]	충전전로에 대한 접근한계거리[cm]
0.3 이하	접촉금지
0.3 초과 0.75 이하	30
0.75 초과 2 이하	45
2 초과 15 이하	60
15 초과 37 이하	90
37 초과 88 이하	110
88 초과 121 이하	130
121 초과 145 이하	150
145 초과 169 이하	170
169 초과 242 이하	230
242 초과 362 이하	380
362 초과 550 이하	550
550 초과 800 이하	790

SUBJECT 04 전기 및 화학설비 안전관리

[대책 7] 전선로에 근접한 전기작업 안전

충전전로 인근에서 차량·기계장치 작업 안전보건규칙 제322조

① 충전전로 인근에서 차량, 기계장치 등(이하 "차량 등")의 작업이 있는 경우에는 차량 등을 충전전로의 충전부로부터 300[cm] 이상 이격시켜 유지시키되, 대지전압이 50[kV]를 넘는 경우 이격시켜 유지하여야 하는 거리(이하 "이격거리")는 10[kV] 증가할 때마다 10[cm]씩 증가시켜야 한다. 다만, 차량 등의 높이를 낮춘 상태에서 이동하는 경우에는 이격거리를 120[cm] 이상(대지전압이 50[kV]를 넘는 경우에는 10[kV] 증가할 때마다 이격거리를 10[cm]씩 증가)으로 할 수 있다.

② ①에도 불구하고 충전전로의 전압에 적합한 절연용 방호구 등을 설치한 경우에는 이격거리를 절연용 방호구 앞면까지로 할 수 있으며, 차량 등의 가공 붐대의 버킷이나 끝부분 등이 충전전로의 전압에 적합하게 절연되어 있고 유자격자가 작업을 수행하는 경우에는 붐대의 절연되지 않은 부분과 충전전로 간의 이격거리는 [대책 6]의 표에 따른 접근한계거리까지로 할 수 있다.

③ 다음의 경우를 제외하고는 근로자가 차량 등의 그 어느 부분과도 접촉하지 않도록 울타리를 설치하거나 감시인 배치 등의 조치를 하여야 한다.
   1. 근로자가 해당 전압에 적합한 절연용 보호구 등을 착용하거나 사용하는 경우
   2. 차량 등의 절연되지 않은 부분이 [대책 6]의 표에 따른 접근한계거리 이내로 접근하지 않도록 하는 경우

④ 충전전로 인근에서 접지된 차량 등이 충전전로와 접촉할 우려가 있을 경우에는 지상의 근로자가 접지점에 접촉하지 않도록 조치하여야 한다.

(1) 가공전선로의 시설기준(저압 가공전선의 높이) KEC 222.7

시설 구분	높이
도로를 횡단하는 경우	지표상 6[m] 이상(농로 기타 교통이 번잡하지 않은 도로 및 횡단보도교 제외)
철도 또는 궤도를 횡단하는 경우	레일면상 6.5[m] 이상

2. 감전사고 시 응급조치

(1) 감전(전격)에 의한 인체상해

감전 시 생성된 열에 의해서 피부조직의 손상을 초래하는 경우도 있으며, 피부의 손상은 50[℃] 이상에서 세포의 단백질이 변질되고 80[℃]에 이르면 피부세포가 파괴된다.

합격 보장 꿀팁

① 전류에 의해 생기는 열량 Q는 전류의 세기 I의 제곱과, 도체의 전기저항 R, 전류를 통한 시간 t에 비례한다.
열량 $Q=0.24I^2Rt$

② 전격현상의 메커니즘
㉠ 심실세동에 의한 혈액 순환기능 상실
㉡ 호흡중추신경 마비에 따른 호흡 중지
㉢ 흉부수축에 의한 질식

① **감전사:** 심장 · 호흡의 정지(심장사), 뇌사, 출혈사

② **감전지연사:** 전기화상, 급성신부전, 패혈증, 소화기 합병증, 2차적 출혈, 암의 발생

③ **감전에 의한 국소증상:** 피부의 광성변화, 표피박탈, 전문, 전류반점, 감전성 궤양

④ **감전 후유증:** 심근경색, 뇌의 파손 또는 경색(연화)에 의한 운동 및 언어 등의 장애

(2) 감전사고 시 응급조치

① 감전쇼크에 의하여 호흡이 정지되었을 경우 혈액 중의 산소 함유량이 약 1분 이내에 감소하기 시작하여 산소결핍 현상이 나타나기 시작한다. 그러므로 단시간 내에 인공호흡 등 응급조치를 실시할 경우 감전사망자의 95[%] 이상 소생시킬 수 있다.(1분 이내 95[%], 3분 이내 75[%], 4분 이내 50[%], 5분 이내이면 25[%]로 크게 감소)

② 응급조치 요령

㉠ 전원을 차단하고 피재자를 위험지역에서 신속히 대피(2차 재해예방)시킨다.

㉡ 피재자의 상태 확인

- 의식, 호흡, 맥박의 상태를 확인한다.
- 높은 곳에서 추락한 경우 출혈의 상태, 골절의 이상 유무를 확인한다.
- 관찰 결과 의식이 없거나 호흡 및 심장이 정지해 있거나 출혈이 심할 경우 관찰을 중지하고 바로 응급조치를 한다.

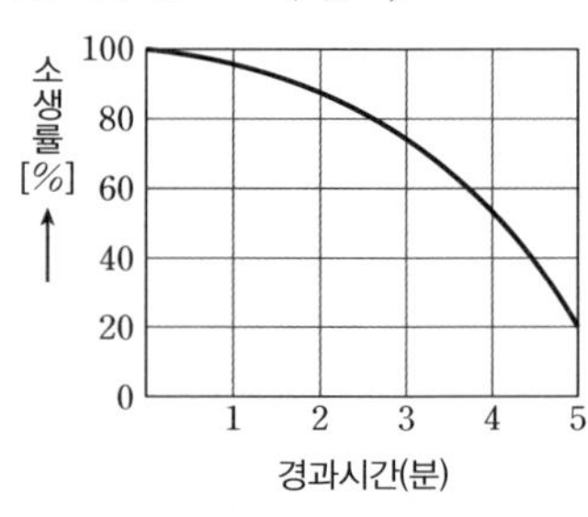

▲ 감전사고 후 응급조치 개시시간에 따른 소생률

합격 보장 꿀팁 성인 심폐소생술 흐름도

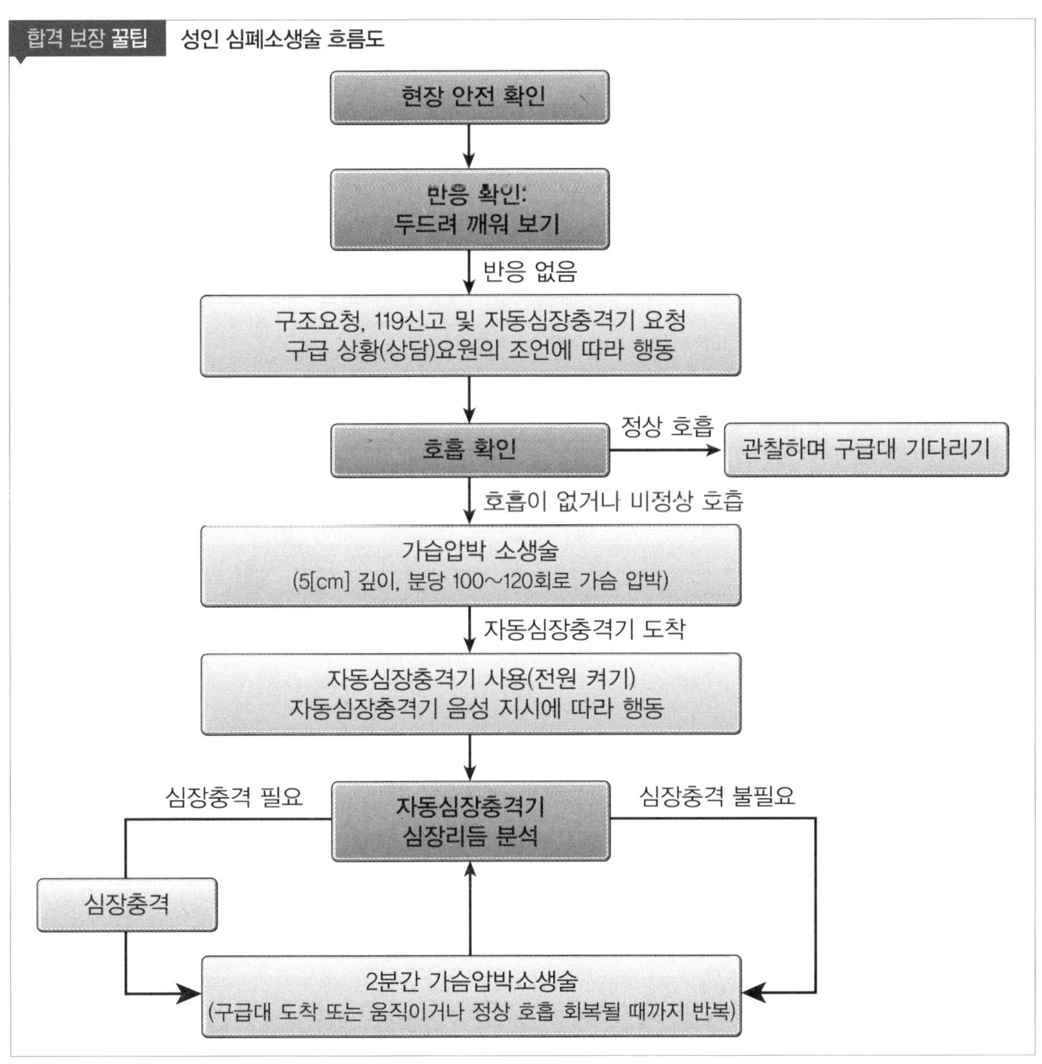

4 감전재해 예방

1. 감전재해의 요인

(1) 1차적 감전요소

① 통전전류의 크기

㉠ 통전전류가 인체에 미치는 영향은 통전전류의 크기와 통전시간에 의해 결정(통전전류가 클수록 위험하고, 감전피해의 위험도에 가장 큰 영향을 미침)된다.

㉡ 전류(I)=$\frac{\text{전압(V)}}{\text{저항(R)}}$(통전전류는 인가전압에 비례하고 인체저항에 반비례)

▲ 인체접촉 시 누설전류 경로

② 통전경로

전류의 경로에 따라 그 위험성은 달라지며 전류가 심장 또는 그 주위를 통과하면 심장에 영향을 주어 더욱 위험하다.

③ 통전시간: 길수록 위험하다.

④ 전원의 종류

전압이 동일한 경우 교착성 때문에 교류가 직류보다 더 위험하고, 통전전류가 크고 신체의 중요부분에 흐르거나 오랜시간 흐를수록 전격에 대한 위험성은 커진다.

(2) 2차적 감전요소

① 인체의 조건(인체의 저항)

피부가 젖은 정도, 인가전압 등에 의해 크게 변화하며 인가전압이 커짐에 따라 약 500[Ω]까지 감소한다.

② 전압의 크기: 클수록 위험하다.

③ 계절 등 주위환경

계절, 작업장 등 주위환경에 따라 인체의 저항이 변화하므로 전격에 대한 위험도에 영향을 미친다.

(3) 감전사고의 형태

① 직접접촉(충전부 감전)

㉠ 전기회로에 인체가 단락회로의 일부를 형성하는 경우: 전압이 걸려있는 두 전선 사이에 전도성이 있는 물체를 통하거나 인체가 직접 접촉하여 단락회로의 일부를 형성하는 경우 감전전류는 전압선 → 인체 → 전압선 또는 중성선을 따라 흐른다.

㉡ 충전된 전선로에 인체가 접촉하는 경우: 전선 등의 전압선에 인체가 접촉되어 인체를 통해 지락전류가 흘러가 감전되는 경우로서 전기작업이나 일반작업 중에 발생하는 대부분의 감전사고가 여기에 속한다. 감전경로는 아래 그림과 같이 '손 → 발, 손 → 손'의 경로가 가장 많다.

▲ 전기회로에 인체가 단락회로의 일부를 형성하는 경우

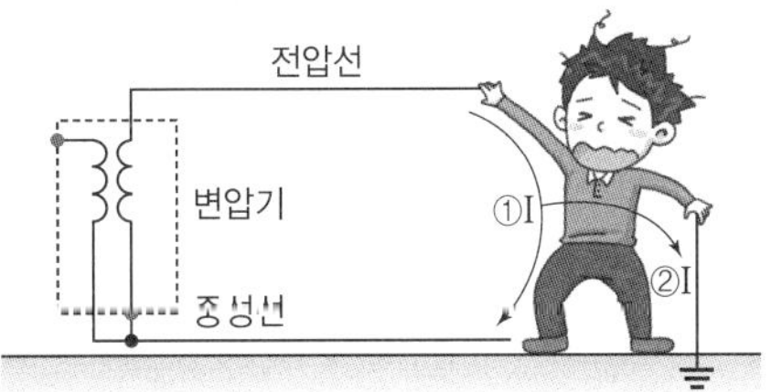

▲ 충전된 전선로에 인체가 접촉하는 경우

② 간접접촉(비충전부 감전)

전기기기의 정상운전 중 내부의 코일과 접지된 외부의 비충전부 사이에 절연이 파괴된 기계·기구 또는 불량 전기 설비가 시설된 철 구조물 접촉 시 인체를 통하여 감전 전류가 흐르게 된다.

▲ 간접접촉

③ 고전압 전선로에서의 감전사고 형태

㉠ 고전압의 전선로에 인체가 근접하여 공기의 절연파괴현상으로 아크가 발생하면서 화상을 입거나 전류가 흘러 감전되는 경우

㉡ 초고압의 전선로에 인체가 근접하여 정전유도작용에 의해 대전된 전하가 접지된 금속체를 통해 방전하면서 감전되는 경우

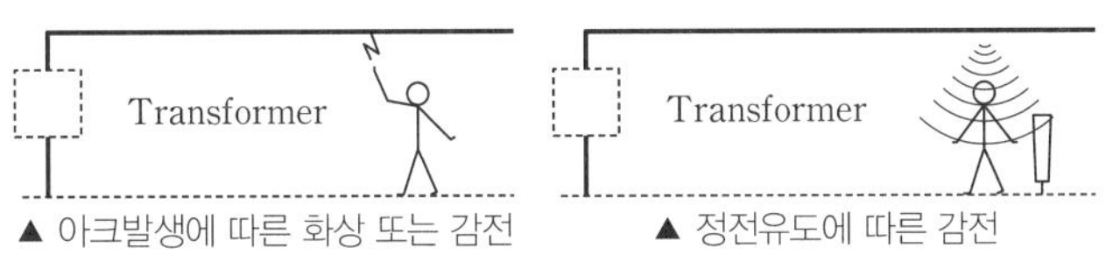

▲ 아크발생에 따른 화상 또는 감전　　▲ 정전유도에 따른 감전

2. 누전차단기 감전예방

누전차단기는 저압 전로에 있어서 인체의 감전사고 및 누전에 의한 화재를 방지하기 위해 사용한다. 누전차단기는 누전사고 발생 시 차단하고, 배선용 차단기는 누전을 차단하지 않고 과부하 및 단락(합선) 등의 과전류만 차단한다.

영상변류기, 누전검출부, 트립코일, 차단장치 및 시험버튼으로 구성되어 정상상태에서는 영상변류기의 유입전류(I_a)및 유출전류(I_b)가 같기 때문에 차단기가 동작하지 않는다. 지락사고 시에는 영상변류기를 관통하는 유출·입전류가 지락사고 전류(I_g)만큼 달라지는데, 검출기가 이 차이를 검출하여 차단기를 동작시켜 인체가 감전되는 것을 방지한다.

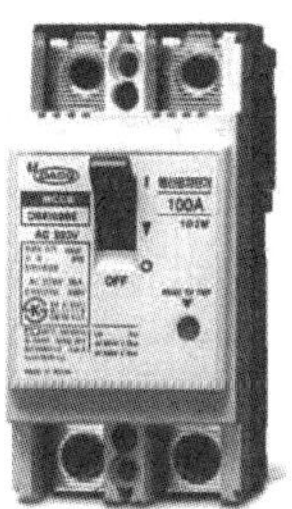

▲ 배선차단기

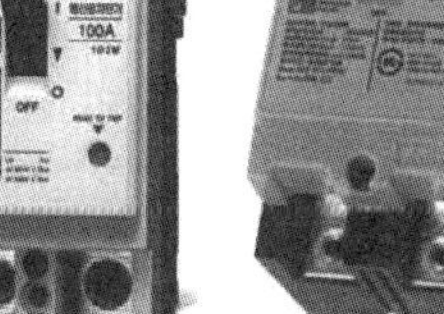
▲ 누전차단기

합격 보장 꿀팁

① 누전이 발생하지 않을 경우: $I_a+I_b=0$
② 누전이 발생할 경우: $I_a+I_b=I_g$

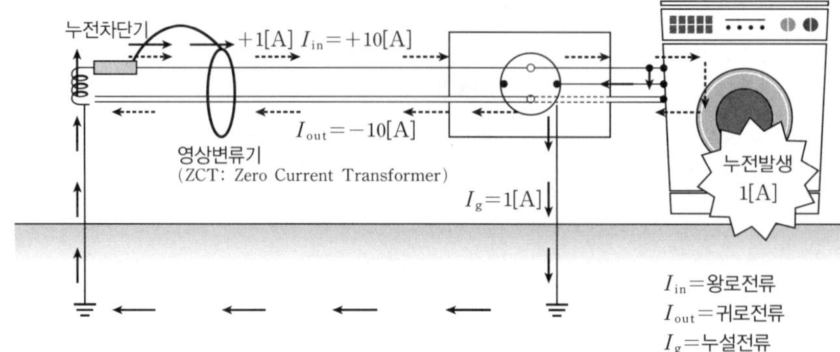

▲ 누전차단기의 동작원리(전류동작형)

(1) 누전차단기의 종류

① 전기방식 및 극수

㉠ 단상 2선식 2극　㉡ 단상 3선식 3극　㉢ 3상 3선식 3극　㉣ 3상 4선식 4극

② 보호목적

㉠ 지락보호 전용　㉡ 지락보호 및 과부하보호 겸용　㉢ 지락보호, 과부하보호 및 단락보호 겸용

③ 동작시간

㉠ 고속형: 정격감도전류에서 동작시간이 0.1초 이내의 누전차단기

㉡ 저속형: 정격감도전류에서 동작시간이 0.1초 초과 2초 이내의 누전차단기

㉢ 반한시형

- 정격감도전류에서 0.2초 초과 1초 이내
- 정격감도전류의 1.4배에서 0.1초 초과 0.5초 이내
- 정격감도전류의 4.4배에서 0.05초 이내의 누전차단기(전류치가 증가할수록 빨리 동작)

④ 감전보호용 누전차단기 안전보건규칙 제304조

정격감도전류 30[mA] 이하, 동작시간 0.03초 이내

(2) 누전차단기의 점검

① 검사내용(전기취급자가 행함)

㉠ 차단기와 그 접속대상 전동기기의 정격이 적합할 것

㉡ 차단기 단자의 전로 접속상태가 확실할 것

㉢ 전동기기의 금속제 외함 등 금속부분의 접지 유무

㉣ 통전 중에 차단기가 이상음이 발생하지 않을 것

㉤ 케이스의 일부가 파손되지 않고 개폐가 가능할 것

② 측정내용

㉠ 정격감도전류용　㉡ 동작시간　㉢ 절연저항

(3) 누전차단기 선정 시 주의사항

① 누전차단기 선정 시 주의사항

㉠ 누전차단기는 전로의 전기방식에 따른 차단기의 극수를 보유해야 하고, 그 해당전로의 전압, 전류 및 주파수에 적합하도록 사용할 것

㉡ 다음의 성능을 가진 누전차단기를 사용할 것

- 장소 및 부하에 적합한 정격전류를 갖출 것

- 전로에 적합한 차단용량을 갖출 것
- 해당 전로의 정격전압이 공칭전압의 85～110[%] 이내일 것
- 누전차단기와 접속되어 있는 각각의 전기기계 · 기구에 대하여 정격감도전류가 30[mA] 이하이고 동작시간은 0.03초 이내일 것. 다만, 정격전부하전류가 50[A] 이상인 전기기계 · 기구에 설치되는 누전차단기는 오동작을 방지하기 위하여 정격감도전류가 200[mA] 이하인 경우 동작시간은 0.1초 이내일 것
- 정격부동작전류가 정격감도전류의 50[%] 이상이어야 하고 이들의 전류값은 가능한 한 작을 것
- 절연저항이 5[MΩ] 이상일 것

② 누전차단기 설치방법

㉠ 전기기계 · 기구의 금속제 외함, 금속제 외피 등 금속부분은 누전차단기를 접속한 경우에도 접지할 것

㉡ 누전차단기는 분기회로 또는 전기기계 · 기구마다 설치를 원칙으로 할 것. 다만, 정상운전 시 누설전류가 매우 적은 소용량 부하의 전로에는 분기회로에 일괄하여 설치할 수 있다.

㉢ 누전차단기는 배전반 또는 분전반에 설치하는 것을 원칙으로 할 것. 다만, 꽂음접속기형 누전차단기는 콘센트에 연결 또는 부착하여 사용할 수 있다.

㉣ 지락보호전용 누전차단기는 반드시 과전류를 차단하는 퓨즈 또는 차단기 등과 조합하여 설치할 것

㉤ 누전차단기의 영상변류기에 접지선을 관통하지 않도록 할 것

㉥ 누전차단기의 영상변류기에 서로 다른 2회 이상의 배선을 일괄하여 관통하지 않도록 할 것

㉦ 서로 다른 누전차단기의 중성선이 누전차단기 부하 측에서 공유되지 않도록 할 것

㉧ 중성선은 누전차단기 전원 측에 접지시키고, 부하 측에는 접지되지 않도록 할 것

㉨ 누전차단기의 부하 측에는 전로의 부하 측이 연결되고, 누전차단기의 전원 측에 전로의 전원 측이 연결되도록 설치할 것

㉩ 설치 전에는 반드시 누전차단기를 개로시키고, 설치 후에는 누전차단기를 폐로시킨 후 동작 위치로 할 것

(4) 누전차단기의 적용범위 안전보건규칙 제304조

적용대상	적용비대상
① 대지전압이 150[V]를 초과하는 이동형 또는 휴대형 전기기계 · 기구 ② 물 등 도전성이 높은 액체가 있는 습윤장소에서 사용하는 저압용 전기기계 · 기구 ③ 철판 · 철골 위 등 도전성이 높은 장소에서 사용하는 이동형 또는 휴대형 전기기계 · 기구 ④ 임시배선의 전로가 설치되는 장소에서 사용하는 이동형 또는 휴대형 전기기계 · 기구	① 「전기용품 및 생활용품 안전관리법」이 적용되는 이중절연 또는 이와 같은 수준 이상으로 보호되는 전기기계 · 기구 ② 절연대 위 등과 같이 감전위험이 없는 장소에서 사용하는 전기기계 · 기구 ③ 비접지방식의 전로

합격 보장 꿀팁 누전차단기의 시설 KEC 211.2.4

(1) 전원의 자동차단에 의한 저압전로의 보호대책으로 누전차단기를 시설해야 할 대상은 다음과 같다. 누전차단기의 정격 동작전류, 정격 동작시간 등은 적용대상의 전로, 기기 등에서 요구하는 조건에 따라야 한다.

① 금속제 외함을 가지는 사용전압이 50[V]를 초과하는 저압의 기계 · 기구로서 사람이 쉽게 접촉할 우려가 있는 곳에 시설하는 것에 전기를 공급하는 전로. 다만, 다음의 어느 하나에 해당하는 경우에는 적용하지 않는다.

㉠ 기계 · 기구를 발전소, 변전소, 개폐소 또는 이에 준하는 곳에 시설하는 경우

㉡ 기계 · 기구를 건조한 곳에 시설하는 경우

㉢ 대지전압이 150[V] 이하인 기계 · 기구를 물기가 있는 곳 이외의 곳에 시설하는 경우

㉣ 「전기용품 및 생활용품 안전관리법」의 적용을 받는 이중절연구조의 기계 · 기구를 시설하는 경우

㉤ 그 전로의 전원측에 절연변압기(2차 전압이 300[V] 이하인 경우에 한함)를 시설하고 또한 그 절연변압기의 부하측의 전로에 접지하지 아니하는 경우

㉥ 기계 · 기구가 고무 · 합성수지 · 기타 절연물로 피복된 경우

㉦ 기계 · 기구가 유도전동기의 2차측 전로에 접속되는 것일 경우

◎ 기계 · 기구가 KEC 131의 8에 규정하는 것일 경우

ⓧ 기계 · 기구 내에 「전기용품 및 생활용품 안전관리법」의 적용을 받는 누전차단기를 설치하고 또한 기계 · 기구의 전원 연결선이 손상을 받을 우려가 없도록 시설하는 경우

② 주택의 인입구 등 이 규정에서 누전차단기 설치를 요구하는 전로

③ 특고압전로, 고압전로 또는 저압전로와 변압기에 의하여 결합되는 사용전압 400[V] 초과의 저압전로 또는 발전기에서 공급하는 사용전압 400[V] 초과의 저압전로(발전소 및 변전소와 이에 준하는 곳에 있는 부분의 전로 제외)

④ 다음의 전로에는 전기용품안전기준의 적용을 받는 자동복구 기능을 갖는 누전차단기를 시설할 수 있다.

㉠ 독립된 무인 통신중계소 · 기지국

㉡ 관련법령에 의해 일반인의 출입을 금지 또는 제한하는 곳

㉢ 옥외의 장소에 무인으로 운전하는 통신중계기 또는 단위기기 전용회로. 단, 일반인이 특정한 목적을 위해 지체하는(머물러 있는) 장소로서 버스정류장, 횡단보도 등에는 시설할 수 없다.

(2) 저압용 비상용 조명장치 · 비상용승강기 · 유도등 · 철도용 신호장치, 비접지 저압전로, KEC 322.5의 6에 의한 전로, 기타 그 정지가 공공의 안전 확보에 지장을 줄 우려가 있는 기계 · 기구에 전기를 공급하는 전로의 경우, 그 전로에서 지락이 생겼을 때에 이를 기술원 감시소에 경보하는 장치를 설치한 때에는 (1)에서 규정하는 장치를 시설하지 않을 수 있다.

(3) IEC 표준을 도입한 누전차단기를 저압전로에 사용하는 경우 일반인이 접촉할 우려가 있는 장소(세대 내 분전반 및 이와 유사한 장소)에는 주택용 누전차단기를 시설하여야 하고, 주택용 누전차단기를 정방향(세로)으로 부착할 경우에는 차단기의 위쪽이 켜짐(on)으로, 차단기의 아래쪽은 꺼짐(off)으로 시설하여야 한다.

(5) 누전차단기의 설치 환경조건

① 주위 온도(−10~40[℃] 범위 내)에 유의할 것

② 표고 1,000[m] 이하의 장소로 할 것

③ 비나 이슬에 젖지 않는 장소로 할 것

④ 먼지가 적은 장소로 할 것

⑤ 이상한 진동 또는 충격을 받지 않는 장소로 할 것

⑥ 습도가 적은 장소로 할 것

⑦ 전원전압의 변동(정격전압의 85~110[%] 사이)에 유의할 것

⑧ 배선상태를 건전하게 유지할 것

⑨ 불꽃 또는 아크에 의한 폭발의 위험이 없는 장소(비방폭지역)에 설치할 것

5 아크용접장치

(1) 용접장치의 구조 및 특성

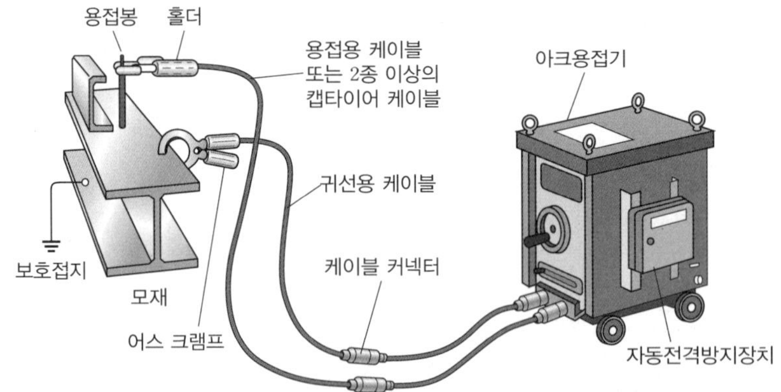

① 교류아크용접작업의 안전

교류아크용접작업 중에 발생하는 감전사고는 주로 출력 측 회로에서 발생하고 있으며, 특히 무부하일 때 그 위험도는 더욱 증가하나, 안정된 아크를 발생시키기 위해서는 어느 정도 이상의 무부하 전압이 필요하다. 아크를 발생시키지 않는 상태의 출력 측 전압을 무부하 전압이라고 하고, 이 무부하 전압이 높을 경우 아크가 안정되고 용접

작업이 용이하지만 무부하 전압이 높아지게 되면 전격에 대한 위험성이 증가하므로 이러한 재해를 방지하기 위해 교류아크용접기에 자동전격방지장치(이하 "전격방지장치")를 설치하여 전격의 위험을 방지하고 있다.

② 자동전격방지장치

㉠ 전격방지장치의 기능: 전격방지장치라 불리는 교류아크용접기의 안전장치는 용접기의 1차 측 또는 2차 측에 부착시켜 용접기의 주회로를 제어하는 기능을 보유함으로써 용접봉의 조작, 모재에의 접촉 또는 분리에 따라, 원칙적으로 용접을 할 때에만 용접기의 주회로를 폐로(ON)시키고, 용접을 행하지 않을 때에는 용접기의 주회로를 개로(OFF)시켜 용접기 2차(출력) 측의 무부하 전압(보통 60~95[V])을 25[V] 이하로 저하시켜 용접기 무부하 시(용접을 행하지 않을 시)에 작업자가 용접봉과 모재 사이에 접촉함으로써 발생하는 감전의 위험을 방지(용접작업 중단 직후부터 다음 아크 발생 시까지 유지)하고, 아울러 용접기 무부하 시 전력손실을 격감시키는 2가지 기능을 보유한 것이다.(용접선의 수명증가와는 무관)

▲ 교류아크용접기

▲ 자동전격방지기

㉡ 전격방지장치의 구성 및 동작원리

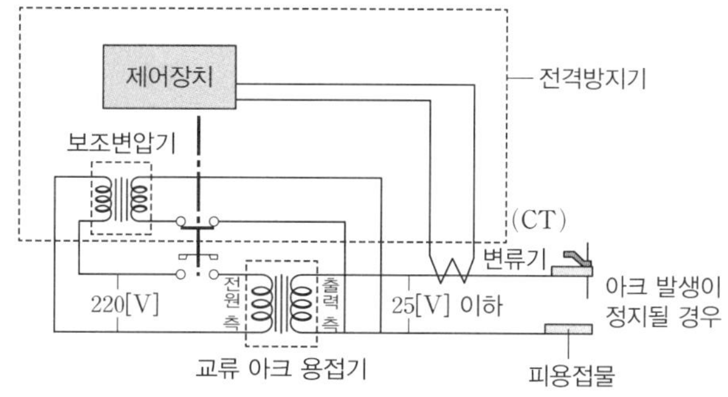

▲ 교류아크용접기의 전기회로도

- 용접상태와 용접휴지상태를 감지하는 감지부
- 감지신호를 제어부로 보내기 위한 신호증폭부
- 증폭된 신호를 받아서 주제어장치를 개폐하도록 제어하는 제어부 및 주제어장치

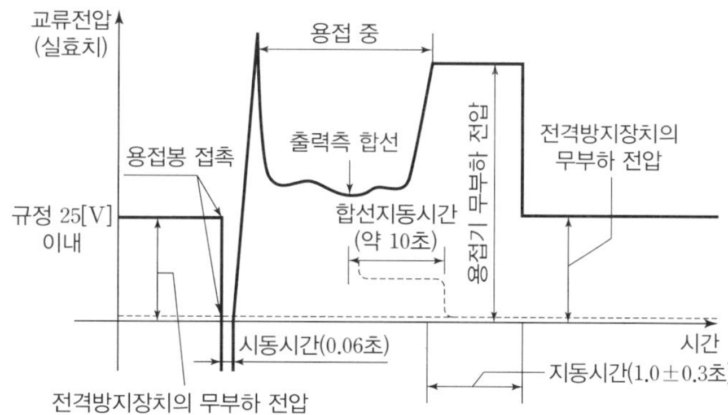

▲ 전격방지장치의 동작특성

- 시동시간: 용접봉이 모재에 접촉하고 나서 주제어장치의 주접점이 폐로되어 용접기 2차 측에 순간적인 높은 전압(용접기 2차 무부하 전압)을 유지시켜 아크를 발생시키는 데까지 소요되는 시간(0.06초 이내)
- 지동시간: 시동시간과 반대되는 개념으로 용접봉을 모재로부터 분리시킨 후 주접점이 개로되어 용접기 2차 측의 무부하 전압이 전격방지장치의 무부하 전압(25[V] 이하)으로 될 때까지의 시간(접점(Magnet) 방식: 1±0.3초, 무접점(SCR, TRIAC)방식: 1초 이내)

- 시동감도: 용접봉을 모재에 접촉시켜 아크를 시동시킬 때 전격방지장치가 동작할 수 있는 용접기의 2차 측의 최대저항[Ω](용접봉과 모재 사이의 접촉저항)
- 정격사용률$=\dfrac{\text{아크발생시간}}{\text{아크발생시간}+\text{무부하 시간}}$
- 허용사용률$=\dfrac{(\text{정격2차전류})^2}{(\text{실제용접전류})^2}\times\text{정격사용률}$

합격 보장 꿀팁

300[A]의 용접기를 200[A]로 사용할 경우의 허용사용률$=\left(\dfrac{300}{200}\right)^2\times 50$(정격사용률) = 112[%]

(2) 감전방지 대책

① 교류아크용접기의 재해 및 보호구

재해의 구분		보호구
눈	아크에 의한 장애(가시광선, 적외선, 자외선)	차광보호구(보안경과 보호면)
피부	화상	가죽제품의 장갑, 앞치마, 각반, 안전화
용접흄 및 가스(CO_2, H_2O)에 의한 재해		방진마스크, 방독마스크, 송기마스크

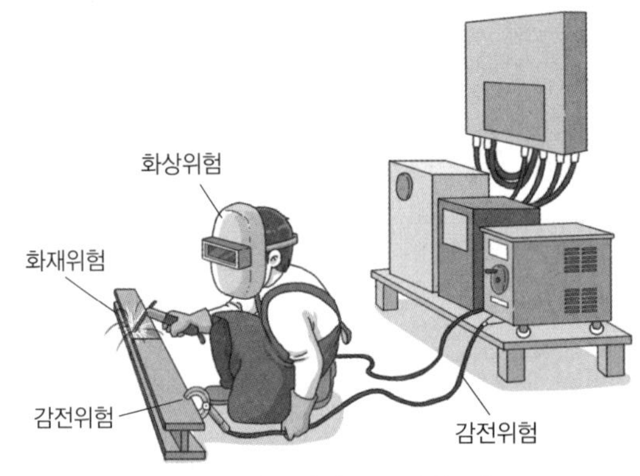

▲ 교류아크용접기의 주요 위험요인

② 교류아크용접기의 안전점검 항목

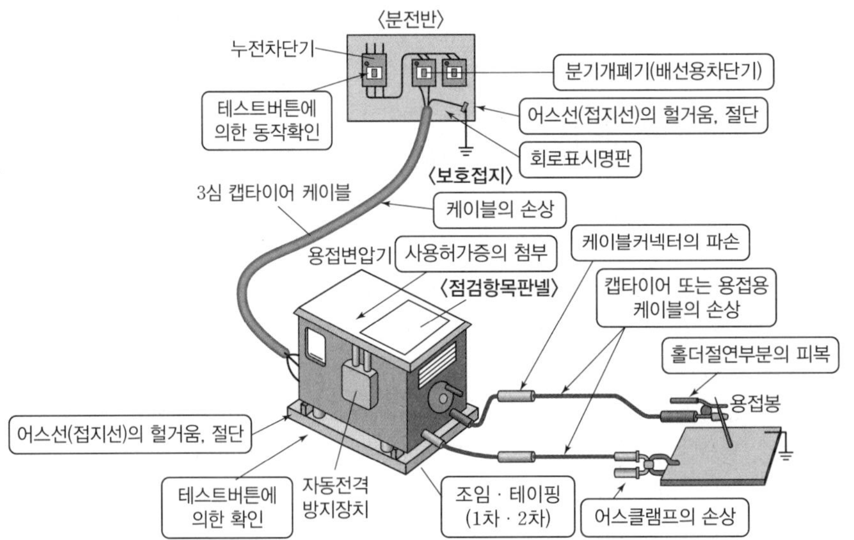

6 절연용 안전장구

전기작업용(절연용) 안전장구에는 절연용 보호구, 절연용 방호구, 표시용구, 검출용구, 접지용구, 활선장구 등이 있다.

1. 절연용 안전보호구

(1) 절연용 보호구는 작업자가 전기작업에 임하여 위험으로부터 작업자가 자신을 보호하기 위하여 착용하는 것이다.

(2) **종류**

① 전기안전모(절연모)

㉠ 머리의 감전사고 및 물체의 낙하에 의한 머리의 상해를 방지하기 위해서 사용한다.

㉡ 안전모의 종류 **보호구 안전인증 고시 / 별표 1**

종류(기호)		사용구분	비고
일반 작업용	AB	물체의 낙하 또는 비래 및 추락에 의한 위험을 방지 또는 경감시키기 위한 것	
전기 작업용	AE	물체의 낙하 또는 비래에 의한 위험을 방지 또는 경감하고, 머리부위 감전에 의한 위험을 방지하기 위한 것	내전압성
	ABE	물체의 낙하 또는 비래 및 추락에 의한 위험을 방지 또는 경감하고, 머리부위 감전에 의한 위험을 방지하기 위한 것	내전압성

※내전압성이란 7[kV] 이하의 전압에 견디는 것을 말한다.

② 절연고무장갑(절연장갑)

㉠ 전기작업 시 손이 활선부위에 접촉되어 인체가 감전되는 것을 방지하기 위해 사용(고무장갑의 손상 우려가 있을 경우에는 반드시 가죽장갑을 외부에 착용)한다.

㉡ 절연장갑의 기준 **보호구 안전인증 고시 / 별표 3**

구분	기준
인장강도	1,400[N/cm^2] 이상(평균값)
신장율	100분의 600 이상(평균값)
영구신장율	100분의 15 이하

③ 절연고무장화(절연장화)

전기를 취급하는 작업 시 전기에 의한 감전으로부터 인체를 보호하기 위해 사용한다.

④ 절연복(절연상의 및 하의, 어깨받이 등) 및 절연화

⑤ 도전성 작업복 및 작업화

2. 절연용 안전방호구

의미	위험설비에 시설하여 작업자 및 공중에 대한 안전을 확보하기 위한 용구		
종류	① 방호관	② 점퍼호스	③ 건축지장용 방호관
	④ 고무블랭킷	⑤ 컷아웃 스위치 커버	⑥ 애자후드
	⑦ 완금커버		

3. 표시용구

의미	설비 또는 작업으로 인한 위험을 경고하고 그 상태를 표시하여 주위를 환기시킴으로써 안전을 확보하기 위한 용구
종류	① 작업장 구획표시용구 ② 상태표시용구 ③ 고정표시용구 ④ 교통보안표시용구 ⑤ 완장

4. 검출용구

의미	정전작업 착수 전 작업하고자 하는 설비(전로)의 정전 여부를 확인하기 위한 용구
종류	① 저압 및 고압용 검전기 ② 특고압용 검전기 ③ 활선접근 경보기

5. 접지(단락접지)용구

의미	정전작업 착수 전 작업하고자 하는 전로의 정해진 개소에 설치(접지용구의 철거는 설치의 역순으로 실시)하여 오송전 또는 근접활선의 유도에 의해 충전되는 경우 작업자가 감전되는 것을 방지하기 위한 용구
종류	① 갑종 접지용구(발 · 변전소용) ② 을종 접지용구(송전선로용) ③ 병종 접지용구(배전선로용)

6. 활선장구

의미	활선작업 시 감전의 위험을 방지하고 안전한 작업을 하기 위한 공구 및 장치
종류	① 활선시메라 ② 활선커터 ③ 가완목 ④ 컷아웃 스위치 조작봉(배선용 후크봉) ⑤ 디스콘스위치 조작봉(D · S조작봉) ⑥ 활선작업대 ⑦ 주상작업대 ⑧ 점퍼선 ⑨ 활선애자 청소기 ⑩ 활선작업차 ⑪ 염해세제용 펌프 ⑫ 활선사다리 ⑬ 기타 활선공구

합격 보장 꿀팁 **활선장구의 사용목적 및 사용 시 주의사항**

종류	사용목적 및 범위	사용 시 주의사항
활선시메라	① 충전 중인 전선의 변경작업 시 ② 활선작업으로 애자 등 교환 시 ③ 기타 충전 중인 전선 장선 시	① 반드시 고압 고무장갑을 착용 ② 사용 시 주의하여 손잡이를 돌리고 타 충전부에 접촉되지 않도록 함
컷아웃 스위치 조작봉 (배선용 후크봉)	충전 중인 고압 컷아웃 스위치 개폐 시에 섬광에 의한 화상 등의 재해발생 방지	① 조작 시 안전허리띠 및 고무장갑을 반드시 착용 ② 정면에서의 조작 금지
점퍼선	고압 이하의 활선작업 시 부하전류를 일시적으로 측로로 통과시키기 위해 사용	① 점퍼선의 설치 및 철거 시 작업자 2명이 상호 신호하면서 신중하게 작업실시 ② 부설 전에 반드시 커넥터의 리드선과의 접속부를 확인하고 작업실시
활선장선기	충전 중에 고저압 전선을 조정하는 작업 등에 사용 ① 충전 중의 전선을 변경하는 경우 ② 애자의 교체를 활선으로 행하는 경우 ③ 기타 충전 중의 전선 등을 조정하는 경우	① 고압선의 경우에는 반드시 고압 고무장갑을 착용할 것 ② 사용 시 핸들을 천천히 돌리고 충전부에 접촉되지 않도록 주의할 것 ③ 장선기 로프 및 핸들시트는 중요하게 취급하고 오손 · 파손 등에 충분히 주의할 것 ④ 장선기 본체 및 회전바이스 부분의 안전을 충분히 확인 후 사용할 것

CHAPTER

03 정전기 장 · 재해관리

합격 KEYWORD 정전기의 정의, 정전기 발생에 영향을 주는 요인, 정전기의 발생현상, 정전기 방전, 정전기 발생방지 대책, 배관 내 액체의 유속제한

1 정전기의 발생 및 영향

1. 정전기 발생원리

(1) 정전기의 정의

① **문자적 정의:** 공간의 모든 장소에서 전하의 이동이 전혀 없는 전기

② **구체적 정의:** 전하의 공간적 이동이 적고, 그 전류에 의한 자계의 효과가 정전기 자체가 보유하고 있는 전계의 효과에 비해 무시할 정도의 작은 전기

(2) 정전기 발생원리

〈접촉면〉 〈접촉면〉 〈기계적 작용에 의한 분리〉

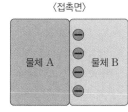

물체 A 물체 B — (a) 접촉에 의한 전하의 이동

물체 A 물체 B — (b) 전기 2중 층의 형성

(c) 분리에 의한 정전기 발생

▲ 정전기 발생 구조

① 두 종의 다른 물질이 접촉할 때 한 물질에서 다른 물질로 전자의 이동이 일어나고, 그 결과 한 물질은 (+)전하, 다른 물질은 (−)전하가 발생(전하2중 층 형성)한다.

② 마찰 또는 분리를 가하면 전자의 이동이 일어나고, 원자가 전자를 잃은 쪽은 양전하(+), 전자를 얻은 쪽은 음전하(−)를 띠고 자유전자가 되며, 이러한 상태를 정전기라고 한다.

③ **두 물체 접촉 시 정전기 발생원인(접촉전위 발생원인):** 일반적으로 물질 내부에는 그 물질을 구성하는 입자(원자) 사이를 자유롭게 이동하는 자유전자가 있으며, 그 입자들 사이에서 전기적인 힘에 의하여 속박되어 있는 구속전자가 있다. 그러나 실제로 정전기 발생에 기여하는 전자는 자유전자로서 물체에 빛을 쪼이거나 가열하는 등 외부에서 물리적 힘을 가하면 이 자유전자는 입자 외부로 방출되는데 이때 필요한 최소에너지를 일함수(Work Function)라 하며 물체의 종류에 따라 서로 다른 고유한 값을 가지고 [V] 단위를 사용한다. 그리고 두 종류의 다른 물체를 접촉시키면 그 접촉면에는 두 물체의 일함수의 차로 인하여 접촉전위가 발생된다.

(3) 정전기 발생에 영향을 주는 요인

① 물체의 특성

㉠ 일반적으로 대전량은 접촉이나 분리하는 두 물체가 대전서열 내에서 가까운 위치에 있으면 적고, 먼 위치에 있으면 대전량이 큰 경향이 있다.

㉡ 물체가 불순물을 포함하고 있으면 이 불순물로 인해 정전기 발생량이 커진다.

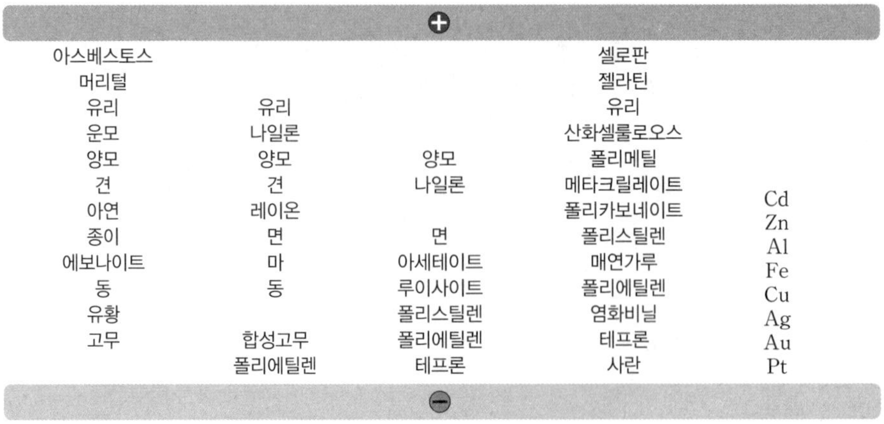

⊕				
아스베스토스			셀로판	
머리털			젤라틴	
유리	유리		유리	
운모	나일론		산화셀룰로오스	
양모	양모	양모	폴리메틸	
견	견	나일론	메타크릴레이트	
아연	레이온		폴리카보네이트	Cd
종이	면	면	폴리스틸렌	Zn
에보나이트	마	아세테이트	매연가루	Al
동	동	루이사이트	폴리에틸렌	Fe
유황		폴리스틸렌	염화비닐	Cu
고무	합성고무	폴리에틸렌	테프론	Ag
	폴리에틸렌	테프론	사란	Au
				Pt
⊖				

▲ 물질에 따른 대전서열

② **물체의 표면상태:** 물체의 표면이 원활하면 발생이 적고, 수분이나 기름 등에 의해 오염되었을 때에는 산화, 부식에 의해 정전기 발생이 크다.

③ **물질의 이력:** 정전기 발생은 일반적으로 처음 접촉·분리가 일어날 때 최대가 되며, 이후 접촉·분리가 반복됨에 따라 발생량도 점차 감소된다.

④ **접촉면적 및 압력:** 접촉면적 및 압력이 클수록 정전기 발생량도 증가한다.

⑤ **분리속도:** 일반적으로 분리속도가 빠를수록 정전기의 발생량은 커진다.

> **합격 보장 꿀팁** **완화시간(시정수)**
>
> 일반적으로 절연체에 발생한 정전기는 일정장소에 축적되었다가 점차 소멸되는데 처음 값의 36.8[%]로 감소되는 시간을 그 물체에 대한 시정수 또는 완화시간이라고 하며, 이 값은 대전체의 저항 R[Ω]과 정전용량 C[F], 고유저항 ρ[Ω·m]와 유전율 ε[F/m]의 곱($RC=\varepsilon\rho$)으로 결정된다.

(4) 정전기의 물리적 현상

① **역학현상:** 대전체 가까이에 있는 물체를 흡인하거나 반발하게 하는 성질이다.

② **유도현상:** 대전체 부근에 절연된 도체가 있을 경우에는 정전계에 의해 대전체 가까운 쪽의 도체 표면에는 대전체와 반대극성의 전하가, 반대쪽에는 같은 극성의 전하가 대전되게 되는데, 이를 정전유도현상이라고 한다.

③ **방전현상:** 물체의 대전량이 점점 커지게 되어 결국, 공기의 절연파괴강도(약 30[kV/cm])에 도달하게 되면 공기의 절연파괴현상, 즉 방전이 일어나게 된다.

2. 정전기의 발생현상

대전종류	대전현상	
마찰대전	두 물체의 마찰이나 마찰에 의한 접촉위치의 이동으로 전하의 분리 및 재배열이 일어나서 정전기 발생	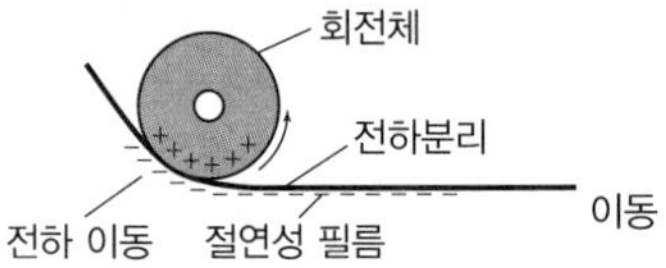 회전체 전하분리 이동 전하 이동 절연성 필름
박리대전	① 서로 밀착되어 있는 물체가 떨어질 때 전하의 분리가 일어나 정전기 발생 ② 접촉면적, 접촉면의 밀착력, 박리속도 등에 의해서 정전기 발생량이 변화하며 일반적으로 마찰에 의한 것보다 더 큰 정전기 발생	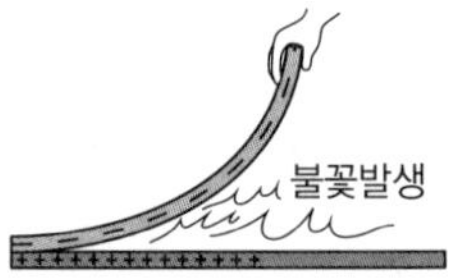 불꽃발생

유동대전	① 액체류가 파이프 등 내부에서 유동할 때 액체와 관벽 사이에 정전기 발생 ② 정전기 발생에 가장 크게 영향을 미치는 요인은 유동속도이나 흐름의 상태, 배관의 굴곡, 밸브 등과 관계가 있음	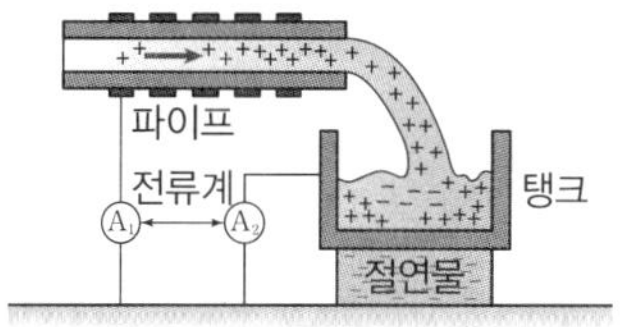 파이프 전류계 탱크 절연물
분출대전	분체류, 액체류, 기체류가 단면적이 작은 분출구를 통해 공기 중으로 분출될 때 분출하는 물질과 분출구와의 마찰로 정전기 발생	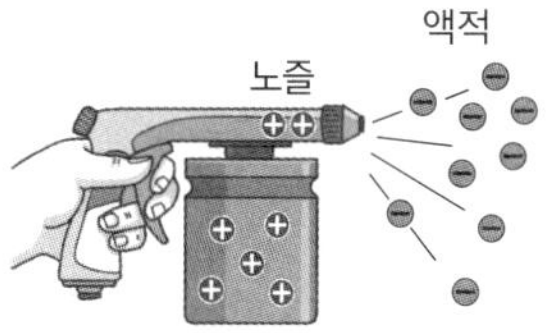 액적 노즐
충돌대전	분체류와 같은 입자상호 간이나 입자와 고체와의 충돌에 의해 빠른 접촉, 분리가 행하어짐으로써 정전기 발생	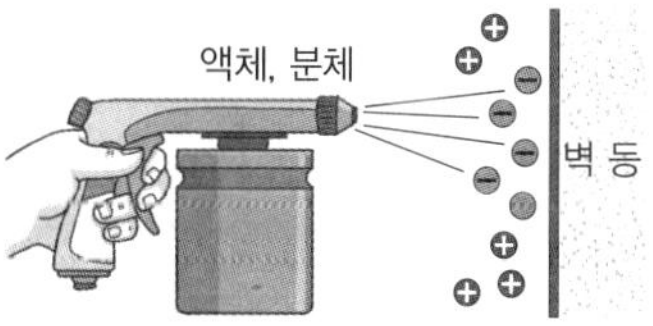 액체, 분체 벽 등
파괴대전	고체나 분체류와 같은 물체가 파괴되었을 때 전하분리 또는 부전하의 균형이 깨지면서 정전기 발생	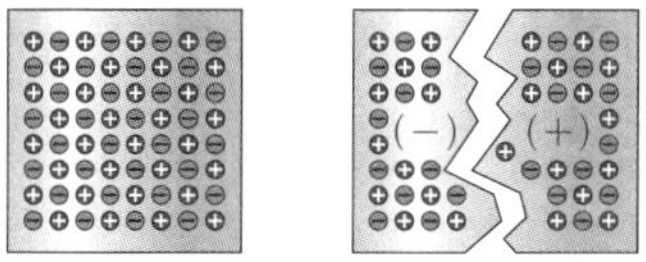 (−) (+)

3. 정전기 방전의 형태 및 영향

구분(형태)		방전현상 및 대상	영향(위험성)
코로나 방전	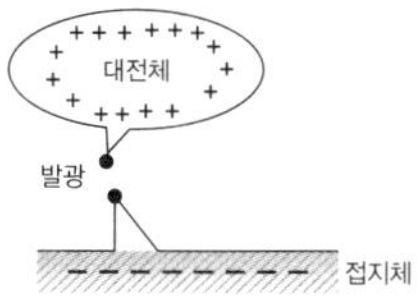 대전체 발광 접지체	① 돌기형 도체와 평판 도체 사이에 전압이 상승하면 그림과 같은 모양의 코로나 방전이 발생 ② 정코로나>부코로나 ③ 코로나 방전 발생 시 공기 중에 생성되는 물질: 오존(O_3)	방전에너지가 작기 때문에 재해 원인이 될 확률이 비교적 낮음
스트리머 방전	 대전체 접지체	① 일반적으로 불꽃 코로나가 강해서 파괴음과 발광을 수반하는 방전 ② 공기 중에서 나뭇가지 형태의 발광현상 동반	코로나 방전에 비해서 점화원 및 전격의 확률이 높음
불꽃방전	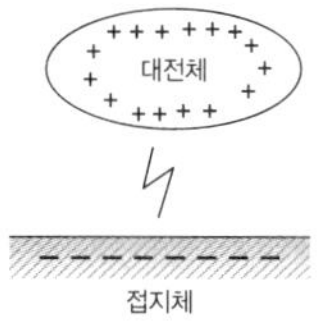 대전체 접지체	전극 간의 전압을 더욱 상승시키면 코로나 방전에 의한 도전로를 통하여 강한 빛과 큰 소리가 발생되며, 공기절연을 완전 파괴하거나 단락하는 과도현상	점화원 및 전격의 확률이 대단히 높음
연면방전	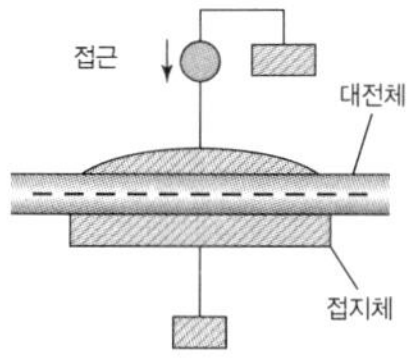 접근 대전체 접지체	① 정전기로 대전되어 있는 부도체에 접지체가 접근할 경우 대전체와 접지체 사이에서 발생하는 방전과 부도체 표면을 따라 발생 ② 나뭇가지 형태의 발광을 수반하는 방전	점화원 및 전격의 확률이 대단히 높음

합격 보장 꿀팁 **코로나 방전의 진행과정**

글로우코로나(Glow Corona) – 브러시코로나(Brush Corona) – 스트리머코로나(Streamer Corona)

4. 정전기의 장해

(1) 전격

대전된 인체에서 도체로 또는 대전체에서 인체로 방전되는 현상에 의해 인체 내로 전류가 흘러 나타나는 현상이다.

(2) 생산장해

① **역학현상에 의한 장해**: 정전기의 흡인력 또는 반발력에 의해 발생되는 것으로, 분진의 막힘, 실의 엉킴, 인쇄의 얼룩, 제품의 오염 등이 있다.

② **방전현상에 의한 장해**: 정전기의 방전 시 발생하는 방전전류, 전자파, 발광에 의한 것이 있다.

㉠ 방전전류: 반도체 소자 등의 전자부품의 파괴, 오동작 등

㉡ 전자파: 전자기기, 장치 등의 오동작, 잡음 발생

㉢ 발광: 사진 필름 등의 감광

합격 보장 꿀팁

정전기 방전에너지와 착화한계

① 정전기에 의한 방전에너지가 최소착화에너지보다 큰 경우

가연성 또는 폭발성 물질이 존재할 경우에 화재 및 폭발이 발생할 수 있다. 정전기에 의한 화재, 폭발이 일어나기 위해서는 다음과 같은 조건이 필요하다.

㉠ 가연성 물질이 폭발한계 이내일 것

㉡ 정전기에너지가 가연성 물질의 최소착화에너지 이상일 것

㉢ 방전하기에 충분한 전위차가 있을 것

② 대전체가 도체인 경우의 발생한계

㉠ 대전체가 도체인 경우 대전체가 방전을 일으켰을 때 정전기에너지의 거의 전부가 방전에너지로 되어 방출

㉡ 도체의 경우는 대전체에 축적되어 있는 정전기에너지가 최소착화에너지와 같으면 폭발, 화재 발생

㉢ 정전기 방전에너지 W는 다음과 같이 주어진다.

$$W=\frac{1}{2}CV^2=\frac{1}{2}QV=\frac{1}{2}\frac{Q^2}{C}$$

여기서, C: 도체의 정전용량[F], V: 대전전위[V], Q: 대전전하량[C] → $Q=CV$

③ 대전체가 정전기상의 부도체인 경우 발생한계

㉠ 부도체인 대전체에서 방전이 발생하여도 일반적으로는 이것에 축적되어 있는 전체 에너지가 방전에너지로 되어 방출되지 않는다.

㉡ 부도체에서 방전에 의한 폭발, 화재의 발생한계는 대전전위가 30[kV]로 되어 있는 대전체가 있으면 기중방전이 발생했을 때 수백[μJ]의 방전에너지가 방출되어 착화원으로 되기도 한다.

부도체 대전에 의한 폭발 · 화재의 발생한계 추정 시 유의사항

① 대전 상태가 매우 불균일한 경우

② 대전량 또는 대전의 극성이 매우 변화하는 경우

③ 부도체 중에 국부적으로 도전율이 높은 곳이 있고, 이것이 대전한 경우

2 정전기 재해의 방지대책

정전기 재해를 방지하기 위한 기본적인 단계는 첫째, 정전기 발생 억제(방지), 둘째, 발생된 전하의 대전방지, 셋째, 대전·축적된 전하의 위험분위기 하에서 방전 방지의 3단계로 이루어진다.

합격 보장 꿀팁 **정전기 재해의 방지대책에 대한 관리 시스템**

① 발생 전하량 예측
② 대전체의 축적 전하 파악
③ 위험성 방전을 발생시키는 물리적 조건 파악

1. 정전기 발생방지 대책

(1) 설비와 물질 또는 물질 상호 간의 접촉면적 및 압력 감소

(2) 접촉횟수의 감소

(3) 접촉·분리 속도의 저하(속도의 변화는 서서히)

(4) 접촉물의 급속 박리방지

(5) 표면상태의 청정·원활화

(6) 불순물 등의 이물질 혼입방지

(7) 정전기 발생이 적은 재료 사용(대전서열이 가까운 재료의 사용)

2. 정전기 대전방지 대책

(1) 도체와 부도체의 대전방지

① 도체의 대전방지

㉠ 정전기 장해·재해의 대부분은 도체가 대전된 결과로 인한 불꽃방전에 의해 발생되므로 도체의 대전방지를 위해서는 도체와 대지와의 사이를 전기적으로 접속하여 대지와 등전위화(접지)함으로써 정전기 축적을 방지하는 방법이다.

㉡ 접지에 의한 대전방지 대책은 도체에만 적용되며 부도체에는 적용이 불가능하다.

② 부도체의 대전방지: 부도체에 발생한 정전기는 다른 곳으로 이동하지 않기 때문에 접지에 의하여 대전방지를 하기 어려우므로 다음과 같은 방법으로 대전방지가 가능하다.(도전성 향상)

㉠ 부도체의 사용제한(금속재료 또는 도전성 재료의 사용)

㉡ 대전방지제의 사용

㉢ 가습

㉣ 도전성 섬유의 사용

㉤ 대전체의 차폐

㉥ 제전기 사용 등

(2) 접지에 의한 대전방지

① 접지의 목적

㉠ 정전기의 축적 및 대전 방지

㉡ 대전체 주위의 물체 또는 이와 접촉되어 있는 물체 사이의 정전유도 방지

㉢ 대전체의 전위 상승 및 정전기 방전 억제

② 접지대상(금속도체)

㉠ 정전기의 발생 및 대전 우려가 있는 금속도체

㉡ 정전유도에 의해 대전 우려가 있는 도체

㉢ 부도체로 지지되어 대지로부터 절연되어 있는 경우(각 도체마다 접지 또는 본딩(Bonding)하여 접지시킴)

㉣ 본딩의 대상은 금속도체 상호 간, 대지에 대해서 전기적으로 절연되어 있는 2개 이상의 금속이 접촉된 금속도체이며, 본딩이란 전기적으로 접속하여 서로 같은 전위로 만드는 것을 말한다.

③ **접지저항:** 정전기 대책을 위한 접지는 $1\times10^{6}[\Omega]$ 이하이면 충분하나, 확실한 안정을 위해서는 $1\times10^{3}[\Omega]$ 미만으로 하되, 타 목적의 접지와 공용으로 할 경우에는 그 접지저항 값으로 한다. 본딩의 저항은 $1\times10^{3}[\Omega]$ 미만으로 유지시켜야 한다.

합격 보장 꿀팁 | 접지에 의한 대전방지 효과

① 고체(금속 제외)의 대전방지 효과

㉠ 도전율이 1×10^{-6}[S/m] 이상인 도체(필름, 시트 포함)나 표면 고유저항이 $1\times10^{9}[\Omega]$ 이하인 고체의 표면은 금속도체를 밀착시켜 간접접지를 시킴으로써 대전을 방지한다.

㉡ 도전율이 $1\times10^{-6}\sim1\times10^{-10}$[S/m]인 중간영역의 도체나 표면 고유저항이 $1\times10^{9}\sim1\times10^{11}[\Omega]$인 고체의 표면은 간접접지에 의하여 대전을 방지한다.

② 분체류의 대전방지 효과

㉠ 도전율이 $1\times10^{-10}\sim1\times10^{-12}$[S/m]인 분체류가 정지 또는 퇴적되어 있을 때 그 금속관이나 용기를 접지하면 분체류의 대전을 간접적으로 방지할 수 있다.

㉡ 대전된 정전기가 대지로 누설하는 시간이 필요하므로 정치시간을 설정한다.

③ 액체류의 대전방지 효과

㉠ 도전율이 $1\times10^{-10}\sim1\times10^{-12}$[S/m]인 액체가 정지하고 있을 때 금속도체(액 중에 담가놓은 금속판이나 금속제 용기 등)를 간접접지하여 대전을 방지한다.

㉡ 대전된 정전기가 대지로 누설하는 시간이 필요하므로 정치시간을 설정한다.

(3) 유속제한 및 정치시간에 의한 대전방지

① 배관 내 액체의 유속제한

불활성화할 수 없는 탱크, 탱커, 탱크로리, 탱크차, 드럼통 등에 위험물을 주입하는 배관은 다음과 같은 관 내 유속 이하이어야 한다.

㉠ 저항률 $10^{10}[\Omega\cdot cm]$ 미만의 도전성 위험물: 7[m/s] 이하

㉡ 에테르, 이황화탄소 등과 같이 유동대전이 심하고 폭발 위험성이 높은 것: 1[m/s] 이하

㉢ 물이나 기체를 혼합한 비수용성 위험물: 1[m/s] 이하

㉣ 저항률 $10^{10}[\Omega\cdot cm]$ 이상인 위험물의 배관 내 유속은 아래 표의 값 이하. 단, 주입구가 액면 밑에 충분히 침하할 때까지는 1[m/s] 이하

관내경 D[m]	유속 V[m/s]	$V^2[m^2/s^2]$	$V^2D[m^3/s^2]$
0.01	8	64	0.64
0.025	4.9	24	0.6
0.05	3.5	12.25	0.61
0.1	2.5	6.25	0.63
0.2	1.8	3.25	0.64
0.4	1.3	1.6	0.67
0.6	1.0	1.0	0.6

② **정치시간과 대전방지 효과:** 물체에 대전해 있는 정전기를 대지에 누설시켜 대전량을 적게 하기 위하여 아래 표에서 표시한 정치시간을 두어 누설시켜야 한다.

대전체의 도전율[S/m]	대전체의 용적[m^3]			
	10 미만	10 이상 50 미만	50 이상 5,000 미만	5,000 이상
10^{-8} 이상	1분	1분	1분	2분
10^{-12} 이상 10^{-8} 미만	2분	3분	10분	30분
10^{-14} 이상 10^{-12} 미만	4분	5분	60분	120분
10^{-14} 미만	10분	15분	120분	240분

합격 보장 꿀팁 **정치시간**

접지상태에서 정전기 발생이 끝난 후 다음 정전기 발생이 시작될 때까지의 시간 또는 정전기 발생 후 접지에 의해 대전된 정전기가 누설될 때까지의 시간으로 물체에 대전해 있는 정전기를 대지에 누설시켜 대전량을 적게 하기 위한 목적으로 설정하는 것이지만 도전율이 10^{-12}[S/m] 이하인 경우 정치시간을 설정하더라도 반드시 대전량이 감소한다고 할 수 없다. 그러나 내선된 물체가 가연성 물질이고, 위험한 분위기를 조성할 가능성이 있는 경우 정치시간을 설정하여 정전기를 대지로 누설시켜야 한다.

(4) 대전방지제의 사용

대전방지제는 섬유나 수지의 표면에 흡습성, 이온성과 함께 도전성을 증가시켜 대전방지를 하는 것이며, 대전방지제에 주로 많이 사용하는 물질은 계면활성제이다.

대전방지제		특성
외부용 일시성	음이온계	① 값이 싸고 독성이 없으므로 섬유의 원사 등에 사용 ② 섬유에의 균일 부착성과 열안전성도 양호한 편
	양이온계	① 대전방지 성능이 뛰어난 반면 비교적 고가 ② 피부에 여러 가지 장해를 줌
	비이온계	① 단독사용 시 효과가 적지만 열안전성 우수 ② 음이온계나 양이온계 또는 무기염과 병용하여 사용 시 대전방지 효과 뛰어남
	양성이온계	① 대전방지 성능 매우 우수(양이온계와 비슷) ② 특히 베타인계는 그 효과가 대단히 높으며 다른 이온계 활성제와 병용 가능

(5) 가습

① 대부분의 물체는 습도가 증가하면 전기저항치가 저하하고 이에 따라 대전성이 저하된다.

② 일반사업장에서는 작업장 내의 습도를 70[%] 정도로 유지하는 것이 바람직하다.

(6) 도전성 섬유의 사용

(7) 대전체의 차폐

대전체의 표면을 금속 또는 도전성 물질로 덮는 것을 차폐라 하며, 차폐의 주목적은 부도체의 정전기 대전을 방지하는 것보다는 대전에 의해 발생하는 대전체 주위의 전기적 작용을 억제하는 것이며 결과적으로는 부도체의 대전에 의해 대전체 주위에 발생하는 역학현상 및 방전현상을 억제하는 것이다.

(8) 제전기 사용

(9) 보호구 착용

합격 보장 꿀팁 **대전방지**

인체의 대전방지

대전되어 있는 인체에서의 방전 시에는 생체장애 등의 전격재해뿐만 아니라 폭발위험분위기에서는 점화원이 될 수도 있으며, 미소한 반도체 소재를 다루는 작업에서는 이들 부품을 파괴하거나 손상을 일으키는 등 생산장애를 가져올 수 있으므로 안전화, 손목접지대 등을 이용하여 인체에 접지한다.

① 보호구 착용
- ㉠ 손목 접지대(Wrist Strap)
- ㉡ 정전기 대전방지용 안전화
- ㉢ 발 접지대
- ㉣ 대전방지용 작업복(제전복)

② 대전체 차폐

③ 바닥의 재료 등에 고유저항이 큰 물질의 사용 금지(작업장 바닥에 도전성을 갖추도록 할 것)

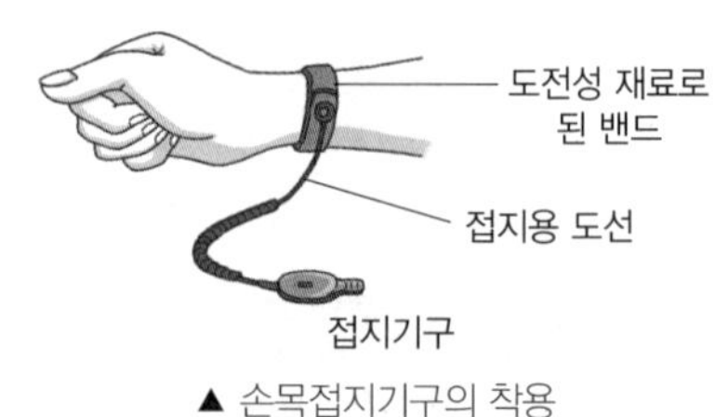

▲ 손목접지기구의 착용

전격의 발생한계전위

인체에 대전되어 있는 전하량이 2~3×10^{-7}[C] 이상이 되면 이 전하가 방전하는 경우 통증을 느끼게 되는데(전격발생), 이것을 실용적인 인체의 대전전위로 표현하면 약 3[kV]이고, 이 수치는 인체의 정전용량이 100[pF]인 경우이다.

① **손목 접지대(Wrist Strap)**: 앉아서 작업할 때 유효한 것으로 손목에 가요성이 있는 밴드를 차고 그 밴드는 도선을 이용하여 접지선에 연결함으로써 인체를 접지하는 기구로, 이 접지대에는 1[MΩ](10^6[Ω]) 정도의 저항을 직렬로 삽입하여 동전기의 누설로 인한 감전사고가 일어나지 않도록 하고 있다.

② **정전기 대전방지용 안전화**: 인체의 대전은 신고 있는 구두와 밀접한 관련이 있는데, 보통 구두의 바닥저항은 약 10^{12}[Ω] 정도로 정전기 대전이 잘 일어난다. 대전방지용 안전화는 구두 바닥의 저항을 10^8~10^5[Ω]로 유지하여 도전성 바닥과 전기적으로 연결시킴으로써, 정전기의 발생방지는 물론 대전방지의 목적도 가하는 것으로 효과가 매우 크다.

③ **발 접지대**: 서서 하는 작업자와 이동하면서 하는 작업자에게 적합한 인체대전 방지기구로는 Heelstrap, Toestrap, Footstrap과 같은 발 접지대가 있다. 발 접지대는 양발 모두에 착용하되 발목 위의 피부가 접지될 수 있도록 하여야 한다.

④ **대전방지용 작업복(제전복)**
- ㉠ 제전복은 폭발위험분위기(가연성 가스, 증기, 분진)의 발생 우려가 있는 작업장에서 작업복 대전에 의한 착화를 방지하기 위한 것으로, 인체 대전방지 효과도 있으며 이는 일반 화학섬유 중간에 일정한 간격으로 도전성 섬유를 짜 넣은 것이다.
- ㉡ 제전복을 착용하지 않아도 되는 장소: 전산실 등 전자기계 취급 장소

3. 제전기에 의한 대전방지

(1) 제전기에 의한 대전방지 일반

① **제전의 원리**: 제전기를 대전물체에 가까이 설치하면 제전기에서 생성된 이온(양이온, 음이온) 중 대전체와 반대극성의 이온이 대전체의 방향으로 이동하여 그 이온과 대전체의 전하가 재결합 또는 중화됨으로써 대전체의 정전기가 제거되는 것이다.

② **제전의 목적**
- ㉠ 주로 부도체의 정전기 대전을 방지
- ㉡ 대전체의 정전기를 완전히 제전하는 것이 아니라 재해 및 장해가 발생하지 않을 정도만 제전하는 것

③ 제전기의 제전효과에 영향을 미치는 요인
㉠ 제전기의 이온생성 능력
㉡ 제전기의 설치위치, 설치각도 및 설치거리
㉢ 대전체의 대전전위 및 대전분포
㉣ 제전기를 설치한 환경의 상대습도, 기온
㉤ 대전물체와 제전기 사이의 기류속도

(2) 제전기의 종류 및 특성

제전기의 종류는 제전에 필요한 이온의 생성방법에 따라 전압인가식 제전기, 자기방전식 제전기, 방사선식 제전기가 있다.

① 전압인가식 제전기
㉠ 이온(ion) 생성방법: 금속세침이나 세선 등을 전극으로 하는 제전전극에 고전압(약 7[kV])을 인가하여 전극의 선단에 코로나 방전을 일으켜 제전에 필요한 이온을 발생시키는 것으로서 코로나 방전식 제전기라고도 한다.

㉡ 특징
- 제전전극의 형상, 구조 등에 따라 그 기종이 풍부하므로 대전체, 사용목적 등에 따라 적절한 것이 선택 가능하다.
- 다른 제전기에 비해 제전능력이 크므로 단시간에 제전 가능하며, 이동하는 대전체의 제전에 유효하다.
- 대전전하량, 발생전하량이 큰 대전체의 제전에 유효하다.
- 설치 및 취급이 다른 제전기에 비해 복잡하다.

② 자기방전식 제전기
㉠ 이온(ion) 생성방법: 접지된 도전성의 침상이나 세선 상의 전극에 제전하고자 하는 물체의 발산정전계를 모으고 이 정전계에 의해 제전에 필요한 이온을 만드는 제전기이다.(작은 코로나 방전을 일으켜 공기 이온화하는 방식)

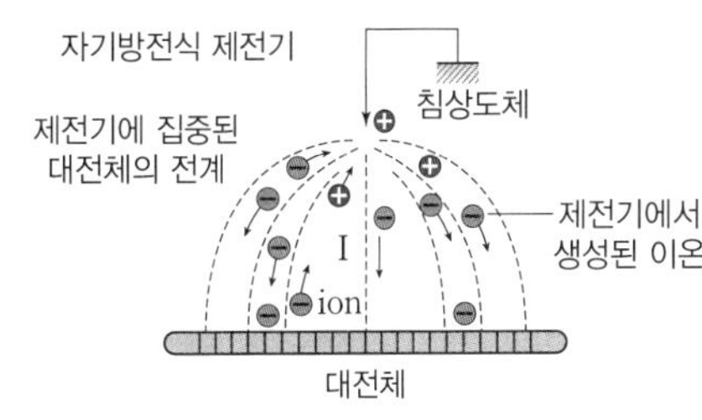

㉡ 특징
- 전원을 사용하지 않으며, 간단한 구조의 제전 전극만으로 구성되어 있으므로 설치가 용이하고, 협소한 공간에서도 설치가 가능하다.
- 전압인가식 제전기처럼 제전기로 인한 작화원이 되는 경우가 적어서 안정성이 높다.
- 제전기의 설치방법에 따라 제전효율이 크게 변화하므로 설치하는 데에는 세심한 주의가 필요하다.
- 제전능력은 피제전물체의 대전전위에 크게 영향을 받으므로 만일 대전전위가 낮으면 제전이 불가능하다.

③ 방사선식 제전기
㉠ 이온(ion) 생성방법: 방사선 동위원소의 전리작용에 의해 제전에 필요한 이온을 만들어내는 제전기이다.

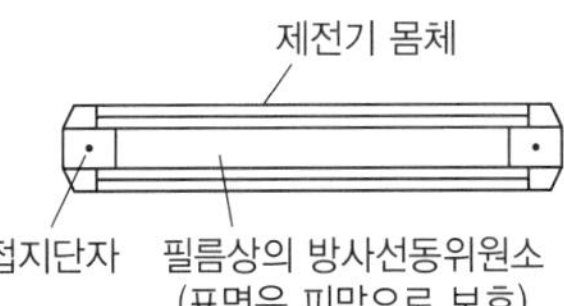

㉡ 특징
- 착화원으로 될 위험은 적지만 방사선 동위원소를 내장하고 있기 때문에 취급하는 데 있어서 충분한 주의가 필요하다.
- 대전체(피제전체)가 방사선의 영향을 받아 변화할 위험이 있다.
- 제전능력이 작기 때문에 제전에 시간을 요하며 이동하는 대전체의 제전에 부적합하다.

4. 대전 · 축적된 전하의 위험조건 하에서 방전 방지대책

정전기 방전이 원인이 되어 발생하는 화재 · 폭발에는 다음 2가지 조건이 만족되어야 한다.
다음 두 가지 조건 중 한 가지만 제거하면 정전기 방전에 의한 화재 · 폭발을 방지할 수 있다.

(1) 가연성 가스와 지연성 가스의 혼합에 의해 폭발 혼합기체 생성

(2) 가연성 물질의 착화원이 되는 정전기 방전의 발생

5. 정전기로 인한 화재 · 폭발 등 방지 안전보건규칙 제325조

(1) 다음의 설비를 사용할 때에 정전기에 의한 화재 또는 폭발 등의 위험이 발생할 우려가 있는 경우에는 해당 설비에 대하여 확실한 방법으로 접지를 하거나, 도전성 재료를 사용하거나 가습 및 점화원이 될 우려가 없는 제전장치를 사용하는 등 정전기의 발생을 억제하거나 제거하기 위하여 필요한 조치를 하여야 한다.

① 위험물을 탱크로리 · 탱크차 및 드럼 등에 주입하는 설비
② 탱크로리 · 탱크차 및 드럼 등 위험물저장설비
③ 인화성 액체를 함유하는 도료 및 접착제 등을 제조 · 저장 · 취급 또는 도포하는 설비
④ 위험물 건조설비 또는 그 부속설비
⑤ 인화성 고체를 저장하거나 취급하는 설비
⑥ 드라이클리닝설비, 염색가공설비 또는 모피류 등을 씻는 설비 등 인화성유기용제를 사용하는 설비
⑦ 유압, 압축공기 또는 고전위정전기 등을 이용하여 인화성 액체나 인화성 고체를 분무하거나 이송하는 설비
⑧ 고압가스를 이송하거나 저장 · 취급하는 설비
⑨ 화약류 제조설비
⑩ 발파공에 장전된 화약류를 점화시키는 경우에 사용하는 발파기(발파공을 막는 재료로 물을 사용하거나 갱도발파를 하는 경우 제외)

(2) 인체에 대전된 정전기에 의한 화재 또는 폭발 위험이 있는 경우에는 정전기 대전방지용 안전화 착용, 제전복 착용, 정전기 제전용구 사용 등의 조치를 하거나 작업장 바닥 등에 도전성을 갖추도록 하는 등 필요한 조치를 하여야 한다.

CHAPTER

04 전기방폭관리

합격 KEYWORD 폭발성 가스 또는 증기에 대한 방폭구조, 화염일주한계, 발화도, 가스폭발 위험장소, 방폭화 이론, 전기설비 방폭화, 기기보호등급

1 방폭구조의 종류

1. 폭발성 가스 또는 증기에 대한 방폭구조

<table>
<tr><th>방폭구조(Ex)
종류</th><th>구조의 원리</th></tr>
<tr><td>내압방폭
(d)</td><td>용기 내부에 폭발성 가스 및 증기가 폭발하였을 때 용기가 그 압력에 견디며 또한 접합면, 개구부 등을 통해서 외부의 폭발성 가스·증기에 인화되지 않도록 한 구조(점화원 격리)
① 내부에서 폭발할 경우 그 압력에 견딜 것
② 폭발화염이 외부로 유출되지 않을 것
③ 외함 표면온도가 주위의 가연성 가스를 점화하지 않을 것
④ 가스 그룹에 따른 내압접합면과 장애물과의 최소 거리
<table>
<tr><th>가스 그룹</th><th>최소 거리[mm]</th></tr>
<tr><td>II A</td><td>10</td></tr>
<tr><td>II B</td><td>30</td></tr>
<tr><td>II C</td><td>40</td></tr>
</table>
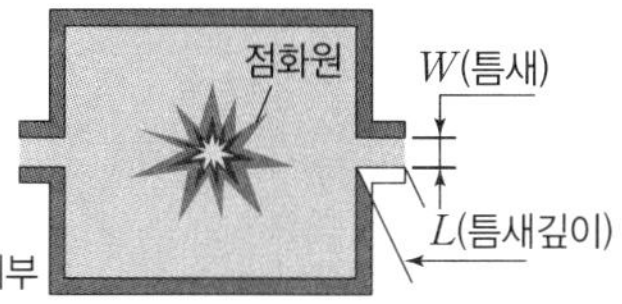
</td></tr>
<tr><td>압력방폭
(p)</td><td>① 용기 내부에 보호가스(신선한 공기 또는 불연성 기체)를 압입하여 내부압력을 유지함으로써 폭발성 가스 또는 증기가 내부로 유입되지 않도록 한 구조(점화원 격리)
② 종류: 통풍식, 봉입식, 밀봉식
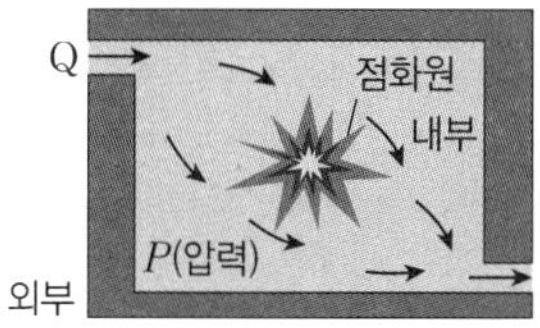
</td></tr>
<tr><td>유입방폭
(o)</td><td>전기 불꽃, 아크 또는 고온이 발생하는 부분을 기름 속에 넣고, 기름면 위에 존재하는 폭발성 가스 또는 증기에 인화되지 않도록 한 구조(점화원 격리)
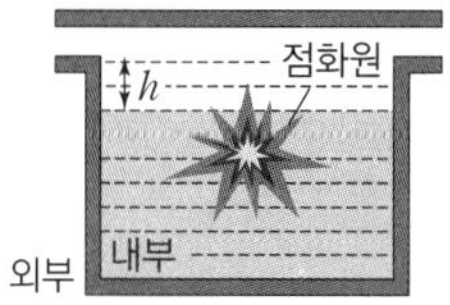
</td></tr>
<tr><td>안전증방폭
(e)</td><td>① 정상운전 중에 폭발성 가스 또는 증기에 점화원이 될 전기불꽃, 아크 또는 고온 부분 등의 발생을 방지하기 위하여 기계적, 전기적 구조상 또는 온도상승에 대해서 특히 안전도를 증가시킨 구조(점화원 격리와 무관, 전기설비의 안전도 증강)
② 정상적으로 운전되고 있을 때 내부에서 불꽃이 발생하지 않도록 절연성능을 강화하고, 또 고온으로 인해 외부 가스에 착화되지 않도록 표면온도 상승을 더 낮게 설계한 구조
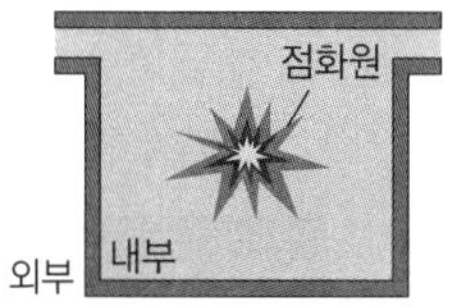
</td></tr>
<tr><td>본질안전방폭
(i)</td><td>정상 시 및 사고 시(단선, 단락, 지락 등)에 발생하는 전기불꽃, 아크 또는 고온에 의하여 폭발성 가스 또는 증기에 점화되지 않는 것이 점화시험, 기타에 의하여 확인된 구조(점화원 격리와 무관, 점화원의 본질적 억제)
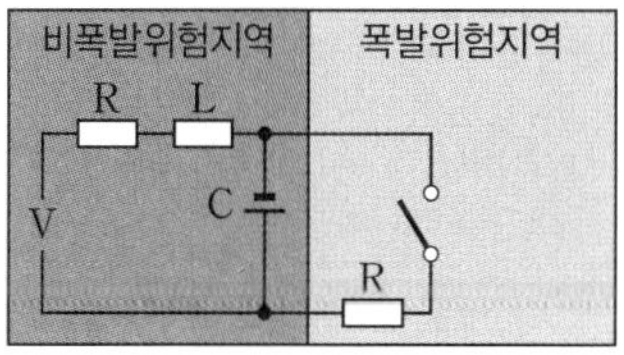
</td></tr>
</table>

특수방폭 (s)	상기 이외의 방폭구조로서 폭발성 가스 또는 증기에 점화 또는 위험분위기로 인화를 방지할 수 있는 것이 시험, 기타에 의하여 확인된 구조	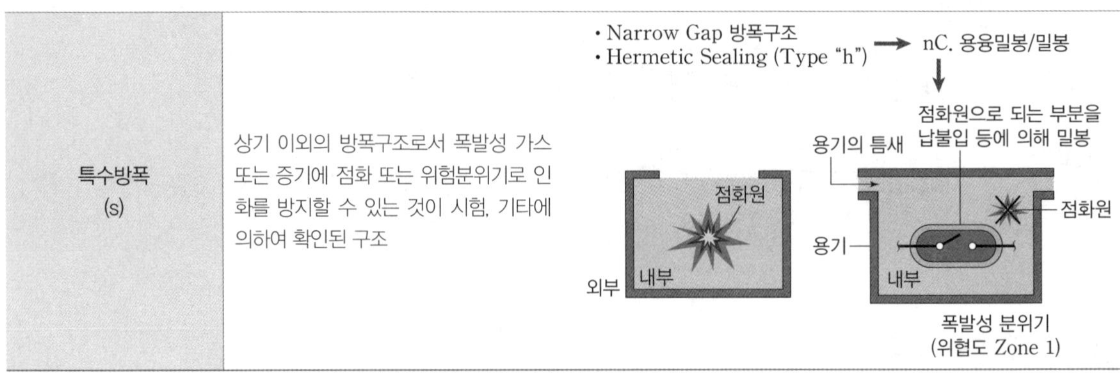

2. 분진에 대한 방폭구조

방폭구조(Ex) 종류	구조의 원리
특수분진방폭구조 (SDP)	전폐구조로 접합면 깊이를 일정치 이상으로 하거나 접합면에 일정치 이상의 깊이를 갖는 패킹을 사용하여 분진이 용기 내에 침입하지 않도록 한 구조
보통방진방폭구조 (DP)	전폐구조로 접합면 깊이를 일정치 이상으로 하거나 접합면에 패킹을 사용하여 분진이 침입하기 어렵게 한 구조
방진특수방폭구조 (XDP)	SDP 및 DP 이외의 구조로 분진방폭성능이 있는 것이 시험, 기타에 의하여 확인된 구조

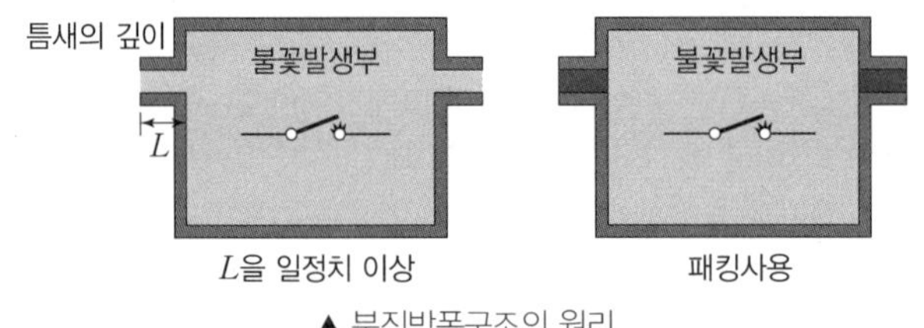

▲ 분진방폭구조의 원리

2 전기설비의 방폭 및 대책

1. 폭발등급

(1) 폭발등급의 개요

① 혼합가스폭발에 의한 화염은 좁은 틈을 통과하면 냉각되어 소멸하게 되는데 이것은 틈의 폭, 길이, 혼합가스의 성질에 따라 달라진다. 표준용기에 의해 외부가스가 폭발하지 않는 값인 화염일주한계값에 따라 폭발성 가스를 분류하여 등급을 정한 것을 폭발등급이라고 한다.

> **합격 보장 꿀팁** **화염일주한계(최대안전틈새, MESG; Maximum Experimental Safe Gap)**
>
> 폭발성 분위기 내에 방치된 표준용기의 접합면 틈새를 통하여 폭발화염이 내부에서 외부로 전파되는 것을 저지(최소점화에너지 이하)할 수 있는 틈새의 최대간격치이며 폭발성 가스의 종류에 따라 다르다.

② 폭발등급에 따른 해당물질

폭발등급	해당물질
1등급	메탄, 에탄, 프로판, n－부탄, 가솔린, 일산화탄소, 암모니아, 아세톤, 벤젠, 에틸에테르
2등급	에틸렌, 석탄가스, 이소프렌, 산화에틸렌
3등급	수소, 아세틸렌, 이황화탄소, 수성가스

(2) 폭발등급 측정에 사용되는 표준용기

내용적이 8[L], 틈새의 안길이 L이 25[mm]인 용기로서 틈이 폭 W[mm]를 변환시켜서 화염일주한계를 측정하도록 한 것이다.

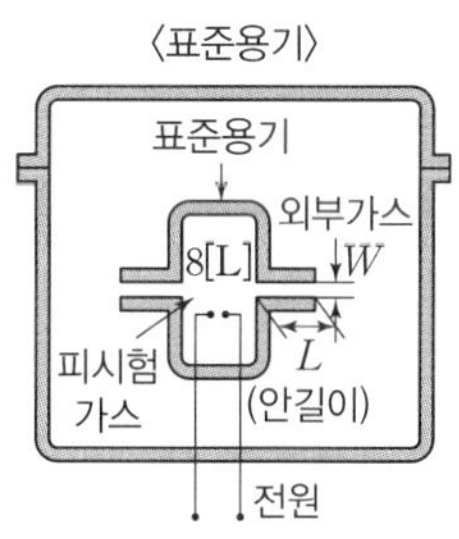

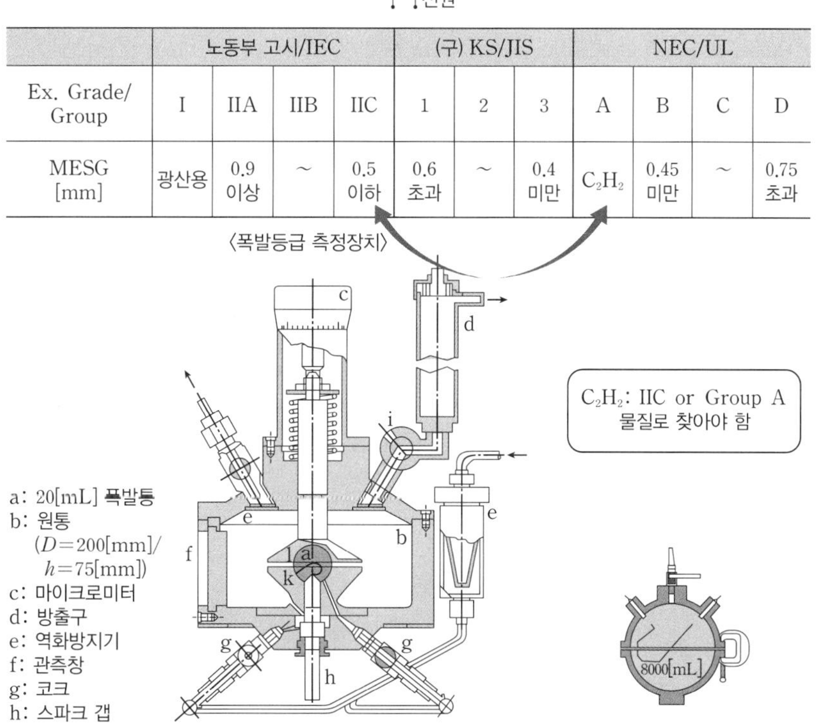

	노동부 고시/IEC				(구) KS/JIS			NEC/UL			
Ex. Grade/ Group	I	IIA	IIB	IIC	1	2	3	A	B	C	D
MESG [mm]	광산용	0.9 이상	~	0.5 이하	0.6 초과	~	0.4 미만	C_2H_2	0.45 미만	~	0.75 초과

▲ 표준용기와 폭발등급 측정장치

(3) 폭발성 가스와 방폭전기기기의 분류

① 내압방폭구조를 대상으로 하는 가스 또는 증기의 분류

최대안전틈새(MESG)	가스 또는 증기의 분류	내압방폭구조 전기기기의 분류
0.9[mm] 이상	A	ⅡA
0.5[mm] 초과 0.9[mm] 미만	B	ⅡB
0.5[mm] 이하	C	ⅡC

② 본질안전방폭구조를 대상으로 하는 가스 또는 증기의 분류

최소점화전류비(MIC)	가스 또는 증기의 분류	본질안전방폭구조 전기기기의 분류
0.8 초과	A	ⅡA
0.45 이상 0.8 이하	B	ⅡB
0.45 미만	C	ⅡC

※ 최소점화전류비는 메탄(CH_4)가스의 최소점화전류를 기준으로 나타낸다.

2. 발화도

가스 · 증기의 발화온도 및 전기기기의 온도등급과의 관계는 아래 표와 같다.

폭발위험장소 구분에 따른 온도등급	가스 · 증기의 발화온도[℃]	전기기기의 최고표면온도[℃]
T1	450 초과	300 초과 450 이하
T2	300 초과 450 이하	200 초과 300 이하
T3	200 초과 300 이하	135 초과 200 이하
T4	135 초과 200 이하	100 초과 135 이하
T5	100 초과 135 이하	85 초과 100 이하
T6	85 초과 100 이하	85 이하

Ex	d
방폭구조	기호
내압	d
압력	p
안전증	e
본질안전	ia, ib
유입	o
특수	s

IIC		
분류		기호
산업용 Ⅱ	가스 · 증기	A
		B
		C
	분진	11
		12
		13

T4
온도등급
T1
T2
T3
T4
T5
T6

IP66
보호등급
IPOO

구조명칭	표기방법	기타
내압	Ex d ⅡA T1–T6 IPxx	ⅡA, ⅡB, ⅡC
압력	Ex p Ⅱ T1–T6 IPxx	px, py, pz
유입	Ex o Ⅱ T1–T6 IPxx	
안전증	Ex e Ⅱ T1–T6 IPxx	
본질안전	Ex ia ⅡA T1–T6 IPxx	ia, ib, ⅡA, ⅡB, ⅡC

발화도와 폭발 등급에 따른 인화성 가스 분류

구분	T1	T2	T3	T4	T5	T6
ⅡA	아세톤 암모니아 일산화탄소 에탄 초산 초산에틸 톨루엔 프로판 벤젠 메탄올 메탄	에탄올 초산인펜틸 1-부탄올 무수초산 부탄 클로로벤젠 에틸렌 초산비닐 프로필렌	가솔린 헥산 2-부탄올 이소프렌 헵탄 염화부틸	아세트알데히드 디에틸에테르		아질산에틸
ⅡB	석탄가스 부타디엔	에틸렌 에틸렌옥시드	황화수소			
ⅡC	수성가스 수소	아세틸렌			이황화탄소	질산에틸

3. 위험장소의 선정

위험분위기가 존재하는 시간과 빈도에 따라 구분한다.

폭발위험이 있는 장소의 설정 및 관리 안전보건규칙 제230조

① 다음의 장소에 대하여 폭발위험장소의 구분도를 작성하는 경우에는 한국산업표준으로 정하는 기준에 따라 가스폭발 위험장소 또는 분진폭발 위험장소로 설정하여 관리하여야 한다.

1. 인화성 액체의 증기나 인화성 가스 등을 제조·취급 또는 사용하는 장소
2. 인화성 고체를 제조·사용하는 장소

② ①에 따른 폭발위험장소의 구분도를 작성·관리하여야 한다.

(1) 가스폭발 위험장소

분류	적요	장소
0종 장소	인화성 액체의 증기 또는 가연성 가스에 의한 폭발위험이 지속적으로 또는 장기간 존재하는 장소	용기·장치·배관 등의 내부 등
1종 장소	정상 작동상태에서 인화성 액체의 증기 또는 가연성 가스에 의한 폭발위험분위기가 존재하기 쉬운 장소	맨홀·벤트·피트 등의 주위
2종 장소	정상 작동상태에서 인화성 액체의 증기 또는 가연성 가스에 의한 폭발위험분위기가 존재할 우려가 없으나, 존재할 경우 그 빈도가 아주 적고 단기간만 존재할 수 있는 장소	개스킷·패킹 등의 주위

(2) 분진폭발 위험장소

분진폭발 위험장소란 공장, 기타의 사업장에서 폭발을 일으킬 수 있는 충분한 양의 분진이 공기 중에 부유하여 위험 분위기가 생성될 우려가 있거나 분진이 퇴적되어 있어 부유할 우려가 있는 장소이다.

① 분진의 분류 예 및 발화의 분류

분진 / 발화도	폭연성 분진	가연성 분진	
		도전성	비도전성
11	마그네슘, 알루미늄, 알루미늄 브론즈	아연, 코크스, 카본블랙	소맥, 고무, 염료, 페놀수지, 폴리에틸렌
12	알루미늄(수지)	철, 석탄	코코아, 리그닌
13			유황

② 분진의 폭발한계(공기 중)

분진의 종류	발화점[℃]	폭발하한계[kg/m³]	최소점화에너지[mJ]
유황	190	35	15
펄프	480	60	80
에폭시	540	20	15
폴리에틸렌	410	20	10

③ 위험장소 구분 방호장치 안전인증 고시 제31조

분류	적요	장소
20종 장소	분진운 형태의 가연성 분진이 폭발농도를 형성할 정도로 충분한 양이 정상 작동 중에 연속적으로 또는 자주 존재하거나, 제어할 수 없을 정도의 양 및 두께의 분진층이 형성될 수 있는 장소	호퍼 · 분진저장소 · 집진장치 · 필터 등의 내부
21종 장소	20종 장소 밖으로서 분진운 형태의 가연성 분진이 폭발농도를 형성할 정도의 충분한 양이 정상 작동 중에 존재할 수 있는 장소	집진장치 · 백필터 · 배기구 등의 주위, 이송벨트의 샘플링 지역 등
22종 장소	21종 장소 밖으로서 가연성 분진운 형태가 드물게 발생 또는 단기간 존재할 우려가 있거나, 이상 작동 상태 하에서 가연성 분진층이 형성될 수 있는 장소	21종 장소에서 예방조치가 취하여진 지역, 환기설비 등과 같은 안전장치 배출구 주위 등

(3) 위험장소 판정기준

① 위험증기의 양

② 위험가스 현존 가능성

③ 가스의 특성(공기와의 비중차)

④ 통풍의 정도

⑤ 작업자에 의한 영향

4. 방폭화 이론

(1) 폭발의 기본조건

폭발이 성립되기 위한 기본조건은 다음과 같은 3가지 요소가 동시에 존재하여야 하며 이중 한 가지라도 결핍되면 연소 혹은 폭발이 일어나지 않는다.

① 가연성 가스 또는 증기의 존재

② 폭발위험분위기의 조성(가연성 물질+지연성 물질)

③ 최소착화에너지 이상의 점화원 존재

(2) 방폭이론

전기설비로 인한 화재·폭발 방지를 위하여는 위험분위기 생성확률과 전기설비가 점화원으로 되는 확률의 곱이 0에 가까운 아주 작은 값을 갖도록 하여야 한다.

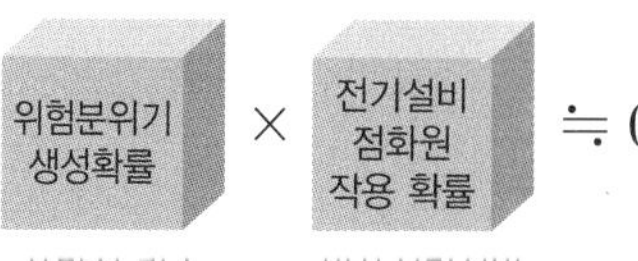

① **위험분위기 생성방지**: 가연성 물질 누설 및 방출방지, 가연성 물질의 체류 방지

② **전기설비의 점화원 억제**

㉠ 전기설비의 점화원

현재적(정상상태에서) 점화원	잠재적(이상상태에서) 점화원
• 직류전동기의 정류자, 권선형 유도전동기의 슬립링 등 • 고온부로서 전열기, 저항기, 전동기의 고온부 등 • 개폐기 및 차단기류의 접점, 제어기기 및 보호계전기의 전기접점 등	전동기의 권선, 변압기의 권선, 마그넷 코일, 전기적 광원, 케이블, 기타 배선 등

㉡ 전기설비 방폭화

방폭화 기본	적요	방폭구조
점화원의 방폭적 격리	전기설비에서는 점화원으로 되는 부분을 가연성 물질과 격리시켜 서로 접촉하지 못하도록 하는 방법	압력방폭구조, 유입방폭구조
	전기설비 내부에서 발생한 폭발이 설비 주변에 존재하는 가연성 물질로 파급되지 않도록 실질적으로 격리하는 방법	내압방폭구조
전기설비의 안전도 증강	정상상태에서 점화원으로 되는 전기불꽃의 발생부 및 고온부가 존재하지 않는 전기설비에 대하여 특히 안전도를 증가시켜 고장이 발생할 확률을 0에 가깝게 하는 방법	안전증방폭구조
점화능력의 본질적 억제	약전류회로의 전기설비와 같이 정상상태뿐만 아니라 사고 시에도 발생하는 전기불꽃 고온부가 최소착화에너지 이하의 값으로 되어 가연물에 착화할 위험이 없는 것으로 충분히 확인된 것은 본질적으로 점화능력이 억제된 것으로 봄	본질안전방폭구조

5. 방폭형 전기기기 선정 2024 KOSHA E-190

(1) 폭발위험장소 방폭형 전기기기 선정 시 요구사항

① 폭발위험장소 구분도(기기보호등급 요구사항 포함)

② 요구되는 전기기기 그룹 또는 세부 그룹에 적용되는 가스·증기 또는 분진 등급 구분

③ 가스나 증기의 온도등급 또는 최저발화온도

④ 분진운의 최저발화온도, 분진 층의 최저발화온도

⑤ 기기의 용도

⑥ 외부 영향 및 주위온도

⑦ 기타(피해 결과에 대한 위험성 평가 등)

(2) 기기보호등급(EPL)과 허용장소

종별 장소	기기보호등급(EPL)
0	"Ga"
1	"Ga" 또는 "Gb"
2	"Ga", "Gb" 또는 "Gc"
20	"Da"
21	"Da" 또는 "Db"
22	"Da", "Db" 또는 "Dc"

(3) 기기 그룹과 가스, 증기 또는 분진 간의 허용장소

가스, 증기 또는 분진 분류 장소	허용 기기 그룹
ⅡA	Ⅱ, ⅡA, ⅡB 또는 ⅡC
ⅡB	Ⅱ, ⅡB 또는 ⅡC
ⅡC	Ⅱ 또는 ⅡC
ⅢA	ⅢA, ⅢB 또는 ⅢC
ⅢB	ⅢB 또는 ⅢC
ⅢC	ⅢC

4-2 방폭형 전기기기 선정

다음 중 기기보호등급(EPL)과 허용장소를 바르게 짝지은 것은?

① ZONE 0 – Ga
② ZONE 20 – Gc
③ ZONE 21 – Dc
④ ZONE 22 – Dd

해설

② ZONE 20 – Da
③ ZONE 21 – Da 또는 Db
④ ZONE 22 – Da, Db 또는 Dc

| 정답 | ①

3 방폭설비의 공사 및 보수

1. 방폭구조 선정 및 유의사항

(1) 방폭구조의 선정

① 가스폭발 위험장소

폭발위험장소 분류	방폭구조 전기기계 · 기구의 선정기준
0종 장소	㉠ 본질안전방폭구조(ia) ㉡ 그 밖에 관련 공인 인증기관이 0종 장소에서 사용이 가능한 방폭구조로 인증한 방폭구조
1종 장소	㉠ 내압방폭구조(d) ㉡ 압력방폭구조(p) ㉢ 충전방폭구조(q) ㉣ 유입방폭구조(o) ㉤ 안전증방폭구조(e) ㉥ 본질안전방폭구조(ia, ib) ㉦ 몰드방폭구조(m) ㉧ 그 밖에 관련 공인 인증기관이 1종 장소에서 사용이 가능한 방폭구조로 인증한 방폭구조
2종 장소	㉠ 0종 장소 및 1종 장소에 사용 가능한 방폭구조 ㉡ 비점화방폭구조(n) ㉢ 그 밖에 2종 장소에서 사용하도록 특별히 고안된 비방폭형 구조

② 분진폭발 위험장소

폭발위험장소 분류	방폭구조 전기기계 · 기구의 선정기준
20종 장소	㉠ 밀폐방진방폭구조(DIP A20 또는 B20) ㉡ 그 밖에 관련 공인 인증기관이 20종 장소에서 사용이 가능한 방폭구조로 인증한 방폭구조
21종 장소	㉠ 밀폐방진방폭구조(DIP A20 또는 A21, DIP B20 또는 B21) ㉡ 특수분진방폭구조(SDP) ㉢ 그 밖에 관련 공인 인증기관이 21종 장소에서 사용이 가능한 방폭구조로 인증한 방폭구조
22종 장소	㉠ 20종 장소 및 21종 장소에 사용 가능한 방폭구조 ㉡ 일반방진방폭구조(DIP A22 또는 B22) ㉢ 보통방진방폭구조(DP) ㉣ 그 밖에 22종 장소에서 사용하도록 특별히 고안된 비방폭형 구조

③ 방폭기기 합격품 표시방법

구분	표시방법
방폭등급	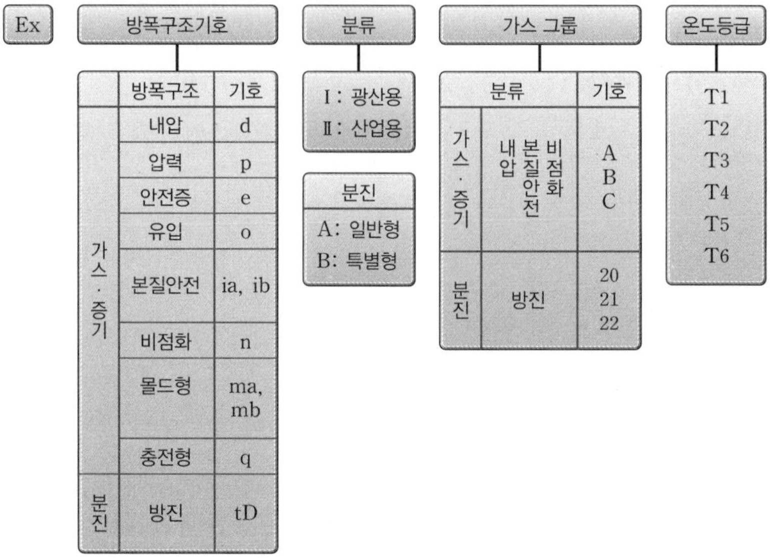 Ex / 방폭구조기호 / 분류 / 가스 그룹 / 온도등급
합격번호	10—AB2BO—0001 2. 국내 제조자 4. 외국 제조자 6. 수입자
합격표지	한국산업안전보건공단 인증필 규 격 및 형 식 명 합 격 번 호 합 격 년 월 일 제 조 년 월 일 제 조(수 입) 회 사 명

방폭구조기호

	방폭구조	기호
가스·증기	내압	d
	압력	p
	안전증	e
	유입	o
	본질안전	ia, ib
	비점화	n
	몰드형	ma, mb
	충전형	q
분진	방진	tD

분류

분류
Ⅰ: 광산용
Ⅱ: 산업용

분진
A: 일반형
B: 특별형

가스 그룹

	분류	기호
가스·증기	내압 본질안전 비점화	A B C
분진	방진	20 21 22

온도등급

온도등급
T1
T2
T3
T4
T5
T6

④ 인증번호 표시 예

구분	표시방법
인증번호	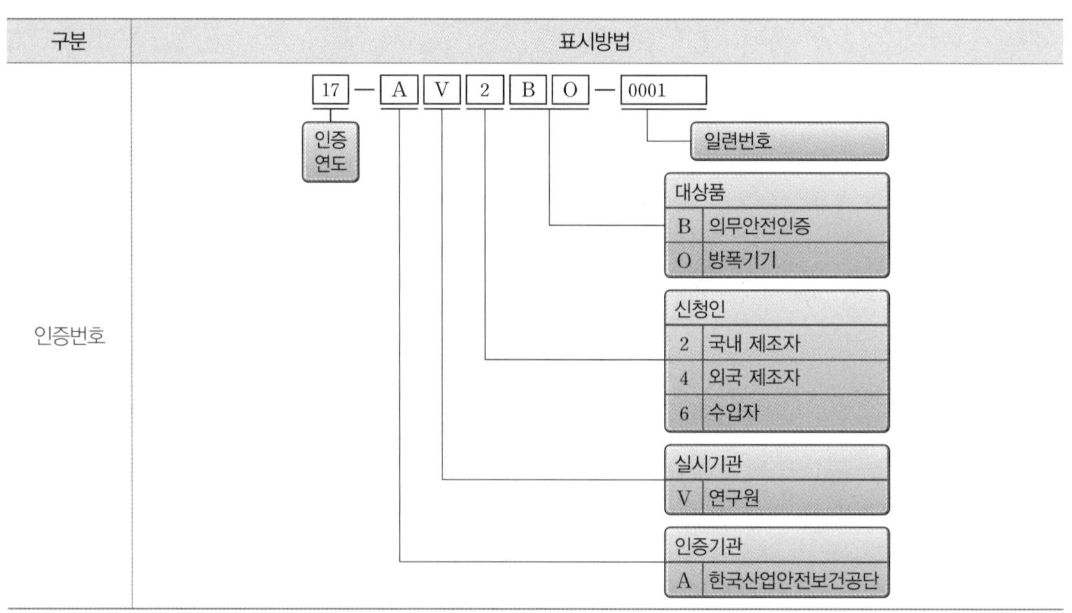

(2) 방폭구조의 선정 시 고려사항

① 방폭전기기기가 설치될 지역의 방폭지역 등급 구분

② 가스 등의 발화온도

③ 내압방폭구조의 경우 최대안전틈새

④ 본질안전방폭구조의 경우 최소점화전류

⑤ 압력방폭구조, 유입방폭구조, 안전증방폭구조의 경우 최고표면온도

⑥ 방폭전기기기가 설치될 장소의 주변 온도, 표고 또는 상대습도, 먼지, 부식성 가스 또는 습기 등의 환경조건

⑦ 모든 방폭전기기기는 가스 등의 발화온도의 분류와 적절히 대응하는 온도등급의 것을 선정하여야 한다.

⑧ 사용장소에 가스 등의 2종류 이상이 존재할 수 있는 경우에는 가장 위험도가 높은 물질의 위험특성과 적절히 대응하는 방폭전기기기를 선정하여야 한다. 단, 가스 등의 2종 이상의 혼합물인 경우에는 혼합물의 위험특성에 적절히 대응하는 방폭전기기기를 선정하여야 한다.

⑨ 사용 중에 전기적 이상상태에 의하여 방폭성능에 영향을 줄 우려가 있는 전기기기는 사전에 적절한 전기적 보호장치를 설치하여야 한다.

(3) 방폭전기설비의 보수

보수작업 시의 단계	보수작업 시의 준비사항 및 유의사항
보수작업 전 준비사항	보수내용의 명확화, 공구, 재료, 교체부품의 준비 등
보수작업 중 유의사항	• 통전 중에 점검작업을 할 경우에는 방폭전기기기의 본체, 단자함, 점검창 등을 열어서는 안 됨 (단, 본질안전방폭구조의 전기설비 예외) • 방폭지역에서 보수를 행할 경우에는 공구 등에 의한 충격불꽃을 발생시키지 않도록 실시해야 함
보수작업 후 유의사항	방폭전기설비 전체로서의 방폭성능을 복원시켜야 함

(4) 전원 및 환경의 영향에 대한 유의사항

① 전원 전압 및 주파수 ② 주변 온도 및 습도 ③ 수분 및 먼지

④ 부식성 가스 및 액체 ⑤ 설치장소의 진동

(5) 방폭전기설비의 전기적 보호(자동차단장치 등)

① 과부하, 단락 또는 지락 등의 사고 시 자동차단장치를 다음의 경우를 제외하고는 설치하여야 한다.

㉠ 본질안전회로인 경우

㉡ 자동차단이 점화의 위험보다 더 큰 위험을 발생시킬 우려가 있는 경우

② 3상 전동기가 단상운전이 됨으로 인하여 과전류가 흐를 우려가 있는 경우에는 열동과 전류 전기를 각 상마다 사용하거나 결상계전기를 사용하는 등 이에 관한 적합한 보호장치를 하여야 한다.

③ 자동차단장치는 사고가 제거되지 않은 상태에서 자동 복귀되지 않는 구조이어야 한다. 단, 2종 장소에 설치된 설비의 과부하방지장치에는 적용하지 아니한다.

2. 방폭구조 전기배선

(1) 전선관의 접속 등

① 전선관과 전선관용 부속품 또는 전기기기와의 접속, 전선관용 부속품 상호의 접속 또는 전기기기와의 접속은 규정에 따른 관용 평형나사에 의해 나사산이 5산 이상 결합되도록 하여야 한다.

② ①의 나사결합 시에는 전선관과 전선관용 부속품 또는 전기기기와의 접속부분에 로크너트를 사용하여 결합부분이 유효하게 고정되도록 하여야 한다.

③ 전선관을 상호 접속 시에는 유니온 커플링을 사용하여 5산 이상 유효하게 접속되도록 하여야 한다.

④ 가요성을 요하는 접속부분에는 내압방폭성능을 가진 가요전선관을 사용하여 접속하여야 한다.

⑤ ④의 가요전선관 공사 시에는 구부림 내측반경은 가요전선관 외경의 5배 이상으로 하여 비틀림이 없도록 하여야 한다.

(2) 저압 케이블의 선정

방폭지역에서 저압 케이블 공사 시에는 다음의 케이블이나 이와 동등 이상의 성능을 가진 케이블을 선정하여야 한다. 다만, 시스가 없는 단심 절연전선을 사용하여서는 아니 된다.

① MI 케이블

② 600[V] 폴리에틸렌 외장 케이블(EV, EE, CV, CE)

③ 600[V] 비닐 절연 외장 케이블(VV)

④ 600[V] 콘크리트 직매용 케이블(CB－VV, CB－EV)

⑤ 제어용 비닐절연 비닐 외장 케이블(CVV)

⑥ 연피케이블

⑦ 약전 계장용 케이블

⑧ 보상도선

⑨ 시내대 폴리에틸렌 절연 비닐 외장 케이블(CPEV)

⑩ 시내대 폴리에틸렌 절연 폴리에틸렌 외장 케이블(CPEE)

⑪ 강관 외장 케이블

⑫ 강대 외장 케이블

합격 보장 꿀팁

방폭지역에서 저압케이블 공사 시 0.6/1[kV] 고무캡타이어 케이블은 사용하여서는 아니 된다.

CHAPTER

05 전기설비 위험요인관리

합격 KEYWORD 전기화재의 원인, 과전류, 전기 화재예방대책, 접지공사, 접지도체의 굵기, 피뢰기, 피뢰기의 설치장소

1 전기화재의 원인

전기화재의 경우는 발화원과 출화의 경과(발화형태)로 분류하고 있으며, 출화의 경과에 의한 전기화재의 원인은 다음과 같다.

> **합격 보장 꿀팁**
>
> 화재 발생 시 조사해야 할 사항(전기화재의 원인): 발화원, 착화물, 출화의 경과(발화형태)

1. 단락(합선)

(1) 의미

전선의 피복이 벗겨지거나 전선에 압력이 가해지게 되면 두 가닥의 전선이 직접 또는 낮은 저항으로 접촉되는 경우에 전류가 전선에 연결된 전기기기 쪽보다는 저항이 적은 접촉부분으로 집중적으로 흐르게 되는데 이러한 현상을 단락(합선, Short)이라고 한다.

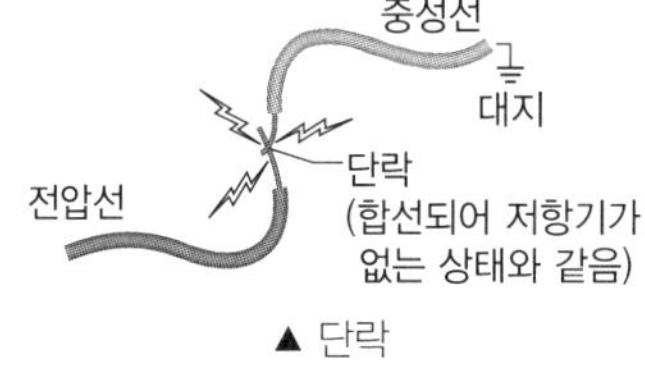

▲ 단락

(2) 발화의 원인(형태)

① 단락점에서 발생한 스파크가 주위의 인화성 가스나 물질에 연소한 경우

② 단락순간의 가열된 전선이 주위의 인화성 물질 또는 가연성 물질에 접촉할 경우

③ 단락점 이외의 전선피복이 연소하는 경우

2. 누전(지락)

(1) 의미

전선의 피복 또는 전기기기의 절연물이 열화되거나 기계적인 손상 등을 입게 되면 전류가 금속체를 통하여 대지로 새어나가게 되는데 이러한 현상을 누전이라 하며, 이로 인하여 주위의 인화성 물질이 발화되는 현상을 누전화재라고 한다.

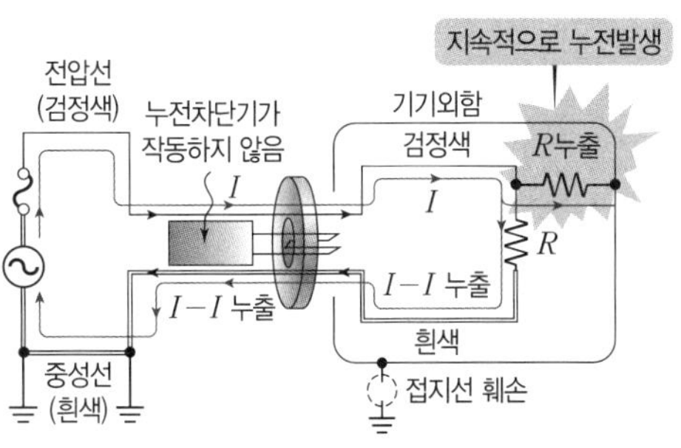

▲ 전기기기 및 설비에서 누전 발생

(2) 발화의 원인

충전부와 대지 사이에 누전경로가 형성되면 그 누설전류로 인하여 열이 발생하면서 절연물을 국부적으로 파괴시키게 되므로 누전상태는 점점 더 악화되고, 이 누설전류가 장시간 흐르게 되면 발열량이 누적되어 주위의 가연성 물질에 발화하게 된다.

(3) **발화까지 이를 수 있는 누전전류의 최소치:** 300~500[mA]

누전화재의 요인		
누전점	발화점	접지점
전류의 유입점	발화된 장소	접지점의 소재

3. 과전류

(1) **의미**

전선에 전류가 흐르면 전류의 제곱과 전선의 저항값의 곱(I^2R)에 비례하는 열(H)이 발생($H=I^2RT$[J]$=0.24I^2RT$[cal])하며 이때 발생하는 열량과 주위 공간에 빼앗기는 열량이 서로 같은 점에서 전선의 온도는 일정하게 된다. 이 일정하게 되는 온도(최고허용온도)는 전선의 피복을 상하지 않는 범위 이내로 제한되어야 하고, 그때의 전류를 전선의 허용전류라 하며 이 허용전류를 초과하는 전류를 과전류라 한다.

(2) **발화의 원인**

허용전류를 초과하여 전류가 계속 흐르면 전선이 과열되어 피복이 열화될 우려가 있으며, 과전류가 심해지면 급격히 과열되어 순식간에 발화한다.

과전류 단계	인화단계	착화단계	발화단계		순간용단단계
			발화 후 용단	용단과 동시발화	
전선전류밀도[A/mm²]	40~43	43~60	60~70	75~120	120

4. 스파크(Spark, 전기불꽃)

(1) **발생**

개폐기로 전기회로를 개폐할 때 또는 퓨즈가 용단될 때 스파크가 발생하는데 특히 회로를 끊을 때 심하게 발생한다. 직류인 경우는 더욱 심하며 또한 아크가 연속되기 쉽다.

(2) **발화의 원인**

스파크 발생 시 가연성 물질 또는 인화성 가스가 있으면 착화, 인화된다.

5. 접촉부 과열

(1) **발생**

전선과 전선, 전선과 단자 또는 접속편 등의 도체에 있어서 접촉이 불완전한 상태에서 전류가 흐르면 접촉저항에 의해서 접촉부가 발열된다.

(2) **발화의 원인**

접촉부 발열은 국부적이고, 특히 접촉면이 거칠어지면 접촉저항은 더욱 증가되어 적열상태에 이르러 주위의 절연물을 발화한다.

합격 보장 꿀팁 **아산화동 현상**

① 동선과 단자의 접속부분에 접촉불량이 있을 때, 이 부분의 동이 산화 및 발열하여 주위의 동을 용해하면서 아산화동(Cu_2O)이 증식되어 발열하는 현상이다.
② 발생부위는 스위치 등 스파크 발생개소, 코일의 층간단락, 반단선 등이다.

6. 절연열화(탄화)에 의한 발열

(1) 트래킹(Tracking) 현상

배선 또는 기구의 절연체는 그 대부분이 유기질로 되어 있는데 일반적으로 유기질은 장시일이 경과하며 열화하여 그 절연저항이 떨어진다. 또한, 유기질 절연체는 고온상태에서 공기의 유동이 나쁜 곳에서 가열되면 탄화과정을 거쳐 도전성을 띠게 되며 이것에 전압이 걸리면 전류로 인한 발열로 탄화현상이 누진적으로 촉진되어 유기질 자체가 타거나 주위의 가연물에 착화하게 되는데 이 현상을 트래킹(Tracking) 현상이라고 한다.

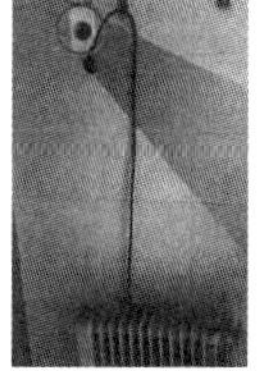

▲ 전열기의 높은 전력으로 인한 전기기구의 탄화

(2) 가네하라 현상과 트래킹 현상의 비교

구분	가네하라 현상	트래킹 현상
개념	누전회로에 발생하는 스파크 등에 의하여 목재 등에 탄화도전로가 생성되어 증식, 확대되면서 발열량이 증대, 발화하는 현상	전기제품 등에서 충전 전극 사이의 절연물 표면에 경년 변화나 먼지 등 어떤 원인으로 탄화도전로가 생성되어 지락, 단락으로 진전되면서 발화하는 현상
발생 대상물	유기물질의 전기절연체	전기기계 · 기구
발화 여부	저압 누전화재의 발화과정(기구) – 발화까지 포함한 의미	전기재료의 절연성능, 열화의 일종 – 발화 미포함

7. 낙뢰

낙뢰는 일종의 정전기로서 구름과 대지 간의 방전현상으로, 낙뢰가 생기면 전기회로에 이상전압이 유기되어 절연을 파괴시킬 뿐만 아니라 이때 흐르는 대전류가 화재의 원인이 된다.

합격 보장 꿀팁

낙뢰 시 발생하는 대전류가 땅에 이르는 사이에 순간적으로 방대한 열을 발생하여 가연물을 발화시킨다.

8. 정전기 스파크

(1) 발생

정전기는 물질의 마찰에 의하여 발생되는 것으로서 정전기의 크기 및 구성은 대전서열에 의해 결정되며 대전된 도체 사이에서 방선이 생길 경우 스파크가 발생한다.

(2) 발화의 원인

정전기 방전 시 발생하는 스파크에 의하여 주위에 있던 가연성 가스 및 증기에 인화되는 경우로 다음의 조건 등이 만족되어야 한다.

① 가연성 가스 및 증기가 폭발한계 내에 있을 것
② 정전기 스파크의 에너지가 가연성 가스 및 증기의 최소착화에너지 이상일 것
③ 방전하기에 충분한 전위가 나타나 있을 것

2 전기누전화재경보기

전기누전화재경보기는 건축물 내에 들어 있는 금속재에 전류가 흐르게 되면 이를 검지하여 건축물 내에 수용되어 있는 사람들에게 경보를 알려주는 역할을 하는 경보설비이다.

1. 전기누전화재경보기의 구성

(1) 누설전류를 검출하는 영상 변류기(ZCT)

(2) 누설전류를 증폭하는 증폭기

(3) 경보를 발하는 음향장치(수신부)

2. 전기누전화재경보기의 설치대상

(1) 계약전류용량 100[A]를 초과하는 특정소방대상물(내화구조가 아닌 건축물로서 벽·바닥 또는 반자의 전부나 일부를 불연재료 또는 준불연재료가 아닌 재료에 철망을 넣어 만든 것에 한함)

(2) 계약전류용량은 같은 건축물에 계약종류가 다른 전기가 공급되는 경우에는 그 중 최대계약전류용량을 말한다.

3. 전기누전화재경보기의 작동원리

(1) **단상식**

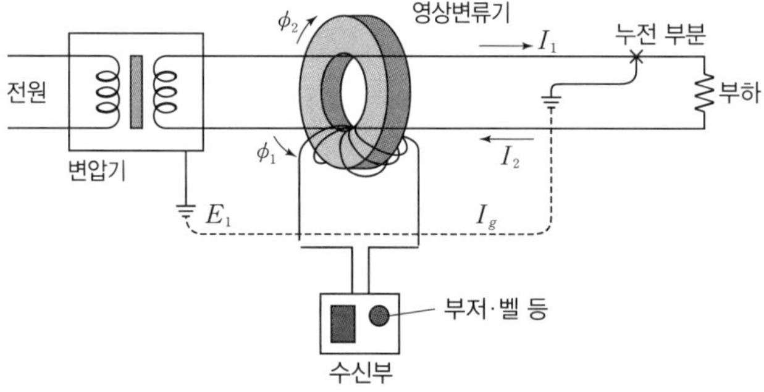

▲ 단상식 전기화재경보기

① **누설전류가 없는 경우:** 회로에 흐르는 왕로전류 I_1과 귀로전류 I_2는 동일하고 왕로전류 I_1에 의한 자속 ϕ_1과 귀로전류 I_2에 의한 자속 ϕ_2는 동일하다. 즉, 왕로전류의 자속(ϕ_1)=귀로전류의 자속(ϕ_2)이므로 서로 상실되어 유기기전력은 발생하지 않는다.

② **누설전류가 발생하는 경우:** 전로에 누설전류가 발생되면 누설전류 I_g가 흐르므로 왕로전류는 I_1+I_g가 되고 귀로전류 I_2는 왕로전류 I_1+I_g보다 작아져서 누설전류 I_g에 의한 자속이 생성되어 영상 변류기에 유기전압(Induced Voltage)을 유도시킨다. 이 전압을 증폭해서 입력 신호로 하여 릴레이(Relay)를 작동시켜 경보를 발하게 한다. 이 때 누설전류 I_g에 의한 자속으로 유기전압의 식은 다음과 같다.

$$E=\frac{E_m}{\sqrt{2}}=\frac{2\pi f}{\sqrt{2}}N\phi_{gm}=4.44fN\phi_{gm}[\text{V}]$$

여기서, E: 유기전압(실효치), E_m: 유기전압의 최댓값, N: 2차 권선수, ϕ_{gm}: 누설전류에 의한 자속의 최대치, f: 주파수

(2) 3상식

△결선으로 된 부하의 상전류 I_a, I_b, I_c의 방향을 아래의 그림과 같이 정한다.

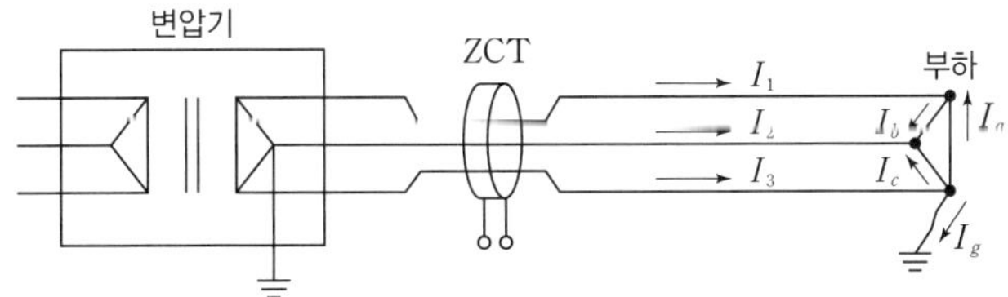

▲ 3상식 전기누전화재경보기

① **누설전류가 없는 경우**: $I_1=I_b-I_a$, $I_2=I_c-I_b$, $I_3=I_a-I_c$가 되며 $I_1+I_2+I_3=I_b-I_a+I_c-I_b+I_a-I_c=0$이 된다. 즉, 변류기 내를 흐르는 전류의 총합은 0이 되어 유기전압이 유도되지 않는다.

② 전로에 누설전류가 발생하는 경우: 전로에 누설전류가 발생하면 $I_1=I_b-I_a$, $I_2=I_c-I_b$, $I_3=I_a-I_c+I_g$가 되므로 변류기를 관통하여 흐르는 전류는 $I_1+I_2+I_3=I_g$가 된다.

이 누설전류 I_g는 ϕ_g라는 자속을 발생시켜 주는 단상의 경우와 같이 영상변류기에 유기전압이 유도되며 이를 증폭(Amplification)하여 경보를 발하게 된다. 이 경우 누설전류(Leakage Current)에 의한 유기전압은 단상식의 경우와 동일하게 유도된다.

$$E=4.44fN\phi_{gm}[\mathrm{V}]$$

4. 전기누전화재경보기의 회로 결선방법

전기누전화재경보기의 회로 결선방법은 변압기 중성점 접지방식과 경계전로 연결방식이 있으며, 검출 누설전류의 설정값은 일반적인 경우에 경계전로에 시설하는 것은 200[mA], 변압기 중성점 접지선에 시설하는 것은 500[mA]이다.

5. 전기누전화재경보기의 시험방법

(1) 전류특성시험
(2) 전압특성시험
(3) 주파수특성시험
(4) 온도특성시험
(5) 온도상승시험
(6) 노화시험
(7) 전로개폐시험
(8) 과전류시험
(9) 차단기구의 개폐 자유시험
(10) 개폐시험
(11) 단락전류시험
(12) 과누진시험
(13) 진동시험
(14) 충격시험
(15) 방수시험
(16) 절연저항시험
(17) 절연내력시험
(18) 전압강하의 방지

합격 보장 꿀팁

접지저항시험은 전기누전화재경보기의 시험방법에 속하지 않는다.

3 전기화재 예방대책

1. 전기화재 예방대책

(1) 전기기기 등의 화재예방대책

발화원 구분		화재예방대책
전기배선		① 코드의 연결 금지 ② 코드의 고정사용 금지 ③ 사용전선의 적정 굵기 사용: 허용전류 이하로 사용
옥내배선 등		① 시설장소에 적합한 공사방법 시행 ② 공사방법에 따른 적당한 전선의 종류 및 굵기 설정 ③ 누전방지를 위하여 다음의 사항을 따른다. ㉠ 절연파괴의 원인 제거(전기 · 기계 · 화학 · 열적 요인 제거) ㉡ 배선피복의 손상 유무, 배선과 조영재의 거리, 접지 등의 정기적인 점검 및 절연저항 측정 ㉢ 누전화재경보기 설치
배선기구		배선기구는 정격전압과 정격전류가 있는데 이 범위 내에서 사용하는 것이 바람직하며 전선의 연결 부분이나 접촉부분의 과열방지를 위하여 다음 사항을 유의하여 사용하여야 한다. ① 개폐기의 전선 조임부분이나 접촉면의 상태 ② 콘센트, 플러그의 접촉상태 및 취급방법 ③ 적정용량의 퓨즈 사용
전기기기 및 장치	전기로 및 전기 건조장치 (이동형)	① 전기로나 건조장치의 발열부 주위에 가연성 물질 방치 금지 ② 피건조물의 종류에 따라서 설비 내부의 조제, 건조물의 낙하방지, 열원과의 거리를 충분히 띄울 것 ③ 전기로 내의 온도가 이상 상승 시 자동적으로 전원을 차단하는 장치 시설
전기기기 및 장치	전열기 (고정형)	① 열판의 밑부분에는 차열판이 있는 것을 사용할 것 ② 점멸을 확실하게 할 것(표시등 부착) ③ 인조석, 석면, 벽돌 등 단열성 불연재료로 받침대를 만들 것 ④ 주위 0.3~0.5[m], 상방 1.0~1.5[m] 이내에는 가연성 물질 접근 방지
	개폐기 등 (아크를 발생하는 시설)	개폐기 개폐 시 발생하는 스파크에 의한 발열 등으로 발생하는 화재를 예방하기 위해서는 다음과 같이 하여야 한다. ① 개폐기를 설치할 경우 목재벽이나 천장으로부터 고압용은 1[m] 이상, 특고압은 2[m] 이상 떨어져야 함 ② 가연성 증기 및 분진 등 위험한 물질이 있는 곳에서는 방폭형 개폐기 사용
	전등	전등에 가연성 물질의 접촉 또는 가연성 증기나 분진이 있는 작업장에서 전등의 파손에 의한 필라멘트(최고 2,500[℃])의 노출로 화재가 발생될 수 있으므로 다음과 같이 하여야 한다. ① 전구는 그로브 및 금속제 가드를 취부하여 보호할 것 ② 위험물 창고 등에서는 조명설비를 줄이거나 생략(방폭형 설치, 창고 내 스위치 취부 금지)

⑵ 출화의 경과에 의한 화재예방대책

<table>
<tr><th>구분</th><th>예방대책</th></tr>
<tr><td>단락 및 혼촉방지</td><td>① 이동전선의 관리 철저
② 전선 인출부 보강
③ 규격전선의 사용
④ 전원스위치 차단 후 작업</td></tr>
<tr><td>누전방지</td><td>① 절연파괴의 원인 제거
② 퓨즈나 누전차단기를 설치하여 누전 시 전원차단
③ 누전화재경보기 설치 등
㉠ 절연불량(파괴의 주요원인)
• 높은 이상전압 등에 의한 전기적 요인
• 진동, 충격 등에 의한 기계적 요인
• 산화 등에 의한 화학적 요인
• 온도상승에 의한 열적 요인
㉡ 절연물의 절연계급
<table>
<tr><th>종별</th><th>Y</th><th>A</th><th>E</th><th>B</th><th>F</th><th>H</th><th>C</th></tr>
<tr><td>최고허용온도[℃]</td><td>90</td><td>105</td><td>120</td><td>130</td><td>155</td><td>180</td><td>180 초과</td></tr>
</table>
</td></tr>
<tr><td>과전류방지</td><td>① 적정용량의 퓨즈 또는 배선용 차단기의 사용
② 문어발식 배선사용 금지
③ 스위치 등의 접촉부분 점검
④ 고장난 전기기기 또는 누전되는 전기기기의 사용금지
⑤ 동일전선관에 많은 전선 삽입금지
※ 동일관 내 전선 수에 의한 전류감소계수
<table>
<tr><th>동일관 내 전선 수</th><th>전류감소계수</th><th>동일관 내 전선 수</th><th>전류감소계수</th></tr>
<tr><td>3 이하</td><td>0.7</td><td>16～40</td><td>0.43</td></tr>
<tr><td>4</td><td>0.63</td><td>41～60</td><td>0.39</td></tr>
<tr><td>5～6</td><td>0.56</td><td>61 이상</td><td>0.34</td></tr>
<tr><td>7～15</td><td>0.49</td><td>–</td><td>–</td></tr>
</table>
</td></tr>
<tr><td>접촉불량 방지</td><td>① 전기공사 시공 및 감독 철저
② 전기설비 점검 철저</td></tr>
<tr><td>안전점검 철저</td><td>설비별 안전점검 철저</td></tr>
</table>

2. 국소대책

⑴ 경보설비의 설치

⑵ 국한대책

방화시설 설치(방화벽, 방화문 등), 불연성, 난연성 재료의 사용, 초기화재진압을 위한 대응 및 조치, 위험물질 및 위험물의 격리 조치 등

3. 소화대책

⑴ 소화설비의 설치 및 활용

⑵ 초기 신속대응에 의한 진화

4. 피난대책

(1) 피난설비 설치

(2) 피난 시 심리적 불안을 완화하기 위한 대책 강구

(3) 상층방향에 대한 피난대책 강구

5. 발화원의 관리

발화원 구분	화재예방대책
변압기	① 변압기는 가능한 독립된 내화구조의 변전실 또는 다른 건물에서 충분히 떨어진 장소에 설치할 것 ② 작업장 내에 설치할 경우 내화구조의 칸막이 벽, 바닥(2시간 내화 정도의 것) 등으로 다른 부분과 방화적인 격리를 할 것 ③ 대용량의 변압기 상호 간의 사이 및 차단기, 배전반 등의 사이에는 콘크리트의 칸막이벽을 설치하여 각각 독립시켜서 손해의 파급을 막을 것 ④ 바닥을 경사지게 하고, 배유구를 설치하여 사고 시 흘러나오는 기름을 신속히 배출할 것
전동기	① 사용장소에 적합한 전동기 사용 ② 전동기 철재 외함 접지 ③ 과열 방지
전열기, 배선, 배선기구, 전등 등	전기기기 등의 화재예방대책과 동일

4 접지공사

1. 접지시스템 구분

(1) 공통접지

고압 및 특고압 접지계통과 저압 접지계통이 등전위가 되도록 공통으로 접지하는 방식이다.

(2) 통합접지

① 전기설비 접지, 통신설비 접지, 피뢰설비 접지 및 수도관, 가스관, 철근, 철골 등과 같이 전기설비와 무관한 계통외 도전부도 모두 함께 접지하여 그들 간에 전위차가 없도록 함으로써 인체의 감전우려를 최소화하는 방식을 말한다.

② 통합접지의 본질적 목적은 건물 내에 사람이 접촉할 수 있는 모든 도전부가 항상 같은 대지전위를 유지할 수 있도록 등전위을 형성하는 것이다.

③ 하나의 접지이기 때문에 사고나 문제가 발생하면 접지선을 타고 들어가 모든 계통에 손상이 발생할 수 있으므로 반드시 과전압 보호장치나 서지보호장치(SPD)를 피뢰설비와 통신설비에 설치하여야 한다.

2. 계통접지방식

(1) 용어의 정의 KEC 112

① **계통외 도전부(Extraneous Conductive Part)**: 전기설비의 일부는 아니지만 지면에 전위 등을 전해줄 위험이 있는 도전성 부분을 말한다.

② **노출 도전부(Exposed Conductive Part)**: 충전부는 아니지만 고장 시에 충전될 위험이 있고, 사람이 쉽게 접촉할 수 있는 기기의 도전성 부분을 말한다.

③ **등전위 본딩(Equipotential Bonding)**: 등전위를 형성하기 위해 도전부 상호 간을 전기적으로 연결하는 것을 말한다.

④ **보호 등전위 본딩(Protective Equipotential Bonding)**: 감전에 대한 보호 등과 같이 안전을 목적으로 하는 등전위 본딩을 말한다.

⑤ **보호 본딩 도체(Protective Bonding Conductor)**: 보호 등전위 본딩을 제공하는 보호도체를 말한다.

⑥ **보호접지(Protective Earthing)**: 고장 시 감전에 대한 보호를 목적으로 기기의 한 점 또는 여러 점을 접지하는 것을 말한다.

⑦ **PEN 도체(Protective Earthing Conductor and Neutral Conductor)**: 교류회로에서 중성선 겸용 보호도체를 말한다.

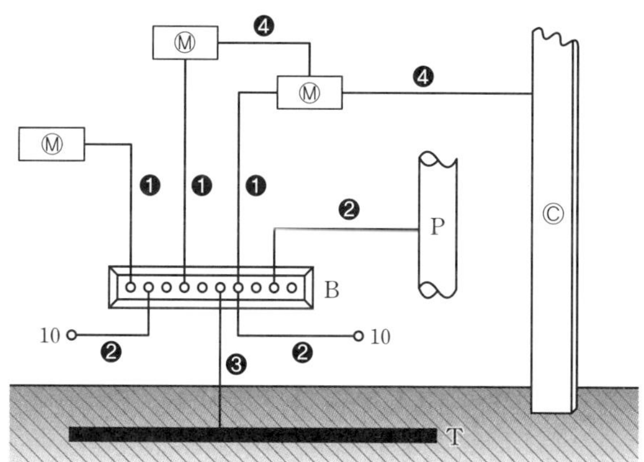

❶: 보호도체(PE)
❷: 보호 등전위 본딩용 전선
❸: 접지선
❹: 보조 보호 등전위 본딩용 전선
Ⓜ: 전기기기의 노출 도전성 부분
©: 철골, 금속덕트 등의 계통외 도전성 부분
B: 주 접지단자
P: 수도관, 가스관 등 금속배관
T: 접지극
10: 기타 기기(예 정보통신시스템, 뇌보호시스템)

(2) 문자의 의미

이니셜	영단어	뜻
T	Terra	땅, 대지, 흙
N	Neutral	중성선
I	Insulation or Impedance	절연 또는 임피던스
C	Combined	결합
S	Separated	구분, 분리

첫 번째	두 번째
T	N
T	T
I	T

첫 번째 문자: 전원 측 변압기의 접지상태
두 번째 문자: 설비의 접지상태

(3) 계통접지방식(TN방식, TT방식, IT방식)

① TN방식

대지(T)－중성선(N)을 연결하는 방식으로 다중접지방식이라고도 하며 TN방식은 TN－C, TN－S, TN－C－S 방식으로 구분된다.

㉠ TN－C

- 변압기(전원부)는 접지되어 있고 중성선과 보호도체는 각각 결합(C)되어 사용하므로 PE+N을 합하여 PEN으로 기재한다.
- 3상 불평형이 흐르면 중성선에도 전류가 흘러 이를 누전차단기가 정확히 판단하기 어렵기 때문에 접지선과 중성선을 공유하므로 누전차단기를 사용할 수 없고 배선용 차단기를 사용한다.
- 현재 우리나라 배전선로에서 사용된다.

㉡ TN-S

- 변압기(전원부)는 접지되어 있고 중성선과 보호도체는 각각 분리(S)되어 사용된다.
- 통신기기나 전산센터, 병원 등 예민한 전기설비가 있는 경우 사용된다.

㉢ TN-C-S

- TN-S방식과 TN-C방식의 결합형태로 계통의 중간에서 나누는데, 이때 TN-C부분에서는 누전차단기를 사용할 수 없다.
- 보통 자체 수변전실을 갖춘 대형 건축물에서 사용하는 방식으로 전원부는 TN-C를 적용하고 간선계통은 TN-S를 사용한다.

② TT방식

- 변압기 측과 전기설비 측이 개별적으로 접지하는 방식으로 독립접지방식이라고도 한다.
- TT방식은 반드시 누전차단기를 설치하여야 한다.

③ IT방식

- 변압기(전원부)의 중성점 접지를 비접지로 하고 설비쪽은 접지를 실시한다.
- 병원과 같이 전원이 차단되어서는 안 되는 곳에서 사용하며, 절연 또는 임피던스와 같이 전류가 흐르기 매우 어려운 상태이므로 변압기가 있는 전원분의 지락전류가 매우 작아 감전위험이 적다.

(4) 수용가 인입점(책임분기점)의 접지방식

① TN-S: 접지선이 전원선 및 중성선과 분리되어 시설된 경우

② TN-C-S: 접지선이 수용가 인입점(책임분계점)에서 중성선과 분기되어 시설된 경우

③ TT: 접지선이 독립되어 대지에 직접 시설된 경우

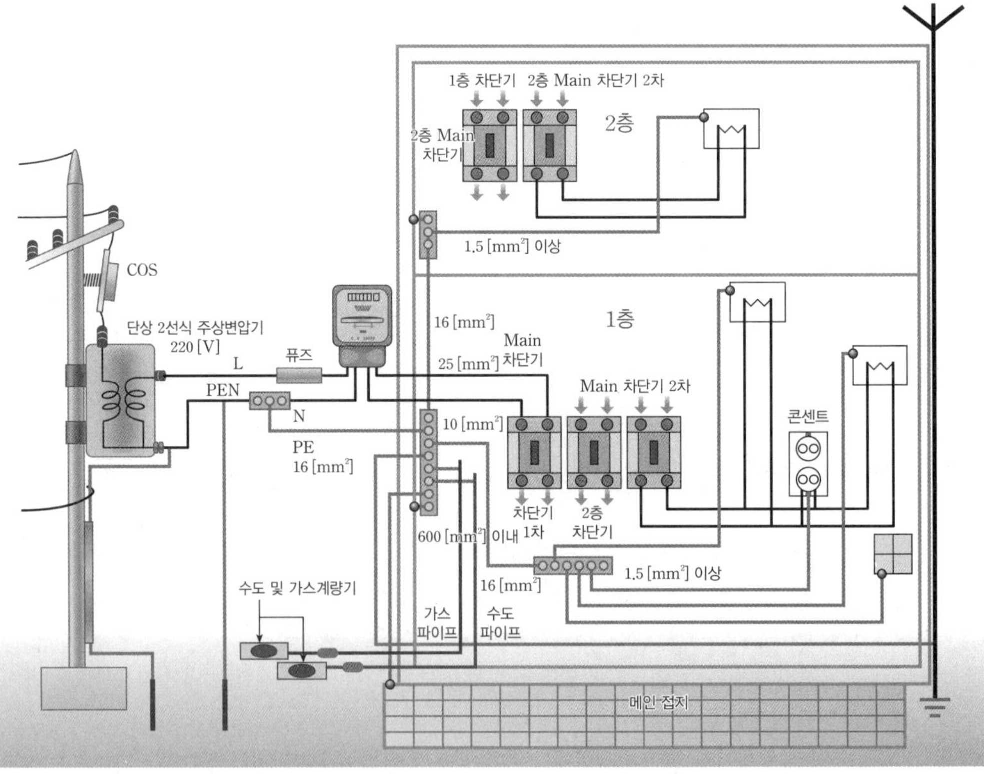

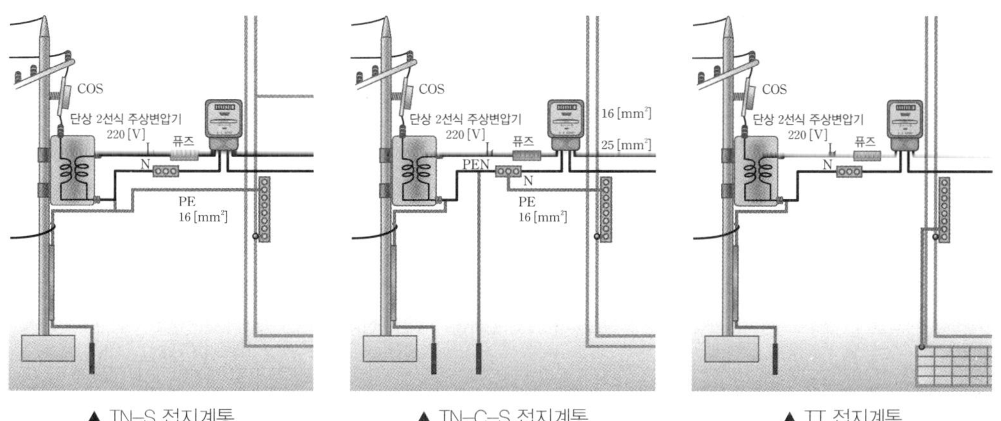

▲ TN-S 접지계통　　▲ TN-C-S 접지계통　　▲ TT 접지계통

3. 변압기 중성점 접지 KEC 142.5~142.6

(1) 중성점 접지 저항값

① 일반적으로 변압기의 고압·특고압측 전로 1선 지락전류로 150을 나눈 값과 같은 저항 값 이하

② 변압기의 고압·특고압측 전로 또는 사용전압이 35[kV] 이하의 특고압전로가 저압측 전로와 혼촉하고 저압전로의 대지전압이 150[V]를 초과하는 경우 저항 값은 다음에 의한다.

㉠ 1초 초과 2초 이내에 고압·특고압 전로를 자동으로 차단하는 장치를 설치할 때는 300을 나눈 값 이하

㉡ 1초 이내에 고압·특고압 전로를 자동으로 차단하는 장치를 설치할 때는 600을 나눈 값 이하

③ 전로의 1선 지락전류는 실측값에 의한다. 다만, 실측이 곤란한 경우에는 선로정수 등으로 계산한 값에 의한다.

(2) 공통접지 및 통합접지

① 고압 및 특고압과 저압 전기설비의 접지극이 서로 근접하여 시설되어 있는 변전소 또는 이와 유사한 곳에서는 다음과 같이 공통접지시스템으로 할 수 있다.

㉠ 저압 전기설비의 접지극이 고압 및 특고압 접지극의 접지저항 형성영역에 완전히 포함되어 있다면 위험전압이 발생하지 않도록 이들 접지극을 상호 접속하여야 한다.

㉡ 접지시스템에서 고압 및 특고압 계통의 지락사고 시 저압계통에 가해지는 상용주파 과전압은 아래 표에서 정한 값을 초과해서는 안 된다.

합격 보장 꿀팁 저압설비 허용 상용주파 과전압

고압계통에서 지락고장시간[초]	저압설비 허용 상용주파 과전압[V]	비고
>5	U_0+250	중성선 도체가 없는 계통에서 U_0는 선간전압을 말한다.
≤5	$U_0+1,200$	

① 순시 상용주파 과전압에 대한 저압기기의 절연 설계기준과 관련된다.
② 중성선이 변전소 변압기의 접지계통에 접속된 계통에서, 건축물 외부에 설치한 외함이 접지되지 않은 기기의 절연에는 일시적 상용주파 과전압이 나타날 수 있다.

② 전기설비의 접지설비, 건축물의 피뢰설비·전자통신설비 등의 접지극을 공용하는 통합접지시스템으로 하는 경우 다음과 같이 하여야 한다.

㉠ 통합접지시스템은 위의 규정에 의한다.

㉡ 낙뢰에 의한 과전압 등으로부터 전기·전자기기 등을 보호하기 위해 규정에 따라 서지보호장치를 설치하여야 한다.

합격 보장 꿀팁 **접지의 목적에 따른 종류**

접지의 종류	접지목적
계통접지	고압전로와 저압전로 혼촉 시 감전이나 화재 방지
기기접지	누전되고 있는 기기에 접촉되었을 때의 감전 방지
피뢰기접지(낙뢰방지용 접지)	낙뢰로부터 전기기기의 손상 방지
정전기방지용 접지	정전기의 축적에 의한 폭발재해 방지
지락검출용 접지	누전차단기의 동작을 확실하게 하기 위함
등전위 접지	병원에 있어서의 의료기기 사용 시의 안전 확보
잡음대책용 접지	잡음에 의한 전자장치의 파괴나 오동작 방지
기능용 접지	전기방식 설비 등의 접지

4. 기계 · 기구의 철대 및 외함의 접지 KEC 142.7

(1) 전로에 시설하는 기계 · 기구의 철대 및 금속제 외함(외함이 없는 변압기 또는 계기용변성기는 철심)에는 접지공사를 하여야 한다.

(2) 다음의 어느 하나에 해당하는 경우에는 위의 규정에 따르지 않을 수 있다.

① 사용전압이 직류 300[V] 또는 교류 대지전압이 150[V] 이하인 기계 · 기구를 건조한 곳에 시설하는 경우

② 저압용의 기계 · 기구를 건조한 목재의 마루 기타 이와 유사한 절연성 물건 위에서 취급하도록 시설하는 경우

③ 저압용이나 고압용의 기계 · 기구, 특고압 전선로에 접속하는 배전용 변압기나 이에 접속하는 전선에 시설하는 기계 · 기구 또는 특고압 가공전선로의 전로에 시설하는 기계 · 기구를 사람이 쉽게 접촉할 우려가 없도록 목주 기타 이와 유사한 것의 위에 시설하는 경우

④ 철대 또는 외함의 주위에 절연대를 설치하는 경우

⑤ 외함이 없는 계기용변성기가 고무 · 합성수지 기타의 절연물로 피복한 것일 경우

⑥ 「전기용품 및 생활용품 안전관리법」의 적용을 받는 이중절연구조로 되어 있는 기계 · 기구를 시설하는 경우

⑦ 저압용 기계 · 기구에 전기를 공급하는 전로의 전원 측에 절연변압기(2차 전압이 300[V] 이하이며, 정격용량이 3[kVA] 이하인 것에 한함)를 시설하고 또한 그 절연변압기의 부하 측 전로를 접지하지 않은 경우

⑧ 물기 있는 장소 이외의 장소에 시설하는 저압용의 개별 기계 · 기구에 전기를 공급하는 전로에 「전기용품 및 생활용품 안전관리법」의 적용을 받는 인체감전보호용 누전차단기(정격감도전류가 30[mA] 이하, 동작시간이 0.03초 이하의 전류동작형에 한함)를 시설하는 경우

⑨ 외함을 충전하여 사용하는 기계 · 기구에 사람이 접촉할 우려가 없도록 시설하거나 절연대를 시설하는 경우

합격 보장 꿀팁 **「산업안전보건법령」상 접지 적용 비대상** 안전보건규칙 제302조

① 「전기용품 및 생활용품 안전관리법」이 적용되는 이중절연 또는 이와 같은 수준 이상으로 보호되는 구조로 된 전기기계 · 기구

② 절연대 위 등과 같이 감전 위험이 없는 장소에서 사용하는 전기기계 · 기구

③ 비접지방식의 전로(그 전기기계 · 기구의 전원 측의 전로에 설치한 절연변압기의 2차 전압이 300[V] 이하, 정격용량이 3[kVA] 이하이고 그 절연변압기의 부하 측의 전로가 접지되어 있지 아니한 것)에 접속하여 사용되는 전기기계 · 기구

5. 접지극의 시설 KEC 142.2

(1) 접지극의 시설

토양 또는 콘크리트에 매입되는 접지극의 재료 및 최소 굵기 등은 KS C IEC 60364-5-54의 표 54.1(토양 또는 콘크리트에 매설되는 접지극으로 부식방지 및 기계적 강도를 대비하여 일반적으로 사용되는 재질의 최소 굵기)에 따라야 한다.

(2) 접지극의 매설

① 접지극은 매설하는 토양을 오염시키지 않아야 하며, 가능한 다습한 부분에 설치한다.

② 접지극은 동결 깊이를 고려하여 시설하되, 고압 이상의 전기설비와 규정에 의하여 시설하는 접지극의 매설깊이는 지표면으로부터 지하 0.75[m] 이상으로 한다.

③ 접지도체를 철주 기타의 금속체를 따라서 시설하는 경우에는 접지극을 철주의 밑면으로부터 0.3[m] 이상의 깊이에 매설하는 경우 이외에는 접지극을 지중에서 그 금속체로부터 1[m] 이상 떼어 매설하여야 한다.

합격 보장 꿀팁 접지저항 저감법

물리적 저감법	화학적 저감법
① 접지극의 병렬 접속 ② 접지극의 치수 확대 ③ 접지봉 심타법 적용 ④ 매설지선 및 평판접지극 사용 ⑤ 메시(Mesh)공법 적용 ⑥ 다중접지 시트 사용 ⑦ 보링 공법 적용	① 저감제의 종류 ㉠ 비반응형: 염, 황산암모니아 분말, 벤토나이트 ㉡ 반응형: 화이트아스론, 티코겔 ② 저감제의 조건 ㉠ 저감효과가 크고 연속적일 것 ㉡ 접지극의 부식이 안될 것 ㉢ 공해가 없을 것 ㉣ 경제적이고 공법이 용이할 것

(3) 접지시스템 부식에 대한 고려

① 접지극에 부식을 일으킬 수 있는 폐기물 집하장 및 번화한 장소에 접지극 설치는 피해야 한다.

② 서로 다른 재질의 접지극을 연결할 경우 전기부식을 고려하여야 한다.

③ 콘크리트 기초접지극에 접속하는 접지도체가 용융아연도금강제인 경우 접속부를 토양에 직접 매설해서는 안 된다.

(4) 접지극을 접속하는 경우에는 발열성 용접, 눌러 붙임 접속, 클램프 또는 그 밖의 적절한 기계적 접속장치로 접속하여야 한다.

(5) 가연성 액체나 가스를 운반하는 금속제 배관은 접지설비의 접지극으로 사용할 수 없다. 다만, 보호 등전위 본딩은 예외로 한다.

(6) 수도관 등을 접지극으로 사용하는 경우

① 지중에 매설되어 있고 대지와의 전기저항 값이 3[Ω] 이하의 값을 유지하고 있는 금속제 수도관로가 다음에 따르는 경우 접지극으로 사용이 가능하다.

㉠ 접지도체와 금속제 수도관로의 접속은 안지름 75[mm] 이상인 부분 또는 여기에서 분기한 안지름 75[mm] 미만인 분기점으로부터 5[m] 이내의 부분에서 하여야 한다. 다만, 금속제 수도관로와 대지 사이의 전기저항 값이 2[Ω] 이하인 경우에는 분기점으로부터의 거리는 5[m]를 넘을 수 있다.

㉡ 접지도체와 금속제 수도관로의 접속부를 수도계량기로부터 수도 수용가 측에 설치하는 경우에는 수도계량기를 사이에 두고 양측 수도관로를 등전위본딩 하여야 한다.

㉢ 접지도체와 금속제 수도관로의 접속부를 사람이 접촉할 우려가 있는 곳에 설치하는 경우에는 손상을 방지하도록 방호장치를 설치하여야 한다.

㉣ 접지도체와 금속제 수도관로의 접속에 사용하는 금속제는 접속부에 전기적 부식이 생기지 않아야 한다.

② 건축물 · 구조물의 철골 기타의 금속제는 이를 비접지식 고압전로에 시설하는 기계 · 기구의 철대 또는 금속제 외함의 접지공사 또는 비접지식 고압전로와 저압전로를 결합하는 변압기의 저압전로의 접지공사의 접지극으로 사용할 수 있다. 다만, 대지와의 사이에 전기저항 값이 2[Ω] 이하인 값을 유지하는 경우에 한한다.

6. 접지도체 KEC 142.3.1

(1) 접지도체의 선정

① 접지도체의 단면적은 보호도체의 최소 단면적에 의하며 큰 고장전류가 접지도체를 통하여 흐르지 않을 경우 접지도체의 최소 단면적은 다음과 같다.

㉠ 구리는 6[mm^2] 이상

㉡ 철제는 50[mm^2] 이상

② 접지도체에 피뢰시스템이 접속되는 경우, 접지도체의 단면적은 구리 16[mm^2] 또는 철 50[mm^2] 이상으로 하여야 한다.

(2) 접지도체는 지하 0.75[m]부터 지표상 2[m]까지 부분은 합성수지관(두께 2[mm] 미만의 합성수지제 전선관 및 가연성 콤바인덕트관 제외) 또는 이와 동등 이상의 절연효과와 강도를 가지는 몰드로 덮어야 한다.

(3) 특고압 · 고압 전기설비 및 변압기 중성점 접지시스템의 경우 접지도체가 사람이 접촉할 우려가 있는 곳에 시설되는 고정설비인 경우에는 다음에 따라야 한다.

① 접지도체는 절연전선(옥외용 비닐절연전선 제외) 또는 케이블(통신용 케이블 제외)을 사용하여야 한다. 다만, 접지도체를 철주 기타의 금속체를 따라서 시설하는 경우 이외의 경우에는 접지도체의 지표상 0.6[m]를 초과하는 부분에 대하여는 절연전선을 사용하지 않을 수 있다.

② 접지극 매설은 **5. (2) 접지극의 매설**에 따른다.

(4) 접지도체의 굵기

① 특고압 · 고압 전기설비용 접지도체는 단면적 6[mm^2] 이상의 연동선 또는 동등 이상의 단면적 및 강도를 가져야 한다.

② 중성점 접지용 접지도체는 공칭단면적 16[mm^2] 이상의 연동선 또는 동등 이상의 단면적 및 세기를 가져야 한다. 다만, 다음의 경우에는 공칭단면적 6[mm^2] 이상의 연동선 또는 동등 이상의 단면적 및 강도를 가져야 한다.

㉠ 7[kV] 이하의 전로

㉡ 사용전압이 25[kV] 이하인 특고압 가공전선로. 다만, 중성선 다중접지 방식의 것으로서 전로에 지락이 생겼을 때 2초 이내에 자동적으로 이를 전로로부터 차단하는 장치가 되어 있는 것

③ 이동하여 사용하는 전기기계 · 기구의 금속제 외함 등의 접지시스템의 경우

㉠ 특고압 · 고압 전기설비용 접지도체 및 중성점 접지용 접지도체는 클로로프렌 캡타이어 케이블(3종 및 4종) 또는 클로로설포네이트폴리에틸렌 캡타이어 케이블(3종 및 4종)의 1개 도체 또는 다심 캡타이어 케이블의 차폐 또는 기타의 금속체로 단면적이 10[mm^2] 이상인 것을 사용한다.

㉡ 저압 전기설비용 접지도체는 다심 코드 또는 다심 캡타이어 케이블의 1개 도체의 단면적이 0.75[mm^2] 이상인 것을 사용한다. 다만, 기타 유연성이 있는 연동연선은 1개 도체의 단면적이 1.5[mm^2] 이상인 것을 사용한다.

7. 보호도체 KEC 142.3.2

(1) 보호도체의 최소 단면적

① 보호도체의 최소 단면적은 ②에 따라 계산하거나 아래 표에 따라 선정할 수 있다. 다만, ③의 요건을 고려하여 선정한다.

선도체의 단면적 S ([mm^2], 구리)	보호도체의 최소 단면적([mm^2], 구리)	
	보호도체의 재질	
	선도체와 같은 경우	선도체와 다른 경우
S ≤ 16	S	$(k_1/k_2)\times$S
16 < S ≤ 35	16[a]	$(k_1/k_2)\times 16$
S > 35	S[a]/2	$(k_1/k_2)\times$(S/2)

여기서, k_1: 도체 및 절연의 재질에 따라 선정된 선도체에 대한 k값

k_2: 선정된 보호도체에 대한 k값

a: PEN 도체의 최소단면적은 중성선과 동일하게 적용

② 차단시간이 5초 이하인 경우에만 다음 계산식을 적용한다.

$$S = \frac{\sqrt{I^2 t}}{k}$$

여기서, S: 단면적[mm^2]

I: 보호장치를 통해 흐를 수 있는 예상 고장전류 실효값[A]

t: 자동차단을 위한 보호장치의 동작시간[s]

k: 보호도체, 절연, 기타 부위의 재질 및 초기온도와 최종온도에 따라 정해지는 계수

③ 보호도체가 케이블의 일부가 아니거나 선도체와 동일 외함에 설치되지 않으면 단면적은 다음의 굵기 이상으로 하여야 한다.

㉠ 기계적 손상에 대해 보호가 되는 경우는 구리 2.5[mm^2], 알루미늄 16[mm^2] 이상

㉡ 기계적 손상에 대해 보호가 되지 않는 경우는 구리 4[mm^2], 알루미늄 16[mm^2] 이상

㉢ 케이블의 일부가 아니라도 전선관 및 트렁킹 내부에 설치되거나, 이와 유사한 방법으로 보호되는 경우 기계적으로 보호되는 것으로 간주한다.

④ 보호도체가 두 개 이상의 회로에 공통으로 사용되면 단면적은 다음과 같이 선정하여야 한다.

㉠ 회로 중 가장 부담이 큰 것으로 예상되는 고장전류 및 동작시간을 고려하여 ① 또는 ②에 따라 선정한다.

㉡ 회로 중 가장 큰 선도체의 단면적을 기준으로 ①에 따라 선정한다.

(2) 보호도체의 종류

① 보호도체는 다음 중 하나 또는 복수로 구성하여야 한다.

㉠ 다심케이블의 도체

㉡ 충전도체와 같은 트렁킹에 수납된 절연도체 또는 나도체

㉢ 고정된 절연도체 또는 나도체

㉣ 규정을 만족하는 금속케이블 외장, 케이블 차폐, 케이블 외장, 전선묶음(편조전선), 동심도체, 금속관

② 다음과 같은 금속부분은 보호도체 또는 보호본딩도체로 사용해서는 안 된다.

㉠ 금속 수도관

㉡ 가스 · 액체 · 가루와 같은 잠재적인 인화성 물질을 포함하는 금속관

㉢ 상시 기계적 응력을 받는 지지 구조물 일부

㉣ 가요성 금속배관. 다만, 보호도체의 목적으로 설계된 경우는 예외로 한다.

㉤ 가요성 금속전선관

㉥ 지지선, 케이블트레이 및 이와 비슷한 것

5 피뢰설비

전기설비 자체에서 발생되는 이상전압이나 외부에서 침입하는 이상전압으로부터 전기설비를 보호하는 설비가 피뢰설비이며, 피뢰기, 가공지선, 서지 흡수기, 피뢰침 등이 있다.

1. 피뢰설비의 종류

(1) 피뢰기(LA; Lightning Arrester)

① 피뢰기는 피보호기 주위의 선로와 대지 사이에 접속되어 평상시에는 직렬갭에 의해 대지절연되어 있으나 계통에 이상전압이 발생되면 직렬갭이 방전, 이상 전압의 파고값을 내려서 기기의 속류를 신속히 차단하고 원상으로 복귀시키는 작용을 한다.

② 전력시스템에서 발생하는 이상전압에 대해 변전설비 자체의 절연을 높게 설계해서 운용하는 것은 경제적으로 불가능하기 때문에 이상전압의 파고값을 낮추어서(절연레벨을 낮게 잡음) 애자나 기기를 보호한다.

③ 구성요소: 직렬갭+특성요소

피뢰기의 동작책무	피뢰기의 성능
㉠ 이상전압의 내습으로 피뢰 단자전압이 어느 일정값 이상이 되면 즉시 방전하여 전압상승을 억제하여 기기를 보호함 ㉡ 이상전압이 소멸하여 피뢰기 단자전압이 일정값 이하가 되면 즉시 방전을 정지하여 원래의 송전 상태로 돌아가게 함	㉠ 제한전압 또는 충격방전개시전압이 충분히 낮고 보호능력이 있을 것 ㉡ 속류차단이 완전히 행해져 동작책무특성이 충분할 것 ㉢ 뇌전류 방전능력이 클 것 ㉣ 대전류의 방전, 속류차단의 반복동작에 대하여 장기간 사용에 견딜 수 있을 것 ㉤ 상용주파방전개시전압은 회로전압보다 충분히 높아서 상용주파방전을 하지 않을 것

• 보호여유도[%] $= \dfrac{\text{충격절연강도} - \text{제한전압}}{\text{제한전압}} \times 100$

• 피뢰기의 정격전압: 속류를 차단할 수 있는 최고의 교류전압(통상 실효값으로 나타냄)

(2) 가공지선(Over Head Earthwire)

송전선의 뇌격에 대한 차폐용으로서 송전선의 전선 상부에 이것과 평행으로 전선을 따로 가선하여 각 철탑에서 접지시킨다.

(3) 서지 흡수기(Surge Absorber)

급격한 충격 침입파에 대하여 기기를 보호할 목적으로 기기의 단자와 대지 간에 접속되는 보호콘덴서 또는 이와 피뢰기를 조합한 것이다.

(4) 피뢰침

피뢰침은 돌침부, 피뢰 도선 및 접지전극으로 된 피뢰설비로서 낙뢰로 인하여 생기는 화재, 파손 또는 인축에 상해를 방지할 목적으로 하는 것을 총칭한다. 이 중에는 돌침부를 생략한 용마루 위의 도체, 독립 피뢰침, 독립가공지선, 철망 등으로 피보호물을 덮은 케이지(Cage)를 포함한다.

합격 보장 꿀팁 피뢰설비의 설치기준 건축물설비기준규칙 제20조

① 낙뢰의 우려가 있는 건축물, 높이 20[m] 이상의 건축물 또는 공작물
② 돌침은 건축물의 맨 윗부분으로부터 25[cm] 이상 돌출시켜 설치하되, 설계하중에 견딜 수 있는 구조일 것
③ 피뢰설비의 재료는 최소 단면적이 피복이 없는 동선을 기준으로 수뢰부, 인하도선 및 접지극은 50[mm²] 이상이거나 이와 동등 이상의 성능을 갖출 것
④ 인하도선을 대신하여 철골조의 철골구조물과 철근콘크리트조의 철근구조체 등을 사용하는 경우에는 전기적 연속성이 보장될 것. 이 경우 전기적 연속성이 있다고 판단되기 위하여는 건축물 금속 구조체의 최상단부와 지표레벨 사이의 전기저항이 0.2[Ω] 이하이어야 한다.
⑤ 높이가 60[m]를 초과하는 건축물 등에는 지면에서 건축물 높이의 $\frac{4}{5}$가 되는 지점부터 최상단부분까지의 측면에 수뢰부를 설치하여야 하며, 지표레벨에서 최상단부의 높이가 150[m]를 초과하는 건축물은 120[m] 지점부터 최상단부분까지의 측면에 수뢰부를 설치할 것
⑥ 접지는 환경오염을 일으킬 수 있는 시공방법이나 화학 첨가물 등을 사용하지 아니할 것
⑦ 급수 · 급탕 · 난방 · 가스 등을 공급하기 위하여 건축물에 설치하는 금속배관 및 금속재 설비는 전위가 균등하게 이루어지도록 전기적으로 접속할 것

(5) 수뢰부시스템 KEC 152.1

① 수뢰부시스템은 돌침, 수평도체, 그물망도체의 요소 중에 한 가지 또는 이를 조합한 형식으로 시설하여야 한다.

② 수뢰부시스템의 배치

㉠ 보호각법, 회전구체법, 그물망법 중 하나 또는 조합된 방법으로 배치한다.

㉡ 건축물 · 구조물의 뾰족한 부분, 모서리 등에 우선하여 배치한다.

2. 뇌해의 종류

(1) 직격뢰

① 격심한 상승기류가 있는 곳에서 발생하는 뇌구름은 구름 내부의 거친 소용돌이로 인해 양(+)전하, 음(−)전하가 분리되어 대기의 전리 파괴를 일으키면서 중화되는 하나의 커다란 불꽃방전이다.

② 대기 중의 공기는 어느 정도의 절연내력을 가지고 있으나, 인가되는 전압의 크기가 어느 일정값(임계값) 이상이 되면 대기의 절연이 파괴되어 빛과 소리를 내면서 순간적으로 막대한 전류가 흐른다. 이러한 대기 중에서 발생되는 불꽃방전의 자연적 현상을 뇌(雷)라 하며, 소리를 천둥, 빛을 번개라고 한다.

③ 발생되는 번개, 즉 불꽃이 하강되어 지표면의 어느 지점에 흘러드는 현상을 낙뢰 또는 직격뢰라고 한다.

④ 충격파

㉠ 충격파를 서지(Surge)라고 부르기도 하는데 이것은 극히 짧은 시간에 파고값에 달하고 또 극히 짧은 시간에 소멸하는 파형을 갖는 것이다.

㉡ 충격파는 보통 파고값과 파두길이와 파미길이로 나타낸다.

- 파두길이(T_f): 파고치에 달할 때까지의 시간
- 파미길이(T_t): 기준점으로부터 파미의 부분에서 파고치의 50[%]로 감소할 때까지의 시간
- 표준충격파형: 1.2×50[㎲]에서 T_f(파두장)=1.2[㎲], T_t(파미장)=50[㎲]을 나타낸다.

(2) 유도뢰

① 뇌운이 송전선에 근접하면 정전유도에 의하여 뇌운에 가까운 선로부분에 뇌운과 반대극성의 구속전하가 발생하고, 뇌운에서 먼 선로부분에는 이것과 동량이고 극성이 반대인 자유전하가 생긴다.

② 자유전하는 애자나 코로나에 의한 누설 때문에 없어지고 선로에는 구속전하만 남는다. 이 뇌운이 대지 또는 타 뇌운과의 사이에서 방전하면 선로의 구속전하는 갑자기 자유전하가 되어서 대지 간에 전위차를 만들고 선로를 따라서 좌우 양쪽 진행파가 되어서 전파(유도뢰에 의한 이상전압)된다.

3. 피뢰기의 설치장소 KEC 341.13

고압 및 특고압의 전로 중 다음에 열거하는 곳 또는 이에 근접한 곳에는 피뢰기를 시설하여야 한다.

(1) 발전소 · 변전소 또는 이에 준하는 장소의 가공전선 인입구 및 인출구

(2) 특고압 가공전선로에 접속하는 배전용 변압기의 고압측 및 특고압측

(3) 고압 및 특고압 가공전선로로부터 공급을 받는 수용장소의 인입구

(4) 가공전선로와 지중전선로가 접속되는 곳

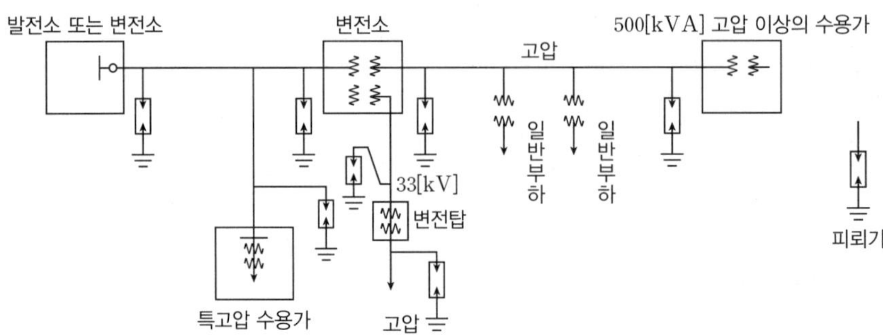

▲ 피뢰기의 설치가 의무화되어 있는 장소의 예

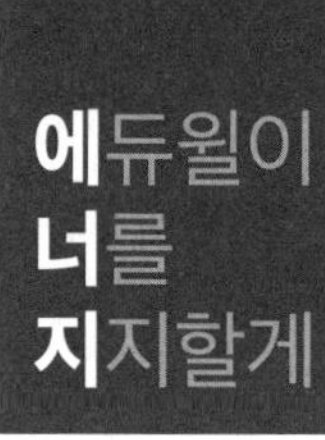

ENERGY

자신의 능력을 믿어야 한다.
그리고 끝까지 굳세게 밀고 나가라.

– 엘리너 로절린 스미스 카터(Eleanor Rosalynn Smith Carter)

CHAPTER

06 화재 · 폭발 검토

합격 KEYWORD 가연물의 조건, 인화점, 발화점, 가연물의 종류에 따른 연소 형태, 최소산소농도, 위험도, 화재의 종류, 불활성화 방법, 열감지기, 연기감지기, 자연발화, 최소발화에너지, 안전등급, 이산화탄소소화기, 방폭구조, 폭발한계

1 화재 · 폭발 이론 및 발생 이해

1. 연소의 정의 및 요소

(1) 연소의 정의

연소(Combustion)란 어떤 물질이 산소와 만나 급격히 산화(Oxidation)하면서 열과 빛을 동반하는 현상을 말한다.

(2) 연소의 3요소

물질이 연소하기 위해서는 가연성 물질(가연물), 산소공급원(공기 또는 산소), 점화원(불씨)이 필요하며 이들을 연소의 3요소라 한다.

가연물
불에 탈 수 있는 물질
(고체, 액체, 가스)

점화원
용접·용단 불티,
전기스파크, 마찰불꽃

산소공급원
산소, 공기,
산화성 물질

▲ 연소의 3요소

① 가연물의 조건

㉠ 산소와 화합이 잘 되며, 연소 시 연소열(발열량)이 클 것

㉡ 산소와 화합 시 열전도율이 작을 것(축적열량이 많아야 연소가 용이함)

㉢ 산소와 접촉할 수 있는 입자의 표면적이 클 것(물질의 상태에 따른 표면적: 기체>액체>고체)

㉣ 산소와 화합하여 점화될 때 점화열이 작을 것

② 산소공급원

산소와 같은 조연성 물질(연소 시 촉매작용을 하는 물질)과 제1류 위험물, 제6류 위험물 등 산화성 물질을 말한다.

합격 보장 꿀팁

통풍이나 환기가 충분하지 않은 장소에서 용접 · 용단 및 금속의 가열 등 화기를 사용하는 작업 또는 연삭숫돌에 의한 건식연마 작업, 그 밖에 불꽃이 튈 우려가 있는 작업 등을 하는 경우에는 통풍 또는 환기를 위한 산소 사용이 금지된다.

③ 점화원

㉠ 연소반응을 일으킬 수 있는 최소의 에너지(활성화 에너지)를 제공하는 것이다.

㉡ 점화원의 구분

구분	발생원
직화	용접 또는 용단 시의 불꽃, 성냥 등의 화염, 방전불꽃, 버너 등
고온 표면	전열 및 고열 액체 또는 가열공기나 증기로 가열된 고체 표면 등
복사열	대형 발열체의 복사열
전기불꽃	전기스위치 개폐, 배선 단락, 전기 누전 등
정전기	분체 수송, 액체 이송, 수증기 분출, 합성수지 마찰 등

2. 인화점 및 발화점

(1) 인화점(Flash Point)

가연성 증기가 발생하는 액체 또는 고체가 공기 중에서 점화원에 의해 표면 부근에서 연소하기에 충분한 농도(폭발하한계)를 만드는 최저의 온도를 인화점이라 한다. 즉, 가연성 액체 또는 고체가 공기 중에서 생성한 가연성 증기가 폭발(연소)범위의 하한계에 도달할 때의 온도를 말한다. 인화점은 가연성 물질의 위험성을 나타내는 대표적인 척도이며, 낮을수록 위험한 물질이라 할 수 있다.

밀폐용기에 인화성 액체가 저장되어 있는 경우 용기의 온도가 낮아 액체의 인화점 이하가 되면 용기 내부의 혼합가스는 인화의 위험이 없다.

(2) 발화점(AIT; Auto Ignition Temperature)

가연성 물질을 외부에서 화염, 전기불꽃 등의 착화원을 주지 않고 공기 중 또는 산소 중에서 가열할 경우에 착화 또는 폭발을 일으키는 최저온도를 발화점(발화온도, 착화점, 착화온도)이라 한다. 이는 외부의 직접적인 점화원 없이 열의 축적에 의해 연소반응이 일어나는 것이다.

※ 연소점: 가연성 물질을 공기 중에서 가열했을 때 점화가 되고, 그 불꽃에 의해 계속적으로 연소하는 최저온도를 말한다.

① 발화점에 영향을 주는 인자

㉠ 가연성 가스와 공기와의 혼합비
㉡ 용기의 크기와 형태
㉢ 용기벽의 재질
㉣ 가열속도와 지속시간
㉤ 압력
㉥ 산소농도
㉦ 유속

② 발화점이 낮아질 수 있는 조건

㉠ 물질의 반응성이 높은 경우
㉡ 산소와의 친화력이 좋은 경우
㉢ 물질의 발열량이 높은 경우
㉣ 압력이 높은 경우

③ 자연발화와 인화의 차이

구분	자연발화	인화에 의한 발화
발생현상	열축적 – 온도상승 – 반응가속– 온도상승 반복 – 발화온도 이상 시 발화	① 에너지 조건을 충족하는 착화원의 존재에 의해 발화 시작 ② 화염전파의 과정을 거쳐 계속적인 연소
점화점	무	유
조건	물적 조건+에너지 조건	물적 조건
현상적	밀폐계	개방계
원인	① 산화열, 분해열에 의한 발화 ② 흡착열, 중합열에 의한 발화 ③ 미생물에 의한 발화	직화, 고온표면, 충격마찰, 전기불꽃, 정전기 등
예방대책	① 가연성 물질 제거 ② 저장실 습도, 온도 낮게 유지 ③ 저장실 통풍 및 환기 유지 ④ 열용량(pc)을 높임 ⑤ 열확산율(a)을 낮춤	① 점화원 관리 ② 열면 관리 ③ 방폭전기기기 사용 ④ 열관성(kpc)을 높임

3. 연소 · 폭발의 형태 및 종류

(1) 연소의 분류

① 가연물의 종류에 따른 연소 형태

기체	확산연소	① 가연성 가스가 공기(산소) 중에 확산되어 연소범위에 도달했을 때 연소하는 현상 ② 기체의 일반적 연소 형태
	예혼합연소	연소되기 전에 미리 연소범위의 혼합가스를 만들어 연소하는 형태
액체	증발연소	① 액체 표면에서 발생한 가연성 증기가 공기(산소)와 혼합하여 연소범위를 형성하게 되고, 점화원에 의해 연소하는 현상 ② 액체연소의 가장 일반적 형태
	분무연소	① 점도가 높고 비휘발성인 액체의 경우 액체입자를 분무하여 연소하는 형태 ② 액적의 표면적을 넓게 하여 공기와의 접촉면을 크게 해서 연소하는 형태
고체	표면연소	① 연소물 표면에서 산소와의 급격한 산화반응으로 빛과 열을 수반하는 연소반응 ② 가연성 가스 발생이나 열분해 없이 진행되는 연소 형태로 불꽃이 없는 것이 특징(코크스, 목탄, 금속분 등)
	분해연소	고체 가연물이 가열됨에 따라 가연성 증기가 발생하여 공기와 가스의 혼합으로 연소범위를 형성하게 되어 연소하는 형태(목재, 종이, 석탄, 플라스틱 등)
	증발연소	고체 가연물이 가열되어 융해되며 가연성 증기가 발생, 공기와 혼합하여 연소하는 형태(황, 나프탈렌, 파라핀 등)
	자기연소	분자 내 산소를 함유하고 있는 고체 가연물이 외부 산소공급원 없이 점화원에 의해 자신이 분해되며 연소하는 형태(질산에스테르류, 셀룰로이드류, 니트로화합물 등의 폭발성 물질)

② 연소의 형태에 따른 분류

㉠ 확산연소: 가연성 가스가 공기 중의 지연성 가스와 접촉하여 접촉면에서 연소가 일어나는 현상이다.

㉡ 증발연소: 알코올, 에테르, 가솔린, 벤젠 등 인화성 액체가 증발하여 증기를 형성하고, 공기 중에 확산, 혼합하여 연소범위에 이르고, 점화원에 의해 점화되어 연소하는 현상이다.

㉢ 분해연소: 석탄, 목재 등 고체 가연물이 온도 상승에 따른 열분해로 인해 가연성 가스가 방출되어 연소하는 현상이다.

㉣ 표면연소: 고체 표면의 공기와 접촉하는 부분에서 착화하는 현상이다.

㉤ 수소−산소계 분기연쇄반응(Branching Chain Reaction): 연소가 진행 중인 상황에서 열분해에 의해 수소와 산소가 생성되고, 그것에 의해 연쇄적으로 계속하여 연소가 진행되는 현상이다.

- 연소가스에는 최종생성물, 중간생성물 및 반응물질이 포함되어 있다.
- 연쇄반응을 유지시키는 활성기는 OH, H, O이다.
- 연소가스 중에 중간생성물이 들어있는 것은 1,700[°C] 정도에서의 열해리에 의한 것이다.
- 가열, 분해, 연소, 전파의 4단계 연소반응 중 분해단계 반응의 속도가 가장 빠르다.

합격 보장 꿀팁 **백드래프트(Backdraft) 현상**

주로 지하실이나 폐쇄된 공간에서 화재가 발생한 경우 산소가 부족해지면서 불꽃이 보이지 않고 타들어가며 일산화탄소와 탄화된 입자, 연기 및 부유물을 포함한 가스가 공간에 축적되게 된다. 이러한 조건에서 건물 내부로 진입하기 위해 문을 열거나 창문을 부수게 되면 대량의 산소가 갑자기 내부에 공급되며 연소가스가 순간적으로 발화하는 현상이다.

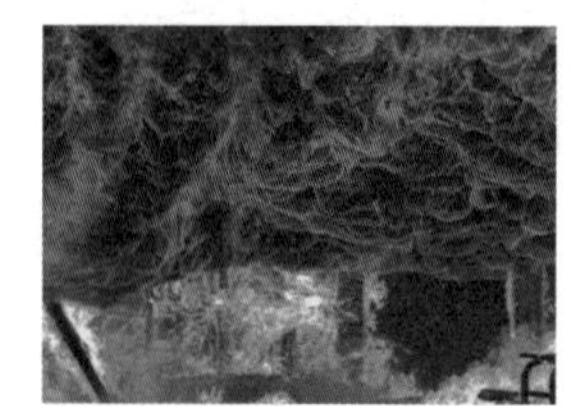

(2) 폭발의 분류

① 기상폭발

㉠ 혼합가스의 폭발: 가연성 가스와 조연성 가스의 혼합가스가 폭발범위 내에 있을 때

㉡ 가스의 분해폭발: 반응열이 큰 가스분자 분해 시 단일성분이라도 점화원에 의해 폭발

㉢ 분진(분무)폭발: 가연성 고체의 미분(가연성 액체의 액적)에 의한 폭발

㉣ 기상폭발 시 압력상승에 기인하는 피해가 예측되는 경우 검토사항

- 가연성 혼합기(가연성 가스+산소공급원)의 형성상황
- 압력상승 시의 취약부 파괴상황
- 개구부가 있는 공간 내의 화염전파와 압력상승상황

② 응상폭발

㉠ 수증기폭발: 물의 폭발적인 비등현상으로 상변화에 따른 폭발현상이다.

㉡ 증기폭발: 액화가스의 폭발적인 비등현상으로 인한 상변화에 따른 폭발현상으로 넓은 의미로 수증기폭발을 포함한다.

㉢ 전선폭발: 고상에서 급격히 액상을 거쳐 기상으로 전이할 때 폭발현상이 일어나는데 알루미늄계 전선에 한도 이상의 대전류를 흘렸을 때 순식간에 전선이 가열되어 용융과 기화가 급격히 진행될 경우 폭발이 발생한다.

㉣ 고상 간 전이에 의한 폭발: 고체인 부정형 안티모니가 고상의 안티모니로 전이할 때 발열함으로써 주위의 공기가 팽창하여 폭발이 발생한다.

③ 분진폭발

㉠ 정의: 가연성 고체의 미분이나 가연성 액체의 액적에 의한 폭발현상이다.

㉡ 입자의 크기: 75[μm] 이하의 고체입자가 공기 중에 부유하여 폭발분위기를 형성한다.

㉢ 분진폭발의 순서: 퇴적분진 → 비산 → 분산 → 발화원 → 전면폭발 → 2차 폭발

㉣ 분진폭발의 특징

- 가스폭발보다 발생에너지가 크다.
- 폭발압력과 연소속도는 가스폭발보다 작다.
- 불완전 연소로 인한 가스중독의 위험성이 크다.
- 화염의 파급속도보다 압력의 파급속도가 빠르다.
- 가스폭발에 비하여 불완전 연소가 많이 발생한다.
- 주위 분진에 의해 2차, 3차 폭발로 파급될 수 있다.

㉤ 분진폭발에 영향을 주는 인자

- 분진의 입경이 작을수록 폭발하기 쉽다.
- 일반적으로 부유분진이 퇴적분진에 비해 발화온도가 높다.
- 연소열이 큰 분진일수록 저농도에서 폭발하고 폭발위력도 크다.
- 분진의 표면적이 클수록 폭발위험성이 높아진다.
- 분진 내의 수분 농도가 작을수록 폭발위험성이 높아진다.

㉥ 분진폭발 시험장치: 하트만(Hartmann)식 시험장치

㉦ 분진폭발을 방지하기 위한 불활성 분진폭발 첨가물: 탄산칼슘, 모래, 석분, 질석가루 등

④ 폭발형태 분류

㉠ 미스트 폭발

- 가연성 액체가 무상상태로 공기 중에 누출되면서 부유상태로 공기와의 혼합물이 되어 폭발성 혼합물을 형성하여 폭발이 일어나는 것이다.

• 미스트와 공기와의 혼합물에 발화원이 가해지면 액적이 증기화하고, 이것이 공기와 균일하게 혼합되어 가연성 혼합기를 형성하여 인화폭발하게 된다.

㉡ 증기폭발

• 급격한 상변화에 의한 폭발(Explosion by Rapid Phase Transition)이 일어나는 것이다.
• 용융금속이나 슬러그(Slug)와 같은 고온의 물질이 물속에 투입되었을 때, 액상에서 기상으로의 급격한 상변화에 의해 폭발이 일어나게 된다.
• 저온액화가스(LPG, LNG)가 사고로 인해 탱크 밖으로 누출되었을 때 조건에 따라 급격한 기화에 수반되는 증기폭발을 일으킨다.
• 폭발의 과정에 착화를 필요로 하지 않으므로 화염의 발생은 없으나, 증기폭발에 의해 공기 중에 기화한 가스가 가연성인 경우에는 가스폭발이 이어서 발생할 위험이 있다.

㉢ 증기운 폭발(UVCE; Unconfined Vapor Cloud Explosion)

• 가연성 위험물질이 용기 또는 배관 내에 저장·취급되는 과정에서 지속적으로 누출되면서 대기 중에 구름 형태로 모이게 되어 바람 등의 영향으로 움직이다가 발화원에 의하여 순간적으로 모든 가스가 동시에 폭발하는 현상이다.
• 증기운 크기가 증가하면 점화 확률이 높아진다.

㉣ 비등액 팽창증기폭발(BLEVE; Boiling Liquid Expanding Vapor Explosion)

• 비점이 낮은 액체 저장탱크 주위에 화재가 발생하였을 때 저장탱크 내부의 비등 현상으로 인한 압력 상승으로 탱크가 파열되어 그 내용물이 증발, 팽창하면서 발생되는 폭발현상이다.

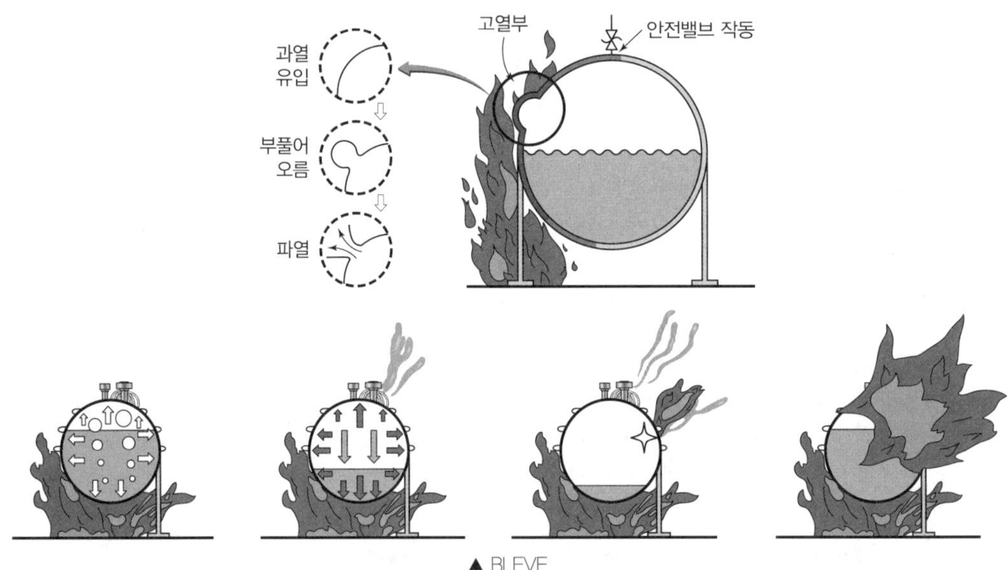

▲ BLEVE

• BLEVE 방지 대책
  – 열의 침투 억제: 보온조치, 열의 침투속도를 느리게 한다. (액의 이송시간 확보)
  – 탱크의 과열방지: 물분무설비 설치, 냉각조치(살수장치)
  – 탱크에 화염 접근 금지: 방유제의 경사화, 화염차단, 최대한 지연

▲ BLEVE 방지대책

4. 연소(폭발)범위 및 위험도

(1) 연소범위

가연성 가스나 인화성 액체의 증기에 대한 연소범위는 밀폐식 측정장치에서 가스나 증기와 공기의 혼합기체를 실험장치에 주입하여 점화시키면서 폭발압력을 측정하는데, 가스나 증기의 농도를 변화시키면서 연소범위를 결정한다.

① 가스나 증기혼합물의 연소범위

㉠ 혼합가스의 연소범위: 르샤틀리에(Le Chatelier)법칙

$$L=\frac{V_1+V_2+\cdots\cdots+V_n}{\frac{V_1}{L_1}+\frac{V_2}{L_2}+\cdots\cdots+\frac{V_n}{L_n}}$$

여기서, L: 혼합가스의 연소한계[vol%] → 연소상한, 연소하한 모두 적용 가능
$L_1, L_2, L_3, \cdots, L_n$: 각 성분가스의 연소한계[vol%] → 연소상한계, 연소하한계
$V_1, V_2, V_3, \cdots, V_n$: 전체 혼합가스 중 각 성분가스의 부피비[vol%]

㉡ 실험데이터가 없어서 연소한계를 추정하는 경우: Jones식

$$LFL=0.55C_{st},\ UFL=3.50C_{st}$$

여기서, C_{st}: 완전연소가 일어나기 위한 연료, 공기의 혼합기체 중 연료의 부피[%]

$$C_{st}=\frac{\text{연료의 mol수}}{\text{연료의 mol수}+\text{공기의 mol수}}\times 100\ (\text{단일성분일 경우})$$

$$C_{st}=\frac{V_1+V_2+\cdots\cdots+V_n}{\frac{V_1}{C_{st1}}+\frac{V_2}{C_{st2}}+\cdots\cdots+\frac{V_n}{C_{stn}}}\times 100\ (\text{혼합가스일 경우})$$

여기서, $C_{st1}, C_{st2}, \cdots, C_{stn}$: 각 가스의 화학양론 조성
$V_1, V_2, \cdots, V_n$: 전체 혼합가스 중 각 성분가스의 부피비[vol%]

㉢ 최소산소농도(C_m)

$$\text{최소산소농도}(C_m)=\text{폭발하한[vol\%]}\times\frac{\text{산소 mol수}}{\text{연소가스 mol수}}$$

- $\frac{\text{산소 mol수}}{\text{연소가스 mol수}}$는 연소반응 시 연소되는 연소가스량과 필요산소량의 양론비를 의미한다.
- 예를 들면 $C_4H_{10}+6.5O_2 \rightarrow 4CO_2+5H_2O$에서
  부탄(C_4H_{10}) 1[mol]이 반응할 때 산소(O_2)는 6.5[mol] 반응하므로 $\frac{\text{산소 mol수}}{\text{연소가스 mol수}}=\frac{6.5}{1}=6.5$이다.

② 연소범위에 대한 온도의 영향

㉠ 연소범위는 온도에 따라 증감하는데 다음 식은 인화성 물질의 증기에 유용한 경험식이다.

㉡ 온도가 증가함에 따라 연소하한계는 감소하고, 연소상한계는 증가한다.

$$LFL_T=LFL_{25}\times[1-0.8\times10^{-3}\times(T-25)]$$
$$UFL_T=UFL_{25}\times[1-0.8\times10^{-3}\times(T-25)]$$

여기서, LFL: 연소하한계, UFL: 연소상한계, T: 온도

③ 연소범위에 대한 압력의 영향

압력은 연소하한계에 거의 영향을 주지 않으며, 절대압력 50[mmHg] 이하에서는 화염이 전파되지 않는다.

④ 가스의 최대 연소속도

공기구멍에서 받아들인 공기량에 의해 결정된다.

(2) 위험도

연소하한계 값과 연소상한계 값의 차이를 연소하한계 값으로 나눈 것으로, 기체의 연소 위험수준을 나타낸다. 일반적으로 위험도 값이 큰 가스는 연소상한계 값과 연소하한계 값의 차이가 크며, 위험도가 클수록 공기 중에서 연소 위험이 크다.

$$H=\frac{U-L}{L}$$

여기서, H: 위험도, U: 연소상한계 값, L: 연소하한계 값

5. 완전연소 조성농도

화학양론농도라고도 하며 가연성 물질 1[mol]이 완전히 연소할 수 있는 공기와의 혼합비를 부피비[vol%]로 표현한 것이다. 화학양론에 따른 가연성 물질과 산소와의 결합 몰수를 기준으로 계산된다. 일반적으로 완전연소 시 발열량과 폭발력은 최대가 된다.

유기물 $C_nH_xO_y$에 대하여 완전연소 시 반응식과 공기몰수, 양론농도는 다음과 같이 계산할 수 있다.

완전연소 반응식: $C_nH_xO_y+\left(n+\frac{x}{4}-\frac{y}{2}\right)O_2 \rightarrow nCO_2+\left(\frac{x}{2}\right)H_2O$

여기서, n: CO_2 몰수, $\frac{x}{2}$: H_2O 몰수

공기몰수 $=\left(n+\frac{x}{4}-\frac{y}{2}\right)\times\frac{100}{21}=4.77n+1.19x-2.38y$

양론농도 $C_{st}=\frac{1}{(4.77n+1.19x-2.38y)+1}\times 100[\text{vol\%}]$

할로겐원소(X)가 포함된 화합물 $C_nH_xO_yX_f$에 대한 양론농도는 다음과 같은 식으로 계산할 수 있다.

$$C_{st}=\frac{100}{1+4.773\left(n+\frac{x-f-2y}{4}\right)}[\text{vol\%}]$$

6. 화재의 종류 및 예방대책

(1) 화재의 종류

구분	A급 화재	B급 화재	C급 화재	D급 화재
명칭	일반화재	유류화재	전기화재	금속화재
가연물	나무, 종이, 섬유, 석탄 등	각종 유류 및 가스	전기기계 · 기구, 전선 등	Mg 분말, Al 분말 등
표현색	백색	황색	청색	색 표시 없음

① 일반화재(A급 화재)

㉠ 목재, 종이, 섬유 등의 일반 가연물에 의한 화재이다.

㉡ 물 또는 물을 많이 함유한 용액에 의한 냉각소화, 산 · 알칼리, 강화액, 포말소화기 등이 유효하다.

② 유류화재(B급 화재)

㉠ 제4류 위험물(특수인화물, 석유류, 알코올류, 동식물류 등)과 제4류 준위험물(고무풀, 나프탈렌, 파라핀, 제1종 및 제2종 인화물 등)에 의한 화재, 인화성 액체, 기체 등에 의한 화재이다.

㉡ 연소 후에 재가 거의 남지 않는 화재로 가연성 액체 등에 발생한다.

㉢ 공기 차단에 의한 질식소화를 위해 포말소화기, 이산화탄소소화기, 분말소화기, 할로겐화합물소화기 등이 유효하다.

㉣ 유류화재 시 발생할 수 있는 화재 현상

- 보일 오버(Boil Over): 유류탱크 화재 시 유면에서부터 열파(Heat Wave)가 서서히 아래쪽으로 전파하여 탱크 저부의 물에 도달했을 때 이 물이 급히 증발하면서 대량의 수증기가 되어 상층의 유류를 밀어 올려 거대한 화염을 불러일으키는 동시에 다량의 기름이 불이 붙은 채 탱크 밖으로 방출되는 현상이다.
- 슬롭 오버(Slop Over): 위험물 저장탱크 화재 시 물 또는 포를 화염이 왕성한 표면에 방사할 때 위험물과 함께 탱크 밖으로 흘러넘치는 현상이다.

③ 전기화재(C급 화재)

㉠ 전기를 이용하는 기계 · 기구 또는 전선 등 전기적 에너지에 의해서 발생하는 화재이다.

㉡ 질식, 냉각효과에 의한 소화가 유효하며, 전기적 절연성을 가진 소화기로 소화하여야 한다. 유기성소화기, 이산화탄소소화기, 분말소화기, 할로겐화합물소화기 등이 유효하다.

④ 금속화재(D급 화재)

㉠ Mg분말, Al분말 등 공기 중에 비산한 금속분진에 의한 화재이다.

㉡ 소화에 물을 사용하면 안 되며, 건조사, 팽창 진주암 등을 이용한 질식소화가 유효하다.

(2) 화재의 예방대책

화재를 예방하는 방법에는 위험물 관리, 점화원 관리, 산소 관리 등의 방법이 있다.

① 위험물 관리 안전보건규칙 제225조

㉠ 폭발성 물질, 유기과산화물: 화기나 기타 점화원이 될 우려가 있는 것에 접근시키거나 가열하거나 마찰시키거나 충격을 가하지 않는다.

㉡ 물반응성 물질, 인화성 고체: 각각 그 특성에 따라 화기나 기타 점화원이 될 우려가 있는 것에 접근시키거나 발화를 촉진하는 물질 또는 물에 접촉시키거나 가열하거나 충격을 가하지 않는다.

㉢ 산화성 액체 · 산화성 고체: 분해가 촉진될 우려가 있는 물질에 접촉시키거나 가열하거나 마찰시키거나 충격을 가하지 않는다.(조해성이 있는 산화성 물질은 습기가 많으면 위험하므로 습기를 피하여 보관)

㉣ 인화성 액체: 화기, 기타 점화원이 될 우려가 있는 것에 접근시키거나 주입 또는 가열하거나 증발시키지 않는다.

㉤ 인화성 가스: 화기, 기타 점화원이 될 우려가 있는 것에 접근시키거나 압축 · 가열 또는 주입하지 않는다.

㉥ 부식성 물질 또는 급성 독성 물질: 누출시키는 등으로 인체에 접촉시키지 않는다.

㉦ 위험물을 제조하거나 취급하는 설비가 있는 장소: 인화성 가스 또는 산화성 액체 및 산화성 고체를 방치하지 않는다.

② 점화원 관리 KOSHA D-46

㉠ 점화원의 종류: 점화원의 종류에는 기계적 점화원(예 충격, 마찰, 단열압축 등), 전기적 점화원(예 전기적 스파크, 정전기 등), 열적 점화원(예 불꽃, 고열표면, 용융물 등) 및 자연발화 등으로 구분된다.

㉡ 최소점화에너지: 일반적으로 최소점화에너지는 압력이나 산소농도가 증가하면 낮아지고, 분진이 가스보다 높게 나타난다.

③ 산소 관리 KOSHA D-46

㉠ 최소산소농도: 산소농도를 최소산소농도 이하로 관리하면 연소하지 않는다. 대부분 인화성 가스의 최소산소농도는 10[%] 정도이고, 가연성 분진인 경우에는 8[%] 정도이다. 인화성 액체의 증기에 대한 최소산소농도는 12~16[%] 정도이고 고체화재 중에 표면화재는 약 5[%] 이하, 심부화재에 대해서는 약 2[%] 이하이다.

㉡ 불활성화(Inerting)

- 불활성화란 가연성 혼합가스나 혼합분진에 불활성 가스를 주입하여 희석(불활성 가스의 치환), 산소의 농도를 최소산소농도 이하로 낮게 유지하는 것이다.
- 불활성 가스는 질소, 이산화탄소, 수증기 또는 연소배기가스 등이 사용된다. 연소억제를 위하여 관리되어야 할 산소의 농도는 안전율을 고려하여 해당 물질의 최소산소농도보다 4[%] 정도 낮게 관리되어야 한다.
- 안정적이고 지속적인 불활성화를 유지하기 위해서 대상설비에 산소농도측정기를 설치하고 산소농도를 관리하여야 한다.
- 산소농도측정기는 정확한 농도측정을 위하여 제조회사에서 제시하는 기간이 초과되기 전에 교정이 필요하며, 감지부(Sensor)를 주기적으로 교체해 주어야 한다.

㉢ 불활성화 방법

- 진공퍼지: 압력용기류에 주로 적용하며 완전진공설계가 이루어진 용기류에 적용이 가능하고 큰 용기에는 사용이 어렵다.
- 압력퍼지: 용기류에 적용이 가능하며 가압시키는 압력은 설계압력 이내에서 결정되어야 한다. 목표로 하는 농도에 대한 치환횟수는 진공치환의 방법과 같다.
- 스위프퍼지: 한쪽의 개구부로 치환가스를 공급하고 다른 한쪽으로 배출시키는 방법으로 주로 배관류에 적용한다.
- 사이폰퍼지: 대상기기에 물이나 적합한 액체를 채운 뒤 액체를 배출시키면서 치환가스를 주입하는 방법으로 액체를 채웠을 때 하중에 문제가 되는 경우에는 적용이 불가능하다.

㉣ 치환 요령

- 대상가스의 물성을 파악한다.
- 사용하는 불활성 가스의 물성을 파악한다.
- 장치내부를 물로 먼저 세정한 후 퍼지용 가스를 송입한다.
- 퍼지용 가스는 장시간에 걸쳐 천천히 주입한다.

㉤ 치환 시의 특징

- 진공퍼지가 압력퍼지에 비해 퍼지시간이 길다.
- 진공퍼지는 압력퍼지보다 불활성 가스 소모가 적다.
- 사이폰퍼지가스의 부피는 용기의 부피와 같다.
- 스위프퍼지는 용기나 장치에 압력을 가하거나 진공으로 할 수 없을 때 사용한다.

㉥ 최대 불활성 가스값

- 연소물질과 산소 혼합물을 비가연성 물질로 만드는 데 필요한 불활성 가스의 최대 양을 말한다.
- 최대 불활성 가스값은 온도 또는 압력이 증가하면 증가한다.

④ 자동화재탐지설비 감지기의 형식승인 및 제품검사의 기술기준 제3조

화재에 의해 발생되는 열·연기 또는 화염을 이용하여 자동으로 화재를 감지하고 벨 또는 사이렌 등으로 경보하여 화재를 조기에 발견함으로써 초기소화 및 조기피난을 가능하게 하는 방재설비이다.

㉠ 열감지기

- 차동식: 주위온도가 일정 상승률 이상이 되는 경우에 작동하는 것으로서 스포트형과 분포형으로 구분한다.
- 정온식: 한정된 장소의 주위온도가 일정한 온도 이상이 되는 경우에 작동하는 것으로서 감지선형과 스포트형으로 구분한다.
- 보상식: 차동식 · 정온식 스포트형의 성능을 겸한 것으로서 두 감지기의 성능 중 어느 한 기능이 작동되면 작동신호를 발한다.

㉡ 연기감지기

- 이온화식: 주위의 공기가 일정한 농도의 연기를 포함하게 되는 경우에 작동하는 것으로서 연기에 의하여 이온전류가 변화하여 작동하는 것이다.
- 광전식: 주위의 공기가 일정한 농도의 연기를 포함하게 되는 경우에 작동하는 것으로 한정된 장소의 연기에 의하여 광전소자에 접하는 광량의 변화로 작동하며 스포트형과 분리형으로 구분한다.
- 공기흡입형: 감지기 내부에 장착된 공기흡입장치로 감지하고자 하는 위치의 공기를 흡입하고 흡입된 공기에 일정한 농도의 연기가 포함된 경우 작동하는 것이다.

㉢ 복합형감지기

- 열복합형: 차동식 · 정온식 스포트형의 성능이 있는 것으로서 두 가지 성능의 감지기능이 함께 작동될 때 화재신호를 발신하거나 또는 두 개의 신호를 각각 발신하는 것이다.
- 연복합형: 이온화식 · 광전식 스포트형의 성능이 있는 것으로서 두 가지 성능의 감지기능이 함께 작동될 때 화재신호를 발신하거나 또는 두 개의 신호를 각각 발신하는 것이다.

(3) 자연발화

물질이 공기(산소) 중에서 천천히 산화되며 축적된 열로 인해 온도가 상승하고, 발화온도에 도달하여 점화원 없이도 발화하는 현상이다.

① 자연발화의 조건

㉠ 표면적이 넓을 것
㉡ 발열량이 클 것
㉢ 열전도율이 작을 것
㉣ 주위 온도가 높을 것
㉤ 적당한 수분을 보유할 것
㉥ 열축적이 클 것

② 자연발화의 형태와 해당물질

자연발화의 형태	해당물질
산화열에 의한 발열	석탄, 건성유, 기름걸레, 기름찌꺼기 등
분해열에 의한 발열	셀룰로이드, 니트로셀룰로오스(질화면) 등
흡착열에 의한 발열	석탄분, 활성탄, 목탄분, 환원 니켈 등
미생물 발효에 의한 발열	건초, 퇴비, 볏짚 등
중합에 의한 발열	아크릴로니트릴 등

③ 자연발화 방지대책

㉠ 통풍이 잘 되게 할 것
㉡ 주위 온도를 낮출 것
㉢ 습도가 높지 않도록 할 것
㉣ 열전도가 잘 되는 용기에 보관할 것
㉤ 불활성 액체 내에 저장할 것

7. 연소파와 폭굉파

(1) 연소파

가연성 가스와 적당한 공기가 미리 혼합되어 폭발범위 내에 있을 경우, 확산의 과정이 생략되기 때문에 화염의 전파 속도가 매우 빠른데 이러한 혼합가스에 착화하게 되면 착화원에 국한된 반응영역이 형성되어 혼합가스 중으로 퍼져 나간다. 그 진행속도가 0.1~1.0[m/s] 정도가 될 때, 이를 연소파(Combustion Wave)라 한다.

(2) 폭굉파

연소파가 일정 거리를 진행한 후 연소 전파 속도가 1,000~3,500[m/s] 정도에 달할 경우 이를 폭굉현상(Detonation Phenomenon)이라 하며, 이때의 국한된 반응영역을 폭굉파(Detonation Wave)라 한다. 폭굉파의 속도는 음속을 앞지르므로 진행 방향에 그에 따른 충격파가 있다.

① **폭발한계와 폭굉한계**: 폭굉은 폭발이 발생된 후에 일어나는 것이므로 폭굉한계는 폭발한계 내에 존재한다. 따라서 폭발한계는 폭굉한계보다 농도범위가 넓다.

② **폭굉 유도거리**: 최초의 완만한 연소속도가 격렬한 폭굉으로 변할 때까지의 시간이다. 다음의 경우 짧아진다.

㉠ 정상 연소속도가 큰 혼합물일 경우
㉡ 점화원의 에너지가 큰 경우
㉢ 고압일 경우
㉣ 관 속에 방해물이 있을 경우
㉤ 관경이 작을 경우

(3) 폭발위력이 미치는 거리

$$r_2 = r_1 \times \left(\frac{W_2}{W_1}\right)^{\frac{1}{3}}$$

여기서, r: 폭발점과의 거리, W: 폭발물의 양

8. 폭발의 원리

(1) 가스폭발의 원리

가연성 가스가 공기 중에서 혼합되어 폭발범위 내에 존재할 때 착화에너지에 의해 폭발하는 현상이다.

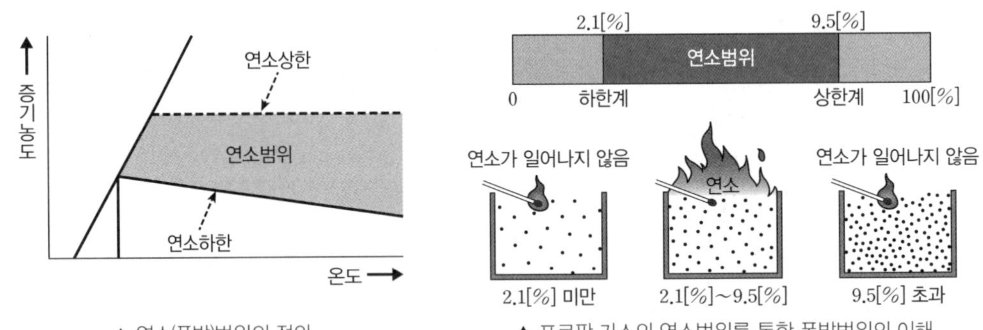

▲ 연소(폭발)범위의 정의

▲ 프로판 가스의 연소범위를 통한 폭발범위의 이해

(2) 폭발압력

① **폭발압력과 가스농도 및 온도와의 관계**

㉠ 가스농도 및 온도와의 관계: 폭발압력은 초기압력, 가스농도, 온도변화에 비례한다.

$$P_m = P_1 \times \frac{n_2}{n_1} \times \frac{T_2}{T_1}$$

여기서, P_1: 초기압력, n: 가연성 가스의 농도(몰수), T: 온도

㉡ 폭발압력과 가연성 가스의 농도와의 관계
- 가연성 가스의 농도가 클수록 폭발압력은 비례하여 높아진다.
- 가연성 가스의 농도가 너무 희박하거나 진하여도 폭발압력은 낮아진다.
- 폭발압력은 양론농도보다 약간 높은 농도에서 최대폭발압력이 된다.
- 최대폭발압력의 크기는 공기보다 산소의 농도가 큰 혼합기체에서 더 높아진다.

② 밀폐된 용기 내에서 최대폭발압력에 영향을 주는 요인

㉠ 가연성 가스의 초기온도: 온도 증가에 따라 최대폭발압력 감소

㉡ 가연성 가스의 초기압력: 압력 증가에 따라 최대폭발압력 증가

㉢ 가연성 가스의 농도: 농도 증가에 따라 최대폭발압력 증가

㉣ 발화원의 강도: 발화원의 강도가 클수록 최대폭발압력 증가

㉤ 용기의 형태: 용기가 작을수록 최대폭발압력 증가

㉥ 가연성 가스의 유량: 유량이 클수록 최대폭발압력 증가

③ 최대폭발압력 상승속도

㉠ 최초압력이 증가하면 최대폭발압력 상승속도 증가

㉡ 발화원의 강도가 클수록 최대폭발압력 상승속도는 크게 증가

㉢ 난류현상이 있을 때 최대폭발압력 상승속도는 크게 증가

(3) 최소발화에너지(MIE; Minimum Ignition Energy)

① 정의: 물질을 발화시키는 데 필요한 최소 에너지 ※ 최소발화에너지=최소점화에너지=최소착화에너지

② 최소발화에너지에 영향을 주는 인자

㉠ 가연성 물질의 조성

㉡ 발화 압력: 압력에 반비례(압력이 클수록 최소발화에너지는 감소)

㉢ 혼입물: 불활성 물질이 증가하면 최소발화에너지는 증가

예 산소보다 공기 중에서 최소발화에너지가 더 높다.

③ 최소발화에너지의 특징

㉠ 일반적으로 분진의 최소발화에너지는 가연성 가스보다 큰 에너지 준위를 가진다.

㉡ 온도의 변화에 따라 최소발화에너지는 변한다.

㉢ 유속이 커지면 최소발화에너지는 커진다.

㉣ 양론농도보다도 조금 높은 농도일 때에 최소값이 된다.

④ 전기(정전기)로서의 최소발화에너지

$$E=\frac{1}{2}CV^2[J]$$

여기서, C: 전기용량[F], V: 불꽃전압[V]

(4) 폭발등급

① 안전간격(화염일주한계)

내측의 가스점화 시 외측의 폭발성 혼합가스까지 화염이 전달되지 않는 틈새의 최대 간격치이다. 8[L]의 둥근 용기 안에 폭발성 혼합가스를 채우고 점화시켜 발생된 화염이 용기 외부의 폭발성 혼합가스에 전달되는가의 여부를 측정하였을 때 화염을 전달시킬 수 없는 한계의 틈 사이를 말한다. 안전간격이 작은 가스일수록 폭발 위험이 크다. 가스폭발 한계 측정 시 화염 방향이 상향일 때 가장 넓은 값을 나타낸다.

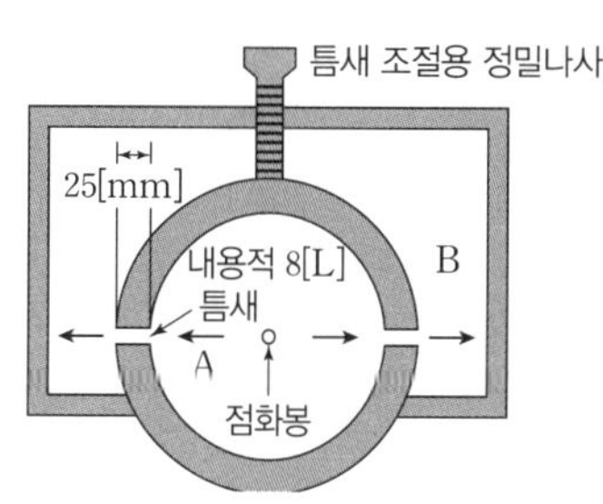

② 폭발등급

안전간격(화염일주한계) 값에 따라 폭발성 가스를 분류하여 등급을 정한 것이다.

2 소화 원리 이해

1. 소화의 정의

(1) 소화란 가연물질이 공기 중의 산소 또는 산화제 등과 접촉하여 발생하는 연소현상을 중단시키는 것을 말한다.

(2) 연소의 3요소(또는 4요소) 중 일부 또는 전부를 제거하거나 억제함으로써 이루어진다.

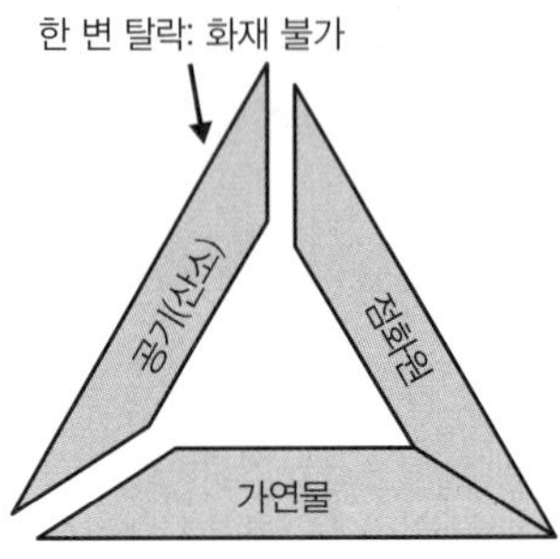

2. 소화의 종류

(1) **제거소화**

① 가연물의 공급을 중단하여 소화하는 방법이다.

② 제거소화의 예

㉠ 가스의 화재: 공급밸브를 차단하여 가스 공급을 중단한다.

㉡ 산불: 화재 진행방향의 목재를 제거하여 진화한다.

(2) **질식소화**

① 산소(공기)공급을 차단함으로써 연소에 필요한 산소 농도 이하가 되게 하여 소화하는 방법이다.

② 질식소화의 방법

㉠ 포(거품)를 이용하여 연소물을 감싸는 방법

㉡ 소화분말을 이용하여 연소물을 감싸는 방법

㉢ 이산화탄소로 산소공급을 차단하는 방법

㉣ 할로겐화합물로 산소공급을 차단하는 방법

㉤ 불연성 고체로 연소물을 감싸는 방법

㉥ 물을 분무상으로 방사하여 화재면을 덮는 방법

③ 질식소화를 이용한 소화기 종류

㉠ 포소화기

㉡ 분말소화기

㉢ 이산화탄소소화기

㉣ 마른모래, 팽창질석, 팽창진주암

(3) **냉각소화**

① 물 등 액체의 증발잠열을 이용, 가연물을 인화점 및 발화점 이하로 낮추어 소화하는 방법이다.

② 냉각소화를 이용한 소화기 종류

㉠ 물 ㉡ 강화액 소화기 ㉢ 산·알칼리 소화기

(4) 억제소화

① 가연물 분자가 산화되면서 연소가 계속되는 과정을 억제하여 소화하는 방법이다.

② 억제소화를 이용한 소화기 종류

㉠ 사염화탄소(C.T.C) 소화기: 할론 1040

㉡ 일취화 일염화 메탄(C.B) 소화기: 할론 1011

㉢ 일취화 삼불화 메탄(B.M.T) 소화기: 할론 1301

㉣ 일취화 일염화 이불화 메탄(B.C.F) 소화기: 할론 1211

㉤ 이취화 사불화 에탄(F.B) 소화기: 할론 2402

3. 소화기의 종류

▲ 소화기의 적용화재 표시

(1) 포소화기

가연물의 표면을 포(거품)로 둘러싸고 덮는 질식소화를 이용한 소화기로, 소화약제는 다량의 물을 함유하고 있어 전기설비에 의한 화재에는 누전, 감전 등의 위험으로 사용이 적절하지 않다.

① **기계포**: 에어포(공기포)라고도 하며, 가수분해단백질, 계면활성제가 주성분인 소화제 원액을 발포기로 공기와 혼합하여 포를 만들어 방사한다.

※ 메틸알코올, 에틸알코올 등은 온도가 증가함에 따라 열전도도가 감소하며, 이러한 특성을 이용해 합성 계면활성제 포소화약제 중 일부로 사용된다.

㉠ 저팽창형 포제: 4~12배 팽창하며 내열성과 점성을 더하기 위해 철염 또는 방부제를 혼합한다. 주로 유류화재 소화 시 사용한다.

㉡ 고팽창형 포제: 100배 이상 팽창하며 단시간에 빠르게 화염 표면을 덮을 수 있다. 고층 건물, 화학약품 공장 등의 화재 소화 시 사용한다.

㉢ 혼합장치의 종류: 관로혼합장치, 차압혼합장치, 펌프혼합장치

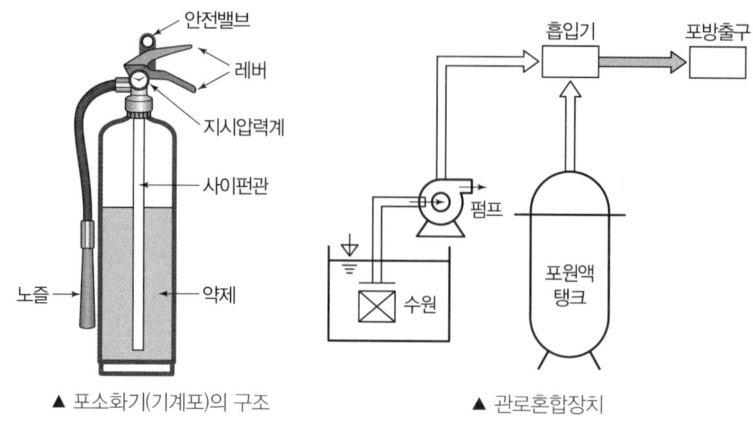

▲ 포소화기(기계포)의 구조　　▲ 관로혼합장치

② 화학포: 탄산수소나트륨과 황산알루미늄의 화학반응에 의해 포를 생성, 방사한다.

㉠ 화학반응식

$$6NaHCO_3 + Al_2(SO_4)_3 + 18H_2O \rightarrow 3Na_2SO_4 + 2Al(OH)_3 + 6CO_2 + 18H_2O$$

㉡ 구조에 따라 보통전도식, 내통밀폐식, 내통밀봉식 등이 있다.

㉢ 포소화약제의 구비조건: 부착성이 있을 것, 열에 대해 강한 막을 형성하며 유동성이 있을 것

(2) 분말소화기

① 분말 입자로 가연물의 표면을 덮어 소화하는 것으로, 질식소화 효과를 얻을 수 있다.

② 전기화재와 유류화재에 효과적이다.

※ 다만, 부피와 중량이 커 유조선 및 액체원료를 원동력으로 하는 선박 등의 엔진실에는 사용이 적절하지 않다.

③ 구조에 따라 축압식과 가스가압식이 있다.

④ 기구가 간단하고 유지·관리가 용이하며, 온도 변화에 대한 약제의 변질이나 성능의 저하가 없다.

⑤ 분말은 수분을 흡수할 수 있으므로 건조한 상태로 보관한다.

⑥ 탄산수소염류분말소화기는 금수성 물질에 대해 적응성이 있다.

⑦ 소화약제 종류와 화학반응식

종별	분자식	착색	적응화재	비고
제1종	탄산수소나트륨($NaHCO_3$)	백색	B, C급	식용유 및 지방질
제2종	탄산수소칼륨($KHCO_3$)	담회색	B, C급	
제3종	제1인산암모늄($NH_4H_2PO_4$)	담홍색	A, B, C급	차고, 주차장
제4종	탄산수소칼륨+요소($KHCO_3+(NH_2)_2CO$)	회(백)색	B, C급	

㉠ 탄산수소나트륨: 약제 분해에 의해 생성된 이산화탄소와 수증기로 소화한다.

$$2NaHCO_3 \rightarrow Na_2CO_3 + CO_2 + H_2O$$

㉡ 탄산수소칼륨: 탄산수소나트륨보다 소화력이 크다.

$$2KHCO_3 \rightarrow K_2CO_3 + CO_2 + H_2O$$

㉢ 인산암모늄: 열분해에 의해 부착성이 좋은 메타인산(HPO_3)을 생성하여 다른 소화분말보다 30[%] 이상 소화력이 좋다.

$$NH_4H_2PO_4 \rightarrow HPO_3 + NH_3 + H_2O$$

⑧ 금속화재용으로는 염화바륨($BaCl_2$), 염화나트륨($NaCl$), 염화칼슘($CaCl_2$) 등을 사용한다.

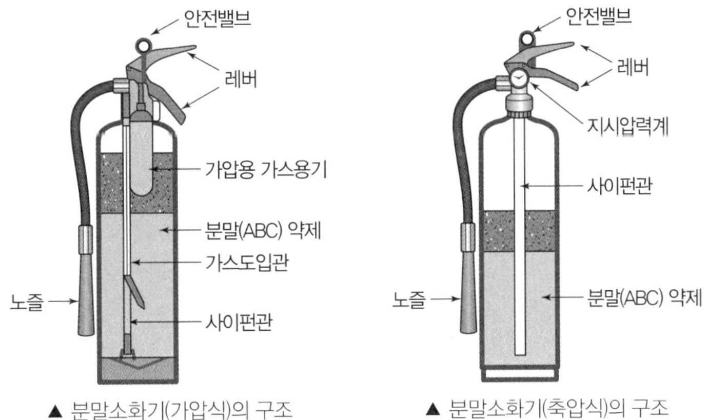

▲ 분말소화기(가압식)의 구조　　▲ 분말소화기(축압식)의 구조

(3) 할로겐화합물소화기(증발성 액체 소화기)

① 소화원리

㉠ 증발성이 강한 액체를 화재표면에 뿌려 증발잠열을 이용해 온도를 낮추어 냉각소화 효과를 얻을 수 있다.

㉡ 할로겐 원소가 가연물이 산소와 결합하는 것을 방해하는 부촉매로 작용하여 연소가 계속되는 것을 억제하는 억제소화 효과를 얻을 수 있다.

② 소화약제의 종류

구분	내용
할론 1301 (CF_3Br)	• 독성이 거의 없고 인체에 무해하나 고온에서 열분해 시 독성이 강한 분해생성물이 발생하므로 소화 후 환기가 필요하며, 방사 시 운무현상이 발생하나 이산화탄소만큼 심하지 않다. • 무색, 무취, 비전도성이고, 상온 · 대기압 하에서는 기체로만 존재하며 공기보다 5배 무겁다. • 불꽃연소에 특히 강한 소화력을 나타낸다. • B급(유류)화재, C급(전기)화재에 적합하다.
할론 1211 (CF_2ClBr)	• 상온에서 기체이며, 공기보다 약 5.7배 무겁다. • 방출 시에는 액체로 분사되며, 비점은 −4[℃]이다.
할론 2402 ($C_2F_4Br_2$)	• 상온에서 액체이다. • 유일하게 에탄(C_2H_6)에서 치환된 것이다. • 독성이 강하여 거의 사용하지 않는다.
할론 1011 (CH_2ClBr)	상온에서 액체이며, 독성이 강하기 때문에 소화약제로 이용되기는 적합하지 않다.
할론104 (CCl_4)	사염화탄소는 열분해 및 공기, 수분, 이산화탄소 등과 반응하면 유독한 질식성 기체인 포스겐($COCl_2$)을 발생하기 때문에 법적으로 사용금지 된 소화약제이다.

합격 보장 꿀팁　할로겐화합물 명명법

할로겐화합물은 미 육군에서 숫자를 사용한 짧은 명명법을 현재 널리 사용하며 규칙은 다음과 같다.

① 제일 앞에 할론(Halon)이란 명칭을 쓴다.

② 그 뒤에 구성 원소들의 개수를 C, F, Cl, Br, I의 순서대로 쓰되 해당 원소가 없는 경우는 표시하지 않는다.

　예 Halon 2402는 C 2개, F 4개, Cl 0개, Br: 2개, I: 0개이므로 화학식은 $C_2F_4Br_2$가 된다.

③ 할로겐 원소별 소화효과의 크기: $F_2 < Cl_2 < Br_2 < I_2$

(4) 이산화탄소소화기

① 이산화탄소를 고압으로 압축, 액화하여 용기에 담아놓은 것으로 가스 상태로 방사된다. 연소 중 산소농도를 필요한 농도 이하로 낮추는 질식소화가 주되 소화효과이며, 냉각효과를 동반하여 상승적으로 작용하여 소화한다.

② 이산화탄소소화기의 특징

㉠ 용기 내 액화탄산가스를 기화하여 가스 형태로 방출한다.

㉡ 불연성 기체로 절연성이 높아 전기화재(C급)에 적당하며 유류화재(B급)에도 유효하다.

㉢ 방사 거리가 짧아 화재현장이 광범위할 경우 사용이 제한적이다.

㉣ 공기보다 무거우며 기체상태이기 때문에 화재 심부까지 침투가 용이하다.

㉤ 반응성이 매우 낮아 부식성이 거의 없다.

합격 보장 꿀팁 **불연성 물질**

① 주기율표 0족 원소인 불활성 가스: He, Ar, Ne, Xe, Rn, Kr
② 산소와는 반응하나 발열반응이 아닌 흡열반응 하는 물질: 질소, 질소산화물
③ 산소와 이미 결합한 물질: 이산화탄소(CO_2), H_2O, SO_3, P_2O_5, SiO_2, 제1류 위험물, 제6류 위험물

(5) 강화액 소화기

① 물소화약제의 단점을 보완하기 위하여 물에 탄산칼륨(K_2CO_3) 등을 녹인 수용액으로서 부동성이 높은 알칼리성 소화약제이다.

② 탄산칼륨으로 인해 어는점이 −30[°C]까지 낮아져 한랭지 또는 겨울철에 사용할 수 있다.

③ 유류화재와 전기화재에 유효하다.

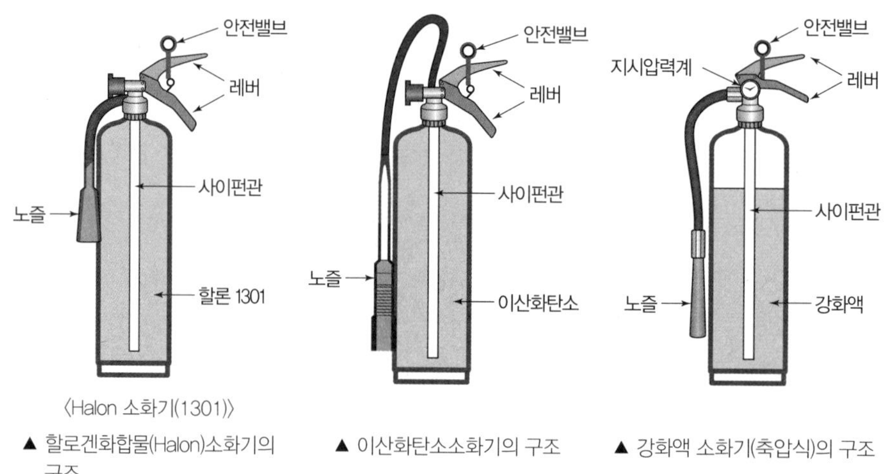

〈Halon 소화기(1301)〉

▲ 할로겐화합물(Halon)소화기의 구조 ▲ 이산화탄소소화기의 구조 ▲ 강화액 소화기(축압식)의 구조

(6) 산·알칼리 소화기

① 황산과 탄산수소나트륨의 화학반응에 의해 생성된 이산화탄소의 압력으로 물을 방출시키는 소화기이다.

$$2NaHCO_3 + H_2SO_4 \rightarrow Na_2SO_4 + 2CO_2 + 2H_2O$$

② 일반화재에 적합하며 분무 노즐을 사용하는 경우 전기화재에도 유효하다.

(7) 간이소화제

소화기 및 소화제가 없는 곳에서 초기소화에 사용하거나 소화를 보강하기 위해 간이로 사용할 수 있는 소화제이다.

① **마른모래**: 질식소화 효과로 모든 화재(A급, B급, C급, D급)에 사용할 수 있다. 보관 및 사용방법은 다음과 같다.

㉠ 반드시 건조되어 있을 것

㉡ 인화성 및 발화성 물질이 함유되어 있지 않을 것

㉢ 포대, 반절된 드럼, 벽돌담 안에 저장하며 부속기구로 삽, 양동이 등을 비치할 것

② 팽창질석, 팽창진주암

㉠ 질식소화 효과의 간이소화제로 질석, 진주암 등 암석을 1,000~1,400[℃]로 가열, 10~15배 팽창시켜 분쇄한 분말이다.

㉡ 비중이 매우 작고 가볍다.

㉢ 발화점이 낮은 알킬알루미늄류, 칼륨 등 금속분진 화재에 유효하다.

(8) **가압방식에 의한 소화기 분류**

① 축압식

㉠ 소화기 용기 내부에 소화약제와 압축공기 또는 불연성 가스인 이산화탄소, 질소를 충전하여 그 압력에 의해 약제가 방출되는 방식이다.

㉡ 이산화탄소소화기, 할로겐화합물소화기 등이 해당된다.

② 가압식

㉠ 수동펌프식: 피스톤식 수동펌프에 의한 가압으로 소화약제를 방출한다.

㉡ 화학반응식: 소화약제의 화학반응에 의해 생성된 가스의 압력으로 소화약제를 방출한다.

㉢ 가스가압식: 소화기 내부 또는 외부에 별도의 가압가스용기를 설치하여 그 압력에 의해 소화약제를 방출한다.

3 폭발방지대책 수립

1. 폭발방지대책

(1) **예방대책**

① 폭발을 일으킬 수 있는 위험성 물질과 발화원의 특성을 알고, 그에 따른 폭발이 일어나지 않도록 관리한다.

② 공정에 대하여 폭발 가능성을 충분히 검토하여 예방할 수 있도록 설계단계부터 페일세이프(Fail Safe) 원칙을 적용한다.

(2) **국한대책**

폭발의 피해를 최소화하기 위한 대책(안전장치, 방폭설비 설치 등)

(3) **폭발방호(Explosion Protection)**

① 봉쇄(Containment): 폭발이 일어날 수 있는 장치나 건물 폭발 시 발생하는 압력에 견디도록 충분히 강하게 만드는 것을 말한다.

② 차단(Isolation): 폭발이 다른 곳으로 전파될 때 자동적으로 고속차단할 수 있는 설비를 말하며, 이런 장치는 매우 빨리 검지하는 설비와 밸브를 차단시키는 설비를 설치하여야 한다.

③ 불꽃방지기(Flame Arrest): 불꽃이 인화성 가스나 증기-공기 혼합물로의 전파를 예방하는 설비이다. 가스나 증기가 통과할 수 있는 좁은 틈을 가진 망이 설치되어 있으며, 이 망은 너무 좁아 불꽃을 통과시키지 않는다.

④ 폭발억제(Explosion Suppression): 폭발억제 대책은 폭발의 발달을 검지해서 자동고속 억제설비에 의해 억제될 수 있는 조건 하에서 가능하다. 폭발억제설비의 원리는 파괴적인 압력이 발달하기 전에 인화성 분위기 내로 소화약제를 고속으로 분사하는 것이다.

⑤ 폭발방산(Explosion Venting): 건물이나 공정용기에서의 Vent를 설치하여 폭발 시 발생하는 압력 및 열을 외부로 방출하는 것이다. 이러한 Vent의 강도는 건물이나 공정의 용기보다 약하게 설계한다.

▲ 폭발방산의 예(파열판)

(4) 분진폭발의 방지

① 분진 생성 방지: 보관, 작업장소의 통풍에 의한 분진 제거

② 발화원 제거: 불꽃, 전기적 점화원(전원, 정전기 등) 제거

③ 불활성물질 첨가: 시멘트분, 석회, 모래, 질석 등 돌가루 첨가

④ 분진 및 그 주변의 온도 저하

(5) 방폭설비

① 방폭구조의 종류

방폭구조(Ex) 종류	정의
내압방폭 (d)	용기 내부에 폭발성 가스 및 증기가 폭발하였을 때 용기가 그 압력에 견디며 또한 접합면, 개구부 등을 통해서 외부의 폭발성 가스·증기에 인화되지 않도록 한 구조
압력방폭 (p)	용기 내부에 보호가스(신선한 공기 또는 불연성 기체)를 압입하여 내부압력을 유지함으로써 폭발성 가스 또는 증기가 내부로 유입하지 않도록 된 구조
유입방폭 (o)	전기불꽃, 아크 또는 고온이 발생하는 부분을 기름 속에 넣고, 기름면 위에 존재하는 폭발성 가스 또는 증기에 인화되지 않도록 한 구조
안전증방폭 (e)	정상운전 중에 폭발성 가스 또는 증기에 점화원이 될 전기불꽃, 아크 또는 고온 부분 등의 발생을 방지하기 위하여 기계적, 전기적 구조상 또는 온도상승에 대해서 특히 안전도를 증가시킨 구조
본질안전방폭 (i)	정상 시 및 사고 시(단선, 단락, 지락 등)에 발생하는 전기불꽃, 아크 또는 고온에 의하여 폭발성 가스 또는 증기에 점화되지 않는 것이 점화시험, 기타에 의하여 확인된 구조
몰드방폭 (m)	폭발성 가스 또는 증기에 점화시킬 수 있는 전기불꽃이나 고온 발생부분을 컴파운드로 밀폐시킨 구조
충전방폭 (q)	점화원이 될 수 있는 전기불꽃, 아크 또는 고온 부분을 용기 내부의 적정한 위치에 고정시키고 그 주위를 충전물질로 충전하여 폭발성 가스 또는 증기에 인화되지 않도록 한 구조
특수방폭 (s)	상기 이외의 방폭구조로서 폭발성 가스 또는 증기에 점화 또는 위험분위기로 인화를 방지할 수 있는 것이 시험, 기타에 의하여 확인된 구조

② 방폭구조의 구비조건

㉠ 시건장치를 할 것

㉡ 대상기기에 접지단자를 설치할 것

㉢ 퓨즈를 사용할 것

㉣ 도선의 인입방식을 정확히 채택할 것

③ 지하작업장 등의 폭발위험 방지 안전보건규칙 제296조

㉠ 가스의 농도를 측정하는 사람을 지명하고 다음의 경우에 그로 하여금 해당 가스의 농도를 측정하도록 할 것

- 매일 작업을 시작하기 전
- 가스의 누출이 의심되는 경우
- 가스가 발생하거나 정체할 위험이 있는 장소가 있는 경우
- 장시간 작업을 계속하는 경우(이 경우 4시간마다 가스농도를 측정하도록 하여야 함)

㉡ 가스의 농도가 인화하한계 값의 25[%] 이상으로 밝혀진 경우에는 즉시 근로자를 안전한 장소에 대피시키고 화기나 그 밖에 점화원이 될 우려가 있는 기계·기구 등의 사용을 중지하며 통풍·환기 등을 할 것

2. 폭발하한계 및 폭발상한계의 계산

(1) 용어의 정의 KOSHA D-22

① 폭발한계(Explosion Limit): 가스 등의 농도가 일정한 범위 내에 있을 때 폭발현상이 일어나는 것으로, 그 농도가 지나치게 낮거나 지나치게 높아도 폭발은 일어나지 않는다.

② 폭발하한계(LEL; Lower Explosive Limit): 가스 등이 공기 중에서 점화원에 의해 착화되어 화염이 전파되는 가스 등의 최소농도이다.

③ 폭발상한계(UEL; Upper Explosive Limit): 가스 등이 공기 중에서 점화원에 의해 착화되어 화염이 전파되는 가스 등의 최대농도이다.

④ 연소(폭발)범위: 연소가 가능한 가연성 기체와 산소의 혼합기체의 농도로 폭발하한계부터 폭발상한계까지의 범위이다.

(2) 폭발하한계 및 폭발상한계의 계산 KOSHA D-22

① 폭발하한계 계산

$$LEL_{mix}=\frac{1}{\sum_{i=1}^{n}\frac{y_i}{LEL_i}}$$

여기서, LEL_{mix}: 가스 등 혼합물의 폭발하한계[vol%]
LEL_i: 가스 등의 성분 중 i 성분의 폭발하한계[vol%]
y_i: 가스 등의 성분 중 i 성분의 몰분율
n: 가스 등의 성분의 수

② 폭발상한계 계산

$$UEL_{mix}=\frac{1}{\sum_{i=1}^{n}\frac{y_i}{UEL_i}}$$

여기서, UEL_{mix}: 가스 등 혼합물의 폭발상한계[vol%]
UEL_i: 가스 등의 성분 중 i 성분의 폭발상한계[vol%]
y_i: 가스 등의 성분 중 i 성분의 몰분율
n: 가스 등의 성분의 수

③ 폭발한계에 영향을 주는 요인

㉠ 온도: 기준이 되는 25[°C]에서 100[°C]씩 증가할 때마다 폭발하한계의 값이 8[%] 감소하며, 폭발상한은 8[%] 증가한다.

- 폭발하한계: $LEL_t=LEL_{25[°C]}-(0.8LEL_{25[°C]}\times10^{-3})\times(T-25)$
- 폭발상한계: $UFL_t=UFL_{25[°C]}+(0.8UFL_{25[°C]}\times10^{-3})\times(T-25)$

㉡ 압력: 폭발하한계에는 영향이 경미하나 폭발상한계에는 크게 영향을 준다. 보통 가스압력이 높아질수록 폭발(연소)범위는 넓어진다.

㉢ 산소: 폭발하한계는 공기나 산소 중에서 변함이 없으나 폭발상한계는 산소농도 증가에 따라 비례하여 상승하게 된다.

㉣ 화염의 진행 방향

CHAPTER

07 화학물질 안전관리 실행

합격 KEYWORD 이상기체 상태방정식, 위험물의 종류, 시간가중평균노출기준(TWA), 크롬 화합물 중독, 화학설비, 특수화학설비, 안전거리, 특수화학설비 안전장치, 방유제 설치, 반응기의 분류, 증류탑 점검항목, 열교환기 점검항목, 건조설비

1 화학물질(위험물, 유해화학물질) 확인

1. 위험물의 기초화학

(1) 물질의 상태와 성질

① 물질이란 우주를 구성하는 재료로서 질량을 가지고 있으며 공간을 차지한다. 물질은 물리적 성질과 화학적 성질을 가지고 있으며, 물질의 상태는 일반적으로 기체, 액체, 고체의 세 가지로 나눌 수 있다.

상태	모양	부피	압축성	미시적 성질
고체	일정	일정	무시	입자들은 일정한 배열상태로 접촉하고 조밀하게 충전되어 있음
액체	무관	일정	매우 작음	입자는 접촉되어 있지만 이동 가능함
기체	무한	무한	큼	입자는 멀리 떨어져 있고 서로 독립적임

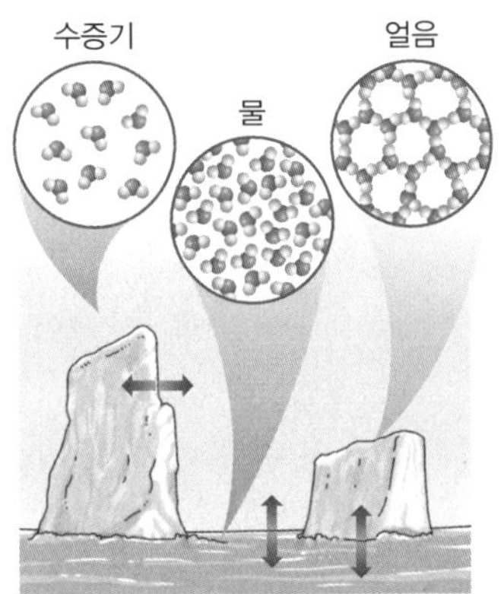

② 물리적 성질은 물질의 조성이나 동일성을 변화시키지 않으면서 나타나고 측정하고 관측할 수 있는 것이며, 화학적 성질은 화학반응에서만 볼 수 있는 것이다. 여기서 화학반응이란 최소한 물질이라도 그 조성과 동일성이 변화하는 과정을 말한다.

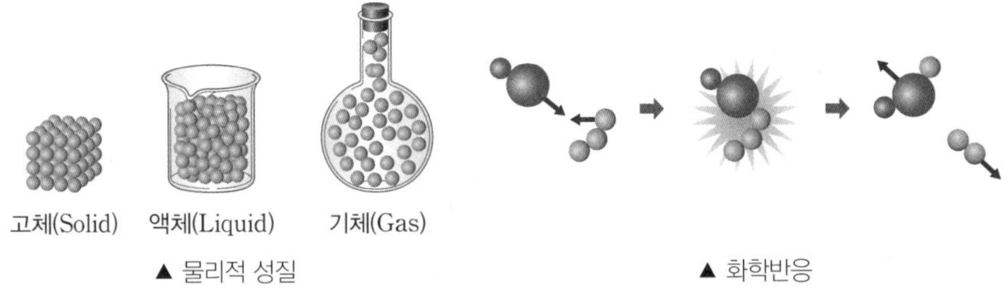

▲ 물리적 성질 ▲ 화학반응

(2) 물질의 종류

물질은 순수한 물질과 혼합물로, 그리고 다시 원소와 화합물 및 균일, 불균일 혼합물로 나눌 수 있는데 그 분류는 다음과 같이 할 수 있다.

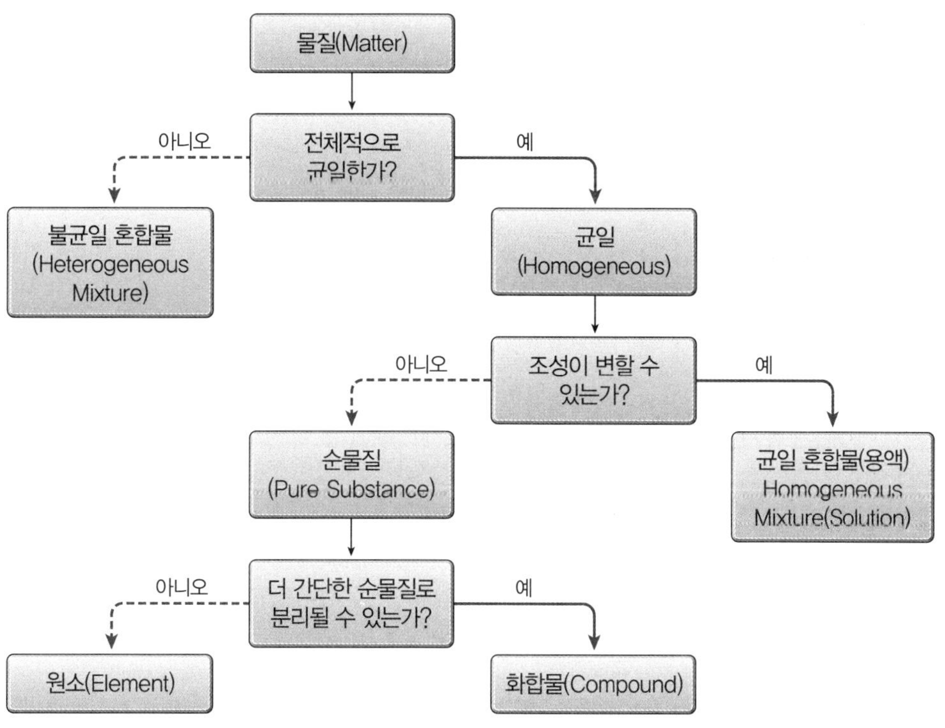

(3) 화학반응 기초

① 온도

㉠ 상대온도: 해면의 평균대기압 하에서 물의 끓는점과 어는점을 기준하여 정한 온도이다.

- 섭씨온도[°C]: 물의 어는점(0[°C])과 끓는점(100[°C])을 100등분하여 기준으로 정한 온도
- 화씨온도[°F]: 물의 어는점(32[°F])과 끓는점(212[°F])을 180등분하여 기준으로 정한 온도

㉡ 절대온도: 분자운동이 완전 정지하여 운동에너지가 0이 되는 온도

- 켈빈온도[K]: 섭씨의 절대온도(−273[°C]=0[K])
- 랭킨온도[°R]: 화씨의 절대온도(−460[°F]=0[°R])

㉢ °C, °F, K, °R 간의 관계식

$$[°C]=\frac{5}{9}\times([°F]-32),\ [K]=[°C]+273,\ [°R]=[°F]+460,\ [°R]=\frac{9}{5}\times[K]$$

② 압력

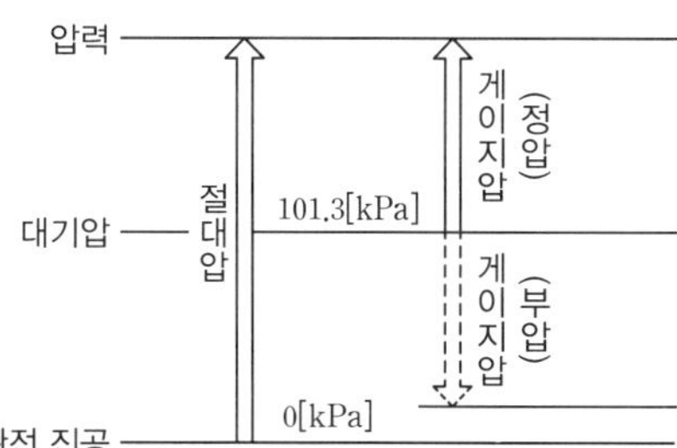

㉠ 단위면적에 미치는 힘으로, 그 단위는 [kgf/cm²], [N/m²], [Pa] 등이 있다.

㉡ 게이지압=절대압−대기압 → 절대압=게이지압+대기압

③ 기체반응 기초법칙

㉠ 보일−샤를의 법칙: 보일의 법칙과 샤를의 법칙을 수학적으로 합한 연합기체법칙이다.

$$\frac{P_1V_1}{T_1}=\frac{P_2V_2}{T_2}$$

여기서, P: 압력, V: 부피, T: 절대온도

㉡ 이상기체 상태방정식: 기체의 압력은 기체 몰수와 온도의 곱을 부피로 나눈 값에 비례한다.

$$PV = nRT = \frac{W}{M}RT$$

여기서, P: 절대압력[atm], V: 부피[L], n: 몰수[mol], R: 0.082[L·atm/mol·K],
T: 절대온도[K], M: 분자량, W: 질량[g]

㉢ 단열변화(단열압축, 단열팽창): 주변계와의 열교환이 없는 상태에서의 변화과정을 말하며 기체의 부피와 압력의 변화에 따라 온도가 변한다.

$$\frac{T_2}{T_1} = \left(\frac{V_1}{V_2}\right)^{r-1} = \left(\frac{P_2}{P_1}\right)^{\frac{(r-1)}{r}}$$

여기서, r: 비열비

㉣ 온도변화에 따른 열량 계산

$$Q = cm(T_2 - T_1)[\text{kcal}]$$

여기서, c: 비열[kcal/kg·℃], m: 질량[kg], T: 온도[℃]

㉤ 액화가스의 부피

액화가스 무게[kg]×가스 정수=액화가스 부피

㉥ 재증발증기(Flash 증기율): 재증발 현상에 따라 발생하는 증기

$$\text{Flash 증기율} = \frac{e_1 - e_2}{\text{기화열}}$$

여기서, e_1: 재증발 후 엔탈피, e_2: 재증발 전 엔탈피

㉦ 액화가스의 기화량: 액화가스가 대기 중으로 방출될 때의 기화되는 양

$$\text{기화량[kg]} = \text{액화가스 질량[kg]} \times \frac{\text{비열[kJ/kg]}}{\text{증발잠열[kJ/kg]}} \times (\text{외기온도[℃]} - \text{비점[℃]})$$

㉧ 아보가드로의 법칙: 0[℃], 1[atm]에서 기체 1[mol]의 부피는 항상 22.4[L]이다.

④ **물의 비등(끓음)**: 비등은 액체에서 기체로의 상변화과정을 의미하며, 액체가 포화온도보다 충분히 높은 온도로 유지되는 표면과 접하고 있을 때 고체와 액체 계면에서 발생한다. 포화온도와 표면온도의 차이를 초과온도라고 하고, 초과온도에 따라 비등은 아래 그림처럼 4개의 구역으로 나뉘는데 초과온도가 낮은 순으로 자연대류비등(Natural Convection Boiling), 핵비등(Nucleate Boiling), 전이비등(Transition Boiling), 막비등(Film Boiling)이라고 한다.

합격 보장 꿀팁 물의 비등순서

① 아무 변화 없음(자연대류)
② 아지랑이 같은 것이 보임(자연대류의 끝부분)
③ 기포가 하나 생김(핵비등 A)
④ 기포가 연속적으로 생김(핵비등 B~C)
⑤ C점: 임계온도차
⑥ 가열 표면에서 증기막이 생기기 시작(전이비등 C~D)
⑦ D점[라이덴프로스트점(Leidenfrost Point)]: 핵비등에서 막비등 상태로 급격하게 이행하는 하한점
⑧ 연속적인 증기막으로 덮임(막비등 D)

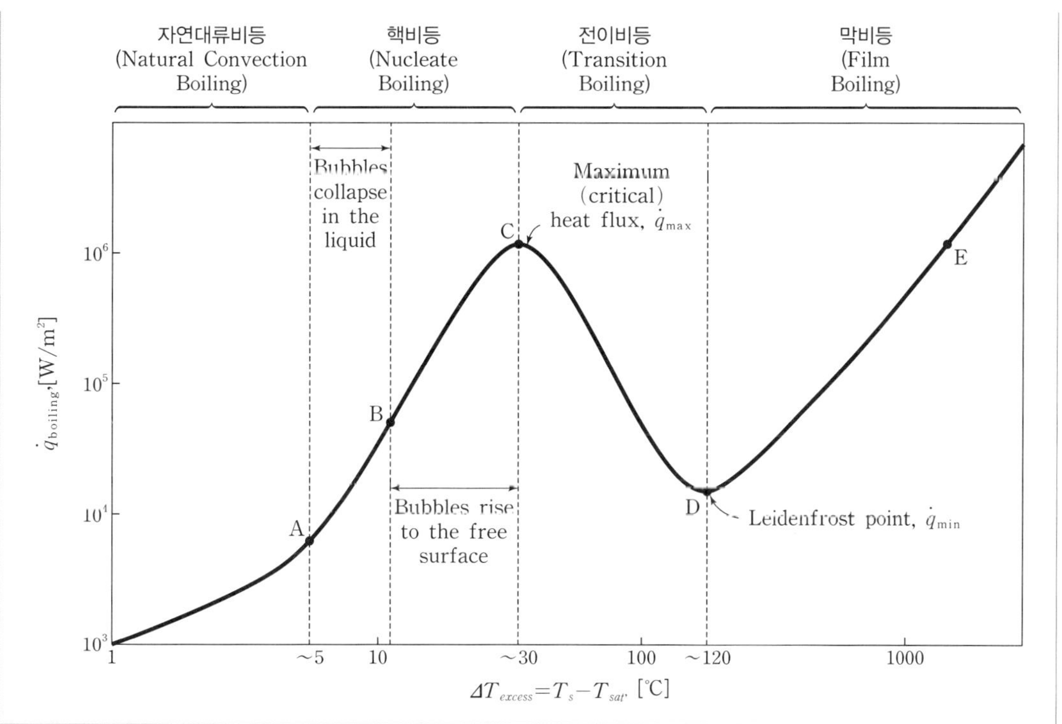

(4) 화학식의 종류와 정의

① **실험식(조성식)**: 화합물을 구성하는 원소들의 가장 간단한 정수비를 표시한 식

② **분자식**: 한 개의 분자 중에 들어있는 원자의 종류와 그 수를 원소기호로 표시한 식

③ **시성식**: 분자의 성질을 표시할 수 있는 작용기를 표시하여 그 결합상태를 표시한 식

④ **구조식**: 분자 내 원자와의 결합상태를 원자가와 같은 수의 결합선으로 연결하여 나타낸 식

C_2H_6O

▲ 에탄올 분자식

C_2H_5OH

▲ 에탄올 시성식

```
    H   H
    |   |
H - C - C - OH
    |   |
    H   H
```

▲ 에탄올 구조식

(5) 화학반응의 분류

① 부가반응

㉠ 둘이나 그 이상의 물질이 화합하여 하나의 화합물을 만드는 반응이다.

㉡ A+Z → AZ

㉢ 부가반응의 예

C_2H_4(에틸렌)+Cl_2(염소) → $C_2H_4Cl_2$(이염화에틸렌)

② 분해반응

㉠ 하나의 화합물이 둘 또는 그 이상의 물질로 분해되는 반응이다.

㉡ 과산화수소의 분해반응: 과산화수소는 공기 중에서 물과 산소로 분해된다.

$$2H_2O_2 \rightarrow 2H_2O + O_2 \uparrow$$

③ 단일치환반응

㉠ 하나의 금속이 하나의 화합물 또는 수용액으로부터 다른 금속 또는 수소를 치환하는 반응이다.

㉡ 수소취성: 수소는 고온, 고압에서 강(Fe_3C) 중의 탄소와 반응하여 메탄을 생성한다.

$$Fe_3C+2H_2 \rightarrow CH_4+3Fe$$

④ **이중치환반응**: 두 화합물의 음이온이 서로 교환되어 완전히 다른 화합물을 생성하는 반응이다.

⑤ **중화반응**: 이중치환반응의 특별한 유형으로, 산과 염기가 반응하여 물을 생성하고 중화되는 반응이다.

⑥ 중합반응(Polymerization)

㉠ 단량체(Monomer)가 촉매 등에 의해 반응하여 다량체(Polymer)를 만들어 내는 반응이다.

㉡ $A+A+\cdots+A \rightarrow -[A]^{-n}$

2. 위험물의 정의

위험물은 다양한 관점에서 정의될 수 있으나 화학적 관점에서 정의하면, 일정 조건에서 화학적 반응에 의해 화재 또는 폭발을 일으킬 수 있는 성질을 가지거나 인간의 건강을 해칠 수 있는 우려가 있는 물질을 말한다.

(1) 위험물의 일반적 성질

① 상온, 상압 조건에서 산소, 수소 또는 물과의 반응이 잘 된다.

② 반응속도가 다른 물질에 비해 빠르고, 반응 시 대부분 발열반응이며 그 열량 또한 비교적 크다.

③ 반응 시 가연성 가스 또는 유독성 가스가 발생한다.

④ 보통 화학적으로 불안정하여 다른 물질과의 결합 또는 스스로의 분해가 잘 된다.

(2) 위험물의 특징

① 화재 또는 폭발을 일으킬 수 있는 성질이 다른 물질에 비해 매우 크다.

② 발화성 또는 인화성이 강하다.

③ 외부로부터의 충격이나 마찰, 가열 등에 의하여 화학변화를 일으킬 수 있다.

④ 다른 물질과 격렬하게 반응하거나 공기 중에서 매우 빠르게 산화되어 폭발할 수 있다.

⑤ 화학반응 시 높은 열을 발생하거나, 폭발 및 폭음을 내는 경우가 대부분이다.

3. 위험물의 종류

(1) 위험물의 종류와 물질의 구분(「산업안전보건법령」에 따른 구분) 안전보건규칙 별표 1

위험물의 종류	물질의 구분
폭발성 물질 및 유기과산화물	① 질산에스테르류 ② 니트로화합물 ③ 니트로소화합물 ④ 아조화합물 ⑤ 디아조화합물 ⑥ 하이드라진 유도체 ⑦ 유기과산화물 ⑧ 그 밖에 ①부터 ⑦까지의 물질과 같은 정도의 폭발 위험이 있는 물질 ⑨ ①부터 ⑧까지의 물질을 함유한 물질

물반응성 물질 및 인화성 고체	① 리튬 ② 칼륨 · 나트륨 ③ 황 ④ 황린 ⑤ 황화인 · 적린 ⑥ 셀룰로이드류 ⑦ 알킬알루미늄 · 알킬리튬 ⑧ 마그네슘 분말 ⑨ 금속 분말(마그네슘 분말 제외) ⑩ 알칼리금속(리튬 · 칼륨 및 나트륨 제외) ⑪ 유기 금속화합물(알킬알루미늄 및 알킬리튬 제외) ⑫ 금속의 수소화물 ⑬ 금속의 인화물 ⑭ 칼슘 탄화물, 알루미늄 탄화물 ⑮ 그 밖에 ①부터 ⑭까지의 물질과 같은 정도의 발화성 또는 인화성이 있는 물질 ⑯ ①부터 ⑮까지의 물질을 함유한 물질
산화성 액체 및 산화성 고체	① 차아염소산 및 그 염류 ② 아염소산 및 그 염류 ③ 염소산 및 그 염류 ④ 과염소산 및 그 염류 ⑤ 브롬산 및 그 염류 ⑥ 요오드산 및 그 염류 ⑦ 과산화수소 및 무기 과산화물 ⑧ 질산 및 그 염류 ⑨ 과망간산 및 그 염류 ⑩ 중크롬산 및 그 염류 ⑪ 그 밖에 ①부터 ⑩까지의 물질과 같은 정도의 산화성이 있는 물질 ⑫ ①부터 ⑪까지의 물질을 함유한 물질
인화성 액체	① 에틸에테르, 가솔린, 아세트알데히드, 산화프로필렌, 그 밖에 인화점이 23[℃] 미만이고 초기 끓는점이 35[℃] 이하인 물질 ② 노르말헥산, 아세톤, 메틸에틸케톤, 메틸알코올, 에틸알코올, 이황화탄소, 그 밖에 인화점이 23[℃] 미만이고 초기 끓는점이 35[℃]를 초과하는 물질 ③ 크실렌, 아세트산아밀, 등유, 경유, 테레핀유, 이소아밀알코올, 아세트산, 하이드라진, 그 밖에 인화점이 23[℃] 이상 60[℃] 이하인 물질
인화성 가스	① 수소 ② 아세틸렌 ③ 에틸렌 ④ 메탄 ⑤ 에탄 ⑥ 프로판 ⑦ 부탄 ⑧ 「산업안전보건법 시행령」 별표 13에 따른 인화성 가스
부식성 물질	① 부식성 산류 ㉠ 농도가 20[%] 이상인 염산, 황산, 질산, 그 밖에 이와 같은 정도 이상의 부식성을 가지는 물질 ㉡ 농도가 60[%] 이상인 인산, 아세트산, 불산, 그 밖에 이와 같은 정도 이상의 부식성을 가지는 물질 ② 부식성 염기류 농도가 40[%] 이상인 수산화나트륨, 수산화칼륨, 그 밖에 이와 같은 정도 이상의 부식성을 가지는 염기류
급성 독성 물질	① 쥐에 대한 경구투입실험에 의하여 실험동물의 50[%]를 사망시킬 수 있는 물질의 양, 즉 LD50(경구, 쥐)이 [kg]당 300[mg]-(체중) 이하인 화학물질 ② 쥐 또는 토끼에 대한 경피흡수실험에 의하여 실험동물의 50[%]를 사망시킬 수 있는 물질의 양, 즉 LD50(경피, 토끼 또는 쥐)이 [kg]당 1,000[mg]-(체중) 이하인 화학물질 ③ 쥐에 대한 4시간 동안의 흡입실험에 의하여 실험동물의 50[%]를 사망시킬 수 있는 물질의 농도, 즉 가스 LC50(쥐, 4시간 흡입)이 2,500[ppm] 이하인 화학물질, 증기 LC50(쥐, 4시간 흡입)이 10[mg/L] 이하인 화학물질, 분진 또는 미스트 1[mg/L] 이하인 화학물질

(2) 독성 물질의 표현단위

① 고체 및 액체 화합물의 독성 표현단위

㉠ LD(Lethal Dose): 한 마리 동물의 치사량

㉡ MLD(Minimum Lethal Dose): 실험동물 한 무리에서 한 마리가 죽는 최소의 양

㉢ LD50: 실험동물 한 무리에서 50[%]가 죽는 양

㉣ LD100: 실험동물 한 무리 전부가 죽는 양

② 가스 및 증발하는 화합물의 독성 표현단위

㉠ LC(Lethal Concentration): 한 마리 동물을 치사시키는 농도

㉡ MLC(Minimum Lethal Concentration): 실험동물 한 무리에서 한 마리가 죽는 최소의 농도

㉢ LC50: 실험동물 한 무리에서 50[%]가 죽는 농도

㉣ LC100: 실험동물 한 무리 전부가 죽는 농도

③ 고독성 물질 기준: 경구투여 시 LD50이 25[mg/kg] 이하인 물질이다.

4. 노출기준

(1) 정의 화학물질 및 물리적 인자의 노출기준 제2조

근로자가 유해인자에 노출되는 경우 노출기준 이하 수준에서는 거의 모든 근로자에게 건강상 나쁜 영향을 미치지 아니하는 기준을 말한다.

(2) 표시단위

① 가스 및 증기: [ppm] 또는 [mg/m^3]

② 분진: [mg/m^3](단, 석면은 [$개/cm^3$])

③ 단위환산: 25[°C], 1[atm] 기준 화학물질의 등록 및 평가 등에 관한 법률 시행령 별표 1

$$[mg/L]=\frac{농도[ppm]\times 분자량}{24.45\times 10^{-3}},\ [mg/m^3]=\frac{농도[ppm]\times 분자량}{24.45}$$

(3) 유독물의 종류와 성상

구분	성상	입자의 크기
흄(Fume)	고체 상태의 물질이 액체화된 다음 증기화되고, 증기화된 물질의 응축 및 산화로 인하여 생기는 고체상의 미립자(금속 또는 중금속 등)	0.01~1[μm]
스모크(Smoke)	유기물의 불완전 연소에 의해 생긴 작은 입자	0.01~1[μm]
미스트(Mist)	공기 중에 분산된 액체의 작은 입자(기름, 도료, 액상 화학물질 등)	0.1~100[μm]
분진(Dust)	① 공기 중에 분산된 고체의 작은 입자(연마, 파쇄, 폭발 등에 의해 발생, 광물, 곡물, 목재 등) ② 유해성 물질의 물리적 특성에서 입자의 크기가 가장 큼	0.01~500[μm]
가스(Gas)	상온 · 상압(25[℃], 1[atm]) 상태에서 기체인 물질	분자상
증기(Vapor)	상온 · 상압(25[℃], 1[atm]) 상태에서 액체로부터 증발되는 기체	분자상

(4) 유해물질의 노출기준

① 시간가중평균노출기준(TWA; Time Weighted Average): 1일 8시간 작업을 기준으로 하여 유해인자의 측정치에 발생시간을 곱하여 8시간으로 나눈 값을 말한다. 화학물질 및 물리적 인자의 노출기준 제2조

$$\text{TWA환산값} = \frac{C_1T_1 + C_2T_2 + \cdots + C_nT_n}{8}$$

여기서, C: 유해인자의 측정치([ppm] 또는 [mg/m³]), T: 유해인자의 발생시간[시간]

② 단시간노출기준(STEL; Short Time Exposure Limit): 15분간의 시간가중평균노출값으로서 노출농도가 시간가중평균노출시간(TWA)을 초과하고 단시간노출기준(STEL) 이하인 경우에는 1회 노출 지속시간이 15분 미만이어야 하고, 이러한 상태가 1일 4회 이하로 발생하여야 하며, 각 노출의 간격은 60분 이상이어야 한다.

③ 최고노출기준(C; Ceiling): 근로자가 1일 작업시간 동안 잠시라도 노출되어서는 아니 되는 기준을 말한다.

④ 혼합물인 경우의 노출기준(위험도)

㉠ 화학물질이 2종 이상 혼재하는 경우에 혼재하는 물질 간에 유해성이 인체의 서로 다른 부위에 작용한다는 증거가 없는 한 유해작용은 가중되므로 노출기준은 다음 식에 따라 산출하되, 산출되는 수치가 1을 초과하지 아니하는 것으로 한다. 화학물질 및 물리적 인자의 노출기준 제6조

$$\text{위험도 } R = \frac{C_1}{T_1} + \frac{C_2}{T_2} + \cdots + \frac{C_n}{T_n}$$

여기서, C: 화학물질 각각의 측정치(위험물질 각각의 제조 또는 취급량)
T: 화학물질 각각의 노출기준(위험물질 각각의 기준량)

㉡ TLV(Threshold Limit Value): 미국산업위생전문가회의(ACGIH)에서 채택한 허용농도기준으로, 근로자가 유해인자에 노출되는 경우 노출기준 이하 수준에서는 거의 모든 근로자에게 건강상 나쁜 영향을 미치지 아니하는 기준이다.

⑤ 주요 물질의 노출기준 화학물질 및 물리적 인자의 노출기준 별표 1

물질명	화학식	노출기준(TWA)
포스겐(Phosgene)	$COCl_2$	0.1[ppm]
불소(Fluorine)	F_2	0.1[ppm]
브롬(Bromine)	Br_2	0.1[ppm]
염소(Chlorine)	Cl_2	0.5[ppm]
황화수소(Hydrogen Sulfide)	H_2S	10[ppm]
암모니아(Ammonia)	NH_3	25[ppm]
일산화탄소(Carbon Monoxide)	CO	30[ppm]
톨루엔(Toluene)	$C_6H_5CH_3$	50[ppm]

5. 유해화학물질의 유해요인

(1) 유해물질

인체에 어떤 경로를 통하여 침입하였을 때 생체기관의 활동에 영향을 주어 장애를 일으키거나 해를 주는 물질을 말한다.

(2) 유해한 정도의 고려 요인

① 유해물질의 농도와 폭로시간: 농도가 클수록, 근로자의 접촉시간이 길수록 유해한 정도는 커지게 된다.

② 유해지수는 K로 표시하며, Hafer의 법칙으로 다음과 같이 나타낸다.

유해지수(K)=유해물질의 농도×노출시간

(3) 유해인자의 분류기준

① 화학적 인자　② 물리적 인자　③ 생물학적 인자

(4) 분진의 유해성

① 천식　② 전신중독　③ 피부 점막장애　④ 발암　⑤ 진폐

(5) 방사선 물질의 유해성

외부 위험 방사능 물질	내부 위험 방사능 물질
X선, γ선, 중성자	α선(매우 심각), β선

① 투과력: α선<β선<X선<γ선

㉠ 200~300[rem] 조사 시: 탈모, 경도발작 등

㉡ 450~500[rem] 조사 시: 사망

② 인체 내 미치는 위험도에 영향을 주는 인자

㉠ 반감기가 짧을수록 위험성이 크다.

㉡ α입자를 방출하는 핵종일수록 위험성이 크다.

㉢ 방사선의 에너지가 높을수록 위험성이 크다.

㉣ 체내에 흡수되기 쉽고 잘 배설되지 않는 것일수록 위험성이 크다.

(6) 중금속의 유해성

① 카드뮴 중독

㉠ 이타이이타이 병: 일본 도야마현 진쯔강 유역에서 1910년 경 발병했고, 폐광에서 흘러나온 카드뮴이 원인이었다.

㉡ 허리와 관절에 심한 통증, 골절 등의 증상을 보인다.

② 수은 중독

㉠ 미나마타 병: 1953년 이래 일본 미나마타만 연안에서 발생했다.

㉡ 흡인 시 인체의 구내염과 혈뇨, 손떨림 등의 증상을 일으킨다.

③ 크롬 화합물(Cr 화합물) 중독

㉠ 3가와 6가의 화합물이 있으며, 중독현상은 크롬 정련 공정에서 발생하는 6가 크롬에 의해 발생한다.

㉡ 수포성피부염, 비중격천공증을 유발한다.

2 화학물질(위험물, 유해화학물질) 유해 위험성 확인

1. 위험물의 성질 및 위험성

(1) 폭발성 물질

① 폭발성 물질은 가연성 물질인 동시에 산소 함유물질이다.

② 자신의 산소를 소비하면서 연소하기 때문에 다른 가연성 물질과 달리 연소속도가 매우 빠르며, 폭발적이다.

③ 폭발성 물질은 분해에 의하여 산소가 공급되기 때문에 연소가 격렬하며 그 자체의 분해도 격렬하다.

④ 폭발성 물질은 가연성 물질인 동시에 산소 함유물로, 공기 공급 없이도 연소하기 때문에 석유류에 담아 보관할 경우 매우 위험하다.

(2) 물반응성 물질

① 공기 중의 습기를 흡수하거나 수분이 접촉했을 때 발화 또는 발열을 일으킬 위험이 있는 물질이다.

② 물반응성 물질은 수분과 반응하여 가연성 기스를 발생하며 발화하는 것과 발열하는 것이 있다.

③ 수분과 반응 시

가연성 가스 발생	나트륨, 알루미늄분말, 인화칼슘(Ca_3P_2) 등
발열 및 접촉한 가연물 발화	생석회(CaO), 무수 염화알루미늄($AlCl_3$), 과산화나트륨(Na_2O_2), 수산화나트륨($NaOH$), 삼염화인(PCl_3) 등

(3) 가연성 고체

① 종이, 목재, 석탄 등 일반 가연물 및 연료류의 일부가 이 부류에 속한다.

② 가연성 고체에 의한 화재는 발화온도 이하로 냉각하든가, 공기를 차단시키면 연소를 막을 수 있다.

(4) 가연성 분체

① 가연성 고체가 분체 또는 액적으로 되어, 공기 중에 분산하여 있는 상태에서 착화시키면 분진폭발을 일으킬 위험이 있다. 이와 같은 상태의 가연성 분체를 폭발성 분진이라고 한다. 공기 중에 분산된 분진으로는 석탄, 유황, 나무, 밀, 합성수지, 금속(알루미늄, 마그네슘, 칼슘실리케이트 등의 분말) 등이 있다.

② 분진폭발이 발생하려면 공기 중에 적당한 농도로 분체가 분산되어 있어야 한다.

③ 분진폭발의 위험성은 주로 분진의 폭발한계농도, 발화온도, 최소발화에너지, 연소열 그리고 분진폭발의 최고압력, 압력상승속도 및 분진폭발에 필요한 한계산소농도 등에 의해 정의되고, 분진폭발의 한계농도는 분진의 입자 크기와 형상에 의해 영향을 받는다.

④ 가연성 분체 중 금속분말(칼슘실리케이트, 알루미늄, 마그네슘 등)은 다른 분진보다 화재발생 가능성이 크고 화재 시 화상을 심하게 입는다.

(5) 산화성 액체 및 산화성 고체

① 일반적으로 자신은 불연성이지만, 다른 물질을 산화시킬 수 있는 산소를 대량으로 함유하고 있는 강산화제이다.

② 반응성이 높고 가열, 충격, 마찰 등에 의해 분해되어 산소 방출이 용이하다.

③ 가연물과 화합하여 급격한 산화·환원반응에 따른 과격한 연소 및 폭발이 가능하다.

(6) 인화성 액체

① 인화성 액체는 액체의 표면에서 계속적으로 가연성 증기를 발산하여 점화원에 의해 인화·폭발의 위험성이 있다.

② 인화성 액체의 위험성은 그 물질의 인화점(Flash Point)에 의해 구분되며, 인화점이 비교적 낮은 가연성 액체를 인화성 액체(Flammable Liquid)라고 부른다.

2. 위험물의 저장 및 취급방법

(1) 폭발성 물질

① 저장 및 취급방법

㉠ 가열, 마찰, 충격을 피한다.

㉡ 고온체와의 접근을 피한다.

㉢ 유기용제와의 접촉을 피한다.

② 니트로셀룰로오스(질화면)

㉠ 건조한 상태에서는 자연 분해되어 발화할 수 있다.

㉡ 에틸알코올 또는 이소프로필 알코올로서 습면의 상태로 보관한다.

③ 소화방법

㉠ 대량의 주수소화가 가능하다.

㉡ 자기 산소 함유 물질이므로 질식소화는 효과가 없다.

(2) 물반응성 물질 및 인화성 고체

① 저장 및 취급방법

㉠ 저장용기의 부식을 막고 수분의 접촉을 방지한다.

㉡ 용기파손이나 누출에 주의한다.

② 소화방법

㉠ 소량의 초기화재는 건조사에 의해 질식소화한다.

㉡ 금속화재는 소화용 특수분말 소화약제(NaCl, $NH_4H_2PO_4$ 등)로 소화한다.

③ 물질별 저장 · 취급 · 소화방법

㉠ 황화린은 삼황화린(P_4S_3), 오황화린(P_2S_5), 칠황화린(P_4S_7)이 있으며, 자연발화성 물질이므로 통풍이 잘 되는 냉암소에 보관한다.

㉡ 적린은 독성이 없고, 공기 중에서 자연발화하지 않는다.

㉢ 마그네슘은 은백색의 경금속으로서 공기 중에서 습기와 서서히 작용하여 발화한다. 일단 착화하면 발열량이 매우 크며, 고온에서 유황 및 할로겐, 산화제와 접촉하면 격렬하게 발열한다. 물과 반응하면 수소가 발생하고 이산화탄소와는 폭발적인 반응을 하므로 소화는 마른 모래나 분말소화약제를 사용한다.

㉣ 황린은 보통 인 또는 백린이라고도 불리며, 맹독성 물질이다. 자연발화성이 있어서 물속에 보관하여야 한다.

㉤ 칼륨은 은백색의 무른 금속으로 상온에서 물과 격렬히 반응하여 수소를 발생시키므로 보호액(석유) 속에 저장하며, 화재발생 시 이산화탄소와 접촉하면 폭발적인 반응이 일어나므로 건조사나 금속화재용 소화기를 이용하여야 한다.

㉥ 금속나트륨은 화학적 활성이 크고, 물과 심하게 반응하여 수소를 내며 열을 발생시키며, 냉수와도 쉽게 반응한다.

㉦ 알킬알루미늄은 알킬기(−R)와 알루미늄의 화합물로서 물과 접촉하면 폭발적으로 반응하여 에탄가스를 발생시킨다. 용기는 밀봉하고 질소 등 불활성 가스를 봉입한다.

㉧ 금속리튬은 은백색의 고체로 물과는 격렬하게 발열반응을 하여 수소를 발생시킨다.

㉨ 금속마그네슘은 은백색의 경금속으로 분말을 수중에서 끓이면 서서히 반응하여 수소를 발생시킨다.

㉩ 금속칼슘은 은백색의 고체로 연성이 있고, 물과는 발열반응을 하여 수소를 발생시킨다.

㉪ CaC_2(탄화칼슘, 카바이드)는 백색 결정체로 자신은 불연성이나, 물과 반응하여 아세틸렌을 발생시키므로 물속에 저장을 금지한다.

㉫ 인화칼슘은 인화석회라고도 하며 적갈색의 고체로 수분과 반응하여 유독성 가스인 포스핀(PH_3)을 발생시킨다.

ⓟ 산화칼슘은 생석회라고도 하며 자신은 불연성이지만 물과 반응 시 많은 열을 내기 때문에 다른 가연물을 점화시킬 수 있다.

ⓗ 탄화알루미늄은 흰색 또는 황색 결정체이고, 물과 발열반응하여 메탄(CH_4) 가스를 발생시킨다.

㉮ 수소화물(LiH, NaH, $LiAlH_4$, CaH_2 등)은 융점(녹는점)이 높은 무색결정체로 물과 반응하여 쉽게 수소를 발생시킨다.

㉯ 칼슘실리케이트는 외관상 금속 상태이고, 물과 작용하여 수소를 방출하며 공기 중에서 자연발화의 위험이 있다. 가연성 분체 중 다른 분진보다 화재발생 가능성이 크고, 화재 시 화상을 심하게 입을 수 있다.

(3) 산화성 액체 및 산화성 고체

① 산화성 물질의 취급

㉠ 가열, 충격, 마찰, 분해를 촉진하는 약품류와의 접촉을 피한다.

㉡ 환기가 잘 되고 차가운 곳에 저장하여야 한다.

㉢ 내용물이 누출되지 않도록 하며, 조해성이 있는 것은 습기를 피해 용기를 밀폐하여야 한다.

② 산화성 물질 연소의 특징

㉠ 분해에 의해 산소가 공급되기 때문에 연소가 과격하고, 위험물 자체의 분해가 격렬하다.

㉡ 소화방법으로는 산화제의 분해를 멈추게 하기 위하여 냉각해서 분해온도 이하로 낮추고, 가연물의 연소도 억제하고 동시에 연소를 방지하는 조치를 강구하여야 한다.

③ 알칼리 금속의 과산화물(과산화칼륨, 과산화나트륨 등)은 물과 반응하여 발열하는 성질(공기 중의 수분에 의해서도 서서히 분해)이 있으므로 저장 · 취급 시 특히 물이나 습기에 접촉되는 것을 방지하여야 한다.

④ **알칼리 금속의 과산화물에 의한 화재:** 소화제로 물을 사용할 수 없기 때문에 다른 가연성 물질과는 같은 장소에 저장하지 않아야 한다.

⑤ 황산(H_2SO_4)의 특성

㉠ 경피독성이 강한 유해물질로, 피부에 접촉하면 큰 화상을 입는다.

㉡ 물(H_2O)에 용해 시 다량의 열을 발생한다.

㉢ 묽은 황산은 각종 금속과 반응하여 수소(H_2)가스를 발생시킨다.

(4) 인화성 액체

① 인화성 액체는 인화점 이하로 유지될 수 있도록 가열을 피해야 한다. 또한 액체나 증기의 누출을 방지하고 정전기 및 화기 등의 점화원에 대해서도 항상 주의하여 관리하여야 한다.

② 저장탱크에 액체 가연성 물질이 인입될 때의 유체의 속도는 API 기준으로 1[m/s] 이하로 하여야 한다.

3. 인화성 가스 취급 시 주의사항

(1) 인화성 가스에는 20[°C], 1[atm]에서 기체상태인 인화성 가스(수소, 아세틸렌, 메탄, 프로판 등) 및 인화성 액화가스(LPG, LNG, 액화수소 등)가 있다. 지연성 가스인 산소, 염소, 불소, 산화질소, 이산화질소 등은 인화성 가스(아세틸렌 등)와 공존할 때 가스폭발의 위험이 있다.

(2) 인화성 가스 및 증기가 공기 또는 산소와 혼합하여 혼합가스의 조성이 어느 농도 범위에 있을 때, 점화원(발화원)에 의해 발화(착화)하면 화염은 순식간에 혼합가스에 전파하여 가스폭발을 일으킨다.

(3) 인화성 가스 중에는 공기의 공급 없이 분해폭발을 일으키는 것이 있는데 이러한 물질로는 아세틸렌, 에틸렌, 산화에틸렌 등이 있으며, 고압일수록 분해폭발을 일으키기 쉽다.

합격 보장 꿀팁 **아세틸렌**

아세틸렌(C_2H_2)의 폭발성

① 화합폭발: C_2H_2는 Ag(은), Hg(수은), Cu(구리)와 반응하여 폭발성의 금속 아세틸라이드를 생성한다.

② 분해폭발: C_2H_2는 1[atm] 이상으로 가압하면 분해폭발이 일어나고, 폭굉현상이 일어날 수 있다. 이때 화염온도는 3,100[℃]까지 이르며, 발생압은 초기압의 20~50배이다.

③ 산화폭발: C_2H_2는 공기 중에서 산소와 반응하여 연소폭발을 일으킨다.

아세틸렌(C_2H_2)의 충전

아세틸렌은 가압하면 분해폭발을 하므로 아세톤 등에 침윤시켜 다공성 물질이 들어 있는 용기에 충전시킨다.

주의사항

용단 또는 가열작업 시 127[kPa](1.3[kgf/cm^2]) 이상의 압력을 초과하여서는 안 된다.

(4) 인화성 가스는 고압상태이기 때문에 발생하는 사고형태로는 가스용기의 파열, 고압가스의 분출 및 그에 따른 폭발성 혼합가스의 폭발, 분출가스의 인화에 의한 화재 등이 있다.

4. 유해화학물질 취급 시 주의사항

(1) 위험물질 등의 제조 등 작업 시의 조치 안전보건규칙 제225조

위험물을 제조하거나 취급하는 경우에 폭발·화재 및 누출을 방지하기 위한 적절한 방호조치를 하지 아니하고 다음 행위를 해서는 아니 된다.

① 폭발성 물질, 유기과산화물을 화기나 그 밖에 점화원이 될 우려가 있는 것에 접근시키거나 가열하거나 마찰시키거나 충격을 가하는 행위

② 물반응성 물질, 인화성 고체를 각각 그 특성에 따라 화기나 그 밖에 점화원이 될 우려가 있는 것에 접근시키거나 발화를 촉진하는 물질 또는 물에 접촉시키거나 가열하거나 마찰시키거나 충격을 가하는 행위

③ 산화성 액체·산화성 고체를 분해가 촉진될 우려가 있는 물질에 접촉시키거나 가열하거나 마찰시키거나 충격을 가하는 행위

④ 인화성 액체를 화기나 그 밖에 점화원이 될 우려가 있는 것에 접근시키거나 주입 또는 가열하거나 증발시키는 행위

⑤ 인화성 가스를 화기나 그 밖에 점화원이 될 우려가 있는 것에 접근시키거나 압축·가열 또는 주입하는 행위

⑥ 부식성 물질 또는 급성 독성 물질을 누출시키는 등으로 인체에 접촉시키는 행위

⑦ 위험물을 제조하거나 취급하는 설비가 있는 장소에 인화성 가스 또는 산화성 액체 및 산화성 고체를 방치하는 행위

(2) 유해물질에 대한 안전대책

① 유해물질의 제조·사용의 중지, 유해성이 적은 물질로의 전환(대치)

② 생산공정 및 작업방법의 개선

③ 유해물질 취급설비의 밀폐화와 자동화(격리)

④ 유해한 생산공정의 격리와 원격조작의 채용

⑤ 국소배기에 의한 오염물질의 확산방지(환기)

⑥ 전체환기에 의한 오염물질의 희석배출

⑦ 작업행동 개선에 의한 2차 발진 등의 방지(교육)

5. 물질안전보건자료(MSDS)

(1) 물질안전보건자료대상물질을 제조하거나 수입하는 자가 작성 및 제출해야 하는 사항 산업안전보건법 제110조

① 제품명

② 화학물질의 명칭 및 함유량

③ 안전 및 보건상의 취급 주의 사항

④ 건강 및 환경에 대한 유해성, 물리적 위험성

⑤ 그 밖에 고용노동부령으로 정하는 사항

㉠ 물리 · 화학적 특성　　㉡ 독성에 관한 정보

㉢ 폭발 · 화재 시의 대처 방법　　㉣ 응급조치 요령

㉤ 그 밖에 고용노동부장관이 정하는 사항

(2) 물질안전보건자료 작성 시 포함되어야 할 항목

각 구성성분의 함유량 변화가 10[%p] 이하인 혼합물로 된 제품들은 해당 제품들을 대표하여 하나의 물질안전보건자료를 작성할 수 있다.

합격 보장 꿀팁　물질안전보건자료 작성 시 포함되어야 할 항목 및 그 순서 화학물질의 분류 · 표시 및 물질안전보건자료에 관한 기준 제10조

① 화학제품과 회사에 관한 정보	② 유해성 · 위험성
③ 구성성분의 명칭 및 함유량	④ 응급조치요령
⑤ 폭발 · 화재 시 대처방법	⑥ 누출사고 시 대처방법
⑦ 취급 및 저장방법	⑧ 노출방지 및 개인보호구
⑨ 물리화학적 특성	⑩ 안정성 및 반응성
⑪ 독성에 관한 정보	⑫ 환경에 미치는 영향
⑬ 폐기 시 주의사항	⑭ 운송에 필요한 정보
⑮ 법적규제 현황	⑯ 그 밖의 참고사항

합격 보장 꿀팁　물질안전보건자료 작성 · 제출 제외 대상 화학물질 등 산업안전보건법 시행령 제86조

「원자력안전법」에 따른 방사성물질, 「농약관리법」에 따른 농약 및 원제, 「사료관리법」에 따른 사료, 「비료관리법」에 따른 비료, 「약사법」에 따른 의약품 및 의약외품, 「화장품법」에 따른 화장품과 화장품에 사용하는 원료, 「식품위생법」에 따른 식품 및 식품첨가물 등이 있다.

3 화학물질 취급설비 개념 확인

1. 각종 장치(고정, 회전 및 안전장치 등) 종류

(1) 화학설비 안전보건규칙 별표 7

① 반응기 · 혼합조 등 화학물질 반응 또는 혼합장치

② 증류탑 · 흡수탑 · 추출탑 · 감압탑 등 화학물질 분리장치

③ 저장탱크 · 계량탱크 · 호퍼 · 사일로 등 화학물질 저장설비 또는 계량설비

④ 응축기 · 냉각기 · 가열기 · 증발기 등 열교환기류

⑤ 고로 등 점화기를 직접 사용하는 열교환기류

⑥ 캘린더(Calender) · 혼합기 · 발포기 · 인쇄기 · 압출기 등 화학제품 가공설비

⑦ 분쇄기 · 분체분리기 · 용융기 등 분체화학물질 취급장치

⑧ 결정조 · 유동탑 · 탈습기 · 건조기 등 분체화학물질 분리장치

⑨ 펌프류 · 압축기 · 이젝터(Ejector) 등의 화학물질 이송 또는 압축설비

(2) 화학설비의 부속설비 안전보건규칙 별표 7

① 배관 · 밸브 · 관 · 부속류 등 화학물질 이송 관련 설비
② 온도 · 압력 · 유량 등을 지시 · 기록 등을 하는 자동제어 관련 설비
③ 안전밸브 · 안전판 · 긴급차단 또는 방출밸브 등 비상조치 관련 설비
④ 가스누출감지 및 경보 관련 설비
⑤ 세정기, 응축기, 벤트스택(Vent Stack), 플레어스택(Flare Stack) 등 폐가스처리설비
⑥ 사이클론, 백필터(Bag Filter), 전기집진기 등 분진처리설비
⑦ ①~⑥의 설비를 운전하기 위하여 부속된 전기 관련 설비
⑧ 정전기 제거장치, 긴급 샤워설비 등 안전 관련 설비

(3) 특수화학설비 안전보건규칙 제273조

위험물을 기준량 이상으로 제조 또는 취급하는 다음의 어느 하나에 해당하는 화학설비이다.
① 발열반응이 일어나는 반응장치
② 증류 · 정류 · 증발 · 추출 등 분리를 하는 장치
③ 가열시켜 주는 물질의 온도가 가열되는 위험물질의 분해온도 또는 발화점보다 높은 상태에서 운전되는 설비
④ 반응폭주 등 이상 화학반응에 의하여 위험물질이 발생할 우려가 있는 설비
⑤ 온도가 350[°C] 이상이거나 게이지압력이 980[kPa] 이상인 상태에서 운전되는 설비
⑥ 가열로 또는 가열기

> **합격 보장 꿀팁** 위험물질의 기준량 안전보건규칙 별표 9
> ① 인화성 가스(수소, 아세틸렌, 메탄, 부탄 등): 50[m^3]
> ② 급성 독성 물질(시안화수소, 플루오르아세트산 등): 5[kg]

(4) 화학설비 안전대책 안전보건규칙 제255조~258조, 제270~276조

① 화학설비를 설치하는 건축물의 구조

화학설비 및 그 부속설비를 내부에 설치하는 경우에는 건축물의 바닥 · 벽 · 기둥 · 계단 및 지붕 등에 불연성 재료를 사용하여야 한다.

② 부식방지

화학설비 또는 그 배관(화학설비 또는 그 배관의 밸브나 콕은 제외) 중 위험물 또는 인화점이 60[°C] 이상인 물질(이하 "위험물질 등")이 접촉하는 부분에 대해서는 위험물질 등에 의하여 그 부분이 부식되어 폭발 · 화재 또는 누출되는 것을 방지하기 위하여 위험물질 등의 종류 · 온도 · 농도 등에 따라 부식이 잘 되지 않는 재료를 사용하거나 도장 등의 조치를 하여야 한다.

㉠ 암모니아가스 취급 시 심한 부식성을 나타내는 동, 동합금, 알루미늄 합금재질의 설비나 배관은 사용해서는 안 되며, 암모니아가스가 부식시키지 않는 탄소강(Fe_3C) 재질의 설비 및 배관을 사용하여야 한다.

㉡ 구리가 수소 등의 환원 분위기 속에서 고온 가열되었을 때, 산화구리의 환원에 의해 연성 또는 인성이 저하되는 수소취성이 생길 수 있으므로, 구리 배관에는 수소분자가 있는 가스를 사용하면 안 된다.

③ 덮개 등의 접합부

화학설비 또는 그 배관의 덮개 · 플랜지 · 밸브 및 콕의 접합부에 대해서는 접합부에서 위험물질 등이 누출되어 폭발 · 화재 또는 위험물이 누출되는 것을 방지하기 위하여 적절한 개스킷(Gasket)을 사용하고 접합면을 서로 밀착시키는 등 적절한 조치를 하여야 한다.

④ 밸브 등의 개폐방향 표시 등

화학설비 또는 그 배관의 밸브 · 콕 또는 이것들을 조작하기 위한 스위치 및 누름버튼 등에 대하여 오조작으로 인한 폭발 · 화재 또는 위험물의 누출을 방지하기 위하여 열고 닫는 방향을 색채 등으로 표시하여 구분되도록 하여야 한다.

▲ 유체 흐름방향 및 밸브 개폐방향 표시 예

물질의 종류	식별색
물	파랑
증기	어두운 빨강
공기	흰색
가스	연한 노랑
산 또는 알칼리	회보라
기름	어두운 주황
전기	연한 주황

▲ 물질의 종류와 그 식별색

가스의 종류	용기 도색
액화석유가스	밝은 회색
수소	주황색
아세틸렌	황색
액화암모니아	백색
액화염소	갈색
기타 가스	회색

▲ 고압가스용기의 도색

⑤ 안전거리

위험물을 저장·취급하는 화학설비 및 그 부속설비를 설치하는 경우에는 폭발이나 화재에 따른 피해를 줄일 수 있도록 설비 및 시설 간에 충분한 안전거리를 유지하여야 한다.

구분	안전거리
단위공정시설 및 설비로부터 다른 단위공정시설 및 설비의 사이	설비의 바깥 면으로부터 10[m] 이상
플레어스택으로부터 단위공정시설 및 설비, 위험물질 저장탱크 또는 위험물질 하역설비의 사이	플레어스택으로부터 반경 20[m] 이상(단위공정시설 등이 불연재로 시공된 지붕 아래에 설치된 경우 제외)
위험물질 저장탱크로부터 단위공정시설 및 설비, 보일러 또는 가열로의 사이	저장탱크 바깥 면으로부터 20[m] 이상(저장탱크의 방호벽, 원격조종소화설비 또는 살수설비를 설치한 경우 예외)
사무실·연구실·실험실·정비실 또는 식당으로부터 단위공정시설 및 설비, 위험물질 저장탱크, 위험물질 하역설비, 보일러 또는 가열로의 사이	사무실 등의 바깥 면으로부터 20[m] 이상(난방용 보일러인 경우 또는 사무실 등의 벽을 방호구조로 설치한 경우 예외)

⑥ 특수화학설비 안전장치

구분	내용
계측장치 등의 설치	특수화학설비를 설치하는 경우에는 내부의 이상 상태를 조기에 파악하기 위하여 필요한 온도계·유량계·압력계 등의 계측장치를 설치하여야 함
자동경보장치의 설치 등	• 특수화학설비를 설치하는 경우에는 그 내부의 이상 상태를 조기에 파악하기 위하여 필요한 자동경보장치를 설치하여야 함 • 자동경보장치를 설치하는 것이 곤란한 경우에는 감시인을 두고 그 특수화학설비의 운전 중 설비를 감시하도록 하는 등의 조치를 하여야 함
긴급차단장치의 설치 등	• 특수화학설비를 설치하는 경우에는 이상 상태의 발생에 따른 폭발·화재 또는 위험물의 누출을 방지하기 위하여 원재료 공급의 긴급차단, 제품 등의 방출, 불활성가스의 주입이나 냉각용수 등의 공급을 위하여 필요한 장치 등을 설치하여야 함 • 위의 장치 등은 안전하고 정확하게 조작할 수 있도록 보수·유지되어야 함

예비동력원 등	특수화학설비와 그 부속설비에 사용하는 동력원에 대하여 다음의 사항을 준수하여야 함 • 동력원의 이상에 의한 폭발이나 화재를 방지하기 위하여 즉시 사용할 수 있는 예비동력원을 갖추어 둘 것 • 밸브 · 콕 · 스위치 등에 대해서는 오조작을 방지하기 위하여 잠금장치를 하고 색채표시 등으로 구분할 것

⑦ 방유제 설치

위험물을 액체상태로 저장하는 저장탱크를 설치하는 경우에는 위험물질이 누출되어 확산되는 것을 방지하기 위하여 방유제를 설치하여야 한다.

⑧ 내화기준

가스폭발 위험장소 또는 분진폭발 위험장소에 설치되는 건축물 등에 대해서는 다음에 해당하는 부분을 내화구조로 하여야 하며, 그 성능이 항상 유지될 수 있도록 점검 · 보수 등 적절한 조치를 하여야 한다.(건축물 등의 주변에 화재에 대비하여 물분무시설 또는 폼헤드설비 등의 자동소화설비를 설치하여 건축물 등이 화재 시에 2시간 이상 그 안전성을 유지할 수 있도록 한 경우 예외)

㉠ 건축물의 기둥 및 보: 지상 1층(지상 1층의 높이가 6[m]를 초과하는 경우에는 6[m])까지

㉡ 위험물 저장 · 취급용기의 지지대(높이가 30[cm] 이하인 것은 제외): 지상으로부터 지지대의 끝부분까지

㉢ 배관 · 전선관 등의 지지대: 지상으로부터 1단(1단의 높이가 6[m]를 초과하는 경우에는 6[m])까지

2. 화학장치(반응기, 정류탑, 열교환기 등) 특성

(1) 반응기

반응기는 화학반응을 최적 조건에서 수율이 좋도록 행하는 기구이다. 화학반응은 물질, 온도, 농도, 압력, 시간, 촉매 등의 영향을 받으므로 이런 인자들을 고려하여 설계 · 설치 · 운전하여야 안전한 작업을 할 수 있다.

▲ 세계 최대 규모 화학기업의 공장(독일 BASF)

① 반응기의 분류

㉠ 조작방법에 의한 분류: 회분식 반응기, 반회분식 반응기, 연속식 반응기

㉡ 구조에 의한 분류: 교반조형 반응기, 관형 반응기, 탑형 반응기, 유동층형 반응기

② 반응기 안전설계 시 고려할 요소

㉠ 상(Phase)의 형태(고체, 액체, 기체)

㉡ 온도 범위

㉢ 운전압력

㉣ 부식성

③ 반응기의 안전조치

㉠ 폭발 · 화재 분위기의 형성을 방지한다.

㉡ 반응잔류물 등의 축적으로 인한 혼합 및 반응폭주를 방지한다.

> **합격 보장 꿀팁** **반응폭주**
>
> 온도, 압력 등 제어상태가 규정의 조건을 벗어나는 것에 의해 반응속도가 지수함수적으로 증대되고, 반응용기 내의 온도, 압력이 급격히 이상 상승되어 규정 조건을 벗어나고, 반응이 과격화되는 현상이다.

㉢ 인화성 액체와 같은 위험물질을 드럼을 통해 주입하는 경우 드럼을 접지하고, 전도성 파이프를 이용하며 정전기 및 전하에 의한 점화에 주의한다.

㉣ 계측기 및 제어기의 점검을 통해 오류가 없도록 한다.

㉤ 환기설비, 가스누출 검지기 및 경보설비, 소화설비, 물분무설비, 비상조명설비, 통신설비 등을 갖춘다.

㉥ 이상반응 시 내부의 반응물을 안전하게 방출하기 위한 장치를 설치한다.

㉦ 반응 중에는 반응기 내부의 공정조건을 확인한다.

㉧ 필요한 경우 배기설비에 역화방지기를 설치한다.

④ 반응폭발에 영향을 미치는 요인

㉠ 냉각시스 ㉡ 반응온도 ㉢ 교반상태

(2) 증류탑(정류탑)

증류탑(정류탑)은 두 개 또는 그 이상의 액체의 혼합물을 끓는점(비점) 차이를 이용하여 특정 성분을 분리하는 것을 목적으로 하는 장치이다. 기체와 액체를 접촉시켜 물질전달 및 열전달을 이용하여 분리한다.

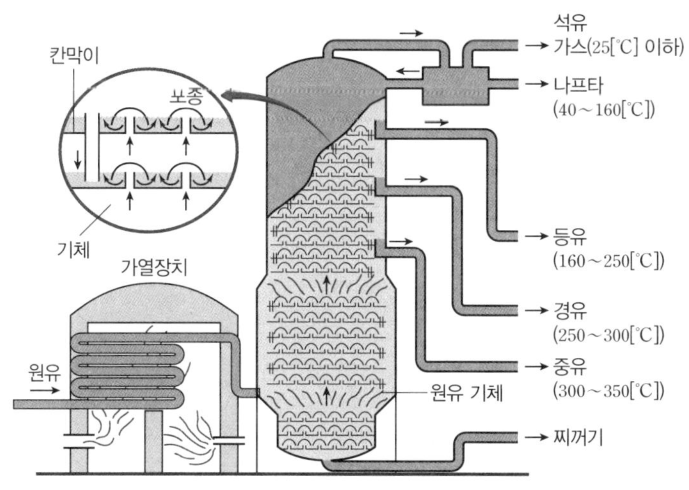

▲ 증류탑의 개략도(원유의 분별증류)

① 증류방식의 종류

㉠ 단순증류

끓는점 차이가 큰 액체 혼합물을 분리하는 가장 간단한 증류방법으로 기화된 기체를 응축기에서 액화시켜 분리하는 방법이다.

㉡ 평형증류(플래시증류)

성분의 분리 또는 그 외의 목적으로 용액을 증기와 액체로 급속히 분리하는 방법이다. 고온으로 가열된 액체를 감압하면 용액은 자신의 증기와 평형을 유지하면서 급속히 증발하는 원리를 이용하는 증류 방법이다.

㉢ 감압증류(진공증류)

끓는점이 비교적 높은 액체 혼합물을 분리하기 위하여 증류공정의 압력을 감소시켜 증류속도를 빠르게(끓는점을 낮게) 하여 증류하는 방법이다. 상압 하에서 끓는점까지 가열하면 분해할 우려가 있는 물질 또는 감압 하에서는 물질의 끓는점이 낮아지는 현상을 이용하는 증류 방법이다. 감압증류와 진공증류로 구분될 수 있다.

㉣ 수증기증류

뜨거운 수증기를 공급하여 수증기와 함께 기화된 액체 성분을 분리하는 방법이다. 끓는점이 높고, 물에 거의 녹지 않는 유기화합물에 수증기를 불어 넣어 그 물질의 끓는점보다 낮은 온도에서 수증기와 함께 유출되어 나오는 물질의 증기를 냉각하여 물과의 혼합물로 응축시키고 그것을 분리시키는 증류 방법이다.

㉤ 분별증류

두 종류 이상의 액체혼합물을 끓는점 차이를 이용하여 분리시키는 방법으로 분류(分溜)라고도 한다. 다성분의 혼합물을 가열해 끓는점마다 각각 회수기를 받쳐 성분을 분별, 채취하는 방법이다. 원유를 분리할 때 사용되는 증류방법이다.

ⓑ 공비증류

일반적인 증류로는 분리하기 어려운 혼합물을 분리할 때 제3의 성분을 첨가해 공비혼합물을 만들어 증류에 의해 분리하는 방법이다. 예를 들어, 수분을 함유하는 에탄올에서 순수한 에탄올을 얻기 위해 벤젠과 같은 물질을 첨가하여 수분을 제거한다.

② 증류탑 점검항목

㉠ 일상점검 항목

- 도장의 열화 상태
- 기초볼트 상태
- 보온재 및 보냉재 상태
- 배관 등 연결부 상태
- 외부 부식 상태
- 감시창, 출입구, 배기구 등 개구부의 이상 유무

㉡ 자체검사(개방점검) 항목

- 트레이 부식상태, 정도, 범위
- 용접선의 상태
- 내부 부식 및 오염 여부
- 라이닝, 코팅, 개스킷 손상 여부
- 예비동력원의 기능 이상 유무
- 가열장치 및 제어장치 기능의 이상 유무
- 뚜껑, 플랜지 등의 접합 상태의 이상 유무

(3) 열교환기

열교환기는 열에너지 보유량이 서로 다른 두 유체가 그 사이에서 열에너지를 교환해 주는 장치이다. 상대적으로 고온 또는 저온인 유체 간의 온도차에 의해 열교환이 이루어진다.

① 열교환기의 분류

㉠ 기능에 따른 분류

- 열교환기(Heat Exchanger): 두 공정흐름 사이의 열을 교환하는 장치
- 냉각기(Cooler): 냉각수 등을 이용하여 목적 공정흐름 유체를 냉각시키는 장치
- 예열기(Preheater): 공정에 유입되기 전 유체를 가열(예열)하는 장치
- 기화기(Evaporator): 저온 측 유체에 열을 가하여 기화시키는 장치
- 재비기(Reboiler): 탑저액의 재증발을 위한 장치, 공정흐름을 거쳐 나온 유체를 다시 공정으로 투입하기 위해 증발시키는 장치
- 응축기(Condenser): 고온 측 유체에서 열을 빼앗아 액화시키는 장치

㉡ 구조에 의한 분류: 코일식, 이중관식, 다관식(고정관판식, 유동관판식, U자형관식 등) 등으로 분류할 수 있다.

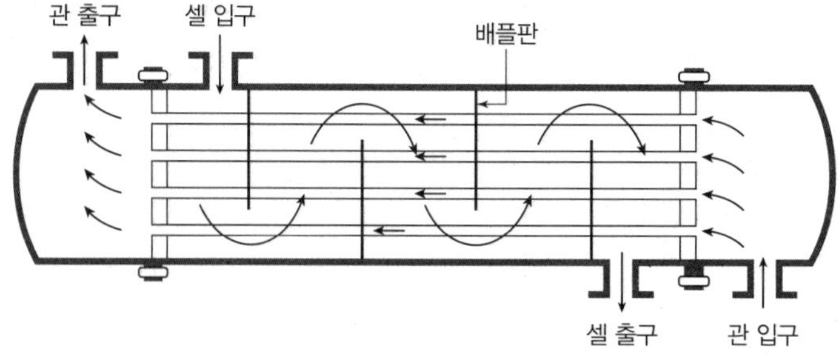

▲ 다관식 열교환기

② 열교환기 점검항목

㉠ 일상점검 항목

- 도장부 결함 및 벗겨짐
- 보온재 및 보냉재 상태
- 기초부 및 기초 고정부 상태
- 배관 등과의 접속부 상태

㉡ 자체검사(개방점검) 항목
- 내부 부식의 형태 및 정도
- 용접부 상태
- 부착물에 의한 오염의 상황
- 내부 관의 부식 및 누설 유무
- 라이닝, 코팅, 개스킷 손상 여부

③ 열교환기의 열교환 능률을 향상시키는 방법

㉠ 유체의 유속을 적절하게 조절한다.

㉡ 유체의 흐르는 방향을 향류로 한다.

㉢ 열교환을 하는 유체의 온도차를 크게 한다.

㉣ 열전도율이 높은 재료를 사용한다.

3. 화학설비(건조설비 등)의 취급 시 주의사항

건조설비는 물, 유기용제 등의 습기가 있는 원재료의 수분을 제거하고 조작하는 기구이다. 건조설비는 대상물의 성상, 함수율, 처리능력, 열원 등에 따라 그 형태와 크기가 매우 다양하다.

(1) 건조설비의 종류

건조물에 열에너지를 투입하는 방법, 즉 전열과정은 전도·대류·방사의 세 종류가 있다. 건조설비는 전열과정과 건조물의 거동 혹은 이동 상태 등에 따라 상자형, 터널형, 밴드형, 회전형 등으로 분류할 수 있다.

(2) 건조설비 취급 시 준수사항 안전보건규칙 제283조

① 위험물 건조설비를 사용하는 경우에는 미리 내부를 청소하거나 환기할 것

② 위험물 건조설비를 사용하는 경우에는 건조로 인하여 발생하는 가스·증기 또는 분진에 의하여 폭발·화재의 위험이 있는 물질을 안전한 장소로 배출시킬 것

③ 위험물 건조설비를 사용하여 가열·건조하는 건조물은 쉽게 이탈되지 않도록 할 것

④ 고온으로 가열건조한 인화성 액체는 발화의 위험이 없는 온도로 냉각한 후에 격납시킬 것

⑤ 건조설비(바깥 면이 현저히 고온이 되는 설비만 해당)에 가까운 장소에는 인화성 액체를 두지 않도록 할 것

(3) 건조설비의 구조 안전보건규칙 제280~281조

① 위험물 건조설비를 설치하는 건축물의 구조

다음의 어느 하나에 해당하는 위험물 건조설비 중 건조실을 설치하는 건축물의 구조는 독립된 단층건물로 하여야 한다. 다만, 해당 건조실을 건축물의 최상층에 설치하거나 건축물이 내화구조인 경우에는 그러하지 아니하다.

㉠ 위험물 또는 위험물이 발생하는 물질을 가열·건조하는 경우 내용적이 1[m^3] 이상인 건조설비

㉡ 위험물이 아닌 물질을 가열·건조하는 경우로서 다음의 어느 하나의 용량에 해당하는 건조설비
- 고체 또는 액체연료의 최대사용량이 시간당 10[kg] 이상
- 기체연료의 최대사용량이 시간당 1[m^3] 이상
- 전기사용 정격용량이 10[kW] 이상

② 건조설비의 구조 등

㉠ 건조설비의 바깥 면은 불연성 재료로 만들 것

㉡ 건조설비(유기과산화물을 가열·건조하는 것은 제외)의 내면과 내부의 선반이나 틀은 불연성 재료로 만들 것

㉢ 위험물 건조설비의 측벽이나 바닥은 견고한 구조로 할 것

㉣ 위험물 건조설비는 그 상부를 가벼운 재료로 만들고 주위상황을 고려하여 폭발구를 설치할 것

㉤ 위험물 건조설비는 건조하는 경우에 발생하는 가스·증기 또는 분진을 안전한 장소로 배출시킬 수 있는 구조로 할 것

ⓑ 액체연료 또는 인화성 가스를 열원의 연료로 사용하는 건조설비는 점화하는 경우에는 폭발이나 화재를 예방하기 위하여 연소실이나 그 밖에 점화하는 부분을 환기시킬 수 있는 구조로 할 것

ⓢ 건조설비의 내부는 청소하기 쉬운 구조로 할 것

ⓞ 건조설비의 감시창·출입구 및 배기구 등과 같은 개구부는 발화 시에 불이 다른 곳으로 번지지 아니하는 위치에 설치하고 필요한 경우에는 즉시 밀폐할 수 있는 구조로 할 것

ⓙ 건조설비는 내부의 온도가 부분적으로 상승하지 아니하는 구조로 설치할 것

ⓒ 위험물 건조설비의 열원으로서 직화를 사용하지 아니할 것

ⓚ 위험물 건조설비가 아닌 건조설비의 열원으로서 직화를 사용하는 경우에는 불꽃 등에 의한 화재를 예방하기 위하여 덮개를 설치하거나 격벽을 설치할 것

4. 전기설비(계측설비 포함)

(1) 압력계

① **1차 압력계:** 압력과 힘의 물리적 관계로부터 압력을 직접 측정하는 압력계

자유피스톤형 압력계 (분동식 또는 피스톤식)	주로 압력계의 눈금교정, 실험목적 등으로 사용
액주식 압력계(Manometer)	U자관 압력계, 단관식 압력계, 경사관식 압력계

② **2차 압력계:** 탄성, 전기적 변화, 물질변화 등을 이용하여 압력을 측정하는 압력계

부르동관식(Bourdon) 압력계	탄성체의 탄성변형을 이용한 압력계
벨로스식(Bellows) 압력계	압력에 의한 벨로스의 탄성변형을 이용한 압력계
다이어프램식(Diaphragm) 압력계	얇은 금속의 격막을 이용하여 미세한 압력 측정에 사용
전기저항 압력계	금속 전기저항 변화를 이용한 압력계
피에조(Piezo) 전기 압력계	급격히 변화하는 압력 측정에 사용

(2) 유량계

① **직접식 유량계:** 유체의 부피나 질량을 직접 측정하는 유량계

② **간접식(가변류) 유량계:** 유량과 관계 있는 다른 양을 측정하여 유량을 구하는 유량계

차압식	유체가 흘러 가는 배관에 장해물을 설치하고, 그 전후 압력차를 측정하여 유량을 구하는 유량계	피토관, 오리피스미터, 벤투리미터 등
면적식	• 유체의 면적과 시간의 함수를 이용하여 유량을 구하는 유량계 • 피스톤형과 플로트형으로 구분함	로터미터(Rota Meter) 등

CHAPTER

08 화공안전 비상조치 계획 · 대응

합격 KEYWORD 비상조치계획, 비상대응 교육 훈련

1 비상조치계획 및 평가

1. 비상조치계획

(1) 비상조치를 위한 장비 · 인력 보유현황

(2) 사고발생 시 각 부서 · 관련 기관과의 비상연락체계

(3) 사고발생 시 비상조치를 위한 조직의 임무 및 수행 절차

(4) 비상조치계획에 따른 교육계획

(5) 주민홍보계획

(6) 그 밖에 비상조치 관련 사항

2. 비상대응 교육 훈련 2024 KOSHA G-104

(1) 교육훈련

비상조치계획에 따라 사고발생 시 신속하고 효과적으로 대응조치를 취할 수 있도록 계획에 규정된 인력들이 각자의 역할을 숙지하고 실행하는 교육훈련이 필요하다.

(2) 평가

비상조치계획은 사고 발생을 가정하여 정기적으로 재검토하고, 미비점이 발견될 시 이를 보완한다. 이 평가는 현장 및 현장 외 비상조치계획 모두 해당된다. 평가 대상은 다음과 같다.

① 비상조치계획의 정확성, 일관성 및 완성도와 실행 가능성 그리고 관련 문서 전반

② 사용 장비 및 시설의 적절성 및 사용 용이성

③ 계획 실행자의 수행 능력 또는 장비 및 시설 사용 능력

④ 현장 통제센터의 기능과 역할

⑤ 경보시스템

(3) 교육훈련 및 평가 방법

① 화재훈련, 경보 테스트, 소개 및 탐색, 통신 등에 대한 직접 점검

② 세미나 토의를 통한 평가

③ 온라인을 통한 모의 훈련

④ 비상조치계획의 수정 및 보완

(4) 평가서 작성

교육훈련 및 평가 실행 후 참여자들의 의견을 반영하여 비상조치계획 전반에 대한 평가서를 작성한다. 이 평가내용은 해당 조직은 물론 관련기관들에 공지하고, 필요 시 개정 조치를 취한다. 계획의 개정이 필요한 경우는 다음과 같다.

SUBJECT 04 전기 및 화학설비 안전관리

① 조직 활동 부분의 변화
② 계획과 관련된 기관 부분의 변화
③ 계획 및 대응조치에 있어서의 새로운 지식 혹은 기술 부분의 향상
④ 인력자원 부분의 변화
⑤ 유사 사고 사례로부터 획득한 새로운 지식
⑥ 평가를 통해 얻은 지식과 교훈
⑦ 수정조치계획에 대한 수정 및 보완

5-1 비상대응 교육 훈련

비상조치계획은 사고 발생을 가정하여 정기적으로 재검토하고, 미비점이 발견될 시 이를 보완한다. 다음 중 비상조치계획의 평가 대상이 아닌 것은?

① 비상조치계획의 정확성, 일관성 및 완성도와 실행 가능성 그리고 관련 문서 전반
② 사용 장비 및 시설의 적절성 및 사용 용이성
③ 계획 실행자의 수행 능력 또는 장비 및 시설 사용 능력
④ 소방시스템

해설 비상조치계획의 평가 대상은 소방시스템이 아니라 경보시스템이다.

| 정답 | ④

3. 자체메뉴얼 개발 2024

목차	주요 내용	작성요령
1. 사업장 개요		
2. 주요위험 요인	가. 주요공정 나. 공정별 주요 위험요소 다. 공정개요 라. 유해·위험물질 목록 마. 장치 및 설비 명세	• 공정안전보고서의 공정개요, 유해위험물질 목록, 장치 및 설비명세 목록을 모두 첨부 • 공정안전보고서가 여러 공정으로 분류된 경우 각 공정별로 구분하여 첨부
3. 유해위험설비 배치도	가. 공장 배치 및 설비 위치도 나. 폭발위험장소 구분도	• 사업장 규모가 크거나 분리된 경우 전체 배치도 및 지역배치도 함께 첨부 • 배치도에 위험물질의 시설별, 지역별 취급 및 저장수량 표시 • 공정안전보고서의 폭발위험장소 구분도를 모두 첨부
4. 사업장 비상연락망	가. 사업장 비상연락망	
5. 유관기관 비상연락망	가. 유관기관 비상연락망 나. 주변 사업장(주민) 비상연락망 다. 주변 사업장(주민) 배치도	
6. 자체 비상대응체제	가. 비상 시 대피절차와 비상대피로 나. 대피 전 안전조치를 취해야 할 주요 공정설비 및 절차 다. 비상대피 후 직원이 취해야 할 임무와 절차 라. 비상사태 발생 시 통제조직 및 업무분장 마. 사고 발생 시와 비상대피 시의 보호구 착용 지침 바. 비상 대응 장비 현황	공정안전보고서 비상조치계획을 참조하여 아래 항목에 대하여 작성 • 비상상황의 종류 및 장소에 따라 구분하여 작성 • 비상경보의 종류, 비상사태의 종류별 대피자 및 대피위치 등
7. 부록(피해예측분석)	(K-CARM, ALOHA) 보고서 첨부 – 피해예측결과 – 피해 범위에 따른 도면	

CHAPTER

09 화공 안전운전 · 점검

합격 KEYWORD 공정안전보고서의 제출 시기, 안전밸브, 화염방지기, 안전운전계획, 공정안전자료, 위험성평가

1 공정안전 기술

1. 공정안전의 개요

(1) 공정안전

① 공정안전보고서의 내용 산업안전보건법 시행령 제44조

㉠ 공정안전자료

㉡ 공정위험성 평가서

㉢ 안전운전계획

㉣ 비상조치계획

㉤ 그 밖에 공정상의 안전과 관련하여 고용노동부장관이 필요하다고 인정하여 고시하는 사항

② 공정안전보고서의 제출 시기 산업안전보건법 시행규칙 제51조 산업안전보건법 제46조

㉠ 유해하거나 위험한 설비의 설치 · 이전 또는 주요 구조부분의 변경공사의 착공일 30일 전까지 공정안전보고서를 2부 작성하여 한국산업안전보건공단에 제출하여야 한다.

㉡ 공정안전보고서의 내용을 변경하여야 할 사유가 발생한 경우에는 지체 없이 그 내용을 보완하여야 한다.

③ 공정안전보고서 제출 대상 산업안전보건법 시행령 제43조

공정안전보고서 제출 대상은 다음의 어느 하나에 해당하는 사업을 하는 사업장의 경우에는 그 보유설비를 말한다.

㉠ 원유 정제처리업

㉡ 기타 석유정제물 재처리업

㉢ 석유화학계 기초화학물질 제조업 또는 합성수지 및 기타 플라스틱물질 제조업

㉣ 질소 화합물, 질소 · 인산 및 칼리질 화학비료 제조업 중 질소질 비료 제조

㉤ 복합비료 및 기타 화학비료 제조업 중 복합비료 제조(단순혼합 또는 배합에 의한 경우 제외)

㉥ 화학 살균 · 살충제 및 농업용 약제 제조업(농약 원제 제조만 해당)

㉦ 화약 및 불꽃제품 제조업

(2) 중대산업사고 산업안전보건법 제44조

대통령령으로 정하는 유해하거나 위험한 설비가 있는 경우 그 설비로부터의 위험물질 누출, 화재 및 폭발 등으로 인하여 사업장 내의 근로자에게 즉시 피해를 주거나 사업장 인근 지역에 피해를 줄 수 있는 사고로서 대통령령으로 정하는 사고이다.

(3) 공정안전 리더십 KOSHA P-19

① 관리자들은 공정안전문화, 비전, 기댓값, 역할, 책임사항들을 알아야 하며, 다음 사항들을 수행하여야 한다.

㉠ 신임 관리자들과 문화, 비전, 역할, 책임 등을 토론

㉡ 공정안전문화에 대한 공식적인 훈련 프로그램을 신임 및 기존의 관리자에게 제공

㉢ 공정안전문화에 대한 공식적인 훈련프로그램을 주기적으로 개정

② 관리자는 공정안전에 대한 가치, 우선순위 그리고 관심분야를 자발적으로 표현하는 기회를 찾기 위한 노력을 하여야 한다.

③ 회사의 모든 계층은 공정안전 리더십에 대한 책임과 의무를 나누어야 한다.

2. 각종 장치(제어장치, 송풍기, 압축기, 배관 및 피팅류)

(1) 제어장치

공정의 제어는 장치의 운전 성패와 더불어 안전성 확보에 가장 중요한 역할을 하는 것이다. 수동제어는 사람이 직접 제어하는 반면, 자동제어는 기계 또는 장치의 운전을 사람 대신 기계에 의해 행하도록 하는 기술이다.

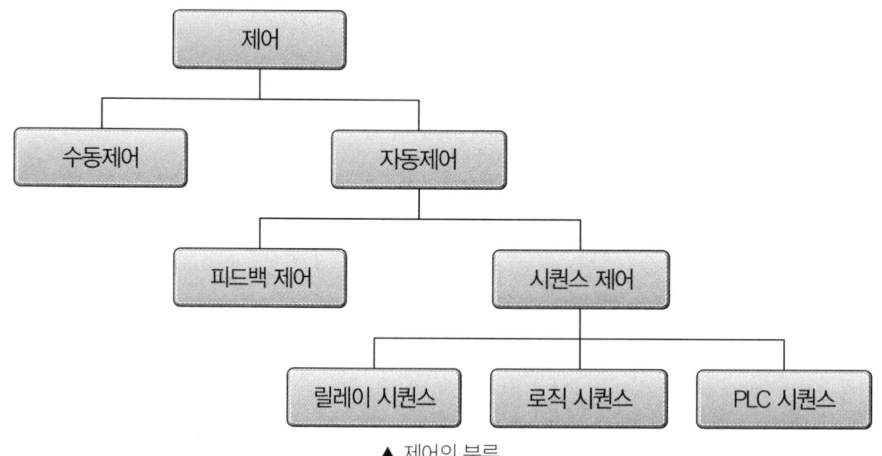

▲ 제어의 분류

① **수동제어**: 제어장치 및 조작부의 기능을 인간이 주관하여 제어하는 것을 말하며 자동제어와 대조를 이룬다.

② **자동제어**

㉠ 일반적 자동제어 시스템 작동순서: 공정상황 → 검출(검출부) → 조절계(조절부) → 조작계(조작부)

㉡ 각 부분별 기능

- 검출부: 피드백(Feedback)요소라고도 하며, 제어량(공정량)을 검출하여 신호를 만들어 조절부로 보내주는 장치
- 조절부: 검출부에서 신호를 받아 제어알고리즘을 이용하여 제어할 값을 결정하는 장치
- 조작부: 조절부의 신호에 의해 실제로 개폐 등의 동작을 하는 밸브 등의 장치

③ **피드백 제어**: 제어량을 목푯값과 비교하여 일치되도록 연속적인 정정동작을 수행하여 제어하는 방식이다.

④ **시퀀스 제어**: 미리 정해진 순서에 따라 제어의 각 단계를 순차적으로 진행해 나가는 제어를 의미하며 불연속적인 작업을 행하는 제어가 필요한 곳에서 많이 사용된다.

⑤ **개회로(Open-loop/Feedforward) vs 폐회로(Closed-loop/Feedback)**: 개회로는 시퀀스 제어와 같이 1개의 동작이 끝나면 그 결과에 따라서 다음 동작이 개시되는 식의 순차동작을 일으켜 목적을 달성하는 방식의 제어형태이며, 폐회로는 제어결과를 입력 측으로 되돌려 제어량을 목푯값과 비교하여 일치되도록 정정동작을 수행하는 방식의 제어형태를 말한다.

> **합격 보장 꿀팁**
>
> 인터록 제어는 어느 한쪽의 조건이 구비되지 않으면 다른 제어를 정지시키는 제어방식이다.

(2) 송풍기

기체를 수송하는 장치로 저압을 요구하는 경우 사용한다.

구분	회전형	용적형
종류	원심식, 축류식	회전식, 왕복식
원리	기계적 회전에너지를 이용하여 기체를 송풍	실린더 내에 기체를 흡입, 분출하여 송풍

① **원심식 송풍기**: 내부의 임펠러(Impeller)를 회전시켜 원심력에 의해 기체를 송풍한다.

② **축류식 송풍기**: 프로펠러 회전에 의한 추력에 의해 기체를 송풍한다.

③ **회전식 송풍기**: 내부에 한 개 또는 여러 개의 피스톤을 설치하고 이것을 회전시켜 피스톤 사이 체적 감소를 이용하여 기체를 송풍한다.

④ **왕복식 송풍기**: 실린더의 피스톤을 왕복시켜 흡입밸브와 토출밸브를 작동하여 기체를 송풍한다.

(3) 압축기

공기 또는 기체를 수송하는 장치이다.

① 압축기의 분류

구분	회전형	용적형
종류	원심식, 축류식	회전식, 왕복식, 다이어프램식
원리	기계적 회전에너지를 이용하여 기체를 압축	실린더 내에 기체를 흡입, 분출하여 압축

㉠ 원심식 압축기: Casing 내에 넣어진 날개바퀴를 회전시켜 기체에 작용하는 원심력에 의해 기체를 압축한다.

㉡ 축류식 압축기: 프로펠러의 회전에 의한 추진력에 의해 기체를 압축한다.

㉢ 회전식 압축기: Casing 내에 한 개 또는 여러 개의 특수 피스톤을 설치하고 이것을 회전시킬 때 Casing과 피스톤 사이 체적 감소를 이용하여 기체를 압축한다.

㉣ 왕복식 압축기: 실린더 내에서 피스톤을 왕복시켜 이것에 따라 개폐하는 흡입밸브 및 배기밸브의 작용에 의해 기체를 압축한다.

② 왕복식 압축기의 주요 이상현상 및 원인

이상현상	원인
실린더 주변 이상음	• 피스톤과 실린더 헤드와의 틈새가 너무 넓은 것 • 피스톤 링의 마모 및 파손 • 실린더 내에 물 등 이물질이 들어가 있는 경우
크랭크 주변 이상음	• 베어링의 마모와 헐거움 • 크로스헤드의 마모와 헐거움
가스압력 · 온도 변화	흡입 · 토출 밸브의 불량
밸브 작동음 이상	흡입 · 토출 밸브의 불량
운전 시 토출압력 급증	토출관 내에 저항이 발생

(4) 펌프의 이상현상

① 공동현상(Cavitation)

㉠ 유체가 관 속을 흐를 때 유동하는 유체 속 어느 부분의 정압이 그때의 유체의 증기압보다 낮을 경우 유체가 증발하여 부분적으로 증기가 발생되는 현상이다. 배관의 부식을 초래하기도 한다.

㉡ 발생조건

- 흡입양정이 지나치게 클 경우
- 흡입관의 저항이 증대될 경우
- 흡입액의 과속으로 유량이 증대될 경우
- 관내 온도가 상승할 경우

㉢ 예방방법

- 펌프의 회전수를 낮춘다.
- 흡입비 속도를 작게 한다.
- 펌프의 흡입관의 두(Head) 손실을 줄인다.
- 펌프의 설치위치를 낮추어 흡입양정을 짧게 한다.

② 수격작용(Water Hammering): 펌프에서 유체의 압송 시 정전 등에 의해 펌프가 급히 멈춘 경우 또는 수량조절 밸브를 급히 개폐한 경우 관내 유속이 급변하면서 유체에 심한 압력변화가 발생하는 현상이다.

③ 서징(Surging)

㉠ 펌프의 운전 시 특별한 변동을 주지 않아도 진동이 발생하여 주기적으로 운동, 양정, 토출량이 변동하는 현상이다.

㉡ 예방방법

- 풍량을 감소시킨다.
- 배관의 경사를 완만하게 한다.
- 교축밸브를 기계에서 가까이 설치한다.
- 토출가스를 흡입 측에 바이패스시키거나 방출밸브에 의해 대기로 방출시킨다.

(5) 상사법칙(송풍기, 펌프)

① 송풍량(Q)은 회전수(N)와 비례한다. → $\frac{Q_2}{Q_1}=\frac{N_2}{N_1}$

② 정압(P)은 회전수(N)의 제곱에 비례한다. 또 직경(D)의 제곱에 비례한다. → $\frac{P_2}{P_1}=\left(\frac{N_2}{N_1}\right)^2=\left(\frac{D_2}{D_1}\right)^2$

③ 축동력(L)은 회전수(N)의 세제곱에 비례한다. → $\frac{L_2}{L_1}=\left(\frac{N_2}{N_1}\right)^3$

(6) 배관 및 피팅류

① 관이음 및 개스킷

㉠ 관이음: 고압관에서는 누설방지를 위해 용접이음을 사용하고, 보수를 위해 분리하여야 할 필요가 있을 경우에는 플랜지 등 일시적 접합을 사용한다. 또한, 관이 길고 온도 변화가 클 때에는 신축을 고려하여 신축 이음을 사용한다.

- 관 부속품(Pipe Joint)

• 용도에 따른 관 부속품

용도	관 부속품
관로를 연결할 때	플랜지(Flange), 유니온(Union), 커플링(Coupling), 니플(Nipple), 소켓(Socket)
관로의 방향을 변경할 때	엘보(Elbow), Y자관(Y－branch), 티(Tee), 십자관(Cross)
관의 지름을 변경할 때	리듀서(Reducer), 부싱(Bushing)
가지관을 설치할 때	티(Tee), Y자관(Y－branch), 십자관(Cross)
유로를 차단할 때	플러그(Plug), 캡(Cap), 밸브(Valve)
유량을 조절할 때	밸브(Valve)

• 배관설계 시 배관특성을 결정하는 요소: 설계압력, 온도, 유량

㉡ 개스킷(Gasket): 관 플랜지 고정 접합면에 끼워 볼트 및 기타 방법으로 죄어 유체의 누설을 방지하는 부속품이다. 복원성, 유연성이 좋아야 하고 금속 사이에 밀착되어야 하며 기계적 강도가 강하고 가공성이 좋아야 한다.

㉢ 틈 부식: 구조상 틈 부분이 다른 곳에 비해 현저히 부식되는 현상이다. 구멍, 볼트 밑 개스킷 부분 표면 부착물 등의 틈에서 주로 발생한다. 개스킷 부식이라고도 한다.

② 밸브(Valve)

유체의 흐름을 조절하는 장치로 크게 Stop 밸브와 Gate 밸브로 나눌 수 있다.

㉠ Stop 밸브: 배관에서 흐름 차단장치로 사용된다.

㉡ Gate 밸브: 유량의 가감 및 차단장치로 사용된다.

㉢ 기능별로는 감압밸브, 조정밸브, 체크밸브, 안전밸브 등이 있다.

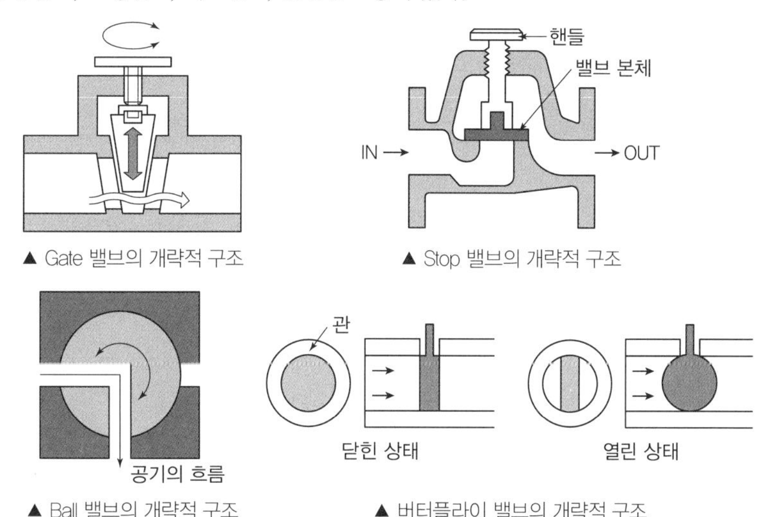

▲ Gate 밸브의 개략적 구조

▲ Stop 밸브의 개략적 구조

▲ Ball 밸브의 개략적 구조

▲ 버터플라이 밸브의 개략적 구조

SUBJECT 04 전기 및 화학설비 안전관리

3. 안전장치의 종류

(1) 안전밸브(Safety Valve)

설비나 배관의 압력이 설정압력을 초과하는 경우 작동하여 내부압력을 분출하는 장치이다.

▲ 안전밸브의 여러 가지 형태

① **안전밸브의 종류**: 스프링식(화학설비에서 가장 많이 사용), 중추식, 지렛대식

② **안전밸브를 설치하여야 하는 경우** 안전보건규칙 제261조

㉠ 압력용기(안지름이 150[mm] 이하인 압력용기는 제외하며, 압력용기 중 관형 열교환기의 경우에는 관의 파열로 인하여 상승한 압력이 압력용기의 최고사용압력을 초과할 우려가 있는 경우만 해당)

㉡ 정변위 압축기

㉢ 정변위 펌프(토출 측에 차단밸브가 설치된 것만 해당)

㉣ 배관(2개 이상의 밸브에 의하여 차단되어 대기온도에서 액체의 열팽창에 의하여 파열될 우려가 있는 것으로 한정함)

㉤ 그 밖의 화학설비 및 그 부속설비로서 해당 설비의 최고사용압력을 초과할 우려가 있는 것

㉥ ㉠~㉤에 따라 설치된 안전밸브에 대해서는 다음의 구분에 따른 검사주기마다 국가교정기관에서 교정을 받은 압력계를 이용하여 설정압력에서 안전밸브가 적정하게 작동하는지를 검사한 후 납으로 봉인하여 사용하여야 한다. 다만, 공기나 질소취급용기 등에 설치된 안전밸브 중 안전밸브 자체에 부착된 레버 또는 고리를 통하여 수시로 안전밸브가 적정하게 작동하는지를 확인할 수 있는 경우에는 검사하지 아니할 수 있고 납으로 봉인하지 아니할 수 있다.

- 화학공정 유체와 안전밸브의 디스크 또는 시트가 직접 접촉될 수 있도록 설치된 경우: 2년마다 1회 이상
- 안전밸브 전단에 파열판이 설치된 경우: 3년마다 1회 이상
- 공정안전보고서 제출 대상으로서 고용노동부장관이 실시하는 공정안전보고서 이행상태 평가결과가 우수한 사업장의 안전밸브의 경우: 4년마다 1회 이상

③ **차단밸브의 설치 금지** 안전보건규칙 제266조

안전밸브 등의 전·후단에 차단밸브를 설치해서는 아니 된다. 다만, 다음의 어느 하나에 해당하는 경우에는 자물쇠형 또는 이에 준하는 형식의 차단밸브를 설치할 수 있다.

㉠ 인접한 화학설비 및 그 부속설비에 안전밸브 등이 각각 설치되어 있고, 해당 화학설비 및 그 부속설비의 연결배관에 차단밸브가 없는 경우

㉡ 안전밸브 등의 배출용량의 $\frac{1}{2}$ 이상에 해당하는 용량의 자동압력조절밸브(구동용 동력원의 공급을 차단하는 경우 열리는 구조인 것으로 한정)와 안전밸브 등이 병렬로 연결된 경우

㉢ 화학설비 및 그 부속설비에 안전밸브 등이 복수방식으로 설치되어 있는 경우

㉣ 예비용 설비를 설치하고 각각의 설비에 안전밸브 등이 설치되어 있는 경우

㉤ 열팽창에 의하여 상승된 압력을 낮추기 위한 목적으로 안전밸브가 설치된 경우

㉥ 하나의 플레어스택(Flare Stack)에 둘 이상의 단위공정의 플레어헤더(Flare Header)를 연결하여 사용하는 경우로서 각각의 단위공정의 플레어헤더에 설치된 차단밸브의 열림 · 닫힘상태를 중앙제어실에서 알 수 있도록 조치한 경우

(2) 파열판(Rupture Disk)

밀폐된 압력용기나 화학설비 등이 설정압력 이상으로 급격하게 압력이 상승하면 파열되면서 압력을 토출하는 장치이다. 스프링식 안전밸브를 대체 가능하며 짧은 시간 내에 급격하게 압력이 변하는 경우 적합하다.

▲ 파열판의 형태

① 파열판을 설치하여야 하는 경우 안전보건규칙 제262조

㉠ 반응 폭주 등 급격한 압력 상승 우려가 있는 경우

㉡ 급성 독성 물질의 누출로 인하여 주위의 작업환경을 오염시킬 우려가 있는 경우

㉢ 운전 중 안전밸브에 이상물질이 누적되어 안전밸브가 작동되지 아니할 우려가 있는 경우

② 파열판 설계기준

$$P=3.5\sigma_u \times \frac{t}{d} \times 100[\text{kg/m}^2]$$

여기서, σ_u: 재료의 인장강도[kg/mm^2], t: 두께[mm], d: 직경[m]

③ 파열판의 특징

㉠ 압력 방출속도가 빠르며 분출량이 많다.

㉡ 높은 점성의 슬러리나 부식성 유체에 적용할 수 있다.

㉢ 설정 파열압력 이하에서 파열될 수 있다.

㉣ 한 번 작동하면 파열되므로 교체하여야 한다.

④ 파열판 및 안전밸브의 직렬설치 안전보건규칙 제263조

급성 독성 물질이 지속적으로 외부에 유출될 수 있는 화학설비 및 그 부속설비에 파열판과 안전밸브를 직렬로 설치하고 그 사이에는 압력지시계 또는 자동경보장치를 설치하여야 한다.

㉠ 부식물질로부터 스프링식 안전밸브를 보호할 때

㉡ 독성이 매우 강한 물질 취급 시 완벽하게 격리할 때

㉢ 스프링식 안전밸브에 막힘을 유발시킬 수 있는 슬러리를 방출시킬 때

㉣ 릴리프 장치가 작동 후 방출라인이 개방되지 않아야 할 때

(3) 통기밸브(Breather Valve) 안전보건규칙 제268조

대기압 근처의 압력으로 운전되거나 저장되는 용기의 내부압력과 대기압 차이가 발생하였을 경우 대기를 탱크 내에 흡입 또는 탱크 내의 압력을 방출하여 항상 탱크 내부를 대기압과 평형한 상태로 유지하여 보호하는 밸브이다.

① 인화성 액체를 저장 · 취급하는 대기압탱크에는 통기관 또는 통기밸브(Breather Valve) 등(이하 "통기설비")을 설치하여야 한다.

② 통기설비는 정상운전 시에 대기압탱크 내부가 진공 또는 가압되지 않도록 충분한 용량의 것을 사용하여야 하며, 철저하게 유지 · 보수를 하여야 한다.

(4) 화염방지기(Flame Arrester) 안전보건규칙 제269조

비교적 저압 또는 상압에서 가연성 증기를 발생시키는 인화성 물질 등을 저장하는 탱크에서 외부에 그 증기를 방출하거나 탱크 내에 외기를 흡입하는 부분에 설치하는 안전장치이다

① 외부로부터의 화염을 방지하기 위하여 화염방지기를 그 설비 상단에 설치하여야 한다.

② 대기로 연결된 통기관에 화염방지 기능이 있는 통기밸브가 설치되어 있거나, 인화점이 38[°C] 이상 60[°C] 이하인 인화성 액체를 저장 · 취급할 때에 화염방지 기능을 가지는 인화방지망을 설치한 경우에는 제외한다.

③ 화염방지기를 설치하는 경우에는 한국산업표준에서 정하는 화염방지장치 기준에 적합한 것을 설치하여야 하며, 항상 철저하게 보수 · 유지하여야 한다.

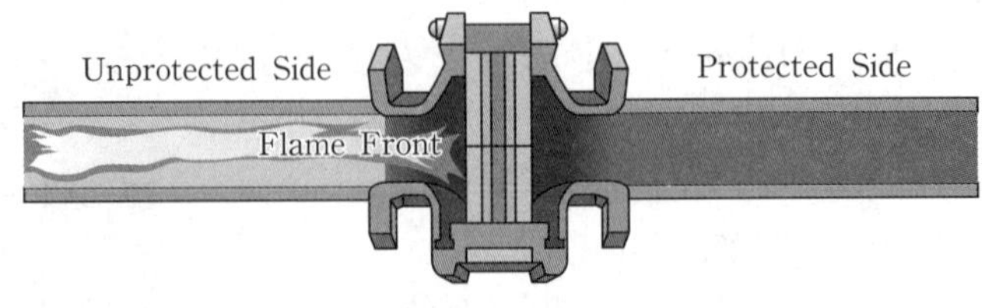

▲ 화염방지기의 구조

(5) 벤트스택(Vent Stack)

① 탱크 내의 압력을 정상상태로 유지하기 위한 안전장치이다.

② 상압탱크에서 직사광선에 의한 온도상승 시 탱크 내의 공기를 자동으로 대기에 방출하여 내부 압력의 상승을 막아주는 역할을 한다.

③ 가연성 가스나 증기를 직접 방출할 경우 그 배출구는 지상보다 높고 안전한 장소에 설치하여야 한다.

(6) 플레어스택(Flare Stack)

공정 중에서 발생하는 미연소가스를 연소하여 안전하게 밖으로 배출시키기 위하여 사용하는 설비이다.

(7) 체크밸브(Check Valve)

유체의 역류를 방지하기 위한 장치로 스윙형, 리프트형, 볼형 등이 있다.

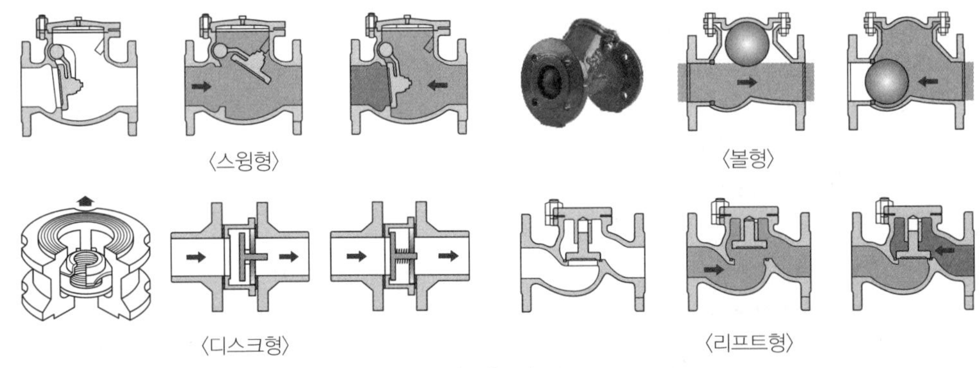

▲ 체크밸브의 구조

(8) 블로우 밸브(Blow Valve)

① 수동 또는 자동제어에 의한 과잉의 압력을 방출할 수 있도록 한 안전장치이다.

② 자압형, 솔레노이드(Solenoid)형, 다이아프램(Diaphragm)형 등이 있다.

(9) 스팀트랩(Steam Trap)

① 증기배관 내에 생성하는 응축수는 송기상 지장이 되어 제거할 필요가 있는데, 이때 증기가 도망가지 않도록 이 응축수를 자동적으로 배출하기 위한 장치이다.

② 디스크식, 바이메탈식, 버킷식 등이 있다.

(10) 긴급차단장치

① 대형의 반응기, 탑, 탱크 등에서 이상상태가 발생할 때 밸브를 정지시켜 원료공급을 차단하기 위한 안전장치이다.

② 공기압식, 유압식, 전기식 등이 있다.

(11) 기타 안전장치

① 벨로스(Bellows)식 안전방출장치: 주름이 있는 금속부품(Bellows)이 스프링 압력에 의해 고정되어 있고, 설정압력을 넘는 경우 작동되어 압력을 정상화시키는 안전장치이다.

㉠ 후압이 존재하고 증기압 변화량을 제어할 목적으로 사용

㉡ 부식성, 독성 가스에 사용

② 화학공정의 백업 시스템(Back－up System): 안전밸브, 릴리프밸브, 플레어시스템 등이 있다.

③ 인터록 시스템(Interlock System): 안전장치가 작동되면 기계가 작동을 멈추고, 복귀되지 않으면 시스템이 작동되지 않는 시스템이다.

(12) 가스누출감지경보기 가스누출감지경보기 설치에 관한 기술상의 지침 제2조, 제4~6조

① 정의

㉠ 가연성 또는 독성 물질의 가스를 감지하여 그 농도를 지시하며, 미리 설정해 놓은 가스농도에서 자동적으로 경보가 울리도록 하는 장치이다.

㉡ 감지부와 수신경보부로 구성된다.

② 설치장소

㉠ 건축물 내·외에 설치되어 있는 가연성 물질 또는 독성 물질을 취급하는 압축기, 밸브, 반응기, 배관 연결부위 등 가스의 누출이 우려되는 화학설비 및 부속설비 주변

㉡ 가열로 등 발화원이 있는 제조설비 주위에 가스가 체류하기 쉬운 장소

㉢ 가연성 및 독성 물질의 충전용 설비의 접속부의 주위

㉣ 방폭지역 안에 위치한 변전실, 배전반실, 제어실 등

㉤ 그 밖에 가스가 특별히 체류하기 쉬운 장소

③ 설치위치

㉠ 가능한 한 가스의 누출이 우려되는 누출부위 가까이에 설치한다.

㉡ 직접적인 가스누출은 예상되지 않으나 주변에서 누출된 가스가 체류하기 쉬운 곳은 다음과 같은 지점에 설치한다.

- 건축물 밖에 설치되는 경우 풍향, 풍속 및 가스의 비중 등을 고려하여 가스가 체류하기 쉬운 지점에 설치한다.
- 건축물 안에 설치되는 경우 감지대상가스의 비중이 공기보다 무거운 경우에는 건축물 내의 하부에, 공기보다 가벼운 경우에는 건축물의 환기구 부근 또는 해당 건축물 내의 상부에 설치한다.

④ 경보설정치

㉠ 가연성 가스누출감지경보기는 감지대상 가스의 폭발하한계 25[%] 이하, 독성 가스누출감지경보기는 해당 독성 가스의 허용농도 이하에서 경보가 울리도록 설정한다.

㉡ 가스누출감지경보기의 정밀도는 경보설정치에 대하여 가연성 가스누출감지경보기는 ±25[%] 이하, 독성 가스누출감지경보기는 ±30[%] 이하이어야 한다.

2 안전점검 계획 수립

1. 안전운전계획 공정안전보고서의 제출·심사·확인 및 이행상태평가 등에 관한 규정 제31~39조

(1) 안전운전지침서

(2) 설비점검·검사 및 보수계획, 유지계획 및 지침서

(3) 안전작업허가

(4) 도급업체 안전관리계획

(5) 근로자 등 교육계획

(6) 가동 전 점검지침

(7) 변경요소 관리계획

(8) 자체감사 및 공정사고 조사계획

(9) 그 밖에 안전운전에 필요한 사항

3 공정안전보고서 작성심사·확인

1. 공정안전자료

(1) 공정안전자료

① 취급·저장하고 있거나 취급·저장하려는 유해·위험물질의 종류 및 수량

② 유해·위험물질에 대한 물질안전보건자료

③ 유해하거나 위험한 설비의 목록 및 사양

④ 유해하거나 위험한 설비의 운전방법을 알 수 있는 공정도면

⑤ 각종 건물·설비의 배치도

⑥ 폭발위험장소 구분도 및 전기단선도

⑦ 위험설비의 안전설계·제작 및 설치 관련 지침서

(2) 유해·위험물질 목록 작성방법

① 유해·위험물질은 제출대상 설비에서 제조 또는 취급하는 화학물질을 기입한다.

② 허용농도에는 시간가중평균농도(TWA)를 기입한다.

③ 독성치에는 LD50(경구, 쥐), LD50(경피, 쥐 또는 토끼) 또는 LC50(흡입, 4시간, 쥐)을 기입한다.

④ 증기압은 20[°C]에서의 증기압을 기입한다.

⑤ 부식성 유무는 O, X로 표시한다.

⑥ 이상반응 여부는 그 물질과 이상반응을 일으키는 물질과 조건을 표시하고, 필요 시 별도로 작성한다.

2. 위험성평가 공정안전보고서의 제출·심사·확인 및 이행상태평가 등에 관한 규정 제2조

공정의 특성 등을 고려하여 다음의 위험성평가 기법 중 한 가지 이상을 선정하여 위험성평가를 한 후 그 결과에 따라 작성하여야 하며, 사고예방·피해최소화 대책은 위험성평가 결과 잠재위험이 있다고 인정되는 경우에만 작성한다.

(1) 체크리스트(Check List)

공정 및 설비의 오류, 결함상태, 위험상황 등을 목록화한 형태로 작성하여 경험적으로 비교함으로써 위험성을 파악하는 방법이다.

(2) 상대위험순위 결정(DMI; Dow and Mond Indices)

(3) 작업자 실수 분석(HEA; Human Error Analysis)

(4) 사고 예상 질문 분석(What－if)

공정에 잠재하고 있는 위험요소에 의해 야기될 수 있는 사고를 사전에 예상·질문을 통하여 확인·예측하여 공정의 위험성 및 사고의 영향을 최소화하기 위한 대책을 제시하는 방법이다.

(5) 위험과 운전 분석(HAZOP)

공정에 존재하는 위험 요소들과 공정의 효율을 떨어뜨릴 수 있는 운전상의 문제점을 찾아내어 그 원인을 제거하는 방법이다.

(6) 이상위험도 분석(FMECA)

(7) 결함수 분석(FTA)

(8) 사건수 분석(ETA)

(9) 원인결과 분석(CCA)

(10) (1)～(9)까지의 규정과 같은 수준 이상의 기술적 평가기법

① 안전성 검토법: 공장의 운전 및 유지 절차가 설계목적과 기준에 부합되는지를 확인하는 것을 목적으로 하며, 결과의 형태로 검사보고서를 제공한다.

② 예비위험분석(PHA; Preliminary Hazard Analysis)

SUBJECT 04 전기 및 화학설비 안전관리

SUBJECT

05

건설공사 안전관리

합격 GUIDE

건설공사 안전관리는 조금만 공부하면 높은 점수를 받을 수 있는 과목입니다. 건설공사 안전관리는 용어가 생소하기 때문에 우선 용어를 이해하는 것이 중요합니다. 따라서 처음 공부를 시작하는 수험생이 쉽게 이해할 수 있도록 삽화 및 그림을 많이 첨부하였습니다. 최근의 출제경향을 분석해 보면 산업안전보건기준에 관한 규칙에 있는 추락 또는 붕괴에 의한 위험방지, 건설작업 등과 관련된 위험을 예방하는 방법에 대한 문제가 많이 출제되고 있습니다.

기출기반으로 정리한
압축이론

최신 5개년 출제비율 분석

CHAPTER 01 건설공사 특성분석

CHAPTER 02 건설공사 위험성

CHAPTER 03 건설업 산업안전보건관리비 관리

CHAPTER 04 건설현장 안전시설 관리

CHAPTER 05 비계 · 거푸집 가시설 위험방지

CHAPTER 06 공사 및 작업 종류별 안전

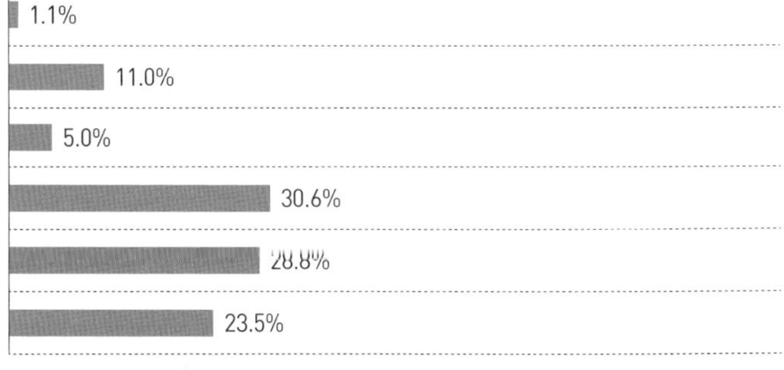

CHAPTER

01 건설공사 특성분석

합격 KEYWORD 안전관리계획 작성내용

1 건설공사 특수성 분석

1. 안전관리 계획 수립

(1) 안전관리계획 작성내용 건설기술 진흥법 시행령 제99조

① **건설공사의 개요:** 공사개요 및 현황, 안전관리 중점 목표
② **안전관리조직:** 공사 수행 중 사고예방 및 안전확립을 위한 조직
③ **공정별 안전점검계획:** 안전점검 공정표, 자체안전점검, 정기안전점검의 시기 · 내용 및 실시계획
④ **공사장 주변의 안전관리 대책:** 주변교통, 부지상황, 매설물 등의 현황
⑤ **통행안전시설의 설치 및 교통 소통에 관한 계획:** 보행자 보호, 통행차량 보호를 위한 안전시설 설치
⑥ **안전관리비 집행계획:** 안전관리비의 사용과 관련한 사항
⑦ **안전교육계획:** 안전교육, 안전점검의 날 운영 등
⑧ **비상시 긴급조치계획:** 긴급사태 발생 시 연락할 유관기관 등의 긴급 연락망 및 피난계획
⑨ **공종별 안전관리계획:** 공정에 따른 공종별 유해위험요소를 판단하여 대책수립

(2) 작성 및 제출 건설기술 진흥법 시행령 제98조

① **작성자:** 건설사업자, 주택건설등록업자
② **검토 및 확인자:** 공사감독자 또는 건설사업관리기술인
③ **제출시기 및 제출처:** 착공 전에 발주청 또는 인 · 허가기관의 장에게 제출

2. 공사장 작업환경 특수성

(1) 건설공사 특수성

① 작업환경의 특수성
② 작업 자체의 높은 위험성
③ 공사계약의 일방성
④ 안전관련 법령의 규제와 처벌 위주 정책의 한계
⑤ 신기술 · 신공법 적용에 따른 불안전성
⑥ 원도급업자와 하도급업자 간의 복잡한 관계
⑦ 근로자의 안전의식 부족
⑧ 예산 회계 제도에 따른 공사 시기의 부적정
⑨ 근로자의 이동성과 전문 기능 인력 수급의 부족

(2) 재해예방 주요대책

① 기능과 지식에 맞는 기능공 인력배치
② 직종별, 공종별 전문 안전교육 실시

③ 근로자에 대한 안전 동기부여 및 의식 강화
④ 안전시설 적극 투자 및 작업환경 개선
⑤ 안전작업 계획수립 및 계획에 따른 작업 실시

3. 계약조건의 특수성 2024

(1) 개요 건설안전기본법 제22조

건설공사에 관한 도급계약의 당사자는 계약을 체결할 때 도급금액, 공사기간, 그 밖에 대통령령으로 정하는 사항을 계약서에 분명하게 적어야 하고, 서명 또는 기명 날인한 계약서를 서로 주고받아 보관하여야 한다.

(2) 계약 문서의 종류

① **계약서**: 계약자의 주소와 성명, 공사명, 계약 금액, 보증금 등을 기재하는 서류
② **공사 입찰 유의서**: 공사 입찰에 참가하고자 하는 자가 유의하여야 할 사항을 정한 서류
③ **설계서**: 공사시방서, 현장 설명서, 공종별 목적물 물량 내역서를 말함
④ **공사 계약 일반조건**: 공사의 착공, 계약 금액의 조정 및 해제 부담 등 계약당사자의 권리의무 내용을 정형화함
⑤ **공사 계약 특수조건**: 공사 계약 일반조건에 정한 사항 외에 별도의 계약 조건을 정함
⑥ **산출 내역서**: 발주 기관이 교부한 도서로서 입찰 가격 결정에 필요한 사항을 제공하는 도서
⑦ **공사시방서**: 설계도면에 표기하기 어려운 기술적인 사항을 기재해 놓은 도서
⑧ **설계도면**: 설계자의 의사를 일정한 약속에 근거하여 그림으로 나타난 도서
⑨ **공종별 목적물 물량 내역서**
㉠ 공종별 목적물을 구성하는 품목 또는 비목과 동 품목 또는 비목의 규격, 수량, 단위 등이 표시됨
㉡ 입찰 참가자에게 교부된 내역서

2 안전관리 고려사항 확인 2024

1. 설계도서 검토

(1) 설계도서의 종류

① **설계도**
② **시방서**: 일반시방서, 전문시방서, 특기시방서, 공사시방서
③ **구조계산서**: 설계의 하중 등 가정 사항을 기재, 수리계산서 포함
④ **내역서**: 단가산출서, 내역서
⑤ **수량산출서**

(2) 설계도서의 작성기준 건설기술 진흥법 시행규칙 제40조

① 설계도서는 누락된 부분이 없고 현장 기술자들이 쉽게 이해하여 정확하게 시공할 수 있도록 상세히 작성한다.
② 공사시방서는 표준시방서 및 전문시방서를 기본으로 하여 작성하되, 공사의 특수성, 지역여건, 공사방법 등을 고려하여 기본설계 및 실시설계 도면에 구체적으로 표시할 수 없는 내용과 공사수행을 위한 시공방법, 자재의 성능·규격 및 공법, 품질시험 및 검사 등 품질관리, 안전관리, 환경관리 등에 관한 사항을 기술한다.
③ 교량 등 구조물을 설계하는 경우에는 설계방법을 명시한다.
④ 설계보고서에는 「건설기술진흥법령」에 따라 신기술과 기존 공법에 대하여 시공성, 경제성, 안전성, 유지관리성, 환경성 등을 종합적으로 비교·분석하여 해당 건설공사에 적용할 수 있는지를 검토한 내용을 포함한다.

2. 안전관리조직

(1) 개요

안전관리조직을 구성할 때에는 조직 구성원의 책임과 권한을 명확하게 하고 현장 여건을 충분히 고려한 조직이 되도록 하여야 한다.

(2) 안전관리조직의 기본 역할

① 시공 중인 구축물 등 공사장 및 공사장 주변의 안전 확보

② 안전관리계획서에 따른 안전시공 여부 확인

③ 안전교육의 실시

④ 안전사고 예방 및 긴급조치

⑤ 제반 위험요소의 제거

⑥ 비상사태 시 응급조치 및 복구

(3) 안전보건관리체계도 산업안전보건법 제2조, 제15~17조, 제62조

① **사업주**: 근로자를 사용하여 사업을 하는 사람

② **안전보건관리책임자**: 사업장을 실질적으로 총괄하여 관리하는 사람

③ **안전보건총괄책임자**: 관계수급인인 근로자가 도급인의 사업장에서 작업을 하는 경우에 그 사업장의 안전보건관리책임자를 도급인의 근로자와 관계수급인 근로자의 산업재해를 예방하기 위한 업무를 총괄하여 관리하는 안전보건총괄책임자로 지정한다.

④ **관리감독자**: 사업장의 생산과 관련되는 업무와 그 소속 직원을 직접 지휘·감독하는 직위에 있는 사람으로 산업안전 및 보건에 관한 업무를 수행한다.

⑤ **안전·보건관리자**: 안전·보건에 관한 기술적인 사항에 관하여 사업주 또는 안전보건관리책임자를 보좌하고 관리감독자에게 지도·조언하는 업무를 수행하는 사람

3. 시공 및 재해사례 검토

(1) 공정관리

① **현황조사 및 자료 분석**

공사현장의 특성과 주변 현장을 고려하여 공정관리 계획을 수립하고, 공구 분할 계획 시에는 선·후행 작업조건을 분석한 후 분할하여야 한다.

② **작업분류체계 수립**

작업분류체계, 내역분류체계, 조직분류체계를 구성하고, 공정별 특성을 감안한 공사인력을 구성하여야 한다.

③ **공사일정 및 자원투입 계획**

전체 공사계획에 따라 세부작업을 진행하고, 합리적인 자원관리에 의한 경제성을 제고하며, 각 공종 추진상의 문제점을 조기에 발견하고 주 공정에 영향을 최소화하도록 계획하여야 한다.

④ **주요 공종별 공기 분석**

공종별 작업량 산정 및 작업 속도를 분석하여 결정하고, 주 공정에 대한 적정 작업 조건 및 장비 조합을 구성하여야 한다.

⑤ **현장운영체계 수립**

공정운영체계 및 관리시스템을 도입하고, 지연 공정에 대한 만회 대책을 수립하여야 한다.

(2) 공사계획 검토사항

① **현장원 편성**: 공사계획 중 가장 우선
② **공정표의 작성**: 공사 착수 전 단계에서 작성
③ **실행예산의 편성**: 재료비, 노무비, 경비
④ 하도급 업체의 선정
⑤ 가설 준비물 결정
⑥ 재료, 설비 반입계획
⑦ 노무 동원계획
⑧ 재해방지계획

(3) **재해사례 검토**

① **추락**: 고소 작업, 비계, 개구부 등에서의 추락
② **낙하 또는 비래**: 일반 자재, 콘크리트 덩어리, 시설물 등의 낙하나 비래
③ **감전**: 가공선로 접촉, 전기 배선 불량, 교류 아크 용접기 작업 등에서의 감전
④ **충돌 또는 협착**: 작업 중인 장비 또는 차량, 기계 · 기구에 의한 작업자의 충돌이나 협착
⑤ **붕괴 또는 도괴**: 지반 침하로 인한 토사의 붕괴, 비계나 동바리, 거푸집의 붕괴나 도괴
⑥ **전도**: 적재된 자재의 넘어짐, 부주의 등으로 인한 건설 기계의 전도
⑦ **화재 · 폭발**: 정전기 방전, 용접 작업 시 부주의 등

CHAPTER

02 건설공사 위험성

합격 KEYWORD 굴착면의 기울기 기준, 잠함 내 굴착작업 위험방지, 히빙, 보일링, 개량공법, 유해위험방지계획서

1 건설공사 유해 · 위험요인

1. 유해 · 위험요인 선정 및 위험방지

(1) 지반굴착 시 위험방지

① 사전 지반조사 항목 안전보건규칙 별표 4

㉠ 형상 · 지질 및 지층의 상태

㉡ 균열 · 함수(含水) · 용수 및 동결의 유무 또는 상태

㉢ 매설물 등의 유무 또는 상태

㉣ 지반의 지하수위 상태

② 굴착면의 기울기 기준 안전보건규칙 별표 11

지반의 종류	굴착면의 기울기
모래	1 : 1.8
연암 및 풍화암	1 : 1.0
경암	1 : 0.5
그 밖의 흙	1 : 1.2

(2) 발파 작업 시 위험방지

① 발파공법의 종류

㉠ 무진동 파쇄공법(유압잭 공법)

㉡ 미진동 발파공법(제어공법)

㉢ 대형 브레이커 파쇄공법

㉣ 일반 발파공법

② 발파의 작업기준 안전보건규칙 제348조

㉠ 얼어붙은 다이나마이트는 화기에 접근시키거나 그 밖의 고열물에 직접 접촉시키는 등 위험한 방법으로 융해되지 않도록 할 것

㉡ 화약이나 폭약을 장전하는 경우에는 그 부근에서 화기를 사용하거나 흡연을 하지 않도록 할 것

㉢ 장전구는 마찰 · 충격 · 정전기 등에 의한 폭발의 위험이 없는 안전한 것을 사용할 것

㉣ 발파공의 충진재료는 점토 · 모래 등 발화성 또는 인화성의 위험이 없는 재료를 사용할 것

㉤ 점화 후 장전된 화약류가 폭발하지 아니한 경우 또는 장전된 화약류의 폭발 여부를 확인하기 곤란한 경우에는 다음의 사항을 따를 것

- 전기뇌관에 의한 경우에는 발파모선을 점화기에서 떼어 그 끝을 단락시켜 놓는 등 재점화되지 않도록 조치하고 그때부터 5분 이상 경과한 후가 아니면 화약류의 장전장소에 접근시키지 않도록 할 것
- 전기뇌관 외의 것에 의한 경우에는 점화한 때부터 15분 이상 경과한 후가 아니면 화약류의 장전장소에 접근시키지 않도록 할 것

㉥ 전기뇌관에 의한 발파의 경우 점화하기 전에 화약류를 장전한 장소로부터 30[m] 이상 떨어진 안전한 장소에서 전선에 대하여 저항측정 및 도통시험을 할 것

(3) 발파 후 안전조치 발파 표준안전 작업지침 제33~34조

① 즉시 발파모선을 발파기에서 분리하여 단락시키는 등 재기폭되지 않도록 조치할 것

② 발파기재는 발파작업책임자의 지휘에 따라 지정된 장소에 보관할 것

③ 폭발하지 않은 뇌관의 수량을 확인하여 불발한 화약을 확인할 것

④ 발파 후 다음의 경우에는 사람의 접근을 금지할 것

㉠ 불발된 화약이 폭발하거나 추가적인 낙석 등의 우려가 있는 때

㉡ 불발된 화약의 확인이 곤란한 때에는 기폭 후 15분 이상

⑤ 불발된 천공 구멍으로부터 60[cm] 이상(손으로 뚫은 구멍인 경우에는 30[cm] 이상)의 간격을 두고 평행으로 천공하여 다시 발파하고 불발한 화약류를 회수할 것

⑥ 불발된 천공 구멍에 물을 주입하고 그 물의 힘으로 전색물과 화약류를 흘러나오게 하여 불발된 화약류를 회수할 것

(4) 충전전로에서의 감전 위험방지

① 전압의 구분 KEC 111.1

㉠ 저압: 1[kV] 이하의 교류전압 또는 1.5[kV] 이하의 직류전압

㉡ 고압: 1[kV] 초과 7[kV] 이하의 교류전압 또는 1.5[kV] 초과 7[kV] 이하의 직류전압

㉢ 특고압: 7[kV]를 초과하는 직·교류전압

② 충전전로 접근한계거리 기준 안전보건규칙 제321조

충전전로의 선간전압[kV]	충전전로에 대한 접근한계거리[cm]
0.3 이하	접촉금지
0.3 초과 0.75 이하	30
0.75 초과 2 이하	45
2 초과 15 이하	60
15 초과 37 이하	90
37 초과 88 이하	110
88 초과 121 이하	130

(5) 잠함 내 굴착작업 위험방지 안전보건규칙 제376~377조

① 잠함 또는 우물통의 급격한 침하로 인한 위험방지

㉠ 침하관계도에 따라 굴착방법 및 재하량 등을 정할 것

㉡ 바닥으로부터 천장 또는 보까지의 높이는 1.8[m] 이상으로 할 것

② 잠함 등 내부에서 굴착작업 시 준수사항

㉠ 산소 결핍 우려가 있는 경우에는 산소의 농도를 측정하는 사람을 지명하여 측정하도록 할 것

㉡ 근로자가 안전하게 오르내리기 위한 설비를 설치할 것

㉢ 굴착 깊이가 20[m]를 초과하는 경우에는 해당 작업장소와 외부와의 연락을 위한 통신설비 등을 설치할 것

㉣ 산소농도 측정 결과 산소 결핍이 인정되거나 굴착 깊이가 20[m]를 초과하는 경우에는 송기를 위한 설비를 설치하여 필요한 양의 공기를 공급할 것

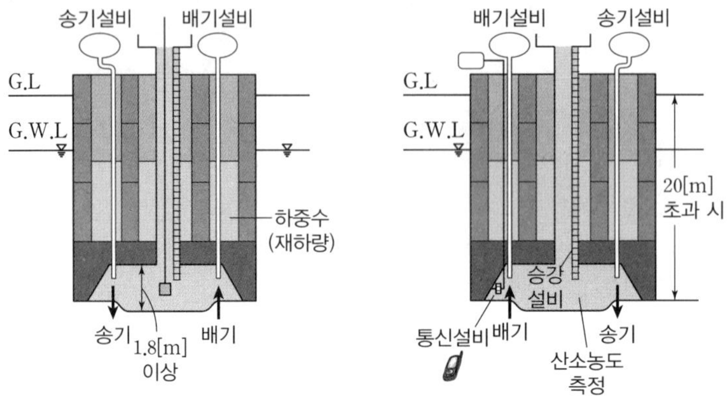

2. 지반의 조사

(1) 지반조사의 단계

① 예비조사

㉠ 자료조사: 지질도, 농경도, 수리학적 자료, 시공에 관한 토질시방서, 공사기록 등 자료 수집

㉡ 개략조사: 보링, 사운딩, 물리학적 조사, 샘플링, 실내토질시험 등

② 본조사

㉠ 정밀조사: 원위치시험, 실내토질시험 등을 실시하여 설계 및 시공에 필요한 자료 수집

㉡ 보충조사: 정밀조사 실시 결과, 필요 시 추가조사 실시

(2) 지반조사의 종류

① 지하탐사법

㉠ 터파보기: 소규모 공사에 적용하며 5~10[m] 간격으로 약 1.5~3[m] 깊이로 지반을 직접 굴착하여 관찰

㉡ 짚어보기: 탐사관(철봉)을 지중에 관입하여 지반의 저항정도를 분석

㉢ 물리적 탐사법: 전기저항, 탄성파 등을 이용하여 지반의 구성층 및 지층변화 심도를 판단

② 원위치시험(Sounding Test)

㉠ 표준관입시험(Standard Penetration Test): 무게 63.5[kg]의 추를 76[cm] 높이에서 자유낙하시켜 샘플러를 30[cm] 관입시키는 데 필요한 타격 횟수 N을 구하는 시험, N치가 클수록 토질의 밀도가 높다.

N값	모래지반 상대밀도	N값	점토지반 점착력
0~4	몹시 느슨	0~2	아주 연약
4~10	느슨	2~4	연약
10~30	보통	4~8	보통
30~50	조밀	8~15	강한 점착력
50 이상	대단히 조밀	15~30	매우 강한 점착력
		30 이상	견고(경질)

㉡ 콘관입시험(Cone Penetration Test): 연약한 점토질 지반에서 원추 모양 콘의 관입 저항으로 지반의 단단함, 다짐 정도를 조사하는 시험이다.

㉢ 베인시험(Vane Test): 점토질 지반에서 흙의 전단 강도(점착력)를 구하는 시험의 일종으로 십자형으로 조합시킨 베인(날개)을 회전시킬 때의 토크치를 실측한다.

㉣ 스웨덴식 사운딩시험(Swedish Sounding Test): 로드 선단에 Screw Point를 부착하여 침하, 회전시켰을 때의 관입량을 측정하는 시험으로 넓은 범위의 토질조사에 이용한다.

③ 보링(Boring): 지중의 토질분포, 토층의 구성, 지하수의 수위 등을 알아보기 위하여 기계를 이용해 지중에 구멍을 뚫고 그 안에 있는 토사를 채취하여 조사하는 방법이다.

㉠ 수세식 보링(Wash Boring)

㉡ 회전식 보링(Rotary Boring): 지중의 상태를 가장 정확히 파악

㉢ 충격식 보링(Percussion Boring)

㉣ 오거 보링(Auger Boring)

④ 시료채취(Sampling): 흙의 시료를 채취하여 흙이 가지고 있는 물리적 · 역학적 특성을 규명하기 위한 방법이다.

3. 토질시험방법

(1) 물리적 시험

① 밀도시험: 지반의 다짐도 판정

② 비중시험: 흙입자의 비중 측정

③ 함수량시험: 흙에 포함되어 있는 수분의 양 측정

④ 입도시험: 흙입자의 혼합상태 파악

⑤ 액성 · 소성 · 수축 한계시험: 함수비 변화에 따른 흙의 공학적 성질 측정

(2) 역학적 시험

① 투수시험: 지하수위, 투수계수 측정

② 압밀시험: 점성토의 침하량 및 침하속도 계산

③ 전단시험: 직접전단시험, 간접전단시험, 흙의 전단저항 측정

④ 표준관입시험: 흙의 지내력 판단, 사질토 적용

⑤ 지지력시험: 평판재하시험, 말뚝박기시험, 말뚝재하시험

⑥ 다짐시험: 흙의 다짐도

(3) 애터버그 한계(Atterberg Limits)

흙은 함수비에 따라서 고체, 반고체, 소성, 액체 등의 네 가지 상태로 존재하며, 각 상태마다 흙의 연경도와 거동이 달라진다. 각각 상태 사이의 경계는 흙의 거동 변화에 수축한계(SL), 소성한계(PL), 액성한계(LL)로 구분한다.

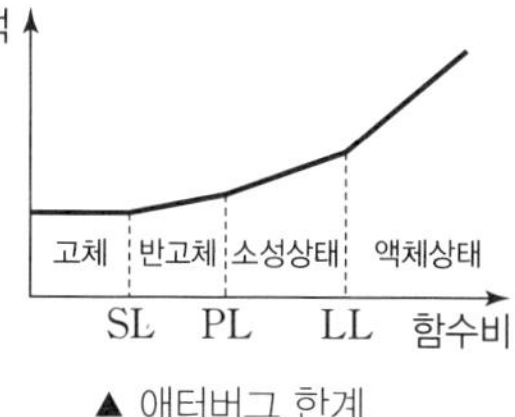

▲ 애터버그 한계

① 수축지수(SI): 흙이 반고체 상태로 존재할 수 있는 함수비의 범위(SI=PL−SL)

② 소성지수(PI): 흙이 소성상태로 존재할 수 있는 함수비의 범위(PI=LL−PL)

③ 액성지수(LI): 흙이 자연상태에서 함유하고 있는 함수비의 정도(ω: 자연함수비)

$$LI=\frac{\omega-PL}{LL-PL}=\frac{\omega-PL}{PI}$$

4. 지반의 이상현상 및 안전대책

(1) 히빙(Heaving)

① **정의:** 연약한 점토지반을 굴착할 때 흙막이벽 배면 흙의 중량이 굴착저면 이하의 흙보다 클 경우 굴착저면 이하의 지지력보다 크게 되어 흙막이 배면에 있는 흙이 안으로 밀려들어 굴착저면이 부풀어오르는 현상이다.

② **예방대책**

㉠ 흙막이벽의 근입 깊이 증가

㉡ 흙막이벽 배면지반의 상재하중 제거

㉢ 저면의 굴착부분을 남겨두어 굴착예정인 부분의 일부를 미리 굴착하여 기초콘크리트 타설

㉣ 굴착주변을 웰 포인트(Well Point) 공법과 병행

㉤ 굴착저면에 토사 등 인공중력 증가

(2) 보일링(Boiling)

① **정의:** 투수성이 좋은 사질토 지반을 굴착할 때 흙막이벽 배면의 지하수위가 굴착저면보다 높을 때 굴착저면 위로 액상화된 모래가 솟아오르는 현상이다.

② **예방대책**

㉠ 흙막이벽의 근입 깊이 증가

㉡ 차수성이 높은 흙막이 설치

㉢ 흙막이벽 배면지반 그라우팅 실시

㉣ 흙막이벽 배면지반의 지하수위 저하

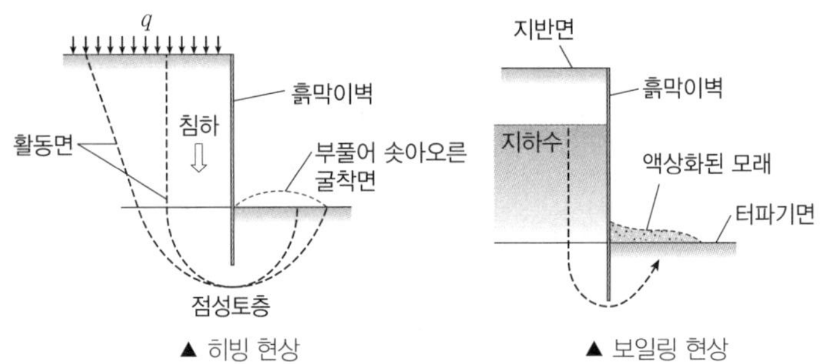

▲ 히빙 현상 ▲ 보일링 현상

(3) 연약지반의 개량공법

① **점성토 개량공법**

㉠ 치환공법: 연약지반을 양질의 흙으로 치환하는 공법으로 굴착, 활동, 폭파 치환

㉡ 재하공법(압밀공법)

- 프리로딩공법(Pre-loading): 사전에 성토를 미리하여 흙의 전단강도 증가
- 압성토공법(Surcharge): 측방에 압성토하여 압밀에 의해 강도 증가
- 사면선단 재하공법: 성토한 비탈면 옆부분을 덧붙임하여 비탈면 끝의 전단강도 증가

㉢ 탈수공법: 연약지반에 모래말뚝, 페이퍼드레인, 팩을 설치하여 물을 배제시켜 압밀을 촉진하는 것으로 샌드드레인, 페이퍼드레인, 팩드레인공법이 있음

㉣ 배수공법: 중력배수(집수정, Deep Well), 강제배수(Well Point, 진공 Deep Well)

㉤ 고결공법: 생석회 말뚝공법, 동결공법, 소결공법

② **사질토 개량공법**

㉠ 진동다짐공법(Vibro Floatation): 봉상진동기를 이용, 진동과 물다짐 병용

㉡ 동다짐(압밀)공법: 무거운 추를 자유낙하시켜 지반충격으로 다짐효과

㉢ 약액주입공법: 지반 내 화학약액(LW, Bentonite, Hydro)을 주입하여 지반고결

㉣ 폭파다짐공법: 인공지진을 발생시켜 모래지반을 다짐

㉤ 전기충격공법: 지반 속에서 고압방전을 일으켜 발생하는 충격력으로 지반 다짐

㉥ 모래다짐말뚝공법: 충격, 진동 타입에 의해 모래를 압입시켜 모래 말뚝을 형성하여 다짐에 의한 지지력 향상

5. 유해위험방지계획서

(1) 제출대상 건설공사 산업안전보건법 시행령 제42조

① 다음의 어느 하나에 해당하는 건축물 또는 시설 등의 건설 · 개조 또는 해체(이하 "건설 등") 공사

㉠ 지상높이가 31[m] 이상인 건축물 또는 인공구조물

㉡ 연면적 30,000[m^2] 이상인 건축물

㉢ 연면적 5,000[m^2] 이상인 시설로서 다음의 어느 하나에 해당하는 시설

- 문화 및 집회시설(전시장 및 동물원 · 식물원 제외)
- 판매시설, 운수시설(고속철도의 역사 및 집배송시설 제외)
- 종교시설
- 의료시설 중 종합병원
- 숙박시설 중 관광숙박시설
- 지하도상가
- 냉동 · 냉장 창고시설

② 연면적 5,000[m^2] 이상인 냉동 · 냉장 창고시설의 설비공사 및 단열공사

③ 최대 지간길이가 50[m] 이상인 다리의 건설 등 공사

④ 터널의 건설 등 공사

⑤ 다목적댐, 발전용댐, 저수용량 2천만 톤 이상의 용수 전용 댐 및 지방상수도 전용 댐의 건설 등 공사

⑥ 깊이 10[m] 이상인 굴착공사

(2) 작성 및 제출 산업안전보건법 시행규칙 제42~43조

① 제출시기: 유해위험방지계획서 작성 대상 건설공사를 착공하려고 하는 사업주는 일정한 자격을 갖춘 자의 의견을 들은 후 동 계획서를 작성하여 해당 공사의 착공 전날까지 공단에 2부를 제출한다.

② 검토의견 자격 요건

㉠ 건설안전분야 산업안전지도사

㉡ 건설안전기술사 또는 토목 · 건축 분야 기술사

㉢ 건설안전산업기사 이상의 자격을 취득한 후 건설안전 관련 실무경력 7년(기사는 5년) 이상인 사람

(3) 유해위험방지계획서 제출 시 첨부서류 산업안전보건법 시행규칙 별표 10

① 공사 개요 및 안전보건관리계획

㉠ 공사 개요서

㉡ 공사현장의 주변 현황 및 주변과의 관계를 나타내는 도면(매설물 현황 포함)

㉢ 전체 공정표

㉣ 산업안전보건관리비 사용계획서

㉤ 안전관리 조직표

㉥ 재해 발생 위험 시 연락 및 대피방법

② 작업 공사 종류별 유해위험방지계획

SUBJECT 05 건설공사 안전관리

(4) 확인시기 산업안전보건법 시행규칙 제46~47조

① 건설공사 중 6개월 이내마다 공단의 확인을 받아야 한다.

② 자체심사 및 확인업체의 사업주는 해당 공사 준공 시까지 6개월 이내마다 자체확인을 하여야 한다.

(5) 확인사항 산업안전보건법 시행규칙 제46조

① 유해위험방지계획서의 내용과 실제공사 내용이 부합하는지 여부

② 유해위험방지계획서 변경내용의 적정성

③ 추가적인 유해 · 위험요인의 존재 여부

2 건설공사 위험성 추정 · 결정

1. 위험성 추정 및 평가방법

(1) 개요

사업주가 스스로 건설현장의 유해 · 위험요인을 파악하고 해당 유해 · 위험요인의 위험성 수준을 결정하여 위험성을 낮추기 위한 적절한 조치를 마련하고 실행하는 과정을 말한다.

(2) 위험성평가 절차

① **사전 준비:** 위험성평가 실시규정 작성, 평가대상 선정, 평가에 필요한 각종 자료 수집

② **유해 · 위험 요인 파악:** 사업장 순회점검 및 안전보건 체크리스트를 활용하여 사업장 내 유해 · 위험요인 파악

③ **위험성 결정:** 유해 · 위험요인별 위험성추정 결과와 사업장에서 설정한 허용가능한 위험성의 기준을 비교하여 추정된 위험성의 크기가 허용 가능한지 여부를 판단

④ **위험성 감소대책 수립 및 실행:** 위험성 결정 결과 허용 불가능한 위험성을 합리적으로 실천 가능한 범위에서 가능한 낮은 수준으로 감소시키기 위한 대책을 수립하고 실행

(3) 유의사항 산업안전보건법 제36조

① 사업주는 위험성평가 시 해당 작업장의 근로자를 참여시켜야 한다.

② 위험성평가의 결과와 조치사항을 기록하여 보존하여야 하여야 한다.

③ 위험성평가의 방법, 절차 및 시기, 그 밖에 필요한 사항은 고용노동부장관이 정하여 고시한다.

2. 위험성 결정 관련 지침 활용 2024

(1) 위험성평가 실시규정

① 평가의 목적 및 방법

② 평가담당자 및 책임자의 역할

③ 평가시기 및 절차

④ 근로자에 대한 참여 · 공유방법 및 유의사항

⑤ 결과의 기록 · 보존

(2) 위험성 결정 방법

① 위험성 수준을 판단하는 기준에 따라 현재의 위험성 수준을 판단한다.

② 판단한 위험성의 수준이 허용 가능한 위험인지 결정한다.

CHAPTER

03 건설업 산업안전보건관리비 관리

합격 KEYWORD 산업안전보건관리비 적용범위, 산업안전보건과리비 사용기준

1 건설업 산업안전보건관리비 규정 건설업 산업안전보건관리비 계상 및 사용기준 제3~4조

1. 건설업 산업안전보건관리비의 계상 및 사용

(1) 적용범위

「산업안전보건법」의 건설공사 중 총 공사금액 2천만 원 이상인 공사. 다만, 다음의 어느 하나에 해당하는 공사 중 단가계약에 의하여 행하는 공사에 대하여는 총 계약금액을 기준으로 적용한다.

① 「전기공사업법」에 따른 전기공사로서 저압·고압 또는 특고압 작업으로 이루어지는 공사

② 「정보통신공사업법」에 따른 정보통신공사

(2) 계상기준

① 대상액이 5억 원 미만 또는 50억 원 이상인 경우: 대상액×계상기준표의 비율

② 대상액이 5억 원 이상 50억 원 미만인 경우: 대상액×계상기준표의 비율+기초액

③ 대상액이 명확하지 않은 경우: 도급계약 또는 자체사업계획상 책정된 총 공사금액의 70[%]에 해당하는 금액을 대상액으로 하여 ①, ②에서 정한 기준에 따라 계상한다.

④ 발주자가 재료를 제공하거나 일부 물품이 완제품의 형태로 제작·납품되는 경우에는 해당 재료비 또는 완제품 가액을 대상액에 포함하여 산출한 산업안전보건관리비와 해당 재료비 또는 완제품 가액을 대상액에서 제외하고 산출한 산업안전보건관리비의 1.2배에 해당하는 값을 비교하여 그 중 작은 값 이상의 금액으로 계상한다.

⑤ 공사종류 및 규모별 산업안전보건관리비 계상기준표 건설업 산업안전보건관리비 계상 및 사용기준 별표 1

공사종류 \ 대상액	대상액 5억 원 미만	대상액 5억 원 이상 50억 원 미만		대상액 50억 원 이상	보건관리자 선임 대상 건설공사
		적용비율	기초액		
건축공사	2.93[%]	1.86[%]	5,349,000원	1.97[%]	2.15[%]
토목공사	3.09[%]	1.99[%]	5,499,000원	2.10[%]	2.29[%]
중건설공사	3.43[%]	2.35[%]	5,400,000원	2.44[%]	2.66[%]
특수건설공사	1.85[%]	1.20[%]	3,250,000원	1.27[%]	1.38[%]

2. 건설업 산업안전보건관리비의 사용기준

(1) 사용항목 건설업 산업안전보건관리비 계상 및 사용기준 제7조

① 안전관리자·보건관리자의 임금 등

② 안전시설비 등

③ 보호구 등

④ 안전보건진단비 등

⑤ 안전보건교육비 등

⑥ 근로자 건강장해예방비 등

⑦ 건설재해예방전문지도기관의 지도에 대한 대가로 자기공사자가 지급하는 비용

⑧ 건설사업자가 아닌 자가 운영하는 사업에서 안전보건 업무를 총괄·관리하는 3명 이상으로 구성된 본사 전담조직에 소속된 근로자의 임금 및 업무수행 출장비 전액(산업안전보건관리비 총액의 5[%] 이내)

⑨ 위험성평가 또는 유해·위험요인 개선을 위해 필요하다고 판단하여 산업안전보건위원회 또는 노사협의체에서 사용하기로 결정한 사항을 이행하기 위한 비용(산업안전보건관리비 총액의 10[%] 이내)

(2) 공사진척에 따른 산업안전보건관리비 사용기준 건설업 산업안전보건관리비 계상 및 사용기준 별표 3

공정률[%]	50 이상 70 미만	70 이상 90 미만	90 이상
사용기준[%]	50 이상	70 이상	90 이상

(3) 산업안전보건관리비 사용 확인 건설업 산업안전보건관리비 계상 및 사용기준 제9조

① 도급인은 산업안전보건관리비 사용내역에 대하여 공사 시작 후 6개월마다 1회 이상 발주자 또는 감리자의 확인을 받아야 한다. 다만, 6개월 이내에 공사가 종료되는 경우에는 종료 시 확인을 받아야 한다.

② 발주자, 감리자 및 관계 근로감독관은 산업안전보건관리비 사용내역을 수시 확인할 수 있으며, 도급인 또는 자기공사자는 이에 따라야 한다.

③ 발주자 또는 감리자는 산업안전보건관리비 사용내역 확인 시 기술지도 계약 체결, 기술지도 실시 및 개선여부 등을 확인하여야 한다.

(4) 건설재해예방 지도 대상 건설공사 산업안전보건법 시행령 제59조

① 공사금액 1억 원 이상 120억 원(토목공사는 150억 원) 미만인 공사와 「건축법」에 따른 건축허가의 대상이 되는 공사

② 지도 제외 공사

㉠ 공사기간이 1개월 미만인 공사

㉡ 육지와 연결되지 않은 섬 지역(제주특별자치도 제외)에서 이루어지는 공사

㉢ 안전관리자의 자격을 가진 자를 선임하여 안전관리자의 업무만을 전담하도록 하는 공사

㉣ 유해위험방지계획서를 제출하여야 하는 공사

CHAPTER

04 건설현장 안전시설 관리

합격 KEYWORD 추락방호망, 방망사의 인장강도, 안전난간, 작업발판, 토석 붕괴의 원인, 비탈면 보호공법, 비탈면 보강공법, 드래그셔블, 파워셔블, 클램셸, 운전위치 이탈 시의 조치, 지게차의 헤드가드, 권상용 와이어로프의 준수사항

1 안전시설 설치 및 관리

1. 추락 방지용 안전시설

(1) 추락방호망

① 추락방호망의 구조 추락재해방지표준안전작업지침 제2~3조

㉠ 방망: 그물코가 다수 연속된 것

㉡ 그물코: 사각 또는 마름모로서 크기는 10[cm] 이하

㉢ 테두리로프: 방망주변을 형성하는 로프

㉣ 달기로프: 방망을 지지점에 부착하기 위한 로프

㉤ 재봉사: 테두리로프와 방망을 일체화하기 위한 실

㉥ 시험용사: 등속인장시험에 사용하기 위한 것

② 추락방호망 설치기준 안전보건규칙 제42조

㉠ 추락방호망의 설치위치는 가능하면 작업면으로부터 가까운 지점에 설치하여야 하며, 작업면으로부터 망의 설치지점까지의 수직거리는 10[m]를 초과하지 아니할 것

㉡ 추락방호망은 수평으로 설치하고, 망의 처짐은 짧은 변 길이의 12[%] 이상이 되도록 할 것

▲ 철골 공사현상의 추락방호망

㉢ 건축물 등의 바깥쪽으로 설치하는 경우 추락방호망의 내민 길이는 벽면으로부터 3[m] 이상 되도록 할 것. 다만, 그물코가 20[mm] 이하인 추락방호망을 사용한 경우에는 낙하물 방지망을 설치한 것으로 본다.

③ 강도 추락재해방지표준안전작업지침 제4~5조, 제8조

㉠ 방망사의 인장강도

※ ( ): 폐기기준 인장강도

그물코의 크기[cm]	방망의 종류(단위: [kg])	
	매듭 없는 방망	매듭방망
10	240(150)	200(135)
5	–	110(60)

㉡ 지지점의 강도: 600[kg]의 외력에 견딜 수 있는 강도로 한다.

㉢ 테두리로프 및 달기로프 인장강도: 1,500[kg] 이상이어야 한다.

④ 허용 낙하높이 추락재해방지표준안전작업지침 제7조

구분	허용 낙하높이(H_1)		방망과 바닥면 높이(H_2)		방망의 처짐길이(S)
종류 / 조건	단일방망	복합방망	그물코 10[cm]	그물코 5[cm]	
L<A	$\frac{1}{4}(L+2A)$	$\frac{1}{5}(L+2A)$	$\frac{0.85}{4}(L+3A)$	$\frac{0.95}{4}(L+3A)$	$\frac{1}{4}\times\frac{1}{3}(L+2A)$
L≥A	$\frac{3}{4}L$	$\frac{3}{5}L$	0.85L	0.95L	$\frac{3}{4}L\times\frac{1}{3}$

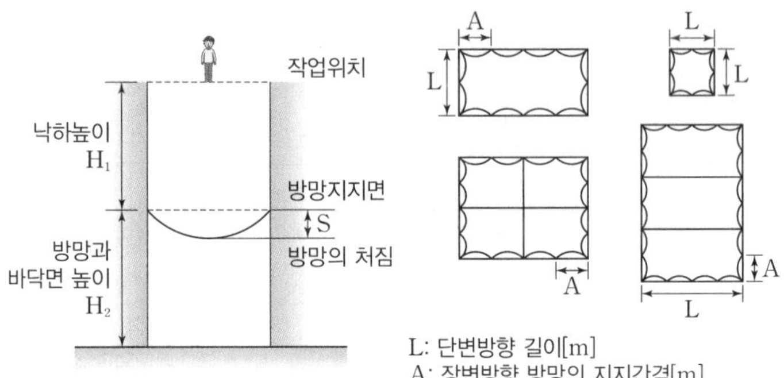

▲ 추락방호망의 설치기준

(2) 안전난간

① 안전난간의 구성요소 안전보건규칙 제13조

㉠ 상부난간대, 중간난간대, 발끝막이판 및 난간기둥으로 구성할 것

㉡ 상부난간대는 바닥면·발판 또는 경사로의 표면(이하 "바닥면 등")으로부터 90[cm] 이상 지점에 설치하고, 상부난간대를 120[cm] 이하에 설치하는 경우에는 중간난간대는 상부난간대와 바닥면 등의 중간에 설치하여야 하며, 120[cm] 이상 지점에 설치하는 경우에는 중간난간대를 2단 이상으로 균등하게 설치하고 난간의 상하 간격은 60[cm] 이하가 되도록 할 것

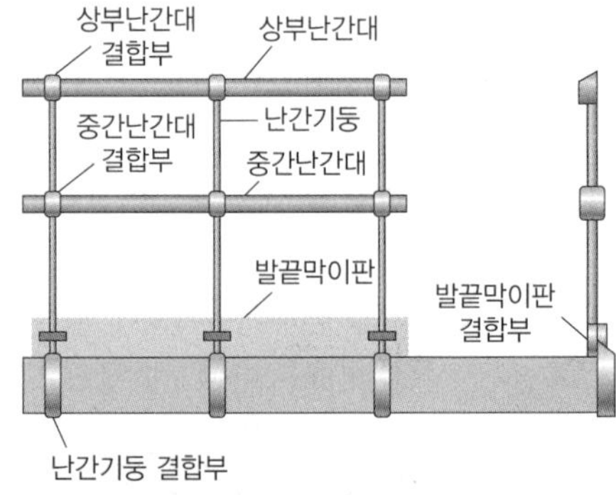

▲ 안전난간의 구조

㉢ 발끝막이판은 바닥면 등으로부터 10[cm] 이상의 높이를 유지할 것

㉣ 난간기둥은 상부난간대와 중간난간대를 견고하게 떠받칠 수 있도록 적정한 간격을 유지할 것

㉤ 상부난간대와 중간난간대는 난간길이 전체에 걸쳐 바닥면 등과 평행을 유지할 것

㉥ 난간대는 지름 2.7[cm] 이상의 금속제 파이프나 그 이상의 강도가 있는 재료일 것

㉦ 안전난간은 구조적으로 가장 취약한 지점에서 가장 취약한 방향으로 작용하는 100[kg] 이상의 하중에 견딜 수 있는 튼튼한 구조일 것

② 안전난간의 설치위치: 작업발판 및 통로의 단부, 개구부, 터파기 사면 및 흙막이 가시설 상단

(3) 작업발판 안전보건규칙 제55~56조

① 설치기준(비계 높이 2[m] 이상인 작업장소)

㉠ 발판재료는 작업할 때의 하중을 견딜 수 있도록 견고한 것으로 할 것

㉡ 작업발판의 폭은 40[cm] 이상으로 하고, 발판재료 간의 틈은 3[cm] 이하로 할 것. 다만, 외줄비계의 경우에는 고용노동부장관이 별도로 정하는 기준에 따른다.

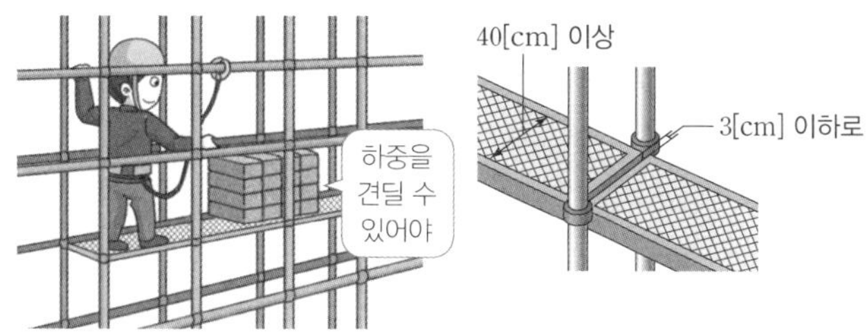

㉢ ㉡에도 불구하고 선박 및 보트 건조작업의 경우 선박블록 또는 엔진실 등의 좁은 작업공간에 작업발판을 설치하기 위하여 필요하면 작업발판의 폭을 30[cm] 이상으로 할 수 있고, 걸침비계의 경우 강관기둥 때문에 발판재료 간의 틈을 3[cm] 이하로 유지하기 곤란하면 5[cm] 이하로 할 수 있다. 이 경우 그 틈 사이로 물체 등이 떨어질 우려가 있는 곳에는 출입금지 등의 조치를 하여야 한다.

㉣ 추락의 위험이 있는 장소에는 안전난간을 설치할 것

㉤ 작업발판의 지지물은 하중에 의하여 파괴될 우려가 없는 것을 사용할 것

㉥ 작업발판재료는 뒤집히거나 떨어지지 않도록 둘 이상의 지지물에 연결하거나 고정시킬 것

㉦ 작업발판을 작업에 따라 이동시킬 경우에는 위험 방지에 필요한 조치를 할 것

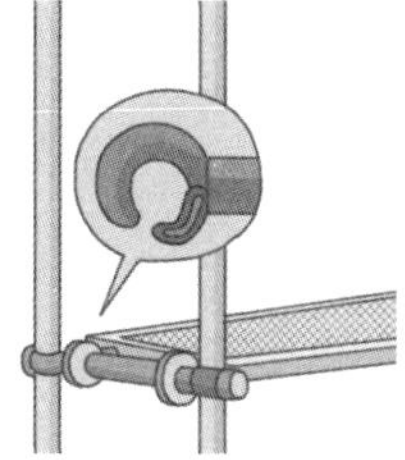

② 비계의 구조 및 재료에 따라 작업발판의 최대적재하중을 정하고, 이를 초과하여 실어서는 아니 된다.

(4) 개구부 등의 방호조치

① 개구부의 분류 및 방호조치

㉠ 소형 바닥 개구부: 안전한 구조의 덮개 설치 및 표면에는 개구부임을 표시하고, 덮개의 재료는 손상·변형·부식이 없는 것, 크기는 개구부보다 10[cm] 정도 여유 있게 설치하고 유동이 없도록 스토퍼를 설치한다.

㉡ 대형 바닥 개구부: 안전난간 설치, 하부에는 발끝막이판을 설치한다.

㉢ 벽면 개구부: 안전난간은 강관파이프를 설치하고 수평력을 100[kg] 이상 확보한다.

▲ 바닥 개구부 설치 사례

② 안전대 부착설비

㉠ 안전대 부착설비란 안전대를 걸 수 있는 비계·구명줄·전용철물 등의 부착설비를 말한다.

㉡ 설치위치

- 수평구명줄: 강관비계, 이동식 비계, 말비계 작업구간
- 수직구명줄: 달비계 작업구간, 철골 승강트랩, 사다리

(5) 안전대

① 안전대의 종류 및 사용구분 보호구 안전인증 고시 별표 9

종류	사용구분
벨트식, 안전그네식	1개걸이용
	U자걸이용
안전그네식	추락방지대
	안전블록

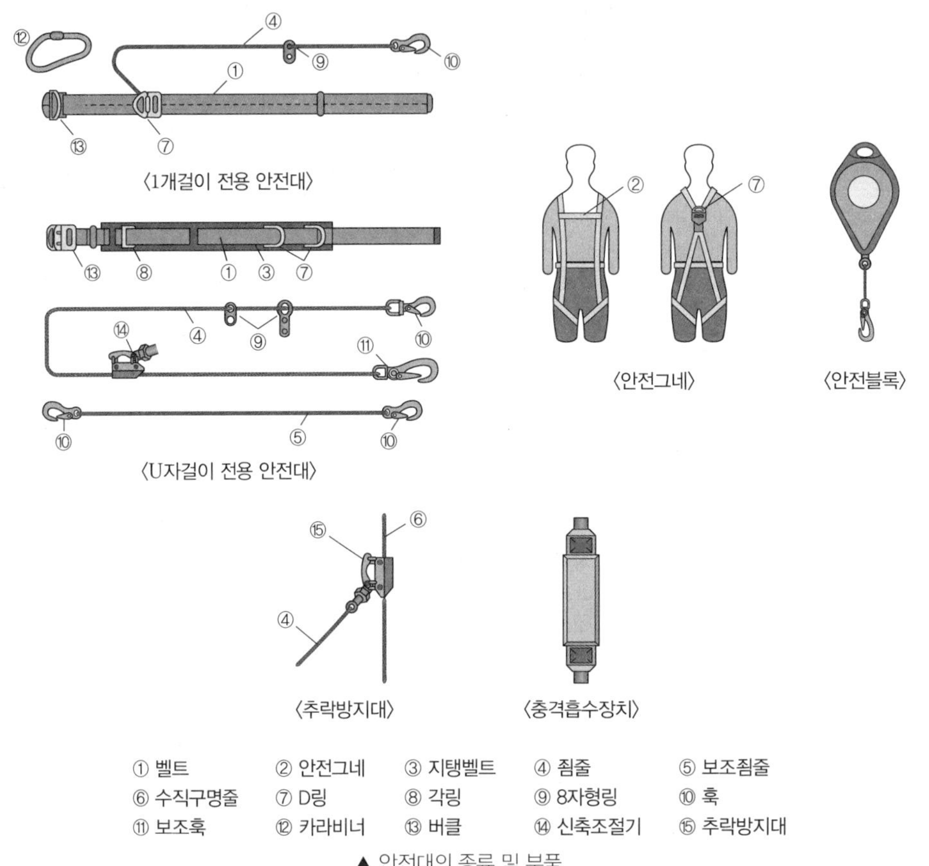

▲ 안전대의 종류 및 부품

② 안전대의 폐기기준 **추락재해방지표준안전작업지침 / 제21조**

㉠ 로프

- 소선에 손상이 있는 것
- 페인트, 기름, 약품, 오물 등에 의해 변화된 것
- 비틀림이 있는 것
- 횡마로 된 부분이 헐거워진 것

㉡ 벨드

- 끝 또는 폭에 1[mm] 이상의 손상 또는 변형이 있는 것
- 양끝의 해짐이 심한 것

㉢ 재봉부분

- 재봉부분의 이완이 있는 것
- 재봉실이 1개소 이상 절단되어 있는 것
- 재봉실의 마모가 심한 것

㉣ D링

- 깊이 1[mm] 이상 손상이 있는 것
- 눈에 보일 정도로 변형이 심한 것
- 전체적으로 녹이 슬어 있는 것

㉤ 훅, 버클

- 훅과 갈고리 부분의 안쪽에 손상이 있는 것
- 훅 외측에 깊이 1[mm] 이상의 손상이 있는 것
- 이탈방지장치의 작동이 나쁜 것
- 전체적으로 녹이 슬어 있는 것
- 변형되어 있거나 버클의 체결상태가 나쁜 것

③ 최하사점

㉠ 정의: 1개걸이 안전대를 사용할 때 로프의 길이, 로프의 신장길이, 작업자의 키 등을 고려하여 안전대가 정상적으로 기능을 유지할 수 있도록 하는 한계높이이다.

㉡ 최하사점 공식 **추락재해방지표준안전작업지침 / 제17조**

$H>h$=로프의 길이+로프의 신장길이+작업자 키의 $\frac{1}{2}$

여기서, H: 로프지지 위치에서 바닥면까지의 거리,
h: 추락 시 로프지지 위치에서 신체 최하사점까지의 거리

㉢ 로프 길이에 따른 결과

- $H>h$: 안전
- $H=h$: 위험
- $H<h$: 중상 또는 사망

(6) 안전모

① 안전모의 종류 **보호구 안전인증 고시 / 별표 1**

종류(기호)	사용구분	비고
AB	물체의 낙하 또는 비래 및 추락에 의한 위험을 방지 또는 경감시키기 위한 것	
AE	물체의 낙하 또는 비래에 의한 위험을 방지 또는 경감하고, 머리부위 감전에 의한 위험을 방지하기 위한 것	내전압성
ABE	물체의 낙하 또는 비래 및 추락에 의한 위험을 방지 또는 경감하고, 머리부위 감전에 의한 위험을 방지하기 위한 것	내전압성

* 내전압성이란 7,000[V] 이하의 전압에 견디는 것을 말한다.

SUBJECT 05 건설공사 안전관리

② 안전모의 구조 및 명칭 보호구 안전인증 고시 제3조

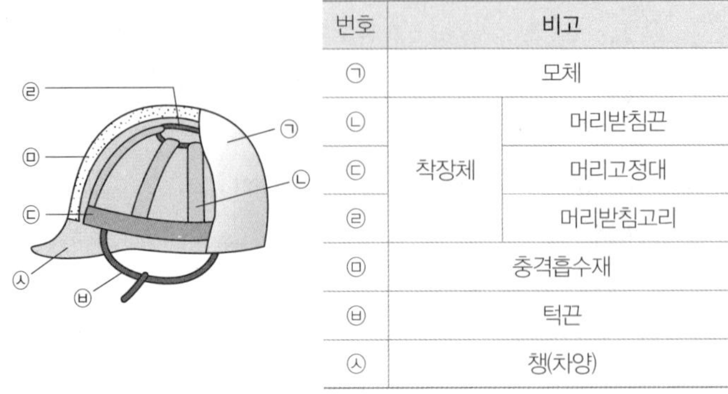

번호	비고	
㉠	모체	
㉡	착장체	머리받침끈
㉢		머리고정대
㉣		머리받침고리
㉤	충격흡수재	
㉥	턱끈	
㉦	챙(차양)	

2. 붕괴 방지용 안전시설

(1) 토사 등에 의한 위험방지 안전보건규칙 제50조

① 지반은 안전한 경사로 하고 낙하의 위험이 있는 토석을 제거하거나 옹벽, 흙막이 지보공 등을 설치할 것

② 토사 등의 낙하 원인이 되는 빗물이나 지하수 등을 배제할 것

③ 갱내의 낙반·측벽 붕괴의 위험이 있는 경우에는 지보공을 설치하고 부석을 제거하는 등 필요한 조치를 할 것

(2) 사면의 붕괴형태 굴착공사 표준안전 작업지침 제29조

① 사면 천단부 붕괴(사면 선단 파괴, Toe Failure)

② 사면 중심부 붕괴(사면 내 파괴, Slope Failure)

③ 사면 하단부 붕괴(사면 저부 파괴, Base Failure)

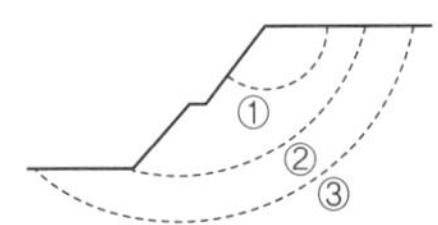

▲ 절토사면 붕괴형태

(3) 토석 붕괴의 원인 굴착공사 표준안전 작업지침 제28조

① 외적 원인

㉠ 사면, 법면의 경사 및 기울기의 증가

㉡ 절토 및 성토 높이의 증가

㉢ 공사에 의한 진동 및 반복 하중의 증가

㉣ 지표수 및 지하수의 침투에 의한 토사 중량의 증가

㉤ 지진, 차량, 구조물의 하중작용

㉥ 토사 및 암석의 혼합층 두께

② 내적 원인

㉠ 절토 사면의 토질·암질

㉡ 성토 사면의 토질구성 및 분포

㉢ 토석의 강도 저하

(4) 흙의 안식각

① **정의:** 흙을 쌓아올려 자연상태로 방치하면 급한 경사면은 차츰 붕괴되어 안정된 비탈을 형성하는데, 이 안정된 비탈면과 원지면이 이루는 각을 흙의 안식각이라 한다.

② 일반적으로 안식각은 30°~35°이다.

(5) 붕괴예방 점검내용 굴착공사 표준안전 작업지침 제32조

① 전 지표면의 답사

② 경사면의 지층 변화부 상황 확인

③ 부석의 상황 변화의 확인

④ 용수의 발생 유무 또는 용수량의 변화 확인

⑤ 결빙과 해빙에 대한 상황의 확인

⑥ 각종 경사면 보호공의 변위, 탈락 유무

⑦ **점검시기:** 작업 전·중·후, 비온 후, 인접 작업구역에서 발파한 경우

(6) 비탈면 보호공법

① 식생공: 비탈면에 식물을 심어서 사면을 보호
② 뿜어붙이기공: 콘크리트 또는 시멘트 모르타르를 뿜어 붙임
③ 블록공: 블록을 덮어서 비탈면 보호
④ 돌쌓기공: 견치석 또는 콘크리트 블록을 쌓아 보호
⑤ 배수공: 지반의 강도를 저하시키는 물을 배제
⑥ 표층안정공: 약액 또는 시멘트를 지반에 그라우팅

▲ 비탈면 보호공법

(7) 비탈면 보강공법

① 말뚝공: 안정지반까지 말뚝을 일렬로 박아 활동을 억제한다.
② 앵커공: 고강도 강재를 앵커재로 하여 비탈면에 삽입한다.
③ 옹벽공: 비탈면의 활동 토괴를 관통하여 부동지반까지 말뚝을 박는 공법이다.
④ 절토공: 활동하려는 토사를 제거하여 활동하중을 경감한다.
⑤ 압성토공: 자연사면의 하단부에 압성토하여 활동에 대한 저항력을 증가한다.
⑥ Soil Nailing 공법: 강철봉을 타입 또는 천공 후 삽입시켜 지반안정을 도모한다.

3. 낙하 · 비래 방지용 안전시설

(1) 낙하물방지망 및 방호선반

① 낙하물방지망 또는 방호선반 설치기준 안전보건규칙 제14조
㉠ 높이 10[m] 이내마다 설치하고, 내민 길이는 벽면으로부터 2[m] 이상으로 할 것
㉡ 수평면과의 각도는 20° 이상 30° 이하를 유지할 것

② 방호선반의 종류
㉠ 외부 비계용 방호선반 ㉡ 출입구 방호선반
㉢ 리프트 주변 방호선반 ㉣ 가설통로 방호선반

▲ 낙하물방지망 설치

(2) 수직보호망

수직보호망이란 비계 등 가설구조물의 외측 면에 수직으로 설치하여 작업장소에서 낙하물 및 비래 등에 의한 재해를 방지할 목적으로 설치하는 보호망이다.

(3) 투하설비

투하설비란 높이 3[m] 이상인 장소에서 자재 투하 시 재해를 예방하기 위하여 설치하는 설비를 말한다.

2 건설공구

1. 석재가공 공구

(1) 채석 및 할석

① **채석**: 산이나 바위에서 석재로 쓸 돌을 캐거나 떼내는 작업

② **할석**: 채석한 돌을 사용할 크기에 맞추는 작업

(2) 석재 가공법

① **혹두기**: 석재의 표면을 정, 쇠메로 혹모양으로 다듬질하는 방법

② **정다듬**: 석재의 면을 정으로 쪼아 평탄한 거친면으로 만드는 작업

③ **도드락다듬**: 정다듬면 위를 도드락 망치를 사용하여 더욱 평평하게 두드려서 다듬는 표면 마무리법

④ **잔다듬**: 자귀형의 날망치를 활용하여 일정한 방향으로 찍어 다듬는 방법

⑤ **물갈기**: 석재의 표면을 매끄럽게 하기 위해 물을 써서 갈아내는 방법

⑥ **버너마감**: 버너로 표면을 거칠게 만드는 방법

〈혹두기〉 〈정다듬〉 〈도드락다듬〉

〈잔다듬〉 〈물갈기〉 〈버너마감〉

▲ 석재 가공법

2. 철근가공 공구

(1) 철근가공 방법

① 철근은 설계도에 따라 작성된 가공 조립도에 표시된 형상과 치수에 일치하도록 재질을 해치지 않는 방법으로 가공하여야 한다.

② 철근가공 조립도에 철근의 구부리는 반지름이 명시되어 있지 않는 경우에는 관련규정에 의하여 철근을 가공하여야 한다.

③ 철근은 재질을 손상하지 않도록 상온에서 가공하여야 하며, 한 번 구부린 철근은 다시 가공하여 사용해서는 안 된다.

▲ 철근 절곡기를 사용한 철근가공 작업

(2) 철근가공 공구

① 철근 절곡기 ② 철근 절단기 ③ 철선절단 가위

3 건설장비

1. 굴착장비

(1) 드래그셔블(Drag Shovel)/백호우(Back Hoe)

① 기계가 설치된 지면보다 낮은 곳을 굴착하는 데 적합하다.
② 단단한 토질의 굴착 및 수중굴착도 가능하다.
③ 굴착된 구멍이나 도랑의 굴착면의 마무리가 비교적 깨끗하고 정확하여 배관작업 등에 편리하다.
④ 동력 전달이 유압 배관으로 되어 있어 구조가 간단하고 정비가 쉽다.
⑤ 비교적 경량이며 이동과 운반이 편리하고, 협소한 장소에서 선취와 작업이 가능하다.
⑥ 조작이 부드럽고 사이클 타임이 짧아 작업능률이 좋다.

▲ 드래그셔블

(2) 파워셔블(Power Shovel)

① 디피(Dipper)를 아래에서 위로 조작하여 굴착한다.
② 굴착기가 위치한 지면보다 높은 곳을 굴착하는 데 적합하다.
③ 비교적 단단한 토질의 굴착도 가능하며 적재, 석산 작업에 편리하다.
④ 크기는 버킷과 디퍼의 크기에 따라 결정한다.

(3) 드래그라인(Drag Line)

① 와이어로프에 의하여 고정된 버킷을 지면에 따라 끌어당기면서 굴착하는 방식의 장비이다.
② 굴착기가 위치한 지면보다 낮은 장소를 굴착하는 데 사용한다.
③ 작업반경이 커서 넓은 지역의 굴착작업에 용이하다.
④ 정확한 굴착작업을 기대할 수는 없지만 수중굴착 및 모래 채취 등에 많이 사용된다.
⑤ 단단하게 다져진 토질에 부적합하다.

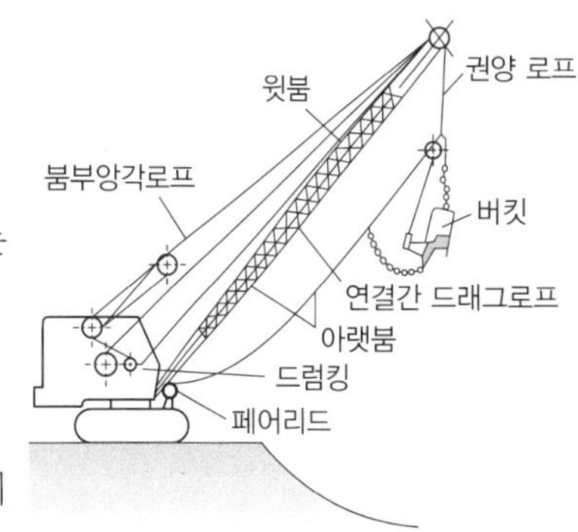

▲ 드래그라인

(4) 클램셸(Clamshell)

① 굴착기가 위치한 지면보다 낮은 곳을 굴착하는 데 적합하다.
② 좁은 장소의 깊은 굴착에 효과적이다.
③ 기계 위치와 굴착 지반의 높이 등에 관계없이 고저에 대하여 작업이 가능하다.
④ 수중작업에 적합하여 준설 등에 사용된다.
⑤ 정확한 굴착 및 단단한 지반작업이 불가능하다.
⑥ 사이클 타임이 길어 작업능률이 떨어진다.

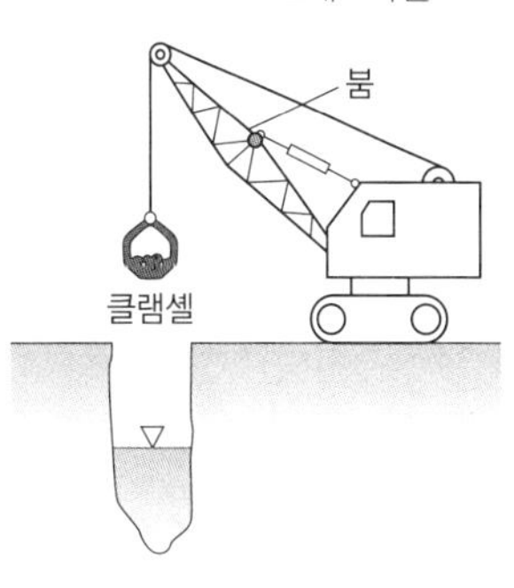

▲ 클램셸

2. 운반장비(스크레이퍼, Scraper)

(1) 굴착(Digging), 신기(Loading), 운반(Hauling), 하역(Dumping), 정지(Grading) 작업을 일관하여 연속작업이 가능하다.
(2) 대량 토공작업을 위한 기계로서 대단위 대량 운반이 용이하고 운반 속도가 빠르다.
(3) 장거리 운반에도 적합하다.

3. 다짐장비

(1) 탠덤 롤러(Tandem Roller)

전륜, 후륜 각 1개의 철륜을 가진 롤러를 2축 탠덤 롤러 또는 단순히 탠덤 롤러라 하며, 3륜을 따라 나열한 것을 3축 탠덤 롤러라고 한다. 점성토나 자갈, 쇄석의 다짐, 아스팔트 포장의 마무리 전압 작업에 적합하다.

(2) 머캐덤 롤러(Macadam Roller)

3륜차의 형식으로 쇠바퀴 롤러가 배치된 기계로 중량 6~18톤 정도이다. 부순돌이나 자갈길의 1차 전압 및 마감 전압이나 아스팔트 포장 초기 전압에 사용된다.

▲ 탠덤 롤러

▲ 머캐덤 롤러

(3) 타이어 롤러(Tire Roller)

고무 타이어에 의해 흙을 다지는 롤러로, 자주식과 피견인식이 있다. 토질에 따라서 밸러스트나 타이어 공기압의 조정이 가능하여 점성토의 다짐에도 사용할 수 있으며, 또한 아스팔트 합재에 의한 포장 전압에도 사용된다.

(4) 진동 롤러(Vibration Roller)

전륜 또는 후륜에 기동장치를 부착하고, 철 바퀴를 진동시키면서 자중 및 진동을 주어 다지는 기계를 말한다.

▲ 타이어 롤러

▲ 진동 롤러

(5) 탬핑 롤러(Tamping Roller)

롤러의 표면에 돌기를 부착한 것으로서 돌기가 전압층에 매입하여 풍화암을 파쇄하여 흙 속의 간격 수압을 소산시키는 롤러를 말한다. 다른 롤러에 비해서 점착성이 큰 점토질의 다지기에 적당하고, 다지기 유효깊이가 대단히 큰 장점이 있다.

▲ 탬핑 롤러

4 건설장비 안전수칙

1. 차량계 건설기계

(1) 전도 등의 방지 안전보건규칙 제199조

① 유도자 배치 ② 지반의 부동침하 방지
③ 갓길의 붕괴 방지 ④ 도로 폭의 유지

(2) 수리 및 점검작업 시 안전조치 안전보건규칙 제205~206조

① 차량계 건설기계의 붐·암 등을 올리고 그 밑에서 수리·점검작업 등을 하는 경우 붐·암 등이 갑자기 내려옴으로써 발생하는 위험을 방지하기 위하여 해당 작업에 종사하는 근로자에게 안전지지대 또는 안전블록 등을 사용하도록 하여야 한다.

② 차량계 건설기계의 수리나 부속장치의 장착 및 제거작업을 하는 경우 그 작업을 지휘하는 사람을 지정하여 다음의 사항을 준수하도록 하여야 한다.
㉠ 작업순서를 결정하고 작업을 지휘할 것
㉡ 안전지지대 또는 안전블록 등의 사용상황 등을 점검할 것

(3) 차량계 건설기계의 작업계획서 내용 안전보건규칙 별표 4

① 사용하는 차량계 건설기계의 종류 및 성능
② 차량계 건설기계의 운행경로
③ 차량계 건설기계에 의한 작업방법

(4) 낙하물 보호구조 안전보건규칙 제198조

① 낙하물 보호구조 구비 작업장소: 토사 등이 떨어질 우려가 있는 등 위험한 장소
② 낙하물 보호구조를 갖추어야 하는 차량계 건설기계
㉠ 불도저 ㉡ 트랙터 ㉢ 굴착기
㉣ 로더 ㉤ 스크레이퍼 ㉥ 덤프트럭
㉦ 모터 그레이더 ㉧ 롤러 ㉨ 천공기
㉩ 항타기 및 항발기

2. 차량계 하역운반기계 등

(1) 전도 등의 방지 안전보건규칙 제171조

① 유도자 배치 ② 지반의 부동침하 방지 ③ 갓길의 붕괴 방지

(2) 단위화물의 무게가 100[kg] 이상인 화물을 싣거나 내리는 작업 시 준수사항 안전보건규칙 제177조

① 작업순서 및 그 순서마다의 작업방법을 정하고 작업을 지휘할 것
② 기구와 공구를 점검하고 불량품을 제거할 것
③ 해당 작업을 하는 장소에 관계 근로자가 아닌 사람이 출입하는 것을 금지할 것
④ 로프 풀기 작업 또는 덮개 벗기기 작업은 적재함의 화물이 떨어질 위험이 없음을 확인한 후에 하도록 할 것

(3) 차량계 하역운반기계 등의 작업계획서 내용 안전보건규칙 별표 4

① 해당 작업에 따른 추락·낙하·전도·협착 및 붕괴 등의 위험 예방대책
② 차량계 하역운반기계 등의 운행경로 및 작업방법

(4) 운전위치 이탈 시의 조치(차량계 건설기계/차량계 하역운반기계 등) 안전보건규칙 / 제99조

① 포크, 버킷, 디퍼 등의 장치를 가장 낮은 위치 또는 지면에 내려 둘 것

② 원동기를 정지시키고 브레이크를 확실히 거는 등 차량계 하역운반기계 등, 차량계 건설기계의 갑작스러운 이동을 방지하기 위한 조치를 할 것

③ 운전석을 이탈하는 경우에는 시동키를 운전대에서 분리시킬 것. 다만, 운전석에 잠금장치를 하는 등 운전자가 아닌 사람이 운전하지 못하도록 조치한 경우에는 그러하지 아니하다.

(5) 제한속도의 지정(차량계 건설기계/차량계 하역운반기계) 안전보건규칙 / 제98조

① 차량계 하역운반기계, 차량계 건설기계(최대제한속도가 10[km/h] 이하인 것 제외)를 사용하여 작업하는 경우 미리 작업장소의 지형 및 지반상태 등에 적합한 제한속도를 정하고, 운전자로 하여금 이를 준수하도록 하여야 한다.

② 운전자는 제한속도를 초과하여 운전해서는 아니 된다.

3. 지게차

(1) 지게차의 헤드가드 구비조건 안전보건규칙 / 제180조

① 강도는 지게차의 최대하중의 2배 값(4톤을 넘는 값에 대해서는 4톤)의 등분포정하중에 견딜 수 있을 것

② 상부틀의 각 개구의 폭 또는 길이가 16[cm] 미만일 것

③ 운전자가 앉아서 조작하거나 서서 조작하는 지게차의 헤드가드는 한국산업표준에서 정하는 높이 기준 이상일 것

㉠ 입승식: 1.88[m] 이상　　　　㉡ 좌승식: 0.903[m] 이상

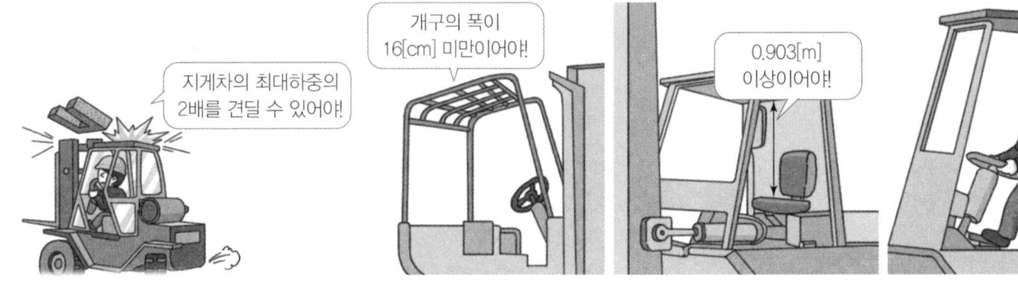
지게차의 최대하중의
2배를 견딜 수 있어야!
개구의 폭이
16[cm] 미만이어야!
0.903[m]
이상이어야!
1.88[m]
이상이어야!

(2) 작업시작 전 점검사항 안전보건규칙 / 별표 3

① 제동장치 및 조종장치 기능의 이상 유무

② 하역장치 및 유압장치 기능의 이상 유무

③ 바퀴의 이상 유무

④ 전조등 · 후미등 · 방향지시기 및 경보장치 기능의 이상 유무

4. 항타기 및 항발기

(1) 조립 · 해체 시 점검사항 안전보건규칙 / 제207조

① 본체 연결부의 풀림 또는 손상의 유무

② 권상용 와이어로프 · 드럼 및 도르래의 부착상태의 이상 유무

③ 권상장치의 브레이크 및 쐐기장치 기능의 이상 유무

④ 권상기의 설치상태의 이상 유무

⑤ 리더(leader)의 버팀 방법 및 고정상태의 이상 유무

⑥ 본체 · 부속장치 및 부속품의 강도가 적합한지 여부

⑦ 본체 · 부속장치 및 부속품에 심한 손상 · 마모 · 변형 또는 부식이 있는지 여부

(2) 무너짐의 방지 안전보건규칙 제209조

① 연약한 지반에 설치하는 경우에는 아웃트리거 · 받침 등 지지구조물의 침하를 방지하기 위하여 깔판 · 받침목 등을 사용할 것

② 시설 또는 가설물 등에 설치하는 경우에는 그 내력을 확인하고 내력이 부족하면 그 내력을 보강할 것

③ 아웃트리거 · 받침 등 지지구조물이 미끄러질 우려가 있는 경우에는 말뚝 또는 쐐기 등을 사용하여 해당 지지구조물을 고정시킬 것

④ 궤도 또는 차로 이동하는 항타기 또는 항발기에 대해서는 불시에 이동하는 것을 방지하기 위하여 레일 클램프 및 쐐기 등으로 고정시킬 것

⑤ 상단 부분은 버팀대 · 버팀줄로 고정하여 안정시키고, 그 하단부분은 견고한 버팀 · 말뚝 또는 철골 등으로 고정시킬 것

깔판, 받침목
사용해야
레일 클램프,
쐐기 등으로
고정시켜야

(3) 권상용 와이어로프의 준수사항 안전보건규칙 제210~212조

① 사용금지 사항

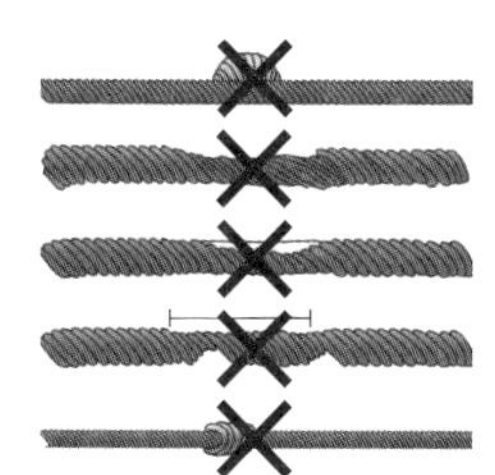

㉠ 이음매가 있는 것

㉡ 와이어로프의 한 꼬임(Strand)에서 끊어진 소선의 수가 10[%] 이상인 것

㉢ 지름의 감소가 공칭지름의 7[%]를 초과하는 것

㉣ 꼬인 것

㉤ 심하게 변형되거나 부식된 것

㉥ 열과 전기충격에 의해 손상된 것

② 안전계수 기준: 와이어로프의 안전계수가 5 이상이 아니면 이를 사용해서는 아니 된다.

③ 사용 시 준수사항

㉠ 권상용 와이어로프는 추 또는 해머가 최저의 위치에 있을 때 또는 널말뚝을 빼내기 시작할 때를 기준으로 권상장치의 드럼에 적어도 2회 감기고 남을 수 있는 충분한 길이일 것

㉡ 권상용 와이어로프는 권상장치의 드럼에 클램프 · 클립 등을 사용하여 견고하게 고정할 것

㉢ 권상용 와이어로프에서 추 · 해머 등과의 연결은 클램프 · 클립 등을 사용하여 견고하게 할 것

㉣ ㉡ 및 ㉢의 클램프 · 클립 등은 한국산업표준 제품이거나 한국산업표준이 없는 제품의 경우에는 이에 준하는 규격을 갖춘 제품을 사용할 것

(4) 도르래의 부착 등 안전보건규칙 제216조

① 항타기나 항발기에 도르래나 도르래 뭉치를 부착하는 경우에는 부착부가 받는 하중에 의하여 파괴될 우려가 없는 브라켓 · 샤클 및 와이어로프 등으로 견고하게 부착하여야 한다.

② 항타기 또는 항발기의 권상장치의 드럼축과 권상장치로부터 첫 번째 도르래의 축 간의 거리를 권상장치 드럼폭의 15배 이상으로 하여야 한다.

③ 도르래는 권상장치의 드럼 중심을 지나야 하며 축과 수직면상에 있어야 한다.

④ 항타기나 항발기의 구조상 권상용 와이어로프가 꼬일 우려가 없는 경우에는 ②와 ③을 적용하지 아니한다.

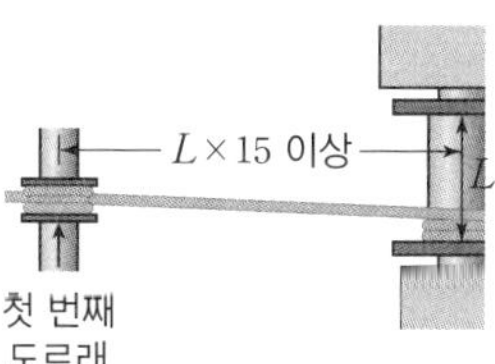
L × 15 이상
L
첫 번째
도르래

CHAPTER

05 비계 · 거푸집 가시설 위험방지

합격 KEYWORD 강관비계, 강관틀비계, 달비계 사용금지 조건, 말비계, 이동식비계, 가설통로, 사다리식 통로, 거푸집 및 동바리 조립 시 안전조치, 작업발판 일체형 거푸집

1 비계

1. 비계의 종류 및 기준

(1) 가설구조물의 특성

① 연결재가 적은 구조로 되기 쉽다.

② 부재의 결합이 간단하나 불완전 결합이 많다.

③ 구조물이라는 통상의 개념이 확고하지 않아 조립의 정밀도가 낮다.

④ 부재는 과소단면이거나 결함이 있는 재료를 사용하기 쉽다.

⑤ 전체구조에 대한 구조계산 기준이 부족하다.

(2) 비계에 의한 재해발생 원인

① 비계의 도괴 및 파괴

㉠ 비계, 발판 또는 지지대의 파괴

㉡ 비계, 발판의 탈락 또는 그 지지대의 변위, 변형

㉢ 풍압

㉣ 지주의 좌굴(Buckling)

② 비계에서의 추락 및 낙하 · 비래 재해

㉠ 비계 위 작업발판 단부 안전난간 미설치

㉡ 비계 승강통로 미설치

㉢ 비계 위에서 상 · 하 동시작업

(3) 비계의 종류별 설치기준

① 강관비계 및 강관틀비계

㉠ 강관비계의 분류

- 단관비계: 비계용 강관과 전용 부속철물을 이용하여 조립
- 강관틀비계: 비계의 구성부재를 미리 공장에서 생산하여 현장에서 조립

㉡ 조립 시 준수사항 안전보건규칙 제59조

- 비계기둥에는 미끄러지거나 침하하는 것을 방지하기 위하여 밑받침철물을 사용하거나 깔판 · 받침목 등을 사용하여 밑둥잡이를 설치하는 등의 조치를 할 것

▲ 강관비계 설치

- 강관의 접속부 또는 교차부는 적합한 부속철물을 사용하여 접속하거나 단단히 묶을 것
- 교차가새로 보강할 것
- 외줄비계 · 쌍줄비계 또는 돌출비계에 대하여는 다음에서 정하는 바에 따라 벽이음 및 버팀을 설치할 것
  – 강관비계의 조립간격은 아래의 기준에 적합하도록 할 것

강관비계의 종류	조립간격[m]	
	수직방향	수평방향
단관비계	5	5
틀비계(높이 5[m] 미만의 것 제외)	6	8

– 강관 · 통나무 등의 재료를 사용하여 견고한 것으로 할 것
– 인장재와 압축재로 구성된 경우에는 인장재와 압축재의 간격을 1[m] 이내로 할 것

- 가공전로에 근접하여 비계를 설치하는 경우에는 가공전로를 이설하거나 가공전로에 절연용 방호구를 장착하는 등 가공전로와의 접촉을 방지하기 위한 조치를 할 것

㉢ 강관비계의 구조 **안전보건규칙** 제60조

구분	준수사항
비계기둥의 간격	• 띠장 방향에서 1.85[m] 이하 • 장선 방향에서 1.5[m] 이하
띠장간격	2[m] 이하
강관보강	비계기둥의 제일 윗부분으로부터 31[m] 되는 지점 밑부분의 비계기둥은 2개의 강관으로 묶어 세울 것
적재하중	비계기둥 간 적재하중은 400[kg]을 초과하지 않도록 할 것

㉣ 강관틀비계의 구조 **안전보건규칙** 제62조

구분	준수사항
비계기둥의 밑둥	• 밑받침철물 사용 • 고저차가 있는 경우에는 조절형 밑받침철물을 사용하여 수평 및 수직 유지
주틀 간 간격	높이가 20[m]를 초과하거나 중량물의 적재를 수반하는 작업을 할 경우에는 주틀 간의 간격을 1.8[m] 이하로 할 것
가새 및 수평재	주틀 간에 교차가새를 설치하고 최상층 및 5층 이내마다 수평재를 설치할 것
벽이음	• 수직방향으로 6[m] 이내마다 설치 • 수평방향으로 8[m] 이내마다 설치

② 달비계 **안전보건규칙** 제63조

㉠ 사용금지 조건

구분	사용금지 조건
와이어로프	• 이음매가 있는 것 • 와이어로프의 한 꼬임(Strand)에서 끊어진 소선의 수가 10[%] 이상인 것 • 지름의 감소가 공칭지름의 7[%]를 초과하는 것 • 꼬인 것 • 심하게 변형되거나 부식된 것 • 열과 전기충격에 의해 손상된 것
달기 체인	• 달기 체인의 길이가 달기 체인이 제조된 때의 길이의 5[%]를 초과한 것 • 링의 단면지름이 달기 체인이 제조된 때의 해당 링의 지름의 10[%]를 초과하여 감소한 것 • 균열이 있거나 심하게 변형된 것
달기 강선 및 달기 강대	심하게 손상 · 변형 또는 부식된 것
섬유로프 또는 섬유벨트	• 꼬임이 끊어진 것 • 심하게 손상되거나 부식된 것 • 2개 이상의 작업용 섬유로프 또는 섬유벨트를 연결한 것 • 작업높이보다 길이가 짧은 것

㉡ 달비계의 구조

- 달기 와이어로프, 달기 체인, 달기 강선, 달기 강대는 한쪽 끝을 비계의 보 등에, 다른 쪽 끝을 내민 보, 앵커볼트 또는 건축물의 보 등에 각각 풀리지 않도록 설치할 것
- 작업발판은 폭을 40[cm] 이상으로 하고 틈새가 없도록 할 것
- 작업발판의 재료는 뒤집히거나 떨어지지 않도록 비계의 보 등에 연결하거나 고정시킬 것
- 비계가 흔들리거나 뒤집히는 것을 방지하기 위하여 비계의 보·작업발판 등에 버팀을 설치하는 등 필요한 조치를 할 것
- 선반 비계에서는 보의 접속부 및 교차부를 철선·이음철물 등을 사용하여 확실하게 접속시키거나 단단하게 연결시킬 것
- 근로자의 추락 위험을 방지하기 위하여 다음의 조치를 할 것
  - 달비계에 구명줄을 설치할 것
  - 근로자에게 안전대를 착용하도록 하고 근로자가 착용한 안전줄을 달비계의 구명줄에 체결하도록 할 것
  - 달비계에 안전난간을 설치할 수 있는 구조인 경우에는 달비계에 안전난간을 설치할 것

③ 말비계

㉠ 조립 시 준수사항 안전보건규칙 제67조

- 지주부재의 하단에는 미끄럼 방지장치를 하고, 근로자가 양측 끝부분에 올라서서 작업하지 않도록 할 것
- 지주부재와 수평면의 기울기를 75° 이하로 하고, 지주부재와 지주부재 사이를 고정시키는 보조부재를 설치할 것
- 말비계의 높이가 2[m]를 초과하는 경우에는 작업발판의 폭을 40[cm] 이상으로 할 것

㉡ 사용 시 준수사항 가설공사 표준안전 작업지침 제12조

- 사다리의 각부는 수평하게 놓아서 상부가 한 쪽으로 기울지 않도록 할 것
- 각부에는 미끄럼 방지장치를 하여야 하며, 제일 상단에 올라서서 작업하지 아니할 것

④ 이동식비계

㉠ 조립 시 준수사항 안전보건규칙 제68조

- 이동식비계의 바퀴에는 뜻밖의 갑작스러운 이동 또는 전도를 방지하기 위하여 브레이크·쐐기 등으로 바퀴를 고정시킨 다음 비계의 일부를 견고한 시설물에 고정하거나 아웃트리거를 설치하는 등 필요한 조치를 할 것
- 승강용 사다리는 견고하게 설치할 것
- 비계의 최상부에서 작업을 하는 경우에는 안전난간을 설치할 것
- 작업발판은 항상 수평을 유지하고 작업발판 위에서 안전난간을 딛고 작업을 하거나 받침대 또는 사다리를 사용하여 작업하지 않도록 할 것
- 작업발판의 최대적재하중은 250[kg]을 초과하지 않도록 할 것

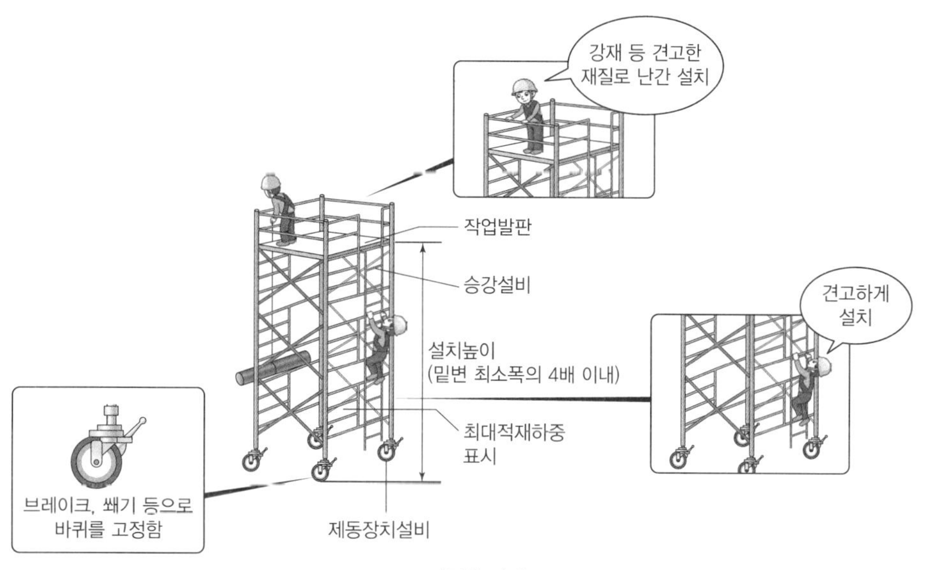

▲ 이동식 비계

㉡ 사용 시 준수사항 가설공사 표준안전 작업지침 제13조

- 안전담당자의 지휘 하에 작업을 행할 것
- 비계의 최대높이는 밑변 최소폭의 4배 이하로 할 것
- 작업대의 발판은 전면에 걸쳐 빈틈없이 깔 것
- 비계의 일부를 건물에 체결하여 이동, 전도 등을 방지할 것
- 승강용 사다리는 견고하게 부착할 것
- 최대적재하중을 표시할 것
- 부재의 접속부, 교차부는 확실하게 연결할 것
- 작업대에는 안전난간을 설치하여야 하며 낙하물 방지조치를 설치할 것
- 불의의 이동을 방지하기 위한 제동장치를 반드시 갖출 것
- 이동할 때에는 작업원이 없는 상태일 것
- 비계의 이동에는 충분한 인원을 배치할 것
- 안전모를 착용하여야 하며 지지로프를 설치할 것
- 재료, 공구의 오르내리기에는 포대, 로프 등을 이용할 것
- 작업장 부근에 고압선 등이 있는가를 확인하고 적절한 방호조치를 할 것
- 상하에서 동시에 작업을 할 때에는 충분한 연락을 취하면서 작업을 할 것

⑤ 시스템비계

㉠ 시스템비계의 구조 안전보건규칙 제69조

- 수직재 · 수평재 · 가새재를 견고하게 연결하는 구조가 되도록 할 것
- 비계 밑단의 수직재와 받침철물은 밀착되도록 설치하고, 수직재와 받침철물의 연결부의 겹침길이는 받침철물 전체길이의 $\frac{1}{3}$ 이상이 되도록 할 것
- 수평재는 수직재와 직각으로 설치하여야 하며, 체결 후 흔들림이 없도록 견고하게 설치할 것
- 수직재와 수직재의 연결철물은 이탈되지 않도록 견고한 구조로 할 것
- 벽 연결재의 설치간격은 제조사가 정한 기준에 따라 설치할 것

▲ 시스템비계 설치

SUBJECT 05 건설공사 안전관리

㉡ 조립작업 시 준수사항 안전보건규칙 제70조

- 비계기둥의 밑둥에는 밑받침철물을 사용하여야 하며, 밑받침에 고저차가 있는 경우에는 조절형 밑받침철물을 사용하여 시스템비계가 항상 수평 및 수직을 유지하도록 할 것
- 경사진 바닥에 설치하는 경우에는 피벗형 받침철물 또는 쐐기 등을 사용하여 밑받침철물의 바닥면이 수평을 유지하도록 할 것
- 가공전로에 근접하여 비계를 설치하는 경우에는 가공전로를 이설하거나 가공전로에 절연용 방호구를 설치하는 등 가공전로와의 접촉을 방지하기 위하여 필요한 조치를 할 것
- 비계 내에서 근로자가 상하 또는 좌우로 이동하는 경우에는 반드시 지정된 통로를 이용하도록 주지시킬 것
- 비계 작업 근로자는 같은 수직면상의 위와 아래 동시 작업을 금지할 것
- 작업발판에는 제조사가 정한 최대적재하중을 초과하여 적재해서는 아니 되며, 최대적재하중이 표기된 표지판을 부착하고 근로자에게 주지시키도록 할 것

2. 비계 작업 시 안전조치 사항 안전보건규칙 제57~58조

(1) 비계 등의 조립 · 해체 및 변경(높이 5[m] 이상의 비계)

① 근로자가 관리감독자의 지휘에 따라 작업하도록 할 것

② 조립 · 해체 또는 변경의 시기 · 범위 및 절차를 그 작업에 종사하는 근로자에게 주지시킬 것

③ 조립 · 해체 또는 변경 작업구역에는 해당 작업에 종사하는 근로자가 아닌 사람의 출입을 금지하고 그 내용을 보기 쉬운 장소에 게시할 것

④ 비, 눈, 그 밖의 기상상태의 불안정으로 날씨가 몹시 나쁜 경우에는 그 작업을 중지시킬 것

⑤ 비계재료의 연결 · 해체작업을 하는 경우에는 폭 20[cm] 이상의 발판을 설치하고 근로자로 하여금 안전대를 사용하도록 하는 등 추락을 방지하기 위한 조치를 할 것

⑥ 재료 · 기구 또는 공구 등을 올리거나 내리는 경우에는 근로자가 달줄 또는 달포대 등을 사용하게 할 것

⑦ 강관비계 또는 통나무비계를 조립하는 경우 쌍줄로 할 것. 다만, 별도의 작업발판을 설치할 수 있는 시설을 갖춘 경우에는 외줄로 할 수 있다.

(2) 비계의 점검 및 보수사항

① 발판 재료의 손상 여부 및 부착 또는 걸림 상태

② 해당 비계의 연결부 또는 접속부의 풀림 상태

③ 연결 재료 및 연결 철물의 손상 또는 부식 상태

④ 손잡이의 탈락 여부

⑤ 기둥의 침하, 변형, 변위 또는 흔들림 상태

⑥ 로프의 부착 상태 및 매단 장치의 흔들림 상태

2 작업통로 및 발판

1. 작업통로의 종류 및 설치기준 안전보건규칙 제21~24조, 제49조

(1) 통로의 설치기준

① 작업장으로 통하는 장소 또는 작업장 내에 근로자가 사용할 안전한 통로를 설치하고 항상 사용할 수 있는 상태로 유지하여야 한다.

② 통로의 주요 부분에 통로표시를 하고, 근로자가 안전하게 통행할 수 있도록 하여야 한다.

③ 통로면으로부터 높이 2[m] 이내에는 장애물이 없도록 하여야 한다.

(2) 통로의 조명

① 근로자가 안전하게 통행할 수 있도록 통로에 75[lux] 이상의 채광 또는 조명시설을 하여야 한다. 다만, 갱도 또는 상시 통행을 하지 아니하는 지하실 등을 통행하는 근로자에게 휴대용 조명기구를 사용하도록 한 경우에는 그러하지 아니하다.

② 근로자가 높이 2[m] 이상인 장소에서 작업을 하는 경우 그 작업을 안전하게 하는 데에 필요한 조명을 유지하여야 한다.

(3) 통로의 종류 및 구조

① 가설통로

㉠ 견고한 구조로 할 것

㉡ 경사는 30° 이하로 할 것. 다만, 계단을 설치하거나 높이 2[m] 미만의 가설통로로서 튼튼한 손잡이를 설치한 경우에는 그러하지 아니하다.

㉢ 경사가 15°를 초과하는 경우에는 미끄러지지 아니하는 구조로 할 것

㉣ 추락할 위험이 있는 장소에는 안전난간을 설치할 것. 다만, 작업상 부득이한 경우에는 필요한 부분만 임시로 해체할 수 있다.

㉤ 수직갱에 가설된 통로의 길이가 15[m] 이상인 경우에는 10[m] 이내마다 계단참을 설치할 것

㉥ 건설공사에 사용하는 높이 8[m] 이상인 비계다리에는 7[m] 이내마다 계단참을 설치할 것

② 사다리식 통로 등

㉠ 견고한 구조로 할 것

㉡ 심한 손상·부식 등이 없는 재료를 사용할 것

㉢ 발판의 간격은 일정하게 할 것

㉣ 발판과 벽과의 사이는 15[cm] 이상의 간격을 유지할 것

㉤ 폭은 30[cm] 이상으로 할 것

㉥ 사다리가 넘어지거나 미끄러지는 것을 방지하기 위한 조치를 할 것

㉦ 사다리의 상단은 걸쳐놓은 지점으로부터 60[cm] 이상 올라가도록 할 것

㉧ 사다리식 통로의 길이가 10[m] 이상인 경우에는 5[m] 이내마다 계단참을 설치할 것

㉨ 사다리식 통로의 기울기는 75° 이하로 할 것. 다만, 고정식 사다리식 통로의 기울기는 90° 이하로 하고, 그 높이가 7[m] 이상인 경우에는 다음의 구분에 따른 조치를 할 것

- 등받이울이 있어도 근로자 이동에 지장이 없는경우: 바닥으로부터 높이가 2.5[m] 되는 지점부터 등받이울을 설치할 것
- 등받이울이 있으면 근로자가 이동이 곤란한 경우: 한국산업표준에서 정하는 기준에 적합한 개인용 추락 방지 시스템을 설치하고 근로자로 하여금 한국산업표준에서 정하는 기준에 적합한 전신안전대를 사용하도록 할 것

㉩ 접이식 사다리 기둥은 사용 시 접혀지거나 펼쳐지지 않도록 철물 등을 사용하여 견고하게 조치할 것

2. 작업통로 설치 시 준수사항

(1) 경사로

① 정의: 건설현장에서 상부 또는 하부로 재료운반이나 작업원이 이동할 수 있도록 설치된 통로로 경사가 30° 이내일 때 사용한다.

② 설치·사용 시 준수사항 가설공사 표준안전 작업지침 제14조

㉠ 시공하중 또는 폭풍, 진동 등 외력에 대하여 안전하도록 설계하여야 한다.

㉡ 경사로는 항상 정비하고 안전통로를 확보하여야 한다.

㉢ 비탈면의 경사각은 30° 이내로 하고 미끄럼막이 간격은 다음 표에 의한다.

경사각	미끄럼막이 간격	경사각	미끄럼막이 간격
30°	30[cm]	22°	40[cm]
29°	33[cm]	19°20′	43[cm]
27°	35[cm]	17°	45[cm]
24°15′	37[cm]	14°	47[cm]

㉣ 경사로의 폭은 최소 90[cm] 이상이어야 한다.

㉤ 높이 7[m] 이내마다 계단참을 설치하여야 한다.

㉥ 추락방지용 안전난간을 설치하여야 한다.

㉦ 목재는 미송, 육송 또는 그 이상의 재질을 가진 것이어야 한다.

㉧ 경사로 지지기둥은 3[m] 이내마다 설치하여야 한다.

㉨ 발판은 폭 40[cm] 이상으로 하고, 틈은 3[cm] 이내로 설치하여야 한다.

㉩ 발판이 이탈하거나 한쪽 끝을 밟으면 다른 쪽이 들리지 않게 장선에 결속하여야 한다.

㉪ 결속용 못이나 철선이 발에 걸리지 않아야 한다.

(2) 가설계단

① 정의: 작업장에서 근로자가 사용하기 위한 계단식 통로로 경사는 35°가 적정하다.

② 설치기준 안전보건규칙 제26~28조, 제30조

구분	설치기준
강도	• 계단 및 계단참을 설치하는 경우 500[kg/m²] 이상의 하중에 견딜 수 있도록 • 안전율 4 이상(안전율= $\frac{\text{재료의 파괴응력도}}{\text{재료의 허용응력도}} \geq 4$) • 계단 및 승강구 바닥을 구멍이 있는 재료로 만드는 경우 렌치나 그 밖의 공구 등이 낙하할 위험이 없도록
폭	• 폭은 1[m] 이상 • 계단에 손잡이 외의 다른 물건 등을 설치 또는 적재 금지
계단참의 설치	높이가 3[m]를 초과하는 계단에 높이 3[m] 이내마다 진행방향으로 길이 1.2[m] 이상의 계단참 설치
계단의 난간	높이 1[m] 이상인 계단의 개방된 측면에 안전난간 설치

(3) 가설도로 안전보건규칙 제379조

① 도로는 장비와 차량이 안전하게 운행할 수 있도록 견고하게 설치한다.

② 도로와 작업장이 접하여 있을 경우에는 울타리 등을 설치한다.

③ 도로는 배수를 위해 경사지게 설치하거나 배수시설을 설치한다.

④ 차량에 속도제한 표지를 부착한다.

3. 가설발판의 지지력 계산

(1) 가설발판 작용 응력

가설발판에 연직방향의 하중(P)이 작용하면 휨 모멘트에 의해 부재가 늘어나려는 인장력을 받는데, 이러한 힘에 저항하기 위해 생기는 응력을 휨응력이라 한다.

(2) 휨응력의 계산

① 휨응력

$$\sigma = \pm \frac{M}{I} \cdot y[\text{kg/cm}^2]$$

여기서, M: 휨모멘트[kg·cm], I: 단면 2차 모멘트[cm⁴], y: 중립축으로부터 거리[cm]

② 최대 휨응력

$$\sigma_{max} = \pm \frac{M_{max}}{Z},\ Z = \frac{bh^2}{6}$$

여기서, Z: 단면계수, b: 폭, h: 높이

등분포하중 $M_{max} = \frac{wl^2}{8}$, 집중하중 $M_{max} = \frac{pl}{4}$

3 거푸집 및 동바리

1. 정의와 필요조건

(1) 정의

① 거푸집이란 부어넣는 콘크리트가 소정의 형상, 치수를 유지하며 콘크리트가 적합한 강도에 도달하기까지 지지하는 가설구조물의 총칭을 말한다.

② 동바리란 타설된 콘크리트가 소정의 강도를 얻을 때까지 거푸집 및 장선, 멍에를 적정한 위치에 유지시키고 상부하중을 지지하기 위하여 설치하는 부재를 말한다.

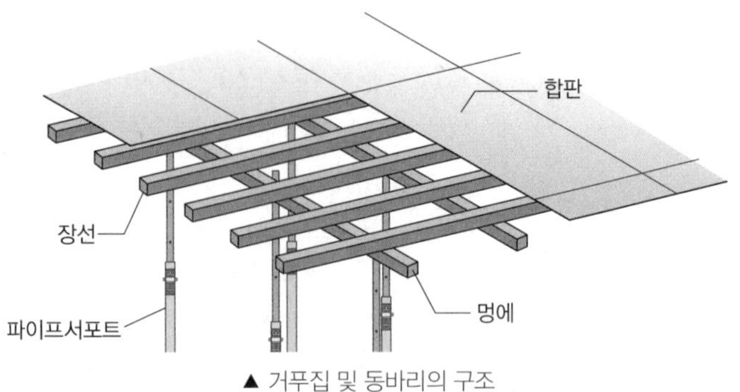

▲ 거푸집 및 동바리의 구조

(2) 필요조건

① 각종 외력(콘크리트 하중과 작업하중)에 견디는 충분한 강도 및 변형이 없을 것
② 형상과 치수가 정확히 유지될 수 있는 정밀성과 수용성을 갖출 것
③ 재료비가 싸고 반복 사용으로 경제성이 있을 것
④ 가공 · 조립 · 해체가 용이할 것
⑤ 운반취급 · 적치에 용이하도록 가벼울 것
⑥ 청소와 보수가 용이할 것

2. 거푸집의 재료 선정방법 콘크리트공사표준안전작업지침 제5조

(1) 거푸집

① 목재 거푸집은 흠집 및 옹이가 많은 거푸집과 합판의 접착부분이 떨어져 구조적으로 약한 것은 사용하여서는 아니 된다.
② 목재 거푸집의 띠장은 부러지거나 균열이 있는 것을 사용하여서는 아니된다.
③ 강재 거푸집은 형상이 찌그러지거나, 비틀림 등 변형이 있는 것은 교정한 다음 사용하여야 한다.
④ 강재 거푸집의 표면에 녹이 많이 나 있는 것은 쇠솔 또는 샌드페이퍼 등으로 닦아내고 박리제를 엷게 칠해 두어야 한다.

(2) 동바리

① 현저한 손상, 변형, 부식이 있는 것과 옹이가 깊숙히 박혀있는 것은 사용하지 말아야 한다.
② 각재 또는 강관 지주는 양끝을 일직선으로 그은 선 안에 있어야 하고, 일직선 밖으로 굽어져 있는 것은 사용을 금하여야 한다.
③ 강관지주(동바리), 보 등을 조합한 구조는 최대허용하중을 초과하지 않는 범위에서 사용하여야 한다.

(3) 연결재

① 정확하고 충분한 강도가 있는 것이어야 한다.
② 회수, 해체하기가 쉬운 것이어야 한다.
③ 조합 부품수가 적은 것이어야 한다.

3. 거푸집 및 동바리 조립 시 안전조치 사항

(1) 거푸집 및 동바리의 조립도 안전보건규칙 제331조

① 거푸집 및 동바리를 조립하는 경우에는 그 구조를 검토한 후 조립도를 작성하고, 그 조립도에 따라 조립하도록 하여야 한다.

② 조립도에는 거푸집 및 동바리를 구성하는 부재의 재질 · 단면규격 · 설치간격 및 이음방법 등을 명시하여야 한다.

(2) 구조검토 시 고려하여야 할 하중

① 종류 콘크리트공사표준안전작업지침 제4조

㉠ 연직방향 하중: 거푸집, 지보공(동바리), 콘크리트, 철근, 작업원, 타설용 기계기구, 가설설비 등의 중량 및 충격하중

㉡ 횡방향 하중: 작업할 때의 진동, 충격, 시공오차 등에 기인되는 횡방향 하중 이외의 풍압, 유수압, 지진 등

㉢ 콘크리트 측압: 굳지 않은 콘크리트의 측압

㉣ 특수하중: 시공 중에 예상되는 특수한 하중(콘크리트 편심하중 등)

② 거푸집 및 동바리의 연직방향 하중

㉠ 계산식

> W=고정하중+작업하중
> =(콘크리트 무게+거푸집 무게)+(충격하중+작업하중)
> $=\gamma\times t+40[\text{kg/m}^2]+250[\text{kg/m}^2]$
>
> 여기서, γ: 철근콘크리트의 단위중량$[\text{kg/m}^3]$, t: 슬래브 두께[m]

㉡ 고정하중: 철근콘크리트와 거푸집의 무게를 합한 하중이며, 거푸집 무게는 최소 $0.4[\text{kN/m}^2]$ 이상을 적용하고, 특수 거푸집의 경우에는 그 실제 거푸집 및 철근의 무게를 적용한다.

㉢ 작업하중: 작업원, 경량의 장비하중, 충격하중, 기타 콘크리트 타설에 필요한 자재 및 공구 등의 하중을 포함하며, 콘크리트의 타설 높이가 0.5[m] 미만인 경우 구조물의 수평투영면적당 최소 $2.5[\text{kN/m}^2]$ 이상을 적용하며, 0.5[m] 이상 1.0[m] 미만일 경우 $3.5[\text{kN/m}^2]$, 1.0[m] 이상인 경우에는 $5.0[\text{kN/m}^2]$을 적용한다.

㉣ 상기 고정하중과 작업하중을 합한 연직하중은 콘크리트 타설 높이에 관계없이 $5.0[\text{kN/m}^2]$ 이상을 적용한다.

(3) 거푸집 조립 시 안전조치 안전보건규칙 제331조의2

① 거푸집을 조립하는 경우에는 거푸집이 콘크리트 하중이나 그 밖의 외력에 견딜 수 있거나, 넘어지지 않도록 견고한 구조의 긴결재, 버팀대 또는 지지대를 설치하는 등 필요한 조치를 할 것

② 거푸집이 곡면인 경우에는 버팀대의 부착 등 그 거푸집의 부상(浮上)을 방지하기 위한 조치를 할 것

(4) 동바리 조립 시 안전조치 안전보건규칙 제332조

① 받침목이나 깔판의 사용, 콘크리트 타설, 말뚝박기 등 동바리의 침하를 방지하기 위한 조치를 할 것

② 동바리의 상하 고정 및 미끄러짐 방지 조치를 할 것

③ 상부 · 하부의 동바리가 동일 수직선 상에 위치하도록 하여 깔판 · 받침목에 고정시킬 것

④ 개구부 상부에 동바리를 설치하는 경우에는 상부하중을 견딜 수 있는 견고한 받침대를 설치할 것

⑤ U헤드 등의 단판이 없는 동바리의 상단에 멍에 등을 올릴 경우에는 해당 상단에 U헤드 등의 단판을 설치하고, 멍에 등이 전도되거나 이탈되지 않도록 고정시킬 것

⑥ 동바리의 이음은 같은 품질의 재료를 사용할 것

⑦ 강재의 접속부 및 교차부는 볼트 · 클램프 등 전용철물을 사용하여 단단히 연결할 것

⑧ 거푸집의 형상에 따른 부득이한 경우를 제외하고는 깔판이나 받침목은 2단 이상 끼우지 않도록 할 것

⑨ 깔판이나 받침목을 이어서 사용하는 경우에는 그 깔판 · 받침목을 단단히 연결할 것

(5) 동바리 유형에 따른 동바리 조립 시 안전조치 안전보건규칙 제332조의2

① 동바리로 사용하는 파이프서포트의 경우
㉠ 파이프서포트를 3개 이상 이어서 사용하지 않도록 할 것
㉡ 파이프서포트를 이어서 사용하는 경우에는 4개 이상의 볼트 또는 전용철물을 사용하여 이을 것
㉢ 높이가 3.5[m]를 초과하는 경우에는 높이 2[m] 이내마다 수평연결재를 2개 방향으로 만들고 수평연결재의 변위를 방지할 것

② 동바리로 사용하는 강관틀의 경우
㉠ 강관틀과 강관틀 사이에 교차가새를 설치할 것
㉡ 최상단 및 5단 이내마다 동바리의 측면과 틀면의 방향 및 교차가새의 방향에서 5개 이내마다 수평연결재를 설치하고 수평연결재의 변위를 방지할 것
㉢ 최상단 및 5단 이내마다 동바리의 틀면의 방향에서 양단 및 5개틀 이내마다 교차가새의 방향으로 띠장틀을 설치할 것

③ 동바리로 사용하는 조립강주의 경우
조립강주의 높이가 4[m]를 초과하는 경우에는 높이 4[m] 이내마다 수평연결재를 2개 방향으로 설치하고 수평연결재의 변위를 방지할 것

④ 시스템동바리(규격화·부품화된 수직재, 수평재 및 가새재 등의 부재를 현장에서 조립하여 거푸집을 지지하는 지주 형식의 동바리)의 경우
㉠ 수평재는 수직재와 직각으로 설치하여야 하며, 흔들리지 않도록 견고하게 설치할 것
㉡ 연결철물을 사용하여 수직재를 견고하게 연결하고, 연결부위가 탈락 또는 꺾어지지 않도록 할 것
㉢ 수직 및 수평하중에 대해 동바리의 구조적 안전성이 확보되도록 조립도에 따라 수직재 및 수평재에는 가새재를 견고하게 설치할 것
㉣ 동바리 최상단과 최하단의 수직재와 받침철물은 서로 밀착되도록 설치하고 수직재와 받침철물의 연결부의 겹침길이는 받침철물 전체길이의 $\frac{1}{3}$ 이상 되도록 할 것

⑤ 보 형식의 동바리(강제 갑판(Steel Deck), 철재트러스 조립 보 등 수평으로 설치하여 거푸집을 지지하는 동바리)의 경우
㉠ 접합부는 충분한 걸침 길이를 확보하고 못, 용접 등으로 양끝을 지지물에 고정시켜 미끄러짐 및 탈락을 방지할 것
㉡ 양끝에 설치된 보 거푸집을 지지하는 동바리 사이에는 수평연결재를 설치하거나 동바리를 추가로 설치하는 등 보 거푸집이 옆으로 넘어지지 않도록 견고하게 할 것
㉢ 설계도면, 시방서 등 설계도서를 준수하여 설치할 것

(6) 작업발판 일체형 거푸집의 안전조치 안전보건규칙 제331조의3

① 작업발판 일체형 거푸집의 종류
㉠ 갱 폼(Gang Form)
㉡ 슬립 폼(Slip Form)
㉢ 클라이밍 폼(Climbing Form)
㉣ 터널 라이닝 폼(Tunnel Lining Form)
㉤ 그 밖에 거푸집과 작업발판이 일체로 제작된 거푸집 등

② 갱 폼의 조립·이동·양중·해체 작업을 하는 경우
㉠ 조립 등의 범위 및 작업절차를 미리 그 작업에 종사하는 근로자에게 주지시킬 것
㉡ 근로자가 안전하게 구조물 내부에서 갱 폼의 작업발판으로 출입할 수 있는 이동통로를 설치할 것
㉢ 갱 폼의 지지 또는 고정철물의 이상 유무를 수시점검하고 이상이 발견된 경우에는 교체하도록 할 것

㉣ 갱 폼을 조립하거나 해체하는 경우에는 갱폼을 인양장비에 매단 후에 작업을 실시하도록 하고, 인양장비에 매달기 전에 지지 또는 고정철물을 미리 해체하지 않도록 할 것

㉤ 갱 폼 인양 시 작업발판용 케이지에 근로자가 탑승한 상태에서 갱 폼의 인양작업을 하지 아니할 것

③ 갱 폼 이외 작업발판 일체형 거푸집의 조립 등의 작업을 하는 경우

㉠ 조립 등 작업 시 거푸집 부재의 변형 여부와 연결 및 지지재의 이상 유무를 확인할 것

㉡ 조립 등 작업과 관련한 이동 · 양중 · 운반 장비의 고장 · 오조작 등으로 인해 근로자에게 위험을 미칠 우려가 있는 장소에는 근로자의 출입을 금지하는 등 위험 방지 조치를 할 것

㉢ 거푸집이 콘크리트면에 지지될 때에 콘크리트의 굳기정도와 거푸집의 무게, 풍압 등의 영향으로 거푸집의 갑작스런 이탈 또는 낙하로 인해 근로자가 위험해질 우려가 있는 경우에는 설계도서에서 정한 콘크리트의 양생기간을 준수하거나 콘크리트면에 견고하게 지지하는 등 필요한 조치를 할 것

㉣ 연결 또는 지지 형식으로 조립된 부재의 조립 등 작업을 하는 경우에는 거푸집을 인양장비에 매단 후에 작업을 하도록 하는 등 낙하 · 붕괴 · 전도의 위험 방지를 위하여 필요한 조치를 할 것

4 흙막이 및 터널굴착

1. 흙막이 공법

(1) 공법의 종류

① 흙막이 공법의 선정 시 검토사항

㉠ 지반의 굴착심도 및 지반의 성상과 토질상태

㉡ 주변 구조물의 지하 매설물 상태

㉢ 지하수위 및 피압수 상태

㉣ 공사기간과 경제성 검토

㉤ 기초공사와 관련성 검토

② 흙막이 공법의 종류

㉠ 지지방식에 따른 분류

- 자립식 공법: 흙막이벽 벽체의 근입깊이에 의해 흙막이벽을 지지한다.
- 버팀대식 공법: 띠장, 버팀대, 지지말뚝을 설치하여 토압, 수압에 저항한다.
- 어스앵커공법(Earth Anchor): 흙막이벽을 천공 후 앵커체를 삽입하여 인장력을 가하여 흙막이벽을 잡아당기는 공법이다.
- 타이로드공법(Tie Rod Method): 흙막이벽의 상부를 당김줄로 당겨 흙막이벽을 지지한다.

㉡ 구조방식에 의한 분류

- H-Pile 공법: H빔을 일정 간격으로 박아 설치한 후 굴착과 동시에 토류판을 끼워 흙막이벽을 형성하는 공법이다.
- 널말뚝공법: 강재널말뚝 또는 강관널말뚝을 연속으로 연결하여 흙막이벽을 설치하여 버팀대로 지지하는 공법이다.
- 역타공법(Top Down Method): 지하연속벽과 기둥을 시공한 후 영구구조물 슬래브를 시공하여 벽체를 지지하면서 위에서 아래로 굴착하면서 동시에 지상층도 시공하는 공법으로 진동과 소음이 적어 도심지 대심도 굴착에 유리하고, 높은 차수성 및 벽체의 강성이 크다.
- C.I.P(Cast-In-Placed Pile): 시추기로 천공 완료 후 H-Pile이나 철근망을 삽입하고 콘크리트를 타설하여 연속으로 콘크리트 말뚝을 형성한다.

• S.C.W(Soil Cement Wall): 지중벽으로 계획심도까지 천공 후 흙과 교반된 시멘트 밀크를 주입재로 투입하여 벽체를 형성하고 H-Pile을 보강재로 삽입하여 벽체를 형성한다.

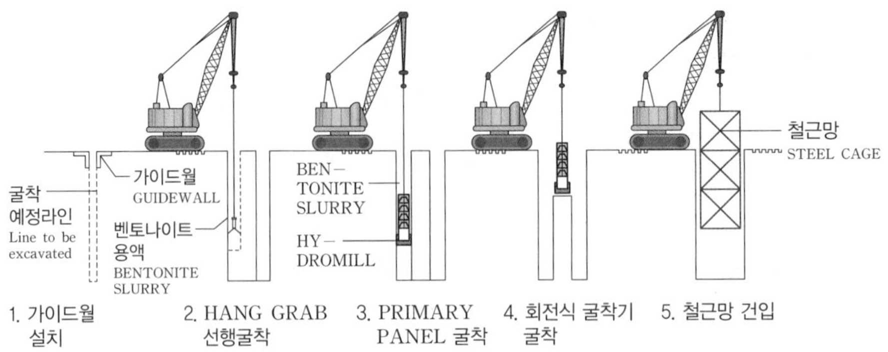

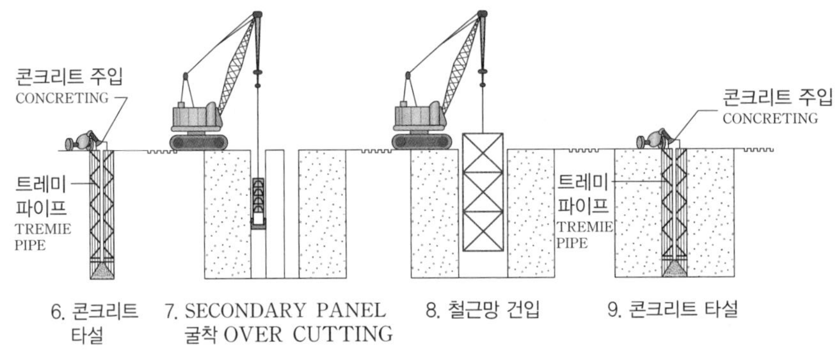

▲ 역타공법(Top Down Method) 시공도

(2) 흙막이 지보공의 붕괴위험 방지 안전보건규칙 제346~347조

① 조립도의 작성

㉠ 흙막이 지보공을 조립하는 경우 미리 그 구조를 검토한 후 조립도를 작성하여 그 조립도에 따라 조립하도록 하여야 한다.

㉡ 조립도는 흙막이판 · 말뚝 · 버팀대 및 띠장 등 부재의 배치 · 치수 · 재질 및 설치방법과 순서가 명시되어야 한다.

② 정기적 점검 및 보수사항

㉠ 부재의 손상 · 변형 · 부식 · 변위 및 탈락의 유무와 상태

㉡ 버팀대의 긴압의 정도

㉢ 부재의 접속부 · 부착부 및 교차부의 상태

㉣ 침하의 정도

2. 계측기의 종류 및 사용목적

(1) 계측의 목적

① 지반의 거동을 사전에 파악

② 각종 지보재의 지보효과 확인

③ 구조물의 안전성 확인

④ 공사의 경제성 도모

⑤ 장래 공사에 대한 자료 축적

⑥ 수변 구조물의 안전 확보

(2) 계측기의 종류 및 사용목적

① **지표침하계**: 흙막이벽 배면에 동결심도보다 깊게 설치하여 지표면 침하량을 측정한다.

② **지중경사계**: 흙막이벽 배면에 설치하여 토류벽의 기울어짐을 측정한다.

③ **하중계**: 스트러트, 어스앵커에 설치하여 축하중 측정으로 부재의 안정성 여부를 판단한다.

④ **간극수압계**: 굴착, 성토에 의한 간극수압의 변화를 측정한다.

⑤ **균열측정기**: 인접구조물, 지반 등의 균열부위에 설치하여 균열크기와 변화를 측정한다.

⑥ **변형률계**: 스트러트, 띠장 등에 부착하여 굴착작업 시 구조물의 변형을 측정한다.

⑦ **지하수위계**: 굴착에 따른 지하수위 변동을 측정한다.

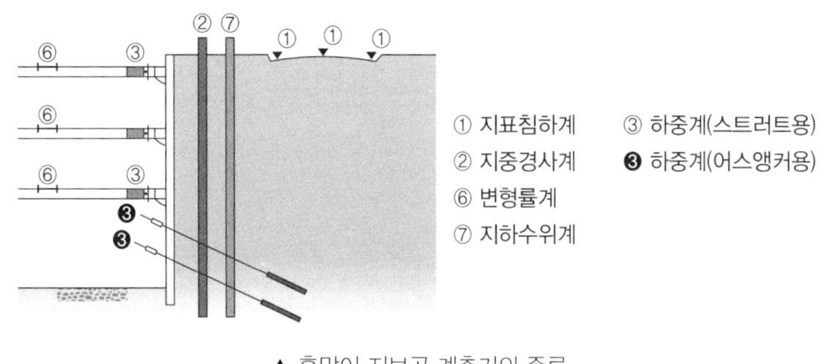

▲ 흙막이 지보공 계측기의 종류

3. 터널 굴착

(1) 터널 굴착공사

① 터널 굴착공법의 종류

㉠ NATM공법(New Austrian Tunneling Method): 원지반을 주지보재로 하여 숏크리트, 와이어메쉬, 스틸리브, 록볼트 등의 지보재를 사용하고, 이완된 지반의 하중을 지반자체에 전달하여 시공하는 공법이다.

㉡ TBM공법(Tunnel Boring Machine): 폭약을 사용하지 않고 터널보링머신의 회전에 의해 터널 전단면을 굴착하는 공법으로 암반터널에 적합하다.

㉢ Shield공법: 지반 내에 Shield라는 강제 원통 굴착기를 추진시켜 터널을 구축하는 공법으로 토사구간에 적합하다.

㉣ 개착식 공법: 지표면을 개착한 후, 터널 본체를 완성하고 다시 되메우기 하여 터널을 구축하는 공법이다.

㉤ 침매공법(Immersed Method): 해저 또는 지하수면 아래에 터널을 굴착하는 공법으로 지상에서 터널본체 구조물을 제작하여 물에 띄워 현장으로 운반 후 침하시켜 터널을 구축하는 공법이다.

② 뿜어 붙이기(숏크리트, Shotcrete)

㉠ 원지반의 이완방지

㉡ 굴착면의 요철을 줄이고 응력집중방지

㉢ 록볼트의 힘을 지반에 분산시켜 전달

㉣ 암반의 이동 및 크랙방지

㉤ 아치를 형성하여 전단저항력 증대

㉥ 굴착면을 덮음으로써 지반의 침식 방지

③ 터널공사 작업계획서 포함내용 안전보건규칙 별표 4

㉠ 굴착의 방법

㉡ 터널지보공 및 복공의 시공방법과 용수의 처리방법

㉢ 환기 또는 조명시설을 설치할 때에는 그 방법

(2) **재해 예방대책**

① 자동경보장치의 작업시작 전 점검사항 안전보건규칙 제350조

㉠ 계기의 이상 유무

㉡ 검지부의 이상 유무

㉢ 경보장치의 작동상태

② 터널 지보공 수시 점검 및 보강 · 보수사항 안전보건규칙 제366조

㉠ 부재의 손상 · 변형 · 부식 · 변위 탈락의 유무 및 상태

㉡ 부재의 긴압 정도

㉢ 부재의 접속부 및 교차부의 상태

㉣ 기둥침하의 유무 및 상태

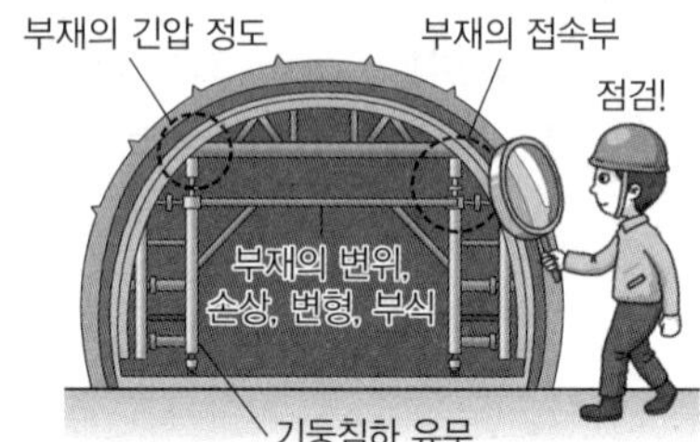

CHAPTER

06 공사 및 작업 종류별 안전

합격 KEYWORD 콘크리트 타설, 크리프가 증가하는 조건, 콘크리트 측압이 커지는 조건, 철골작업의 제한기준, 용접결함

1 양중기 작업

1. 양중기의 종류 안전보건규칙 제132조, 제134조

(1) 종류

① 크레인(호이스트(Hoist) 포함)

② 이동식 크레인

③ 리프트(이삿짐운반용 리프트의 경우에는 적재하중이 0.1톤 이상인 것으로 한정)

④ 곤돌라

⑤ 승강기

(2) **양중기**

① **크레인**

㉠ 크레인의 종류: 고정식 크레인, 이동식 크레인

㉡ 타워크레인 선정 시 사전 검토사항

- 작업반경
- 입지조건
- 건립기계의 소음영향
- 건물형태
- 인양능력
- 붐의 높이

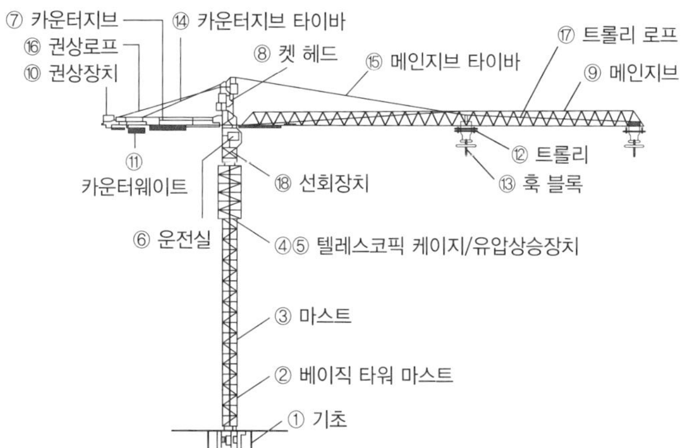

② **리프트**

㉠ 종류: 건설용 리프트, 산업용 리프트, 자동차정비용 리프트, 이삿짐운반용 리프트

㉡ 방호장치: 과부하방지장치, 권과방지장치, 비상정지장치, 제동장치

③ **곤돌라**: 달기발판 또는 운반구, 승강장치, 그 밖의 장치 및 이들에 부속된 기계부품에 의하여 구성되고, 와이어로프 또는 달기강선에 의하여 달기발판 또는 운반구가 전용의 승강장치에 의하여 오르내리는 설비이다.

④ 승강기

㉠ 종류

- 승객용 엘리베이터
- 승객화물용 엘리베이터
- 화물용 엘리베이터
- 소형화물용 엘리베이터
- 에스컬레이터

㉡ 승강기의 방호장치

- 과부하방지장치
- 권과방지장치
- 비상정지장치
- 제동장치
- 파이널 리미트 스위치(Final Limit Switch)
- 속도조절기
- 출입문 인터 록(Inter Lock)

(3) 안전검사 산업안전보건법 시행규칙 제126조

① 크레인(이동식 크레인 제외), 리프트(이삿짐운반용 리프트 제외) 및 곤돌라는 사업장에 설치가 끝난 날부터 3년 이내에 최초 안전검사를 실시하되, 그 이후부터 2년마다(건설현장에서 사용하는 것은 최초로 설치한 날부터 6개월마다) 실시한다.

② 이동식 크레인, 이삿짐운반용 리프트 및 고소작업대는 신규등록 이후 3년 이내에 최초 안전검사를 실시하되, 그 이후부터 2년마다 실시한다.

2. 양중기의 안전수칙

(1) 정격하중 등의 표시 안전보건규칙 제133조

양중기(승강기 제외) 및 달기구를 사용하여 작업하는 운전자 또는 작업자가 보기 쉬운 곳에 다음을 부착하여야 한다.

① 정격하중(달기구는 정격하중만 표시)

② 운전속도

③ 경고표시

(2) 폭풍에 의한 이탈 방지 안전보건규칙 제140조

순간풍속이 30[m/s]를 초과하는 바람이 불어올 우려가 있는 경우 옥외에 설치되어 있는 주행 크레인에 대하여 이탈 방지장치를 작동시키는 등 이탈 방지를 위한 조치를 하여야 한다.

(3) 크레인의 설치 · 조립 · 수리 · 점검 또는 해체 작업 시 조치사항 안전보건규칙 제141조

① 작업순서를 정하고 그 순서에 따라 작업을 할 것

② 작업을 할 구역에 관계 근로자가 아닌 사람의 출입을 금지하고 그 취지를 보기 쉬운 곳에 표시할 것

③ 비, 눈, 그 밖의 기상상태의 불안정으로 날씨가 몹시 나쁜 경우에는 그 작업을 중지시킬 것

④ 작업장소는 안전한 작업이 이루어질 수 있도록 충분한 공간을 확보하고 장애물이 없도록 할 것

⑤ 들어올리거나 내리는 기자재는 균형을 유지하면서 작업을 하도록 할 것

⑥ 크레인의 성능, 사용조건 등에 따라 충분한 응력을 갖는 구조로 기초를 설치하고 침하 등이 일어나지 않도록 할 것

⑦ 규격품인 조립용 볼트를 사용하고 대칭되는 곳을 차례로 결합하고 분해할 것

(4) 타워크레인의 설치 · 조립 · 해체 시 준수사항

① 작업계획서 내용 안전보건규칙 별표 4

㉠ 타워크레인의 종류 및 형식

㉡ 설치 · 조립 및 해체순서

㉢ 작업도구 · 장비 · 가설설비 및 방호설비

㉣ 작업인원의 구성 및 작업근로자의 역할 범위

㉤ 타워크레인의 지지방법

② 타워크레인의 지지 시 준수사항 **안전보건규칙** 제142조

㉠ 벽체에 지지하는 경우 준수사항

- 서면심사에 관한 서류 또는 제조사의 설치작업설명서 등에 따라 설치할 것
- 서면심사 서류 등이 없거나 명확하지 아니한 경우에는 건축구조 · 건설기계 · 기계안전 · 건설안전기술사 또는 건설안전분야 산업안전지도사의 확인을 받아 설치하거나 기종별 · 모델별 공인된 표준방법으로 설치할 것
- 콘크리트구조물에 고정시키는 경우에는 매립이나 관통 또는 이와 같은 수준 이상의 방법으로 충분히 지지되도록 할 것
- 건축 중인 시설물에 지지하는 경우에는 그 시설물의 구조적 안정성에 영향이 없도록 할 것

㉡ 와이어로프로 지지하는 경우 준수사항

- 서면심사에 관한 서류 또는 제조사의 설치작업설명서 등에 따라 설치할 것
- 서면심사 서류 등이 없거나 명확하지 아니한 경우에는 건축구조 · 건설기계 · 기계안전 · 건설안전기술사 또는 건설안전분야 산업안전지도사의 확인을 받아 설치하거나 기종별 · 모델별 공인된 표준방법으로 설치할 것
- 와이어로프를 고정하기 위한 전용 지지프레임을 사용할 것
- 와이어로프 설치각도는 수평면에서 60° 이내로 하되, 지지점은 4개소 이상으로 하고, 같은 각도로 설치할 것
- 와이어로프와 그 고정부위는 충분한 강도와 장력을 갖도록 설치하고, 와이어로프를 클립 · 샤클(Shackle) 등의 고정기구를 사용하여 견고하게 고정시켜 풀리지 않도록 하며, 사용 중에는 충분한 강도와 장력을 유지하도록 할 것. 이 경우 클립 · 샤클 등의 고정기구는 한국산업표준 제품이거나 한국산업표준이 없는 제품의 경우에는 이에 준하는 규격을 갖춘 제품이어야 한다.
- 와이어로프가 가공전선에 근접하지 않도록 할 것

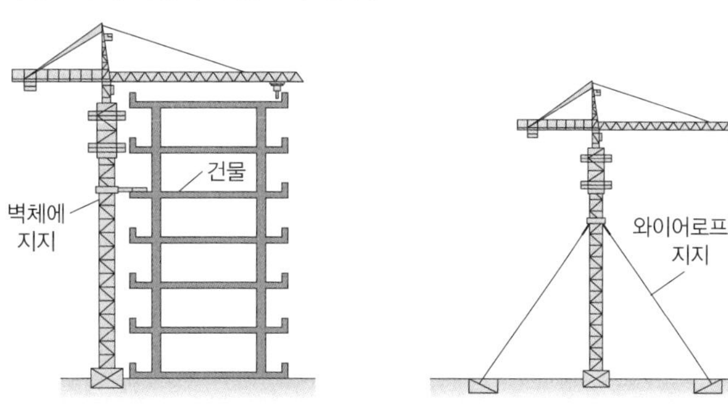

▲ 타워크레인의 지지

③ 강풍 시 타워크레인의 작업 중지 **안전보건규칙** 제37조

순간풍속이 10[m/s]를 초과하는 경우 타워크레인의 설치 · 수리 · 점검 또는 해체 작업을 중지하여야 하며, 순간풍속이 15[m/s]를 초과하는 경우에는 타워크레인의 운전 작업을 중지하여야 한다.

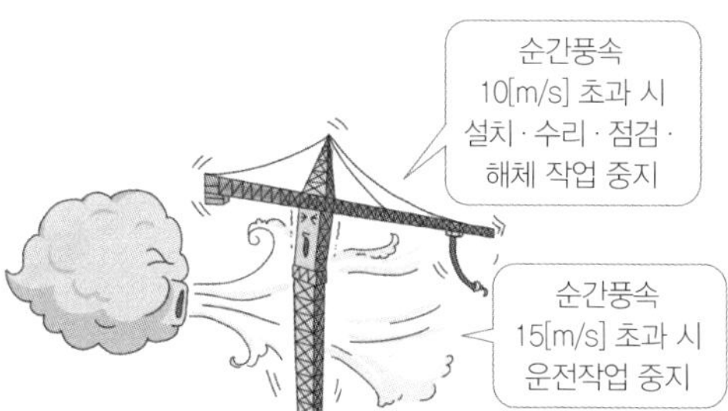

순간풍속 10[m/s] 초과 시 설치 · 수리 · 점검 · 해체 작업 중지
순간풍속 15[m/s] 초과 시 운전작업 중지

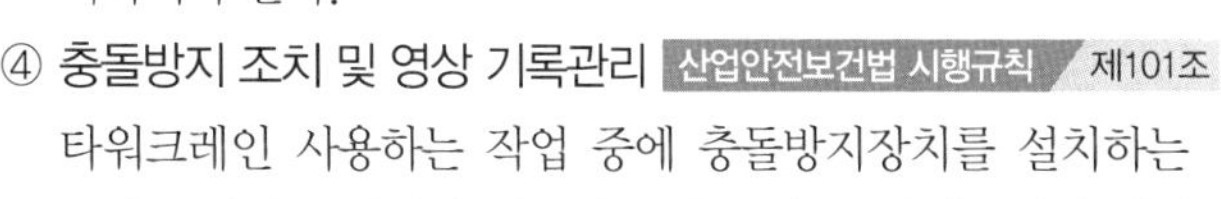

④ 충돌방지 조치 및 영상 기록관리 **산업안전보건법 시행규칙** 제101조

타워크레인 사용하는 작업 중에 충돌방지장치를 설치하는 등 충돌방지를 위하여 필요한 조치를 하고, 타워크레인 설치 · 해체 작업과정 전반을 영상으로 기록하여 대여기간 동안 보관하여야 한다.

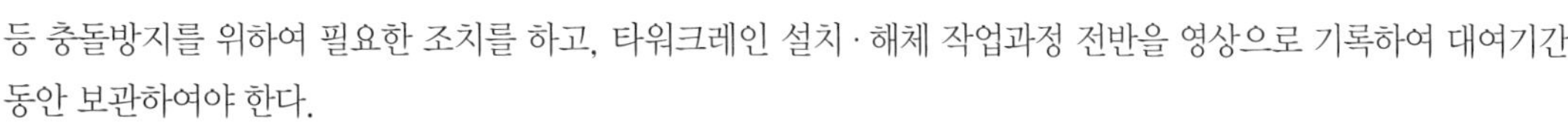

⑤ 타워크레인 전담 신호수 배치 **안전보건규칙** 제146조

타워크레인을 사용하여 작업을 하는 경우 타워크레인마다 근로자와 조종 작업을 하는 사람 간에 신호업무를 담당하는 사람을 각각 두어야 한다.

(5) 이동식 크레인 작업의 안전기준 안전보건규칙 제147~150조

① 설계기준 준수

② 안전밸브의 조정

③ **해지장치의 사용:** 하물을 운반하는 경우에는 해지장치를 사용한다.

④ **경사각의 제한:** 이동식 크레인 명세서에 적혀 있는 지브의 경사각의 범위에서 사용한다.

(6) 양중기의 방호장치

① **권과방지장치:** 권과를 방지하기 위하여 자동적으로 동력을 차단하고 작동을 제동하는 장치이다.

② **과부하방지장치:** 크레인에 있어서 정격하중 이상의 하중이 부하되었을 때 자동적으로 상승이 정지되면서 경보음을 발생시키는 장치이다.

③ **비상정지장치:** 이동 중 이상상태 발생 시 급정지시킬 수 있는 장치이다.

④ **제동장치:** 운동체를 감속하거나 정지상태로 유지하는 기능을 가진 장치이다.

⑤ **그 밖의 방호장치:** 승강기의 파이널 리미트 스위치, 속도조절기, 출입문 인터록 등

(7) 양중기의 와이어로프 안전보건규칙 제163조, 제166조

① 안전계수 $= \dfrac{\text{절단하중}}{\text{최대사용하중}}$

② 안전계수의 구분

구분	안전계수
근로자가 탑승하는 운반구를 지지하는 달기와이어로프 또는 달기체인의 경우	10 이상
화물의 하중을 직접 지지하는 달기와이어로프 또는 달기체인의 경우	5 이상
훅, 샤클, 클램프, 리프팅 빔의 경우	3 이상
그 밖의 경우	4 이상

③ 부적격한 와이어로프의 사용금지

㉠ 이음매가 있는 것

㉡ 와이어로프의 한 꼬임(Strand)에서 끊어진 소선의 수가 10[%] 이상인 것

㉢ 지름의 감소가 공칭지름의 7[%]를 초과하는 것

㉣ 꼬인 것

㉤ 심하게 변형되거나 부식된 것

㉥ 열과 전기충격에 의해 손상된 것

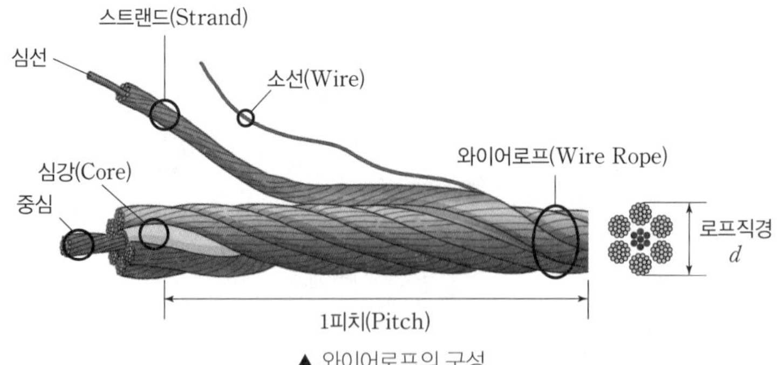

▲ 와이어로프의 구성

(8) 작업시작 전 점검사항 안전보건규칙 별표 3

① 크레인

㉠ 권과방지장치 · 브레이크 · 클러치 및 운전장치의 기능

㉡ 주행로의 상측 및 트롤리가 횡행하는 레일의 상태

㉢ 와이어로프가 통하고 있는 곳의 상태

② 이동식 크레인

㉠ 권과방지장치나 그 밖의 경보장치의 기능

㉡ 브레이크 · 클러치 및 조정장치의 기능

㉢ 와이어로프가 통하고 있는 곳 및 작업장소의 지반상태

③ 리프트

㉠ 방호장치 · 브레이크 및 클러치의 기능

㉡ 와이어로프가 통하고 있는 곳의 상태

④ 곤돌라

㉠ 방호장치 · 브레이크의 기능

㉡ 와이어로프 · 슬링와이어 등의 상태

2 해체공사

1. 해체용 기구의 종류

(1) 압쇄기

굴착기 등에 장착한 후 유압조작에 의해 콘크리트 구조물에 강한 압축력을 가해 파쇄하는 기구로 소음 및 진동이 적어 도심공사에 주로 사용된다.

▲ 압쇄기를 이용한 건물 해체작업

(2) 대형 브레이커

통상적으로 셔블에 설치하여 사용하며 파쇄력이 크고 해체범위가 넓은 특징이 있으나 소음, 진동이 심하다.

(3) 철제 해머

해머를 크레인 등에 부착하여 구조물에 충격을 주어 파쇄하는 방법이다.

(4) 핸드 브레이커

압축공기, 유압의 급속한 충격력으로 콘크리트 등을 해체할 때 사용하는 방법이다.

(5) 팽창제

광물의 수화반응에 의한 팽창압을 이용하여 파쇄하는 방법이다.

(6) 절단기

절단톱을 전동기, 가솔린 엔진 등으로 고속회전시켜 절단하는 것으로 기둥, 보, 바닥, 벽체를 적당한 크기로 절단하여 해체하는 방법이다.

2. 해체용 기구의 취급안전

(1) 해체용 기구별 유의사항

① 압쇄기
㉠ 해체물이 비산, 낙하할 위험이 있으므로 수평 낙하물 방호책을 설치한다.
㉡ 파쇄작업순서는 슬래브, 보, 벽체, 기둥의 순서로 해체한다.

② 대형 브레이커
㉠ 장비간의 안전거리를 충분히 확보한다.
㉡ 소음을 최대한 줄일 수 있는 수단을 강구하고, 소음진동기준은 관계법에 따라 처리한다.

③ 핸드 브레이커 해체공사표준안전작업지침 제7조
㉠ 끌의 부러짐 방지를 위하여 작업자세는 하향 수직방향으로 유지한다.
㉡ 기계는 항상 점검하고, 호스의 꼬임 · 교차 및 손상 여부를 점검한다.

④ 절단기(톱) 해체공사표준안전작업지침 제9조
㉠ 회전날에는 접촉방지 커버를 부착한다.
㉡ 회전날의 조임상태는 안전한지 작업 전에 점검한다.

⑤ 팽창제 해체공사표준안전작업지침 제8조
㉠ 팽창제와 물과의 시방 혼합비율을 확인한다.
㉡ 천공직경이 너무 작거나 크면 팽창력이 작아 비효율적이므로 천공 직경은 30[mm]~50[mm] 정도를 유지한다.
㉢ 천공간격은 콘크리트 강도에 의하여 결정되나 30[cm]~70[cm] 정도를 유지한다.
㉣ 팽창제를 저장하는 경우에는 건조한 장소에 보관하고 직접 바닥에 두지 말고 습기를 피하여야 한다.
㉤ 개봉된 팽창제는 사용하지 말아야 하며 쓰다 남은 팽창제 처리에 유의한다.

(2) 해체 작업계획서 내용 안전보건규칙 별표 4

① 해체의 방법 및 해체 순서도면
② 가설설비 · 방호설비 · 환기설비 및 살수 · 방화설비 등의 방법
③ 사업장 내 연락방법
④ 해체물의 처분계획
⑤ 해체작업용 기계 · 기구 등의 작업계획서
⑥ 해체작업용 화약류 등의 사용계획서
⑦ 그 밖에 안전 · 보건에 관련된 사항

3 콘크리트 구조물공사

1. 콘크리트 타설작업의 안전

(1) 콘크리트 타설작업 시 준수사항 안전보건규칙 제334조

① 당일의 작업을 시작하기 전에 해당 작업에 관한 거푸집 및 동바리의 변형 · 변위 및 지반의 침하 유무 등을 점검하고 이상이 있으면 보수할 것
② 작업 중에는 감시자를 배치하는 등의 방법으로 거푸집 및 동바리의 변형 · 변위 및 침하 유무 등을 확인하여야 하며, 이상이 있으면 작업을 중지하고 근로자를 대피시킬 것
③ 콘크리트 타설작업 시 거푸집 붕괴의 위험이 발생할 우려가 있으면 충분한 보강조치를 할 것
④ 설계도서 상의 콘크리트 양생기간을 준수하여 거푸집 및 동바리를 해체할 것

⑤ 콘크리트를 타설하는 경우에는 편심이 발생하지 않도록 골고루 분산하여 타설할 것

(2) 콘크리트 타설 시 안전수칙 KOSHA C-43

① 타설순서는 계획에 의하여 실시하여야 한다.

② 콘크리트를 타설하는 도중에는 거푸집 및 동바리의 이상 유무를 확인하여야 하고, 담당자를 배치하여 이상이 발생한 때에는 신속히 안전조치를 하여야 한다.

③ 타설속도는 콘크리트공사 표준시방서에 의한다.

④ 손수레를 이용하여 콘크리트를 운반할 때에는 다음의 사항을 준수하여야 한다.

㉠ 손수레를 타설하는 위치까지 천천히 운반하여 거푸집에 충격을 주지 아니하도록 하여야 하며 적당히 간격을 유지하여야 한다.

㉡ 운반통로는 구분을 명확히 하고, 통로 상의 장애물을 제거하여 운반에 방해가 되지 않도록 하여야 한다.

⑤ 콘크리트의 운반 및 타설장비는 작업시작 전 성능을 확인하여야 하고, 사용 전·후 반드시 점검하여야 한다.

⑥ 콘크리트를 한 곳에만 집중적으로 타설할 경우 편심하중에 의한 거푸집의 변형 및 동바리의 탈락이 붕괴사고를 유발하게 되므로 타설계획 및 순서에 따라 균형있게 타설하여야 한다.

⑦ 진동기는 적절히 사용되어야 하며, 지나친 진동은 거푸집 도괴의 원인이 될 수 있으므로 각별히 주의하여야 한다.

2. 콘크리트 타설 및 다지기

(1) 배합설계

① 정의: 배합설계는 현장에서 요구되는 작업에 적합한 콘크리트의 성질 및 이러한 콘크리트의 배합 시 의도한 강도 및 내구성과 워커빌러티를 갖는 콘크리트를 만들기 위하여 각 재료의 비율 또는 사용량을 고려하여 콘크리트를 배합하기 위한 사전계획 및 작업이다.

② 설계기준강도(f_{ck}): 설계에 있어서 기준으로 하는 콘크리트 강도(재령 28일 압축강도 기준)이다.

③ 배합강도(f_{cr}): 설계기준강도에 적당한 계수를 곱하여 할증한 압축강도로, 콘크리트 배합설계에서 소요의 강도로부터 물-시멘트비를 정할 경우에 쓰인다.

(2) 다지기

① 다짐방법

㉠ 진동 다짐: 진동기를 굳지 않은 콘크리트 내에 삽입하여 다진다.

㉡ 거푸집 다짐: 나무망치로 거푸집의 바깥쪽에서 두드려 다진다.

② 다짐작업 시 주의사항

㉠ 다짐봉은 콘크리트부터 천천히 빼내어 구멍이 남지 않도록 한다.

㉡ 다짐봉을 콘크리트 이동 수단으로 사용하는 것은 금지한다.

㉢ Slump치가 8[m]일 경우 다짐시간은 5~15초를 표준으로 하고, 다짐시간이 과도하면 재료분리의 원인이 되므로 각별히 주의한다.

㉣ 1대의 다짐봉이 다지는 용량을 감안하여 다짐봉의 대수를 결정하고, 예비 다짐봉도 준비한다.

㉤ 다짐 시 다짐봉이 배근된 철근이나 거푸집, 쉬스관, 기타 매설물과 접촉하지 않도록 주의한다.

㉥ 다짐 시작 전 적정한 다짐 소요시간을 실제 시험에 의해 도출하여 감독(감리원)의 승인을 받은 후 적용한다.

㉦ 다짐작업은 레미콘 타설 직후 바로 시작한다.

㉧ 다짐봉이 철근에 직접 진동을 주지 않도록 주의한다.

③ 효과: 공극감소, 철근과의 부착력 증대, 내구성 증대

(3) 블리딩 및 레이턴스

① 블리딩(Bleeding)

㉠ 정의: 블리딩이란 콘크리트 타설 시 비교적 무거운 골재나 시멘트는 침하하고 가벼운 물이나 미세한 물질이 분리 상승하여 콘크리트 표면에 떠오르는 현상이다.

㉡ 방지대책

- 단위 수량을 적게한다.
- 분말도가 적은 시멘트를 사용한다.
- 골재 중 먼지와 같은 유해물의 함량을 감소한다.
- AE제, AE감수제, 고성능 감수제를 사용한다.
- 1회 타설 높이를 낮게 하고, 과도한 다짐을 금지한다.

② 레이턴스(Laitance)

㉠ 정의: 블리딩(Bleeding)에 의해 콘크리트 표면에 떠올라 침전한 미세한 물질이다.

㉡ 방지대책

- 물－시멘트비를 낮게 한다.
- 분말도가 적은 시멘트를 사용한다.
- 골재는 입도 · 입형이 고른 것을 사용한다.
- AE제, AE감수제 등을 사용한다.
- 타설 높이를 낮게 하고, 과도한 진동을 방지한다.

3. 콘크리트 양생

(1) 콘크리트 양생의 종류

① **습윤양생**: 콘크리트의 건조를 방지하고 수분상태를 유지시키는 것이다.

② **고압증기양생(오토클레이브 양생)**: 양생실 안에서 고압증기를 이용하여 양생하는 방법이다.

③ **피막양생**: 피막양생제를 콘크리트 표면에 도포하여 수분증발을 막고 습도를 유지하는 것이다.

④ **전열양생**: 전열선을 거푸집에 둘러 쳐서 콘크리트의 냉각을 막는 것이다.

⑤ **전기양생**: 콘크리트에 직접 저압 전류를 보내 발생하는 저항열을 이용하는 것이다.

⑥ **온도제어양생**: 시멘트 수화열에 의한 온도균열을 제어하기 위한 것으로 서중콘크리트, 매스콘크리트에 이용한다.

예) 프리쿨링(Pre－cooling), 파이프쿨링(Pipe－cooling)

(2) 콘크리트 구조물 내구성 저하

① 콘크리트 중성화(Neutralization)

㉠ 콘크리트가 공기 중의 탄산가스의 작용으로 서서히 알칼리성을 잃어가는 현상이다.

㉡ 시멘트의 수화반응에서 생성되는 수산화칼슘은 pH 12～13 정도의 알칼리성을 나타내며, 이 수산화칼슘은 대기 중에 있는 약산성의 이산화탄소와 접촉, 반응하여 pH 8～10 정도의 탄산칼슘과 물로 변화하는 현상이다.

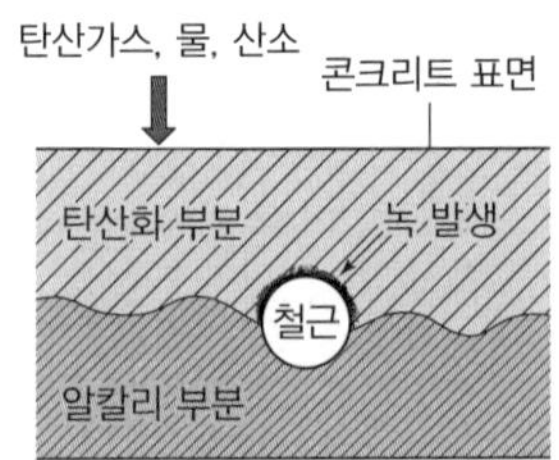

▲ 콘크리트의 중성화

② 알칼리 골재반응(AAR; Alkali Aggregate Reaction): 골재 중의 반응성 광물과 시멘트의 수화반응 중에 생기는 알칼리성분이 결합하여 일으키는 화학반응으로 콘크리트가 팽창하는 현상이다.

③ 콘크리트의 균열

㉠ 소성수축균열: 외기에 접하는 콘크리트 표면으로부터 수분증발과 거푸집 틈 사이의 수분손실로 소성수축을 촉진시켜 발생하는 균열이다.

㉡ 침하균열: 철근이나 거푸집, 골재의 하부에 블리딩수가 모이거나 공극이 발생하여 생기는 균열이다.

㉢ 온도균열: 수화반응에서의 수화열에 의한 균열로 댐, 교량의 하부구조, 도로포장, 옹벽, 원자력 발전소 구조물과 같은 매스콘크리트 구조물에서 주로 발생한다.

㉣ 건조수축균열: 워커빌리티에 기여한 잉여수가 건조하면서 콘크리트가 수축하여 발생하는 균열이다.

(3) 콘크리트 크리프(Creep)

① 정의: 크리프(Creep)란 일정한 크기의 하중이 지속적으로 작용할 때 하중의 증가가 없어도 시간이 경과함에 따라 콘크리트의 변형이 증가하는 현상이다.

② 크리프가 증가하는 조건

㉠ 물－시멘트비가 클수록
㉡ 재령이 짧을수록
㉢ 온도가 높고, 습도가 낮을수록
㉣ 구조부재의 치수가 작을수록
㉤ 작용응력이 클수록

4. 슬럼프 시험(Slump Test)

(1) 정의

① 슬럼프시험이란 슬럼프 콘에 의한 콘크리트의 유동성 측정시험을 말하며 컨시스턴시(반죽질기)를 측정하는 방법으로서 가장 일반적으로 사용한다.

② 슬럼프 콘에 굳지 않은 콘크리트를 충전하고 탈형했을 때 자중에 의해 밑으로 내려앉은 높이를 [cm]로 측정한 값이다.

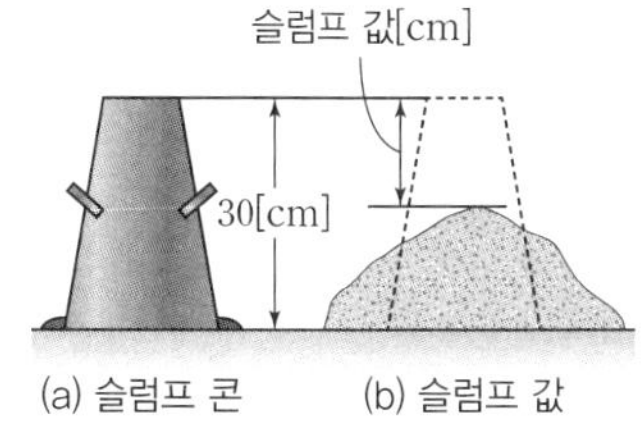

▲ 슬럼프시험

(2) 시험방법 및 순서

① 수밀평판을 수평으로 설치하고 슬럼프 콘을 중앙에 설치한다.

② 슬럼프 콘 안에 콘크리트를 용적으로 $\frac{1}{3}$씩 3층으로 나누어 넣고 25회씩 다진다.

③ 조심성 있게 수직으로 들어 올려 무너져 내린 높이(슬럼프 값)를 측정한다.

(3) 시공연도(Workability) 측정방법

① 정의: 시공연도(Workability)란 재료분리를 일으키지 않고 부어넣기·다짐·마감 등의 작업이 용이한 정도를 나타내는 굳지 않은 콘크리트의 성질이다.

② 측정방법

㉠ 슬럼프시험(Slump Test)
㉡ 비비시험(Vee－bee Test)
㉢ 흐름시험(Flow Test)
㉣ 다짐계수시험(Compacting Factor Test)
㉤ 리몰딩시험(Remolding Test)
㉥ 케리의 구관입시험(Ball Penetration Test)

5. 콘크리트 측압

(1) 정의

① 측압(Lateral Pressure)이란 콘크리트 타설 시 기둥 · 벽체의 거푸집에 가해지는 콘크리트의 수평 방향의 압력이다.

② 콘크리트의 타설 높이가 증가함에 따라 측압은 증가하나, 일정한 높이 이상이 되면 측압은 감소한다.

(2) 측압이 커지는 조건

① 거푸집 부재단면이 클수록

② 거푸집 수밀성이 클수록(투수성이 작을수록)

③ 거푸집의 강성이 클수록

④ 거푸집 표면이 평활할수록

⑤ 시공연도(Workability)가 좋을수록

⑥ 철골 또는 철근량이 적을수록

⑦ 외기온도가 낮을수록, 습도가 높을수록

⑧ 콘크리트의 타설속도가 빠를수록

⑨ 콘크리트의 다짐이 과할수록

⑩ 콘크리트의 슬럼프가 클수록

⑪ 콘크리트의 비중이 클수록

6. 콘크리트구조물 붕괴 안전대책

(1) 구축물 등의 안전 유지 안전보건규칙 제51조

구축물 등이 고정하중, 적재하중, 시공 · 해체 작업 중 발생하는 하중, 적설, 풍압, 지진이나 진동 및 충격 등에 의하여 전도 · 폭발하거나 무너지는 등의 위험을 예방하기 위하여 설계도면, 시방서(示方書), 「건축물의 구조기준 등에 관한 규칙」에 따른 구조설계도서, 해체계획서 등 설계도서를 준수하여 필요한 조치를 하여야 한다.

(2) 매설물 등의 파손에 의한 위험방지 안전보건규칙 제341조

① 매설물 · 조적벽 · 콘크리트벽 또는 옹벽 등의 건설물에 근접한 장소에서 굴착작업을 할 때에 해당 가설물의 파손 등에 의하여 근로자가 위험해질 우려가 있는 경우에는 해당 건설물을 보강하거나 이설하는 등 해당 위험을 방지하기 위한 조치를 하여야 한다.

② 굴착작업에 의하여 노출된 매설물 등이 파손됨으로써 근로자가 위험해질 우려가 있는 경우에는 해당 매설물 등에 대한 방호조치를 하거나 이설하는 등 필요한 조치를 하여야 한다.

③ 매설물 등의 방호작업에 대하여 관리감독자에게 해당 작업을 지휘하도록 하여야 한다.

(3) 옹벽의 안정성 조건

① 옹벽의 종류 KOSHA C-78

㉠ 중력식 옹벽: 옹벽 자체의 무게로 토압 등의 외력을 지지하여 자중으로 토압에 대항

㉡ 반중력식 옹벽: 중력식 옹벽의 벽두께를 얇게 하고 이로 인해 생기는 인장응력에 저항하기 위해 철근을 배치한 형식

㉢ 역T형 옹벽: 옹벽의 배면에 기초 슬래브가 일부 돌출한 모양의 옹벽형식

㉣ 부벽식 옹벽: 벽의 전면 또는 후면에서 바깥쪽으로 튀어나와 벽체가 쓰러지지 않게 지탱하기 위하여 부벽을 이용하는 형식

② 옹벽의 안정조건

㉠ 활동에 대한 안정

$$F_s = \frac{\text{활동에 저항하려는 힘}}{\text{활동하려는 힘}} \geq 1.5$$

㉡ 전도에 대한 안정

$$F_s = \frac{\text{저항 모멘트}}{\text{전도 모멘트}} \geq 2.0$$

㉢ 지반 지지력(침하)에 대한 안정

$$F_s = \frac{\text{지반의 허용지지력}(q_a)}{\text{지반에 작용하는 최대하중}(q_{max})} \geq 1.0$$

4 철골공사

1. 철골공사 작업의 안전

(1) 공사 전 검토사항 철골공사표준안전작업지침 제3조

① 공작도(Shop Drawing)에 포함해야 할 사항

㉠ 외부비계받이 및 화물승강설비용 브라켓
㉡ 기둥 승강용 트랩
㉢ 구명줄 설치용 고리
㉣ 건립에 필요한 와이어 걸이용 고리
㉤ 난간 설치용 부재
㉥ 기둥 및 보 중앙의 안전대 설치용 고리
㉦ 방망 설치용 부재
㉧ 비계 연결용 부재
㉨ 방호선반 설치용 부재
㉩ 양중기 설치용 보강재

② 외압에 대한 내력이 설계에 고려되었는지 확인해야 할 구조물

㉠ 높이 20[m] 이상의 구조물
㉡ 구조물의 폭과 높이의 비가 1 : 4 이상인 구조물
㉢ 단면구조에 현저한 차이가 있는 구조물
㉣ 연면적당 철골량이 50[kg/m²] 이하인 구조물
㉤ 기둥이 타이플레이트(Tie Plate)형인 구조물
㉥ 이음부가 현장용접인 구조물

(2) 철골작업의 제한

① 작업의 제한기준 안전보건규칙 제383조

구분	내용
강풍	풍속이 10[m/s] 이상인 경우
강우	강우량이 1[mm/h] 이상인 경우
강설	강설량이 1[cm/h] 이상인 경우

② **강풍 시 조치:** 높은 곳에 있는 부재나 공구류가 낙하, 비래하지 않도록 조치한다.

(3) 재해방지 설비 철골공사표준안전작업지침 제16조

① 철골공사에 있어서는 용도, 사용장소 및 조건에 따라 재해방지 설비를 갖추어야 한다.

② 고소작업에 따른 추락방지를 위하여 추락방지용 방망을 설치하도록 하고 작업자는 안전대를 사용하도록 하며 안전대 사용을 위해 미리 철골에 안전대 부착설비를 설치해 두어야 한다.

③ 구명줄을 설치할 경우에는 1가닥의 구명줄을 여러 명이 동시에 사용하지 않도록 하여야 하며 구명줄을 마닐라 로프 직경 16[mm]를 기준하여 설치하고 작업방법을 충분히 검토하여야 한다.

④ 낙하·비래 및 비산방지설비는 지상 층의 철골건립개시 전에 설치하고 철골건물의 높이가 지상 20[m] 이하일 때는 방호선반을 1단 이상, 20[m] 이상인 경우에는 2단 이상 설치하도록 하며 건물 외부비계 방호시트에서 수평거리로 2[m] 이상 돌출하고 20° 이상의 각도를 유지시켜야 한다.

⑤ 외부비계를 필요로 하지 않는 공법을 채택한 경우에도 낙하·비래 및 비산방지설비를 하여야 하며 철골보 등을 이용하여 설치하여야 한다.

⑥ 화기를 사용할 경우에는 그곳에 불연재료로 울타리를 설치하거나 석면포로 주위를 덮는 등의 조치를 취해야 한다.

⑦ 철골건물 내부에 낙하비래장치 시설을 설치할 경우에는 일반적으로 3층 간격마다 수평으로 철망을 설치하여 작업자의 추락방지시설을 겸하도록 하되 기둥 주위에 공간이 생기지 않도록 하여야 한다.

⑧ 철골건립 중 건립위치까지 작업자가 안전하게 승강할 수 있는 사다리, 계단, 외부비계, 승강용 엘리베이터 등을 설치하여야 하며 건립이 실시되는 층에서는 주로 기둥을 이용하여 올라가는 경우가 많으므로 기둥승강 설비로서 기둥제작 시 16[mm] 철근 등을 이용하여 30[cm] 이내의 간격, 30[cm] 이상의 폭으로 트랩을 설치하여야 하며 안전대 부착설비구조를 겸용하여야 한다.

(4) 철골세우기용 기계

① 고정식 크레인

㉠ 고정식 타워크레인: 설치가 용이하고, 작업범위가 넓으며 철골구조물 공사에 적합하다.

㉡ 이동식 타워크레인: 이동하면서 작업할 수 있으므로 작업반경을 최소화할 수 있다.

② 이동식 크레인

㉠ 트럭 크레인: 타이어 트럭 위에 크레인 본체를 설치한 것으로 기동성이 우수하고 안전을 확보하기 위해 아웃트리거 장치를 설치한다.

㉡ 크롤러 크레인: 무한궤도 위에 크레인 본체를 설치한 것으로 안전성이 우수하고 연약지반에서의 주행성능이 좋으나 기동성이 저조하다.

㉢ 유압 크레인: 유압식 조작방식으로 안정성이 우수하고, 이동속도가 빠르며 아웃트리거 장치를 설치한다.

③ 데릭(Derrick)

㉠ 가이데릭(Guy Derrick): 360° 회전 가능하고, 인양하중 능력이 크나 타워크레인에 비해 선회성 및 안전성이 떨어진다.

㉡ 삼각데릭(Stiff Leg Derrick): 주기둥을 지탱하는 지선 대신에 2개의 다리에 의해 고정하고, 회전반경은 270°로 높이가 낮은 건물에 유리하다.

㉢ 진폴(Gin Pole): 철파이프, 철골 등으로 기둥을 세우고 윈치를 이용하여 철골부재를 인상하며 경미한 철골건물에 사용한다.

(5) 철골 접합방법

① 리벳(Rivet) 접합

② 볼트(Bolt) 접합

③ 고장력볼트(High Tension Bolt) 접합

④ 용접(Welding) 접합

㉠ 철골부재의 접합부를 열로 녹여 일체가 되도록 결합시키는 방법이다.

㉡ 용접의 이음형식

- 맞대기용접(Butt Welding): 접합하는 두 부재 사이에 홈을 두고 용착금속을 채워 넣는 방법이다.
- 모살용접(Fillet Welding): 모살을 덧붙이는 용접으로 한쪽의 모재 끝을 다른 모재면에 겹치거나 맞대어 그 접촉부분의 모서리를 용접하는 방법이다.

㉢ 용접결함의 종류

- 기공(Blow Hole): 용착금속에 남아있는 수소+CO_2 가스로 인해 기포가 생기는 것
- 슬래그혼입: 모재와의 융합부에 슬래그 부스러기가 잔존하는 것
- 크레이터(Crater): 아크용접 시 비드(Bead) 끝이 오목하게 들어간 부분

- 언더컷(Undercut): 용접부 결함에서 전류가 과대하고, 용접속도가 너무 빠르며, 아크를 짧게 유지하기 어려운 경우 모재 및 용접부의 일부가 녹아서 홈 또는 오목하게 생긴 부분
- 피트(Pit): 용융금속이 균일하지 못하게 주입되어 용접부 표면에 작은 기포 구멍이 생기는 것
- 용입불량: 용융금속이 균일하지 못하게 주입되어 용착금속이 채워지지 않고 홈으로 남게 되는 것
- 오버랩(Overlap): 전기 아크용접에서 용융풀(pool)이 작고 용입이 얇은 경우에 용차금속이 용융풀 주위에 융합되지 않은 채 겹쳐지는 것

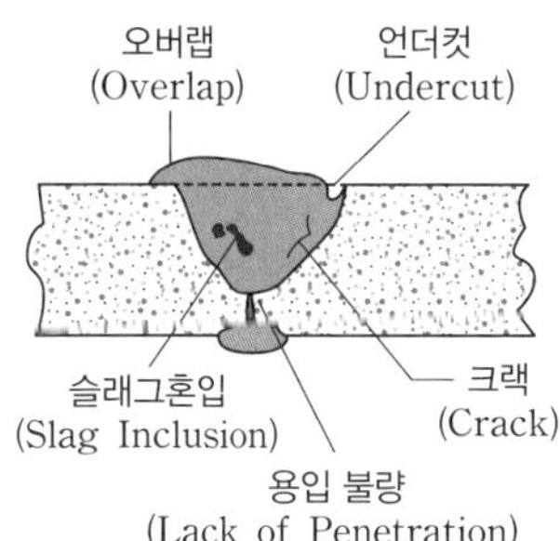

5 PC(Precast Concrete) 공사

1. PC 공법의 장점

(1) 기후의 영향을 받지 않아 동절기 시공이 가능하고, 공기를 단축할 수 있다.
(2) 현장작업이 감소되고, 생산성이 향상되어 인력절감이 가능하다.
(3) 공장 제작이므로 콘크리트 양생 시 최적조건에 의한 양질의 제품생산이 가능하다.

2. PC 부재의 설치 시 안전대책

(1) PC 부재가 파손되지 않도록 주의한다.
(2) PC 부재의 하부가 오염되지 않도록 받침목을 받치고 설치한다.
(3) PC 부재는 되도록 수직으로 설치한다.

3. PC 부재의 조립 시 안전대책

(1) 신호수를 지정하여 사전에 정해진 신호에 따라 인양작업을 한다.
(2) 작업자는 안전모, 안전대 등 보호구를 착용한다.
(3) 조립작업 전 기계 · 기구 공구의 이상 유무를 확인한다.
(4) 작업현장 인근의 고압전로에는 방호선반을 사전 설치한다.
(5) PC 부재 인양작업 시 적재하중을 초과하여서는 아니 된다.
(6) PC 부재 인양작업 시 크레인의 침하방지 조치를 철저히 한다.
(7) PC 부재 인양작업 시 그 아래에 근로자의 출입을 금지한다.
(8) PC 부재 인양 중 운전자는 운전대에서의 이탈을 금지한다.
(9) 크레인 사용시 PC 부재의 중량을 고려하여 아웃트리거를 사용한다.

▲ PC공사 시공 사례

6 운반 및 하역작업

1. 취급, 운반의 원칙

(1) **취급, 운반의 3조건**
① 운반거리를 단축시킬 것
② 운반을 기계화할 것
③ 손이 닿지 않는 운반방식으로 할 것

(2) **취급, 운반의 5원칙**

① 직선운반을 할 것

② 연속운반을 할 것

③ 운반작업을 집중화시킬 것

④ 생산을 최고로 하는 운반을 생각할 것

⑤ 시간과 경비를 최대한 절약할 수 있는 운반방법을 고려할 것

2. 인력운반

(1) **인력운반작업 준수사항** KOSHA G-119

① 작업공정을 개선하여 운반의 필요성이 없도록 한다.

② 운반작업을 줄인다.

③ 운반횟수(빈도) 및 거리를 최소화 한다.

④ 중량물의 경우는 2~3인(공동작업)이 운반한다.

⑤ 운반보조 기구 및 기계를 이용한다.

⑥ 물건을 들어올릴 때에는 팔과 무릎을 이용하며 척추는 곧게 한다.

⑦ 긴 물건은 앞부분을 약간 높여 모서리 등에 충돌하지 않게 하고, 굴려서 운반하는 것은 금지한다.

(2) **철근 인력운반방법** 콘크리트공사표준안전작업지침 제12조

① 1인당 무게는 25[kg] 정도가 적당하고, 무리한 운반을 삼가야 한다.

② 2인 이상이 1조가 되어 어깨메기로 운반하여야 한다.

③ 긴 철근을 부득이 한 사람이 운반할 때에는 한쪽을 어깨에 메고 한쪽 끝을 끌면서 운반하여야 한다.

④ 운반할 때에는 양끝을 묶어 운반하여야 한다.

⑤ 내려 놓을 때는 천천히 내려놓고 던지지 않아야 한다.

⑥ 공동 작업을 할 때에는 신호에 따라 작업을 하여야 한다.

(3) **운반자세의 종류와 신체에 걸리는 부하**

어깨운반	등에 진 운반	머리 위에 운반	한 손으로 머리 위에 올림	어깨메어 올림
70[kg]	70[kg]	움켜잡음 42[kg]	23[kg]	36[kg]
끌어올림	**배로 당김**	**손으로 당김**	**양손 밀음**	**양손 당김**
120[kg]	55[kg]	48[kg]	72[kg]	48[kg]
한손 들음 운반	**양손 들음 운반**	**앞 들음 운반**	**양손으로 목 들음 올림**	**천평운반**
몸에 붙음 40[kg] 붙지 않음 25[kg]	79[kg]	60[kg]	68[kg]	115[kg]

3. 중량물 취급운반

(1) 작업계획서 내용 안전보건규칙 별표 4

① 추락위험을 예방할 수 있는 안전대책 ② 낙하위험을 예방할 수 있는 안전대책

③ 전도위험을 예방할 수 있는 안전대책 ④ 협착위험을 예방할 수 있는 안전대책

⑤ 붕괴위험을 예방할 수 있는 안전대책

(2) 중량물 취급 안전기준

① 하역운반기계·운반용구를 사용하여야 한다.

② 작업지휘자를 지정하여 다음의 사항을 준수하도록 하여야 한다.(단위화물의 무게가 100[kg] 이상인 화물을 싣는 작업 또는 내리는 작업) 안전보건규칙 제177조

㉠ 작업순서 및 그 순서마다의 작업방법을 정하고 작업을 지휘할 것

㉡ 기구와 공구를 점검하고 불량품을 제거할 것

㉢ 해당 작업을 하는 장소에 관계 근로자가 아닌 사람의 출입을 금지할 것

㉣ 로프 풀기 작업 또는 덮개 벗기기 작업은 적재함의 화물이 떨어질 위험이 없음을 확인한 후에 하도록 할 것

③ 중량물을 2명 이상의 근로자가 취급하거나 운반하는 작업을 하는 경우에는 일정한 신호방법을 정하고, 운전자는 그 신호에 따라야 한다.

4. 하역작업의 안전수칙

(1) 하역작업장의 조치기준 안전보건규칙 제390조

① 작업장 및 통로의 위험한 부분에는 안전하게 작업할 수 있는 조명을 유지할 것

② 부두 또는 안벽의 선을 따라 통로를 설치하는 경우에는 폭을 90[cm] 이상으로 할 것

③ 육상에서의 통로 및 작업장소로서 다리 또는 선거 갑문을 넘는 보도 등의 위험한 부분에는 안전난간 또는 울타리 등을 설치할 것

(2) 항만하역작업 시 안전수칙

① 통행설비의 설치 안전보건규칙 제394조

갑판의 윗면에서 선창 밑바닥까지의 깊이가 1.5[m]를 초과하는 선창의 내부에서 화물취급작업을 하는 경우에 그 작업에 종사하는 근로자가 안전하게 통행할 수 있는 설비를 설치하여야 한다.

② 선박승강설비의 설치 안전보건규칙 제397조

㉠ 300톤급 이상의 선박에서 하역작업을 하는 경우에 근로자들이 안전하게 오르내릴 수 있는 현문 사다리를 설치하여야 하며, 이 사다리 밑에 안전망을 설치하여야 한다.

㉡ 현문 사다리는 견고한 재료로 제작된 것으로 너비는 55[cm] 이상이어야 하고, 양측에 82[cm] 이상의 높이로 울타리를 설치하여야 하며, 바닥은 미끄러지지 않도록 적합한 재질로 처리되어야 한다.

㉢ 현문 사다리는 근로자의 통행에만 사용하여야 하며, 화물용 발판 또는 화물용 보판으로 사용하도록 해서는 아니 된다.

5. 화물취급작업 안전수칙

(1) 꼬임이 끊어진 섬유로프 등의 사용금지 안전보건규칙 / 제188조

① 꼬임이 끊어진 것

② 심하게 손상되거나 부식된 것

(2) 화물의 적재 시 준수사항 안전보건규칙 / 제393조

① 침하 우려가 없는 튼튼한 기반 위에 적재할 것

② 건물의 칸막이나 벽 등이 화물의 압력에 견딜 만큼의 강도를 지니지 아니한 경우에는 칸막이나 벽에 기대어 적재하지 않도록 할 것

③ 불안정할 정도로 높이 쌓아 올리지 말 것

④ 하중이 한쪽으로 치우치지 않도록 쌓을 것

내가 꿈을 이루면

나는 누군가의 꿈이 된다.

– 이도준

▶ 대표저자 **최창률**

한국교통대학교 대학원(안전공학) 공학박사

전기안전기술사

한국산업안전보건공단 33년 근무(실장, 지사장 역임)

부산가톨릭대학교 안전보건학과 겸임교수 역임

사단법인 안전보건진흥원 안전인증이사

KSR인증원(국제인증기관) 원장

법무법인 대륙아주 안전고문

전기안전기술사/화공안전기술사 자격수험서 저자

산업안전기사/산업안전산업기사 자격수험서 저자(1992년 최초 저서)

위험물산업기사/위험물기능사 저자

2025 에듀윌 산업안전산업기사 필기 한권끝장

발 행 일	2024년 8월 16일 초판 ｜ 2025년 2월 3일 2쇄
저 자	최창률
펴 낸 이	양형남
개발책임	목진재
개 발	원은지
펴 낸 곳	(주)에듀윌
I S B N	979-11-360-3376-5
등록번호	제25100-2002-000052호
주 소	08378 서울특별시 구로구 디지털로34길 55 코오롱싸이언스밸리 2차 3층

www.eduwill.net

대표전화 1600-6700

여러분의 작은 소리
에듀윌은 크게 듣겠습니다.

본 교재에 대한 여러분의 목소리를 들려주세요.
공부하시면서 어려웠던 점, 궁금한 점,
칭찬하고 싶은 점, 개선할 점, 어떤 것이라도 좋습니다.

에듀윌은 여러분께서 나누어 주신 의견을
통해 끊임없이 발전하고 있습니다.

에듀윌 도서몰 book.eduwill.net

- 부가학습자료 및 정오표: 에듀윌 도서몰 → 도서자료실
- 교재 문의: 에듀윌 도서몰 → 문의하기 → 교재(내용, 출간) / 주문 및 배송

에듀윌 산업안전산업기사 필기

PART 01 빈출개념 모음

PART 02 빈출문제 모음

eduwill

PART 01 빈출개념 모음

TYPE 01 | 숫자

01 중대재해

다음 중 어느 하나에 해당되는 경우이다.

① 사망자가 (　　　) 이상 발생한 재해
② 3개월 이상의 요양이 필요한 부상자가 동시에 2명 이상 발생한 재해
③ 부상자 또는 직업성 질병자가 동시에 10명 이상 발생한 재해

02 협의체 정기회의 운영주기는 매월 (　　　) 이상이다.

03 하인리히의 법칙인 '1 : 29 : 300'의 의미

① 1: 중상 또는 사망
② 29: 경상
③ 300: (　　　)

04 스태프(STAFF)형 조직

① 규모: (　　　)로 100~1,000명 이하
② 장점
- 사업장 특성에 맞는 전문적인 기술연구가 가능하다.
- 경영자에게 조언과 자문 역할을 할 수 있다.
- 안전정보 수집이 빠르다.

③ 단점
- 안전지시나 명령이 작업자에게까지 신속·정확하게 전달되지 못한다.
- 생산부문은 안전에 대한 책임과 권한이 없다.
- 권한다툼이나 조정 때문에 시간과 노력이 소모된다.

05 산업안전보건위원회에서 근로자 위원의 구성

① 근로자대표
② 근로자대표가 지명하는 (　　　) 이상의 명예산업안전감독관
③ 근로자대표가 지명하는 (　　　) 이내의 해당 사업장의 근로자

06 제조업 유해위험방지계획서 제출시기는 작업시작 (　　　) 전이다.

07 안전보건관리규정 작성대상

사업의 종류	상시 근로자 수
1. 농업 2. 어업 3. 소프트웨어 개발 및 공급업 4. 컴퓨터 프로그래밍, 시스템 통합 및 관리업 5. 정보서비스업 6. 금융 및 보험업 7. 임대업; 부동산 제외 8. 전문, 과학 및 기술 서비스업 (연구개발업은 제외) 9. 사업지원 서비스업 10. 사회복지 서비스업	(　　　)명 이상
11. 제1호부터 제10호까지의 사업을 제외한 사업	100명 이상

| 정답 | 01 1명　02 1회　03 무상해사고　04 중규모　05 1명 / 9명　06 15일　07 300

08 유해위험방지계획서 제출 대상 사업장

전기 계약용량이 (　　　) 이상인 다음의 업종으로서 해당 제품의 생산 공정과 직접적으로 관련된 건설물, 기계, 기구 및 설비 등 전부를 설치, 이전하거나 그 주요구조부를 변경하는 경우

① 금속가공제품(기계 및 가구 제외) 제조업
② 비금속 광물제품 제조업
③ 기타 기계 및 장비 제조업
④ 자동차 및 트레일러 제조업
⑤ 식료품 제조업
⑥ 고무제품 및 플라스틱제품 제조업
⑦ 목재 및 나무제품 제조업
⑧ 기타 제품 제조업
⑨ 1차 금속 제조업
⑩ 가구 제조업
⑪ 화학물질 및 화학제품 제조업
⑫ 반도체 제조업
⑬ 전자부품 제조업

09 산업재해조사표 작성 시기

사업주는 산업재해로 사망자가 발생하거나 (　　　　　)이 필요한 부상을 입거나 질병에 걸린 사람이 발생한 경우에는 해당 산업재해가 발생한 날부터 1개월 이내에 산업재해조사표를 작성하여 관할 지방고용노동관서의 장에게 제출(전자문서로 제출하는 것 포함)하여야 한다.

10 안전검사의 주기 및 합격표시 · 표시방법

① 크레인(이동식 크레인 제외), 리프트(이삿짐운반용 리프트 제외) 및 곤돌라: 사업장에 설치가 끝난 날부터 (　　　)에 최초 안전검사를 실시하되, 그 이후부터 2년마다(건설현장에서 사용하는 것은 최초로 설치한 날부터 6개월마다) 실시한다.

② 이동식 크레인, 이삿짐운반용 리프트 및 고소작업대: 신규등록 이후 3년 이내에 최초 안전검사를 실시하되, 그 이후부터는 (　　　) 실시한다.

③ 프레스, 전단기, 압력용기, 국소배기장치, 원심기, 롤러기, 사출성형기, 컨베이어 및 산업용 로봇: 사업장에 설치가 끝난 날부터 3년 이내에 최초 안전검사를 실시하되, 그 이후부터 (　　　)(공정안전보고서를 제출하여 확인을 받은 압력용기는 4년마다) 실시한다.

11 방독마스크는 산소농도가 (　　　) 이상인 장소에서 사용하여야 하고, 고농도와 중농도에서 사용하는 방독마스크는 전면형(격리식, 직결식)을 사용하여야 한다.

12 밀러(Miller)는 인간이 신뢰성 있게 정보 전달을 할 수 있는 기억은 5가지 미만이며 감각에 따라 정보를 신뢰성 있게 전달할 수 있는 한계 개수는 5~9가지로 '신비의 수 7±2 (　　　　　　)'를 발표하였다.

13 작업별 조도기준

구분	초정밀작업	정밀작업	보통작업	기타작업
조도기준	(　　)[lux] 이상	300[lux] 이상	150[lux] 이상	75[lux] 이상

| 정답 | 08 300[kW]　09 3일 이상의 휴업　10 3년 이내 / 2년마다 / 2년마다　11 18[%]　12 5~9　13 750

14 강렬한 소음작업

① (   )[dB] 이상의 소음이 1일 8시간 이상 발생하는 작업
② 95[dB] 이상의 소음이 1일 4시간 이상 발생하는 작업
③ 100[dB] 이상의 소음이 1일 2시간 이상 발생하는 작업
④ 105[dB] 이상의 소음이 1일 1시간 이상 발생하는 작업
⑤ 110[dB] 이상의 소음이 1일 30분 이상 발생하는 작업
⑥ 115[dB] 이상의 소음이 1일 15분 이상 발생하는 작업

15 사다리식 통로의 구조

① 발판과 벽과의 사이는 (   )[cm] 이상의 간격을 유지할 것
② 사다리의 상단은 걸쳐놓은 지점으로부터 (   )[cm] 이상 올라가도록 할 것
③ 사다리식 통로의 길이가 10[m] 이상인 경우에는 (   )[m] 이내마다 계단참을 설치할 것
④ 사다리식 통로의 기울기는 75° 이하로 할 것

16 안전덮개의 각도

① 탁상용 연삭기의 덮개
- 일반 연삭작업 등에 사용하는 것을 목적으로 하는 경우의 노출각도: (   )° 이내
- 연삭숫돌의 상부사용을 목적으로 할 경우의 노출각도: 60° 이내

② 원통 연삭기, 만능 연삭기 덮개의 노출각도: 180° 이내
③ 휴대용 연삭기, 스윙(Swing) 연삭기 등 덮개의 노출각도: 180° 이내
④ 평면 연삭기, 절단 연삭기 등 덮개의 노출각도: (   )° 이내

17 프레스 양수조작식 방호장치 설치 및 사용

① 누름버튼의 상호 간 내측거리는 (   )[mm] 이상으로 한다.
② 안전거리를 확보하여 설치한다.

18 고속회전체

① 회전시험 중의 위험방지: 고속회전체(터빈로터·원심분리기의 버킷 등의 회전체로서 원주속도가 (   )를 초과하는 것으로 한정)의 회전시험을 하는 경우 고속회전체의 파괴로 인한 위험을 방지하기 위하여 전용의 견고한 시설물의 내부 또는 견고한 장벽 등으로 격리된 장소에서 하여야 한다.
② 비파괴검사 실시: 고속회전체(회전축의 중량이 1톤을 초과하고 원주속도가 (   ) 이상인 것으로 한정)의 회전시험을 하는 경우 미리 회전축의 재질 및 형상 등에 상응하는 종류의 비파괴검사를 해서 결함 유무를 확인하여야 한다.

19 급정지장치의 성능

앞면 롤러의 표면속도[m/min]	급정지거리
30 미만	앞면 롤러 원주의 ( ) 이내
30 이상	앞면 롤러 원주의 1/2.5 이내

20 롤러기 급정지장치 조작부의 위치

종류	위치	비고
손조작식	밑면에서 ( )[m] 이내	위치는 급정지장치 조작부의 중심점을 기준으로 함
복부조작식	밑면에서 0.8[m] 이상 1.1[m] 이내	
무릎조작식	밑면에서 0.6[m] 이내	

| 정답 | **14** 90 **15** 15 / 60 / 5 **16** 125 / 150 **17** 300 **18** 25[m/s] / 120[m/s] **19** 1/3 **20** 1.8

21 권상용 와이어로프의 사용금지기준

① 이음매가 있는 것
② 와이어로프의 한 꼬임(Strand)에서 끊어진 소선의 수가 (　　　)[%] 이상인 것
③ 지름의 감소가 공칭지름의 7[%]를 초과하는 것
④ 꼬인 것
⑤ 심하게 변형되거나 부식된 것
⑥ 열과 전기충격에 의해 손상된 것

22 와이어로프 등 달기구의 안전계수

① 근로자가 탑승하는 운반구를 지지하는 달기와이어로프 또는 달기체인의 경우: 10 이상
② 화물의 하중을 직접 지지하는 달기와이어로프 또는 달기체인의 경우: 5 이상
③ 훅, 샤클, 클램프, 리프팅 빔의 경우: (　　　) 이상
④ 그 밖의 경우: 4 이상

23 지게차 안정도

① 하역작업 시의 전후 안정도: (　　　)[%] 이내
② 주행 시의 전후 안정도: 18[%] 이내
③ 하역작업 시의 좌우 안정도: 6[%] 이내
④ 주행 시의 좌우 안정도: (　　　　　)[%]

24 헤드가드(Head Guard)의 구비조건

① 강도는 지게차의 최대하중의 (　　　)(4톤을 넘는 값에 대해서는 4톤)의 등분포정하중에 견딜 수 있을 것
② 상부틀의 각 개구의 폭 또는 길이가 16[cm] 미만일 것
③ 운전자가 앉아서 조작하거나 서서 조작하는 지게차의 헤드가드는 한국산업표준에서 정하는 높이 기준 이상일 것(입승식: 1.88[m] 이상, 좌승식: 0.903[m] 이상)

25 통전경로별 위험도

통전경로	위험도
(　　　)	1.5
오른손-가슴	1.3
왼손-한발 또는 양발	1.0
양손-양발	1.0
오른손-한발 또는 양발	0.8
왼손-등	0.7
한손 또는 양손-앉아 있는 자리	0.7
왼손-오른손	0.4
오른손-등	0.3

26 저압전로의 절연저항 기준

전로의 사용전압	DC 시험전압[V]	절연저항[MΩ]
SELV 및 PELV	250	(　　　) 이상
FELV, 500[V] 이하	500	(　　　) 이상
500[V] 초과	1,000	(　　　) 이상

27 허용접촉전압

종별	접촉상태	허용접촉전압
제1종	인체의 대부분이 수중에 있는 상태	2.5[V] 이하
제2종	• 인체가 현저히 젖어 있는 상태 • 금속성의 전기 · 기계장치나 구조물에 인체의 일부가 상시 접촉되어 있는 상태	(　　　)[V] 이하
제3종	제1종, 제2종 이외의 경우로서 통상의 인체상태에서 접촉전압이 가해지면 위험성이 높은 상태	50[V] 이하
제4종	• 제1종, 제2종 이외의 경우로서 통상의 인체상태에 접촉전압이 가해지더라도 위험성이 낮은 상태 • 접촉전압이 가해질 우려가 없는 경우	제한 없음

| 정답 | 21 10　22 3　23 4 / 15+1.1V　24 2배 값　25 왼손-가슴　26 0.5 / 1 / 1　27 25

28 누전차단기의 성능

① 부하에 적합한 정격전류를 갖출 것
② 전로에 적합한 차단용량을 갖출 것
③ 해당 전로의 정격전압이 공칭전압의 85~110[%] 이내일 것
④ 누전차단기와 접속되어 있는 각각의 전기기계·기구에 대하여 정격감도전류가 (　　　) [mA] 이하이고 동작시간은 (　　　)초 이내일 것. 다만, 정격전부하전류가 50[A] 이상인 전기기계·기구에 설치되는 누전차단기는 오동작을 방지하기 위하여 정격감도전류가 200[mA] 이하인 경우 동작시간은 0.1초 이내일 것
⑤ 정격부동작전류가 정격감도전류의 50[%] 이상이어야 하고 이들의 전류값은 가능한 한 작을 것
⑥ 절연저항이 5[MΩ] 이상일 것

29 전기기기와 온도등급과의 관계

온도등급	전기기기의 최고표면온도[℃]
T1	(　　　) 초과 (　　　) 이하
T2	200 초과 300 이하
T3	135 초과 200 이하
T4	100 초과 135 이하
T5	85 초과 100 이하
T6	85 이하

30 단위공정시설 및 설비로부터 다른 단위공정시설 및 설비의 사이 안전거리 기준은 설비의 바깥 면으로부터 (　　　)[m] 이상이다.

31 굴착면의 기울기 기준

지반의 종류	굴착면의 기울기
모래	1 : 1.8
연암 및 풍화암	(　　　)
경암	1 : 0.5
그 밖의 흙	1 : 1.2

32 유해위험방지계획서를 제출해야 될 건설공사

① 지상높이가 (　　　)[m] 이상인 건축물 또는 인공구조물, 연면적 30,000[m²] 이상인 건축물 또는 연면적 5,000[m²] 이상인 시설 중 문화 및 집회시설(전시장 및 동물원·식물원 제외), 판매시설, 운수시설(고속철도의 역사 및 집배송시설 제외), 종교시설, 의료시설 중 종합병원, 숙박시설 중 관광숙박시설, 지하도상가 또는 냉동·냉장 창고시설의 건설 등 공사
② 연면적 5,000[m²] 이상의 냉동·냉장 창고시설의 설비공사 및 단열공사
③ 최대 지간길이가 (　　　)[m] 이상인 다리의 건설 등 공사
④ 터널의 건설 등 공사
⑤ 다목적댐, 발전용댐, 저수용량 2천만 톤 이상의 용수 전용 댐 및 지방상수도 전용 댐의 건설 등 공사
⑥ 깊이가 10[m] 이상인 굴착공사

33 양중기의 와이어로프

① 안전계수 $= \frac{\text{절단하중}}{\text{최대사용하중}}$
② 안전계수의 구분

구분	안전계수
근로자가 탑승하는 운반구를 지지하는 달기와이어로프 또는 달기체인	(　　　) 이상
화물의 하중을 직접 지지하는 달기와이어로프 또는 달기체인	(　　　) 이상
훅, 샤클, 클램프, 리프팅 빔	3 이상
그 밖의 경우	4 이상

| 정답 | **28** 30 / 0.03 **29** 300 / 450 **30** 10 **31** 1 : 1.0 **32** 31 / 50 **33** 10 / 5

34 추락방호망 방망사의 인장강도

( ) : 폐기기준 인장강도

그물코의 크기 (단위: [cm])	방망의 종류(단위: [kg])	
	매듭 없는 방망	매듭방망
10	( )(150)	( )(135)
5	–	110(60)

35 강관비계의 벽이음 조립간격

강관비계의 종류	조립간격[m]	
	수직방향	수평방향
단관비계	5	5
틀비계 (높이 5[m] 미만의 것 제외)	( )	( )

36 낙하물방지망 설치기준

① 높이 10[m] 이내마다 설치하고, 내민 길이는 벽면으로부터 ( )[m] 이상으로 할 것

② 수평면과의 각도는 ( ) 유지할 것

37 강관비계의 구조

구분	준수사항
비계기둥의 간격	• 띠장 방향에서 ( )[m] 이하 • 장선 방향에서는 1.5[m] 이하
띠장간격	( )[m] 이하
강관보강	비계기둥의 제일 윗부분으로부터 31[m] 되는 지점 밑부분의 비계기둥은 2개의 강관으로 묶어 세울 것
적재하중	비계기둥 간 적재하중은 400[kg]을 초과하지 않도록 할 것

38 가설통로의 구조

① 견고한 구조로 할 것

② 경사는 ( )° 이하로 할 것(계단을 설치하거나 높이 2[m] 미만의 가설통로로서 튼튼한 손잡이를 설치한 경우에는 그러하지 아니함)

③ 경사가 15°를 초과하는 경우에는 미끄러지지 아니하는 구조로 할 것

④ 추락할 위험이 있는 장소에는 안전난간을 설치할 것(작업상 부득이한 경우에는 필요한 부분만 임시로 해체할 수 있음)

⑤ 수직갱에 가설된 통로의 길이가 15[m] 이상인 경우에는 10[m] 이내마다 계단참을 설치할 것

⑥ 건설공사에 사용하는 높이 ( )[m] 이상인 비계다리에는 7[m] 이내마다 계단참을 설치할 것

| 정답 | **34** 240 / 200 **35** 6 / 8 **36** 2 / 20° 이상 30° 이하 **37** 1.85 / 2 **38** 30 / 8

39 사다리식 통로의 구조

① 견고한 구조로 할 것
② 심한 손상·부식 등이 없는 재료를 사용할 것
③ 발판의 간격은 일정하게 할 것
④ 발판과 벽과의 사이는 15[cm] 이상의 간격을 유지할 것
⑤ 폭은 (　　　)[cm] 이상으로 할 것
⑥ 사다리가 넘어지거나 미끄러지는 것을 방지하기 위한 조치를 할 것
⑦ 사다리의 상단은 걸쳐놓은 지점으로부터 (　　　)[cm] 이상 올라가도록 할 것
⑧ 사다리식 통로의 길이가 10[m] 이상인 경우에는 5[m] 이내마다 계단참을 설치할 것

40 동바리로 사용하는 파이프서포트 설치기준

① 파이프서포트를 (　　　)개 이상 이어서 사용하지 않도록 할 것
② 파이프서포트를 이어서 사용할 경우에는 4개 이상의 볼트 또는 전용철물을 사용하여 이을 것
③ 높이가 (　　　)[m]를 초과하는 경우에는 높이 2[m] 이내마다 수평연결재를 2개 방향으로 만들고 수평연결재의 변위를 방지할 것

41 철골작업의 제한기준

구분	내용
강풍	풍속이 (　　　)[m/s] 이상인 경우
강우	강우량이 1[mm/h] 이상인 경우
강설	강설량이 1[cm/h] 이상인 경우

TYPE 02 | 단어

01 산업안전보건위원회에서 사용자위원의 구성

① 해당 사업의 대표자
② (　　　　　　　)
③ 보건관리자
④ 산업보건의
⑤ 해당 사업의 대표자가 지명하는 9명 이내의 해당 사업장 부서의 장

02 안전관리자의 업무 등

① 산업안전보건위원회 또는 안전 및 보건에 관한 노사협의체에서 심의·의결한 업무와 해당 사업장의 안전보건관리규정 및 취업규칙에서 정한 업무
② (　　　)에 관한 보좌 및 지도·조언
③ 안전인증대상기계 등과 자율안전확인대상 기계 등 구입 시 적격품의 선정에 관한 보좌 및 지도·조언
④ 해당 사업장 안전교육계획의 수립 및 안전교육 실시에 관한 보좌 및 지도·조언
⑤ 사업장 순회점검, 지도 및 조치 건의
⑥ 산업재해 발생의 원인 조사·분석 및 재발 방지를 위한 기술적 보좌 및 지도·조언
⑦ 산업재해에 관한 통계의 유지·관리·분석을 위한 보좌 및 지도·조언
⑧ 법 또는 법에 따른 명령으로 정한 안전에 관한 사항의 이행에 관한 보좌 및 지도·조언
⑨ 업무 수행 내용의 기록·유지
⑩ 그 밖에 안전에 관한 사항으로서 고용노동부장관이 정하는 사항

03 총 재해코스트(시몬즈 방식)

(　　　)코스트 + 비보험코스트

| 정답 | 39 30 / 60　40 3 / 3.5　41 10　01 안전관리자　02 위험성평가　03 보험

04 직접비: 법령으로 지급되는 산재보상비

① (　　　)
② 휴업급여
③ (　　　)
④ 간병급여
⑤ 유족급여
⑥ 상병보상연금
⑦ 장례비
⑧ 직업재활급여

05 상해의 종류

① 골절: 뼈에 금이 가거나 부러진 상해
② 동상: 저온물 접촉으로 생긴 동상 상해
③ 부종: 국부의 혈액순환의 이상으로 몸이 퉁퉁 부어오르는 상해
④ (　　　): 칼날 등 날카로운 물건에 찔린 상해
⑤ (　　　): 타박, 충돌, 추락 등으로 피부의 표면보다는 피하조직 또는 근육부를 다친 상해(삔 것 포함)
⑥ 절상: 뼈가 부러지거나 뼈마디가 어긋나 다침 또는 그런 부상
⑦ 중독, 질식: 음식, 약물, 가스 등에 의해 중독이나 질식된 상태

06 특성과 요인관계를 도표로 하여 어골상으로 세분화한 분석법으로 원인과 결과를 연계하여 상호관계를 파악하는 것은 (　　　)이다.

07 안전점검의 종류

① 일상점검(수시점검): 작업 전·중·후 수시로 실시하는 점검
② (　　　): 정해진 기간에 정기적으로 실시하는 점검
③ 특별점검: 기계·기구의 신설 및 변경 시 또는 고장, 수리 등에 의해 부정기적으로 실시하는 점검, 안전강조기간에 실시하는 점검 등
④ 임시점검: 이상 발견 시 또는 재해발생 시 임시로 실시하는 점검

08 안전인증 대상 기계 또는 설비

① (　　　)
② 전단기 및 절곡기
③ 크레인
④ 리프트
⑤ (　　　)
⑥ 롤러기
⑦ 사출성형기
⑧ 고소작업대
⑨ 곤돌라

09 자율안전확인대상 기계 또는 설비

① (　　　) 또는 연마기(휴대형 제외)
② 산업용 로봇
③ 혼합기
④ 파쇄기 또는 분쇄기
⑤ 식품가공용 기계(파쇄·절단·혼합·제면기만 해당)
⑥ 컨베이어
⑦ 자동차 정비용 리프트
⑧ 공작기계(선반, 드릴기, 평삭·형삭기, 밀링만 해당)
⑨ 고정형 목재가공용 기계(둥근톱, 대패, 루타기, 띠톱, 모떼기 기계만 해당)
⑩ 인쇄기

10 안전인증대상 안전모의 종류 및 사용구분

종류(기호)	사용 구분	비고
AB	물체의 낙하 또는 비래 및 추락에 의한 위험을 방지 또는 경감시키기 위한 것	
(　　　)	물체의 낙하 또는 비래에 의한 위험을 방지 또는 경감하고, 머리부위 감전에 의한 위험을 방지하기 위한 것	내전압성
(　　　)	물체의 낙하 또는 비래 및 추락에 의한 위험을 방지 또는 경감하고, 머리부위 감전에 의한 위험을 방지하기 위한 것	내전압성

| 정답 | 04 요양급여 / 장해급여　05 자상 / 좌상　06 특성요인도　07 정기점검　08 프레스 / 압력용기　09 연삭기　10 AE / ABE

11 안전인증대상 안전모의 시험성능기준

항목	시험성능기준
내관통성	AE, ABE종 안전모는 관통거리가 9.5[mm] 이하이고, AB종 안전모는 관통거리가 11.1[mm] 이하이어야 함
충격흡수성	최고전달충격력이 4,450[N]을 초과해서는 안 되며, 모체와 착장체의 기능이 상실되지 않아야 함
( )	AE, ABE종 안전모는 교류 20[kV]에서 1분간 절연파괴 없이 견뎌야 하고, 이때 누설되는 충전전류는 10[mA] 이하이어야 함
( )	AE, ABE종 안전모는 질량 증가율이 1[%] 미만이어야 함
난연성	모체가 불꽃을 내며 5초 이상 연소되지 않아야 함
턱끈풀림	150[N] 이상 250[N] 이하에서 턱끈이 풀려야 함

12 방음용 귀마개 또는 귀덮개의 종류 · 등급

종류	등급	기호	성능	비고
귀마개	1종	( )	저음부터 고음까지 차음하는 것	귀마개의 경우 재사용 여부를 제조특성으로 표기
	2종	( )	주로 고음을 차음하고 저음(회화음 영역)은 차음하지 않는 것	
귀덮개	–	EM		

13 안전보건표지의 종류 및 색채

① (   ): 위험한 행동을 금지하는 데 사용되며 8개 종류가 있다.(바탕은 흰색, 기본모형은 빨간색, 관련 부호 및 그림은 검은색)

② (   ): 직접 위험한 것 및 장소 또는 상태에 대한 경고로서 사용되며 15개 종류가 있다.(바탕은 노란색, 기본모형, 관련 부호 및 그림은 검은색)

③ 지시표지: 작업에 관한 지시 즉, 안전, 보건 보호구의 착용에 사용되며 9개 종류가 있다.(바탕은 파란색, 관련 그림은 흰색)

④ 안내표지: 구명, 구호, 피난의 방향 등을 분명히 하는 데 사용되며 8개 종류가 있다.(바탕은 흰색, 기본모형 및 관련 부호는 녹색, 바탕은 녹색, 관련 부호 및 그림은 흰색)

14 산업안전심리의 요소

동기, 기질, 감정, (   ), 습관

15 심리검사의 특성

① (   ): 한 집단에 대한 검사응답의 일관성을 말하는 신뢰도를 갖추어야 한다. 검사를 동일한 사람에게 실시했을 때 '검사조건이나 시기에 관계없이 점수들이 얼마나 일관성이 있는가, 비슷한 것을 측정하는 검사점수와 얼마나 일관성이 있는가' 하는 것이다.

② (   ): 채점이 객관적인 것을 의미한다.

③ 표준화: 검사의 관리를 위한 조건, 절차의 일관성과 통일성에 대한 심리검사의 표준화가 마련되어야 한다. 검사의 재료, 검사받는 시간, 피검사자에게 주어지는 지시, 피검사자의 질문에 대한 검사자의 처리, 검사 장소 및 분위기까지도 모두 통일되어 있어야 한다.

④ 타당도: 특정한 시기에 모든 근로자를 검사하고, 그 검사 점수와 근로자의 직무평정 척도를 상호 연관시키는 예언적 타당성을 갖추어야 한다.

⑤ 실용도: 실시가 쉬운 검사이다.

| 정답 | 11 내전압성 / 내수성 12 EP–1 / EP–2 13 금지표지 / 경고표지 14 습성 15 신뢰성 / 객관성

16 데이비스(K.Davis)의 동기부여 이론

① 지식(Knowledge)×기능(Skill)=능력(Ability)
② 상황(Situation)×(   )=동기유발(Motivation)
③ 능력(Ability)×동기유발(Motivation)=인간의 성과(Human Performance)
④ 인간의 성과×물질적 성과=경영의 성과

17 인간의 의식 Level의 단계별 신뢰성

단계	의식의 상태	신뢰성	의식의 작용	생리적 상태
Phase 0	( )	0	없음	수면, 뇌발작
Phase Ⅰ	의식의 둔화	0.9 이하	부주의	피로, 단조로움, 졸음, 술취함
Phase Ⅱ	( )	0.99~0.99999	마음이 안쪽으로 향함(Passive)	안정기거, 휴식 시, 정례작업 시
Phase Ⅲ	명료한 상태	0.99999 이상	전향적(Active)	적극활동 시
Phase Ⅳ	과긴장 상태	0.9 이하	한점에 집중, 판단 정지	당황, 패닉

18 인간공학의 목적은 (   )과 (   ) 및 작업환경과의 조화가 잘 이루어질 수 있도록 하여, 작업지의 안전성 향상과 사고방지, 기계조작의 능률성과 생산성 향상, 편리성, 쾌적성(만족도)을 향상시키고자 함에 있다.

19 사업장에서의 인간공학 적용분야

① 작업관련성 유해·위험 작업 분석(작업환경개선)
② 제품설계에 있어 인간에 대한 안전성 평가(장비, 공구 설계)
③ (   )의 설계
④ 인간 – 기계 인터페이스 디자인
⑤ 재해 및 질병 예방

20 인간–기계 통합체계의 특성

① 수동체계: 자신의 신체적인 힘을 동력원으로 사용하여 작업을 통제하는 인간 사용자와 결합(수공구 또는 그 밖의 보조물 사용)
② 기계화 또는 반자동체계: 운전자가 조종장치를 사용하여 통제하며 동력은 전형적으로 기계가 제공
③ (   ): 기계가 감지, 정보처리, 의사결정 등 행동을 포함한 모든 임무를 수행하고 인간은 감시, 프로그래밍, 정비유지 등의 기능을 수행하는 체계

21 체계기준의 구비조건(연구조사의 기준척도)

① (   ): 객관적, 정량적이고, 수집 또는 연구가 쉬우며, 특수한 자료 수집기법이나 기기가 필요 없어 돈이나 실험자의 수고가 적게 드는 것
② 신뢰성(반복성): 시간이나 대표적 표본의 선정에 관계없이, 변수 측정의 일관성이나 안정성이 있는 것
③ 타당성(적절성): 어느 것이나 공통적으로 변수가 실제로 의도하는 바를 어느 정도 측정하는가를 결정하는 것(시스템의 목표를 잘 반영하는가를 나타내는 척도)
④ 순수성(무오염성): 측정하는 구조 외적인 변수의 영향을 받지 않는 것
⑤ 민감도: 피검자 사이에서 볼 수 있는 예상 차이점에 비례하는 단위로 측정하는 것

22 순응(조응)

① (   ): 우리 눈이 어둠에 적응하는 과정으로 로돕신(Rhodopsin)이 증가하여 간상세포의 감도가 높아진다.(약 30~40분 정도 소요)
② 명순응(명조응): 우리 눈이 밝음에 적응하는 과정으로 로돕신이 감소하여 원추세포가 기능하게 된다.(약 수초 내지 1~2분 소요됨)

| 정답 | 16 태도(Attitude) 17 무의식, 실신 / 이완 상태 18 인간 / 기계 19 작업공간 20 자동체계 21 실제적 요건 22 암순응(암조응)

23 정량적 표시장치

① 동침형(Moving Pointer): 고정된 눈금상에서 지침이 움직이면서 값을 나타내는 방법으로 지침의 위치가 일종의 인식상의 단서로 작용하는 이점이 있다.

② ( )(Moving Scale): 동침형과 달리 표시장치의 공간을 적게 차지하는 이점이 있으나, "이동부분의 원칙"과 "동작방향의 운동양립성"을 동시에 만족시킬 수가 없으므로 지침의 빠른 인식을 요구하는 작업에 부적합하다.

24 인간의 오류모형

① ( )(Mistake): 상황해석을 잘못하거나 목표를 잘못 이해하고 착각하여 행하는 경우

② 실수(Slip): 상황이나 목표의 해석을 제대로 했으나 의도와는 다른 행동을 하는 경우

③ 건망증(Lapse): 여러 과정이 연계적으로 일어나는 행동 중에서 일부를 잊어버리고 하지 않거나 또는 기억의 실패에 의하여 발생하는 오류

④ 위반(Violation): 정해진 규칙을 알고 있음에도 고의로 따르지 않거나 무시하는 행위

25 4M 위험성 평가는 공정(작업) 내 잠재하고 있는 유해·위험요인을 4가지 분야[( ), Machine(기계), Media(작업매체), Management(관리)]로 위험성을 파악하여 위험제거 대책을 제시하는 방법이다.

26 인체측정 방법

① ( ) 인체치수: 표준 자세에서 움직이지 않는 피측정자를 인체측정기로 측정
예 마틴측정기, 실루엣 사진기

② 기능적 인체치수: 움직이는 몸의 자세로부터 측정

27 인체계측자료의 응용원칙 종류

① 최소치 및 최대치 설계

② 조절식 설계(5~95[%tile])

③ ( ) 설계

28 양립성(Compatibility)의 종류

① 공간적 양립성: 어떤 사물들, 특히 표시장치나 조정장치의 물리적 형태나 공간적인 배치의 양립성을 말한다.

② 운동적 양립성: 표시장치, 조정장치, 체계반응 등의 운동방향의 양립성을 말한다.

③ ( ): 외부로부터의 자극에 대해 인간이 가지고 있는 개념적 연상의 일관성을 말하는데, 예를 들어 파란색 수도꼭지와 빨간색 수도꼭지가 있는 경우 빨간색 수도꼭지를 보고 따뜻한 물이라고 연상하는 것을 말한다.

29 옥내 추천 반사율

① ( ): 80~90[%]

② 벽: 40~60[%]

③ ( ): 25~45[%]

④ 바닥: 20~40[%]

30 시스템 위험분석기법

① ( ): 시스템 내의 위험요소가 얼마나 위험상태에 있는가를 평가하는 시스템안전프로그램의 최초단계(시스템 구상단계)의 정성적인 분석 방식이다.

② FHA(결함위험분석): 분업에 의해 여럿이 분담 설계한 서브시스템 간의 인터페이스를 조정하여 각각의 서브시스템 및 전체 시스템에 악영향을 미치지 않게 하기 위한 분석방법으로 시스템 정의단계와 시스템 개발단계에서 적용한다.

31 FTA(Fault Tree Analysis) 특징

① Top down(하향식) 방법이다.

② 정량적 해석기법(컴퓨터 처리가 가능)이다.

③ ( )를 사용한 특정사상에 대한 해석이다.

④ 서식이 간단해서 비전문가도 짧은 훈련으로 사용할 수 있다.

⑤ Human Error의 검출이 어렵다.

| 정답 | 23 동목형 24 착오 25 Man(인간) 26 구조적 27 평균치 28 개념적 양립성 29 천장 / 가구 30 PHA(예비위험분석) 31 논리기호

32 고장률의 유형(욕조곡선)

① 초기고장(감소형): 제조가 불량하거나 생산과정에서 품질관리가 안 되어서 생기는 고장이다.

② 우발고장(일정형): 실제 사용하는 상태에서 발생하는 고장으로 예측할 수 없는 랜덤의 간격으로 생기는 고장이다.

③ (   )(증가형): 설비 또는 장치가 수명을 다하여 생기는 고장으로 이 시기의 예방대책은 예방보전(PM)이다.

33 금속가공제품 제조업, 비금속 광물제품 제조업 등 13가지 업종에 해당하는 사업으로서 전기 계약용량이 300[kW] 이상인 사업의 사업주는 해당 제품생산 공정과 직접적으로 관련된 건설물, 기계, 기구 및 설비 등 일체를 설치, 이전하거나 그 주요 구조부분을 변경할 때에는 (   )를 작성하여 제출하여야 한다.

34 원동기·회전축 등의 위험방지

① 사업주는 기계의 원동기·회전축·기어·풀리·플라이휠·벨트 및 체인 등 근로자가 위험에 처할 우려가 있는 부위에 (   )·울·슬리브 및 건널다리 등을 설치하여야 한다.

② 사업주는 회전축·기어·풀리 및 플라이휠 등에 부속하는 키·핀 등의 기계요소는 (   )으로 하거나 해당 부위에 덮개를 설치하여야 한다.

35 근로자가 기계를 잘못 취급하여 불안전한 행동이나 실수를 하여도 기계설비의 안전기능이 작용되어 재해를 방지할 수 있는 기능은 (   )이다.

36 기계나 그 부품에 고장이나 기능불량이 생겨도 항상 안전하게 작동하는 구조와 기능을 추구하는 본질적 안전은 (   )이다.

37 아세틸렌 발생기실의 구조

① 벽은 불연성 재료로 하고 (   ) 또는 그 밖에 이와 같은 수준이거나 그 이상의 강도를 가진 구조로 할 것

② 지붕과 천장에는 얇은 철판이나 가벼운 불연성 재료를 사용할 것

③ 바닥면적의 (   ) 이상의 단면적을 가진 배기통을 옥상으로 돌출시키고 그 개구부를 창이나 출입구로부터 1.5[m] 이상 떨어지도록 할 것

38 접지목적에 따른 접지공사의 종류

접지의 종류	접지목적
( )	고압전로와 저압전로 혼촉 시 감전이나 화재방지
( )	누전되고 있는 기기에 접촉되었을 때의 감전방지
피뢰기접지 (낙뢰방지용 접지)	낙뢰로부터 전기기기의 손상방지
정전기방지용 접지	정전기의 축적에 의한 폭발재해방지
지락검출용 접지	누전차단기의 동작을 확실하게 함
등전위 접지	병원에 있어서의 의료기기 사용 시의 안전 확보
잡음대책용 접지	잡음에 의한 전자장치의 파괴나 오동작방지
기능용 접지	전기방식 설비 등의 접지

| 정답 | 32 마모고장 33 유해위험방지계획서 34 덮개 / 묻힘형 35 풀 프루프 36 페일 세이프 37 철근콘크리트 / 1/16 38 계통접지 / 기기접지

39 흄(Fume)이란 고체 상태의 물질이 (   )된 다음 증기화되고, 증기화된 물질의 응축 및 산화로 인하여 생기는 고체상의 미립자이다.

40 아세틸렌 취급 작업 시 주의사항

① 아세틸렌은 가압하면 분해폭발을 하므로 (   ) 등에 침윤시켜 다공성 물질이 들어 있는 용기에 충전시킨다.

② 용단 또는 가열작업 시 127[kPa] 이상의 압력을 초과하여서는 안 된다.

41 공정안전보고서의 제출시기

① 유해 · 위험설비의 설치 · 이전 또는 주요 구조부분의 변경공사의 착공일 (   ) 전까지 공정안전보고서를 2부 작성하여 공단에 제출하여야 한다.

② 공정안전보고서의 내용을 변경하여야 할 사유가 발생한 경우에는 지체 없이 그 내용을 보완하여야 한다.

42 화재의 종류

구분	A급 화재	B급 화재	C급 화재	D급 화재
명칭	( )	( )	전기화재	금속화재
가연물	목재, 종이, 섬유, 석탄 등	각종 유류 및 가스	전기기계 · 기구, 전선 등	Mg 분말, Al 분말 등
표현색	백색	황색	청색	색 표시 없음

43 분진폭발은 화염의 파급속도보다 압력의 파급속도가 (   ).

44 비등액 팽창증기폭발(BLEVE)은 비점이 낮은 액체 저장탱크 주위에 화재가 발생했을 때 저장탱크 내부의 비등현상으로 인한 (   )으로 탱크가 파열되어 그 내용물이 증발, 팽창하면서 발생되는 폭발현상이다.

45 화염방지기(Flame Arrester)는 인화성 물질 등을 저장하는 탱크에서 외부로 그 증기를 방출하거나 외기를 흡입하는 부분에 설치하는 안전장치로 그 설비의 (   )에 설치한다.

46 건조설비의 구조

① 위험물 건조설비를 사용하여 가열 · 건조하는 건조물은 쉽게 이탈되지 않도록 할 것

② 위험물 건조설비는 그 상부를 가벼운 재료로 만들고 주위상황을 고려하여 폭발구를 설치할 것

③ 위험물 건조설비의 열원으로서 직화를 사용하지 아니할 것

④ 위험물 건조설비가 아닌 건조설비의 열원으로서 직화를 사용하는 경우에는 불꽃 등에 의한 화재를 예방하기 위하여 (   )를 설치하거나 격벽을 설치할 것

47 (   )(Cavitation)은 유체가 관 속을 흐를 때 유동하는 유체 속 어느 부분의 정압이 그때의 유체의 증기압보다 낮을 경우 유체가 증발하여 부분적으로 증기가 발생되는 현상이다.

48 (   )은 공기 중에서 점화원에 의해 표면 부근에서 연소하기에 충분한 농도(폭발하한계)를 만드는 최저의 온도이다.

| 정답 | 39 액체화 40 아세톤 41 30일 42 일반화재 / 유류화재 43 빠르다 44 압력 상승 45 상단 46 덮개 47 공동현상 48 인화점

49 자연발화의 조건

① 표면적이 (　　　)
② 발열량이 클 것
③ 열전도율이 작을 것
④ 주위온도가 (　　　)

50 히빙(Heaving) 현상의 예방대책

① 흙막이벽의 (　　　) 깊이 증가
② 흙막이벽 배면지반의 상재하중 제거
③ 저면의 굴착부분을 남겨두어 굴착예정인 부분의 일부를 미리 굴착하여 기초콘크리트 타설
④ 굴착주변을 웰 포인트(Well Point) 공법과 병행
⑤ 굴착저면에 토사 등 인공중력 증가

51 보일링(Boiling) 현상의 예방대책

① 흙막이벽의 (　　　) 깊이 증가
② 차수성이 높은 흙막이 설치
③ 흙막이벽 배면지반 그라우팅 실시
④ 흙막이벽 배면지반의 (　　　) 저하

52 지게차 작업시작 전 점검사항

① 제동장치 및 조종장치 기능의 이상 유무
② 하역장치 및 유압장치 기능의 이상 유무
③ (　　　)의 이상 유무
④ 전조등 · 후미등 · 방향지시기 및 경보장치 기능의 이상 유무

53 권상용 와이어로프의 사용금지 사항

① (　　　)가 있는 것
② 와이어로프의 한 꼬임(Strand)에서 끊어진 (　　　)의 수가 10[%] 이상인 것
③ 지름의 감소가 공칭지름의 7[%]를 초과하는 것
④ 꼬인 것
⑤ 심하게 변형되거나 부식된 것
⑥ 열과 전기충격에 의해 손상된 것

54 계측기의 종류 및 사용목적

① 지표침하계: 흙막이벽 배면에 동결심도보다 깊게 설치하여 지표면 침하량 측정
② 지중경사계: 흙막이벽 배면에 설치하여 토류벽의 기울어짐 측정
③ 하중계: 스트러트, 어스앵커에 설치하여 축하중 측정으로 부재의 안정성 여부 판단
④ (　　　): 굴착, 성토에 의한 간극수압의 변화 측정
⑤ 균열측정기: 인접구조물, 지반 등의 균열부위에 설치하여 균열크기와 변화 측정
⑥ 변형률계: 스트러트, 띠장 등에 부착하여 굴착작업 시 구조물의 변형 측정
⑦ 지하수위계: 굴착에 따른 지하수위 변동 측정

55 취급, 운반의 5원칙

① (　　　)운반을 할 것
② (　　　)운반을 할 것
③ 운반작업을 집중화시킬 것
④ 생산을 최고로 하는 운반을 생각할 것
⑤ 최대한 시간과 경비를 절약할 수 있는 운반방법을 고려할 것

56 선박승강설비의 설치

① 300톤급 이상의 선박에서 하역작업을 하는 경우에는 근로자들이 안전하게 오르내릴 수 있는 (　　　)를 설치하여야 하며, 이 사다리 밑에 안전망을 설치한다.
② 현문 사다리는 견고한 재료로 제작된 것으로 너비는 55[cm] 이상이어야 하고, 양측에 82[cm] 이상의 높이로 울타리를 설치하여야 하며, 바닥은 미끄러지지 않도록 적합한 재질로 처리되어야 한다.
③ 현문 사다리는 근로자의 통행에만 사용하여야 하며 화물용 발판 또는 화물용 보판으로 사용하도록 해서는 아니 된다.

57 화물의 적재 시 준수사항

① 침하 우려가 없는 튼튼한 기반 위에 적재할 것
② 건물의 칸막이나 벽 등이 화물의 압력에 견딜 만큼의 강도를 지니지 아니한 경우에는 칸막이나 (　　　)에 기대어 적재하지 않도록 할 것
③ 불안정할 정도로 높이 쌓아 올리지 말 것
④ 하중이 한쪽으로 치우치지 않도록 쌓을 것

| 정답 | 49 넓을 것 / 높을 것　50 근입　51 근입 / 지하수위　52 바퀴　53 이음매 / 소선　54 간극수압계　55 직선 / 연속　56 현문 사다리　57 벽

TYPE 03 | 법칙

01 하인리히(H. W. Heinrich)의 도미노 이론(사고발생의 연쇄성)

① 1단계: 사회적 환경 및 유전적 요소(기초원인)
② 2단계: 개인의 결함(간접 원인)
③ 3단계: 불안전한 행동 및 불안전한 상태 (　　　) → 제거(효과적임)
④ 4단계: 사고
⑤ 5단계: 재해

02 재해조사에서 방지대책까지의 순서(재해사례연구)

① 1단계: 사실의 확인
② 2단계: 직접 원인과 (　　　)
③ 3단계: 근본적 문제점의 결정
④ 4단계: 대책 수립

03 재해예방의 4원칙

① (　　　)의 원칙: 재해손실은 사고발생 시 사고대상의 조건에 따라 달라지므로 한 사고의 결과로서 생긴 재해손실은 우연성에 의해서 결정된다.
② 원인계기(원인연계)의 원칙: 재해발생은 반드시 원인이 있다.
③ 예방가능의 원칙: 재해는 원칙적으로 원인만 제거하면 예방이 가능하다.
④ 대책선정의 원칙: 재해예방을 위한 가능한 안전대책은 반드시 존재한다.

04 무재해 운동의 3원칙

① (　　　　　): 모든 잠재위험요인을 사전에 발견 · 파악 · 해결함으로써 근원적으로 산업재해를 제거한다.
② 참여의 원칙(참가의 원칙): 작업에 따르는 잠재적인 위험요인을 발견 · 해결하기 위하여 전원이 협력하여 문제해결 운동을 실천한다.
③ 안전제일의 원칙(선취의 원칙): 직장의 위험요인을 행동하기 전에 발견 · 파악 · 해결하여 재해를 예방한다.

05 매슬로우(Maslow)의 욕구위계이론

① 생리적 욕구(제1단계): 기아, 갈증, 호흡, 배설, 성욕 등
② 안전의 욕구(제2단계): 안전을 기하려는 욕구
③ 사회적 욕구(제3단계): 소속 및 애정에 대한 욕구(친화 욕구)
④ (　　　)의 욕구(제4단계): 자존심, 명예, 성취, 지위에 대한 욕구(안정의 욕구 또는 자기존중의 욕구)
⑤ 자아실현의 욕구(제5단계): 잠재적인 능력을 실현하고자 하는 욕구(성취욕구)

06 인간 – 기계 체계의 기본기능

① 감지기능(Sensing)
② (　　　)기능(Information Storage)
③ 정보처리 및 의사결정기능(Information Processing and Decision)
④ 행동기능(Acting Function)

07 동작경제의 3원칙

① 신체사용에 관한 원칙
② 작업장 (　　　)에 관한 원칙
③ 공구 및 설비 설계(디자인)에 관한 원칙

08 부품배치의 원칙

① 중요성의 원칙: 부품의 작동성능이 목표달성에 중요한 정도에 따라 우선순위를 결정
② (　　　)의 원칙: 부품이 사용되는 빈도에 따른 우선순위를 결정
③ 기능별 배치의 원칙: 기능적으로 관련된 부품을 모아서 배치
④ 사용순서의 원칙: 사용순서에 맞게 순차적으로 부품들을 배치

| 정답 | 01 직접 원인 02 문제점의 발견 03 손실우연 04 무의 원칙 05 자기존경 06 정보저장 07 배치 08 사용빈도

TYPE 04 | 안전조치

01 소음을 통제하는 방법(소음대책)

① 소음원의 (   )
② 소음의 격리
③ 차폐장치 및 흡음재료 사용
④ 음향처리제 사용
⑤ 적절한 배치

02 방호장치의 종류

① (   ) 방호장치
② 위치제한형 방호장치
③ 접근거부형 방호장치
④ 접근반응형 방호장치
⑤ 포집형 방호장치

03 셰이퍼의 안전장치

(   ), 칩받이, 칸막이(방호울)

04 프레스 작업시작 전 점검사항

① 클러치 및 브레이크의 기능
② 크랭크축 · 플라이휠 · 슬라이드 · 연결봉 및 연결 나사의 풀림 유무
③ 1행정 1정지기구 · (   ) 및 비상정지장치의 기능
④ 슬라이드 또는 칼날에 의한 위험방지 기구의 기능
⑤ 프레스의 금형 및 고정볼트 상태
⑥ 방호장치의 기능
⑦ 전단기의 칼날 및 테이블의 상태

05 보일러의 안전장치

(   ) · 압력제한스위치 · 고저수위 조절장치 · 화염검출기

06 산업용 로봇 작업시작 전 점검사항(로봇의 작동범위에서 그 로봇에 관하여 교시 등의 작업을 할 때)

① 외부전선의 피복 또는 외장의 손상 유무
② (   ) 작동의 이상 유무
③ 제동장치 및 비상정지장치의 기능

07 양중기 방호장치의 조정

다음 양중기에 (   ), 권과방지장치, 비상정지장치 및 제동장치, 그 밖의 방호장치[승강기의 파이널 리미트 스위치(Final Limit Switch), 속도조절기, 출입문 인터 록(Inter Lock) 등]가 정상적으로 작동될 수 있도록 미리 조정해 두어야 한다.

① 크레인
② 이동식 크레인
③ 리프트
④ 곤돌라
⑤ 승강기

08 비파괴검사 중 내부결함 검출방법

(   ), 초음파탐상검사(UT)

09 전격의 위험을 결정하는 주된 인자

통전전류의 크기, (   ), 통전경로, 전원의 종류(교류, 직류), 주파수 및 파형, 전격인가위상, 기타(인체저항과 전압의 크기 등)

| 정답 | 01 통제 02 격리형 03 울타리 04 급정지장치 05 압력방출장치 06 매니퓰레이터 07 과부하방지장치 08 방사선투과검사(RT) 09 통전시간

10 간접접촉(누전)에 의한 감전방지대책

① 안전전압 이하 전원의 기기 사용
② 보호접지
③ (   )의 설치
④ 이중절연기기의 사용
⑤ 비접지식 전로의 채용

11 피뢰기가 갖추어야 할 성능

① (   ) 또는 충격방전개시전압이 충분히 낮고 보호능력이 있을 것
② 속류차단이 완전히 행해져 동작책무특성이 충분할 것
③ 뇌전류 방전능력이 클 것
④ 대전류의 방전, 속류차단의 반복동작에 대하여 장기간 사용에 견딜 수 있을 것
⑤ 상용주파방전개시전압은 회로전압보다 충분히 높아서 상용주파방전을 하지 않을 것

12 정전기 발생방지 대책

① 설비와 물질 및 물질 상호 간의 접촉면적 및 압력 감소
② (   )의 감소
③ 접촉 · 분리 속도의 저하(속도의 변화는 서서히)
④ 접촉물의 급속 박리방지
⑤ 표면상태의 청정 · 원활화
⑥ 불순물 등의 이물질 혼입방지
⑦ 정전기 발생이 적은 재료 사용(대전서열이 가까운 재료의 사용)

13 전기설비 방폭화의 기본

① 점화원의 (   ) 격리
② 전기설비의 안전도 증강
③ 점화능력의 본질적 억제

14 반응폭주란 온도, 압력 등 제어상태가 규정의 조건을 벗어나는 것에 의해 반응속도가 지수 함수적으로 (   )되고 반응용기 내의 온도, 압력이 급격히 이상 상승되어 규정 조건을 벗어나고, 반응이 과격화되는 현상이다.

15 특수화학설비의 안전장치

① 계측장치
② 자동경보장치
③ (   )장치
④ 예비동력원

16 불활성화 방법

① 진공퍼지: 압력용기류에 주로 적용하며 완전 진공설계가 이루어진 용기류에 적용이 가능하고, 큰 용기에는 사용이 어렵다.
② 압력퍼지: 용기류에 적용이 가능하며 가압시키는 압력은 설계압력 이내에서 결정되어야 한다. 목표로 하는 농도에 대한 치환횟수는 진공치환의 방법과 같다.
③ (   )퍼지: 한쪽의 개구부로 치환가스를 공급하고 다른 한쪽으로 배출시키는 방법으로, 주로 배관류에 적용한다.
④ 사이폰퍼지: 대상기기에 물이나 적합한 액체를 채운 뒤 액체를 배출시키면서 치환가스를 주입하는 방법으로 액체를 채웠을 때 하중에 문제가 되는 경우에는 적용이 불가능하다.

17 사면의 붕괴형태

① 사면 천단부 붕괴(사면 선단 파괴, Toe Failure)
② 사면 중심부 붕괴(사면 내 파괴, Slope Failure)
③ 사면 (   ) 붕괴(사면 저부 파괴, Base Failure)

| 정답 | 10 누전차단기 11 제한전압 12 접촉횟수 13 방폭적 14 증대 15 긴급차단 16 스위프 17 하단부

TYPE 05 | 공식

01 연천인율

1년간 평균 임금근로자 1,000명당 재해자 수

연천인율$=\frac{\text{연간재해(사상)사 수}}{\text{연평균근로자 수}}\times 1,000$

연천인율＝도수율(빈도율)×(   )

02 도수율(빈도율)(F.R; Frequency Rate of Injury)

100만 근로시간당 발생하는 재해건수

도수율$=\frac{\text{재해건수}}{(\qquad)}\times 1,000,000$

03 강도율(S.R; Severity Rate of Injury)

근로시간 1,000시간당 요양재해로 인해 발생하는 근로손실일수

강도율＝(   )×1,000

04 종합재해지수(F.S.I; Frequency Severity Indicator)

재해 빈도의 다수와 상해 정도의 강약을 종합

종합재해지수(FSI)＝(   )

05 레윈(Lewin. K)의 법칙

레윈은 인간의 행동(B)은 그 사람이 가진 자질 즉, 개체(P)와 심리적 환경(E)과의 상호함수관계에 있다고 하였다.

$B=(\qquad)$

여기서, B: Behavior(인간의 행동)
f: function(함수관계)
P: Person(개체: 연령, 경험, 심신상태, 성격, 지능 등)
E: Environment(환경: 인간관계, 작업조건, 감독, 직무의 안정 등)

06 정보량 계산

정보량 $H=(\qquad)=\log_2\frac{1}{p}$, $p=\frac{1}{n}$

여기서, 정보량의 단위는 bit(Binary Digit)
p: 실현 확률
n: 대안 수

07 시각과 시력

① 시각[분(′)]

$=(\qquad)\times 60\times\frac{\text{시각 자극의 높이}(L)}{\text{눈으로부터의 거리}(D)}$

$=L\times 57.3\times\frac{60}{D}$

② 시력$=\frac{1}{\text{시각}}$

08 웨버(Weber)의 법칙

특정 감각의 변화감지역(ΔI)은 사용되는 표준자극(I)에 비례한다.

웨버비＝(   )

09 조정－반응 비율(통제비, C/D비, C/R비)

① 통제표시비(선형조정장치)

$\frac{C}{R}=\frac{\text{통제기기의 변위량}}{\text{표시계기지침의 변위량}}$

② 조종구의 통제비

$\frac{C}{R}=\frac{(\qquad)}{\text{표시계기지침의 이동거리}}$

여기서, a: 조종장치가 움직인 각도
L: 반경(조이스틱의 길이)

| 정답 | 01 2.4 02 연근로시간 수 03 $\frac{\text{총 요양근로손실일수}}{\text{연근로시간 수}}$ 04 $\sqrt{\text{도수율(FR)}\times\text{강도율(SR)}}$ 05 $f(P\cdot E)$ 06 $\log_2 n$ 07 $\frac{180}{\pi}$ 08 $\frac{\Delta I}{I}$ 09 $\frac{a}{360}\times 2\pi L$

10 휴식시간 산정

휴식시간(R)[분]$=\dfrac{(\qquad)}{E-1.5}$(60분 기준)

여기서, E: 작업의 평균 에너지소비량[kcal/min]

에너지 값의 상한: 5[kcal/min]

11 반사율[%]

반사광의 에너지와 입사광의 에너지의 비율

반사율[%]$=(\qquad\qquad)\times100$

$=\dfrac{[cd/m^2]\times\pi}{[lux]}\times100$

$=\dfrac{\text{광속 발산도}}{\text{소요조명}}\times100$

12 조도

어떤 물체나 대상면에 도달하는 빛의 양

조도[lux]$=(\qquad\qquad)$

13 대비(Contrast)

표적의 광속 발산도와 배경의 광속 발산도의 차이

대비$=100\times(\qquad\qquad)$

여기서, L_b: 배경의 광속 발산도

L_t: 표적의 광속 발산도

14 옥스퍼드(Oxford) 지수(습건지수)

$W_D=0.85W$(습구온도)$+0.15D(\qquad)$

15 고장 평점법

$C=(\qquad\qquad\qquad)$

여기서, C_1: 기능적 고장의 영향의 중요도

C_2: 영향을 미치는 시스템의 범위

C_3: 고장발생의 빈도

C_4: 고장방지의 가능성

C_5: 신규 설계의 정도

16 기계의 신뢰도 및 고장발생확률

① 신뢰도 $R(t)=(\qquad)=e^{-t/t_0}$

여기서, λ: 고장률, t: 가동시간, t_0: 평균수명

② 고장발생확률: $F(t)=1-R(t)$

17 평균고장간격(MTBF)

평균고장간격(MTBF)

=평균동작시간(MTTF)+평균수리시간(　　)

$=\dfrac{1}{\lambda_1}+\dfrac{1}{\lambda_2}+\cdots+\dfrac{1}{\lambda_n}$

λ(평균고장률)$=\dfrac{\text{고장건수}}{\text{총가동시간}}$

18 안전율(안전계수)

$S=\dfrac{\text{극한(인장)강도}}{(\qquad\qquad\qquad)}=\dfrac{\text{파단(최대)하중}}{\text{안전(정격)하중}}$

| 정답 | 10 $60(E-5)$ 11 $\dfrac{\text{광도}[fL]}{\text{조도}[fC]}$ 12 $\dfrac{\text{광속[lumen]}}{(\text{거리[m]})^2}$ 13 $\dfrac{L_b-L_t}{L_b}$ 14 건구온도 15 $(C_1\times C_2\times C_3\times C_4\times C_5)^{\frac{1}{5}}$ 16 $e^{-\lambda t}$ 17 MTTR 18 허용응력

19 밀링작업의 절삭속도

$v=(\qquad)$

여기서, v: 절삭속도[m/min]
d: 밀링커터의 지름[mm]
N: 밀링커터의 회전수[rpm]

20 프레스 양수기동식 방호장치의 안전거리

$D_m=(\qquad)$

$$T_m=\left(\frac{1}{2}+\frac{1}{\text{클러치 개소 수}}\right)\times\frac{60}{\text{분당 행정수[SPM]}}$$

여기서, T_m: 누름버튼을 누른 때부터 프레스의 슬라이드가 하사점에 도달할 때까지의 소요 최대시간[초]

21 프레스 광전자식(감응식) 방호장치의 안전거리

$D=(\qquad)$[mm]

여기서, T_L: 방호장치의 작동시간[초]
T_s: 프레스의 최대정지시간[초]

22 개구부의 간격

$Y=6+(\qquad)X(X<160\text{[mm]})$
(단, $X\geq160$[mm]이면 $Y=30$[mm])

여기서, Y: 개구부의 간격[mm]
X: 개구부에서 위험점까지의 최단거리[mm]

다만, 위험점이 전동체인 경우 개구부의 간격은 다음의 식으로 계산한다.

$Y=6+0.1X$(단, $X<760$[mm]에서 유효)

23 심실세동전류

$I=(\qquad)$[mA]

여기서, I: 심실세동전류[mA]
T: 통전시간[초]

24 정전기 방전에너지

$$W=(\qquad)=\frac{1}{2}QV=\frac{1}{2}\frac{Q^2}{C}$$

여기서, C: 도체의 정전용량
V: 대전전위 → $Q=CV$
Q: 대전전하량

25 가스나 증기혼합물의 연소범위

① 혼합가스의 연소범위

$$L=\frac{V_1+V_2+\cdots\cdots+V_n}{\frac{V_1}{L_1}+\frac{V_2}{L_2}+\cdots\cdots+\frac{V_n}{L_n}}$$

여기서, L: 혼합가스의 연소한계[vol%] → 연소상한, 연소하한 모두 적용 가능
$L_1, L_2, L_3, \cdots, L_n$: 각 성분가스의 연소한계[vol%] → 연소상한, 연소하한
$V_1, V_2, V_3, \cdots, V_n$: 전체 혼합가스 중 각 성분가스의 부피비[vol%]

② 실험데이터가 없어서 연소한계를 추정하는 경우

LFL$=0.55C_{st}$, UFL$=3.50C_{st}$

여기서, C_{st}: 완전연소가 일어나기 위한 연료, 공기의 혼합기체 중 연료의 부피비[vol%]

$$C_{st}=\frac{\text{연료의 mol수}}{\text{연료의 mol수+공기의 mol수}}\times100$$

(단일성분일 경우)

$$C_{st}=\frac{V_1+V_2+\cdots\cdots V_n}{\frac{V_1}{C_{st1}}+\frac{V_2}{C_{st2}}+\cdots\cdots+\frac{V_n}{C_{stn}}}$$

(혼합가스일 경우)

여기서, $C_{st1}, C_{st2}, \cdots, C_{stn}$: 각 가스의 화학양론 조성
$V_1, V_2, \cdots, V_n$: 각 성분가스의 부피비[vol%]

③ 최소산소농도

최소산소농도(C_m)

$$=(\qquad)\times\frac{\text{산소 mol수}}{\text{연소가스 mol수}}$$

| 정답 | 19 $\frac{\pi dN}{1,000}$ 20 $1,600\times T_m$ 21 $1,600\times(T_L+T_s)$ 22 0.15 23 $\frac{165}{\sqrt{T}}$ 24 $\frac{1}{2}CV^2$ 25 폭발하한[vol%]

PART 02 빈출문제 모음

※ 분류 기준에 따라 출제 횟수는 달라질 수 있습니다.

산업재해 예방 및 안전보건교육

8회 출제

01 「산업안전보건법령」상 안전보건표지의 종류에 있어 "안전모 착용"은 어떤 표지에 해당하는가?

① 경고표지 **② 지시표지**

③ 안내표지 ④ 관계자 외 출입금지

해설 안전모 착용은 작업에 관한 지시, 즉, 안전·보건 보호구의 착용에 관련된 내용으로 '지시표지'에 해당한다.

7회 출제

02 재해예방의 4원칙에 해당하는 내용이 아닌 것은?

① 예방가능의 원칙 ② 원인계기의 원칙

③ 손실우연의 원칙 **④ 사고조사의 원칙**

해설 재해예방의 4원칙

- 손실우연의 원칙
- 원인계기의 원칙
- 예방가능의 원칙
- 대책선정의 원칙

7회 출제

03 위험예지훈련 기초 4라운드(4R)에서 라운드별 내용이 바르게 연결된 것은?

① 1라운드: 현상파악 ② 2라운드: 대책수립

③ 3라운드: 목표설정 ④ 4라운드: 본질추구

해설 위험예지훈련의 추진을 위한 문제해결 4단계(4라운드)

1라운드: 현상파악(사실의 파악)
2라운드: 본질추구(원인조사)
3라운드: 대책수립(대책을 세운다)
4라운드: 목표설정(행동계획 작성)

5회 출제

04 다음 중 무재해 운동의 기본이념 3원칙에 포함되지 않는 것은?

① 무의 원칙 ② 선취의 원칙

③ 참가의 원칙 **④ 라인화의 원칙**

해설 무재해 운동의 3원칙

- 무의 원칙
- 참여의 원칙(참가의 원칙)
- 안전제일의 원칙(선취의 원칙)

8회 출제

05 매슬로우(Maslow)의 욕구위계이론 중 제2단계의 욕구에 해당하는 것은?

① 사회적 욕구

② 안전에 대한 욕구

③ 자아실현의 욕구

④ 존경과 긍지에 대한 욕구

해설 매슬로우(Maslow)의 욕구위계이론

1단계: 생리적 욕구
2단계: 안전의 욕구
3단계: 사회적 욕구
4단계: 자기존경의 욕구
5단계: 자아실현의 욕구

7회 출제

06 적응기제(Adjustment Mechanism) 중 방어적 기제(Defense Mechanism)에 해당하는 것은?

① 고립(Isolation)

② 퇴행(Regression)

③ 억압(Suppression)

④ 합리화(Rationalization)

해설 ①, ②, ③은 도피적 기제(Escape Mechanism)에 해당한다.

7회 출제

07 안전교육 방법 중 TWI(Training Within Industry)의 교육과정이 아닌 것은?

① 작업지도훈련 ② 인간관계훈련

③ 정책수립훈련 ④ 작업방법훈련

해설 TWI(Training Within Industry)

- 작업지도훈련(JIT; Job Instruction Training)
- 작업방법훈련(JMT; Job Method Training)
- 인간관계훈련(JRT; Job Relation Training)
- 작업안전훈련(JST; Job Safety Training)

4회 출제

08 「산업안전보건법령」상 일용근로자의 안전보건교육 과정별 교육시간 기준으로 틀린 것은?

① 채용 시의 교육: 1시간 이상
② 작업내용 변경 시의 교육: 2시간 이상
③ 건설업 기초안전·보건교육(건설 일용근로자): 4시간 이상
④ 특별교육: 2시간 이상(흙막이 지보공의 보강 또는 동바리를 설치하거나 해체하는 작업에 종사하는 일용근로자)

해설 일용근로자의 작업내용 변경 시에는 1시간 이상 교육을 실시해야 한다.

5회 출제

09 리더십(Leadership)의 특성으로 볼 수 없는 것은?

① 민주주의적 지휘 형태
② 부하와의 넓은 사회적 간격
③ 밑으로부터의 동의에 의한 권한 부여
④ 개인적 영향에 의한 부하와의 관계 유지

해설 리더십은 협동과 소통을 통해 사회적 간격이 좁은 특성이 있다.

4회 출제

10 하인리히 재해 발생 5단계 중 3단계에 해당하는 것은?

① 불안전한 행동 또는 불안전한 상태
② 사회적 환경 및 유전적 요소
③ 관리의 부재
④ 사고

해설 하인리히(H. W. Heinrich)의 도미노 이론(사고발생의 연쇄성)
- 1단계: 사회적 환경 및 유전적 요소(기초 원인)
- 2단계: 개인의 결함(간접 원인)
- 3단계: 불안전한 행동 및 불안전한 상태(직접 원인)
- 4단계: 사고
- 5단계: 재해

4회 출제

11 다음 중 산업심리의 5대 요소에 해당하지 않는 것은?

① 적성 ② 감정
③ 기질 ④ 동기

해설 산업안전심리의 요소
- 동기(Motive)
- 기질(Temper)
- 감정(Emotion)
- 습성(Habits)
- 습관(Custom)

7회 출제

12 「산업안전보건법령」상 사업주가 근로자에 대하여 실시하여야 하는 교육 중 특별안전보건교육의 대상이 되는 작업이 아닌 것은?

① 화학설비의 탱크 내 작업
② 전압이 30[V]인 정전 및 활선작업
③ 건설용 리프트·곤돌라를 이용한 작업
④ 동력에 의하여 작동되는 프레스기계를 5대 이상 보유한 사업장에서 해당 기계로 하는 작업

해설 전압이 75[V] 이상인 정전 및 활선작업이 특별안전보건교육 대상이다.

4회 출제

13 하버드 학파의 5단계 교수법에 해당되지 않는 것은?

① 교시(Presentation)
② 연합(Association)
③ 추론(Reasoning)
④ 총괄(Generalization)

해설 하버드 학파의 5단계 교수법(사례연구 중심)
1단계: 준비시킨다.(Preparation)
2단계: 교시한다.(Presentation)
3단계: 연합한다.(Association)
4단계: 총괄한다.(Generalization)
5단계: 응용시킨다.(Application)

5회 출제

14 OJT(On the Job Training) 교육의 장점과 가장 거리가 먼 것은?

① 훈련에만 전념할 수 있다.
② 직장의 실정에 맞게 실제적 훈련이 가능하다.
③ 개개인의 업무능력에 적합한 자세한 교육이 가능하다.
④ 교육을 통하여 상사와 부하 간의 의사소통과 신뢰감이 깊어진다.

해설 훈련에만 전념할 수 있는 교육은 Off JT(직장 외 교육훈련)의 특징이다.

4회 출제

15 교육의 기본 3요소에 해당하지 않는 것은?

① 교육의 형태 ② 교육의 주체
③ 교육의 객체 ④ 교육의 매개체

해설 교육의 3요소
- 주체: 강사
- 객체: 수강자(학생)
- 매개체: 교재(교육내용)

4회 출제

16 인간의 행동 특성에 관한 레윈(Lewin)의 법칙에서 각 인자에 대한 내용으로 틀린 것은?

$$B=f(P \cdot E)$$

① B: 행동 ② f: 함수관계
③ P: 개체 ④ E: 기술

해설 레윈의 법칙에서 'E'는 환경(Environment)을 의미한다.

5회 출제

17 안전보건관리조직의 형태 중 라인(Line)형 조직의 특성이 아닌 것은?

① 소규모 사업장(100명 이하)에 적합하다.
② 라인에 과중한 책임을 지우기가 쉽다.
③ 안전관리 전담 요원을 별도로 지정한다.
④ 모든 명령은 생산 계통을 따라 이루어진다.

해설 조직 생산라인에 안전관리 전담 요원을 별도로 지정하여 운영하는 것은 라인·스태프형 조직의 특성이다.

4회 출제

18 산업재해 손실액 산정 시 직접비가 2,000만 원일 때 하인리히 방식을 적용하면 총 손실액은 얼마인가?

① 2,000만 원 ② 8,000만 원
③ 1억 원 ④ 1억 2,000만 원

해설 재해손실비의 계산(하인리히 방식)
직접비 : 간접비 = 1 : 4이므로
간접비 = 2,000만 × 4 = 8,000만 원
총 재해코스트 = 직접비 + 간접비
= 2,000만 + 8,000만 = 1억 원

3회 출제

19 「산업안전보건법령」상 안전인증대상 기계·기구 등이 아닌 것은?

① 프레스 ② 전단기
③ 롤러기 ④ 산업용 원심기

해설 산업용 원심기는 안전인증대상은 아니지만 안전검사대상 유해·위험 기계 등에 해당한다.

3회 출제

20 주의의 특성으로 볼 수 없는 것은?

① 변동성 ② 선택성
③ 방향성 ④ 통합성

해설 주의의 특성
- 선택성(한 번에 많은 종류의 자극을 받을 때 소수의 특정한 것에만 반응하는 성질)
- 방향성(시선의 초점이 맞았을 때 쉽게 인지됨)
- 변동성(인간은 한 점에 계속하여 주의를 집중할 수 없음)

인간공학 및 위험성평가 · 관리

8회 출제

01 통제 표시비(C/R비)를 설계할 때의 고려할 사항으로 가장 거리가 먼 것은?

① 공차　　② 운동성
③ 조작시간　　④ 계기의 크기

해설 통제 표시비의 설계 시 고려해야 할 요소
- 계기의 크기
- 공차
- 목시거리
- 조작시간
- 방향성

5회 출제

02 모든 시스템 안전 프로그램 중 최초 단계의 분석으로 시스템 내의 위험요소가 어떤 상태에 있는지를 정성적으로 평가하는 방법은?

① CA　　② FHA
③ PHA　　④ FMEA

해설 예비위험분석(PHA; Preliminary Hazard Analysis)
시스템 내의 위험요소가 얼마나 위험상태에 있는가를 평가하는 시스템안전프로그램의 최초단계(시스템 구상단계)의 정성적인 분석 방식이다.

8회 출제

03 FT도에 사용되는 논리기호 중 AND 게이트에 해당하는 것은?

①
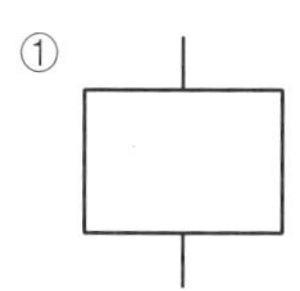

②
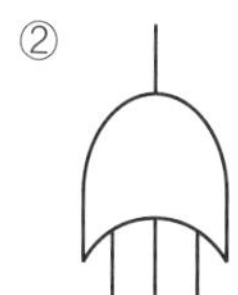

③
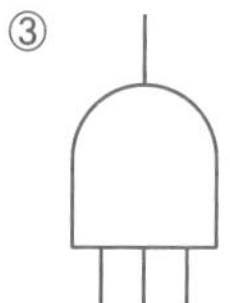

④
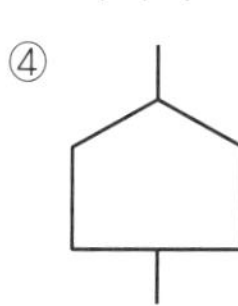

해설 ①은 결함사상, ②는 OR 게이트, ④는 통상사상을 나타내는 논리기호이다.

6회 출제

04 그림과 같은 시스템의 신뢰도로 옳은 것은?(단, 그림의 숫자는 각 부품의 신뢰도이다.)

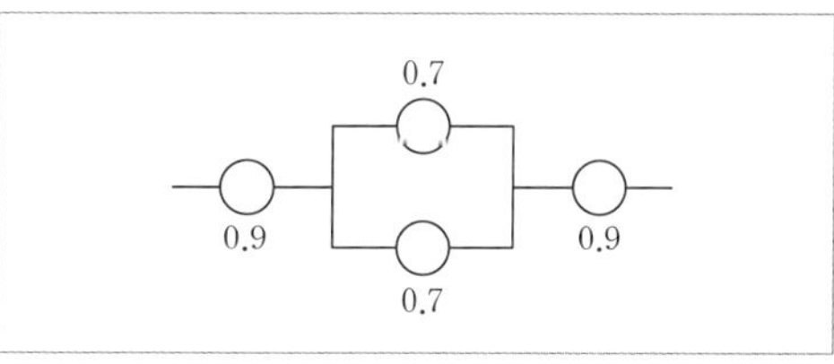

① 0.6261　　② 0.7371
③ 0.8481　　④ 0.9591

해설 가운데 병렬연결의 신뢰도 $=1-(1-0.7)\times(1-0.7)=0.91$
전체 시스템의 신뢰도 $=0.9\times0.91\times0.9=0.7371$

4회 출제

05 동전던지기에서 앞면이 나올 확률이 0.6이고, 뒷면이 나올 확률이 0.4일 때, 앞면이 나올 사건의 정보량(A)과 뒷면이 나올 사건의 정보량(B)은 각각 얼마인가?

① A: 0.10[bit], B: 1.00[bit]
② A: 0.74[bit], B: 1.32[bit]
③ A: 1.32[bit], B: 0.74[bit]
④ A: 2.00[bit], B: 1.00[bit]

해설 정보량

$$H=\log_2\frac{1}{p}$$

여기서, p: 실현 확률

$$H_{앞면}=\log_2\frac{1}{0.6}=0.74[\text{bit}]$$

$$H_{뒷면}=\log_2\frac{1}{0.4}=1.32[\text{bit}]$$

5회 출제

06 공간 배치의 원칙에 해당되지 않는 것은?

① 중요성의 원칙　　② 다양성의 원칙
③ 사용빈도의 원칙　　④ 기능별 배치의 원칙

해설 부품배치의 원칙
- 중요성의 원칙
- 사용빈도의 원칙
- 기능별 배치의 원칙
- 사용순서의 원칙

5회 출제

07 시각적 표시장치를 사용하는 것이 청각적 표시장치를 사용하는 것보다 좋은 경우는?

① 메시지가 후에 참고되지 않을 때
② 메시지가 공간적인 위치를 다룰 때
③ 메시지가 시간적인 사건을 다룰 때
④ 사람의 일이 연속적인 움직임을 요구할 때

해설 ①, ③, ④는 청각적 표시장치가 시각적 표시장치보다 더 유리한 경우이다.

4회 출제

08 인간의 과오를 정량적으로 평가하기 위한 기법으로, 인간과오의 분류시스템과 확률을 계산하는 안전성 평가기법은?

① THERP ② FTA
③ ETA ④ HAZOP

해설 인간과오율 추정법(THERP; Technique of Human Error Rate Prediction)
확률론적 안전기법으로서 인간의 과오로부터 기인된 사고원인을 분석하기 위하여 100만 운전시간당 과오도수를 기본 과오율로 하여 인간의 과오율을 평가하는 기법이다.

4회 출제

09 다수의 표시장치(디스플레이)를 수평으로 배열할 경우 해당 제어장치를 각각의 표시장치 아래에 배치하면 좋아지는 양립성의 종류는?

① 공간 양립성 ② 운동 양립성
③ 개념 양립성 ④ 양식 양립성

해설 공간적 양립성
어떤 사물들, 특히 표시장치나 조정장치의 물리적 형태나 공간적인 배치의 양립성을 말한다.

5회 출제

10 인체 측정치의 응용원칙과 거리가 먼 것은?

① 극단치를 고려한 설계
② 조절 범위를 고려한 설계
③ 평균치를 기준으로 한 설계
④ 기능적 치수를 이용한 설계

해설 기능적 치수는 인체측정 방법 중 하나일뿐 인체계측자료의 응용원칙과는 거리가 멀다.

4회 출제

11 FTA에 의한 재해사례 연구의 순서를 올바르게 나열한 것은?

A. 목표사상 선정	B. FT도 작성
C. 사상마다 재해원인 규명	D. 개선계획 작성

① A → B → C → D **② A → C → B → D**
③ B → C → A → D ④ B → A → C → D

해설 FTA에 의한 재해사례 연구순서
㉠ Top(정상) 사상의 선정 ㉡ 각 사상의 재해원인 규명
㉢ FT도의 작성 및 분석 ㉣ 개선계획의 작성

8회 출제

12 결함수분석의 컷셋(Cut Set)과 패스셋(Path Set)에 관한 설명으로 틀린 것은?

① 최소 컷셋은 시스템의 위험성을 나타낸다.
② 최소 패스셋은 시스템의 신뢰도를 나타낸다.
③ 최소 패스셋은 정상사상을 일으키는 최소한의 사상집합을 의미한다.
④ 최소 컷셋은 반복사상이 없는 경우 일반적으로 퍼셀(Fussell) 알고리즘을 이용하여 구한다.

해설 최소 컷셋은 정상사상을 일으키는 최소한의 집합이고, 최소 패스셋은 정상사상이 일어나지 않는 최소한의 집합이다.

5회 출제

13 다음 중 기계 고장률의 기본 모형이 아닌 것은?

① 초기고장 ② 우발고장
③ 영구고장 ④ 마모고장

해설 고장률의 유형
• 초기고장(감소형) • 우발고장(일정형)
• 마모고장(증가형)

5회 출제

14 표시값의 변화 방향이나 변화 속도를 나타내어 전반적인 추이의 변화를 관측할 필요가 있는 경우에 가장 적합한 표시장치 유형은?

① 계수형(Digital)
② 묘사형(Descriptive)
③ 동목형(Moving Scale)
④ 동침형(Moving Pointer)

해설 동침형(Moving Pointer)
고정된 눈금상에서 지침이 움직이면서 값을 나타내는 방법으로 지침의 위치가 일종의 인식상의 단서로 작용하는 이점이 있다.

4회 출제

15 **다음 FTA 그림에서 a, b, c의 부품고장률이 각각 0.01일 때, 최소 컷셋(Minimal Cut Sets)과 신뢰도로 옳은 것은?**

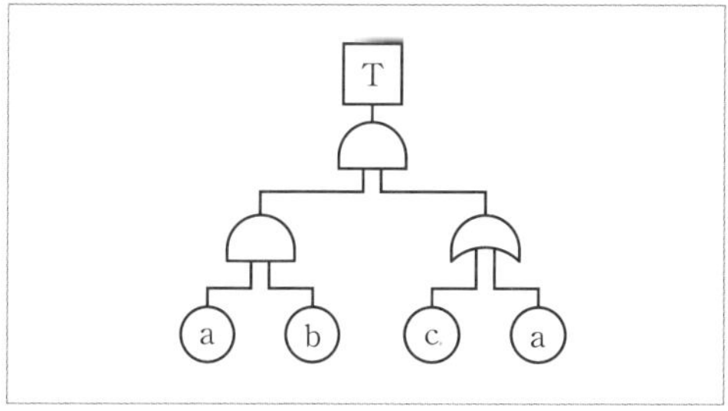

① (a, b), R(t)=99.99[%]

② (a, b, c), R(t)=98.99[%]

③ (a, c)(a, b), R(t)=96.99[%]

④ (a, c)(a, b, c), R(t)=97.99[%]

해설 • 최소 컷셋

논리곱(AND 게이트)은 가로로, 논리합(OR 게이트)은 세로로 나열한다.

$$T=(a, b)\cdot\binom{c}{a}=\begin{matrix}(a, b, c)\\(a, b, a)\end{matrix}$$

즉, 컷셋은 (a, b, c), (a, b), 미니멀 컷셋은 (a, b)이다.

• 신뢰도

고장률 $F(t)=a\times b=0.01\times0.01=0.0001$이므로

신뢰도 $R(t)=1-F(t)=1-0.0001=0.9999=99.99[\%]$

4회 출제

16 **작업장에서 광원으로부터의 직사휘광을 처리하는 방법으로 옳은 것은?**

① 광원의 휘도를 늘린다.

② 가리개, 차양을 설치한다.

③ 광원을 시선에서 가까이 위치시킨다.

④ 휘광원 주위를 밝게 하여 광도비를 늘린다.

해설 ① 광원의 휘도를 줄이고, 광원의 수를 늘린다.

③ 광원을 시선에서 멀리 위치시킨다.

④ 휘광원 주위를 밝게 하여 광도비를 줄인다.

3회 출제

17 **작업장 내부의 추천 반사율이 가장 낮아야 하는 곳은?**

① 벽 ② 천장

③ 바닥 ④ 가구

해설 **옥내 추천 반사율**

• 천장: 80~90[%] • 벽: 40~60[%]

• 가구: 25~45[%] • 바닥: 20~40[%]

4회 출제

18 **기계나 그 부품에 고장이나 기능 불량이 생겨도 항상 안전하게 작동하는 안전화 대책은?**

① Fool Proof

② Fail Safe

③ Risk Management

④ Hazard Diagnosis

해설 **페일 세이프(Fail Safe)**

기계나 그 부품에 고장이나 기능불량이 생겨도 항상 안전하게 작동하는 구조와 기능을 추구하는 본질적 안전과 관련된 것이다.

4회 출제

19 **일반적으로 의자설계의 원칙에서 고려해야 할 사항과 가장 거리가 먼 것은?**

① 체중분포에 관한 사항

② 상반신의 안정에 관한 사항

③ 개인차의 반영에 관한 사항

④ 의자 좌판의 높이에 관한 사항

해설 ① 몸통의 안정은 체중이 골반뼈에 실려야 몸통안정이 쉬워진다.

② 등받이는 요추 전만(앞으로 굽힘)자세를 유지하며, 추간판의 압력 및 등근육의 정적부하를 감소시킬 수 있도록 설계한다.

④ 의자 좌판의 높이는 좌판 앞부분이 무릎 높이보다 높지 않게(치수는 5[%tile] 되는 사람까지 수용할 수 있게) 설계한다.

4회 출제

20 **반복되는 사건이 많이 있는 경우, FTA의 최소 컷셋과 관련이 없는 것은?**

① Fussel Algorithm

② Boolean Algorithm

③ Monte Carlo Algorithm

④ Limnios & Ziani Algorithm

해설 **몬테 카를로 알고리즘(Monte Carlo Algorithm)**

• 확률적 알고리즘으로서 단 한 번의 과정으로 정확한 해를 구하기 어려운 경우 무작위로 난수를 반복적으로 발생하여 해를 구하는 절차이다.

• 어떤 분석 대상에 대한 완전한 확률 분포가 주어지지 않을 때 유용하다.

기계 · 기구 및 설비 안전관리

4회 출제

01 「산업안전보건법령」상 프레스를 사용하여 작업을 할 때 작업시작 전 점검항목에 해당하지 않는 것은?

① 전선 및 접속부 상태
② 클러치 및 브레이크의 기능
③ 프레스의 금형 및 고정볼트 상태
④ 1행정 1정지기구 · 급정지장치 및 비상정지장치의 기능

해설 전선 및 접속부 상태는 이동식 방폭구조 전기기계 · 기구를 사용할 때 작업시작 전 점검사항이다.

5회 출제

02 연삭숫돌을 사용하는 작업 시 해당 기계의 이상 유무를 확인하기 위한 시험운전시간으로 옳은 것은?

① 작업시작 전 30초 이상, 연삭숫돌 교체 후 5분 이상
② 작업시작 전 30초 이상, 연삭숫돌 교체 후 3분 이상
③ 작업시작 전 1분 이상, 연삭숫돌 교체 후 5분 이상
④ 작업시작 전 1분 이상, 연삭숫돌 교체 후 3분 이상

해설 연삭숫돌을 사용하는 작업의 경우 작업을 시작하기 전에는 1분 이상, 연삭숫돌을 교체한 후에는 3분 이상 시험운전을 하고 해당 기계에 이상이 있는지를 확인하여야 한다.

5회 출제

03 기계설비의 방호를 위험장소에 대한 방호와 위험원에 대한 방호로 분류할 때, 다음 중 위험원에 대한 방호장치에 해당하는 것은?

① 격리형 방호장치
② 포집형 방호장치
③ 접근거부형 방호장치
④ 위치제한형 방호장치

해설

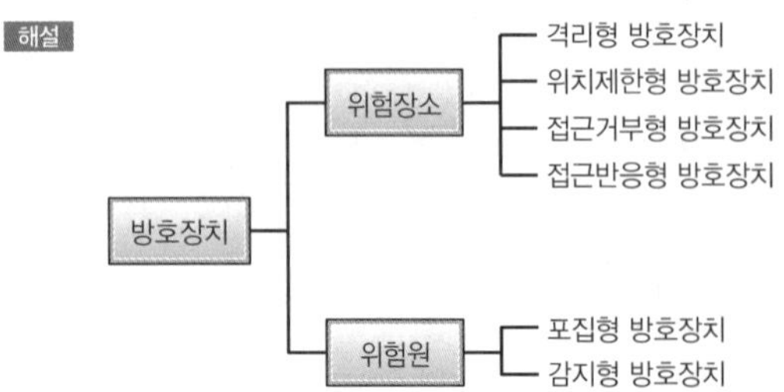

7회 출제

04 「산업안전보건법령」상 롤러기의 무릎조작식 급정지장치의 설치위치 기준은?(단, 위치는 급정지장치 조작부의 중심점을 기준으로 한다.)

① 밑면에서 0.7~0.8[m] 이내
② 밑면에서 0.6[m] 이내
③ 밑면에서 0.8~1.2[m] 이내
④ 밑면에서 1.5[m] 이내

해설 급정지장치 조작부의 위치

급정지장치 조작부의 종류	위치
손조작식	밑면에서 1.8[m] 이내
복부조작식	밑면에서 0.8[m] 이상 1.1[m] 이내
무릎조작식	밑면에서 0.6[m] 이내

5회 출제

05 밀링머신의 작업 시 안전수칙에 대한 설명으로 틀린 것은?

① 커터의 교환 시는 테이블 위에 목재를 받쳐 놓는다.
② 강력 절삭 시에는 일감을 바이스에 깊게 물린다.
③ 작업 중 면장갑은 착용하지 않는다.
④ 커터는 가능한 칼럼(Column)으로부터 멀리 설치한다.

해설 밀링머신 작업 시 커터는 될 수 있는 한 칼럼(Column)에 가깝게 설치하여야 한다.

10회 출제

06 다음 중 기계설비에 의해 형성되는 위험점이 아닌 것은?

① 회전말림점 ② 접선분리점
③ 절단점 ④ 끼임점

해설 기계설비의 위험점 종류

- 협착점(끼임점)
- 끼임점
- 절단점
- 물림점
- 접선물림점
- 회전말림점

4회 출제

07 보일러수 속에 불순물 농도가 높아지면서 수면에 거품이 형성되어 수위가 불안정하게 되는 현상은?

① 포밍 ② 서징
③ 수격현상 ④ 공동현상

해설 포밍(Foaming)
보일러수에 불순물이 많이 포함되었을 경우 보일러수의 비등과 함께 수면부 위에 거품층을 형성하여 수위가 불안정하게 되는 현상을 말한다.

5회 출제

08 선반의 안전작업 방법 중 틀린 것은?

① 절삭칩의 제거는 반드시 브러시를 사용할 것
② 기계운전 중에는 백기어(Back Gear)의 사용을 금할 것
③ 공작물의 길이가 직경의 6배 이상일 때는 반드시 방진구를 사용할 것
④ 시동 전에 척 핸들을 빼둘 것

해설 선반작업 시 일감의 길이가 직경의 12배 이상일 때 방진구를 사용한다.

10회 출제

09 기계설비의 일반적인 안전조건에 해당되지 않는 것은?

① 설비의 안전화 ② 기능의 안전화
③ 구조의 안전화 ④ 작업의 안전화

해설 기계의 안전조건
- 외형의 안전화
- 작업의 안전화
- 작업점의 안전화
- 기능상의 안전화
- 구조적 안전화(강도적 안전화)

4회 출제

10 「산업안전보건법령」상 연삭숫돌의 상부를 사용하는 것을 목적으로 하는 탁상용 연삭기 덮개의 노출각도는?

① 60° 이내 ② 65° 이내
③ 80° 이내 ④ 125° 이내

해설 연삭숫돌의 상부 사용을 목적으로 하는 탁상용 연삭기 덮개의 노출각도는 60° 이내이다.

4회 출제

11 안전계수가 5인 로프의 절단하중이 4,000[N]이라면 이 로프에는 몇 [N] 이하의 하중을 매달아야 하는가?

① 500 ② 800
③ 1,000 ④ 1,600

해설 $\text{안전계수}=\dfrac{\text{파단(절단)하중}}{\text{최대사용하중}}$이므로

$$\text{최대사용하중}=\frac{\text{파단(절단)하중}}{\text{안전계수}}=\frac{4{,}000}{5}=800[\text{N}]$$

6회 출제

12 양수조작식 방호장치에서 양쪽 누름버튼 간의 내측거리는 몇 [mm] 이상이어야 하는가?

① 100 ② 200
③ 300 ④ 400

해설 양수조작식 방호장치 누름버튼의 상호 간 내측거리는 300[mm] 이상이어야 한다.

5회 출제

13 지게차 헤드가드의 안전기준에 관한 설명으로 틀린 것은?

① 상부틀의 각 개구의 폭 또는 길이가 20[cm] 이상일 것
② 강도는 지게차의 최대하중의 2배 값(4톤을 넘는 값에 대해서는 4톤으로 함)의 등분포정하중에 견딜 수 있을 것
③ 운전자가 서서 조작하는 방식의 지게차의 경우에는 운전석의 바닥면에서 헤드가드의 상부틀 하면까지의 높이가 1.88[m] 이상일 것
④ 운전자가 앉아서 조작하는 방식의 지게차의 경우에는 운전자의 좌석 윗면에서 헤드가드의 상부틀 아랫면까지의 높이가 0.903[m] 이상일 것

해설 지게차 헤드가드 상부틀의 각 개구의 폭 또는 길이가 16[cm] 미만이어야 한다.

7회 출제

14 드릴작업 시 유의사항 중 틀린 것은?

① 균열이 심한 드릴은 사용해서는 안 된다.
② 드릴을 장치에서 제거할 경우에는 회전을 완전히 멈추고 한다.
③ 드릴이 밑면에 나왔는지 확인을 위해 가공물 밑면에 손으로 만지면서 확인한다.
④ 가공 중에는 소리에 주의하여 드릴의 날에 이상한 소리가 나면 즉시 드릴을 연마하거나 다른 드릴과 교체한다.

해설 드릴링 머신 사용 작업 시 구멍을 뚫을 때 관통된 것을 확인하기 위하여 손을 집어넣지 않아야 한다.

6회 출제

15 **「산업안전보건법령」에 따라 타워크레인의 운전작업을 중지해야 되는 순간풍속의 기준은?**

① 초당 10[m]를 초과하는 경우
② 초당 15[m]를 초과하는 경우
③ 초당 30[m]를 초과하는 경우
④ 초당 35[m]를 초과하는 경우

해설 순간풍속이 10[m/s]를 초과하는 경우 타워크레인의 설치·수리·점검 또는 해체작업을 중지하여야 하며, 순간풍속이 15[m/s]를 초과하는 경우에는 타워크레인의 운전작업을 중지하여야 한다.

4회 출제

16 **「산업안전보건법령」에 따라 컨베이어에 부착해야 할 방호장치로 적합하지 않은 것은?**

① 비상정지장치
② 과부하방지장치
③ 역주행방지장치
④ 덮개 또는 낙하방지용 울

해설 과부하방지장치는 양중기의 방호장치이다.

5회 출제

17 **숫돌의 지름을 D[mm], 회전수 N[rpm]이라 할 경우 숫돌의 원주속도 V[m/min]를 구하는 식으로 옳은 것은?**

① DN ② πDN
③ $\frac{DN}{1,000}$ ④ $\frac{\pi DN}{1,000}$

해설 숫돌의 원주속도 $V=\frac{\pi DN}{1,000}$[m/min]

여기서, D: 지름[mm]
N: 회전수[rpm]

5회 출제

18 **탁상용 연삭기에서 일반적으로 플랜지의 지름은 숫돌 지름의 얼마 이상이 적정한가?**

① $\frac{1}{2}$ ② $\frac{1}{3}$
③ $\frac{1}{5}$ ④ $\frac{1}{10}$

해설 플랜지의 지름은 숫돌 직경의 $\frac{1}{3}$ 이상인 것이 적당하다.

5회 출제

19 **롤러기의 급정지장치를 작동시켰을 경우에 무부하 운전 시 앞면 롤러의 표면속도가 30[m/min] 미만일 때의 급정지거리로 적합한 것은?**

① 앞면 롤러 원주의 1/1.5 이내
② 앞면 롤러 원주의 1/2 이내
③ 앞면 롤러 원주의 1/2.5 이내
④ 앞면 롤러 원주의 1/3 이내

해설 급정지장치의 성능

앞면 롤러의 표면속도[m/min]	급정지거리
30 미만	앞면 롤러 원주의 $\frac{1}{3}$ 이내
30 이상	앞면 롤러 원주의 $\frac{1}{2.5}$ 이내

3회 출제

20 **목재가공용 둥근톱에서 둥근톱의 두께가 4[mm]일 때 분할날의 두께는 몇 [mm] 이상이어야 하는가?**

① 4.0 ② 4.2
③ 4.4 ④ 4.8

해설 분할날의 두께는 톱날 두께의 1.1배 이상이어야 한다.
분할날의 두께$=4\times1.1=4.4$[mm] 이상

전기 및 화학설비 안전관리

4회 출제

01 선간전압이 6.6[kV]인 충전전로 인근에서 유자격자가 작업하는 경우, 충전전로에 대한 최소 접근한계거리[cm]는?(단, 충전부에 절연조치가 되어있지 않고, 작업자는 절연장갑을 착용하지 않았다.)

① 20 ② 30
③ 50 ④ 60

해설

충전전로의 선간전압[kV]	충전전로에 대한 접근한계거리[cm]
0.3 이하	접촉금지
0.3 초과 0.75 이하	30
0.75 초과 2 이하	45
2 초과 15 이하	60
15 초과 37 이하	90

6회 출제

02 허용접촉전압이 종별 기준과 서로 다른 것은?

① 제1종 – 2.5[V] 이하 ② 제2종 – 25[V] 이하
③ 제3종 – 75[V] 이하 ④ 제4종 – 제한 없음

해설 허용접촉전압

종별	허용접촉전압
제1종	2.5[V] 이하
제2종	25[V] 이하
제3종	50[V] 이하
제4종	제한 없음

6회 출제

03 방폭구조의 종류와 기호가 잘못 연결된 것은?

① 유입방폭구조 – o ② 압력방폭구조 – p
③ 내압방폭구조 – d ④ 본질안전방폭구조 – e

해설 본질안전방폭구조: ia 또는 ib
안전증방폭구조: e

5회 출제

04 다음 중 정전기 대전현상이 아닌 것은?

① 교반대전 ② 충돌대전
③ 박리대전 ④ 망상대전

해설 정전기 대전의 종류

- 마찰대전
- 박리대전
- 유동대전
- 분출대전
- 충돌대전
- 파괴대전
- 교반, 침강대전

6회 출제

05 도체의 정전용량 C=20[μF], 대전전위(방전 시 전압) V=3[kV]일 때 정전에너지[J]는?

① 45 ② 90
③ 180 ④ 360

해설 $W=\frac{1}{2}CV^2=\frac{1}{2}\times(20\times10^{-6})\times(3\times10^3)^2=90[\mathrm{J}]$

여기서, W: 정전에너지[J]
C: 도체의 정전용량[F]
V: 대전전위[V]

9회 출제

06 정전기에 의한 재해방지대책으로 틀린 것은?

① 대전방지제 등을 사용한다.
② 공기 중의 습기를 제거한다.
③ 금속 등의 도체를 접지시킨다.
④ 배관 내 액체가 흐를 경우 유속을 제한한다.

해설 공기 중에 습기를 부여하는 것이 정전기 대전방지에 유효하다.

5회 출제

07 「산업안전보건법령」에 따라 누전에 의한 감전위험을 방지하기 위하여 해당 전로의 정격에 적합하고 감도가 양호하며 확실하게 작동하는 감전방지용 누전차단기를 설치할 때 누전차단기는 정격감도전류가 30[mA] 이하이고 작동시간은 얼마 이내이어야 하는가?

① 0.03초 ② 0.1초
③ 0.3초 ④ 0.5초

해설 누전차단기와 접속되어 있는 각각의 전기기계·기구에 대하여 정격감도전류 30[mA] 이하, 동작시간 0.03초 이내이어야 한다.

9회 출제

08 전기기기의 과도한 온도 상승, 아크 또는 불꽃 발생의 위험을 방지하기 위하여 추가적인 안전조치를 통한 안전도를 증가시킨 방폭구조를 무엇이라 하는가?

① 충전방폭구조 ② 안전증방폭구조
③ 비점화방폭구조 ④ 본질안전방폭구조

해설 안전증방폭구조
정상운전 중에 폭발성 가스 또는 증기에 점화원이 될 전기불꽃, 아크 또는 고온 부분 등의 발생을 방지하기 위하여 기계적, 전기적 구조상 또는 온도 상승에 대해서 특히 안전도를 증가시킨 구조이다.

5회 출제

09 **다음 중 인화성 액체의 증기 또는 가연성 가스에 의한 가스폭발 위험장소의 분류에 해당하지 않는 것은?**

① 0종 장소 ② 1종 장소
③ 2종 장소 ④ 3종 장소

해설 가스폭발 위험장소는 0종, 1종, 2종 장소로 구분된다.

3회 출제

10 **정전기 발생에 영향을 주는 요인이 아닌 것은?**

① 물체의 특성 ② 물체의 표면상태
③ 접촉면적 및 압력 ④ 응집속도

해설 정전기 발생에 영향을 주는 요인
- 물체의 특성
- 물체의 표면상태
- 물질의 이력
- 접촉면적 및 압력
- 분리속도

4회 출제

11 **어떤 물질 내에서 반응전파속도가 음속보다 빠르게 진행되며 이로 인해 발생된 충격파가 반응을 일으키고 유지하는 발열반응을 무엇이라 하는가?**

① 점화(Ignition) ② 폭연(Deflagration)
③ 폭발(Explosion) ④ 폭굉(Detonation)

해설 폭굉파
연소파가 일정 거리를 진행한 후 연소 전파 속도가 1,000~3,500[m/s] 정도에 달할 경우 이를 폭굉현상(Detonation Phenomenon)이라 하며, 이때 국한된 반응영역을 폭굉파(Detonation Wave)라 한다. 폭굉파의 속도는 음속을 앞지르므로 진행 방향에 그에 따른 충격파가 있다.

4회 출제

12 **다음 중 화재의 종류가 옳게 연결된 것은?**

① A급 화재 – 유류화재
② B급 화재 – 유류화재
③ C급 화재 – 일반화재
④ D급 화재 – 일반화재

해설 화재의 종류

구분	A급 화재	B급 화재	C급 화재	D급 화재
명칭	일반화재	유류화재	전기화재	금속화재

4회 출제

13 **다음 중 벤젠(C_6H_6)이 공기 중에서 연소될 때의 이론혼합비(화학양론조성)는?**

① 0.72[vol%] ② 1.22[vol%]
③ 2.72[vol%] ④ 3.22[vol%]

해설 $C_nH_xO_y$에 대하여 완전연소 시 양론농도

$$C_{st}=\frac{1}{(4.77n+1.19x-2.38y)+1}\times 100$$
$$=\frac{1}{(4.77\times 6+1.19\times 6-2.38\times 0)+1}\times 100=2.72[\text{vol}\%]$$

6회 출제

14 **다음 중 분진폭발의 발생 위험성을 낮추는 방법으로 적절하지 않은 것은?**

① 주변의 점화원을 제거한다.
② 분진이 날리지 않도록 한다.
③ 분진과 그 주변의 온도를 낮춘다.
④ 분진 입자의 표면적을 크게 한다.

해설 분진의 입경이 작을수록 표면적이 넓어지면서 산소와의 접촉면적이 넓어져 폭발위험이 커진다.

4회 출제

15 **가연성 가스가 아닌 것은?**

① 이산화탄소 ② 수소
③ 메탄 ④ 아세틸렌

해설 이산화탄소는 스스로 타지 않는 불연성 가스이다.

3회 출제

16 **여러 가지 성분의 액체 혼합물을 각 성분별로 분리하고자 할 때 비점의 차이를 이용하여 분리하는 화학설비를 무엇이라 하는가?**

① 건조기 ② 반응기
③ 진공관 ④ 증류탑

해설 증류탑(정류탑)
두 개 또는 그 이상의 액체의 혼합물을 끓는점(비점)의 차이를 이용하여 특정 성분을 분리하는 것을 목적으로 하는 장치이다.

4회 출제

17 물반응성 물질에 해당하는 것은?

① 니트로화합물　　② 칼륨
③ 염소산나트륨　　④ 부탄

해설 ① 니트로화합물: 폭발성 물질 및 유기과산화물
③ 염소산나트륨: 산화성 액체 및 산화성 고체
④ 부탄: 인화성 가스

3회 출제

18 다음은 「산업안전보건법령」에 따른 위험물질의 종류 중 부식성 염기류에 관한 내용이다. (　　) 안에 알맞은 수치는?

농도가 (　　　)[%] 이상인 수산화나트륨, 수산화칼륨, 그 밖에 이와 같은 정도 이상의 부식성을 가지는 염기류

① 20　　② 40
③ 60　　④ 80

해설 부식성 염기류
농도가 40[%] 이상인 수산화나트륨, 수산화칼륨, 그 밖에 이와 같은 정도 이상의 부식성을 가지는 염기류이다.

4회 출제

19 다음 중 물 속에 저장이 가능한 물질은?

① 칼륨　　② 황린
③ 인화칼슘　　④ 탄화알루미늄

해설 황린은 자연발화성이 있어서 물 속에 보관하여야 한다.

3회 출제

20 A가스의 폭발하한계가 4.1[vol%], 폭발상한계가 62[vol%]일 때 이 가스의 위험도는 약 얼마인가?

① 8.94　　② 12.75
③ 14.12　　④ 16.12

해설 위험도

$$H=\frac{U-L}{L}=\frac{62-4.1}{4.1}=14.12$$

여기서, U: 폭발상한계 값
L: 폭발하한계 값

건설공사 안전관리

6회 출제

01 다음 중 안전보건관리비 중 안전시설비 목적으로 사용할 수 있는 것은?

① 안전관리자 업무수행을 위한 도서 구입 비용
② 보호구의 관리 비용
③ 안전보건진단에 소요되는 비용
④ 추락방호망의 구입 비용

해설 ①은 안전보건교육비, ②는 보호구, ③은 안전보건진단비의 목적으로 안전보건관리비를 사용할 수 있다.

6회 출제

02 지반 종류에 따른 굴착면의 기울기 기준으로 옳지 않은 것은?

① 경암－1:0.5
② 연암－1:0.7
③ 풍화암－1:1.0
④ 모래－1:1.8

해설 굴착면의 기울기 기준

지반의 종류	굴착면의 기울기
모래	1:1.8
연암 및 풍화암	1:1.0
경암	1:0.5
그 밖의 흙	1:1.2

7회 출제

03 유해위험방지계획서 작성대상 공사의 기준으로 옳지 않은 것은?

① 지상높이 31[m] 이상인 건축물 공사
② 저수용량 1천만 톤 이상인 용수 전용 댐
③ 최대 지간길이 50[m] 이상인 다리의 건설 등 공사
④ 깊이 10[m] 이상인 굴착공사

해설 다목적댐, 발전용댐, 저수용량 2천만 톤 이상의 용수 전용 댐 및 지방상수도 전용 댐의 건설 등의 공사가 유해위험방지계획서 제출대상의 기준이다.

7회 출제

04 공사현장에서 낙하물방지망 또는 방호선반을 설치할 때 설치높이 및 벽면으로부터 내민 길이 기준으로 옳은 것은?

① 설치높이 10[m] 이내마다, 내민 길이 2[m] 이상
② 설치높이 15[m] 이내마다, 내민 길이 2[m] 이상
③ 설치높이 10[m] 이내마다, 내민 길이 3[m] 이상
④ 설치높이 15[m] 이내마다, 내민 길이 3[m] 이상

해설 낙하물방지망의 또는 방호선반을 설치하는 경우에 높이 10[m] 이내마다 설치하고, 내민 길이는 벽면으로부터 2[m] 이상으로 하여야 한다.

4회 출제

05 강관을 사용하여 비계를 구성하는 경우 준수해야 할 기준으로 옳지 않은 것은?

① 비계기둥의 간격은 띠장 방향에서는 1.85[m] 이하, 장선(長線) 방향에서는 1.5[m] 이하로 할 것
② 띠장 간격은 1.5[m] 이하로 설치할 것
③ 비계기둥의 제일 윗부분으로부터 31[m] 되는 지점 밑부분의 비계기둥은 2개의 강관으로 묶어 세울 것
④ 비계기둥 간의 적재하중은 400[kg]을 초과하지 않도록 할 것

해설 강관비계의 띠장 간격은 2[m] 이하로 설치하여야 한다.

4회 출제

06 흙막이 가시설의 버팀대(Strut)의 변형을 측정하는 계측기에 해당하는 것은?

① 지하수위계(Water Level Meter)
② 변형률계(Strain Gauge)
③ 간극수압계(Piezometer)
④ 하중계(Load Cell)

해설 **변형률계(Strain Gauge)**
스트러트, 띠장 등에 부착하여 굴착작업 시 구조물의 변형을 측정하는 계측기이다.

8회 출제

07 「산업안전보건법령」에 따른 가설통로의 구조에 관한 설치기준으로 옳지 않은 것은?

① 경사가 25°를 초과하는 경우에는 미끄러지지 아니하는 구조로 할 것
② 경사는 30° 이하로 할 것
③ 수직갱에 가설된 통로의 길이가 15[m] 이상인 경우에는 10[m] 이내마다 계단참을 설치할 것
④ 건설공사에 사용하는 높이 8[m] 이상인 비계다리에는 7[m] 이내마다 계단참을 설치할 것

해설 가설통로의 경사가 15°를 초과하는 경우에는 미끄러지지 아니하는 구조로 하여야 한다.

5회 출제

08 다음 중 사다리식 통로를 설치할 때 준수해야 할 사항으로 옳지 않은 것은?

① 발판과 벽 사이는 15[cm] 이상의 간격을 유지할 것
② 사다리의 상단은 걸쳐놓은 지점으로부터 60[cm] 이상 올라가도록 할 것
③ 이동식 사다리식 통로의 기울기는 75° 이하로 할 것
④ 사다리식 통로의 길이가 10[m] 이상인 때에는 7[m] 이내마다 계단참을 설치할 것

해설 사다리식 통로의 길이가 10[m] 이상인 경우에는 5[m] 이내마다 계단참을 설치하여야 한다.

3회 출제

09 근로자가 추락하거나 넘어질 위험이 있는 장소에서 추락방호망의 설치기준으로 옳지 않은 것은?

① 망의 처짐은 짧은 변 길이의 10[%] 이상이 되도록 할 것
② 추락방호망은 수평으로 설치할 것
③ 건축물 등의 바깥쪽으로 설치하는 경우 추락방호망의 내민 길이는 벽면으로부터 3[m] 이상 되도록 할 것
④ 추락방호망의 설치위치는 가능하면 작업면으로부터 가까운 지점에 설치하여야 하며, 작업면으로부터 망의 설치지점까지의 수직거리는 10[m]를 초과하지 아니할 것

해설 추락방호망은 수평으로 설치하고, 망의 처짐은 짧은 변 길이의 12[%] 이상이 되도록 하여야 한다.

6회 출제

10 철골작업 시 위험방지를 위하여 철골작업을 중지하여야 하는 기준으로 옳은 것은?

① 강설량이 시간당 1[mm] 이상인 경우
② 강우량이 시간당 1[mm] 이상인 경우
③ 풍속이 초당 20[m] 이상인 경우
④ 풍속이 시간당 200[mm] 이상인 경우

해설 철골작업 시 작업의 제한기준

구분	내용
강풍	풍속이 10[m/s] 이상인 경우
강우	강우량이 1[mm/h] 이상인 경우
강설	강설량이 1[cm/h] 이상인 경우

4회 출제

11 말비계를 조립하여 사용하는 경우에 준수해야 하는 사항으로 옳지 않은 것은?

① 지주부재의 하단에는 미끄럼방지장치를 한다.
② 근로자는 양측 끝부분에 올라서서 작업하도록 한다.
③ 지주부재와 수평면의 기울기를 75° 이하로 한다.
④ 말비계의 높이가 2[m]를 초과하는 경우에는 작업발판의 폭을 40[cm] 이상으로 한다.

해설 말비계 조립 시 근로자가 양측 끝부분에 올라서서 작업하지 않아야 한다.

5회 출제

12 슬레이트, 선라이트 등 강도가 약한 재료로 덮은 지붕 위에서 작업을 할 때 발이 빠지는 등 근로자의 위험을 방지하기 위하여 필요한 발판의 폭 기준은?

① 10[cm] 이상
② 20[cm] 이상
③ 25[cm] 이상
④ 30[cm] 이상

해설 근로자가 지붕 위에서 작업을 할 때에 추락하거나 넘어질 위험이 있는 경우 슬레이트 등 강도가 약한 재료로 덮은 지붕에는 폭 30[cm] 이상의 발판을 설치하여야 한다.

3회 출제

13 추락재해 방호용 방망의 신품에 대한 인장강도는 얼마인가?(단, 그물코의 크기가 10[cm]이며, 매듭 없는 방망이다.)

① 220[kg]
② 240[kg]
③ 260[kg]
④ 280[kg]

해설 추락방호망 방망사의 인장강도

그물코의 크기[cm]	방망의 종류(단위: [kg])	
	매듭 없는 방망	매듭방망
10	240	200
5	–	110

7회 출제

14 계단의 개방된 측면에 근로자의 추락 위험을 방지하기 위하여 안전난간을 설치하고자 할 때 그 설치기준으로 옳지 않은 것은?

① 안전난간은 상부 난간대, 중간 난간대, 발끝막이판 및 난간기둥으로 구성할 것
② 발끝막이판은 바닥면 등으로부터 10[cm] 이상의 높이를 유지할 것
③ 난간기둥은 상부 난간대와 중간 난간대를 견고하게 떠받칠 수 있도록 적정한 간격을 유지할 것
④ 난간대는 지름 3.8[cm] 이상의 금속제 파이프나 그 이상의 강도가 있는 재료일 것

해설 안전난간의 난간대는 지름 2.7[cm] 이상의 금속제 파이프나 그 이상의 강도를 가진 재료이어야 한다.

4회 출제

15 거푸집 및 동바리를 조립하거나 해체하는 작업을 하는 경우 준수사항으로 옳지 않은 것은?

① 해당 작업을 하는 구역에는 관계 근로자가 아닌 사람의 출입을 금지할 것
② 비, 눈, 그 밖의 기상상태의 불안정으로 날씨가 몹시 나쁜 경우에는 그 작업을 중지할 것
③ 낙하·충격에 의한 돌발적 재해를 방지하기 위하여 버팀목을 설치하고 거푸집 및 동바리를 인양장비에 매단 후에 작업을 하도록 하는 등 필요한 조치를 할 것
④ 재료, 기구 또는 공구 등을 올리거나 내리는 경우에는 근로자로 하여금 달줄·달포대 등의 사용을 금지하도록 할 것

해설 재료, 기구 또는 공구 등을 올리거나 내리는 경우에는 근로자로 하여금 달줄·달포대 등을 사용하도록 하여야 한다.

4회 출제

16 비계의 높이가 2[m] 이상인 작업장소에 설치되는 작업발판의 구조에 관한 기준으로 옳지 않은 것은?

① 작업발판의 폭은 40[cm] 이상으로 할 것
② 발판재료 간의 틈은 5[cm] 이하로 할 것
③ 작업발판재료는 뒤집히거나 떨어지지 않도록 둘 이상의 지지물에 연결하거나 고정시킬 것
④ 작업발판을 작업에 따라 이동시킬 경우에는 위험방지에 필요한 조치를 할 것

해설 작업발판의 발판재료 간의 틈은 3[cm] 이하로 하여야 한다.

5회 출제

콘크리트 타설용 거푸집에 작용하는 외력 중 연직방향 하중이 아닌 것은?

고정하중 ② 충격하중
작업하중 ④ 풍하중

푸집에 작용하는 연직방향 하중에는 고정하중(콘크리트의 + 거푸집 무게), 충격하중, 작업하중 등이 있다. 풍하중 방향 하중이다.

5회 출제

18 토석붕괴의 요인 중 외적 요인이 아닌 것은?

① 토석의 강도 저하
② 사면, 법면의 경사 및 기울기의 증가
③ 절토 및 성토 높이의 증가
④ 공사에 의한 진동 및 반복하중의 증가

해설 토석의 강도 저하는 토석붕괴의 내적 요인에 해당된다.

4회 출제

19 곤돌라형 달비계에 사용이 불가한 와이어로프의 기준으로 옳지 않은 것은?

① 이음매가 없는 것
② 지름의 감소가 공칭지름의 7[%]를 초과하는 것
③ 심하게 변형되거나 부식된 것
④ 와이어로프의 한 꼬임에서 끊어진 소선(素線)의 수가 10[%] 이상인 것

해설 이음매가 있는 것이 곤돌라형 달비계의 와이어로프 사용금지 기준에 해당된다.

4회 출제

20 콘크리트 타설 시 거푸집의 측압에 영향을 미치는 인자들에 관한 설명으로 옳지 않은 것은?

① 슬럼프가 클수록 측압은 크다.
② 거푸집의 강성이 클수록 측압은 크다.
③ 철근량이 많을수록 측압은 작다.
④ 타설속도가 느릴수록 측압은 크다.

해설 콘크리트의 타설속도가 빠를수록 측압이 커진다.